Springer-Lehrbuch

Springer

Berlin
Heidelberg
New York
Barcelona
Hongkong
London
Mailand
Paris
Singapur
Tokio

Albert Fetzer · Heiner Fränkel

Mathematik 1

Lehrbuch für ingenieurwissenschaftliche Studiengänge

Mit Beiträgen von
Akad. Dir. Dr. rer. nat. Dietrich Feldmann
Prof. Dr. rer. nat. Albert Fetzer
Prof. Dr. rer. nat. Heiner Fränkel
Prof. Dipl.-Math. Horst Schwarz †
Prof. Dr. rer. nat. Werner Spatzek
Prof. Dr. rer. nat. Siegfried Stief

Sechste Auflage mit 94 Abbildungen

Springer

Prof. Dr. Albert Fetzer
Fachhochschule Aalen
Hochschule für Technik und Wirtschaft
Fachbereich Elektronik/Technische Informatik
Fachgebiet Mathematik, Systemanalyse
Beethovenstraße 1
73430 Aalen
e-mail: afetze@rzws.fh-aalen.de

Prof. Dr. Heiner Fränkel
Fachhochschule Ulm
Hochschule für Technik
Fachbereich Grundlagen
Fachgebiet Mathematik
Prittwitzstraße 10
89075 Ulm
e-mail: fraenkel@fh-ulm.de

Die vierte Auflage ist beim VDI-Verlag, Düsseldorf erschienen.

ISBN 3-540-67634-1 6. Aufl. Springer-Verlag Berlin Heidelberg New York

Die Deutsche Bibliothek – CIP-Einheitsaufnahme
Fetzer, Albert: Mathematik : Lehrbuch für ingenieurwissenschaftliche Studiengänge /
Albert Fetzer ; Heiner Fränkel. -
Berlin ; Heidelberg ; New York ; Barcelona ; Hongkong ; London ; Mailand ; Paris ;
Singapur ; Tokio : Springer, 2000
(Springer-Lehrbuch)
1.. - 6. Aufl. - 2000
ISBN 3-540-67634-1

Springer-Verlag Berlin Heidelberg New York
ein Unternehmen der BertelsmannSpringer Science+Business Media GmbH

Umschlaggestaltung: Design of Production, Heidelberg
Satz: Fotosatz-Service Köhler GmbH, Würzburg
SPIN: 10761632 68/3020 – 5 4 3 2 1 0 – Gedruckt auf säurefreiem Papier

Vorwort zur sechsten Auflage

Der positive Zuspruch und die große Nachfrage nach unserem Mathematikwerk hat angehalten, so daß wir nur die uns bekannten Druckfehler beseitigt und die Lösung einiger Aufgaben übersichtlicher gestaltet haben. Wir danken für die bei uns eingegangenen Verbesserungs- und Korrekturhinweise und würden uns freuen, wenn viele Leser auch weiterhin durch Änderungsvorschläge zum Erfolg unseres Werkes beitragen würden.

Aalen, Ulm im Juli 2000

Albert Fetzer
Heiner Fränkel

Vorwort zur vierten Auflage

Seit fast zwanzig Jahren wird das vorliegende Mathematikwerk von Studenten und Dozenten an Fachhochschulen und Technischen Hochschulen verwendet und hat sich sowohl als Lehr- und Lernmittel wie auch als autodidaktisches Hilfsmittel äußerst gut bewährt.

Neue Aufgabengebiete und Anforderungen der betreffenden Bildungseinrichtungen haben nun jedoch eine vollständige Überarbeitung notwendig erscheinen lassen. Damit wird der Entwicklung im Bereich von Computer- und Kommunikationstechnik Rechnung getragen. Berücksichtigt wird auch, daß der Computereinsatz neue Arbeitsmethoden und Algorithmen ermöglicht.

Die Aufnahme neuer Stoffgebiete machte eine straffere Darstellung einiger Kapitel erforderlich. Die Inhalte wurden nunmehr auf zwei Bände verteilt.

Folgende Themen wurden zusätzlich aufgenommen:

- Geometrische Transformationen und Koordinatentransformationen im $\mathbb{R}^2$ und $\mathbb{R}^3$
- Eigenwerte von Matrizen
- Problematik der Rundungsfehler bei numerischen Verfahren
- QR-Algorithmus
- Kubische Splines
- Fourier-Transformation
- Lineare Differentialgleichungen der Ordnung n mit konstanten Koeffizienten
- Numerische Verfahren für Anfangswertaufgaben

Inhalt dieses Bandes

1 Mengen, reelle Zahlen
2 Funktionen
3 Zahlenfolgen und Grenzwerte
4 Grenzwerte von Funktionen; Stetigkeit
5 Komplexe Zahlen

6 Lineare Gleichungssysteme, Matrizen, Determinanten
7 Vektoren und ihre Anwendungen
8 Differentialrechnung
9 Integralrechnung

Die Abschnitte 1 und 2 enthalten Grundbegriffe, die zum Verständnis der folgenden Kapitel unerläßlich sind. Die Abschnitte 3 und 4 bereiten die Differential- und Integralrechnung vor.

Die Abschnitte 5, 6 und 7 können in beliebiger Reihenfolge (auch parallel zum Analysis-Kurs) erarbeitet werden. Dabei wird den Wünschen der Kollegen Rechnung getragen, die technische Fächer lehren und Kenntnisse, z.B. über komplexe Zahlen, bereits im ersten Studiensemester voraussetzen müssen.

Abschnitt 7 wird ergänzt durch geometrische Transformationen und Koordinatentransformationen, die z.B. in der Computergrafik eine zentrale Rolle spielen. Außerdem werden die Eigenwerte von Matrizen behandelt sowie der QR-Algorithmus, der bei schlecht konditionierten Gleichungssystemen oft bessere Ergebnisse erzielt als der übliche (auch modifizierte) Gaußsche Algorithmus.

In Abschnitt 8 wird die Differentialrechnung behandelt. Dabei wurde der klassische Weg gewählt, nämlich ausgehend von dem anschaulichen Problem, die Tangente an einem Punkt einer Kurve zu definieren. Anschließend erfolgt die abstrakte Definition der Ableitung mit dem Hinweis, daß diese Abstraktion mehrere physikalische oder technische Interpretationen zuläßt. Alsdann werden zur bequemen Handhabung Rechenregeln (ein Kalkül) hergeleitet. Besonders eingegangen wird auf die einseitigen Ableitungen, da die in der Praxis auftretenden Funktionen oft Stellen aufweisen, in denen nur einseitige Ableitungen existieren. Erinnert sei z.B. an die Betragsfunktion. Zum weiteren Aufbau der Differentialrechnung und zur Herleitung z.B. der Taylorschen Formel, der Regeln von Bernoulli-de l'Hospital sowie der Kurvendiskussion wird der Mittelwertsatz der Differentialrechnung benötigt.

Abschnitt 9 befaßt sich mit der Integralrechnung. Ausgehend von der Berechnung des Flächeninhalts wird das bestimmte Integral als Grenzwert der Riemannschen Zwischensumme definiert. Der Hauptsatz der Differential- und Integralrechnung stellt dann einen Zusammenhang zwischen diesen Teilgebieten der Mathematik her. Damit erhält man einen Kalkül zur Berechnung eines bestimmten Integrals, nämlich über das Aufsuchen von Stammfunktionen. Durch die uneigentlichen Integrale wird der Begriff Integrierbarkeit erweitert, wodurch auch neue Funktionen, z.B. die Gamma-Funktion, definiert werden können.

Inhalt des zweiten Bandes

Anwendung der Differential- und Integralrechnung, Reihen, Funktionen mehrerer Variablen, komplexwertige Funktionen, gewöhnliche Differentialgleichungen.

Eine Vielzahl von Beispielen und Abbildungen veranschaulichen und vertiefen auch in diesen beiden Bänden den Stoff. Zahlreiche Aufgaben mit Lösungen zu jedem Kapitel erleichtern das Selbststudium.

Wir danken dem VDI-Verlag für die gute Zusammenarbeit.

Düsseldorf, März 1995

Albert Fetzer
Heiner Fränkel

Auszug aus dem Vorwort zur ersten Auflage

Zielgruppen

Das dreibändige Werk richtet sich hauptsächlich an Studenten und Dozenten der technischen Fachrichtungen an Fachhochschulen. Auch Studenten an Universitäten und Technischen Hochschulen können es während ihrer mathematischen Grundausbildung mit Erfolg verwenden. Die Darstellung des ausgewählten Stoffes ist so ausführlich, daß es sich zum Selbststudium eignet.

Vorkenntnisse

Der Leser sollte mit der Bruch-, Potenz, Wurzel- und Logarithmenrechnung, der elementaren Geometrie sowie mit der Trigonometrie vertraut sein; dennoch werden diese Themen teilweise angesprochen.

Stoffauswahl

Den Autoren war klar, daß die Mathematik für die oben angesprochenen Zielgruppen (bis auf einzelne Ausnahmen) immer nur Hilfswissenschaft sein kann. Sie bemühten sich, die Stoffauswahl aufgrund der Erfordernisse der verschiedenen Studiengänge an den technischen Fachrichtungen der Fachhochschulen vorzunehmen. Die Fragestellung war also: Welche Themen sind für die technischen Studiengänge wichtig?

Geht man z.B. davon aus, daß die Studenten am Ende der mathematischen Grundausbildung in der Lage sein sollen, eine Differentialgleichung aufstellen und lösen zu können oder die Fourierreihe einer Funktion zu bestimmen, so implizieren diese Ziele eine ausführliche Behandlung der Differential- und Integralrechnung. Da die Ableitung und das bestimmte Integral durch Grenzwerte definiert werden, ergibt sich daraus als ein Groblernziel der Begriff des Grenzwertes; er erweist sich sogar als einer der wichtigsten Begriffe der anwendungsorientierten Mathematik. Dieses Thema wird deshalb besonders ausführlich dargestellt. Dabei werden verschiedene Grenzwerte (z.B. von Zahlenfolgen, Funktionen usw.) auf einheitliche Weise mit Hilfe des Umgebungsbegriffes definiert.

Darstellung

Besonderer Wert wurde auf eine weitgehend exakte und doch anschauliche Darstellung gelegt. Das erfordert, einerseits Beweise mathematischer Sätze nicht fortzulassen und andererseits sie durch Beispiele und Zusatzbemerkungen zu erhellen. Da die Beweise einiger Sätze jedoch über den Rahmen dieses Buches hinausgehen, wurde in solchen Fällen der Beweis ersetzt durch zusätzliche Gegenbeispiele, die die Bedeutung der Voraussetzungen erkennen lassen.

In den Naturwissenschaften treten Objekte auf, die durch Maßzahlen und Einheiten beschrieben werden: Eine Strecke der Länge 27 cm, ein Würfel mit dem Volumen 27 cm^3, eine Schwingung mit der Periode 27 s und der Amplitude 3 cm. Die Worte »Länge«, »Volumen«, »Periode« u.a. werden andererseits auch innerhalb der Mathematik in ähnlichem Zusammenhang verwendet, hier allerdings lediglich durch Zahlen beschrieben: Das Intervall $[-7, 20]$ hat die Länge 27, der durch die Punktmenge $\{(x, y, z) | 0 \leqq x \leqq 3 \text{ und } 0 \leqq y \leqq 3 \text{ und } -1 \leqq z \leqq 2\}$ definierte Würfel hat das Volumen (den Inhalt) 27, die durch $f(x) = 3 \cdot \cos \frac{2\pi}{27} x$ definierte Funktion f hat die

Periode 27 und die Amplitude 3. Innerhalb der Mathematik ist es daher nicht sinnvoll, von der Maßzahl der Länge des Intervalls $[-7, 20]$ usw. zu sprechen. Wendet man die Mathematik auf die Naturwissenschaften an, so führt man z.B. ein Koordinatensystem im gegebenen Körper ein und zwar zweckmäßig so, daß die Maßzahlen, die den Körper beschreiben, gleich jenen Zahlen sind, die ihn innerhalb der Mathematik beschreiben.

Hinweise für den Benutzer

Die Strukturierung ist ein wertvolles didaktisches Hilfsmittel, auf das die Autoren gerne zurückgegriffen haben.

Die Hauptabschnitte werden mit einstelligen, die Teilabschnitte mit zweistelligen Nummern usw. versehen. Am Ende eines jeden Teilabschnittes findet der Leser ausgewählte Aufgaben (schwierige Aufgaben sind mit einem Stern gekennzeichnet), an Hand derer er prüfen kann, ob er das Lernziel erreicht hat. Zur Kontrolle sind die Lösungen mit Lösungsgang in knapper Form im Anhang zu finden.

Definitionen sind eingerahmt, wichtige Formeln grau unterlegt, Sätze eingerahmt und grau unterlegt. Das Ende des Beweises eines Satzes ist durch einen dicken Punkt gekennzeichnet.

Oft werden Definitionen und Sätze durch anschließende Bemerkungen erläutert, oder es wird auf Besonderheiten hingewiesen.

Hannover, August 1978

Albert Fetzer
Heiner Fränkel

Inhalt

1 Mengen, reelle Zahlen

Zu den wichtigsten Grundbegriffen, auf denen die Mathematik aufbaut, zählt der Mengenbegriff. Er spielt auch in einem Mathematikbuch für Ingenieure eine bedeutende Rolle, weil mit den Schreib- und Sprechweisen der Mengenlehre Aussagen in allen Teilgebieten der Mathematik klar und kurz formuliert werden können. In diesem Kapitel sollen die wichtigsten Begriffe, Sprechweisen und Gesetze zusammengestellt werden.

1.1 Begriffe und Sprechweisen

Zwei Schreibweisen sind bei Mengen üblich: die aufzählende Schreibweise und die beschreibende, bei der die Elemente durch eine definierende Eigenschaft zusammengefaßt werden. Beispiele sind:

$$A = \{\mathrm{a, e, i, o, u}\} = \{x \mid x \text{ ist Vokal im deutschen Alphabet}\}$$
$$B = \{-2, 1, 5, 6\} = \{x \mid x \text{ ist Lösung von } (x+2)(x-1)(x-5)(x-6) = 0\}$$
$$C = \{-9, -8, \ldots, -1, 0, 1, \ldots, 8, 9\} = \{x \mid x \text{ ist eine ganze Zahl, und } x^2 \text{ ist kleiner } 100\}$$

Die Zugehörigkeit zu einer Menge und die Nichtzugehörigkeit werden durch besondere Zeichen gekennzeichnet:

$$\mathrm{e} \in A, \quad 5 \in B, \quad 9 \in C \quad \text{und} \quad k \notin A, \quad 3 \notin B, \quad 11 \notin C.$$

Einige spezielle Zahlenmengen werden in den folgenden Kapiteln recht häufig genannt. Sie sollen mit besonderen Zeichen abgekürzt werden:

$\mathbb{N} = \{1, 2, 3, \ldots\}$	die Menge der natürlichen Zahlen
$\mathbb{N}_0 = \{0, 1, 2, \ldots\}$	die Menge der natürlichen Zahlen einschließlich Null
$\mathbb{Z} = \{\ldots, -2, -1, 0, 1, 2, \ldots\}$	die Menge der ganzen Zahlen
$\mathbb{Q} = \{\mathrm{x} \mid \mathrm{x} = \mathrm{p/q} \text{ mit } \mathrm{p} \in \mathbb{Z} \text{ und } \mathrm{q} \in \mathbb{N}\}$	die Menge der rationalen Zahlen
$\mathbb{R}$	die Menge der reellen Zahlen

Mit $\mathbb{Q}$ wird also die Menge aller Brüche bezeichnet. Das ist die Menge aller abbrechenden oder periodischen Dezimalzahlen. $\mathbb{R}$ enthält daneben auch alle nichtperiodischen Dezimalzahlen. Über den Umgang mit reellen Zahlen wird in Abschnitt 1.3 berichtet.

Sind alle Elemente einer Menge A in der Menge B enthalten, so nennt man A eine **Teilmenge** von B. Als Schreibweise verwendet man $A \subset B$. Es gilt z.B. $\mathbb{N} \subset \mathbb{Z}$.
Die Teilmengen-Eigenschaft ist **transitiv**: Wenn $A \subset B$ und $B \subset C$, dann gilt $A \subset C$.

Eine solche **Implikation** wird in diesem Buch auch kurz und übersichtlich in der Form

$$A \subset B \text{ und } B \subset C \Rightarrow A \subset C$$

geschrieben.

Eine Menge, die kein Element besitzt, heißt **leere Menge**. Schreibweise: ϕ oder $\{\ \}$.

Für **Äquivalenzen**, die sprachlich mit „A gilt genau dann, wenn B gilt" formuliert werden, soll folgende Schreibweise Verwendung finden:

$$A \Leftrightarrow B.$$

Bemerkung zur Beweistechnik:

Wir unterscheiden zwischen direkter und indirekter Beweisführung:
Ein **direkter Beweis** wird geführt, indem man unter Verwendung der gemachten Voraussetzungen und bereits bewiesener Sätze durch eine Kette von richtigen Folgerungen zur Behauptung gelangt. Beim **indirekten Beweis** einer Behauptung A nimmt man an, die Behauptung A sei falsch, also das Gegenteil der Behauptung (die Negation non A) sei richtig. Daraus und aus den gemachten Voraussetzungen leitet man eine Aussage ab, die falsch ist oder im Widerspruch zu den gemachten Voraussetzungen steht. Dieser Widerspruch besteht nur dann nicht, wenn die Annahme non A falsch ist, d.h. wenn A wahr ist. Wir wollen uns die indirekte Beweisführung mit Hilfe eines Schemas einprägen:

Voraussetzung: ...
Behauptung: A
Beweis(indirekt):
Gegenannahme: non A sei wahr
...
...
Widerspruch

Beispiel: Indirekter Beweis
Ist das Quadrat einer natürlichen Zahl gerade, dann ist auch diese natürliche Zahl gerade.
Voraussetzung: n^2 gerade
Behauptung: n gerade
Beweis (indirekt):
Gegenannahme: n nicht gerade

$$\begin{aligned}
n \text{ ungerade} \quad &\Rightarrow n = 2m + 1 \text{ mit } m \in \mathbb{N}_0 \\
n = 2m + 1\,(m \in \mathbb{N}_0) &\Rightarrow n^2 = 4m^2 + 4m + 1 = 2(2m^2 + 2m) + 1 \\
&\Rightarrow n^2 = 2k + 1 \text{ mit } k = (2m^2 + 2m) \in \mathbb{N}_0 \\
n^2 = 2k + 1\ (k \in \mathbb{N}_0) &\Rightarrow n^2 \text{ ungerade}
\end{aligned}$$

Das steht im Widerspruch zur Voraussetzung. Die Gegenannahme muß also falsch sein und die Behauptung wahr.

Aufgaben

1. Die folgenden Mengen sind durch definierende Eigenschaften gegeben. Geben Sie jeweils eine aufzählende Schreibweise an!
$A_1 = \{x | x$ ist eine von 6 verschiedene, gerade, natürliche Zahl kleiner $10\}$
$A_2 = \{x | x$ ist eine Potenz mit der Basis 3, deren Exponent eine natürliche Zahl kleiner 5 ist$\}$
$A_3 = \{x | x$ ist ein natürliches Vielfaches von 2, und x ist kleiner $10\}$
$A_4 = \{x | x$ ist eine natürliche Zahl mit $(x^2 - 6x + 8)(x - 8) = 0\}$

2. Geben Sie für die folgenden Mengen eine Beschreibung durch eine definierende Eigenschaft an!
   $A = \{2, 4, 8, 16, 32\}$
   $B = \{7, 21, 14, 28, 35\}$

3. Welche der nachstehenden Mengen sind gleich?
   $A_1 = \{x \mid x \text{ ist eine gerade natürliche Zahl}\}$
   $A_2 = \{x \mid x \text{ ist eine gerade Quadratzahl}\}$
   $A_3 = \{x \mid x \text{ ist eine natürliche Zahl, deren Quadrat gerade ist}\}$
   $A_4 = \{x \mid x \text{ ist ein natürliches Vielfaches von } 2\}$
   $A_5 = \{x \mid x \text{ ist als Summe zweier ungerader natürlicher Zahlen darstellbar}\}$

1.2 Mengenoperationen

Als Operationen zwischen zwei Mengen sind dem Leser wohl bekannt:
der **Durchschnitt** von A und B: $A \cap B = \{x \mid x \in A \text{ und } x \in B\}$
die **Vereinigung** von A und B: $A \cup B = \{x \mid x \in A \text{ oder } x \in B\}$
die **Mengendifferenz** A ohne B: $A \setminus B = \{x \mid x \in A \text{ und } x \notin B\}$

Beispiel:
Es seien $A = \{-2, -1, 0, 1, 2\}$ und $B = \{0, 1, 2, 3, 4\}$. Dann gilt:

$$A \cap B = \{0, 1, 2\}$$
$$A \cup B = \{-2, -1, 0, 1, 2, 3, 4\}$$
$$A \setminus B = \{-2, -1\}$$

Es gelten folgende Gesetze:

$$A \cap B = B \cap A \qquad A \cup B = B \cup A$$
$$(A \cap B) \cap C = A \cap (B \cap C) \qquad (A \cup B) \cup C = A \cup (B \cup C)$$
$$A \cap (B \cup C) = (A \cap B) \cup (A \cap C) \qquad A \cup (B \cap C) = (A \cup B) \cap (A \cup C)$$

1.3 Die Menge der reellen Zahlen

Zwischen zwei verschiedenen rationalen Zahlen p und q (sie mögen noch so dicht zusammen liegen) gibt es stets wieder eine rationale Zahl, z.B. das arithmetische Mittel $(p+q)/2$. Weil zwischen dem Mittelwert und p und q jeweils wieder eine rationale Zahl liegt und diese Überlegung fortgesetzt werden kann, gibt es sogar unendlich viele rationale Zahlen zwischen p und q.
Nun liegt die Vermutung nahe, daß allen Punkten der Zahlengeraden nur rationale Zahlen entsprechen. Dies trifft nicht zu, wie das folgende Beispiel zeigt:

Trägt man die Diagonale eines Quadrates der Seitenlänge 1 vom Nullpunkt aus auf der Zahlengeraden ab, so erhält man einen Punkt (siehe Bild 1.1), der der Zahl $\sqrt{2}$ entspricht. Es gilt aber: $\sqrt{2}$ ist keine rationale Zahl.

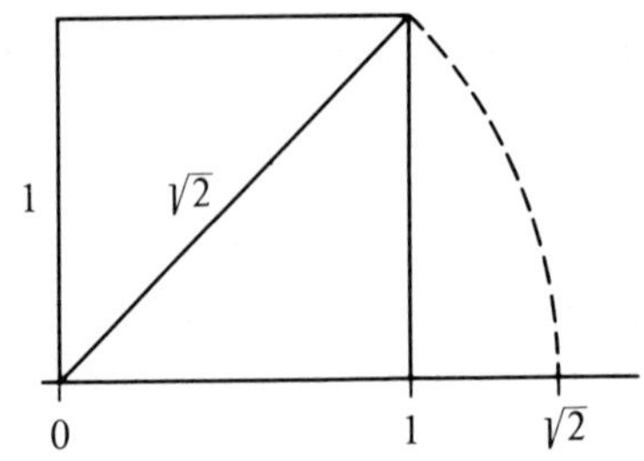

Bild 1.1: $\sqrt{2}$ auf der Zahlengeraden

Der Beweis wird indirekt geführt:

Behauptung: $\sqrt{2} \notin \mathbb{Q}$

Beweis (indirekt):

Gegenannahme: $\sqrt{2} \in \mathbb{Q}$

$\sqrt{2} \in \mathbb{Q}$ $\Rightarrow \sqrt{2} = \dfrac{p}{q}$ mit teilerfremden $p, q \in \mathbb{N}$(«gekürzt»)

$\sqrt{2} = \dfrac{p}{q}$ $\Rightarrow 2 = \dfrac{p^2}{q^2} \Rightarrow 2q^2 = p^2$, d.h. p^2 ist gerade

p^2 gerade $\Rightarrow p$ gerade (s. Beispiel auf Seite 2), d.h. p enthält Faktor 2

p gerade $\Rightarrow p = 2m$ mit $m \in \mathbb{N}$

$p = 2m$ $\Rightarrow p^2 = 4m^2 = 2q^2 \Rightarrow 2m^2 = q^2$, d.h. q^2 ist gerade

q^2 gerade $\Rightarrow q$ gerade, d.h. q enthält auch den Faktor 2.

Das steht im Widerspruch dazu, daß jede rationale Zahl als Quotient mit teilerfremden Zahlen in Zähler und Nenner dargestellt werden kann. ●

Bei der Beschreibung der reellen Zahlen wollen wir ein Verfahren anwenden, das sich in der Mathematik bewährt hat. Wir geben ein System von Grundgesetzen an, die für die reellen Zahlen Gültigkeit haben, und greifen bei späteren Beweisen nur auf diese Grundgesetze zurück. Dabei bauen wir auf drei Typen von Grundgesetzen auf:

Grundgesetze der Addition und Multiplikation (Abschnitt 1.3.1)
Grundgesetze der Anordnung (Abschnitt 1.3.2)
Eigenschaft der Vollständigkeit (Abschnitt 1.3.3)

1.3.1 Grundgesetze der Addition und der Multiplikation

Grundgesetze der Addition

1. Je zwei Zahlen $a, b \in \mathbb{R}$ ist genau eine reelle Zahl $a+b$ zugeordnet.		
2. Für alle $a, b \in \mathbb{R}$ gilt: $a+b=b+a$	Kommutativgesetz	(1.1)
3. Für alle $a, b, c \in \mathbb{R}$ gilt: $a+(b+c)=(a+b)+c$.	Assoziativgesetz	(1.2)
4. Es gibt in $\mathbb{R}$ genau eine Zahl 0, so daß für alle $a \in \mathbb{R}$ gilt: $a+0=a$.	Existenz und Eindeutigkeit des neutralen Elementes	(1.3)
5. Zu jeder Zahl $a \in \mathbb{R}$ gibt es genau eine Zahl $a^* \in \mathbb{R}$ mit: $a+a^*=0$. (Schreibweise: $a^* = -a$)	Existenz und Eindeutigkeit der inversen Elemente	(1.4)

Grundgesetze der Multiplikation

1. Je zwei Zahlen $a, b \in \mathbb{R}$ ist genau eine reelle Zahl $a \cdot b$ zugeordnet.		
2. Für alle $a, b \in \mathbb{R}$ gilt: $a \cdot b = b \cdot a$	Kommutativgesetz	(1.5)
3. Für alle $a, b, c \in \mathbb{R}$ gilt: $a \cdot (b \cdot c) = (a \cdot b) \cdot c$.	Assoziativgesetz	(1.6)
4. Es gibt in $\mathbb{R}$ genau eine Zahl 1, so daß für alle $a \in \mathbb{R}$ gilt: $a \cdot 1 = a$.	Existenz und Eindeutigkeit des neutralen Elementes	(1.7)
5. Zu jeder von 0 verschiedenen Zahl $a \in \mathbb{R}$ gibt es genau eine Zahl $a^* \in \mathbb{R}$ mit $a \cdot a^* = 1$. $\left(\text{Schreibweise: } a^* = a^{-1} \text{ oder } a^* = \frac{1}{a}\right)$	Existenz und Eindeutigkeit der inversen Elemente	(1.8)

Distributivgesetz

Für alle $a, b, c \in \mathbb{R}$ gilt: $a \cdot (b+c) = (a \cdot b) + (a \cdot c)$.	(1.9)

Bemerkungen:

1. Falls keine Verwechslung möglich ist, kann das Zeichen $\cdot$ weggelassen werden: $(ab)c$ statt $(a \cdot b) \cdot c$.
2. Wegen der Assoziativgesetze brauchen bei der Addition bzw. Multiplikation mehrerer Zahlen keine Klammern gesetzt werden: $a+b+c$ bzw. $a \cdot b \cdot c = abc$.
3. Folgende Schreibweisen sind üblich:

   $a^0 = a \cdot a^{-1} = 1$ (für $a \neq 0$), $\quad a^1 = a, \quad a^2 = a \cdot a, \quad a^3 = a \cdot a \cdot a$ usw.
4. Es wird vereinbart, daß Multiplikationen vor Additionen ausgeführt werden, falls die Reihenfolge durch Klammersetzung nicht anders vorgeschrieben ist. Danach schreibt man das Distributivgesetz: $a(b+c) = ab + ac$.

An einem Beispiel soll gezeigt werden, wie man – aufbauend auf diese Grundgesetze – Beweise führen kann:

Behauptung: Jede Gleichung $a + x = b$ mit $a, b \in \mathbb{R}$ besitzt genau eine Lösung in $\mathbb{R}$. (1.10)

Beweis:

Es gibt eine Lösung $x_1 = (-a) + b$, wie man durch Einsetzen prüft:

$$\begin{aligned} a + x_1 &= a + ((-a) + b) = (a + (-a)) + b && \text{nach (1.2)} \\ &= 0 + b && \text{nach (1.4)} \\ &= b + 0 && \text{nach (1.1)} \\ &= b. && \text{nach (1.3)} \end{aligned}$$

Es gibt nur eine Lösung. Denn sind x_1 und x_2 Lösungen, dann muß gelten:

$$a + x_1 = b \quad \text{und} \quad a + x_2 = b,$$

also:

$$\begin{aligned} a + x_1 &= a + x_2 \\ (-a) + (a + x_1) &= (-a) + (a + x_2) \\ ((-a) + a) + x_1 &= ((-a) + a) + x_2 && \text{nach (1.2)} \\ x_1 + (a + (-a)) &= x_2 + (a + (-a)) && \text{nach (1.1)} \\ x_1 + 0 &= x_2 + 0 && \text{nach (1.4)} \\ x_1 &= x_2 && \text{nach (1.3)} \end{aligned}$$

D.h. es gibt keine von x_1 verschiedene Lösung in $\mathbb{R}$. ●

Weitere Folgerungen (ohne Beweis):

Für alle $a \in \mathbb{R}$ gilt: $a \cdot 0 = 0 \cdot a = 0$ (1.11)

Für alle $a, b \in \mathbb{R}$ gilt: $a \cdot b = 0 \Leftrightarrow a = 0$ oder $b = 0$. (1.12)

$a^2 = b^2 \Leftrightarrow a = b$ oder $a = -b$ (1.13)

Jede Gleichung $a \cdot x = b$ mit $a, b \in \mathbb{R}$ und $a \neq 0$ besitzt genau eine Lösung in $\mathbb{R}$. (1.14)

Für alle $a, b \in \mathbb{R}$ gelten die » Vorzeichenregeln «: (1.15)

a) $-(-a) = a$ c) $(-a) \cdot b = a \cdot (-b) = -ab$
b) $-(a + b) = -a - b$ d) $(-a)(-b) = ab$

1.3.2 Grundgesetze der Anordnung

1. Für je zwei Zahlen $a, b \in \mathbb{R}$ gilt genau eine der drei Beziehungen

   $a < b \quad a = b \quad b < a.$ (1.16)

2. Für alle $a, b, c \in \mathbb{R}$ gilt:

   $a < b$ und $b < c \Rightarrow a < c.$ Transitivität (1.17)

3. Für alle $a, b, c \in \mathbb{R}$ gilt:

   $a < b \Leftrightarrow a + c < b + c$ Monotonie der Addition (1.18)

4. Für alle $a, b, c \in \mathbb{R}$ gilt:

   $a < b \Leftrightarrow ac < bc$, wenn $0 < c$. Monotonie der Multiplikation (1.19)

Bemerkungen:

1. Eine Beziehung $a < b$ nennt man Ungleichung.
2. Man verwendet folgende Schreib- und Sprechweisen:

	Schreibweise	Sprechweise
$a < b$		a ist kleiner als b
$a < b$ oder $a = b$	$a \leqq b$	a ist kleiner gleich b
$b < a$	$a > b$	a ist größer als b
$b < a$ oder $b = a$	$a \geqq b$	a ist größer gleich b

   Damit sind die Zeichen $\leqq$, $>$, $\geqq$ erklärt.

3. Die reelle Zahl a heißt **positiv**, wenn $0 < a$ gilt, sie heißt **negativ**, falls $a < 0$ gilt.
4. Es werden folgende Abkürzungen verwendet:

$$\mathbb{R}^+ = \{x \mid x \in \mathbb{R} \text{ und } 0 < x\}$$
$$\mathbb{R}_0^+ = \{x \mid x \in \mathbb{R} \text{ und } 0 \leqq x\}$$
$$\mathbb{R}^- = \{x \mid x \in \mathbb{R} \text{ und } x < 0\}$$
$$\mathbb{Q}^+ = \{x \mid x \in \mathbb{Q} \text{ und } 0 < x\}$$

5. Die Schreibweise $a < b < c$ ist sinnvoll, da entsprechend der Transitivität $a < c$ gefolgert werden kann.
   Aus der Schreibweise $a < b > c$ folgt keine der drei möglichen Beziehungen $a < c$, $a = c$, $a > c$. Man schreibt dafür $a < b$ und $c < b$ oder $a, c < b$.

Folgerungen aus den Anordnungseigenschaften

1. Für alle $a \in \mathbb{R}$ gilt:
   a) $a < 0 \Leftrightarrow 0 < -a$ (1.20)
   b) $a^2 > 0 \Leftrightarrow a \neq 0$ (1.21)
   c) $a^2 \geqq 0$ (1.22)
2. Für alle $a, b \in \mathbb{R}$ gilt:
   a) $0 < a < b \Rightarrow a^2 < b^2$
   b) $ab > 0 \Leftrightarrow (a > 0 \text{ und } b > 0)$ oder $(a < 0 \text{ und } b < 0)$
   c) $a < b$ und $0 < ab \Rightarrow \frac{1}{a} > \frac{1}{b}$
   d) $a < b \Leftrightarrow$ Es existiert ein $c \in \mathbb{R}^+$ mit $a + c = b$
   e) $a < 0 < b \Leftrightarrow \frac{1}{a} < 0 < \frac{1}{b}$
   f) $a^2 + b^2 = 0 \Leftrightarrow a = 0$ und $b = 0$

Bemerkungen:

1. Es bedeutet $ab > 0$ nach 2b), daß a und b «gleiches Vorzeichen» haben.
2. Entsprechend f) ist $a^2 + b^2 = 0$ notwendig und hinreichend für $a = 0$ und $b = 0$.
3. Entsprechend (1.12) ist $ab = 0$ notwendig und hinreichend für $a = 0$ oder $b = 0$.

3. Für alle $a, b, c, d \in \mathbb{R}$ gilt:
   a) $a < b$ und $c < 0 \Rightarrow ac > bc$ (1.23)
   b) $a < b$ und $c < d \Rightarrow a + c < b + d$ (1.24)
4. Für alle $x \in \mathbb{R}$ und $a \in \mathbb{R}^+$ gilt: $x^2 \leqq a^2 \Leftrightarrow -a \leqq x \leqq a$ (1.25)

Beweis:

Es sollen hier exemplarisch 2a) und 2d) bewiesen werden.

a) $0 < a$ und $a < b \Rightarrow 0 < b$ nach (1.17)

$$\left.\begin{array}{ll} 0 < b \text{ und } a < b \Rightarrow ab < b^2 & \text{nach (1.19)} \\ 0 < a \text{ und } a < b \Rightarrow a^2 < ab & \text{nach (1.19)} \end{array}\right\} \Rightarrow a^2 < b^2 \quad \text{nach (1.17)}$$

d) Die Gleichung $a + x = b$ hat nach (1.10) genau eine Lösung, nämlich $x_1 = b - a$. Es bleibt noch zu zeigen, daß $0 < x_1$ gilt:

$$a < b \Rightarrow a + (-a) < b + (-a) \Rightarrow 0 < b - a, \text{ d.h. } 0 < x_1.$$ ●

Aus d) folgt insbesondere:

Zu jedem $r \in \mathbb{R}$ mit $r > 1$ existiert eine Zahl $h > 0$ mit $r = 1 + h$. (1.26)

Die Monotonie-Eigenschaften werden u. a. bei der Bestimmung der Lösungsmenge einer Ungleichung mit einer Variablen verwendet. Sie lauten (zusammen mit (1.23)) in anderen Worten:

1. Auf beiden Seiten einer Ungleichung darf dieselbe Zahl addiert werden.
2. Beide Seiten einer Ungleichung dürfen mit einer Zahl $c \neq 0$ multipliziert werden. Im Falle $c < 0$ ist dabei die Anordnung zu ändern.

Beispiel 1.1

Äquivalente Umformungen bei Ungleichungen

a) $M = \{x \mid 13x - 5 < 18x + 5 \text{ und } x \in \mathbb{R}\}$.

$$(13x - 5 < 18x + 5) \Leftrightarrow (13x - 18x < 5 + 5) \Leftrightarrow (-5x < 10) \Leftrightarrow (x > -2)$$

$M = \{x \mid x > -2 \text{ und } x \in \mathbb{R}\}$

b) $M = \left\{x \mid x \in \mathbb{R} \text{ und } \dfrac{2x+1}{x-1} < 1\right\}$.

Unter Berücksichtigung von (1.19) und (1.23) ergibt die Multiplikation mit $(x - 1)$

im Falle $x < 1$: $\left(\dfrac{2x+1}{x-1} < 1\right) \Leftrightarrow (2x + 1 > x - 1) \Leftrightarrow (x > -2)$

im Falle $x > 1$: $\left(\dfrac{2x+1}{x-1} < 1\right) \Leftrightarrow (2x + 1 < x - 1) \Leftrightarrow (x < -2)$

$M = \{x \mid (-2 < x < 1 \text{ oder } x \in \phi) \text{ und } x \in \mathbb{R}\} = \{x \mid -2 < x < 1 \text{ und } x \in \mathbb{R}\}$.

c) Für alle $a, b \in \mathbb{R}_0^+$ gilt: $\sqrt{ab} \leqq \frac{a+b}{2}$ (1.27)

Mit anderen Worten heißt dies: das geometrische Mittel zweier nichtnegativer reeller Zahlen ist stets kleiner oder gleich ihrem arithmetischen Mittel.

Beweis:

$$\sqrt{ab} \leqq \frac{a+b}{2} \Leftrightarrow 2\sqrt{ab} \leqq a+b \text{ wegen der Monotonie der Multiplikation}$$

$$\Leftrightarrow 0 \leqq a - 2\sqrt{ab} + b \text{ wegen der Monotonie der Addition}$$

$$\Leftrightarrow 0 \leqq (\sqrt{a} - \sqrt{b})^2, \text{ und das gilt nach (1.22).}$$

Definition 1.1

Unter dem **Betrag** $|x|$ von $x \in \mathbb{R}$ versteht man die nicht negative Zahl

$$|x| = \begin{cases} x, & \text{falls } x \geqq 0 \\ -x, & \text{falls } x < 0. \end{cases}$$

Bemerkungen:

1. Bei der Veranschaulichung der reellen Zahlen auf der Zahlengeraden gibt $|x|$ den Abstand der Zahl x von Null an. Es gilt z.B. $|x| = 3$ für $x = +3$ und für $x = -3$.
2. $|a-b|$ ist der Abstand der Zahlen a und b voneinander. Es gilt z.B. $|a-20| = 3$ für $a = 17$ und für $a = 23$. Für beide Zahlen ist der Abstand von $b = 20$ gleich 3.
3. Offenbar gilt $-|x| \leqq x$ und $x \leqq |x|$, also $-|x| \leqq x \leqq |x|$.

Beispiel 1.2

$|-13| = 13$; $|25| = 25$; $|-0{,}5| = 0{,}5$; $|0| = 0$; $|3-5| = |5-3| = 2$; $|1-|5-3|| = |1-2| = 1$.

Am häufigsten wird die Betragsschreibweise entsprechend der folgenden Äquivalenz gebraucht:

Satz 1.1 (*ohne Beweis*)

Für alle $x, c \in \mathbb{R}$ mit $c > 0$ gilt: $-c \leqq x \leqq c \Leftrightarrow |x| \leqq c$.

Bemerkung:

Speziell gilt für $\varepsilon > 0$: $-\varepsilon \leqq x - a \leqq \varepsilon \Leftrightarrow |x-a| \leqq \varepsilon$ und $a - \varepsilon \leqq x \leqq a + \varepsilon \Leftrightarrow |x-a| \leqq \varepsilon$

Satz 1.2

Für alle $a, b \in \mathbb{R}$ gilt: a) $|a+b| \leqq |a| + |b|$ (Dreiecksungleichung)
b) $|a-b| \leqq |a| + |b|$
c) $|a-b| \geqq ||a| - |b||$

Es soll hier nur a) bewiesen werden, b) und c) folgen dann aus a) (vgl. Aufgabe 7).
Entsprechend (1.24) folgt aus Bemerkung 3 zur Definition 1.1:

$$\left.\begin{matrix} -|a| \leqq a \leqq |a| \\ -|b| \leqq b \leqq |b| \end{matrix}\right\} \Rightarrow -|a| - |b| \leqq a+b \leqq |a| + |b|$$

$-(|a|+|b|) \leqq a+b \leqq |a|+|b|$ und nach Satz 1.1 mit $c=|a|+|b|$ und $x=a+b$:
$|a+b| \leqq |a|+|b|$. ●

Satz 1.3 (*ohne Beweis*)

Für alle $a, b \in \mathbb{R}$ gilt: $|a \cdot b| = |a| \cdot |b|$ (1.28)

$$\left|\frac{a}{b}\right| = \frac{|a|}{|b|}, \text{ für } b \neq 0.$$

Gleichungen und Ungleichungen mit Beträgen

a) $M = \{x \mid -7 < x < 7\} = \{x \mid |x| < 7\}$.
b) $M = \{x \mid x^2 \leqq 25\} = \{x \mid -5 \leqq x \leqq 5\} = \{x \mid |x| \leqq 5\}$.
c) $M = \{x \mid -1 < x < 3\} = \{x \mid -2 < x - 1 < 2\} = \{x \mid |x-1| < 2\}$.
d) $M = \{x \mid |x+1| = 3x - 1\}$.
Falls $x > -1$ gilt: $(|x+1| = 3x-1) \Leftrightarrow (x+1 = 3x-1) \Leftrightarrow (x=1)$.
Falls $x < -1$ gilt: $(|x+1| = 3x-1) \Leftrightarrow (-(x+1) = 3x-1) \Leftrightarrow (x=0)$, dieser Fall tritt also nicht ein, d.h. $M = \{1\}$.

Nach den Folgerungen aus den Anordnungseigenschaften, der Definition des Betrages reeller Zahlen und einigen Anwendungen auf Lösungsmengen werden im folgenden wichtige Begriffe für einige spezielle Teilmengen von $\mathbb{R}$ erklärt.

Definition 1.2

Die folgenden Teilmengen von $\mathbb{R}$ werden **Intervalle** genannt und wie folgt geschrieben (dabei sei $a, b \in \mathbb{R}$ und $a < b$):

$\{x \mid a \leqq x \leqq b\} = [a,b]$ abgeschlossenes Intervall
$\{x \mid a \leqq x < b\} = [a,b)$ rechtsoffenes Intervall } halboffene Intervalle
$\{x \mid a < x \leqq b\} = (a,b]$ linksoffenes Intervall } halboffene Intervalle
$\{x \mid a < x < b\} = (a,b)$ offenes Intervall[1])
$\{x \mid a \leqq x\} = [a, \infty)$
$\{x \mid a < x\} = (a, \infty)$
$\{x \mid x \leqq b\} = (-\infty, b]$
$\{x \mid x < b\} = (-\infty, b)$
$\{x \mid x \in \mathbb{R}\} = (-\infty, \infty) = \mathbb{R}$

[1]) Anstelle der runden Klammern werden oft nach außen geöffnete eckige Klammern geschrieben, z.B. $]a, b[= (a, b)$.

Bemerkungen:

1. Die letzten fünf Intervalltypen nennt man unbeschränkte (oder unendliche) Intervalle, die anderen beschränkt (oder endlich).
2. $\mathbb{R}$ ist ein offenes Intervall.
3. Die Zahlen a und b werden **Randpunkte** eines beschränkten Intervalls genannt, alle anderen Elemente des Intervalls heißen **innere Punkte**.

Intervalle lassen sich auf der Zahlengeraden veranschaulichen (siehe Bild 1.2)

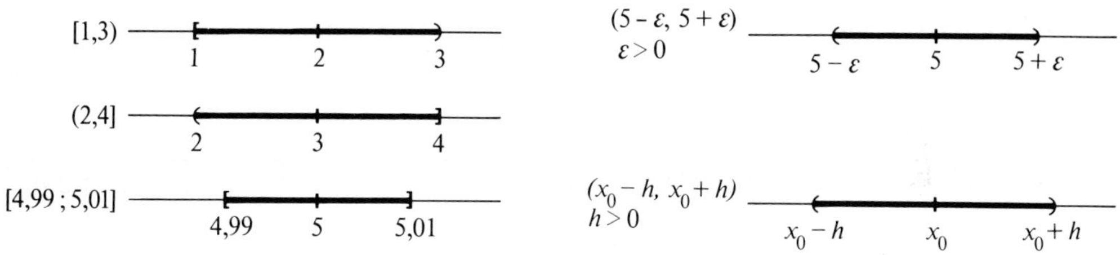

Bild 1.2: Intervalle

Für jedes beschränkte Intervall J lassen sich Schranken S_1 und S_2 derart angeben, daß für alle $x \in J$ gilt: $S_1 \leqq x \leqq S_2$.

Definition 1.3

> Gegeben sei eine Menge $A \subset \mathbb{R}$.
> A heißt **nach oben beschränkt**, wenn es eine reelle Zahl K gibt, so daß für alle $x \in A$ gilt: $x \leqq K$.
> A heißt **nach unten beschränkt**, wenn es eine reelle Zahl k gibt, so daß für alle $x \in A$ gilt: $k \leqq x$.
> Die Zahlen K bzw. k werden **obere** bzw. **untere Schranke** von A genannt.
> Eine Menge A heißt **beschränkt**, wenn sie nach oben und nach unten beschränkt ist.

Bemerkung:

Mit K ist auch jede reelle Zahl $K' > K$ eine obere Schranke. Ebenso ist mit k auch jede reelle Zahl $k' < k$ eine untere Schranke.

Ein für den Aufbau der Differential- und Integralrechnung wichtiger Begriff ist der Umgebungsbegriff. Er wird unter Verwendung von Intervallen erklärt.

Definition 1.4

> Jedes offene Intervall, das die Zahl a enthält, heißt eine **Umgebung** von a.
> Schreibweise: $U(a)$.
> Es sei $\varepsilon > 0$. Unter der **ε-Umgebung** von a versteht man das (bez. a symmetrische) offene Intervall $(a - \varepsilon, a + \varepsilon)$.
> Schreibweise: $U_\varepsilon(a)$.
> Eine Umgebung von a ohne die Zahl a selbst wird **punktierte Umgebung** von a genannt.
> Schreibweise: $U^{\cdot}(a) = U(a) \setminus \{a\}$.
> Unter der **punktierten ε-Umgebung** von a versteht man: $U^{\cdot}_\varepsilon(a) = U_\varepsilon(a) \setminus \{a\}$.

Beispiel 1.3

a) $(-0{,}01;\ +0{,}01)$ ist eine ε-Umgebung von 0 mit $\varepsilon=0{,}01$, und eine Umgebung von jeder Zahl $a\in(-0{,}01;\,0{,}01)$.
b) $(1{,}99;\,2{,}01)\setminus\{2\}=\dot{U}_{0{,}01}(2)$.

Definition 1.5

Die kleinste obere Schranke einer nach oben beschränkten Menge $A\subset\mathbb{R}$ wird **obere Grenze** von A oder **Supremum** von A genannt. Entsprechend heißt die größte untere Schranke einer nach unten beschränkten Menge $A\subset\mathbb{R}$ die **untere Grenze von** A oder das **Infimum** von A. Schreibweise: sup A bzw. inf A.

Das Infimum m einer Menge A heißt **Minimum**, wenn $m\in A$ gilt.
Das Supremum M einer Menge A heißt **Maximum** von A, wenn $M\in A$ gilt.

1.3.3 Eigenschaft der Vollständigkeit

Die bisher in den Abschnitten 1.3.1 und 1.3.2 genannten Grundgesetze gelten auch in $\mathbb{Q}$. Die folgende Eigenschaft der **Vollständigkeit** besitzt $\mathbb{Q}$ aber nicht:

Jede nicht leere, nach oben beschränkte Teilmenge von $\mathbb{R}$ besitzt genau eine obere Grenze in $\mathbb{R}$.

Daß die Menge der rationalen Zahlen diese Eigenschaft nicht besitzt, zeigt $M=\{x\mid x\in\mathbb{Q}$ und $x^2<2\}$. Diese Menge besitzt als obere Grenze die Zahl $\sqrt{2}$, die nicht zu $\mathbb{Q}$ gehört (s. Seite 4).
Die Menge der reellen Zahlen besitzt auch die zur Vollständigkeit äquivalente Eigenschaft:

Jede nicht leere, nach unten beschränkte Teilmenge von $\mathbb{R}$ besitzt genau eine untere Grenze in $\mathbb{R}$.

Diese Eigenschaft läßt sich aus der Vollständigkeit beweisen, indem man von der nach unten beschränkten Menge M zur Menge $M'=\{x\mid -x\in M\}$ übergeht, die dann nach oben beschränkt ist, und umgekehrt.

Aufgaben

1. Beweisen Sie die Eindeutigkeit des neutralen Elementes bez.· aus den Grundgesetzen 1 bis 3 der Multiplikation.
2. Sind die folgenden Mengen beschränkt? Geben Sie Maximum, Minimum, Supremum und Infimum an, falls diese existieren.

$$A=\left\{x\mid x=\frac{n+1}{n}\text{ mit } n\in\mathbb{N}\right\}\quad B=\{x\mid x^2<1 \text{ und } x\in\mathbb{R}\}\quad C=\{x\mid x=n^{-n}\text{ mit } n\in\mathbb{Z}\setminus\{0\}\}$$

3. Welche der folgenden Mengen sind ε-Umgebungen bzw. punktierte ε-Umgebungen entsprechend Definition 1.4?

a) $(0{,}5)$ b) $[0{,}5;\,50]$ c) $(9,\,11]$
d) $(4{,}97;\,5)\cup(5;\,5{,}03)$ e) $\mathbb{R}^+\setminus([1,\infty)\cup\{\frac{1}{2}\})$ f) $\mathbb{R}\setminus((-\infty,-1]\cup\{0\}\cup[1,\infty))$

4. Geben Sie die folgenden Mengen in aufzählender Schreibweise an.

$A = \{x \mid |x+3| = 0{,}25\}$ $\quad B = \{x \mid |2x-1| = 3x-4\}$; $\quad C = \{x \mid |3x-5| = 2|2x+1|\}$.

5. Veranschaulichen Sie auf der Zahlengeraden:

$A = \{x \mid 12x - 5 < 4x + 3\}$ $\quad B = \left\{x \,\middle|\, \dfrac{-x+1}{2x-3} < 2\right\}$ $\quad C = \{x \mid |x-3| > 5\}$ $\quad D = \{x \mid 2x^2 - 9x + 4 \geqq 0\}$

6. Man veranschauliche in einem kartesischen Koordinatensystem:

a) $M_1 = \{(x, y) \mid 2x + 3y \leqq 6 \text{ und } x, y \in \mathbb{R}\}$ b) $M_2 = \{(x, y) \mid 3x - 2y \leqq 6 \text{ und } x, y \in \mathbb{R}\}$
c) $M_3 = \{(x, y) \mid x \geqq 1 \text{ und } x, y \in \mathbb{R}\}$ d) $M = M_1 \cap M_2 \cap M_3$

7. Man beweise

a) $|a - b| \leqq |a| + |b|$ b) $|a| - |b| \leqq |a - b|$ unter Verwendung der Dreiecksungleichung!

8. Man veranschauliche

a) auf der Zahlengeraden:

$M_1 = \{x \mid |x-2| + |x+1| > 4\}$; $\quad M_2 = \{x \mid |x+1| - |2x-1| \leqq 3\}$;

b) in je einem kartesischen Koordinatensystem

$A = \{(x, y) \mid |x+1| + |y-1| \geqq 1\}$ $\quad B = \{(x, y) \mid |x-1| - |y+1| < 1\}$ $\quad C = \{(x, y) \mid |2x - 3y| \leqq 6\}$.

1.4 Vollständige Induktion

Inhalt dieses Abschnitts ist ein wichtiges Beweisverfahren. Es dient zum Beweis von Aussagen, die für alle natürlichen Zahlen $n \geqq n_0$ gelten.

1.4.1 Summenschreibweise

In den folgenden Abschnitten werden wiederholt Summen über eine große Anzahl von Summanden gebildet. Als abkürzende Schreibweise wird das Summenzeichen $\sum$ verwendet:

$$1^2 + 2^2 + 3^2 + \cdots + 100^2 = \sum_{n=1}^{100} n^2 = \sum_{i=1}^{100} i^2.$$

Die Bezeichnung für den Summenindex ist frei wählbar. Der Anfangswert für den Index heißt **untere Summationsgrenze**, der Endwert heißt **obere Summationsgrenze**. Sie werden unter bzw. über das Summenzeichen geschrieben. Mitunter ist es zweckmäßig den Summationsindex zu verändern.

Mit $k = i + 3$ gilt z.B.: $\sum\limits_{i=1}^{8} (i+3)^2 = \sum\limits_{k=4}^{11} k^2$.

Beispiel 1.4

a) $a_1 + a_2 + a_3 + \cdots + a_n = \sum_{k=1}^{n} a_k$ b) $\frac{1}{5} + \frac{1}{6} + \frac{1}{7} + \cdots + \frac{1}{25} = \sum_{i=0}^{20} \frac{1}{i+5} = \sum_{n=5}^{25} \frac{1}{n}$

c) $1 + 2 + 3 + \cdots + 50 = \sum_{n=1}^{50} n$ d) $\sum_{k=3}^{10} (k^2 + 5k) = (3^2 + 5\cdot 3) + (4^2 + 5\cdot 4) + \cdots + (10^2 + 5\cdot 10)$

e) $\sum_{i=0}^{k} (a_i + b_i) = (a_0 + b_0) + (a_1 + b_1) + \cdots + (a_k + b_k) = \sum_{i=0}^{k} a_i + \sum_{i=0}^{k} b_i$

f) $\sum_{i=1}^{5} 2 = 2 + 2 + 2 + 2 + 2 = 5\cdot 2 = 10$

Rechenregeln:

a) $\sum_{k=1}^{n} a_k = \sum_{k=1}^{m} a_k + \sum_{k=m+1}^{n} a_k$ mit $1 \leqq m < n$

b) $\sum_{k=1}^{n} (\lambda a_k + \mu b_k) = \lambda \sum_{k=1}^{n} a_k + \mu \sum_{k=1}^{n} b_k$ für alle $\lambda, \mu \in \mathbb{R}$

c) $\sum_{k=0}^{n} a_k = \sum_{i=-j}^{n-j} a_{i+j}$ für alle $j \in \mathbb{Z}$

(Verschieben des Summationsindexes entsprechend $k = i + j$)

d) $\sum_{k=1}^{n} a = n \cdot a$

Beispiel 1.5

a) $\sum_{i=1}^{100} i^2 + \sum_{l=106}^{200} (l-5)^2 = \sum_{i=1}^{100} i^2 + \sum_{k=101}^{195} k^2$ mit $k = l - 5$ nach c)

$= \sum_{i=1}^{100} i^2 + \sum_{i=101}^{195} i^2$ Umbenennung des Summationsindexes

$= \sum_{i=1}^{195} i^2$ nach a)

b) $\sum_{i=0}^{50} (3i^2 + 5i + 3) = 3 \sum_{i=0}^{50} i^2 + 5 \sum_{i=0}^{50} i + 3 \sum_{i=0}^{50} 1 = 3 \sum_{i=0}^{50} i^2 + 5 \sum_{i=0}^{50} i + 3\cdot 51$

c) $\sum_{i=1}^{10} i^2 - \sum_{k=5}^{12} (k-3)^2 = 1^2 + 2^2 + \cdots + 10^2 - (2^2 + \cdots + 9^2) = 1 + 100 = 101$

1.4.2 Vollständige Induktion bei Summenformeln

Beispiel 1.6

Beim Versuch, die ungeraden natürlichen Zahlen zu addieren, fällt eine Gesetzmäßigkeit auf:

$$\begin{aligned} &1 &&= 1\\ &1+3 &&= 4\\ &1+3+5 &&= 9\\ &1+3+5+7 &&= 16\\ &1+3+5+7+9 &&= 25\ldots \end{aligned}$$

Folgende Vermutung liegt nahe:

Für alle $n \in \mathbb{N}$ gilt: $1+3+\cdots+(2n-1)=n^2$ (1.29)

Für die ersten fünf natürlichen Zahlen ist die Vermutung bereits bewiesen. Wir zeigen nun, daß sie für alle natürlichen Zahlen gilt, indem wir beweisen, daß die Behauptung für eine natürliche Zahl $n=k+1$ dann gilt, wenn sie für die um 1 kleinere natürliche Zahl $n=k$ gilt. Bezeichnen wir die Vermutung mit $A(n)$, so folgt dann aus der Gültigkeit von $A(1)$ die Gültigkeit von $A(2)$ und daraus die Gültigkeit von $A(3)$ usf. Unser Ziel ist also der Beweis der Implikation

$$\begin{aligned} &A(k) \Rightarrow && A(k+1):\\ &1+3+\cdots+(2k-1)=k^2 \Rightarrow && 1+3+\cdots+(2(k+1)-1)=(k+1)^2\\ &1+3+\cdots+(2k-1)=k^2 \Rightarrow && 1+3+\cdots+\ (2k+1)=k^2+2k+1. \end{aligned}$$

Schreibt man in der rechten Summe den vorletzten Summanden:

$$1+3+\cdots+(2k-1)=k^2 \Rightarrow 1+3+\cdots+(2k-1)+(2k+1)=k^2+2k+1,$$

so erkennt man, daß die Folgerung korrekt ist (Addition von $2k+1$). ●

Man nennt diese Beweisführung das

Prinzip der vollständigen Induktion:

Die Behauptung $A(n)$ ist für alle $n \in \mathbb{N}$ richtig, wenn
(I) $A(n)$ für $n=1$ gilt, und
(II) aus der Gültigkeit der Aussage für eine natürliche Zahl k die Gültigkeit der Aussage für die Zahl $k+1$ folgt.

Kurz: Die Behauptung $A(n)$ gilt, wenn
(I) $A(1)$ gilt, und
(II) aus $A(k)$ folgt $A(k+1)$.

Bemerkungen:

1. Es wird (I) der **Induktionsanfang** und (II) der **Induktionsschritt** genannt.
2. Es gibt Aussagen, die für alle natürlichen Zahlen erst ab einer Zahl n_0 gelten. In diesem Fall wird als Induktionsanfang $n=n_0$ gewählt.

Es gibt mannigfaltige Möglichkeiten, den Induktionsschritt niederzuschreiben. Ein häufig verwendetes Schema ist das folgende:

$$\begin{array}{r l} A(k)\colon & \ldots \\ \Downarrow & \cdots \\ A(k+1)\colon & \ldots \end{array}$$

Hierbei versucht man $A(k)$ in $A(k+1)$ zu überführen, wobei oft das gewünschte Ziel $A(k+1)$ Ausgangspunkt der Umformung ist. Dazu ein Beispiel, das auch die Summenschreibweise verwendet:

Beispiel 1.7

Welchen Wert hat $\sum_{j=1}^{n} \frac{1}{j(j+1)}$?

Das Einsetzen der ersten natürlichen Zahlen ergibt:

$$n=1\colon \sum_{j=1}^{1} \frac{1}{j(j+1)} = \frac{1}{1\cdot 2} = \frac{1}{2}$$

$$n=2\colon \sum_{j=1}^{2} \frac{1}{j(j+1)} = \frac{1}{1\cdot 2} + \frac{1}{2\cdot 3} = \frac{3+1}{6} = \frac{2}{3}$$

Ein Vergleich der Zahlen n mit den Ergebnissen der Summation legt die folgende Vermutung nahe:

Für alle $n \in \mathbb{N}$ gilt: $A(n)\colon \frac{1}{1\cdot 2} + \frac{1}{2\cdot 3} + \frac{1}{3\cdot 4} + \cdots + \frac{1}{n(n+1)} = \frac{n}{n+1}$ (1.30)

Beweis:

(I) Induktionsanfang: Für $n=1$ endet die Summation bei $\frac{1}{1(1+1)}$:

$$A(1)\colon \frac{1}{1\cdot 2} = \frac{1}{1+1} \text{ ist richtig}$$

(II) Induktionsschritt:

$$A(k)\colon \sum_{j=1}^{k} \frac{1}{j(j+1)} = \frac{k}{k+1}$$

$$\Downarrow \quad \sum_{j=1}^{k} \frac{1}{j(j+1)} + \frac{1}{(k+1)(k+2)} = \frac{k}{k+1} + \frac{1}{(k+1)(k+2)} = \frac{k(k+2)+1}{(k+1)(k+2)} = \frac{(k+1)^2}{(k+1)(k+2)}$$

$$A(k+1)\colon \sum_{j=1}^{k+1} \frac{1}{j(j+1)} = \frac{k+1}{(k+1)+1}$$

●

Bemerkung:

Alle Beweise durch vollständige Induktion sind in zwei Schritten zu führen, und es darf auf keinen der beiden Schritte verzichtet werden, wie die folgenden Beispiele zeigen:

Der Induktionsschritt allein reicht als Beweis nicht aus:
Für die Behauptung $A(n)$: $n = n + 1$ gelingt der Induktionsschritt:

$$A(k):\ k = k + 1 \Rightarrow A(k+1):\ k + 1 = k + 1 + 1.$$

Man findet aber keinen Induktionsanfang, für den $A(n_0)$ gilt. (Sonst wären nämlich von n_0 an alle natürlichen Zahlen gleich.)

Der Induktionsschritt ist notwendig:
Eine Behauptung muß noch nicht stimmen, wenn sie z.B. für die ersten zehn natürlichen Zahlen gilt:

Behauptung:
Für alle $n \in \mathbb{N}$ liefert $n^2 - n + 41$ eine Primzahl.
Setzen wir der Reihe nach die ersten natürlichen Zahlen ein, dann erhalten wir mit 41, 43, 47, 53, 61, 71, 83, 97, 113, 131,... nur Primzahlen. Trotzdem gilt die Behauptung nicht, denn z.B. für $n = 41$ gilt $n^2 - n + 41 = 41 \cdot 41$.

Beispiel 1.8

Summe der Potenzen einer Zahl:

Für alle $n \in \mathbb{N}$ und $q \neq 1$ gilt: $\sum\limits_{i=0}^{n} q^i = 1 + q + q^2 + \cdots + q^n = \dfrac{1 - q^{n+1}}{1 - q}$. (1.31)

Beweis:

Induktionsanfang: $A(1)$: $1 + q = \dfrac{1 - q^2}{1 - q}$ gilt wegen $(1 + q)(1 - q) = 1 - q^2$.

Induktionsschritt:

$$A(k):\ 1 + q + \cdots + q^k = \frac{1 - q^{k+1}}{1 - q}$$

$$\Downarrow$$

$$1 + q + \cdots + q^k + q^{k+1} = \frac{1 - q^{k+1}}{1 - q} + q^{k+1} = \frac{1 - q^{k+1} + q^{k+1}(1 - q)}{1 - q}$$

$$A(k+1):\ 1 + q + \cdots + q^k + q^{k+1} = \frac{1 - q^{(k+1)+1}}{1 - q}$$ ●

Folgerung:

Für alle $n \in \mathbb{N}$ und $a, b \in \mathbb{R}$ mit $a \neq b$ gilt:

$$\frac{a^{n+1} - b^{n+1}}{a - b} = a^n + a^{n-1}b^1 + a^{n-2}b^2 + \cdots + a^2 b^{n-2} + a^1 b^{n-1} + b^n \qquad (1.32)$$

Beweis:

Für $a = 0$ ist die Gleichheit offensichtlich.

Für $a \neq 0$ und $a \neq b$ folgt mit $q = \dfrac{b}{a}$ aus (1.31):

$$1 + \left(\frac{b}{a}\right) + \left(\frac{b}{a}\right)^2 + \left(\frac{b}{a}\right)^3 + \cdots + \left(\frac{b}{a}\right)^{n-1} + \left(\frac{b}{a}\right)^n = \frac{1 - \left(\frac{b}{a}\right)^{n+1}}{1 - \left(\frac{b}{a}\right)} = \frac{\dfrac{a^{n+1} - b^{n+1}}{a^{n+1}}}{\dfrac{a - b}{a}} = \frac{a^{n+1} - b^{n+1}}{a^n(a - b)}$$

nach Multiplikation mit a^n:

$$a^n + a^{n-1}b + a^{n-2}b^2 + \cdots + a^1b^{n-1} + b^n = \frac{a^{n+1} - b^{n+1}}{a-b}$$ ●

1.4.3 Vollständige Induktion bei Ungleichungen

Beispiel 1.9

Für alle $n \in \mathbb{N}$ gilt: $2^n > n$ (1.33)

Beweis:

Induktionsanfang: $A(1)$: $2^1 > 1$ ist richtig.
Induktionsschritt: $A(k) \Rightarrow A(k+1)$
$2^k > k \Rightarrow 2^{k+1} > k+1$

Um der linken Seite der Ungleichung die gewünschte Form zu geben, wird in $A(k)$ mit 2 multipliziert. Im weiteren Beweis wird an einer Stelle verwendet, daß für alle natürlichen Zahlen k die Ungleichung $k \geqq 1$ gilt:

$$\begin{aligned} A(k)&: \quad 2^k > k \\ &\Downarrow \quad 2 \cdot 2^k > 2k \\ & \quad\;\; 2^{k+1} > k + k \geqq k + 1 \\ A(k+1)&: \quad 2^{k+1} > k + 1 \end{aligned}$$ ●

Es gibt Aussagen, die nicht für alle natürlichen Zahlen gelten, wohl aber für alle $n \in \mathbb{N}$ mit $n \geqq n_0$ (d.h. von einer natürlichen Zahl n_0 ab).

Bernoullische Ungleichung

Für alle $n \in \mathbb{N}$ mit $n \geqq 2$ und für alle $a \in \mathbb{R}$ mit $a > -1$ und $a \neq 0$ gilt:

$$(1+a)^n > 1 + n \cdot a. \qquad (1.34)$$

Beweis:

(I) Induktionsanfang: $A(2)$: $(1+a)^2 > 1 + 2a$
$1 + 2a + a^2 > 1 + 2a$ wegen $a^2 > 0$.

(II) Induktionsschritt: $A(k)$: $(1+a)^k > 1 + ka$

$$\begin{aligned} &\Downarrow \quad (1+a)(1+a)^k > (1+a)(1+ka) \quad \text{wegen } a > -1 \\ &\quad (1+a)^{k+1} > 1 + ka + a + ka^2 \\ &\quad (1+a)^{k+1} > 1 + a(k+1) + ka^2 > 1 + a(k+1) + a^2, \quad \text{weil } k > 1 \\ A(k+1)&: \quad (1+a)^{k+1} > 1 + (k+1)a \end{aligned}$$ ●

Für das Produkt der ersten n natürlichen Zahlen verwendet man eine Kurzschreibweise:

Das Produkt der ersten n natürlichen Zahlen wird ***n*-Fakultät** genannt.
Schreibweise: $n! = 1 \cdot 2 \cdot 3 \cdot \cdots \cdot n$
Zusätzlich wird $0! = 1$ definiert.

Bemerkung:

Die Definition von 0! erleichtert uns spätere Formulierungen.

Beispiel 1.10

$$\begin{aligned} 5! &= 1\cdot 2\cdot 3\cdot 4\cdot 5 = 120 \\ 6! &= 1\cdot 2\cdot 3\cdot 4\cdot 5\cdot 6 = 5!\cdot 6 = 720 \\ 10! &= 1\cdot 2\cdot \cdots \cdot 10 = 3\,628\,800 \\ 20! &= 1\cdot 2\cdot \cdots \cdot 20 = 2\,432902\,008\,176\,640\,000 \end{aligned}$$

Allgemein:

$$(k+1)! = 1\cdot 2\cdot 3\cdot \cdots \cdot k\cdot (k+1) = k!\cdot (k+1)$$

Abschätzung für n-Fakultät

Für alle $n \in \mathbb{N}$ mit $n \geqq 3$ gilt: $n! > 2^{n-1}$ (1.35)

Beweis:

Induktionsanfang: $A(3)$: $3! > 2^{3-1}$ ist richtig wegen $6 > 4$.
Induktionsschritt: $A(k)$: $k! > 2^{k-1}$

$$\Downarrow \quad (k+1)k! > (k+1)2^{k-1}$$

$$(k+1)k! > 2\cdot 2^{k-1}, \quad \text{weil } k+1 \geqq 2 \text{ für alle } k \in \mathbb{N}$$

$A(k+1)$: $(k+1)! > 2^{(k+1)-1}$ ●

1.4.4 Binomischer Satz

Betrachten wir die Potenzen $(a+b)^n$ für die Exponenten $n = 1, 2, 3, 4, 5$, dann fallen uns Gesetzmäßigkeiten auf:

$$\begin{aligned} (a+b)^1 &= a + b \\ (a+b)^2 &= a^2 + 2ab + b^2 \\ (a+b)^3 &= a^3 + 3a^2b + 3ab^2 + b^3 \\ (a+b)^4 &= a^4 + 4a^3b + 6a^2b^2 + 4ab^3 + b^4 \\ (a+b)^5 &= a^5 + 5a^4b + 10a^3b^2 + 10a^2b^3 + 5ab^4 + b^5 \end{aligned}$$

Die $(a+b)^n$ entsprechende Summe enthält $(n+1)$ Summanden, die sich so anordnen lassen, daß – beginnend mit a^n – von Summand zu Summand der Exponent von a um 1 fällt und der von b um 1 wächst. Der letzte Summand ist dann b^n.

Um die Faktoren bei den Potenzen von a und b kurz zu beschreiben, definiert man:

Definition 1.6

Es sei $n, k \in \mathbb{N}$ und $n \geqq k$. Unter den **Binomialkoeffizienten** verstehen wir die Zahlen

$$\binom{n}{k} = \frac{n(n-1)\cdots(n-k+1)}{1\cdot 2\cdot \cdots \cdot k} \quad \text{und} \quad \binom{n}{0} = 1, \ \binom{0}{0} = 1.$$

Sprechweise: «n über k» bzw. «n über Null»

Beispiel 1.11

Im Falle $n = 5$ ist damit $\binom{n}{k}$ für $k = 0, 1, 2, 3, 4, 5$ definiert, und es gilt:

$$\binom{5}{0} = 1 \qquad \binom{5}{1} = \frac{5}{1} = 5 \qquad \binom{5}{2} = \frac{5\cdot 4}{1\cdot 2} = 10 \qquad \binom{5}{3} = \frac{5\cdot 4\cdot 3}{1\cdot 2\cdot 3} = 10$$

$$\binom{5}{4} = \frac{5\cdot 4\cdot 3\cdot 2}{1\cdot 2\cdot 3\cdot 4} = 5 \quad \binom{5}{5} = \frac{5\cdot 4\cdot 3\cdot 2\cdot 1}{1\cdot 2\cdot 3\cdot 4\cdot 5} = 1.$$

Das sind aber genau die Koeffizienten in der Summenentwicklung von $(a+b)^5$.

Eigenschaften der Binomialkoeffizienten:

Satz 1.4

Für alle Binomialkoeffizienten gilt:

a) $$\binom{n}{k} = \frac{n!}{k!(n-k)!}$$

b) $$\binom{n}{k} = \binom{n}{n-k} \quad \text{(Symmetrie)}$$

c) $$\binom{n}{k-1} + \binom{n}{k} = \binom{n+1}{k}$$

Beweis:

a) Im Falle $n = k$ gilt: $\binom{n}{k} = \frac{n(n-1)(n-2)\cdots 3\cdot 2\cdot 1}{1\cdot 2\cdot 3\cdots(n-2)(n-1)n} = 1 = \frac{n!}{n!\cdot 0!}$

Im Falle $n > k$ gilt:

$$\binom{n}{k} = \frac{n(n-1)(n-2)\cdots(n-k+1)}{1\cdot 2\cdot 3\cdot\cdots\cdot k} = \frac{n(n-1)\cdots(n-k+1)}{1\cdot 2\cdot\cdots\cdot k}\cdot\frac{(n-k)(n-k-1)\cdot\cdots\cdot 2\cdot 1}{(n-k)(n-k-1)\cdot\cdots\cdot 2\cdot 1}$$
$$= \frac{n!}{k!(n-k)!}$$

b) $$\binom{n}{n-k} = \frac{n!}{(n-k)!\,[n-(n-k)]!} = \frac{n!}{(n-k)!\,k!} = \binom{n}{k}$$

c) $$\binom{n}{k-1} + \binom{n}{k} = \frac{n!}{(k-1)!(n-k+1)!} + \frac{n!}{k!(n-k)!}$$
$$= \frac{k\cdot n!}{k(k-1)!(n-k+1)!} + \frac{n!(n-k+1)}{k!(n-k)!(n-k+1)}$$
$$= \frac{n!(k+n-k+1)}{k!(n-k+1)!} = \frac{(n+1)!}{k![(n+1)-k]!} = \binom{n+1}{k}.$$

●

Beispiele:

$$\binom{20}{17} = \binom{20}{3} = \frac{20 \cdot 19 \cdot 18}{1 \cdot 2 \cdot 3} = 1140$$

$$\binom{n}{n-1} + \binom{n+1}{n} + \binom{n+2}{n+1} = \binom{n}{1} + \binom{n+1}{1} + \binom{n+2}{1} = 3n + 3 = 3(n+1)$$

Die Eigenschaft c) im soeben bewiesenen Satz ermöglicht die zeilenweise Berechnung der Binomialkoeffizienten im **Pascalschen Dreieck**:

$n=0$: —— $\binom{0}{0}$ 1

$n=1$: —— $\binom{1}{0}$ $\binom{1}{1}$ 1 1

$n=2$: —— $\binom{2}{0}$ $\binom{2}{1}$ $\binom{2}{2}$ 1 2 1

$n=3$: $\binom{3}{0}$ $\binom{3}{1}$ $\binom{3}{2}$ $\binom{3}{3}$ 1 3 3 1

. . . .

$k=0$ $k=1$ $k=2$ $k=3$

Der Eigenschaft b) entspricht die Symmetrie des Pascalschen Dreiecks.

Mit Hilfe der Binomialkoeffizienten können wir $(a+b)^5$ so schreiben, daß eine Vermutung für die Summenschreibweise von $(a+b)^n$ naheliegt:

$$(a+b)^5 = \binom{5}{0}a^5b^0 + \binom{5}{1}a^4b^1 + \binom{5}{2}a^3b^2 + \binom{5}{3}a^2b^3 + \binom{5}{4}a^1b^4 + \binom{5}{5}a^0b^5$$

Satz 1.5 (Binomischer Satz)

Für alle $n \in \mathbb{N}$ und $a, b \in \mathbb{R}$ gilt:

$$(a+b)^n = \binom{n}{0}a^nb^0 + \binom{n}{1}a^{n-1}b^1 + \binom{n}{2}a^{n-2}b^2 + \cdots + \binom{n}{n-1}a^1b^{n-1} + \binom{n}{n}a^0b^n$$
$$= \sum_{j=0}^{n} \binom{n}{j} a^{n-j}b^j$$

Beweis (durch vollständige Induktion):

(I) Induktionsanfang: $A(1): (a+b)^1 = \binom{1}{0}a^1b^0 + \binom{1}{1}a^0b^1 = a^1 + b^1$ ist richtig.

(II) Induktionsschritt:

$$A(k)\colon\ (a+b)^k = \binom{k}{0}a^kb^0 + \binom{k}{1}a^{k-1}b^1 + \binom{k}{2}a^{k-2}b^2 + \cdots + \binom{k}{k-1}a^1b^{k-1} + \binom{k}{k}a^0b^k$$

$$(a+b)(a+b)^k = (a+b)\left[\binom{k}{0}a^kb^0 + \binom{k}{1}a^{k-1}b^1 + \binom{k}{2}a^{k-2}b^2 + \cdots + \binom{k}{k-1}a^1b^{k-1} + \binom{k}{k}a^0b^k\right]$$

$$= \binom{k}{0}a^{k+1}b^0 + \binom{k}{1}a^kb^1 + \binom{k}{2}a^{k-1}b^2 + \cdots + \binom{k}{k}a^1b^k$$

$$+ \binom{k}{0}a^kb^1 + \binom{k}{1}a^{k-1}b^2 + \cdots + \binom{k}{k-1}a^1b^k + \binom{k}{k}a^0b^{k+1}$$

Wegen $\binom{k}{0} = \binom{k+1}{0} = 1 = \binom{k}{k} = \binom{k+1}{k+1}$ und Satz 1.4c) gilt:

$$A(k+1)\colon\ (a+b)^{k+1} = \binom{k+1}{0}a^{k+1}b^0 + \binom{k+1}{1}a^kb^1 + \binom{k+1}{2}a^{k-1}b^2 + \cdots + \binom{k+1}{k}a^1b^k + \binom{k+1}{k+1}a^0b^{k+1}.$$

●

Beispiel 1.12

Die Summenentwicklung von $(1-x^2)^{20}$ ergibt:

$$(1-x^2)^{20} = \binom{20}{0}1^{20}(-x^2)^0 + \binom{20}{1}1^{19}(-x^2)^1 + \binom{20}{2}1^{18}(-x^2)^2 + \cdots + \binom{20}{20}1^0(-x^2)^{20}$$

$$= 1 - \binom{20}{1}x^2 + \binom{20}{2}x^4 - \binom{20}{3}x^6 + \binom{20}{4}x^8 - \cdots + \binom{20}{20}x^{40}$$

$$= 1 - 20x^2 + 190x^4 - 1140x^6 + 4845x^8 - \cdots + x^{40}$$

Aufgaben

1. Welche Werte haben die folgenden Differenzen:

   a) $\sum\limits_{k=1}^{21} \frac{1}{k+2} - \sum\limits_{k=4}^{24} \frac{1}{k-2}$ b) $\sum\limits_{k=0}^{11} (2k+1)^2 - \sum\limits_{k=1}^{12} (2k-3)^2$

2. Beweisen Sie die Richtigkeit der folgenden Aussagen mittels vollständiger Induktion:

   a) $\sum\limits_{i=1}^{n} i = 1 + 2 + 3 + \cdots + n = \frac{n(n+1)}{2}$

   b) $\sum\limits_{i=1}^{n} i^2 = 1 + 4 + 9 + \cdots + n^2 = \frac{n(n+1)(2n+1)}{6}$

c) $\sum_{i=1}^{n} i^3 = \frac{n^2(n+1)^2}{4}$

d) Für alle $a, b \in \mathbb{R}$ mit $0 \leqq a < b$ gilt: $a^n < b^n$.

3. Schreiben Sie $(a-b)^n$ als Summe entsprechend dem Binomischen Satz!

4. Wie lautet die Summenentwicklung von $\left(2x^2 + \frac{1}{2x}\right)^8$?

5. Berechnen Sie die folgenden Werte nach dem Binomischen Satz!
   a) $(1+0{,}1)^{10}$
   b) $(0{,}99)^5$

6. Aus dem Binomischen Satz leite man Formeln für

$$\sum_{k=0}^{n} \binom{n}{k} \quad \text{und} \quad \sum_{k=0}^{n} (-1)^k \binom{n}{k} \quad \text{her.}$$

7. Die folgenden Aussagen $A(n)$ lassen sich durch vollständige Induktion beweisen. Formulieren Sie jeweils nur die Aussage $A(k+1)$!
   a) n verschiedene Geraden der Ebene, die durch einen Punkt gehen, zerlegen die Ebene in $2n$ Winkelfelder.
   b) n verschiedene Geraden der Ebene, von denen sich jeweils zwei (aber nie mehr) in einem Punkt schneiden, zerlegen die Ebene in $\frac{n(n+1)}{2} + 1$ Gebiete.
   c) $\sum_{j=1}^{n} j(j+1) = \frac{n(n+1)(n+2)}{3}$
   d) Für alle $n \geqq 2$ gilt: $1^1 \cdot 2^2 \cdot 3^3 \cdots n^n < n^{n(n+1)/2}$.

2 Funktionen

2.1 Grundbegriffe

Aus Physik und Mathematik sind Zuordnungen bekannt, die den Elementen einer Menge A Elemente einer Menge B zuordnen.

Beispiel 2.1

1. Jeder Geschwindigkeit eines Autos (in km/h) ist eine Zeigerstellung des Tachometers (zwischen 0 und 300) zugeordnet.
2. Jeder Temperatur des Badewassers (in °C) ist ein Skalenwert des Badethermometers zugeordnet (zwischen 0 und 50).
3. Jeder reellen Zahl wird ihr Quadrat zugeordnet.
4. Jeder natürlichen Zahl werden ihre Teiler zugeordnet.

Während die letztgenannte Zuordnung einem Element aus A i.a. mehrere Elemente in B zuordnet (z.B. hat 6 die Teiler 1, 2, 3, 6), ordnen die ersten drei Zuordnungen jedem Element aus A genau eines in B zu. Diese Zuordnungen heißen Funktionen:

> Gegeben seien zwei Mengen D_f und Z und eine Zuordnungsvorschrift, die jedem Element aus D_f genau ein Element aus Z zuordnet. Dann ist durch D_f und diese Zuordnungsvorschrift eine **Funktion** f von D_f in Z gegeben.
>
> Schreibweisen: $f: D_f \to Z$ mit $x \mapsto f(x)$,
> oder $f: x \mapsto f(x)$ mit $x \in D_f$,
> oder $y = f(x)$ mit $x \in D_f$.
>
> Sprechweisen: »f ist Funktion von D_f in Z« oder
> »die durch $y = f(x)$ auf D_f definierte Funktion f«

Bemerkungen:

1. Die folgenden Namen sind üblich:

   x – **Argument** oder **Variable** von f [1])
   $f(x)$ – **Funktionswert**, Wert der Funktion f an der Stelle x
   $x \mapsto f(x)$, $y = f(x)$ } **Zuordnungsvorschrift**
   D_f – **Definitionsmenge** oder **Definitionsbereich**
   Z – **Zielmenge**

2. Der Pfeil $\mapsto$ wird stets zwischen Argument und Funktionswert geschrieben und $\to$ stets zwischen Definitionsmenge und Zielmenge. D.h.: $\mapsto$ steht zwischen Elementen und $\to$ zwischen Mengen.
3. Die Bezeichnung der Variablen in der Zuordnungsvorschrift kann beliebig ersetzt werden. So

---

[1]) Oft wird x als **unabhängige Variable** (oder **unabhängige Veränderliche**) und $y = f(x)$ als **abhängige Variable** (oder **abhängige Veränderliche**) bezeichnet.

bedeuten z.B. die folgenden Zuordnungsvorschriften alle das gleiche, nämlich, daß das Argument quadriert wird:

$$x \mapsto x^2 \quad y \mapsto y^2 \quad u \mapsto u^2 \quad (n+1) \mapsto (n+1)^2$$

4. Man unterscheidet zwischen Zielmenge Z und **Wertemenge** $W_f \subset Z$. W_f ist die Menge aller Funktionswerte $f(x)$ mit $x \in D_f$. Schreibweise: $W_f = f D_f$.

   $$W_f = \{y \mid \text{Es gibt ein } x \in D_f \text{ mit } y = f(x)\}.$$

5. Gilt $D_f \subset \mathbb{R}$ und $Z \subset \mathbb{R}$, dann spricht man von einer **reellwertigen Funktion einer reellen Variablen** oder kurz von einer **reellen Funktion.** Im folgenden werden ausschließlich reelle Funktionen behandelt.
6. Unter dem **maximalen Definitionsbereich** $D_{\max}$ versteht man die »umfassendste« Teilmenge in $\mathbb{R}$, für die die gegebene Zuordnungsvorschrift definiert ist. Z.B. gilt für $f(x) = \dfrac{1}{x(x+3)}$: $D_{\max} = \mathbb{R} \setminus \{0, -3\}$.
   Wird im folgenden kein Definitionsbereich genannt, so gilt stets $D_f = D_{\max}$.
7. Nicht jede Zuordnung ist eine Funktion, wie das folgende Beispiel zeigt.

Beispiel 2.2

Zuordnungen, die keine Funktionen sind:

a) $f: \mathbb{R}^+ \to \mathbb{R}$ und $x \mapsto y$ mit $y^2 = x$, weil die Zuordnung nicht eindeutig ist. Es sind z.B. der Zahl 4 die Zahlen $+2$ und -2 zugeordnet.

b) $y = \sqrt{\dfrac{-1}{1+x^2}}$ mit $x \in A \subset \mathbb{R}$, weil y für kein $x \in A$ definiert ist.

c) $f: \mathbb{R} \to \mathbb{R}$ mit $x \mapsto \dfrac{x+1}{x}$, weil für $x = 0$ kein $f(x)$ definiert ist.

d) $y = \sqrt{x-1}$ für $x \in \mathbb{R}^+$, weil für $x \in (0, 1)$ kein $f(x)$ definiert ist.

Beispiel 2.3

Berechnung von Funktionswerten

a) $f(x) = \dfrac{x+1}{x}$: $\quad f(100) = \dfrac{101}{100} = 1{,}01 \quad f(z) = \dfrac{z+1}{z} \quad f(x+5) = \dfrac{x+6}{x+5}$

$$f(a-\varepsilon) = \frac{a-\varepsilon+1}{a-\varepsilon} \quad f(x^2) = \frac{x^2+1}{x^2} \quad f(x+h) = \frac{x+h+1}{x+h}$$

b) $f(x) = \dfrac{1}{x}$: $\quad f(5) = 0{,}2 \quad f(z) = \dfrac{1}{z} \quad f(x+h) = \dfrac{1}{x+h}$

$$f(x+5) = \frac{1}{x+5} \quad f(x^2) = \frac{1}{x^2} \quad f(a-\varepsilon) = \frac{1}{a-\varepsilon}$$

c) $f(x) = 2x^2 - 3x + 1$: $\quad f(0) = 1 \quad f(z) = 2z^2 - 3z + 1 \quad f(x+h) = 2(x+h)^2 - 3(x+h) + 1$

$$f(2) = 3 \quad f(x+1) = 2x^2 + x \quad f\left(\frac{1}{n}\right) = \frac{2}{n^2} - \frac{3}{n} + 1$$

Beispiel 2.4

Maximale Definitionsbereiche

Zuordnungsvorschrift:	$D_{\max}$
a) $f(x) = \sqrt{x-1}$	$[1, \infty)$
b) $f(x) = \dfrac{1}{1-x^2}$	$\mathbb{R}\backslash\{1, -1\}$
c) $f(x) = \dfrac{1}{1+x^2}$	$\mathbb{R}$
d) $f(x) = \dfrac{1}{(x-x_1)(x-x_2)\cdots(x-x_n)}$	$\mathbb{R}\backslash\{x_1, x_2, \ldots, x_n\}$

Beispiel 2.5

(Reelle) Funktionen (vgl. Bild 2.2)

a) $f: \mathbb{N} \to \mathbb{R}$ mit $x \mapsto \dfrac{1}{x}$

b) $f: \mathbb{R}^+ \to \mathbb{R}$ mit $x \mapsto \dfrac{1}{x}$

c) $f(x) = \sqrt{x^2}$ mit $x \in \mathbb{R}$

d) $f: \mathbb{R}_0^+ \to \mathbb{R}_0^+$ mit $y = \sqrt{x}$

Es bedeutet $\sqrt{x}$ stets die nichtnegative Lösung der Gleichung $y^2 = x$. Die andere Lösung ist $-\sqrt{x}$.

e) $y = 2x^3 - 5x^2 + x + 2$ mit $x \in \mathbb{R}$

f) $y = 2^x$ mit $x \in \mathbb{Z}$

g) $f: \mathbb{R} \to \{0, 1\}$ mit $f(x) = \begin{cases} 1, & \text{falls } x \text{ rational} \\ 0, & \text{falls } x \text{ nichtrational} \end{cases}$

Zu jedem $x \in D_f$ gehört entsprechend der Zuordnungsvorschrift genau ein $y \in W_j$. Die Funktion liefert so eine Menge von geordneten Zahlenpaaren (x, y), die in einem Koordinatensystem als

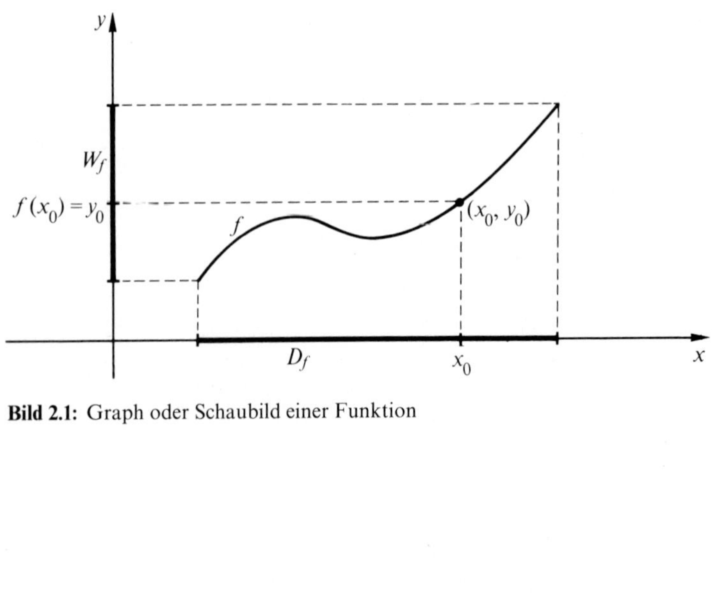

Bild 2.1: Graph oder Schaubild einer Funktion

Punkte veranschaulicht werden können. Wir beschränken uns auf die Darstellung in einem kartesischen Koordinatensystem (vgl. Bild 2.1) und nennen die Menge aller Punkte $(x, f(x))$ mit $x \in D_f$ den **Graphen** oder das **Schaubild** von f. (Der Graph von f ist also eine Punktmenge).

Schreibweise: $k_f = \{(x, y) | x \in D_f \text{ und } y = f(x)\}$.

Bemerkungen:

1. Als Beschriftung schreiben wir an die Punktmenge den Namen der Funktion.
2. Es entspricht einem Punkt eindeutig ein geordnetes Paar und umgekehrt, weshalb wir im folgenden Punkte und Paare identifizieren wollen. Dies gestattet uns die oben gebrauchte Sprechweise »der Punkt (x, y)«.

Beispiel 2.6

a) $f(x) = \frac{1}{x}$ mit $x \in \mathbb{N}$

x	1	2	4	5	...
$f(x)$	1	0,5	0,25	0,2	...

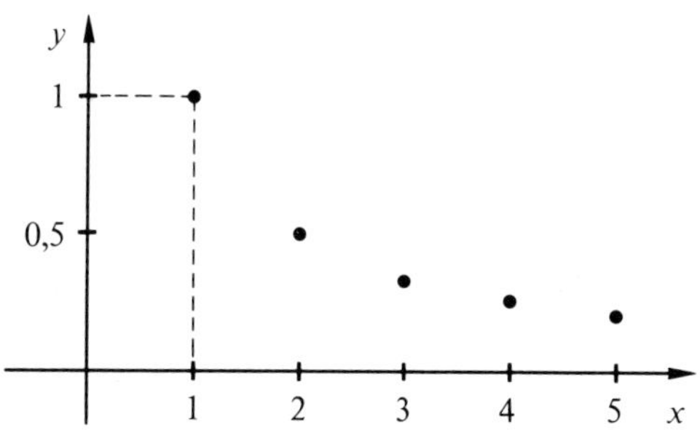

b) $f(x) = \frac{1}{x}$ mit $x \in \mathbb{R}^+$

x	2	1	0,5	0,25	...
$f(x)$	0,5	1	2	4	...

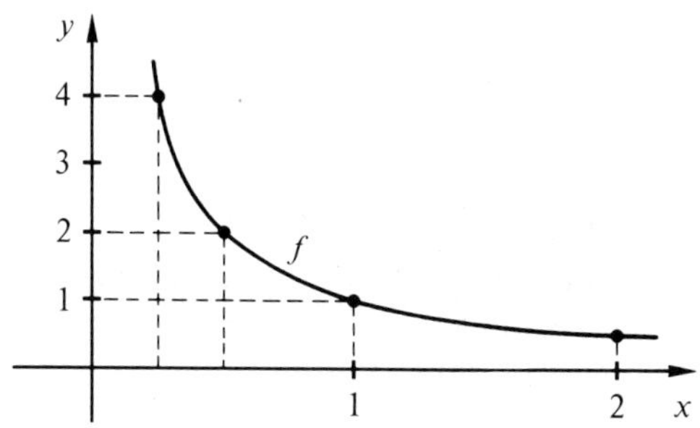

c) $f(x) = \sqrt{x^2}$ mit $x \in \mathbb{R}$

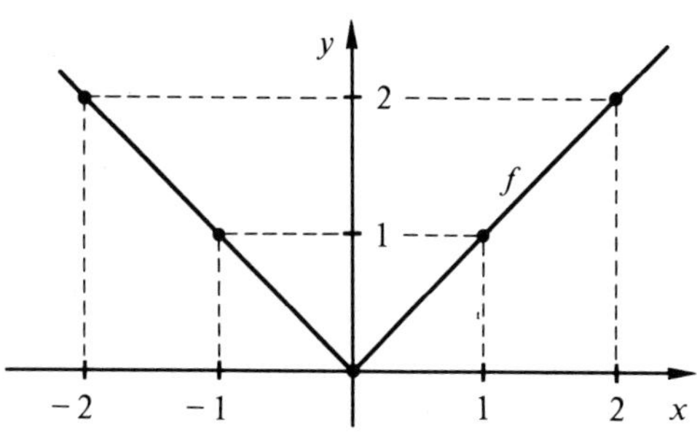

d) $f(x) = \sqrt{x}$ mit $x \in \mathbb{R}_0^+$

x	0	1	4	...
$f(x)$	0	1	2	...

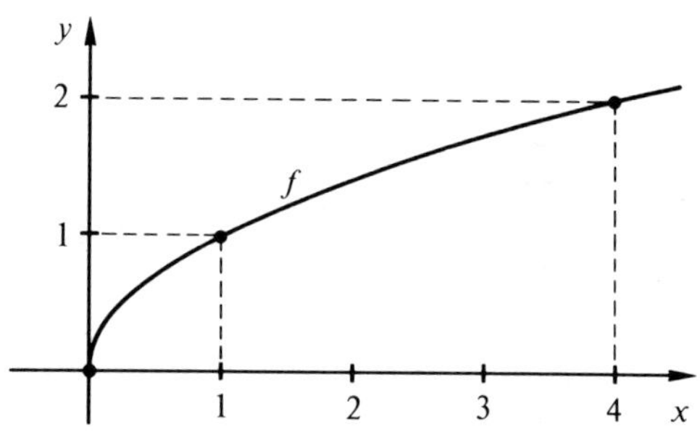

Bild 2.2 a–d: Schaubilder zu Beispiel 2.5

e) $y = 2x^3 - 5x^2 + x + 2$ auf $\mathbb{R}$

x	-1	$-0{,}5$	0	0,5	1	1,5	2	2,5	…
y	-6	0	2	1,5	0	-1	0	4,5	…

f) $y = 2^x$ mit $x \in \mathbb{Z}$

x	-2	-1	0	1	2	…
y	0,25	0,5	1	2	4	…

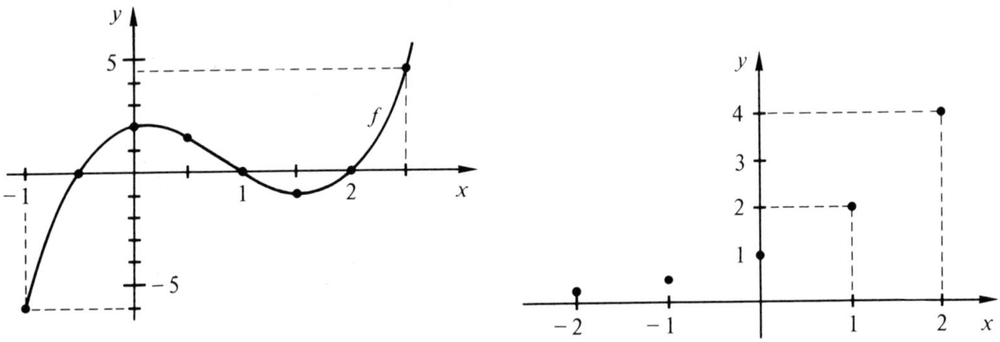

Bild 2.2 e–f: Schaubilder zu Beispiel 2.5

Zur letztgenannten Funktion in Beispiel 2.5 läßt sich kein sinnvolles Schaubild angeben.

2.1.1 Einige spezielle Funktionen

1. Identität (s. Bild 2.3)

Die Funktion, die jeder Zahl $x \in D$ die Zahl x selbst zuordnet, wird die **Identität** auf D genannt:

$$f: D \to \mathbb{R} \text{ mit } x \mapsto x.$$

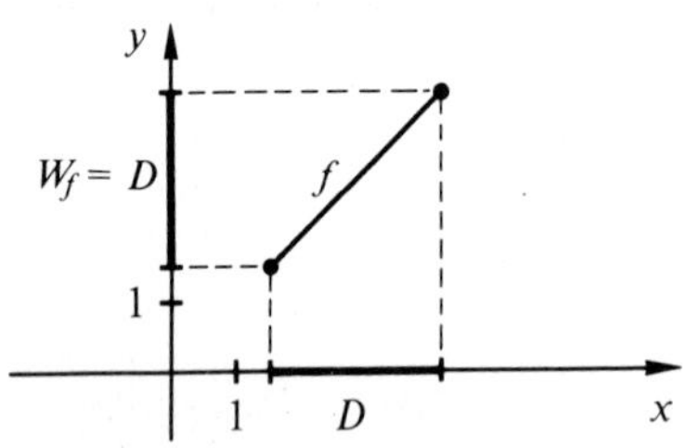

Bild 2.3: Identität aut D

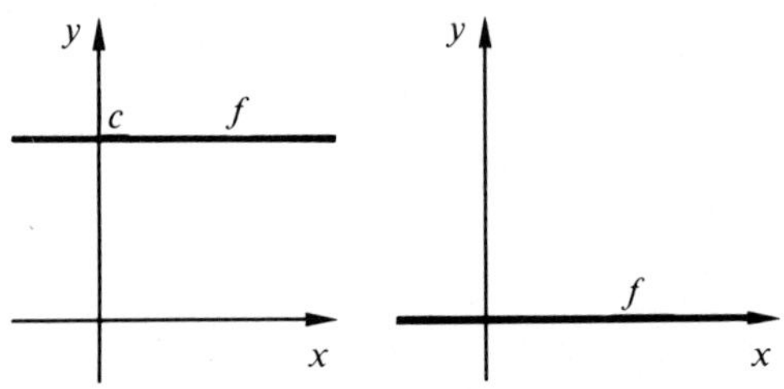

Bild 2.4: a) Konstante Funktion; b) Nullfunktion

2. Konstante Funktion (s. Bild 2.4)

Eine Funktion, die jedes $x \in D$ auf denselben Funktionswert $f(x) = c$ abbildet, heißt eine **konstante Funktion** auf D:

$$f: D \to \mathbb{R} \text{ mit } x \mapsto f(x) = c$$

Für $c = 0$ – also im Falle, daß alle Funktionswerte Null sind – heißt f die **Nullfunktion** auf D. Für eine konstante Funktion f gilt: $f(x_1) = f(x_2)$ für alle $x_1, x_2 \in D$ (wegen $f(x_1) - f(x_2) = c - c = 0$).

3. Lineare Funktion (s. Bild 2.5)

Seien $a, b \in \mathbb{R}$. Dann wird die Funktion

$$f: D \to \mathbb{R} \text{ mit } x \mapsto ax + b$$

eine **lineare Funktion** auf D genannt. Für $a = 0$ ist f eine konstante Funktion.

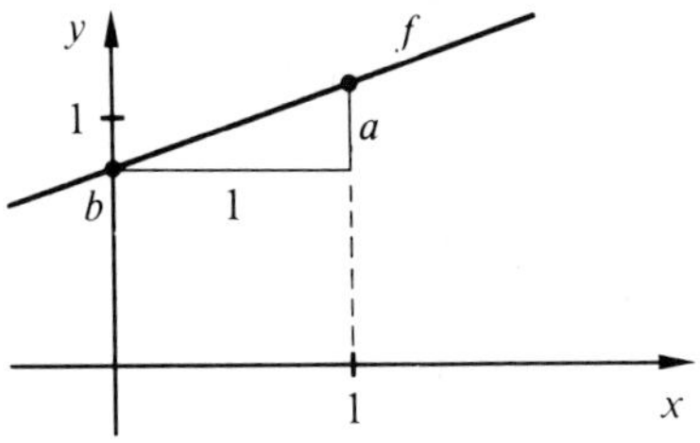

Bild 2.5: Lineare Funktion

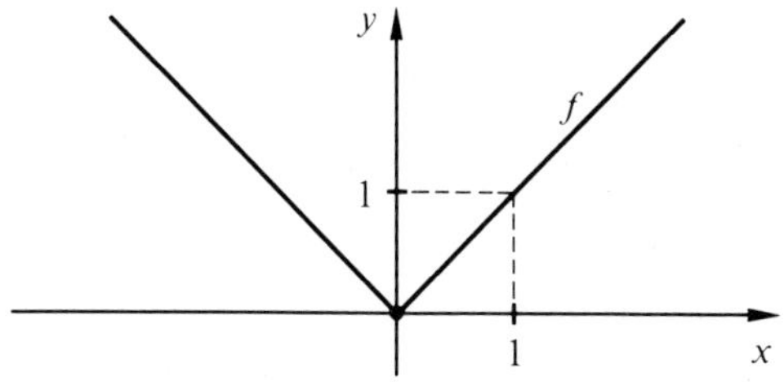

Bild 2.6: Betragsfunktion

4. Betragsfunktion (s. Bild 2.6)

Mit Hilfe des Betrages reeller Zahlen wird die **Betragsfunktion** erklärt:

$$f: \mathbb{R} \to \mathbb{R} \text{ mit } x \mapsto |x|.$$

5. Signumfunktion (s. Bild 2.7)

Die folgende Funktion wird **Signumfunktion** genannt:

$$f: \mathbb{R} \to \{-1, 0, 1\} \text{ mit } x \mapsto \begin{cases} 1, & \text{falls } x > 0 \\ 0, & \text{falls } x = 0 \\ -1, & \text{falls } x < 0 \end{cases}$$

Schreibweise: $f(x) = \operatorname{sgn}(x)$.

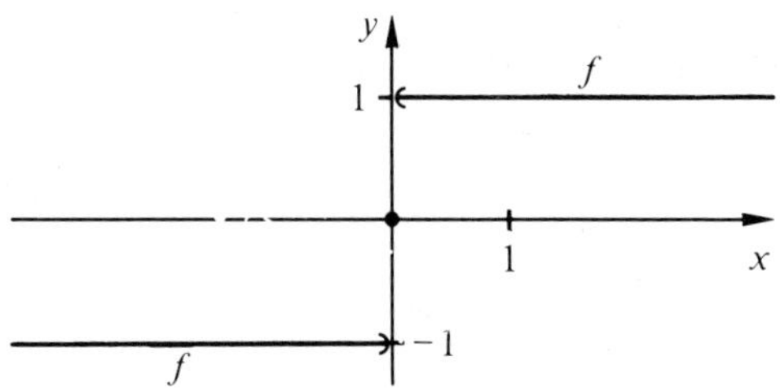

Bild 2.7: Signumfunktion

Bei vielen Anwendungen der Mathematik müssen die Ergebnisse ganzzahlig sein. Man denke z.B. an die optimale Anzahl der Maschinen zur Herstellung einer Ware, an die günstigste Speicheranzahl in einem Elektronenrechner usw. Liefert eine Rechnung einmal einen nicht ganzzahligen Wert, so wird (je nach Problem) auf-bzw. abgerundet. Dem Abrunden entspricht der folgende Begriff:

Unter $[x]$ versteht man die größte ganze Zahl, die kleiner oder gleich x ist.

Es sei $k \in \mathbb{Z}$. Dann gilt: $[x] = k$ für alle x mit $k \leq x < k + 1$.
Es gilt z.B. $[\pi] = 3$; $[15] = 15$; $[-\frac{15}{2}] = -8$.

Das Symbol $[\cdots]$ wird **Gauß-Klammer** genannt. Es soll bei der Beschreibung weiterer Funktionen verwendet werden:

Beispiel 2.7

Funktionswerte mit Gaußklammer (s. Bild 2.8)

a) $f:[-2,2)\to\mathbb{R}$ mit $x\mapsto[x]$

x	$-0{,}5$	$-0{,}1$	0	0,2	0,5	0,9	1	1,2
y	-1	-1	0	0	0	0	1	1

b) $f:[-2,2]\to\mathbb{R}$ mit $x\mapsto x-[x]$

x	$-0{,}5$	$-0{,}1$	0	0,2	0,5	0,9	1	1,2
y	0,5	0,9	0	0,2	0,5	0,9	0	0,2

c) $f:[-2,2]\to\mathbb{R}$ mit $x\mapsto|x-[x+0{,}5]|$

x	$-0{,}5$	$-0{,}2$	0	0,2	0,5	0,9	1	1,2
y	0,5	0,2	0	0,2	0,5	0,1	0	0,2

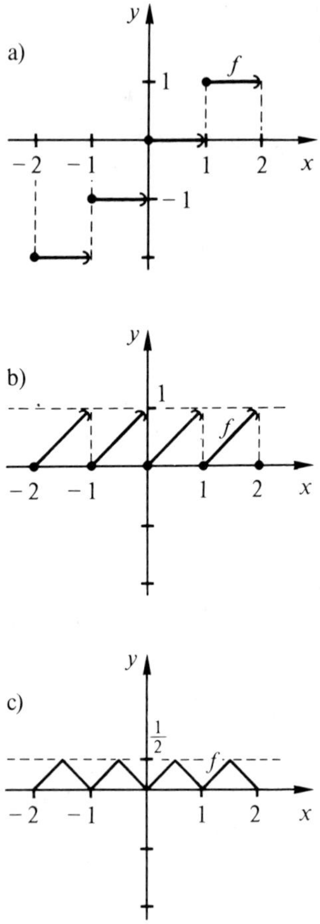

Bild 2.8 a–c: Beispiele mit Gaußklammer

2.1.2 Umkehrfunktion und Verkettung von Funktionen

Das Schaubild der Betragsfunktion stimmt mit dem in Bild 2.2c überein. In beiden Fällen liegt die gleiche Zuordnung vor, die lediglich auf zwei verschiedene Weisen formuliert ist. Weil beide Zuordnungen auf $\mathbb{R}$ definiert sind, werden die Funktionen gleich genannt.

Definition 2.1

Die Funktionen $f:D_f\to W_f$ und $g:D_g\to W_g$ heißen **gleich**, wenn

a) $D_f=D_g$ und
b) $f(x)=g(x)$ für alle $x\in D_f$ gilt.

Schreibweise: $f=g$

Beispiel 2.8
Zur Gleichheit von Funktionen

a) $f: \mathbb{R} \to \mathbb{R}$ mit $x \mapsto \begin{cases} \dfrac{x^2-1}{x-1} & \text{für } x \neq 1 \\ 2 & \text{für } x = 1 \end{cases}$ und $g: \mathbb{R} \to \mathbb{R}$ mit $x \mapsto x+1$ sind gleich.

b) $f: \mathbb{R} \to \mathbb{R}$ mit $x \mapsto \begin{cases} \dfrac{x^2-9}{x-3} & \text{für } x \neq 3 \\ 9 & \text{für } x = 3 \end{cases}$ und

$g: \mathbb{R} \to \mathbb{R}$ mit $x \mapsto x+3$ sind ungleich, weil $f(3) = 9 \neq g(3) = 6$.

c) $f: \mathbb{R} \to \mathbb{R}$ mit $x \mapsto \sqrt{x^2}$ und

$g: \mathbb{R} \to \mathbb{R}$ mit $x \mapsto x$ sind ungleich, da $f(x) = -g(x)$ für $x \in \mathbb{R}^-$.

d) $f: D_f \to \mathbb{R}$ mit $f(x) = \sqrt{x^2}$ und

$g: D_g \to \mathbb{R}$ mit $g(x) = (\sqrt{x})^2$ sind gleich, falls $D_f = D_g \subset \mathbb{R}_0^+$. Sie sind ungleich im Falle $D_f = \mathbb{R}$, $D_g = \mathbb{R}_0^+$.

e) $f: \mathbb{R} \setminus \{1\} \to \mathbb{R}$ mit $f(x) = \dfrac{x^2-1}{x-1}$ und

$g: \mathbb{R} \to \mathbb{R}$ mit $g(x) = x+1$ sind ungleich, weil $D_f \neq D_g$.

Die Zuordnungsvorschrift einer Funktion f gibt an, welcher Funktionswert einem Argument x_0 zugeordnet wird. Häufig ist aber umgekehrt ein $f(x_0)$-Wert bekannt, und man interessiert sich für einen zugehörigen x_0-Wert. Es soll nun diskutiert werden, welche Funktionen auf diese Weise »umkehrbar« sind (vgl. Bild 2.9).

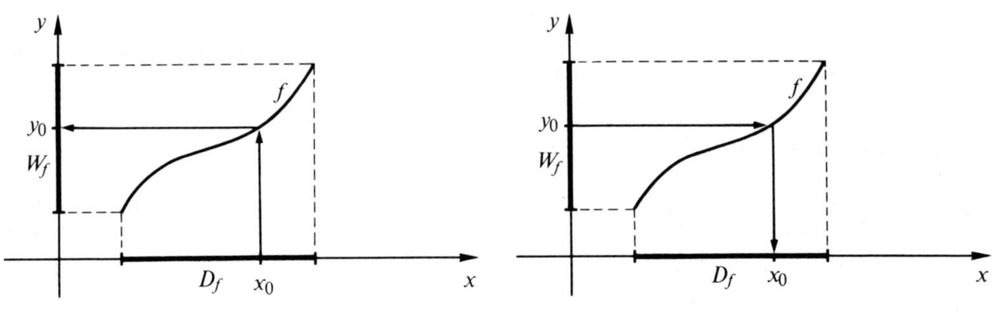

Bild 2.9: Umkehrung von f

Bei den in Bild 2.10 dargestellten Funktionen ist nur im Falle c) die Umkehrung wieder eine Funktion, denn bei a) werden durch die Umkehrung einem y-Wert zwei Werte x_1 und x_2 zugeordnet, und bei b) wird nicht jedem Element der Zielmenge durch die Umkehrung ein Element zugeordnet.

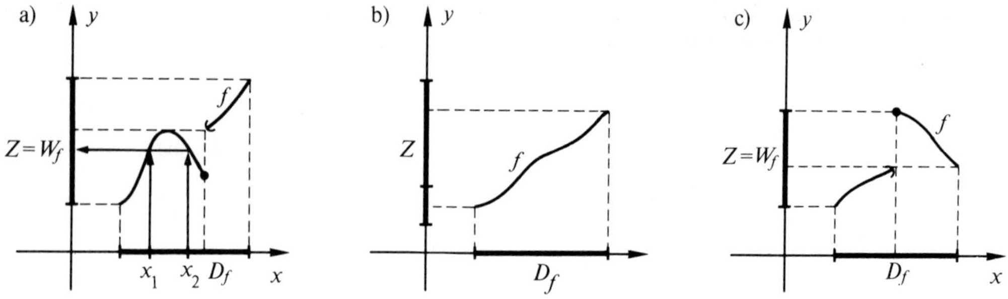

Bild 2.10 a–c: Zur Umkehrbarkeit

Damit die Umkehrung einer Funktion wieder eine Funktion ist, muß also zweierlei gelten:

1. Zu unterschiedlichen Argumenten müssen unterschiedliche Funktionswerte gehören.
2. Alle Elemente der Zielmenge müssen Funktionswerte von f sein: $Z = W_f$.

Definition 2.2

> Eine Funktion $f: D_f \to W_f$ heißt **umkehrbar**, wenn zu unterschiedlichen Argumenten auch unterschiedliche Funktionswerte gehören.
>
> Kurz: f ist umkehrbar, wenn für alle $x_1, x_2 \in D_f$ aus $x_1 \neq x_2$ folgt $f(x_1) \neq f(x_2)$.
>
> Die Funktion g: $W_f \to D_f$, die jedem $y \in W_f$ genau das $x \in D_f$ zuordnet, für welches $y = f(x)$ gilt, wird **Umkehrfunktion** von f genannt.
>
> Schreibweise: f^{-1} Sprechweise: »f invers« oder »inverse Funktion zu f«

Bemerkungen:

1. Umkehrbare Funktionen werden auch ein-eindeutige Zuordnungen genannt.
2. Die Bedingung, daß zu unterschiedlichen Argumenten unterschiedliche Funktionswerte gehören müssen, läßt sich im Schaubild deuten. Wie man z.B. in Bild 2.10 a sieht, ist eine Funktion nicht umkehrbar, wenn im kartesischen Koordinatensystem eine Parallele zur x-Achse existiert, die den Graphen von f mehr als einmal schneidet.

Beispiel 2.9

a) $f: [0, 2] \to [4, 10]$ mit $y = 3x + 4$

$f^{-1}: [4, 10] \to [0, 2]$ mit $y \mapsto$ dasjenige x, für welches $y = 3x + 4$

$y \mapsto$ dasjenige x, für welches $y - 4 = 3x$

$y \mapsto$ dasjenige x, für welches $\dfrac{y-4}{3} = x$

$y \mapsto \dfrac{y-4}{3}$ oder (weil der Variablenname frei wählbar):

$x \mapsto \dfrac{x-4}{3} = f^{-1}(x)$

Daß es sich wirklich um Funktion und Umkehrfunktion handelt, sollen die Werte für zwei spezielle Argumente demonstrieren:

$$1 \overset{f}{\longmapsto} 7 \overset{f^{-1}}{\longmapsto} 1 \text{ und } 2 \overset{f}{\longmapsto} 10 \overset{f^{-1}}{\longmapsto} 2$$

b) $f: [-1, 2] \to \left[\frac{-3}{2}, \frac{3}{5}\right]$ mit $x \mapsto f(x) = \frac{2x-1}{x+3}$

$f^{-1}: \left[\frac{-3}{2}, \frac{3}{5}\right] \to [-1, 2]$ mit $y \mapsto$ dasjenige x, für welches $y = \frac{2x-1}{x+3}$

$y \mapsto$ dasjenige x, für welches $(x+3)y = 2x - 1$, weil $x + 3 \neq 0$
$y \mapsto$ dasjenige x, für welches $x(y-2) = -1 - 3y$

$y \mapsto$ dasjenige x, für welches $x = \frac{1+3y}{2-y}$, weil $2 - y \neq 0$

$y \mapsto \frac{1+3y}{2-y}$ oder

$x \mapsto \frac{1+3x}{2-x} = f^{-1}(x)$

Spezielle Argumente: $0 \overset{f}{\longmapsto} -\frac{1}{3} \overset{f^{-1}}{\longmapsto} 0$ und $1 \overset{f}{\longmapsto} \frac{1}{4} \overset{f^{-1}}{\longmapsto} 1$.

c) $f(x) = x^2 - 2x + 3$ mit $x \in \mathbb{R}$ ist nicht umkehrbar, weil z.B. $f(0) = f(2) = 3$ gilt. Wir wollen untersuchen, ob man durch Einschränkung der Definitionsmenge eine umkehrbare Funktion $\hat{f}$ mit derselben Zuordnungsvorschrift erhalten kann. Es müßte gelten:

$\hat{f}^{-1}: y \mapsto$ dasjenige x, für welches $y = x^2 - 2x + 3$
$y \mapsto$ dasjenige x, für welches $0 = x^2 - 2x + (3 - y)$
$y \mapsto$ dasjenige x, für welches $x = 1 + \sqrt{1-(3-y)}$ oder $x = 1 - \sqrt{1-(3-y)}$
$y \mapsto 1 + \sqrt{y-2}$ oder $y \mapsto 1 - \sqrt{y-2}$.

Entscheidet man sich für $y \mapsto 1 + \sqrt{y-2}$, so wird eine Funktion beschrieben, deren Wertemenge nur Werte größer als 1 besitzt: $W_{\hat{f}^{-1}} = [1, \infty)$. Außerdem ist die Umkehrfunktion nur definiert für $y \in D_{\hat{f}^{-1}} = [2, \infty)$. Dann ist $\hat{f}: [1, \infty) \to [2, \infty)$ umkehrbar, und es gilt: $\hat{f}^{-1}: [2, \infty) \to [1, \infty)$ mit $y \mapsto 1 + \sqrt{y-2}$.

Spezielle Argumente: $3 \overset{\hat{f}}{\longmapsto} 6 \overset{\hat{f}^{-1}}{\longmapsto} 3$ und $10 \overset{\hat{f}}{\longmapsto} 83 \overset{\hat{f}^{-1}}{\longmapsto} 10$

Definition 2.3

$f: D_f \to W_f$ sei eine Funktion und $D_{\hat{f}}$ eine echte Teilmenge von D_f. Dann wird die durch $x \mapsto f(x)$ für alle $x \in D_{\hat{f}}$ gegebene Funktion $\hat{f}$ die **Restriktion** (oder Einschränkung) von f auf $D_{\hat{f}}$ genannt.

In Beispiel 2.9 c) war $\hat{f}$ die Restriktion von f auf das Intervall $[1, \infty)$.

Beispiel 2.10

Schaubilder von Umkehrfunktionen

Bild 2.11 zeigt die Schaubilder der in Beispiel 2.9 genannten Funktionen und Umkehrfunktionen.

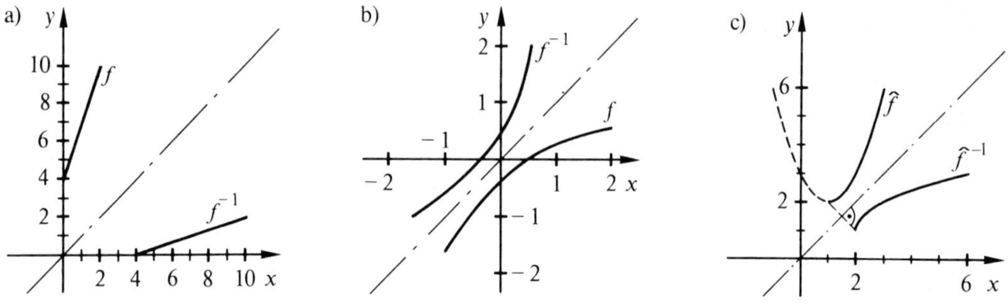

Bild 2.11a–c: Funktion und Umkehrfunktion im Schaubild

Der Graph von f ist die Menge aller Punkte (x, y) mit $x \in D_f$ und $y = f(x) \in W_f$. Der Graph von f^{-1} ist die Menge aller Punkte (y, x) mit $y \in W_f$ und $x = f^{-1}(y) \in D_f$. Weil in einem kartesischen Koordinatensystem die Punkte (x, y) und (y, x) symmetrisch zur Geraden $y = x$ liegen, sind die Graphen von f und f^{-1} auch symmetrisch bez. dieser Geraden.

Bei der Bestimmung der Umkehrfunktionen wurde schon f und f^{-1} für spezielle Argumente nacheinander ausgeführt. Die folgende Skizze macht klar, wann zwei beliebige Funktionen f und g hintereinander ausgeführt werden können (s. Bild 2.12):

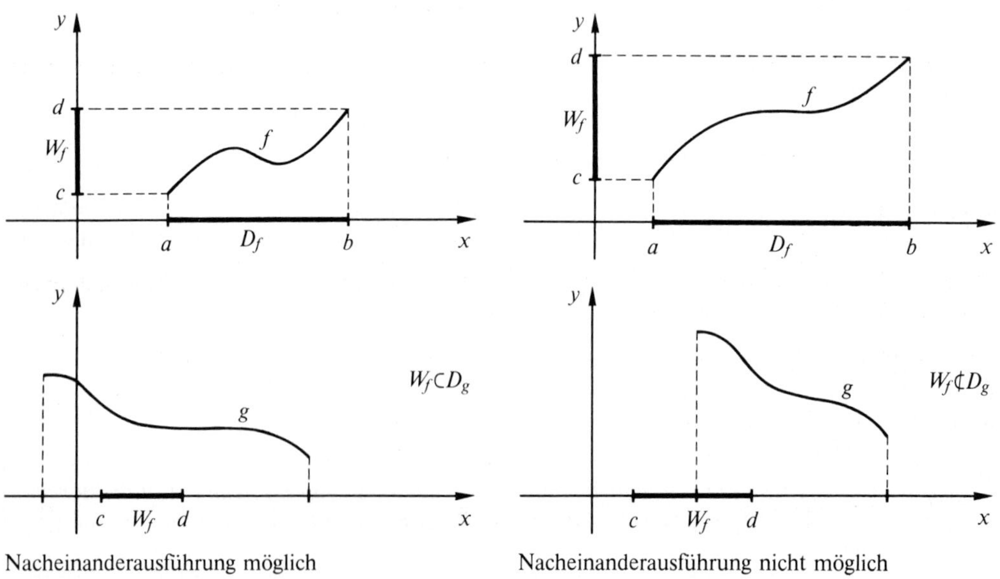

Bild 2.12: Nacheinanderausführung von Funktionen

Definition 2.4

Gegeben seien zwei Funktionen $f: D_f \to A$ und $g: D_g \to B$ mit $W_f \subset D_g$. Dann heißt die Funktion $h: D_f \to B$ mit $x \mapsto h(x) = g(f(x))$ die **mittelbare Funktion** g nach f[1]).

Schreibweise: $g \circ f$. Sprechweise: »g nach f«

Bemerkungen:

1. Häufig wird f **innere** und g **äußere Funktion** genannt.
2. Die Sprechweise »g nach f« weist darauf hin, daß die Reihenfolge, in der die Funktionsnamen geschrieben sind ($g \circ f$), nicht die Reihenfolge der Ausführung ist (zuerst f, dann g).

Beispiel 2.11

$$f: [0, 2] \to [4, 10] \text{ mit } f(x) = 3x + 4;\ g: [1, \infty) \to [0, 1] \text{ mit } g(x) = \frac{1}{x}$$

Bei $g \circ f$ wird zunächst f ausgeführt und dann g, also wird $[0, 2]$ in $[4, 10]$ und diese Menge weiter in $[0, 1]$ abgebildet:

$$h_1 = g \circ f: [0, 2] \to [0, 1] \text{ mit } h_1(x) = g(f(x)) = g(3x + 4) = \frac{1}{3x + 4}$$

$$h_2 = f \circ g: [1, \infty) \to [4, 10] \text{ mit } h_2(x) = f(g(x)) = f\left(\frac{1}{x}\right) = 3 \cdot \frac{1}{x} + 4.$$

Beispiel 2.12

$$f: \mathbb{R} \to \mathbb{R} \text{ mit } x \mapsto f(x) = 3x; \quad g: \mathbb{R} \setminus \{-2\} \to \mathbb{R} \text{ mit } x \mapsto g(x) = \frac{1}{x + 2}$$

$g \circ f$ ist nicht ausführbar, weil der Funktionswert $f(-\frac{2}{3})$ nicht mittels g weiter abgebildet werden kann:

$$-\tfrac{2}{3} \overset{f}{\longmapsto} -2 \overset{g}{\longmapsto} ?$$

Jedoch ist $f \circ g: \mathbb{R} \setminus \{-2\} \to \mathbb{R}$ mit $x \mapsto f(g(x)) = f\left(\frac{1}{x + 2}\right) = 3 \cdot \frac{1}{x + 2}$.

Die Beispiele zeigen, daß i.a. $f \circ g \neq g \circ f$ gilt. D.h. bei der mittelbaren Funktion ist die Reihenfolge zu beachten. (Die Nacheinanderausführung ist i.a. nicht kommutativ.)

f sei eine umkehrbare Funktion. Die Nacheinanderausführung von $f: D_f \mapsto W_f$ und $g = f^{-1}: W_f \to D_f$ ergibt:

a) $h = g \circ f: D_f \to D_f$ mit $h(x) = g(f(x)) = f^{-1}(f(x)) = x$, also
   $h = f^{-1} \circ f: D_f \to D_f$ mit $h(x) = x$.

$f^{-1} \circ f$ ist die Identität auf D_f. (2.1)

[1]) Auch die Namen » Verkettung von g und f« sowie » Nacheinanderausführung von g und f « und » zusammengesetzte Funktion g nach f « sind üblich.

b) $h = f \circ g\colon W_f \to W_f$ mit $h(x) = f(g(x)) = f(f^{-1}(x)) = x$, also
$h = f \circ f^{-1}\colon W_f \to W_f$ mit $h(x) = x$.

$f \circ f^{-1}$ ist die Identität auf W_f. (2.2)

Definition 2.5

Die Funktionen f bzw. g seien auf D_f bzw. D_g definiert und $c \in \mathbb{R}$. Dann wird vereinbart:
a) $h = f + g$ durch $h(x) = f(x) + g(x)$ für alle $x \in D_f \cap D_g$
b) $h = f - g$ durch $h(x) = f(x) - g(x)$ für alle $x \in D_f \cap D_g$
c) $h = f \cdot g$ durch $h(x) = f(x) \cdot g(x)$ für alle $x \in D_f \cap D_g$
d) $h = \frac{f}{g}$ durch $h(x) = \frac{f(x)}{g(x)}$ für alle $x \in D_f \cap D_g$, falls $g(x) \neq 0$ für alle $x \in D_f \cap D_g$ ist
e) $h = |f|$ durch $h(x) = |f(x)|$ für alle $x \in D_f$
f) $h = c \cdot f$ durch $h(x) = c \cdot f(x)$ für alle $x \in D_f$.

Bemerkungen:

1. Die folgenden Schreibweisen sind streng auseinander zu halten: $f \circ g$ und $f \cdot g$ sowie f^{-1} und $\frac{1}{f}$
2. Es werden folgende Schreibweisen verwendet:

$f^2 = f \cdot f, \quad f^3 = f^2 \cdot f$ und allgemein: $f^{n+1} = f^n \cdot f$ für alle $n \in \mathbb{N}$.

Beispiel 2.13

$$f\colon \mathbb{R} \to \mathbb{R} \text{ mit } y = x^2 + 3x - 1; \quad g\colon \mathbb{R} \to \mathbb{R} \text{ mit } y = x^2 + 1$$

Dann ist:

$$f + g\colon \mathbb{R} \to \mathbb{R} \text{ mit } y = 2x^2 + 3x; \quad f - g\colon \mathbb{R} \to \mathbb{R} \text{ mit } y = 3x - 2;$$

$$f \cdot g\colon \mathbb{R} \to \mathbb{R} \text{ mit } y = x^4 + 3x^3 + 3x - 1; \quad \frac{f}{g}\colon \mathbb{R} \to \mathbb{R} \text{ mit } y = \frac{x^2 + 3x - 1}{x^2 + 1}.$$

Aufgaben

1. Geben Sie für die folgenden Zuordnungsvorschriften maximale Definitionsbereiche an!

   a) $f(x) = \sqrt{6x^2 - 5x - 6}$; b) $f(x) = \frac{x-4}{|x-4|}$; c) $f(x) = \sqrt{|x| - 5}$;

   d) $f(x) = \sqrt{x^2 + 5x + 6{,}25}$.

2. Handelt es sich bei den folgenden Zuordnungen um Funktionen?

   a) $f\colon [-5, 5] \to \mathbb{R}$ und $x \mapsto y$ mit $x^2 + y^2 = 25$ b) $f\colon (-5, 5) \to \mathbb{R}$ mit $x \mapsto \frac{1}{25 - x^2}$

   c) $f\colon \mathbb{R} \to \mathbb{R}$ mit $x \mapsto \sqrt{1 + x^2}$ d) $f\colon \mathbb{R} \to \mathbb{R}$ mit $x \mapsto \sqrt{1 - x^2}$

3. Zeichnen Sie die Schaubilder der nachstehenden Funktionen:

a) $f: \mathbb{R}\backslash\{4\} \to \mathbb{R}$ mit $f(x) = \dfrac{x-4}{|x-4|}$ b) $f: \mathbb{R} \to \mathbb{R}$ mit $x \mapsto x^2 + x - 12$

c) $f: [-1, 2] \to \mathbb{R}$ mit $f(x) = |x + [x-1]|$ d) $f: \mathbb{R} \to \mathbb{R}$ mit $x \mapsto \begin{cases} \dfrac{2-x}{3-x} & \text{für } x \neq 3 \\ 1 & \text{für } x = 3 \end{cases}$

e) $f: \mathbb{R} \to \mathbb{R}$ mit $x \mapsto (-1)^{[x]}$, f) $f: \mathbb{R} \to \mathbb{R}$ mit $x \mapsto \begin{cases} 2 - \dfrac{1}{x} & \text{für } x > 0 \\ \dfrac{1}{2+x} & \text{für } -1 \leqq x \leqq 0 \\ -x & \text{für } x < -1 \end{cases}$

4. Geben Sie zu den folgenden Funktionen die Wertebereiche an!

a) $x \mapsto \dfrac{1}{1+x^2}$ mit $x \in \mathbb{R}$ b) $x \mapsto 3x + 5$ mit $x \in \mathbb{R}$

c) $x \mapsto 3 - \sqrt{x}$ mit $x \in \mathbb{R}_0^+$ d) $x \mapsto |3 - x|$ mit $x \in \mathbb{R}$

e) $x \mapsto x^{2n}$ mit $x \in \mathbb{R}$ (für $n \in \mathbb{N}$) f) $x \mapsto x^{2n+1}$ mit $x \in \mathbb{R}$ (für $n \in \mathbb{N}$)

g) $x \mapsto |[x]|$ mit $x \in \mathbb{R}$.

5. Sind die folgenden Funktionen gleich?

a) $f: \mathbb{R} \to \mathbb{R}$ mit $x \mapsto \begin{cases} \dfrac{x^3 - 27}{x-3} & \text{für } x \neq 3 \\ 27 & \text{für } x = 3 \end{cases}$ und $g: \mathbb{R} \to \mathbb{R}$ mit $x \mapsto x^2 + 3x + 9$

b) $f: \mathbb{R} \to \mathbb{R}$ mit $x \mapsto \sqrt{(x-1)^2}$ und $g: \mathbb{R} \to \mathbb{R}$ mit $x \mapsto |1 - x|$

6. Geben Sie die Umkehrfunktionen an für:

a) $f: \mathbb{R} \to \mathbb{R}$ mit $f(x) = -2x + 7$ b) $f: \mathbb{R}\backslash\{\frac{1}{5}\} \to \mathbb{R}\backslash\{\frac{7}{5}\}$ mit $x \mapsto \dfrac{7x+3}{5x-1}$

7. Gegeben ist die Zuordnungsvorschrift $x \mapsto y = f(x) = -x^2 + 4x - 3$. Wie lautet die Umkehrung der Zuordnung? Wählen Sie den Definitionsbereich (maximal) und die Zielmenge so, daß die Umkehrfunktion f^{-1} existiert. Geben Sie f^{-1} an!

8. Geben Sie die mittelbaren Funktionen $g \circ f$ und $f \circ g$ an, falls diese existieren!

a) $f: [0, 1] \to [-1, 4]$ mit $f(x) = 5x - 1$, $g: [-1, 1] \to [0, 1]$ mit $g(x) = \sqrt{1 - x^2}$

b) $f: \mathbb{R}\backslash\{3\} \to \mathbb{R}\backslash\{0\}$ mit $f(x) = \dfrac{2}{x-3}$, $g: \mathbb{R}\backslash\{0\} \to \mathbb{R}\backslash\{-1\}$ mit $g(x) = \dfrac{7-x}{x}$

c) $f: \mathbb{R} \to \mathbb{R}$ mit $x \mapsto x^3$ $g: \mathbb{R} \to \mathbb{R}_0^+$ mit $x \mapsto |x|$

d) $f: \mathbb{R}^+ \to \mathbb{R}^+$ mit $x \mapsto \dfrac{1}{x}$ $g: \mathbb{R} \to \mathbb{R}_0^+$ mit $x \mapsto |x|$

9. Zu den gegebenen Funktionen f und g sind $f+g, f-g, f\cdot g$ und f/g mit den maximalen Definitionsbereichen anzugeben!

$$f\colon \mathbb{R}\setminus\{0\}\to\mathbb{R} \text{ mit } x\mapsto \frac{1}{x}-x \qquad g\colon \mathbb{R}\to\mathbb{R} \text{ mit } x\mapsto x^2-x-2$$

2.2 Eigenschaften von Funktionen

Die Betrachtung der Schaubilder einiger Funktionen legt es nahe, »qualitative« Eigenschaften von Funktionen zu beschreiben, z.B. ein stetes Anwachsen der Funktionswerte, eine Periodizität oder eine Symmetrie.

Definition 2.6

Eine Funktion $f\colon D_f\to W_f$ heißt **nach oben** bzw. **nach unten beschränkt**, wenn die Wertemenge W_f nach oben bzw. unten beschränkt ist.

Entsprechend wird f **beschränkt** genannt, wenn es eine Zahl $K\in\mathbb{R}^+$ gibt, mit $|f(x)|\leqq K$ für alle $x\in D_f$.

Bemerkungen:

1. Ist die Wertemenge einer Funktion beschränkt, dann besitzt sie wegen der Vollständigkeit von $\mathbb{R}$ eine obere (und eine untere) Grenze, und es gilt: $\inf W_f\leqq f(x)\leqq \sup W_f$ für alle $x\in D_f$. Eine Schranke für die Beträge der Funktionswerte ist dann $K=\max\{|\inf W_f|,|\sup W_f|\}$ (s. Bild 2.13).

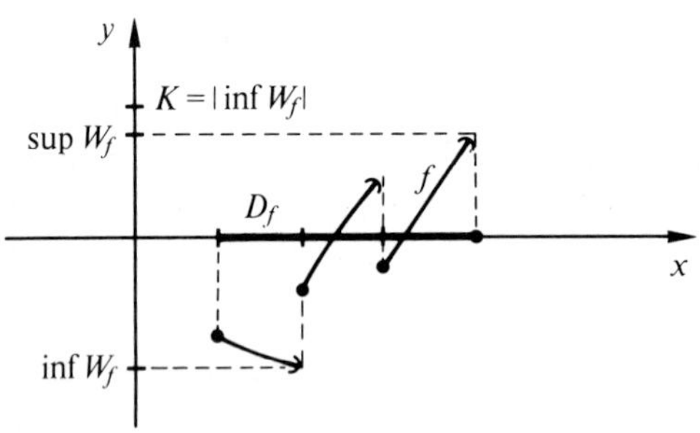

Bild 2.13: Beschränkte Funktion f

2. Wenn f nicht beschränkt ist, gibt es keine Zahl K mit der genannten Eigenschaft. D.h.: Zu jeder (noch so großen) Zahl $K\in\mathbb{R}^+$ gibt es ein $x\in D_f$ mit $|f(x)|>K$.

3. Die auf $\mathbb{R}^+$ definierte Funktion f mit $f(x)=\dfrac{1}{x}$ ist nicht beschränkt. Aber jede Restriktion von f auf ein abgeschlossenes Intervall $[a,b]\subset\mathbb{R}^+$ ist beschränkt. In diesem Sinne spricht man auch von der Beschränktheit einer Funktion auf einer Teilmenge des Definitionsbereiches.

4. Auch wenn eine Funktion nach oben bzw. nach unten beschränkt ist, braucht sie keinen maximalen bzw. minimalen Funktionswert zu besitzen.

Beispiel 2.14

Beschränkte Funktionen

a) $f: \mathbb{R} \to \mathbb{R}$ mit $x \mapsto x - [x]$ (s. Bild 2.8b) besitzt keinen maximalen Funktionswert, obwohl das Supremum ($\sup W_f = 1$) existiert. Das Minimum der Funktionswerte ist gleich $\inf W_f = 0$.

b) $f: \mathbb{R} \to \mathbb{R}$ mit $f(x) = \dfrac{10}{1+x^2}$ ist beschränkt. Obere Grenze und zugleich Maximum von W_f ist 10. Ein Minimum von W_f existiert nicht. Das Infimum ist 0.

Definition 2.7

Eine Funktion $f: D_f \to Z$ heißt auf einem Intervall $D \subset D_f$ **monoton wachsend** bzw. **streng monoton wachsend**, wenn für alle $x_1, x_2 \in D$ gilt:

$$x_1 < x_2 \Rightarrow f(x_1) \leqq f(x_2) \quad \text{bzw.} \quad x_1 < x_2 \Rightarrow f(x_1) < f(x_2).$$

f heißt auf $D \subset D_f$ **monoton fallend** bzw. **streng monoton fallend**, wenn für alle $x_1, x_2 \in D$ gilt:

$$x_1 < x_2 \Rightarrow f(x_1) \geqq f(x_2) \quad \text{bzw.} \quad x_1 < x_2 \Rightarrow f(x_1) > f(x_2).$$

Bemerkungen:

1. In Worten ausgedrückt heißt z.B. streng monoton wachsend: Zum kleineren Argument gehört auch der kleinere Funktionswert (s. Bild 2.14).
2. Man nennt eine Funktion **monoton** auf D, wenn sie monoton wachsend oder monoton fallend auf D ist. f heißt **streng monoton** auf D, wenn f entweder streng monoton wachsend oder streng monoton fallend auf D ist.
3. Man beachte, daß die Monotonie auf $D \subset D_f$ erklärt ist. Eine Funktion kann in einem Intervall streng monoton fallend sein und in einem anderen streng monoton wachsend (vgl. Bild 2.13). Die Sprechweise »f ist monoton« wird verwendet, wenn f auf dem gesamten Definitionsbereich D_f monoton ist.

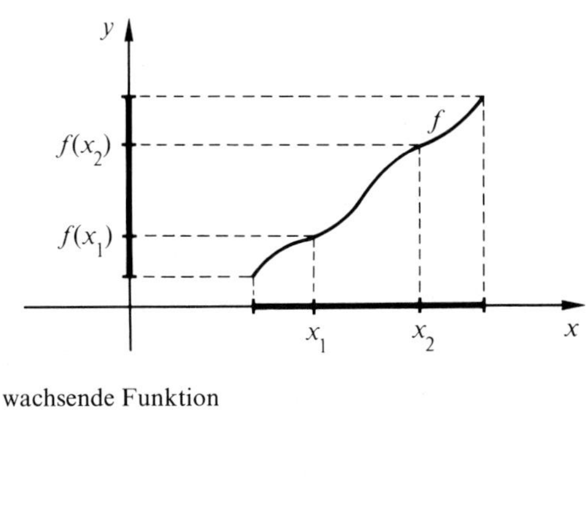

Bild 2.14: Streng monoton wachsende Funktion

Beispiel 2.15

a) f mit $f(x) = x^2$ ist auf $\mathbb{R}_0^+$ streng monoton wachsend, auf $\mathbb{R}_0^-$ streng monoton fallend (und in jedem offenen Intervall, das Null enthält, weder monoton wachsend noch monoton fallend).
Für $x_1, x_2 \in \mathbb{R}_0^+$ ist zu zeigen: $x_1 < x_2 \Rightarrow f(x_1) < f(x_2)$

$$0 < x_2 - x_1 \Rightarrow x_1^2 < x_2^2$$

Diese Implikation ist richtig, wie die Multiplikation mit $(x_1 + x_2) \in \mathbb{R}^+$ zeigt.
Für $x_1, x_2 \in \mathbb{R}_0^-$ gilt: $(x_1 + x_2) \in \mathbb{R}^-$. Die Multiplikation mit $(x_1 + x_2)$ ergibt dann:

$$0 < x_2 - x_1 \Rightarrow x_1^2 > x_2^2.$$

b) f mit $f(x) = \operatorname{sgn}(x)$ ist auf $\mathbb{R}$ monoton wachsend, doch nicht streng monoton wachsend (s. Bild 2.7).

c) Eine lineare Funktion ist monoton wachsend oder monoton fallend auf $\mathbb{R}$:

$$a = 0: x_1 < x_2 \Rightarrow f(x_1) = f(x_2)$$
$$a > 0: x_1 < x_2 \Rightarrow ax_1 < ax_2 \Rightarrow ax_1 + b < ax_2 + b, \quad \text{d.h.} \quad f(x_1) < f(x_2)$$
$$a < 0: x_1 < x_2 \Rightarrow ax_1 > ax_2 \Rightarrow ax_1 + b > ax_2 + b, \quad \text{d.h.} \quad f(x_1) > f(x_2)$$

d) f mit $f(x) = -[x]$ ist auf $\mathbb{R}$ monoton fallend, doch nicht streng monoton fallend.

Eine Funktion f, die sowohl monoton wachsend als auch monoton fallend ist, ist eine konstante Funktion, denn für alle x_1, x_2 mit $x_1 < x_2$ gilt in diesem Fall: $f(x_1) \leqq f(x_2)$ und $f(x_1) \geqq f(x_2)$, also $f(x_1) = f(x_2)$.

Satz 2.1

$f: D_f \to W_f$ sei streng monoton. Dann existiert die Umkehrfunktion $f^{-1}: W_f \to D_f$, und sie ist im gleichen Sinne streng monoton.

Beweis:

a) Existenz von f^{-1}
f sei streng monoton wachsend (im anderen Fall wird der Beweis analog geführt). Für $x_1 \neq x_2$ gilt entweder $x_1 < x_2$ oder $x_2 < x_1$. Daraus folgt entweder $f(x_1) < f(x_2)$ oder $f(x_2) < f(x_1)$. Jedenfalls gilt $f(x_1) \neq f(x_2)$, d.h. f ist umkehrbar.

b) f^{-1} ist im gleichen Sinn streng monoton

Voraussetzung: f sei streng monoton wachsend.
Behauptung: f^{-1} ist streng monoton wachsend:

$$f(x_1) < f(x_2) \Rightarrow x_1 < x_2, \quad \text{d.h.} \quad y_1 < y_2 \Rightarrow f^{-1}(y_1) < f^{-1}(y_2)$$

Beweis (indirekt):
Gegenannahme: Aus $f(x_1) < f(x_2)$ folgt nicht $x_1 < x_2$. D.h. es gibt $x_1, x_2 \in D_f$ mit $f(x_1) < f(x_2)$ und $x_1 \geqq x_2$. D.h. es gibt $x_1, x_2 \in D_f$ mit $f(x_1) < f(x_2)$ und $f(x_1) \geqq f(x_2)$ wegen der Monotonie von f.

Das ist ein Widerspruch, d.h. die Gegenannahme ist falsch. ●

Beispiel 2.16

a) f mit $f(x)=x^2$ ist auf $\mathbb{R}_0^+$ streng monoton wachsend (s. Beispiel 2.15). Nach Satz 2.1 existiert dann die Umkehrfunktion $f^{-1}\colon \mathbb{R}_0^+ \to \mathbb{R}_0^+$ mit $f^{-1}(x)=\sqrt{x}$.
b) f mit $f(x)=x^3$ ist auf $\mathbb{R}$ streng monoton wachsend (vgl. Aufgabe 3). Nach Satz 2.1 existiert die Umkehrfunktion $f^{-1}\colon \mathbb{R}\to\mathbb{R}$ mit $f^{-1}(x)=\sqrt[3]{x}$.
c) f mit $f(x)=x^{2n}(n\in\mathbb{N})$ ist auf $\mathbb{R}_0^+$ streng monoton wachsend (s. Aufgabe 1). Nach Satz 2.1 existiert f^{-1}. Man schreibt dafür: $f^{-1}(x)=\sqrt[2n]{x}$ mit $x\in\mathbb{R}_0^+$. f und f^{-1} gehören zu den **Potenzfunktionen** (s. Abschnitt 2.4). Für f^{-1} ist insbesondere der Name **Wurzelfunktion** gebräuchlich.

Definition 2.8

$f\colon D\to Z$ sei eine Funktion, deren Definitionsbereich symmetrisch zu Null liegt. Dann heißt f **gerade**, wenn $f(-x)=f(x)$ für alle $x\in D$ gilt, und es heißt f **ungerade**, wenn $f(-x)=-f(x)$ für alle $x\in D$ gilt.

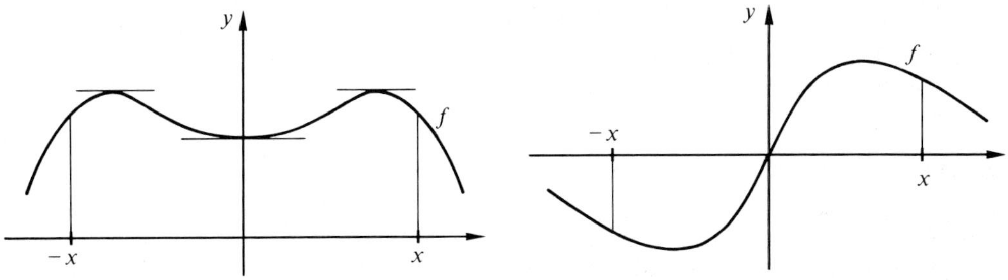

a) $f(-x)=f(x)$ für alle $x\in D$
gerade Funktion

b) $f(-x)=-f(x)$ für alle $x\in D$
ungerade Funktion

Bild 2.15 a–b: Gerade und ungerade Funktion

Bemerkung:

Das Schaubild einer geraden Funktion ist symmetrisch zur y-Achse. Man spricht von »Spiegelsymmetrie« oder »Achsensymmetrie«. Das Schaubild einer ungeraden Funktion ist symmetrisch zum Nullpunkt. Man spricht von »Punktsymmetrie« (siehe Bild 2.15).

Beispiel 2.17

a) f mit $f(x)=|x|$ ist eine gerade Funktion, weil $|-x|=|x|$ (s. Bild 2.6).
b) f mit $f(x)=\operatorname{sgn}(x)$ ist eine ungerade Funktion, da $\operatorname{sgn}(-x)=-\operatorname{sgn}(x)$(s. Bild 2.7).
c) f mit $f(x)=5x^4-3x^2+1$ ist eine gerade Funktion, weil für alle $x\in\mathbb{R}$
$$f(-x)=5(-x)^4-3(-x)^2+1=5x^4-3x^2+1=f(x)\quad\text{gilt.}$$
d) f mit $f(x)=3x^5-7x^3+2x$ ist eine ungerade Funktion, da für alle $x\in\mathbb{R}$
$$f(-x)=3(-x)^5-7(-x)^3+2(-x)=-(3x^5-7x^3+2x)=-f(x)\quad\text{gilt.}$$
e) f mit $f(x)=|x-1|$ ist weder gerade noch ungerade, denn es ist $f(2)=1$, $f(-2)=3$. Also ist $f(-2)\neq f(2)$ und $f(-2)\neq -f(2)$.

Definition 2.9

Eine Funktion $f: D \to Z$ heißt **periodisch**, wenn es eine Zahl $p > 0$ gibt, so daß für alle $x \in D$ gilt:

a) $(x \pm p) \in D$
b) $f(x \pm p) = f(x)$.

Existiert eine kleinste Zahl $p > 0$ mit diesen Eigenschaften, dann wird sie **primitive Periode** genannt.

Bemerkung:

Man nennt p eine **Periode** von f. Mit p ist auch $k \cdot p$ mit $k \in \mathbb{N}$ eine Periode von f.

Beispiel 2.18

a) $f: \mathbb{R} \to \mathbb{R}$ mit $f(x) = x - [x]$ ist periodisch mit der Periode $p = 1$, denn es gilt: $f(x \pm 1) = x \pm 1 - [x \pm 1] = x \pm 1 - [x] \mp 1 = x - [x] = f(x)$ (s. Bild 2.8b). $p = 1$ ist sogar (wie man zeigen kann) primitive Periode.
b) $f: \mathbb{R} \to \mathbb{R}$ mit $f(x) = |x - [x + 0{,}5]|$ ist periodisch mit der Periode $p = 1$, denn es gilt: $f(x \pm 1) = |x \pm 1 - [x \pm 1 + 0{,}5]| = |x \pm 1 - [x + 0{,}5] \mp 1| = |x - [x + 0{,}5]| = f(x)$(s. Bild 2.8c). Auch hier ist $p = 1$ primitive Periode.
c) Die konstante Funktion f mit $f(x) = c$ ist periodisch, denn es gilt: $f(x \pm p) = c = f(x)$ für alle $x \in \mathbb{R}$ und jedes $p > 0$. Sie besitzt jedoch keine primitive Periode.
d) $f: \mathbb{R} \backslash \mathbb{Z} \to \mathbb{R}$ mit $x \mapsto \dfrac{1}{x - [x]}$ ist periodisch mit der Periode $p = 1$, denn es gilt für alle $x \in \mathbb{R} \backslash \mathbb{Z}$:

   1) $x \pm 1 \in \mathbb{R} \backslash \mathbb{Z}$ und
   2) $f(x \pm 1) = \dfrac{1}{x \pm 1 - [x \pm 1]} = \dfrac{1}{x \pm 1 - [x] \mp 1} = \dfrac{1}{x - [x]} = f(x)$.

Das letzte Beispiel zeigt, daß der Definitionsbereich von f nicht $\mathbb{R}$ sein muß. D_f darf aber nicht beschränkt sein. Wegen $f(x_1) = f(x_1 + p) = f(x_1 + 2p) = \cdots = f(x_1 + np)$ muß f in $x_1 + np$ definiert sein. Für dieses Argument gibt es aber keine Schranke.

Satz 2.2

f und g seien auf D definiert und periodisch mit der Periode p. Dann sind auch $f + g, f - g, f \cdot g$ und, falls $g(x) \neq 0$ für alle $x \in D$ ist, auch $\dfrac{f}{g}$ periodisch mit der Periode p.

Beweis: s. Aufgabe 7.

Der Satz gilt nicht für die primitive Periode, wie folgendes Beispiel zeigt.

Beispiel 2.19

$f\colon \mathbb{R}\to\mathbb{R}$ mit $x\mapsto\begin{cases} 1 \quad, & \text{falls } x\in\mathbb{Z} \\ \dfrac{1}{x-[x]}, & \text{falls } x\notin\mathbb{Z} \end{cases}$ ist periodisch mit der primitiven Periode 1.

$g\colon \mathbb{R}\to\mathbb{R}$ mit $x\mapsto\begin{cases} x-[x], & \text{falls } x\notin\mathbb{Z} \\ 1 \quad, & \text{falls } x\in\mathbb{Z} \end{cases}$ ist periodisch mit der primitiven Periode 1.

Dann ist auch $f\cdot g\colon \mathbb{R}\to\mathbb{R}$ mit $x\mapsto 1$ periodisch mit der Periode 1. Doch ist 1 nicht primitive Periode von $f\cdot g$.

Definition 2.10

$f\colon D_f\to Z$ habe für $x_1\in D_f$ den Wert Null: $f(x_1)=0$. Dann heißt x_1 eine **Nullstelle** von f.

Beispiel 2.20

a) Für f mit $f(x)=x-[x]$ ist jede ganze Zahl Nullstelle.
b) f mit $f(x)=4x^2+8x-5$ hat Nullstellen bei $x_1=0{,}5$ und $x_2=-2{,}5$.
c) $x_1=-2$ ist Nullstelle von f mit $f(x)=x^3-67x-126$.
d) f mit $f(x)=\dfrac{x^2-1}{x-1}$ hat keine Nullstelle bei $x_1=1$, weil f dort nicht definiert ist.

Aufgaben

1. Es sei $n\in\mathbb{N}$. Beweisen Sie, daß f mit $f(x)=x^n$ auf $\mathbb{R}_0^+$ streng monoton wachsend ist.

2. Sind die folgenden Funktionen monoton wachsend (bzw. fallend)?

   a) $f\colon\mathbb{R}_0^+\to\mathbb{R}_0^+$ mit $f(x)=\sqrt{x}$ b) $f\colon\mathbb{R}_0^+\to\mathbb{R}$ mit $f(x)=x^2+2x$

   c) $f\colon\mathbb{R}\to\mathbb{R}$ mit $f(x)=-3x+2$ d) $f\colon\mathbb{R}\setminus\{0\}\to\mathbb{R}\setminus\{0\}$ mit $f(x)=\dfrac{1}{x}$

   e) $f\colon R_0^+\to\mathbb{R}_0^+$ mit $f(x)=\dfrac{x}{1+x^2}$ f) $f\colon\mathbb{R}\to\mathbb{R}^+$ mit $f(x)=\dfrac{1}{1+x^2}$

3. Beweisen Sie: $f\colon\mathbb{R}\to\mathbb{R}$ mit $f(x)=ax^3$ ist für $a>0$ streng monoton wachsend und für $a<0$ streng monoton fallend.

*4. Man zeige: Jede Funktion, deren Definitionsbereich zu Null symmetrisch liegt, läßt sich als Summe einer geraden und einer ungeraden Funktion schreiben.

5. Beweisen Sie: Für alle $n\in\mathbb{N}$ ist f mit

   $f(x)=x^{2n}$ eine gerade Funktion und
   $f(x)=x^{2n+1}$ eine ungerade Funktion. (Daher der Name!)

6. Geben Sie eine Zuordnungsvorschrift für die Funktion an, deren Schaubild gezeichnet ist: Bild 2.16

7. Beweisen Sie Satz 2.2.

8. Welche Nullstellen besitzen die folgenden Funktionen?

a) $f:\mathbb{R}\to\mathbb{R}$ mit $f(x)=6x^2-x-1$ b) $f:\mathbb{R}\to\mathbb{R}$ mit $f(x)=36x^4-25x^2+4$

c) $f:\mathbb{R}\backslash\{0\}\to\mathbb{R}$ mit $f(x)=3-\frac{2}{x}$ d) $f:\mathbb{R}\to\mathbb{R}$ mit $f(x)=\frac{3x^3+5x^2-2x}{1+x^2}$

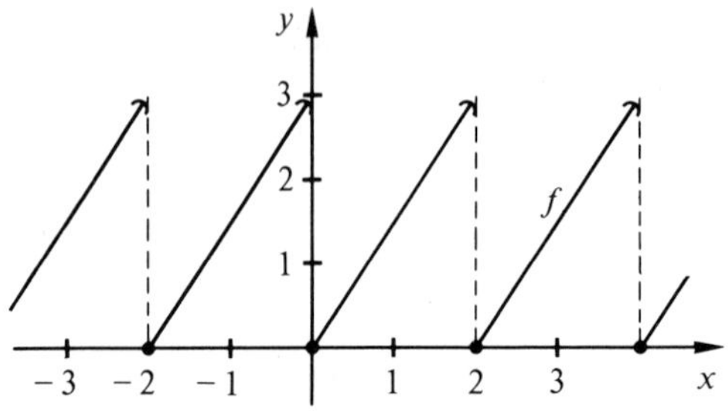

Bild 2.16: Schaubild zu Aufgabe 6

2.3 Rationale Funktionen

Um in den folgenden Abschnitten über weitere Beispiele zu verfügen, werden wir zunächst einige wichtige Typen reeller Funktionen betrachten.

2.3.1 Ganzrationale Funktionen

Definition 2.11

Eine Funktion $f:\mathbb{R}\to\mathbb{R}$ mit

$$f(x)=a_nx^n+a_{n-1}x^{n-1}+\cdots+a_1x+a_0$$

und $n\in\mathbb{N}_0, a_1,\ldots,a_n\in\mathbb{R}$, $a_n\neq 0$ heißt **ganzrationale Funktion n-ten Grades** oder **Polynom n-ten Grades**.

Bemerkungen:

1. Die Zahlen $a_i\in\mathbb{R}$ heißen die **Koeffizienten** des Polynoms.
2. Auch die Sprechweise ganzrationale Funktion (bzw. Polynom) vom Grade n ist üblich.

Beispiel 2.21

f mit

a) $f(x)=16x^5-3x^3+18$ mit $x\in\mathbb{R}$ ist ganzrationale Funktion 5-ten Grades.
b) $f(x)=7x^2-19x^8+3$ mit $x\in\mathbb{R}$ ist ganzrationale Funktion 8-ten Grades.
c) $f(x)=(7x^2-19x^8+3)(16x^5-3x^3+3)$ mit $x\in\mathbb{R}$ ist ganzrational 13-ten Grades.

Satz 2.3

> Zwei ganzrationale Funktionen f und g mit $f(x) = a_n x^n + \cdots + a_0$ und $g(x) = b_n x^n + \cdots + b_0$ sind genau dann gleich, wenn $a_i = b_i$ für $i = 0, 1, \ldots, n$ gilt.

Satz 2.4

> Ist f eine ganzrationale Funktion n-ten Grades und ist x_1 eine Nullstelle von f, dann existiert eine ganzrationale Funktion g vom Grade $(n-1)$ mit:
>
> $$f(x) = (x - x_1) \cdot g(x) \quad \text{für alle } x \in \mathbb{R}.$$

Beweis:

Für jedes $k \in \mathbb{N}$ gilt nach (1.32):

$$\begin{aligned} x^k - x_1^k &= (x - x_1)(x^{k-1} + x^{k-2}x_1 + x^{k-3}x_1^2 + \cdots + x x_1^{k-2} + x_1^{k-1}) \\ &= (x - x_1) \cdot p_{k-1}(x), \quad \text{wobei } p_{k-1}(x) \text{ ein Polynom } (k-1)\text{-ten Grades ist.} \end{aligned}$$

Für beliebiges $x_1 \in \mathbb{R}$ gilt:

$$\begin{aligned} f(x) - f(x_1) &= \sum_{i=0}^{n} a_i x^i - \sum_{i=0}^{n} a_i x_1^i = \sum_{i=0}^{n} a_i (x^i - x_1^i) \\ &= \sum_{i=1}^{n} a_i (x - x_1) \cdot p_{i-1}(x) = (x - x_1) \sum_{i=1}^{n} a_i p_{i-1}(x) \end{aligned}$$

Die Summe auf der rechten Seite (wir nennen sie $g(x)$) ist offenbar ein Polynom $(n-1)$-ten Grades, und es gilt:

$$f(x) = f(x_1) + (x - x_1) g(x). \tag{2.3}$$

Falls x_1 eine Nullstelle von f ist, gilt $f(x_1) = 0$, und der Satz ist bewiesen. ●

Beispiel 2.22

f mit $f(x) = x^3 - 67x - 126$ besitzt die Nullstelle $x_1 = -2$. Nach Satz 2.4 läßt sich $f(x)$ als Produkt mit einem Faktor $(x + 2)$ schreiben:

$$f(x) = x^3 - 67x - 126 = (x + 2)(x^2 - 2x - 63).$$

Aus der Produktdarstellung erhält man weitere Nullstellen von f: $x_2 = 9$, $x_3 = -7$. Die Frage, wie man das Polynom $g(x) = x^2 - 2x - 63$ erhält, wird sogleich beantwortet.

Mit Hilfe von (2.3) läßt sich für beliebiges $x_1 \in \mathbb{R}$ ein Schema zur Berechnung von Funktionswerten ganzrationaler Funktionen begründen:

$$f(x) = (x - x_1) g(x) + f(x_1)$$

$$\sum_{i=0}^{n} a_i x^i = (x - x_1) \sum_{i=0}^{n-1} b_i x^i + f(x_1) = \sum_{i=0}^{n-1} b_i x^{i+1} - \sum_{i=0}^{n-1} b_i x_1 x^i + f(x_1)$$

$$\sum_{i=0}^{n} a_i x^i + \sum_{i=0}^{n-1} b_i x_1 x^i = \sum_{i=0}^{n-1} b_i x^{i+1} + f(x_1)$$

$$a_n x^n + \sum_{i=0}^{n-1} (a_i + b_i x_1) x^i = \sum_{j=1}^{n} b_{j-1} x^j + f(x_1)$$

$$a_n x^n + \sum_{i=1}^{n-1} (a_i + b_i x_1) x^i + (a_0 + b_0 x_1) = b_{n-1} x^n + \sum_{i=1}^{n-1} b_{i-1} x^i + f(x_1)$$

Entsprechend Satz 2.3 sind zwei Polynome genau dann gleich, wenn sie in allen Koeffizienten übereinstimmen. Der **Koeffizientenvergleich** liefert die folgenden Gleichungen:

Koeffizient bei x^n: $b_{n-1} = a_n$
Koeffizient bei x^i: $b_{i-1} = a_i + b_i x_1$ für $i = 1, \ldots, n-1$
Koeffizient bei x^0: $f(x_1) = a_0 + b_0 x_1$

Für vorgegebene Koeffizienten a_i ($i = 0, \ldots, n$) und x_1 können die Werte b_k ($k = 0, \ldots, n-1$) und $f(x_1)$ entsprechend diesen Gleichungen vorteilhaft nach dem **Horner-Schema** berechnet werden. Im nachstehenden Horner-Schema sind die Multiplikationen durch Pfeile angedeutet – addiert werden stets zwei Zahlen einer Spalte:

	a_n	a_{n-1}	a_{n-2}	$\cdots$	a_1	a_0
x_1		$b_{n-1}x_1$	$b_{n-2}x_1$	$\cdots$	$b_1 x_1$	$b_0 x_1$
	b_{n-1}	b_{n-2}	b_{n-3}	$\cdots$	b_0	$f(x_1)$

Bemerkung: Dieser Funktionswert $f(x_1)$ ist gleichzeitig der Rest, der bei Division von $f(x)$ durch $(x - x_1)$ bleibt.

Ist insbesondere x_1 eine Nullstelle von f, dann gilt:

$$f(x) = (x - x_1) \cdot g(x),$$

und in der letzten Zeile des Horner-Schemas stehen die Koeffizienten des Polynoms $g(x)$ vom Grade $n-1$.

Beispiel 2.23

Abspalten eines Faktors mittels Horner-Schema (vgl. Beispiel 2.22)

a) $x_1 = -2$ ist Nullstelle von f mit $f(x) = x^3 - 67x - 126$.
Das Horner-Schema liefert die Koeffizienten des in Beispiel 2.22 angegebenen Polynoms:

	1	0	−67	−126
$x_1 = -2$		−2	4	+126
	1	−2	−63	$0 = f(-2)$
	↑	↑	↑	
	b_2	b_1	b_0	

Es gilt: $f(x) = x^3 - 67x - 126 = (x+2)(x^2 - 2x - 63)$ für alle $x \in \mathbb{R}$.

b) $x_1 = 3$ ist Nullstelle von f mit $f(x) = 4x^5 - 6x^4 - 13x^3 + 3x^2 - x - 159$.

	4	−6	−13	3	−1	−159	
$x_1 = 3$		12	18	15	54	159	
	4	6	5	18	53		$0 = f(3)$
	↑	↑	↑	↑	↑		
	b_4	b_3	b_2	b_1	b_0		

Es gilt: $f(x) = (x-3)(4x^4 + 6x^3 + 5x^2 + 18x + 53)$ für alle $x \in \mathbb{R}$

oder $\dfrac{4x^5 - 6x^4 - 13x^3 + 3x^2 - x - 159}{x-3} = 4x^4 + 6x^3 + 5x^2 + 18x + 53$ für alle $x \neq 3$.

Man sagt: $(4x^5 - 6x^4 - 13x^3 + 3x^2 - x - 159)$ ist durch $(x-3)$ teilbar. Dementsprechend läßt sich Satz 2.4 formulieren:

Ist x_1 eine Nullstelle der ganzrationalen Funktion f, dann ist $f(x)$ durch $(x - x_1)$ ohne Rest teilbar.

Ist f eine ganzrationale Funktion n-ten Grades, und sind x_1 und x_2 unterschiedliche Nullstellen von f, dann besagt Satz 2.4 zunächst:

$$f(x) = (x - x_1)g(x).$$

Weil $(x - x_1)$ nur für $x = x_1$ verschwindet, muß $g(x_2) = 0$ gelten. Die Anwendung von Satz 2.4 auf g ergibt dann:

$$f(x) = (x - x_1)g(x) = (x - x_1)(x - x_2)h(x),$$

wobei h ein Polynom $(n-2)$-ten Grades ist. Allgemein gilt:

Satz 2.5

Ist f eine ganzrationale Funktion n-ten Grades, und sind $x_1, ..., x_n$ Nullstellen von f, dann gilt:

$$f(x) = a_n x^n + \cdots + a_1 x + a_0 = a_n(x-x_1)(x-x_2)\cdots(x-x_n) \quad \text{für alle } x \in \mathbb{R}.$$

Bemerkungen:

1. Man nennt die Faktoren $(x - x_i)$ **Linearfaktoren** und verwendet die Produktschreibweise:

$$f(x) = a_n \prod_{i=1}^{n} (x - x_i).$$

2. Der Zusammenhang zwischen den Nullstellen von f und den Koeffizienten des Polynoms wird oft in der Literatur als »Vietasche Formeln« angegeben. Man erhält diese Gleichungen durch »Ausmultiplizieren« der Linearfaktoren.

Satz 2.6

> Eine ganzrationale Funktion n-ten Grades hat höchstens n verschiedene Nullstellen.

Bemerkung:

Eine ganzrationale Funktion n-ten Grades kann durchaus weniger als n reelle Nullstellen besitzen. Z.B. hat f mit $f(x) = (x-1)(x^8+1)$ nur $x_1 = 1$ als Nullstelle in $\mathbb{R}$.

Beweis (indirekt):
Voraussetzung: f ist ganzrationale Funktion n-ten Grades.
Behauptung: Es gibt höchstens n verschiedene Nullstellen.
Gegenannahme: Es gibt mindestens $n+1$ verschiedene Nullstellen $x_1, \ldots, x_n, x_{n+1}$.

Nach Satz 2.5 gilt dann: $f(x) = a_n(x-x_1)\cdots(x-x_n)$, also $f(x_{n+1}) = a_n(x_{n+1}-x_1)\cdots(x_{n+1}-x_n)$. Wegen $x_{n+1} \neq x_i$ für $i = 1, \ldots, n$ verschwindet kein Faktor dieses Produktes, und es gilt: $f(x_{n+1}) \neq 0$. x_{n+1} ist also keine Nullstelle. Die Gegenannahme führt zum Widerspruch. ●

Mitunter läßt sich ein Faktor $(x - x_i)$ mehrmals von einem Polynom abspalten. Wir berücksichtigen das in der folgenden

Definition 2.12

> f sei eine ganzrationale Funktion n-ten Grades. Dann heißt x_1 eine ***k*-fache Nullstelle** von f, wenn eine ganzrationale Funktion g vom $(n-k)$-ten Grade mit $g(x_1) \neq 0$ so existert, daß $f(x) = (x-x_1)^k g(x)$ für alle $x \in \mathbb{R}$ gilt.

Beispiel 2.24

a) $x_1 = 2$ ist dreifache Nullstelle von f mit $f(x) = x^5 - 6x^4 + 13x^3 - 14x^2 + 12x - 8$, wie man dem nachstehenden Horner-Schema entnehmen kann:

	1	−6	13	−14	12	−8	
$x_1 = 2$		2	−8	10	−8	8	
	1	−4	5	−4	4	0	$f(x) = (x-2)\cdot(x^4 - 4x^3 + 5x^2 - 4x + 4)$
$x_1 = 2$		2	−4	2	−4		
	1	−2	1	−2	$\underline{0}$		$f(x) = (x-2)^2(x^3 - 2x^2 + x - 2)$
$x_1 = 2$		2	0	2			
	1	0	1	$\underline{0}$			$f(x) = (x-2)^3(x^2 + 1)$
$x_1 = 2$		2	4				
	1	2	$\underline{5}$				

b) $x_1 = -1$ ist eine zweifache Nullstelle von f mit $f(x) = x^{10} + 2x^9 + x^8 + x^2 + 2x + 1$:

	1	2	1	0	0	0	0	0	1	2	1	
$x_1 = -1$		-1	-1	0	0	0	0	0	0	-1	-1	
	1	1	0	0	0	0	0	0	1	1	$\underline{0}$	$f(x) = (x+1)\cdot(x^9 + x^8 + x + 1)$
$x_1 = -1$		-1	0	0	0	0	0	0	0	-1		
	1	0	0	0	0	0	0	0	1	$\underline{0}$		$f(x) = (x+1)^2(x^8 + 1)$
$x_1 = -1$		-1	1	-1	1	-1	1	-1	1			
	1	-1	1	-1	1	-1	1	-1	$\underline{2}$			

2.3.2 Gebrochenrationale Funktionen

Definition 2.13

Unter einer **(gebrochen) rationalen Funktion** r verstehen wir den Quotienten zweier ganzrationaler Funktionen:

$$r: x \mapsto r(x) = \frac{p_m(x)}{q_n(x)} = \frac{a_m x^m + a_{m-1}x^{m-1} + \cdots + a_1 x + a_0}{b_n x^n + b_{n-1}x^{n-1} + \cdots + b_1 x + b_0} \quad \text{mit } a_m \neq 0, \quad b_n \neq 0.$$

Der maximale Definitionsbereich ist $\mathbb{R}\backslash L$, wobei L die Menge der Nullstellen des Nenners bezeichnet.

Im Falle $m < n$ heißt r **echt gebrochen**, im Falle $m \geqq n$ **unecht gebrochen**.

Bemerkungen:

1. Eine gebrochen rationale Funktion kann auf $D_{\max}$ mit einer ganzrationalen Funktion übereinstimmen, wenn nämlich $p_m(x)$ ohne Rest durch $q_n(x)$ teilbar ist, z.B. $f(x) = \dfrac{x^2 - 1}{x - 1} = x + 1$ für $x \neq 1$.

   $g: \mathbb{R} \to \mathbb{R}$ mit $g(x) = x + 1$ ist wegen $D_g = \mathbb{R} \neq D_f$ aber verschieden von f.

2. $x_1 \in \mathbb{R}$ ist Nullstelle von r, falls $p_m(x_1) = 0$ und $q_n(x_1) \neq 0$ gilt.
   $x_1 \in \mathbb{R}$ heißt **Polstelle** von r, falls $q_n(x_1) = 0$ und $p_m(x_1) \neq 0$ gilt.
   $x_1 \in \mathbb{R}$ heißt **Lücke** von r, falls $q_n(x_1) = 0$ und $p_m(x_1) = 0$ gilt.
   $x_1 \in \mathbb{R}$ heißt ***k*-fache Polstelle** von r, wenn $p_m(x_1) \neq 0$ gilt und eine ganzrationale Funktion g mit $g(x_1) \neq 0$ so existiert, daß $q_n(x) = (x - x_1)^k g(x)$ für alle $x \in \mathbb{R}$ gilt.

Beispiel 2.25

(vgl. Bild 2.17)

a) $f: \mathbb{R}\backslash\{-2\} \to \mathbb{R}$ mit $f(x) = \dfrac{x-1}{x+2}$

f hat bei $x_1 = -2$ eine Polstelle und bei $x_2 = 1$ eine Nullstelle.

a) $f(x) = \dfrac{x-1}{x+2}$

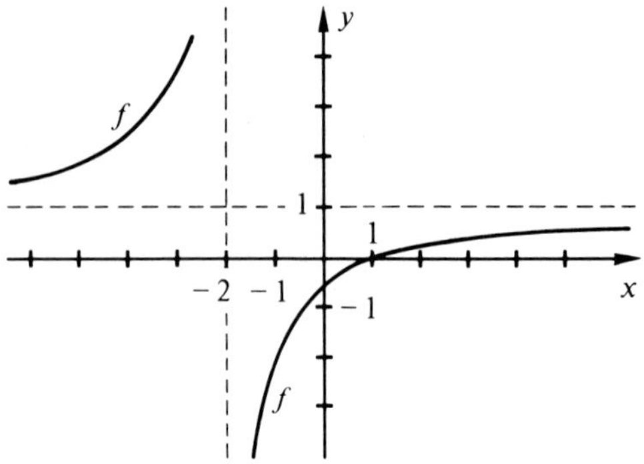

Bild 2.17: Graph der rationalen Funktion $f\colon x \mapsto \dfrac{x-1}{x+2}$

b) $f\colon \mathbb{R}\setminus\{-1\} \to \mathbb{R}$ mit $f(x) = \dfrac{x^2}{(x+1)^2}$

f hat bei $x_1 = -1$ eine zweifache Polstelle und bei $x_2 = 0$ eine (zweifache) Nullstelle.

c) $f\colon \mathbb{R}\setminus\{2\} \to \mathbb{R}$ mit $f(x) = \dfrac{x^2-4}{x-2}$

f hat bei $x_1 = 2$ eine Lücke und bei $x_2 = -2$ eine Nullstelle.

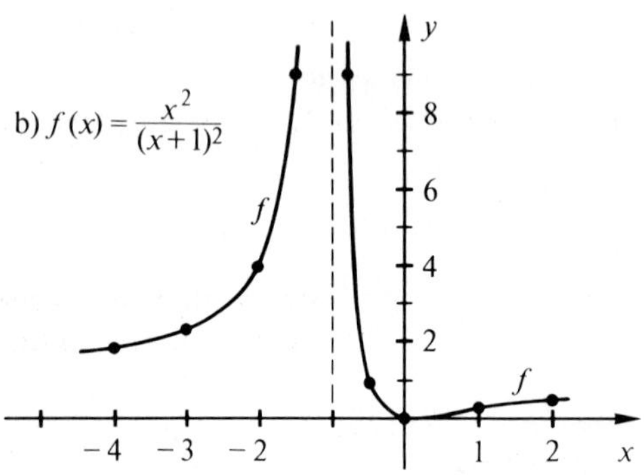

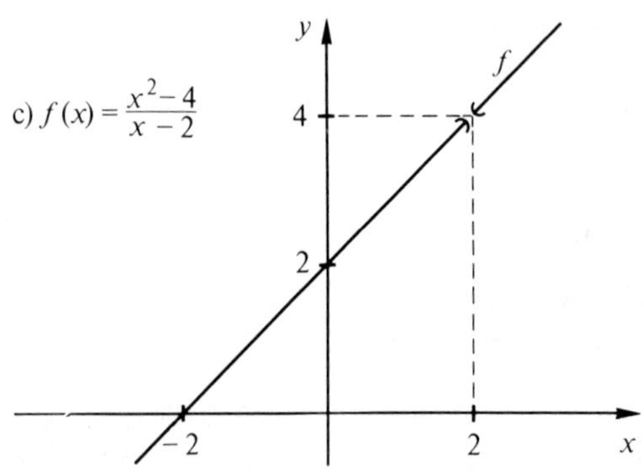

Bild 2.18: Graph der Funktion $f\colon x \mapsto \dfrac{x^2}{(x+1)^2}$

Bild 2.19: Graph der Funktion $f\colon x \mapsto \dfrac{x^2-4}{x-2}$

Jede unecht gebrochene rationale Funktion läßt sich als Summe einer ganzrationalen Funktion und einer echt gebrochen rationalen Funktion schreiben. D.h. für $m \geqq n$ gilt:

$$\frac{p_m(x)}{q_n(x)} = p_{m-n}(x) + \frac{p_l(x)}{q_n(x)} \quad \text{mit } l < n. \tag{2.4}$$

In der Praxis werden $p_{m-n}(x)$ und $p_l(x)$ durch das vom Dezimalsystem her bekannte Divisionsverfahren bestimmt:

Beispiel 2.26

$$f(x)=\frac{3x^4+7x^3+x^2+5x+1}{x^2+1}$$

$$\begin{array}{l}(3x^4+7x^3+x^2+5x+1):(x^2+1)=3x^2+7x-2+\dfrac{-2x+3}{x^2+1}\\ \underline{-(3x^4+3x^2)\qquad\qquad}\\ \qquad 7x^3-2x^2+5x+1\\ \qquad \underline{-(7x^3\qquad\quad +7x)}\\ \qquad\qquad -2x^2-2x+1\\ \qquad\qquad \underline{-(-2x^2\qquad -2)}\\ \qquad\qquad\qquad -2x+3\end{array}$$

$$\begin{aligned} p_{m-n}(x) &= 3x^2+7x-2 \quad (m-n=2)\\ p_l(x) &= -2x+3 \quad (l=1)\end{aligned}$$

Für spätere Anwendungen in der Integralrechnung ist noch eine andere Schreibweise gebrochen rationaler Funktionen zweckmäßig. Wegen der möglichen Summendarstellung (2.4) beschränken wir uns dabei auf echt gebrochenrationale Funktionen.

Gegeben sei eine Funktion f, deren Funktionswerte als Summe von »Teilbrüchen« dargestellt sind:

$$f(x)=\frac{c_1}{x-x_1}+\cdots+\frac{c_n}{x-x_n} \quad (\text{mit } c_1,\ldots,c_n\in\mathbb{R}) \tag{2.5}$$

Durch »Gleichnamig-Machen« der Brüche wird offensichtlich, daß es sich um eine echtgebrochen rationale Funktion handelt:

$$f(x)=\frac{c_1(x-x_2)\cdots(x-x_n)+\cdots+c_n(x-x_1)\cdots(x-x_{n-1})}{(x-x_1)(x-x_2)\cdots(x-x_n)}, \tag{2.6}$$

die auf $\mathbb{R}\backslash\{x_1,x_2,\ldots,x_n\}$ definiert ist.

Häufig ist selbst nach Vereinfachung des Zählers von (2.6) die Beschreibung der Funktion durch (2.5) vorteilhafter, weshalb das Problem dann in umgekehrter Richtung zu lösen ist. Man nennt diese Aufgabe **Partialbruchzerlegung.**

Beispiel 2.27

Partialbruchzerlegung

a) $f(x)=\dfrac{-x^2+20x+149}{x^3+4x^2-11x-30}$

Zunächst wird die Produktdarstellung des Nenners benötigt. Offenbar verschwindet er für $x_1=-2$:

	1	4	−11	−30
$x_1=-2$		−2	−4	30
	1	2	−15	<u>0</u>

Produktdarstellung des Nenners:

$$\begin{aligned}x^3+4x^2-11x-30&=(x+2)(x^2+2x-15)\\&=(x+2)(x+5)(x-3)\end{aligned}$$

Für die Zerlegung in Teilbrüche ist deshalb der folgende Ansatz sinnvoll:

Ansatz:

$$\frac{-x^2+20x+149}{x^3+4x^2-11x-30}=\frac{A}{x-3}+\frac{B}{x+2}+\frac{C}{x+5}$$

$$\frac{-x^2+20x+149}{x^3+4x^2-11x-30}=\frac{A(x+2)(x+5)+B(x-3)(x+5)+C(x-3)(x+2)}{(x-3)(x+2)(x+5)}$$

Das Problem besteht nun darin, reelle Zahlen A, B und C so zu bestimmen, daß die Gleichung für alle $x \in D_f$ gilt.

Da die Nenner übereinstimmen, heißt dies: Die Zahlen A, B, C sind so zu wählen, daß auch die Zählerpolynome gleich sind. Dazu reicht die Gleichheit der Polynome an drei beliebigen Stellen $x_1, x_2, x_3 \in \mathbb{R}$ aus (vgl. Aufgabe 5), was auf ein lineares Gleichungssystem mit den drei Unbekannten A, B, C führt. Es ist von Vorteil, die Polstellen als x_i-Werte zu wählen:

$$\begin{aligned}
x_1&=3: & -9+60+149&=A\cdot 5\cdot 8 &&\Rightarrow A=5\\
x_2&=-2: & -4-40+149&=B(-5)\cdot 3 &&\Rightarrow B=-7\\
x_3&=-5: & -25-100+149&=C(-8)(-3) &&\Rightarrow C=1
\end{aligned}$$

Partialbruchzerlegung von $f(x)$:

$$f(x)=\frac{5}{x-3}-\frac{7}{x+2}+\frac{1}{x+5}.$$

Die Nenner der Teilbrüche müssen nicht unbedingt Linearfaktoren sein:

b) $f(x)=\dfrac{5x^2-37x+54}{x^3-6x^2+9x}$

Produktdarstellung des Nenners: $x^3-6x^2+9x=x\cdot(x-3)^2$

Damit auch die Summe der Partialbrüche $x_2=3$ als doppelte Polstelle kennzeichnet, wählen wir als Nenner eines Teilbruchs $(x-3)^2$. Dieser Teilbruch ist echt gebrochen, wenn der zugehörige Zähler linear angesetzt wird:

$$\frac{5x^2-37x+54}{x^3-6x^2+9x}=\frac{\hat{A}}{x}+\frac{\hat{B}x+\hat{C}}{(x-3)^2}.$$

Der lineare Zähler kann wegen $\hat{B}x+\hat{C}=\hat{B}(x-3)+\hat{C}+3\hat{B}$ noch umgeschrieben werden (dabei gilt: $A=\hat{A}$, $B=\hat{B}$, $C=3\hat{B}+\hat{C}$):

Ansatz:

$$\frac{5x^2-37x+54}{x^3-6x^2+9x}=\frac{A}{x}+\frac{B}{x-3}+\frac{C}{(x-3)^2}$$

$$\frac{5x^2-37x+54}{x^3-6x^2+9x}=\frac{A(x-3)^2+Bx(x-3)+Cx}{x(x-3)^2}$$

Die Gleichheit der Zählerpolynome wird wieder durch Übereinstimmung an drei Stellen $x_1, x_2, x_3 \in \mathbb{R}$ gewährleistet. Wir wählen als x_1 und x_2 die beiden Polstellen und als x_3 irgendeine von x_1 und x_2 verschiedene Zahl, z.B. $x_3 = 1$.

$$\left.\begin{array}{ll} x_1 = 0: & 54 = A \cdot 9 \\ x_2 = 3: & -12 = C \cdot 3 \\ x_3 = 1: & 22 = 4A - 2B + C \end{array}\right\} \Rightarrow \left\{\begin{array}{l} A = 6 \\ C = -4 \\ B = -1 \end{array}\right.$$

Partialbruchzerlegung von $f(x)$:

$$f(x) = \frac{6}{x} + \frac{-1}{x-3} + \frac{-4}{(x-3)^2}$$

c) $$f(x) = \frac{3x}{2x^3 - 12x^2 + 24x - 16} = \frac{1{,}5x}{x^3 - 6x^2 + 12x - 8}$$

Offenbar ist $x_1 = 2$ dreifache Polstelle:

	1	−6	12	−8
$x_1 = 2$		2	−8	8
	1	−4	4	0
$x_1 = 2$		2	−4	
	1	−2	0	
$x_1 = 2$		2		
	1	0		

Produktdarstellung des Nenners: $x^3 - 6x^2 + 12x - 8 = (x-2)^3$.

Damit auch die Summe der Partialbrüche $x_1 = 2$ als dreifache Polstelle ausweist, wird der Nenner eines Teilbruchs $(x-2)^3$ sein. Soll dieser Teilbruch echt gebrochen sein, so darf der zugehörige Zähler höchstens vom 2-ten Grade sein.

$$\frac{1{,}5x}{x^3 - 6x^2 + 12x - 8} = \frac{\hat{A}x^2 + \hat{B}x + \hat{C}}{(x-2)^3}$$

Wegen $\hat{A}x^2 + \hat{B}x + \hat{C} = \hat{A}(x-2)^2 + (\hat{B} + 4\hat{A})(x-2) + 4\hat{A} + 2\hat{B} + \hat{C}$ kann der Teilbruch noch umgeschrieben werden (dabei gilt: $A = \hat{A}$, $B = \hat{B} + 4\hat{A}$, $C = 4\hat{A} + 2\hat{B} + \hat{C}$):

$$\frac{1{,}5x}{x^3 - 6x^2 + 12x - 8} = \frac{A}{x-2} + \frac{B}{(x-2)^2} + \frac{C}{(x-2)^3}$$

$$\frac{1{,}5x}{x^3 - 6x^2 + 12x - 8} = \frac{A(x-2)^2 + B(x-2) + C}{(x-2)^3}$$

Die Gleichheit der Zählerpolynome 2-ten Grades wird wieder durch Übereinstimmung an drei Stellen x_1, x_2, x_3 erreicht. Wir wählen $x_1 = 2$ und x_2, x_3 davon verschieden, z.B. $x_2 = 0$ und $x_3 = 4$:

$$x_1 = 2: \quad 3 = \qquad C$$

$$\left.\begin{array}{ll} x_1 = 0: & 0 = 4A - 2B + C \Rightarrow 4A - 2B = -3 \\ x_3 = 4: & 6 = 4A + 2B + C \Rightarrow 4A + 2B = 3 \end{array}\right\} \Rightarrow \left\{\begin{array}{l} A = 0 \\ B = 1{,}5 \end{array}\right.$$

Partialbruchzerlegung:

$$\frac{1{,}5x}{x^3-6x^2+12x-8}=\frac{1{,}5}{(x-2)^2}+\frac{3}{(x-2)^3}.$$

d) $f(x)=\dfrac{x^2-1}{x^3+2x^2-2x-12}$

Offenbar verschwindet der Nenner nur für $x_1=2$:

	1	2	−2	−12
$x_1=2$		2	8	12
	1	4	6	0

Produktdarstellung des Nenners:
$x^3+2x^2-2x-12=(x-2)(x^2+4x+6)$

Für die Zerlegung in (echte) Teilbrüche ist der folgende Ansatz sinnvoll:

$$\frac{x^2-1}{(x-2)(x^2+4x+6)}=\frac{A}{x-2}+\frac{Bx+C}{x^2+4x+6}$$

Zählervergleich: $x^2-1=A(x^2+4x+6)+(Bx+C)(x-2)$

Wir wählen als x_1-Wert die Polstelle und als x_2 und x_3 irgend zwei von x_1 verschiedene Werte, z.B. $x_2=0$ und $x_3=-1$:

$$\begin{aligned}
x_1&=2: & 3&=A\cdot 18 & &\Rightarrow A=\tfrac{1}{6}\\
x_2&=0: & -1&=6A & -2C&\Rightarrow 2C=6A+1=2\Rightarrow C=1\\
x_3&=-1: & 0&=3A+3B-3C & &\Rightarrow B=C-\tfrac{1}{6}=\tfrac{5}{6}
\end{aligned}$$

Partialbruchzerlegung:

$$f(x)=\frac{\frac{1}{6}}{x-2}+\frac{\frac{5}{6}x+1}{x^2+4x+6}.$$

Die Existenz und Eindeutigkeit der Partialbruchzerlegung ist nach dem folgenden Satz garantiert. Auf den Beweis wollen wir verzichten. Der interessierte Leser mag ihn in [8] nachlesen.

Satz 2.7

Das Nennerpolynom einer echt gebrochen rationalen Funktion f möge folgende Produktdarstellung besitzen:

$$q_n(x)=b_n\cdot(x-x_1)^{k_1}\cdots(x-x_s)^{k_s}(x^2+p_1x+q_1)^{j_1}\cdots(x^2+p_tx+q_t)^{j_t}$$

wobei die x_i $(i=1,\ldots,s)$ die reellen k_i-fachen Nullstellen von q_n sind. Dann läßt sich f auf genau eine Weise als Summe von Teilbrüchen in der Form

$$\begin{aligned}
f(x)=\frac{A_{11}}{x-x_1}+\cdots+\frac{A_{1k_1}}{(x-x_1)^{k_1}}+\cdots+\frac{A_{s1}}{x-x_s}+\cdots+\frac{A_{sk_s}}{(x-x_s)^{k_s}}+\\
+\frac{B_{11}x+C_{11}}{x^2+p_1x+q_1}+\cdots+\frac{B_{1j_1}x+C_{1j_1}}{(x^2+p_1x+q_1)^{j_1}}+\cdots\\
+\frac{B_{t1}x+C_{t1}}{x^2+p_tx+q_t}+\cdots+\frac{B_{tj_t}x+C_{tj_t}}{(x^2+p_tx+q_t)^{j_t}}
\end{aligned}$$

schreiben. Dabei sind $A_{11},\ldots,B_{11},\ldots,C_{11},\ldots$ eindeutig bestimmte reelle Zahlen.

Aufgaben

1. Man berechne $f(1,5)$ mit dem Horner-Schema für
   a) $f(x)=x^4-3{,}5x^3-7x^2+1$ b) $f(x)=7x^5-5{,}5x^4+2{,}5x^3-22{,}5x+2$

2. Welche Vielfachheit hat $x_1=-2$ als Nullstelle von f mit

   $$f(x)=x^7+6x^6+12x^5+8x^4+x^3+6x^2+12x+8?$$

3. a) $x_1=-2$ ist eine Lösung von $x^3+5x^2-8x-28=0$. Geben Sie alle Lösungen der Gleichung an!
   b) $x_1=-3$ ist eine Lösung von $x^5+3x^4-13x^3-39x^2+36x+108=0$. Geben Sie alle Lösungen der Gleichung an!

4. a) Von einer ganzrationalen Funktion 2-ten Grades seien an drei verschiedenen Stellen x_i $(i=0,1,2)$ die Funktionswerte $y_i=f(x_i)$ bekannt. Man prüfe, ob die durch

   $$f(x)=y_0\cdot\frac{(x-x_1)(x-x_2)}{(x_0-x_1)(x_0-x_2)}+y_1\cdot\frac{(x-x_0)(x-x_2)}{(x_1-x_0)(x_1-x_2)}+y_2\cdot\frac{(x-x_0)(x-x_1)}{(x_2-x_0)(x_2-x_1)}$$

   beschriebene, ganzrationale Funktion vom 2-ten Grad ist und an den Stellen x_i die vorgeschriebenen Werte y_i annimmt!
   b) Man gebe entsprechend der Darstellung in a) eine ganzrationale Funktion 3-ten Grades an, für die gilt:

   $$f(-2)=336; \quad f(1)=60; \quad f(5)=-56; \quad f(6)=120.$$

   c) Es sei $f(x)=\sum_{i=0}^{n} y_i\cdot\frac{(x-x_0)(x-x_1)\cdots(x-x_{i-1})(x-x_{i+1})\cdots(x-x_n)}{(x_i-x_0)(x_i-x_1)\cdots(x_i-x_{i-1})(x_i-x_{i+1})\cdots(x_i-x_n)}$

   Zeigen Sie, daß $f(x_i)=y_i$ gilt!

5. Beweisen Sie: Stimmen zwei ganzrationale Funktionen n-ten Grades f und g an $n+1$ Stellen überein, dann gilt $f=g$

6. Wo sind Polstellen bzw. Nullstellen bzw. Lücken von f mit $f(x)=\frac{(x^2+x-2)(x^2-2x-3)(x^2-2x-35)}{(x^2-6x-7)(x^2+x-6)}$?

7. Zerlegen Sie in eine Summe aus ganzrationalem und echt gebrochenem Anteil:

   a) $f(x)=\frac{x^6+5x^5-x^3+6x-1}{x^4+2x^2+1}$ b) $f(x)=\frac{x^8-x^4+2x-1}{x^2-2}$

   c) $f(x)=\frac{3x^5-7x^4-8x^3+29x^2-3x-30}{(x-2)(3x+5)}$ d) $f(x)=\frac{(x-2)(x+3)(3x-4)(x^2+1)}{(2x-6)(x^2+4)}$

8. Wie lautet die Partialbruchzerlegung von:

   a) $f(x)=\frac{2x^2+3x-1}{x^3-x^2-x+1}$ b) $f(x)=\frac{5x^2-2x+6}{x^3-x^2+2x-2}$?

9. Man zerlege in ganzrationale Anteile und Partialbrüche:

   a) $f(x)=\frac{3x^4-3x^3-10x^2+16x+5}{x^2-x-2}$ b) $f(x)=\frac{18x^4-7x^3-35x^2-8x+24}{(x-2)(x^2+2x+2)(3x-4)}$

   c) $f(x)=\frac{x^5}{(x-1)^3(x+2)}$

2.4 Potenzfunktionen

Unter einer **Potenzfunktion** versteht man eine Funktion f mit $f(x) = x^r$ ($r \in \mathbb{R}$). Die Potenz x^r wird für $r \in \mathbb{Q}$ am Ende dieses Abschnitts erklärt und für $r \in \mathbb{R}$ in Abschnitt 4.4. Mit $f(x) = x^n$ ($n \in \mathbb{N}$) sind uns bereits einige spezielle Potenzfunktionen f bekannt. Es sind ganzrationale Funktionen, deren Schaubilder in Bild 2.20 dargestellt sind:

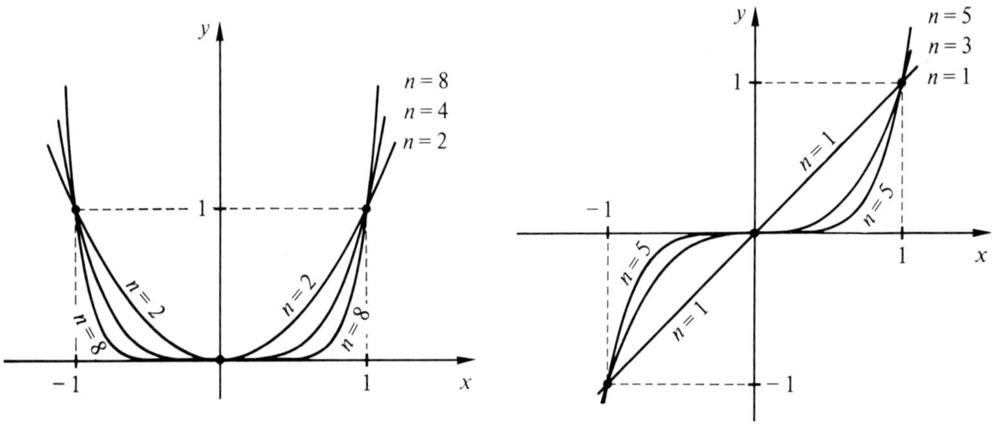

a) n gerade

b) n ungerade

Bild 2.20a, b: Potenzfunktionen $x \mapsto x^n$ ($n \in \mathbb{N}$)

Wir wollen die Fälle n ungerade ($n = 2k + 1$, $k \in \mathbb{N}$) und n gerade ($n = 2k$, $k \in \mathbb{N}$) unterscheiden.

1. Fall:
Die Funktionen f mit $f(x) = x^{2k+1}$ ($k \in \mathbb{N}$) sind ungerade und, weil sie auf ganz $\mathbb{R}$ streng monoton wachsend sind, nach Satz 2.1 umkehrbar. Ihre Umkehrfunktionen werden **Wurzelfunktionen** genannt.

Schreibweise: $f^{-1}\colon \mathbb{R} \to \mathbb{R}$ mit $x \mapsto \sqrt[2k+1]{x}$.
Sprechweise: $(2k + 1)$-te Wurzel aus x.
Da $f \circ f^{-1}$ und $f^{-1} \circ f$ die Identität auf $\mathbb{R}$ ergibt, gilt für alle $k \in \mathbb{N}$:

$$(\sqrt[2k+1]{x})^{2k+1} = x \quad \text{und} \quad \sqrt[2k+1]{x^{2k+1}} = x \quad \text{für alle } x \in \mathbb{R}.$$

2. Fall:
Die Funktionen f mit $f(x) = x^{2k}$ ($k \in \mathbb{N}$) sind nicht auf ganz $\mathbb{R}$ streng monoton, wohl aber die Restriktion $\hat{f}$ von f auf $\mathbb{R}_0^+$ (und zwar streng monoton wachsend). Die Restriktionen sind nach Satz 2.1 umkehrbar. Auch ihre Umkehrfunktionen werden **Wurzelfunktionen** genannt:

Schreibweise: $\hat{f}^{-1}\colon \mathbb{R}_0^+ \to \mathbb{R}_0^+$ mit $x \mapsto \sqrt[2k]{x}$.
Sprechweise: $2k$-te Wurzel aus x.
Da $\hat{f} \circ \hat{f}^{-1}$ und $\hat{f}^{-1} \circ \hat{f}$ die Identität auf $\mathbb{R}_0^+$ ist, gilt für alle $k \in \mathbb{N}$:

$$(\sqrt[2k]{x})^{2k} = x \quad \text{und} \quad \sqrt[2k]{x^{2k}} = x \quad \text{für alle } x \in \mathbb{R}_0^+.$$

Bild 2.21 zeigt die Graphen einiger Wurzelfunktionen.

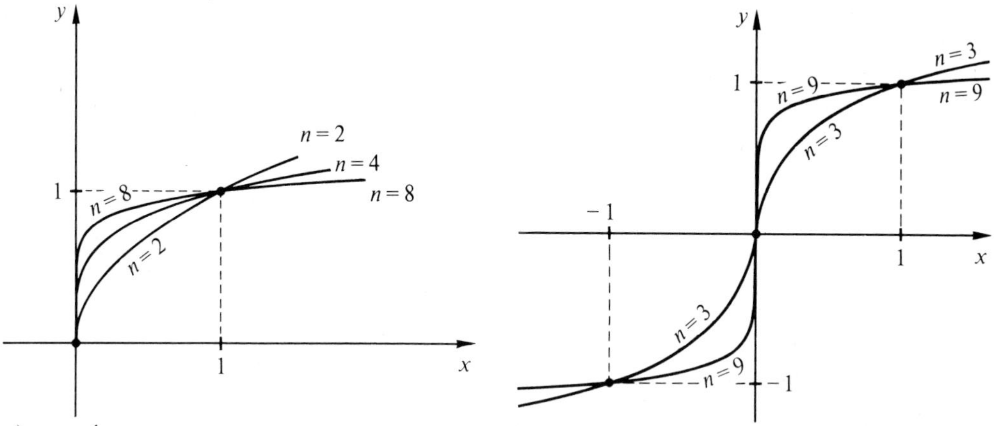

a) n gerade

b) n ungerade

Bild 2.21 a, b: Wurzelfunktionen $x \mapsto \sqrt[n]{x}$

Bisher wurden mit f: $x \mapsto x^n$ für $n \in \mathbb{N}$ spezielle ganzrationale Funktionen betrachtet. Die Funktionen f mit $f(x) = x^p$ ($p \in \mathbb{Z}$) sind spezielle rationale Funktionen, die für negative p-Werte auf $\mathbb{R} \setminus \{0\}$ definiert sind. Im Falle $p < 0$ ist $x_1 = 0$ eine Polstelle (vgl. Bild 2.22).

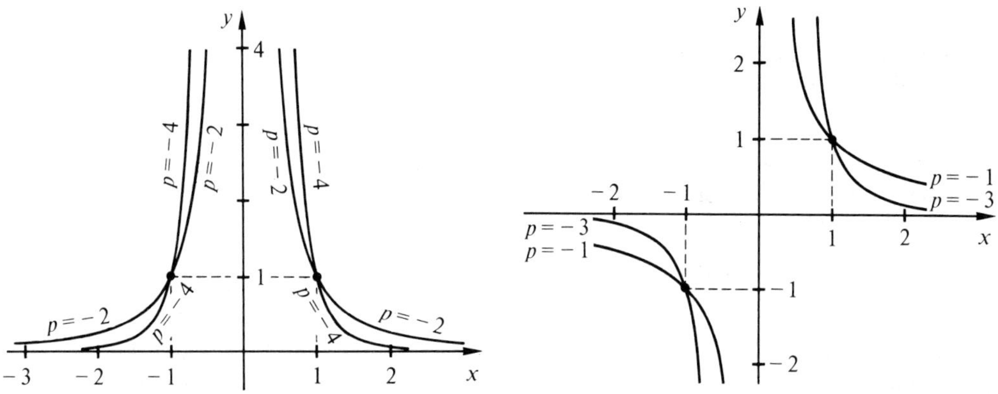

Bild 2.22: Potenzfunktionen $x \mapsto x^p$ für $p \in \mathbb{Z} \setminus \mathbb{N}_0$

Es soll nun noch $f(x) = x^q$ für alle $q \in \mathbb{Q}$ definiert werden. Dazu verwenden wir die oben genannten Wurzelfunktionen, deren gemeinsamer Definitionsbereich $\mathbb{R}_0^+$ ist.

Definition 2.14

Es sei $x > 0$ und $q = \frac{m}{n}$ mit $m, n \in \mathbb{N}$.
Dann verstehen wir unter der **Potenz** x^q die n-te Wurzel aus x^m:

$$x^{m/n} = \sqrt[n]{x^m}.$$

Bemerkungen:

1. Damit ist $f(x) = x^q$ für $q \in \mathbb{Q}^+$ erklärt. Mit dem Zusatz $x^{-q} = \dfrac{1}{x^q}$ und $x^0 = 1$ für alle $x \in \mathbb{R}^+$ ist dann x^q für alle $q \in \mathbb{Q}$ definiert.
2. Die Einschränkung $x \in \mathbb{R}^+$ (statt $\mathbb{R}_0^+$) wurde wegen der zusätzlichen Vereinbarung in Bemerkung 1 vorgenommen.
3. Man beachte, daß sowohl $f(x) = \sqrt[6]{x^2}$ als auch $g(x) = \sqrt[3]{x}$ auf ganz $\mathbb{R}$ definiert ist und auf $\mathbb{R}^-$ $f(x) \neq g(x)$ gilt. Dagegen ist $f_1(x) = x^{2/6}$ und $g_1(x) = x^{1/3}$ nur auf $\mathbb{R}^+$ definiert, und es gilt $x^{2/6} = x^{1/3}$ für alle $x \in \mathbb{R}^+$.
4. Für $x \in \mathbb{R}_0^+$ gilt: $\sqrt[n]{x} = x^{1/n}$ für alle $n \in \mathbb{N}$.

   Für $x \in \mathbb{R}^-$ gilt: $\sqrt[2k+1]{x} = -\sqrt[2k+1]{-x} = -(-x)^{1/(2k+1)}$ für alle $k \in \mathbb{N}$.

Für das Rechnen mit Potenzen gilt:

Satz 2.8

Es seien $q_1, q_2 \in \mathbb{Q}$. Dann gilt für alle $x, x_1, x_2 \in \mathbb{R}^+$:
a) $(x_1 x_2)^{q_1} = x_1^{q_1} \cdot x_2^{q_1}$
b) $x^{q_1 + q_2} = x^{q_1} \cdot x^{q_2}$
c) $x^{q_1 q_2} = (x^{q_1})^{q_2}$

Wir verzichten auf den Beweis. (Dieser Satz wird in Abschnitt 4.4 für $q_1, q_2 \in \mathbb{R}$ formuliert.)

2.5 Trigonometrische Funktionen und Arcusfunktionen

Aus der ebenen Trigonometrie sind die Begriffe Sinus und Kosinus eines Winkels bekannt. Sie wurden für Winkel zwischen 0° und 90° als Quotient zweier Seitenlängen eines rechtwinkligen Dreiecks eingeführt. Dabei wurden die Winkel im **Gradmaß** gemessen. In der Analysis wird ein anderes Winkelmaß verwendet, das **Bogenmaß**. Zwischen dem Bogenmaß x und dem Gradmaß α eines Winkels besteht das folgende Verhältnis:

$$\frac{x}{\alpha} = \frac{2\pi}{360^\circ} = \frac{\pi}{180^\circ}.$$

2.5.1 Sinusfunktion und Kosinusfunktion

Definition 2.15

(ξ, η) sei ein Punkt P auf dem Einheitskreis. P_0 sei der Punkt $(1, 0)$.

Bezeichnen wir das Bogenmaß $\widehat{P_0 P}$ mit x, so wird jedem Wert x ein Punkt P zugeordnet, dessen Koordinaten wir mit **Kosinus** und **Sinus** von x bezeichnen.

Schreibweise: $\xi = \cos x \qquad \eta = \sin x$.

Die so auf $\mathbb{R}$ definierten Funktionen mit $x \mapsto \cos x$ und $x \mapsto \sin x$ werden **Kosinusfunktion** und **Sinusfunktion** genannt.

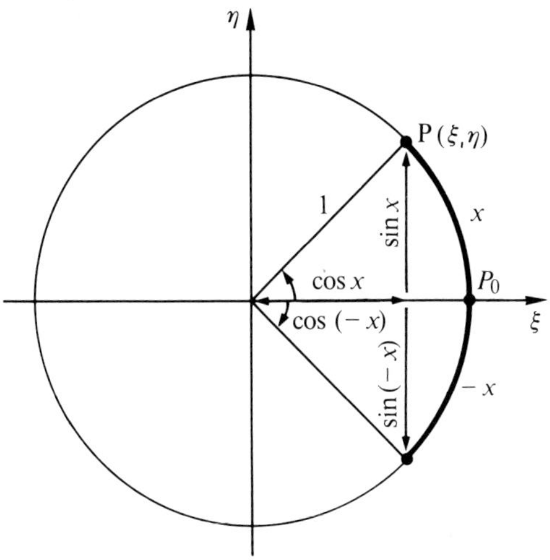

Bild 2.23: Zur Definition von Sinus- und Kosinusfunktion

Bemerkungen:

1. Wie man dem Bild 2.23 entnehmen kann, entspricht diese Definition für $x \in \left(0, \frac{\pi}{2}\right)$ genau der aus der ebenen Trigonometrie.
2. Ein Punkt (ξ, η) wird nicht nur durch einen einzigen Wert des Bogenmaßes beschrieben. Man erhält z.B. für

$$-4\pi + x, -2\pi + x, x, 2\pi + x, 4\pi + x$$

denselben Punkt des Einheitskreises.

Einige Eigenschaften lassen sich unschwer der Definition entnehmen (s. Bild 2.23 und Bild 2.24).

Für alle $x \in \mathbb{R}$ gilt:

$$\sin(x + 2k\pi) = \sin x \quad \text{und} \quad \cos(x + 2k\pi) = \cos x \quad (k \in \mathbb{Z}) \tag{2.7}$$

$$\sin(-x) = -\sin x \quad \text{und} \quad \cos(-x) = \cos x \tag{2.8}$$

$$|\sin x| \leqq 1 \quad \text{und} \quad |\cos x| \leqq 1. \tag{2.9}$$

$$\sin^2 x + \cos^2 x = 1. \quad \text{(Satz des Pythagoras)} \tag{2.10}$$

$$|\sin x| \leqq |x| \tag{2.11}$$

Die Sinusfunktion ist auf $\left[-\frac{\pi}{2}, \frac{\pi}{2}\right]$ streng monoton wachsend.

Die Kosinusfunktion ist auf $[0, \pi]$ streng monoton fallend.

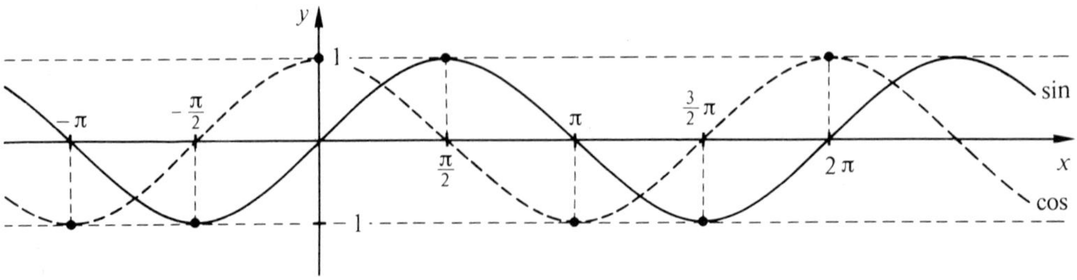

Bild 2.24: Schaubilder der Sinusfunktion und der Kosinusfunktion

Unter Berücksichtigung der Periodizität erhält man:
Nullstellen der Sinusfunktion: $x_k = k\pi$ mit $k \in \mathbb{Z}$.

Nullstellen der Kosinusfunktion: $x_k = \frac{\pi}{2} + k\pi$ mit $k \in \mathbb{Z}$.

Für die maximalen und minimalen Funktionswerte gilt ($k \in \mathbb{Z}$)

Maxima: $\sin x = 1$ bei: $x_k = \frac{\pi}{2} + 2k\pi$ Minima: $\sin x = -1$ bei: $x_k = \frac{-\pi}{2} + 2k\pi$

$\cos x = 1$ bei: $x_k = 2k\pi$ $\cos x = -1$ bei: $x_k = \pi + 2k\pi$

Für alle $x \in \mathbb{R}$ gilt:

$$\begin{aligned}
\sin\left(x + \frac{\pi}{2}\right) &= \cos x & \cos\left(x + \frac{\pi}{2}\right) &= -\sin x \\
\sin\left(x - \frac{\pi}{2}\right) &= -\cos x & \cos\left(x - \frac{\pi}{2}\right) &= \sin x \\
\sin(\pi - x) &= \sin x & \cos(\pi - x) &= -\cos x \\
\sin(\pi + x) &= -\sin x & \cos(\pi + x) &= -\cos x \\
\sin(-x) = \sin(2\pi - x) &= -\sin x & \cos(-x) = \cos(2\pi - x) &= \cos x
\end{aligned} \tag{2.12}$$

Für alle $x_1, x_2 \in \mathbb{R}$ gelten die **Additionstheoreme**

$$\begin{aligned}
\sin(x_1 \pm x_2) &= \sin x_1 \cdot \cos x_2 \pm \cos x_1 \cdot \sin x_2 \\
\cos(x_1 \pm x_2) &= \cos x_1 \cdot \cos x_2 \mp \sin x_1 \cdot \sin x_2
\end{aligned} \tag{2.13}$$

Der Beweis kann z.B. mit Fallunterscheidungen unter Verwendung der Formeln (2.13) und der Periodizitätseigenschaft geführt werden. Unschwer folgert man aus den Additionstheoremen und den bereits genannten Eigenschaften:

Für alle $x_1 \in \mathbb{R}$ gilt:

$$\begin{aligned}
\sin 2x_1 &= 2 \cdot \sin x_1 \cdot \cos x_1 \\
\cos 2x_1 &= \cos^2 x_1 - \sin^2 x_1 = 1 - 2\sin^2 x_1 = 2\cos^2 x_1 - 1
\end{aligned} \tag{2.14}$$

Aus (2.13) erhält man wegen $x_1 = \frac{x_1 + x_2}{2} + \frac{x_1 - x_2}{2}$ und $x_2 = \frac{x_1 + x_2}{2} - \frac{x_1 - x_2}{2}$

$$\begin{aligned}
\sin x_1 + \sin x_2 &= 2\cdot\sin\frac{x_1 + x_2}{2}\cos\frac{x_1 - x_2}{2} \\
\sin x_1 - \sin x_2 &= 2\cdot\cos\frac{x_1 + x_2}{2}\sin\frac{x_1 - x_2}{2} \\
\cos x_1 + \cos x_2 &= 2\cdot\cos\frac{x_1 + x_2}{2}\cos\frac{x_1 - x_2}{2} \\
\cos x_1 - \cos x_2 &= -2\cdot\sin\frac{x_1 + x_2}{2}\cos\frac{x_1 - x_2}{2}.
\end{aligned} \tag{2.15}$$

2.5.2 Tangensfunktion und Kotangensfunktion

Definition 2.16

Es sei L_1 die Menge der Nullstellen der Kosinusfunktion und L_2 die Menge der Nullstellen der Sinusfunktion.

Unter der **Tangensfunktion** verstehen wir die Funktion

$$\tan\colon x \mapsto \frac{\sin x}{\cos x} = \tan x \quad \text{für } x \in \mathbb{R}\backslash L_1 \text{ und}$$

unter der **Kotangensfunktion** die Funktion

$$\cot\colon x \mapsto \frac{\cos x}{\sin x} = \cot x \quad \text{für } x \in \mathbb{R}\backslash L_2$$

Ähnlich wie die sin- und cos-Werte lassen sich auch die Werte der Tangens- und Kotangensfunktion am Einheitskreis veranschaulichen (s. Bild 2.25):

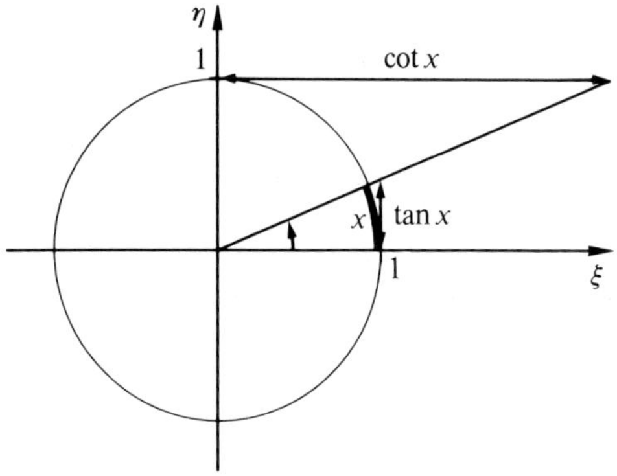

Bild 2.25: tan x und cot x am Einheitskreis

Einige Eigenschaften lassen sich unschwer der Definition entnehmen:

$$\tan(x+k\pi) = \tan(x) \quad \text{und} \quad \cot(x+k\pi) = \cot(x)$$
$$\tan(-x) = -\tan(x) \quad \text{und} \quad \cot(-x) = -\cot(x)$$
$$\tan(x)\cdot\cot(x) = 1$$

Aus der Anschauung folgt unmittelbar (vgl. Bild 2.26):

Die Tangensfunktion ist auf $\left(-\frac{\pi}{2}, \frac{\pi}{2}\right)$ streng monoton wachsend, die Kotangensfunktion auf $(0, \pi)$ streng monoton fallend.

Die Nullstellen der Tangensfunktion stimmen mit denen der Sinusfunktion überein, die der Kotangensfunktion mit denen der Kosinusfunktion:

$$\tan x = 0 \text{ bei } x_k = k\cdot\pi \text{ mit } k\in\mathbb{Z} \qquad \cot x = 0 \text{ bei } x_k = \frac{\pi}{2} + k\cdot\pi \text{ mit } k\in\mathbb{Z}.$$

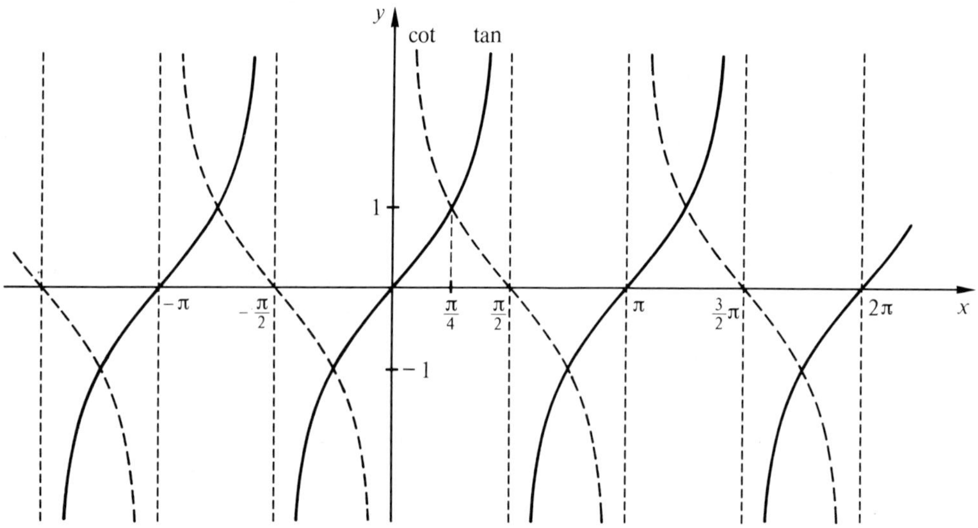

Bild 2.26: Schaubilder der Tangensfunktion und der Kotangensfunktion

Über die **Additionstheoreme** der sin- und cos-Funktion lassen sich solche für die tan- und cot-Funktion herleiten, falls diese Werte definiert sind.

$$\tan(x_1+x_2) = \frac{\tan x_1 + \tan x_2}{1 - \tan x_1 \cdot \tan x_2} \qquad \cot(x_1+x_2) = \frac{\cot x_1 \cdot \cot x_2 - 1}{\cot x_1 + \cot x_2} \tag{2.16}$$

Beispiel 2.28

Zwei Geraden mögen in kartesischen Koordinaten beschrieben sein:

$$g_1\colon y = m_1 x + n_1 \quad \text{und} \quad g_2\colon y = m_2 x + n_2.$$

Nach (2.16) wird der Schnittwinkel zweier Geraden berechnet.

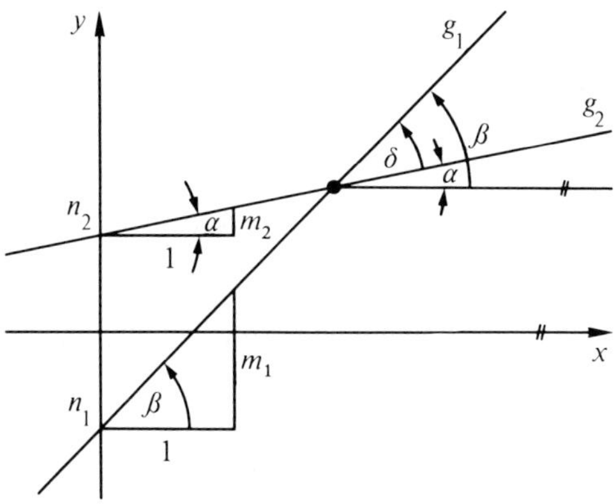

Bild 2.27: Schnittwinkel zweier Geraden

Aus Bild 2.27 entnimmt man:

$$m_1 = \tan\beta \quad \text{und} \quad m_2 = \tan\alpha$$

$$\tan\delta = \tan(\beta - \alpha) = \frac{\tan\beta - \tan\alpha}{1 + \tan\beta\tan\alpha}$$

$$\tan\delta = \frac{m_1 - m_2}{1 + m_1 m_2}. \qquad (2.17)$$

Insbesondere sind die beiden Geraden orthogonal, wenn $\delta = 90°$ ist. Für dieses Argument ist kein Tangenswert definiert, d.h. der Nenner verschwindet:

Orthogonalitätsbedingung: $m_1 \cdot m_2 = -1$. (2.18)

In der Praxis ist es oft zweckmäßig, die Werte einer trigonometrischen Funktion durch die Werte einer anderen auszudrücken. In der folgenden Tabelle sind entsprechende Formeln zusammengestellt:

Tabelle 2.1

	$\sin x$	$\cos x$	$\tan x$	$\cot x$
$\sin x$	$\sin x$	$\pm\sqrt{1-\cos^2 x}$	$\dfrac{\tan x}{\pm\sqrt{1+\tan^2 x}}$	$\dfrac{1}{\pm\sqrt{1+\cot^2 x}}$
$\cos x$	$\pm\sqrt{1-\sin^2 x}$	$\cos x$	$\dfrac{1}{\pm\sqrt{1+\tan^2 x}}$	$\dfrac{\cot x}{\pm\sqrt{1+\cot^2 x}}$
$\tan x$	$\dfrac{\sin x}{\pm\sqrt{1-\sin^2 x}}$	$\dfrac{\pm\sqrt{1-\cos^2 x}}{\cos x}$	$\tan x$	$\dfrac{1}{\cot x}$
$\cot x$	$\dfrac{\pm\sqrt{1-\sin^2 x}}{\sin x}$	$\dfrac{\cos x}{\pm\sqrt{1-\cos^2 x}}$	$\dfrac{1}{\tan x}$	$\cot x$

Überall dort, wo $\pm$ steht, ist das Vorzeichen dadurch zu bestimmen, daß man überlegt, in welchem Quadranten der durch x festgelegte Punkt des Einheitskreises liegt.

2.5.3 Arcus-Funktionen

Die Sinusfunktion besitzt die primitive Periode $p=2\pi$. Daraus folgt unmittelbar, daß die Sinusfunktion keine Umkehrfunktion besitzt. Man kann aber den Definitionsbereich so einschränken, daß die eingeschränkte Funktion umkehrbar ist. Dazu braucht man nur ein Intervall zu suchen, auf dem die Sinusfunktion streng monoton ist, z.B. $\left[-\frac{\pi}{2}, \frac{\pi}{2}\right]$.

Nach Satz 2.1 existiert dann eine Umkehrfunktion.

Entsprechend existieren auch für die anderen trigonometrischen Funktionen Monotoniebereiche, so daß die darauf eingeschränkten Funktionen umkehrbar sind (vgl. Bild 2.28).

Definition 2.17

Die Umkehrfunktion von $f\colon \left[-\frac{\pi}{2}, \frac{\pi}{2}\right] \to [-1,1]$ mit $x \mapsto \sin x$ heißt **Arcussinus-Funktion.**

Die Umkehrfunktion von $f\colon [0,\pi] \to [-1,1]$ mit $x \mapsto \cos x$ heißt **Arcuskosinus-Funktion.**

Die Umkehrfunktion von $f\colon \left(-\frac{\pi}{2}, \frac{\pi}{2}\right) \to \mathbb{R}$ mit $x \mapsto \tan x$ heißt **Arcustangens-Funktion.**

Die Umkehrfunktion von $f\colon (0,\pi) \to \mathbb{R}$ mit $x \mapsto \cot x$ heißt **Arcuskotangens-Funktion.**

Schreibweisen:	Sprechweisen:
$\arcsin\colon [-1,1] \to \left[-\frac{\pi}{2}, \frac{\pi}{2}\right]$ mit $y \mapsto \arcsin y$	Arcussinus von y
$\arccos\colon [-1,1] \to [0,\pi]$ mit $y \mapsto \arccos y$	Arcuskosinus von y
$\arctan\colon \mathbb{R} \to \left(-\frac{\pi}{2}, \frac{\pi}{2}\right)$ mit $y \mapsto \arctan y$	Arcustangens von y
$\operatorname{arccot}\colon \mathbb{R} \to (0,\pi)$ mit $y \mapsto \operatorname{arccot} y$	Arcuskotangens von y

Einige Eigenschaften der Arcus-Funktionen:

a) $\arcsin(-x) = -\arcsin x$ $\quad$ $\arctan(-x) = -\arctan x$

$\arccos(-x) = \pi - \arccos x$ $\quad$ $\operatorname{arccot}(-x) = \pi - \operatorname{arccot} x$

b) $-\frac{\pi}{2} \leqq \arcsin x \leqq \frac{\pi}{2}$ $\quad$ $-\frac{\pi}{2} < \arctan x < \frac{\pi}{2}$

$0 \leqq \arccos x \leqq \pi$ $\quad$ $0 < \operatorname{arccot} x < \pi$

c) Die Arcussinus-Funktion ist streng monoton wachsend.
Die Arcuskosinus-Funktion ist streng monoton fallend.
Die Arcustangens-Funktion ist streng monoton wachsend.
Die Arcuskotangens-Funktion ist streng monoton fallend.

d) Es gilt: $\arcsin x + \arccos x = \frac{\pi}{2}$ für $x \in [-1, 1]$; $\arctan x + \operatorname{arccot} x = \frac{\pi}{2}$ für $x \in \mathbb{R}$.

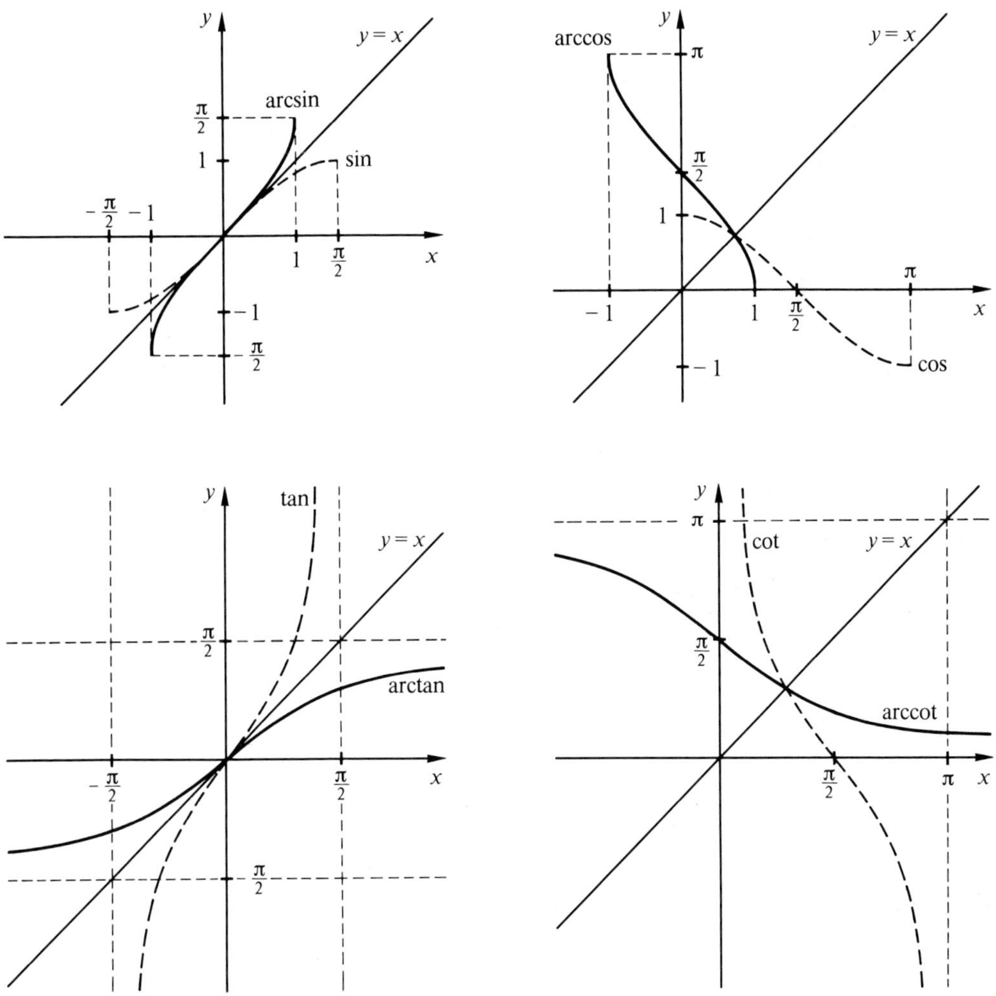

Bild 2.28: Arcus-Funktionen

Unter Beachtung von $(f \circ f^{-1})(x) = x$ lassen sich viele Eigenschaften der Arcus-Funktionen aus denen der trigonometrischen Funktionen herleiten. So folgt z.B. aus Tabelle 2.1 der nachstehend tabellierte Zusammenhang zwischen den verschiedenen Arcus-Funktionen:

Tabelle 2.2

$\arcsin x$		$\operatorname{arccos}\sqrt{1-x^2}$ für $x\in[0,1]$	$\arctan\frac{x}{\sqrt{1-x^2}}$ für $x\in(-1,1)$	$\operatorname{arccot}\frac{\sqrt{1-x^2}}{x}$ für $x\in(0,1]$
$\arccos x$	$\arcsin\sqrt{1-x^2}$ für $x\in[0,1]$		$\arctan\frac{\sqrt{1-x^2}}{x}$ für $x\in(0,1]$	$\operatorname{arccot}\frac{x}{\sqrt{1-x^2}}$ für $x\in(-1,1)$
$\arctan x$	$\arcsin\frac{x}{\sqrt{1+x^2}}$ für $x\in\mathbb{R}$	$\arccos\frac{1}{\sqrt{1+x^2}}$ für $x\in\mathbb{R}_0^+$		$\operatorname{arccot}\frac{1}{x}$ für $x\in\mathbb{R}^+$
$\operatorname{arccot} x$	$\arcsin\frac{1}{\sqrt{1+x^2}}$ für $x\in\mathbb{R}_0^+$	$\arccos\frac{x}{\sqrt{1+x^2}}$ für $x\in\mathbb{R}$	$\arctan\frac{1}{x}$ für $x\in\mathbb{R}^+$	

Wie die Tabelle zu lesen ist, zeigen folgende Beispiele:

$$\arcsin x=\arccos\sqrt{1-x^2};\quad \arccos x=\operatorname{arccot}\frac{x}{\sqrt{1-x^2}};\quad \operatorname{arccot} x=\arcsin\frac{1}{\sqrt{1+x^2}}$$

Entsprechend der Tabelle 2.2 gilt:

$$\sin(\arccos x)=\sqrt{1-x^2}\text{ für }x\in[-1,1]\qquad \cos(\arcsin x)=\sqrt{1-x^2}\text{ für }x\in[-1,1]$$

$$\sin(\arctan x)=\frac{x}{\sqrt{1+x^2}}\text{ für }x\in\mathbb{R}\qquad \cos(\arctan x)=\frac{1}{\sqrt{1+x^2}}\text{ für }x\in\mathbb{R}$$

$$\sin(\operatorname{arccot} x)=\frac{1}{\sqrt{1+x^2}}\text{ für }x\in\mathbb{R}\qquad \cos(\operatorname{arccot} x)=\frac{x}{\sqrt{1+x^2}}\text{ für }x\in\mathbb{R}$$

$$\tan(\arcsin x)=\frac{x}{\sqrt{1-x^2}}\text{ für }x\in(-1,1)\qquad \cot(\arcsin x)=\frac{\sqrt{1-x^2}}{x}\text{ für }x\in[-1,1]\backslash\{0\}$$

$$\tan(\arccos x)=\frac{\sqrt{1-x^2}}{x}\text{ für }x\in[-1,1]\backslash\{0\}\qquad \cot(\arccos x)=\frac{x}{\sqrt{1-x^2}}\text{ für }x\in(-1,1)$$

$$\tan(\operatorname{arccot} x)=\frac{1}{x}\quad\text{ für }x\in\mathbb{R}\backslash\{0\}\qquad \cot(\arctan x)=\frac{1}{x}\quad\text{ für }x\in\mathbb{R}\backslash\{0\}.$$

Hierbei sind die maximalen Gültigkeitsbereiche angegeben.

Anwendungen finden die Arcus-Funktionen überall dort, wo zu gegebenen Werten von trigonometrischen Funktionen deren Argumente gesucht werden.

Beispiel 2.29

a) Welche Lösungsmenge L besitzt die Gleichung $\sin x = \sqrt{3}\cos x$?
Da für die Lösungen sicher $\cos x \neq 0$ gilt, folgt daraus: $\tan x = \sqrt{3}$. Diese Gleichung besitzt unendlich viele Lösungen (vgl. Bild 2.26).

Für die in $\left(-\frac{\pi}{2}, \frac{\pi}{2}\right)$ liegende Lösung gilt: $x_1 = \arctan\sqrt{3} = \frac{\pi}{3}$.

Entsprechend der Periodizität der Tangensfunktion folgt daraus:

$$L = \left\{ x \mid x = \frac{\pi}{3} + k\pi \text{ mit } k \in \mathbb{Z} \right\}.$$

b) Welche Lösungsmenge L besitzt die Gleichung $\sin x = 0{,}6$?
Von den unendlich vielen Lösungen liegen zwei im Intervall $[0, 2\pi]$.
Für sie gilt (vgl. Bild 2.29):

$$x_1 = \arcsin 0{,}6 = 0{,}643\ldots \text{ und}$$
$$x_2 = \pi - x_1 \quad = 2{,}498\ldots$$

Entsprechend der Periodizität der Sinusfunktion folgt daraus:

$$L = \{x \mid x = x_1 + k2\pi \text{ oder } x = x_2 + k2\pi \text{ mit } k \in \mathbb{Z}\}.$$

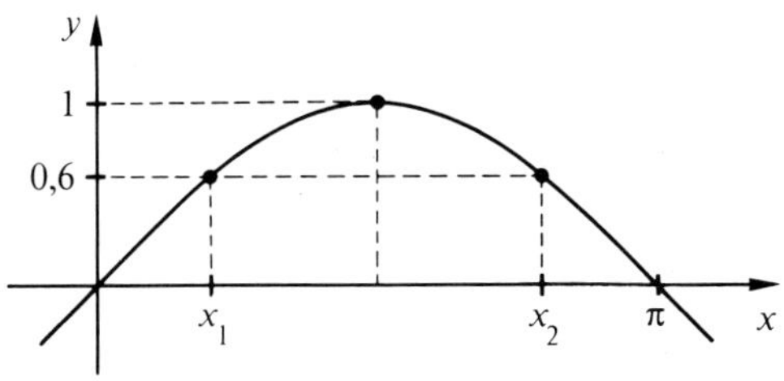

Bild 2.29: $\sin x = 0.6$

Bei der Beschreibung physikalischer Vorgänge werden häufig Funktionen der Art

$$f(t) = A\sin(\omega t + \alpha)$$

verwendet. Jeder Funktionswert kann als Projektion eines rotierenden Zeigers auf die y-Achse angesehen werden. Folgende Namen sind gebräuchlich (siehe auch Bild 2.30):

Amplitude	für A
Anfangsphase	für α
Kreisfrequenz	für ω
Schwingungsdauer	für $T = \frac{2\pi}{\omega}$
Frequenz	für $f = \frac{1}{T} = \frac{\omega}{2\pi}$

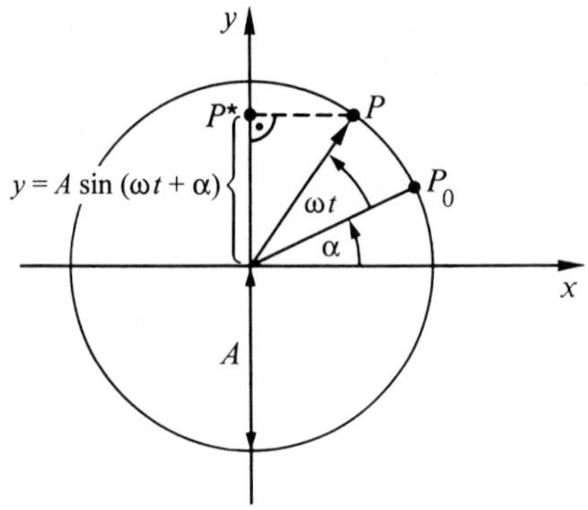

Bild 2.30: Zeigerdarstellung einer Schwingung

Mit Hilfe der Zeigerdarstellung kann die Addition zweier gleichfrequenter Sinus- und Kosinus-Anteile geometrisch veranschaulicht werden. Dabei wird verwendet, daß wegen $\sin(x+\pi/2)=\cos(x)$ jeder Kosinus-Wert auch als Sinus-Zeiger mit der Anfangsphase $\pi/2$ gedeutet werden kann.

Bild 2.31 zeigt, wie man das graphisch ausnutzen kann:

a) $4\sin(5t)+3\cos(5t)=5\ \sin(5t+\text{arctan } 3/4)=5\cos(5t\text{-arctan } 4/3)$

b) $2\sin(2t)-\cos(2t)=\sqrt{5}\ \sin(2t-\text{arctan } 1/2)=\sqrt{5}\ \cos(2t-\pi/2-\text{arctan}(1/2))$

c) $2\sin(3t+\pi/4)+2\cos(3t-3\pi/4)=\sqrt{8}\ \sin(3t)$

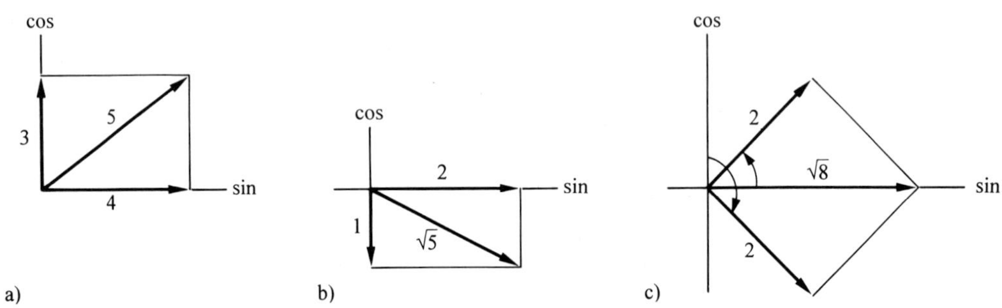

Bild 2.31a–c: Addition zweier gleichfrequenter Sinus- und Kosinusschwingungen

Aufgaben:

1. Man gebe Definitionsmenge D_f und Wertebereich W_f für jede der vier trigonometrischen Funktionen und für die vier Arcus-Funktionen an!

2. Man zeichne die Graphen der folgenden drei Funktionen in ein einziges Koordinatensystem:

$$f_1\colon x \mapsto x \quad \text{mit } x \in [-3, 3]; \quad f_2\colon x \mapsto \sin x \text{ mit } x \in [-\pi, \pi]; \; f_3\colon x \mapsto \tan x \text{ mit } x \in \left(-\frac{\pi}{2}, \frac{\pi}{2}\right).$$

3. Skizzieren Sie die Graphen der folgenden auf $\mathbb{R}$ definierten Funktionen:

   a) $y = \sin 2x$ b) $y = \sin 4x$ c) $y = \sin\left(2x + \frac{\pi}{2}\right)$ d) $y = \sin\left(2x + \frac{\pi}{4}\right)$

4. Zeichnen Sie die Graphen der folgenden Funktionen:
   a) $y = x \cdot \sin x$ auf $\mathbb{R}$ b) $y = |\sin x|$ auf $\mathbb{R}$

5. Zeigen Sie, daß $f: \mathbb{R} \backslash \{0\} \to \mathbb{R}$ mit $f(x) = \frac{\sin x}{x}$ eine gerade Funktion ist, und skizzieren Sie das Schaubild!

6. Beweisen Sie über die Additionstheoreme:

   a) $\sin 3x = (3 - 4\sin^2 x)\sin x$ b) $\cos 3x = (4\cos^2 x - 3)\cos x$

   c) $\sin x + \sin y = 2 \cdot \sin\frac{x+y}{2} \cos\frac{x-y}{2}$

7. a) Wo und unter welchem Winkel schneiden sich die Schaubilder der Tangens- und Sinusfunktion?
   b) Wo schneiden sich die Schaubilder der Tangens- und Kosinusfunktion?

8. Geben Sie alle Lösungen der Gleichungen an:
   a) $\sin x = 0.5$ b) $\cot x = \sqrt{3}$ c) $\cos x = -\frac{1}{2}\sqrt{3}$

9. Wo liegen die Nullstellen der folgenden auf $\mathbb{R}$ definierten Funktionen f mit
   a) $f(x) = 6\cos^2 x + \sin x - 5$ b) $f(x) = 4\cos^2 x - \sin^2 x$

10. Man beweise

    a) $\cos(\arcsin x) = \sqrt{1 - x^2}$ für $x \in [-1, 1]$ b) $\tan(\arcsin x) = \frac{x}{\sqrt{1 - x^2}}$ für $x \in (-1, 1)$.

11. Schreibe in der Form $y = A\sin(\omega t + \alpha)$: (zeichnerische Lösung reicht aus)
    a) $y = -2\sin(5t) + 3\cos(5t)$ b) $y = \sin(\pi t) - \cos(\pi t + \pi/4)$

3 Zahlenfolgen und Grenzwerte

3.1 Definition und Eigenschaften von Folgen

Eine wichtige Rolle in der höheren Mathematik spielen die Zahlenfolgen.

Definition 3.1

Ordnet man jeder Zahl $n \in \mathbb{N}$ genau eine Zahl $a_n \in \mathbb{R}$ zu, so entsteht durch

$$a_1, a_2, a_3, \ldots, a_n, \ldots$$

eine **Zahlenfolge** oder kurz **Folge.** a_n bezeichnet man als das n-te Glied der Folge $\langle a_n \rangle$.
Schreibweise: $\langle a_n \rangle = a_1, a_2, a_3, \ldots$

Bemerkung:

Die eindeutige Zuordnung $n \mapsto a_n$ kann man auch durch

$$f\colon \mathbb{N} \to \mathbb{R} \text{ mit } \quad n \mapsto f(n) = a_n$$

ausdrücken (vgl. Abschnitt 2.1), d.h. eine Folge ist eine Funktion mit der speziellen Definitionsmenge $D_f = \mathbb{N}$. Aus diesem Grunde lassen sich gewisse Begriffe aus Abschnitt 2.2 übernehmen.

Beispiel 3.1

a) $\langle a_n \rangle = \left\langle \dfrac{1}{n} \right\rangle = 1, \frac{1}{2}, \frac{1}{3}, \ldots$

b) $\langle a_n \rangle = \langle 2^n \rangle = 2, 4, 8, \ldots$

c) $\langle a_n \rangle = \left\langle 1 + \dfrac{(-1)^n}{n+1} \right\rangle = \frac{1}{2}, \frac{4}{3}, \frac{3}{4}, \ldots$

Es ist nicht immer möglich, den Wert des n-ten Gliedes a_n ohne Berechnung der vorhergehenden Glieder anzugeben.

Beispiel 3.2

$$\langle a_n \rangle \text{ mit } a_1 = 2, \quad a_n = \frac{a_{n-1}^2}{a_{n-1} + 1} \quad \text{für } n = 2, 3, 4, \ldots$$

Hier erhalten wir die Folge $\langle a_n \rangle = 2, \frac{4}{3}, \frac{16}{21}, \ldots$
Eine solche Folge bezeichnet man als **rekursiv definiert.**

Weitere Beispiele für derartige Folgen bilden die aus der Elementarmathematik bekannten arithmetischen und geometrischen Folgen.

Definition 3.2

a) Es sei $c \in \mathbb{R}$ und $d \in \mathbb{R} \setminus \{0\}$. Dann heißt die durch

$$a_1 = c \quad \text{und} \quad a_{n+1} = a_n + d, \quad n = 1, 2, 3, \ldots$$

definierte Folge $\langle a_n \rangle$ eine **arithmetische Folge**. d heißt die **Differenz der Folge**.

b) Es sei $c \in \mathbb{R} \setminus \{0\}$ und $q \in \mathbb{R} \setminus \{0; 1\}$. Dann heißt die durch

$$a_1 = c \quad \text{und} \quad a_{n+1} = q \cdot a_n, \quad n = 1, 2, 3, \ldots$$

definierte Folge $\langle a_n \rangle$ eine **geometrische Folge**. q heißt der **Quotient der Folge**.

Addiert man die ersten n Glieder einer geometrischen Folge, so erhält man

$$s_n = \sum_{k=1}^{n} a_k = \sum_{k=1}^{n} a_1 q^{k-1} = a_1 + a_1 q + a_1 q^2 + \cdots + a_1 q^{n-1} = a_1 \frac{1 - q^n}{1 - q} \quad \text{für } q \neq 1 \tag{3.1}$$

(s. (1.31)). s_n heißt ***n*-te Teilsumme** oder **Partialsumme** der geometrischen Folge $\langle a_n \rangle$.

Beispiel 3.3

Die Glieder der Folge

$$\langle a_n \rangle = \langle 3 \rangle = 3, 3, 3, \ldots$$

sind alle gleich.

Allgemein heißt eine Folge $\langle a_n \rangle$ mit $a_n = c \in \mathbb{R}$ für alle $n \in \mathbb{N}$ eine **stationäre Folge** oder **konstante Folge**.

Entsprechend dem Graphen einer Funktion können wir jedem Glied von $\langle a_n \rangle$ den Punkt $P_n = P(n, a_n)$ in einem rechtwinkligen Koordinatensystem zuordnen. Auf diese Weise erhalten wir als Graphen der Folge $\langle a_n \rangle$ eine Punktmenge in der Koordinatenebene (s. Bild 3.1). Eine weitere Möglichkeit zur graphischen Darstellung besteht darin, die Glieder von $\langle a_n \rangle$ auf der reellen Zahlengerade zu markieren (s. Bild 3.2).

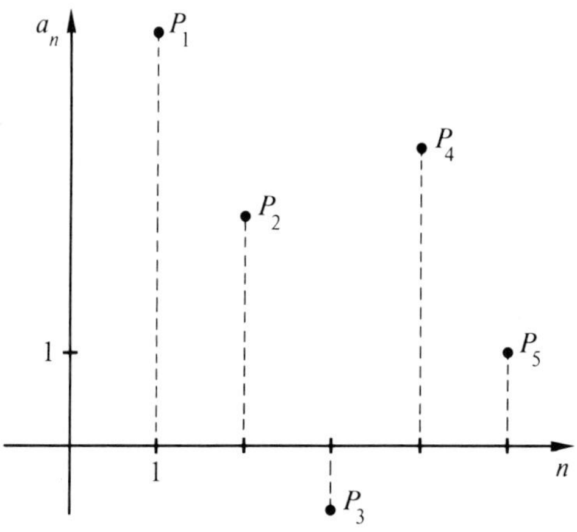

Bild 3.1: Graph von $\langle a_n \rangle$

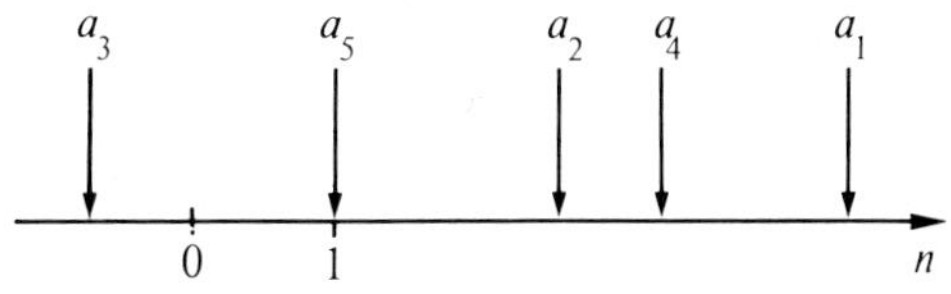

Bild 3.2: Darstellung von $\langle a_n \rangle$ auf der Zahlengerade

Die folgenden Begriffe haben wir bereits bei Funktionen kennengelernt.

Definition 3.3

Die Folge $\langle a_n \rangle$ heißt
a) **monoton wachsend** bzw. **streng monoton wachsend**, wenn für alle $n \in \mathbb{N}$ gilt

$$a_n \leqq a_{n+1} \quad \text{bzw.} \quad a_n < a_{n+1}, \tag{3.2}$$

b) **monoton fallend** bzw. **streng monoton fallend**, wenn für alle $n \in \mathbb{N}$ gilt

$$a_n \geqq a_{n+1} \quad \text{bzw.} \quad a_n > a_{n+1}. \tag{3.3}$$

Bemerkungen:

1. Eine Folge, die monoton wachsend oder monoton fallend ist, bezeichnet man kurz als monoton.
2. Man bezeichnet die Folge $\langle a_n \rangle$ auch dann als monoton, wenn (3.2) oder (3.3) erst ab einem Index $n > 1$ erfüllt ist.
3. Um nachzuweisen, daß $\langle a_n \rangle$ monoton ist, bilden wir z.B. die Differenz $d = a_{n+1} - a_n$ oder, falls $a_n > 0$ für alle $n \in \mathbb{N}$ ist, den Quotienten $q = \frac{a_{n+1}}{a_n}$, je nachdem wie die Folge definiert ist. Ist dann $d \geqq 0$ oder $q \geqq 1$ für alle $n \in \mathbb{N}$, so ist $\langle a_n \rangle$ monoton wachsend. Gilt $d \leqq 0$ oder $0 < q \leqq 1$ für alle $n \in \mathbb{N}$, so ist $\langle a_n \rangle$ monoton fallend.

Definition 3.4

Die Folge $\langle a_n \rangle$ heißt **nach oben** bzw. **nach unten beschränkt**, wenn mindestens ein $K \in \mathbb{R}$ bzw. $k \in \mathbb{R}$ so existiert, daß

$$a_n \leqq K \quad \text{bzw.} \quad a_n \geqq k \quad \text{für alle } n \in \mathbb{N}$$

ist. K bzw. k heißt eine **obere** bzw. **untere Schranke** von $\langle a_n \rangle$.
Die kleinste obere bzw. größte untere Schranke bezeichnet man als **obere** bzw. **untere Grenze** der Folge $\langle a_n \rangle$. Die Folge $\langle a_n \rangle$ heißt **beschränkt**, wenn sie sowohl nach oben als auch nach unten beschränkt ist.

Bemerkungen:

1. Ist die Folge $\langle a_n \rangle$ nach oben bzw. nach unten beschränkt, so ist die Existenz der oberen bzw. unteren Grenze nach der Vollständigkeitseigenschaft von $\mathbb{R}$ (s. Abschnitt 1.3.3) gesichert.
2. Ist K bzw. k eine obere bzw. untere Schranke von $\langle a_n \rangle$, dann ist natürlich auch jedes $K_1 > K$ bzw. jedes $k_1 < k$ eine obere bzw. untere Schranke von $\langle a_n \rangle$.
3. Wenn die Folge $\langle a_n \rangle$ beschränkt ist, dann existieren Konstanten $k, K \in \mathbb{R}$ so, daß $k \leqq a_n \leqq K$ für alle $n \in \mathbb{N}$ ist. Wählen wir dann $M = \max\{|K|, |k|\}$, so können wir die Beschränktheit von $\langle a_n \rangle$ auch durch

$$-M \leqq a_n \leqq M \quad \text{oder} \quad |a_n| \leqq M \quad \text{für alle } n \in \mathbb{N}$$

zum Ausdruck bringen.

Beispiel 3.4

$$\langle a_n \rangle = \left\langle \frac{n-1}{n+1} \right\rangle = 0, \tfrac{1}{3}, \tfrac{2}{4}, \tfrac{3}{5}, \ldots$$

Wegen

$$a_{n+1} - a_n = \frac{(n+1)-1}{(n+1)+1} - \frac{n-1}{n+1} = \frac{2}{(n+2)(n+1)} > 0 \quad \text{und} \quad 0 \leqq a_n = \frac{n-1}{n+1} = 1 - \frac{2}{n+1} < 1$$

für alle $n \in \mathbb{N}$ ist $\langle a_n \rangle$ streng monoton wachsend und beschränkt. Folglich ist das erste Glied der Folge die größte untere Schranke und damit untere Grenze, d.h. $k = a_1 = 0$. Weitere untere Schranken sind etwa $k_1 = -1$ oder $k_2 = -10$. Die obere Schranke $K = 1$ ist kein Glied der Folge. In Abschnitt 3.2 werden wir zeigen, daß $K = 1$ kleinste obere Schranke, d.h. obere Grenze von $\langle a_n \rangle$ ist. Weitere obere Schranken sind etwa $K_1 = 10$ oder $K_2 = 100$.

Beispiel 3.5

$$\langle a_n \rangle = \left\langle \frac{n}{2^n} \right\rangle = \tfrac{1}{2}, \tfrac{2}{4}, \tfrac{3}{8}, \ldots$$

Wir vermuten, daß $\langle a_n \rangle$ monoton fallend ist. Zum Beweis zeigen wir, daß $\frac{a_{n+1}}{a_n} \leqq 1$ ist. Wir erhalten, da $a_n > 0$ für alle $n \in \mathbb{N}$ ist,

$$\frac{a_{n+1}}{a_n} = \frac{n+1}{2^{n+1}} \cdot \frac{2^n}{n} = \frac{n+1}{2n} \leqq 1 \Leftrightarrow n+1 \leqq 2n \Leftrightarrow n \geqq 1,$$

d.h. es ist $a_{n+1} \leqq a_n$ für alle $n \geqq 1$. Damit haben wir nachgewiesen, daß wegen $a_1 = a_2 = \frac{1}{2}$ die Folge monoton fallend und vom zweiten Glied ab streng monoton fallend ist. Hieraus und wegen $a_n > 0$ für alle $n \in \mathbb{N}$ folgt weiter

$$0 < a_n \leqq a_1 = \tfrac{1}{2} \quad \text{für alle } n \in \mathbb{N},$$

d.h. $\langle a_n \rangle$ ist beschränkt, und a_1 ist obere Grenze. Daß $k = 0$ untere Grenze ist, können wir wieder erst in Abschnitt 3.2 zeigen.

Beispiel 3.6

$$\langle a_n \rangle = \left\langle \frac{(-1)^n}{n^2} \right\rangle = -1, +\tfrac{1}{4}, -\tfrac{1}{9}, +\tfrac{1}{16}, \ldots$$

In dieser Folge wechselt von Glied zu Glied das Vorzeichen, also ist $\langle a_n \rangle$ nicht monoton (vgl. Bild 3.3).

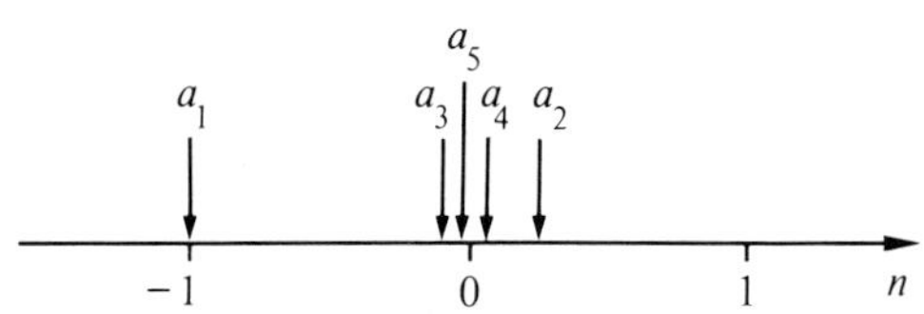

Bild 3.3: Darstellung einer alternierenden Folge auf der Zahlengerade

Wegen

$$|a_n| = \left|\frac{(-1)^n}{n^2}\right| = \frac{1}{n^2} \leqq 1 \quad \text{für alle } n \in \mathbb{N}$$

ist diese Folge beschränkt.

Allgemein heißt eine Folge $\langle a_n \rangle$ mit $a_{n+1}a_n < 0$ für alle $n \in \mathbb{N}$ (d.h. a_n und a_{n+1} haben verschiedenes Vorzeichen) eine **alternierende Folge**.

Beispiel 3.7

$$\langle a_n \rangle = \langle 1 + (-1)^n \rangle = 0, 2, 0, 2, \ldots$$

$\langle a_n \rangle$ ist nicht monoton, nicht alternierend, aber beschränkt.

Aufgaben

1. Bestimmen Sie die ersten 5 Glieder der Folgen $\langle a_n \rangle$:

a) $\left\langle \frac{n}{2n+1} \right\rangle$ b) $\left\langle \frac{3n-2}{4n+3} \right\rangle$ c) $\left\langle (-1)^n \frac{3}{5n-1} \right\rangle$ d) $\left\langle \frac{1}{4} - \frac{(-1)^{n+1}}{4} \right\rangle$

e) $\left\langle (1-(-1)^n)\left(2+\frac{1}{n}\right) \right\rangle$ f) $a_1 = 2, a_{n+1} = \sqrt{a_n + 1}$ g) $a_n = \begin{cases} \frac{n+1}{n} & \text{für } n \text{ ungerade} \\ -\frac{1}{n} & \text{für } n \text{ gerade} \end{cases}$

2. Bestimmen Sie eine Folge $\langle a_n \rangle$, deren erste Glieder angegeben sind:

a) $\frac{2}{3}, \frac{3}{4}, \frac{4}{5}, \frac{5}{6}, \frac{6}{7}, \ldots$ b) $\frac{1}{2}, \frac{\sqrt{2}}{3}, \frac{\sqrt{3}}{4}, \frac{2}{5}, \frac{\sqrt{5}}{6}, \ldots$

c) $1, 0, 1, 0, 1, \ldots$ d) $1, -\frac{1}{2}, \frac{1}{6}, -\frac{1}{24}, \frac{1}{120}, \ldots$

e) $-1, -3, -7, -15, -31, \ldots$ f) 0,2; 0,22; 0,222; 0,2222; ...

3. Zwei Studenten erhielten die Aufgabe, das n-te Glied der Folge $1, 16, 81, 256, \ldots$ zu bestimmen und das 5. Glied zu berechnen. Der eine Student gab als Lösung $a_n = n^4$, der andere $a_n = 10n^3 - 35n^2 + 50n - 24$ an. Welcher Student bestimmte das richtige 5. Glied?

*4. Untersuchen Sie die Folgen $\langle a_n \rangle$ mit

a) $a_1 = \frac{1}{4},\quad a_{n+1} = a_n^2 + \frac{1}{4},\quad n = 1, 2, \ldots$ b) $a_1 = 5,\quad a_2 = 1,\quad a_{n+2} = \frac{2}{3}a_{n+1} + \frac{1}{3}a_n,\quad n = 1, 2, \ldots$

auf Monotonie und Beschränktheit.
Anleitung: Die Beschränktheit beweise man mit vollständiger Induktion.

5. Untersuchen Sie die Folgen auf Monotonie:

a) $\langle \sqrt{3n+1} \rangle$ b) $\left\langle \frac{n+1}{n!} \right\rangle$ c) $\langle 10^{-n} \rangle$

6. Bestimmen Sie die Eigenschaften der Folgen $\langle a_n \rangle$. Markieren Sie das Ergebnis durch ein * in der entsprechenden Spalte:

a_n	nach oben beschränkt	nach unten beschränkt	(streng) monoton wachsend	(streng) monoton fallend	alternierend
a) $\frac{1}{n}$					
b) n^2					
c) $\frac{3n-1}{2n+1}$					
d) $\frac{n+1}{2^n}$					
e) $\frac{2^n}{n+1}$					
f) $\frac{(-1)^n}{n!}$					
g) $\frac{(-1)^n}{n}+\frac{(-1)^{n+1}}{n+1}$					
h) $a_{2n-1}=\frac{1}{n};\ a_{2n}=2$					
i) $\begin{cases} a_1=1 \\ a_{n+1}=\sqrt{a_n+1} \end{cases}$					

7. Bestimmen Sie Folgen $\langle a_n \rangle$, falls sie existieren, die die angekreuzten Eigenschaften besitzen und die anderen aufgelisteten Eigenschaften nicht besitzen.

$\langle a_n \rangle$	nach oben beschränkt	nach unten beschränkt	(streng) monoton wachsend	(streng) monoton fallend	alternierend
a)	*			*	
b)		*	*		
c)	*	*	*		
d)	*	*		*	
e)	*	*			*
f)	*	*			
g)					*
h)				*	*

8. Gegeben sind die Folgen $\langle a_n \rangle$. Ab welchem Index $n_0 \in \mathbb{N}$ gilt $|a_n| < \varepsilon$ mit $\varepsilon = 10^{-1}, 10^{-3}, 10^{-5}$; $\varepsilon \in \mathbb{R}^+$?

   a) $\left\langle \frac{3}{n} \right\rangle$ b) $\left\langle \frac{1}{2^{n-1}} \right\rangle$ c) $\left\langle \frac{n}{2n+1} - \frac{1}{2} \right\rangle$ d) $\left\langle \frac{(-1)^n}{2n+1} \right\rangle$

9. Gegeben sind die Folgen $\langle a_n \rangle$. Ab welchem Index $n_0 \in \mathbb{N}$ gilt $a_n > K$ mit $K = 10, 10^3, 10^5$; $K \in \mathbb{R}^+$?

   a) $\langle 2n-1 \rangle$ b) $\langle n^2 - 1 \rangle$ c) $\langle 3^n + 1 \rangle$

3.2 Konvergente Folgen

3.2.1 Grenzwert einer Folge

An den Anfang der folgenden Überlegungen stellen wir ein Beispiel.

Beispiel 3.8

$$\langle a_n \rangle = \left\langle \frac{n+1}{n} \right\rangle = 2, \tfrac{3}{2}, \tfrac{4}{3}, \ldots$$

$\langle a_n \rangle$ ist streng monoton fallend und nach unten durch $a = 1$ beschränkt. Berechnen wir weitere Glieder von $\langle a_n \rangle$, etwa

$$a_{10} = \tfrac{11}{10} = 1{,}1, \quad a_{100} = \tfrac{101}{100} = 1{,}01, \quad a_{1000} = \tfrac{1001}{1000} = 1{,}001,$$

so erkennen wir daraus, daß sich mit wachsendem n die Glieder dieser Folge dem Wert $a = 1$ nähern. Wenn wir n hinreichend groß wählen, so können wir erreichen, daß das Glied a_n und alle folgenden Glieder der Folge «beliebig nahe» bei $a = 1$ liegen. Man sagt auch, daß sich die Glieder der Folge bei $a = 1$ «häufen». Um diesen Sachverhalt mathematisch zu beschreiben, betrachten wir z.B. die ε-Umgebung $U_\varepsilon(1)$ mit $\varepsilon = 0{,}1$. Wir können nun einen Index $n_0 \in \mathbb{N}$ so bestimmen, daß $a_{n_0} \in U_{0,1}(1)$ ist. Dies ist der Fall, wenn

$$|a_{n_0} - 1| = \left| \frac{n_0 + 1}{n_0} - 1 \right| = \frac{1}{n_0} < 0{,}1$$

gilt, d.h. wenn $n_0 > 10$ ist. Wählen wir folglich etwa $n_0 = 11$, so haben wir gezeigt, daß $a_{n_0} = a_{11} \in U_{0,1}(1)$ ist. Da $\langle a_n \rangle$ streng monoton fallend und durch 1 nach unten beschränkt ist, gilt auch $a_n \in U_{0,1}(1)$ für alle $n > n_0 = 11$. Außerhalb von $U_{0,1}(1)$ liegen die endlich vielen Glieder $a_1, a_2, \ldots, a_{10}$, während innerhalb dieser Umgebung alle anderen (unendlich vielen) Glieder $a_{11}, a_{12}, \ldots$ der Folge liegen (s. Bild 3.4).

Wir können nun die ε-Umbebung $U_\varepsilon(1)$ beliebig klein wählen, dennoch werden nur endlich viele Glieder von $\langle a_n \rangle$ außerhalb von $U_\varepsilon(1)$, aber alle übrigen Glieder in $U_\varepsilon(1)$ liegen.

$a_n \in U_\varepsilon(1)$ ist äquivalent zu:

$$|a_n - 1| = \left| \frac{n+1}{n} - 1 \right| = \frac{1}{n} < \varepsilon, \quad \varepsilon > 0.$$

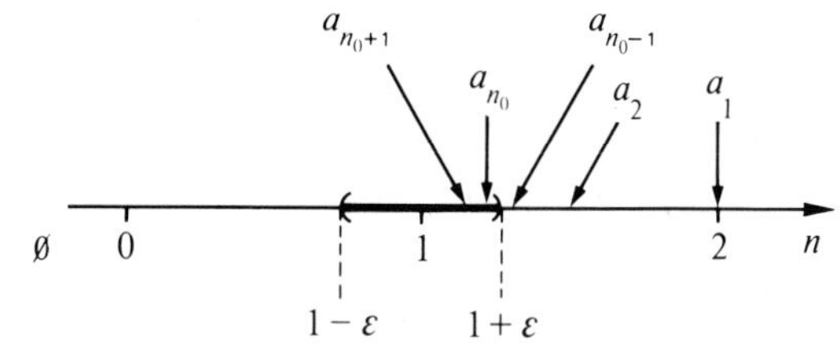

Bild 3.4: ε-Umgebung $U_\varepsilon(1)$ zu $\left\langle \frac{n-1}{n} \right\rangle$

Da $\frac{1}{n} < \varepsilon \Leftrightarrow n > \frac{1}{\varepsilon}$ für alle $n \in \mathbb{N}$ ist, wählen wir $n_0 = n_0(\varepsilon) = \left[\frac{1}{\varepsilon}\right] + 1.$[1]) Damit ist $a_n \in U_\varepsilon(1)$ für alle $n \geqq n_0$. In diesem Fall sagt man auch, innerhalb von $U_\varepsilon(1)$ liegen **alle bis auf endlich viele** oder kurz **fast alle** Glieder der Folge.

Definition 3.5

$a \in \mathbb{R}$ heißt **Grenzwert** der Folge $\langle a_n \rangle$, wenn in jeder (beliebig kleinen) ε-Umgebung von a alle bis auf endlich viele Glieder (d.h. fast alle Glieder) der Folge liegen.

Ersetzen wir in dieser Definition »beliebig kleine ε-Umgebung« durch » beliebig kleines $\varepsilon > 0$« und »fast alle« durch »für alle $n \geqq n_0(\varepsilon)$«, so erhalten wir die äquivalente

Definition 3.6

$a \in \mathbb{R}$ heißt **Grenzwert** der Folge $\langle a_n \rangle$, wenn zu jedem (beliebig kleinem) $\varepsilon > 0$ eine natürliche Zahl $n_0 = n_0(\varepsilon)$[2]) so existiert, daß

$$|a_n - a| < \varepsilon \quad \text{für alle } n \geqq n_0$$

ist.

Bemerkungen:

1. Der Grenzwert a der Folge $\langle a_n \rangle$ kann Glied der Folge sein.
2. Das Abändern endlich vieler Glieder oder das Hinzufügen bzw. Weglassen endlich vieler Glieder einer Folge $\langle a_n \rangle$ hat keinen Einfluß auf den Grenzwert.
3. Um nachzuweisen, daß $b \in \mathbb{R}$ kein Grenzwert der Folge $\langle a_n \rangle$ ist, brauchen wir nur eine Umgebung $U_\varepsilon(b)$ von b anzugeben, außerhalb der nicht endlich viele, sondern unendlich viele Glieder von $\langle a_n \rangle$ liegen.

---

[1]) $n_0 = n_0(\varepsilon)$ bedeutet, daß $n_0 \in \mathbb{N}$ von ε abhängt.
[2]) n_0 ist nicht eindeutig bestimmt. Mit n_0 besitzt nämlich auch jede Zahl n_1 mit $n_1 > n_0$ die geforderte Eigenschaft.

Beispiel 3.9

$$\langle a_n \rangle = \left\langle \frac{2n-1}{3n} \right\rangle = \tfrac{1}{3}, \tfrac{3}{6}, \tfrac{5}{9}, \ldots .$$

Wegen $a_{100} = \frac{199}{300}$ und $a_{1000} = \frac{1999}{3000}$ vermuten wir, daß $a = \frac{2}{3}$ Grenzwert der Folge ist. Es sei $\varepsilon > 0$.

Dann ist

$$|a_n - a| = \left| \frac{2n-1}{3n} - \frac{2}{3} \right| = \left| \frac{-1}{3n} \right| = \frac{1}{3n} < \varepsilon, \quad \text{falls } n > \frac{1}{3\varepsilon} \text{ ist.}$$

Wählen wir also $n_0 = n_0(\varepsilon) > \dfrac{1}{3\varepsilon}$, $n_0 \in \mathbb{N}$, dann ist $a_n \in U_\varepsilon(\frac{2}{3})$ d.h. $|a_n - \frac{2}{3}| < \varepsilon$ für alle $n \geqq n_0$, und wir haben gezeigt, daß $a = \frac{2}{3}$ Grenzwert dieser Folge ist. Versuchen wir diese Abschätzung mit dem Wert $a = \frac{1}{2}$ (statt mit $a = \frac{2}{3}$), so erhalten wir mit $\varepsilon > 0$

$$|a_n - a| = |a_n - \tfrac{1}{2}| = \left| \frac{n-2}{6n} \right| < \varepsilon$$

Wählen wir nun z.B. $\varepsilon = 0{,}1$, so gilt

$$|a_n - \tfrac{1}{2}| = \left| \frac{n-2}{6n} \right| < 0{,}1, \quad \text{falls } 1 < n < 5 \text{ ist.}$$

Daher liegen in $U_{0,1}(\frac{1}{2})$ nur die (endlich vielen) Glieder a_2, a_3, a_4, während außerhalb dieser Umgebung fast alle Glieder dieser Folge liegen. Folglich ist $a = \frac{1}{2}$ nicht Grenzwert von $\langle a_n \rangle$.

Beispiel 3.10

$$\langle a_n \rangle = \left\langle \frac{c}{n} \right\rangle = \frac{c}{1}, \frac{c}{2}, \frac{c}{3}, \ldots, \quad c \in \mathbb{R}$$

Wir wollen zeigen, daß $a = 0$ Grenzwert ist.

Es sei $\varepsilon > 0$. Dann gilt

$$|a_n - a| = \left| \frac{c}{n} - 0 \right| = \frac{|c|}{n} < \varepsilon, \quad \text{falls } n > \frac{|c|}{\varepsilon} \text{ ist.}$$

Wählen wir somit $n_0 = n_0(\varepsilon) > \dfrac{|c|}{\varepsilon}$, $n_0 \in \mathbb{N}$, so ist

$$|a_n - a| = \left| \frac{c}{n} - 0 \right| < \varepsilon \quad \text{für alle } n \geqq n_0,$$

d.h. $a = 0$ ist Grenzwert dieser Folge.

Beispiel 3.11

$$\langle a_n \rangle = \langle c \rangle = c, c, c, \ldots, \quad c \in \mathbb{R}$$

Jede stationäre Folge $\langle c \rangle$ besitzt den Grenzwert c, da in jeder ε-Umgebung von c sogar alle Glieder der Folge liegen.

Beispiel 3.12

Die Folge $\langle a_n \rangle = \langle 1+(-1)^n \rangle = 0, 2, 0, 2, \ldots$ besitzt keinen Grenzwert, da sowohl in $U_\varepsilon(0)$ als auch in $U_\varepsilon(2)$, $0 < \varepsilon < 1$, unendlich viele Glieder von $\langle a_n \rangle$ liegen.

Definition 3.7

Eine Folge $\langle a_n \rangle$, die einen Grenzwert a besitzt, heißt **konvergent** (gegen den Grenzwert a). Man sagt auch, $\langle a_n \rangle$ **konvergiere gegen den Grenzwert *a***.

Schreibweise: $\lim\limits_{n \to \infty} a_n = a$ oder $a_n \to a$ für $n \to \infty$

Sprechweise: Limes von a_n für n gegen Unendlich gleich a.

Bisher ist die Frage noch nicht geklärt, ob eine konvergente Folge mehr als einen Grenzwert besitzen kann. Es gilt

Satz 3.1

Jede konvergente Folge besitzt genau einen Grenzwert.

Beweis:

Wir beweisen diesen Satz indirekt.

Gegenannahme: $\langle a_n \rangle$ besitze die Grenzwerte a und $\bar{a}$ mit $a \neq \bar{a}$.

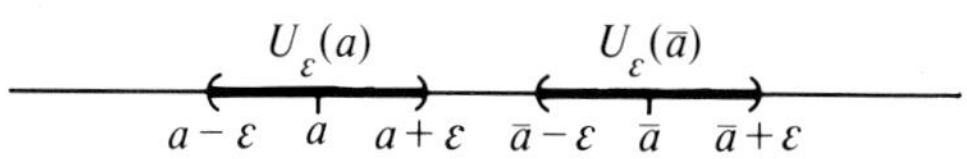

Bild 3.5: Die ε-Umgebungen $U_\varepsilon(a)$ und $U_\varepsilon(\bar{a})$ mit $\varepsilon = \frac{1}{3}|a-\bar{a}|$

Wählen wir etwa $\varepsilon = \frac{1}{3}|a-\bar{a}|$, so ist $U_\varepsilon(a) \cap U_\varepsilon(\bar{a}) = \emptyset$ (s. Bild 3.5). Nach Gegenannahme existiert ein $n_0 = n_0(\varepsilon)$, $n_0 \in \mathbb{N}$, so daß $a_n \in U_\varepsilon(a)$ für alle $n \geqq n_0$ ist. Folglich können außerhalb dieser Umgebung, und damit auch in $U_\varepsilon(\bar{a})$, nur endlich viele Glieder der Folge liegen. Dies widerspricht jedoch der Gegenannahme, daß $\bar{a}$ ebenfalls Grenzwert von $\langle a_n \rangle$ ist. ●

Bemerkung:

$\langle a_n \rangle$ konvergiere gegen $a \in \mathbb{R}$. Dann gilt (s. Bemerkung 2 zu Definition 3.6)

$$\lim_{n \to \infty} a_n = \lim_{n \to \infty} a_{n+k} = a, \quad k \in \mathbb{N}.$$

In den Beispielen 3.9, 3.10 und 3.11 haben wir gezeigt, daß

$$\lim_{n \to \infty} \frac{2n-1}{3n} = \frac{2}{3}; \quad \lim_{n \to \infty} \frac{c}{n} = 0, c \in \mathbb{R}; \quad \lim_{n \to \infty} c = c, c \in \mathbb{R}$$

ist.

Definition 3.8

Eine Folge, die nicht konvergent ist, heißt **divergent**.
Existiert zu jedem $K \in \mathbb{R}$ ein $n_0 = n_0(K)$, $n_0 \in \mathbb{N}$, so daß

$$a_n > K \quad \text{für alle } n \geqq n_0$$

ist, dann heißt $\langle a_n \rangle$ **bestimmt divergent**. Man sagt auch, $\langle a_n \rangle$ besitze den **uneigentlichen Grenzwert** $+\infty$.

Schreibweise: $\lim\limits_{n\to\infty} a_n = +\infty$

Bemerkung:

Entsprechend ist der uneigentliche Grenzwert $\lim\limits_{n\to\infty} a_n = -\infty$ definiert. Auch in diesem Fall heißt die Folge $\langle a_n \rangle$ bestimmt divergent.

Beispiel 3.13

$$\langle a_n \rangle = \langle n^p \rangle = 1, 2^p, 3^p, \ldots, \quad p \in \mathbb{N}.$$

Diese Folge ist bestimmt divergent. Es sei $K \in \mathbb{R}$, beliebig groß. Dann ist

$$a_n = n^p \geqq n > K \quad \text{für alle } n > K.$$

Wählen wir deshalb $n_0 = n_0(K) > K$, $n_0 \in \mathbb{N}$, dann gilt $a_n = n^p > K$ für alle $n \geqq n_0$, d.h.

$$\lim_{n\to\infty} n^p = +\infty \text{ für alle } \quad p \in \mathbb{N}$$

Definition 3.9

Eine Folge, die weder konvergent noch bestimmt divergent ist, heißt **unbestimmt divergent**.

Bemerkung:

Eine Folge $\langle a_n \rangle$ ist z.B. dann unbestimmt divergent, wenn zwei Zahlen $a, \bar{a} \in \mathbb{R}$, $a \neq \bar{a}$, und ein $\varepsilon > 0$ so existieren, daß sowohl in $U_\varepsilon(a)$ als auch in $U_\varepsilon(\bar{a})$, $U_\varepsilon(a) \cap U_\varepsilon(\bar{a}) = \emptyset$, unendlich viele Glieder der Folge liegen. Denn dann liegen weder in $U_\varepsilon(a)$ noch in $U_\varepsilon(\bar{a})$ fast alle Glieder der Folge. Sie kann auch nicht bestimmt divergent sein, da sie beschränkt ist.

Beispiel 3.14

Wir betrachten die Folge

$$\langle a_n \rangle = \left\langle \frac{1}{n} + \frac{1}{2}(1-(-1)^n) \right\rangle = 2, \tfrac{1}{2}, \tfrac{4}{3}, \tfrac{1}{4}, \ldots$$

(s. Bild 3.6).

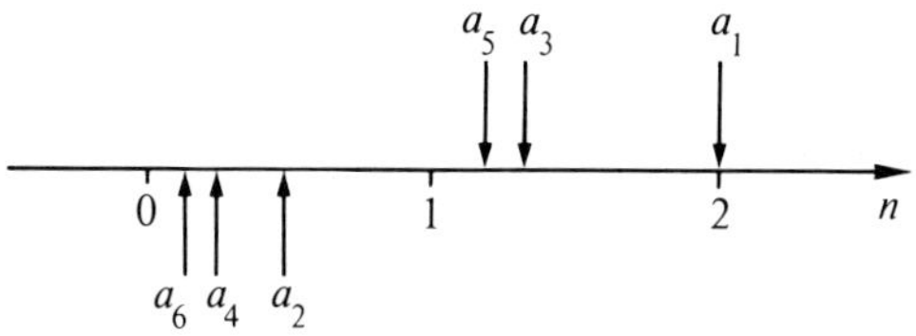

Bild 3.6: Die Glieder von $\langle a_n \rangle$ auf der Zahlengerade

Berechnen wir weitere Glieder der Folge, so können wir vermuten, daß ein $\varepsilon \in (0, \frac{1}{2})$ so existiert, daß sowohl in der ε-Umgebung $U_\varepsilon(1)$ als auch in der ε-Umgebung $U_\varepsilon(0)$, $U_\varepsilon(0) \cap U_\varepsilon(1) = \emptyset$, unendlich viele Glieder von $\langle a_n \rangle$ liegen. Für $\varepsilon = 0.01$ z.B. gilt,

wenn n ungerade: $|a_n - 1| = \left|\frac{1}{n} + 1 - 1\right| = \frac{1}{n} < \varepsilon = 0{,}01 \Leftrightarrow n > 100$,

wenn n gerade: $|a_n - 0| = \left|\frac{1}{n} - 0\right| = \frac{1}{n} < \varepsilon = 0{,}01 \Leftrightarrow n > 100$.

Wählen wir also $n_0 = n_0(\varepsilon) > 100$, $n_0 \in \mathbb{N}$, so ist für alle $n \geqq n_0$,

wenn n ungerade: $|a_n - 1| < 0{,}01$, d.h. $a_n \in U_{0{,}01}(1)$

wenn n gerade: $|a_n - 0| < 0{,}01$, d.h. $a_n \in U_{0{,}01}(0)$.

Damit haben wir gezeigt, daß sowohl in $U_{0{,}01}(1)$ als auch in $U_{0{,}01}(0)$, wobei $U_{0{,}01}(1) \cap U_{0{,}01}(0) = \emptyset$ ist, unendlich viele (aber nicht fast alle) Glieder der Folge liegen. $\langle a_n \rangle$ besitzt also keinen Grenzwert, die Folge ist unbestimmt divergent.

Definition 3.10

Wenn $\lim\limits_{n \to \infty} a_n = 0$ ist, dann heißt $\langle a_n \rangle$ eine **Nullfolge**.

Folgender Satz zeigt einen Zusammenhang zwischen einer Nullfolge und einer Folge mit dem Grenzwert a.

Satz 3.2

Die Folge $\langle a_n \rangle$ konvergiert genau dann gegen den Grenzwert a, wenn die Folge $\langle a_n - a \rangle$ eine Nullfolge ist.

Beweis: s. Aufgabe 14

Beispiel 3.15

Wir zeigen:

$$\langle a_n \rangle = \left\langle \frac{1}{n^\alpha} \right\rangle, \quad \alpha \in \mathbb{Q}^+ \text{ ist eine Nullfolge.}$$

Es sei $\varepsilon > 0$. Dann ist für alle $n \in \mathbb{N}$

$$|a_n - a| = \left|\frac{1}{n^\alpha} - 0\right| = \left|\frac{1}{n^\alpha}\right| = \frac{1}{n^\alpha} < \varepsilon,$$

falls $n^\alpha > \frac{1}{\varepsilon}$, d.h. $n > \left(\frac{1}{\varepsilon}\right)^{\frac{1}{\alpha}}$ ist.

Wählen wir

$$n_0 = n_0(\varepsilon) > \left(\frac{1}{\varepsilon}\right)^{\frac{1}{\alpha}}, \quad n_0 \in \mathbb{N},$$

dann gilt

$$\left|\frac{1}{n^\alpha} - 0\right| < \varepsilon \quad \text{für alle } n \geqq n_0.$$

D.h.

$$\lim_{n \to \infty} \frac{1}{n^\alpha} = 0, \quad \alpha \in \mathbb{Q}^+ \tag{3.4}$$

Wählt man z.B. $\alpha = \frac{2}{3}$, so erhält man die Folge

$$\langle a_n \rangle = \left\langle \frac{1}{\sqrt[3]{n^2}} \right\rangle$$

mit dem Grenzwert

$$\lim_{n \to \infty} \frac{1}{\sqrt[3]{n^2}} = 0.$$

Beispiel 3.16

$$\langle a_n \rangle = \langle q^n \rangle, \quad q \in \mathbb{R}$$

Zur Untersuchung des Konvergenzverhaltens von $\langle a_n \rangle$ führen wir eine Fallunterscheidung durch:

a) Es sei $q = 1$ bzw. $q = 0$:

Dann ist $\langle a_n \rangle$ eine stationäre Folge und somit nach Beispiel 3.11 konvergent gegen den Grenzwert $a = 1$ bzw. $a = 0$.

b) Es sei $0 < |q| < 1$:

Setzen wir etwa $q = \frac{1}{2}$, so erhalten wir die Nullfolge $\left\langle \frac{1}{2^n} \right\rangle$. Wir wollen zeigen, daß $\langle a_n \rangle$ für alle angegebenen Werte q eine Nullfolge ist.

Da $\frac{1}{|q|} > 1$ ist, existiert nach (1.26) eine reelle Zahl $h > 0$ so, daß $\frac{1}{|q|} = 1 + h$ ist. Mit Hilfe der Bernoullischen Ungleichung (s. Beispiel 1.34) erhalten wir dann

$$\frac{1}{|q^n|} = \left(\frac{1}{|q|}\right)^n = (1+h)^n > 1 + nh > nh \quad \text{und daraus folgt } |q^n| < \frac{1}{nh}$$

Es sei $\varepsilon > 0$. Dann ist

$$|a_n - 0| = |q^n - 0| = |q^n| < \frac{1}{nh} < \varepsilon$$

für alle $n \geqq n_0$, wenn wir $n_0 = n_0(\varepsilon) > \frac{1}{\varepsilon h}$, $n_0 \in \mathbb{N}$, wählen.

c) Es sei $q > 1$:

Es existiert eine reelle Zahl $h > 0$ so, daß $q = 1 + h$ ist. Dann gilt (wieder wegen der Bernoullischen Ungleichung) für $K \in \mathbb{R}^+$

$$a_n = q^n = (1+h)^n > 1 + hn > hn > K, \quad \text{falls } n > \frac{K}{h} \text{ ist.}$$

Wählen wir also $n_0 = n_0(K) > \frac{K}{h}$, $n_0 \in \mathbb{N}$, dann gilt

$$a_n = q^n > K \quad \text{für alle } n \geqq n_0,$$

d.h. $\langle a_n \rangle$ ist für $q > 1$ bestimmt divergent.

d) Es sei $q \leqq -1$:

Ist $q = -1$, so nehmen die Glieder der Folge abwechselnd den Wert $+1$ und -1 an, d.h. $\langle a_n \rangle$ ist unbestimmt divergent.

Für $q < -1$, also $|q| > 1$, wächst $|a_n| = |q^n| = |q|^n$ über jede Schranke, und $\langle a_n \rangle$ ist alternierend. Folglich ist $\langle a_n \rangle$ in diesem Fall unbestimmt divergent.

Wir fassen zusammen:

$$\lim_{n \to \infty} q^n = \begin{cases} 0 & \text{für } -1 < q < 1 \\ 1 & \text{für } q = 1 \\ \infty & \text{für } q > 1 \end{cases} \tag{3.5}$$

Für $q \leqq -1$ ist $\langle q^n \rangle$ unbestimmt divergent.

Beispiel 3.17

$$\langle a_n \rangle = \langle \sqrt[n]{n} \rangle$$

Wegen $a_{100} = 1{,}047\ldots, a_{1000} = 1{,}006\ldots$, können wir vermuten, daß der Grenzwert $a = 1$ ist. Dies würden wir jedoch nicht annehmen, wenn wir nur die Anfangsglieder $a_1 = 1$, $a_2 = 1{,}414\ldots$, $a_3 = 1{,}442\ldots$ betrachten. Für alle $n \geqq 3$ gilt aber $a_{n+1} < a_n$.

Im folgenden sei $n>1$. Wegen $\sqrt[n]{n}>1$ existiert zu jedem $n>1$ ein $b_n>0$ so, daß $\sqrt[n]{n}=1+b_n$ ist. Mit Hilfe des binomischen Satzes (Satz 1.5) erhält man

$$(\sqrt[n]{n})^n = n = (1+b_n)^n = 1 + \binom{n}{1} b_n + \binom{n}{2} b_n^2 + \cdots + \binom{n}{n} b_n^n \geqq 1 + \binom{n}{2} b_n^2$$

$$n \geqq 1 + \frac{n(n-1)}{2} b_n^2 \Rightarrow b_n^2 \leqq \frac{2}{n} \Rightarrow b_n \leqq \sqrt{\frac{2}{n}}$$

Es sei $\varepsilon>0$. Wählen wir $n_0 = n_0(\varepsilon) > \frac{2}{\varepsilon^2}$, $n_0 \in \mathbb{N}$, so ist

$$|b_n| = |\sqrt[n]{n} - 1| \leqq \sqrt{\frac{2}{n}} < \varepsilon \quad \text{für alle } n \geqq n_0.$$

Folglich ist $\langle b_n \rangle$ eine Nullfolge, und $\langle a_n \rangle$ konvergiert nach Satz 3.2 gegen $a=1$, d.h.

$$\lim_{n\to\infty} \sqrt[n]{n} = 1.$$

Eine wichtige Eigenschaft konvergenter Folgen liefert

Satz 3.3

Jede konvergente Folge ist beschränkt.

Beweis:

Die Folge $\langle a_n \rangle$ konvergiere gegen den Grenzwert a. Wir wählen eine beliebige ε-Umgebung $U_\varepsilon(a)$ von a, etwa mit $\varepsilon=1$. Dann liegen außerhalb von $U_\varepsilon(a)$ nur endlich viele Glieder der Folge. Bilden wir aus diesen Gliedern sowie aus den Werten $a-\varepsilon$ und $a+\varepsilon$ die Menge A, so ist A eine endliche Menge, und es gilt

$$\min A \leqq a_n \leqq \max A \quad \text{für alle } n \in \mathbb{N},$$

d.h. $\langle a_n \rangle$ ist beschränkt. ●

Bemerkungen:

1. Aus diesem Satz können wir folgern: Wenn die Folge $\langle a_n \rangle$ nicht beschränkt ist, dann ist sie divergent, d.h. die Beschränktheit ist eine notwendige Bedingung für die Konvergenz.
2. Die Beschränktheit ist aber keine hinreichende Bedingung für die Konvergenz einer Folge, wie Beispiel 3.12 zeigt. Eine hinreichende Bedingung für die Existenz des Grenzwertes einer Folge werden wir in Abschnitt 3.3 kennenlernen.

3.2.2 Rechnen mit Grenzwerten

Wir besitzen bisher kein Verfahren, mit dessen Hilfe wir auf einfache Weise den Grenzwert einer konvergenten Folge $\langle a_n \rangle$ bestimmen können. Die Definition 3.6 eignet sich, wie wir schon gesehen haben, zum Nachweis dafür, ob ein Wert $a \in \mathbb{R}$, von dem man annimmt, daß die Folge $\langle a_n \rangle$ gegen ihn konvergiert, auch tatsächlich Grenzwert dieser Folge ist.

Im folgenden werden wir erkennen, daß die Grenzwertbestimmung und die arithmetischen Grundoperationen unter gewissen Voraussetzungen in der Reihenfolge ihrer Anwendung vertauscht werden dürfen. Diese Eigenschaft können wir zur Bestimmung des Grenzwertes einer konvergenten Folge heranziehen. Das soll zunächst ohne Beweis demonstriert werden.

Beispiel 3.18

$$\langle a_n \rangle = \left\langle \frac{-n-1}{2n+3} \right\rangle = -\tfrac{2}{5}, -\tfrac{3}{7}, -\tfrac{4}{9}, \ldots.$$

Wir erhalten

$$\lim_{n\to\infty} a_n = \lim_{n\to\infty} \frac{-n-1}{2n+3} = \lim_{n\to\infty} \frac{-1-\dfrac{1}{n}}{2+\dfrac{3}{n}}.$$

Setzen wir voraus, daß folgende Umformungen zulässig sind, so ist

$$\lim_{n\to\infty} \frac{-1-\dfrac{1}{n}}{2+\dfrac{3}{n}} = \frac{\lim\limits_{n\to\infty}\left(-1-\dfrac{1}{n}\right)}{\lim\limits_{n\to\infty}\left(2+\dfrac{3}{n}\right)} = \frac{\lim\limits_{n\to\infty}(-1) - \lim\limits_{n\to\infty}\dfrac{1}{n}}{\lim\limits_{n\to\infty} 2 + \lim\limits_{n\to\infty}\dfrac{3}{n}} = \frac{-1-0}{2+0} = -\frac{1}{2},$$

wenn wir Beispiel 3.10 und Beispiel 3.11 berücksichtigen.

Es läßt sich nun leicht nachweisen, daß $a = -\frac{1}{2}$ der Grenzwert dieser Folge ist. Es sei $\varepsilon > 0$. Dann ist

$$|a_n - a| = \left|\frac{-n-1}{2n+3} - (-\tfrac{1}{2})\right| = \left|\frac{1}{2(2n+3)}\right| = \frac{1}{2(2n+3)} < \frac{1}{2n+3} < \frac{1}{2n} < \frac{1}{n} < \varepsilon,$$

wenn $n > \dfrac{1}{\varepsilon}$ ist.

Wählen wir also $n_0 = n_0(\varepsilon) > \dfrac{1}{\varepsilon}$, $n_0 \in \mathbb{N}$, dann gilt

$$\left|\frac{-n-1}{2n+3} - (-\tfrac{1}{2})\right| < \varepsilon \quad \text{für alle } n \geqq n_0.$$

Damit haben wir bewiesen, daß $a = -\frac{1}{2}$ Grenzwert dieser Folge ist.

Daß obiges Vorgehen nicht immer zu einem richtigen Ergebnis führt, zeigt das

Beispiel 3.19

$$\langle a_n \rangle = \langle \sqrt{n+1} - \sqrt{n} \rangle$$

Die Schreibweise $\lim_{n\to\infty} a_n = \lim_{n\to\infty} \sqrt{n+1} - \lim_{n\to\infty} \sqrt{n}$ ergibt keinen Sinn, da die Folgen $\langle \sqrt{n+1} \rangle$ und $\langle \sqrt{n} \rangle$ den uneigentlichen Grenzwert $+\infty$ besitzen und »$\infty - \infty$« nicht definiert ist. Dennoch ist diese Folge konvergent (s. Beispiel 3.20).

Die Regeln für das Rechnen mit Grenzwerten enthält

Satz 3.4 (Rechnen mit Grenzwerten)

$\langle a_n \rangle$ und $\langle b_n \rangle$ seien konvergente Folgen mit $\lim_{n\to\infty} a_n = a$ und $\lim_{n\to\infty} b_n = b$. Ferner sei $c \in \mathbb{R}$ und $r \in \mathbb{Q}$. Dann sind die Folgen

$\langle a_n + b_n \rangle$, $\langle ca_n \rangle$, $\langle a_n \cdot b_n \rangle$,

$\left\langle \frac{a_n}{b_n} \right\rangle$, wenn $b_n \neq 0$ für allen $n \in \mathbb{N}$ und $b \neq 0$ ist, und

$\langle (a_n)^r \rangle$, wenn $a_n \in \mathbb{R}^+$ für alle $n \in \mathbb{N}$ und $a \in \mathbb{R}^+$ ist, konvergent, und es gilt:

a) $\lim_{n\to\infty} (a_n + b_n) = \lim_{n\to\infty} a_n + \lim_{n\to\infty} b_n = a + b$

b) $\lim_{n\to\infty} c \cdot a_n = c \cdot \lim_{n\to\infty} a_n = c \cdot a$

c) $\lim_{n\to\infty} (a_n b_n) = (\lim_{n\to\infty} a_n)(\lim_{n\to\infty} b_n) = a \cdot b$

d) $\lim_{n\to\infty} \frac{a_n}{b_n} = \frac{\lim_{n\to\infty} a_n}{\lim_{n\to\infty} b_n} = \frac{a}{b}$

e) $\lim_{n\to\infty} (a_n)^r = (\lim_{n\to\infty} a_n)^r = a^r$.[1])

Beweis:

Wir wollen exemplarisch nur b) und c) beweisen. Die Beweise zu den übrigen Regeln findet man z.B. in [1].

zu b)

Für $c = 0$ ist der Beweis trivial (s. Beispiel 3.11). Es sei deshalb $c \neq 0$ und $\varepsilon > 0$. Da $\langle a_n \rangle$ konvergent ist, existiert ein $n_0 = n_0(\varepsilon)$, $n_0 \in \mathbb{N}$, so daß $|a_n - a| < \frac{\varepsilon}{|c|}$ für alle $n \geqq n_0$ ist. Folglich gilt $|c||a_n - a| = |ca_n - ca| < \varepsilon$ für alle $n \geqq n_0$.

zu c)

$\langle a_n - a \rangle$ ist nach Satz 3.2 eine Nullfolge, $\langle b_n \rangle$ als konvergente Folge beschränkt (s. Satz 3.3). Folglich ist $\langle b_n(a_n - a) \rangle = \langle a_n b_n - ab_n \rangle$ eine Nullfolge. Ferner ist die Folge $\langle ab_n \rangle$ konvergent, und es gilt wegen b)

$$\lim_{n\to\infty} ab_n = a \cdot \lim_{n\to\infty} b_n = ab.$$

[1]) Die Aussage e) gilt auch, wenn $r \in \mathbb{R}$ ist.

Damit ist die Folge $\langle a_n b_n \rangle = \langle a_n b_n - ab_n \rangle + \langle ab_n \rangle$ als Summe konvergenter Folgen ebenfalls konvergent, und es gilt (siehe a))

$$\lim_{n\to\infty} a_n b_n = \lim_{n\to\infty} (a_n b_n - ab_n) + \lim_{n\to\infty} ab_n = ab. \qquad \bullet$$

Den Beweis der folgenden Regeln für das Rechnen mit Grenzwerten stellen wir als Aufgabe. Ein Teil dieser Regeln können direkt aus Satz 3.4 gefolgert werden.

Satz 3.5

$\langle a_n \rangle$ und $\langle b_n \rangle$ seien konvergente Folgen mit $\lim\limits_{n\to\infty} a_n = a$ und $\lim\limits_{n\to\infty} b_n = b$. Dann gilt

a) $\lim\limits_{n\to\infty} |a_n| = |a|$

b) $\lim\limits_{n\to\infty} \dfrac{1}{a_n} = \dfrac{1}{a}$, wenn $a \neq 0$ und $a_n \neq 0$ für alle $n \in \mathbb{N}$ ist.

c) $\lim\limits_{n\to\infty} (k \cdot a_n + l \cdot b_n) = k \cdot a + l \cdot b$ für alle $k, l \in \mathbb{R}$

Beispiel 3.20

a) $$\lim_{n\to\infty} \frac{-2n^2+4n-5}{8n^2-3n+7} = \lim_{n\to\infty} \frac{-2+\frac{4}{n}-\frac{5}{n^2}}{8-\frac{3}{n}+\frac{7}{n^2}} = \frac{\lim\limits_{n\to\infty}(-2) + \lim\limits_{n\to\infty}\frac{4}{n} - \lim\limits_{n\to\infty}\frac{5}{n^2}}{\lim\limits_{n\to\infty} 8 - \lim\limits_{n\to\infty}\frac{3}{n} + \lim\limits_{n\to\infty}\frac{7}{n^2}} = \frac{-2+0-0}{8-0+0} = -\frac{1}{4}.$$

Hierbei haben wir (3.4) verwendet.
Man beachte, daß die Gleichheitszeichen nach Satz 3.4 nur wegen der Existenz der »Einzel-Grenzwerte« gesetzt werden durften. Dies gilt auch für die folgenden Beispiele

b) $$\lim_{n\to\infty} (\sqrt{n+1}-\sqrt{n}) = \lim_{n\to\infty} \frac{(\sqrt{n+1}-\sqrt{n})(\sqrt{n+1}+\sqrt{n})}{(\sqrt{n+1}+\sqrt{n})}$$

$$= \lim_{n\to\infty} \frac{(n+1)-n}{\sqrt{n+1}+\sqrt{n}} = \lim_{n\to\infty} \frac{1}{\sqrt{n+1}+\sqrt{n}} = \lim_{n\to\infty} \frac{\frac{1}{\sqrt{n}}}{\sqrt{1+\frac{1}{n}}+1}$$

$$= \frac{\lim\limits_{n\to\infty} \frac{1}{\sqrt{n}}}{\lim\limits_{n\to\infty}\left(\sqrt{1+\frac{1}{n}}+1\right)} = \frac{\left(\lim\limits_{n\to\infty}\frac{1}{n}\right)^{1/2}}{\lim\limits_{n\to\infty}\left(1+\frac{1}{n}\right)^{1/2} + \lim\limits_{n\to\infty} 1} = \frac{0}{1+1} = 0$$

c) $$\lim_{n\to\infty}\left(\frac{2n-1}{5n+2}\right)^3 = \left(\lim_{n\to\infty}\frac{2n-1}{5n+2}\right)^3 = \left(\lim_{n\to\infty}\frac{2-\frac{1}{n}}{5+\frac{2}{n}}\right)^3 = \left(\frac{\lim\limits_{n\to\infty}\left(2-\frac{1}{n}\right)}{\lim\limits_{n\to\infty}\left(5+\frac{2}{n}\right)}\right)^3 = \frac{8}{125}.$$

d) $$\lim_{n\to\infty}\frac{3\cdot 10^n+4\cdot 10^{2n}}{4\cdot 10^{n-1}-2\cdot 10^{2n-1}}=\lim_{n\to\infty}\frac{\frac{3}{10^n}+4}{\frac{4}{10^{n+1}}-2\cdot 10^{-1}}=\frac{\lim\limits_{n\to\infty}\left(\frac{3}{10^n}+4\right)}{\lim\limits_{n\to\infty}\left(\frac{4}{10^{n+1}}-\frac{1}{5}\right)}=\frac{0+4}{0-\frac{1}{5}}=-20.$$

Beispiel 3.21

$$\langle a_n\rangle=\left\langle\sum_{k=0}^{n}q^k\right\rangle=\langle 1+q+q^2+\cdots+q^n\rangle,\quad q\in\mathbb{R}$$

Zur Untersuchung des Konvergenzverhaltens führen wir eine Fallunterscheidung durch.

i) $q=1$:
Wegen $a_n=n+1$ ist dann die Folge bestimmt divergent (vgl. Beispiel 3.13).

ii) $|q|<1$:
Nach (3.1) gilt

$$\sum_{k=0}^{n}q^k=\frac{1-q^{n+1}}{1-q}=\frac{1}{1-q}-\frac{q^{n+1}}{1-q}. \tag{3.6}$$

Mit Hilfe von (3.5) erhalten wir hieraus

$$\lim_{n\to\infty}a_n=\lim_{n\to\infty}\frac{1}{1-q}-\frac{1}{1-q}\lim_{n\to\infty}q^{n+1}=\frac{1}{1-q}-0=\frac{1}{1-q}.$$

iii) $q=-1$:
Wegen (3.6) ist $\langle a_n\rangle=\langle\frac{1}{2}(1-(-1)^{n+1})\rangle=0,1,0,1,\ldots$. Diese Folge ist (unbestimmt) divergent.

iv) $q<-1$:
Die Folge $\langle q^n\rangle$ ist unbeschränkt und folglich (unbestimmt) divergent. Wegen (3.6) ist damit auch $\langle a_n\rangle$ unbestimmt divergent.

v) $q>1$:
Nach (3.5) ist dann die Folge $\langle q^n\rangle$ bestimmt divergent und somit wegen (3.6) auch die Folge $\langle a_n\rangle$.

Fassen wir i)–v) zusammen, so gilt

$$\lim_{n\to\infty}\sum_{k=0}^{n}q^k=\begin{cases}+\infty & \text{für } q\geqq 1\\ \dfrac{1}{1-q} & \text{für } |q|<1\end{cases} \tag{3.7}$$

Für $q\leqq -1$ ist die Folge $\langle a_n\rangle$ (unbestimmt) divergent.

Satz 3.6

$\langle a_n\rangle$ und $\langle b_n\rangle$ seien konvergente Folgen mit $\lim\limits_{n\to\infty}a_n=a$ und $\lim\limits_{n\to\infty}b_n=b$.

Ferner sei $a_n\leqq b_n$ für fast alle $n\in\mathbb{N}$. Dann gilt $a\leqq b$.

Beweis:

Wir beweisen diesen Satz indirekt.

Gegenannahme:
Es sei $a_n \leqq b_n$ für fast alle $n \in \mathbb{N}$ und $a > b$. Wählen wir etwa $\varepsilon = \frac{1}{3}|a - b|$ (siehe Bild 3.7), dann ist $U_\varepsilon(a) \cap U_\varepsilon(b) = \emptyset$. Da die Umgebungen $U_\varepsilon(a)$ bzw. $U_\varepsilon(b)$ fast alle Glieder von $\langle a_n \rangle$ bzw. $\langle b_n \rangle$ enthalten, ist $a_n > b_n$ für fast alle $n \in \mathbb{N}$. Dies widerspricht der Voraussetzung des Satzes. Somit ist unsere Gegenannahme falsch, und es gilt $a \leqq b$. ●

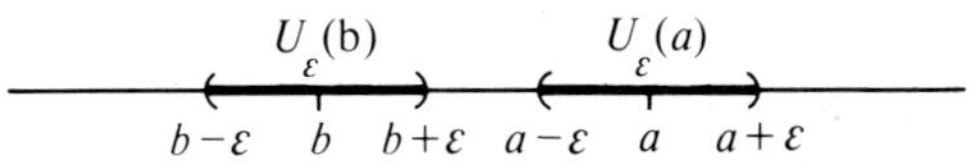

Bild 3.7: $U_\varepsilon(b) \cap U_\varepsilon(a) = \phi$

Bemerkung:

Man beachte, daß man aus $a_n < b_n$ nicht auf $a < b$ schließen kann. Denn ist etwa $\langle a_n \rangle = \left\langle \frac{1}{n} \right\rangle$ und $\langle b_n \rangle = \left\langle \frac{2}{n} \right\rangle$, dann gilt zwar $a_n < b_n$ für alle $n \in \mathbb{N}$, trotzdem ist $\lim\limits_{n \to \infty} a_n = \lim\limits_{n \to \infty} b_n = 0$, d.h. $a = b$.

Satz 3.7

> $\langle a_n \rangle$ und $\langle b_n \rangle$ seien konvergente Folgen mit $\lim\limits_{n \to \infty} a_n = \lim\limits_{n \to \infty} b_n = a$. Gilt dann für die Folge $\langle c_n \rangle$ für fast alle $n \in \mathbb{N}$ die Ungleichung $a_n \leqq c_n \leqq b_n$, so ist $\lim\limits_{n \to \infty} c_n = a$.

Beweis: Aufgabe 20

Beispiel 3.22

Es ist zu zeigen

$$\lim_{n \to \infty} \sqrt[n]{p} = 1, \quad p \in \mathbb{R}^+ \tag{3.8}$$

Wir führen eine Fallunterscheidung durch.

a) $p = 1$

Für diesen Fall gilt $\sqrt[n]{p} = 1$ für alle $n \in \mathbb{N}$, d.h. $\langle \sqrt[n]{p} \rangle$ ist eine stationäre Folge mit dem Grenzwert 1.

b) $p > 1$

Wegen $\sqrt[n]{p} > 1$ existiert zu jedem $n \in \mathbb{N}$ ein $b_n > 0$ so, daß $\sqrt[n]{p} = b_n + 1$ ist. Mit Hilfe der Bernoullischen Ungleichung (1.34) erhalten wir

$$\sqrt[n]{p} = b_n + 1 \Rightarrow p = (1 + b_n)^n > 1 + nb_n \Rightarrow b_n = \sqrt[n]{p} - 1 < \frac{p-1}{n}.$$

Hieraus folgt nach Satz 3.7 wegen $0 < b_n < \frac{p-1}{n}$ und $\lim\limits_{n \to \infty} \frac{p-1}{n} = 0$ die Gleichung (3.8).

c) $0<p<1$

Setzen wir $q=\frac{1}{p}$, so ist $q>1$. Folglich gilt nach b) und Satz 3.4:

$$\lim_{n\to\infty}\sqrt[n]{p}=\lim_{n\to\infty}\sqrt[n]{\frac{1}{q}}=\lim_{n\to\infty}\frac{1}{\sqrt[n]{q}}=1.$$

Beispiel 3.23

$$\langle a_n\rangle=\left\langle\frac{n^k}{q^n}\right\rangle,\quad q>1,\quad k\in\mathbb{N} \tag{3.9}$$

Wir beweisen zunächst, daß $\left\langle\frac{n}{q^n}\right\rangle$ eine Nullfolge ist. Da $q>1$ ist, existiert eine reelle Zahl $c>0$ so, daß $q=1+c$ ist. Folglich ist für $n\geqq 2$

$$q^n=(1+c)^n=1+\binom{n}{1}c+\binom{n}{2}c^2+\cdots+\binom{n}{n}c^n>\binom{n}{2}c^2,\text{ d.h. } q^n>\tfrac{1}{2}n(n-1)c^2.$$

Da für alle $n\geqq 2$ die Ungleichung $n-1\geqq\frac{n}{2}$ erfüllt ist, folgt für $n\geqq 2$:

$$q^n>\frac{c^2\cdot n^2}{4}=\frac{(q-1)^2\cdot n^2}{4},\quad\text{d.h.}\quad 0<\frac{n}{q^n}<\frac{4}{(q-1)^2}\cdot\frac{1}{n}.$$

Nach Satz 3.7 ergibt sich folglich

$$\lim_{n\to\infty}\frac{n}{q^n}=0,\quad q>1 \tag{3.10}$$

Beachten wir nun, daß $q^{1/k}=d>1$ für $q,k>1$ ist, so können wir den Grenzwert (3.10) verwenden und erhalten

$$\lim_{n\to\infty}\frac{n^k}{q^n}=\lim_{n\to\infty}\left[\frac{n}{(q^{1/k})^n}\right]^k=\lim_{n\to\infty}\left(\frac{n}{d^n}\right)^k=\left(\lim_{n\to\infty}\frac{n}{d^n}\right)^k=0.$$

Somit gilt

$$\lim_{n\to\infty}\frac{n^k}{q^n}=0\quad\text{für } q>1,\ k\in\mathbb{N} \tag{3.11}$$

Aufgaben

1. Gegeben ist die Folge $\langle a_n \rangle$ mit dem Grenzwert $a \in \mathbb{R}$. Bestimmen Sie den kleinsten Index $n_0 \in \mathbb{N}$, für den gilt: $a_n \in U_\varepsilon(a)$ für alle $n \geqq n_0$.

   a) $\left\langle \frac{1}{n} \right\rangle$, $a=0$; $\varepsilon = 10^{-1}, 10^{-2}, 10^{-3}$ b) $\left\langle \frac{3n+1}{n+1} \right\rangle$, $a=3$; $\varepsilon = 10^{-2}, 10^{-4}, 10^{-6}$

   c) $\langle (-\frac{1}{2})^n + 1 \rangle$, $a=1$; $\varepsilon = 10^{-1}, 10^{-3}, 10^{-5}$

2. Zeigen Sie, daß die angegebenen Folgen $\langle a_n \rangle$ Nullfolgen sind, indem Sie zu jedem $\varepsilon > 0$ ein $n_0 = n_0(\varepsilon)$, $n_0 \in \mathbb{N}$, so angeben, daß $|a_n| < \varepsilon$ für alle $n \geqq n_0$ ist.

   a) $\left\langle \frac{2}{n+1} \right\rangle$ b) $\left\langle \frac{\sqrt{n}}{n} \right\rangle$ c) $\left\langle \frac{(-1)^n}{2n-1} \right\rangle$ d) $\left\langle \frac{a}{n!} \right\rangle$, $a \in \mathbb{R}$

3. Gegeben ist die konvergente Folge $\langle a_n \rangle$. Bestimmen Sie den Grenzwert a von $\langle a_n \rangle$, und zeigen Sie, daß zu jedem $\varepsilon > 0$ ein $n_0 = n_0(\varepsilon)$, $n_0 \in \mathbb{N}$, so existiert, daß $|a_n - a| < \varepsilon$ für alle $n \geqq n_0$ ist.

   a) $\left\langle \frac{2n+1}{3n-2} \right\rangle$ b) $\left\langle \frac{1}{2^n} \right\rangle$ c) $\left\langle (1+(-1)^n)\frac{1}{n} \right\rangle$

   d) $\left\langle \frac{n-1}{n\sqrt{n}} \right\rangle$ e) $\langle (-\frac{3}{5})^n + 1 \rangle$ f) $\left\langle \frac{2n^2+3n}{4n^2+1} \right\rangle$

4. Beweisen Sie, daß die Folgen $\langle a_n \rangle$ nicht gegen den angegebenen Wert $a \in \mathbb{R}$ konvergieren. Wählen Sie dazu ein $\varepsilon > 0$, und zeigen Sie, daß ein $n_0 = n_0(\varepsilon)$, $n_0 \in \mathbb{N}$, existiert, so daß $a_n \notin U_\varepsilon(a)$ für alle $n \geqq n_0$ ist.

   a) $\left\langle \frac{3}{n+1} \right\rangle$, $a=1$ b) $\left\langle 1 + \frac{(-1)^n}{n+1} \right\rangle$, $a=0$ c) $\left\langle \frac{2n-1}{n^2} \right\rangle$, $a=2$

5. Von einer Folge $\langle a_n \rangle$ sind die ersten 10^5 Glieder bekannt. Lassen diese Glieder einen Schluß auf das Konvergenzverhalten der Folge zu? (Begründung!)

6. Die Folge $\langle a_n \rangle$ sei monoton fallend und $a_1 > 0$. $\langle a_n \rangle$ sei konvergent gegen den Grenzwert $a = -10^{-6}$. Zeigen Sie: Unendlich viele Glieder der Folge sind negativ.

7. Welche der angegebenen Folgen $\langle a_n \rangle$ sind bestimmt, welche unbestimmt divergent? Bestimmen Sie gegebenenfalls zu einem beliebigen $K \in \mathbb{R}^+$ ein $n_0 = n_0(K)$, $n_0 \in \mathbb{N}$, so daß $a_n > K$ ($a_n < -K$) für alle $n \geqq n_0$ ist.

   a) $\langle \sqrt{n} \rangle$ b) $\left\langle \frac{1-n^2}{n} \right\rangle$ c) $\left\langle (1+(-1)^n)\left(1+\frac{1}{n}\right) \right\rangle$

   d) $\left\langle \frac{n^2+1}{n+1} \right\rangle$ e) $\left\langle \frac{(-2)^n}{n+1} \right\rangle$ f) $\langle 3^n \rangle$ g) $\left\langle \cos n\frac{\pi}{2} \right\rangle$

8. Geben Sie Folgen $\langle a_n \rangle$ an, die von den aufgelisteten Eigenschaften ausschließlich die angekreuzten Eigenschaften besitzen ($a_0 \in \mathbb{R}$):

(streng) monoton wachsend	(streng) monoton fallend	alter- nierend	konvergent gegen $a=$	bestimmt divergent gegen		unbestimmt divergent
				$+\infty$	$-\infty$	
a) *			$-1; 0; 1; a_0$			
b)	*		$-1; 0; 1; a_0$			
c)		*	0			
d)			$a_0 \neq 0$			
e) *				*		
f)	*				*	
g)						*

9. Berechnen Sie mit Hilfe der Sätze 3.4 und 3.5 folgende Grenzwerte (falls vorhanden):

a) $\lim\limits_{n\to\infty}\left(\dfrac{2n+2}{1-3n}\right)$ b) $\lim\limits_{n\to\infty}\left(\dfrac{4n+3}{5n-1}\right)\left(\dfrac{3}{2}+\dfrac{2}{n+1}\right)$

c) $\lim\limits_{n\to\infty}\dfrac{4+2n-3n^2}{2n^2-2}$ d) $\lim\limits_{n\to\infty}\dfrac{3n^2-4n+5}{3n+2}$

e) $\lim\limits_{n\to\infty}\left(\dfrac{n^2}{2n^2+1}-\dfrac{3n^2}{4n+1}\right)$ f) $\lim\limits_{n\to\infty}\left(\dfrac{2-3n}{n+3}\right)^2$

10. Prüfen Sie auf Konvergenz, und bestimmen Sie gegebenenfalls die Grenzwerte

a) $\lim\limits_{n\to\infty}(1+\frac{1}{1000})^n$ b) $\lim\limits_{n\to\infty}(1-\frac{1}{1000})^n$

c) $\lim\limits_{n\to\infty}\left(1+\dfrac{1}{n}\right)^{1000}$ d) $\lim\limits_{n\to\infty}\dfrac{1+2+\cdots+n}{(n+10)\sqrt{n^2-n+1}}$

11. Prüfen Sie auf Konvergenz, und bestimmen Sie gegebenenfalls den Grenzwert

$$\lim_{n\to\infty}\frac{b_q n^q + b_{q-1}n^{q-1}+\cdots+b_1 n + b_0}{c_p n^p + c_{p-1}n^{p-1}+\cdots+c_1 n + c_0}$$

mit $b_i, c_k \in \mathbb{R}$ für $i=1,2,\ldots,q$; $k=1,2,\ldots,p$ und $b_q \neq 0, c_p \neq 0$.
Betrachten Sie dazu die Fälle $p<q$, $p=q$, $p>q$.

12. Gegeben sind die Folgen

$$\langle a_n\rangle = \left\langle\frac{(n-1)^2}{2n^2+1}\right\rangle \text{ und } \langle b_n\rangle = \left\langle\frac{1-n}{3n+1}\right\rangle$$

Bestimmen Sie den Grenzwert der Folge $\langle c_n\rangle$ mit

a) $c_n = a_n + b_n$ b) $c_n = b_n - a_n$ c) $c_n = a_n \cdot b_n$

d) $c_n = \dfrac{a_n}{b_n}$, $n \geqq 2$ e) $c_n = |b_n|$ f) $c_n = \sqrt{8a_n}$

13. Gegeben sind die Folgen $\langle a_n \rangle$, $\langle b_n \rangle$ und $\langle c_n \rangle$:

a) $\langle a_n \rangle = \left\langle \frac{1-n}{2n+1} \right\rangle$, $\quad \langle b_n \rangle = \left\langle \frac{3-n}{2n+2} \right\rangle$, $\quad \langle c_n \rangle = \left\langle \frac{5+5n-4n^2}{8n^2+12n+4} \right\rangle$

b) $\langle a_n \rangle = \left\langle \sqrt{\frac{2n-1}{n}} \right\rangle$, $\quad \langle b_n \rangle = \left\langle \sqrt{\frac{2n+2}{n}} \right\rangle$, $\quad \langle c_n \rangle = \left\langle \sqrt{\frac{4n+1}{2n}} \right\rangle$

Zeigen Sie:

i) $\lim\limits_{n\to\infty} a_n = \lim\limits_{n\to\infty} b_n = a$

ii) $a_n \leqq c_n \leqq b_n$ für alle $n \in \mathbb{N}$
Wie lautet folglich der Grenzwert von $\langle c_n \rangle$?

14. Beweisen Sie Satz 3.2

15. Beweisen Sie mit Hilfe der Bemerkung 1 zu Satz 3.3, daß die Folge $\langle \sqrt{n+1} + \sqrt{n} \rangle$ divergent ist.

16. Nehmen Sie zu folgender Aussage kritisch Stellung:
Eine Nullfolge ist eine Folge, deren Glieder immer kleiner werden.

17. Beweisen Sie: Die Beschränktheit einer Folge ist nicht hinreichend für ihre Konvergenz.

18. Beweisen Sie:
$\langle a_n \rangle$ sei konvergent gegen den Grenzwert a. Wenn $a_n > 0$ für fast alle $n \in \mathbb{N}$ ist, dann ist $a \geqq 0$.

19. Beweisen Sie mit Hilfe von Satz 3.4 den Satz 3.5.

20. Beweisen Sie Satz 3.7.

*21. Es sei $k \in \mathbb{N}$ und $p \in \mathbb{Q} \setminus \{0\}$ mit $|p| < 1$. Zeigen Sie, es gilt

$$\lim_{n\to\infty} n^k \cdot p^n = 0.$$

*22. Es sei $k \in (0, 1)$. Zeigen Sie:

$$\lim_{n\to\infty} [(n+1)^k - n^k] = 0.$$

Anleitung: Klammern Sie n^k aus und schätzen Sie den so entstehenden Ausdruck ab.

3.3 Monotone und beschränkte Folgen

3.3.1 Konvergenzkriterium monotoner Folgen

Die Bestimmung des Grenzwertes einer Folge kann erhebliche Schwierigkeiten hervorrufen. Gelingt es uns jedoch, die Konvergenz nachzuweisen, so können wir dies unter Benutzung der Sätze 3.4 und 3.5 zur Berechnung des Grenzwertes verwenden. Das folgende Beispiel soll das Vorgehen erläutern.

Beispiel 3.24

Wir betrachten die rekursiv definierte Folge $\langle a_n \rangle$ mit

$$a_1 = 1, \quad a_n = \tfrac{1}{2}\left(a_{n-1} + \frac{2}{a_{n-1}}\right), \quad n = 2, 3, \ldots$$

Nehmen wir an, daß der Grenzwert a dieser Folge existiert, so ist nach Satz 3.4.

$$a = \lim_{n\to\infty} a_n = \tfrac{1}{2} \lim_{n\to\infty} a_{n-1} + \tfrac{1}{2} \lim_{n\to\infty} \frac{2}{a_{n-1}}, \quad \text{d.h. } a = \tfrac{1}{2}a + \frac{1}{a}$$

Aus dieser Gleichung erhalten wir $a = \pm\sqrt{2}$. Da $a_n > 0$ für alle $n \in \mathbb{N}$ ist, ist der Grenzwert $a = +\sqrt{2}$.

Notwendige Voraussetzung für dieses Vorgehen, den Grenzwert einer Folge zu bestimmen, ist die Konvergenz, da wir sonst nicht Satz 3.4 anwenden dürfen. Andernfalls können wir ein falsches Resultat erhalten.

Beispiel 3.25

Wir betrachten die geometrische Folge $\langle a_n \rangle = \langle q^n \rangle$, $q > 1$. Offensichtlich ist $a_1 = q$ und $a_n = q \cdot a_{n-1}$, $n = 2, 3, \ldots$
Nehmen wir an, daß der Grenzwert a dieser Folge existiert, so ist nach Satz 3.4

$$a = \lim_{n\to\infty} a_n = q \cdot \lim_{n\to\infty} a_{n-1} = q \cdot a.$$

Da nach Voraussetzung $q > 1$, ist, folgt $a = 0$. Nach Beispiel 3.16 ist $\langle a_n \rangle$ jedoch bestimmt divergent, so daß wir hier ein falsches Ergebnis erhalten haben. Der Grund hierfür ist darin zu sehen, daß wir, ohne die Konvergenz von $\langle a_n \rangle$ nachgewiesen zu haben, Satz 3.4 angewendet haben.

Wie wir gesehen haben (s. Bemerkungen zu Satz 3.3), ist die Beschränktheit einer Folge eine notwendige, aber keine hinreichende Bedingung für die Existenz ihres Grenzwertes. Setzen wir jedoch neben der Beschränktheit auch die Monotonie von $\langle a_n \rangle$ voraus, so ist dies hinreichend für die Konvergenz der Folge.

Satz 3.8

Wenn die Folge $\langle a_n \rangle$ monoton wachsend (bzw. fallend) und nach oben (bzw. nach unten) beschränkt ist, dann ist sie konvergent.

Beweis:

Wir führen den Beweis für eine monoton wachsende Folge $\langle a_n \rangle$. Ist $\langle a_n \rangle$ monoton fallend, so verläuft der Beweis entsprechend.

Da $\langle a_n \rangle$ (nach oben) beschränkt ist, besitzt die Menge der Glieder von $\langle a_n \rangle$ wegen der Vollständigkeit von $\mathbb{R}$ (s. Abschnitt 1.3.3) eine obere Grenze $\bar{a}$. Wir wollen zeigen, daß $\bar{a}$ der Grenzwert der Folge ist. Zu jedem $\varepsilon > 0$ existiert mindestens ein $n_0 = n_0(\varepsilon)$, $n_0 \in \mathbb{N}$, so daß $\bar{a} - \varepsilon < a_{n_0} \leqq \bar{a}$ ist. Andernfalls wäre $K = \bar{a} - \varepsilon$ eine obere Schranke von $\langle a_n \rangle$ und somit $\bar{a}$ nicht kleinste obere Schranke, d.h. $\bar{a}$ wäre nicht die obere Grenze (s. Bild 3.8).

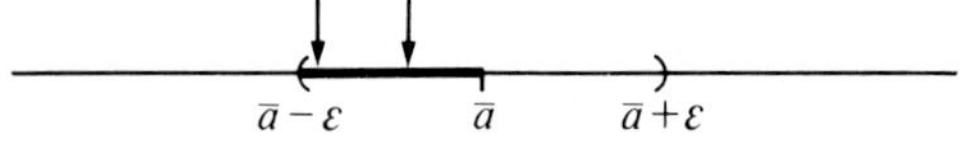

Bild 3.8: $a_n \in U_\varepsilon(\bar{a})$ für alle $n \geqq n_0$

Nach Voraussetzung ist $\langle a_n \rangle$ monoton wachsend, d.h. es gilt $a_{n_0} \leqq a_n$ für alle $n \geqq n_0$.

Da $\bar{a}$ obere Grenze von $\langle a_n \rangle$ ist, erhalten wir

$$\bar{a} - \varepsilon < a_{n_0} \leqq a_n \leqq \bar{a} < \bar{a} + \varepsilon, \text{ also } a_n \in U_\varepsilon(\bar{a}) \quad \text{für alle } n \geqq n_0.$$

Nach Definition 3.6 ist damit $\bar{a}$ Grenzwert der Folge $\langle a_n \rangle$. ●

Bermerkungen:

1. Eine beschränkte Folge, die erst ab einem gewissen Glied a_k monoton ist, ist ebenfalls konvergent.
2. Die Umkehrung dieses Satzes ist natürlich nicht richtig. Eine konvergente Folge ist zwar beschränkt, aber nicht notwendig monoton, wie die Folge $\langle a_n \rangle = \left\langle (-1)^n \frac{1}{n} \right\rangle$ zeigt. $\langle a_n \rangle$ ist nämlich konvergent (gegen den Grenzwert $a = 0$), aber alternierend, also nicht monoton.
3. Dem Beweis können wir folgende Aussage entnehmen: Wenn die Folge $\langle a_n \rangle$ nach oben (unten) beschränkt und monoton wachsend (fallend) ist, so ist der Grenzwert a obere (untere) Grenze von $\langle a_n \rangle$.
4. Dieser Satz ist ein typisches Beispiel für einen Existenzsatz: Wenn die Folge $\langle a_n \rangle$ die Voraussetzungen dieses Satzes erfüllt, dann besitzt sie einen Grenzwert a. Wir kennen ihn dann zwar noch nicht, können ihn aber mit Hilfe der Zuordnungsvorschrift $n \mapsto a_n$ i.a. beliebig genau berechnen.

Beispiel 3.26

Wir zeigen:

$$\langle a_n \rangle = \left\langle \frac{x^n}{n!} \right\rangle \quad \text{ist für alle } x \in \mathbb{R}^+ \text{ konvergent.}$$

Es ist $a_n = \frac{x}{n} \frac{x^{n-1}}{(n-1)!} = \frac{x}{n} a_{n-1}$. Für alle $n > x$ gilt dann

$$\frac{a_n}{a_{n-1}} = \frac{x}{n} < 1 \quad \text{oder} \quad a_n < a_{n-1}$$

d.h. die Folge $\langle a_n \rangle$ ist von einer bestimmten Stelle an monoton fallend und wegen $a_n > 0$ (für alle $n \in \mathbb{N}$) nach unten beschränkt. Folglich existiert nach Satz 3.8 ihr Grenzwert a, und wir erhalten mit Hilfe von Satz 3.4

$$a = \lim_{n\to\infty} a_n = \lim_{n\to\infty} \frac{x}{n} a_{n-1} = \left(\lim_{n\to\infty} \frac{x}{n} \right) (\lim_{n\to\infty} a_{n-1}) = 0 \cdot a = 0.$$

$$\lim_{n\to\infty} \frac{x^n}{n!} = 0 \quad \text{für alle } x \in \mathbb{R}^+ \tag{3.12}$$

Das heißt: $n!$ wächst für $n \to \infty$ »schneller« als x^n, $x \in \mathbb{R}^+$ und zwar so schnell, daß sogar der Quotient $\frac{x^n}{n!} \to 0$ strebt.

Beispiel 3.27

$$\langle a_n \rangle \text{ mit } a_1 \in \mathbb{R}^+ \text{ und } a_n = \tfrac{1}{2}\left(a_{n-1} + \frac{p}{a_{n-1}}\right), \quad p \in \mathbb{R}^+, \quad n = 2, 3, \ldots$$

i) $\langle a_n \rangle$ ist nach unten beschränkt:

Wegen $\frac{1}{2}(r+s) \geqq \sqrt{r \cdot s}$ für alle $r, s \in \mathbb{R}^+$ (vgl. (1.27)) gilt

$$a_n = \tfrac{1}{2}\left(a_{n-1} + \frac{p}{a_{n-1}}\right) \geqq \sqrt{a_{n-1}\frac{p}{a_{n-1}}} = \sqrt{p} > 0$$

für alle $n \geqq 2$, d.h. $\langle a_n \rangle$ ist nach unten beschränkt.

ii) $\langle a_n \rangle$ ist monoton fallend:

Aus $a_{n+1} - a_n = \frac{1}{2}\left(a_n + \frac{p}{a_n}\right) - a_n = \frac{1}{2}\left(\frac{p}{a_n} - a_n\right)$ folgt wegen $a_n^2 \geqq p$ bzw. $\frac{p}{a_n} \leqq a_n$ für alle $n \geqq 2$

$$a_{n+1} - a_n \leqq \tfrac{1}{2}(a_n - a_n) = 0,$$

d.h. $\langle a_n \rangle$ ist ab $n = 2$ monoton fallend und wegen i) nach unten beschränkt. Hieraus folgt die Konvergenz von $\langle a_n \rangle$.

Mit Hilfe von Satz 3.4 erhalten wir aus $a = \lim\limits_{n\to\infty} a_n = \lim\limits_{n\to\infty} \frac{1}{2}\left(a_{n-1} + \frac{p}{a_{n-1}}\right) = \frac{1}{2}\left(a + \frac{p}{a}\right)$

als Grenzwert $a = +\sqrt{p}$ oder $a = -\sqrt{p}$. Wegen $a_n \geqq p$ für alle $n \in \mathbb{N}$, folgt dann $\lim\limits_{n\to\infty} a_n = \sqrt{p}$.

Mit Hilfe dieser Folge können wir $\sqrt{p}$ beliebig genau berechnen, wenn wir nur n hinreichend groß wählen.

3.3.2 Die Eulersche Zahl e

Im folgenden werden wir eine Zahl kennenlernen, die sowohl in der Mathematik als auch in der Physik und der Technik eine wichtige Rolle spielt. Diese reelle Zahl werden wir mit Hilfe einer speziellen konvergenten Folge definieren. Dazu betrachten wir zunächst folgendes Beispiel:

Beispiel 3.29

Ein Kapital k, das wir zu einem Zinsfuß von p auf Zinseszins anlegen, wächst nach Ablauf eines Jahres bei jährlicher Verzinsung auf das Endkapital

$$K_1 = k\left(1 + \frac{p}{100}\right)^1,$$

bei monatlicher Verzinsung auf $K_{12} = k\left(1 + \frac{p}{12 \cdot 100}\right)^{12}$, bei täglicher Verzinsung auf $K_{365} = k\left(1 + \frac{p}{365 \cdot 100}\right)^{365}$.

Soll nun die Verzinsung jeden Augenblick erfolgen, so müssen wir den n-ten Teil eines Jahres beliebig klein, d.h. die Anzahl n dieser Teile beliebig groß machen. Bei »kontinuierlicher« Verzinsung bei einem Zinsfuß von p erhalten wir somit am Ende eines Jahres das Endkapital

$$K = \lim_{n\to\infty} k\left(1 + \frac{p}{n \cdot 100}\right)^n,$$

für $k = 1$ und $p = 100$

$$K = \lim_{n\to\infty}\left(1 + \frac{1}{n}\right)^n, \tag{3.13}$$

wenn diese Grenzwerte existieren.

Mit Hilfe von Satz 3.8 wollen wir nachweisen, daß die Folge

$$\langle a_n \rangle = \left\langle \left(1 + \frac{1}{n}\right)^n \right\rangle \tag{3.14}$$

konvergiert.

i) $\langle a_n \rangle$ ist monoton wachsend:
Es gilt, da $a_n > 0$ für alle $n \in \mathbb{N}$ ist:

$$\frac{a_n}{a_{n-1}} = \left(1 + \frac{1}{n}\right)^n \left(1 + \frac{1}{n-1}\right)^{-(n-1)} = \left(\frac{n+1}{n}\right)^n \left(\frac{n-1}{n}\right)^{n-1} = \left(\frac{n^2-1}{n^2}\right)^n \frac{n}{n-1},$$

d.h.

$$\frac{a_n}{a_{n-1}} = = \left(1 - \frac{1}{n^2}\right)^n \frac{n}{n-1} \quad \text{für } n \geqq 2.$$

Wenden wir hierauf die Bernoullische Ungleichung (s. (1.34)) an, so ist

$$\frac{a_n}{a_{n-1}} = \left(1 - \frac{1}{n^2}\right)^n \frac{n}{n-1} \geqq \left(1 - n\frac{1}{n^2}\right)\frac{n}{n-1} = \left(1 - \frac{1}{n}\right)\frac{n}{n-1} = 1,$$

d.h. $a_n \geqq a_{n-1}$ für alle $n \geqq 2$, $n \in \mathbb{N}$.

ii) $\langle a_n \rangle$ ist beschränkt:
Wenden wir den binomischen Satz (s. Satz 1.5) an, so erhalten wir

$$a_n = \left(1 + \frac{1}{n}\right)^n = 1 + \binom{n}{1}\frac{1}{n} + \binom{n}{2}\left(\frac{1}{n}\right)^2 + \binom{n}{3}\left(\frac{1}{n}\right)^3 + \cdots + \binom{n}{n}\left(\frac{1}{n}\right)^n =$$

$$= 1 + 1 + \frac{n(n-1)}{2 \cdot n \cdot n} + \frac{n(n-1)(n-2)}{2 \cdot 3 \cdot n \cdot n \cdot n} + \cdots + \frac{1}{n^n}$$

Da $n(n-1)(n-2)\cdots(n-k) < n \cdot n \cdot n \cdots n = n^{k+1}$, d.h. $\frac{n(n-1)\cdots(n-k)}{n^{k+1}} < 1$ für alle n, $k \in \mathbb{N}$ mit $1 \leqq k < n$ ist, erhalten wir

$$a_n < 1 + 1 + \frac{1}{2!} + \frac{1}{3!} + \cdots + \frac{1}{n!}.$$

Aus $2^{n-1} \leqq n!$, $n \in \mathbb{N}$, (vgl. (1.35)) und (3.1) folgt weiter

$$a_n < 1 + 1 + (\tfrac{1}{2}) + (\tfrac{1}{2})^2 + (\tfrac{1}{2})^3 + \cdots + (\tfrac{1}{2})^{n-1} = 1 + \frac{1-(\frac{1}{2})^n}{1-(\frac{1}{2})}$$

d.h. es ist

$$a_n < 1 + 2 - 2(\tfrac{1}{2})^n < 3 \quad \text{für alle } n \in \mathbb{N}.$$

Aus i) und ii) folgt mit Satz 3.8 die Konvergenz der Folge (3.14).

Nach dem Schweizer Mathematiker **Leonhard Euler** (1707 – 1783) bezeichnet man den Grenzwert dieser Folge mit e, d.h.

$$\lim_{n \to \infty} \left(1 + \frac{1}{n}\right)^n = \mathrm{e} \tag{3.15}$$

Für $n = 1, 2, 3, 4, 5, 10, 100, 1000, 10000$ erhält man aus (3.14)

$a_1 = 2$	$a_{10} = 2{,}593742\ldots$
$a_2 = 2{,}25$	$a_{100} = 2{,}704813\ldots$
$a_3 = 2{,}370370$	$a_{1000} = 2{,}716923\ldots$
$a_4 = 2{,}441406\ldots$	$a_{10000} = 2{,}718145\ldots$
$a_5 = 2{,}488320$	

Die Zahl e lautet auf 15 Stellen genau:

$$\mathrm{e} = 2{,}718281828459045\ldots \tag{3.16}$$

Wie man zeigen kann, ist e eine nichtrationale Zahl, d.h. $\mathrm{e} \notin \mathbb{Q}$. Den Beweis hierfür findet man z.B. in [2].

Aufgaben

1. Gegeben ist die rekursiv definierte Folge $\langle a_n \rangle$. Zeigen Sie, daß $\langle a_n \rangle$ monoton und beschränkt, also konvergent ist, und bestimmen Sie den Grenzwert a.

   a) $a_1 = 1,\ a_{n+1} = \sqrt{2a_n}, \quad n = 1, 2, 3, \ldots$

   b) $a_1 = 1,\ a_{n+1} = \sqrt{a_n + 1}, \quad n = 1, 2, 3, \ldots$

   c) $a_1 = \frac{1}{4},\ a_{n+1} = a_n^2 + \frac{1}{4}, \quad n = 1, 2, 3, \ldots$

2. Beweisen Sie:
   Eine monoton wachsende (fallende) Folge ist entweder nach oben (unten) unbeschränkt oder konvergent.

3. Gegeben sind die Folgen $\langle a_n \rangle$ und $\langle b_n \rangle$. $\langle a_n \rangle$ sei monoton wachsend, $\langle b_n \rangle$ monoton fallend, und es gelte $a_n \leqq b_n$ für fast alle $n \in \mathbb{N}$. Zeigen Sie:

   a) Es existieren die Grenzwerte

   $$\lim_{n\to\infty} a_n = a \quad \text{und} \quad \lim_{n\to\infty} b_n = b$$

   b) Bildet zusätzlich $\langle a_n - b_n \rangle$ eine Nullfolge, so ist $a = b$.

*4. Berechnen Sie mit Hilfe des Grenzwertes $\lim\limits_{n\to\infty}\left(1+\frac{1}{n}\right)^n = \mathrm{e}$ folgende Grenzwerte:

   a) $\lim\limits_{n\to\infty}\left(1+\frac{1}{n}\right)^{n+1}$ b) $\lim\limits_{n\to\infty}\left(1+\frac{1}{n}\right)^{3n-1}$

   c) $\lim\limits_{\substack{n\to\infty\\ n\geqq 3}}\left(\frac{n+2}{n-2}\right)^{n}$ d) $\lim\limits_{n\to\infty}\left(1+\frac{1}{3n}\right)^{2n}$

3.4 Die e- und die ln-Funktion

Im folgenden führen wir zwei für die Naturwissenschaften und die Technik äußerst wichtige Funktionen ein. Dazu zunächst folgendes Beispiel.

Beispiel 3.29

$$\text{Es sei } \langle a_n \rangle = \left\langle \left(1+\frac{2/3}{n}\right)^n \right\rangle \tag{3.17}$$

Setzt man $\frac{2/3}{n} = \frac{1}{m}$ also $n = \frac{2}{3}\cdot m$, so erhält man wegen $m \to \infty$ für $n \to \infty$:

$$\lim_{n\to\infty}\left(1+\frac{2/3}{n}\right)^n = \lim_{m\to\infty}\left(1+\frac{1}{m}\right)^{2m/3} = \left(\lim_{m\to\infty}\left(1+\frac{1}{m}\right)^m\right)^{2/3} = \mathrm{e}^{2/3}$$

Daß dies tatsächlich der Grenzwert der Folge $\langle a_n \rangle$ ist, kann man mit Hilfe des (ε, n_0)–Formalismus nachweisen.

Im folgenden wird gezeigt, daß die Folge

$$\langle a_n \rangle = \left\langle \left(1+\frac{x}{n}\right)^n \right\rangle$$

sogar für jedes $x \in \mathbb{R}$ konvergiert, also durch sie eine auf ganz $\mathbb{R}$ definierte Funktion festgelegt ist.

Für hinreichend großes $n \in \mathbb{N}$, z.B. für $n \geqq |x|$, besitzt $\langle a_n \rangle$ nur positive Glieder und ist monoton wachsend (Beweis als Übungsaufgabe). Wir zeigen, daß $< a_n >$ beschränkt ist.

a) Es sei $x \leqslant 0$, reell:

   Dann folgt für $n > |x| = -x$ die Ungleichung $0 < 1 + \frac{x}{n} \leqq 1$ und damit $0 < \left(1+\frac{x}{n}\right)^n = a_n \leqq 1$, d.h. $\langle a_n \rangle$ ist nach oben beschränkt. Nach Satz 3.8 konvergiert $\langle a_n \rangle$ folglich für $x \leqslant 0$ gegen einen positiven Grenzwert.

b) Es sei $x > 0$, reell:

Nach a) besitzt die Folge

$$\langle b_n \rangle = \left\langle \left(1 + \frac{(-x)}{n}\right)^n \right\rangle = \left\langle \left(1 - \frac{x}{n}\right)^n \right\rangle$$

den Grenzwert $b > 0$, und es gilt:

$$0 < a_n \cdot b_n = \left(1 - \frac{x^2}{n^2}\right)^n = \left(1 + \left(-\frac{x^2}{n^2}\right)\right)^n < 1 \text{ für alle } n > x.$$

Wendet man auf diese Ungleichung die Bernoullische Ungleichung (siehe (1.34)) an, so folgt

$$1 - \frac{x^2}{n} < a_n \cdot b_n < 1 \text{ für alle } n > x$$

und mit Hilfe von Satz 3.7

$$\lim_{n \to \infty} a_n \cdot b_n = 1.$$

Schließlich erhält man nach Satz 3.4 wegen $b_n > 0$ für alle $n > x$:

$$\lim_{n \to \infty} a_n = \lim_{n \to \infty} \frac{a_n \cdot b_n}{b_n} = \frac{\lim\limits_{n \to \infty} (a_n \cdot b_n)}{\lim\limits_{n \to \infty} b_n} = \frac{1}{\lim\limits_{n \to \infty} b_n} = \frac{1}{b} \tag{3.18}$$

Also besitzt $\langle a_n \rangle$ auch in diesem Fall einen positiven Grenzwert.

Damit ist gezeigt, daß $\langle a_n \rangle$ für jedes $x \in \mathbb{R}$ gegen eine positive reelle Zahl konvergiert.

Man vereinbart:

Definition 3.11

Es sei e die Eulersche Zahl und $x \in \mathbb{R}$.
Dann heißt

$$f\colon x \mapsto f(x) = \lim_{n \to \infty} \left(1 + \frac{x}{n}\right)^n \tag{3.19}$$

die **Exponentialfunktion zur Basis e** oder kurz **e-Funktion**.

Schreibweise: $$\lim_{n \to \infty} \left(1 + \frac{x}{n}\right)^n = \mathrm{e}^x$$

Mit Hilfe von (3.19) erhält man z.B. für $x = -2{,}5$ und $n = 1000$ den Wert $e^{-2,5} = 0{,}081828\ldots$

Auf 5 Stellen genau ist $e^{-2,5} = 0{,}08208$.

Bemerkungen:

1. Offensichtlich gilt $e^0 = 1$ und $e^1 = e$.
2. Bisher sind nur Potenzen der Form a^q für $a \in \mathbb{R}^+$ und $q \in \mathbb{Q}$ vereinbart. Daß e^x mit $x \in \mathbb{R}$ tatsächlich als eine Potenz mit *reellem* Exponenten angesehen werden kann, macht der nachfolgende Satz deutlich.

Satz 3.9

Die e-Funktion besitzt folgende Eigenschaften:

a) $e^{x_1+x_2} = e^{x_1} \cdot e^{x_2}$ für alle $x_1, x_2 \in \mathbb{R}$;
b) $(e^x)^r = e^{r \cdot x}$ sowie $e^{-x} = \frac{1}{e^x}$ für alle $x, r \in \mathbb{R}$;
c) $e^x \geqq 1 + x$ für alle $x \in \mathbb{R}$ sowie $e^x \leqq \frac{1}{1-x}$ für alle $x < 1$;
d) Die e-Funktion ist auf $\mathbb{R}$ streng monoton wachsend;
e) $D_e = \mathbb{R}$; $W_e = \mathbb{R}^+$.

Bemerkung:

Besonders die Eigenschaften a) und b) machen deutlich, weshalb man die e-Funktion als Exponentialfunktion bezeichnet. Für sie gelten offensichtlich die gleichen Gesetze wie wir sie von der Potenzrechnung her kennen. Der Unterschied besteht jedoch darin, daß nun die unabhängige Veränderliche als Potenz und nicht, wie bei den Potenzfunktionen, als Basis auftritt.

Beweis:

Wir beweisen den Satz nur teilweise.

Aus (3.18) folgt sofort die Eigenschaft $e^x = \dfrac{1}{e^{-x}}$ für alle $x \in \mathbb{R}$.

a) Für $x_1 \cdot x_2 = 0$ ist die Behauptung trivial. Für alle $x_1, x_2 \in \mathbb{R}$ mit $x_1 \cdot x_2 > 0$ erhalten wir einerseits:

$$e^{x_1} \cdot e^{x_2} = \lim_{n\to\infty}\left(1 + \frac{x_1}{n}\right)^n \cdot \lim_{n\to\infty}\left(1 + \frac{x_2}{n}\right)^n = \lim_{n\to\infty}\left(\left(1 + \frac{x_1}{n}\right)\cdot\left(1 + \frac{x_2}{n}\right)\right)^n$$

$$= \lim_{n\to\infty}\left(1 + \frac{x_1 + x_2}{n} + \frac{x_1 \cdot x_2}{n^2}\right)^n \geqq \lim_{n\to\infty}\left(1 + \frac{x_1 + x_2}{n}\right)^n = e^{x_1 + x_2},$$

andererseits:

$$e^{x_1} \cdot e^{x_2} = \frac{1}{e^{-x_1} \cdot e^{-x_2}} = \frac{1}{\lim\limits_{n\to\infty}\left(\left(1 + \frac{-x_1}{n}\right)\cdot\left(1 + \frac{-x_2}{n}\right)\right)^n}$$

$$= \frac{1}{\lim\limits_{n\to\infty}\left(1 - \frac{x_1 + x_2}{n} + \frac{x_1 \cdot x_2}{n^2}\right)^n} \leqq \frac{1}{\lim\limits_{n\to\infty}\left(1 - \frac{x_1 + x_2}{n}\right)^n} = e^{x_1 + x_2}.$$

Für alle $x_1, x_2 \in \mathbb{R}$ gilt daher: $e^{x_1+x_2} \leqq e^{x_1} \cdot e^{x_2} \leqq e^{x_1+x_2}$, womit die Behauptung für $x_1 \cdot x_2 > 0$ bewiesen ist. Für $x_1 \cdot x_2 < 0$ erfolgt der Beweis ähnlich.

c) Für $x = 0$ gilt die Gleichheit. Für alle $x \in \mathbb{R} \setminus \{0\}$ folgt mit der Bernoullischen Ungleichung (1.34): $e^x = \lim\limits_{n\to\infty}\left(1 + \frac{x}{n}\right)^n \geqq \lim\limits_{n\to\infty}(1 + x) = 1 + x$. Ebenso erhalten wir für alle $x < 1$ und $x \neq 0$: $e^x = \frac{1}{e^{-x}} = \frac{1}{\lim\limits_{n\to\infty}\left(1 - \frac{x}{n}\right)^n} \leqq \frac{1}{\lim\limits_{n\to\infty}(1 - x)} = \frac{1}{1 - x}$. Für $x = 0$ gilt die Gleichheit.

e) Es sei $x_1 < x_2$, dann gibt es ein $h > 0$, so daß $x_2 = x_1 + h$ ist. Damit erhalten wir: $e^{x_2} = e^{x_1 + h} = e^{x_1} \cdot e^h > e^{x_1}$, da $e^h > 1$ wegen c) ist. ●

Die Bedeutung dieser für die Höhere Mathematik überaus wichtigen Funktion wird erst in der Differential- und Integralrechnung hinreichend deutlich.

Bild 3.9 zeigt den Graphen der e-Funktion.

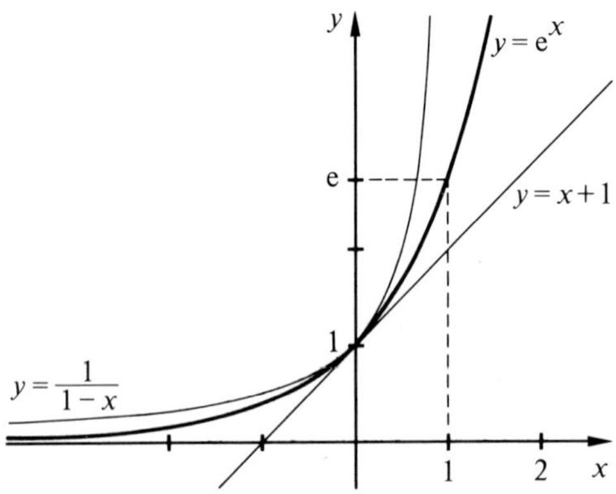

Bild 3.9: Graph von e: $x \mapsto e^x$

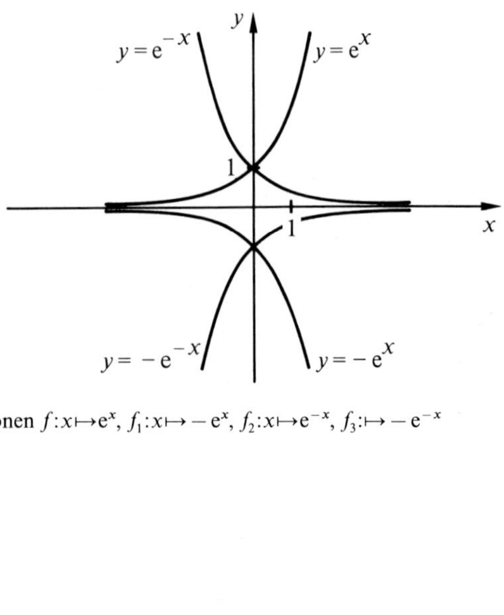

Bild 3.10: Graphen der Funktionen $f: x \mapsto e^x$, $f_1: x \mapsto -e^x$, $f_2: x \mapsto e^{-x}$, $f_3: \mapsto -e^{-x}$

Aus dem Graphen der e-Funktion läßt sich aufgrund von Symmetrie-Eigenschaften der Graph der Funktionen

$$f_1: x \mapsto -e^x,\ f_2: x \mapsto e^{-x} \quad \text{und} \quad f_3: x \mapsto -e^{-x}$$

konstruieren (siehe Bild 3.10).

Die e-Funktion ist auf $\mathbb{R}$ streng monoton wachsend und besitzt die Wertemenge $\mathbb{R}^+$. Folglich existiert ihre Umkehrfunktion.

Definition 3.12

> Die Umkehrfunktion der e-Funktion heißt **natürliche Logarithmus-Funktion**.
> Schreibweise: ln: $x \mapsto \ln x$ mit $x \in \mathbb{R}^+$

Bemerkungen:

1. Als Umkehrfunktion der e-Funktion besitzt die ln-Funktion den Definitionsbereich $D_{\ln} = \mathbb{R}^+$ und den Wertebereich $W_{\ln} = \mathbb{R}$. Diese Funktion ist also nur für positive Argumente erklärt.
2. Aus (2.1) und (2.2) folgt:

$$\ln e^x = x \quad \text{für alle } x \in \mathbb{R}, \tag{3.20}$$

$$e^{\ln x} = x \quad \text{für alle } x \in \mathbb{R}^+, \tag{3.21}$$

Wegen $e^0 = 1$ und $e^1 = e$ erhält man aus (3.20) die speziellen Funktionswerte

$$\ln 1 = 0 \quad \text{und} \quad \ln e = 1. \tag{3.22}$$

Bild 3.11 zeigt den Graphen der ln-Funktion.
Der folgende Satz faßt die Eigenschaften der ln-Funktion zusammen.

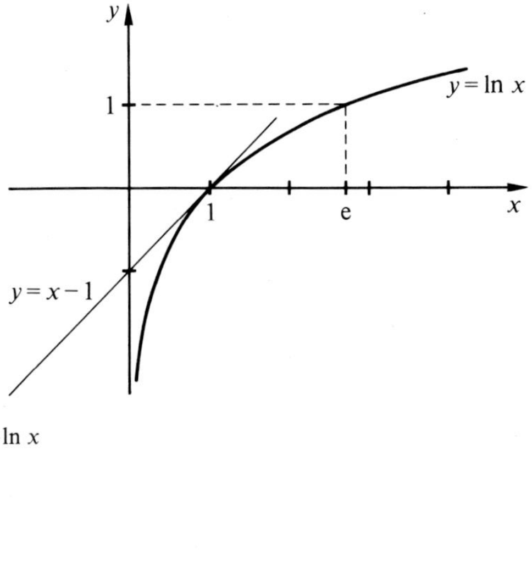

Bild 3.11: Graph von ln: $x \mapsto \ln x$

Satz 3.10

Die ln-Funktion besitzt folgende Eigenschaften:

(I) Für alle $x, x_1, x_2 \in \mathbb{R}^+$ ist

a) $\ln(x_1 \cdot x_2) = \ln x_1 + \ln x_2$ b) $\ln\frac{x_1}{x_2} = \ln x_1 - \ln x_2$

c) $1 - \frac{1}{x} \leqq \ln x \leqq x - 1$ d) $\ln 1 = 0, \ln \mathrm{e} = 1$

e) $\ln x^r = r \cdot \ln x$ für alle $r \in \mathbb{R}$

Ferner gilt:

(II) e) $D_{\ln} = \mathbb{R}^+, W_{\ln} = \mathbb{R}$;

f) Die ln-Funktion ist auf $\mathbb{R}^+$ streng monoton wachsend.

Beweis:

Zu a) und b)

Es seien $u, v \in \mathbb{R}$. Setzt man $\mathrm{e}^u = x_1$ und $\mathrm{e}^v = x_2$, so ist $x_1, x_2 \in \mathbb{R}^+$, und man erhält wegen $\ln x_1 = \ln \mathrm{e}^u = u$ und $\ln x_2 = \ln \mathrm{e}^v = v$ mit Hilfe von Satz 3.9 für $x_1, x_2, r \in \mathbb{R}^+$

$$\ln(x_1 \cdot x_2) = \ln(\mathrm{e}^u \cdot \mathrm{e}^v) = \ln \mathrm{e}^{u+v} = u + v = \ln x_1 + \ln x_2. \tag{3.23}$$

Setzt man in $\ln(u \cdot v) = \ln u + \ln v$ (vgl. (3.23) für $u = x_2$ und $v = \frac{x_1}{x_2}$, so folgt

$$\ln(u \cdot v) = \ln x_1 = \ln x_2 + \ln\frac{x_1}{x_2} \Leftrightarrow \ln\frac{x_1}{x_2} = \ln x_1 - \ln x_2. \tag{3.24}$$

Mit (3.23) und (3.24) sind a) und b) bewiesen.

Zu c)

Nach Satz 3.9 ist $\mathrm{e}^x \geqq 1 + x$ für alle $x \in \mathbb{R}$. Ersetzt man hier x durch $x - 1$, so folgt

$$\mathrm{e}^{x-1} \geqq 1 + x - 1 = x$$

und für alle $x \in \mathbb{R}^+$ wegen der Monotonie der ln-Funktion

$$\ln \mathrm{e}^{x-1} = x - 1 \geqq \ln x.$$

Für $\frac{1}{x} \in \mathbb{R}^+$ liefert diese Ungleichung

$$\frac{1}{x} - 1 \geqq \ln\frac{1}{x} = -\ln x \Leftrightarrow \ln x \geqq 1 - \frac{1}{x}.$$

Damit ist $1 - \frac{1}{x} \leqq \ln x \leqq x - 1$ für alle $x \in \mathbb{R}^+$ bewiesen.

Zu e)

Für $x \in \mathbb{R}$ und $r \in \mathbb{R}^+$ folgt mit (3.20) und (3.21)

$$\ln x^r = \ln(\mathrm{e}^{\ln x})^r = \ln \mathrm{e}^{r \cdot \ln x} = r \cdot \ln x \tag{3.25}$$

Wie die folgenden Beispiele zeigen, kann man eine Reihe von physikalischen Vorgängen mit Hilfe einer Exponentialfunktion der Form

$$f: x \mapsto f(x) = a \cdot \mathrm{e}^{-bx} \quad \text{mit} \quad x \in \mathbb{R}_0^+, \quad a, b \in \mathbb{R}^+$$

beschreiben.

Beispiel 3.30

a) Gesetz des radioaktiven Zerfalls:

Für den Zerfall radioaktiver Substanzen gilt, daß zu jedem Zeitpunkt $t > 0$ die Anzahl der pro Zeiteinheit zerfallenden Atome proportional der jeweils noch vorhandenen Anzahl ist. Dies führt auf das Zerfallsgesetz (s. Bild 3.12)

$$n = n(t) = n_0 \cdot \mathrm{e}^{-\lambda t} \quad \text{mit} \quad t \in \mathbb{R}_0^+ \text{ und } \lambda \in \mathbb{R}^+.$$

Hierbei bedeutet n die Anzahl der in der Zeit t vorhandenen radioaktiven Atome, n_0 die Anzahl der radioaktiven Atome zur Zeit $t = 0$ und λ die Zerfallskonstante. Die Halbwertszeit t_H, nach der die Anzahl der zur Zeit $t = 0$ vorhandenen radioaktiven Atome auf die Hälfte abgenommen hat, beträgt wegen $\frac{n_0}{2} = n_0 \mathrm{e}^{-\lambda t_H}$

$$t_H = \frac{\ln 2}{\lambda}.$$

Unter der mittleren Lebensdauer t_m versteht man die Zeit, in der die Anzahl der radioaktiven Atome auf $\frac{n_0}{\mathrm{e}}$ abnimmt. Sie ist gegeben durch

$$t_m = \frac{1}{\lambda}$$

Da jedes radioaktive Element eine charakteristische Zerfallskonstante bzw. Halbwertszeit besitzt, kann man durch geeignete Messung dieser Größen ein radioaktives Element identifizieren.

b) Der atmosphärische Druck:

Unter der Voraussetzung, daß die Temperatur konstant ist, erhält man den Druck in der Atmosphäre in Abhängigkeit von der Höhe h durch

$$p(h) = p_0 \cdot \mathrm{e}^{-(\rho_0/p_0)gh}$$

(s. Bild 3.13)

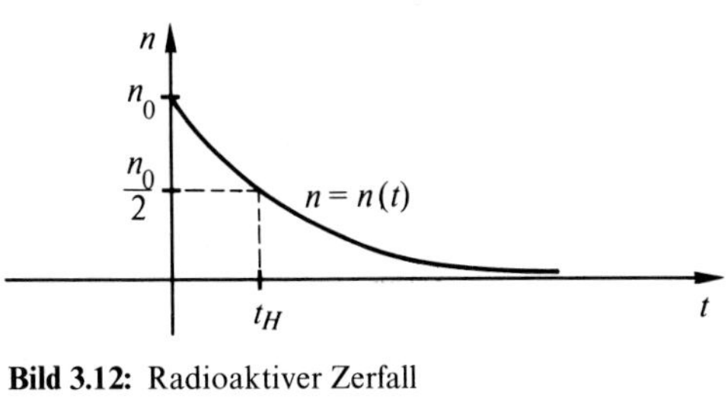

Bild 3.12: Radioaktiver Zerfall

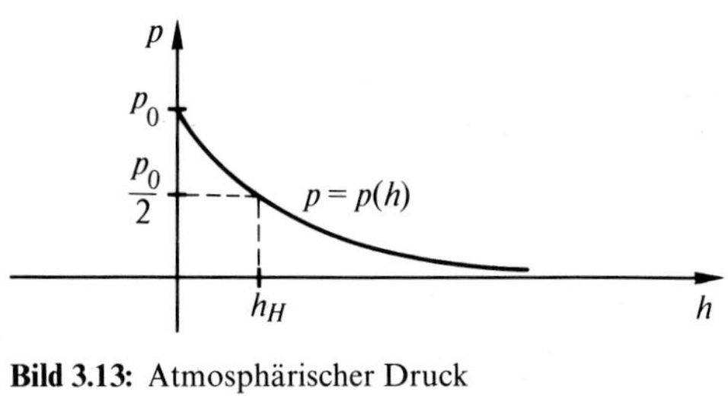

Bild 3.13: Atmosphärischer Druck

Hierbei ist $p_0 > 0$ der Druck und $\rho_0 > 0$ die Luftdichte am Erdboden ($h=0$), g die Erdbeschleunigung. Für $p = \frac{1}{2}p_0$ erhält man die Halbwertshöhe (bei entsprechender Wahl der Dimensionen)

$$h_H = 7{,}99\,\text{km} \cdot \ln 2 \approx 5{,}54\,\text{km},$$

d.h. beim Anstieg um 5,54 km nimmt jeweils der Druck auf die Hälfte ab, falls die Temperatur konstant ist.

c) Schallabsorption:

Breitet sich eine ebene Welle in einem homogenen Medium aus, so nimmt ihre Intensität I mit der Entfernung x nach dem Gesetz

$$I(x) = I_0 \mathrm{e}^{-\beta x}, \quad \beta \in \mathbb{R}^+$$

ab. Hierbei gibt I_0 die Intensität am Ort $x = 0$ an. β ist der sogenannte Absorptionskoeffizient des Mediums, d.h. ein Maß für die auf dem Weg der Länge 1 vom Medium absorbierten Energie.

d) Aufladung eines ungeladenen Kondensators:

Beim Aufladen eines Kondensators (Kapazität C) über einen Ohmschen Widerstand R mit Hilfe der Gleichspannung U (s. Bild 3.14) ändert sich die Spannung u_C am Kondensator nach

$$u_C(t) = U(1 - \mathrm{e}^{-t/\tau}).$$

Während dieses Vorgangs fließt der Strom

$$i(t) = \frac{U}{R}\mathrm{e}^{-t/\tau}$$

(s. Bild 3.15).

$\tau = C \cdot R$ bezeichnet man als Zeitkonstante.

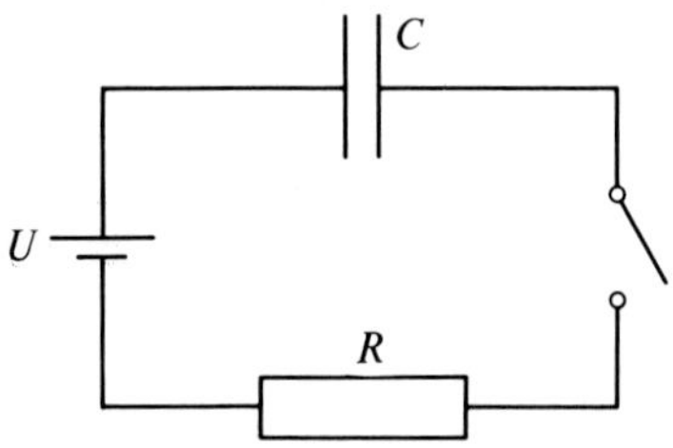

Bild 3.14: Aufladung eines Kondensators

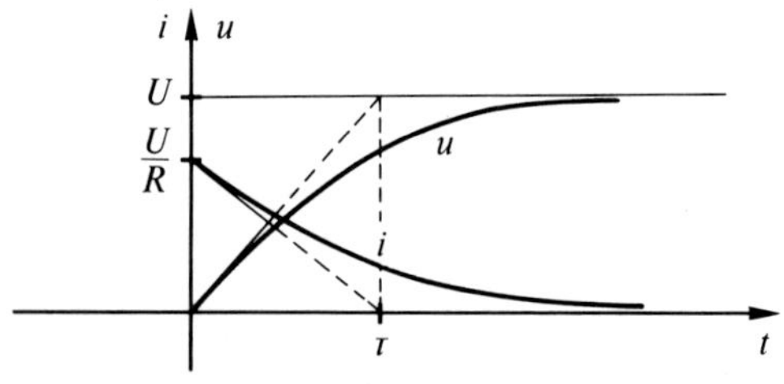

Bild 3.15: Strom- und Spannungsverlauf beim Aufladen eines Kondensators

Aufgaben

1. Welche der beiden Zahlen a und b ist größer?

   a) $a = 0{,}3^{0{,}2}$, $b = 0{,}2^{0{,}3}$ b) $a = 1{,}4^{-0{,}7}$, $b = 0{,}7^{-1{,}4}$

2. Beweisen Sie folgende Ungleichungen:

   a) $\frac{x}{x+1} \leqq \ln(x+1) \leqq x$ für $x \in (-1, \infty)$ b) $\ln\sqrt{x-1} \leqq \frac{1}{2}x - 1$ für $x \in (1, \infty)$

3. Gegeben sind die Näherungswerte $\ln 2 = 0{,}6931$ und $\ln 3 = 1{,}0986$. Berechnen Sie aus diesen Werten:

   $\ln 4, \quad \ln 6, \quad \ln 27, \quad \ln \frac{8}{9}, \quad \ln \sqrt[3]{16}, \quad \ln \frac{1}{108}$

4. Skizzieren Sie die Bildkurven folgender Funktionen $f\colon x \mapsto f(x)$:

   a) $f(x) = \ln |x|$ b) $f(x) = |\ln(x+1)|$ c) $f(x) = \ln \dfrac{x+1}{x}$

5. Skizzieren Sie die Graphen folgender Funktionen $f\colon x \mapsto f(x)$:

   a) $f(x) = \frac{1}{2} e^{-0{,}75x}$ b) $f(x) = \frac{1}{2}(e^x + e^{-x})$ c) $f(x) = e^{|x-1|}$ d) $f(x) = e^{-x^2}$

6. Lösen Sie folgende Gleichungen:

   a) $e^x - e^{-x} = 2$ b) $\dfrac{e^{x/4} - e^{-x/4}}{e^{x/4} + e^{-x/4}} = \dfrac{1}{2}$

7. Zeigen Sie, daß folgende Funktionen $f\colon x \mapsto f(x)$ umkehrbar sind. Geben Sie f^{-1} und $D_{f^{-1}}$ an.

   *a) $f(x) = e^{2\sqrt{x}}$ b) $f(x) = -3 + \ln(x-2)$
   c) $f(x) = e^x - e^{-x}$ d) $f(x) = \arcsin \sqrt{1 - e^x}$

8. Beweisen Sie folgende Ungleichung:

   $$x \leqq e^{x-1} \leqq \frac{1}{2-x} \quad \text{für} \quad x < 2$$

9. Bei einem Einschaltvorgang in einem Gleichstromkreis mit dem Ohmschen Widerstand R, der Selbstinduktion L und der angelegten Spannung U ändert sich die Stromstärke mit der Zeit t nach dem Gesetz

   $$i = i(t) = \frac{U}{R}(1 - e^{-(R/L)t}), \quad t \in [0, \infty)$$

   Nach welcher Zeit beträgt die Stromstärke $\dfrac{1}{2} \cdot \dfrac{U}{R}$?

4 Grenzwerte von Funktionen; Stetigkeit

4.1 Grenzwert von f für $x \to \infty$

Im vorhergehenden Abschnitt haben wir das Konvergenzverhalten von Folgen untersucht. Wir wollen nun, ebenfalls mit Hilfe des Umgebungsbegriffes, den Grenzwert einer Funktion $f: x \mapsto f(x)$ einführen, wenn x über alle Grenzen wächst.

Zunächst betrachten wir ein Beispiel.

Beispiel 4.1

Es sei $f: x \mapsto f(x) = \dfrac{x+1}{x}$ mit $x \in \mathbb{R}^+$

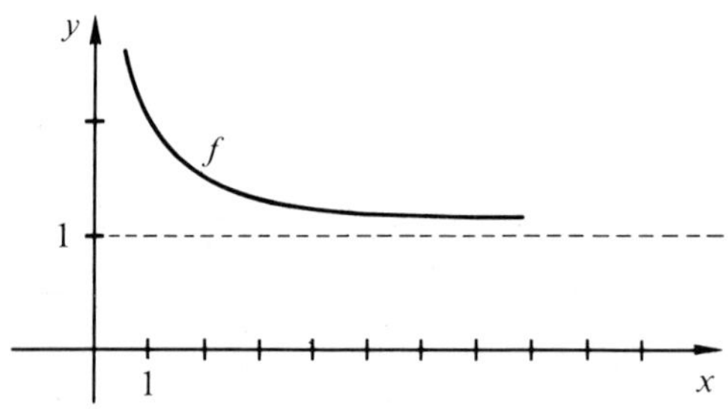

Bild 4.1: Graph von $f: x \mapsto \dfrac{x+1}{x}$

Bild 4.1 zeigt, daß sich der Graph von f mit wachsendem x der Geraden $y = g = 1$ nähert. Tatsächlich können wir den Abstand der Funktionswerte $f(x)$ zum Wert $g = 1$, d.h. $|f(x) - g|$, beliebig klein machen, wenn wir nur x hinreichend groß, d.h. größer als ein $M \in \mathbb{R}$, wählen. So ist z.B.

$$|f(x) - g| = \left|\frac{x+1}{x} - 1\right| = \frac{1}{x} < 10^{-4} \text{ für alle } x > M = 10^4.$$

Allgemein ist für jedes $\varepsilon > 0$

$$|f(x) - 1| = \frac{1}{x} < \varepsilon \quad \text{für alle } x > M(\varepsilon) = \frac{1}{\varepsilon}.$$

Mit Hilfe des Umgebungsbegriffes können wir nun das Verhalten von f für unbeschränkt wachsendes x folgendermaßen beschreiben:

Zu jeder Umgebung $V_\varepsilon(1)$ existiert ein $M(\varepsilon) \in \mathbb{R}^+$ so, daß $f(x) \in V_\varepsilon(1)$, d.h. $|f(x) - 1| < \varepsilon$ für alle $x > M$ ist. Diesen Sachverhalt drückt man wie bei Folgen dadurch aus, daß man sagt, f konvergiere für $x \to \infty$ gegen den Grenzwert 1. Allgemein definiert man

Definition 4.1

f sei auf $[a, \infty)$, $a \in \mathbb{R}$, definiert. Man sagt, f **besitze für $x \to \infty$ den Grenzwert $g \in \mathbb{R}$** oder **f konvergiere für $x \to \infty$** (gegen den Grenzwert g), wenn zu jedem $\varepsilon > 0$ ein $M = M(\varepsilon) \in \mathbb{R}$ so existiert, daß

$$|f(x) - g| < \varepsilon \quad \text{für alle } x > M(\varepsilon)$$

ist.[1])

Schreibweise: $\lim\limits_{x \to \infty} f(x) = g$ oder $f(x) \to g$ für $x \to \infty$ (4.1)

Bemerkungen:

1. Es gilt $|f(x) - g| < \varepsilon \Leftrightarrow g - \varepsilon < f(x) < g + \varepsilon$. Folglich besitzt f für $x \to \infty$ genau dann den Grenzwert g, wenn alle Punkte $P(x, f(x))$ des Graphen von f mit $x > M$, M hängt von ε ab, in dem ε-Streifen S_ε der Breite 2ε und der Mittellinie $y = g$ liegen. Dabei ist es unwesentlich, ob auch Punkte $P(x, f(x))$ mit $x \leqq M$ in S_ε liegen (vgl. Bild 4.2).

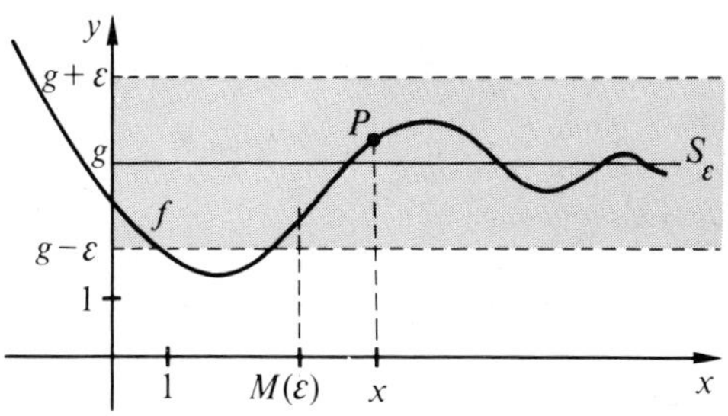

Bild 4.2: Für alle $x > M(\varepsilon)$ gilt $P(x, f(x)) \in S_\varepsilon$

2. Der Grenzwert g von f für $x \to \infty$ ändert sich nicht, wenn f in einem beschränkten Teilintervall des Definitionsbereiches D_f willkürlich abgeändert wird.

3. Wir können nun auch den Fall betrachten, daß x kleiner als jede vorgegebene Zahl wird. Man schreibt dann $\lim\limits_{x \to -\infty} f(x) = g$, wenn dieser Grenzwert existiert.

4. Die Gerade mit der Gleichung $y = g$ heißt **Asymptote** des Graphen von f.

Beispiel 4.2

Wir zeigen

$$\lim_{x \to \pm\infty} \frac{a}{x} = 0, \quad a \in \mathbb{R}\,^{2)} \tag{4.2}$$

[1]) M hängt von der beliebig vorgegebenen Zahl $\varepsilon > 0$ ab (man schreibt deswegen $M = M(\varepsilon)$), ist jedoch nicht eindeutig bestimmt. Mit M besitzt nämlich auch jede Zahl M_1 mit $M_1 > M$ die geforderte Eigenschaft.

[2]) Für $x \to +\infty$ oder $x \to -\infty$ schreibt man $x \to \pm\infty$.

Es sei $\varepsilon > 0$. Dann ist

$$\left|\frac{a}{x} - 0\right| = \frac{|a|}{|x|} < \varepsilon \Leftrightarrow |x| > \frac{|a|}{\varepsilon} \tag{4.3}$$

a) $x \to \infty$

Für $x > 0$ ist $|x| = x > \frac{|a|}{\varepsilon}$. Wählen wir folglich $M = M(\varepsilon) = \frac{|a|}{\varepsilon}$, so gilt

$$\left|\frac{a}{x} - 0\right| < \varepsilon \quad \text{für alle } x > M(\varepsilon). \tag{4.4}$$

b) $x \to -\infty$

Wir müssen zeigen, daß zu jedem $\varepsilon > 0$ ein $m = m(\varepsilon) \in \mathbb{R}$ so existiert, daß

$$|f(x) - g| < \varepsilon \quad \text{für alle } x < m(\varepsilon) \text{ ist.}$$

Für $x < 0$ ist $|x| = -x > \frac{|a|}{\varepsilon} \Leftrightarrow x < -\frac{|a|}{\varepsilon}$. Wählen wir also $m = m(\varepsilon) = -\frac{|a|}{\varepsilon}$, so gilt

$$\left|\frac{a}{x} - 0\right| < \varepsilon \quad \text{für alle } x < m(\varepsilon). \tag{4.5}$$

Aus (4.4) und (4.5) folgt die Behauptung (4.2).

Beispiel 4.3

Es sei $f: x \mapsto \dfrac{2x-1}{3x+6}$

Skizzieren wir den Graphen von f, so können wir vermuten, daß $f(x) \to \frac{2}{3}$ für $x \to \pm\infty$ ist (vgl. Bild 4.3).

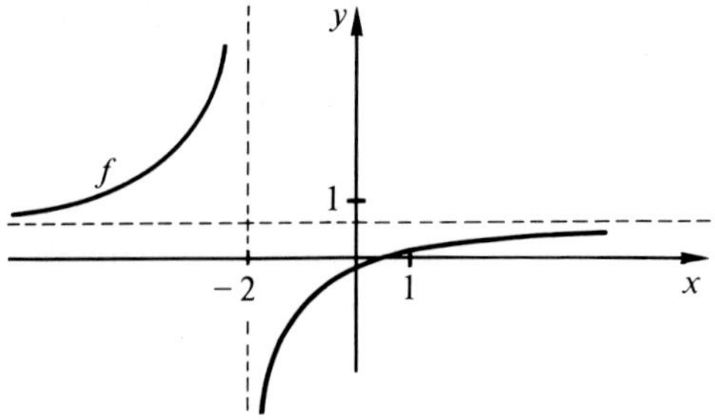

Bild 4.3: Graph von $f: x \mapsto \dfrac{2x-1}{3x+6}$

Es sei $\varepsilon > 0$. Dann ist

$$|f(x) - \tfrac{2}{3}| = \left|\frac{2x-1}{3x+6} - \frac{2}{3}\right| = \left|\frac{-5}{(3x+6)}\right| = \frac{5}{3|x+2|} < \varepsilon \Leftrightarrow \frac{5}{3\varepsilon} < |x+2| \tag{4.6}$$

a) $x \to \infty$

Für $-2 < x < \infty$, d.h. für $x + 2 > 0$, ist $\frac{5}{3\varepsilon} < |x+2| = x + 2 \Leftrightarrow x > \frac{5}{3\varepsilon} - 2$. Wählen wir $M = M(\varepsilon) = \frac{5}{3\varepsilon} - 2$, so gilt $\left|\frac{2x-1}{3x+6} - \frac{2}{3}\right| < \varepsilon$ für alle $x > M(\varepsilon)$, d.h. $\lim\limits_{x\to\infty} \frac{2x-1}{3x+6} = \frac{2}{3}$

b) $x \to -\infty$

Wir müssen zeigen, daß zu jedem $\varepsilon > 0$ ein $m = m(\varepsilon) \in \mathbb{R}$ so existiert, daß

$|f(x) - \frac{2}{3}| < \varepsilon$ für alle $x < m(\varepsilon)$ ist.

Für $-\infty < x < -2$, d.h. für $x + 2 < 0$, folgt aus (4.6) $\frac{5}{3\varepsilon} < |x+2| = -(x+2) \Leftrightarrow x < -\frac{5}{3\varepsilon} - 2$.

Wählen wir also $m = m(\varepsilon) = -\frac{5}{3\varepsilon} - 2$, so ist $\left|\frac{2x-1}{3x+6} - \frac{2}{3}\right| < \varepsilon$ für alle $x < m(\varepsilon)$.

$$\text{Damit ist } \lim_{x\to-\infty} \frac{2x-1}{3x+6} = \frac{2}{3} \tag{4.7}$$

Beispiel 4.4

Es sei $f : x \mapsto \frac{\sin x}{x}$

Bild 4.4 zeigt den Graphen dieser Funktion.

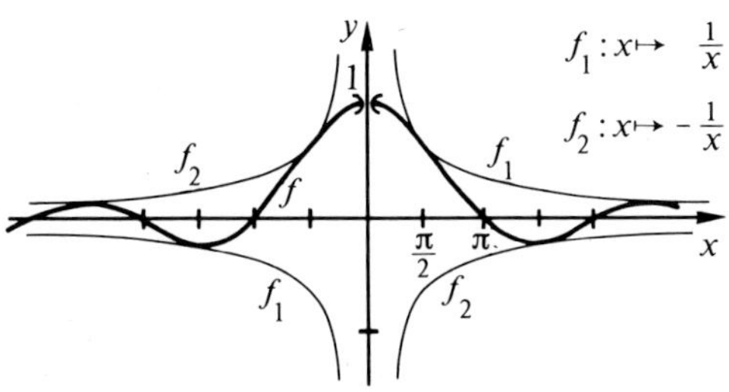

Bild 4.4: Graph der Funktion $f : x \mapsto \frac{\sin x}{x}$

Wir zeigen, daß $f(x) \to 0$ für $x \to \pm\infty$ ist.

Es sei $\varepsilon > 0$ und $x > 0$. Dann gilt wegen $|\sin x| \leqq 1$ für alle $x \in \mathbb{R}^+$

$$|f(x) - 0| = \left|\frac{\sin x}{x} - 0\right| = \left|\frac{\sin x}{x}\right| = \frac{|\sin x|}{|x|} \leqq \frac{1}{|x|} = \frac{1}{x} < \varepsilon, \quad \text{falls } x > \frac{1}{\varepsilon}.$$

Wählen wir $M = M(\varepsilon) = \frac{1}{\varepsilon}$, so ist $\left|\frac{\sin x}{x} - 0\right| < \varepsilon$ für alle $x > M(\varepsilon)$, d.h. $\lim\limits_{x\to\infty} \frac{\sin x}{x} = 0$

Für alle $x \in D_f = \mathbb{R}\setminus\{0\}$ gilt $f(-x) = \frac{\sin(-x)}{(-x)} = \frac{\sin x}{x} = f(x)$, d.h. f ist eine gerade Funktion.

Damit folgt $\lim\limits_{x\to-\infty} \frac{\sin x}{x} = 0$.

Entsprechend zu Satz 3.1 gilt

Satz 4.1

> f sei auf $[a,\infty)$ definiert. Dann ist der Grenzwert $\lim\limits_{x\to\infty} f(x) = g$, falls er existiert, eindeutig bestimmt.

Beweis s. Aufgabe 6.

Für das Rechnen mit Grenzwerten gelten folgende Regeln, die wir ohne Beweis angeben (vgl. Satz 3.4).

Satz 4.2 (Rechnen mit Grenzwerten)

> Es seien f_1 und f_2 auf $[a,\infty)$ definiert. Wenn die Grenzwerte $\lim\limits_{x\to\infty} f_1(x) = g_1$ und $\lim\limits_{x\to\infty} f_2(x) = g_2$ existieren, dann existieren auch die folgenden Grenzwerte, und es gilt:
>
> a) $\lim\limits_{x\to\infty} [f_1(x) \pm f_2(x)] = \left[\lim\limits_{x\to\infty} f_1(x)\right] \pm \left[\lim\limits_{x\to\infty} f_2(x)\right] = g_1 \pm g_2$
>
> b) $\lim\limits_{x\to\infty} [f_1(x)\cdot f_2(x)] = \left[\lim\limits_{x\to\infty} f_1(x)\right]\cdot\left[\lim\limits_{x\to\infty} f_2(x)\right] = g_1\cdot g_2$
>
> c) $\lim\limits_{x\to\infty} \frac{f_1(x)}{f_2(x)} = \frac{\lim\limits_{x\to\infty} f_1(x)}{\lim\limits_{x\to\infty} f_2(x)} = \frac{g_1}{g_2}$, falls $g_2 \neq 0$ ist
>
> d) $\lim\limits_{x\to\infty} |f_1(x)| = \left|\lim\limits_{x\to\infty} f_1(x)\right| = |g_1|$
>
> e) $\lim\limits_{x\to\infty} [f_1(x)]^r = \left[\lim\limits_{x\to\infty} f_1(x)\right]^r = g_1^r$, $r \in \mathbb{Q}$ [1]), wenn $g_1 > 0$ und $f_1(x) > 0$ für alle $x \in [a,\infty)$ ist

Bemerkungen:

1. Sind f_1 und f_2 auf $(-\infty, a]$ definiert und existieren die Grenzwerte $\lim\limits_{x\to-\infty} f_1(x) = g_1$ und $\lim\limits_{x\to-\infty} f_2(x) = g_2$, so gilt dieser Satz entsprechend für $x \to -\infty$.

[1]) Diese Regel gilt auch für $r \in \mathbb{R}$.

2. In c) haben wir zusätzlich $\lim\limits_{x \to \infty} f_2(x) = g_2 \neq 0$ vorausgesetzt. Deshalb ist $f_2(x) \neq 0$ für alle $x > M_1$, M_1 hinreichend groß gewählt, also der Ausdruck $\dfrac{f_1(x)}{f_2(x)}$ für diese x definiert.

Beispiel 4.5

Es sei

$$f: x \mapsto \left(\frac{2x^3 - 3x^2 + 2}{3x^3 + 1}\right)^2$$

Zur Konvergenzuntersuchung von f für $x \to \pm\infty$ wenden wir nun Satz 4.2 an, nachdem wir $f(x)$ geeignet umgeformt haben.

$$\lim_{x\to\infty} f(x) = \lim_{x\to\infty}\left(\frac{2x^3 - 3x^2 + 2}{3x^3 + 1}\right)^2 = \lim_{x\to\infty}\left(\frac{2 - \frac{3}{x} + \frac{2}{x^3}}{3 + \frac{1}{x^3}}\right)^2 = \left(\frac{\lim\limits_{x\to\infty}\left(2 - \frac{3}{x} + \frac{2}{x^3}\right)}{\lim\limits_{x\to\infty}\left(3 + \frac{1}{x^3}\right)}\right)^2$$

$$= \left(\frac{\lim\limits_{x\to\infty} 2 - \lim\limits_{x\to\infty}\frac{3}{x} + \lim\limits_{x\to\infty}\frac{2}{x^3}}{\lim\limits_{x\to\infty} 3 + \lim\limits_{x\to\infty}\frac{1}{x^3}}\right)^2 = \left(\frac{\lim\limits_{x\to\infty} 2 - 3\left(\lim\limits_{x\to\infty}\frac{1}{x}\right) + 2\left(\lim\limits_{x\to\infty}\frac{1}{x}\right)^3}{\lim\limits_{x\to\infty} 3 + \left(\lim\limits_{x\to\infty}\frac{1}{x}\right)^3}\right)^2$$

Beachten wir nun (4.2), so erhalten wir $\lim\limits_{x\to\infty}\left(\dfrac{2x^3 - 3x^2 + 2}{3x^3 + 1}\right)^2 = \left(\dfrac{2 - 0 + 0}{3 + 0}\right)^2 = \dfrac{4}{9}$

Die gleiche Rechnung zeigt, daß auch $f(x) \to \frac{4}{9}$ für $x \to -\infty$ gilt.

Definition 4.2

f sei auf $[a, \infty)$ definiert. Man sagt, f besitze für $x \to \infty$ den **uneigentlichen Grenzwert** ∞ oder f sei für $x \to \infty$ **bestimmt divergent gegen** ∞, wenn zu jedem $K \in \mathbb{R}$ ein $M = M(K) \in \mathbb{R}$ so existiert, daß

$$f(x) > K \quad \text{für alle } x > M \text{ ist.}$$

Schreibweise: $\lim\limits_{x\to\infty} f(x) = \infty$ oder $f(x) \to \infty$ für $x \to \infty$

Bemerkung:

Sinngemäß sind die Schreibweisen

$$\lim_{x\to\infty} f(x) = -\infty, \quad \lim_{x\to-\infty} f(x) = \infty, \quad \lim_{x\to-\infty} f(x) = -\infty$$

zu interpretieren (s. Aufgabe 7). Auch in diesen Fällen heißt f bestimmt divergent.

Beispiel 4.6

Es sei $f: \mapsto f(x) = \mathrm{e}^x$.

Wir zeigen
a) $\lim_{x\to\infty} f(x)=\infty$; b) $\lim_{x\to-\infty} f(x)=0$.

Zu a)
Für alle $x\in\mathbb{R}$ ist $f(x)=e^x \geqq x+1>x$ (siehe Satz 3.9).

Wählen wir $M=K\in\mathbb{R}$, so ist $f(x)>x>K$ für alle $x>M$, d.h. $\lim_{x\to\infty} e^x=\infty$.

Zu b)

Es sei $\varepsilon>0$ und $x<1$. Dann gilt (siehe Satz 3.9)

$$|f(x)-0|=|e^x|\leqq\frac{1}{|1-x|}=\frac{1}{1-x}<\varepsilon \text{ für alle } x<m(\varepsilon)=1-\frac{1}{\varepsilon}, \text{ d.h. } \lim_{x\to-\infty} f(x)=0.$$

Definition 4.3

> f sei auf $[a,\infty)$ definiert. f heißt für $x\to\infty$ **unbestimmt divergent**, wenn f weder konvergent noch bestimmt divergent ist.

Beispiel 4.7

Es sei $f: x\mapsto x^n$, $n\in\mathbb{N}$

Wir zeigen. daß f für $x\to\pm\infty$ bestimmt divergent ist.

a) $x\to\infty$

Es sei $x>1$. Wählen wir $M=K\in\mathbb{R}^+$, so ist

$f(x)=x^n\geqq x>K$ für alle $x>M$ d.h.

$$\lim_{x\to\infty} x^n=\infty \tag{4.8}$$

b) $x\to-\infty$

Wir setzen $x=-u$, $u>0$. Ist n gerade, dann erhalten wir wegen (4.8)

$$\lim_{x\to-\infty} x^n=\lim_{u\to\infty}(-u)^n=\lim_{u\to\infty} u^n=\infty.$$

Ist dagegen n ungerade, so gilt

$$\lim_{x\to-\infty} x^n=\lim_{u\to\infty}(-u)^n=\lim_{u\to\infty}(-u^n)=-\infty.$$

Fassen wir zusammen, so erhalten wir (s. auch Bild 2.20a und 2.20b)

$$\lim_{x\to\infty} x^n=\infty,\quad n\in\mathbb{N}$$

$$\lim_{x\to-\infty} x^n=\begin{cases}\infty & \text{für } n \text{ gerade}\\ -\infty & \text{für } n \text{ ungerade}\end{cases},\quad n\in\mathbb{N} \tag{4.9}$$

Beispiel 4.8

$f: x \mapsto \sin x$ ist für $x \to \infty$ divergent.

Den Beweis führen wir indirekt.

Gegenannahme: Es sei $\lim\limits_{x \to \infty} \sin x = g$

Wählen wir $\varepsilon_0 = \frac{1}{4}$, dann existiert nach Definition 4.1 ein $M_0 \in \mathbb{R}^+$ so, daß $|\sin x - g| < \frac{1}{4}$ für alle $x > M_0$ ist. Es seien $x_1, x_2 > M_0$. Dann ist

$$|\sin x_1 - \sin x_2| = |(\sin x_1 - g) - (\sin x_2 - g)| \leqq |\sin x_1 - g| + |\sin x_2 - g| < \tfrac{1}{4} + \tfrac{1}{4} = \tfrac{1}{2}. \tag{4.10}$$

Wählen wir speziell $x_1 = n\pi$ und $x_2 = (4n-3)\frac{\pi}{2}$ und $n \in \mathbb{N}$ so groß, daß $x_1, x_2 > M_0$ sind, so gilt

$$|\sin x_1 - \sin x_2| = \left|\sin(4n-3)\frac{\pi}{2}\right| = |0 - 1| = 1$$

im Widerspruch zu (4.10). Damit haben wir unsere Gegenannahme widerlegt, d.h. f ist für $x \to \infty$ divergent. Wegen $|\sin x| \leqq 1$ für alle $x \in \mathbb{R}$ und ihrer Periodizität ist die Funktion f sogar unbestimmt divergent.

Das Verhalten gebrochenrationaler Funktionen für $x \to \pm\infty$.
Wir betrachten die Funktion

$$r: x \mapsto r(x) = \frac{p_m(x)}{q_n(x)} = \frac{a_m x^m + a_{m-1} x^{m-1} + \cdots + a_1 x + a_0}{b_n x^n + b_{n-1} x^{n-1} + \cdots + b_1 x + b_0}$$

mit $a_m \neq 0$, $b_n \neq 0$. Für $x \neq 0$ erhalten wir

$$r(x) = \frac{x^m}{x^n} \left[\frac{a_m + a_{m-1}\dfrac{1}{x} + \cdots + a_1 \dfrac{1}{x^{m-1}} + a_0 \dfrac{1}{x^m}}{b_n + b_{n-1}\dfrac{1}{x} + \cdots + b_1 \dfrac{1}{x^{n-1}} + b_0 \dfrac{1}{x^n}} \right] = \frac{x^m}{x^n} \cdot s(x) \tag{4.11}$$

Wegen Satz 4.2 und (4.2) ist $\lim\limits_{x \to \pm\infty} s(x) = \dfrac{a_m}{b_n}$. (4.12)

Bei den folgenden Untersuchungen unterscheiden wir die Fälle

a) r sei echt gebrochen ($m < n$)
b) r sei unecht gebrochen ($m \geqq n$)
   i) $m = n$
   ii) $m > n$

zu a) $m < n$:
Wegen $m - n = q < 0$ erhält man aus (4.2), Satz 4.2 und (4.11)

$$\lim_{x \to \pm\infty} r(x) = \lim_{x \to \pm\infty} \frac{p_m(x)}{q_n(x)} = \lim_{x \to \pm\infty} [x^q \cdot s(x)] = 0 \tag{4.13}$$

Der Graph von r kommt folglich für $x \to \pm\infty$ der x-Achse beliebig nahe. Die x-Achse ist Asymptote dieses Graphen (s. Bemerkung 4 zu Definition 4.1).

zu b) $m \geqq n$:

Nach Abschnitt 2.3.2 gilt $r(x) = g_{m-n}(x) + \dfrac{z_l(x)}{q_n(x)}, \quad l < n \leqq m$ (4.14)

Hierbei ist $g_{m-n}(x)$ ein ganzrationaler und $\dfrac{z_l(x)}{q_n(x)}$ ein echt gebrochenrationaler Ausdruck.

i) Für $m = n$ ist wegen (4.12) und (4.14)

$$\lim_{x \to \pm\infty} r(x) = \lim_{x \to \pm\infty} s(x) = \frac{a_m}{b_n}, \tag{4.15}$$

d.h. die zur x-Achse parallele Gerade $y = \dfrac{a_m}{b_n}$ ist Asymptote des Graphen von r.

ii) Für $m > n$, d.h. $m - n = q > 0$, ist r nach (4.9) bestimmt divergent.

Um das Verhalten von r für $x \to \pm\infty$ genauer zu untersuchen, bilden wir mit (4.14) den Ausdruck $|r(x) - g_{m-n}(x)|$. Nach (4.13) ist dann

$$\lim_{x \to \pm\infty} |r(x) - g_{m-n}(x)| = \lim_{x \to \pm\infty} \left| \frac{z_l(x)}{q_n(x)} \right| = 0.$$

Folglich wird der Abstand der Punkte $P(x, r(x)) \in k_r$ von den Punkten $Q(x, g(x))$ des Graphen der ganzrationalen Funktion

$$g\colon x \mapsto g_{m-n}(x) \tag{4.16}$$

beliebig klein, wenn man x hinreichend groß wählt (s. Bild 4.5). Man bezeichnet deshalb $y = g_{m-n}(x)$ wiederum als **Asymptote** von r.

Zusammenfassung:

Es sei $r\colon x \mapsto r(x) = \dfrac{p_m(x)}{q_n(x)}$, $m \geqq n > 0$. Dann ist der Graph des ganzrationalen Anteils von r (s. (4.14)) **Asymptote** des Graphen von r. Ist insbesondere $m \leqq n$ oder $m = n + 1$ dann ist die Asymptote eine Gerade.

	$m < n$	$m = n$	$m > n$
$\lim\limits_{x \to \pm\infty} r(x) =$	0	$\dfrac{a_m}{b_n}$	$+\infty$ oder $-\infty$
Asymptote	x-Achse	Parallele zur x-Achse $y = g(x) = \dfrac{a_m}{b_n}$	Graph von $g\colon x \mapsto g_{m-n}(x)$ (s (4.14))

Beispiel 4.9

Die Funktion $r\colon x \mapsto r(x) = \dfrac{p_3(x)}{q_1(x)} = \dfrac{x^3 + 1}{4x}$

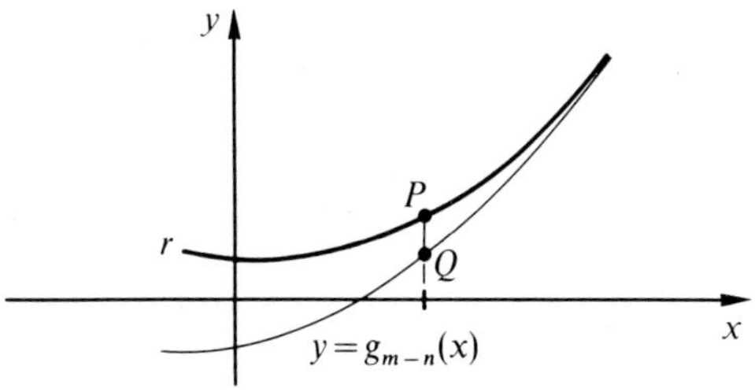

Bild 4.5: Asymptote des Graphen von r

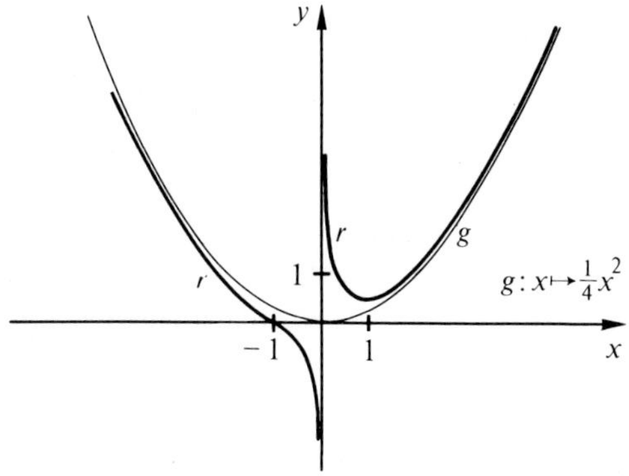

Bild 4.6: Graph von $r: x \mapsto r(x) = \dfrac{x^3+1}{4x}$

besitzt an der Stelle $x = -1$ eine Nullstelle, an der Stelle $x = 0$ eine Polstelle. Ferner ist

$$r(x) = \frac{1}{4}x^2 + \frac{1}{4x} \quad \text{(s. (4.14))}.$$

Hieraus folgt

$$\lim_{x \to \pm\infty} r(x) = \lim_{x \to \pm\infty} \left[\frac{1}{4}x^2 + \frac{1}{4x}\right] = +\infty,$$

und nach (4.14) ist $y = g_2(x) = \frac{1}{4}x^2$ Asymptote des Graphen von r (s. Bild 4.6).

Aufgaben:

1. Gegeben sind die Funktionen $f: x \mapsto f(x)$. Zeigen Sie jeweils, daß $\lim\limits_{x \to \infty} f(x) = g$ ist, indem Sie zu jedem $\varepsilon > 0$ ein $M = M(\varepsilon) \in \mathbb{R}$ so angeben, daß $|f(x) - g| < \varepsilon$ für alle $x > M(\varepsilon)$ ist.

   a) $f(x) = \dfrac{3x+2}{2x}$, $g = \frac{3}{2}$ b) $f(x) = \dfrac{4-3x}{x+1}$, $g = -3$

   c) $f(x) = \dfrac{x-1}{x\sqrt{|x|}}$, $g = 0$ d) $f(x) = \dfrac{2x^2-1}{x^2}$, $g = 2$

   e) $f(x) = \dfrac{2x + \sin 4x}{3x}$, $g = \frac{2}{3}$ f) $f(x) = \dfrac{\cos \frac{1}{2}x}{\sqrt{x+1}}$, $g = 0$

2. Zeigen Sie für die in Aufgabe 1a)–e) gegebenen Funktionen, daß $\lim\limits_{x \to -\infty} f(x) = g$ ist, indem Sie zu jedem $\varepsilon > 0$ ein $m = m(\varepsilon) \in \mathbb{R}$ so angeben, daß $|f(x) - g| < \varepsilon$ für alle $x < m(\varepsilon)$ ist.

3. Welche der angegebenen Funktionen $f: x \mapsto f(x)$ sind für $x \to \infty$ bzw. $x \to -\infty$ bestimmt, welche unbestimmt divergent? Bestimmen Sie gegebenenfalls zu jedem $K \in \mathbb{R}$ (bzw. $k \in \mathbb{R}$) ein $M = M(K) \in \mathbb{R}$ (bzw. ein $m = m(k) \in \mathbb{R}$)

gemäß Definition 4.2

a) $f(x)=\sqrt{x-1}$ b) $f(x)=\cos(\frac{1}{2}x-1)$ c) $f(x)=\dfrac{x^2+1}{1-x}$

d) $f(x)=\tan\frac{1}{3}x$ e) $f(x)=\dfrac{2x^3+x+1}{x^2-1}$

4. Berechnen Sie mit Hilfe des Satzes 4.2 die Grenzwerte von $f: x \mapsto f(x)$ für $x \to \infty$ bzw. $x \to -\infty$, falls sie existieren:

a) $f(x)=\dfrac{x^2-1}{2x^2+1}$ $(x \to \pm\infty)$ b) $f(x)=\dfrac{x^3}{x^2-1}-x$ $(x \to \pm\infty)$

c) $f(x)=\dfrac{4+2x-3x^2}{2x^2-2}$ $(x \to \pm\infty)$ d) $f(x)=\sqrt{x+1}-\sqrt{x}$ $(x \to \infty)$

e) $f(x)=\left(\dfrac{x^2-2}{x+3}\right)^2$ $(x \to \pm\infty)$ f) $f(x)=\sqrt{\dfrac{2x^2+3x}{8x^2-1}}$ $(x \to \pm\infty)$

g) $f(x)=\dfrac{\sqrt{x^2+1}+\sqrt{x}}{\sqrt[4]{x^3+x}-\frac{1}{2}x}$ $(x \to \infty)$ h) $f(x)=\left(\dfrac{5x+3}{6x^2-1}\right)\left(\dfrac{2}{3}x-\dfrac{4}{x^2}\right)$ $(x \to \pm\infty)$

5. Bestimmen Sie die Asymptoten des Graphen der Funktion $f: x \mapsto f(x)$:

a) $f(x)=\dfrac{3-2x^2}{4x+1}$ b) $f(x)=\dfrac{2x^2-2x-4}{3x^2-6x+9}$ c) $f(x)=\dfrac{x^4-5}{3x^2}$

d) $f(x)=\dfrac{x^3+x+12}{8-4x}$ e) $f(x)=\dfrac{2x^2}{x-1}-\dfrac{4x}{x+1}$

6. Beweisen Sie Satz 4.1.

7. Formulieren Sie die Definition der uneigentlichen Grenzwerte

a) $\lim\limits_{x \to \infty} f(x) = -\infty$; b) $\lim\limits_{x \to -\infty} f(x) = \infty$; c) $\lim\limits_{x \to -\infty} f(x) = -\infty$

entsprechend Definition 4.2.

4.2 Grenzwert von f für $x \to x_0$

4.2.1 Definition des Grenzwertes von f für $x \to x_0$

Gegeben sei die Funktion $f: x \mapsto f(x)$. f sei auf der punktierten Umgebung $U^{\bullet}(x_0)$ definiert.

Im folgenden untersuchen wir das Verhalten der Funktionswerte $f(x)$, wenn sich $x \in U^{\bullet}(x_0)$ der Stelle x_0 nähert. Dabei ist ohne Bedeutung, ob f an der Stelle x_0 definiert ist oder nicht.

Zwei Beispiele veranschaulichen unsere Überlegungen.

Beispiel 4.10

Es sei

$$f: x \mapsto f(x)=\frac{x^3-1}{x-1}=\frac{(x-1)(x^2+x+1)}{x-1} \text{ mit } x \in \mathbb{R}^+ \setminus \{1\}$$

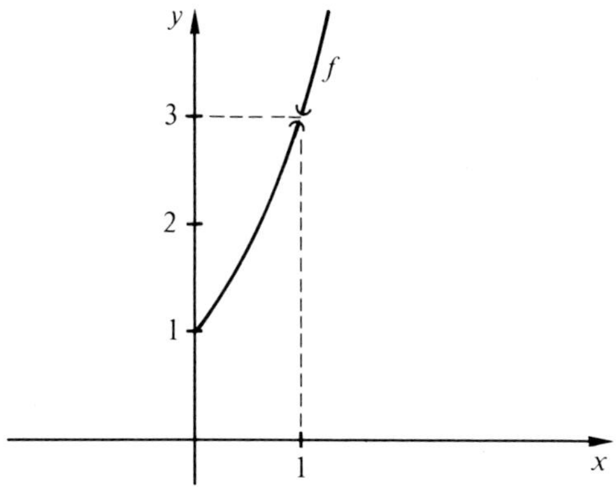

Bild 4.7: Graph von $f: x \mapsto \dfrac{x^3 - 1}{x - 1}$

Der Graph von f ist ein Teil einer Parabel, der außerdem an der Stelle $x_0 = 1$ unterbrochen ist (s. Bild 4.7). Ferner erkennt man, daß $g = 3 \notin W_f$ ist. Wir können jedoch den Abstand zwischen $f(x)$ und $g = 3$ (also $|f(x) - g|$) beliebig klein machen, wenn wir nur den Abstand zwischen x und $x_0 = 1$ hinreichend klein, aber von Null verschieden machen. Wählen wir z.B. $x \in \overset{\bullet}{U}_{0{,}001}(1)$, so ist $|f(x) - 3| < 0{,}004$ und $f(x) \neq 3$. Folglich unterscheiden sich für alle diese x-Werte $f(x)$ und $g = 3$ höchstens um $4 \cdot 10^{-3}$.

Mit Hilfe des Umgebungsbegriffes können wir das Verhalten von f an der Stelle $x_0 = 1$ auch folgendermaßen beschreiben:

Zu jeder Umgebung $V_\varepsilon(g)$ von $g = 3$ existiert eine punktierte Umgebung $\overset{\bullet}{U}_\delta(x_0)$ von $x_0 = 1$ so, daß $f(x) \in V_\varepsilon(g)$ für alle $x \in \overset{\bullet}{U}_\delta(x_0)$ ist.

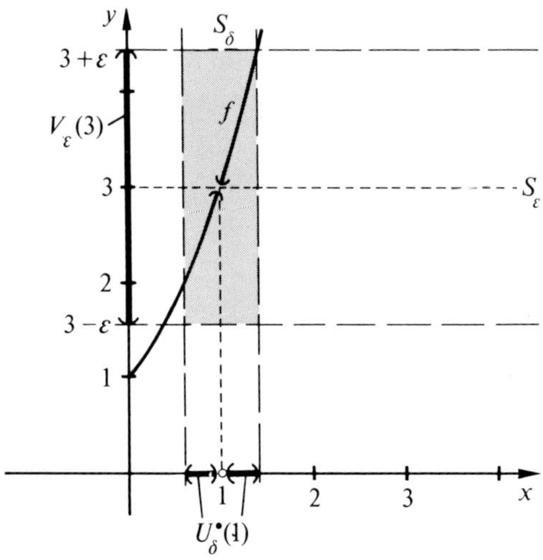

Bild 4.8: Für alle $x \in \overset{\bullet}{U}_\delta(1)$ ist $f(x) \in V_\varepsilon(3)$

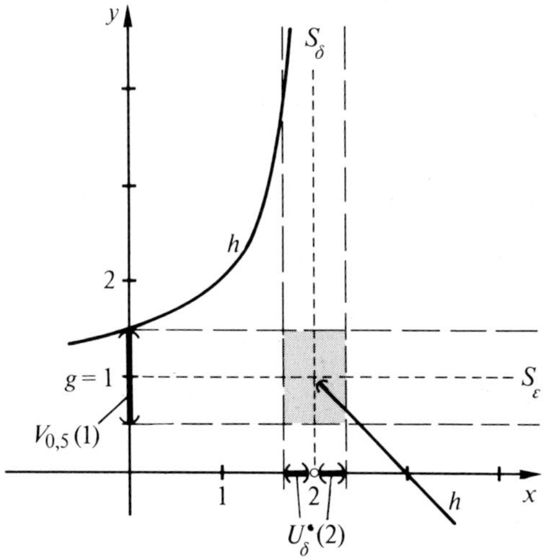

Bild 4.9: Zu jedem $\delta > 0$ existiert immer ein $x \in \overset{\bullet}{U}_\delta(2)$ mit $h(x) \notin V_{0{,}5}(1)$

Für den Graphen von f bedeutet dies (s. Bild 4.8):

Wenn S_ε ein parallel zur x-Achse verlaufender Streifen der Breite 2ε und der Mittellinie $y = g = 3$ ist, dann können wir ($\varepsilon > 0$ mag noch so klein sein) stets einen zur y-Achse parallel verlaufenden Streifen S_δ der Breite 2δ mit $x = x_0 = 1$ als Mittellinie so konstruieren, daß alle Punkte $P(x, f(x))$, $x \in \dot{U}_\delta(x_0)$, des Graphen von f ganz in dem von S_ε und S_δ gebildeten Rechteck liegen. Man sagt dann, f besitzt an der Stelle $x_0 = 1$ den Grenzwert $g = 3$.

Daß nicht alle Funktionen diese Eigenschaft besitzen, zeigt

Beispiel 4.11

Wir betrachten die Funktion

$$h\colon x \mapsto h(x) = \begin{cases} -x+3 & \text{für } x > 2 \\ \dfrac{x-3}{x-2} & \text{für } x < 2 \end{cases}$$

Es sei $g \in \mathbb{R}$. Offensichtlich existiert z.B. zu $V_{0,5}(g)$ keine punktierte Umgebung $\dot{U}_\delta(2)$ so, daß $h(x) \in V_{0,5}(g)$ für alle $x \in \dot{U}_\delta(2)$ ist (s. Bild 4.9 mit $g = 1$). Wir können $\delta > 0$ beliebig klein machen, dennoch existieren immer $x \in \dot{U}_\delta(2)$ mit $h(x) \notin V_{0,5}(g)$.
Folglich liegen immer Punkte $P(x, h(x))$ des Graphen von h, auch wenn $x \in \dot{U}_\delta(2)$ ist (man mag $\delta > 0$ noch so klein wählen), außerhalb des von S_δ und S_ε gebildeten Rechtecks (s. Bild 4.9).

Im Gegensatz zu Beispiel 4.10 sagt man deshalb, h besitze an der Stelle $x_0 = 2$ keinen Grenzwert.

Definition 4.4

f sie auf $\dot{U}(x_0)$ definiert. Man sagt, ***f* besitze an der Stelle x_0 den Grenzwert *g***, wenn zu jeder ε-Umgebung $V_\varepsilon(g)$ eine punktierte δ-Umgebung $\dot{U}_\delta(x_0) \subset \dot{U}(x_0)$ so existiert, daß $f(x) \in V_\varepsilon(g)$ für alle $x \in \dot{U}_\delta(x_0)$ ist.

Beachten wir, daß

$$f(x) \in V_\varepsilon(g) \Leftrightarrow |f(x) - g| < \varepsilon \quad \text{und} \quad x \in \dot{U}_\delta(x_0) \Leftrightarrow 0 < |x - x_0| < \delta \text{ ist,}$$

so erhalten wir die äquivalente

Definition 4.5

f sei auf $\dot{U}(x_0)$ definiert. Man sagt, ***f* besitze an der Stelle x_0 den Grenzwert *g***, wenn zu jedem $\varepsilon > 0$ ein $\delta = \delta(\varepsilon) > 0$[1]) existiert, daß

$$|f(x) - g| < \varepsilon \quad \text{für alle } x \in \dot{U}(x_0) \text{ mit } 0 < |x - x_0| < \delta \text{ ist.}$$

Schreibweise: $\lim\limits_{x \to x_0} f(x) = g$ oder $f(x) \to g$ für $x \to x_0$

[1]) δ hängt von der beliebig vorgegebenen Zahl $\varepsilon > 0$ ab (man schreibt deswegen $\delta = \delta(\varepsilon)$), ist jedoch nicht eindeutig bestimmt. Mit δ besitzt nämlich auch jede Zahl δ_1 mit $0 < \delta_1 < \delta$ die geforderte Eigenschaft.

Bemerkungen:

1. Wenn $\lim_{x \to x_0} f(x) = g$ ist, so sagt man, f konvergiere für $x \to x_0$ gegen den Grenzwert g oder der Grenzwert von f für $x \to x_0$ existiere (und sei gleich g).
2. Der Grenzwert von f an der Stelle x_0 ist, falls er existiert, eindeutig bestimmt.
3. Es sei darauf hingewiesen, daß der Funktionswert $f(x_0)$ nicht in die Grenzwertbetrachtung eingeht, f braucht an der Stelle x_0 nicht einmal definiert zu sein.

Wenn f an der Stelle x_0 den Grenzwert g besitzt, muß zu jedem $\varepsilon > 0$ ein passendes $\delta = \delta(\varepsilon) > 0$ mit den angegebenen Eigenschaften existieren. Bei der Bestimmung eines solchen δ zu vorgegebenem ε verfährt man i.a. folgendermaßen: Man versucht aus der Ungleichung $|f(x) - g| < \varepsilon$ durch geeignete Umformungen eine Ungleichung $0 < |x - x_0| < \delta$ zu gewinnen und wählt danach ein passendes $\delta > 0$. Das folgende Beispiel (s. auch Beispiel 4.10) zeigt, wie man hierbei vorgehen kann.

Beispiel 4.12

Wir zeigen: $f: x \mapsto \dfrac{x^3 - 1}{x - 1}$ mit $x \in \mathbb{R}^+ \setminus \{1\}$ besitzt an der Stelle 1 den Grenzwert 3.

Zum Beweis haben wir zu $\varepsilon > 0$ ein $\delta = \delta(\varepsilon) > 0$ so zu bestimmen, daß

$$|f(x) - g| = \left|\frac{x^3 - 1}{x - 1} - 3\right| < \varepsilon \text{ für alle } x \in \mathbb{R}^+ \setminus \{1\} \text{ mit } 0 < |x - 1| < \delta \text{ ist.}$$

Für alle $x \in \mathbb{R}^+ \setminus \{1\}$ gilt $\left|\dfrac{x^3 - 1}{x - 1} - 3\right| = |x^2 + x - 2| = |x + 2|\,|x - 1|$.

Die Abschätzung dieses Ausdrucks wird durch den Faktor $|x + 2|$ erschwert. Wir wählen deshalb zunächst $\delta = 1$, beschränken uns also auf alle x mit $0 < |x - 1| < 1$. Für diese x ist $2 < |x + 2| < 4$, und es gilt

$$\left|\frac{x^3 - 1}{x - 1} - 3\right| = |x + 2|\,|x - 1| < 4|x - 1| < \varepsilon, \quad \text{falls } |x - 1| < \frac{\varepsilon}{4} \text{ ist.}$$

Wählen wir zu $\varepsilon > 0$ folglich $\delta = \delta(\varepsilon) = \min\left\{1, \dfrac{\varepsilon}{4}\right\}$, so ist $\left|\dfrac{x^3 - 1}{x - 1} - 3\right| < \varepsilon$

für alle $x \in \mathbb{R}^+ \setminus \{1\}$ mit $0 < |x - 1| < \delta$. Damit gilt $\lim_{x \to 1} \dfrac{x^3 - 1}{x - 1} = 3$.

Beispiel 4.13

Es sei $f: x \mapsto c$, $c \in \mathbb{R}$.

Dann gilt für jedes $x_0 \in \mathbb{R}$ $\lim_{x \to x_0} f(x) = c$.

Denn wählen wir $\varepsilon > 0$, so gilt sogar mit jedem beliebigen $\delta > 0$

$$|f(x) - g| = |c - c| = 0 < \varepsilon \quad \text{für alle } x \text{ mit } 0 < |x - x_0| < \delta.$$

Beispiel 4.14

Es sei $f: x \mapsto a \cdot x, \quad a \in \mathbb{R} \setminus \{0\}$.
Dann gilt für jedes $x_0 \in \mathbb{R}$ $\lim\limits_{x \to x_0} a \cdot x = a \cdot x_0$.

Es ist $|f(x) - g| = |ax - ax_0| = |a|\,|x - x_0| < \varepsilon \Leftrightarrow |x - x_0| < \dfrac{\varepsilon}{|a|}$.

Wir wählen $\varepsilon > 0$. Dann gilt mit $\delta = \delta(\varepsilon) = \dfrac{\varepsilon}{|a|}$

$$|f(x) - g| = |ax - ax_0| < \varepsilon \quad \text{für alle } x \text{ mit } 0 < |x - x_0| < \delta$$

Es besteht ein enger Zusammenhang zwischen dem Grenzwert einer Funktion f an der Stelle x_0 und dem Grenzwert von Folgen. Dies ermöglicht u.a., die Konvergenzaussagen über Folgen auf Grenzwerte von Funktionen zu übertragen.

Satz 4.3 (Übertragungsprinzip)

> f sei auf $U^{\bullet}(x_0)$ definiert. f besitzt genau dann an der Stelle x_0 den Grenzwert g, wenn für jede gegen x_0 konvergente Folge $\langle x_n \rangle$, $x_n \in U^{\bullet}(x_0)$ für alle $n \in \mathbb{N}$, gilt:
>
> $$\lim_{n \to \infty} f(x_n) = g$$

Auf den Beweis dieses Satzes verzichten wir (siehe [5]).

Bemerkung:

Dieser Satz eignet sich vor allem zum Beweis dafür, daß eine bestimmte Funktion f an der Stelle x_0 keinen Grenzwert besitzt. Dazu wählt man entweder

a) eine gegen x_0 konvergente Folge $\langle x_n \rangle, x_n \in U^{\bullet}(x_0)$ für alle $n \in \mathbb{N}$, und zeigt, daß $\langle f(x_n) \rangle$ divergiert, oder
b) zwei verschiedene gegen x_0 konvergente Folgen $\langle x_n \rangle$ und $\langle x'_n \rangle$, x_n, $x'_n \in U^{\bullet}(x_0)$ für alle $n \in \mathbb{N}$, und zeigt, daß $\lim\limits_{n \to \infty} f(x_n) \neq \lim\limits_{n \to \infty} f(x'_n)$ ist.

Beispiel 4.15

Die Funktion $f: x \mapsto \sin \dfrac{1}{x}$ besitzt an der Stelle $x_0 = 0$ keinen Grenzwert.

Bild 4.10 zeigt den Graphen dieser Funktion.

Wählen wir etwa die gegen $x_0 = 0$ konvergenten Folgen

$$\langle x_n \rangle = \left\langle \frac{1}{\pi n} \right\rangle \quad \text{und} \quad \langle x'_n \rangle = \left\langle \frac{1}{(4n-3)\frac{\pi}{2}} \right\rangle,$$

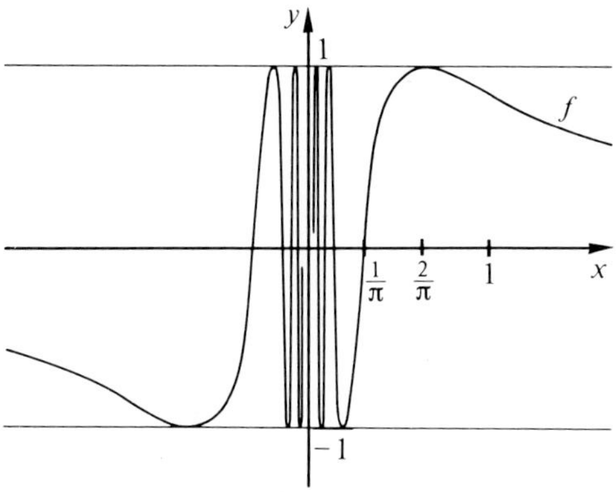

Bild 4.10: Graph von $f: x \mapsto \sin \frac{1}{x}$

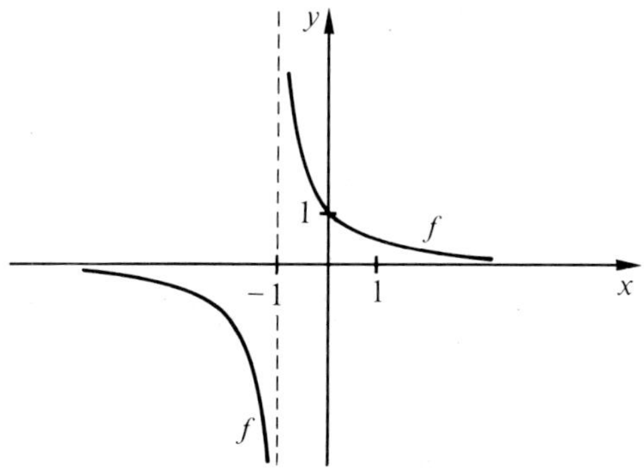

Bild 4.11: Graph von $f: x \mapsto \frac{1}{x+1}$

so ist

$$f(x_n) = f\left(\frac{1}{\pi n}\right) = 0 \quad \text{und} \quad f(x_n') = f\left\langle\frac{1}{(4n-3)\frac{\pi}{2}}\right\rangle = 1$$

für alle $n \in \mathbb{N}$. Folglich gilt $\lim_{n\to\infty} f(x_n) \neq \lim_{n\to\infty} f(x_n')$, und f besitzt nach Satz 4.3 keinen Grenzwert für $x \to 0$.

Beispiel 4.16

Die Funktion $f: x \mapsto \frac{1}{x+1}$ besitzt an der Stelle $x_0 = -1$ keinen Grenzwert.

Wählen wir etwa die gegen $x_0 = -1$ konvergente Folge $\langle x_n \rangle = \left\langle -1 + \frac{(-1)^n}{n} \right\rangle$, so ist

$$f(x_n) = \frac{1}{\left(-1 + \frac{(-1)^n}{n}\right) + 1} = \frac{n}{(-1)^n} = (-1)^n n$$

Damit haben wir eine gegen $x_0 = -1$ konvergente Folge $\langle x_n \rangle$ angegeben, so daß die Folge der zugehörigen Funktionswerte $\langle f(x_n) \rangle$ unbestimmt divergent ist (Graph von f s. Bild 4.11). Nach Satz 4.3 besitzt daher f keinen Grenzwert für $x \to -1$.

Ein gewisser Nachteil bei der Anwendung von Definition 4.5 besteht darin, daß diese Definition i.a. nicht zur Berechnung des Grenzwertes herangezogen werden kann, sondern meist zur Bestätigung dafür dient, ob eine gegebene Zahl Grenzwert ist oder nicht.

Beispiel 4.17

Es sei $f: x \mapsto x \sin \frac{1}{x}$.

Zur Bestimmung des Grenzwertes von f für $x \to 0$ (Graph von f siehe Bild 4.12) wählen wir die gegen 0 konvergente Folge $\langle x_n \rangle = \left\langle \frac{1}{n\pi} \right\rangle$ und erhalten

$$\lim_{n\to\infty} f(x_n) = \lim_{n\to\infty} \frac{1}{n\pi} \cdot \sin n\pi = \lim_{n\to\infty} \frac{1}{n\pi} \cdot 0 = 0.$$

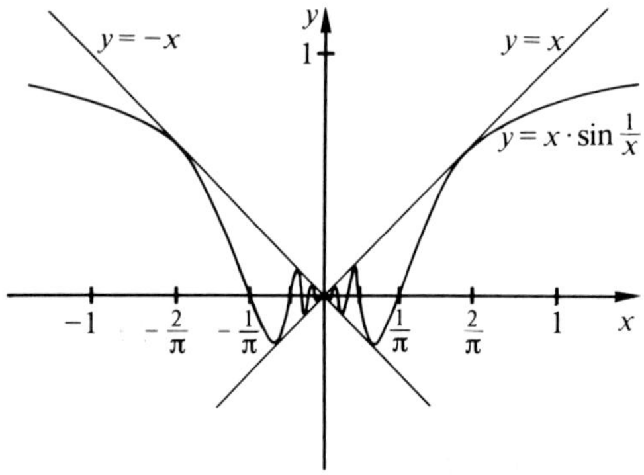

Bild 4.12: Graph von $f\colon x \mapsto x \sin \frac{1}{x}$

Wir beweisen, daß dieser Wert Grenzwert von f für $x \to 0$ ist.

Es ist $|f(x) - g| = \left| x \sin \frac{1}{x} - 0 \right| = |x| \left| \sin \frac{1}{x} \right| \leqq |x|$.

Wir wählen $\varepsilon > 0$. Dann gilt mit $\delta = \delta(\varepsilon) = \varepsilon$

$$\left| x \sin \frac{1}{x} - 0 \right| < \varepsilon \quad \text{für alle } x \text{ mit } 0 < |x| < \delta,$$

d.h. $\lim_{x\to 0} x \sin \frac{1}{x} = 0$.

Beispiel 4.18

Für alle $x_0 \in \mathbb{R}$ ist

$$\lim_{x\to x_0} \cos x = \cos x_0 \tag{4.17}$$

Wegen $\cos x - \cos x_0 = -2 \sin \frac{x + x_0}{2} \sin \frac{x - x_0}{2}$, $|\sin x| \leqq |x|$, $|\sin x| \leqq 1$ für alle $x, x_0 \in \mathbb{R}$ erhalten wir

$$|\cos x - \cos x_0| = 2 \left| \sin \frac{x + x_0}{2} \right| \left| \sin \frac{x - x_0}{2} \right| \leqq 2 \frac{|x - x_0|}{2} = |x - x_0|.$$

Wählen wir $\varepsilon > 0$, dann gilt also mit $\delta = \delta(\varepsilon) = \varepsilon$ stets $|\cos x - \cos x_0| < \varepsilon$ für alle x mit $0 < |x - x_0| < \delta$.

4.2.2 Einseitige Grenzwerte; Uneigentliche Grenzwerte

Im folgenden führen wir den Grenzwertbegriff für den Fall ein, daß sich x von links oder von rechts der Stelle x_0 nähert.

Definition 4.6

> f sei auf $(x_0, x_0+\rho)$, $\rho > 0$, definiert. Man sagt, f besitze an der Stelle x_0 den **rechtsseitigen Grenzwert g^+**, wenn zu jedem $\varepsilon > 0$ ein $\delta = \delta(\varepsilon) > 0$ so existiert, daß
>
> $$|f(x) - g^+| < \varepsilon \quad \text{für alle } x \in (x_0, x_0+\rho) \text{ mit } x_0 < x < x_0 + \delta \text{ ist.}$$
>
> Schreibweise: $\lim\limits_{x \downarrow x_0} f(x) = g^+$ oder $f(x) \to g^+$ für $x \downarrow x_0$ [1])
>
> Sprechweise: f konvergiert für x von rechts gegen x_0 mit dem Grenzwert g^+

Bemerkungen:

1. Ist f auf $(x_0 - \rho, x_0)$, $\rho > 0$, definiert, so erhält man entsprechend die Definition für den linksseitigen Grenzwert g^- von f an der Stelle x_0, wenn man g^+ durch g^- und $0 < x - x_0 < \delta$ durch $0 < x_0 - x < \delta$ ersetzt. Man schreibt dann $\lim\limits_{x \uparrow x_0} f(x) = g^-$ [1]).
2. Es sei f auf $\dot{U}(x_0)$ definiert. Besitzt f an der Stelle x_0 den rechtsseitigen Grenzwert g^+ und den linksseitigen Grenzwert g^-, ist jedoch $g^+ \neq g^-$, so besitzt f in x_0 keinen Grenzwert. Aus der Existenz der Grenzwerte g^+ und g^- kann daher i.a. nicht auf die Existenz des Grenzwertes von f an der Stelle x_0 geschlossen werden (vgl. aber Satz 4.4).

Beispiel 4.19

Wir betrachten

$$f: x \mapsto f(x) = \begin{cases} \frac{1}{2}(x-2)^2 & \text{für } x > 1 \\ 1 & \text{für } x = 1 \\ -x + \frac{3}{2} & \text{für } x < 1 \end{cases}$$

Dem Graphen von f (s. Bild 4.13) entnehmen wir, daß f an der Stelle $x_0 = 1$ vermutlich die Grenzwerte $g^+ = g^- = \frac{1}{2}$ besitzt. Wir zeigen, daß tatsächlich $g^+ = \frac{1}{2}$ ist.

Es sei $1 < x < 2$. Hieraus folgt $0 < x - 1 < 1$ und $|x-3| < 2$, und somit ist (beachte: für $x > 1$ ist $f(x) = \frac{1}{2}(x-2)^2$)

$$|f(x) - g^+| = |\tfrac{1}{2}(x-2)^2 - \tfrac{1}{2}| = \tfrac{1}{2}|x^2 - 4x + 3| = \tfrac{1}{2}|x-3|\,|x-1| < |x-1| = (x-1),$$

d.h. $|\frac{1}{2}(x-2)^2 - \frac{1}{2}| < (x-1)$ für alle $x \in (1,2)$.

Wählen wir also $\varepsilon > 0$, dann gilt mit $\delta = \delta(\varepsilon) = \min\{1, \varepsilon\}$

$$|\tfrac{1}{2}(x-2)^2 - \tfrac{1}{2}| < \varepsilon \quad \text{für alle } x \text{ mit } 0 < x - 1 < \delta.$$

[1]) Statt $x \downarrow x_0$ schreibt man auch $x \to x_0 + 0$ und für $x \uparrow x_0$ auch $x \to x_0 - 0$.

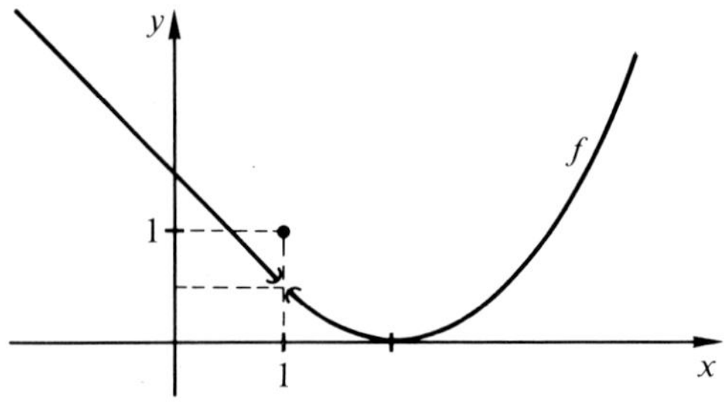

Bild 4.13: Einseitige Grenzwerte

Entsprechend kann man zeigen, daß f an der Stelle $x_0 = 1$ den linksseitigen Grenzwert $g^- = \frac{1}{2}$ besitzt. Damit gilt $\lim\limits_{x \downarrow 1} f(x) = \lim\limits_{x \uparrow 1} f(x) = \frac{1}{2}$.

Wie der folgende Satz zeigt, ist dann auch $\lim\limits_{x \to 1} f(x) = \frac{1}{2}$.

Satz 4.4

f sei auf $U^{\bullet}(x_0)$ definiert. f ist an der Stelle x_0 genau dann gegen g konvergent, wenn

a) $\lim\limits_{x \downarrow x_0} f(x) = g^+$ und $\lim\limits_{x \uparrow x_0} f(x) = g^-$ und (4.18)

b) $g^+ = g^-$ ist. (4.19)

Es gilt dann $g = g^+ = g^-$.

Beweis:

a) Die Bedingungen (4.18) und (4.19) sind notwendig:

Es sei $\lim\limits_{x \to x_0} f(x) = g$, d.h. zu jedem $\varepsilon > 0$ existiert ein $\delta = \delta(\varepsilon) > 0$ so, daß $|f(x) - g| < \varepsilon$ für alle x mit $0 < |x - x_0| < \delta$ ist.

Wegen $0 < |x - x_0| < \delta \Leftrightarrow 0 < x - x_0 < \delta$ oder $0 < x_0 - x < \delta$ folgt

$$\lim_{x \downarrow x_0} f(x) = g = \lim_{x \uparrow x_0} f(x),$$

d.h. die einseitigen Grenzwerte g^+ und g^- existieren und sind gleich.

b) Die Bedingungen (4.18) und (4.19) sind hinreichend:

Da die Grenzwerte g^+ und g^- existieren, gibt es zu jedem $\varepsilon > 0$ ein $\delta_1 = \delta_1(\varepsilon) > 0$ und ein $\delta_2 = \delta_2(\varepsilon) > 0$ so, daß

$$|f(x) - g^+| < \varepsilon \quad \text{für alle } x \text{ mit } 0 < x - x_0 < \delta_1$$
$$|f(x) - g^-| < \varepsilon \quad \text{für alle } x \text{ mit } 0 < x_0 - x < \delta_2$$

ist. Wegen $g^+ = g^-$ gilt folglich

$$|f(x) - g^+| = |f(x) - g^-| < \varepsilon \quad \text{für alle } x \text{ mit } 0 < |x - x_0| < \delta,$$

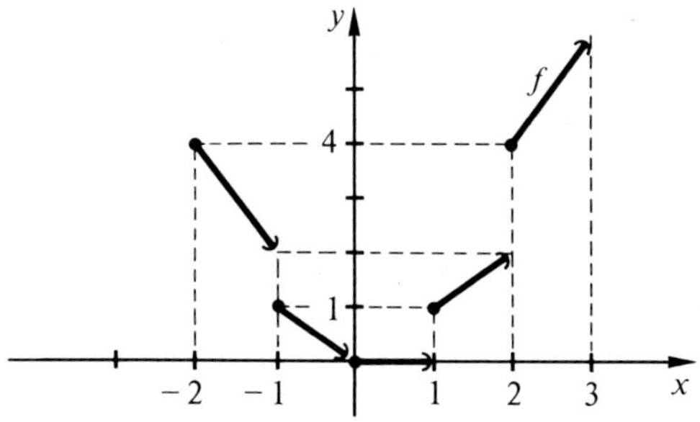

Bild 4.14: Graph von $f\colon x \mapsto x[x], x \in [-2, 3)$

wobei $\delta = \min\{\delta_1, \delta_2\}$ ist. Hieraus folgt nach Definition 4.5

$$\lim_{x \to x_0} f(x) = g = g^+ = g^-.$$

●

Beispiel 4.20

Es sei $f\colon x \mapsto x[x]$ mit $x \in [-2, 3)$

Aufgrund des Graphen von f (s. Bild 4.14) nehmen wir an, daß f an der Stelle $x_0 = 2$ den rechtsseitigen Grenzwert $g^+ = 4$ besitzt.

Für $2 < x < 3$, also $0 < x - 2 < 1$, gilt, da dann $[x] = 2$ ist,

$$|f(x) - g^+| = |x[x] - 4| = |2x - 4| = 2|x - 2| = 2(x - 2) < \varepsilon \Leftrightarrow x - 2 < \frac{\varepsilon}{2}.$$

Wählen wir also $\varepsilon > 0$, dann ist mit $\delta = \delta(\varepsilon) = \min\left\{1, \frac{\varepsilon}{2}\right\}$

$$|x[x] - 4| < \varepsilon \quad \text{für alle } x \text{ mit } 0 < x - 2 < \delta.$$

Folglich erhalten wir, wie wir vermutet haben, $\lim\limits_{x \downarrow 2} x[x] = 4$. (4.20)

Entsprechend läßt sich $\lim\limits_{x \uparrow 2} x[x] = 2$ zeigen. (4.21)

Wegen Satz 4.4 ist f für $x \to 2$ nicht konvergent.

In unseren Überlegungen fehlt noch der Begriff des uneigentlichen Grenzwertes einer Funktion an der Stelle x_0. Wir erläutern ihn zunächst an einem Beispiel aus der Schwingungslehre.

Beispiel 4.21

Erzwungene Schwingung

Greift an einen schwingfähigen Körper (Masse m, Eigenkreisfrequenz ω_0) eine periodisch veränderliche Kraft (Erregerkreisfrequenz ω, Amplitude a_0) an, so ist die Amplitude im stationären

Zustand (nach der Einschwingzeit) gegeben durch

$$a = a(\omega) = \frac{a_0}{\sqrt{m^2(\omega_0^2 - \omega^2)^2 + b^2 \cdot \omega^2}}, \quad \omega > 0 \tag{4.22}$$

($b > 0$ ist die Reibungskonstante).

Man erhält $\lim\limits_{\omega \downarrow 0} a(\omega) = \dfrac{a_0}{m\omega_0^2}$ und $\lim\limits_{\omega \to \infty} a(\omega) = 0$.

Die maximale Amplitude a_{max} wird für

$$\omega_{max} = \sqrt{\omega_0^2 - \frac{1}{2}\left(\frac{b}{m}\right)^2}$$

erreicht. Für diesen Wert nimmt der Radikand in (4.22) seinen kleinsten Wert an. Wegen $\omega_{max} < \omega_0$ erhält man a_{max} also für eine Erregerfrequenz, die etwas kleiner als die Eigenkreisfrequenz ω_0 ist. Bei fehlender Dämpfung ($b = 0$) erreicht die Amplitude ihren größten Wert für $\omega \downarrow \omega_0$ bzw. $\omega \uparrow \omega_0$, dann wächst a nämlich über alle Grenzen. Man spricht in diesem Fall von **Resonanz** (s. Bild 4.15). Mathematisch gesprochen bedeutet dies: die Funktion $a: \omega \mapsto a(\omega)$ besitzt für $b = 0$ an der Stelle ω_0 den rechtsseitigen bzw. linksseitigen uneigentlichen Grenzwert ∞.

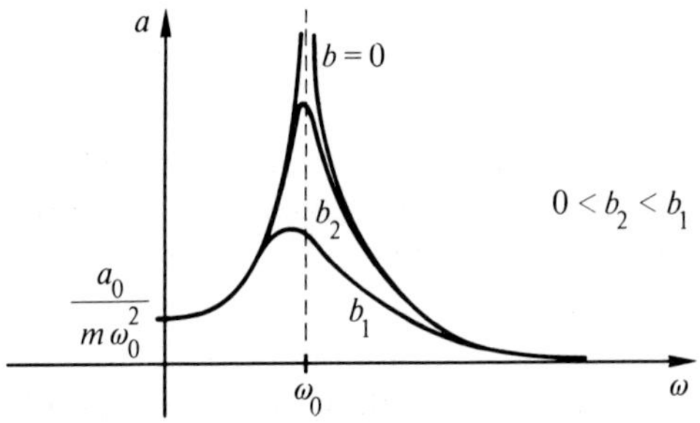

Bild 4.15: Resonanzkurven zu verschiedener Dämpfung b

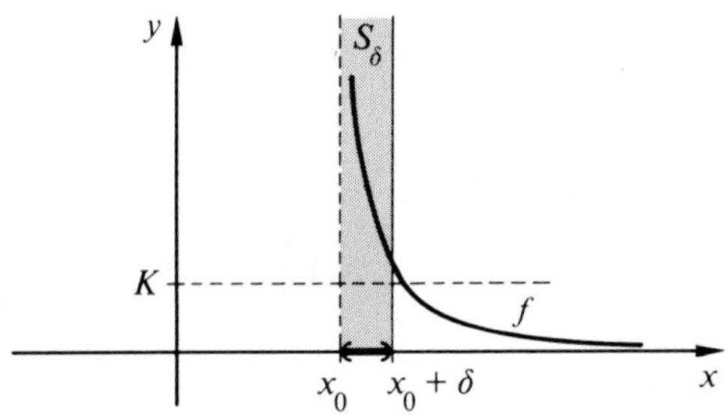

Bild 4.16: Für alle $x \in (x_0, x_0 + \delta)$ ist $f(x) > K$

Definition 4.7

f sei auf $(x_0, x_0 + \rho)$, $\rho > 0$, definiert. Man sagt, f besitze an der Stelle x_0 **den rechtsseitigen, uneigentlichen Grenzwert** $+\infty$, wenn zu jedem $K \in \mathbb{R}$ ein $\delta = \delta(K) > 0$ so existiert, daß

$$f(x) > K \quad \text{für alle } x \in (x_0, x_0 + \rho) \text{ mit } x_0 < x < x_0 + \delta$$

ist.

Schreibweise: $\lim\limits_{x \downarrow x_0} f(x) = +\infty$

Bemerkungen:

1. $\lim\limits_{x \downarrow x_0} f(x) = +\infty$ gilt genau dann, wenn man zu jedem beliebig großen $K \in \mathbb{R}$ einen zur y-Achse parallelen δ-Streifen S_δ der Breite δ und dem linken Rand $x = x_0$ so angeben kann, daß alle

Punkte $P(x, f(x))$, $x \in (x_0, x_0 + \delta)$, des Graphen von f oberhalb der Geraden $y = K$ liegen (s. Bild 4.16). Dabei ist es unwesentlich, ob auch Punkte $P(x, f(x))$ mit $x \notin (x_0, x_0 + \delta)$ oberhalb der zur x-Achse parallelen Geraden $y = K$ liegen.

2. Ersetzt man in Definition 4.7 $K \in \mathbb{R}$ durch $k \in \mathbb{R}$ und $f(x) > K$ durch $f(x) < k$, so erhält man die entsprechende Definition für den uneigentlichen Grenzwert $\lim\limits_{x \downarrow x_0} f(x) = -\infty$.

3. Ist $\lim\limits_{x \downarrow x_0} f(x) = \pm\infty$, so sagt man auch, f sei **für $x \downarrow x_0$ bestimmt divergent** (gegen den uneigentlichen Grenzwert $+\infty$ bzw. $-\infty$).

4. Ist f auf $(x_0 - \rho, x_0)$, $\rho > 0$, definiert, so führt man entsprechend zu Definition 4.7 die linksseitigen, uneigentlichen Grenzwerte

   $$\lim_{x \uparrow x_0} f(x) = +\infty \quad \text{und} \quad \lim_{x \uparrow x_0} f(x) = -\infty$$

   ein.

5. Man sagt, **f sei an der Stelle x_0 bestimmt divergent** (gegen den uneigentlichen Grenzwert $+\infty$ bzw. $-\infty$), wenn f für $x \downarrow x_0$ und $x \uparrow x_0$ bestimmt divergent ist, und die uneigentlichen Grenzwerte übereinstimmen.

   Schreibweise: $\lim\limits_{x \to x_0} f(x) = +\infty$ bzw. $\lim\limits_{x \to x_0} f(x) = -\infty$

   Ist f für $x \to x_0$ weder konvergent noch bestimmt divergent, so heißt f dort **unbestimmt divergent.**

6. Ist f für $x \uparrow x_0$ und $x \downarrow x_0$ bestimmt divergent, so bezeichnet man x_0 als **Unendlichkeitsstelle** von f. x_0 heißt eine **Unendlichkeitsstelle ohne Zeichenwechsel** bzw. eine **Unendlichkeitsstelle mit Zeichenwechsel** (f ist dann an der Stelle x_0 unbestimmt divergent), wenn

   $$\lim_{x \uparrow x_0} f(x) = \lim_{x \downarrow x_0} f(x) \quad \text{bzw.} \quad \lim_{x \uparrow x_0} f(x) \neq \lim_{x \downarrow x_0} f(x)$$

   ist. Ist f speziell eine gebrochenrationale Funktion, so heißt x_0 entsprechend eine **Polstelle** (oder kurz ein **Pol**) **ohne** bzw. **mit Zeichenwechsel** (s. Bild 4.17 und Bild 4.18).

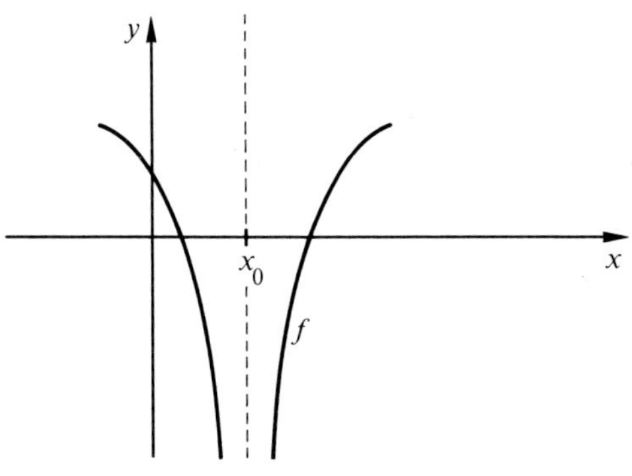

Bild 4.17: f besitzt in x_0 eine Unendlichkeitsstelle ohne Zeichenwechsel

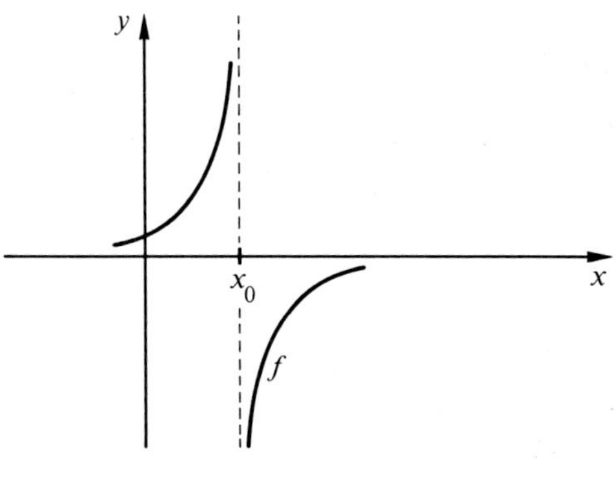

Bild 4.18: f besitzt in x_0 eine Unendlichkeitsstelle mit Zeichenwechsel

Beispiel 4.22

Die Funktion

$$f: x \mapsto \frac{4-x^2}{x-1}$$

(s. Bild 4.19) besitzt für $x \downarrow 1$ den uneigentlichen Grenzwert $+\infty$, für $x \uparrow 1$ den uneigentlichen Grenzwert $-\infty$, d.h. $x_0 = 1$ ist ein Pol mit Zeichenwechsel von f.

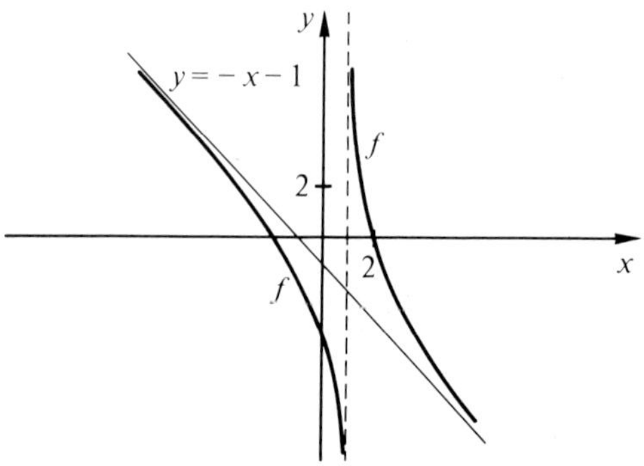

Bild 4.19: Graph von $f: x \mapsto \frac{4-x^2}{x-1}$

Wir zeigen nur, daß $f(x) \to +\infty$ für $x \downarrow 1$ ist. Der Beweis für $f(x) \to -\infty$ für $x \uparrow 1$ verläuft entsprechend.

Es sei $K \in \mathbb{R}^+$ und $1 < x < \frac{3}{2}$, d.h. $0 < x - 1 < \frac{1}{2}$. Hieraus folgt $\frac{1}{2} < 2 - x < 1$ und $3 < x + 2 < \frac{7}{2}$. Somit ist

$$f(x) = -\frac{(x-2)(x+2)}{x-1} = \frac{(2-x)(x+2)}{x-1} > \frac{3}{2(x-1)} > K, \quad \text{falls } x - 1 < \frac{3}{2K} \quad \text{ist.}$$

Dann gilt mit $\delta = \delta(K) = \min\left\{\frac{1}{2}, \frac{3}{2K}\right\}$

$$f(x) = \frac{4-x^2}{x-1} > K \quad \text{für alle } x \text{ mit } 0 < x - 1 < \delta, \text{ d.h. } \lim_{x \downarrow 1} \frac{4-x^2}{x-1} = +\infty.$$

4.2.3 Rechnen mit Grenzwerten von Funktionen

Die Berechnung des Grenzwertes einer Funktion f für $x \to x_0$, $x \uparrow x_0$, $x \downarrow x_0$, wenn er existiert, können wir uns durch Anwendung des folgenden Satzes (s. auch Satz 3.4 und Satz 4.2) erleichtern. Wir formulieren diesen Satz jedoch nur für den Fall $x \to x_0$.

Satz 4.5 (Rechnen mit Grenzwerten)

Es seien f_1 und f_2 auf $U_\rho^\bullet(x_0)$ definiert. Wenn die Grenzwerte $\lim\limits_{x \to x_0} f_1(x) = g_1$ und $\lim\limits_{x \to x_0} f_2(x) = g_2$ existieren, dann existieren auch die folgenden Grenzwerte, und es gilt

a) $\lim\limits_{x \to x_0} [f_1(x) \pm f_2(x)] = \left[\lim\limits_{x \to x_0} f_1(x)\right] \pm \left[\lim\limits_{x \to x_0} f_2(x)\right] = g_1 \pm g_2$

b) $\lim\limits_{x \to x_0} [f_1(x) \cdot f_2(x)] = \left[\lim\limits_{x \to x_0} f_1(x)\right] \cdot \left[\lim\limits_{x \to x_0} f_2(x)\right] = g_1 \cdot g_2$

c) $\lim\limits_{x \to x_0} \dfrac{f_1(x)}{f_2(x)} = \dfrac{\lim\limits_{x \to x_0} f_1(x)}{\lim\limits_{x \to x_0} f_2(x)} = \dfrac{g_1}{g_2}$, falls $g_2 \neq 0$ ist

d) $\lim\limits_{x \to x_0} |f_1(x)| = \left|\lim\limits_{x \to x_0} f_1(x)\right| = |g_1|$

Bemerkung:

Es sei darauf hingewiesen, daß die Existenz von $\lim\limits_{x \to x_0} f_1(x) = g_1$ und $\lim\limits_{x \to x_0} f_2(x) = g_2$ wesentliche Voraussetzungen dieses Satzes sind. Wendet man obige Rechengesetze an, ohne daß diese Voraussetzungen erfüllt sind, so erhält man u.U. falsche Ergebnisse. Zum Beispiel existiert $\lim\limits_{x \to 0} \frac{1}{x}$ nicht, deshalb darf man nicht aus $\lim\limits_{x \to 0} x = \lim\limits_{x \to 0} \frac{1}{1/x}$ darauf schließen, daß dann auch $\lim\limits_{x \to 0} x$ nicht existiert. (Tatsächlich ist ja $\lim\limits_{x \to 0} x = 0$.)

Als Folgerung aus Satz 4.5 erhalten wir (ohne Beweis)

Satz 4.6

f sei auf $U_\rho^\bullet(x_0)$ definiert, und es sei $\lim\limits_{x \to x_0} f(x) = g$. Dann existieren die folgenden Grenzwerte, und es gilt:

a) $\lim\limits_{x \to x_0} c f(x) = c \cdot \lim\limits_{x \to x_0} f(x) = c \cdot g$ für alle $c \in \mathbb{R}$

b) $\lim\limits_{x \to x_0} [f(x)]^n = [\lim\limits_{x \to x_0} f(x)]^n = g^n$ für alle $n \in \mathbb{N}$

c) $\lim\limits_{x \to x_0} \dfrac{1}{f(x)} = \dfrac{1}{\lim\limits_{x \to x_0} f(x)} = \dfrac{1}{g}$, falls $g \neq 0$ ist

d) $\lim\limits_{x \to x_0} \sqrt[n]{f(x)} = \sqrt[n]{\lim\limits_{x \to x_0} f(x)} = \sqrt[n]{g}$ für alle $n \in \mathbb{N}$, falls $f(x) \geqq 0$ für alle $x \in U_\rho^\bullet(x)$ ist.

Bemerkung:

Sind die Funktionen f_1, f_2 und f auf $(x_0-\rho, x_0)$ bzw. $(x_0, x_0+\rho)$ definiert, so gelten für die Grenzwerte mit $x\uparrow x_0$ bzw. $x\downarrow x_0$ die Sätze 4.5 und 4.6 entsprechend.

Beispiel 4.23

Wir zeigen $\lim\limits_{x\to-1}(\frac{1}{2}x^2-3x-2)=\frac{3}{2}$

Wegen Beispiel 4.14 ist

$$\lim_{x\to-1}(\tfrac{1}{2}x^2-3x-2)=\lim_{x\to-1}\tfrac{1}{2}x^2-\lim_{x\to-1}3x-\lim_{x\to-1}2=\tfrac{1}{2}\cdot\lim_{x\to-1}x^2-3\cdot\lim_{x\to-1}x-2$$
$$=\tfrac{1}{2}(\lim_{x\to-1}x)^2-3\cdot(-1)-2=\tfrac{3}{2}.$$

Durch mehrmalige Anwendung der Regeln a) und b) aus Satz 4.5 und mit Hilfe von Beispiel 4.14 erhält man allgemein für alle $x_0\in\mathbb{R}$

$$\lim_{x\to x_0}\sum_{k=0}^{n}a_kx^k=\sum_{k=0}^{n}a_kx_0^k \tag{4.23}$$

Beispiel 4.24

Es ist

$$\lim_{x\to2}\frac{1}{x-2}\left(\frac{1}{2x+1}-\frac{1}{3x-1}\right)=\lim_{x\to2}\frac{x-2}{(x-2)(2x+1)(3x-1)}=\lim_{x\to2}\frac{1}{(2x+1)(3x-1)}$$
$$=\frac{1}{[\lim\limits_{x\to2}(2x+1)][\lim\limits_{x\to2}(3x-1)]}=\frac{1}{5\cdot5}=\frac{1}{25}$$

Beispiel 4.25

Es sei

$$f: x\mapsto f(x)=\begin{cases}\dfrac{\sqrt{x}-1}{1-x} & \text{für } 0<x<1\\ 0 & \text{für } x=1\\ \dfrac{x^2-1}{4(1-x)} & \text{für } 1<x\end{cases}$$

Dann gilt $\left(\text{beachte: für } x\uparrow1 \text{ ist } x<1, \text{ d.h. } f(x)=\dfrac{\sqrt{x}-1}{1-x}\right)$

$$\lim_{x\uparrow1}\frac{\sqrt{x}-1}{1-x}=\lim_{x\uparrow1}\frac{(\sqrt{x}-1)(\sqrt{x}+1)}{(1-x)(\sqrt{x}+1)}=\lim_{x\uparrow1}\frac{x-1}{(1-x)(\sqrt{x}+1)}$$
$$=\lim_{x\uparrow1}\frac{-1}{\sqrt{x}+1}=\frac{-1}{\lim\limits_{x\uparrow1}(\sqrt{x}+1)}=-\frac{1}{2}$$

Ferner ist

$$\lim_{x \downarrow 1} \frac{x^2-1}{4(1-x)} = \lim_{x \downarrow 1} \frac{(x-1)(x+1)}{4(1-x)} = \lim_{x \downarrow 1} \frac{-(x+1)}{4} = -\frac{1}{4} \cdot \lim_{x \downarrow 1} (x+1) = -\frac{1}{2}$$

Folglich existieren der links- und rechtsseitige Grenzwert von f an der Stelle 1. Da sie auch gleich sind gilt nach Satz 4.4 $\lim_{x \to 1} f(x) = -\frac{1}{2}$.

Mit Hilfe des folgenden Satzes läßt sich der Grenzwert einer zusammengesetzten Funktion bestimmen, falls dieser existiert. Auf einen Beweis dieses Satzes verzichten wir jedoch (s.z.B. [2]).

Satz 4.7

f sei auf $U^{\bullet}(x_0)$, g auf $V^{\bullet}(a)$ definiert, und es sei $f(x) \in V^{\bullet}(a)$ für alle $x \in U^{\bullet}(x_0)$. Ist $\lim_{x \to x_0} f(x) = a$ und $\lim_{y \to a} g(y) = b$, dann gilt

$$\lim_{x \to x_0} g(f(x)) = b.$$

Bemerkung:

Unter entsprechenden Voraussetzungen gilt dieser Satz auch, wenn z.B. f für $x \to \pm\infty$ gegen a und g für $y \to a$ gegen b konvergiert, oder wenn z.B. f für $x \to \pm\infty$ bestimmt divergiert und g für $y \to \pm\infty$ gegen b konvergiert.

Beispiel 4.26

$$\lim_{x \to 0} \sqrt{1 + 2x^2 \sin^2 \frac{1}{x}} = 1 \tag{4.24}$$

$f: x \mapsto x \sin \frac{1}{x}$ ist auf $\mathbb{R} \setminus \{0\}$, $g: y \mapsto \sqrt{1+2y^2}$ auf $\mathbb{R}$ definiert, und $W_f = \mathbb{R} \subset D_g$. Ferner ist (s. Beispiel 4.17)

$$\lim_{x \to 0} x \sin \frac{1}{x} = 0 \quad \text{und} \quad \lim_{y \to 0} \sqrt{1+2y^2} = 1.$$

Nach Satz 4.7 gilt folglich (4.24).

Die Berechnung von Grenzwerten gebrochenrationaler Funktionen vereinfacht sich, wenn man folgenden Satz berücksichtigt.

Satz 4.8

Gegeben sei die gebrochenrationale Funktion $r: x \mapsto r(x) = \frac{p_n(x)}{q_m(x)}$.

Ist $x_0 \in \mathbb{R}$ eine k-fache Nullstelle von p_n und q_m und

$$p_n(x) = (x - x_0)^k p_{n-k}(x), \quad q_m(x) = (x - x_0)^k q_{m-k}(x),$$

dann gilt

$$\lim_{x \to x_0} \frac{p_n(x)}{q_m(x)} = \frac{p_{n-k}(x_0)}{q_{m-k}(x_0)}$$

Beweis:

Ist $x_0 \in \mathbb{R}$ eine k-fache Nullstelle von p_n und q_m, dann erhält man durch k-fache Anwendnung des Hornerschemas (s. Abschnitt 2.3.1) die Zerlegungen

$$p_n(x) = (x - x_0)^k p_{n-k}(x) \quad \text{und} \quad q_m(x) = (x - x_0)^k q_{m-k}(x)$$

mit $p_{n-k}(x_0) \neq 0$ und $q_{m-k}(x_0) \neq 0$. Daraus folgt

$$\lim_{x \to x_0} \frac{p_n(x)}{q_m(x)} = \lim_{x \to x_0} \frac{(x - x_0)^k}{(x - x_0)^k} \frac{p_{n-k}(x)}{q_{m-k}(x)} = \lim_{x \to x_0} \frac{p_{n-k}(x)}{q_{m-k}(x)} = \frac{p_{n-k}(x_0)}{q_{m-k}(x_0)}.$$ ●

Bemerkung:

Ist $x_0 \in \mathbb{R}$ eine k-fache Nullstelle von p_n und eine l-fache Nullstelle von q_m, dann ist

$$\lim_{x \to x_0} r(x) = \lim_{x \to x_0} \frac{p_n(x)}{q_m(x)} = 0, \quad \text{wenn } k > l \text{ ist.}$$

Im Fall $k < l$ ist r an der Stelle $x_0 \in \mathbb{R}$ divergent. (Für $k = l$ s. Satz 4.8.)

Beispiel 4.27

$$\lim_{x \to -3} \frac{x^4 + 5x^3 + 3x^2 - 9x}{x^3 + 15x^2 + 63x + 81} = 2$$

Mit Hilfe des Hornerschemas stellt man fest, daß $x_0 = -3$ eine zweifache Nullstelle von p_4 und q_3 mit

$$p_4(x) = x^4 + 5x^3 + 3x^2 - 9x, \quad q_3(x) = x^3 + 15x^2 + 63x + 81$$

ist. Wir erhalten folgende Zerlegungen

$$p_4(x) = (x+3)^2 p_2(x) = (x+3)^2(x^2 - x); \quad q_3(x) = (x+3)^2 q_1(x) = (x+3)^2(x+9).$$

Folglich ist $\lim\limits_{x \to -3} \frac{p_4(x)}{q_3(x)} = \lim\limits_{x \to -3} \frac{(x+3)^2 p_2(x)}{(x+3)^2 q_1(x)} = \frac{p_2(-3)}{q_1(-3)} = \frac{12}{6} = 2.$

Satz 4.9

f_1, f_2 und h seien auf $U^{\bullet}(x_0)$ definiert und $\lim\limits_{x \to x_0} f_1(x) = g_1$ und $\lim\limits_{x \to x_0} f_2(x) = g_2$.

Dann gilt

a) Aus $f_1(x) \leqq f_2(x)$ für alle $x \in U^{\bullet}(x_0)$ folgt $g_1 \leqq g_2$.
b) Aus $f_1(x) \leqq h(x) \leqq f_2(x)$ für alle $x \in U^{\bullet}(x_0)$ und $g_1 = g_2$ folgt $\lim\limits_{x \to x_0} h(x) = g_1 = g_2$.

Auf einen Beweis dieses Satzes verzichten wir (s. z.B. [1]).

Bemerkungen:

1. Man beachte, daß in a) nicht von $f_1(x) < f_2(x)$ auf $g_1 < g_2$ geschlossen werden kann. Denn ist etwa $f_1: x \mapsto f_1(x) = x^2$ und $f_2: x \mapsto f_2(x) = 2x^2$, so ist zwar $f_1(x) < f_2(x)$ für alle $x \in U^{\bullet}(0)$, dennoch gilt $\lim\limits_{x \to 0} f_1(x) = \lim\limits_{x \to 0} f_2(x) = 0$.
2. Dieser Satz gilt analog für $x \uparrow x_0, x \downarrow x_0, x \to \pm\infty$, wenn die Definitionsbereiche der Funktionen entsprechend gegeben sind.

Beispiel 4.28

Gegeben sei die Funktion $f: x \mapsto \dfrac{\sin x}{x}$ (den Graphen von f zeigt Bild 4.4). Zur Bestimmung des Grenzwertes $\lim\limits_{x \to 0} \dfrac{\sin x}{x}$ führen wir folgende geometrische Überlegung durch:

Nach Bild 4.20 besteht am Einheitskreis zwischen den Flächeninhalten des Dreiecks OPR, des Kreisausschnitts $O\widehat{PR}$ und des Dreiecks OPQ für $x \in \left(0, \dfrac{\pi}{2}\right)$ die Ungleichung $A_{OPR} < A_{O\widehat{PR}} < A_{OPQ}$.

Hieraus folgt $\frac{1}{2}\sin x < \frac{1}{2}x < \frac{1}{2}\tan x$ oder

$$\sin x < x < \tan x \quad \text{für alle } x \in \left(0, \frac{\pi}{2}\right).$$

Wegen $\sin x > 0$ und $\cos x > 0$ für alle $x \in \left(0, \dfrac{\pi}{2}\right)$ erhält man weiter

$$1 < \frac{x}{\sin x} < \frac{1}{\cos x} \quad \text{oder} \quad \cos x < \frac{\sin x}{x} < 1$$

(s. Bild 4.21).

Da die cos-Funktion und f gerade Funktionen sind, gilt die letzte Ungleichung auch für $x \in \left(-\dfrac{\pi}{2}, 0\right)$. Also ist $\cos x < \dfrac{\sin x}{x} < 1$ für alle $x \in U^{\bullet}_{\pi/2}(0)$.

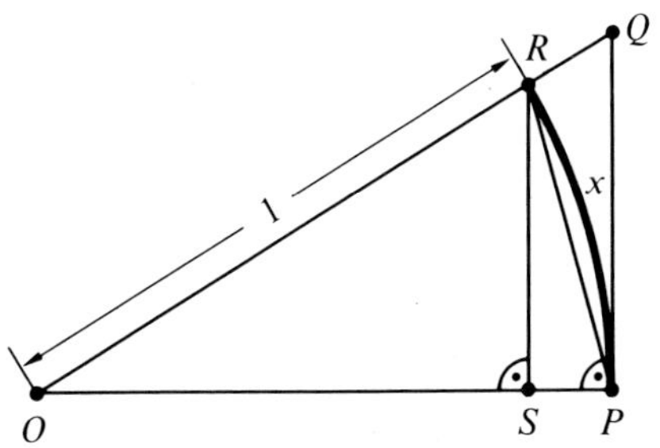

Bild 4.20: $A_{\triangle OPR} < A_{O\widehat{PR}} < A_{\triangle OPQ}$

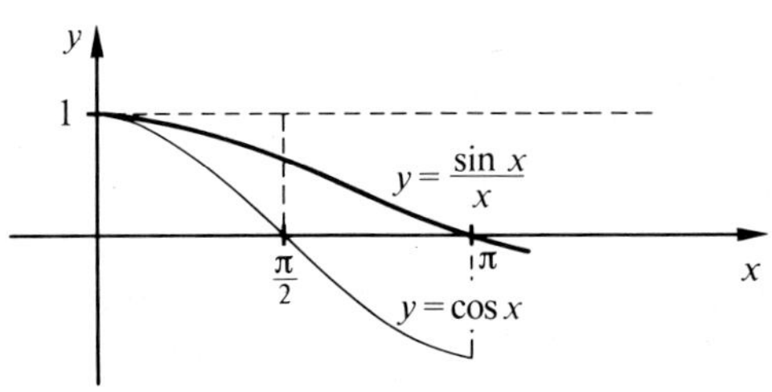

Bild 4.21: Für alle $x \in \left(0, \dfrac{\pi}{2}\right)$ ist $\cos x < \dfrac{\sin x}{x} < 1$

Mit Hilfe von Beispiel 4.18 und Satz 4.9 erhalten wir folglich

$$\lim_{x\to 0} \frac{\sin x}{x} = 1 \tag{4.25}$$

Beispiel 4.29

Es gilt $\lim\limits_{x\to 0} \frac{\tan 3x}{2x} = \frac{3}{2}$

Zum Beweis führen wir folgende Umformung durch:

$$\frac{\tan 3x}{2x} = \frac{\sin 3x}{\cos 3x}\frac{1}{2x} = \frac{3}{2}\frac{\sin 3x}{3x}\frac{1}{\cos 3x} \quad \text{für alle } x \in \dot{U}_{\pi/2}(0).$$

Setzen wir $3x = u$, dann gilt nach Satz 4.7

$$\lim_{x\to 0} \frac{\tan 3x}{2x} = \lim_{u\to 0} \frac{3}{2}\left(\frac{\sin u}{u}\cdot\frac{1}{\cos u}\right).$$

Folglich ist wegen Satz 4.5, Beispiel 4.18 und (4.25) $\lim\limits_{x\to 0} \frac{\tan 3x}{2x} = \frac{3}{2}$.

Aufgaben:

1. Beweisen Sie mit Hilfe von Definition 4.5:

   a) $\lim\limits_{x\to 2} \frac{x^2-4}{x-2} = 4$ b) $\lim\limits_{x\to -2} \frac{3x+6}{x^3+8} = \frac{1}{4}$

   *c) $\lim\limits_{x\to 1} \frac{\sqrt{x}}{x+1} = \frac{1}{2}$ d) $\lim\limits_{x\to 0} \frac{x^2-x}{x} = -1$

   *e) $\lim\limits_{x\to a} \frac{\sqrt{ax}-x}{x-a} = -\frac{1}{2}$, $a \in \mathbb{R}^+$ f) $\lim\limits_{x\to 0} x^k \sin\frac{1}{x} = 0$, $k \in \mathbb{N}$

2. Zeigen Sie, daß folgende Funktionen $f: x \mapsto f(x)$ für $x \to x_0$ keinen Grenzwert besitzen. (Anleitung: Benutzen Sie zum Beweis das Übertragungsprinzip (Satz 4.3).)

   a) $f(x) = \frac{x+1}{x}$, $x_0 = 0$ b) $f(x) = \operatorname{sgn}(x-1)$, $x_0 = 1$

   c) $f(x) = \frac{|x+2|}{2x+4}$, $x_0 = -2$ d) $f(x) = x - [x]$, $x_0 = -1$

   e) $f(x) = \cos\frac{1}{2x}$, $x_0 = 0$

3. Bestimmen Sie den rechtsseitigen und linksseitigen Grenzwert von $f: x \mapsto f(x)$ an der Stelle x_0, falls er existiert. Ist f für $x \to x_0$ konvergent?

   a) $f(x) = \frac{x-|x|}{x}$, $x_0 = 0$ b) $f(x) = \frac{|1-x|}{2x-2}$, $x_0 = 1$

c) $f(x)=|x+1|\left(x-\frac{1}{x+1}\right),\ x_0=-1$ d) $f(x)=\frac{x}{|x|+1},\ x_0=0$

e) $f(x)=\begin{cases}\frac{1}{x-2} & \text{für } x>2\\ x-1 & \text{für } x<2\end{cases},\ x_0=2$ f) $f(x)=\begin{cases}\frac{x-3}{x^2-2x-3} & \text{für } x>3\\ \frac{1}{4}x-\frac{1}{2} & \text{für } x<3\end{cases},\ x_0=3$

4. Welche der Funktionen $f: x \mapsto f(x)$ sind an der Stelle x_0 bestimmt, welche unbestimmt divergent? Geben Sie gegebenenfalls an, ob f dort eine Unendlichkeitsstelle mit oder ohne Zeichenwechsel besitzt.

a) $f(x)=\frac{1}{x+2},\ x_0=-2$ b) $f(x)=\frac{x}{(x-3)^2},\ x_0=3$

c) $f(x)=|x|\cdot\left(x-\frac{1}{x}\right),\ x_0=0$ d) $f(x)=\tan\frac{1}{2}x,\ x_0=\pi$

e) $f(x)=\begin{cases}\frac{1}{x-1} & \text{für } x>1\\ 2 & \text{für } x\leq 1\end{cases},\ x_0=1$

5. Bestimmen Sie mit Hilfe der Grenzwertsätze Satz 4.5 und Satz 4.6 folgende Grenzwerte $\lim_{x\to x_0} f(x)$, falls sie existieren.

a) $f(x)=\frac{x^2-2}{x^4-4},\ x_0=2$ b) $f(x)=\frac{3x^2-4x}{2x+5},\ x_0=-1$ c) $f(x)=\frac{(x-2)\sqrt{3-x}}{x^2+x-6},\ x_0=2$

d) $f(x)=\frac{2-\sqrt{4-x}}{x},\ x_0=0$ e) $f(x)=\left(\frac{1}{x-1}-\frac{3}{1-x^3}\right), x_0=1$ f) $f(x)=\sqrt{\frac{x^2-x}{2x^2-2}},\ x_0=1$

g) $f(x)=\begin{cases}\operatorname{sgn}(x-3) & \text{für } x>2\\ \frac{4x^2-4x-8}{12-3x^2} & \text{für } x<2\end{cases},\ x_0=2$

6. Nach (4.25) ist $\lim_{x\to 0}\frac{\sin x}{x}=1$. Berechnen Sie mit Hilfe dieses Grenzwertes unter Verwendung von Satz 4.7

a) $\lim_{x\to 0}\frac{\sin 4x}{x}$ b) $\lim_{x\to 0}\frac{\tan 2x}{\sin 5x}$ c) $\lim_{x\to 0}\frac{\sin ax}{\sin bx},\quad a,b\in\mathbb{R}\setminus\{0\}$ d) $\lim_{x\to\pi\backslash 2}\left(\frac{\pi}{2}-x\right)\cdot\tan x$

e) $\lim_{x\to 1}(1-x)\cdot\tan\frac{\pi}{2}x$ f) $\lim_{x\to 0}\frac{1-\cos x}{x^2}$ g) $\lim_{x\to 0}\frac{\tan x}{x}$

7. Geben Sie die exakten Definitionen (s. Definition 4.6 und Definition 4.7) für folgende Schreibweisen an:

a) $\lim_{x\uparrow x_0} f(x)=g^-$ b) $\lim_{x\uparrow x_0} f(x)=+\infty$ c) $\lim_{x\to x_0} f(x)=+\infty$

d) $\lim_{x\downarrow x_0} f(x)=-\infty$ e) $\lim_{x\uparrow x_0} f(x)=-\infty$

8. Berechnen Sie folgende Grenzwerte, falls sie existieren:

a) $\lim_{x\to 1}\frac{\ln x}{x-1}$ b) $\lim_{h\to 0}\frac{\ln(x+h)-\ln x}{h},\ x, x+h\in\mathbb{R}^+$ c) $\lim_{x\to 2}\ln\sqrt{\frac{x^2-4}{x-2}}$

4.3 Stetige und unstetige Funktionen

4.3.1 Definition der Stetigkeit

Bei der Definition des Grenzwertes einer Funktion f an der Stelle x_0 ist unerheblich, ob f an der Stelle x_0 definiert ist oder nicht. Ist jedoch f dort definiert, so kann man $f(x_0)$ beliebig abändern, ohne daß der Grenzwert von f an der Stelle x_0, falls er existiert, davon betroffen wird. Aus diesem Grunde haben wir Funktionen betrachtet, die auf einer punktierten Umgebung $U^{\boldsymbol{\cdot}}(x_0)$ definiert sind.

Von besonderer Wichtigkeit sind nun solche Funktionen $f\colon x \mapsto f(x)$, deren Funktionswert $f(x_0)$, $x_0 \in D_f$, mit dem Grenzwert $\lim\limits_{x \to x_0} f(x)$ übereinstimmt. Man definiert allgemein:

Definition 4.8

f sei auf $U_\rho(x_0)$ definiert. Dann heißt f **an der Stelle x_0 stetig**, wenn

$$\lim_{x \to x_0} f(x) = f(x_0) \tag{4.26}$$

ist.

Bemerkungen:

1. f ist also an der Stelle $x_0 \in D_f$ stetig, wenn der Grenzwert g von f an der Stelle x_0 existiert und $f(x_0) = g$ ist.
2. Aus der Definition folgt, daß f in einer Umgebung von x_0 definiert sein muß, damit f an der Stelle x_0 überhaupt stetig sein kann.
3. Äquivalent zur Stetigkeitsbedingung (4.26) ist die Gültigkeit einer der folgenden Gleichungen:

$$\lim_{x \to x_0} f(x) = f\left(\lim_{x \to x_0} x\right) \tag{4.27}$$

$$\lim_{h \to 0} f(x_0 + h) = f(x_0) \tag{4.28}$$

4. Die Definition 4.8 lautet im (ε, δ)-Formalismus: f sei auf $U_\rho(x_0)$ definiert. Dann heißt f an der Stelle x_0 stetig, wenn zu jedem $\varepsilon > 0$ ein $\delta = \delta(\varepsilon) > 0$ so existiert, daß

   $$|f(x) - f(x_0)| < \varepsilon \quad \text{für alle } x \in U_\rho(x_0) \text{ mit } |x - x_0| < \delta \text{ ist.}$$

5. Man sagt, f sei an der Stelle x_0 **unstetig**[1]), wenn
   a) f auf $U_\rho(x_0)$ definiert, aber in x_0 nicht stetig ist, oder wenn
   b) f zwar nicht in x_0, jedoch auf $U^{\boldsymbol{\cdot}}_\rho(x_0)$ definiert ist.

   Solche Stellen bezeichnet man als **Unstetigkeitsstellen** von f. f ist z.B. an der Stelle x_0 unstetig (siehe a)), wenn der Grenzwert an der Stelle x_0 nicht existiert oder wenn der Grenzwert g von f an der Stelle x_0 zwar existiert, aber $f(x_0) \neq g$ ist.

[1]) In mancher Literatur bezeichet man f nur an solchen Stellen x_0 als unstetig. die zu D_f gehören.

Beispiel 4.30

a) Jede ganzrationale Funktion

$$f: x \mapsto \sum_{k=0}^{n} a_k x^k \tag{4.29}$$

ist wegen $\lim\limits_{x \to x_0} \sum\limits_{k=0}^{n} a_k x^k = \sum\limits_{k=0}^{n} a_k x_0^k$ (siehe (4.23)) für alle $x_0 \in \mathbb{R}_0$ stetig.

b) Wegen $\lim\limits_{x \to x_0} \cos x = \cos x_0$ für alle $x_0 \in \mathbb{R}$ (s. (4.17)) ist die cos-Funktion für alle $x_0 \in \mathbb{R}$ stetig.

Beispiel 4.31

a) Die Funktion $f: x \mapsto f(x) = \begin{cases} \dfrac{x^3 - 1}{x - 1} & \text{für } x \neq 1 \\ 2 & \text{für } x = 1 \end{cases}$

(s. Bild 4.22) ist an der Stelle $x_0 = 1$ unstetig, da $\lim\limits_{x \to 1} f(x) = g = 3$, jedoch $f(1) = 2 \neq g$ ist.

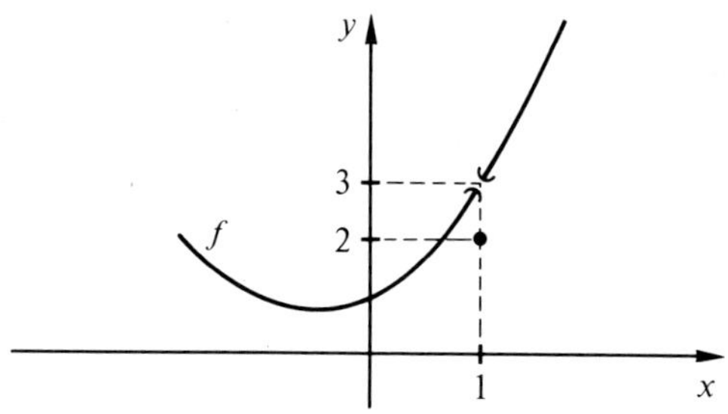

Bild 4.22: f ist an der Stelle $x_0 = 1$ unstetig

b) Die Funktion $f: x \mapsto f(x) = \begin{cases} \dfrac{1}{x + 1} & \text{für } x \in \mathbb{R} \setminus \{-1\} \\ 0 & \text{für } x = -1 \end{cases}$

(s. Bild 4.23) ist an der Stelle $x_0 = -1$ unstetig, da f für $x \to -1$ nicht konvergiert.

c) Die Funktion $f: x \mapsto \dfrac{x^2 - 1}{x - 1}$

ist an der Stelle $x_0 = 1$ unstetig, da f nicht in $x_0 = 1$, jedoch auf $\dot{U}_\rho(1)$, $\rho > 0$, definiert ist (s. Bild 4.24).

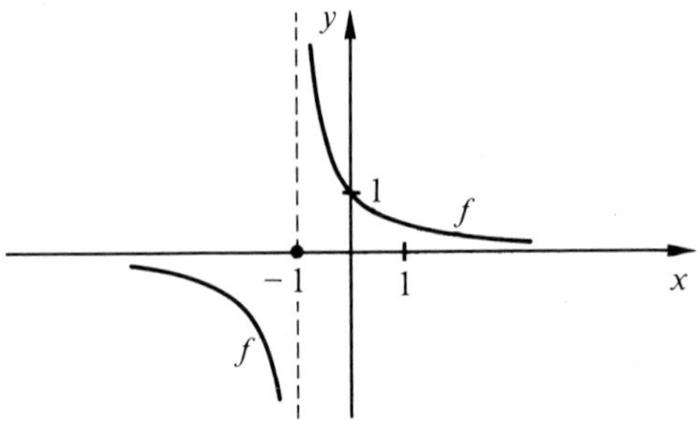

Bild 4.23: f ist an der Stelle $x_0 = -1$ unstetig

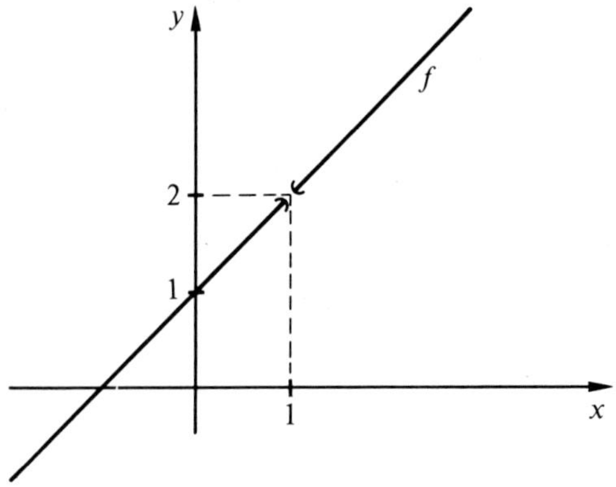

Bild 4.24: f ist an der Stelle $x_0 = 1$ unstetig

Beispiel 4.32

Die Funktion $f\colon x \mapsto \sqrt{x}$ ist an jeder Stelle $x_0 \in \mathbb{R}^+$ stetig.

Für $\varepsilon > 0$ und $x \in \mathbb{R}^+$ ist

$$|f(x) - f(x_0)| = |\sqrt{x} - \sqrt{x_0}| = \left|\frac{x - x_0}{\sqrt{x} + \sqrt{x_0}}\right| < \frac{|x - x_0|}{\sqrt{x_0}} < \varepsilon, \text{ falls } |x - x_0| < \sqrt{x_0} \cdot \varepsilon.$$

Wählen wir zu $\varepsilon > 0$ folglich $\delta = \delta(\varepsilon, x_0) = \sqrt{x_0} \cdot \varepsilon$, so gilt für alle $x \in \mathbb{R}^+$ mit $0 \leqq |x - x_0| < \delta$ die Ungleichung $|\sqrt{x} - \sqrt{x_0}| < \varepsilon$, also $\lim\limits_{x \to x_0} \sqrt{x} = \sqrt{x_0}$

Ersetzen wir in der Stetigkeitsbedingung (4.26) den Grenzwert durch einen einseitigen Grenzwert, so gelangen wir zu der Definition der einseitigen Stetigkeit.

Definition 4.9

f sei auf $[x_0, x_0 + \rho)$, $\rho > 0$ definiert. Dann heißt f an der Stelle x_0 **rechtsseitig stetig**, wenn

$$\lim_{x \downarrow x_0} f(x) = f(x_0) \quad \text{ist.}$$

Bemerkungen:

1. Entsprechend lautet die Definition für die linksseitige Stetigkeit einer auf $(x_0 - \rho, x_0]$, $\rho > 0$, definierten Funktion.
2. Ersetzt man in Bemerkung 4 zu Definition 4.8 $U_\rho(x_0)$ durch $[x_0, x_0 + \rho)$ bzw. $(x_0 - \rho, x_0]$ und $|x - x_0| < \delta$ durch $0 \leqq x - x_0 < \delta$ bzw. $0 \leqq x_0 - x < \delta$, so erhält man die der Definition 4.9 entsprechende Definition der rechts- bzw. linksseitigen Stetigkeit im (ε, δ)-Formalismus.
3. Wenn f auf $U_\rho(x_0)$ definiert ist, dann ist f in x_0 genau dann stetig, wenn die Funktion dort sowohl rechtsseitig als auch linksseitig stetig ist (vgl. Satz 4.4).

Beispiel 4.33

Die Funktion $f\colon x \mapsto x[x]$

(s. Bild 4.14) ist an der Stelle $x_0 = 2$ wegen $\lim\limits_{x \downarrow 2} f(x) = 4 = f(2)$ rechtsseitig stetig, jedoch wegen $\lim\limits_{x \uparrow 2} f(x) = 2 \neq 4 = f(2)$ linksseitig unstetig.

Bisher haben wir Funktionen f ausschließlich an einer festen Stelle $x_0 \in D_f$ auf Stetigkeit hin untersucht. Wir wollen nun diese Untersuchung auf Intervalle ausdehnen und definieren:

Definition 4.10

f heißt **auf (a, b) stetig**, wenn f für alle $x \in (a, b)$ stetig ist.
f heißt **auf $[a, b]$ stetig**, wenn f auf (a, b) stetig und in a rechtsseitig sowie in b linksseitig stetig ist.

Bemerkung:

Entsprechend definiert man die Stetigkeit auf halboffenen Intervallen.

Beispiel 4.34

a) Die cos-Funktion ist wegen Beispiel 4.18 auf $(-\infty, \infty)$ stetig.
b) Die Funktion $f\colon x \mapsto \sqrt{x}$ ist auf $(0, \infty)$ stetig (s. Beispiel 4.31) und an der Stelle $x_0 = 0$ rechtsseitig stetig. Folglich ist f auf $[0, \infty)$ stetig.
c) Die e-Funktion ist auf $\mathbb{R}$ stetig.
Auf den Beweis verzichten wir hier und verweisen auf Abschnitt 8.2.1.

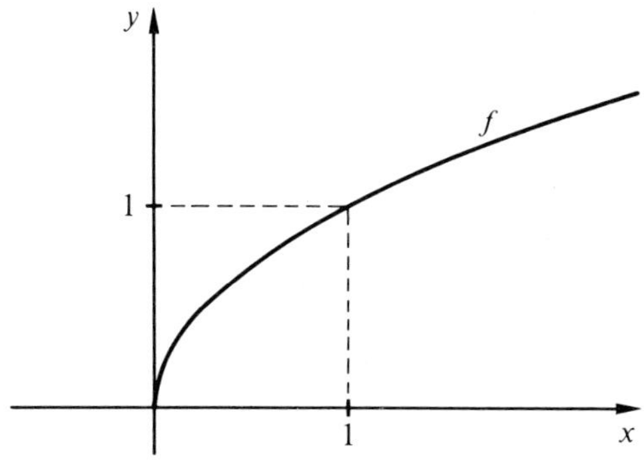

Bild 4.25: Graph von $f\colon x \mapsto \sqrt{x}$

4.3.2 Klassifikation von Unstetigkeitsstellen

Wie wir gesehen haben, kann eine Funktion f an der Stelle x_0 aus verschiedenen Gründen unstetig sein. Wir wollen deshalb die Unstetigkeitsstellen einer Funktion, je nach der Ursache der Unstetigkeit, klassifizieren.

Definition 4.11

f sei in x_0 unstetig. Ist f jedoch für $x \to x_0$ konvergent, dann heißt x_0 eine **hebbare Unstetigkeitsstelle** von f.

Bemerkungen:

1. Besitzt f an der Stelle x_0 eine hebbare Unstetigkeitsstelle und ist f stetig für alle $x \in D_f \setminus \{x_0\}$, dann ist die Funktion

$$h\colon x \mapsto h(x) = \begin{cases} f(x) & \text{für } x \neq x_0 \\ \lim\limits_{x \to x_0} f(x) & \text{für } x = x_0 \end{cases}$$

für alle $x \in D_f$ stetig. Man hat damit die Unstetigkeit von f in x_0 »behoben«.

2. Ist x_0 eine hebbare Unstetigkeitsstelle von f, so ist entweder $\lim\limits_{x \to x_0} f(x) \neq f(x_0)$ oder f ist in x_0 nicht definiert. Im zweiten Fall sagt man auch, f besitze an der Stelle x_0 eine Lücke.

Beispiel 4.35

Es sei

$$f\colon x \mapsto f(x) = \begin{cases} \dfrac{x^2 - 4}{x - 2} & \text{für } x \neq 2 \\ 2 & \text{für } x = 2 \end{cases}.$$

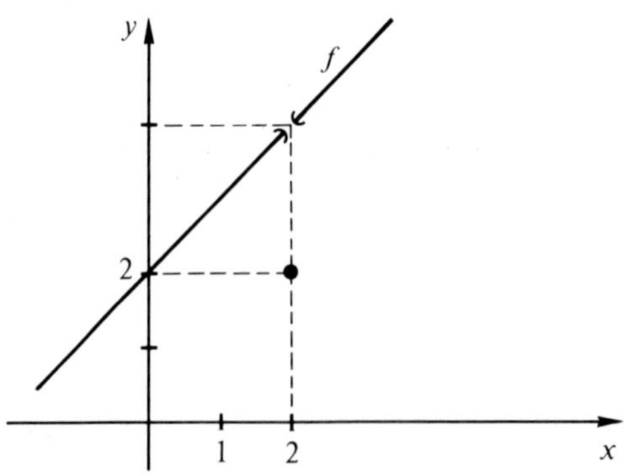

Bild 4.26: f besitzt an der Stelle 2 eine hebbare Unstetigkeitsstelle

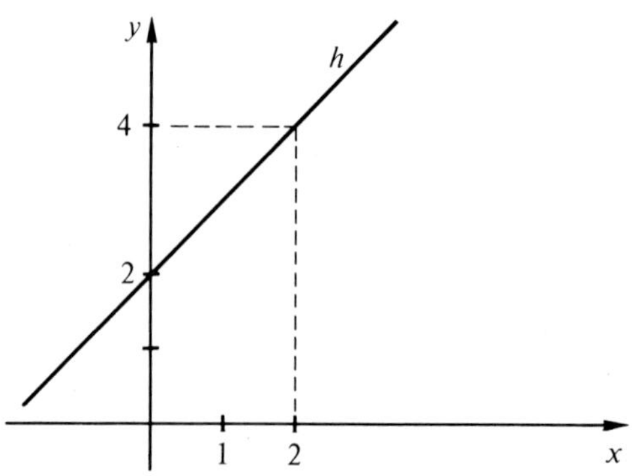

Bild 4.27: h ist an der Stelle 2 stetig

Da $\lim_{x\to 2} f(x) = 4 = g$, aber $g \neq f(2)$ ist, besitzt f an der Stelle $x_0 = 2$ eine hebbare Unstetigkeitsstelle (s. Bild 4.26).

Die Funktion

$$h\colon x \mapsto h(x) = \begin{cases} \dfrac{x^2-4}{x-2} & \text{für } x \neq 2 \\ 4 & \text{für } x = 2 \end{cases}$$

ist jedoch für alle $x \in D_f$ stetig (s. Bild 4.27).

Beispiel 4.36

Die Funktion $f\colon x \mapsto \dfrac{\sin x}{x}$ ist für alle $x \in \mathbb{R} \backslash \{0\}$ definiert, an der Stelle $x_0 = 0$ unstetig. Da $\lim_{x\to 0} \dfrac{\sin x}{x} = 1$ ist (s. (4.25)), besitzt f in $x_0 = 0$ eine Lücke (s. Bild 4.4). Die Funktion

$$h\colon x \mapsto h(x) = \begin{cases} \dfrac{\sin x}{x} & \text{für } x \neq 0 \\ 1 & \text{für } x = 0 \end{cases}$$

ist für alle $x \in \mathbb{R}$ definiert und in $x_0 = 0$ stetig. Man hat damit die Lücke »geschlossen«.

Beispiel 4.37

Die Funktion $f\colon x \mapsto \dfrac{1}{x}$ ist an der Stelle $x_0 = 0$ unstetig. Dies ist jedoch keine hebbare Unstetigkeitsstelle, da f für $x \to 0$ nicht konvergent ist.

Definition 4.12

f sei auf $U^{\boldsymbol{\cdot}}(x_0)$ definiert. x_0 heißt
a) eine **Unstetigkeitsstelle 1. Art** oder eine **Sprungstelle** von f, wenn die einseitigen Grenzwerte g^+ und g^- an dieser Stelle existieren. aber $g^+ \neq g^-$ ist.
b) eine **Unstetigkeitsstelle 2. Art** von f, wenn mindestens einer der einseitigen Grenzwerte g^+ oder g^- an dieser Stelle nicht existiert.

Bemerkungen:

1. Besitzt f an der Stelle x_0 eine Unstetigkeitsstelle 1. Art (Sprungstelle), dann heißt $|g^+ - g^-|$ der **Sprung** von f an dieser Stelle.
2. Nach Bemerkung 6 zu Definition 4.7 ist eine Unendlichkeitsstelle von f eine Unstetigkeitsstelle 2. Art.
3. Eine Unstetigkeitsstelle 2. Art x_0 heißt speziell eine **Oszillationsstelle** von f, wenn f an dieser Stelle für $x \downarrow x_0$ und $x \uparrow x_0$ unbestimmt divergent ist.

Beispiel 4.38

Es sei $f\colon x \mapsto f(x) = \begin{cases} |x|\left(x + \dfrac{1}{x}\right) & \text{für } x \neq 0 \\ 0 & \text{für } x = 0 \end{cases}$

Da die einseitigen Grenzwerte

$$\lim_{x\uparrow 0} |x|\left(x + \frac{1}{x}\right) = \lim_{x\uparrow 0} (-x^2 - 1) = -1 = g^-, \quad \lim_{x\downarrow 0} |x|\left(x + \frac{1}{x}\right) = \lim_{x\downarrow 0} (x^2 + 1) = 1 = g^+$$

existieren, aber $g^- \neq g^+$ ist, besitzt f (s. Bild 4.28) an der Stelle $x_0 = 0$ eine Unstetigkeitsstelle 1. Art (Sprungstelle) mit dem Sprung $|g^+ - g^-| = 2$.

Beispiel 4.39

Die Funktion $f\colon x \mapsto f(x) = \begin{cases} \dfrac{x-2}{x-1} & \text{für } x < 1 \\ \dfrac{1}{x} & \text{für } x \geqq 1 \end{cases}$ besitzt wegen $\lim\limits_{x\uparrow 1} f(x) = \lim\limits_{x\uparrow 1} \dfrac{x-2}{x-1} = \infty$ an der Stelle $x_0 = 1$ eine Unstetigkeitsstelle 2. Art (s. Bild 4.29).

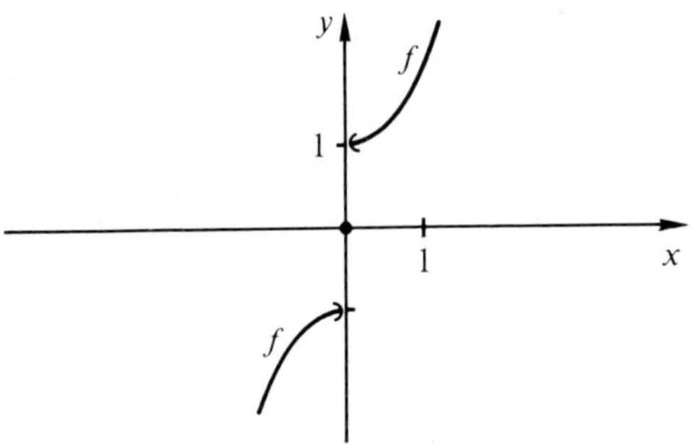

Bild 4.28: Sprungstellen von $f\colon x \mapsto f(x) = |x|\left(x + \dfrac{1}{x}\right)$

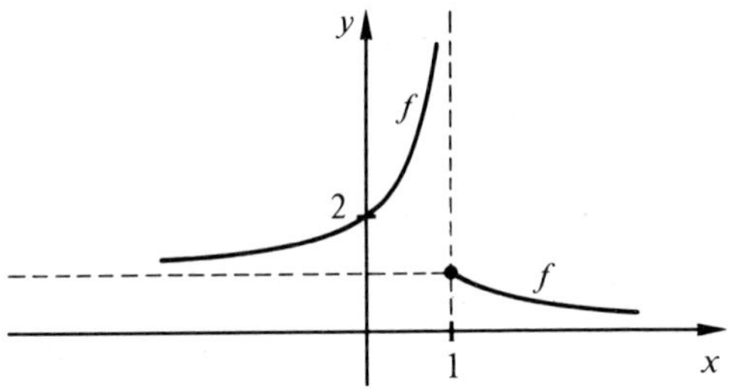

Bild 4.29: Unstetigkeitsstelle 2. Art

Beispiel 4.40

Die Funktion $f\colon x \mapsto \sin\dfrac{1}{x}$ (s. Bild 4.10) besitzt an der Stelle $x_0 = 0$ eine Oszillationsstelle, da f für $x\uparrow 0$ und $x\downarrow 0$ unbestimmt divergent ist.

Vor allem in der Elektrotechnik treten Funktionen auf (s. Bild 4.30), die in einem Intervall bis auf endlich viele Stellen stetig sind.

Definition 4.13

> f heißt auf einem Intervall **stückweise stetig**, wenn f dort bis auf endlich viele Sprungstellen stetig ist.

Beispiel 4.41

Die Funktion

$$f: t \mapsto f(t) = \frac{c}{2}((-1)^{[t]} + 1) \quad \text{mit } t \in \mathbb{R}^+ \text{ und } c > 0$$

beschreibt einen sogenannten Rechteckpuls (s. Bild 4.30).

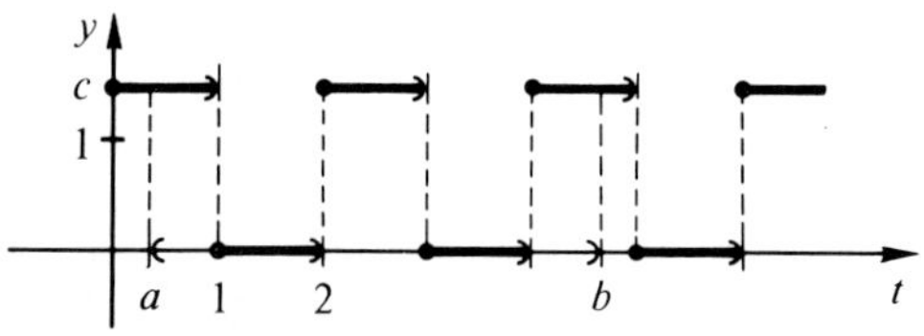

Bild 4.30: Auf (a, b) stückweise stetige Funktion

f besitzt an den Stellen $t \in \mathbb{N}$ Sprungstellen mit dem Sprung c und ist an allen übrigen Stellen $t \in \mathbb{R}^+ \setminus \mathbb{N}$ stetig. Folglich ist diese Funktion auf jedem Intervall $(a, b) \subset \mathbb{R}^+$ stückweise stetig.

Art der Unstetigkeitsstelle	Bedingungen	Beispiel $f: x \mapsto f(x) =$	Graph von f
hebbare Unstetigkeitsstelle	$\lim_{x \to x_0} f(x) = g$ und $g \neq f(x_0)$	$\begin{cases} \frac{1}{4}(x-1)^2 + 1 & \text{für } x \neq 1 \\ 2 & \text{für } x = 1 \end{cases}$	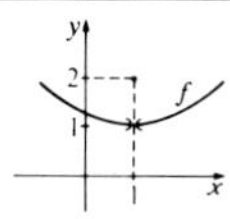
	$\lim_{x \to x_0} f(x) = g$ und $x_0 \notin D_f$	$\frac{x^2 - 1}{x - 1}$	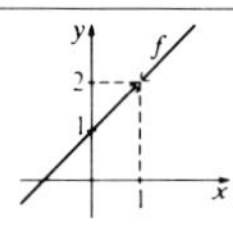
Unstetigkeitsstelle 1. Art (Sprungstelle)	g^+ und g^- existieren in x_0, aber $g^+ \neq g^-$	$\begin{cases} x - 1 & \text{für } x \geqq 1 \\ -1 & \text{für } x < 1 \end{cases}$	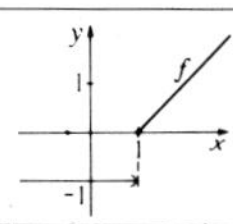
Unstetigkeitsstelle 2. Art	mindestens g^+ oder g^- existieren in x_0 nicht	$\begin{cases} \frac{1}{x-1} & \text{für } x > 1 \\ 1 & \text{für } x \leqq 1 \end{cases}$	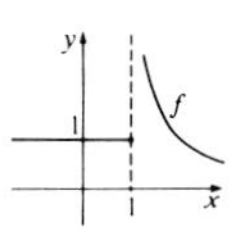
	f ist für $x \uparrow x_0$ und $x \downarrow x_0$ unbestimmt divergent (Oszillationsstelle)	$\sin \frac{1}{x}$	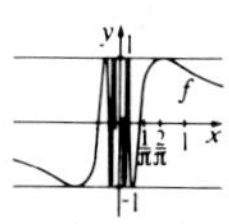

4.3.3 Eigenschaften stetiger Funktionen

Entsprechend zu Satz 4.5 und Satz 4.6 können wir mit Hilfe der folgenden Sätze leichter nachweisen, ob eine Funktion f an einer Stelle x_0 stetig ist.

Satz 4.10

f_1 und f_2 seien in x_0 stetig. Dann sind auch die Funktionen

$$f_1 \pm f_2;\ f_1 \cdot f_2;\ \frac{f_1}{f_2}, \text{ falls } f_2(x_0) \neq 0 \text{ ist; } |f_1|$$

stetig in x_0.

Den Beweis dieses Satzes können wir mit Hilfe von Satz 4.5 führen.

Bemerkungen:

1. Dieser Satz gilt entsprechend, wenn sowohl f_1 als auch f_2 in x_0 rechts- bzw. linksseitig stetig sind.
2. Setzt man $f_1(x) = c \in \mathbb{R}$ für alle $x \in \mathbb{R}$, so folgt die Stetigkeit von $c \cdot f_2$ an der Stelle x_0.
3. Sind die Funktionen f_i, $i = 1, \ldots, n$, in x_0 stetig, so zeigt man mit Hilfe der vollständigen Induktion die Stetigkeit von

$$f\colon x \mapsto \sum_{i=1}^{n} c_i f_i(x),\ c_i \in \mathbb{R} \text{ für alle } i \text{ und von}$$

$$h\colon x \mapsto \prod_{i=1}^{n} f_i(x)$$

an der Stelle x_0.

Beispiel 4.42

Wegen (4.29) und Satz 4.10 ist jede gebrochenrationale Funktion

$$r\colon x \mapsto \frac{p_n(x)}{q_m(x)}$$

für alle $x \in D_r$ stetig, x_0 ist eine Unstetigkeitsstelle 2. Art, wenn $p_n(x_0) \neq 0$ und $q_m(x_0) = 0$ ist. r besitzt in x_0 eine Lücke (hebbare Unstetigkeitsstelle), falls x_0 eine k-fache Nullstelle ($k \in \mathbb{N}$) von p_n und q_m ist (s. Satz 4.8).

Mit Hilfe der folgenden Sätze können wir gegebenenfalls die Stetigkeit von zusammengesetzten Funktionen und von Umkehrfunktionen nachweisen, ohne den (ε, δ)-Formalismus anwenden zu müssen.

Satz 4.11

f sei in $x_0 \in D_f$, g in $u_0 = f(x_0) \in D_g$ stetig und $W_f \subset D_R$. Dann ist auch die zusammengesetzte Funktion

$$h = g \circ f: x \mapsto h(x) = g(f(x))$$

stetig in x_0, und es gilt

$$\lim_{x \to x_0} g(f(x)) = g(\lim_{x \to x_0} f(x)) = g(f(x_0)). \qquad (4.30)$$

Den Beweis dieses Satzes findet man z.B. in [4].

Bemerkung:

Unter Berücksichtigung von Definition 4.10 können wir aus diesem Satz folgern:
Sind die Funktionen $f: D_f \to W_f$ für alle $x \in D_f$ und $g: W_f \to W_g$ für alle $x \in W_f$ stetig, so ist auch die zusammengesetzte Funktion $h = g \circ f: D_f \to W_g$ für alle $x \in D_f$ stetig.

Beispiel 4.43

Die trigonometrischen Funktionen sind an jeder Stelle ihres Definitionsbereichs stetig.

Wir betrachten die Funktion

$$h: x \mapsto h(x) = \cos\left(x - \frac{\pi}{2}\right) = \sin x \text{ mit } x \in \mathbb{R}.$$

Durch

$$f: x \mapsto u = f(x) = x - \frac{\pi}{2}, \quad u \in \mathbb{R} \quad \text{und} \quad g: u \mapsto g(u) = \cos u$$

ist wegen $W_f = \mathbb{R} = D_g$ die zusammengesetzte Funktion $h = g \circ f$ definiert.

Nach Beispiel 4.30 ist f für alle $x \in \mathbb{R}$ und g nach Beispiel 4.18 für alle $u \in \mathbb{R}$ stetig. Folglich ist h, also die sin-Funktion, nach Satz 4.11 für alle $x \in \mathbb{R}$ stetig.

Hieraus folgt mit Satz 4.10 die Stetigkeit von

$$f_1: x \mapsto \tan x = \frac{\sin x}{\cos x} \quad \text{und} \quad f_2: x \mapsto \cot x = \frac{\cos x}{\sin x}$$

für alle $x \in D_{f_1}$ bzw. alle $x \in D_{f_2}$. Damit ist die Stetigkeit der trigonometrischen Funktionen nachgewiesen.

Satz 4.12

Es sei A ein Intervall. Wenn $f: A \to W_f$ auf A stetig und umkehrbar ist, dann ist $f^{-1}: W_f \to A$ stetig auf W_f, und W_f ist ein Intervall.

Den Beweis dieses Satzes findet man z.B. in [4].

Bemerkung:

f^{-1} kann unstetig sein auch dann, wenn f stetig und umkehrbar ist. Z.B. ist die Funktion (s. Bild 4.31)

$$f: x \mapsto f(x) = \begin{cases} x & \text{für } x \geqq 0 \\ x+1 & \text{für } x < -1 \end{cases}$$

für alle $x \in (-\infty, -1) \cup [0, \infty)$ stetig und umkehrbar.

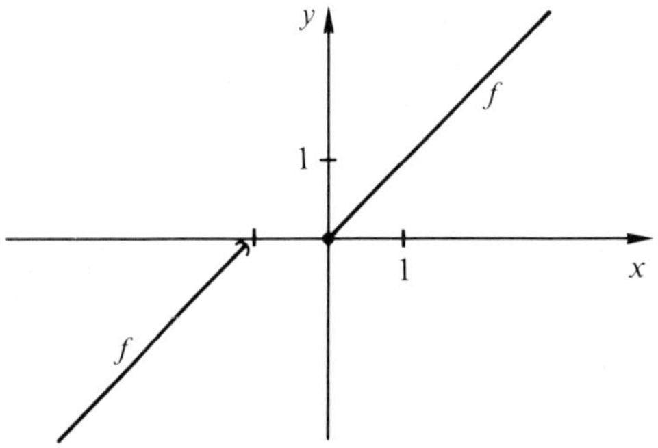

Bild 4.31: f ist stetig und umkehrbar

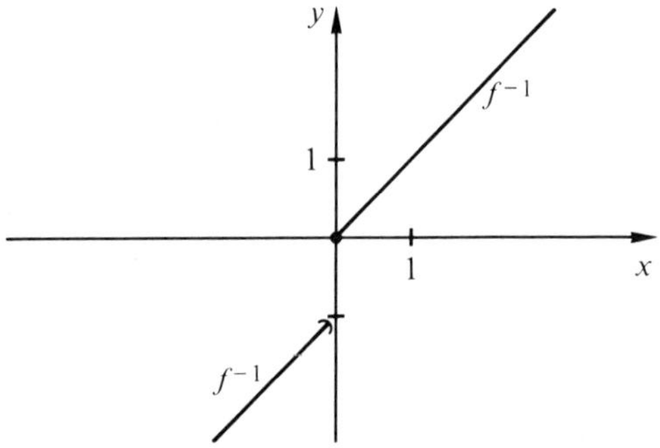

Bild 4.32: f^{-1} ist an der Stelle $x_0 = 0$ unstetig

Die Umkehrfunktion

$$f^{-1}: x \mapsto f^{-1}(x) = \begin{cases} x & \text{für } x \geqq 0 \\ x-1 & \text{für } x < 0 \end{cases}$$

(s. Bild 4.32) ist jedoch an der Stelle $0 \in W_f$ unstetig. Das ist kein Widerspruch zu Satz 4.12, da D_f kein Intervall ist.

Beispiel 4.44

Die Funktion

$$f: x \mapsto f(x) = \sin x \quad \text{mit } x \in D_f = \left[-\frac{\pi}{2}, \frac{\pi}{2}\right]$$

ist nach Beispiel 4.43 für alle $x \in D_f$ stetig und umkehrbar (s. Abschnitt 2.5.3). Folglich ist auch deren Umkehrfunktion

$$f^{-1} = f_1: x \mapsto \arcsin x$$

für alle $x \in [-1, 1]$ stetig. Entsprechend folgt die Stetigkeit der Funktionen

$$f_2: x \mapsto \arccos x, \qquad f_3: x \mapsto \arctan x, \qquad f_4: x \mapsto \operatorname{arccot} x$$

für alle x aus ihrem Definitionsbereich.

Die folgenden Eigenschaften stetiger Funktionen besitzen theoretischen Wert und spielen beim Aufbau der Differential- und Integralrechnung eine wesentliche Rolle. Insbesondere sind dabei solche Funktionen von Bedeutung, die auf einem abgeschlossenen Intervall stetig sind.

Satz 4.13

> f sei auf $U_\rho(x_0)$ definiert und in x_0 stetig, ferner sei $f(x_0) \neq 0$. Dann existiert eine Umgebung $U_{\delta_1}(x_0) \subset U_\rho(x_0)$ so, daß $f(x)$ für alle $x \in U_{\delta_1}(x_0)$ das gleiche Vorzeichen besitzt.

Bemerkung:

Ist f stetig und an der Stelle x_0 negativ (positiv), so kann $f(x)$ in einer hinreichend kleinen Umgebung von x_0 nicht sprunghaft das Vorzeichen ändern (s. Bild 4.33).

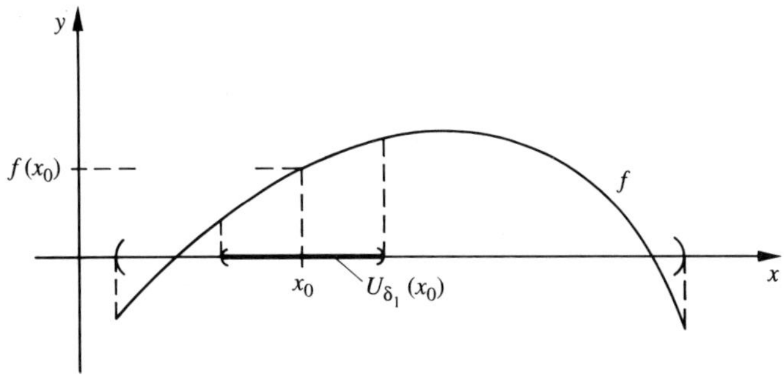

Bild 4.33: Für alle $x \in U_{\delta_1}(x_0)$ ist $f(x) > 0$

Auch den folgenden Satz geben wir ohne Beweis an.

Satz 4.14

> Wenn f auf $[a, b]$ stetig ist, dann ist f dort beschränkt.

Bemerkungen:

1. Die Abgeschlossenheit des Intervalls ist eine wesentliche Voraussetzung dieses Satzes.

   Die Funktion $f: x \mapsto f(x) = \frac{1}{x}$ mit $x \in (0, 1]$ ist zwar auf $(0, 1]$ stetig, jedoch wegen $\lim\limits_{x \downarrow 0} f(x) = \infty$ nicht beschränkt.

2. Der Satz ist nicht umkehrbar, d.h. aus der Beschränktheit von f auf $[a, b]$ folgt i.a. nicht die Stetigkeit. Zum Beispiel ist die Funktion

   $$f: x \rightarrow \operatorname{sgn} x$$

   (s. Bild 2.7) auf $\mathbb{R}$ beschränkt, aber in $x_0 = 0$ unstetig (Sprungstelle).

Im Hinblick auf den nächsten Satz benötigen wir folgende Begriffe.

Definition 4.14

Man sagt, f besitze an der Stelle $x_M \in D_f$ ein **absolutes Maximum** $M = f(x_M)$, wenn

$$f(x) \leqq f(x_M) = M \quad \text{für alle } x \in D_f \text{ ist,} \tag{4.31}$$

und an der Stelle $x_m \in D_f$ ein **absolutes Minimum** $m = f(x_m)$, wenn

$$f(x) \geqq f(x_m) = m \quad \text{für alle } x \in D_f \text{ ist.} \tag{4.32}$$

M und m heißen die **absoluten Extremwerte** von f.

Bemerkung:

Ist f auf D_f beschränkt, so besitzt W_f nach Abschnitt 1.3.3 die obere Grenze $\sup W_f$ und die untere Grenze $\inf W_f$. Diese Werte müssen jedoch von f nicht angenommen werden, d.h. es müssen nicht notwendig Werte $x_1, x_2 \in D_f$ so existieren, daß $f(x_1) = \inf W_f$ und $f(x_2) = \sup W_f$ ist. Sind jedoch $\sup W_f$ bzw. $\inf W_f$ Elemente der Wertemenge W_f, dann heißen sie nach obiger Definition absolutes Maximum bzw. absolutes Minimum von f, und man bezeichnet sie mit M bzw. m.

Wie der folgende Satz zeigt, gehört bei einer auf einem abgeschlossenen Intervall stetigen Funktion sowohl die obere als auch die untere Grenze ihres Wertebereichs W_f stets dieser Menge an.

Satz 4.15 (Satz von Weierstraß)

f sei auf dem abgeschlossenen Intervall $[a, b]$ stetig. Dann besitzt f dort ein absolutes Maximum M und ein absolutes Minimum m, d.h. es existiert (mindestens) ein $x_M \in [a, b]$ und ein $x_m \in [a, b]$ so, daß für alle $x \in [a, b]$ gilt:

$$m = f(x_m) \leqq f(x) \leqq f(x_M) = M.$$

Auf einen Beweis dieses Satzes verzichten wir (s. z.B. [1]).

Beispiel 4.45

Die Funktion

$$f: x \mapsto \frac{1}{1+x^2} \quad \text{mit } x \in [-1, 3]$$

ist auf ihrem Definitionsbereich stetig und besitzt damit nach Satz 4.15 ein absolutes Maximum und absolutes Minimum, nämlich $M = 1$ und $m = \frac{1}{10}$. Diese Werte werden an der Stelle $x_M = 0$ und $x_m = 3$ angenommen, da f auf $[-1, 0]$ streng monoton wachsend, auf $[0, 3]$ streng monoton fallend ist. Folglich ist

$$\tfrac{1}{10} = f(3) \leqq f(x) \leqq f(0) = 1 \quad \text{für alle } x \in [-1, 3].$$

(s. Bild 4.34).

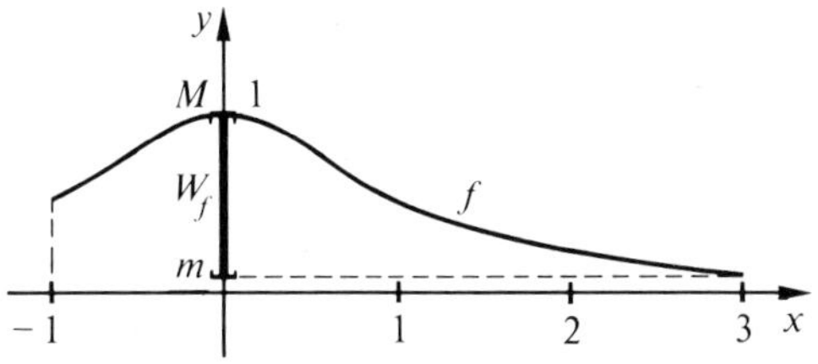

Bild 4.34: $\frac{1}{10} = m \leqq \frac{1}{1+x^2} \leqq M = 1$ für alle $x \in [-1, 3]$

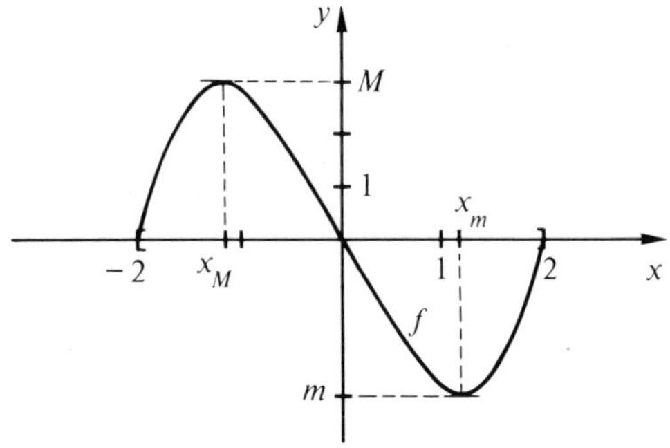

Bild 4.35: Absolute Extremwerte von $f: x \mapsto x(x^2 - 4)$

Der Satz von Weierstraß sagt nur etwas über die Existenz der absoluten Extremwerte aus. Er besitzt keine praktische Bedeutung, da aus ihm kein Verfahren zur Berechnung der absoluten Extremwerte von auf $[a, b]$ stetigen Funktionen abgeleitet werden kann. Jedoch kann man die absoluten Extremwerte z. B. der Funktion

$$f: x \mapsto x(x^2 - 4) \quad \text{mit } x \in [-2, 2]$$

(s. Bild 4.35) mit Hilfe der Differentialrechnung bestimmen (s. Abschnitt 8.7.2). Ohne Beweis sei mitgeteilt, daß das absolute Maximum von f an der Stelle $x_M = -\frac{2}{3}\sqrt{3}$, das absolute Minimum von f, da f ungerade ist, an der Stelle $x_m = \frac{2}{3}\sqrt{3}$ angenommen wird. Folglich ist

$$-\tfrac{16}{9}\sqrt{3} = f(x_m) \leqq f(x) \leqq f(x_M) = \tfrac{16}{9}\sqrt{3}$$

für alle $x \in [-2, 2]$.

Der folgende Satz gibt eine (anschaulich selbstverständliche) Eigenschaft einer stetigen Funktion wieder. Verläuft der Graph einer stetigen Funktion durch einen Punkt oberhalb und einen Punkt unterhalb der x-Achse, so muß er zwischen diesen Punkten mindestens einmal die x-Achse schneiden.

Satz 4.16 (Satz von Bolzano)

> Wenn f auf $[a,b]$ stetig und $f(a)f(b) < 0$ ist, dann existiert (mindestens) ein $\xi \in (a, b)$ mit $f(\xi) = 0$.

Bemerkungen:

1. Dieser Satz findet z.B. bei der Lösung von Gleichungen Anwendung. Kann man nämlich ein Intervall $[a, b]$ angeben, in dem die Funktion f die Voraussetzungen des Satzes von Bolzano erfüllt, so muß in diesem Intervall mindestens eine Nullstelle von f liegen.
   Durch wiederholte Halbierung der Intervalle läßt sich diese Nullstelle immer genauer einschachteln, wenn man jeweils das Halbierungsintervall wählt, auf dem f die Voraussetzungen des Satzes von Bolzano erfüllt.

2. Ist f unstetig, so gilt die Aussage des Satzes i.a. nicht.

Die Funktion

$$f\colon x \mapsto f(x) = \begin{cases} x & \text{für } -1 \leqq x < 0 \\ 1 & \text{für } \quad 0 \leqq x \leqq 1 \end{cases}$$

(s. Bild 4.36) z.B. besitzt in $[-1, 1]$ keine Nullstelle, obwohl $f(-1)f(1) < 0$ ist. f ist an der Stelle 0 unstetig.

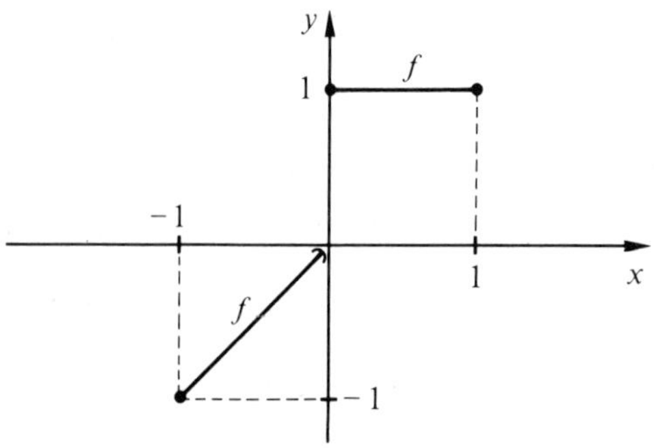

Bild 4.36: f besitzt auf $[-1, 1]$ keine Nullstelle

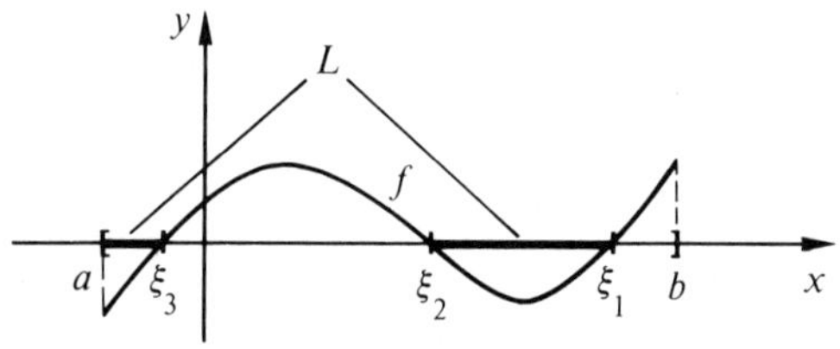

Bild 4.37: $f(x) \leqq 0$ für alle $x \in L$

Beweis zu Satz 4.16

Wir wollen annehmen, daß $f(a) < 0$ und $f(b) > 0$ ist (s. Bild 4.37). Für den Fall, daß $f(a) > 0$ und $f(b) < 0$ ist, verläuft der Beweis entsprechend.

Es sei

$$L = \{x \mid x \in [a, b] \quad \text{und} \quad f(x) \leqq 0\} \qquad \text{(s. Bild 4.37).}$$

Wegen $a \in L$ und $x < b$ für alle $x \in L$ ist L nicht leer und nach oben beschränkt. Folglich besitzt L eine obere Grenze $\xi = \sup L$. Wir zeigen, daß $f(\xi) = 0$ ist.

Indirekter Beweis:
Gegenannahme: Es sei $f(\xi) \neq 0$
Dann gilt $f(\xi) > 0$ oder $f(\xi) < 0$.
Es sei $f(\xi) > 0$. Dann existiert nach Satz 4.13 eine Umgebung $U_\delta(\xi)$ mit $f(x) > 0$ für alle $x \in U_\delta(\xi)$.
Für alle $x \in (\xi - \delta, \xi)$ ist daher $f(x) > 0$. Dann ist $\sup L \leqq \xi - \delta$ (Widerspruch).

Entsprechend führt die Annahme $f(\xi) < 0$ zu einem Widerspruch. Folglich ist $f(\xi) = 0$. ●

Als Verallgemeinerung von Satz 4.16 erhält man

Satz 4.17 (Zwischenwertssatz)

> Wenn f auf $[a, b]$ stetig und $f(a) \neq f(b)$ ist, dann existiert zu jeder zwischen $f(a)$ und $f(b)$ gelegenen Zahl $\lambda \in \mathbb{R}$ mindestens ein $\xi \in (a, b)$ so, daß $f(\xi) = \lambda$ ist.

Beweis:

Wir nehmen an, daß $f(a) < f(b)$ ist (s. Bild 4.38). Für den Fall, daß $f(a) > f(b)$ ist, verläuft der Beweis entsprechend.
Es sei $f(a) < \lambda < f(b)$ und $g\colon x \mapsto g(x) = f(x) - \lambda$. g ist auf $[a, b]$ stetig, weil f dort stetig ist, und es gilt

$$g(a) = f(a) - \lambda < 0 \quad \text{und} \quad g(b) = f(b) - \lambda > 0.$$

Folglich ist $g(a)g(b) < 0$, und g erfüllt die Voraussetzungen des Satzes von Bolzano (s. Satz 4.16). Also existiert mindestens ein $\xi \in [a, b]$ mit $0 = g(\xi) = f(\xi) - \lambda$ bzw. $f(\xi) = \lambda$. ●

Bemerkungen:

1. Aus dem Zwischenwertssatz und dem Satz von Weierstraß folgt, daß die Wertemenge W_f einer auf einem abgeschlossenen Intervall stetigen Funktion wieder ein abgeschlossenes Intervall ist.
2. Es existieren auch unstetige Funktionen, die die Zwischenwerteigenschaft besitzen. Zum Beispiel besitzt die Funktion (s. Bild 4.39)

$$f\colon x \mapsto f(x) = \begin{cases} x+1 & \text{für } -1 \leqq x < 0 \\ x & \text{für } \ 0 \leqq x \leqq 1 \end{cases}$$

   die Funktionswerte $f(-1) = 0$ und $f(1) = 1$, und f nimmt jeden Wert $\lambda \in (0, 1)$ genau zweimal an, obwohl f auf dem Intervall $[-1, 1]$ unstetig ist.

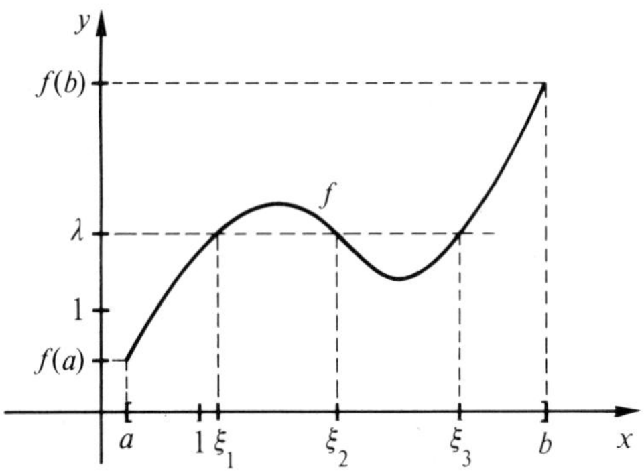

Bild 4.38: f nimmt an den Stellen $\zeta_i \in (a, b)$ den Wert λ an

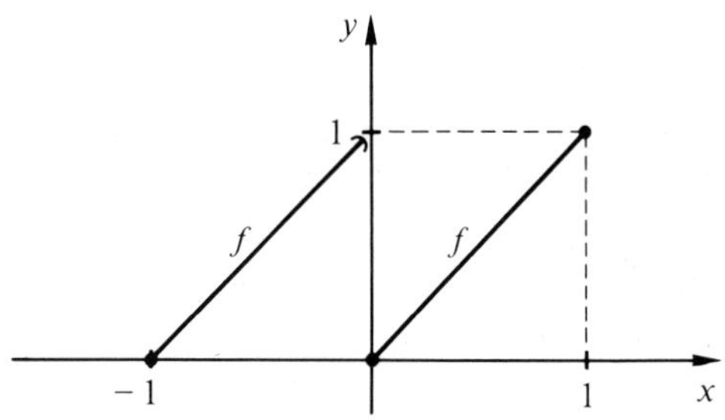

Bild 4.39: f besitzt auf $[-1, 1]$ die Zwischenwerteigenschaft, ist aber in 0 unstetig

3. Ohne Beweis sei mitgeteilt:
   Eine auf $[a, b]$ monotone Funktion f ist genau dann stetig, wenn sie auf $[a, b]$ die Zwischenwerteigenschaft besitzt.

Aufgaben:

1. Zeigen Sie mit Hilfe des (ε, δ)-Formalismus, daß folgende Funktionen $f: x \mapsto f(x)$ an der Stelle x_0 stetig sind:

a) $f(x)=2x-1, \quad x_0=1$ b) $f(x)=x^2, \quad x_0=-1$ c) $f(x)=\frac{1}{x}, \quad x_0=-2$

d) $f(x)=\sqrt{x-1}, \quad x_0=2$ e) $f(x)=\frac{x^2}{x+1}, \quad x_0=0$ f) $f(x)=\begin{cases}\frac{2x^2-8}{x-2} & \text{für } x \neq 2\\ 8 & \text{für } x=2\end{cases}, \quad x_0=2$

g) $f(x)=\begin{cases} x^m \sin\frac{1}{x} & \text{für } x \neq 0\\ 0 & \text{für } x=0\end{cases} \quad m \in \mathbb{N},\ x_0=0$

2. Welche der folgenden Funktionen $f: x \mapsto f(x)$ sind an der Stelle x_0 stetig, welche unstetig? (Begründung!)

a) $f(x)=\begin{cases} x^2+2x+2 & \text{für } x \in (-\infty, -1]\\ x+2 & \text{für } x \in (-1, \infty),\end{cases} \quad x_0=-1$ b) $f(x)=x-[x], \quad x_0=1$

c) $f(x)=\begin{cases}\frac{x-|x|}{x} & \text{für } x \neq 0\\ 2 & \text{für } x=0\end{cases} \quad x_0=0$ d) $f(x)=\frac{1}{\tan\frac{x}{2}}, \quad x_0=\pi$

e) $f(x)=\frac{1}{\sin x+\cos x}, \quad x_0=\frac{3}{4}\pi$ f) $f(x)=\sqrt{\frac{x-1}{x^2+x-2}}, \quad x_0=-1$

g) $f(x)=(-1)^{[x]}, \quad x_0=2$ h) $f(x)=\begin{cases}\frac{|x|(x-1)^2}{x} & \text{für } x \neq 0\\ 0 & \text{für } x=0\end{cases} \quad x_0=0$

3. Sind folgende Funktionen $f: x \mapsto f(x)$ auf dem Intervall $[a, b]$ stetig oder unstetig? Skizzieren Sie den Graph von f und begründen Sie das Ergebnis.

a) $f(x)=\begin{cases}\sqrt{x}+1 & \text{für } x \geqq 0\\ -x+1 & \text{für } x<0\end{cases}, \quad [-5,5]$ *b) $f(x)=|x-[x+\frac{1}{2}]|, \quad [-2,2]$

c) $f(x)=[\frac{1}{2}x]-1, \quad [-2,4]$ d) $f(x)=\begin{cases}\sin x & \text{für } -2\pi \leqq x<0\\ -x^2+2x & \text{für } 0 \leqq x<2\\ 1 & \text{für } 2 \leqq x \leqq 3\end{cases} \quad [-2\pi, 3]$

e) $f(x)=\frac{x}{x^2-1}, \quad [0,5]$ f) $f(x)=\frac{1}{|x+2|}, [-4,0]$

4. An welchen Stellen x_0 sind folgende Funktionen $f: x \mapsto f(x)$ unstetig? Klassifizieren Sie die Unstetigkeitsstellen.

a) $f(x)=\begin{cases}\frac{x^2+2x+1}{x+1} & \text{für } x \neq -1\\ 2 & \text{für } x=-1\end{cases}$ b) $f(x)=\frac{x-2}{x^2-4}$

c) $f(x)=\begin{cases}\dfrac{\sin 3x}{x}-2 & \text{für } x>0\\ x^2 & \text{für } x\leqq 0\end{cases}$

d) $f(x)=\sin\dfrac{1}{x-\pi}$

e) $f(x)=|\operatorname{sgn} x|$

f) $f(x)=\dfrac{1}{|\operatorname{sgn} x|}$

g) $f(x)=\begin{cases}\cos x & \text{für } 0\leqq x<\pi\\ 0 & \text{für } \pi\leqq x<2\pi\end{cases}$ periodisch mit $p=2\pi$

h) $f(x)=\begin{cases}-x+2 & \text{für } 0<x<1\\ 0 & \text{für } x=1\\ 2\dfrac{\sqrt{x}-1}{x-1} & \text{für } 1<x<4\end{cases}$

i) $f(x)=\dfrac{x}{(x-3)^2}$

j) $f(x)=\sqrt{x}\sin\dfrac{1}{x}$

5. Zeigen Sie mit Hilfe von Satz 4.10, Satz 4.11, und Satz 4.12, daß folgende Funktionen $f\colon x\mapsto f(x)$ für alle $x\in D_{\max}$ stetig sind. Wie lautet der Grenzwert von f für $x\to x_0$?

a) $f(x)=\sqrt{\cos 2x},\quad x_0=\dfrac{\pi}{4}$

b) $f(x)=\dfrac{x}{\pi+\tan x},\quad x_0=\pi$

c) $f(x)=\dfrac{\sqrt{x}}{x-1},\quad x_0=2$

d) $f(x)=\dfrac{(x+3)(2x-1)}{x^2+3x-2},\quad x_0=1$

e) $f(x)=\sqrt[3]{\dfrac{1}{3}\left(\dfrac{x+1}{x-1}\right)^2},\quad x_0=-2$

f) $f(x)=\dfrac{2x}{\sin x},\quad x_0=\dfrac{\pi}{2}$

g) $f(x)=\arcsin\dfrac{1}{x-1},\quad x_0=1+\sqrt{2}$

6. Gegeben sind die umkehrbaren Funktionen $f\colon x\mapsto f(x)$. Bestimmen Sie die Umkehrfunktionen f^{-1} und untersuchen Sie, ob diese Funktionen stetig sind.

a) $f(x)=\begin{cases}x^2 & \text{für } 0\leqq x\leqq 1\\ x-1 & \text{für } 2<x\leqq 3\end{cases}$

b) $f(x)=\begin{cases}\arcsin\dfrac{x}{2} & \text{für } 0\leqq x\leqq 2\\ \pi-\dfrac{\pi}{2x-2} & \text{für } 2<x\leqq 4\end{cases}$

7. Gegeben sind die Funktionen $f\colon x\mapsto f(x)$. Bestimmen Sie die Konstante $a\in\mathbb{R}$ so, daß f an der Stelle x_0 stetig ist.

a) $f(x)=\begin{cases}ax^2+3 & \text{für } x>1\\ x+1 & \text{für } x\leqq 1\end{cases},\quad x_0=1$

b) $f(x)=\begin{cases}\dfrac{a}{x+1} & \text{für } -1<x\leqq 0\\ \dfrac{\sin 0{,}5x}{2x} & \text{für } 0<x\leqq 4\end{cases},\quad x_0=0$

8. Besitzen folgende Funktionen $f\colon x\mapsto f(x)$ absolute Extremwerte? Bestimmen Sie sie gegebenenfalls, und geben Sie den Wertebereich W_f an.

a) $f(x)=x^2+2x-1,\quad x\in[-2,3]$

b) $f(x)=\dfrac{x^2}{x^2+1},\quad x\in[0,4]$

c) $f(x)=\dfrac{x}{|x|-1}$

d) $f(x)=|1-\sin x|$

e) $f(x)=\dfrac{2x}{x^2+1}$

9. Geben Sie ein Intervall $[a,b]$ an, in dem die Funktion $f\colon x\mapsto f(x)$ genau eine Nullstelle besitzt.

a) $f(x)=x^2-2x-2$ b) $f(x)=-x^3-x+3$ c) $f(x)=2x-\cos x$ d) $f(x)=\sqrt{x-1}-x+2$

4.4 Allgemeine Exponential- und Logarithmusfunktion

In Abschnitt 2.4 haben wir $a^q, a \in \mathbb{R}^+$ und $q \in \mathbb{Q}$, definiert, Mit Hilfe der e-Funktion und ln-Funktion erhalten wir wegen 3.21

$$a^q = e^{q \ln a} \quad \text{für alle } q \in \mathbb{Q}, a \in \mathbb{R}^+. \tag{4.33}$$

Durch Verallgemeinerung dieses Ausdrucks erhält man

Definition 4.15

Es sei $a \in \mathbb{R}^+ \setminus \{1\}$ und $b \in \mathbb{R}$. Dann setzt man

$$a^b = e^{b \cdot \ln a} \tag{4.34}$$

Die Funktion

a) $f: x \mapsto a^x$ mit $x \in \mathbb{R}$, (4.35)

heißt **Exponentialfunktion zur Basis a** oder **allgemeine Exponentialfunktion**,

b) $f: x \mapsto x^b$ mit $x \in \mathbb{R}^+$ (4.36)

heißt **allgemeine Potenzfunktion**.

Bemerkungen:

1. Die e-Funktion ist ein Sonderfall von (4.35).
2. Setzt man $a = 1$, so ist $\ln a = 0$, d.h. $1^x = e^{x \cdot 0} = 1$. Folglich ist $f: x \mapsto 1^x$, $x \in \mathbb{R}$, eine konstante Funktion.
3. Die allgemeine Potenzfunktion stimmt für rationale Exponenten ($b \in \mathbb{Q}$) mit der in Abschnitt 2.4 eingeführten Potenzfunktion überein. Mit (4.36) haben wir nun die Potenz x^b auch für irrationale Exponenten erklärt.

Den Beweis des folgenden Satzes, der Regeln zum Rechnen mit dem Ausdruck (4.34) enthält, stellen wir als Aufgabe.

Satz 4.18

Es sei $a, b \in \mathbb{R}^+$ und $x, x_1, x_2 \in \mathbb{R}$. Dann gilt

a) $(a \cdot b)^x = a^x \cdot b^x$
b) $a^{x_1 + x_2} = a^{x_1} a^{x_2}$
c) $a^{x_1 \cdot x_2} = (a^{x_1})^{x_2}$

Setzt man

$$h: x \mapsto h(x) = x \ln a \quad \text{mit } x \in \mathbb{R}, a \in \mathbb{R}^+$$

und

$$g: u \mapsto g(u) = e^u \quad \text{mit } u \in \mathbb{R},$$

so ist $W_h = D_g = \mathbb{R}$, d.h. die zusammengesetzte Funktion $f = g \circ h$ existiert, und es gilt

$$f: x \mapsto f(x) = a^x.$$

Unter Beachtung der Eigenschaften zusammengesetzter Funktionen erhalten wir

Satz 4.19

Die allgemeine Exponentialfunktion

$$f: x \mapsto a^x \quad \text{mit } x \in \mathbb{R}, a \in \mathbb{R}^+, \tag{4.37}$$

ist

a) auf $\mathbb{R}$ stetig
b) für $a > 1$ streng monoton wachsend, für $0 < a < 1$ streng monoton fallend.

Ferner gilt

c) $\lim\limits_{x \to \infty} a^x = \begin{cases} \infty & \text{für } a > 1 \\ 0 & \text{für } 0 < a < 1 \end{cases}; \quad \lim\limits_{x \to -\infty} a^x = \begin{cases} 0 & \text{für } a > 1 \\ \infty & \text{für } 0 < a < 1 \end{cases}$

Den Beweis dieses Satzes stellen wir als Aufgabe. Bild 4.40 zeigt den Graphen der Exponentialfunktion (4.37).

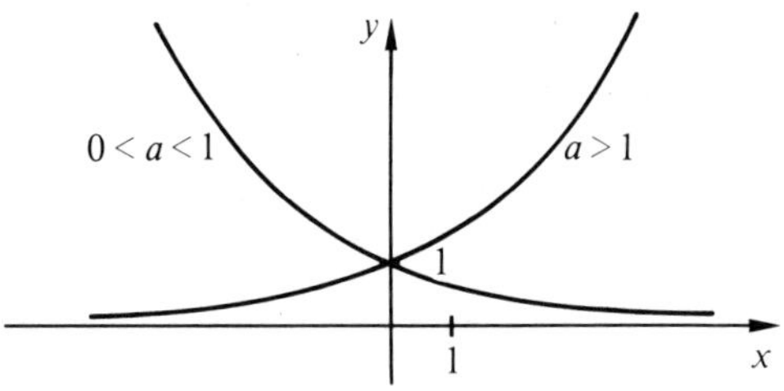

Bild 4.40: Graph von $f: x \mapsto a^x$

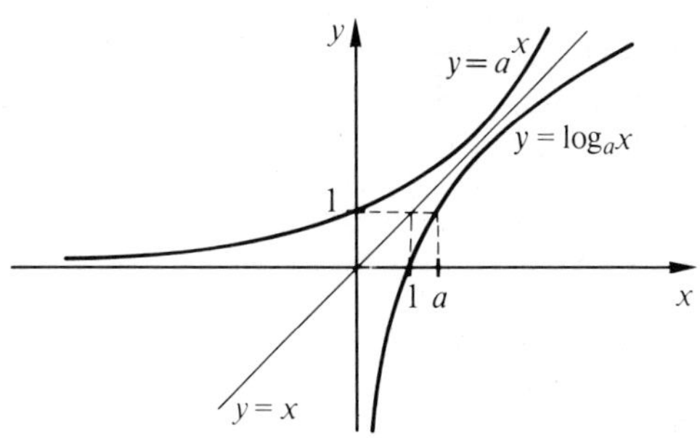

Bild 4.41: Graph von $f: x \mapsto \log_a x$ für $a > 1$

Nach Satz 4.19 ist die allgemeine Exponentialfunktion für alle $a \in \mathbb{R}^+ \setminus \{1\}$ streng monoton. Sie besitzt folglich eine Umkehrfunktion, die man mit $\log_a$ bezeichnet (s. Bild 4.41).

Definition 4.16

Es sei $a \in \mathbb{R}^+ \setminus \{1\}$. Die Umkehrfunktion der allgemeinen Exponentialfunktion $f: x \mapsto a^x$ heißt **Logarithmusfunktion zur Basis a** oder **allgemeine Logarithmusfunktion**.

Schreibweise: $\log_a: x \mapsto \log_a x$

Bemerkungen:

1. Als Umkehrfunktion der allgemeinen Exponentialfunktion besitzt die $\log_a$-Funktion den Definitionsbereich $D_{\log_a} = \mathbb{R}^+$ und den Wertebereich $W_{\log_a} = \mathbb{R}$ (s. Definition 2.2).
2. Wegen des Zusammenhangs, der zwischen einer Funktion und ihrer Umkehrfunktion besteht (s. Abschnitt 2.1.2), gelten die sogenannten logarithmischen Identitäten

$$\log_a a^x = x \quad \text{für alle } x \in \mathbb{R} \tag{4.38}$$

$$a^{\log_a x} = x \quad \text{für alle } x \in \mathbb{R}^+ \tag{4.39}$$

3. Wählt man speziell $a = 10$ bzw. $a = \mathrm{e}$, so erhält man den **dekadischen** bzw. den **natürlichen Logarithmus**.

   Schreibweise: $\log_{10} x = \lg x$ dekadischer Logarithmus
   $\log_{\mathrm{e}} x = \ln x$ natürlicher Logarithmus

   Die $\log_a$-Funktion besitzt entsprechende Eigenschaften wie die ln-Funktion (siehe Satz 3.10). Zusätzlich können wir Aussagen über die Stetigkeit und das Grenzwertverhalten dieser Funktion machen.

Satz 4.20

Die $\log_a$-Funktion besitzt folgende Eigenschaften:

(I) Für alle $x, x_1, x_2 \in \mathbb{R}^+$ gilt:

a) $\log_a(x_1 \cdot x_2) = \log_a x_1 + \log_a x_2$

b) $\log_a \dfrac{x_1}{x_2} = \log_a x_1 - \log_a x_2$

c) $\log_a x^\alpha = \alpha \cdot \log_a x$ für alle $\alpha \in \mathbb{R}$

d) $\log_a 1 = 0$, $\log_a a = 1$

(II) Ferner gilt:

e) Die $\log_a$-Funktion ist auf $\mathbb{R}^+$ stetig und für $a > 1$ streng monoton wachsend, für $0 < a < 1$ streng monoton fallend,

f) $\lim\limits_{x \to \infty} \log_a x = \begin{cases} \infty & \text{für } a > 1 \\ -\infty & \text{für } 0 < a < 1 \end{cases}$; $\lim\limits_{x \downarrow 0} \log_a x = \begin{cases} -\infty & \text{für } a > 1 \\ \infty & \text{für } 0 < a < 1 \end{cases}$

Bemerkung:

Wegen $a = e > 1$ folgt aus e) bzw. f) nun:
Die ln-Funktion ist auf $\mathbb{R}^+$ stetig und es gilt:

$$\lim_{x \to \infty} \ln x = +\infty \text{ und } \lim_{x \downarrow 0} \ln x = -\infty.$$

Beweis:

Wir zeigen nur c) und überlassen den Beweis der übrigen Formeln dem Leser als Übungsaufgabe.

Es sei $a \in \mathbb{R}^+ \setminus \{1\}$ und $x \in \mathbb{R}^+$. Dann gilt für $\alpha \in \mathbb{R}$

$$u = \log_a x \Leftrightarrow a^u = x \Leftrightarrow (a^u)^\alpha = a^{u \cdot \alpha} = x^\alpha \Leftrightarrow u \cdot \alpha = \log_a x^\alpha \Leftrightarrow \alpha \log_a x = \log_a x^\alpha$$ ●

Der folgende Satz zeigt den Zusammenhang zwischen allgemeinen Logarithmusfunktionen verschiedener Basen:

Satz 4.21

Es sei $a, b \in \mathbb{R}^+ \setminus \{1\}$. Dann gilt für alle $x \in \mathbb{R}^+$

$$\log_a x = \log_a b \cdot \log_b x \tag{4.40}$$

Beweis siehe Aufgabe 3.

Bemerkung:

Ersetzt man in (4.40) b durch a und a durch e bzw. x durch a, so erhält man

$$\ln x = \ln a \cdot \log_a x \quad \text{oder} \quad \log_a x = \frac{\ln x}{\ln a} \quad \text{bzw.} \quad \log_a b \cdot \log_b a = 1 \tag{4.41}$$

Beispiel 4.46

$$\lim_{x \to \infty} \frac{x^\alpha}{e^{\beta x}} = 0 \text{ für alle } \alpha, \beta \in \mathbb{R}^+ \tag{4.42}$$

d.h. für $\alpha, \beta \in \mathbb{R}^+$ wächst $e^{\beta x}$ für $x \to \infty$ schneller als x^α, und zwar so schnell, daß sogar der Quotient $\frac{x^\alpha}{e^{\beta x}} \to 0$ strebt.

Wegen Satz 3.10 und der Monotonie der e-Funktion gilt für $\alpha \in \mathbb{R}^+$

$$\ln u \leqq u - 1 < u \Rightarrow \alpha \ln u = \ln u^\alpha < \alpha \cdot u \Rightarrow e^{\ln u^\alpha} = u^\alpha < e^{\alpha u}$$

für alle $u \in \mathbb{R}^+$. Setzt man hierin $\alpha u = \beta x$, $\beta \in \mathbb{R}^+$, so gilt

$$\left(\frac{\beta}{\alpha}\right)^\alpha \cdot x^\alpha < e^{\beta x} \Leftrightarrow \frac{x^\alpha}{e^{\beta x}} < \left(\frac{\alpha}{\beta}\right)^\alpha \quad \text{für alle } x \in \mathbb{R}^+$$

Da dies für jedes $\alpha \in \mathbb{R}^+$ gilt und mit α auch $(\alpha + 1) \in \mathbb{R}^+$ ist, ist diese Ungleichung auch für $(\alpha + 1)$ (statt α) gültig:

$$0 < \frac{x^\alpha}{e^{\beta x}} < \left(\frac{\alpha + 1}{\beta}\right)^{\alpha + 1} \cdot \frac{1}{x} \quad \text{für alle } x \in \mathbb{R}^+.$$

Für $x \to \infty$ erhält man nach Satz 4.9 die Behauptung (4.42).

Setzt man in (4.42) $x = \ln u$, so ist wegen $\frac{x^\alpha}{e^{\beta x}} = \frac{(\ln u)^\alpha}{u^\beta}$ nach Satz 4.7

$$\lim_{u \to \infty} \frac{(\ln u)^\alpha}{u^\beta} = 0 \quad \text{für } \alpha, \beta \in \mathbb{R}^+ \tag{4.43}$$

d.h. für $\alpha, \beta \in \mathbb{R}^+$ wächst u^β für $u \to \infty$ schneller als $(\ln u)^\alpha$, und zwar so schnell, daß sogar der Quotient $\frac{(\ln u)^\alpha}{u^\beta} \to 0$ strebt.

Beispiel 4.47

Es gilt $\lim\limits_{x \downarrow 0} x^x = 1$

Es ist $x^x = e^{x \ln x}$. Setzt man $x = \frac{1}{u}$, so ist wegen Satz 4.7 und (4.43)

$$\lim_{x \downarrow 0} x \ln x = \lim_{u \to \infty} \frac{1}{u} \ln \frac{1}{u} = -\lim_{u \to \infty} \frac{\ln u}{u} = 0.$$

Hieraus folgt wegen der Stetigkeit der e-Funktion $\lim\limits_{x \downarrow 0} x^x = \lim\limits_{x \downarrow 0} e^{x \ln x} = e^0 = 1$.

Bild 4.42 zeigt den Graphen der Funktion $f: x \mapsto f(x) = x^x$.

Aufgaben:

1. Skizzieren Sie die Graphen folgender Funktionen $f: x \mapsto f(x)$:

   a) $f(x) = -(\frac{1}{2})^{|x|}$ b) $f(x) = \lg|x-1|$ c) $f(x) = |\lg(x-1)|$ d) $f(x) = \log_2 \sqrt{|x|+1}$

2. Zeigen Sie:
   Ist $\langle x_n \rangle, x_n > 0$ für alle $n \in \mathbb{N}$, eine geometrische Folge, dann ist $\langle \log_a x_n \rangle$ eine arithmetische Folge.

3. Beweisen Sie Satz 4.21.

4. Es sei $a, b \in \mathbb{R}^+ \setminus \{1\}$ und $a > b$. Zeigen Sie:

   $\log_a x \leqq \log_b x$ für alle $x \geqq 1$.

5. Lösen Sie folgende Gleichungen:

   a) $\frac{1}{2} \lg(x-3) + \lg \frac{5}{2} = 1 - \lg \sqrt{x+3}$ b) $2^x - 6 \cdot 2^{-x} + 1 = 0$ c) $(\frac{1}{3})^{\lg x} - 12 \cdot 3^{\lg x} + 1 = 0$

*6. Zeigen Sie:

   a) $\lim\limits_{x \downarrow 0} x^\alpha \ln x = 0, \alpha \in \mathbb{R}^+$ b) $\lim\limits_{x \to \infty} x^x = \infty$ c) $\lim\limits_{x \downarrow 0} x^{\sin x} = 1$

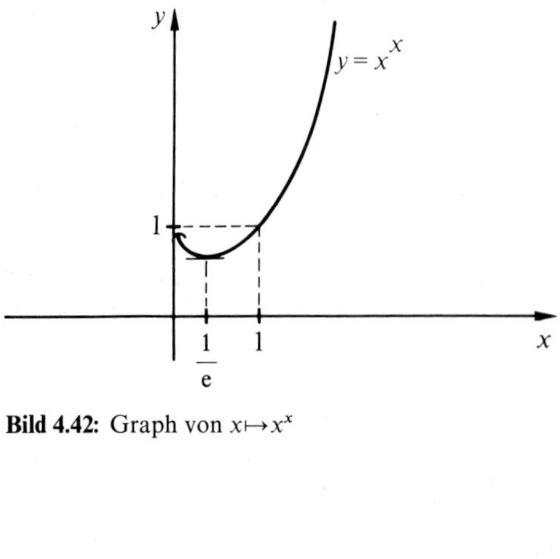

Bild 4.42: Graph von $x \mapsto x^x$

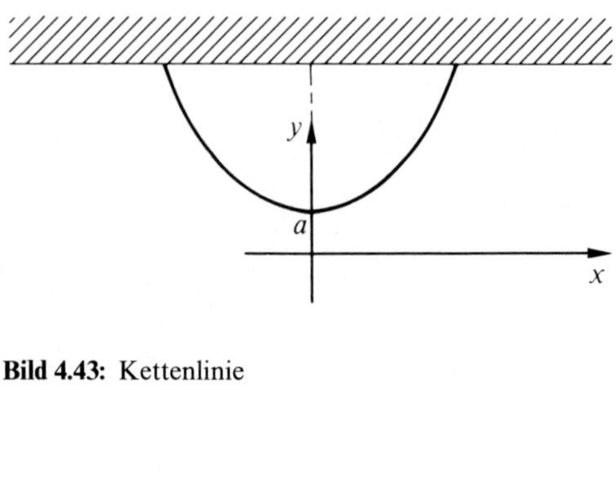

Bild 4.43: Kettenlinie

7. Zeigen Sie:
   Die allgemeine Potenzfunktion $f: x \mapsto f(x) = x^\alpha, \alpha \in \mathbb{R}$, ist auf $(0, \infty)$ stetig und für $\alpha \neq 0$ streng monoton. Anleitung: Verwenden Sie $x^\alpha = e^{\alpha \ln x}$.
8. Beweisen Sie Satz 4.18.
9. Beweisen Sie Satz 4.19.

4.5 Die hyperbolischen Funktionen und ihre Umkehrfunktionen

Bei der Beschreibung physikalischer Vorgänge treten bestimmte Linearkombinationen der Exponentialfunktionen $f_1: x \mapsto e^x$ und $f_2: x \mapsto e^{-x}$ auf.

Beispiel 4.48

Hängt man eine vollkommen biegsame und unelastische Kette an zwei festen Punkten freihängend auf, so nimmt sie in ihrer Gleichgewichtslage in einem Schwerefeld, bezogen auf ein geeignet gewähltes Koordinatensystem, die Gestalt der Kurve

$$y = a(e^{bx} + e^{-bx}), \quad a, b \in \mathbb{R}^+$$

an (s. Bild 4.43), wobei a und b durch die physikalischen Gegebenheiten bestimmt sind. Man vereinbart allgemein:

Definition 4.17

Unter den **hyperbolischen Funktionen** oder **Hyperbelfunktionen** versteht man die Funktionen

$$\sinh\colon x \mapsto \tfrac{1}{2}(e^x - e^{-x}) = \sinh x \text{ mit } x \in \mathbb{R}\,[1]$$

$$\cosh\colon x \mapsto \tfrac{1}{2}(e^x + e^{-x}) = \cosh x \text{ mit } x \in \mathbb{R}$$

$$\tanh\colon x \mapsto \frac{\sinh x}{\cosh x} = \tanh x \text{ mit } x \in \mathbb{R}$$

$$\coth\colon x \mapsto \frac{\cosh x}{\sinh x} = \coth x \text{ mit } x \in \mathbb{R} \setminus \{0\}$$

Bild 4.44 und Bild 4.45 zeigen die Graphen dieser Funktionen.

Bemerkung:

Man bezeichnet diese Funktionen als Hyperbel- oder hyperbolische Funktionen, da man gewisse Beziehungen zwischen diesen Funktionen an der Einheitshyperbel graphisch deuten kann. Entsprechende Überlegungen konnten wir für die Kreis- oder trigonometrischen Funktionen am Einheitskreis durchführen.

Beachtet man, daß die hyperbolischen Funktionen die Summe, Differenz bzw. Quotient der Funktionen $f_1: x \mapsto \frac{1}{2}e^x$ und $f_2: x \mapsto \frac{1}{2}e^{-x}$ sind, dann läßt sich mit Hilfe der für die e-Funktion nachgewiesenen Eigenschaften folgender Satz beweisen:

[1]) Sprechweise: sinus hyperbolicus oder hyperbolischer Sinus x usw.

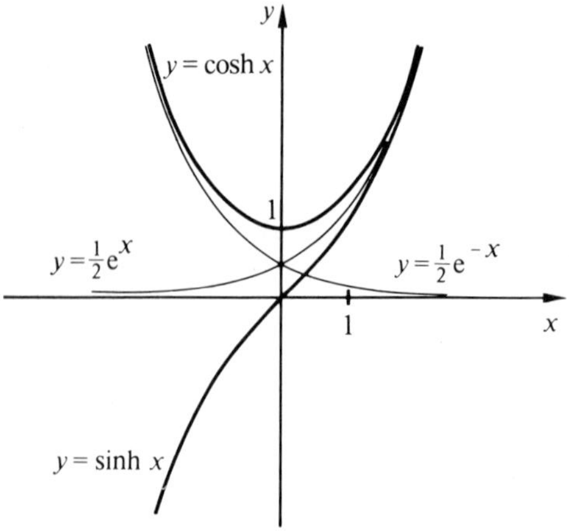

Bild 4.44: Graphen der Funktionen $f: x \mapsto \sinh x$ und $f: x \mapsto \cosh x$

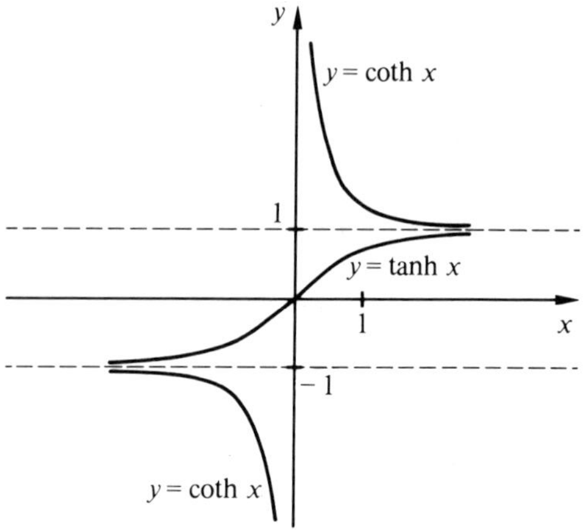

Bild 4.45: Graphen der Funktionen $f: x \mapsto \tanh x$ und $f: x \mapsto \coth x$

Satz 4.22

Die hyperbolischen Funktionen besitzen folgende Eigenschaften:

a) Die cosh-Funktion ist eine gerade Funktion. Die sinh-, tanh- und coth-Funktionen sind ungerade Funktionen.
b) $W_{\sinh} = \mathbb{R}$, $W_{\cosh} = [1, \infty)$, $W_{\tanh} = (-1, 1)$, $W_{\coth} = \mathbb{R} \setminus [-1, 1]$
c) Die hyperbolischen Funktionen sind an jeder Stelle x ihres Definitionsbereichs stetig.
d) Die sinh- und tanh-Funktion sind auf $\mathbb{R}$ streng monoton wachsend, die cosh-Funktion ist auf $(-\infty, 0]$ streng monoton fallend, auf $[0, \infty)$ streng monoton wachsend. Die coth-Funktion ist auf $(-\infty, 0)$ und auf $(0, \infty)$ streng monoton fallend.

Folgende Beziehungen lassen die Analogie zu den trigonometrischen Funktionen erkennen.

Satz 4.23

Für alle $x, x_1, x_2 \in \mathbb{R}$ gilt

a) $\cosh^2 x - \sinh^2 x = 1$
b) $\sinh(x_1 \pm x_2) = \sinh x_1 \cosh x_2 \pm \cosh x_1 \sinh x_2$
$\cosh(x_1 \pm x_2) = \cosh x_1 \cosh x_2 \pm \sinh x_1 \sinh x_2$
c) $(\cosh x \pm \sinh x)^n = \cosh nx \pm \sinh nx \quad$ für $n \in \mathbb{Z}$

Beweis siehe Aufgabe 8

Bis auf die cosh-Funktion besitzen die hyperbolischen Funktionen Umkehrfunktionen. Die Restriktion der cosh-Funktion auf $\mathbb{R}_0^+$ ist jedoch streng monoton und folglich auch umkehrbar. Man definiert:

Definition 4.18

Die Umkehrfunktionen der sinh-, tanh-, coth-Funktionen und der Restriktion der cosh-Funktion auf $\mathbb{R}_0^+$ heißen **Areafunktionen.**

Schreibweise: arsinh: $\mathbb{R} \to \mathbb{R}$ mit $x \mapsto \operatorname{arsinh} x$ [1])

arcosh: $[1, \infty) \to \mathbb{R}_0^+$ mit $x \mapsto \operatorname{arcosh} x$

artanh: $(-1, 1) \to \mathbb{R}$ mit $x \mapsto \operatorname{artanh} x$

arcoth: $\mathbb{R} \setminus [-1, 1] \to \mathbb{R} \setminus \{0\}$ mit $x \mapsto \operatorname{arcoth} x$

Bemerkung:

In einem u, v-Koordinatensystem lautet die Gleichung der Einheitshyperbel

$$u^2 - v^2 = 1.$$

Wegen $u^2 = 1 + v^2 \geqq 1$ kann man

$$u = \cosh x, \quad v = \sinh x, \quad x \in \mathbb{R} \tag{4.44}$$

setzen und erhält nach Satz 4.23 $u^2 - v^2 = \cosh^2 x - \sinh^2 x = 1$, d.h. (4.44) liefert eine Darstellung des (wegen $u = \cosh x \geqq 1$ für alle $x \in \mathbb{R}$) rechten Astes der Einheitshyperbel (s. Bild 4.46) [2]). Ist $\mathfrak{A}$ der Hyperbelsektor $OPSP_1$ (s. Bild 4.46), so läßt sich mit der Integralrechnung beweisen, daß $A = x = \operatorname{arcosh} u$ der Flächeninhalt von $\mathfrak{A}$ ist. Hieraus erklärt sich der Name »Area-Funktion« (area (lat.) = Fläche).

Zwischen den Areafunktionen und der ln-Funktion besteht ein enger Zusammenhang. Zum Beispiel erhält man wegen $y = \frac{1}{2}(e^x - e^{-x}) = \sinh x$

$$2y = e^x - e^{-x} \Leftrightarrow e^{2x} - 2ye^x - 1 = 0 \Leftrightarrow (e^x - y)^2 = 1 + y^2 \Leftrightarrow e^x = y \pm \sqrt{1 + y^2}$$

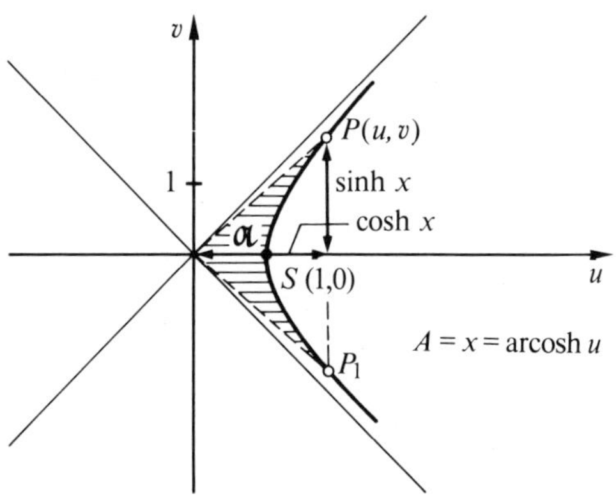

Bild 4.46: Geometrische Deutung der Hyperbel- und Areafunktionen an der Einheitshyperbel

[1]) Sprechweise: area sinus hyperbolicus von x, usw.

[2]) Eine solche Darstellung bezeichnet man als Parameterdarstellung des Hyperbelastes (s. Band 2, Abschnitt 1.1.1).

Da $e^x > 0$ für alle $x \in \mathbb{R}$ ist, kann in der letzten Formel nur das » + « Zeichen gelten. Folglich ist

$$x = \operatorname{arsinh} y = \ln(y + \sqrt{1 + y^2}) \quad \text{für alle } y \in \mathbb{R}$$

Entsprechende Rechnungen ergeben (Beweis s. Aufgabe 9):

Satz 4.24

Die Areafunktionen lassen sich durch die ln-Funktion ausdrücken
Es gilt:

$$\operatorname{arsinh} x = \ln(x + \sqrt{x^2 + 1}) \quad \text{für alle } x \in \mathbb{R}$$

$$\operatorname{arcosh} x = \ln(x + \sqrt{x^2 - 1}) \quad \text{für alle } x \in [1, \infty)$$

$$\operatorname{artanh} x = \frac{1}{2} \ln \frac{1 + x}{1 - x} \quad \text{für alle } x \in (-1, 1)$$

$$\operatorname{arcoth} x = \frac{1}{2} \ln \frac{x + 1}{x - 1} \quad \text{für alle } x \in \mathbb{R} \setminus [-1, 1]$$

Mit Hilfe von Satz 2.1, Satz 4.12 und den Eigenschaften der ln-Funktion läßt sich folgender Satz beweisen:

Satz 4.25

Die Areafunktionen besitzen folgende Eigenschaften:

a) Die arsinh-, artanh- und arcoth-Funktionen sind ungerade.
b) $W_{\text{arsinh}} = \mathbb{R}$, $W_{\text{arcosh}} = \mathbb{R}_0^+$, $W_{\text{artanh}} = \mathbb{R}$, $W_{\text{arcoth}} = \mathbb{R} \setminus \{0\}$
c) Die Areafunktionen sind auf ihrem Definitionsbereich stetig.
d) Die arsinh-, die arcosh- und die artanh-Funktion sind streng monoton wachsend, die arcoth-Funktion auf $(-\infty, -1)$ und auf $(1, \infty)$ streng monoton fallend.

Bild 4.47 und Bild 4.48 zeigen die Graphen der Areafunktionen.

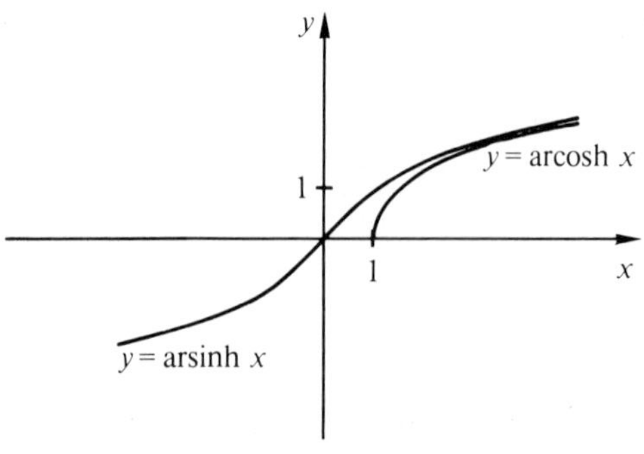

Bild 4.47: Graph der Funktionen
$f: x \mapsto \operatorname{arsinh} x$ und
$f: x \mapsto \operatorname{arcosh} x$

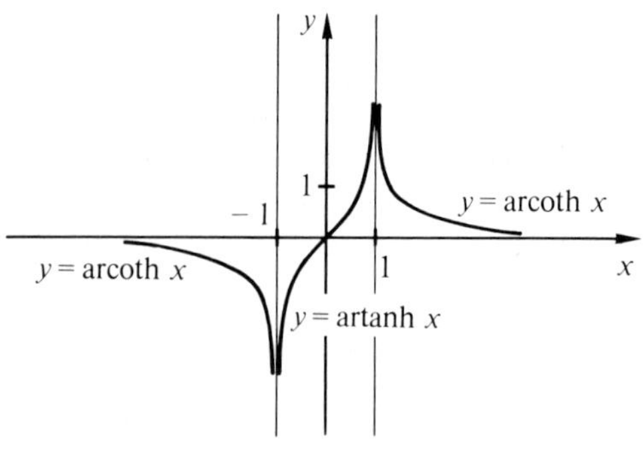

Bild 4.48: Graph der Funktionen
$f: x \mapsto \operatorname{artanh} x$ und
$f: x \mapsto \operatorname{arcoth} x$

Beispiel 4.49

Gleitet ein vollkommen biegsames Seil der Länge l und der Masse m reibungslos über eine Tischkante (s. Bild 4.49), so folgt aus dem Newtonschen Gesetz

$$x = x(t) = x_0 \cosh \sqrt{\frac{g}{l}}\, t.$$

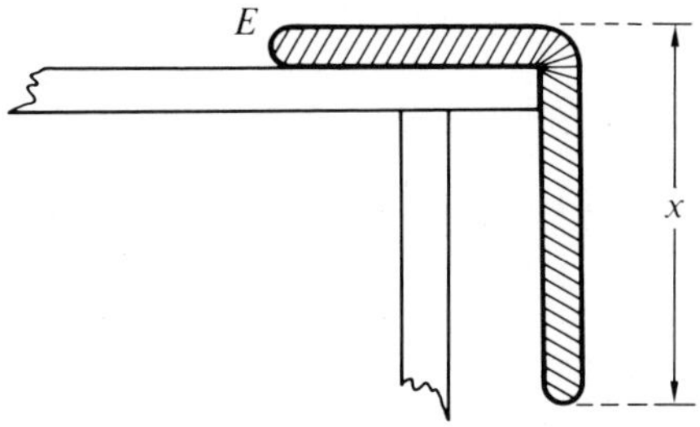

Bild 4.49: Gleitendes Seil

Hierbei ist g die Erdbeschleunigung, und $x_0 = x(0)$ kennzeichnet die Lage des Seils, wenn es zur Zeit $t = 0$ losgelassen wird. Zur Bestimmung des Zeitpunkts t_l, zu dem das Ende E des Seils die Tischkante verläßt, setzen wir $x = l$ und erhalten

$$l = x_0 \cosh \sqrt{\frac{g}{l}}\, t_l \Leftrightarrow t_l = \sqrt{\frac{l}{g}} \operatorname{arcosh} \frac{l}{x_0}$$

oder

$$t_l = \sqrt{\frac{l}{g}} \ln\left(\frac{l}{x_0} + \sqrt{\left(\frac{l}{x_0}\right)^2 - 1}\right).$$

Beispiel 4.50

Nimmt man an, daß beim freien Fall eines Körpers der Masse m der Luftwiderstand proportional dem Quadrat seiner Geschwindigkeit v ist, so ergibt sich

$$v = v(t) = \sqrt{\frac{mg}{a}} \tanh \sqrt{\frac{a}{mg}} \cdot gt$$

Hierbei ist g die Erdbeschleunigung und $a > 0$ die Proportionalitätskonstante. Nach längerer Fallzeit $(t \to \infty)$ geht die Geschwindigkeit v wegen $\lim\limits_{t \to \infty} \tanh bt = 1$, $b \in \mathbb{R}^+$, in die stationäre Geschwindigkeit

$$v_s = \sqrt{\frac{mg}{a}} \tag{4.45}$$

über. Zur Berechnung des Zeitpunktes t_s, zu dem der Körper 99% der stationären Geschwindigkeit $v_s = 300\,\text{m/s}$ erreicht hat, setzen wir $v = 0{,}99\, v_s$ und erhalten wegen (4.45) aus

$$0{,}99 v_s = v_s \tanh \frac{g}{v_s} t_s$$

die gesuchte Zeit

$$t_s = \frac{v_s}{g} \cdot \operatorname{artanh} 0{,}99 = 80{,}9\,\mathrm{s}.$$

Aufgaben:

1. Zeigen Sie:

   a) $\cosh^2 x + \sinh^2 x = \cosh 2x$ b) $2 \sinh x \cosh x = \sinh 2x$

   c) $1 - \tanh^2 x = \dfrac{1}{\cosh^2 x}$ d) $1 - \coth^2 x = -\dfrac{1}{\sinh^2 x}$

2. Lösen Sie folgende Gleichungen:

   a) $\operatorname{arsinh} x - \operatorname{arcosh}(x+1) = 0$ b) $\ln(2x + \sqrt{2}) - \operatorname{arsinh} 2x = 0$

3. Beweisen Sie:

   a) $\lim\limits_{x\to\infty} \tanh x = 1$ b) $\lim\limits_{x\downarrow 1} \operatorname{arcoth} x = \infty$ c) $\lim\limits_{x\to 0} \dfrac{\sinh x}{x} = 1$ d) $\lim\limits_{x\to\infty} x \tanh \dfrac{1}{x} = 1$

4. Zeigen Sie, daß folgende Funktionen $f: x \mapsto f(x)$ auf den angegebenen Intervallen umkehrbar sind. Geben Sie f^{-1} und $D_{f^{-1}}$ an.

   a) $f(x) = \ln(1 + \sinh x^2)$, $x \in [0, \infty)$

   b) $f(x) = \operatorname{arcoth}\sqrt{x^2+1}$, $x \in (0, \infty)$

   c) $f(x) = e^{-\tanh 3x}$, $x \in (-\infty, \infty)$

5. Skizzieren Sie die Graphen folgender Funktionen $f: x \mapsto f(x)$:

   a) $f(x) = \tanh \dfrac{1}{x}$ b) $f(x) = x \tanh \dfrac{1}{x}$ c) $f(x) = \operatorname{arcosh}|x+1|$ d) $f(x) = \dfrac{\tanh x}{\coth x}$

6. Bestimmen Sie den maximalen Definitionsbereich von

   $$f: x \mapsto \frac{1}{2e^4 - 2 - 4e^2 \sinh x}$$

7. Stellen Sie jede Hyperbelfunktion durch eine der übrigen Hyperbelfunktionen (derselben Variablen) dar (vgl. Tabelle 2.1).

8. Beweisen Sie Satz 4.23
9. Beweisen Sie Satz 4.24
10. Beweisen Sie:

    a) $\operatorname{arsinh} x_1 + \operatorname{arsinh} x_2 = \operatorname{arsinh}(x_1 \cdot \sqrt{x_2^2+1} + x_2 \cdot \sqrt{x_1^2+1})$ für alle $x_1, x_2 \in \mathbb{R}$

    b) $\operatorname{arcosh} x_1 + \operatorname{arcosh} x_2 = \operatorname{arcosh}(x_1 x_2 + \sqrt{x_1^2-1} \cdot \sqrt{x_2^2-1})$ für alle $x_1, x_2 \in [1, \infty)$

4.6 Spezielle Grenzwerte

In diesem Abschnitt stellen wir eine Anzahl spezieller Grenzwerte zusammen, die wir zum weiteren Aufbau der Differential- und Integralrechnung benötigen.

$$\lim_{x \to 0} \frac{\ln(x+1)}{x} = 1 \qquad (4.46)$$

Beweis:

Nach Satz 3.10 ist $1 - \frac{1}{u} \leqq \ln u \leqq u - 1$ für alle $u \in \mathbb{R}^+$. Setzt man $u = x + 1$, so gilt

$$1 - \frac{1}{x+1} = \frac{x}{x+1} \leqq \ln(x+1) \leqq (x+1) - 1 \Leftrightarrow \frac{1}{x+1} \leqq \frac{\ln(x+1)}{x} \leqq 1$$

für $x \neq 0$. Mit Hilfe von Satz 4.9 erhält man für $x \to 0$ die Behauptung. ●

Nach (4.41) ist $\ln x = \ln a \cdot \log_a x$ für alle $a \in \mathbb{R}^+ \setminus \{1\}$ und $x \in \mathbb{R}^+$. Folglich erhält man aus (4.46) wegen $\frac{\log_a(x+1)}{x} = \frac{\ln(x+1)}{x} \cdot \frac{1}{\ln a}$:

$$\lim_{x \to 0} \frac{\log_a(x+1)}{x} = \frac{1}{\ln a} \quad \text{für alle } a \in \mathbb{R}^+ \setminus \{1\} \qquad (4.47)$$

Aus (4.46) folgert man wegen der Stetigkeit der ln-Funktion

$$1 = \lim_{x \to 0} \left[\frac{1}{x} \ln(x+1) \right] = \lim_{x \to 0} [\ln(1+x)^{1/x}] = \ln \left[\lim_{x \to 0} (1+x)^{1/x} \right],$$

d.h. wegen $\ln e = 1$ und der Umkehrbarkeit der ln-Funktion

$$\lim_{x \to 0} (1+x)^{1/x} = e, \qquad (4.48)$$

d.h. nach Satz 4.7

$$\lim_{x \to \infty} \left(1 + \frac{1}{x}\right)^x = e. \qquad (4.49)$$

$$\lim_{x \to 0} \frac{a^x - 1}{x} = \ln a \text{ für alle } a \in \mathbb{R}^+ \setminus \{1\} \qquad (4.50)$$

Beweis:

Setzt man $a^x = 1 + u > 0$, so ist $x = \log_a(1+u)$, und wegen der Stetigkeit der allgemeinen Exponentialfunktion gilt $u \to 0$ für $x \to 0$. Folglich ist nach (4.47) und Satz 4.7

$$\lim_{x \to 0} \frac{a^x - 1}{x} = \lim_{u \to 0} \frac{u}{\log_a(1+u)} = \frac{1}{\lim_{u \to 0} \frac{\log_a(1+u)}{u}} = \ln a.$$ ●

Aus (4.50) folgt speziell für $a = \mathrm{e}$ wegen $\ln \mathrm{e} = 1$

$$\lim_{x \to 0} \frac{\mathrm{e}^x - 1}{x} = 1 \tag{4.51}$$

Wegen $\dfrac{x}{1 - \mathrm{e}^{-x}} = \dfrac{\mathrm{e}^x}{\dfrac{\mathrm{e}^x - 1}{x}}$ folgt aus dem letzten Grenzwert wegen $\mathrm{e}^x \to 1$ für $x \to 0$

$$\lim_{x \to 0} \frac{x}{1 - \mathrm{e}^{-x}} = 1 \tag{4.52}$$

$$\lim_{x \to \infty} \frac{x^\alpha}{a^{\beta x}} = 0 \quad \text{für alle } a > 1 \text{ und } \alpha, \beta \in \mathbb{R}^+, \tag{4.53}$$

d.h. $a^{\beta x}, a > 1$, wächst für $x \to \infty$ schneller als x^α für alle $\alpha, \beta \in \mathbb{R}^+$, und zwar so schnell, daß $\dfrac{x^\alpha}{a^{\beta x}} \to 0$ strebt.

Beweis:

Nach (4.42) ist $\lim\limits_{x \to \infty} \dfrac{x^\alpha}{e^{\beta x}} = 0$ für $\alpha, \beta \in \mathbb{R}^+$. Setzt man hier $x = u \ln a$, $a \in (1, \infty)$, so ist wegen $u \to \infty$ für $x \to \infty$ und Satz 4.7: $0 = \lim\limits_{x \to \infty} \dfrac{x^\alpha}{\mathrm{e}^{\beta x}} = \lim\limits_{u \to \infty} \dfrac{u^\alpha}{a^{\beta u}} (\ln a)^\alpha = (\ln a)^\alpha \lim\limits_{u \to \infty} \dfrac{u^\alpha}{a^{\beta u}}$, d.h. $\lim\limits_{u \to \infty} \dfrac{u^\alpha}{a^{\beta u}} = 0$. ●

$$\lim_{x \to 0} \frac{(1 + x)^\alpha - 1}{x} = \alpha, \quad \alpha \in \mathbb{R} \setminus \{0\} \tag{4.54}$$

Beweis:

Setzt man $(1 + x)^\alpha - 1 = u$, so gilt $u \to 0$ für $x \to 0$, und es ist

$$(1 + x)^\alpha - 1 = u \Leftrightarrow (1 + x)^\alpha = u + 1 \Leftrightarrow \alpha \ln(1 + x) = \ln(1 + u) \neq 0.$$

Für $x > -1$ und $x \neq 0$ (d.h. $u \neq 0$) erhält man

$$\frac{(1 + x)^\alpha - 1}{x} = \frac{u}{x} = \frac{u}{x} \cdot \frac{\alpha \ln(1 + x)}{\ln(1 + u)} = \alpha \frac{\dfrac{\ln(1 + x)}{x}}{\dfrac{\ln(1 + u)}{u}}.$$

d.h. wegen (4.46), Satz 4.5 und Satz 4.7 $\lim\limits_{x \to 0} \dfrac{(1 + x)^\alpha - 1}{x} = \alpha \cdot \dfrac{\lim\limits_{x \to 0} \dfrac{\ln(1 + x)}{x}}{\lim\limits_{u \to 0} \dfrac{\ln(1 + u)}{u}} = \alpha.$ ●

5 Die komplexen Zahlen

5.1 Definition der Menge $\mathbb{C}$

Nach (1.22) haben die reellen Zahlen u.a. die Eigenschaft, daß ihre Quadrate immer größer oder gleich Null sind. Deshalb hat die Gleichung $x^2 = -1$ im Reellen keine Lösung.

Formal bietet sich als eine Lösung dieser Gleichung das Symbol $\sqrt{-1}$ an. Aus dem vorher Gesagten folgt, daß $\sqrt{-1}$ sicher keine reelle Zahl ist. Insofern ist auch nicht bekannt, welchen Rechengesetzen dieses Symbol unterliegt. Als Lösung von $x^2 = -1$ müßte für $x = \sqrt{-1}$ auf jeden Fall gelten

$$\sqrt{-1} \cdot \sqrt{-1} = -1.$$

Verwenden wir das Symbol $\sqrt{-1}$ zunächst formal, so würde sich z.B. die Gleichung $x^2 + 4x + 13 = 0$ wie folgt lösen lassen:

$$\begin{aligned}
(x+2)^2 + 9 &= 0 && \Leftrightarrow \\
(x+2)^2 &= -1 \cdot 9 && \Leftrightarrow \\
x + 2 &= \pm 3 \cdot \sqrt{-1} && \Leftrightarrow \\
x &= -2 \pm 3 \cdot \sqrt{-1}.
\end{aligned}$$

Allgemein würden wir für die quadratische Gleichung

$$x^2 + px + q = 0$$

folgende Lösungen erhalten:

$$\text{für } \left(\frac{p}{2}\right)^2 - q \geqq 0: \quad x_{1,2} = -\frac{p}{2} \pm \sqrt{\left(\frac{p}{2}\right)^2 - q},$$

$$\text{für } \left(\frac{p}{2}\right)^2 - q < 0: \; x_{1,2} = -\frac{p}{2} \pm \sqrt{q - \left(\frac{p}{2}\right)^2} \cdot \sqrt{-1}.$$

Im zweiten Fall erhalten wir daher Ausdrücke der Form $a + \sqrt{-1} \cdot b$, mit $a, b \in \mathbb{R}$. Dieser Ausdruck ist, da er das Symbol $\sqrt{-1}$ enthält, keine reelle Zahl. Selbst die Operationszeichen »+« und »·« haben hier nur formale Bedeutung. Addition und Multiplikation sind nämlich bisher nur zwischen reellen Zahlen, Funktionen, Matrizen und Vektoren definiert, und $\sqrt{-1}$ gehört zu keiner dieser vier Mengen.

Setzen wir uns zunächst über diese Schwierigkeiten hinweg und tun so, als ob der Ausdruck $a + \sqrt{-1} \cdot b$ definiert sei.

Ist $z_1 = a_1 + \sqrt{-1} \cdot b_1$ und $z_2 = a_2 + \sqrt{-1} \cdot b_2$, dann bietet sich unter Verwendung der Rechengesetze reeller Zahlen als Addition an:

$$z_1 + z_2 = a_1 + a_2 + \sqrt{-1} \cdot (b_1 + b_2) \tag{5.1}$$

und als Multiplikation (wegen $\sqrt{-1} \cdot \sqrt{-1} = -1$):

$$z_1 \cdot z_2 = a_1 a_2 - b_1 b_2 + \sqrt{-1} \cdot (a_1 b_2 + a_2 b_1). \tag{5.2}$$

In beiden Fällen erhalten wir wiederum nicht definierte Summen zwischen einer reellen Zahl und einem nicht definierten Produkt zwischen einer reellen Zahl und dem Symbol $\sqrt{-1}$.

Es ist zweckmäßig, statt des (nicht definierten) Ausdrucks $a + \sqrt{-1} \cdot b$ geordnete Zahlenpaare (a, b), $a, b \in \mathbb{R}$ zu betrachten. Sind $z_1 = (a_1, b_1)$, $z_2 = (a_2, b_2)$, so ergibt sich nach (5.1) und (5.2):

$$z_1 + z_1 = (a_1, b_1) + (a_2, b_2) = (a_1 + a_2, b_1 + b_2) \tag{5.3}$$

$$z_1 \cdot z_2 = (a_1, b_1) \cdot (a_2, b_2) = (a_1 a_2 - b_1 b_2, a_1 b_2 + a_2 b_1) \tag{5.4}$$

Definition 5.1

In der Menge $\{(x, y) | x, y \in \mathbb{R}\}$ aller geordneten Zahlenpaare definieren wir

a) $(x_1, y_1) + (x_2, y_2) = (x_1 + x_2, y_1 + y_2)$ Addition
b) $(x_1, y_1) \cdot (x_2, y_2) = (x_1 x_2 - y_1 y_2, x_1 y_2 + x_2 y_1)$ Multiplikation

Die mit diesen zwei Rechenoperationen versehene Menge bezeichnet man mit $\mathbb{C}$. Jedes Element von $\mathbb{C}$ heißt eine **komplexe Zahl.**

Bemerkung:

Zwei komplexe Zahlen $z_1 = (x_1, y_1)$, $z_2 = (x_2, y_2)$ sind demnach genau dann gleich ($z_1 = z_2$), wenn $x_1 = x_2$ und $y_1 = y_2$ ist.

Beispiel 5.1

Addition und Multiplikation komplexer Zahlen.

a) $(3, 2) + (4, -3) = (7, -1)$;
b) $(3, -6) + (0, 0) = (3, -6)$;
c) $(3, 2) \cdot (4, -3) = (12 + 6, -9 + 8) = (18, -1)$;
d) $(3, -6) \cdot (0, 0) = (0, 0)$;
e) $(-2, 3) \cdot (1, 0) = (-2, 3)$.

Wir zeigen, daß die komplexen Zahlen den gleichen Grundgesetzen bez. Addition und Multiplikation gehorchen wie die reellen Zahlen (s. Abschnitt 1.3.1).

A. Grundgesetze der Addition von komplexen Zahlen

1. Je zwei komplexen Zahlen $z_1, z_2 \in \mathbb{C}$ ist genau eine komplexe Zahl $z_1 + z_2$ zugeordnet.
2. Für alle $z_1, z_2 \in \mathbb{C}$ gilt:

   $z_1 + z_2 = z_2 + z_1$. — Kommutativgesetz
3. Für alle $z_1, z_2, z_3 \in \mathbb{C}$ gilt:

   $z_1 + (z_2 + z_3) = (z_1 + z_2) + z_3$. — Assoziativgesetz
4. Es gibt in $\mathbb{C}$ genau eine komplexe Zahl n, so daß für alle $z \in \mathbb{C}$ gilt: — Existenz und Eindeutigkeit des neutralen Elements

   $z + n = z$.
5. Zu jeder komplexen Zahl $z \in \mathbb{C}$ gibt es genau eine komplexe Zahl $z' \in \mathbb{C}$ mit $z + z' = n$. — Existenz und Eindeutigkeit der inversen Elemente

   Schreibweise: $z' = -z$.

Wir wollen die Grundgesetze der Addition erläutern bzw. beweisen.

Das erste Grundgesetz ist nach Definition 5.1 evident.

Kommutativgesetz:

$$z_1 + z_2 = (x_1 + x_2, y_1 + y_2) = (x_2 + x_1, y_2 + y_1) = z_2 + z_1.$$

Assoziativgesetz:

$$z_1 + (z_2 + z_3) = (x_1 + (x_2 + x_3), y_1 + (y_2 + y_3)) = ((x_1 + x_2) + x_3, (y_1 + y_2) + y_3) = (z_1 + z_2) + z_3.$$

Neutrales Element:

i) Existenz:
Für $n = (0, 0)$ ergibt sich für jedes $z \in \mathbb{C}$ $\quad z + n = (x, y) + (0, 0) = (x + 0, y + 0) = (x, y) = z$.

ii) Eindeutigkeit:
z_1 sei auch neutrales Element. Dann folgt $z_1 + n = z_1$, aber auch $n + z_1 = n$. Wegen der Kommutativität ist daher $n = z_1$.

Inverses Element:

i) Existenz:
Ist $z = (x, y)$, so ist $z' = (-x, -y)$ invers zu z, denn $z + z' = (x, y) + (-x, -y) = (x - x, y - y) = (0, 0) = n$. Es ist demnach $-z = -(x, y) = (-x, -y)$.

ii) Eindeutigkeit:
z'_1 und z'_2 seien beide invers zu z; dann folgt wegen $z + z'_1 = z + z'_2 = n$ mit dem Assoziativgesetz $z'_2 = z'_2 + n = z'_2 + (z + z'_1) = (z'_2 + z) + z'_1 = n + z'_1 = z'_1$, d.h. $z'_2 = z'_1$.

Beispiel 5.2

Sind $z_1 = (3, -4)$, $z_2 = (1, 1)$, $z_3 = (0, 0)$, so folgt $-z_1 = (-3, 4)$, $-z_2 = (-1, -1)$, $-z_3 = (0, 0)$.

B. Grundgesetze der Multiplikation von komplexen Zahlen

1. Je zwei komplexen Zahlen $z_1, z_2 \in \mathbb{C}$ ist genau eine komplexe Zahl $z_1 \cdot z_2$ zugeordnet.
2. Für alle $z_1, z_2 \in \mathbb{C}$ gilt:

   $z_1 \cdot z_2 = z_2 \cdot z_1$. — Kommutativgesetz
3. Für alle $z_1, z_2, z_3 \in \mathbb{C}$ gilt:

   $z_1 \cdot (z_2 \cdot z_3) = (z_1 \cdot z_2) \cdot z_3$ — Assoziativgesetz
4. Es gibt in $\mathbb{C}$ genau eine komplexe Zahl e, so daß für alle $z \in \mathbb{C}$ gilt: — Existenz und Eindeutigkeit des neutralen Elements

   $z \cdot e = z$.
5. Zu jeder, von $n = (0,0)$ verschiedenen komplexen Zahl gibt es genau eine komplexe Zahl z' mit $z \cdot z' = e$. — Existenz und Eindeutigkeit der inversen Elemente

   Schreibweise: $z' = z^{-1} = \frac{1}{z}$.

Bemerkung:
Aufgrund von 3. können bei der Multiplikation Klammern weggelassen werden:

$$z_1 \cdot z_2 \cdot z_3 = z_1 \cdot (z_2 \cdot z_3).$$

Man vereinbart auch $z^2 = z \cdot z, z^{n+1} = z \cdot z^n, n \in \mathbb{N}$.

Beweis der Eigenschaften der Multiplikation:

1. Folgt unmittelbar aus Definition 5.1
2. $z_1 \cdot z_2 = (x_1, y_1) \cdot (x_2, y_2) = (x_1 x_2 - y_1 y_2, x_1 y_2 + x_2 y_1) =$
   $= (x_2 x_1 - y_2 y_1, x_2 y_1 + x_1 y_2) = z_2 \cdot z_1$.
3. $z_1 \cdot (z_2 \cdot z_3) = (x_1, y_1) \cdot (x_2 x_3 - y_2 y_3, x_2 y_3 + x_3 y_2)$
   $= (x_1 x_2 x_3 - x_1 y_2 y_3 - x_2 y_1 y_3 - x_3 y_1 y_2, x_1 x_2 y_3 + x_1 x_3 y_2 + x_2 x_3 y_1 - y_1 y_2 y_3)$
   $(z_1 \cdot z_2) \cdot z_3 = (x_1 x_2 - y_1 y_2, x_1 y_2 + x_2 y_1) \cdot (x_3, y_3)$
   $= (x_1 x_2 x_3 - x_3 y_1 y_2 - x_1 y_2 y_3 - x_2 y_1 y_3, x_1 x_2 y_3 - y_1 y_2 y_3 + x_1 x_3 y_2 + x_2 x_3 y_1)$

   Durch Vergleich stellt man fest: $z_1 \cdot (z_2 \cdot z_3) = (z_1 \cdot z_2) \cdot z_3$.
4. Für $e = (1,0)$ ergibt sich

   $z \cdot e = (x, y) \cdot (1, 0) = (x, y) = z$.

   Die Eindeutigkeit kann wieder wie oben gezeigt werden.
5. Falls $z^{-1} = (a, b)$ von $z = (x, y) \neq (0, 0)$ existiert, muß gelten:

   $z^{-1} \cdot z = e \Leftrightarrow (a, b) \cdot (x, y) = (1, 0) \Leftrightarrow (ax - by, ay + bx) = (1, 0)$.

   Wir erhalten daher das zu $z^{-1} \cdot z = e$ äquivalente Gleichungssystem

   $$ax - by = 1$$
   $$ay + bx = 0$$

mit den Unbekannten $a, b \in \mathbb{R}$. Aus $z = (x, y) \neq (0, 0)$ folgt $x^2 + y^2 \neq 0$, wir erhalten folglich als eindeutige Lösung (z.B. mit der Cramerschen Regel, Satz 6.18, Seite 241)

$$a = \frac{x}{x^2 + y^2}, \quad b = -\frac{y}{x^2 + y^2},$$

so daß

$$z^{-1} = \left(\frac{x}{x^2 + y^2}, \frac{-y}{x^2 + y^2} \right) \tag{5.5}$$

ist. ●

Beispiel 5.3

Sind $z_1 = (-3, 5), z_2 = (4, 0), z_3 = (0, 1)$, so erhalten wir

$$z_1^{-1} = (\tfrac{-3}{34}, \tfrac{-5}{34}), \quad z_2^{-1} = (\tfrac{1}{4}, 0), \quad z_3^{-1} = (0, -1) = -(0, 1) = -z_3.$$

C. Das Distributivgesetz

Für alle $z_1, z_2, z_3 \in \mathbb{C}$ gilt: $\qquad z_1 \cdot (z_2 + z_3) = z_1 \cdot z_2 + z_1 \cdot z_3.$

Beweis:

$$\begin{aligned} z_1 \cdot (z_2 + z_3) &= (x_1, y_1)(x_2 + x_3, y_2 + y_3) \\ &= (x_1 x_2 + x_1 x_3 - y_1 y_2 - y_1 y_3, x_1 y_2 + x_1 y_3 + x_2 y_1 + x_3 y_1) \\ z_1 \cdot z_2 + z_1 \cdot z_3 &= (x_1, y_1)(x_2, y_2) + (x_1, y_1)(x_3, y_3) \\ &= (x_1 x_2 - y_1 y_2 + x_1 x_3 - y_1 y_3, x_1 y_2 + x_2 y_1 + x_1 y_3 + x_3 y_1). \end{aligned}$$

Durch Vergleich folgt die Behauptung. ●

Für die Addition und Multiplikation komplexer Zahlen gelten also die gleichen Grundgesetze wie für die reellen Zahlen. Daher sind alle Folgerungen aus diesen Grundgesetzen, wie sie in Abschnitt 1.3.1 angegeben wurden, übertragbar auf die komplexen Zahlen. Es ist auch nicht mehr nötig, diese Folgerungen für die komplexen Zahlen zu beweisen. Die Beweise in Abschnitt 1.3.1 stützten sich nämlich ausschließlich auf die Grundgesetze, die ja auch (wie wir gesehen haben) für die komplexen Zahlen gelten.

Wir wollen drei Folgerungen aus Abschnitt 1.3.1 für die komplexen Zahlen formulieren. Es handelt sich dabei um die Folgerungen (1.10), (1.12) und (1.14).

Folgerung 5.1

Jede Gleichung $z_1 + z = z_2$ mit $z_1, z_2 \in \mathbb{C}$ besitzt genau eine Lösung in $\mathbb{C}$.

Die Lösung z ergibt sich wie folgt:

$$\begin{aligned} z_1 + z = z_2 &\Rightarrow z_1 + (-z_1) + z = z_2 + (-z_1) \Rightarrow z = z_2 + (-z_1) \\ &\Rightarrow z = (x_2, y_2) + (-x_1, -y_1) = (x_2 - x_1, y_2 - y_1). \end{aligned}$$

Man schreibt auch $z = z_2 - z_1$, z heißt die **Differenz** von z_2 und z_1.

Beispiel 5.4

Welche komplexe Zahl $z = (x, y)$ erfüllt folgende Gleichung?

$$(3, 1)\cdot(4, -2) + (x, y) = (1, 1).$$

Wir erhalten: $(14, -2) + (x, y) = (1, 1) \Rightarrow (x, y) = (1, 1) - (14, -2) \Rightarrow (x, y) = (-13, 3)$.

Folgerung 5.2

Jede Gleichung $z_1 \cdot z = z_2$ mit $z_1, z_2 \in \mathbb{C}$ und $z_1 \neq (0, 0)$ besitzt genau eine Lösung in $\mathbb{C}$.

Für die Lösung $z = (x, y)$ erhalten wir:

$$z_1 \cdot z = z_2 \Rightarrow z_1 \cdot z_1^{-1} \cdot z = z_2 \cdot z_1^{-1} \Rightarrow z = z_2 \cdot z_1^{-1}.$$

Wegen (5.5) ergibt sich

$$z = (x_2, y_2)\left(\frac{x_1}{x_1^2 + y_1^2}, \frac{-y_1}{x_1^2 + y_1^2}\right) = \left(\frac{x_1 x_2 + y_1 y_2}{x_1^2 + y_1^2}, \frac{x_1 y_2 - x_2 y_1}{x_1^2 + y_1^2}\right). \tag{5.6}$$

Man schreibt auch $z = \frac{z_2}{z_1}$ und bezeichnet z als **Quotient** der komplexen Zahlen z_1 und z_2.

Beispiel 5.5

Es ist $z \in \mathbb{C}$ aus $(-3, 4)\cdot z = (2, 3)$ zu bestimmen.

Mit (5.6) erhalten wir sofort $z = (\frac{6}{25}, -\frac{17}{25})$.

Folgerung 5.3

Für alle $z_1, z_2 \in \mathbb{C}$ gilt $z_1 \cdot z_2 = (0, 0) \Leftrightarrow z_1 = (0, 0)$ oder $z_2 = (0, 0)$.

Im folgenden zeigen wir, daß eine Teilmenge T von $\mathbb{C}$ existiert, die sich mit $\mathbb{R}$ identifizieren läßt. Diese Teilmenge T muß bezüglich der Addition und Multiplikation abgeschlossen sein, d.h. sind $a, b \in T$, so auch $a + b$ und $a \cdot b$. Jedem Element aus T wird umkehrbar eindeutig ein Element der reellen Zahlen zugeordnet. Diese Zuordnung soll folgende Eigenschaften besitzen:

Sind $a_1, a_2, a_3 \in \mathbb{R}$ die den komplexen Zahlen $z_1, z_2, z_3 \in \mathbb{C}$ eineindeutig zugeordneten reellen Zahlen, so muß, wenn $a_3 = a_1 + a_2$ ist, auch $z_3 = z_1 + z_2$ sein und umgekehrt. Dasselbe gilt auch für die Multiplikation.

Schematisch sieht dies folgendermaßen aus:

$$\begin{array}{llll} \mathbb{C}: & z_1 + z_2 = z_3 & \qquad & z_1 \cdot z_2 = z_3 \\ & \updownarrow \quad \updownarrow \quad \updownarrow & & \updownarrow \quad \updownarrow \quad \updownarrow \\ \mathbb{R}: & a_1 + a_2 = a_3 & & a_1 \cdot a_2 = a_3. \end{array}$$

Die Auswahl einer geeigneten Teilmenge T aus den komplexen Zahlen mit diesen Eigenschaften fällt nicht schwer, wenn wir uns daran erinnern, wie die komplexen Zahlen eingeführt wurden. Wir hatten Ausdrücke der Form $a + \sqrt{-1}\cdot b$ als geordnete Zahlenpaare (a, b) dargestellt, so daß sich die Menge

$$T = \{z \mid z \in \mathbb{C} \text{ mit } z = (x, 0), x \in \mathbb{R}\}$$

als Teilmenge von $\mathbb{C}$ anbietet.

Prüfen wir zunächst die geforderte Eigenschaft der Abgeschlossenheit bezüglich Addition und Multiplikation von T. Es sei $z_1, z_2 \in T$.

a) Abgeschlossenheit bezüglich der Addition

$$z_1 = (x_1, 0), \quad z_2 = (x_2, 0) \Rightarrow z_1 + z_2 = (x_1, 0) + (x_2, 0) = (x_1 + x_2, 0) \in T. \tag{5.7}$$

b) Abgeschlossenheit bezüglich der Multiplikation

$$z_1 \cdot z_2 = (x_1, 0) \cdot (x_2, 0) = (x_1 \cdot x_2, 0) \in T. \tag{5.8}$$

Bemerkung:

Auch bezüglich der Differenzen- und Quotientenbildung ist T abgeschlossen. Für $z_1 = (x_1, 0)$ und $z_2 = (x_2, 0)$ gilt nämlich:

$$z_1 - z_2 = (x_1, 0) - (x_2, 0) = (x_1 - x_2, 0) \in T,$$

$$\frac{z_1}{z_2} = \frac{(x_1, 0)}{(x_2, 0)} = \left(\frac{x_1}{x_2}, 0\right), \quad \text{falls } x_2 \neq 0.$$

Wir ordnen nun jeder komplexen Zahl $z \in T$, d.h. $z = (x, 0)$, $x \in \mathbb{R}$, die reelle Zahl x zu. Diese Abbildung ist verknüpfungstreu:

$$\begin{array}{lccccccccccc}
\mathbb{C}: & (x_1,0) & + & (x_2,0) & = & (x_1+x_2,0) & \qquad & (x_1,0) & \cdot & (x_2,0) & = & (x_1 \cdot x_2, 0) \\
 & \updownarrow & & \updownarrow & & \updownarrow & & \updownarrow & & \updownarrow & & \updownarrow \\
\mathbb{R}: & x_1 & + & x_2 & = & x_1 + x_2 & & x_1 & \cdot & x_2 & = & x_1 \cdot x_2
\end{array}$$

Insbesondere gilt $(0,0) \leftrightarrow 0, (1,0) \leftrightarrow 1$.

Es gibt komplexe Zahlen, deren Quadrate negativen reellen Zahlen entsprechen. Wegen

$$(0,1) \cdot (0,1) = (-1, 0)$$

ist z.B. $(0, 1)$ eine komplexe Zahl, deren Quadrat $(-1, 0)$ der reellen Zahl -1 entspricht.

Definition 5.2

Es sei $x \in \mathbb{R}$. Man setzt

$$(x, 0) = x; \quad (0, 1) = \mathrm{j}$$ [1]

und bezeichnet j als **imaginäre Einheit.**

Ist nun $z \in \mathbb{C}$ mit $z = (x, y)$, so können wir z auch folgendermaßen darstellen

$$z = (x, y) = (x, 0) + (0, y) = (x, 0) + (y, 0) \cdot (0, 1).$$

Damit und wegen Definition 5.2 gilt für alle komplexen Zahlen:

$$z = (x, y) = x + \mathrm{j}y.$$

[1]) Statt j wird oft i geschrieben. In der Elektrotechnik, wo die komplexen Zahlen häufig verwendet werden, ist i für die Bezeichnung der Stromstärke reserviert.

Man nennt x den **Realteil** von z und y den **Imaginärteil** von z.

Schreibweise: $x = \operatorname{Re} z$, $y = \operatorname{Im} z$.

Wegen $x, y \in \mathbb{R}$ sind Real- und Imaginärteil einer komplexen Zahl stets reelle Zahlen.

Für die imaginäre Einheit j gilt, wie wir gesehen haben $j^2 = -1$.

Man setzt wie üblich $j^0 = 1$. Allgemein ist, da $j^{-1} = -j$ ist,

$$j^{4n} = 1; \quad j^{4n+1} = j; \quad j^{4n+2} = -1; \quad j^{4n+3} = -j, \quad n \in \mathbb{Z}.$$

Beweis:

Aus $j^2 = -1$ erhalten wir für $n \in \mathbb{N}$:

$$j^{4n} = (j^4)^n = [j^2 \cdot j^2]^n = [(-1)(-1)]^n = 1^n = 1,$$
$$j^{4n+1} = j^{4n} \cdot j = j, \quad j^{4n+2} = j^{4n+1} \cdot j = j \cdot j = -1,$$
$$j^{4n+3} = j^{4n+2} \cdot j = -1 \cdot j = -j.$$

●

Beispiel 5.6

a) $j^7 = j^{4+3} = -j$; b) $j^{14} = j^{4 \cdot 3 + 2} = -1$;

c) $j^{29} = j^{7 \cdot 4 + 1} = j$; d) $j^{84} = j^{21 \cdot 4} = 1$.

Mit den komplexen Zahlen können wir formal wie mit den reellen Zahlen rechnen, wenn man nur $j^2 = -1$ berücksichtigt.

Jedoch ist zu beachten, daß in $\mathbb{C}$ keine Anordnung definiert ist, weshalb das Zeichen $<$ zwischen komplexen Zahlen keinen Sinn hat.

Beispiel 5.7

Ist $c \in \mathbb{R}$ und $z \in \mathbb{C}$ mit $z = x + jy$, $x, y \in \mathbb{R}$, so erhalten wir für das Produkt $c \cdot z = c(x + jy) = cx + jcy$, oder, wenn wir die komplexe Zahl wieder als geordnetes Paar darstellen: $c \cdot (x, y) = (cx, cy)$.

Beispiel 5.8

Sind $z_1 = 2 + 3j$, $z_2 = -3 + 2j$, so erhält man:

a) $z_1 + z_2 = (2 + 3j) + (-3 + 2j) = -1 + 5j$;

b) $z_1 - z_2 = (2 + 3j) - (-3 + 2j) = 5 + j$;

c) $z_1 \cdot z_2 = (2 + 3j) \cdot (-3 + 2j) = -6 + 4j - 9j + 6j^2 = -12 - 5j$;

d) $\dfrac{z_1}{z_2} = \dfrac{2 + 3j}{-3 + 2j} = \dfrac{(2 + 3j)(-3 - 2j)}{(-3 + 2j)(-3 - 2j)} = \dfrac{1}{13} \cdot (-6 - 4j - 9j + 6) = -j$.

In Teil d) des obigen Beispiels wurde der Bruch $\dfrac{2 + 3j}{-3 + 2j}$ mit der komplexen Zahl $-3 - 2j$ erweitert. Dadurch wurde der Nenner reell. Die komplexe Zahl $-3 - 2j$ unterscheidet sich von $-3 + 2j$ nur durch das Vorzeichen des Imaginärteils.

Definition 5.3

Ist $z \in \mathbb{C}$ mit $z = x + \mathrm{j}y$, $x, y \in \mathbb{R}$, dann bezeichnet man

$$z^* = x - \mathrm{j}y$$

als die zu z **konjugiert komplexe Zahl.**

Paare zueinander konjugiert komplexer Zahlen haben folgende Eigenschaften.

Satz 5.1

Für alle $z, z_1, z_2 \in \mathbb{C}$ gilt:

a) $(z^*)^* = z$;

b) $\frac{1}{2}(z + z^*) = \operatorname{Re} z$, $\quad \frac{1}{2\mathrm{j}}(z - z^*) = \operatorname{Im} z$;

c) $z \cdot z^* = (\operatorname{Re} z)^2 + (\operatorname{Im} z)^2 \geqq 0$;

d) $(z_1 + z_2)^* = z_1^* + z_2^*$, $\quad (z_1 \cdot z_2)^* = z_1^* \cdot z_2^*$;

e) $z = z^* \Leftrightarrow z \in \mathbb{R}$.

Beweis:

Es sei $z = x + \mathrm{j}y$, $z_1 = x_1 + \mathrm{j}y_1$, $z_2 = x_2 + \mathrm{j}y_2$ mit $x, y, x_1, x_2, y_1, y_2 \in \mathbb{R}$.

a) $(z^*)^* = (x - \mathrm{j}y)^* = x + \mathrm{j}y = z$;

b) $\frac{1}{2}(z + z^*) = \frac{1}{2}[(x + \mathrm{j}y) + (x - \mathrm{j}y)] = x = \operatorname{Re} z$,

$$\frac{1}{2\mathrm{j}}(z - z^*) = \frac{1}{2\mathrm{j}}[(x + \mathrm{j}y) - (x - \mathrm{j}y)] = \frac{2\mathrm{j}y}{2\mathrm{j}} = y = \operatorname{Im} z;$$

c) $z \cdot z^* = (x + \mathrm{j}y)(x - \mathrm{j}y) = x^2 + \mathrm{j}xy - \mathrm{j}xy + y^2 = x^2 + y^2 = (\operatorname{Re} z)^2 + (\operatorname{Im} z)^2 \geqq 0$;

d) $(z_1 + z_2)^* = [(x_1 + x_2) + \mathrm{j}(y_1 + y_2)]^* = (x_1 + x_2) - \mathrm{j}(y_1 + y_2) = (x_1 - \mathrm{j}y_1) + (x_2 - \mathrm{j}y_2) = z_1^* + z_2^*$,

$$\begin{aligned}(z_1 \cdot z_2)^* &= [(x_1x_2 - y_1y_2) + \mathrm{j}(x_1y_2 + x_2y_1)]^* = \\ &= (x_1x_2 - y_1y_2) - \mathrm{j}(x_1y_2 + x_2y_1)\end{aligned}$$

andererseits:

$$z_1^* \cdot z_2^* = (x_1 - \mathrm{j}y_1)(x_2 - \mathrm{j}y_2) = x_1x_2 - y_1y_2 - \mathrm{j}(x_1y_2 + x_2y_1);$$

e) i) $z = z^* \Rightarrow x + \mathrm{j}y = x - \mathrm{j}y \Rightarrow 2\mathrm{j}y = 0 \Rightarrow y = 0 \Rightarrow z = x \in \mathbb{R}$,
ii) $z \in \mathbb{R} \Rightarrow z = x + \mathrm{j} \cdot 0 \Rightarrow z^* = x - \mathrm{j} \cdot 0 \Rightarrow z = z^*$. ●

Aus Eigenschaft c) in Satz 5.1 folgt, daß das Produkt zweier zueinander konjugiert komplexer Zahlen stets eine nichtnegative reelle Zahl ist. Davon macht man Gebrauch, wenn z.B. der Quotient zweier komplexer Zahlen z_1, z_2 zu berechnen ist. Man erweitert dazu den Bruch mit der konjugiert komplexen Zahl des Nenners. Ist etwa $z_1, z_2 \in \mathbb{C}$ und $z_2 \neq 0$, so folgt

$$\frac{z_1}{z_2} = \frac{z_1 \cdot z_2^*}{z_2 \cdot z_2^*},$$

wobei auf der rechten Seite der Nenner reell ist (vgl. auch Beispiel 5.8d).

Wir wollen nun die komplexen Zahlen veranschaulichen. Da sie als geordnete Zahlenpaare definiert sind, können wir sie mit den Punkten einer mit einem Koordinatensystem versehenen Ebene identifizieren. Man nennt diese Ebene die **Gaußsche Zahlenebene**. Jedem Punkt dieser Ebene entspricht genau eine komplexe Zahl.

Die Punkte $(x, 0)$, $x \in \mathbb{R}$, bilden, da sie den reellen Zahlen entsprechen, die sogenannte **reelle Achse,** die Punkte $(0, y)$, $y \in \mathbb{R}$, die sogenannte **imaginäre Achse**.

In Bild 5.1 sind in der Gaußschen Zahlenebene die Zahlen z, $-z$, z^* und $-z^*$ veranschaulicht.

Folgende Symmetrien sind erkennbar:

z und z^* sowie $-z$ und $-z^*$ liegen symmetrisch zur reellen Achse;
z und $-z$ sind punktsymmetrisch bezüglich des Ursprungs;
z und $-z^*$ sind symmetrisch bezüglich der imaginären Achse.

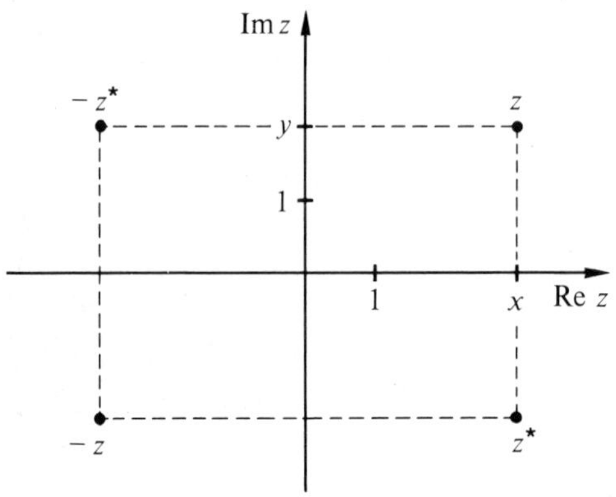

Bild 5.1: Gaußsche Zahlenebene

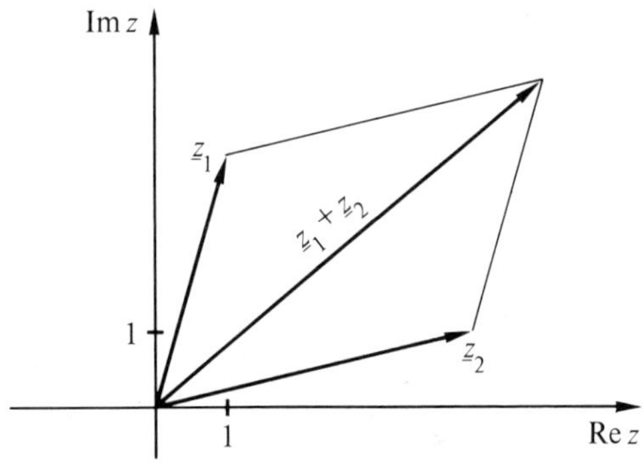

Bild 5.2: Komplexe Zahlen als Zeiger

Als geordnete Paare lassen sich die komplexen Zahlen auch durch Pfeile veranschaulichen. Zur Unterscheidung von Vektoren nennt man sie dann **Zeiger**. Dabei ist es üblich, die komplexe Zahl in diesem Fall zu unterstreichen. $\underline{z}$ bedeutet demnach eine komplexe Zahl, die als Zeiger zu veranschaulichen ist.

Sind $\underline{z}_1$ und $\underline{z}_2 \in \mathbb{C}$, so erhält man $\underline{z} = \underline{z}_1 + \underline{z}_2$ mit Hilfe der Parallelogrammregel (vgl. Bild 5.2).

Wie im Reellen, führen wir den Betrag einer komplexen Zahl z als ihren Abstand vom Ursprung oder, was gleichbedeutend ist, als Länge des Zeigers $\underline{z}$ ein.

Definition 5.4

Unter dem **Betrag** $|z|$ **der komplexen Zahl** $z = x + \mathrm{j}y$ mit $x, y \in \mathbb{R}$ versteht man die nichtnegative reelle Zahl

$$|z| = \sqrt{x^2 + y^2}.$$

Bemerkungen:

1. Diese Definition ist mit der der reellen Zahlen verträglich.

   Ist nämlich $z = x \in \mathbb{R}$, so ergibt sich $|z| = \sqrt{x^2} = |x|$.

2. Wegen $z \cdot z^* = x^2 + y^2$ ergibt sich für den Betrag auch

$$|z| = \sqrt{z \cdot z^*} \tag{5.9}$$

3. Wie schon in Definition 5.4 erwähnt, gilt $|z| \geqq 0$ für alle $z \in \mathbb{C}$.
4. Es gilt offensichtlich

$$|\mathrm{Re}\, z| \leqq |z| \quad \text{und} \quad |\mathrm{Im}\, z| \leqq |z| \tag{5.10}$$

Im folgenden Satz sind weitere wichtige Eigenschaften des Betrages zusammengestellt.

Satz 5.2

Für alle $z, z_1, z_2 \in \mathbb{C}$ gilt

a) $|z| = 0 \Leftrightarrow z = 0$;
b) $|z| = |-z| = |z^*|$;
c) $|z_1 \cdot z_2| = |z_1| \cdot |z_2|$;
d) $|z_1 + z_2| \leqq |z_1| + |z_2|$, (Dreiecksungleichung).

Beweis:

a) $|z| = 0 \Leftrightarrow \sqrt{x^2 + y^2} = 0 \Leftrightarrow x^2 + y^2 = 0 \Leftrightarrow x = y = 0 \Leftrightarrow z = 0$;
b) Ist $z = x + \mathrm{j}y$ mit $x, y \in \mathbb{R}$, so gilt

$$|-z| = |-x - \mathrm{j}y| = \sqrt{(-x)^2 + (-y)^2} = \sqrt{x^2 + y^2} = |z|,$$
$$|z^*| = |x - \mathrm{j}y| = \sqrt{x^2 + (-y)^2} = \sqrt{x^2 + y^2} = |z|;$$

c) Wegen (5.9) und mit d) von Satz 5.1 ergibt sich

$$|z_1 \cdot z_2| = \sqrt{(z_1 \cdot z_2)(z_1 \cdot z_2)^*} = \sqrt{z_1 z_2 z_1^* z_2^*}$$
$$= \sqrt{z_1 z_1^*} \cdot \sqrt{z_2 z_2^*} = |z_1| \cdot |z_2|;$$

d) Wegen (5.9) und mit Satz 5.1 erhalten wir

$$|z_1 + z_2|^2 = (z_1 + z_2)(z_1 + z_2)^* = (z_1 + z_2)(z_1^* + z_2^*),$$

woraus

$$|z_1 + z_2|^2 = z_1 z_1^* + z_2 z_2^* + (z_1 z_2^* + z_1^* z_2) \tag{5.11}$$

folgt.

Setzt man in b) von Satz 5.1 $z = z_1 \cdot z_2^*$, so ergibt sich $\frac{1}{2}(z_1 z_2^* + (z_1 z_2^*)^*) = \mathrm{Re}(z_1 z_2^*)$, woraus mit a) und d) von Satz 5.1

$$2 \cdot \mathrm{Re}(z_1 \cdot z_2^*) = z_1 \cdot z_2^* + z_1^* \cdot z_2$$

folgt. Eingesetzt in (5.11) ergibt sich

$$|z_1 + z_2|^2 = z_1 z_1^* + 2 \cdot \mathrm{Re}(z_1 \cdot z_2^*) + z_2 z_2^*. \tag{5.12}$$

Wegen $z_1 z_1^* = |z_1|^2$ und $z_2 z_2^* = |z_2|^2$ ist die rechte Seite von (5.12) eine Summe von reellen Zahlen. Man kann daher die für reelle Zahlen bewiesene Dreiecksungleichung auf die rechte Seite von (5.12) anwenden. Beachten wir noch (5.10) und c) von Satz 5.2, so ergibt sich

$$|z_1 + z_2|^2 \leqq |z_1|^2 + 2|z_1||z_2| + |z_2|^2 = ||z_1| + |z_2||^2,$$

woraus folgt:

$$|z_1 + z_2| \leqq |z_1| + |z_2|.$$ ●

Bemerkung:

Eigenschaft d) in Satz 5.2 kann auch geometrisch veranschaulicht werden, wenn man $\underline{z}_1$ und $\underline{z}_2$ als Zeiger interpretiert. Da in einem Dreieck eine Seite immer kleiner als die Summe der beiden anderen Seiten ist, folgt mit Bild 5.3 die Ungleichung d), daher auch der Name Dreiecksungleichung.

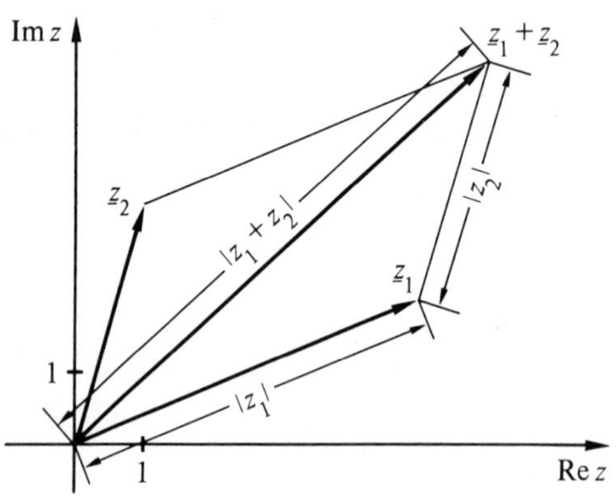

Bild 5.3: Dreiecksungleichung

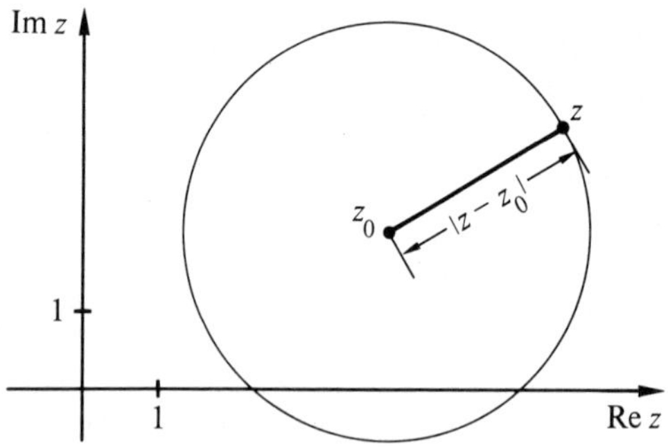

Bild 5.4: $|z - z_0| = r$

Beispiel 5.9

Es sei $z_0 \in \mathbb{C}$ und $r \in \mathbb{R}^+$. Wo liegen die komplexen Zahlen z mit

a) $|z - z_0| = r$, b) $|z - z_0| < r$?

Zu a) $|z - z_0|$ ist der Abstand zwischen z und z_0. Man sucht daher alle $z \in \mathbb{C}$, die von $z_0 \in \mathbb{C}$ den Abstand r haben. Die gesuchte Menge ist also ein Kreis um z_0 mit Radius r (vgl. Bild 5.4).

Zu b) Das Innere (ohne Rand) des Kreises von a).

Beispiel 5.10

Es sei $z_1, z_2 \in \mathbb{C}$ $(z_1 \neq z_2)$, $a \in \mathbb{R}^+$ mit $|z_1 - z_2| < 2a$ und $M = \{z \mid |z - z_1| + |z - z_2| = 2a\}$. Bestimmen Sie die Punktmenge M in der Gaußschen Zahlenebene.

$|z - z_1|$ und $|z - z_2|$ sind die Abstände zwischen z und z_1 bzw. z und z_2. Für $z \in \mathbb{C}$ ist daher die Summe der Entfernungen von den (festen) Punkten z_1 und z_2 konstant. M ist folglich eine Ellipse mit den beiden Brennpunkten z_1 und z_2 und der Entfernungssumme $2a$ (vgl. Bild 5.5).

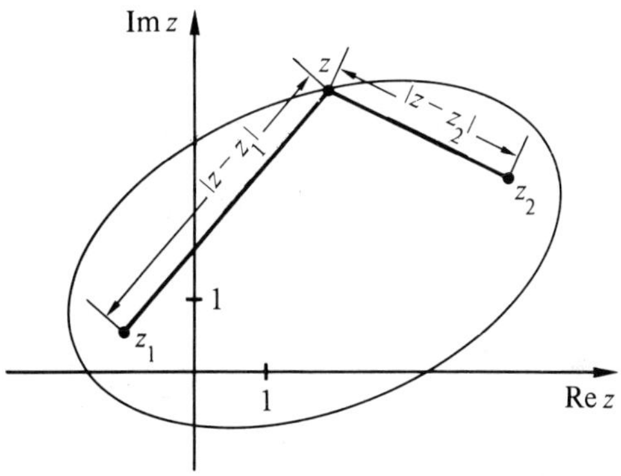

Bild 5.5: $|z - z_1| + |z - z_2| = 2a$

Beispielsweise ist $M = \{z \mid |z + 3| + |z - 3| = 10\}$ eine Ellipse mit Mittelpunkt in 0, $a = 5$, $e = 3$ und daher $b = \sqrt{a^2 - e^2} = 4$.

Beispiel 5.11

Welche Punktmenge wird durch $\operatorname{Im}\left(\frac{z-1}{z+\mathrm{j}}\right) = 0$ beschrieben?

Für $z = x + \mathrm{j}y \quad (z \neq -\mathrm{j})$ erhalten wir

$$\frac{z-1}{z+\mathrm{j}} = \frac{x-1+\mathrm{j}y}{x+(y+1)\mathrm{j}} = \frac{[(x-1)+\mathrm{j}y]\cdot[x-(y+1)\mathrm{j}]}{x^2+(1+y)^2}$$

$$= \frac{x(x-1)+(y+1)y+\mathrm{j}(xy-(x-1)(y+1))}{x^2+(1+y)^2}$$

$\operatorname{Im}\frac{z-1}{z+\mathrm{j}} = \frac{xy-(x-1)(y+1)}{x^2+(y+1)^2} = 0 \Rightarrow y = x - 1$, das ist, wegen $z \neq -\mathrm{j}$, eine Gerade mit einer Lücke bei $z = -\mathrm{j}$.

Aufgaben

1. Gegeben sind die komplexen Zahlen $z_1 = 2 + 3j$, $z_2 = -1 + 2j$, $z_3 = -3 - j$, $z_4 = 4 - 4j$. Berechnen Sie:

   a) $z_1 + z_2 + z_3$; b) $2z_1 - \frac{1}{2}z_4$; c) $z_1 \cdot z_3$; d) $z_1 \cdot z_2 \cdot z_3$; e) $\dfrac{z_1}{z_4}$;

   f) $z_1 \cdot z_4^*$; g) $z_1 \cdot z_1^*$; h) $|z_1|$; i) $\dfrac{z_1 \cdot z_2}{z_3 \cdot z_4}$.

2. Zeigen Sie: $(z^n)^* = (z^*)^n$

3. Es sei $z = \sqrt{2} + \sqrt{2}j$.
   a) Bestimmen Sie Real- und Imaginärteil von z^2, z^3, z^4.
   b) Berechnen Sie $|z|$, $|z^2|$, $|z^3|$ und $|z^4|$.

4. Ermitteln Sie Real- und Imaginärteil von

   a) $-3(1 + j) + 4(1 - j) + 2(1 + 2j)^2$; b) $(1 + 2j) + (3 - 2j)^4$;

   c) $\dfrac{1 - j}{1 + 2j} - \dfrac{1 + 3j}{1 - 2j}$; d) $\dfrac{(1 + j)(1 - 2j)(3 + 7j)}{(4 - 5j)(1 + 3j)^2}$.

5. Beweisen Sie:
   a) $(z_1 - z_2)^* = z_1^* - z_2^*$; b) $(z_1 \cdot z_2^*)^* = z_1^* \cdot z_2$.

6. Es sei $a, b \in \mathbb{R}$. Zerlegen Sie $a^2 + b^2$ in zwei Faktoren $z_1, z_2 \in \mathbb{C}$.

7. Wo liegen in der Gaußschen Zahlenebene alle Punkte z mit

   a) $|z| = 2$; b) $|z - j| = 1$; c) $|z + 2j| + |z - 2j| = 8$;

   d) $\|z + 3| - |z - 3\| = 4$; e) $|z - j| = \operatorname{Im}(z + j)$; f) $|z - 1| = 2|z - j|$;

   g) $\operatorname{Im} z > 0$; h) $\left|\dfrac{z}{z^*}\right| = 1$; i) $\left|\dfrac{z - 3}{z + 3}\right| = 2$.

8. Wie lautet die Bedingung für $z \in \mathbb{C}$, wenn z auf folgender Kurve liegen soll:
   a) Ellipse mit den Brennpunkten $z_1 = -1 + j$, $z_2 = 1 + j$ und $a = 3$;
   b) Hyperbel mit den Brennpunkten $z_1 = -3$, $z_2 = 3$ und $a = 2$;
   c) Parabel mit Brennpunkt $z_1 = 1 + j$. Die Leitlinie sei eine Parallele zur imaginären Achse durch den Punkt $z_2 = -1$;
   d) Kreis mit Mittelpunkt in $z_1 = 2 + 3j$ und Radius $r = 4$;
   e) Cassinische Kurve (geometrischer Ort der Punkte P, für die das Produkt der Abstände $\overline{F_1P} \cdot \overline{F_2P}$ von zwei festen Punkten F_1 und F_2 konstant gleich a^2 ist) mit $F_1 = -4$, $F_2 = 4$ und $a = 8$?

9. Für welche $z \in \mathbb{C}$ gilt

   a) $z^2 = |z|^2$; b) $|z^2| = |z|^2$?

10. Es sei $z = 3 + 0{,}5j$. Veranschaulichen Sie in der Gaußschen Zahlenebene

    a) $\underline{z}$; b) $\underline{z}_1 = j \cdot \underline{z}$; c) $\underline{z}_2 = -\underline{z}$; d) $\underline{z}_3 = \dfrac{\underline{z}}{j}$.

11. Konstruieren Sie in der Gaußschen Zahlenebene den Zeiger $\underline{z} = \underline{z}_1 + \underline{z}_2$, wobei $\underline{z}_1 = 3 + j$ und $\underline{z}_2 = 1 + 4j$ ist. Ermitteln Sie daraus $\operatorname{Re}(\underline{z})$ und $\operatorname{Im}(\underline{z})$.

12. Es sei $z_1 \in \mathbb{C}$ mit $z_1 \neq 0$. Für welche $z \in \mathbb{C}$ gilt das Gleichheitszeichen in der Dreiecksungleichung

    $|z_1 + z| \leqq |z_1| + |z|$?

13. Bestimmen Sie die Menge aller Punkte $z \in \mathbb{C}$ mit

    $|z - 2| > |2z - 1|$.

5.2 Trigonometrische Darstellung komplexer Zahlen

Als Zeiger in der Gaußschen Zahlenebene lassen sich die komplexen Zahlen auch darstellen durch die Länge r des Zeigers und den Winkel φ des Zeigers mit der positiven reellen Achse. Wegen $x = r \cdot \cos\varphi$ und $y = r \cdot \sin\varphi$ (siehe Bild 5.6) schreiben wir $z = r \cdot (\cos\varphi + \mathrm{j} \cdot \sin\varphi)$, $r \in \mathbb{R}_0^+$, $\varphi \in \mathbb{R}$. Man bezeichnet diese Darstellung von z **trigonometrische Form** von z. φ heißt **Argument** von z. Schreibweise: $\varphi = \arg z$.

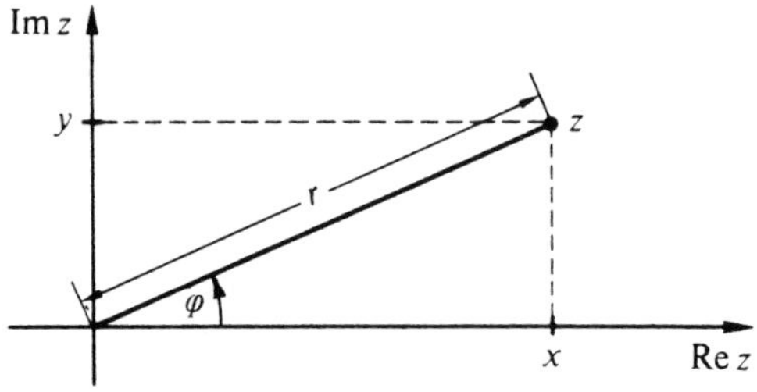

Bild 5.6: Trigonometrische Form von z

Ist φ Argument von z, so sind auch $\varphi_k = \varphi + 2k\pi$ ($k \in \mathbb{Z}$) Argumente von z, d.h. das Argument einer komplexen Zahl ist nicht eindeutig bestimmt. Man bezeichnet die Darstellung

$$z = r \cdot (\cos\varphi + \mathrm{j} \cdot \sin\varphi) \quad \text{mit } \varphi \in [0, 2\pi),\ r \in \mathbb{R}_0^+$$

als **Hauptwert** von z oder Darstellung von z in **Polarkoordinaten**. Das Argument des Hauptwertes von z ist demnach eindeutig bestimmt, falls $z \neq 0$ ist.

Da r mit dem Betrag der komplexen Zahl übereinstimmt, heißt r auch **Betrag** von z.

Aus Bild 5.6 erhalten wir folgende Formeln für die Umrechnung von $z = r \cdot (\cos\varphi + \mathrm{j} \sin\varphi)$ (trigonometrische Form) in $z = x + \mathrm{j}\,y$ (**Normalform** oder **kartesische Form**) und umgekehrt:

Trigonometrische Form → Normalform

$$x = r \cdot \cos\varphi, \quad y = r \cdot \sin\varphi.$$

Normalform → Trigonometrische Form

$$\varphi = \arg z = \begin{cases} \arctan\dfrac{y}{x} + 2k\pi & \text{für } x > 0 \\ \arctan\dfrac{y}{x} + (2k+1)\pi & \text{für } x < 0 \\ \dfrac{\pi}{2} + 2k\pi & \text{für } x = 0 \text{ und } y > 0 \\ \dfrac{3\pi}{2} + 2k\pi & \text{für } x = 0 \text{ und } y < 0 \\ \text{unbestimmt} & \text{für } x = y = 0 \end{cases} \qquad k \in \mathbb{Z}$$

$$r = |z| = \sqrt{x^2 + y^2}.$$

Beispiel 5.12

Folgende komplexe Zahlen sind jeweils auf eine andere Form zu bringen und in der Gaußschen Zahlenebene zu veranschaulichen.

$$z_1 = 1 + \mathrm{j}, \qquad z_2 = -3, \qquad z_3 = -2 - \mathrm{j}.$$

$$z_4 = 3 - \sqrt{3}\mathrm{j}, \qquad z_5 = 2\left(\cos\frac{3\pi}{4} + \mathrm{j}\sin\frac{3\pi}{4}\right).$$

Wir erhalten:

$$z_1 = \sqrt{2}\left(\cos\frac{\pi}{4} + \mathrm{j}\sin\frac{\pi}{4}\right),$$

$$z_2 = 3(\cos\pi + \mathrm{j}\sin\pi),$$

$$z_3 = \sqrt{5}\,(\cos 206^\circ 33'54'' + \mathrm{j}\sin 206^\circ 33'54'') \text{ bzw.}$$

$$z_3 = \sqrt{5}(\cos 1{,}14758\pi + \mathrm{j}\sin 1{,}14758\pi),$$

$$z_4 = 2\sqrt{3}\cdot(\cos\tfrac{11}{6}\pi + \mathrm{j}\sin\tfrac{11}{6}\pi),$$

$$z_5 = -\sqrt{2} + \sqrt{2}\mathrm{j}.$$

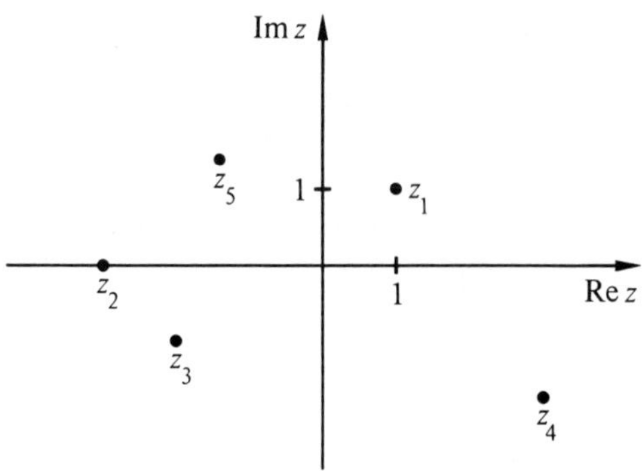

Bild 5.7: Gaußsche Zahlenebene

Bild 5.7 zeigt die Zahlen $z_1, \ldots, z_5$ in der Gaußschen Zahlenebene.

Wir wollen nun die Multiplikation zweier komplexer Zahlen, die in trigonometrischer Form gegeben sind, durchführen.

Es sei $z = z_1 \cdot z_2$ mit $z = r(\cos\varphi + \mathrm{j}\sin\varphi)$ und

$$z_i = r_i(\cos\varphi_i + \mathrm{j}\sin\varphi_i) \quad (i = 1, 2).$$

Dann ergibt sich aufgrund der Additionstheoreme

$$\begin{aligned} z_1 \cdot z_2 &= r_1 (\cos\varphi_1 + \mathrm{j}\sin\varphi_1) r_2 (\cos\varphi_2 + \mathrm{j}\sin\varphi_2) \\ &= r_1 r_2 (\cos\varphi_1\cos\varphi_2 - \sin\varphi_1\sin\varphi_2 + \mathrm{j}(\sin\varphi_1\cos\varphi_2 + \cos\varphi_1\sin\varphi_2)) \\ &= r_1 r_2 (\cos(\varphi_1+\varphi_2) + \mathrm{j}\cdot\sin(\varphi_1+\varphi_2)). \end{aligned}$$

Durch Vergleich mit $z = r(\cos\varphi + \mathrm{j}\cdot\sin\cdot\varphi)$ folgt:

$$r = r_1 \cdot r_2, \quad \varphi = \varphi_1 + \varphi_2 \tag{5.13}$$

Damit können wir die Multiplikation zweier komplexer Zahlen in der Gaußschen Zahlenebene veranschaulichen (vgl. Bild 5.8).

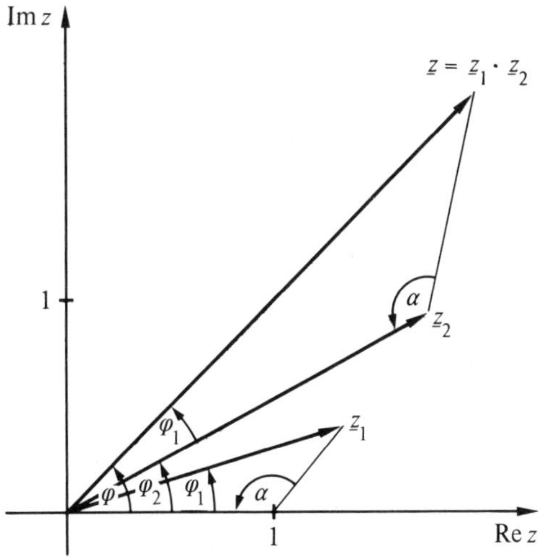

Bild 5.8: Multiplikation

Es gilt

$$|z_1 \cdot z_2| = |z_1| \cdot |z_2|$$
$$\arg(z_1 \cdot z_2) = \arg(z_1) + \arg(z_2)$$

oder in Worten:

Zwei komplexe Zahlen werden multipliziert, indem man ihre Beträge multipliziert und ihre Argumente addiert.

Nach Bild 5.8 läßt sich $z = z_1 \cdot z_2$ wie folgt konstruieren:

$\varphi = \arg z$ erhält man, indem man an $\underline{z}_2$ den Winkel $\varphi_1 = \arg z_1$ abträgt. z liegt auf dem Strahl durch 0 mit dem Winkel φ gegen die positive reelle Achse; $|z|$ ergibt sich, wenn man beachtet, daß die beiden Dreiecke in Bild 5.8 ähnlich sind. Es ist daher $|z|:|z_2| = |z_1|:1$ woraus $|z| = |z_1|\cdot|z_2|$ folgt.

Für die Division erhalten wir, wenn $z = r(\cos\varphi + \mathrm{j}\sin\varphi)$, $z_i = r_i(\cos\varphi_i + \mathrm{j}\sin\varphi_i)$, $(i = 1, 2)$ ist:

$$\frac{z_1}{z_2} = \frac{r_1}{r_2}\cdot\frac{\cos\varphi_1 + \mathrm{j}\sin\varphi_1}{\cos\varphi_2 + \mathrm{j}\sin\varphi_2} = \frac{r_1}{r_2}\cdot\frac{(\cos\varphi_1 + \mathrm{j}\sin\varphi_1)(\cos\varphi_2 - \mathrm{j}\sin\varphi_2)}{\cos^2\varphi_2 + \sin^2\varphi_2}$$

$$= \frac{r_1}{r_2}(\cos\varphi_1\cos\varphi_2 + \sin\varphi_1\sin\varphi_2 + \mathrm{j}(\sin\varphi_1\cos\varphi_2 - \sin\varphi_2\cos\varphi_1))$$

$$= \frac{r_1}{r_2}(\cos(\varphi_1 - \varphi_2) + \mathrm{j}\sin(\varphi_1 - \varphi_2)).$$

Durch Vergleich mit $z = r(\cos\varphi + \mathrm{j}\sin\varphi)$ folgt:

$$r = \frac{r_1}{r_2}, \quad \varphi = \varphi_1 - \varphi_2;$$

oder

$$\left|\frac{z_1}{z_2}\right| = \frac{|z_1|}{|z_2|}, \quad \arg\frac{z_1}{z_2} = \arg z_1 - \arg z_2$$

In Worten:

Zwei komplexe Zahlen werden dividiert, indem man ihre Beträge dividiert und ihre Argumente subtrahiert.

Beispiel 5.13

Ist z eine beliebige komplexe Zahl, so wird der Zeiger $\underline{z}$ durch Multiplikation mit j um $\frac{\pi}{2}$ (im mathematisch positiven Sinn) gedreht. Bei der Division von $\underline{z}$ mit j wird der Zeiger um $-\frac{\pi}{2}$ gedreht (vgl. Bild 5.9).

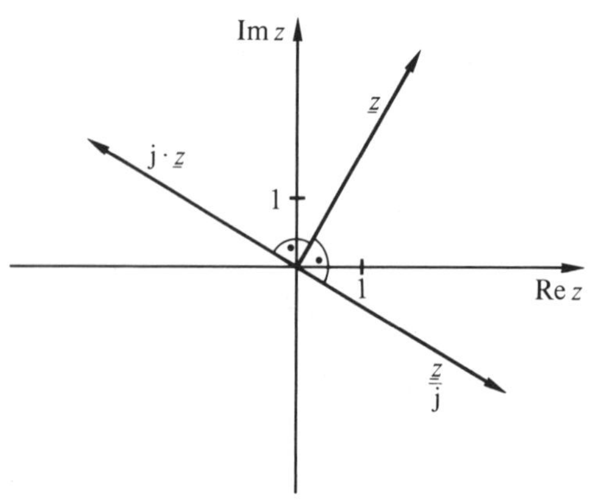

Bild 5.9: Multiplikation und Division mit j

In der Elektrotechnik treten im Wechselstromkreis bei kapazitiven und induktiven Widerständen zwischen Strom und Spannung Phasenverschiebungen von $\frac{\pi}{2}$ bzw. $-\frac{\pi}{2}$ auf. Die komplexen Zahlen eignen sich daher besonders für die Zeigerdarstellung von Strom und Spannung, da durch Multiplikation bzw. Division mit j diesem Sachverhalt Rechnung getragen wird. So ist z.B. der Leitwert eines idealen Kondensators mit der Kapazität C gegeben durch $Y_C = \mathrm{j}\omega C$.

Beispiel 5.14

Es seien z_1 und z_2 zwei Punkte der komplexen Zahlenebene. Man bestimme den durch Bild 5.10 definierten Punkt z_3.

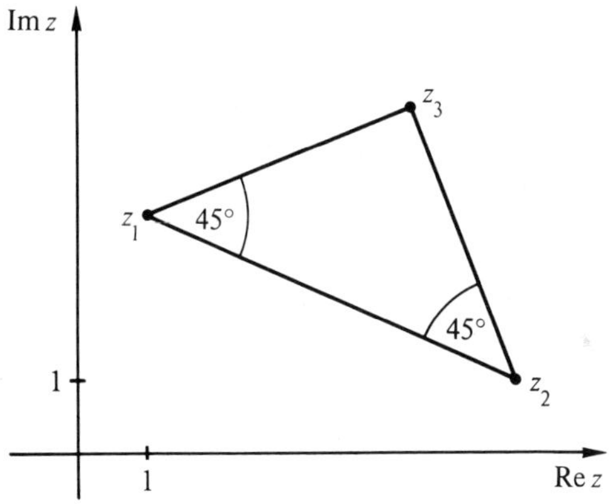

Bild 5.10: Skizze zu Beispiel 5.14

Nach Bild 5.10 sind die Zeiger $\underline{z_2 - z_3}$ und $\underline{z_1 - z_3}$ zueinander senkrecht, daher gilt

$$z_2 - z_3 = \mathrm{j}(z_1 - z_3) \Rightarrow (1 - \mathrm{j})z_3 = z_2 - \mathrm{j}z_1 \Rightarrow z_3 = \frac{z_2 - \mathrm{j}z_1}{1 - \mathrm{j}} \Rightarrow z_3 = \tfrac{1}{2}(z_2 + z_1 + \mathrm{j}(z_2 - z_1)).$$

Aufgaben

1. Stellen Sie folgende komplexen Zahlen in trigonometrischer Form dar (Hauptwert).

   a) $2 - 3\mathrm{j}$; b) $-\frac{1}{3}(1 - \mathrm{j})$; c) -8; d) $3\mathrm{j}$;
   e) $\frac{1}{2}(\sqrt{3} - \mathrm{j})$; f) $-\mathrm{j}$; g) $-3 - 4\mathrm{j}$; h) 10.

2. Welche komplexen Zahlen sind in trigonometrischer Form gegeben?

   a) $2(\cos 25° + \mathrm{j}\sin 25°)$; b) $-3(\cos 60° + \mathrm{j}\sin 60°)$;
   c) $4(\cos 420° + \mathrm{j}\sin 420°)$; d) $8(\cos 45° - \mathrm{j}\sin 45°)$;
   e) $(\cos 150° + \mathrm{j}\sin 150°)$; f) $2(\cos 12° + \mathrm{j}\sin 372°)$;
   g) $\sin 1 + \mathrm{j}\cos 1$; h) $2(\sin 2 + \mathrm{j}\sin 2)$;
   i) $3(\cos 12 + \mathrm{j}\sin 11)$.

3. Berechnen Sie:

   a) $3(\cos 110^\circ + \mathrm{j}\sin 110^\circ)\cdot 6(\cos 25^\circ + \mathrm{j}\sin 25^\circ)$; b) $\dfrac{18(\cos 14^\circ + \mathrm{j}\sin 14^\circ)}{3(\cos 46^\circ + \mathrm{j}\sin 46^\circ)\cdot 6(\cos 58^\circ + \mathrm{j}\sin 58^\circ)}$.

4. Bestimmen Sie sämtliche Lösungen der folgenden Gleichungen:

   a) $\mathrm{j}|z| = z^*$; b) $\mathrm{j} + \mathrm{Re}\left(\dfrac{1}{z}\right) = z$; c) $z + \dfrac{1}{z^*} = z^* + \dfrac{1}{z}$;

   d) $\left|\dfrac{z-\mathrm{j}}{z^*-\mathrm{j}}\right| = 1$; e) $\left|\dfrac{z-\mathrm{j}}{z+\mathrm{j}}\right| = 1$.

5. Welches Gebiet wird in der z-Ebene durch $0 < \arg\dfrac{z-\mathrm{j}}{z+\mathrm{j}} < \dfrac{\pi}{4}$ dargestellt?

6. Geben Sie in Polarform an:

   a) $\dfrac{1+\mathrm{j}}{1-\mathrm{j}}$; b) $(2+\mathrm{j})^2$; c) $(1+\mathrm{j})^3$; d) $1 + \sin 15^\circ - \mathrm{j}\cos 15^\circ$.

7. $z_1, z_2, z_3 \in \mathbb{C}$ seien drei nicht auf einer Geraden liegende Punkte in der Gaußschen Zahlenebene. Wie lautet $z_4 \in \mathbb{C}$, wenn z_1, z_2, z_3 und z_4 die Eckpunkte eines Parallelogramms sind?

8. Beweisen Sie

   $$|z_1 + z_2|^2 + |z_1 - z_2|^2 = 2|z_1|^2 + 2|z_2|^2$$

   und veranschaulichen Sie diese Gleichung geometrisch.

9. Zeigen Sie: Für alle $z \neq 0$ gilt:

   $$\frac{1}{z} = \frac{z^*}{|z|^2}$$

5.3 Potenzieren, Radizieren und Logarithmieren

Es sei $z \in \mathbb{C}$ mit $z = r(\cos\varphi + \mathrm{j}\sin\varphi)$. Dann erhalten wir nach (5.13)

$$z^2 = r^2(\cos 2\varphi + \mathrm{j}\sin 2\varphi),$$

$$z^3 = r^3(\cos 3\varphi + \mathrm{j}\cos 3\varphi).$$

Allgemein gilt (vgl. Aufgabe 1)

$$z^n = r^n(\cos n\varphi + \mathrm{j}\sin n\varphi) \quad \text{für alle } n \in \mathbb{N}.$$

Andererseits ist jedoch

$$z^n = r^n(\cos\varphi + \mathrm{j}\sin\varphi)^n, \quad n \in \mathbb{N}.$$

Durch Vergleich ergibt sich daraus die sogenannte **Moivresche Formel**

$$(\cos\varphi + \mathrm{j}\sin\varphi)^n = \cos n\varphi + \mathrm{j}\sin n\varphi \quad \text{für alle } n \in \mathbb{N}$$

Beispiel 5.15

$z^6 = (\frac{3}{2} + \frac{1}{2}\sqrt{3}\mathrm{j})^6$ soll berechnet werden. Dazu bringen wir die Basis z zunächst auf Polarform. Es ist

$$(\tfrac{3}{2} + \tfrac{1}{2}\sqrt{3}\mathrm{j}) = \sqrt{3}\left(\cos\frac{\pi}{6} + \mathrm{j}\sin\frac{\pi}{6}\right)$$

und daher

$$(\tfrac{3}{2} + \tfrac{1}{2}\sqrt{3}\mathrm{j})^6 = (\sqrt{3})^6\left(\cos 6\cdot\frac{\pi}{6} + \mathrm{j}\sin 6\cdot\frac{\pi}{6}\right) = 3^3(\cos\pi + \mathrm{j}\sin\pi) = -27.$$

Beispiel 5.16

Mit Hilfe der Moivreschen Formel stelle man $\cos 3\varphi$ und $\sin 3\varphi$ in Abhängigkeit von $\cos\varphi$ und $\sin\varphi$ dar.

$$\begin{aligned}\cos 3\varphi + \mathrm{j}\sin 3\varphi &= (\cos\varphi + \mathrm{j}\sin\varphi)^3\\ &= \cos^3\varphi + 3\mathrm{j}\cos^2\varphi\sin\varphi + 3\mathrm{j}^2\cos\varphi\sin^2\varphi + \mathrm{j}^3\sin^3\varphi\\ &= \cos^3\varphi - 3\cos\varphi\sin^2\varphi + (3\cos^2\varphi\sin\varphi - \sin^3\varphi)\mathrm{j}.\end{aligned}$$

Durch Vergleich von Real- und Imaginärteil ergibt sich

$$\begin{aligned}\cos 3\varphi &= \cos^3\varphi - 3\cos\varphi\sin^2\varphi,\\ \sin 3\varphi &= 3\cos^2\varphi\sin\varphi - \sin^3\varphi,\end{aligned}$$

bzw. wenn man $\sin^2\varphi = 1 - \cos^2\varphi$ und $\cos^2\varphi = 1 - \sin^2\varphi$ beachtet,

$$\begin{aligned}\cos 3\varphi &= 4\cos^3\varphi - 3\cos\varphi,\\ \sin 3\varphi &= 3\sin\varphi - 4\sin^3\varphi.\end{aligned}$$

Definition 5.5

> Es sei $z_0 \in \mathbb{C}$. Jede komplexe Zahl z, die der Gleichung $z^n = z_0$ genügt, heißt ***n*-te Wurzel von z_0**.
>
> Schreibweise: $z = \sqrt[n]{z_0}$.

Bemerkung:

Die Definition der n-ten Wurzel einer komplexen Zahl z_0 unterscheidet sich gegenüber der der n-ten Wurzel einer reellen Zahl x_0. Wie im Reellen wird die n-te Wurzel von $z_0 \in \mathbb{C}$ zwar als Lösung der Gleichung $z^n = z_0$ definiert. Auf folgende Unterschiede sei jedoch hingewiesen:

1. Im Reellen wird die n-te Wurzel nur für nichtnegative Radikanden definiert, wohingegen bei den komplexen Zahlen keine Einschränkung an den Radikanden gemacht wird.
2. Als n-te Wurzel von $x_0 \in \mathbb{R}_0^+$ wird nur die nichtnegative reelle Zahl x mit $x^n = x_0$ definiert. Dadurch erhält man im Reellen Eindeutigkeit für $\sqrt[n]{x_0}$. Beispielsweise ist $\sqrt{4} = 2$ und nicht -2, obwohl -2 auch die Gleichung $x^2 = 4$ erfüllt. Auf die Eindeutigkeit der Lösung von $z^n = z_0$ wird im Bereich der komplexen Zahlen verzichtet. Hier werden alle Lösungen als n-te Wurzeln von z_0 bezeichnet.

Es sei $z_0 = r_0(\cos\varphi_0 + \mathrm{j}\sin\varphi_0)$ und $z = r(\cos\varphi + \mathrm{j}\sin\varphi)$ mit r_0, $r \in \mathbb{R}_0^+$. Dann folgt aus $z^n = z_0$, $n \in \mathbb{N}$:

$$r^n(\cos n\varphi + \mathrm{j}\sin n\varphi) = r_0(\cos\varphi_0 + \mathrm{j}\sin\varphi_0).$$

Durch Vergleich der Beträge und Argumente ergibt sich wegen der Vieldeutigkeit der Argumente von z_0

$$r^n = r_0 \quad \text{und} \quad n\varphi = \varphi_0 + 2k\pi, \quad k \in \mathbb{Z} \tag{5.14}$$

d.h. es ist

$$r = \sqrt[n]{r_0} \quad \text{und} \quad \varphi_k = \frac{\varphi_0 + 2k\pi}{n}, \quad k \in \mathbb{Z}. \tag{5.15}$$

Es hat zunächst den Anschein, als ob unendlich viele Lösungen z_{k+1} von $z^n = z_0$ existieren würden. Beschränken wir uns jedoch auf die Hauptwerte der Argumente, so erhalten wir genau n Lösungen z_{k+1} der Gleichung $z^n = z_0$. Es gilt somit

Satz 5.3

Die Gleichung $z^n = z_0$ mit $z_0 = r_0(\cos\varphi_0 + \mathrm{j}\sin\varphi_0)$ besitzt die n Lösungen

$$z_{k+1} = \sqrt[n]{r_0} \cdot \left(\cos\frac{\varphi_0 + 2k\pi}{n} + \mathrm{j}\sin\frac{\varphi_0 + 2k\pi}{n}\right), \quad k = 0, 1, \ldots, n-1.$$

Für $k \geqq n$ ergeben sich die bereits mit $k = 0, 1, \ldots, n-1$ erhaltenen Lösungen. Ist beispielsweise $k = n$, so folgt

$$\begin{aligned} z_{n+1} &= \sqrt[n]{r_0}\left(\cos\frac{\varphi_0 + 2n\pi}{n} + \mathrm{j}\sin\frac{\varphi_0 + 2n\pi}{n}\right) \\ &= \sqrt[n]{r_0}\left(\cos\left(\frac{\varphi_0}{n} + 2\pi\right) + \mathrm{j}\sin\left(\frac{\varphi_0}{n} + 2\pi\right)\right) \\ &= \sqrt[n]{r_0}\left(\cos\frac{\varphi_0}{n} + \mathrm{j}\sin\frac{\varphi_0}{n}\right) = z_1, \end{aligned}$$

d.h. die Lösung für $k = 0$.

Geometrisch lassen sich die n Lösungen z_{k+1} $(k = 0, 1, \ldots, n-1)$ von $z^n = z_0$ wie folgt veranschaulichen:

Die Beträge $|z_{k+1}|$ sind alle gleich, nämlich $|z_{k+1}| = \sqrt[n]{r_0}$, d.h. alle z_{k+1} $(k = 0, 1, \ldots, n-1)$ liegen auf einem Kreis um den Nullpunkt mit dem Radius $r = \sqrt[n]{r_0}$. Das Argument von z_1 ergibt sich aus (5.15) für $k = 0$, es ist also

$$\arg(z_1) = \frac{\varphi_0}{n} = \frac{1}{n} \cdot \arg(z_0).$$

Der n-te Teil des Winkels φ_0 ist daher das Argument von z_1 (erste Lösung von $z^n = z_0$). Die weiteren Lösungen erhält man, indem jeweils, beginnend bei $\underline{z}_1$, der Winkel $\frac{2\pi}{n}$ abgetragen wird (vgl. Bild 5.11). Die n Lösungen z_{k+1} $(k = 0, 1, \ldots, n-1)$ sind also die Eckpunkte eines dem Kreis mit Radius $r = \sqrt[n]{r_0}$ einbeschriebenen regelmäßigen n-Ecks.

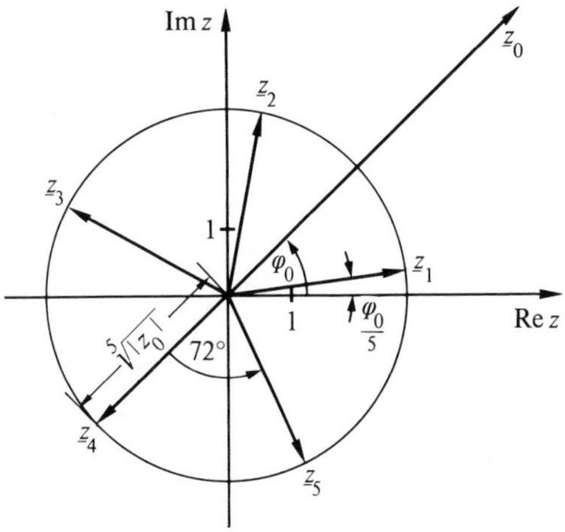

Bild 5.11: $z_{k+1} = \sqrt[5]{z_0}$

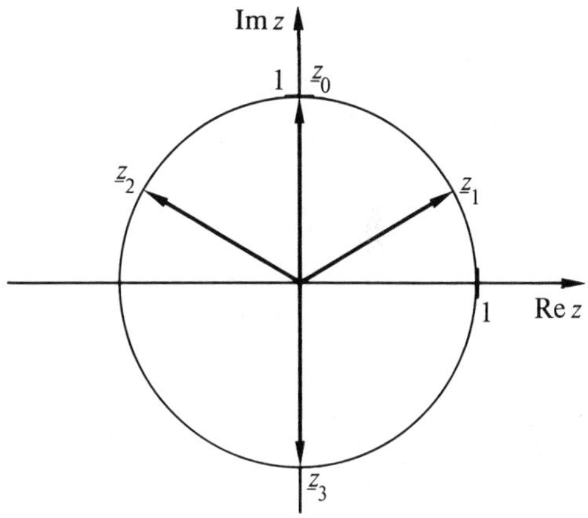

Bild 5.12: $\sqrt[3]{\mathrm{j}}$

Beispiel 5.17

Alle Lösungen von $z^3 = \mathrm{j}$ sind zu berechnen.

Es ist $z_0 = \mathrm{j} = \cos\frac{\pi}{2} + \mathrm{j}\sin\frac{\pi}{2}$, d.h. $r_0 = 1$, $\varphi_0 = \frac{\pi}{2}$. Man erhält daher (vgl. Bild 5.12)

$$\sqrt[3]{\mathrm{j}} = \sqrt[3]{1}\left(\cos\frac{\frac{\pi}{2} + 2k\pi}{3} + \mathrm{j}\sin\frac{\frac{\pi}{2} + 2k\pi}{3}\right), \quad k = 0, 1, 2.$$

$$z_1 = \cos\frac{\pi}{6} + \mathrm{j}\sin\frac{\pi}{6} = \tfrac{1}{2}\sqrt{3} + \tfrac{1}{2}\mathrm{j},$$

$$z_2 = \cos\frac{5\pi}{6} + \mathrm{j}\sin\frac{5\pi}{6} = -\tfrac{1}{2}\sqrt{3} + \tfrac{1}{2}\mathrm{j},$$

$$z_3 = \cos\frac{3\pi}{2} + \mathrm{j}\sin\frac{3\pi}{2} = -\mathrm{j}.$$

Wir haben die komplexen Zahlen ursprünglich mit der Absicht eingeführt, auch für negative Radikanden die zweite Wurzel berechnen zu können. Mit Satz 5.3 können wir nun beliebige Wurzeln aus negativen Zahlen bestimmen.

Beispiel 5.18

Sämtliche Werte von $\sqrt[4]{-16}$ sind zu berechnen.

Es gilt $z_0 = -16 = 16(\cos\pi + \mathrm{j}\sin\pi)$, d.h. $r_0 = 16$, $\varphi_0 = \pi$.

Daher ist $r = \sqrt[4]{16} = 2$, $\varphi_k = \frac{\pi}{4} + k \cdot \frac{\pi}{2}$, $k = 0, 1, 2, 3$.

Es ergibt sich also:

$k = 0$; $z_1 = \sqrt{2}(1 + \mathrm{j})$; $k = 1$: $z_2 = \sqrt{2}(-1 + \mathrm{j})$;
$k = 2$: $z_3 = \sqrt{2}(-1 - \mathrm{j})$; $k = 3$: $z_4 = \sqrt{2}(1 - \mathrm{j})$.

Auch für positive reelle Radikanden erhalten wir für die n-te Wurzel genau n Lösungen. Man bezeichnet alle Lösungen von $z^n = 1$ als ***n*-te Einheitswurzel**n.

$$\sqrt[n]{1} = \cos k \cdot \frac{2\pi}{n} + \mathrm{j}\sin k \cdot \frac{2\pi}{n}, \quad n \in \mathbb{N},\ k = 0, 1, \ldots, n-1. \tag{5.16}$$

Ist n gerade, so sind für $k = 0$ und $k = \frac{n}{2}$ die reellen Zahlen 1 und -1 unter den Lösungen. Für ungerades n liefert nur der Fall $k = 0$ eine reelle Lösung.

Setzen wir in (5.16) für k die natürliche Zahl $n - k$, so folgt

$$\begin{aligned}\cos(n-k)\frac{2\pi}{n} + \mathrm{j}\sin(n-k)\frac{2\pi}{n} &= \cos\left(2\pi - k\frac{2\pi}{n}\right) + \mathrm{j}\sin\left(2\pi - k\frac{2\pi}{n}\right)\\ &= \cos\left(-k\frac{2\pi}{n}\right) + \mathrm{j}\sin\left(-k\frac{2\pi}{n}\right)\\ &= \cos\left(k \cdot \frac{2\pi}{n}\right) - \mathrm{j}\sin\left(k\frac{2\pi}{n}\right),\end{aligned}$$

d.h. mit z ist auch z^* Einheitswurzel.

Die n-ten Einheitswurzeln liegen also auf dem Einheitskreis symmetrisch bezüglich der reellen Achse und sind die Eckpunkte eines regelmäßigen n-Ecks (vgl. Bild 5.13a und b).

Durch die Erweiterung der reellen Zahlen auf den Bereich der komplexen Zahlen hat die Gleichung $az^2 + bz + c = 0$, $a, b, c \in \mathbb{R}$, $a \neq 0$, $z \in \mathbb{C}$ immer Lösungen, nämlich

$$z_{1,2} = \frac{-b + \sqrt{b^2 - 4ac}}{2a}.$$

Hierbei ist zu beachten, daß durch die Mehrdeutigkeit der zweiten Wurzel im Bereich der komplexen Zahlen sich das » $\pm$ « vor dem Wurzelzeichen erübrigt. Außerdem kann der Radikand $b^2 - 4ac$ auch negativ werden. Insofern können wir nun auch quadratische Gleichungen mit komplexen Koeffizienten betrachten. Sind $\alpha, \beta, \gamma, z \in \mathbb{C}$, $\alpha \neq 0$ so lauten die Lösungen von

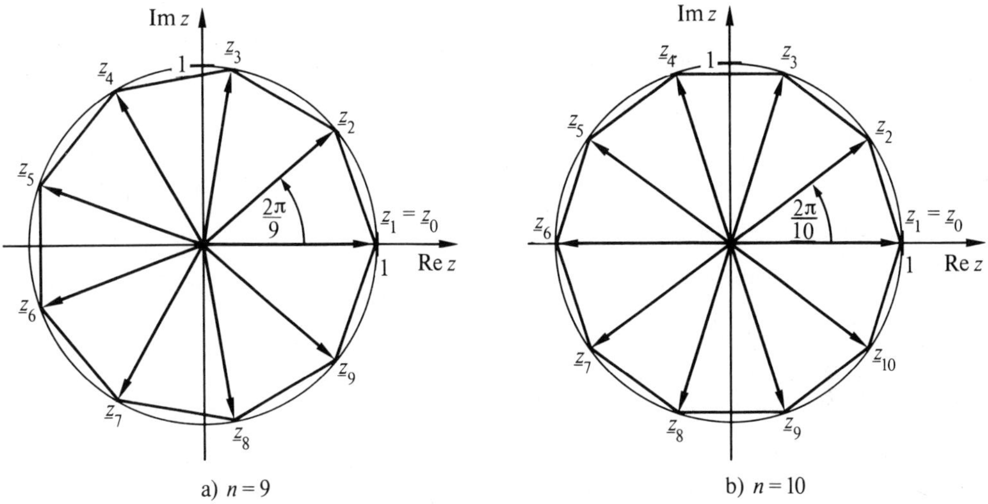

Bild 5.13a, b: n-te Einheitswurzeln

$\alpha z^2 + \beta z + \gamma = 0$:

$$z_{1,2} = \frac{-\beta + \sqrt{\beta^2 - 4\alpha\gamma}}{2\alpha}.$$

Beispiel 5.19

Wie lauten die Lösungen von $z^2 + (2-3j)z - 5 - j = 0$?

Es ist

$$z_{1,2} = \frac{-2 + 3j + \sqrt{(2-3j)^2 + 4(5+j)}}{2} = \frac{-2 + 3j + \sqrt{15 - 8j}}{2}.$$

Wegen $\sqrt{15-8j} = \pm(4-j)$ folgt $z_1 = 1 + j$, $z_2 = -3 + 2j$.

Es läßt sich folgender Satz beweisen.

Satz 5.4 (Fundamentalsatz der Algebra)

Jedes Polynom n-ten Grades ($n \in \mathbb{N}$) mit

$$p_n(x) = \sum_{k=0}^{n} a_k x^k, \quad a_n \neq 0 \tag{5.17}$$

mit komplexen Koeffizienten a_k hat mindestens eine Nullstelle, d.h. es gibt mindestens ein $x_1 \in \mathbb{C}$ mit $p_n(x_1) = 0$.

Der Satz wird nicht bewiesen.

Wie in Satz 2.4 gezeigt wurde, kann das Polynom p_n dann durch das Produkt

$$p_n(x) = (x - x_1)p_{n-1}(x)$$

dargestellt werden. Nach dem Fundamentalsatz der Algebra besitzt p_{n-1} für $n > 1$ wiederum mindestens ein $x_2 \in \mathbb{C}$ mit $p_{n-1}(x_2) = 0$, d.h. es ist

$$p_n(x) = (x - x_1)(x - x_2)p_{n-2}(x).$$

So fortfahrend kann schließlich p_n ganz in Linearfaktoren zerlegt werden

$$p_n(x) = a_n(x - x_1)(x - x_2)\cdots(x - x_n) = a_n \prod_{k=1}^{n} (x - x_k),$$

dabei kann eine Nullstelle auch mehrfach auftreten (vgl. Definition 2.12) und wird dann entsprechend oft gezählt.

Wird also die Vielfachheit der Nullstellen berücksichtigt, so folgt, daß ein Polynom n-ten Grades genau n Nullstellen besitzt. Wir erhalten somit eine Verschärfung von Satz 2.6, der aussagt, daß ein Polynom n-ten Grades höchstens n Nullstellen besitzt.

Ohne Beweis sei noch angegeben: Sind die Koeffizienten a_k von (5.17) reell, so ist mit z auch z^* eine Nullstelle von p_n.

Beispiel 5.20

Es sei $p_4(x) = x^4 - 2x^3 + 4x - 4$. $x_1 = 1 + \mathrm{j}$ ist, wie man durch Einsetzen nachprüfen kann, eine Nullstelle von p_4. Wie lauten die restlichen drei Nullstellen?

p_4 ist ein Polynom mit reellen Koeffizienten, daher existieren nur reelle oder konjugiert komplexe Nullstellen. Mit $x_1 = 1 + \mathrm{j}$ ist auch $x_2 = x_1^* = 1 - \mathrm{j}$ eine Nullstelle von p_4. Von p_4 ist also der Faktor $(x - x_1)(x - x_2)$ abspaltbar. Wir erhalten
$(x - x_1)(x - x_2) = (x - 1 - \mathrm{j})(x - 1 + \mathrm{j}) = x^2 - 2x + 2$.

Folglich ist

$$\begin{array}{l} (x^4 - 2x^3 + 4x - 4) : (x^2 - 2x + 2) = x^2 - 2 \\ \underline{x^4 - 2x^3 + 2x^2} \\ \qquad\quad -2x^2 + 4x - 4 \\ \qquad\quad \underline{-2x^2 + 4x - 4} \\ \qquad\qquad\qquad\quad 0 \Rightarrow p_4(x) = (x^2 - 2x + 2)(x^2 - 2). \end{array}$$

Aus $p_4(x) = 0$ folgt $x^2 - 2 = 0$ und daraus $x_{3,4} = \pm\sqrt{2}$.

Die Nullstellen von p_4 lauten also $x_1 = 1 + \mathrm{j}$, $x_2 = 1 - \mathrm{j}$, $x_3 = \sqrt{2}$, $x_4 = -\sqrt{2}$. p_4 in Linearfaktoren:

$$p_4(x) = (x - 1 - \mathrm{j})(x - 1 + \mathrm{j})(x - \sqrt{2})(x + \sqrt{2}).$$

Zum Abschluß sei noch auf eine besonders kurze Schreibweise der komplexen Zahlen hingewiesen. Dabei verwendet man für den Ausdruck $\cos\varphi + \mathrm{j}\sin\varphi$ folgende Abkürzung

$$\cos\varphi + \mathrm{j}\sin\varphi = \mathrm{e}^{\mathrm{j}\varphi} \tag{5.18}$$

(5.18) nennt man **Eulersche Formel**. In Band 2, Abschnitt 2 wird die Richtigkeit von (5.18) bewiesen. Es ist also beispielsweise

$$\mathrm{e}^{\mathrm{j}\pi/2} = \cos\frac{\pi}{2} + \mathrm{j}\sin\frac{\pi}{2} = \mathrm{j}, \quad \mathrm{e}^{\mathrm{j}\pi} = \cos\pi + \mathrm{j}\sin\pi = -1,$$

$$\mathrm{e}^{\mathrm{j}3\pi/2} = \cos\frac{3\pi}{2} + \mathrm{j}\sin\frac{3\pi}{2} = -\mathrm{j}, \quad \mathrm{e}^{\mathrm{j}2\pi} = \cos 2\pi + \mathrm{j}\sin 2\pi = 1.$$

Wegen

$$\mathrm{e}^{-\mathrm{j}\varphi} = \mathrm{e}^{\mathrm{j}(-\varphi)} = \cos(-\varphi) + \mathrm{j}\sin(-\varphi) = \cos\varphi - \mathrm{j}\sin\varphi$$

und

$$|\mathrm{e}^{\mathrm{j}\varphi}| = |\cos\varphi + \mathrm{j}\sin\varphi| = \sqrt{\cos^2\varphi + \sin^2\varphi} = 1$$

gilt

$$\mathrm{e}^{-\mathrm{j}\varphi} = \cos\varphi - \mathrm{j}\sin\varphi, \quad \varphi\in\mathbb{R},$$
$$|\mathrm{e}^{\mathrm{j}\varphi}| = 1 \quad \text{für alle } \varphi\in\mathbb{R}.$$

Statt $z = r(\cos\varphi + \mathrm{j}\sin\varphi)$ kann man nun kürzer schreiben

$$z = r\cdot\mathrm{e}^{\mathrm{j}\varphi}. \tag{5.19}$$

Man nennt (5.19) **exponentielle Darstellung** oder **Exponentialform von z.**

Durch die Exponentialform von z wird nicht nur die Schreibweise kürzer, auch die Multiplikation, die Division, das Potenzieren und das Radizieren werden formelmäßig einfacher.

Sind $z_1 = r_1 e^{\mathrm{j}\varphi_1}, z_2 = r_2\,\mathrm{e}^{\mathrm{j}\varphi_2}$ und $z = r\,\mathrm{e}^{\mathrm{j}\varphi}$, so gilt

$$z_1\cdot z_2 = r_1 r_2\,\mathrm{e}^{\mathrm{j}(\varphi_1+\varphi_2)}, \quad \frac{z_1}{z_2} = \frac{r_1}{r_2}\cdot\mathrm{e}^{\mathrm{j}(\varphi_1-\varphi_2)}, \quad r_2 \neq 0,$$
$$z^n = r^n\,\mathrm{e}^{\mathrm{j}n\varphi}, \quad n\in\mathbb{N},$$
$$\sqrt[n]{z} = \sqrt[n]{r}\,\mathrm{e}^{\mathrm{j}\left(\frac{\varphi}{n}+\frac{2k\pi}{n}\right)}, \quad k = 0, 1, \ldots, n-1,$$

übrigens in Übereinstimmung mit den Regeln der gewöhnlichen Potenzrechnung.

Beispiel 5.21

Wie lauten Real-und Imaginärteil von $z = \rho\,\mathrm{e}^{\mathrm{j}\alpha}$?

Es ist $z = \rho\,\mathrm{e}^{\mathrm{j}\alpha} = \rho(\cos\alpha + \mathrm{j}\sin\alpha) = \rho\cos\alpha + \mathrm{j}(\rho\sin\alpha)$, woraus $\mathrm{Re}(z) = \rho\cos\alpha$ und $\mathrm{Im}(z) = \rho\sin\alpha$ folgt.

Beispiel 5.22

Wie lautet die Exponentialform von $\frac{1}{z}$, wenn $z = r\,\mathrm{e}^{\mathrm{j}\varphi}$ ist?

Es ist $\frac{1}{z} = \frac{1}{r \cdot \mathrm{e}^{\mathrm{j}\varphi}} = \frac{1}{r} \cdot \mathrm{e}^{-\mathrm{j}\varphi}$.

Mit Hilfe der Eulerschen Formel kann die komplexe e-Funktion (exp-Funktion) definiert werden, wenn die üblichen Potenzgesetze gelten sollen, durch

$\exp: z \mapsto \mathrm{e}^z = \mathrm{e}^{x+\mathrm{j}y} = \mathrm{e}^x(\cos y + \mathrm{j}\sin y)$ für alle $z \in \mathbb{C}$.

Beispiel 5.23

Es sei f gegeben durch $f(z) = \mathrm{e}^z$, dann ist beispielsweise:

$$f(\mathrm{j}) = \mathrm{e}^{\mathrm{j}} = \cos 1 + \mathrm{j}\sin 1; \quad f(1+\mathrm{j}) = \mathrm{e}^{1+\mathrm{j}} = \mathrm{e}(\cos 1 + \mathrm{j}\sin 1);$$
$$f(-2+3\mathrm{j}) = \mathrm{e}^{-2}(\cos 3 + \mathrm{j}\sin 3).$$

Aufgrund dieser Definition gelten die üblichen Potenzgesetze. Exemplarisch soll gezeigt werden, daß für alle $z_1, z_2 \in \mathbb{C}$ gilt: $\mathrm{e}^{z_1+z_2} = \mathrm{e}^{z_1} \cdot \mathrm{e}^{z_2}$.

Wir erhalten, wenn wir mit $x_i = \operatorname{Re} z_i$ und $y_i = \operatorname{Im} z_i$ $(i = 1, 2)$ bezeichnen:

$$\begin{aligned}\mathrm{e}^{z_1+z_2} &= \mathrm{e}^{x_1+x_2+\mathrm{j}(y_1+y_2)} = \mathrm{e}^{x_1+x_2} \cdot \mathrm{e}^{\mathrm{j}(y_1+y_2)} = \mathrm{e}^{x_1}\mathrm{e}^{x_2}(\cos(y_1+y_2) + \mathrm{j}\sin(y_1+y_2)) \\ &= \mathrm{e}^{x_1}\mathrm{e}^{x_2}(\cos y_1 \cos y_2 - \sin y_1 \sin y_2 + \mathrm{j}(\sin y_1 \cos y_2 + \cos y_1 \sin y_2)) \\ &= \mathrm{e}^{x_1}\mathrm{e}^{x_2}(\cos y_1 + \mathrm{j}\sin y_1)(\cos y_2 + \mathrm{j}\sin y_2) = \mathrm{e}^{z_1} \cdot \mathrm{e}^{z_2}.\end{aligned}$$

Es bietet sich an, wie im Reellen, die Umkehrfunktion der (komplexen) e-Funktion, als Logarithmusfunktion im Komplexen zu definieren. Dabei tritt zunächst folgende Schwierigkeit auf:

Für alle $z \in \mathbb{C}$ und alle $k \in \mathbb{Z}$ gilt

$$\mathrm{e}^{z+2k\pi\mathrm{j}} = \mathrm{e}^z \cdot \mathrm{e}^{2k\pi\mathrm{j}} = \mathrm{e}^z(\cos 2k\pi + \mathrm{j}\sin 2k\pi) = \mathrm{e}^z.$$

Die e-Funktion ist, wie man sieht, im Komplexen periodisch mit der Periode $2\pi\mathrm{j}$ und daher nicht umkehrbar. Als Wertebereich der e-Funktion wird deshalb eine unendlichblättrige (Riemannsche) Fläche konstruiert, die dann als Definitionsbereich der Logarithmusfunktion dient. Das hat zur Folge, daß die Logarithmusfunktion im Komplexen unendlich viele Werte besitzt, je nachdem, auf welchem „Blatt" das Argument z liegt. Die Funktionswerte lassen sich wie folgt berechnen, wobei wir von der Äquivalenz $\mathrm{e}^w = z \Leftrightarrow w = \ln z$ für $z \neq 0$ ausgehen und die Schreibweise $u = \operatorname{Re} w$, $v = \operatorname{Im} w$, $x = \operatorname{Re} z$ und $y = \operatorname{Im} z$ verwenden:

$$\mathrm{e}^w = \mathrm{e}^{u+\mathrm{j}v} = \mathrm{e}^u(\cos v + \mathrm{j}\sin v) = x + \mathrm{j}y = z \Rightarrow |z| = \mathrm{e}^u \text{ und } v = \arg z + 2k\pi.$$

Die e-Funktion hat, wie oben erwähnt, alle Eigenschaften der Potenzfunktion, so daß deren Umkehrfunktion, die Logarithmusfunktion, die üblichen Eigenschaften der reellen Logarithmusfunktion hat, wie z.B. $\ln z_1 z_2 = \ln z_1 + \ln z_2$ für alle $z_1, z_2 \in \mathbb{C}\setminus\{0\}$. Damit erhalten wir für alle $z \neq 0$:

$$w = \ln z = \ln(|z| \cdot \mathrm{e}^{\mathrm{j}\arg z}) = \ln|z| + \ln \mathrm{e}^{\mathrm{j}(\arg z + 2k\pi)} = \ln|z| + \mathrm{j} \cdot \arg z + 2k\pi\mathrm{j}. \tag{5.20}$$

Ist $0 \leq \arg z < 2\pi$, so wird w als **Hauptwert** bezeichnet, falls $k = 0$ gewählt wird.

Beispiel 5.24

a) $\ln(2+2\mathrm{j}) = \ln 2\sqrt{2} + \mathrm{j}\frac{\pi}{4} + 2k\pi\mathrm{j} = \frac{1}{2}\ln 8 + (2k+\frac{1}{4})\pi\mathrm{j}$, der Hauptwert: $\frac{1}{2}\ln 8 + \mathrm{j}\frac{\pi}{4}$;

b) $\ln(-\mathrm{j}) = \ln 1 + \frac{3\pi}{2}\mathrm{j} + 2k\pi\mathrm{j} = (2k+\frac{3}{2})\pi\mathrm{j}$, der Hauptwert: $\frac{3\pi}{2}\mathrm{j}$;

c) $\ln(-1) = (2k+1)\pi\mathrm{j}$, der Hauptwert: $\pi\mathrm{j}$.

Wegen $\mathrm{e}^{\ln z} = z$ für alle $z \in \mathbb{C}\setminus\{0\}$, können Terme der Form z^w definiert werden, wobei $z, w \in \mathbb{C}$ und $z \neq 0$. Wir erhalten

$$z^w = (\mathrm{e}^{\ln z})^w = \mathrm{e}^{w \ln z}.$$

Beispiel 5.25

Wir berechnen $(2+2\mathrm{j})^{\mathrm{j}}$.
Nach Beispiel 5.24 ist $\ln(2+2\mathrm{j}) = \ln 2\sqrt{2} + \mathrm{j}(2k+\frac{1}{4})\pi$. Damit erhalten wir
$(2+2\mathrm{j})^{\mathrm{j}} = \mathrm{e}^{\mathrm{j}(\ln 2\sqrt{2} + \mathrm{j}\pi(2k+1/4))} = \mathrm{e}^{-\pi(2k+1/4)}(\cos\ln 2\sqrt{2} + \mathrm{j}\sin\ln 2\sqrt{2})$,
der Hauptwert: $\mathrm{e}^{-\pi/4}\,(\cos\ln 2\sqrt{2} + \mathrm{j}\sin\ln 2\sqrt{2}) = 0{,}2309149\ldots + \mathrm{j}0{,}3931385\ldots$

Aufgaben

1. Zeigen Sie mit Hilfe der vollständigen Induktion:

   Ist $z = r(\cos\varphi + \mathrm{j}\sin\varphi)$ und $n \in \mathbb{N}$, so gilt $z^n = r^n(\cos n\varphi + \mathrm{j}\sin n\varphi)$.

2. Berechnen Sie:

   a) $(1+2\mathrm{j})^2$; b) $(\frac{1}{2} - \frac{1}{3}\mathrm{j})^3$;

   c) $(-\frac{1}{2} - \frac{1}{2}\sqrt{3}\mathrm{j})^9$; d) $(-\sqrt{2} + \sqrt{2}\mathrm{j})^6$;

   e) $(\frac{1}{4} + \mathrm{j})^{10}$; f) $\left[0{,}9\left(\cos\frac{\pi}{15} + \mathrm{j}\sin\frac{\pi}{15}\right)\right]^{30}$.

3. Berechnen Sie:

   a) $\sqrt{-1+\sqrt{3}\mathrm{j}}$; b) $\sqrt[3]{3-\sqrt{3}\mathrm{j}}$;

   c) $\sqrt[4]{-\frac{1}{2} - \frac{1}{2}\sqrt{3}\mathrm{j}}$; d) $\sqrt[5]{-1}$;

   e) $\sqrt[6]{\mathrm{j}}$; f) $\sqrt[7]{17{,}0859375}$.

4. Wie lauten die (komplexen) Lösungen folgender Gleichungen?

   a) $(1-\mathrm{j})z^2 + (1+\mathrm{j})z - 2 + \mathrm{j} = 0$; b) $(1+\mathrm{j})z^3 + (-2+4\mathrm{j})z^2 - (7+9\mathrm{j})z = 0$;

   c) $z^4 + (3-5\mathrm{j})z^2 - 10 - 5\mathrm{j} = 0$; d) $z^4 - 4z^3 + 6z^2 - 4z + 5 = 0$ (Hinweis: $z_1 = \mathrm{j}$ ist eine Lösung).

5. Welche quadratische Gleichung hat die Lösungen

   $x_1 = 3+2\mathrm{j}$, $x_2 = 3-2\mathrm{j}$?

6. Bestimmen Sie die Lösungsmenge der Gleichungen:

   a) $(2-3\mathrm{j})z + (2+3j)z^* + 7 = 0$; b) $zz^* + (-2+3\mathrm{j})z + (-2-3\mathrm{j})z^* + 12 = 0$.

7. In einem kartesischen Koordinatensystem stellt die Gleichung

$$a(x^2+y^2)+bx+cy+d=0, \quad a\in\mathbb{R}\setminus\{0\}, b, c, d\in\mathbb{R} \tag{5.21}$$

für $b^2+c^2-4ad>0$ einen Kreis dar.
Wie lautet die zugehörige komplexe Darstellung von (5.21), d.h. in (5.21) sollen statt x und y nur noch z bzw. z^* vorkommen? (Beachte: $z=x+\mathrm{j}y, z^*=x-\mathrm{j}y$.)

8. Es sei $z_1=2{,}1\cdot e^{0{,}2\mathrm{j}}$ und $z_2=0{,}75\cdot \mathrm{e}^{-0{,}4\mathrm{j}}$. Berechnen Sie:

   a) $|z_1|, |z_2|$, $\arg z_1$, $\arg z_2$; b) Real- und Imaginärteil von $z_1\cdot z_2, \frac{z_1}{z_2}, z_1^2, z_2^2, z_1^2\cdot z_2^3$.

9. Stellen Sie $\cos 4x$ und $\sin 4x$ in einer Summe von Potenzen von $\cos x$ bzw. $\sin x$ dar.

*10. Berechnen Sie

$$\sum_{k=0}^{n} \cos kx \text{ und } \sum_{k=0}^{n} \sin kx.$$

11. Berechnen Sie mit Hilfe von (5.20):

   a) $\ln(-1)$; b) $\ln \mathrm{j}$; c) $\ln(1+\mathrm{j})$; d) j^{j}.

6 Lineare Gleichungssysteme, Matrizen, Determinanten

6.1 Lineare Gleichungssysteme; das Gaußsche Eliminationsverfahren

Lineare Gleichungssysteme finden in der Praxis überaus große Anwendung. Sie treten z.B. in der Statik auf bei der Berechnung der Auflagekräfte und der Durchbiegung von Trägern, in der Dynamik bei der Behandlung von Schwingungsproblemen, in der Betriebswirtschaft bei der Lösung von Problemen mit Hilfe der linearen Planungsrechnung (linear programming).

6.1.1 Vorbetrachtungen

Beispiel 6.1

Ein Betrieb produziert in einem bestimmten Zeitraum von n Waren $w_1, w_2, \ldots, w_n$ die Mengen $x_1, x_2, \ldots, x_n$. k_i sei der Herstellungspreis pro Mengeneinheit der Ware w_i, $i = 1, 2, \ldots, n$. Dann betragen die Herstellungskosten für diese Waren

$$H = k_1 x_1 + k_2 x_2 + \cdots + k_n x_n.$$

Bezeichnet man die Verpackungskosten bzw. die Transportkosten für die Mengeneinheit der Ware w_i mit v_i bzw. mit t_i, so erhält man die Herstellungs-, Verpackungs- und Transportkosten aus dem linearen Gleichungssystem

$$\begin{aligned} H &= k_1 x_1 + k_2 x_2 + \cdots + k_n x_n \\ V &= v_1 x_1 + v_2 x_2 + \cdots + v_n x_n \\ T &= t_1 x_1 + t_2 x_2 + \cdots + t_n x_n \end{aligned}$$

H, V und T sind, wenn die Menge der einzelnen produzierten Waren bekannt ist, durch die Koeffizienten k_i, v_i und $t_i, i = 1, 2, \ldots, n$, festgelegt.

Den linearen Gleichungssystemen kommt auch in der Elektrotechnik große Bedeutung zu, da zwischen Strömen und Spannungen oft ein linearer Zusammenhang besteht. Das folgende Problem führt auf ein lineares Gleichungssystem mit 5 Gleichungen und 5 Variablen.

Beispiel 6.2

Gegeben ist eine Brückenschaltung (s. Bild 6.1). Bei bekanntem Strom I ist die Größe des Stromes I_g in Abhängigkeit der Widerstände R_1 bis R_4 zu bestimmen.

Mit Hilfe der Kirchhoffschen Regeln erhält man die (Knoten- und Maschen-)Gleichungen

$$\begin{array}{rrrrrl} I_1 + & I_2 & & & & = I \\ -I_1 & & + \; I_3 & & + \; I_g & = 0 \\ & I_2 & & - \; I_4 & + \; I_g & = 0 \\ R_1 I_1 & - R_2 I_2 & & & + R_g I_g & = 0 \\ & & R_3 I_3 & - R_4 I_4 & - R_g I_g & = 0 \end{array} \tag{6.1}$$

Die Lösung dieses linearen Gleichungssystems mit 5 Gleichungen und den 5 Variablen I_1, I_2, I_3, I_4 und I_g hängt von den Koeffizienten der Variablen sowie von I ab.

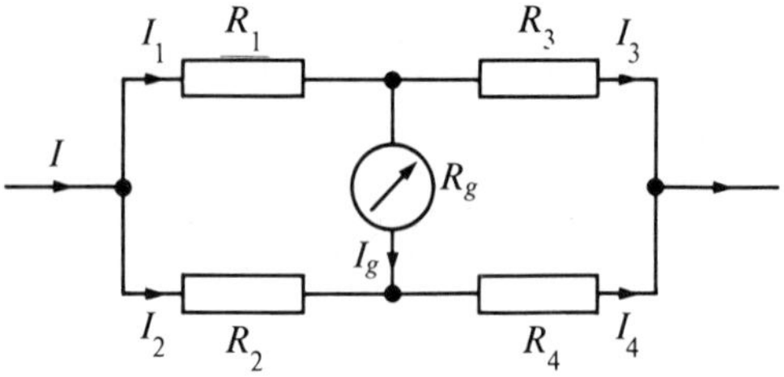

Bild 6.1: Brückenschaltung

6.1.2 Das Gaußsche Eliminationsverfahren

Mit Hilfe des in diesem Abschnitt beschriebenen Verfahrens läßt sich eine Aussage darüber machen, ob ein gegebenes lineares Gleichungssystem lösbar ist oder nicht. Gegebenenfalls erhält man dann durch eine weitere Rechnung die Lösung dieses Systems.

Unter einer linearen Gleichung mit den n Variablen $x_1, x_2, \ldots, x_n$ versteht man eine Gleichung der Form

$$a_1x_1 + a_2x_2 + \cdots + a_nx_n = b$$

mit $x_i, a_i, b \in \mathbb{R}$ für alle $i = 1, 2, \ldots, n$. Liegen gleichzeitig m solcher Gleichungen vor, so spricht man von einem linearen Gleichungssystem.

Definition 6.1

Es sei $a_{ik}, b_i \in \mathbb{R}$ für alle $i = 1, 2, \ldots, m, k = 1, 2, \ldots, n$. Dann heißt

$$\begin{array}{ccccccccc} a_{11}x_1 & + & a_{12}x_2 & + & \cdots & + & a_{1n}x_n & = & b_1 \\ \vdots & & \vdots & & & & \vdots & & \vdots \\ a_{m1}x_1 & + & a_{m2}x_2 & + & \cdots & + & a_{mn}x_n & = & b_m \end{array}$$

ein **lineares Gleichungssystem** mit m Gleichungen und n Variablen $x_1, x_2, \ldots, x_n$ oder kurz ein **(lineares)** (m, n)**-System**.

Bemerkungen:

1. Die Zahlen a_{ik} heißen die **Koeffizienten** des Systems. Der erste Index gibt die Zeile, der zweite Index die Variable an, zu der dieser Koeffizient gehört[1]).
2. Die Zahlen b_i heißen die **Störglieder** oder **rechten Seiten** des Systems. Wenn $b_i = 0$ für alle $i = 1, 2, \ldots, m$ ist, dann heißt das System **homogen**, sonst **inhomogen**.
3. Ist speziell $m = n$, so spricht man von einem **quadratischen System**.
4. Die Variablen bezeichnet man auch als die Unbekannten des Systems.

---

[1]) Wenn Mißverständnisse auftreten können, setzt man zwischen die Indizes ein Komma.

Es sei

$$\begin{aligned} a_{11}x_1 + a_{12}x_2 + \cdots + a_{1n}x_n &= b_1 \\ a_{21}x_1 + a_{22}x_2 + \cdots + a_{2n}x_n &= b_2 \\ \vdots \qquad \vdots \qquad\quad \vdots \quad & \quad \vdots \\ a_{n1}x_1 + a_{n2}x_2 + \cdots + a_{nn}x_n &= b_n \end{aligned} \tag{6.2}$$

ein quadratisches, inhomogenes System, das genau eine Lösung besitzt. Durch Addition geeigneter Vielfacher einer Gleichung zu den übrigen Gleichungen können wir schrittweise Variablen mit dem Ziel eliminieren, ein gestaffeltes System (eventuell müssen Zeilen vertauscht werden)

$$\begin{aligned} c_{11}x_1 + c_{12}x_2 + \cdots + c_{1n}x_n &= d_1 \\ c_{22}x_2 + \cdots + c_{2n}x_n &= d_2 \\ \vdots \quad & \quad \vdots \\ c_{nn}x_n &= d_n \end{aligned} \tag{6.3}$$

zu erhalten. Hieraus können wir die Variablen der Reihe nach, beginnend mit x_n aus der letzten, x_{n-1} aus der vorletzten usw., schließlich x_1 aus der 1. Gleichung gegebenenfalls berechnen. Dieses Verfahren heißt **Gaußsches Eliminationsverfahren**.

Dieses Verfahren ist nicht nur auf quadratische, inhomogene Systeme anwendbar, sondern läßt sich auch auf (m, n)-Systeme (homogen oder inhomogen) übertragen. Im Verlaufe der Rechnung stellt man dabei fest, ob das vorliegende System genau eine, keine oder unendlich viele Lösungen besitzt. Die folgenden Beispiele erläutern das Verfahren.

Beispiel 6.3

Gegeben sei das (3, 3)-System

$$\begin{aligned} 4x_1 + 2x_2 - 2x_3 &= -2 \\ -3x_1 + x_2 \qquad &= 6 \\ x_1 - 4x_2 + 2x_3 &= -9 \end{aligned}$$

Zur Vereinfachung der folgenden Rechnung vertauschen wir die erste und dritte Zeile:

$$\begin{aligned} x_1 - 4x_2 + 2x_3 &= -9 && \text{(a)} \\ -3x_1 + x_2 \qquad &= 6 && \text{(b)} \\ 4x_1 + 2x_2 - 2x_3 &= -2 && \text{(c)} \end{aligned}$$

Führt man bei diesem System die angegebenen Operationen durch, so erhält man

$$\begin{aligned} x_1 - 4x_2 + 2x_3 &= -9 && \text{(a)} \\ -11x_2 + 6x_3 &= -21 && \text{(b')} = \text{(b)} + 3\text{(a)} \\ 18x_2 - 10x_3 &= 34 && \text{(c')} = \text{(c)} - 4\text{(a)} \end{aligned}$$

$$\begin{aligned} x_1 - 4x_2 + 2x_3 &= -9 && \text{(a)} \\ -11x_2 + 6x_3 &= -21 && \text{(b')} \\ -\tfrac{2}{11}x_3 &= -\tfrac{4}{11} && \text{(c'')} = \text{(c')} + \tfrac{18}{11}\text{(b')} \end{aligned}$$

Das letzte System ist ein gestaffeltes System der Form (6.3). Aus (c″) folgt $x_3 = 2$. Mit diesem Wert erhält man aus (b′) $x_2 = 3$ und schließlich aus (a) $x_1 = -1$. Die Lösung des Gleichungssystems lautet also $x_1 = -1, x_2 = 3, x_3 = 2$.

Das Gaußsche Eliminationsverfahren läßt sich kürzer, dennoch aber übersichtlich darstellen, wenn man nur die Koeffizienten und die rechte Seite des Gleichungssystems schreibt und auf die Variablen x_i verzichtet. Dies wollen wir in den folgenden Beispielen durchführen.

Beispiel 6.4

Gegeben sei das (3, 3)-System

$$\begin{aligned} x_1 - 3x_2 + 5x_3 &= 26 \quad \text{(a)} \\ 2x_1 - 2x_2 + x_3 &= 12 \quad \text{(b)} \\ -3x_1 + 5x_2 - 6x_3 &= 2 \quad \text{(c).} \end{aligned} \tag{6.4}$$

In kurzer Schreibweise:

$$\begin{array}{rrr|rl} 1 & -3 & 5 & 26 & \text{(a)} \\ 2 & -2 & 1 & 12 & \text{(b)} \\ -3 & 5 & -6 & 2 & \text{(c)} \end{array}$$

Mit Hilfe der angegebenen Zeilenoperationen erhält man

$$\begin{array}{rrr|rl} 1 & -3 & 5 & 26 & \text{(a)} \\ & 4 & -9 & -40 & \text{(b')} = \text{(b)} - 2\text{(a)} \\ & -4 & 9 & 80 & \text{(c')} = \text{(c)} + 3\text{(a)} \end{array} \qquad \begin{array}{rrr|rl} 1 & -3 & 5 & 26 & \text{(a)} \\ & 4 & -9 & -40 & \text{(b')} \\ & & 0 & 40 & \text{(c'')} = \text{(c')} + \text{(b')} \end{array}$$

Die letzte Zeile (c″) entspricht der Gleichung $0 \cdot x_3 = 40$, die jedoch durch keinen x_3-Wert erfüllt werden kann. Folglich besitzt das (3, 3)-System (6.4) keine Lösung.

Beispiel 6.5

Gegeben sei das (3, 3)-System

$$\begin{aligned} 3x_1 + x_2 - 2x_3 &= 3 \quad \text{(a)} \\ 24x_1 + 10x_2 - 13x_3 &= 25 \quad \text{(b)} \\ -6x_1 - 4x_2 + x_3 &= -7 \quad \text{(c)} \end{aligned} \tag{6.5}$$

Mit Hilfe der angegebenen Zeilenoperationen erhält man in kurzer Schreibweise

$$\begin{array}{rrr|rl} 3 & 1 & -2 & 3 & \text{(a)} \\ & 2 & 3 & 1 & \text{(b')} = \text{(b)} - 8\text{(a)} \\ & -2 & -3 & -1 & \text{(c')} = \text{(c)} + 2\text{(a)} \end{array} \qquad \begin{array}{rrr|rl} 3 & 1 & -2 & 3 & \text{(a)} \\ & 2 & 3 & 1 & \text{(b')} \\ & & 0 & 0 & \text{(c'')} = \text{(c')} + \text{(b')} \end{array}$$

Wie man erkennt, besitzt dieses Gleichungssystem nur die beiden wesentlichen Gleichungen

$$\begin{aligned} 3x_1 + x_2 - 2x_3 &= 3 \\ 2x_2 + 3x_3 &= 1, \end{aligned} \tag{6.6}$$

da die Gleichung $0x_3 = 0$(c″) durch jeden Wert $x_3 \in \mathbb{R}$ erfüllt ist. Wir setzen $x_3 = \lambda \in \mathbb{R}$ und erhalten aus (6.6)

$$x_1 = \tfrac{5}{6} + \tfrac{7}{6}\lambda, \qquad x_2 = \tfrac{1}{2} - \tfrac{3}{2}\lambda, \quad x_3 = \lambda \in \mathbb{R} \tag{6.7}$$

Für jedes $\lambda \in \mathbb{R}$ erhalten wir durch (6.7) eine spezielle Lösung von (6.5). λ heißt ein **Lösungsparameter**. Für $\lambda = 0$ erhalten wir z.B. $x_1 = \frac{5}{6}$, $x_2 = \frac{1}{2}$, $x_3 = 0$, für $\lambda = -1$ indessen $x_1 = -\frac{1}{3}$, $x_2 = 2$, $x_3 = -1$.

Wie die Beispiele (6.3), (6.4) und (6.5) zeigen, kann ein (3, 3)-System genau eine, keine Lösung oder unendlich viele Lösungen besitzen. Daß dies allgemein für ein (m, n)-System zutrifft, werden wir in Abschnitt 6.4.1 beweisen.

Die folgenden Beispiele zeigen, daß das Gaußsche Eliminationsverfahren auch auf nicht quadratische Systeme anwendbar ist.

Beispiel 6.6

Gegeben sei das (3, 4)-System

$$\begin{aligned} x_1 + 2x_2 - 7x_3 + 2x_4 &= -3 \quad \text{(a)} \\ 4x_1 + 7x_2 - 26x_3 + 9x_4 &= -10 \quad \text{(b)} \\ -3x_1 - 5x_2 + 19x_3 - 7x_4 &= 7 \quad \text{(c)} \end{aligned} \tag{6.8}$$

Hieraus erhält man in kurzer Schreibweise

$$\begin{array}{rrrr|rl} 1 & 2 & -7 & 2 & -3 & \text{(a)} \\ & -1 & 2 & 1 & 2 & \text{(b')} = \text{(b)} - 4\text{(a)} \\ & 1 & -2 & -1 & -2 & \text{(c')} = \text{(c)} + 3\text{(a)} \end{array} \qquad \begin{array}{rrrr|rl} 1 & 2 & -7 & 2 & -3 & \text{(a)} \\ & -1 & 2 & 1 & 2 & \text{(b')} \\ & & & 0 & 0 & \text{(c'')} = \text{(c')} + \text{(b')} \end{array}$$

Das Gleichungssystem (6.8) besitzt also die zwei wesentlichen Gleichungen mit 4 Variablen

$$\begin{aligned} x_1 + 2x_2 - 7x_3 + 2x_4 &= -3 \\ - x_2 + 2x_3 + x_4 &= 2 \end{aligned} \tag{6.9}$$

Wir setzen $x_3 = \lambda \in \mathbb{R}$ und $x_4 = \mu \in \mathbb{R}$ und erhalten aus (6.9)

$$x_1 = 1 + 3\lambda - 4\mu, \qquad x_2 = -2 + 2\lambda + \mu, \qquad x_3 = \lambda, \qquad x_4 = \mu \tag{6.10}$$

Für jedes $\lambda, \mu \in \mathbb{R}$ erhalten wir durch (6.10) eine spezielle Lösung von (6.8). Man spricht von einer **zweiparametrischen Lösungsschar**. Für $\lambda = 1$, $\mu = 2$ erhalten wir z.B. $x_1 = -4$, $x_2 = 2$, $x_3 = 1$, $x_4 = 2$.

Beispiel 6.7

Gegeben sei das (4, 3)-System

$$\begin{aligned} x_1 - x_2 + 3x_3 &= 3 \\ -x_1 + 2x_2 + 2x_3 &= -2 \\ 3x_1 + 4x_2 - x_3 &= 5 \\ 2x_1 - x_2 + 11x_3 &= 6 \end{aligned} \tag{6.11}$$

Man erhält

$$\begin{array}{rrr|r} 1 & -1 & 3 & 3 \\ & 1 & 5 & 1 \\ & 7 & -10 & -4 \\ & 1 & 5 & 0 \end{array} \qquad \begin{array}{rrr|r} 1 & -1 & 3 & 3 \\ & 1 & 5 & 1 \\ & & -45 & -11 \\ & & 0 & -1 \end{array}$$

Die letzte Zeile entspricht der Gleichung $0 \cdot x_3 = -1$, die durch keinen x_3-Wert erfüllt werden kann. Folglich besitzt das Gleichungssystem (6.11) keine Lösung.

Aufgaben

1. Bestimmen Sie alle Lösungen, falls solche existieren, von folgenden Gleichungssystemen:

a)
$$\begin{aligned} -3x_1+2x_2-\ 3x_3&=6\\ 9x_1-2x_2+10x_3&=-10\\ 6x_1+8x_2+14x_3&=22 \end{aligned}$$

b)
$$\begin{aligned} 3x_1-14x_2+2x_3-\ x_4&=-7\\ -2x_1+13x_2-4x_3+3x_4&=9\\ x_1-\ 6x_2+\ x_3-\ x_4&=-4\\ 2x_1-12x_2+2x_3+\ x_4&=1 \end{aligned}$$

c)
$$\begin{aligned} x_1-3x_2+2x_3&=1\\ 4x_1-2x_2+5x_3&=-2\\ 3x_1+\ x_2+3x_3&=3 \end{aligned}$$

d)
$$\begin{aligned} -x_1+3x_2+4x_3&=1\\ 2x_1\qquad\ -\ x_3&=6\\ 6x_1+2x_2+3x_3&=28\\ 3x_1+\ x_2\qquad&=11\\ 4x_1+\ x_2+2x_3&=19 \end{aligned}$$

e)
$$\begin{aligned} 4x_1+7x_2-26x_3+9x_4&=-10\\ x_1+2x_2-\ 7x_3+2x_4&=-\ 3\\ -3x_1-5x_2+19x_3-7x_4&=7 \end{aligned}$$

2. Bestimmen Sie alle Lösungen von folgenden homogenen Gleichungssystemen:

a)
$$\begin{aligned} 3x_1+4x_2-\ x_3&=0\\ x_1-2x_2+\ x_3&=0\\ -2x_1+5x_2+3x_3&=0\\ 5x_1-\ x_2+4x_3&=0 \end{aligned}$$

b)
$$\begin{aligned} x_1+2x_2-\ 5x_3-\ 7x_4-\ 8x_5&=0\\ -2x_1-5x_2+14x_3+16x_4+21x_5&=0\\ 3x_1+5x_2-\ 8x_3-25x_4-10x_5&=0\\ 2x_1+2x_2+\ x_3-16x_4+\ 3x_5&=0 \end{aligned}$$

c)
$$\begin{aligned} x_1+2x_2+3x_3&=0\\ 2x_1+3x_2+4x_3&=0\\ x_1+5x_2+7x_3&=0 \end{aligned}$$

d)
$$\begin{aligned} 5x_1+2x_2+4x_3+\ 6x_4&=0\\ 4x_2+7x_3+10x_4&=0\\ x_1+8x_2+6x_3+\ 4x_4&=0\\ -3x_1\qquad\ +6x_3+12x_4&=0 \end{aligned}$$

3. Für welche Werte $a\in\mathbb{R}$ besitzen folgende Systeme
i) genau eine Lösung, ii) keine Lösung, iii) unendlich viele Lösungen?

a)
$$\begin{aligned} x_1+\ x_2-\ x_3&=1\\ x_1+2x_2+ax_3&=2\\ 2x_1+ax_2+2x_3&=3 \end{aligned}$$

b)
$$\begin{aligned} ax_1+\ x_2+\ x_3&=a^2\\ x_1+ax_2+\ x_3&=a\\ x_1+\ x_2+ax_3&=1 \end{aligned}$$

4. Bestimmen Sie die Gleichung der Parabel 2. Ordnung $y = ax^2 + bx + c$, die durch die Punkte $A(1, 4)$, $B(-2, -8)$ und $C(3, 2)$ verläuft.

6.2 Matrizen

6.2.1 Grundbegriffe

Die Lösung des (5, 5)-Systems (6.1) hängt außer vom Strom I von den Widerständen R_1 bis R_4 ab, d.h. von den Koeffizienten des Systems. Diese können wir übersichtlich in einem Schema zusammenfassen:

$$\begin{pmatrix} 1 & 1 & 0 & 0 & 0 \\ -1 & 0 & 1 & 0 & 1 \\ 0 & 1 & 0 & -1 & 1 \\ R_1 & -R_2 & 0 & 0 & R_g \\ 0 & 0 & R_3 & -R_4 & -R_g \end{pmatrix}$$

Ein solches Schema bezeichnet man als eine $(5,5)$-Matrix. Allgemein vereinbart man

> Unter einer **(m,n)-Matrix**[1]) versteht man ein rechteckiges Zahlenschema aus m mal n Zahlen.
>
> Schreibweise:
>
> $$A = \begin{pmatrix} a_{11} & a_{12} & \cdots & a_{1k} & \cdots & a_{1n} \\ a_{21} & a_{22} & \cdots & a_{2k} & \cdots & a_{2n} \\ \vdots & \vdots & & \vdots & & \vdots \\ a_{i1} & a_{i2} & \cdots & a_{ik} & \cdots & a_{in} \\ \vdots & \vdots & & \vdots & & \vdots \\ a_{m1} & a_{m2} & \cdots & a_{mk} & \cdots & a_{mn} \end{pmatrix} \leftarrow i\text{-te Zeile} \qquad (6.12)$$
>
> $\uparrow$ k-te Spalte
>
> Die Zahlen $a_{ik} \in \mathbb{R}$, $i = 1, 2, \ldots, m$, $k = 1, 2, \ldots, n$, heißen die **Elemente** der Matrix A. Ist $m = n$, so heißt A eine ***n*-reihige, quadratische Matrix**. Die Elemente $a_{i1}, a_{i2}, \ldots, a_{in}$ bilden die ***i*-te Zeile**, die Elemente $a_{1k}, a_{2k}, \ldots, a_{mk}$ die ***k*-te Spalte**.

Bemerkungen:

1. Im folgenden bezeichnen wir Matrizen mit großen lateinischen Buchstaben.
2. Das Element a_{ik} steht in der i-ten Zeile und k-ten Spalte von A. Man bezeichnet daher den ersten Index von a_{ik} als **Zeilenindex**, den zweiten als **Spaltenindex**.
3. Ist A eine (m,n)-Matrix, so sagt man auch, sie sei vom **Typ (m,n)** und schreibt

$$A = A_{(m,n)} = (a_{ik})_{(m,n)} \qquad (6.13)$$

   Geht der Typ der Matrix aus dem Zusammenhang hervor, so schreibt man kurz: $A = (a_{ik})$. Matrizen vom gleichen Typ heißen zueinander **gleichartig**.
4. Eine Matrix vom Typ $(1, n)$ bezeichnet man als **Zeilenmatrix** oder **Zeilenvektor**, eine Matrix vom Typ $(m, 1)$ als **Spaltenmatrix** oder **Spaltenvektor**.
5. Ist $A = (a_{ik})$ eine n-reihige, quadratische Matrix, so bilden die Elemente $a_{11}, a_{22}, \ldots, a_{nn}$ die sogenannte **Hauptdiagonale**, die Elemente $a_{1n}, a_{2,n-1}, \ldots, a_{n1}$ die sogenannte **Nebendiagonale**.

$$\begin{pmatrix} a_{11} & a_{12} & \cdots & a_{1,n-1} & a_{1n} \\ a_{21} & a_{22} & \cdots & a_{2,n-1} & a_{2n} \\ \vdots & \vdots & \cdots & & \vdots \\ a_{n1} & a_{n2} & \cdots & a_{n,n-1} & a_{nn} \end{pmatrix}$$

Nebendiagonale Hauptdiagonale

[1]) Mehrzahl: Matrizen.

6. Man beachte: (a_{ik}) ist eine Matrix, a_{ik} eine reelle Zahl.

Beispiel 6.8

Es seien

$$A = (a_{ik}) = \begin{pmatrix} 3 & -16 & \pi \\ \sqrt{3} & 0 & 6 \end{pmatrix}, \qquad B = (b_{ij}) = \begin{pmatrix} 1 & 0 & 2 \\ -\sqrt{5} & 16 & 2 \\ \pi & 3 & -4 \end{pmatrix}$$

$$C = (c_{jl}) = (6 \quad \sqrt{2} \quad 0 \quad 3), \qquad D = (d_{st}) = \begin{pmatrix} 6 \\ 4 \\ 3 \\ 0 \end{pmatrix}$$

A ist eine Matrix vom Typ (2, 3), B eine 3-reihige, quadratische Matrix, C ein Zeilenvektor und D ein Spaltenvektor. Es gilt z.B. $a_{13} = \pi$, $c_{12} = \sqrt{2}$, $d_{41} = 0$. $b_{11} = 1$, $b_{22} = 16$, $b_{33} = -4$ sind die Elemente der Hauptdiagonalen, $b_{13} = 2$, $b_{22} = 16$, $b_{31} = \pi$ die Elemente der Nebendiagonalen von B.

Definition 6.2

$A = (a_{ik})$ und $B = (b_{ik})$ seien gleichartige Matrizen. A und B heißen **gleich**, wenn

$$a_{ik} = b_{ik} \quad \text{für alle } i, k$$

ist.

Schreibweise: $A = B$

Bemerkung:

Notwendig für die Gleichheit zweier Matrizen ist, daß diese vom gleichen Typ sind.

Beispiel 6.9

Es seien

$$A = \begin{pmatrix} -3 & 4 \\ 0 & 6 \\ 3 & 2 \end{pmatrix}, \quad B = \begin{pmatrix} -3 & 4 & 0 \\ 0 & 6 & 0 \\ 3 & 2 & 0 \end{pmatrix}, \quad C = \begin{pmatrix} -3 & 4 \\ 0 & 8 \\ 3 & 2 \end{pmatrix}, \quad D = \begin{pmatrix} -3 & 4 \\ 0 & 6 \\ 3 & 2 \end{pmatrix}.$$

Dann gilt $A = D$, während $A \neq C$ ist (da $a_{22} \neq c_{22}$). Ferner ist $A \neq B$, da diese Matrizen nicht vom gleichen Typ sind.

Beispiel 6.10

Es seien

$$A = \begin{pmatrix} 3 & 6 \\ -5 & 2 \end{pmatrix} \quad \text{und} \quad B = \begin{pmatrix} a+b & a+c-d \\ c+d & 2a+b \end{pmatrix}$$

Wie muß man a, b, c, d wählen, damit $A = B$ ist?

Lösung:

a, b, c, d sind so zu bestimmen, daß

$$a+b=3, \quad a+c-d=6, \quad c+d=-5 \quad \text{und} \quad 2a+b=2$$

ist. Man erhält $a=-1, b=4, c=1, d=-6$.

Vertauscht man die Zeilen und Spalten einer Matrix, so erhält man i.a. eine neue Matrix.

Definition 6.3

$A=(a_{ik})$ sei eine (m,n)-Matrix. Unter der **transponierten Matrix von** A (kurz: **Transponierten von** A) versteht man die (n,m)-Matrix

$$B=(b_{ik}) \quad \text{mit} \quad b_{ik}=a_{ki} \quad \text{für alle } i,k$$

Schreibweise: $B=A^T$ [1])

Bemerkungen:

1. Ist A eine quadratische Matrix, so erhält man A^T durch Spiegelung der Elemente von A an ihrer Hauptdiagonalen.
2. Durch Transponieren geht ein Zeilenvektor in einen Spaltenvektor über und umgekehrt.
3. Für jede Matrix A gilt: $(A^T)^T=A$.

Beispiel 6.11

Es seien

$$A=\begin{pmatrix} 3 & 0 & -6 & 8 \\ 4 & 7 & 3 & 2 \\ 3 & 0 & 1 & 9 \end{pmatrix} \quad \text{und} \quad B=(3 \quad 0 \quad 4 \quad -6)$$

Dann ist

$$A^T=\begin{pmatrix} 3 & 4 & 3 \\ 0 & 7 & 0 \\ -6 & 3 & 1 \\ 8 & 2 & 9 \end{pmatrix} \quad \text{und} \quad B^T=\begin{pmatrix} 3 \\ 0 \\ 4 \\ -6 \end{pmatrix}$$

Definition 6.4

$A=(a_{ik})$ sei eine n-reihige, quadratische Matrix. A heißt
a) **symmetrisch**, wenn $a_{ik}=a_{ki}$ für alle i,k ist,
b) **schiefsymmetrisch** oder **antisymmetrisch**, wenn $a_{ik}=-a_{ki}$ für alle i,k ist,
c) eine **obere (untere) Dreiecksmatrix**, wenn $a_{ik}=0$ für $i>k$ $(i<k)$ ist,
d) eine **Diagonalmatrix**, wenn $a_{ik}=0$ für alle $i \neq k$ ist.

[1]) Man findet auch die Schreibweise A'.

Bemerkungen:

1. Wenn A symmetrisch ist, so gilt also $A = A^T$.
2. Ist $A = (a_{ik})_{(n,n)}$ eine schiefsymmetrische Matrix, so ist, wegen $a_{ii} = -a_{ii}$ für alle i, $a_{ii} = 0$ für alle i, d.h. alle Elemente der Hauptdiagonalen einer schiefsymmetrischen Matrix verschwinden.

Beispiel 6.12

Es seien

$$A = \begin{pmatrix} 3 & -4 & 0 \\ -4 & -6 & 1 \\ 0 & 1 & 2 \end{pmatrix}, \quad B = \begin{pmatrix} 0 & 3 & -6 \\ -3 & 0 & -11 \\ 6 & 11 & 0 \end{pmatrix}, \quad C = \begin{pmatrix} 1 & -3 & 4 \\ 0 & 2 & 8 \\ 0 & 0 & 6 \end{pmatrix}$$

$$D = \begin{pmatrix} 10 & 0 & 0 \\ 6 & 3 & 0 \\ -4 & 1 & 2 \end{pmatrix}, \quad F = \begin{pmatrix} 3 & 0 & 0 \\ 0 & -2 & 0 \\ 0 & 0 & 4 \end{pmatrix}$$

A ist eine symmetrische, B eine schiefsymmetrische Matrix, C eine obere und D eine untere Dreiecksmatrix. F ist eine Diagonalmatrix.

6.2.2 Addition und Multiplikation von Matrizen

Für das Rechnen mit Matrizen vereinbart man folgende einfache Regeln:

Definition 6.5

$A = (a_{ik})$ und $B = (b_{ik})$ seien gleichartige Matrizen. Unter der **Summe** von A und B versteht man die (m, n)-Matrix $S = (s_{ik})$ mit

$$s_{ik} = a_{ik} + b_{ik} \quad \text{für alle } i, k$$

Schreibweise: $S = A + B$

Bemerkungen:

1. Die Addition von Matrizen ist nur für Matrizen gleichen Typs definiert.
2. Man addiert zwei Matrizen, indem man ihre entsprechenden Elemente addiert.

Beispiel 6.13

$$\begin{pmatrix} -3 & 12 & 5 & -1 \\ 8 & 0 & 6 & 10 \end{pmatrix} + \begin{pmatrix} 3 & -4 & 2 & 5 \\ 12 & -12 & 4 & 6 \end{pmatrix} = \begin{pmatrix} 0 & 8 & 7 & 4 \\ 20 & -12 & 10 & 16 \end{pmatrix}$$

$$\begin{pmatrix} -3 \\ 2 \\ 18 \\ 10 \\ -1 \end{pmatrix} + \begin{pmatrix} 3 \\ 4 \\ 2 \\ 1 \\ 1 \end{pmatrix} = \begin{pmatrix} 0 \\ 6 \\ 20 \\ 11 \\ 0 \end{pmatrix}; \quad (3 \quad -2 \quad 12 \quad 4) + (3 \quad 2 \quad 1 \quad 0) = (6 \quad 0 \quad 13 \quad 4)$$

In Abschnitt 1.3.1 wurden die Grundgesetze der Addition reeller Zahlen zusammengestellt. Diese Gesetze gelten entsprechend für die angegebene Addition von Matrizen gleichen Typs.

Satz 6.1 (Rechengesetze der Addition)

Für Matrizen gleichen Typs gilt:

a) $A+B=B+A$	Kommutativgesetz
b) $(A+B)+C=A+(B+C)$	Assoziativgesetz
c) Es existiert genau eine Matrix N so, daß $A+N=A$ für alle A ist.	Existenz und Eindeutigkeit des neutralen Elements
d) Zu jeder Matrix A existiert genau eine Matrix D mit $A+D=N$. Schreibweise: $D=-A$	Existenz und Eindeutigkeit des inversen Elements

Bemerkungen:

1. Das neutrale Element bez. der Matrizenaddition, d.h. die Matrix N, heißt **Nullmatrix**. Dies ist eine Matrix, deren Elemente Null sind.
2. Da bez. der Addition von Matrizen die gleichen Gesetze wie für die reellen Zahlen gelten (s. Abschnitt 1.3.1), können alle Folgerungen, die wir dort nur aus diesen Gesetzen abgeleitet haben, auch für Matrizen übernommen werden. Insbesondere besitzt jede Matrizengleichung $A+X=B$ (A, B und X seien Matrizen gleichen Typs) genau eine Lösung, die mit
$$X=(x_{ik})=B+(-A)=B-A \quad \text{mit} \quad x_{ik}=b_{ik}-a_{ik} \quad \text{für alle } i,k$$
bezeichnet wird. Es ist also $-A=-(a_{ik})=(-a_{ik})$.
Die Matrix $B-A$ bezeichnet man als **Differenz** der Matrizen B und A.
3. Wegen b) läßt man i.a. die Klammern fort, d.h. man schreibt auch $A+B+C$.

Beispiel 6.14

Es sei

$$A=\begin{pmatrix} 3 & 4 \\ -6 & 2 \\ 4 & 0 \end{pmatrix}, \quad B=\begin{pmatrix} 4 & -2 \\ 3 & 0 \\ -5 & 1 \end{pmatrix}, \quad C=\begin{pmatrix} 0 & 0 \\ 1 & 2 \\ 0 & -3 \end{pmatrix}$$

Wir bestimmen die Matrix X so, daß $(A+X)-(B+C)=N$ ist. N ist hierbei also die (3, 2)-Matrix

$$N=\begin{pmatrix} 0 & 0 \\ 0 & 0 \\ 0 & 0 \end{pmatrix}.$$

Es gilt

$$X=(B+C)-A=\begin{pmatrix} 4 & -2 \\ 3 & 0 \\ -5 & 1 \end{pmatrix}+\begin{pmatrix} 0 & 0 \\ 1 & 2 \\ 0 & -3 \end{pmatrix}-\begin{pmatrix} 3 & 4 \\ -6 & 2 \\ 4 & 0 \end{pmatrix}=\begin{pmatrix} 4+0-3 & -2+0-4 \\ 3+1+6 & 0+2-2 \\ -5+0-4 & 1-3+0 \end{pmatrix},$$

d.h.

$$X = \begin{pmatrix} 1 & -6 \\ 10 & 0 \\ -9 & -2 \end{pmatrix}.$$

Wir betrachten die Matrizen

$$A = \begin{pmatrix} -9 & 18 & 6 \\ 12 & 0 & -3 \end{pmatrix} \quad \text{und} \quad B = \begin{pmatrix} -3 & 6 & 2 \\ 4 & 0 & -1 \end{pmatrix}.$$

Wie man leicht zeigt, ist $A = B + B + B$. Führen wir hierfür die abkürzende Schreibweise $A = 3 \cdot B$ ein (vgl. Addition gleicher reeller Zahlen), so läßt sich allgemein eine Verknüpfung einer reellen Zahl mit einer Matrix A sinnvoll definieren durch:

Definition 6.6

$A = (a_{ik})$ sei eine (m, n)-Matrix und $\lambda \in \mathbb{R}$. Dann versteht man unter dem **Produkt** $\lambda \cdot A$ die (m, n)-Matrix

$$C = (c_{ik}) \quad \text{mit} \quad c_{ik} = \lambda a_{ik} \quad \text{für alle } i, k$$

Schreibweise: $\lambda \cdot A = \lambda A = A \lambda$

Bemerkungen:

1. Eine Matrix A wird also mit $\lambda \in \mathbb{R}$ multipliziert, indem man jedes Element dieser Matrix mit λ multipliziert.
2. Es gilt $(-1) \cdot A = -A$.

Beispiel 6.15

Es sei

$$A = \begin{pmatrix} 3 & -6 & 5 \\ 4 & 0 & 12 \end{pmatrix} \quad \text{und} \quad B = \begin{pmatrix} 1{,}5 & -3 & 2{,}5 \\ 2 & 0 & 6 \end{pmatrix}$$

Dann gilt

$$2A = \begin{pmatrix} 6 & -12 & 10 \\ 8 & 0 & 24 \end{pmatrix}, \quad -4B = \begin{pmatrix} -6 & 12 & -10 \\ -8 & 0 & -24 \end{pmatrix} \quad \text{und} \quad 2A - 4B = N_{(2,3)}$$

Mit Hilfe der Grundgesetze der Addition und Multiplikation reeller Zahlen beweist man:

Satz 6.2

A und B seien gleichartige Matrizen und $\lambda, \mu \in \mathbb{R}$. Dann gilt

a)	$\lambda(\mu A) = (\lambda\mu) \cdot A$	Assoziativgesetz
b)	$(\lambda + \mu)A = \lambda A + \mu A$	1. Distributivgesetz
c)	$\lambda(A + B) = \lambda A + \lambda B$	2. Distributivgesetz

Bemerkung:

In a) läßt man i.a. die Klammern fort, d.h. man schreibt $\lambda\mu A$.

Für die Theorie der linearen Gleichungssysteme (s. Abschnitt 6.4) ist es zweckmäßig, ein Produkt von Matrizen einzuführen. Hierzu betrachten wir folgendes Beispiel.

Beispiel 6.16

Gegeben seien die Matrizen

$$A = \begin{pmatrix} a_{11} & a_{12} \\ a_{21} & a_{22} \end{pmatrix}, \qquad B = \begin{pmatrix} b_{11} & b_{12} & b_{13} \\ b_{21} & b_{22} & b_{23} \end{pmatrix}, \qquad C = \begin{pmatrix} c_{11} \\ c_{21} \end{pmatrix}$$

Man bestimme x_1, x_2, x_3 so, daß das Gleichungssystem

$$\begin{aligned} a_{11}y_1 + a_{12}y_2 &= c_{11} \\ a_{21}y_1 + a_{22}y_2 &= c_{21} \end{aligned} \tag{6.14}$$

erfüllt ist, wobei

$$\begin{aligned} y_1 &= b_{11}x_1 + b_{12}x_2 + b_{13}x_3 \\ y_2 &= b_{21}x_1 + b_{22}x_2 + b_{23}x_3 \end{aligned} \tag{6.15}$$

ist.

Setzen wir (6.15) in (6.14) ein, so gilt

$$\begin{aligned} a_{11}(b_{11}x_1 + b_{12}x_2 + b_{13}x_3) + a_{12}(b_{21}x_1 + b_{22}x_2 + b_{23}x_3) &= c_{11} \\ a_{21}(b_{11}x_1 + b_{12}x_2 + b_{13}x_3) + a_{22}(b_{21}x_1 + b_{22}x_2 + b_{23}x_3) &= c_{21} \end{aligned}$$

Folglich erhalten wir x_1, x_2, x_3 als Lösung des linearen Gleichungssystems

$$\begin{aligned} (a_{11}b_{11} + a_{12}b_{21})x_1 + (a_{11}b_{12} + a_{12}b_{22})x_2 + (a_{11}b_{13} + a_{12}b_{23})x_3 &= c_{11} \\ (a_{21}b_{11} + a_{22}b_{21})x_1 + (a_{21}b_{12} + a_{22}b_{22})x_2 + (a_{21}b_{13} + a_{22}b_{23})x_3 &= c_{21}. \end{aligned}$$

Die Matrix der Koeffizienten ist die (2, 3)-Matrix

$$P = (p_{ik}) = \begin{pmatrix} a_{11}b_{11} + a_{12}b_{21} & a_{11}b_{12} + a_{12}b_{22} & a_{11}b_{13} + a_{12}b_{23} \\ a_{21}b_{11} + a_{22}b_{21} & a_{21}b_{12} + a_{22}b_{22} & a_{21}b_{13} + a_{22}b_{23} \end{pmatrix}$$

mit

$$p_{ik} = \sum_{i=1}^{2} a_{il}b_{lk} \quad \text{für } i = 1, 2 \quad \text{und} \quad k = 1, 2, 3 \tag{6.16}$$

P bezeichnet man als das Produkt der (2, 2)-Matrix A mit der (2, 3)-Matrix B. (6.16) gibt an, wie sich die Elemente von P aus denen von A und B berechnen. Allgemein definiert man:

Definition 6.7

$A = (a_{ij})$ sei eine (m, l)-Matrix und $B = (b_{jk})$ eine (l, n)-Matrix. Unter dem **Produkt** der Matrizen A und B versteht man die (m, n)-Matrix

$$P = (p_{ik}) \quad \text{mit} \quad p_{ik} = \sum_{j=1}^{l} a_{ij} b_{jk} \quad \text{für} \quad \begin{matrix} i = 1, 2, \ldots, m \\ k = 1, 2, \ldots, n \end{matrix} \tag{6.17}$$

Schreibweise: $P = A \cdot B = AB$

Bemerkungen:

1. Man beachte, daß das Produkt AB wegen (6.17) nur dann definiert ist, wenn die Anzahl der Spalten von A mit der Anzahl der Zeilen von B übereinstimmt.
2. Ist A eine (m, n)-Matrix und B eine (n, m)-Matrix, $m \neq n$, so existieren zwar sowohl AB als auch BA, jedoch ist $AB \neq BA$, da die Matrix AB vom Typ (m, m) und BA vom Typ (n, n) ist. Aber auch für den Fall, daß $m = n$ ist, ist i.a. $AB \neq BA$ (s. Beispiel 6.17).
3. Aus (6.17) folgt

$$p_{ik} = a_{i1} b_{1k} + a_{i2} b_{2k} + \cdots + a_{il} b_{lk} \quad \text{für} \quad \begin{cases} i = 1, 2, \ldots, m \\ k = 1, 2, \ldots, n \end{cases},$$

d.h. man erhält das Element p_{ik} von P, indem man die Elemente der i-ten Zeile von A mit den entsprechenden der k-ten Spalte von B multipliziert und dann aufaddiert. (Merke: Zeile mal Spalte.) Diese Regel läßt sich schematisch darstellen:

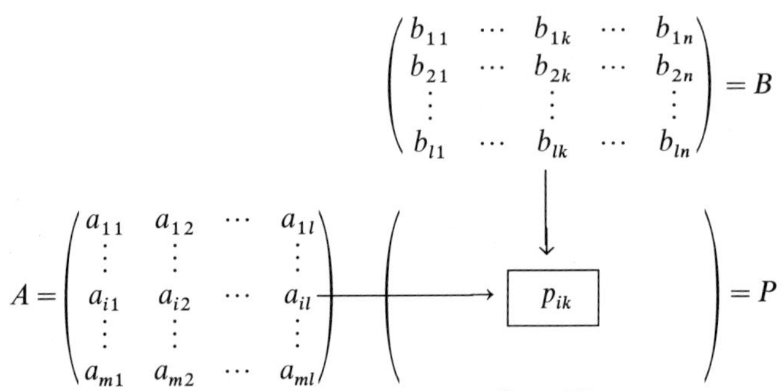

$P = AB$

Beispiel 6.17

Es sei

$$A = \begin{pmatrix} 3 & 4 & -1 \\ 2 & -7 & 6 \end{pmatrix} \quad B = \begin{pmatrix} 1 \\ -2 \\ 3 \end{pmatrix} \quad C = \begin{pmatrix} -2 & 3 & 1 \\ 6 & -9 & -3 \\ 4 & -6 & -2 \end{pmatrix} \quad D = \begin{pmatrix} 3 & 1 & 1 \\ 2 & 0 & 1 \\ 0 & 2 & -1 \end{pmatrix}$$

Dann gilt

a) $AB=\begin{pmatrix}3 & 4 & -1\\ 2 & -7 & 6\end{pmatrix}\begin{pmatrix}1\\ -2\\ 3\end{pmatrix}=\begin{pmatrix}3\cdot 1+4\cdot(-2)+(-1)\cdot 3\\ 2\cdot 1+(-7)\cdot(-2)+6\cdot 3\end{pmatrix}=\begin{pmatrix}-8\\ 34\end{pmatrix}$

b) $B\cdot B^T=\begin{pmatrix}1\\ -2\\ 3\end{pmatrix}(1\quad -2\quad 3)=\begin{pmatrix}1\cdot 1 & 1\cdot(-2) & 1\cdot 3\\ (-2)\cdot 1 & (-2)\cdot(-2) & (-2)\cdot 3\\ 3\cdot 1 & 3\cdot(-2) & 3\cdot 3\end{pmatrix}=\begin{pmatrix}1 & -2 & 3\\ -2 & 4 & -6\\ 3 & -6 & 9\end{pmatrix}$

c) $B^T\cdot B=(1\quad -2\quad 3)\begin{pmatrix}1\\ -2\\ 3\end{pmatrix}=(1\cdot 1+(-2)\cdot(-2)+3\cdot 3)=(14)$

d) $CD=\begin{pmatrix}-2 & 3 & 1\\ 6 & -9 & -3\\ 4 & -6 & -2\end{pmatrix}\begin{pmatrix}3 & 1 & 1\\ 2 & 0 & 1\\ 0 & 2 & -1\end{pmatrix}=\begin{pmatrix}0 & 0 & 0\\ 0 & 0 & 0\\ 0 & 0 & 0\end{pmatrix}=N_{(3,3)}$

(Beachte: Es ist $CD=N$, obwohl $C\neq N$ und $D\neq N$ ist.)

e) $DC=\begin{pmatrix}3 & 1 & 1\\ 2 & 0 & 1\\ 0 & 2 & -1\end{pmatrix}\begin{pmatrix}-2 & 3 & 1\\ 6 & -9 & -3\\ 4 & -6 & -2\end{pmatrix}=\begin{pmatrix}4 & -6 & -2\\ 0 & 0 & 0\\ 8 & -12 & -4\end{pmatrix}$ (Beachte: $CD\neq DC$)

Beispiel 6.18

Lineares Gleichungssystem in Matrizenschreibweise
Gegeben sei das (m,n)-System

$$\begin{aligned} a_{11}x_1+a_{12}x_2+\cdots+a_{1n}x_n&=b_1\\ a_{21}x_1+a_{22}x_2+\cdots+a_{2n}x_n&=b_2\\ \vdots\qquad\quad \vdots\qquad\qquad\quad \vdots\quad&\quad\vdots\\ a_{m1}x_1+a_{m2}x_2+\cdots+a_{mn}x_n&=b_m \end{aligned}\tag{6.18}$$

Setzt man

$$A=\begin{pmatrix}a_{11} & a_{12} & \cdots & a_{1n}\\ a_{21} & a_{22} & \cdots & a_{2n}\\ \vdots & \vdots & & \vdots\\ a_{m1} & a_{m2} & \cdots & a_{mn}\end{pmatrix},\qquad B=\begin{pmatrix}b_1\\ b_2\\ \vdots\\ b_m\end{pmatrix},\qquad X=\begin{pmatrix}x_1\\ x_2\\ \vdots\\ x_n\end{pmatrix},$$

so läßt sich das Gleichungssystem übersichtlich in der Form $AX=B$ schreiben. A heißt **Koeffizientenmatrix** des (m,n)-Systems (6.18), B der **Spaltenvektor der rechten Seiten** und X der **Lösungsvektor** des Systems.

Im folgenden führen wir eine spezielle, quadratische Matrix ein.

Definition 6.8

Die quadratische Matrix

$$E_{(n,n)} = (\delta_{ik})_{(n,n)} \quad \text{mit } \delta_{ik} = \begin{cases} 1 & \text{für } i = k^{1)} \\ 0 & \text{für } i \neq k \end{cases} \tag{6.19}$$

heißt n-reihige **Einheitsmatrix**.

Bemerkung:

Die n-reihige Einheitsmatrix ist eine Diagonalmatrix (s. Definition 6.4), denn nach (6.19) ist

$$E_{(n,n)} = \underbrace{\begin{pmatrix} 1 & 0 & 0 & 0 & 0 & \cdots & 0 & 0 \\ 0 & 1 & 0 & 0 & 0 & \cdots & 0 & 0 \\ 0 & 0 & 1 & 0 & 0 & \cdots & 0 & 0 \\ 0 & 0 & 0 & 1 & 0 & \cdots & 0 & 0 \\ \vdots & \vdots & \vdots & \vdots & \vdots & & \vdots & \vdots \\ 0 & 0 & 0 & 0 & 0 & \cdots & 0 & 1 \end{pmatrix}}_{n \text{ Spalten}} n \text{ Zeilen}$$

Nach Definition 6.7 ist das Produkt zweier Matrizen nur in speziellen Fällen definiert. Dann gelten einige Rechengesetze, die uns vom Rechnen mit reellen Zahlen her bekannt sind.

Satz 6.3 (Rechengesetze der Multiplikation)

A, B, C seien Matrizen und E Einheitsmatrix, $\lambda \in \mathbb{R}$. Wenn die folgenden Summen und Produkte definiert sind, dann gilt

a) $A(BC) = (AB)C$ Assoziativgesetz
b) $AE = A$ und $EA = A$
c) $A(B+C) = (AB) + (AC)$ Distributivgesetze
$(A+B)C = (AC) + (BC)$

Ferner gilt:
d) $\lambda(AB) = (\lambda A)B = A(\lambda B)$
e) $(AB)^T = B^T A^T$
f) $AB = BA \Rightarrow A^k B^k = (AB)^k$ für alle $k \in \mathbb{N}$

Bemerkungen:

1. Wir weisen an dieser Stelle nochmals darauf hin, daß i.a. $AB \neq BA$ ist, d.h. die Matrizenmultiplikation ist nicht kommutativ (s. Beispiel 6.17).
2. b) zeigt, warum die Matrix E Einheitsmatrix heißt.
3. In a), auf der rechten Seite von c) und in d) läßt man i.a. die Klammern fort, d.h. man schreibt auch ABC, $AB + AC$ (beachte: Punktrechnung geht vor Strichrechnung) und λAB.
4. Für jede quadratische Matrix A sind die Produkte AA, AAA usw. erklärt, für die wir die Potenzschreibweise A^2, A^3 usw. verwenden.

---

1) δ_{ik} heißt Kronecker-Symbol.

Beweis:

Wir beweisen nur b) und e).

zu b)

Es sei $A=(a_{ij})_{(m,n)}$ und $E=(\delta_{rk})_{(n,n)}$. Dann gilt wegen (6.17) und (6.19)

$$AE=\left(\sum_{s=1}^{n} a_{is}\delta_{sk}\right)_{(m,n)}=(a_{ik})_{(m,n)}=A.$$

Es sei $E=(\delta_{ij})_{(m,m)}$ und $A=(a_{rk})_{(m,n)}$. Dann gilt wegen (6.17) und (6.19)

$$EA=\left(\sum_{s=1}^{m} \delta_{is}a_{sk}\right)_{(m,n)}=(a_{ik})_{(m,n)}=A.$$

zu e)

Es sei $A=(a_{ij})_{(m,l)}$ und $B=(b_{rk})_{(l,n)}$. Dann gilt

$$A^T=(\alpha_{ij})_{(l,m)} \quad \text{mit } \alpha_{ij}=a_{ji} \qquad \text{und} \quad B^T=(\beta_{rk})_{(n,l)} \quad \text{mit } \beta_{rk}=b_{kr}$$

Nach Definition 6.7 existieren $(AB)^T$ und B^TA^T und folglich ist

$$(AB)^T=\left(\sum_{s=1}^{l} a_{is}b_{sk}\right)^T=\left(\sum_{s=1}^{l} a_{ks}b_{si}\right)=\left(\sum_{s=1}^{l} b_{si}a_{ks}\right)$$
$$=\left(\sum_{s=1}^{l} \beta_{is}\alpha_{sk}\right)=B^TA^T.$$

●

Da die Matrizenmultiplikation nicht kommutativ ist, ergeben sich Abweichungen zum gewohnten Rechnen mit reellen Zahlen. Dies zeigt das folgende Beispiel.

Beispiel 6.19

Es sei

$$A=\begin{pmatrix}1&0&0\\0&1&0\\4&0&0\end{pmatrix},\quad B=\begin{pmatrix}4&12\\-2&-6\end{pmatrix},\quad C=\begin{pmatrix}3&6\\-1&-2\end{pmatrix},\quad D=\begin{pmatrix}3&2\\-4&-3\end{pmatrix}$$

$$G=\begin{pmatrix}4&2\\-8&-4\end{pmatrix},\quad H=\begin{pmatrix}1&1\\1&1\end{pmatrix},\quad K=\begin{pmatrix}1&2\\0&4\end{pmatrix},\quad L=\begin{pmatrix}0&3\\1&3\end{pmatrix}$$

Dann rechnet man leicht nach, daß

a) $A^2=A$ ist, obgleich sowohl $A\neq E$ als auch $A\neq N$ ist,
b) $BC=N_{(2,2)}$ ist, obgleich sowohl $B\neq N_{(2,2)}$ als auch $C\neq N_{(2,2)}$ ist,
c) $D^2=E$ ist, obgleich sowohl $D\neq E$ als auch $D\neq -E$ ist,
d) $G^2=N_{(2,2)}$ ist, obgleich $G\neq N$ ist,
e) $HK=HL$ und $K\neq L$ ist, obgleich $H\neq N_{(2,2)}$ ist.

Bekanntlich gelten jedoch beim Rechnen mit reellen Zahlen folgende Aussagen:

a) $a^2 = a \Rightarrow a = 1$ oder $a = 0$
b) $bc = 0 \Rightarrow b = 0$ oder $c = 0$ oder $b = c = 0$
c) $d^2 = 1 \Rightarrow d = 1$ oder $d = -1$
d) $g^2 = 0 \Rightarrow g = 0$
e) $hk = hl$ und $h \neq 0 \Rightarrow k = l$

6.2.3 Die Inverse einer Matrix

Beim Rechnen mit reellen Zahlen tritt die Frage nach der Lösung der Gleichung $ax = 1$ auf. Nach (1.8) existiert für alle $a \in \mathbb{R} \setminus \{0\}$ genau eine Lösung dieser Gleichung, nämlich $\frac{1}{a} = a^{-1}$. Wegen $a \cdot a^{-1} = 1, a \in \mathbb{R} \setminus \{0\}$, bezeichneten wir $a^{-1} \in \mathbb{R}$ als das zu $a \in \mathbb{R}$ inverse Element bez. der Multiplikation. Entsprechend führen wir nun die inverse Matrix von A bez. der Matrizenmultiplikation ein.

Definition 6.9

Es sei A eine quadratische, n-reihige Matrix. B heißt **inverse Matrix** von A (kurz: **Inverse** von A), wenn

$$AB = BA = E \tag{6.20}$$

ist. Besitzt A eine inverse Matrix, so heißt A **regulär**, sonst **singulär**.

Schreibweise: $B = A^{-1}$

Bemerkungen:

1. Die Begriffe regulär und singulär sind nur für quadratische Matrizen definiert. Ist A regulär, so ist A^{-1} auch regulär.
2. Wie das folgende Beispiel zeigt, besitzt nicht jede quadratische Matrix eine Inverse.
   Es sei $A = \begin{pmatrix} 1 & 0 \\ 1 & 0 \end{pmatrix}$. Dann ist $B = \begin{pmatrix} u & v \\ w & x \end{pmatrix}$ Inverse von A, wenn
   $$AB = E \Rightarrow \begin{pmatrix} 1 & 0 \\ 1 & 0 \end{pmatrix}\begin{pmatrix} u & v \\ w & x \end{pmatrix} = \begin{pmatrix} 1 & 0 \\ 0 & 1 \end{pmatrix} \Rightarrow \begin{cases} u = 1, & v = 1 \\ u = 0, & v = 0 \end{cases} \text{ ist.}$$
   Dies ist jedoch ein Widerspruch, d.h. eine Inverse von A existiert nicht, A ist singulär.
3. Ohne Beweis sei erwähnt, daß, wenn A und B gleichartige, quadratische Matrizen sind, aus $AB = E$ bereits $BA = E$ folgt und umgekehrt. Es genügt also eine dieser Gleichungen zur Definition der Inversen von A.

Satz 6.4

Jede reguläre Matrix besitzt genau eine Inverse.

Bemerkung:

Wenn A regulär ist, so kann man also von der (statt einer) Inversen von A sprechen.

Beweis:

A sei regulär und besitze die Inversen B und C. Aus $AC = BA = E$ (s. 6.20)) folgt $B = BE = B(AC) = (BA)\,C = EC = C$. Folglich besitzt A genau eine Inverse. ●

Beispiel 6.20
Inverse einer zweireihigen Matrix
Es sei $A = \begin{pmatrix} a_{11} & a_{12} \\ a_{21} & a_{22} \end{pmatrix}$ regulär und $X = \begin{pmatrix} x_{11} & x_{12} \\ x_{21} & x_{22} \end{pmatrix}$ die Inverse von A.

Dann gilt

$$AX = E \Leftrightarrow \begin{pmatrix} a_{11} & a_{12} \\ a_{21} & a_{22} \end{pmatrix} \cdot \begin{pmatrix} x_{11} & x_{12} \\ x_{21} & x_{22} \end{pmatrix} = \begin{pmatrix} 1 & 0 \\ 0 & 1 \end{pmatrix}$$

$$\Leftrightarrow \left\{ \text{(I)} \quad \begin{matrix} a_{11}x_{11} + a_{12}x_{21} = 1 \\ a_{21}x_{11} + a_{22}x_{21} = 0 \end{matrix} \qquad \text{(II)} \quad \begin{matrix} a_{11}x_{12} + a_{12}x_{22} = 0 \\ a_{21}x_{12} + a_{22}x_{22} = 1 \end{matrix} \right. .$$

Aus (I) und (II) ergibt sich

$$\begin{cases} (a_{11}a_{22} - a_{12}x_{21})x_{11} = a_{22} \\ (a_{11}a_{22} - a_{12}a_{21})x_{21} = -a_{21} \end{cases} \quad \text{bzw.} \quad \begin{cases} (a_{11}a_{22} - a_{12}a_{21})x_{12} = -a_{12} \\ (a_{11}a_{22} - a_{12}a_{21})x_{22} = a_{11} \end{cases} .$$

Setzt man zur Abkürzung

$$a_{11}a_{22} - a_{12}a_{21} = D, \tag{6.21}$$

so existiert offensichtlich die Inverse $X = A^{-1}$ genau dann, wenn $D \neq 0$ ist. Es sei $D \neq 0$. Dann gilt

$$x_{11} = \frac{a_{22}}{D}, \qquad x_{12} = -\frac{a_{12}}{D}, \qquad x_{21} = -\frac{a_{21}}{D}, \qquad x_{22} = \frac{a_{11}}{D}$$

Also ist $X = A^{-1} = \dfrac{1}{D}\begin{pmatrix} a_{22} & -a_{12} \\ -a_{21} & a_{11} \end{pmatrix}$ mit $D = a_{11}a_{22} - a_{12}a_{21}$.

Ist beispielsweise $A = \begin{pmatrix} 2 & 7 \\ -1 & 3 \end{pmatrix}$, so existiert wegen $D = 13 \neq 0$ die Inverse A^{-1}, und es gilt

$$A^{-1} = \frac{1}{13}\begin{pmatrix} 3 & -7 \\ 1 & 2 \end{pmatrix}.$$

In den Abschnitten 6.3.3 und 6.4.2 werden wir Verfahren zur Berechnung der Inversen einer regulären (n, n)-Matrix, $n \geqq 3$, kennenlernen.

Für das Rechnen mit inversen Matrizen gelten folgende Regeln:

Satz 6.5

A und B seien reguläre, n-reihige Matrizen. Dann existieren alle folgenden Matrizen, und es gilt

a) $(A^{-1})^{-1} = A$
b) $(A^T)^{-1} = (A^{-1})^T$
c) $(A^n)^{-1} = (A^{-1})^n$ für alle $n \in \mathbb{N}$
d) $(AB)^{-1} = B^{-1}A^{-1}$
e) $(\lambda A)^{-1} = \frac{1}{\lambda}A^{-1}$ für alle $\lambda \in \mathbb{R} \backslash \{0\}$

Beweis:

Wir beweisen nur b) und d) und stellen die Beweise der übrigen Gesetze als Aufgabe.

zu b)

Es ist $AA^{-1} = E \Leftrightarrow (AA^{-1})^T = E^T \Leftrightarrow (A^{-1})^T A^T = E$.

Folglich ist wegen (6.20) $(A^{-1})^T$ die Inverse von A^T, d.h. $(A^{-1})^T = (A^T)^{-1}$.

zu d)

Es gilt $E = AA^{-1} = AEA^{-1} = A(BB^{-1})A^{-1} = (AB)(B^{-1}A^{-1})$. Folglich ist die Matrix $(B^{-1}A^{-1})$ Inverse der Matrix AB, d.h. es ist $(B^{-1}A^{-1}) = (AB)^{-1}$. ●

Aufgaben

1. Eine Matrix A besitze 36 Elemente. Von welchem Typ kann sie sein?
2. A sei eine (n, n)-Matrix. Wieviele Elemente stehen unter, über und in der Hauptdiagonalen?
3. Wie lautet die (4, 4)-Matrix $A = (a_{ik})$, deren Elemente durch

$$a_{ik} = \begin{cases} i + k & \text{für } i > k \\ i \cdot k & \text{für } i \leqq k \end{cases} \quad \text{bestimmt sind?}$$

4. Welche der folgenden Matrizen sind
   a) einander gleich,
   b) zueinander invers bez. der Addition?

$$A = \begin{pmatrix} -1 \\ 0 \\ 1 \end{pmatrix}, \quad B = \begin{pmatrix} 1 \\ 0 \\ -1 \end{pmatrix}, \quad C = (-1 \quad 0 \quad 1)$$

$$D = \begin{pmatrix} \frac{1}{2}\sqrt{2} & 0{,}\bar{3} & -\frac{1}{4} \\ \frac{1}{3}\sqrt{3} & -\sqrt{144} & 2+\sqrt{2} \end{pmatrix}, \quad F = \begin{pmatrix} -\frac{1}{2}\sqrt{2} & -\frac{1}{3} & 0{,}25 \\ -\frac{1}{3}\sqrt{3} & 12 & -\sqrt{6+4\sqrt{2}} \end{pmatrix}$$

5. Wie lauten die Elemente der (3,3)-Matrix $A = (a_{ik})$, wenn

$$A = \begin{pmatrix} -0{,}3a_{11} & -(a_{23} - a_{32} + a_{11}) & a_{21} + a_{23} \\ a_{11} - a_{12} & -a_{11} & a_{12} \\ -0{,}3a_{11} & 1 & -a_{12} - a_{32} \end{pmatrix} \quad \text{ist?}$$

6. Gegeben sind die Matrizen

$$A=\begin{pmatrix}-3 & 2\\ 1 & 3\\ 5 & -4\end{pmatrix},\quad B=\begin{pmatrix}1 & 3\\ 2 & -1\end{pmatrix},\quad C=\begin{pmatrix}1 & 0 & -4\\ 3 & 2 & 0\\ 6 & -2 & 5\end{pmatrix},\quad D=\begin{pmatrix}-4 & 0 & 3\\ -1 & 4 & 7\end{pmatrix}$$

Berechnen Sie folgende Matrizen, falls diese existieren:

a) $A-3D^T$, b) $A+B$, c) $-2A^T+3A$, d) B^T-C
e) BD, f) DB, g) $2AA^T-4C$, h) $BB^{-1}+B^T$, i) CD^T-2A

7. A und B seien quadratische Matrizen. Berechnen Sie

a) $(A+B)^2$, b) $(A-B)^2$, c) $(A+B)(A-B)$, d) $(A-B)(A+B)$

8. Gegeben sind die Matrizen

$$A=\begin{pmatrix}3 & 0 & -2\\ 4 & 1 & -3\\ 0 & 5 & 6\end{pmatrix},\quad B=\begin{pmatrix}0 & -2 & 4\\ 3 & 1 & 2\\ 1 & 3 & 5\end{pmatrix},\quad C=(1\quad -2\quad 3)$$

Berechnen Sie folgende Matrizen, falls sie existieren:

a) AB, b) BA, c) A^TB^T, d) B^TA^T, e) $(A-B)^T$ f) A^T-B^T
g) CA, h) BC, i) AC^T, j) CC, k) C^TC, l) CC^T

9. Schreiben Sie die Matrizen

$$A=\begin{pmatrix}\frac{1}{3} & -\frac{1}{12} & \frac{1}{6}\\ \frac{1}{4} & \frac{1}{8} & \frac{1}{24}\end{pmatrix}\quad \text{und}\quad B=\begin{pmatrix}60 & 0 & 15 & 35\\ 30 & 0 & -5 & 20\\ 0 & 5 & 10 & -25\end{pmatrix}$$

als Produkt einer reellen Zahl $\lambda \neq 1$ mit einer Matrix.

10. Es sei

$$E_1=\begin{pmatrix}1 & 0 & 0\\ 0 & k & 0\\ 0 & 0 & 1\end{pmatrix},\quad E_2=\begin{pmatrix}0 & 0 & 1\\ 0 & 1 & 0\\ 1 & 0 & 0\end{pmatrix},\quad E_3=\begin{pmatrix}1 & 0 & 0\\ 0 & 1 & 0\\ 0 & 1 & 1\end{pmatrix}$$

und $A=(a_{ik})_{(3,3)}$. Berechnen Sie

a) E_1A b) E_2A c) E_3A

und erläutern Sie das Ergebnis.

11. Berechnen Sie die Inversen, falls diese existieren, von folgenden Matrizen:

$$A=\begin{pmatrix}2 & -4\\ 1 & 8\end{pmatrix},\quad B=\begin{pmatrix}5 & -3\\ 10 & -6\end{pmatrix},\quad C=\begin{pmatrix}3 & 0 & 1\\ 1 & 0 & 1\\ 0 & 1 & 0\end{pmatrix},\quad D=\begin{pmatrix}3 & 0 & 1\\ 6 & 0 & 2\\ 0 & 1 & 0\end{pmatrix}$$

12. Gegeben ist die Matrix

$$A=\begin{pmatrix}8 & 10 & 0\\ 0 & 8 & 10\\ 0 & 0 & 8\end{pmatrix}.$$

Bestimmen Sie eine obere Dreiecksmatrix B, so daß $A=B^3$ ist.

13. Es sei

$$A=\begin{pmatrix}1 & 2 & 1\\ 4 & 3 & 2\\ 1 & 3 & -1\end{pmatrix}\quad \text{und}\quad X=\begin{pmatrix}x_1\\ x_2\\ x_3\end{pmatrix}.$$

Für welche X ist $AX=-2\cdot X$?

14. Bestimmen Sie die Inversen, falls diese existieren, von folgenden Matrizen:

$$A = \begin{pmatrix} 3 & 0 & 0 \\ 0 & 2 & 0 \\ 0 & 0 & 1 \end{pmatrix}, \quad B = \begin{pmatrix} 1 & -2 & 3 \\ 0 & 3 & -1 \\ 0 & 0 & 4 \end{pmatrix}, \quad C = \begin{pmatrix} 5 & 0 & 0 \\ -1 & 2 & 0 \\ 4 & 1 & 3 \end{pmatrix}$$

15. Beweisen Sie:

a) $A(B+C) = AB + AC$ b) $(A+B)C = AC + BC$
(s. Satz 6.3)

16. Beweisen Sie:

a) $(A+B)^T = A^T + B^T$ b) $A = A^T \Leftrightarrow A^{-1} = (A^{-1})^T$, falls A regulär ist.

17. Beweisen Sie Satz 6.2

18. Es sei $A = \begin{pmatrix} 1 & 1 \\ 0 & 1 \end{pmatrix}$ und $B = \begin{pmatrix} 1 & 2 \\ 0 & 1 \end{pmatrix}$. Berechnen Sie A^n und B^n, $n \in \mathbb{N}$. (Hinweis: vollständige Induktion)

19. Es sei A eine quadratische Matrix mit $A^2 = N$. Zeigen Sie $(E+A)^{-1} = E - A$.

20. Zeigen Sie:
Jede quadratische Matrix läßt sich als Summe einer symmetrischen und einer schiefsymmetrischen Matrix schreiben.

21. Die Matrizen A und B heißen vertauschbar, wenn $AB = BA$ ist. Bestimmen Sie die Menge M aller quadratischen Matrizen B, die mit $A = \begin{pmatrix} 1 & 1 \\ 0 & 1 \end{pmatrix}$ vertauschbar sind.

22. Es sei $A = (a_{ik})_{(n,n)}$ eine Diagonalmatrix mit $a_{ii} \neq 0$ für alle i. Wie lauten die Elemente der Inversen A^{-1}, falls diese existiert?

6.3 Determinanten

6.3.1 Definition der Determinante

In Abschnitt 6.2.3 haben wir festgestellt, daß die Inverse der Matrix

$$A = \begin{pmatrix} a_{11} & a_{12} \\ a_{21} & a_{22} \end{pmatrix} \quad \text{existiert, wenn } D = a_{11}a_{22} - a_{12}a_{21} \neq 0 \text{ ist.}$$

Definition 6.10

$A = (a_{ik})$ sei eine (2,2)-Matrix. Dann heißt die reelle Zahl

$$D = a_{11}a_{22} - a_{12}a_{21} \tag{6.22}$$

die **Determinante** von A.

Schreibweise: $D = |A| = \det A = \begin{vmatrix} a_{11} & a_{12} \\ a_{21} & a_{22} \end{vmatrix}$

Bemerkung:

Die Determinante einer (2,2)-Matrix A heißt 2-reihige Determinante oder Determinante 2. Ordnung.

Beispiel 6.21

Es sei $A = \begin{pmatrix} -3 & -4 \\ 5 & 2 \end{pmatrix}$. Dann gilt nach (6.22)

$$|A| = \det A = \begin{vmatrix} -3 & -4 \\ 5 & 2 \end{vmatrix} = (-3)\cdot 2 - (-4)\cdot 5 = 14.$$

Bei der Lösung des linearen (3,3)-Systems

$$\begin{aligned} a_{11}x_1 + a_{12}x_2 + a_{13}x_3 &= b_1 \\ a_{21}x_1 + a_{22}x_2 + a_{23}x_3 &= b_2 \\ a_{31}x_1 + a_{32}x_2 + a_{33}x_3 &= b_3 \end{aligned} \tag{6.23}$$

tritt ein zu (6.22) entsprechender Ausdruck auf:

$$D = a_{11}(a_{22}a_{33} - a_{23}a_{32}) - a_{12}(a_{21}a_{33} - a_{23}a_{31}) + a_{13}(a_{21}a_{32} - a_{22}a_{31}). \tag{6.24}$$

D bezeichnet man als Determinante der Matrix

$$A = \begin{pmatrix} a_{11} & a_{12} & a_{13} \\ a_{21} & a_{22} & a_{23} \\ a_{31} & a_{32} & a_{33} \end{pmatrix} \tag{6.25}$$

und schreibt abkürzend für (6.24)

$$D = |A| = \begin{vmatrix} a_{11} & a_{12} & a_{13} \\ a_{21} & a_{22} & a_{23} \\ a_{31} & a_{32} & a_{33} \end{vmatrix} \tag{6.26}$$

(6.26) ist eine 3-reihige Determinante oder eine Determinante 3. Ordnung.

Beachtet man (6.22), so ist, wenn man

$$a_{22}a_{33} - a_{23}a_{32} = |U_{11}|, \quad a_{21}a_{33} - a_{23}a_{31} = |U_{12}|, \quad a_{21}a_{32} - a_{22}a_{31} = |U_{13}|$$

setzt,

$$\begin{aligned} \begin{vmatrix} a_{11} & a_{12} & a_{13} \\ a_{21} & a_{22} & a_{23} \\ a_{31} & a_{32} & a_{33} \end{vmatrix} &= a_{11}|U_{11}| - a_{12}|U_{12}| + a_{13}|U_{13}| \\ &= \sum_{k=1}^{3} (-1)^{1+k} a_{1k}|U_{1k}|. \end{aligned} \tag{6.27}$$

Hierbei ist U_{1k} diejenige Matrix, die man aus der (3,3)-Matrix (6.25) durch Streichen der 1. Zeile und k-ten Spalte erhält. Die Berechnung einer 3-reihigen Determinante kann folglich auf die Berechnung 2-reihiger Determinanten zurückgeführt werden.

Beispiel 6.22

$$\begin{vmatrix} 1 & -2 & 3 \\ 4 & 0 & 2 \\ 1 & 5 & 6 \end{vmatrix} = 1 \cdot \begin{vmatrix} 0 & 2 \\ 5 & 6 \end{vmatrix} - (-2) \cdot \begin{vmatrix} 4 & 2 \\ 1 & 6 \end{vmatrix} + 3 \cdot \begin{vmatrix} 4 & 0 \\ 1 & 5 \end{vmatrix}$$

$$= (0 \cdot 6 - 2 \cdot 5) + 2(4 \cdot 6 - 2 \cdot 1) + 3(4 \cdot 5 - 0 \cdot 1) = 94$$

Eine 3-reihige Determinante läßt sich auch folgendermaßen berechnen:
Man ergänzt das Schema rechts durch die 1. und 2. Spalte:

$$\begin{array}{|ccc|cc} a_{11} & a_{12} & a_{13} & a_{11} & a_{12} \\ a_{21} & a_{22} & a_{23} & a_{21} & a_{22} \\ a_{31} & a_{32} & a_{33} & a_{31} & a_{32} \\ - & - & - & + \quad + & + \end{array}$$

Addiert man nun die Produkte der Elemente in Richtung der Hauptdiagonalen und subtrahiert hiervon die Produkte der Elemente in Richtung der Nebendiagonalen, so erhält man (6.24) (**Regel von Sarrus**).

Beachte: Die Regel von Sarrus gilt nur für 3-reihige Determinanten.

Beispiel 6.23

Es ist

$$\begin{vmatrix} 3 & -4 & 0 \\ 0 & 7 & 6 \\ 2 & -6 & 1 \end{vmatrix} = 3 \cdot 7 \cdot 1 + (-4) \cdot 6 \cdot 2 + 0 \cdot 0 \cdot (-6) - 0 \cdot 7 \cdot 2 - 3 \cdot 6 \cdot (-6) - (-4) \cdot 0 \cdot 1 = 81.$$

Entsprechend (6.27) führen wir nun die Determinante einer (n, n)-Matrix ein:

Definition 6.11

Es sei $A = (a_{ik})$ eine (n, n)-Matrix und U_{1k} die $(n-1, n-1)$-Matrix, die aus A durch Streichen der 1. Zeile und k-ten Spalte entsteht. Dann heißt die reelle Zahl

$$D = \sum_{k=1}^{n} (-1)^{1+k} a_{1k} |U_{1k}| \tag{6.28}$$

die **Determinante** von A.

Schreibweise:

$$D = |A| = \det A = \begin{vmatrix} a_{11} & a_{12} & \cdots & a_{1n} \\ a_{21} & a_{22} & \cdots & a_{2n} \\ \vdots & \vdots & & \vdots \\ a_{n1} & a_{n2} & \cdots & a_{nn} \end{vmatrix}$$

Bemerkungen:

1. Die Determinante einer (n, n)-Matrix heißt ***n*-reihige Determinante** oder **Determinante *n*-ter Ordnung**.

2. $(-1)^{1+k}|U_{1k}| = A_{1k}$ heißt die **Adjunkte** oder das **algebraische Komplement** von A zum Element a_{1k}.
3. Es sei betont, daß Determinanten nur von quadratischen Matrizen definiert sind.
4. Ergänzend definiert man für $A = (a)$, $a \in \mathbb{R}$, die Determinante $|A| = \det A = a$.

Beispiel 6.24

Es ist

$$|A| = \begin{vmatrix} 3 & 1 & 0 & 4 \\ -4 & 2 & 1 & 6 \\ 2 & 1 & 0 & 3 \\ 4 & 0 & 2 & -1 \end{vmatrix} = \sum_{k=1}^{4} a_{1k}A_{1k} = \sum_{k=1}^{4} (-1)^{1+k} a_{1k}|U_{1k}|$$

$$= a_{11}|U_{11}| - a_{12}|U_{12}| + a_{13}|U_{13}| - a_{14}|U_{14}|$$

$$= 3 \cdot \begin{vmatrix} 2 & 1 & 6 \\ 1 & 0 & 3 \\ 0 & 2 & -1 \end{vmatrix} - 1 \cdot \begin{vmatrix} -4 & 1 & 6 \\ 2 & 0 & 3 \\ 4 & 2 & -1 \end{vmatrix} + 0 - 4 \cdot \begin{vmatrix} -4 & 2 & 1 \\ 2 & 1 & 0 \\ 4 & 0 & 2 \end{vmatrix}$$

Mit Hilfe der Regel von Sarrus erhält man

$$|A| = 3 \cdot 1 - 1 \cdot 62 - 4 \cdot (-20) = 21.$$

Die Determinante $|A|$ einer (n, n)-Matrix A ist als die reelle Zahl definiert, die man erhält, wenn man jedes Element der 1. Zeile von A mit seiner Adjunkten multipliziert und dann diese Produkte addiert. Denselben Wert erhält man, wie der folgende Satz zeigt, wenn man statt der Elemente der 1. Zeile die Elemente einer anderen Zeile oder Spalte mit den entsprechenden Adjunkten benutzt.

Satz 6.6 (Laplacescher Entwicklungssatz)

Es sei $A = (a_{ik})$ eine (n, n)-Matrix und U_{ik} die $(n-1, n-1)$-Matrix, die aus A durch Streichen der i-ten Zeile und k-ten Spalte entsteht. Dann gilt

$$|A| = \sum_{k=1}^{n} a_{ik}(-1)^{i+k}|U_{ik}| \quad \text{für } i = 1, 2, \ldots, n \tag{6.29}$$

$$|A| = \sum_{i=1}^{n} a_{ik}(-1)^{i+k}|U_{ik}| \quad \text{für } k = 1, 2, \ldots, n \tag{6.30}$$

Einen Beweis dieses Satzes findet man z.B. in [9].

Bemerkungen:

1. (6.29) bzw. (6.30) heißt die **Entwicklung von $|A|$ nach der *i*-ten Zeile** bzw. **nach der *k*-ten Spalte**.
2. $(-1)^{i+k}|U_{ik}| = A_{ik}$ heißt die **Adjunkte** oder das **algebraische Komplement** von A zum Element a_{ik}. Folglich gilt

$$|A| = \sum_{k=1}^{n} a_{ik}A_{ik} \quad \text{für alle } i = 1, 2, \ldots, n \tag{6.31}$$

$$|A| = \sum_{i=1}^{n} a_{ik}A_{ik} \quad \text{für alle } k = 1, 2, \ldots, n \tag{6.32}$$

3. Bei der Berechnung von $|A|$ wird man, um den Rechenaufwand gering zu halten, nach der Zeile oder Spalte entwickeln, die die meisten Nullen enthält. In Satz 6.9 wird gezeigt, wie man Nullen als Elemente erzeugen kann, ohne daß die Determinante ihren Wert ändert.

Beispiel 6.25

Wir berechnen

$$|A| = \begin{vmatrix} 3 & -4 & 0 & 2 \\ 0 & 7 & 6 & 3 \\ 2 & -6 & 0 & 1 \\ 5 & 3 & 1 & -2 \end{vmatrix}$$

Da in der 3. Spalte zwei Nullen auftreten, entwickeln wir $|A|$ nach dieser Spalte. Es gilt dann

$$|A| = \sum_{i=1}^{4} a_{i3}A_{i3} = \sum_{i=1}^{4} a_{i3}(-1)^{i+3}|U_{i3}|$$

$$= a_{13}\cdot|U_{13}| - a_{23}\cdot|U_{23}| + a_{33}\cdot|U_{33}| - a_{43}\cdot|U_{43}|$$

$$= (-6)\cdot \begin{vmatrix} 3 & -4 & 2 \\ 2 & -6 & 1 \\ 5 & 3 & -2 \end{vmatrix} - \begin{vmatrix} 3 & -4 & 2 \\ 0 & 7 & 3 \\ 2 & -6 & 1 \end{vmatrix} = (-6)\cdot 63 - 23 = -401$$

Die beiden aufgetretenen 3-reihigen Determinanten berechnet man entweder mit dem Laplaceschen Entwicklungssatz (Satz 6.6) oder mit der Regel von Sarrus (siehe Seite 222).

6.3.2 Eigenschaften der Determinanten

Im folgenden behandeln wir Umformungen von Determinanten, die den Wert der Determinante nicht verändern. Unter diesen Umformungen sind speziell solche von Bedeutung, die möglichst viele Nullen in einer Zeile bzw. Spalte erzeugen. Die so erhaltene Determinante läßt sich dann relativ einfach mit Hilfe des Laplaceschen Entwicklungssatzes berechnen.

Satz 6.7

Es sei $A = (a_{ik})$ eine (n, n)-Matrix. Dann gilt $|A^T| = |A|$ (6.33)

Den Beweis führt man mit Hilfe der vollständigen Induktion.
Besonders einfach läßt sich die Determinante einer Dreiecksmatrix berechnen.

Satz 6.8

Es sei $A = (a_{ik})$ eine n-reihige Dreiecksmatrix. Dann gilt $|A| = a_{11}a_{22}\cdots a_{nn} = \prod_{i=1}^{n} a_{ii}$ (6.34)

Bemerkung:

(6.34) gilt speziell für Diagonalmatrizen. Ist E Einheitsmatrix und N quadratische Nullmatrix, so ist $|E| = 1$ und $|N| = 0$.

Beweis:

Wir führen den Beweis mit vollständiger Induktion.
$A = (a_{ik})$ sei eine obere (n, n)-Dreiecksmatrix.
Induktionsanfang:
Für einreihige Determinanten ist (6.34) trivial (s. Bemerkung 4 zu Definition 6.11).
Induktionsschritt:
Es gelte für jede (k, k)-Matrix

$$\begin{vmatrix} a_{11} & a_{12} & a_{13} & \cdots & a_{1k} \\ 0 & a_{22} & a_{23} & \cdots & a_{2k} \\ 0 & 0 & a_{33} & \cdots & a_{3k} \\ \vdots & \vdots & \vdots & & \vdots \\ 0 & 0 & 0 & \cdots & a_{kk} \end{vmatrix} = \prod_{i=1}^{k} a_{ii}. \tag{6.35}$$

Dann erhält man für die $(k+1)$-reihige Determinante, wenn man sie nach der $(k+1)$-ten Zeile entwickelt und (6.35) berücksichtigt:

$$\begin{vmatrix} a_{11} & a_{12} & a_{13} & \cdots & a_{1k} & a_{1,k+1} \\ 0 & a_{22} & a_{23} & \cdots & a_{2k} & a_{2,k+1} \\ 0 & 0 & a_{33} & \cdots & a_{3k} & a_{3,k+1} \\ \vdots & \vdots & \vdots & & \vdots & \vdots \\ 0 & 0 & 0 & \cdots & a_{kk} & a_{k,k+1} \\ 0 & 0 & 0 & \cdots & 0 & a_{k+1,k+1} \end{vmatrix} = (-1)^{(k+1)+(k+1)} a_{k+1,k+1} \cdot |U_{k+1,k+1}|$$

$$= (-1)^{2k+2} a_{k+1,k+1} \cdot \prod_{i=1}^{k} a_{ii} = \prod_{i=1}^{k+1} a_{ii}$$ ●

Satz 6.9

Es sei A eine (n, n)-Matrix. Dann gilt.

a) Vertauscht man in A zwei Zeilen (Spalten), so ist für die so entstehende Matrix A^*:
$|A^*| = -|A|$.
b) Multipliziert man alle Elemente einer Zeile (Spalte) von A mit $\lambda \in \mathbb{R}$, so ist für die so entstehende Matrix A^*:
$|A^*| = \lambda \cdot |A|$.
c) Addiert man zu allen Elementen einer Zeile (Spalte) von A ein λ-faches ($\lambda \in \mathbb{R}$) der entsprechenden Elemente einer anderen Zeile (Spalte), so ist für die so entstehende Matrix A^*:
$|A^*| = |A|$.

Bemerkung:

Diese drei Aussagen lassen sich folgendermaßen kurz, aber weniger exakt fassen:

a) Vertauscht man in einer Determinante zwei Zeilen (Spalten), so ändert man das Vorzeichen der Determinante.
b) Man multipliziert eine Determinante mit einer reellen Zahl, indem man alle Elemente einer einzigen Zeile (Spalte) mit dieser Zahl multipliziert.
c) Addiert man zu einer Zeile (Spalte) einer Determinante ein Vielfaches einer anderen Zeile (Spalte), so ändert man die Determinante nicht.

Beweis:

Wir beweisen nur b) und stellen den Beweis von a) und c) als Aufgabe.
Multiplizieren wir die m-te Zeile von

$$A = \begin{pmatrix} a_{11} & a_{12} & \cdots & a_{1n} \\ \vdots & \vdots & & \vdots \\ a_{m1} & a_{m2} & \cdots & a_{mn} \\ \vdots & \vdots & & \vdots \\ a_{n1} & a_{n2} & \cdots & a_{nn} \end{pmatrix}$$

mit $\lambda \in \mathbb{R}$, so ist

$$A^* = (a_{ik}^*) = \begin{pmatrix} a_{11} & a_{12} & \cdots & a_{1n} \\ \vdots & \vdots & & \vdots \\ \lambda a_{m1} & \lambda a_{m2} & \cdots & \lambda a_{mn} \\ \vdots & \vdots & & \vdots \\ a_{n1} & a_{n2} & \cdots & a_{nn} \end{pmatrix}$$

Entwickeln wir nun $|A^*|$ nach der m-ten Zeile, so gilt

$$|A^*| = \sum_{k=1}^{n} (-1)^{m+k} a_{mk}^* |U_{mk}^*|$$

und wegen $U_{mk}^* = U_{mk}$ und $a_{mk}^* = \lambda \cdot a_{mk}$, $k = 1, 2, \ldots, n$,

$$|A^*| = \sum_{k=1}^{n} (-1)^{m+k} \lambda \cdot a_{mk} |U_{mk}| = \lambda \sum_{k=1}^{n} (-1)^{m+k} a_{mk} |U_{mk}| = \lambda |A|$$ ●

An zwei Beispielen zeigen wir, wie man Satz 6.9 zur Berechnung einer Determinante verwenden kann.

Beispiel 6.26

Wir bringen die folgende Determinante auf Diagonalform:

$$|A| = \begin{vmatrix} 2 & -6 & 4 & 0 \\ 4 & -12 & -1 & 2 \\ 1 & 7 & 2 & 1 \\ 0 & 10 & 3 & 9 \end{vmatrix} \overset{①}{=} 2 \cdot \begin{vmatrix} 1 & -3 & 2 & 0 \\ 4 & -12 & -1 & 2 \\ 1 & 7 & 2 & 1 \\ 0 & 10 & 3 & 9 \end{vmatrix} \overset{②}{=} 2 \cdot \begin{vmatrix} 1 & -3 & 2 & 0 \\ 0 & 0 & -9 & 2 \\ 0 & 10 & 0 & 1 \\ 0 & 10 & 3 & 9 \end{vmatrix} \overset{③}{=}$$

$$= -2 \cdot \begin{vmatrix} 1 & -3 & 2 & 0 \\ 0 & 10 & 3 & 9 \\ 0 & 10 & 0 & 1 \\ 0 & 0 & -9 & 2 \end{vmatrix} \overset{④}{=} -2 \cdot \begin{vmatrix} 1 & -3 & 2 & 0 \\ 0 & 10 & 3 & 9 \\ 0 & 0 & -3 & -8 \\ 0 & 0 & -9 & 2 \end{vmatrix} \overset{⑤}{=} -2 \cdot \begin{vmatrix} 1 & -3 & 2 & 0 \\ 0 & 10 & 3 & 9 \\ 0 & 0 & -3 & -8 \\ 0 & 0 & 0 & 26 \end{vmatrix}$$

Wegen Satz 6.8 ist folglich $|A| = (-2) \cdot 1 \cdot 10 \cdot (-3) \cdot 26 = 1560$

Die Determinanten wurden folgendermaßen umgeformt:

① Faktor 2 aus 1. Zeile ausgeklammert,
② 4-faches der 1. Zeile von 2. Zeile subtrahiert, dann 1. Zeile von 3. Zeile subtrahiert,

③ 2. und 4. Zeile vertauscht,
④ 2. Zeile von 3. Zeile subtrahiert,
⑤ 3-faches der 3. Zeile von 4. Zeile subtrahiert.

Beispiel 6.27

$$|A| = \begin{vmatrix} 1 & -4 & 2 & 0 & -3 \\ -2 & 6 & -1 & 1 & 3 \\ -4 & 10 & 3 & 2 & 5 \\ 3 & -10 & 1 & -2 & 4 \\ 2 & -3 & 1 & 0 & -4 \end{vmatrix} \overset{①}{=} \begin{vmatrix} 1 & -4 & 2 & 0 & -3 \\ -2 & 6 & -1 & 1 & 3 \\ 0 & -2 & 5 & 0 & -1 \\ -1 & 2 & -1 & 0 & 10 \\ 2 & -3 & 1 & 0 & -4 \end{vmatrix} \overset{②}{=} \begin{vmatrix} 1 & -4 & 2 & -3 \\ 0 & -2 & 5 & -1 \\ -1 & 2 & -1 & 10 \\ 2 & -3 & 1 & -4 \end{vmatrix}$$

$$\overset{③}{=} \begin{vmatrix} 1 & -4 & 2 & -3 \\ 0 & -2 & 5 & -1 \\ 0 & -2 & 1 & 7 \\ 0 & 5 & -3 & 2 \end{vmatrix} \overset{④}{=} \begin{vmatrix} -2 & 5 & -1 \\ -2 & 1 & 7 \\ 5 & -3 & 2 \end{vmatrix} \overset{⑤}{=} \begin{vmatrix} 8 & 0 & -36 \\ -2 & 1 & 7 \\ -1 & 0 & 23 \end{vmatrix} \overset{⑥}{=} \begin{vmatrix} 8 & -36 \\ -1 & 23 \end{vmatrix} = 148$$

Die Determinanten wurden folgendermaßen umgeformt:

① 2-faches der 2. Zeile von 3. Zeile subtrahiert, 2-faches der 2. Zeile zur 4. Zeile addiert,
② Entwicklung nach der 4. Spalte,
③ 1. Zeile zur 3. Zeile addiert, 2-faches der 1. Zeile von 4. Zeile subtrahiert,
④ Entwicklung nach der 1. Spalte,
⑤ 5-faches der 2. Zeile von 1. Zeile subtrahiert, 3-faches der 2. Zeile zur 3. Zeile addiert,
⑥ Entwicklung nach der 2. Spalte.

Aus Satz 6.9 lassen sich weitere Eigenschaften ableiten:

Satz 6.10

Es sei $A = (a_{ik})$ eine (n, n)-Matrix. Dann ist $|A| = 0$, wenn eine der folgenden Aussagen gilt:

a) Zwei Zeilen (Spalten) von A sind gleich.
b) Alle Elemente einer Zeile (Spalte) von A sind Null.
c) Eine Zeile (Spalte) von A ist die Summe von Vielfachen anderer Zeilen (Spalten).

Ferner gilt:

d) $|\lambda A| = \lambda^n |A| \quad \text{für } \lambda \in \mathbb{R}$ (6.36)

e) $\sum_{k=1}^{n} a_{ik}(-1)^{l+k}|U_{lk}| = \sum_{k=1}^{n} a_{ik}A_{lk} = 0 \quad \text{für } i \neq l$ (6.37)

Den Beweis dieses Satzes stellen wir als Aufgabe.

Beispiel 6.28

$$\begin{vmatrix} 3 & 5 & 7 & 9 \\ 6 & -4 & 3 & 1 \\ 0{,}3 & 0{,}5 & 0{,}7 & 0{,}9 \\ 4 & 8 & 2 & 14 \end{vmatrix} = 0,$$

denn die 1. Zeile ist das 10-fache der 3. Zeile.

Folgenden Satz geben wir ohne Beweis an (s. [9]).

Satz 6.11 (Produktsatz für Determinanten)

A und B seien (n, n)-Matrizen. Dann ist

$$|AB| = |A||B| \tag{6.38}$$

Bemerkung:

Man beachte, daß aber i.a. $|A + B| \neq |A| + |B|$ ist.

Beispiel 6.29

Es sei

$$A = \begin{pmatrix} 1 & -2 & 3 \\ 3 & -2 & 11 \\ -2 & 7 & -1 \end{pmatrix} \text{und} \quad B = \begin{pmatrix} 3 & 0 & 2 \\ 5 & 1 & 4 \\ 0 & 2 & 1 \end{pmatrix}.$$

Wegen

$$AB = \begin{pmatrix} -7 & 4 & -3 \\ -1 & 20 & 9 \\ 29 & 5 & 23 \end{pmatrix}$$

erhält man z.B. mit Hilfe der Regel von Sarrus $|AB| = -14$, sowie $|A| = 14$ und $|B| = -1$. Folglich ist $|AB| = |A||B|$.

6.3.3 Berechnung der Inversen einer regulären Matrix

Wie wir im folgenden zeigen, kann man mit Hilfe der Determinante $|A|$ der quadratischen Matrix A entscheiden, ob A eine Inverse besitzt und, falls dies der Fall ist, $|A|$ zur Berechnung von A^{-1} verwenden.

Definition 6.12

$A=(a_{ik})$ sei eine (n,n)-Matrix und $A_{ik}=(-1)^{i+k}|U_{ik}|$ die Adjunkte zum Element a_{ik}. Dann heißt die (n,n)-Matrix

$$B=((-1)^{i+k}|U_{ik}|)^T=(A_{ik})^T \tag{6.39}$$

die zu A **adjungierte Matrix** oder kurz die **Adjungierte** zu A.

Schreibweise: $B=A_{\text{adj}}$

Beispiel 6.30

Wir bestimmen die Adjungierte zur Matrix

$$A=\begin{pmatrix} 3 & -2 & 4 \\ 6 & 0 & 1 \\ 2 & 5 & -3 \end{pmatrix}$$

Es gilt:

$$|U_{11}|=\begin{vmatrix} 0 & 1 \\ 5 & -3 \end{vmatrix}=-5; \quad |U_{12}|=\begin{vmatrix} 6 & 1 \\ 2 & -3 \end{vmatrix}=-20; \quad |U_{13}|=\begin{vmatrix} 6 & 0 \\ 2 & 5 \end{vmatrix}=30$$

$$|U_{21}|=\begin{vmatrix} -2 & 4 \\ 5 & -3 \end{vmatrix}=-14; \quad |U_{22}|=\begin{vmatrix} 3 & 4 \\ 2 & -3 \end{vmatrix}=-17; \quad |U_{23}|=\begin{vmatrix} 3 & -2 \\ 2 & 5 \end{vmatrix}=19$$

$$|U_{31}|=\begin{vmatrix} -2 & 4 \\ 0 & 1 \end{vmatrix}=-2; \quad |U_{32}|=\begin{vmatrix} 3 & 4 \\ 6 & 1 \end{vmatrix}=-21; \quad |U_{33}|=\begin{vmatrix} 3 & -2 \\ 6 & 0 \end{vmatrix}=12$$

Folglich ist wegen (6.39)

$$A_{\text{adj}}=(A_{ik})^T=\begin{pmatrix} -5 & 20 & 30 \\ 14 & -17 & -19 \\ -2 & 21 & 12 \end{pmatrix}^T=\begin{pmatrix} -5 & 14 & -2 \\ 20 & -17 & 21 \\ 30 & -19 & 12 \end{pmatrix}$$

Der folgende Satz zeigt, daß das Produkt einer Matrix A mit ihrer Adjungierten A_{adj} kommutativ ist und eine Diagonalmatrix ergibt.

Satz 6.12

A sei eine (n,n)-Matrix und E die (n,n)-Einheitsmatrix. Dann gilt

$$A_{\text{adj}}A=A\cdot A_{\text{adj}}=|A|\cdot E. \tag{6.40}$$

Beweis:

Es sei $A=(a_{ik})_{(n,n)}$ und $D=A_{\text{adj}}=(d_{ik})$ mit $d_{ik}=A_{ki}$ die zugehörige Adjungierte. Dann gilt nach Definition 6.7

$$A\cdot A_{\text{adj}}=C=(c_{ik}) \quad \text{mit } c_{ik}=\sum_{l=1}^{n} a_{il}d_{lk}=\sum_{l=1}^{n} a_{il}A_{kl}. \tag{6.41}$$

i) Es sei $i = k$:
Dann gilt nach dem Laplaceschen Entwicklungssatz (Satz 6.6)

$$c_{ii} = |A| \quad \text{für alle } i = 1, 2, \ldots n \tag{6.42}$$

(Entwicklung von $|A|$ nach der i-ten Zeile).

ii) Es sei $i \neq k$:
Dann gilt nach (6.37)

$$c_{ik} = 0 \quad \text{für alle } i, k = 1, 2, \ldots, n \tag{6.43}$$

Aus (6.42) und (6.43) folgt

$$c_{ik} = \begin{cases} |A| & \text{für } i = k \\ 0 & \text{für } i \neq k \end{cases}$$

Mit Hilfe des Kroneckersymbols (6.19) erhält man aus (6.42) und (6.43)

$$A \cdot A_{\text{adj}} = C = (c_{ik}) = (\delta_{ik} |A|) = |A| \cdot E.$$

Entsprechend läßt sich $A_{\text{adj}} A = |A| \cdot E$ beweisen. ●

Beispiel 6.31

Es sei

$$A = \begin{pmatrix} 3 & -2 & 4 \\ 6 & 0 & 1 \\ 2 & 5 & -3 \end{pmatrix}$$

Dann gilt nach Beispiel 6.30 $A_{\text{adj}} = \begin{pmatrix} -5 & 14 & -2 \\ 20 & -17 & 21 \\ 30 & -19 & 12 \end{pmatrix}$

Folglich ist

$$A \cdot A_{\text{adj}} = A_{\text{adj}} \cdot A = \begin{pmatrix} 65 & 0 & 0 \\ 0 & 65 & 0 \\ 0 & 0 & 65 \end{pmatrix} = 65 \cdot E = |A| \cdot E.$$

Aus Satz 6.12 können wir folgern:

Satz 6.13

A sei eine (n, n)-Matrix. Dann gilt:

a) A ist genau dann regulär, wenn $|A| \neq 0$ ist.
b) Wenn A regulär ist, dann ist

$$A^{-1} = \frac{1}{|A|} \cdot A_{\text{adj}}. \tag{6.44}$$

Bemerkung:

$|A| \neq 0$ ist eine notwendige und hinreichende Bedingung für die Regularität von A.

Beweis:

zu a)
Wenn A regulär ist, d.h. wenn A^{-1} existiert, dann gilt nach dem Produktsatz für Determinanten (Satz 6.11) $|A||A^{-1}| = |A \cdot A^{-1}| = |E| = 1 \Rightarrow |A| \neq 0$.

Wenn $|A| \neq 0$ ist, so gilt nach Satz 6.12 $\left(\frac{1}{|A|}A_{\text{adj}}\right)A = A \cdot \left(\frac{1}{|A|}A_{\text{adj}}\right) = E$.

Folglich ist nach Definition 6.9 die Matrix $\frac{1}{|A|}A_{\text{adj}}$ zu A invers, d.h. $A^{-1} = \frac{1}{|A|}A_{\text{adj}}$.

Damit ist auch b) bewiesen: ●

Beispiel 6.32

Es sei $A = \begin{pmatrix} 1 & -2 & 3 \\ 4 & 0 & -1 \\ 2 & 3 & -5 \end{pmatrix}$.

Wegen $|A| = \begin{vmatrix} 1 & -2 & 3 \\ 4 & 0 & -1 \\ 2 & 3 & -5 \end{vmatrix} = 3 \neq 0$ existiert nach Satz 6.13 die Inverse A^{-1}.

Mit

$$\begin{array}{lll} A_{11} = 3 & A_{12} = 18 & A_{13} = 12 \\ A_{21} = -1 & A_{22} = -11 & A_{23} = -7 \\ A_{31} = 2 & A_{32} = 13 & A_{33} = 8 \end{array}$$

erhält man

$$A_{\text{adj}} = (A_{ik})^T = \begin{pmatrix} 3 & -1 & 2 \\ 18 & -11 & 13 \\ 12 & -7 & 8 \end{pmatrix}.$$

Folglich ist nach (6.44)

$$A^{-1} = \tfrac{1}{3}\begin{pmatrix} 3 & -1 & 2 \\ 18 & -11 & 13 \\ 12 & -7 & 8 \end{pmatrix}. \qquad (6.45)$$

(Probe: $A \cdot A^{-1} = E$)

Aufgaben

1. Berechnen Sie folgende Determinanten:

a) $\begin{vmatrix} 0 & -1 & 3 \\ 2 & -6 & 4 \\ 3 & 1 & 2 \end{vmatrix}$ b) $\begin{vmatrix} 7 & 2 & 8 \\ 1 & -5 & 1 \\ 2 & 64 & 4 \end{vmatrix}$ c) $\begin{vmatrix} 2 & 4 & 0 & 8 \\ 0 & 5 & 2 & 8 \\ 3 & 1 & 1 & 4 \\ 1 & 6 & 1 & 4 \end{vmatrix}$ d) $\begin{vmatrix} 2 & -3 & 0 & 1 \\ 1 & -4 & 1 & 2 \\ 3 & 6 & 2 & 1 \\ 0 & 1 & 3 & -5 \end{vmatrix}$

2. Berechnen Sie folgende Determinanten:

a) $\begin{vmatrix} 1 & x & x^2 \\ 1 & y & y^2 \\ 1 & z & z^2 \end{vmatrix}$ b) $\begin{vmatrix} 0 & a & b & c \\ -a & 0 & d & e \\ -b & -d & 0 & f \\ -c & -e & -f & 0 \end{vmatrix}$ c) $\begin{vmatrix} 1 & 1 & 1 & 1 \\ 1 & a+1 & 1 & 1 \\ 1 & 1 & b+1 & 1 \\ 1 & 1 & 1 & c+1 \end{vmatrix}$

d) $\begin{vmatrix} 1 & 1 & 1 & 1 & 1 \\ 1 & 2 & 3 & 4 & 5 \\ 1 & 3 & 6 & 10 & 15 \\ 1 & 4 & 10 & 20 & 35 \\ 1 & 5 & 15 & 35 & 70 \end{vmatrix}$ e) $\begin{vmatrix} 0 & 1 & 1 & 1 & 1 \\ 1 & 0 & 1 & 1 & 1 \\ 1 & 1 & 0 & 1 & 1 \\ 1 & 1 & 1 & 0 & 1 \\ 1 & 1 & 1 & 1 & 0 \end{vmatrix}$ f) $\begin{vmatrix} 0 & 1 & 1 & 1 & 1 \\ -1 & 0 & 1 & 1 & 1 \\ -1 & -1 & 0 & 1 & 1 \\ -1 & -1 & -1 & 0 & 1 \\ -1 & -1 & -1 & -1 & 0 \end{vmatrix}$

3. Für welche $t \in \mathbb{R}$ verschwinden folgende Determinanten?

a) $\begin{vmatrix} t-2 & 3 & 4 \\ 1 & t-1 & 2 \\ 0 & 0 & t-4 \end{vmatrix}$ b) $\begin{vmatrix} t-1 & 2 & -2 \\ -5 & t+6 & -2 \\ -5 & 5 & t-3 \end{vmatrix}$

*4. Zeigen Sie:

a) $|A| = \begin{vmatrix} n & (n-1) & (n-2) & \cdots & 2 & 1 \\ (n-1) & n & (n-1) & \cdots & 3 & 2 \\ (n-2) & (n-1) & n & \cdots & 4 & 3 \\ \vdots & \vdots & \vdots & & \vdots & \vdots \\ 2 & 3 & 4 & \cdots & n & (n-1) \\ 1 & 2 & 3 & \cdots & (n-1) & n \end{vmatrix} = 2^{n-2}(n+1)$

b) $|B| = \begin{vmatrix} 1 & 1 & 1 & \cdots & 1 & 1 \\ -a & a & 0 & \cdots & 0 & 0 \\ -a & 0 & a & \cdots & 0 & 0 \\ \vdots & \vdots & \vdots & & \vdots & \vdots \\ -a & 0 & 0 & \cdots & a & 0 \\ -a & 0 & 0 & \cdots & 0 & a \end{vmatrix} = n \cdot a^{n-1}$. ($|B|$ ist eine n-reihige Determinante)

5. Für welche $x \in \mathbb{R}$ ist

$$\begin{vmatrix} x^2+x-6 & 4x-8 & 14 \\ x^2-3 & 3x-5 & 17 \\ x-3 & x-3 & 6 \end{vmatrix} = 0?$$

6. Sind folgende Matrizen regulär? Bestimmen Sie gegebenenfalls die Inverse.

$A = \begin{pmatrix} 1 & 1 & -1 \\ 1 & -1 & 1 \\ -1 & 1 & 0 \end{pmatrix}$ $B = \begin{pmatrix} 1 & -1 & -3 \\ 4 & -1 & -9 \\ 2 & 1 & -3 \end{pmatrix}$ $C = \begin{pmatrix} 1 & 2 & 3 \\ 2 & 3 & 4 \\ 1 & 5 & 7 \end{pmatrix}$

$D = \begin{pmatrix} 1 & 2 & 3 & 4 \\ 0 & 1 & 2 & 3 \\ 0 & 0 & 1 & 2 \\ 0 & 0 & 0 & 1 \end{pmatrix}$ $F = \begin{pmatrix} 2 & 0 & 0 & 0 & 0 \\ 0 & 4 & 0 & 0 & 0 \\ 0 & 0 & 8 & 0 & 0 \\ 0 & 0 & 0 & 16 & 0 \\ 0 & 0 & 0 & 0 & 32 \end{pmatrix}$

7. Es. sei

$A = \begin{pmatrix} 2 & 1 & 1 \\ 1 & 2 & 1 \\ 1 & -1 & -2 \end{pmatrix}$. Zeigen Sie: $|A_{\text{adj}}| = |A|^2$.

8. Berechnen Sie folgende Determinante:

$$\begin{vmatrix} \sin\alpha\cos\beta & \sin\alpha\sin\beta & \cos\alpha \\ r\cos\alpha\cos\beta & r\cos\alpha\sin\beta & -r\sin\alpha \\ -r\sin\alpha\sin\beta & r\sin\alpha\cos\beta & 0 \end{vmatrix}$$

9. Bestimmen Sie die Lösung, falls eine solche existiert, der Matrizengleichung $XA - B = E$ für

a) $A = \begin{pmatrix} 3 & 2 \\ 1 & 1 \end{pmatrix}$ $B = \begin{pmatrix} 1 & 2 \\ 2 & 3 \end{pmatrix}$

b) $A = \begin{pmatrix} 1 & 0 & -2 \\ 3 & 1 & 2 \\ 0 & -2 & 1 \end{pmatrix}$ $B = \begin{pmatrix} 0 & 2 & -1 \\ 1 & 1 & 3 \\ 4 & -1 & 5 \end{pmatrix}$

10. Beweisen Sie: $|A^{-1}| = |A|^{-1}$

11. Es sei $AA^T = E$. Zeigen Sie: $|A| = \pm 1$

12. Sind folgende Aussagen richtig?

a) $AB = N$ und $B \neq N \Rightarrow |A| = 0$, d.h. A ist singulär.
b) $A^2 \neq N \Rightarrow |A| \neq 0$

13. A sei eine (n, n)-Matrix mit $A^n = N$. Zeigen Sie:

$$(E + A + A^2 + \cdots + A^{n-1})^{-1} = E - A$$

14. A sei eine reguläre (n, n)-Matrix. Beweisen Sie:

$$|A_{\text{adj}}| = |A|^{n-1} \quad \text{(s. Aufgabe 7)}$$

15. Beweisen Sie: Jede schiefsymmetrische Determinante ungerader Ordnung verschwindet.

16. Wie ändert sich der Wert einer n-reihigen Determinante, wenn man ihre Spalten in umgekehrter Reihenfolge aufschreibt?

17. Beweisen Sie a) und c) aus Satz 6.9

18. Beweisen Sie Satz 6.10.

6.4 Lineare Gleichungssysteme

Ziel dieses Abschnitts ist es, allgemeine Aussagen über die Lösbarkeit und Lösungen von linearen (m, n)-Systemen zu machen.

6.4.1 Allgemeines über die Lösungen von Gleichungssystemen

In Abschnitt 6.1.2 haben wir gesehen, daß ein lineares Gleichungssystem genau eine Lösung oder unendlich viele Lösungen oder keine Lösung besitzen kann. Diese Tatsache wollen wir nochmals anhand eines (3, 2)-Systems zeigen und, da durch lineare Gleichungen in x_1 und x_2 i.a. eine Gerade (bezogen auf ein x_1, x_2-Koordinatensystem) gegeben ist, auch geometrisch interpretieren.

Beispiel 6.33

a) Es sei

$$A=\begin{pmatrix}1 & 2\\ 3 & -1\\ -4 & 5\end{pmatrix} \quad \text{und} \quad b=\begin{pmatrix}4\\ 5\\ -3\end{pmatrix}$$ [1]

Das Gleichungssystem $Ax=b$, ausgeschrieben

$$\begin{aligned} x_1+2x_2 &= 4\ (g_1)\\ 3x_1-x_2 &= 5\ (g_2),\\ -4x_1+5x_2 &= -3\ (g_3)\end{aligned} \tag{6.46}$$

besitzt genau eine Lösung, nämlich $x=\begin{pmatrix}2\\ 1\end{pmatrix}$. $x_1=2$, $x_2=1$ sind die Koordinaten des Schnittpunktes S der Geraden g_1, g_2 und g_3 (s. Bild 6.2).

b) Wir behalten die Koeffizientenmatrix A in (6.46) bei und wählen als rechte Seite des Gleichungssystems $c=\begin{pmatrix}4\\ 5\\ 5\end{pmatrix}$, d.h. wir haben das System $Ax=c$, ausgeschrieben

$$\begin{aligned} x_1+2x_2 &= 4\ (g_1)\\ 3x_1-x_2 &= 5\ (g_2),\\ -4x_1+5x_2 &= 5\ (g_3)\end{aligned} \tag{6.47}$$

vorliegen. Dieses System besitzt keine Lösung, die Geraden g_1, g_2 und g_3 haben keinen gemeinsamen Schnittpunkt (s. Bild 6.3).

c) Es sei

$$B=\begin{pmatrix}2 & -3\\ -4 & 6\\ -2 & 3\end{pmatrix} \quad \text{und} \quad d=\begin{pmatrix}4\\ -8\\ -4\end{pmatrix}.$$

Das Gleichungssystem $Bx=d$, ausgeschrieben

$$\begin{aligned} 2x_1-3x_2 &= 4\ (g_1)\\ -4x_1+6x_2 &= -8\ (g_2),\\ -2x_1+3x_2 &= -4\ (g_3)\end{aligned} \tag{6.48}$$

besitzt die Lösungen $u=\begin{pmatrix}2\\ 0\end{pmatrix}$ und $v=\begin{pmatrix}-1\\ -2\end{pmatrix}$. Dies sind jedoch nicht die einzigen Lösungen. Durch Einsetzen weist man nach, daß jeder Spaltenvektor

$$x=u+\lambda(v-u)=\begin{pmatrix}2-3\lambda\\ -2\lambda\end{pmatrix}, \quad \lambda\in\mathbb{R}$$

[1]) Im folgenden bezeichnen wir Zeilen- und Spaltenmatrizen mit kleinen lateinischen Buchstaben.

Lösung des Systems (6.48) ist. Folglich besitzt dieses System unendlich viele Lösungen. u und v sind dabei spezielle Lösungen. Wie Bild 6.4 zeigt, ist $g_1 = g_2 = g_3$. Somit sind die Koordinatenpaare (x_1, x_2) aller Punkte $P \in g_1$ Lösungen des Systems (6.48).

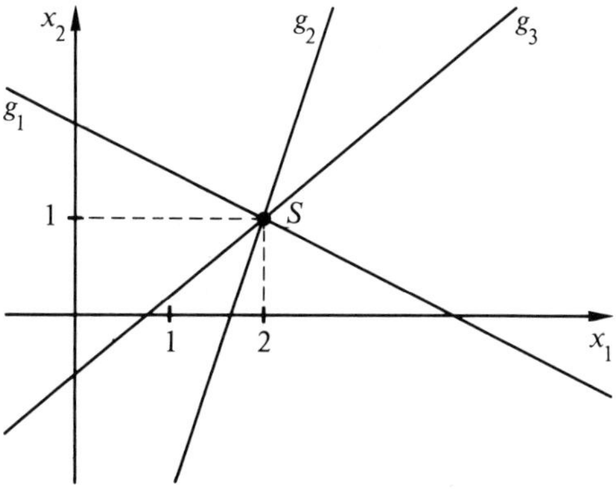

Bild 6.2: Geraden zu Beispiel 6.33a

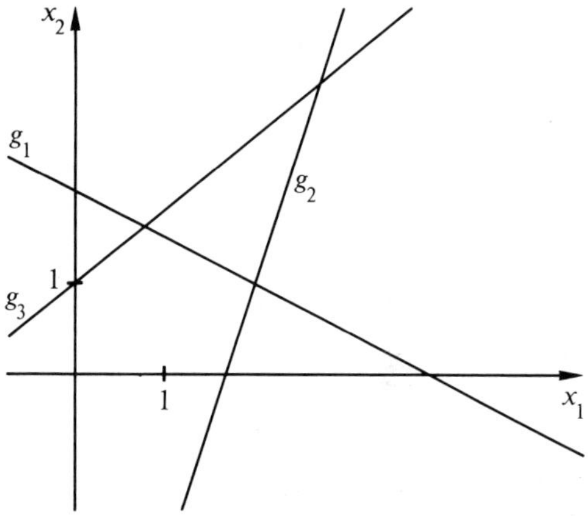

Bild 6.3: Geraden zu Beispiel 6.33b

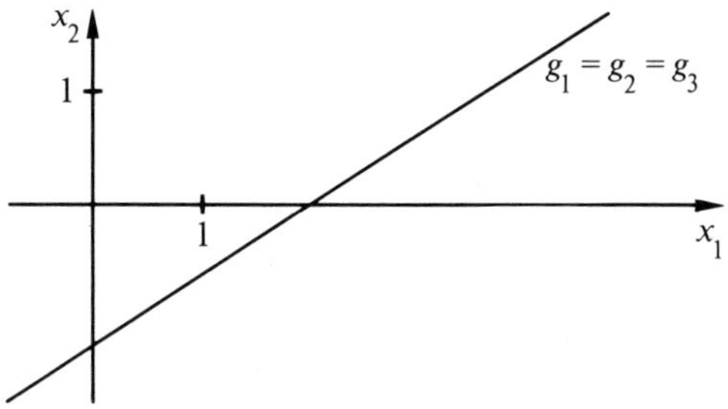

Bild 6.4: Geraden zu Beispiel 6.33c

Satz 6.14

Gegeben ist das lineare (m, n)-System $Ax = b$. Ist dieses System
a) inhomogen, so besitzt es entweder genau eine oder keine Lösung oder unendlich viele Lösungen,
b) homogen, so besitzt es nur die triviale Lösung $x = 0$[1]) oder unendlich viele Lösungen.

---

[1]) $0 = \begin{pmatrix} 0 \\ 0 \\ \vdots \\ 0 \end{pmatrix}$ ist ein Nullspaltenvektor mit n Zeilen.

Bemerkungen:

1. Ein homogenes (m, n)-System besitzt stets die **triviale Lösung** $x = 0$.
2. Sind $x^{(1)}, x^{(2)}, \ldots, x^{(k)}$ Lösungen des homogenen (m, n)-Systems $Ax = 0$, so ist auch

$$\bar{x} = \lambda_1 x^{(1)} + \lambda_2 x^{(2)} + \cdots + \lambda_k x^{(k)}, \quad \lambda_i \in \mathbb{R} \quad \text{für alle } i \tag{6.49}$$

eine Lösung. Es gilt nämlich, wegen $Ax^{(i)} = 0$ für alle $i = 1, 2, \ldots, k$,

$$A\bar{x} = \lambda_1 Ax^{(1)} + \lambda_2 Ax^{(2)} + \cdots + \lambda_k Ax^{(k)} = 0.$$

Beweis von Satz 6.14

zu a)

Inhomogene (m, n)-Systeme, die genau eine, keine oder unendlich viele Lösungen besitzen, haben wir bereits kennengelernt (s. Beispiel 6.3, 6.4, 6.5 und Beispiel 6.33). Wir müssen noch zeigen, daß $Ax = b$, $b \neq 0$, nicht genau k verschiedene Lösungen, $k \geqq 2$, besitzen kann oder: wenn das System schon zwei verschiedene Lösungen besitzt, daß es dann unendlich viele Lösungen besitzt. u, v seien zwei verschiedene Lösungen des inhomogenen Systems, d.h.

$$Au = b \quad \text{und} \quad Av = b \quad \text{mit } u \neq v. \tag{6.50}$$

Für jedes $\lambda \in \mathbb{R}$ gilt für $x = u + \lambda(u - v)$ wegen (6.50)

$$Ax = Au + \lambda A(u - v) = Au + \lambda(Au - Av) = b + \lambda(b - b) = b,$$

d.h. x ist für jedes $\lambda \in \mathbb{R}$ Lösung des inhomogenen Systems. Folglich besitzt $Ax = b$ unendlich viele Lösungen.

Entsprechend verläuft der Beweis zu b). ●

Zwischen der Lösung eines inhomogenen Systems $Ax = b$ und der seines zugehörigen homogenen Systems $Ax = 0$ besteht ein enger Zusammenhang:

Satz 6.15

Man erhält alle Lösungen des inhomogenen Systems $Ax = b$, indem man zu einer (speziellen) Lösung dieses Systems, falls eine solche existiert, alle Lösungen des zugehörigen homogenen Systems $Ax = 0$ addiert.

Den Beweis dieses Satzes stellen wir als Aufgabe.

Beispiel 6.34

Gegeben sei das inhomogene (3, 5)-System $Ax = b$ mit

$$A = \begin{pmatrix} 1 & 0 & -2 & 3 & 1 \\ 2 & -3 & 2 & 0 & 2 \\ 5 & -3 & -4 & 9 & 5 \end{pmatrix} \quad \text{und} \quad b = \begin{pmatrix} -1 \\ 4 \\ 1 \end{pmatrix}.$$

Durch einfache Rechnung zeigt man, daß $\begin{pmatrix} 1 \\ 0 \\ 1 \\ 0 \\ 0 \end{pmatrix}$ eine Lösung dieses Systems ist. Die Lösungen des zugehörigen homogenen Systems $Ax = 0$ erhalten wir mit Hilfe des Gaußschen Eliminationsverfahrens (s. Abschnitt 6.1.2) zu

$$x_h = \lambda_1 \begin{pmatrix} 2 \\ 2 \\ 1 \\ 0 \\ 0 \end{pmatrix} + \lambda_2 \begin{pmatrix} -3 \\ -2 \\ 0 \\ 1 \\ 0 \end{pmatrix} + \lambda_3 \begin{pmatrix} -1 \\ 0 \\ 0 \\ 0 \\ 1 \end{pmatrix}, \quad \lambda_1, \lambda_2, \lambda_3 \in \mathbb{R}$$

Nach Satz 6.15 sind folglich durch

$$x = \begin{pmatrix} 1 \\ 0 \\ 1 \\ 0 \\ 0 \end{pmatrix} + \lambda_1 \begin{pmatrix} 2 \\ 2 \\ 1 \\ 0 \\ 0 \end{pmatrix} + \lambda_2 \begin{pmatrix} -3 \\ -2 \\ 0 \\ 1 \\ 0 \end{pmatrix} + \lambda_3 \begin{pmatrix} -1 \\ 0 \\ 0 \\ 0 \\ 1 \end{pmatrix}, \quad \lambda_1, \lambda_2, \lambda_3 \in \mathbb{R}$$

alle Lösungen des inhomogenen Systems bestimmt, was man auch nachweist, wenn man das Gaußsche Eliminationsverfahren sofort auf das inhomogene System anwendet.

Als Folgerung erhält man aus Satz 6.15.

Satz 6.16

$Ax = b$ sei ein (m, n)-System. Dann gilt:

a) Besitzt das zugehörige homogene System $Ax = 0$ nur die triviale Lösung $x = 0$, dann besitzt das inhomogene System $Ax = b$ genau eine oder keine Lösung.
b) Besitzt das inhomogene System $Ax = b$ genau eine Lösung, dann besitzt das zugehörige homogene System $Ax = 0$ nur die triviale Lösung $x = 0$.

Bemerkung:

Ein quadratisches, homogenes Gleichungssystem $Ax = 0$ besitzt also genau dann eine nichttriviale Lösung, wenn A singulär ist.

6.4.2 Quadratische, lineare Systeme mit regulären Matrizen

Von besonderem Interesse sind solche quadratische, lineare Systeme, die eine reguläre Koeffizientenmatrix besitzen. Wie der folgende Satz zeigt, ist ihre Lösung eindeutig bestimmt.

Satz 6.17

Gegeben sei das lineare (n, n)-System $Ax = b$. Wenn die Matrix A regulär ist, dann besitzt dieses System genau die eine Lösung

$$x = A^{-1}b. \tag{6.51}$$

Beweis:

Da die Koeffizientenmatrix A regulär ist, existiert die Inverse A^{-1} und es gilt

$$Ax = b \Leftrightarrow A^{-1}Ax = A^{-1}b \Leftrightarrow x = A^{-1}b.$$ ●

Bemerkungen:

1. Damit ein lineares (n, n)-System (inhomogen oder homogen) mehr als eine Lösung besitzt, muß die Koeffizientenmatrix A notwendig singulär, d.h. nach Satz 6.13 $|A| = 0$ sein.
2. (6.51) läßt sich, sobald A^{-1} einmal berechnet ist, dann vorteilhaft anwenden, wenn man die Lösung von $Ax = b$ für unterschiedliche rechte Seiten angeben will.
3. Ist das vorliegende System homogen, d.h. $b = 0$, so besitzt es wegen (6.51) nur die triviale Lösung $x = 0$.

Beispiel 6.35

Gegeben sei das lineare (3, 3)-System $Ax = b$ mit beliebigem b und der Koeffizientenmatrix

$$A = \begin{pmatrix} 1 & 2 & 3 \\ 1 & -1 & a \\ 2 & 1 & 3 \end{pmatrix}, \quad a \in \mathbb{R}.$$

Für welche $a \in \mathbb{R}$ besitzt $Ax = b$ genau eine Lösung?

$Ax = b$ ist genau dann eindeutig lösbar, wenn A regulär, d.h. $|A| \neq 0$ ist (s. Satz 6.13). Dies ist genau dann der Fall, wenn

$$|A| = \begin{vmatrix} 1 & 2 & 3 \\ 1 & -1 & a \\ 2 & 1 & 3 \end{vmatrix} = 3a \neq 0$$

ist. Folglich wähle man $a \in \mathbb{R} \setminus \{0\}$.

Beispiel 6.36

Gegeben ist das Gleichungssystem

$$Ax = b \quad \text{mit } A = \begin{pmatrix} 1 & 2 & 3 \\ 2 & 3 & 4 \\ 1 & 5 & 7 \end{pmatrix}.$$

Bestimmen Sie Lösungen, falls solche existieren, für die rechten Seiten

$$b^{(1)} = \begin{pmatrix} 5 \\ -1 \\ 0 \end{pmatrix}, \quad b^{(2)} = \begin{pmatrix} -2 \\ 10 \\ 3 \end{pmatrix}, \quad b^{(3)} = \begin{pmatrix} -5 \\ 0 \\ 11 \end{pmatrix}.$$

Wegen

$$|A| = \begin{vmatrix} 1 & 2 & 3 \\ 2 & 3 & 4 \\ 1 & 5 & 7 \end{vmatrix} = 2 \neq 0$$

existiert nach Satz 6.13 die Inverse A^{-1}, und wegen Satz 6.17 besitzt das System $Ax = b$ für beliebige rechte Seiten b genau eine Lösung.

Es ist

$$A^{-1} = \frac{1}{2}\begin{pmatrix} 1 & 1 & -1 \\ -10 & 4 & 2 \\ 7 & -3 & -1 \end{pmatrix}$$

Folglich lauten die Lösungen der Systeme $Ax = b^{(i)}$, $i = 1, 2, 3$

$$x^{(1)} = A^{-1}b^{(1)} = \begin{pmatrix} 2 \\ -27 \\ 19 \end{pmatrix}; \quad x^{(2)} = A^{-1}b^{(2)} = \frac{1}{2}\begin{pmatrix} 5 \\ 66 \\ -47 \end{pmatrix}; \quad x^{(3)} = A^{-1}b^{(3)} = \begin{pmatrix} -8 \\ 36 \\ -23 \end{pmatrix}$$

Im folgenden zeigen wir, wie man mit Hilfe des Gaußschen Eliminationsverfahrens die Inverse A^{-1} einer regulären (n, n)-Matrix bestimmen kann.

$A = (a_{ik})$ sei eine reguläre (n, n)-Matrix. Dann lautet die Lösung des inhomogenen Systems $Ax = b$ nach (6.51) $x = A^{-1}b$. Wählt man speziell als rechte Seite von $Ax = b$ die Spaltenmatrix

$$b^{(i)} = \begin{pmatrix} 0 \\ 0 \\ \vdots \\ 0 \\ 1 \\ 0 \\ \vdots \\ 0 \end{pmatrix} \leftarrow i\text{-te Zeile}, \tag{6.52}$$

so stimmt die Lösung von

$$Ax = b^{(i)}, \quad i = 1, 2, \ldots, n \tag{6.53}$$

wegen $x = A^{-1}b^{(i)}$ und der speziellen Wahl von $b^{(i)}$ mit der i-ten Spalte von A^{-1} überein. Zur Bestimmung von A^{-1} muß man folglich n inhomogene (n, n)-Systeme der Form (6.53) lösen. Dies kann gleichzeitig erfolgen, da alle diese Systeme A als Koeffizientenmatrix besitzen. Dazu bilden wir die Matrix

$$(A \mid E) = \left(\begin{array}{cccc|ccccc} a_{11} & a_{12} & \cdots & a_{1n} & 1 & 0 & 0 & \cdots & 0 \\ a_{21} & a_{22} & \cdots & a_{2n} & 0 & 1 & 0 & \cdots & 0 \\ \vdots & \vdots & & \vdots & \vdots & \vdots & \vdots & & \vdots \\ a_{n1} & a_{n2} & \cdots & a_{nn} & 0 & 0 & 0 & \cdots & 1 \end{array}\right) \tag{6.54}$$

und wenden auf sie das Gaußsche Eliminationsverfahren an. Nach $(n-1)$ Schritten haben wir A auf Dreiecksmatrix gebracht und nach weiteren $(n-1)$ Schritten erhalten wir (6.54) in der Form $(E \mid A^{-1})$. Aus dieser Matrix können wir dann A^{-1} ablesen.

Beispiel 6.37

Wir bestimmen die Inverse von

$$A = \begin{pmatrix} 1 & 2 & 2 \\ 1 & 1 & 1 \\ 3 & 1 & 0 \end{pmatrix},$$

falls sie existiert. Wir erhalten

$$(A\,|\,E)=\left(\begin{array}{ccc|ccc}1&2&2&1&0&0\\1&1&1&0&1&0\\3&1&0&0&0&1\end{array}\right)\to\left(\begin{array}{ccc|ccc}1&2&2&1&0&0\\0&-1&-1&-1&1&0\\0&-5&-6&-3&0&1\end{array}\right)$$

$$\to\left(\begin{array}{ccc|ccc}1&2&2&1&0&0\\0&1&1&1&-1&0\\0&0&-1&2&-5&1\end{array}\right)\to\left(\begin{array}{ccc|ccc}1&2&0&5&-10&2\\0&1&0&3&-6&1\\0&0&1&-2&5&-1\end{array}\right)$$

$$\to\left(\begin{array}{ccc|ccc}1&0&0&-1&2&0\\0&1&0&3&-6&1\\0&0&1&-2&5&-1\end{array}\right)=(E\ \ A^{-1})$$

Folglich ist

$$A^{-1}=\begin{pmatrix}-1&2&0\\3&-6&1\\-2&5&-1\end{pmatrix}.$$

Wendet man das beschriebene Verfahren auf eine singuläre Matrix an, so tritt während der Rechnung ein Widerspruch auf.

Beispiel 6.38

Wir bestimmen die Inverse von

$$A=\begin{pmatrix}1&-3&2\\4&-2&5\\3&1&3\end{pmatrix}$$

falls sie existiert. Wir erhalten

$$(A\ \ E)=\left(\begin{array}{ccc|ccc}1&-3&2&1&0&0\\4&-2&5&0&1&0\\3&1&3&0&0&1\end{array}\right)\to\left(\begin{array}{ccc|ccc}1&-3&2&1&0&0\\0&10&-3&-4&1&0\\0&10&-3&-3&0&1\end{array}\right)$$

$$\to\left(\begin{array}{ccc|ccc}1&-3&2&1&0&0\\0&10&-3&-4&1&0\\0&0&0&1&-1&1\end{array}\right)$$

Aus der letzten Zeile folgt $0\cdot x_1+0\cdot x_2+0\cdot x_3=1$ (bzw. $=-1$, bzw. $=1$). Dies ist ein Widerspruch, d.h. A besitzt keine Inverse, A ist singulär.

In Beispiel 6.2 haben wir ein lineares (5, 5)-System behandelt, bei dem wir uns nur für eine Variable, nämlich I_g, interessieren. Die folgende Regel zeigt, wie man allgemein eine Variable x_i der Lösung x eines regulären (n,n)-Systems $Ax=b$ bestimmen kann, ohne A^{-1} berechnen zu müssen.

Satz 6.18 (Cramersche Regel)

$Ax = b$ sei ein reguläres (n, n)-System. Δ_j sei die Matrix, die aus A entsteht, wenn man deren j-te Spalte durch die rechte Seite b ersetzt. Dann gilt für die j-te Variable der Lösung x

$$x_j = \frac{|\Delta_j|}{|A|} \quad \text{für } j = 1, 2, \ldots, n \tag{6.55}$$

Bemerkung:

Da bei der Bestimmung der Lösung eines regulären (n, n)-Systems $Ax = b$ mit Hilfe der Cramerschen Regel $(n + 1)$ Determinanten n-ter Ordnung zu berechnen sind, wird man bei Systemen mit »großem« n auf das Gaußsche Eliminationsverfahren zurückgreifen.

Beweis:

Da A regulär ist, lautet die Lösung von $Ax = b$ nach Satz 6.17

$$x = A^{-1}b = \frac{1}{|A|} A_{\text{adj}}\, b. \tag{6.56}$$

Berücksichtigt man $A_{\text{adj}} = D = (d_{ik})$ mit $d_{ik} = A_{ki}$, so erhält man die j-te Zeile von (6.56) zu

$$x_j = \frac{1}{|A|} \sum_{k=1}^{n} d_{jk} b_k = \frac{1}{|A|} \sum_{k=1}^{n} b_k A_{kj} \tag{6.57}$$

Bildet man die Matrix

$$\Delta_j = \begin{pmatrix} a_{11} & a_{12} & \cdots & a_{1,j-1} & b_1 & a_{1,j+1} & \cdots & a_{1n} \\ a_{21} & a_{22} & \cdots & a_{2,j-1} & b_2 & a_{2,j+1} & \cdots & a_{2n} \\ \vdots & \vdots & & \vdots & \vdots & \vdots & \vdots & \vdots \\ a_{n1} & a_{n2} & \cdots & a_{n,j-1} & b_n & a_{n,j+1} & \cdots & a_{nn} \end{pmatrix},$$

so ist nach dem Laplaceschen Entwicklungssatz, wenn man nach der j-ten Spalte entwickelt,

$$|\Delta_j| = \sum_{k=1}^{n} b_k A_{kj},$$

d.h. gleich der Summe auf der rechten Seite von (6.57). Folglich lautet die j-te Variable der Lösung von $Ax = b$:

$$x_j = \frac{|\Delta_j|}{|A|}. \qquad \bullet$$

Beispiel 6.39

Gegeben sei das lineare (3, 3)-System

$$\begin{aligned}
2x_1 + x_2 - 2x_3 &= 10\\
3x_1 + 2x_2 + 2x_3 &= 1\\
5x_1 + 4x_2 + 3x_3 &= 4
\end{aligned}$$

Dann erhält man mit

$$|A| = \begin{vmatrix} 2 & 1 & -2 \\ 3 & 2 & 2 \\ 5 & 4 & 3 \end{vmatrix} = \begin{vmatrix} 0 & 1 & 0 \\ -1 & 2 & 6 \\ -3 & 4 & 11 \end{vmatrix} = -\begin{vmatrix} -1 & 6 \\ -3 & 11 \end{vmatrix} = -7$$

und

$$|\Delta_3| = \begin{vmatrix} 2 & 1 & 10 \\ 3 & 2 & 1 \\ 5 & 4 & 4 \end{vmatrix} = \begin{vmatrix} 0 & 1 & 0 \\ -1 & 2 & -19 \\ -3 & 4 & -36 \end{vmatrix} = -\begin{vmatrix} -1 & -19 \\ -3 & -36 \end{vmatrix} = 21$$

$x_3 = \dfrac{|\Delta_3|}{|A|} = -3$. Entsprechend liefert (6.60) $x_2 = 2$ und $x_1 = 1$.

Beispiel 6.40

Wir bestimmen I_g aus Beispiel 6.2
Es gilt

$$|A| = \begin{vmatrix} 1 & 1 & 0 & 0 & 0 \\ -1 & 0 & 1 & 0 & 1 \\ 0 & 1 & 0 & -1 & 1 \\ R_1 & -R_2 & 0 & 0 & R_g \\ 0 & 0 & R_3 & -R_4 & -R_g \end{vmatrix} = \begin{vmatrix} 1 & 0 & 0 & 0 & 0 \\ -1 & 1 & 1 & 0 & 1 \\ 0 & 1 & 0 & -1 & 1 \\ R_1 & -(R_1+R_2) & 0 & 0 & R_g \\ 0 & 0 & R_3 & -R_4 & -R_g \end{vmatrix}$$

$$= \begin{vmatrix} 1 & 1 & 0 & 1 \\ 1 & 0 & -1 & 1 \\ -(R_1+R_2) & 0 & 0 & R_g \\ 0 & R_3 & -R_4 & -R_g \end{vmatrix} = \begin{vmatrix} 0 & 1 & 0 & 0 \\ 1 & 0 & -1 & 1 \\ -(R_1+R_2) & 0 & 0 & R_g \\ -R_3 & R_3 & -R_4 & -(R_g+R_3) \end{vmatrix}$$

$$= -\begin{vmatrix} 1 & -1 & 1 \\ -(R_1+R_2) & 0 & R_g \\ -R_3 & -R_4 & -(R_g+R_3) \end{vmatrix}$$

$$= -\left[R_g(R_1+R_2+R_3+R_4) + (R_1+R_2)(R_3+R_4)\right]$$

Ferner ist

$$|\Delta_5| = \begin{vmatrix} 1 & 1 & 0 & 0 & I \\ -1 & 0 & 1 & 0 & 0 \\ 0 & 1 & 0 & -1 & 0 \\ R_1 & -R_2 & 0 & 0 & 0 \\ 0 & 0 & R_3 & -R_4 & 0 \end{vmatrix} = I \begin{vmatrix} -1 & 0 & 1 & 0 \\ 0 & 1 & 0 & -1 \\ R_1 & -R_2 & 0 & 0 \\ 0 & 0 & R_3 & -R_4 \end{vmatrix}$$

$$= I \begin{vmatrix} 0 & 0 & 1 & 0 \\ 0 & 1 & 0 & -1 \\ R_1 & -R_2 & 0 & 0 \\ R_3 & 0 & R_3 & -R_4 \end{vmatrix} = I \begin{vmatrix} 0 & 1 & -1 \\ R_1 & -R_2 & 0 \\ R_3 & 0 & -R_4 \end{vmatrix} = -I(R_2R_3 - R_1R_4).$$

Folglich erhält man

$$I_g = \frac{|\Delta_5|}{|A|} = \frac{I \cdot (R_2R_3 - R_1R_4)}{R_g(R_1 + R_2 + R_3 + R_4) + (R_1 + R_2)(R_3 + R_4)}.$$

Aufgaben

1. Es sei $A = \begin{pmatrix} -3 & 2 & 1 \\ 4 & 1 & 0 \\ -1 & 6 & 2 \end{pmatrix}$. Bestimmen Sie die Lösung, falls eine existiert, von $Ax = b$ für

   a) $b = \begin{pmatrix} 6 \\ -4 \\ 7 \end{pmatrix}$, b) $b = \begin{pmatrix} -24 \\ 33 \\ -6 \end{pmatrix}$, c) $b = \begin{pmatrix} 0 \\ 0 \\ 0 \end{pmatrix}$, d) $b = \begin{pmatrix} -8 \\ 21 \\ 14 \end{pmatrix}$

2. Gegeben ist die Matrix A. Bestimmen Sie die Inverse A^{-1}, falls sie existiert, mit Hilfe des Gaußschen Eliminationsverfahrens:

   a) $A = \begin{pmatrix} 8 & 2 & 10 \\ 10 & 4 & 14 \\ -10 & 4 & -4 \end{pmatrix}$, b) $A = \begin{pmatrix} 5 & 0 & 5 \\ -2 & 1 & 1 \\ -6 & 2 & 0 \end{pmatrix}$, c) $A = \begin{pmatrix} 1 & 1 & -1 \\ -1 & 2 & 1 \\ 2 & -1 & 3 \end{pmatrix}$,

   d) $A = \begin{pmatrix} 1 & 2 & -1 & -2 \\ 3 & 1 & 2 & 1 \\ -1 & 3 & -4 & 2 \\ 2 & 1 & 1 & -3 \end{pmatrix}$.

3. Bestimmen Sie alle Lösungen von $Ax = b$, falls solche existieren:

   a) $A = \begin{pmatrix} -1 & 3 & -2 & 1 \\ 1 & 2 & 0 & -1 \\ -2 & 0 & 1 & 2 \end{pmatrix}$, $b = \begin{pmatrix} 0 \\ 0 \\ 0 \end{pmatrix}$ b) $A = \begin{pmatrix} 1 & 2 & -3 \\ 2 & 1 & 3 \\ 0 & 1 & -5 \end{pmatrix}$ $b = \begin{pmatrix} 1 \\ 2 \\ 1 \end{pmatrix}$,

   c) $A = \begin{pmatrix} 1 & 0 & 2 & -1 \\ 2 & 1 & -1 & 0 \\ -1 & 2 & 1 & 2 \\ 2 & 2 & 7 & -1 \end{pmatrix}$, $b = \begin{pmatrix} 0 \\ 5 \\ 3 \\ 3 \end{pmatrix}$ d) $A = \begin{pmatrix} 1 & -1 & 1 & -2 & 1 \\ 0 & 3 & -1 & 2 & 0 \\ -2 & 0 & 2 & 1 & 3 \\ -1 & 2 & 2 & 1 & 4 \end{pmatrix}$, $b = \begin{pmatrix} 1 \\ 2 \\ -1 \\ 2 \end{pmatrix}$

4. Gegeben ist das Gleichungssystem $Ax = b$ mit

   a) $A = \begin{pmatrix} 8 & -2 & 4 \\ 6 & 1 & 0 \\ -3 & 9 & -1 \end{pmatrix}$ $b = \begin{pmatrix} 94 \\ 55 \\ -76 \end{pmatrix}$, b) $A = \begin{pmatrix} -5 & 4 & 0 & 1 \\ 0 & 1 & -3 & -1 \\ 2 & 0 & 1 & 2 \\ 0 & 1 & 3 & 0 \end{pmatrix}$ $b = \begin{pmatrix} -6 \\ -5 \\ 2 \\ 6 \end{pmatrix}$.

Bestimmen Sie, falls dieses möglich ist, die Variablen x_1 und x_3 der Lösung x mit Hilfe der Cramerschen Regel.

5. Für welches $a \in \mathbb{R}$ besitzen folgende Systeme nichttriviale Lösungen?

a) $$\begin{aligned} 7x_1 - 8x_2 - 2x_3 &= 0 \\ -x_1 + 64x_2 + ax_3 &= 0 \\ -3x_1 + 16x_2 + 2x_3 &= 0 \end{aligned}$$

b) $$\begin{aligned} -ax_1 &= -4x_1 \\ -6x_1 + x_2 - 4x_3 &= ax_2 \\ -6x_1 \qquad - ax_3 &= 3x_3 \end{aligned}$$

c) $$\begin{aligned} 2x_1 - x_2 \qquad - 8x_4 &= 0 \\ 6x_1 + 4x_2 + 3x_3 + 2x_4 &= 0 \\ x_1 - x_2 + 2x_3 + 5x_4 &= 0 \\ 3x_1 + 6x_2 + x_3 + ax_4 &= 0 \end{aligned}$$

6. Bestimmen Sie die Lösung folgender Gleichungssysteme $Ax = b$ mit regulärer Koeffizientenmatrix A durch Berechnung von A^{-1}:

a) $A = \begin{pmatrix} 2 & 1 & 1 \\ 1 & 2 & 1 \\ 1 & -1 & -2 \end{pmatrix}$, $b = \begin{pmatrix} 1 \\ -2 \\ 1 \end{pmatrix}$ b) $A = \begin{pmatrix} 3 & -2 & 0 & 1 \\ 1 & 1 & -1 & -1 \\ -2 & 0 & 1 & 1 \\ 0 & -1 & 2 & -1 \end{pmatrix}$, $b = \begin{pmatrix} 3 \\ -4 \\ 3 \\ 4 \end{pmatrix}$

7. Beweisen Sie Satz 6.15

8. Beweisen Sie Satz 6.16

7 Vektoren und ihre Anwendungen

In der Physik und auch in anderen Bereichen der Naturwissenschaften treten Größen auf, die allein durch eine Zahlenangabe (zusammen mit der Dimension) beschrieben werden können. Solche Größen (man nennt sie **skalare Größen**) sind z.B. die Masse eines Körpers, die Temperatur, die Energie usw. Daneben treten aber auch Größen auf, die nicht nur durch eine Zahlenangabe dargestellt werden können, wie die Kraft, die Geschwindigkeit, die elektrische Feldstärke, um nur einige zu nennen. Zur vollständigen Beschreibung z.B. der Geschwindigkeit gehört neben dem Zahlenwert (ms^{-1}) auch noch die Richtung sowie die Orientierung. Man nennt diese Größen **Vektoren**. Sie können durch Pfeile im (dreidimensionalen) Raum dargestellt werden. Dabei ist ein Pfeil durch seinen Anfangspunkt P und seinen Endpunkt Q festgelegt (vgl. Bild 7.1). Man kann ihn daher durch das geordnete Punktepaar (P, Q) beschreiben. Das Punktepaar (P, P) bezeichnen wir als **Nullpfeil**. Zwei Pfeile sind genau dann gleich, wenn ihre Anfangs- und Endpunkte übereinstimmen.

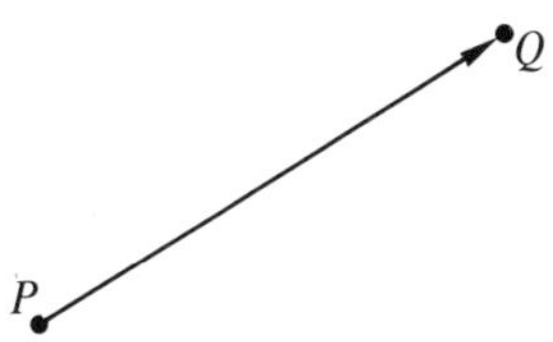

Bild 7.1: Pfeil (P, Q)

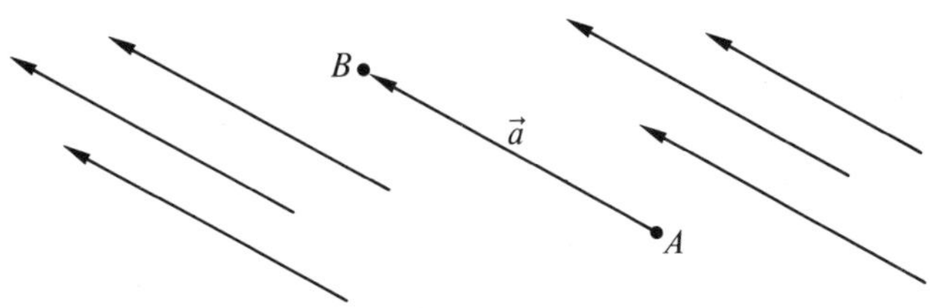

Bild 7.2: Repräsentanten des Vektors $\vec{a}$

Es erweist sich als zweckmäßig, diese Gleichheit allgemeiner zu definieren. Wir sagen, zwei Pfeile heißen **parallelgleich**, wenn sie durch Parallelverschiebung ineinander übergehen. Dabei setzen wir fest, daß jeder Pfeil zu sich selbst parallel ist. Alle zueinander parallelgleichen Pfeile bilden nun jeweils eine Klasse von Pfeilen.

Definition 7.1

Die Klassen parallelgleicher Pfeile nennen wir **Vektoren**.
Schreibweise: $\vec{a}, \vec{b}, \ldots, \vec{x}, \vec{y}, \ldots$.

Die Klasse der Nullpfeile bezeichnen wir als **Nullvektor**.
Schreibweise: $\vec{0}$.

Bemerkungen:

1. Die Menge aller Vektoren bezeichnen wir mit V.
2. Zur grafischen Darstellung eines Vektors $\vec{a}$ zeichnet man einen beliebigen Pfeil (A, B) als Repräsentant der Klasse parallelgleicher Pfeile. Unter $\overrightarrow{AB}$ verstehen wir daher den Vektor $\vec{a}$, der durch den Pfeil (A, B) repräsentiert wird (vgl. Bild 7.2).

Zwei Vektoren $\vec{a}$ und $\vec{b}$ sind also gleich, wenn alle Repräsentanten von $\vec{a}$ und $\vec{b}$ parallelgleich sind. Wir nennen zwei Vektoren $\vec{a}$ und $\vec{b}$ **parallel**, wenn die Repräsentanten der Klassen $\vec{a}$ und $\vec{b}$ zueinander parallel sind. Parallele Vektoren werden auch **kollinear** genannt. Sind $\vec{a}$ und $\vec{b}$ parallel und gleich orientiert, so heißen $\vec{a}$ und $\vec{b}$ **gleichsinnig parallel**. Schreibweise $\vec{a}\uparrow\uparrow\vec{b}$. Sind sie entgegengesetzt orientiert so heißen sie **gegensinnig parallel**. Schreibweise: $\vec{a}\uparrow\downarrow\vec{b}$ (vgl. Bild 7.3).

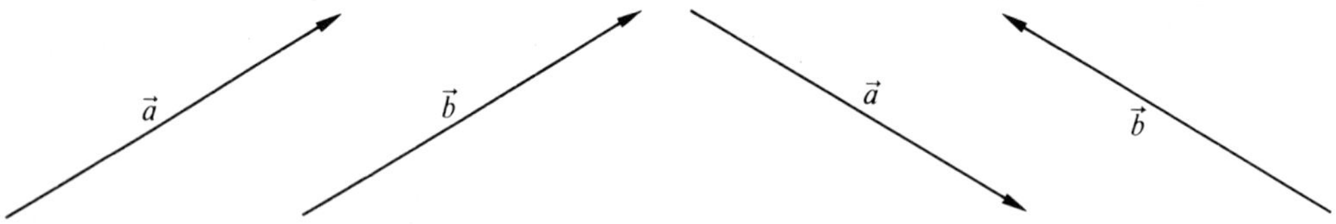

a) $\vec{a}$ und $\vec{b}$ gleichsinnig parallel ($\vec{a}\uparrow\uparrow\vec{b}$) b) $\vec{a}$ und $\vec{b}$ gegensinnig parallel ($\vec{a}\uparrow\downarrow\vec{b}$)

Bild 7.3a–b: Kollineare Vektoren

Zwei Vektoren $\vec{a}$ und $\vec{b}$ heißen **orthogonal** oder **senkrecht**, wenn die Repräsentanten der Klasse $\vec{a}$ senkrecht zu den Repräsentanten der Klasse $\vec{b}$ sind. Schreibweise: $\vec{a}\perp\vec{b}$.

Zusätzlich setzen wir fest, daß der Nullvektor senkrecht zu allen Vektoren ist (also auch zu sich selbst).

Nicht jede vektorielle Größe in der Physik entspricht der Definition 7.1. Man trifft dort folgende Unterscheidungen:

a) freie Vektoren (z.B. Geschwindigkeit),
b) linienflüchtige Vektoren (z.B. Kraft am starren Körper),
c) gebundene Vektoren (z.B. Kraft am deformierbaren Körper).

Wenn nicht ausdrücklich darauf hingewiesen wird, betrachten wir im folgenden nur die durch Definition 7.1 erklärten (freien) Vektoren.

Definition 7.2

> Unter dem **Betrag** bzw. der **Länge** eines Vektors $\vec{a}$ verstehen wir die nichtnegative, reelle Zahl, die gleich der Maßzahl der Länge eines den Vektor $\vec{a}$ repräsentierenden Pfeiles ist.
>
> Schreibweise: $|\vec{a}|$ bzw. a.

Bemerkungen:

1. Nach Definition 7.1 sind alle Pfeile der Klasse des Vektors $\vec{a}$ gleich lang, daher ist $|\vec{a}|\in\mathbb{R}_0^+$ nicht vom zufällig ausgewählten Repräsentanten abhängig.
2. Da nur die Nullpfeile die Länge Null haben, gilt folgende Äquivalenz:

$$|\vec{a}| = 0 \Leftrightarrow \vec{a} = \vec{0}.$$

7.1 Vektoroperationen

Um mit den in Definition 7.1 erklärten Vektoren rechnen zu können, müssen wir zunächst Verknüpfungen zwischen Vektoren und zwischen Vektoren und reellen Zahlen definieren.

7.1.1 Vektoraddition

Mit Hilfe der Vektoren können u.a. Translationen beschrieben werden. Wird z.B. das Dreieck *ABC* in das Dreieck *A'B'C'* parallel verschoben, so kann diese Translation durch den Vektor $\overrightarrow{AA'}$ (als Klasse der parallelgleichen Pfeile (A, A')) dargestellt werden (vgl. Bild 7.4).

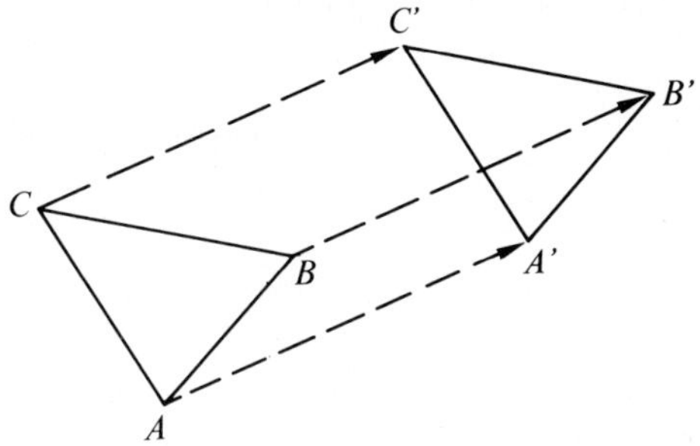

Bild 7.4: Translation des Dreiecks *ABC*

Durch Hintereinanderausführung von zwei Translationen, die durch die Vektoren $\vec{a}$ und $\vec{b}$ beschrieben seien, wird den beiden Vektoren $\vec{a}$ und $\vec{b}$ eindeutig ein Vektor $\vec{c}$ zugeordnet. Man erhält $\vec{c}$ als Diagonale des durch die Vektoren $\vec{a}$ und $\vec{b}$ aufgespannten Parallelogramms, d.h. $\vec{c}$ erhält man durch die »Parallelogrammregel« (vgl. Bild 7.5).

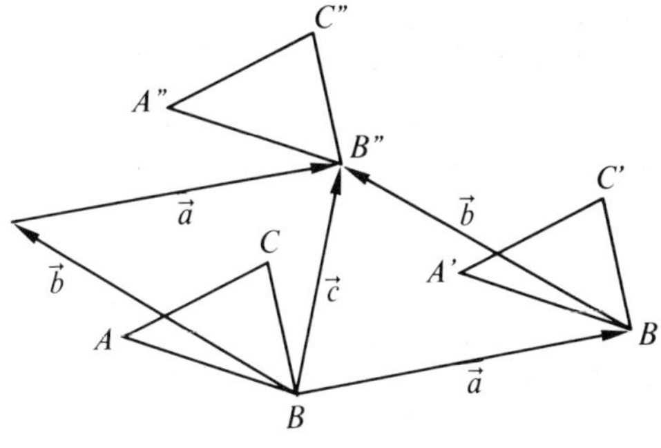

Bild 7.5: Hintereinanderausführung zweier Translationen

Definition 7.3

Es sei $\vec{a}, \vec{b} \in V$. Unter der **Summe** von $\vec{a}$ und $\vec{b}$ verstehen wir den Vektor $\vec{c}$, der sich aufgrund der Parallelogrammregel aus $\vec{a}$ und $\vec{b}$ ergibt.

Schreibweise: $\vec{c} = \vec{a} + \vec{b}$.

In Abschnitt 1.3.1 wurden die Grundgesetze der Addition für reelle Zahlen angegeben. Diese Gesetze gelten auch für die in obiger Definition gegebene Addition von Vektoren.

1. Je zwei Vektoren $\vec{a}, \vec{b} \in V$ ist genau ein Vektor $\vec{a} + \vec{b}$ zugeordnet.
2. Für alle $\vec{a}, \vec{b} \in V$ gilt:

   $\vec{a} + \vec{b} = \vec{b} + \vec{a}$ Kommutativgesetz (7.1)

3. Für alle $\vec{a}, \vec{b}, \vec{c} \in V$ gilt:

   $\vec{a} + (\vec{b} + \vec{c}) = (\vec{a} + \vec{b}) + \vec{c}$ Assoziativgesetz (7.2)

4. Es gibt in V genau einen Vektor, nämlich $\vec{0}$, so daß für alle $\vec{a} \in V$ gilt: Existenz und Eindeutigkeit des neutralen Elements

   $\vec{a} + \vec{0} = \vec{a}$ (7.3)

5. Zu jedem $\vec{a} \in V$ gibt es genau ein $\vec{b} \in V$ mit Existenz und Eindeutigkeit des inversen Elements

   $\vec{a} + \vec{b} = \vec{0}$ (7.4)

   Schreibweise: $\vec{b} = -\vec{a}$.

Wir wollen diese Gesetze veranschaulichen.

Durch Definition 7.3 ist das 1. Gesetz evident. Die Kommutativität ist in Bild 7.6, die Assoziativität in Bild 7.7 erläutert.

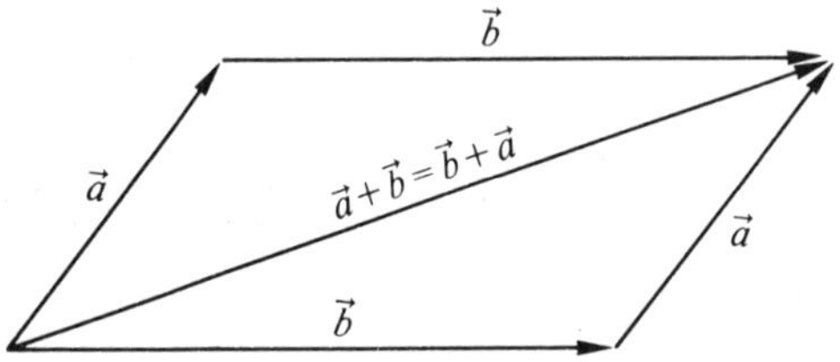

Bild 7.6: Kommutativität der Addition

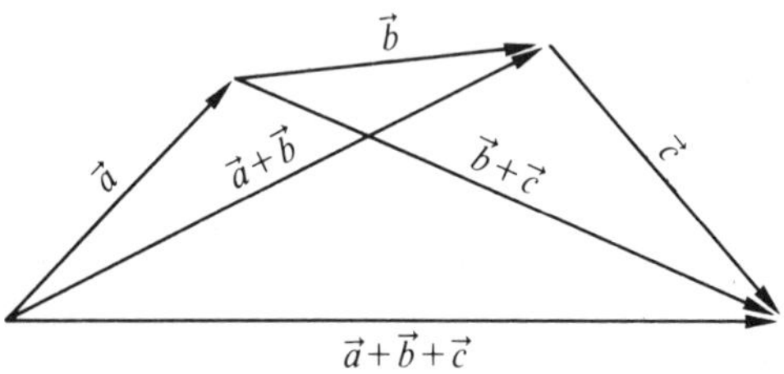

Bild 7.7: Assoziativität der Addition

Einleuchtend ist auch, daß der Nullvektor neutrales Element der Addition ist.

Wir erläutern noch das 5. Gesetz.

Gilt $\vec{a} + \vec{b} = \vec{0}$, dann sind je zwei Repräsentanten von $\vec{a}$ und $\vec{b}$ parallel und gleich lang, jedoch entgegengesetzt orientiert. Ist nämlich der Pfeil (P, Q) ein Repräsentant des Vektors $\vec{a}$ und gilt $\vec{a} + \vec{b} = \vec{0}$, so ist der Pfeil (Q, P) Repräsentant der Klasse $\vec{b}$ (vgl. Bild 7.8). Wie üblich, bezeichnet man den Vektor $\vec{b}$ mit $-\vec{a}$ und statt $\vec{a} + (-\vec{a})$ schreibt man $\vec{a} - \vec{a}$, so daß $\vec{a} - \vec{a} = \vec{0}$ gilt.

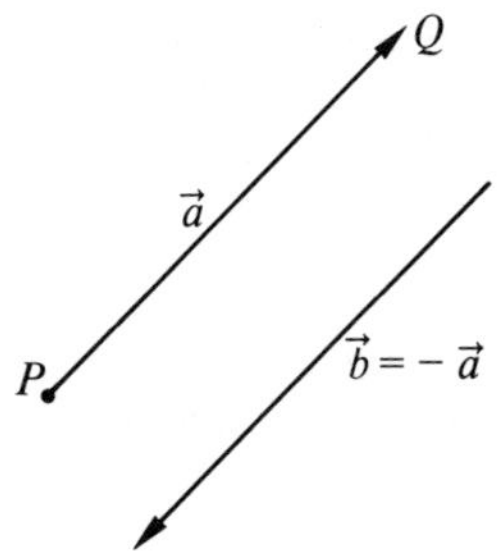

Bild 7.8: $\vec{a}, \vec{b} \in V$ mit $\vec{a} + \vec{b} = \vec{0}$

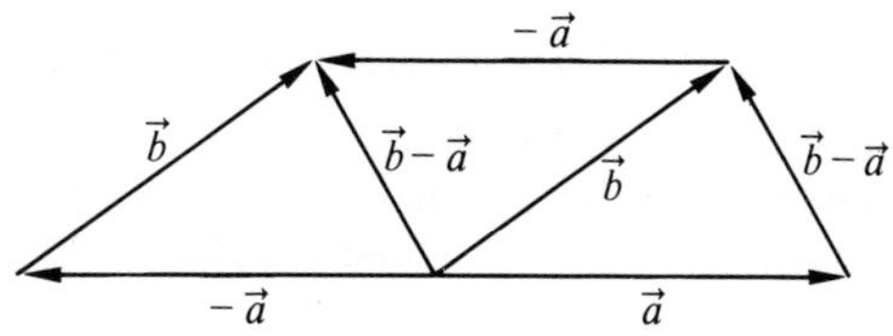

Bild 7.9: Differenzenvektor $\vec{b} - \vec{a}$

Bemerkungen:

1. Aufgrund der Assoziativität kann bei $\vec{a} + (\vec{b} + \vec{c})$ die Klammer weggelassen werden.
2. Bei der Addition (auch von mehr als zwei Vektoren) kann der Nullvektor entstehen (vgl. Bild 7.10). In der Statik wird davon häufig Gebrauch gemacht. So beschreibt z.B. die Gleichung $\sum \vec{F_i} = \vec{0}$ eine Gleichgewichtsbedingung (Summe der Kräfte $\vec{F_i}$ ist Nullvektor).

Bild 7.11 zeigt die Summe von mehr als zwei Vektoren.

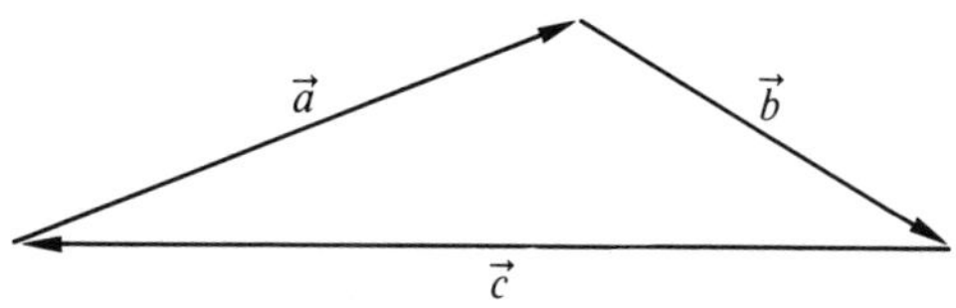

Bild 7.10: Nullvektor als Summe von drei Vektoren $\vec{a} + \vec{b} + \vec{c} = \vec{0}$

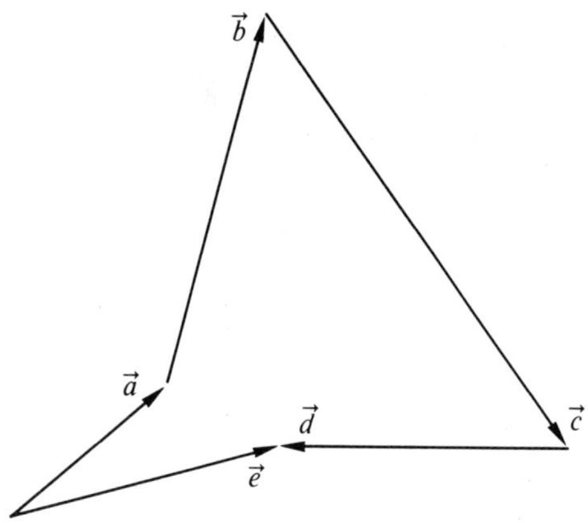

Bild 7.11: Addition mehrerer Vektoren $\vec{e} = \vec{a} + \vec{b} + \vec{c} + \vec{d}$

Bezüglich der Addition gelten also die gleichen Grundgesetze wie bei den reellen Zahlen. Daher können alle Folgerungen aus diesen Grundgesetzen für die Vektoren übernommen werden.

So läßt sich z.B. die Vektorgleichung

$$\vec{a} + \vec{x} = \vec{b}, \quad \vec{a}, \vec{b}, \vec{x} \in V \tag{7.5}$$

eindeutig nach $\vec{x}$ auflösen.

Wie in Abschnitt 1.3.1 erhalten wir nämlich aus (7.5) durch Addition des Vektors $-\vec{a}$

$$(-\vec{a}) + \vec{a} + \vec{x} = \vec{b} + (-\vec{a}).$$

Für $\vec{b} + (-\vec{a})$ schreiben wir kurz $\vec{b} - \vec{a}$. Beachten wir noch, daß $-\vec{a} + \vec{a} = \vec{0}$ und $\vec{0} + \vec{x} = \vec{x}$ ist, so ergibt sich

$$\vec{x} = \vec{b} - \vec{a} \tag{7.6}$$

als Lösung von (7.5). Man nennt $\vec{b} - \vec{a}$ **Differenzenvektor** (vgl. Bild 7.9).

Sind $\vec{a}$ und $\vec{b}$ zwei nicht parallele Vektoren (nicht kollinear), so spannen $\vec{a}$ und $\vec{b}$ ein Parallelogramm auf. Die beiden Diagonalen dieses Parallelogramms sind dann die Summe $\vec{a} + \vec{b}$ bzw. die Differenz $\vec{b} - \vec{a}$ von $\vec{b}$ und $\vec{a}$ (vgl. Bild 7.12).

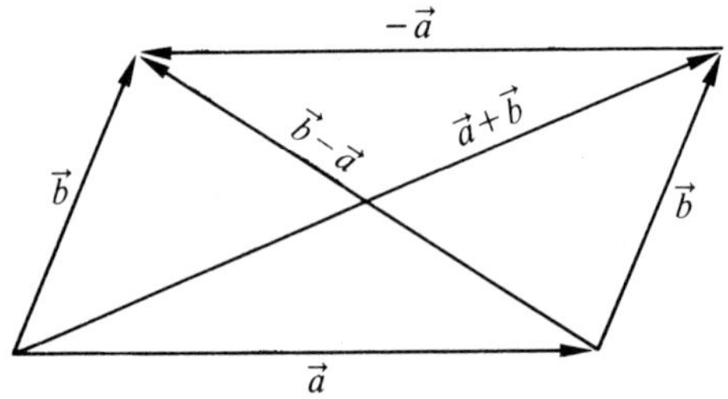

Bild 7.12: Summe und Differenz von Vektoren

7.1.2 Produkt eines Vektors mit einer reellen Zahl

Bezeichnen wir den Vektor $\vec{b} = \vec{a} + \vec{a}$ mit $2\vec{a}$, so sind $\vec{b}$ und $\vec{a}$ gleichsinnig parallel, jedoch ist die Länge von $\vec{b}$ doppelt so groß wie die von $\vec{a}$, es ist also $|2\vec{a}| = 2|\vec{a}|$. Wird der Vektor $\vec{c} = -\vec{a} - \vec{a}$ mit $-2\vec{a}$ bezeichnet, stellen wir fest, daß die Vektoren $\vec{c}$ und $\vec{a}$ gegensinnig parallel sind und die Länge von $\vec{c}$ zweimal so groß ist wie die von $-\vec{a}$ bzw. von $\vec{a}$, also ist $|-2\vec{a}| = 2|\vec{a}|$. Damit ist klar, was wir unter dem Vektor $n \cdot \vec{a}$ $(n \in \mathbb{Z})$ verstehen, wenn $0 \cdot \vec{a}$ der Nullvektor ist. Allgemein definieren wir:

Definition 7.4

Es sei $\vec{a} \in V$ und $\lambda \in \mathbb{R}$. Unter dem **Produkt von $\vec{a}$ mit λ** verstehen wir den Vektor $\vec{b}$, dessen Betrag $|\lambda|\,|\vec{a}|$ ist und der für

$\lambda > 0$ gleichsinnig parallel zu $\vec{a}$
$\lambda < 0$ gegensinnig parallel zu $\vec{a}$ und
$\lambda = 0$ der Nullvektor ist.

Schreibweise: $\vec{b} = \lambda\vec{a}$.

Diese Multiplikation hat folgende Eigenschaften:
Für $\vec{a}, \vec{b} \in V$, $\lambda, \mu \in \mathbb{R}$ gilt

a) $\lambda \cdot (\mu \cdot \vec{a}) = (\lambda\mu)\vec{a}$, (Assoziativgesetz) (7.7)

b) $(\lambda + \mu)\vec{a} = \lambda\vec{a} + \mu\vec{a}$ (1. Distributivgesetz) (7.8)

c) $\lambda(\vec{a} + \vec{b}) = \lambda\vec{a} + \lambda\vec{b}$, (2. Distributivgesetz) (7.9)

d) $|\lambda\vec{a}| = |\lambda|\,|\vec{a}| = |\lambda|a,$ (7.10)

e) $\lambda\vec{a} = \vec{0} \Leftrightarrow \lambda = 0$ oder $\vec{a} = \vec{0},$ (7.11)

f) $(-\lambda)\vec{a} = -(\lambda\vec{a}),$ (7.12)

g) $(\lambda - \mu)\vec{a} = \lambda\vec{a} - \mu\vec{a}$ (7.13)

Die ersten beiden Gesetze sowie die Eigenschaften d) und e) folgen direkt aus Definition 7.4.

Das zweite Distributivgesetz folgt aus dem Strahlensatz, wie aus Bild 7.13 entnommen werden kann.

Die Eigenschaften f) und g) folgen aus a) bzw. b).

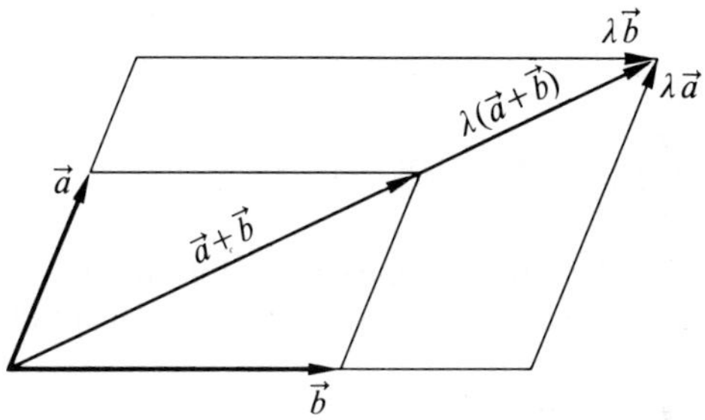

Bild 7.13: Zweites Distributivgesetz

Vektoren, die die Länge Eins haben, bezeichnet man als **Einheitsvektoren.** $\vec{a}$ ist also genau dann Einheitsvektor, wenn $a = |\vec{a}| = 1$ ist.

Ist $\vec{a} \neq \vec{0}$ ein beliebiger Vektor, so ist $\vec{a}^0 = \dfrac{1}{a}\vec{a}$ (lies: a oben Null) Einheitsvektor. Denn für $\vec{a} \neq \vec{0}$ ergibt sich mit (7.10) und wegen $a = |\vec{a}| > 0$

$$|\vec{a}^0| = \left|\frac{1}{a}\vec{a}\right| = \frac{1}{a}|\vec{a}| = \frac{1}{a}\cdot a = 1.$$

$\vec{a}^0$ ist weiterhin aufgrund Definition 7.4 (gleichsinnig) parallel zu $\vec{a}$. Man bezeichnet $\vec{a}^0$ den **zu $\vec{a}$ gehörigen normierten Vektor.**

Beispiel 7.1

Mit Hilfe der Vektoren beweisen wir: Die Mittelpunkte der Seiten eines beliebigen Vierecks bilden die Eckpunkte eines Parallelogramms (vgl. Bild 7.14a) und b)).

Es gilt: $\overrightarrow{AB} + \overrightarrow{BC} + \overrightarrow{CD} + \overrightarrow{DA} = \vec{0}$, woraus $\overrightarrow{AB} + \overrightarrow{BC} = -(\overrightarrow{CD} + \overrightarrow{DA})$ folgt. Außerdem ist $\overrightarrow{EF} = \frac{1}{2}(\overrightarrow{AB} + \overrightarrow{BC})$ und $\overrightarrow{HG} = -\frac{1}{2}(\overrightarrow{CD} + \overrightarrow{DA})$. Daher ist $\overrightarrow{EF} = \overrightarrow{HG}$ und EFGH tatsächlich ein Parallelogramm.
Bild 7.14b) zeigt, daß die Behauptung auch für nicht konvexe Vierecke richtig ist.

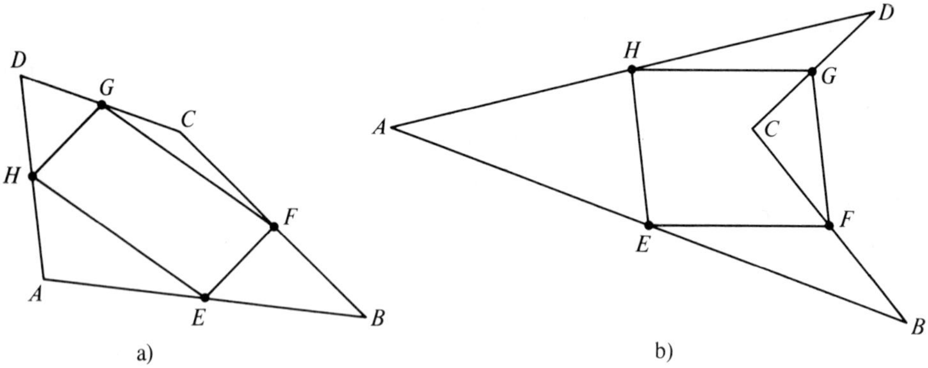

Bild 7.14 a, b: *EFGH* ist ein Parallelogramm

Beispiel 7.2

Gegeben sind die nicht parallelen Vektoren $\vec{a}$ und $\vec{b}$. Gesucht ist ein Vektor $\vec{c}$ in Richtung der Winkelhalbierenden von $\vec{a}$ und $\vec{b}$.

Es ist $\vec{c} = \vec{a}^0 + \vec{b}^0$, denn $\vec{a}^0$ und $\vec{b}^0$ bilden einen Rhombus, dessen Diagonale $\vec{a}^0 + \vec{b}^0$ ist. Die Diagonalen eines Rhombus sind jedoch gleichzeitig Winkelhalbierende.

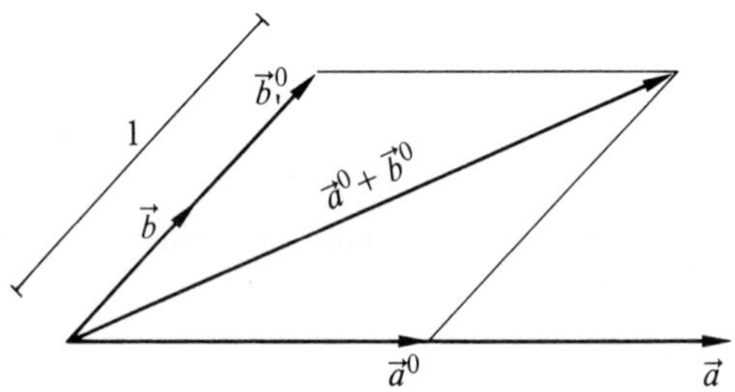

Bild 7.15: Winkelhalbierende zweier Vektoren

Beispiel 7.3

Folgende Vektorgleichung ist nach $\vec{x}$ aufzulösen:

$$5\vec{x} + \frac{\vec{a}}{2} - (2\vec{a} + 6\vec{b}) = 4\left(\vec{x} - \frac{\vec{b}}{2}\right) + \vec{a}.$$

Aus obiger Gleichung folgt wegen (7.6)

$$5\vec{x} + \frac{\vec{a}}{2} - 2\vec{a} - 6\vec{b} = 4\vec{x} - 2\vec{b} + \vec{a} \Rightarrow \vec{x} = \tfrac{5}{2}\cdot\vec{a} + 4\vec{b}.$$

Beispiel 7.4

Man vereinfache folgende Vektorsumme

$$3\vec{a} + 3(\vec{b} - 2\vec{c}) + \pi\vec{a} - (2\vec{a} + 7\vec{b}) - \tfrac{1}{3}(12\vec{b} - 18\vec{c}) + (1 - \pi)\vec{a}.$$

Mit Hilfe der Eigenschaften (7.8) und (7.9) erhält man

$$\begin{aligned}&3\vec{a}+3(\vec{b}-2\vec{c})+\pi\vec{a}-(2\vec{a}+7\vec{b})-\tfrac{1}{3}(12\vec{b}-18\vec{c})+(1-\pi)\vec{a}\\&=3\vec{a}+3\vec{b}-6\vec{c}+\pi\vec{a}-2\vec{a}-7\vec{b}-4\vec{b}+6\vec{c}+\vec{a}-\pi\vec{a}\\&=(3+\pi-2+1-\pi)\vec{a}+(3-7-4)\vec{b}+(-6+6)\vec{c}=2\vec{a}-8\vec{b}.\end{aligned}$$

Beispiel 7.5

Durch die Vektoren $\vec{a}=\overrightarrow{AB}, \vec{b}=\overrightarrow{AD}, \vec{c}=\overrightarrow{AE}$ ist ein Parallelepiped (vgl. Bild 7.16) $ABCDEFGH$ gegeben.

a) Wie lauten die Diagonalen $\overrightarrow{AG}$, $\overrightarrow{BH}$, $\overrightarrow{CE}$, $\overrightarrow{DF}$?
b) Zeigen Sie: Die vier Raumdiagonalen schneiden sich in einem Punkt M und halbieren einander.

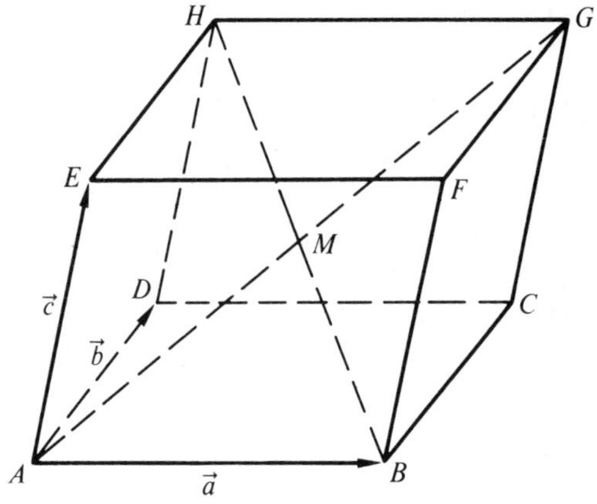

Bild 7.16: Parallelepiped

Zu a)

Es ist $\overrightarrow{AG}=\vec{a}+\vec{b}+\vec{c}$, $\overrightarrow{BH}=\vec{b}-\vec{a}+\vec{c}$, $\overrightarrow{CE}=-\vec{a}-\vec{b}+\vec{c}$, $\overrightarrow{DF}=\vec{a}-\vec{b}+\vec{c}$.

Zu b)

M sei die Mitte von $\overrightarrow{AG}$, d.h. $\overrightarrow{AM}=\frac{1}{2}(\vec{a}+\vec{b}+\vec{c})$. Weiter ist

$$\overrightarrow{AM}+\overrightarrow{MB}+\overrightarrow{BA}=\vec{0}\Rightarrow\tfrac{1}{2}(\vec{a}+\vec{b}+\vec{c})+\overrightarrow{MB}-\vec{a}=\vec{0}\Rightarrow\overrightarrow{MB}=-\tfrac{1}{2}(\vec{b}-\vec{a}+\vec{c})=-\tfrac{1}{2}\overrightarrow{BH},$$

d.h. $\overrightarrow{AG}$ und $\overrightarrow{HB}$ schneiden sich in M und halbieren sich gegenseitig. Entsprechend kann dies für die anderen Diagonalen bewiesen werden.

7.1.3 Das Skalarprodukt

Wir wollen nun weitere Verknüpfungen zwischen Vektoren einführen. Wie sich herausstellen wird, werden die Gesetze für diese Verknüpfungen denjenigen der Multiplikation von reellen Zahlen ähneln. Daher nennen wir sie auch Multiplikationen.

In diesem Abschnitt definieren wir das Skalarprodukt. Ausgangspunkt unserer Überlegungen soll ein Beispiel aus der Physik sein.

Es sei $\vec{F}$ eine Kraft, die auf einen Massepunkt m wirke. m bewege sich (aufgrund der Kraft $\vec{F}$) geradlinig in Richtung $\vec{s}$, (geradlinig z.B. dadurch, daß m auf einer geraden Schiene geführt wird).

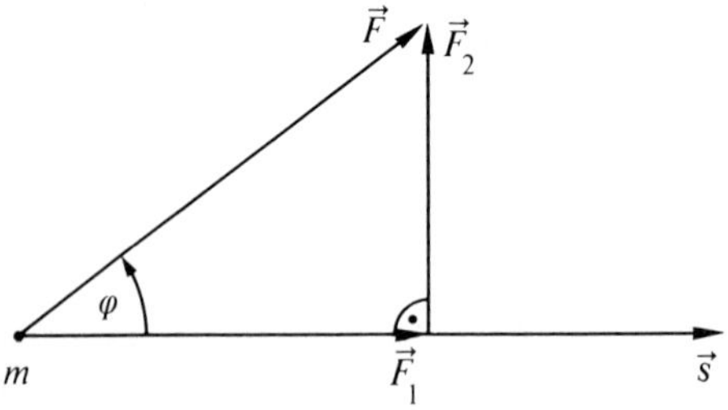

Bild 7.17: Arbeit an einem Massenpunkt

Der Winkel zwischen $\vec{F}$ und $\vec{s}$ sei φ (vgl. Bild 7.17). Man kann nun $\vec{F}$ in die Teilkräfte $\vec{F}_1$ und $\vec{F}_2$ zerlegen, wobei $\vec{F}_1$ die Richtung von $\vec{s}$ hat und $\vec{F}_2$ senkrecht dazu ist ($\vec{F} = \vec{F}_1 + \vec{F}_2$). Wie aus der Physik bekannt ist, trägt für die Bewegung von m nur die Kraft $\vec{F}_1$ bei. Die Arbeit W, die $\vec{F}$ an m auf dem Weg $\vec{s}$ verrichtet, ist daher $|\vec{F}_1|\cdot|\vec{s}|$. Beachtet man $|\vec{F}_1| = |\vec{F}|\cdot\cos\varphi$, so ergibt sich $W = |\vec{s}|\cdot|\vec{F}|\cdot\cos\varphi$.

Definition 7.5

Es sei $\vec{a}, \vec{b} \in V$ und φ der von $\vec{a}$ und $\vec{b}$ eingeschlossene Winkel mit $0 \leqq \varphi \leqq \pi$. Unter dem **Skalarprodukt** von $\vec{a}$ und $\vec{b}$ verstehen wir die reelle Zahl c mit

$$c = |\vec{a}|\cdot|\vec{b}|\cdot\cos\varphi.$$

Schreibweise: $c = \vec{a}\cdot\vec{b}$.

Ist $\vec{a} = \vec{0}$ oder $\vec{b} = \vec{0}$, so ist $\vec{a}\cdot\vec{b} = 0$.

Bemerkungen:

1. Das Skalarprodukt $\vec{a}\cdot\vec{b}$ ist kein Vektor, sondern eine reelle Zahl (Skalar).
2. Der Malpunkt kann weggelassen werden ($\vec{a}\cdot\vec{b} = \vec{a}\,\vec{b}$).
3. Um den Winkel zwischen $\vec{a}$ und $\vec{b}$ zu bestimmen, wählt man zweckmäßig zwei solche Pfeile als Repräsentanten aus, deren Anfangspunkte zusammenfallen.
4. Da $|\vec{a}| \geqq 0$ und $|\vec{b}| \geqq 0$ gelten, ist für $0 \leqq \varphi \leqq \frac{\pi}{2}$ das Skalarprodukt $\vec{a}\cdot\vec{b}$ nicht negativ und für $\frac{\pi}{2} \leqq \varphi \leqq \pi$ nicht positiv.
5. Für $\vec{a}\cdot\vec{a}$ schreibt man auch $\vec{a}^{\,2}$ ($\vec{a}\cdot\vec{a} = \vec{a}^{\,2}$).

Das Skalarprodukt hat folgende Eigenschaften:
Für alle $\vec{a}, \vec{b}, \vec{c} \in V$ und $\lambda \in \mathbb{R}$ gilt

a) $\vec{a} \cdot \vec{a} = \vec{a}^2 > 0$, falls $\vec{a} \neq \vec{0}$; (7.14)
b) $\vec{a} \cdot \vec{b} = \vec{b} \cdot \vec{a}$, (Kommutativität); (7.15)
c) $(\lambda \vec{a}) \vec{b} = \lambda(\vec{a}\, \vec{b})$; (7.16)
d) $\vec{a}(\vec{b} + \vec{c}) = \vec{a}\, \vec{b} + \vec{a}\, \vec{c}$, (Distributivität); (7.17)
e) $\vec{a} \perp \vec{b} \Leftrightarrow \vec{a} \cdot \vec{b} = 0$. (7.18)

Die Gesetze a), b), c) und d) sind uns bereits von den reellen Zahlen her bekannt.

Beweis:

Zu a)

Es ist $\vec{a}^2 = a^2 \cdot \cos 0 = a^2$. Da $\vec{a} \neq \vec{0}$ gilt, ist auch $a \neq 0$ (vgl. 2. Bemerkung zu Definition 7.2), woraus $\vec{a}^2 > 0$ folgt.

Für Vektoren gilt daher $\sqrt{\vec{a}^2} = |\vec{a}|$, in Analogie zu den reellen Zahlen.

Zu b)

$$\vec{a} \cdot \vec{b} = |\vec{a}| \cdot |\vec{b}| \cdot \cos\varphi = |\vec{b}| \cdot |\vec{a}| \cdot \cos\varphi = \vec{b} \cdot \vec{a}.$$

Zu c)

Fallunterscheidung

i) $\lambda > 0$: $(\lambda \vec{a}) \vec{b} = |\lambda \vec{a}| \cdot |\vec{b}| \cdot \cos\varphi = \lambda |\vec{a}| \cdot |\vec{b}| \cdot \cos\varphi = \lambda(\vec{a} \cdot \vec{b})$.
ii) $\lambda < 0$: Ist φ der Winkel zwischen $\vec{a}$ und $\vec{b}$, so ist für $\lambda < 0$ der Winkel zwischen $\lambda \vec{a}$ und $\vec{b}$ durch $\pi - \varphi$ gegeben. Daraus folgt:

$$(\lambda \vec{a}) \cdot \vec{b} = |\lambda \vec{a}| \cdot |\vec{b}| \cdot \cos(\pi - \varphi) = -\lambda |\vec{a}| \cdot |\vec{b}| \cdot \cos(\pi - \varphi)$$
$$= \lambda |\vec{a}| \cdot |\vec{b}| \cdot \cos\varphi = \lambda(\vec{a} \cdot \vec{b}).$$

iii) $\lambda = 0$: trivial.

Zu d)
Wir führen den Beweis anhand von Bild 7.18.

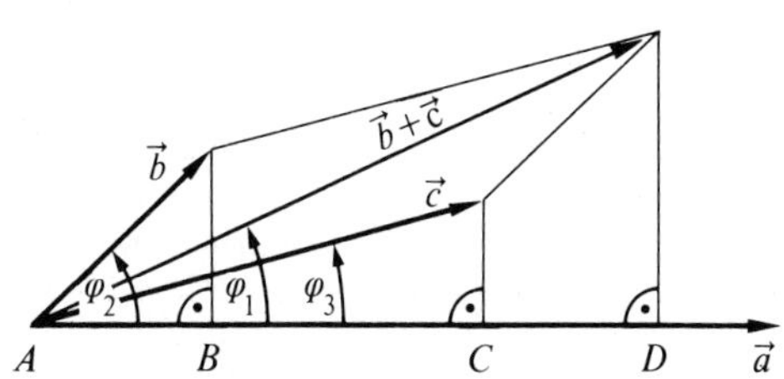

Bild 7.18: $\vec{a}(\vec{b} + \vec{c}) = \vec{a} \cdot \vec{b} + \vec{a} \cdot \vec{c}$

$\overline{AB}$ und $\overline{CD}$ sind Projektionen von $\vec{b}$ auf $\vec{a}$ und daher gleich, d.h. $\overline{AB} = \overline{CD}$.

Nun gilt

$$\vec{a}\cdot(\vec{b}+\vec{c}) = |\vec{a}||\vec{b}+\vec{c}|\cos\varphi_1 = |\vec{a}|\overline{AD},$$

außerdem

$$\vec{a}\cdot\vec{b} = |\vec{a}||\vec{b}|\cos\varphi_2 = |\vec{a}|\cdot\overline{AB}, \quad \vec{a}\cdot\vec{c} = |\vec{a}||\vec{c}|\cos\varphi_3 = |\vec{a}|\cdot\overline{AC}.$$

Addieren wir die beiden letzten Gleichungen, so folgt

$$\vec{a}\cdot\vec{b}+\vec{a}\cdot\vec{c} = |\vec{a}|\cdot(\overline{AB}+\overline{AC}) = |\vec{a}|(\overline{AC}+\overline{CD}) = |\vec{a}|\overline{AD} = \vec{a}(\vec{b}+\vec{c}).$$

Sind die Vektoren $\vec{a}, \vec{b}$ und $\vec{c}$ in ihrer Geometrie anders als in Bild 7.18 $\left(\text{z.B. können Winkel auftreten, die größer als } \frac{\pi}{2} \text{ sind}\right)$, so läßt sich dieser Beweis übertragen.

Zu e)

i) $\vec{a}\perp\vec{b} \Rightarrow \vec{a}\cdot\vec{b} = 0.$

Ist $\vec{a}\perp\vec{b}$, so ist entweder $\varphi = \frac{\pi}{2}$ oder $\vec{a} = \vec{0}$ oder $\vec{b} = \vec{0}$. In allen Fällen ergibt sich wegen $\cos\frac{\pi}{2} = 0$ oder $a = 0$ oder $b = 0$ für das Skalarprodukt $\vec{a}\cdot\vec{b} = 0$.

ii) $\vec{a}\cdot\vec{b} = 0 \Rightarrow \vec{a}\perp\vec{b}$

Es ist $\vec{a}\cdot\vec{b} = a\cdot b\cdot\cos\varphi = 0 \Rightarrow a = 0$ oder $b = 0$ oder $\cos\varphi = 0$ $(0 \leqq \varphi \leqq \pi)$. $a = 0 \Rightarrow \vec{a} = \vec{0}$, d.h. $\vec{a}\perp\vec{b}$, ebenso schließt man für $b = 0$.

$\cos\varphi = 0 \Rightarrow \varphi = \frac{\pi}{2}$, d.h. $\vec{a}\perp\vec{b}$. ●

Vergleichen wir obige Eigenschaften mit den Grundgesetzen der Multiplikation reeller Zahlen (vgl. Abschnitt 1.3.1), so fällt auf, daß das Assoziativgesetz und die Existenz sowohl des neutralen als auch die des inversen Elements fehlen.

Betrachten wir die Produkte $(\vec{a}\cdot\vec{b})\vec{c}$ und $\vec{a}(\vec{b}\cdot\vec{c})$, so ist das erste ein Vektor parallel zu $\vec{c}$, das zweite hingegen ein Vektor parallel zu $\vec{a}$. Daher wird i.a. $(\vec{a}\cdot\vec{b})\vec{c} \neq \vec{a}\cdot(\vec{b}\cdot\vec{c})$ sein, d.h. das Assoziativgesetz kann für das skalare Produkt nicht allgemein gültig sein. Ein Ausdruck der Form $\vec{a}\cdot\vec{b}\cdot\vec{c}$ ist deshalb sinnlos.

Auch die Frage nach der Existenz des neutralen und damit auch nach der des inversen Elementes ist sinnlos. Mit Definition 7.5 wird den Vektoren $\vec{a}$ und $\vec{b}$ eine reelle Zahl zugeordnet. Daher kann es kein Element aus V geben, das durch die Skalarmultiplikation erhalten bleibt.
Selbst die Gleichung $\vec{a}\cdot\vec{x} = 1$ ist nicht eindeutig lösbar.

Bild 7.19 zeigt z.B. drei Vektoren $\vec{x}_1, \vec{x}_2, \vec{x}_3$, für die $\vec{a}\cdot\vec{x}_i = 1$ $(i = 1, 2, 3)$ ist. Wie man Bild 7.19 auch entnehmen kann, gibt es unendlich viele Vektoren mit $\vec{a}\cdot\vec{x} = 1$, nämlich alle Vektoren $\vec{x}$, deren Projektionen auf $\vec{a}$ die Länge $\frac{1}{a}$ haben. Ausdrücke der Form $\vec{a}^{-1}$ oder $\frac{1}{\vec{a}}$ als Umkehrung der Skalarmultiplikation sind daher sinnlos.

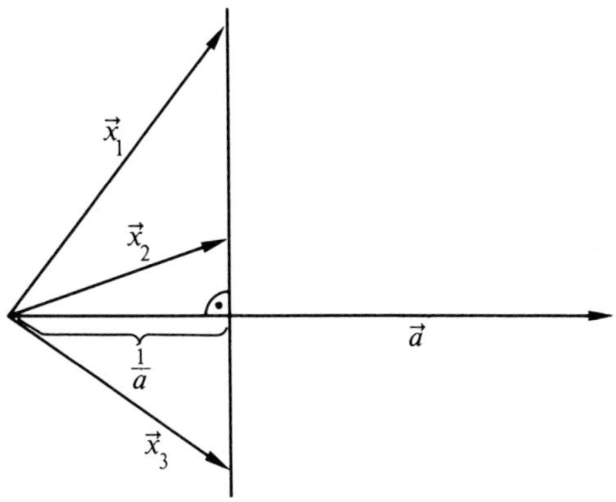

Bild 7.19: $\vec{a}\cdot\vec{x}=1$

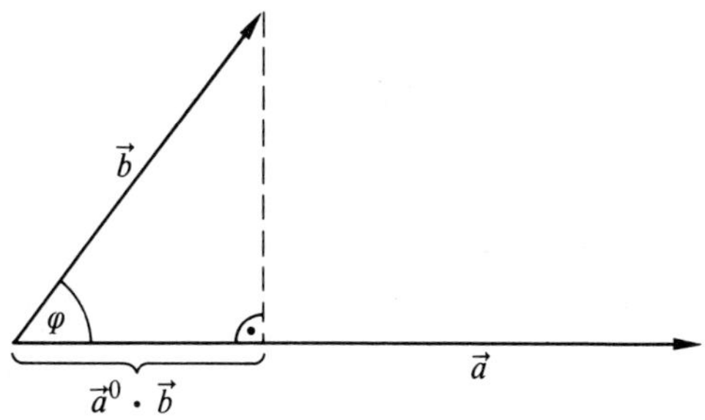

Bild 7.20: Projektion von $\vec{b}$ und $\vec{a}$

Weitere Eigenschaften des Skalarproduktes

1. Geometrische Deutung
   Ist $\vec{a}, \vec{b} \in \mathrm{V}$, so ist $\vec{a}^{\,0}\cdot\vec{b}$ die Projektion von $\vec{b}$ auf $\vec{a}$ (vgl. Bild 7.20), denn es gilt

   $$\vec{a}^{\,0}\cdot\vec{b} = |\vec{a}^{\,0}||\vec{b}|\cos\varphi = |\vec{b}|\cos\varphi \text{ (wegen } |\vec{a}^{\,0}| = 1\text{). Ist } \vec{a}^{\,0}\cdot\vec{b} < 0, \text{ so ist } \frac{\pi}{2} < \varphi < \pi.$$

2. Für $(\vec{a}\cdot\vec{b})^2$ erhalten wir:

   $$(\vec{a}\cdot\vec{b})^2 = a^2\cdot b^2\cdot\cos^2\varphi, \text{ d.h. i.a. ist } (\vec{a}\cdot\vec{b})^2 \neq |\vec{a}|^2\cdot|\vec{b}|^2.$$

   Die Gleichheit gilt nur für $\cos\varphi = \pm 1$ ($\varphi = 0$ oder $\varphi = \pi$). Daraus ergibt sich folgende Ungleichung

   $$(\vec{a}\cdot\vec{b})^2 \leqq a^2\cdot b^2 \quad \text{bzw. } |\vec{a}\cdot\vec{b}| \leqq |\vec{a}||\vec{b}|,$$

   die als **Schwarzsche Ungleichung** bekannt ist.

3. Sind $\vec{a}, \vec{b} \in \mathrm{V}$ und $\vec{a} \neq \vec{0}, \vec{b} \neq \vec{0}$, so gelten folgende Äquivalenzen:

   $$\vec{a} \perp \vec{b} \Leftrightarrow \vec{a}\cdot\vec{b} = 0; \quad \vec{a}\uparrow\uparrow\vec{b} \Leftrightarrow \vec{a}\cdot\vec{b} = a\cdot b; \quad \vec{a}\uparrow\downarrow\vec{b} \Leftrightarrow \vec{a}\cdot\vec{b} = -ab.$$

Folgende Beispiele sollen das Rechnen mit dem Skalarprodukt vertiefen. Weiterhin zeigen sie, wie das Skalarprodukt verwendet werden kann.

Beispiel 7.6

$(\vec{a}+\vec{b})(\vec{a}-\vec{b})$ ist zu berechnen

Mit dem Distributivgesetz folgt

$$(\vec{a}+\vec{b})(\vec{a}-\vec{b}) = \vec{a}\cdot\vec{a} + \vec{b}\cdot\vec{a} - \vec{a}\cdot\vec{b} - \vec{b}\cdot\vec{b} = |\vec{a}|^2 - |\vec{b}|^2.$$

Beispiel 7.7

Die Vektoren $\vec{a}$ und $\vec{b}$ ($\vec{a} \neq \vec{0}, \vec{b} \neq \vec{0}$) seien orthogonal. Der Vektor $\vec{c}$, der in der von $\vec{a}$ und $\vec{b}$ aufgespannten Ebene liegt, soll zerlegt werden in $\vec{c}_1$ und $\vec{c}_2$, wobei $\vec{c}_1$ parallel zu $\vec{a}$ und $\vec{c}_2$ parallel zu $\vec{b}$ sei (vgl. Bild 7.21).

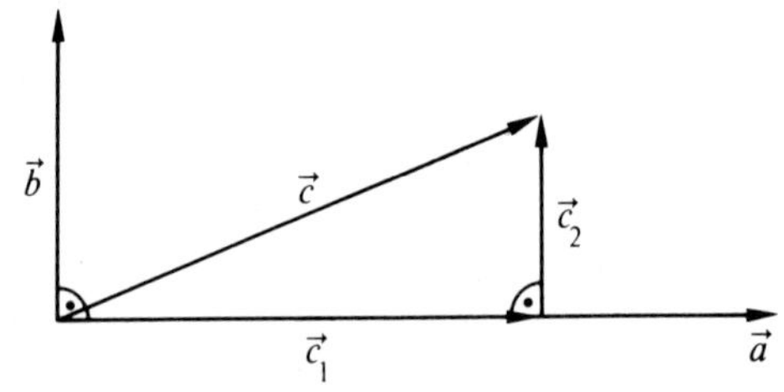

Bild 7.21: Zerlegung von $\vec{c}$ in Richtung $\vec{a}$ und $\vec{b}$

Wir suchen also reelle Zahlen α, β mit $\vec{c} = \alpha \cdot \vec{a} + \beta \cdot \vec{b}$, $(\alpha, \beta \in \mathbb{R})$.

Dazu multiplizieren wir diese Gleichung einmal skalar mit $\vec{a}$ und ein andermal mit $\vec{b}$ und erhalten wegen $\vec{a} \cdot \vec{b} = 0$

$$\vec{a} \cdot \vec{c} = \alpha |\vec{a}|^2 \Rightarrow \alpha = \frac{\vec{a} \cdot \vec{c}}{|\vec{a}|^2} \text{ (da } a \neq 0), \quad \vec{b} \cdot \vec{c} = \beta |\vec{b}|^2 \Rightarrow \beta = \frac{\vec{b} \cdot \vec{c}}{|\vec{b}|^2} \text{ (da } b \neq 0).$$

Damit ergibt sich $\vec{c} = \dfrac{\vec{a} \cdot \vec{c}}{|\vec{a}|^2} \cdot \vec{a} + \dfrac{\vec{b} \cdot \vec{c}}{|\vec{b}|^2} \cdot \vec{b}$.

Man nennt $\alpha\vec{a}$ bzw. $\beta\vec{b}$ die **Komponenten** von $\vec{c}$ in Richtung von $\vec{a}$ bzw. $\vec{b}$. Sind $\vec{a}$ und $\vec{b}$ Einheitsvektoren, dann gilt $\vec{c} = (\vec{a} \cdot \vec{c})\vec{a} + (\vec{b} \cdot \vec{c})\vec{b}$.

Beispiel 7.8

Gegeben seien die Vektoren $\vec{a}$ und $\vec{b}$, für die $a = 3$, $b = 4$ und $\sphericalangle(\vec{a}, \vec{b}) = \dfrac{\pi}{3}$ gilt. Wie groß sind c und $\sphericalangle(\vec{a}, \vec{c}) = \varphi$, wenn $\vec{c} = 3\vec{b} - 2\vec{a}$ ist?

Aus $c^2 = |\vec{c}|^2 = (3\vec{b} - 2\vec{a})^2$ folgt $c^2 = 9b^2 + 4a^2 - 12\vec{a} \cdot \vec{b} \Rightarrow c = \sqrt{108}$. φ läßt sich aus $\vec{a} \cdot \vec{c} = a \cdot c \cdot \cos\varphi$ berechnen.

Durch skalare Multiplikation von $\vec{c} = 3\vec{b} - 2\vec{a}$ mit $\vec{a}$ erhalten wir

$$\vec{a} \cdot \vec{c} = 3\vec{a} \cdot \vec{b} - 2\vec{a}^2 \Rightarrow \vec{a} \cdot \vec{c} = 0, \quad \text{d.h. } \vec{a} \perp \vec{c} \Rightarrow \varphi = \frac{\pi}{2}.$$

Beispiel 7.9

Mit Hilfe von Vektoren beweise man, daß die Höhen h_a, h_b und h_c eines Dreiecks ABC sich in einem Punkt schneiden.

Es sei (vgl. Bild 7.22) H der Schnittpunkt der Höhen h_a und h_b. Wir bezeichnen $\overrightarrow{HA} = \vec{x}$, $\overrightarrow{HB} = \vec{y}$, $\overrightarrow{CH} = \vec{z}$, $\overrightarrow{BC} = \vec{a}$ und $\overrightarrow{CA} = \vec{b}$.

Dann ist $\overrightarrow{BA} = \vec{a} + \vec{b}$, $\vec{a} \cdot \vec{x} = \vec{b} \cdot \vec{y} = 0$ (da $\vec{x} \perp \vec{a}, \vec{y} \perp \vec{b}$), $\vec{x} - \vec{y} = \vec{a} + \vec{b}$ und $\vec{z} = \vec{b} - \vec{x}$.

Zu zeigen ist, daß $\vec{z} \perp \overrightarrow{BA}$, d.h. daß $\vec{z} \cdot (\vec{a} + \vec{b}) = 0$ ist.

Wir erhalten durch skalare Multiplikation der Gleichung $\vec{z} = \vec{b} - \vec{x}$ mit $(\vec{a} + \vec{b})$:

$$\vec{z}(\vec{a} + \vec{b}) = (\vec{b} - \vec{x})(\vec{a} + \vec{b}) = \vec{a} \cdot \vec{b} + \vec{b}^2 - \vec{a} \cdot \vec{x} - \vec{b} \cdot \vec{x}.$$

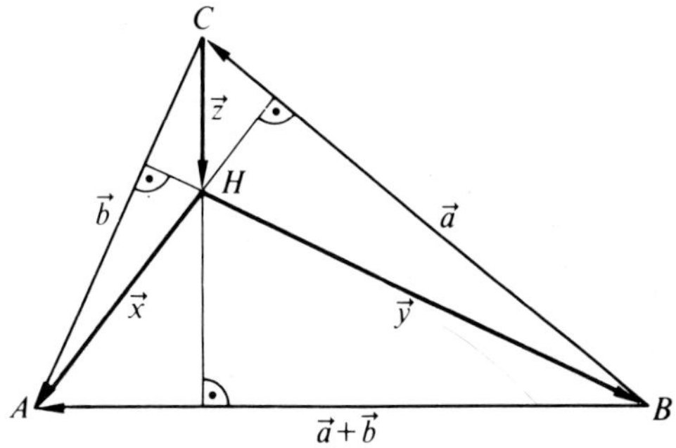

Bild 7.22: Die Höhen schneiden sich in einem Punkt

Wegen $\vec{a}\cdot\vec{x}=0$ und $\vec{a}+\vec{b}=\vec{x}-\vec{y}$ folgt

$$\vec{z}(\vec{a}+\vec{b})=\vec{b}(\vec{a}+\vec{b}-\vec{x})=\vec{b}(\vec{x}-\vec{y}-\vec{x})=-\vec{b}\cdot\vec{y}=0.$$

7.1.4 Das vektorielle Produkt

Wir betrachten einen um einen festen Punkt O drehbaren, starren Körper. An ihm greife eine (nur auf ihrer Wirkungslinie verschiebbare) Kraft $\vec{F}$ an. Diese bewirkt eine Drehung des Körpers um eine (durch O gehende) Achse. Die Richtung der Achse ist dann senkrecht zu der von den Vektoren $\vec{F}$ und $\vec{r}$ aufgespannten Ebene. Dabei ist $\vec{r}=\overrightarrow{OA}$ und A irgendein Punkt auf der Wirkungslinie von $\vec{F}$ (vgl. Bild 7.23). Ist φ der von $\vec{F}$ und $\vec{r}$ eingeschlossene Winkel, so ist $r\cdot\sin\varphi$ der Abstand von O zu der Wirkungslinie von $\vec{F}$. Man bezeichnet nun den in Richtung der Achse weisenden Vektor $\vec{M}$ mit $M=Fr\cdot\sin\varphi$ als Drehmoment (oder kurz Moment) der Kraft $\vec{F}$ in bezug auf O.

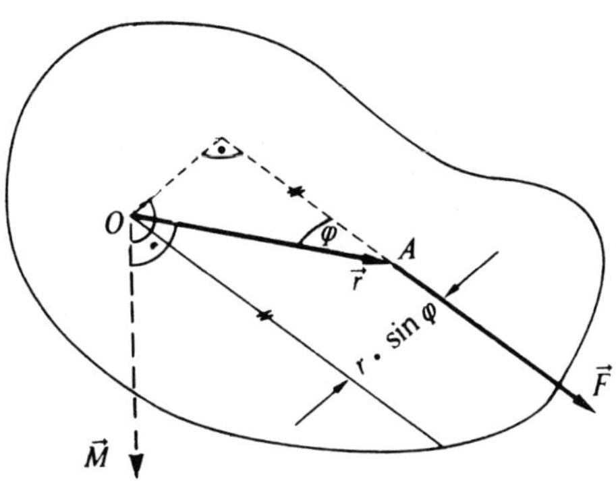

Bild 7.23: Drehmoment von $\vec{F}$ bez. O

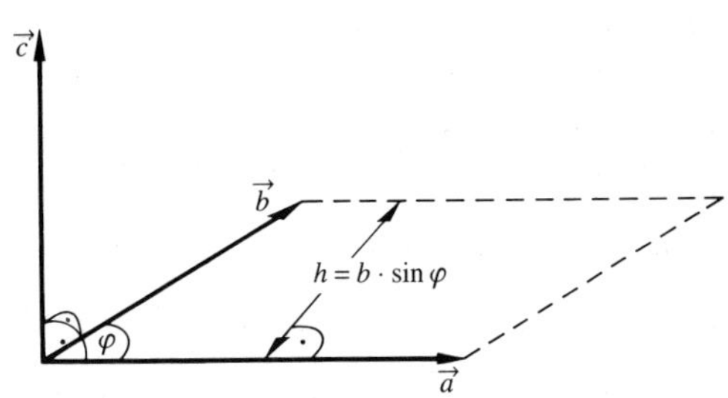

Bild 7.24: $\vec{c}=\vec{a}\times\vec{b}$

Definition 7.6

Es sei $\vec{a}, \vec{b} \in V$ mit $\vec{a} \neq \vec{0}, \vec{b} \neq \vec{0}$ und $\vec{a}$ nicht parallel zu $\vec{b}$, φ sei der von $\vec{a}$ und $\vec{b}$ eingeschlossene Winkel $(0 < \varphi < \pi)$.

Unter dem **Vektorprodukt** von $\vec{a}$ und $\vec{b}$ verstehen wir den Vektor $\vec{c}$ mit folgenden Eigenschaften:

a) $|\vec{c}| = |\vec{a}||\vec{b}| \sin \varphi$,
b) $\vec{c}$ steht senkrecht auf $\vec{a}$ und $\vec{b}$,
c) $\vec{a}$, $\vec{b}$, $\vec{c}$ bilden (in dieser Reihenfolge) ein Rechtssystem.

Schreibweise: $\vec{c} = \vec{a} \times \vec{b}$. Sprechweise: *a* kreuz *b*.

Geometrische Deutung des Vektorprodukts

Gegeben seien die Vektoren $\vec{a} \neq \vec{0}$ und $\vec{b} \neq \vec{0}$, wobei $\vec{a}$ nicht parallel zu $\vec{b}$ sei. $\vec{a}$ und $\vec{b}$ spannen dann ein Parallelogramm auf. Ist A der Flächeninhalt dieses Parallelogramms, dann ist, wie man Bild 7.24 entnehmen kann,

$$A = a \cdot h = a \cdot b \cdot \sin \varphi = |\vec{c}|,$$

d.h. die Maßzahl der Länge von $\vec{c}$ ist gleich der Maßzahl des Flächeninhalts des Parallelogramms. Weiter steht $\vec{c}$ senkrecht auf diesem Parallelogramm.

Bemerkungen:

1. Für $\vec{a} = \vec{0}$ oder $\vec{b} = \vec{0}$ definiert man zweckmäßig $\vec{a} \times \vec{b} = \vec{0}$. Ebenso, wenn $\vec{a}$ und $\vec{b}$ parallel ($\varphi = 0$ oder $\varphi = \pi$) sind. Es ist also $\vec{a} \times \vec{a} = \vec{0}$.
2. $\vec{a}, \vec{b}, \vec{c}$ bilden ein Rechtssystem bedeutet, daß $\vec{c}$ in die Richtung weist, in der sich ein Korkenzieher bewegt, wenn man ihn so dreht, daß $\vec{a}$ auf kürzestem Weg in Richtung von $\vec{b}$ kommt (**Korkenzieherregel**).
3. Statt Vektorprodukt wird häufig auch **Kreuzprodukt** als Sprechweise verwendet.

Die Vektoren $\vec{a} \times \vec{b}$ und $\vec{b} \times \vec{a}$ haben gleiche Länge, stehen beide auf der von $\vec{a}$ und $\vec{b}$ aufgespannten Ebene senkrecht, sind jedoch entgegengesetzt orientiert. Daher gilt folgender

Satz 7.1

Das Vektorprodukt ist nicht kommutativ. Es gilt vielmehr

$$\vec{a} \times \vec{b} = -(\vec{b} \times \vec{a}) \quad .$$

Das vektorielle Produkt ist nicht assoziativ. Sind z.B. $\vec{a}, \vec{b}$ und $\vec{c}$ Vektoren, die in einer Ebene E liegen, dann stehen $\vec{a} \times \vec{b}$ und $\vec{b} \times \vec{c}$ senkrecht auf der Ebene E. $(\vec{a} \times \vec{b}) \times \vec{c}$ und $\vec{a} \times (\vec{b} \times \vec{c})$ liegen daher in E, $(\vec{a} \times \vec{b}) \times \vec{c}$ jedoch senkrecht zu $\vec{c}$, $\vec{a} \times (\vec{b} \times \vec{c})$ senkrecht zu $\vec{a}$ (vgl. Bild 7.25). Im allgemeinen ist daher $(\vec{a} \times \vec{b}) \times \vec{c} \neq \vec{a} \times (\vec{b} \times \vec{c})$.

Es existiert kein neutrales und daher auch kein inverses Element bezüglich des Kreuzproduktes (das inverse Element wird mit Hilfe des neutralen Elements definiert). Da nämlich $\vec{a} \times \vec{b}$ sowohl auf $\vec{a}$ als auch auf $\vec{b}$ senkrecht steht, kann es keinen Vektor $\vec{e}$ geben mit $\vec{a} \times \vec{e} = \vec{a}$. $\vec{a}$ müßte auf sich selbst senkrecht stehen und das ist nur für $\vec{a} = \vec{0}$ der Fall.

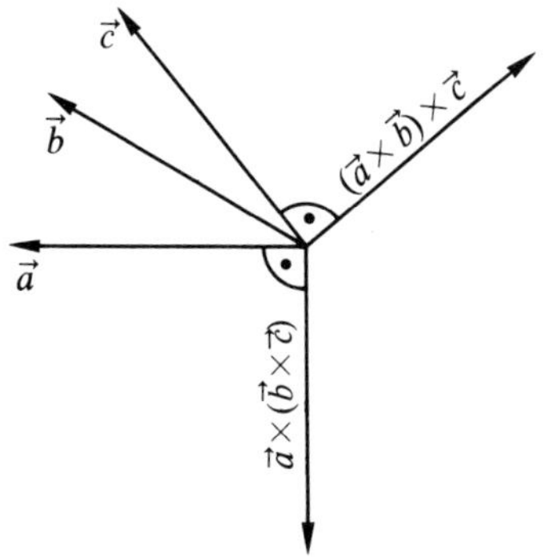

Bild 7.25: $(\vec{a} \times \vec{b}) \times \vec{c} \neq \vec{a} \times (\vec{b} \times \vec{c})$

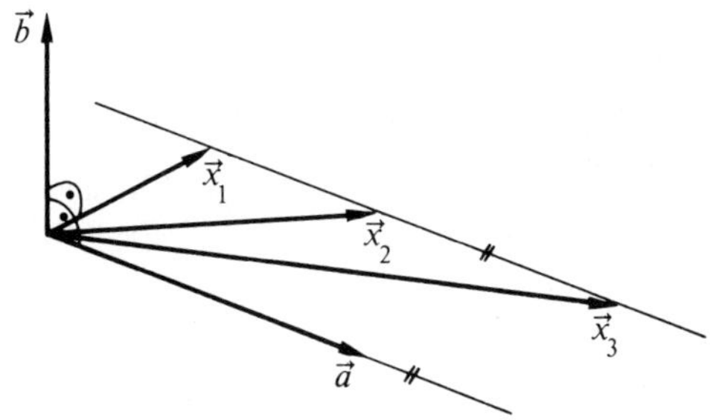

Bild 7.26: Nichteindeutigkeit von $\vec{a} \times \vec{x} = \vec{b}$

Sind $\vec{a}$ und $\vec{b}$ zwei Vektoren, so besitzt die Gleichung $\vec{a} \times \vec{x} = \vec{b}$ nur Lösungen, falls $\vec{a} \perp \vec{b}$ ist. In Bild 7.26 sind zu den beiden Vektoren $\vec{a}$ und $\vec{b}(\vec{a} \perp \vec{b})$ die Vektoren $\vec{x}_1, \vec{x}_2$ und $\vec{x}_3$ eingezeichnet, für die $\vec{a} \times \vec{x}_i = \vec{b}$ $(i = 1, 2, 3)$ gilt. Die Vektoren $\vec{x}_1, \vec{x}_2, \vec{x}_3$ müssen alle nur die gleiche Normalkomponente zu $\vec{a}$ haben und in einer zu $\vec{b}$ senkrechten Ebene liegen. Ein Ausdruck der Form $\frac{\vec{a}}{\vec{b}}$ ist daher sinnlos.

Es gilt folgendes Distributivgesetz

Satz 7.2

Für alle $\vec{a}, \vec{b}, \vec{c} \in V$ gilt

$$\vec{a} \times (\vec{b} + \vec{c}) = (\vec{a} \times \vec{b}) + (\vec{a} \times \vec{c}).$$

Bemerkungen:

1. Man vereinbart die Schreibweise $\vec{a} \times \vec{b} + \vec{a} \times \vec{c} = (\vec{a} \times \vec{b}) + (\vec{a} \times \vec{c})$.
2. Das Vektorprodukt ist nicht kommutativ. Man muß daher darauf achten, ob $(\vec{b} + \vec{c})$ von »links« oder von »rechts« mit $\vec{a}$ vektoriell multipliziert wird. Es ist.

$$\vec{a} \times (\vec{b} + \vec{c}) = \vec{a} \times \vec{b} + \vec{a} \times \vec{c}, \quad \text{aber } (\vec{b} + \vec{c}) \times \vec{a} = \vec{b} \times \vec{a} + \vec{c} \times \vec{a}.$$

Auf den Beweis von Satz 7.2 wollen wir verzichten. Der interessierte Leser findet ihn z.B. in [7].

Weitere Eigenschaften des vektoriellen Produkts:

1. Für $\vec{a}, \vec{b} \in V$ und $\lambda \in \mathbb{R}$ gilt

$$(\lambda\vec{a}) \times \vec{b} = \lambda(\vec{a} \times \vec{b}) = \vec{a} \times (\lambda\vec{b}) = \lambda\vec{a} \times \vec{b}$$

2. Ist $\vec{a}, \vec{b} \in V$, so gilt

$$\vec{a} \times \vec{b} = \vec{0} \Leftrightarrow \vec{a} = \vec{0} \quad \text{oder } \vec{b} = \vec{0} \quad \text{oder } \vec{a} \uparrow\uparrow \vec{b} \quad \text{oder } \vec{a} \uparrow\downarrow \vec{b},$$

d.h. zwei (vom Nullvektor verschiedene) Vektoren sind genau dann parallel, wenn ihr Vektorprodukt verschwindet.

Beispiele zum vektoriellen Produkt

Beispiel 7.10

Gegeben sei das Dreieck ABC. Wie groß ist sein Flächeninhalt A?
Ist $\vec{a} = \overrightarrow{AB}, \vec{b} = \overrightarrow{AC}$, so gilt $A = \frac{1}{2}|\vec{a} \times \vec{b}|$ (vgl. Bild 7.24).

Beispiel 7.11

Es sei $|\vec{a} \times \vec{b}| = \vec{a} \cdot \vec{b}$ ($\vec{a} \neq \vec{0}, \vec{b} \neq \vec{0}$ und $\vec{a}$ nicht senkrecht auf $\vec{b}$). Welchen Winkel φ schließen $\vec{a}$ und $\vec{b}$ ein?

Aus $|\vec{a} \times \vec{b}| = \vec{a} \cdot \vec{b}$ folgt (wegen $\vec{a} \cdot \vec{b} \neq 0$)

$$\frac{|\vec{a} \times \vec{b}|}{\vec{a} \cdot \vec{b}} = 1 \Rightarrow \frac{|\vec{a}||\vec{b}|\sin\varphi}{|\vec{a}||\vec{b}|\cos\varphi} = 1 \Rightarrow \tan\varphi = 1 \Rightarrow \varphi = \frac{\pi}{4}.$$

Beispiel 7.12

a) $(\vec{a} \cdot \vec{b})^2 + |\vec{a} \times \vec{b}|^2 = |\vec{a}|^2|\vec{b}|^2 \cdot \cos^2\varphi + |\vec{a}|^2|\vec{b}|^2 \cdot \sin^2\varphi = |\vec{a}|^2|\vec{b}|^2$.
b) $(\vec{a} \times \vec{b})^2 = |\vec{a} \times \vec{b}|^2$. Wegen Teil a) folgt hieraus $(\vec{a} \times \vec{b})^2 = \vec{a}^2 \cdot \vec{b}^2 - (\vec{a} \cdot \vec{b})^2$.

Beispiel 7.13

Der Sinussatz ist zu beweisen.

Das Dreieck laute ABC. Es sei $\vec{a} = \overrightarrow{BC}, \vec{b} = \overrightarrow{CA}, \vec{c} = \overrightarrow{BA}$ (vgl. Bild 7.27).
Dann ist $\vec{a} + \vec{b} - \vec{c} = \vec{0}$.

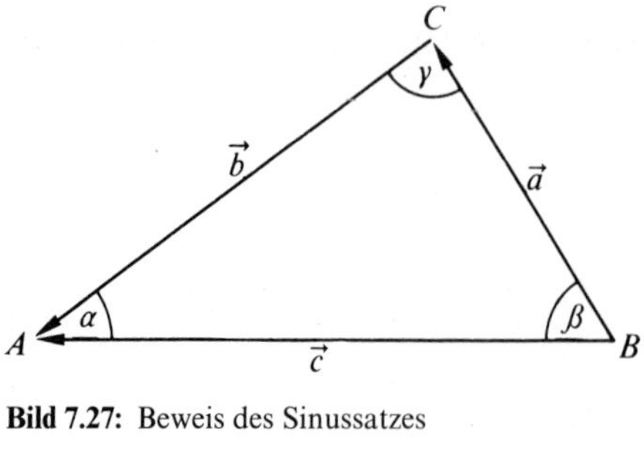

Bild 7.27: Beweis des Sinussatzes

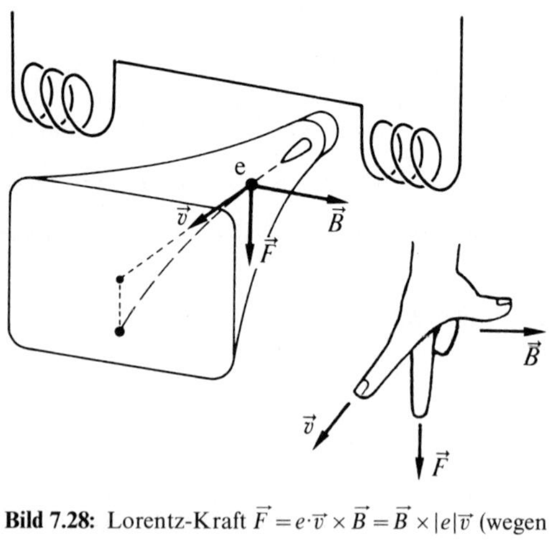

Bild 7.28: Lorentz-Kraft $\vec{F} = e \cdot \vec{v} \times \vec{B} = \vec{B} \times |e|\vec{v}$ (wegen $e < 0$)

Wir multiplizieren von rechts vektoriell mit $\vec{c}$ (beachte: $\vec{c} \times \vec{c} = \vec{0}$) und erhalten

$$\vec{a} \times \vec{c} + \vec{b} \times \vec{c} = \vec{0}. \quad \text{Wegen } \vec{b} \times \vec{c} = -(\vec{c} \times \vec{b}) \quad \text{folgt } \vec{a} \times \vec{c} = \vec{c} \times \vec{b}.$$

Daraus ergibt sich $|\vec{a} \times \vec{c}| = |\vec{c} \times \vec{b}| \Rightarrow a \cdot c \cdot \sin\beta = b \cdot c \cdot \sin\alpha \Rightarrow \frac{a}{b} = \frac{\sin\alpha}{\sin\beta}$.

Anwendungen des Vektorprodukts

1. Wie eingangs schon gezeigt wurde, ist das Drehmoment als vektorielles Produkt definiert.
2. Ein mit der Geschwindigkeit $\vec{v}$ bewegtes geladenes Teilchen mit der Ladung q erfährt im (homogenen) Magnetfeld mit der Feldstärke $\vec{B}$ die Kraft $\vec{F} = q \cdot \vec{v} \times \vec{B}$ (vgl. Bild 7.28).
   Man nennt $\vec{F}$ **Lorentz-Kraft**, sie wirkt also senkrecht sowohl zur Bewegungsrichtung als auch zur Feldstärke.

7.1.5 Das Spatprodukt

Drei Vektoren $\vec{a}$, $\vec{b}$ und $\vec{c}$ spannen i.a. ein Parallelepiped (auch Spat genannt) auf (vgl. Bild 7.29). Wir wollen das Volumen dieses Spats bestimmen. Bezeichnen wir die Maßzahl des Flächeninhalts der von $\vec{a}$ und $\vec{b}$ aufgespannten Grundfläche mit A, die der Höhe mit h (vgl. Bild 7.29) und die Maßzahl des Volumens mit V, so gilt $V = A \cdot h$.

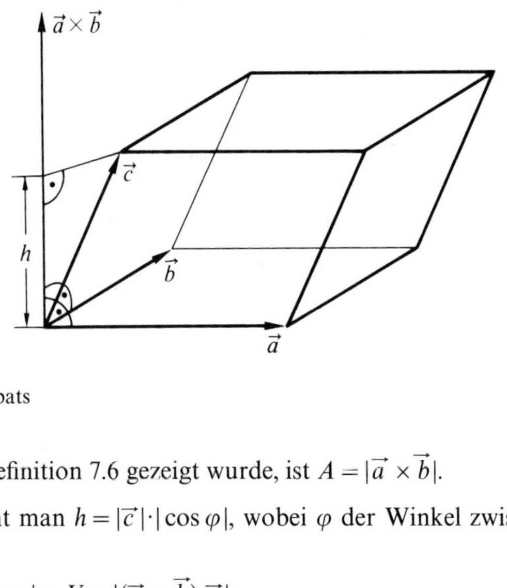

Bild 7.29: Volumen eines Spats

Wie im Anschluß zu Definition 7.6 gezeigt wurde, ist $A = |\vec{a} \times \vec{b}|$.

Aus Bild 7.29 entnimmt man $h = |\vec{c}| \cdot |\cos\varphi|$, wobei φ der Winkel zwischen $\vec{c}$ und $(\vec{a} \times \vec{b})$ ist. Daher gilt

$$V = ||\vec{a} \times \vec{b}| \cdot c \cos\varphi| \Rightarrow V = |(\vec{a} \times \vec{b}) \cdot \vec{c}|.$$

Definition 7.7

Es sei $\vec{a}, \vec{b} \in V$. Dann heißt das Skalarprodukt aus $(\vec{a} \times \vec{b})$ und $\vec{c}$ **Spatprodukt.**

Schreibweise: $(\vec{a} \times \vec{b}) \cdot \vec{c} = [\vec{a}\ \vec{b}\ \vec{c}\,]$.

Bemerkungen:

1. Den Vektoren $\vec{a}, \vec{b}$ und $\vec{c}$ wird durch die Rechenvorschrift $(\vec{a} \times \vec{b}) \cdot \vec{c}$ eine reelle Zahl zugeordnet.
2. Der Betrag des Spatprodukts ist, wie oben ausgeführt wurde, gleich der Maßzahl des zugehörigen Spatvolumens.

Eigenschaften des Spatprodukts

1. Zur Berechnung des Spatvolumens kann auch die von den Vektoren $\vec{b}$ und $\vec{c}$ aufgespannte Fläche als Grundfläche betrachtet werden. Die Maßzahl der Höhe h_1 ist in diesem Fall $h_1 = a \cdot \cos\varphi_1$, wobei φ_1 der Winkel zwischen $\vec{a}$ und $(\vec{b} \times \vec{c})$ ist. Daher gilt

$$(\vec{a} \times \vec{b}) \cdot \vec{c} = \vec{a} \cdot (\vec{b} \times \vec{c}). \tag{7.19}$$

Diese Eigenschaft rechtfertigt auch die Schreibweise $[\vec{a}\vec{b}\vec{c}]$, da die Reihenfolge der Operationszeichen nach (7.19) vertauscht werden kann.

2. Wegen $\vec{a} \cdot (\vec{b} \times \vec{c}) = (\vec{b} \times \vec{c}) \cdot \vec{a}$ folgt aus (7.19) $(\vec{a} \times \vec{b}) \cdot \vec{c} = (\vec{b} \times \vec{c}) \cdot \vec{a}$. Ebenso gilt $(\vec{b} \times \vec{c}) \cdot \vec{a} = (\vec{c} \times \vec{a}) \cdot \vec{b}$. Beim Spatprodukt sind daher die Vektoren zyklisch vertauschbar, d.h. es gilt

$$[\vec{a}\vec{b}\vec{c}] = [\vec{b}\vec{c}\vec{a}] = [\vec{c}\vec{a}\vec{b}]. \tag{7.20}$$

3. Aus $\vec{a} \times \vec{b} = -(\vec{b} \times \vec{a})$ folgt für das Spatprodukt

$$[\vec{a}\vec{b}\vec{c}] = -[\vec{b}\vec{a}\vec{c}]. \tag{7.21}$$

4. Wegen $\vec{a} \times \vec{a} = \vec{0}$ gilt

$$[\vec{a}\vec{a}\vec{b}] = [\vec{b}\vec{a}\vec{a}] = [\vec{a}\vec{b}\vec{a}] = 0 \tag{7.22}$$

Beispiel 7.14

Durch die Punkte $ABDE$ (die nicht in einer Ebene liegen) ist eine Pyramide mit dreieckiger Grundfläche gegeben (vgl. Bild 7.30). Das Volumen dieser Pyramide ist zu berechnen.

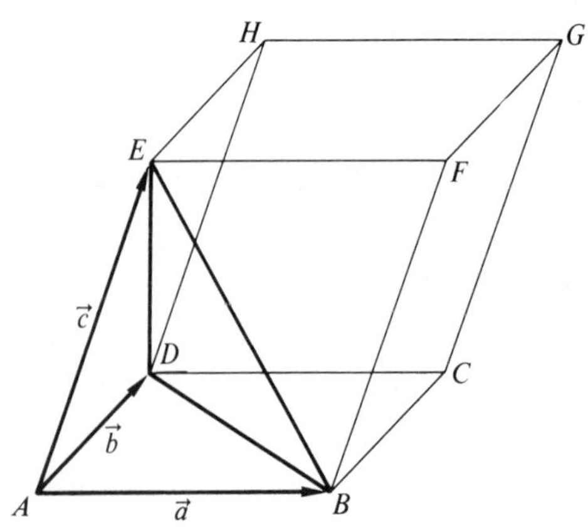

Bild 7.30: Volumen einer Pyramide

16. Berechnen Sie:

a) $(\vec{a} - 2\vec{b}) \times (3\vec{a} + \vec{b})$; b) $(\vec{a} + \vec{b}) \times (\vec{a} - \vec{b})$;

c) $(\vec{b}+\vec{c}) \times (\vec{a}-\vec{c}) + \vec{a} \times (\vec{b}-\vec{c}) - (\vec{a}-\vec{b}) \times (\vec{b}+\vec{c})$.

17. Beweisen Sie, daß für jedes Parallelogramm $ABCD$ gilt:

$$\overline{AB}^2 + \overline{BC}^2 + \overline{CD}^2 + \overline{DA}^2 = \overline{AC}^2 + \overline{BD}^2.$$

7.2 Vektorrechnung unter Verwendung eines Koordinatensystems

Bislang rechneten wir mit Vektoren, ohne dabei ein Koordinatensystem benutzt zu haben. In diesem Abschnitt wollen wir nun die Vektoren mit Hilfe eines Koordinatensystems darstellen. Dazu benötigen wir zunächst einige Begriffe, die wir im folgenden Abschnitt (Abschnitt 7.2.1) erklären wollen.

7.2.1 Lineare Abhängigkeit

Definition 7.8

Gegeben seien die Vektoren $\vec{a}_1, \vec{a}_2, \ldots, \vec{a}_n$. Jeder Vektor $\vec{b}$, der sich in der Gestalt

$$\vec{b} = \alpha_1 \vec{a}_1 + \alpha_2 \vec{a}_2 + \cdots + \alpha_n \vec{a}_n, \quad (\alpha_1, \ldots, \alpha_n \in \mathbb{R})$$

darstellen läßt, heißt **Linearkombination** der Vektoren $\vec{a}_1, \ldots, \vec{a}_n$. Die reellen Zahlen $\alpha_1, \ldots, \alpha_n$ nennt man **Koeffizienten** der Linearkombination.

Bild 7.33: $\vec{b}$ als Linearkombination von $\vec{a}_1$ und $\vec{a}_2$

In Bild 7.33 ist $\vec{b}$ als Linearkombination von $\vec{a}_1$ und $\vec{a}_2$ dargestellt, nämlich $\vec{b} = 2\vec{a}_1 - \vec{a}_2$ (hier ist $\alpha_1 = 2, \alpha_2 = -1$).

Sind $\vec{a}$ und $\vec{b}$ parallele Vektoren mit $\vec{a} \neq \vec{0}$, so kann $\vec{b}$ als Linearkombination von $\vec{a}$ aufgefaßt werden. Es gibt nämlich dann ein $\alpha \in \mathbb{R}$ mit $\vec{b} = \alpha \vec{a}$. Man nennt dann $\vec{a}$ und $\vec{b}$ auch linear abhängig. Allgemein definiert man:

Definition 7.9

Die n Vektoren $\vec{a}_1, \ldots, \vec{a}_n$ heißen **linear abhängig**, wenn reelle Zahlen $\alpha_1, \ldots, \alpha_n$ existieren, die nicht alle Null sind, so daß

$$\alpha_1\vec{a}_1 + \alpha_2\vec{a}_2 + \cdots + \alpha_n\vec{a}_n = \sum_{k=1}^{n} \alpha_k\vec{a}_k = \vec{0} \tag{7.23}$$

gilt.

Ist dagegen (7.23) nur für $\alpha_1 = \alpha_2 = \cdots = \alpha_n = 0$ richtig, so heißen die Vektoren $\vec{a}_1, \ldots, \vec{a}_n$ **linear unabhängig**.

Bemerkungen:

1. Die Bedingung, daß $\alpha_1, \ldots, \alpha_n$ nicht alle Null sein dürfen, wird oft auch so ausgedrückt: $\alpha_1^2 + \cdots + \alpha_n^2 \neq 0$.
2. Ist $\vec{b}$ eine Linearkombination von $\vec{a}_1, \ldots, \vec{a}_n$, so sind die Vektoren $\vec{a}_1, \ldots, \vec{a}_n, \vec{b}$ linear abhängig.

Wir wollen den Begriff der linearen Abhängigkeit bzw. der linearen Unabhängigkeit ausführlicher erläutern.

Wie oben schon erwähnt wurde, sind zwei parallele Vektoren linear abhängig. Ist nämlich $\vec{a}_1$ parallel zu $\vec{a}_2$, so gibt es aufgrund der Definition 7.4 ein $\alpha \in \mathbb{R}$ mit $\vec{a}_2 = \alpha\vec{a}_1$, woraus $\alpha\vec{a}_1 - \vec{a}_2 = \vec{0}$ folgt. Vergleichen wir dies mit (7.23), so ist $\alpha_1 = \alpha, \alpha_2 = -1$, d.h. die Bedingung für die lineare Abhängigkeit von $\vec{a}_1$ und $\vec{a}_2$ ist erfüllt. Dasselbe gilt für n parallele Vektoren. Parallele Vektoren sind daher immer linear abhängig. Man nennt Vektoren, die alle parallel zueinander sind, auch **kollineare** Vektoren (vgl. Bild 7.34).

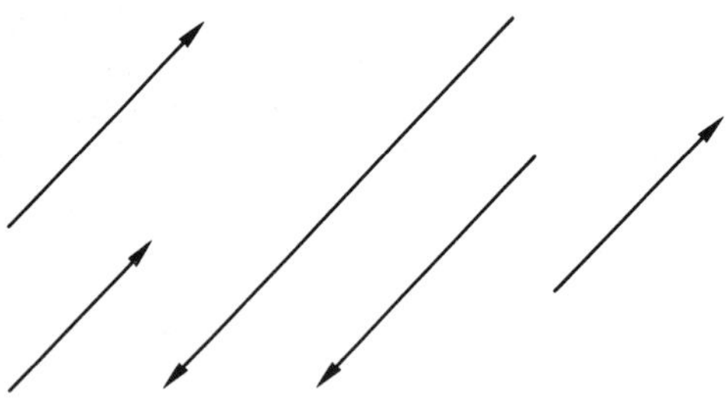

Bild 7.34: Kollineare Vektoren

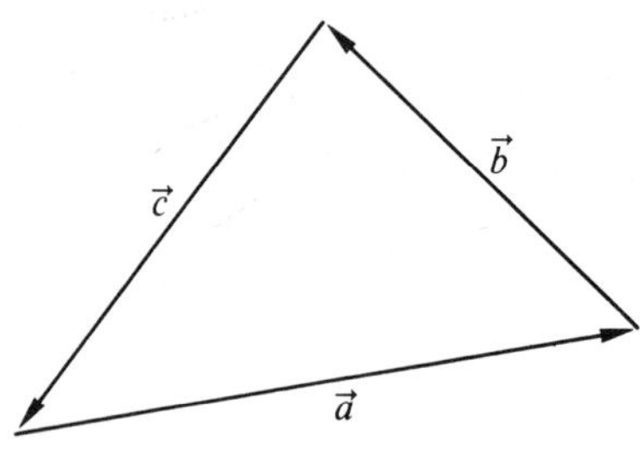

Bild 7.35: Linear abhängige, jedoch nicht kollineare Vektoren

Kollineare Vektoren sind demnach immer linear abhängig. Die Umkehrung ist jedoch i.a. nicht gültig. Es gibt linear abhängige Vektoren, die nicht kollinear sind, wie Bild 7.35 zeigt. Die Vektoren $\vec{a}$, $\vec{b}$ und $\vec{c}$ in Bild 7.35 liegen alle in der Zeichenebene, so daß $\vec{a} + \vec{b} + \vec{c} = \vec{0}$ gilt. Sie sind daher ($\alpha_1 = \alpha_2 = \alpha_3 = 1$) nach Definition 7.9 linear abhängig. Da sie nicht parallel sind, sind sie nicht kollinear. Man nennt Vektoren, die parallel zu einer Ebene liegen, **komplanar**. Die Vektoren in Bild 7.35 sind komplanar.

Anschaulich ist klar, daß zwei Vektoren immer komplanar sind.

Durch Linearkombination zweier nicht kollinearer Vektoren $\vec{a}$ und $\vec{b}$ läßt sich jeder parallel zu der von $\vec{a}$ und $\vec{b}$ aufgespannten Ebene liegende Vektor darstellen (vgl. Bild 7.36). Daher sind drei oder mehr komplanare Vektoren immer linear abhängig. Auch hier ist die Umkehrung nicht gültig. Es gibt linear abhängige Vektoren, die nicht komplanar sind. Ist z.B. $ABCD$ ein Tetraeder (vgl. Bild 7.37) und bezeichnen wir $\vec{a} = \overrightarrow{AB}$, $\vec{b} = \overrightarrow{BC}$, $c = \overrightarrow{CD}$, $\vec{d} = \overrightarrow{AD}$, so gilt $\vec{a} + \vec{b} + \vec{c} - \vec{d} = \vec{0}$, d. h. $\vec{a}$, $\vec{b}$, $\vec{c}$, $\vec{d}$ sind linear abhängige Vektoren, obwohl sie nicht komplanar sind. Vier Vektoren sind, wie man sich anschaulich klar machen kann, immer linear abhängig. Sind z.B. $\vec{a}$, $\vec{b}$, $\vec{c}$ nicht komplanare Vektoren, so läßt sich jeder Vektor $\vec{d}$ als Linearkombination von $\vec{a}$, $\vec{b}$ und $\vec{c}$ darstellen, d.h. es gibt eindeutig bestimmte reelle Zahlen α, β, γ mit $\vec{d} = \alpha\vec{a} + \beta\vec{b} + \gamma\vec{c}$, wobei $\alpha^2 + \beta^2 + \gamma^2 \neq 0$ ist. Daher gilt $\alpha\vec{a} + \beta\vec{b} + \gamma\vec{c} - \vec{d} = \vec{0}$, d.h. $\vec{a}$, $\vec{b}$, $\vec{c}$, $\vec{d}$ sind linear abhängig.

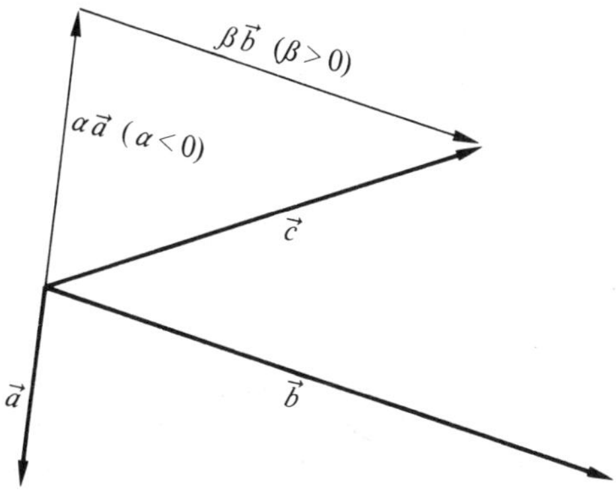

Bild 7.36: $\vec{c}$ als Linearkombination von $\vec{a}$ und $\vec{b}$

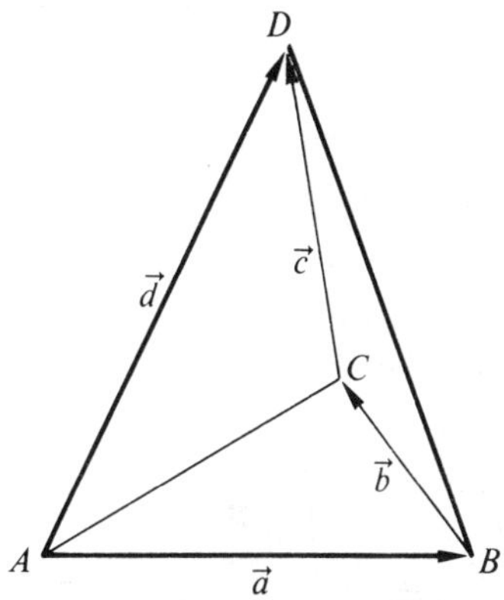

Bild 7.37: Linear abhängige Vektoren, die nicht komplanar sind

Man kann diesen Sachverhalt auch folgendermaßen ausdrücken. Sind $\vec{a}$, $\vec{b}$ und $\vec{c}$ nicht komplanare, d.h. linear unabhängige Vektoren, so läßt sich jeder Vektor als Linearkombination dieser drei Vektoren darstellen. Man sagt daher, daß je drei linear unabhängige Vektoren eine **Basis in V** bilden. Ist z.B. $ABCDEFGH$ ein Würfel mit der Seitenkante $a = 1$ und bezeichnen wir $\vec{a} = \overrightarrow{AB}$, $\vec{b} = \overrightarrow{AD}$, $\vec{c} = \overrightarrow{AE}$, so können wir jeden Vektor $\vec{d}$ als Linearkombination dieser drei Vektoren darstellen (vgl. Bild 7.38). Also bilden $\vec{a}$, $\vec{b}$, $\vec{c}$ eine Basis in V.

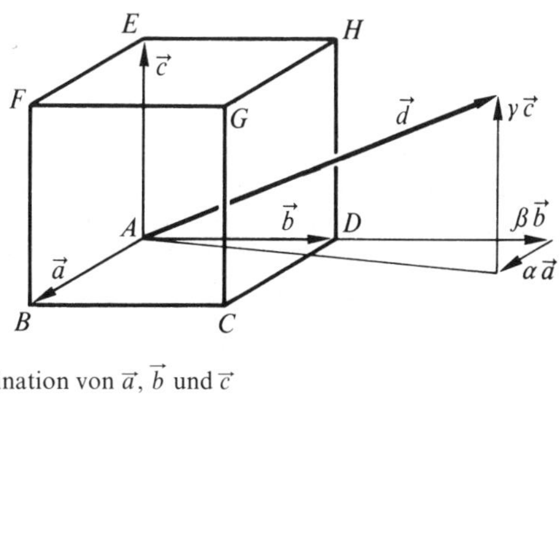

Bild 7.38: $\vec{d}$ als Linearkombination von $\vec{a}$, $\vec{b}$ und $\vec{c}$

Es gelten folgende Äquivalenzen:

1. $\vec{a}, \vec{b} \in V$ sind genau dann kollinear, wenn $\vec{a} \times \vec{b} = \vec{0}$.
2. $\vec{a}, \vec{b} \in V$ sind genau dann kollinear, wenn $|\vec{a} \cdot \vec{b}| = a \cdot b$.
3. $\vec{a}, \vec{b}, \vec{c} \in V$ sind genau dann komplanar, wenn $[\vec{a}\,\vec{b}\,\vec{c}] = 0$.

Beispiel 7.16

Gegeben seien die Vektoren $\vec{a}$ und $\vec{b}$, dabei sei $\vec{a} \cdot \vec{b} = 12$, und $a \cdot b = 24$. Weiter gelte $\alpha\vec{a} + (\beta - 3) \cdot \vec{b} = \vec{0}$. Man bestimme α und β.

Da $\vec{a} \cdot \vec{b} \neq a \cdot b$ ist, sind die Vektoren $\vec{a}$ und $\vec{b}$ (vgl. 2.) nicht kollinear. Aus $\alpha\vec{a} + (\beta - 3) \cdot \vec{b} = \vec{0}$ folgt daher $\alpha = 0$, $\beta - 3 = 0$, d.h. $\alpha = 0$ und $\beta = 3$.

7.2.2 Komponentenschreibweise

Ziel dieses Abschnittes ist es, Vektoren mit Hilfe reeller Zahlen darzustellen. Erst dann kann die Vektorrechnung auf vielfältige Probleme angewandt werden, nicht zuletzt deshalb, weil dadurch z.B. auch elektronische Rechner zur Lösung eines Problems benutzt werden können, das mit Hilfe von Vektoren dargestellt wird.

Wir stellen einen beliebigen Vektor $\vec{a} \in V$ als Linearkombination einer geeigneten Basis von V dar. Zur Festlegung einer Basis von V können grundsätzlich drei beliebige linear unabhängige Vektoren aus V gewählt werden. Die numerische Behandlung wird jedoch besonders einfach, wenn man als Basis von V ein sogenanntes orthonormiertes System $\vec{e}_1, \vec{e}_2, \vec{e}_3$ benutzt. **Orthonormiert** heißt, daß die Vektoren $\vec{e}_1, \vec{e}_2, \vec{e}_3$ Einheitsvektoren und paarweise orthogonal zueinander sind, d.h. $\vec{e}_1 \perp \vec{e}_2$, $\vec{e}_1 \perp \vec{e}_3$, $\vec{e}_2 \perp \vec{e}_3$. Die Vektoren $\vec{e}_1, \vec{e}_2, \vec{e}_3$ sollen weiterhin (in dieser Reihenfolge) ein Rechtssystem bilden.

Für diese Vektoren gilt

$$\vec{e}_1 \cdot \vec{e}_2 = \vec{e}_1 \cdot \vec{e}_3 = \vec{e}_2 \cdot \vec{e}_3 = 0, \tag{7.24}$$

$$\vec{e}_1 \cdot \vec{e}_1 = \vec{e}_2 \cdot \vec{e}_2 = \vec{e}_3 \cdot \vec{e}_3 = 1, \tag{7.25}$$

$$\vec{e}_1 \times \vec{e}_2 = \vec{e}_3, \quad \vec{e}_2 \times \vec{e}_3 = \vec{e}_1, \quad \vec{e}_3 \times \vec{e}_1 = \vec{e}_2, \tag{7.26}$$

$$\vec{e}_1 \times \vec{e}_1 = \vec{e}_2 \times \vec{e}_2 = \vec{e}_3 \times \vec{e}_3 = \vec{0}, \tag{7.27}$$

$$[\vec{e}_1 \vec{e}_2 \vec{e}_3] = 1. \tag{7.28}$$

Jeder Vektor $\vec{a} \in V$ läßt sich dann durch die Vektoren dieser Basis (die sogenannten **Basisvektoren**) darstellen, d.h. es gibt eindeutig bestimmte Zahlen $a_x, a_y, a_z \in \mathbb{R}$ mit der Eigenschaft, daß

$$\vec{a} = a_x \cdot \vec{e}_1 + a_y \cdot \vec{e}_2 + a_z \cdot \vec{e}_3$$

gilt.

$a_x \cdot \vec{e}_1, a_y \cdot \vec{e}_2, a_z \cdot \vec{e}_3$ heißen die **Komponenten** von $\vec{a}$ in bezug auf die Basis $\vec{e}_1, \vec{e}_2, \vec{e}_3$.
a_x, a_y, a_z heißen die **Vektorkoordinaten** von $\vec{a}$.

Ist die Basis bekannt, so genügt für die Beschreibung des Vektors $\vec{a}$ die Kenntnis seiner Vektorkoordinaten.

Der rechnerische Vorteil einer orthonormierten Basis liegt darin, daß die Vektorkoordinaten sich mit Hilfe des Skalarprodukts darstellen lassen. Durch skalare Multiplikation der Vektorgleichung $\vec{a} = a_x \cdot \vec{e}_1 + a_y \cdot \vec{e}_2 + a_z \cdot \vec{e}_3$ mit jeweils den Vektoren $\vec{e}_1, \vec{e}_2, \vec{e}_3$ erhält man nämlich wegen (7.24) und (7.25)

$$a_x = \vec{a} \cdot \vec{e}_1, \quad a_y = \vec{a} \cdot \vec{e}_2, \quad a_z = \vec{a} \cdot \vec{e}_3.$$

Es gilt daher

$$\vec{a} = (\vec{a} \cdot \vec{e}_1) \cdot \vec{e}_1 + (\vec{a} \cdot \vec{e}_2) \cdot \vec{e}_2 + (\vec{a} \cdot \vec{e}_3) \cdot \vec{e}_3.$$

Gegeben sei nun ein kartesisches Koordinatensystem und die Punkte $P_1(1,0,0)$, $P_2(0,1,0)$ und $P_3(0,0,1)$. Die Pfeile $\overrightarrow{OP_1}$, $\overrightarrow{OP_2}$, $\overrightarrow{OP_3}$ seien nun (in dieser Reihenfolge) die Repräsentanten der Vektoren $\vec{e}_1, \vec{e}_2$ und $\vec{e}_3$. Wie man sieht, bilden diese Vektoren eine orthonormierte Basis, d.h. es gelten die Beziehungen (7.24) bis (7.28).

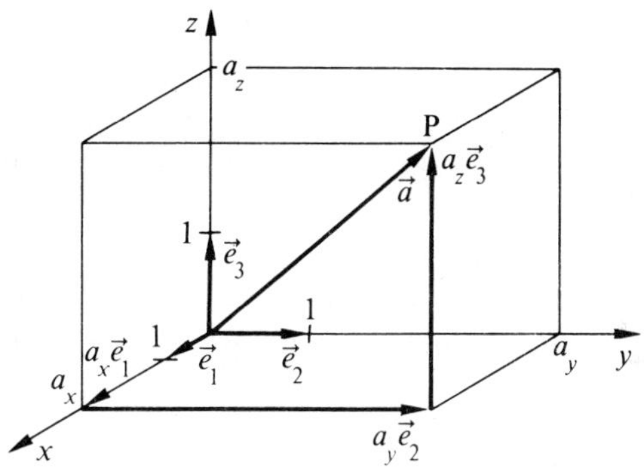

Bild 7.39: Darstellung von $\vec{a}$ durch die Basisvektoren $\vec{e}_1, \vec{e}_2, \vec{e}_3$

Ist $P(a_x, a_y, a_z)$ ein beliebiger Punkt, so gilt für den Vektor $\vec{a} = \overrightarrow{OP}$ (vgl. Bild 7.39)

$$\vec{a} = a_x \cdot \vec{e}_1 + a_y \cdot \vec{e}_2 + a_z \cdot \vec{e}_3.$$

Die Vektorkoordinaten a_x, a_y, a_z des Vektors $\vec{a}$ ändern sich nicht, wenn der Pfeil $\overrightarrow{OP}$ parallel verschoben wird. Die Vektorkoordinaten sind daher invariant gegenüber Parallelverschiebungen des Pfeils $\overrightarrow{OP}$. Für

$$\vec{a} = a_x \cdot \vec{e}_1 + a_y \cdot \vec{e}_2 + a_z \cdot \vec{e}_3$$

schreibt man

$$\vec{a} = \begin{pmatrix} a_x \\ a_y \\ a_z \end{pmatrix} \text{ oder auch } \vec{a} = (a_x, a_y, a_z)$$

und hat somit eine eineindeutige Zuordnung von Vektoren und (geordneten) Zahlentripel.

Aus der Matrizenrechnung übernehmen wir für die erste Schreibweise den Ausdruck **Spaltenvektor**, für die zweite Schreibweise den Ausdruck **Zeilenvektor**.

Für zwei Vektoren $\vec{a} = (a_x, a_y, a_z)$, $\vec{b} = (b_x, b_y, b_z)$ gilt $\vec{a} = \vec{b}$ genau dann, wenn

$$a_x = b_x, \quad a_y = b_y, \quad a_z = b_z, \tag{7.29}$$

Für den **Betrag *a* des Vektors** $\vec{a} = (a_x, a_y, a_z)$ erhält man

$$a = \sqrt{a_x^2 + a_y^2 + a_z^2}. \tag{7.30}$$

Beispiel 7.17
Gegeben sind die zwei Punkte $A(2, -3, 1)$ und $B(4, 2, -2)$. Wie lauten die Vektoren $\vec{a} = \overrightarrow{OA}$ und $\vec{b} = \overrightarrow{OB}$ in Komponentenschreibweise? Man berechne a und b.

Es ist $\vec{a} = (2, -3, 1)$ und $\vec{b} = (4, 2, -2)$. Aus (7.30) erhält man $a = \sqrt{14}$, $b = 2\sqrt{6}$.

Oft ist es zweckmäßig, einen festen Punkt $P(x_1, y_1, z_1)$ in einem kartesischen Koordinatensystem mit Hilfe eines Vektors $\vec{r} = \overrightarrow{OP}$ zu beschreiben. Dieser Vektor ist dann, im Gegensatz zu den bisher betrachteten Vektoren, an den Anfangspunkt O gebunden. Man nennt den Vektor $\vec{r}$ zur Unterscheidung gegenüber den freien Vektoren **Ortsvektor** des Punktes P. Ortsvektoren wollen wir mit $\vec{r}$ bzw. $\vec{r}_1, \vec{r}_2$ usw. bezeichnen.

Im Sinne von Definition 7.1 sind Ortsvektoren Repräsentanten von Vektoren. Beim Rechnen in einem festen Koordinatensystem gibt es daher keine Unterschiede. Jeder Vektor $\vec{a} = \overrightarrow{AB}$ läßt sich als Differenz der Ortsvektoren $\vec{r}_B$ und $\vec{r}_A$ darstellen (vgl. Bild 7.40).

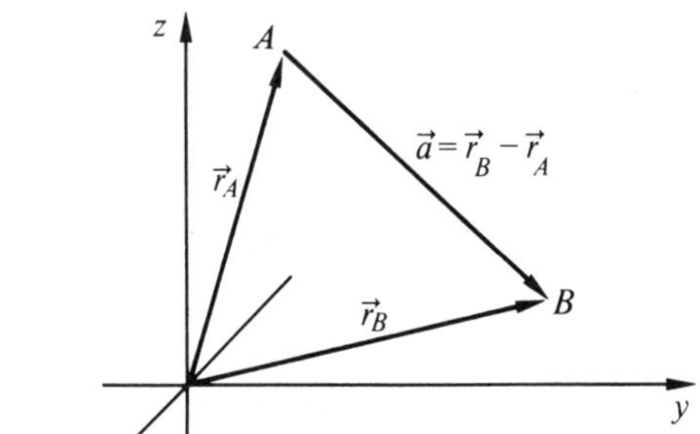

Bild 7.40: Darstellung eines Vektors als Differenz zweier Ortsvektoren

Im folgenden werden wir für die in Abschnitt 7.1 definierten Rechenoperationen ein Kalkül für Vektoren in Komponentenschreibweise herleiten.

1. Vektoraddition, Multiplikation eines Vektors mit einem Skalar, Vektorsubtraktion

Gegeben seien zwei Vektoren $\vec{a}, \vec{b} \in V$ mit $\vec{a} = (a_x, a_y, a_z)$ und $\vec{b} = (b_x, b_y, b_z)$.

Addition:

$$\begin{aligned}\vec{a}+\vec{b} &= a_x\cdot\vec{e}_1 + a_y\cdot\vec{e}_2 + a_z\cdot\vec{e}_3 + b_x\cdot\vec{e}_1 + b_y\cdot\vec{e}_2 + b_z\cdot\vec{e}_3 = \\ &= (a_x+b_x)\cdot\vec{e}_1 + (a_y+b_y)\cdot\vec{e}_2 + (a_z+b_z)\cdot\vec{e}_3 = \\ &= (a_x+b_x, a_y+b_y, a_z+b_z).\end{aligned}$$

Es gilt daher:

$$(a_x, a_y, a_z) + (b_x, b_y, b_z) = (a_x+b_x, a_y+b_y, a_z+b_z)$$

oder in der übersichtlicheren Spaltenschreibweise:

$$\begin{pmatrix} a_x \\ a_y \\ a_z \end{pmatrix} + \begin{pmatrix} b_x \\ b_y \\ b_z \end{pmatrix} = \begin{pmatrix} a_x+b_x \\ a_y+b_y \\ a_z+b_z \end{pmatrix}.$$

Multiplikation eines Vektors mit einem Skalar:
Ist $\alpha\in\mathbb{R}$, so erhalten wir:

$$\alpha\vec{a} = \alpha\cdot(a_x\vec{e}_1 + a_y\vec{e}_2 + a_z\vec{e}_3) = (\alpha a_x)\vec{e}_1 + (\alpha a_y)\vec{e}_2 + (\alpha a_z)\vec{e}_3 = (\alpha a_x, \alpha a_y, \alpha a_z),$$

d.h.

$$\alpha\begin{pmatrix} a_x \\ a_y \\ a_z \end{pmatrix} = \begin{pmatrix} \alpha a_x \\ \alpha a_y \\ \alpha a_z \end{pmatrix}.$$

Vektorsubtraktion:

$$\vec{a}-\vec{b} = \vec{a} + (-1)\cdot\vec{b} = (a_x, a_y, a_z) + (-b_x, -b_y, -b_z) = (a_x-b_x, a_y-b_y, a_z-b_z),$$

d.h.

$$\begin{pmatrix} a_x \\ a_y \\ a_z \end{pmatrix} - \begin{pmatrix} b_x \\ b_y \\ b_z \end{pmatrix} = \begin{pmatrix} a_x-b_x \\ a_y-b_y \\ a_z-b_z \end{pmatrix}.$$

Aus $\vec{a}-\vec{a}=\vec{0}$ erhalten wir für den Nullvektor: $\vec{0}=(0,0,0)$.

Beispiel 7.18

Wie lautet der Vektor $\vec{c}=\overrightarrow{AB}$ in Komponentenschreibweise, wenn $A(2,-3,1)$ und $B(-1,2,3)$ gegeben sind?
Es sei $\vec{a}=\overrightarrow{OA}$ und $\vec{b}=\overrightarrow{OB}$, dann gilt (vgl. Bild 7.41) $\vec{a}=(2,-3,1)$, $\vec{b}=(-1,2,3)$ und $\vec{c}=\vec{b}-\vec{a}=(-3,5,2)$.

Beispiel 7.19

Der Vektor $\vec{a}=(10,-4,-10)$ soll als Linearkombination der Vektoren $\vec{a}_1=(1,-2,3)$, $\vec{a}_2=(-3,4,2)$, $\vec{a}_3=(1,2,-3)$ dargestellt werden. Es sind also Zahlen $\alpha,\beta,\gamma\in\mathbb{R}$ zu bestimmen, so daß $\vec{a}=\alpha\vec{a}_1+\beta\vec{a}_2+\gamma\vec{a}_3$ gilt.

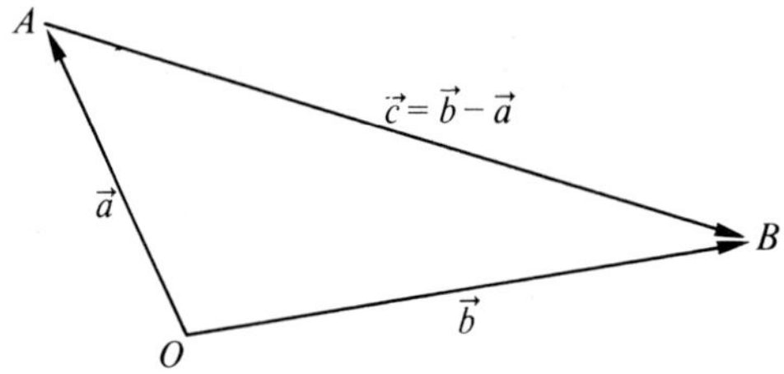

Bild 7.41: Vektor $\vec{c} = \overrightarrow{AB}$

Wir erhalten

$$(10, -4, -10) = \alpha\cdot(1, -2, 3) + \beta\cdot(-3, 4, 2) + \gamma\cdot(1, 2, -3)$$

und daraus

$$\begin{pmatrix} 10 \\ -4 \\ -10 \end{pmatrix} = \begin{pmatrix} \alpha - 3\beta + \gamma \\ -2\alpha + 4\beta + 2\gamma \\ 3\alpha + 2\beta - 3\gamma \end{pmatrix}.$$

Zwei Vektoren sind genau dann gleich, wenn sie in allen Koordinaten übereinstimmen (vgl. (7.29)).
Es ergibt sich also das lineare Gleichungssystem

$$\begin{aligned} \alpha - 3\beta + \gamma &= 10 \\ -2\alpha + 4\beta + 2\gamma &= -4 \\ 3\alpha + 2\beta - 3\gamma &= -10, \end{aligned}$$

welches als eindeutige Lösung $\alpha = 1, \beta = -2, \gamma = 3$ besitzt. Daher gilt $\vec{a} = \vec{a}_1 - 2\vec{a}_2 + 3\vec{a}_3$.

2. Skalarprodukt

Gegeben seien zwei Vektoren $\vec{a}, \vec{b} \in V$ mit $\vec{a} = (a_x, a_y, a_z)$, $\vec{b} = (b_x, b_y, b_z)$. Für das skalare Produkt ergibt sich:

$$\vec{a}\cdot\vec{b} = (a_x\vec{e}_1 + a_y\vec{e}_2 + a_z\vec{e}_3)\cdot(b_x\vec{e}_1 + b_y\vec{e}_2 + b_z\vec{e}_3).$$

Aufgrund des Distributivgesetzes gilt

$$\begin{aligned} \vec{a}\cdot\vec{b} = {} & a_xb_x\vec{e}_1\vec{e}_1 + a_xb_y\vec{e}_1\vec{e}_2 + a_xb_z\vec{e}_1\vec{e}_3 + a_yb_x\vec{e}_2\vec{e}_1 + a_yb_y\vec{e}_2\vec{e}_2 + a_yb_z\vec{e}_2\vec{e}_3 \\ & + a_zb_x\vec{e}_3\vec{e}_1 + a_zb_y\vec{e}_3\vec{e}_2 + a_zb_z\vec{e}_3\vec{e}_3. \end{aligned}$$

Wegen Eigenschaft (7.24) und (7.25) ($\vec{e}_1, \vec{e}_2, \vec{e}_3$ bilden ein orthonormiertes System) folgt:

$$\vec{a}\cdot\vec{b} = a_xb_x + a_yb_y + a_zb_z. \qquad (7.31)$$

Damit gewinnt man eine Formel zur Berechnung des Winkels φ zwischen den (in Komponentenschreibweise gegebenen) Vektoren $\vec{a}$ und $\vec{b}$ ($\vec{a} \neq \vec{0}$, $\vec{b} \neq \vec{0}$):

$$\cos\varphi = \frac{\vec{a}\cdot\vec{b}}{a\cdot b} = \frac{a_xb_x + a_yb_y + a_zb_z}{\sqrt{a_x^2 + a_y^2 + a_z^2}\cdot\sqrt{b_x^2 + b_y^2 + b_z^2}} \qquad (7.32)$$

Beispiel 7.20

In einem kartesischen Koordinatensystem sei ein Dreieck ABC gegeben, wobei $A(1,2,3)$, $B(2,-1,3)$ und $C(3,1,-1)$ ist. Zu bestimmen sind die Winkel α, β, γ sowie die Seiten a, b und c. Es sei (vgl. Bild 7.42)

$$\vec{r}_A = \overrightarrow{OA}, \quad \vec{r}_B = \overrightarrow{OB}, \quad \vec{r}_C = \overrightarrow{OC},$$
$$\vec{a} = \overrightarrow{CB}, \quad \vec{b} = \overrightarrow{AC} \text{ und } \vec{c} = \overrightarrow{AB}.$$

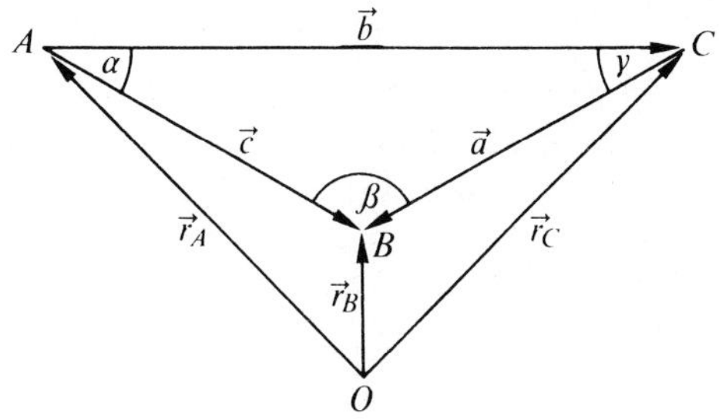

Bild 7.42: Dreiecksberechnung

Dann gilt

$$\vec{r}_A = (1,2,3), \quad \vec{r}_B = (2,-1,3), \quad \vec{r}_C = (3,1,-1),$$
$$\vec{a} = \vec{r}_B - \vec{r}_C = (-1,-2,4) \Rightarrow a = \sqrt{21},$$
$$\vec{b} = \vec{r}_C - \vec{r}_A = (2,-1,-4) \Rightarrow b = \sqrt{21},$$
$$\vec{c} = \vec{r}_B - \vec{r}_A = (1,-3,0) \quad \Rightarrow c = \sqrt{10},$$
$$\cos\alpha = \frac{\vec{b}\cdot\vec{c}}{b\cdot c} = \frac{5}{\sqrt{210}} \Rightarrow \alpha = 69°48'58''.$$

Wegen $a = b = \sqrt{21}$ ist das Dreieck gleichschenklig $\Rightarrow \beta = 69°48'58''$, $\gamma = 180° - (\alpha + \beta) = 40°22'4''$.

Beispiel 7.21

Mit Hilfe zweidimensionaler Vektoren beweisen wir das Additionstheorem der cos-Funktion. Dazu betrachten wir die Vektoren $\vec{a}^0 = (\cos\varphi, \sin\varphi)$ und $\vec{b}^0 = (\cos\psi, \sin\psi)$ (vgl. Bild 7.43).

Wegen

$$\sqrt{\cos^2\varphi + \sin^2\varphi} = 1 \quad \text{und} \quad \sqrt{\cos^2\psi + \sin^2\psi} = 1$$

sind beide Vektoren Einheitsvektoren. Daher gilt $\vec{a}^0 \cdot \vec{b}^0 = \cos\alpha$, wobei α der von $\vec{a}^0$ und $\vec{b}^0$ eingeschlossene Winkel ist, d.h. $\alpha = \varphi - \psi$. Wir erhalten

$$\cos(\varphi - \psi) = \vec{a}^0 \cdot \vec{b}^0 = (\cos\varphi, \sin\varphi)\cdot(\cos\psi, \sin\psi) = \cos\varphi\cdot\cos\psi + \sin\varphi\cdot\sin\psi.$$

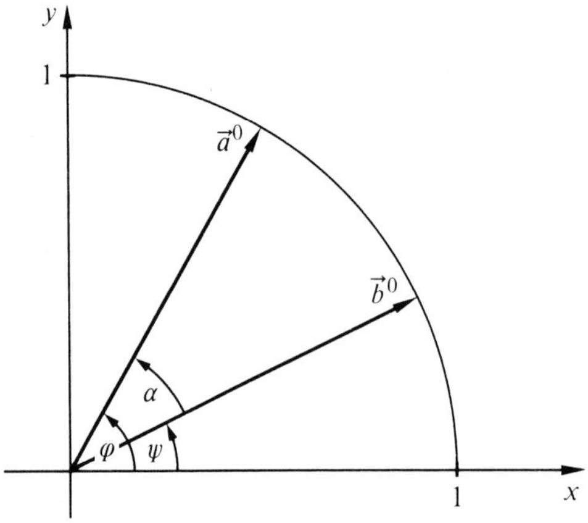

Bild 7.43: Zum Beweis des Additionstheorems

3. Das vektorielle Produkt

Es ist

$$\begin{aligned}\vec{a} \times \vec{b} &= (a_x\vec{e}_1 + a_y\vec{e}_2 + a_z\vec{e}_3) \times (b_x\vec{e}_1 + b_y\vec{e}_2 + b_z\vec{e}_3) \\ &= a_xb_x\vec{e}_1 \times \vec{e}_1 + a_xb_y\vec{e}_1 \times \vec{e}_2 + a_xb_z\vec{e}_1 \times \vec{e}_3 + a_yb_x\vec{e}_2 \times \vec{e}_1 + a_yb_y\vec{e}_2 \times \vec{e}_2 + \\ &\quad + a_yb_z\vec{e}_2 \times \vec{e}_3 + a_zb_x\vec{e}_3 \times \vec{e}_1 + a_zb_y\vec{e}_3 \times \vec{e}_2 + a_zb_z\vec{e}_3 \times \vec{e}_3.\end{aligned}$$

Wegen (7.26), (7.27) und

$$\vec{e}_1 \times \vec{e}_3 = -\vec{e}_3 \times \vec{e}_1 = -\vec{e}_2, \quad \vec{e}_2 \times \vec{e}_1 = -\vec{e}_3, \quad \vec{e}_3 \times \vec{e}_2 = -\vec{e}_1$$

folgt

$$\vec{a} \times \vec{b} = (a_yb_z - a_zb_y)\vec{e}_1 + (a_zb_x - a_xb_z)\vec{e}_2 + (a_xb_y - a_yb_x)\vec{e}_3$$

d.h.

$$\vec{a} \times \vec{b} = (a_yb_z - a_zb_y, a_zb_x - a_xb_z, a_xb_y - a_yb_x) \tag{7.33}$$

Man kann sich diese Formel besser merken, wenn man formal folgende Determinante bildet

$$\vec{a} \times \vec{b} = \begin{vmatrix} \vec{e}_1 & \vec{e}_2 & \vec{e}_3 \\ a_x & a_y & a_z \\ b_x & b_y & b_z \end{vmatrix}.$$

Enwickeln wir die Determinante nach der ersten Zeile (s. Definition 6.11), so erhalten wir

$$\begin{aligned}\vec{a} \times \vec{b} &= \begin{vmatrix} a_y & a_z \\ b_y & b_z \end{vmatrix} \cdot \vec{e}_1 - \begin{vmatrix} a_x & a_z \\ b_x & b_z \end{vmatrix} \cdot \vec{e}_2 + \begin{vmatrix} a_x & a_y \\ b_x & b_y \end{vmatrix} \cdot \vec{e}_3 \\ &= (a_yb_z - a_zb_y)\vec{e}_1 + (a_zb_x - a_xb_z)\vec{e}_2 + (a_xb_y - a_yb_x)\vec{e}_3,\end{aligned} \tag{7.34}$$

in Übereinstimmung mit (7.33).

Beispiel 7.22

Gegeben sei das Dreieck ABC durch $A(1,2,3)$, $B(2,-1,3)$ und $C(3,1,-1)$. Die Maßzahl des Flächeninhalts F dieses Dreiecks ist zu bestimmen. Es ist (vgl. Beispiel 7.20) $\vec{a}=\overrightarrow{CB}=(-1,-2,4)$, $\vec{b}=\overrightarrow{AC}=(2,-1,-4)$. Für den Flächeninhalt erhalten wir gemäß Beispiel 7.10 $F=\frac{1}{2}|\vec{a}\times\vec{b}|$.

$$\vec{a}\times\vec{b}=\begin{vmatrix}\vec{e}_1 & \vec{e}_2 & \vec{e}_3\\ -1 & -2 & 4\\ 2 & -1 & -4\end{vmatrix}=(8+4, 8-4, 1+4)=(12,4,5)$$

$$F=\frac{1}{2}\sqrt{144+16+25}=\frac{1}{2}\sqrt{185}=6{,}8007\ldots$$

Beispiel 7.23

Man bestimme den auf $\vec{a}=(2,1,3)$ und $\vec{b}=(-1,3,-2)$ senkrecht stehenden Einheitsvektor $\vec{c}^{\,0}$ so, daß $\vec{a},\vec{b},\vec{c}^{\,0}$ ein Rechtssystem bilden.

$$\vec{c}=\vec{a}\times\vec{b}=\begin{vmatrix}\vec{e}_1 & \vec{e}_2 & \vec{e}_3\\ 2 & 1 & 3\\ -1 & 3 & -2\end{vmatrix}=(-2-9, -3+4, 6+1)=(-11,1,7)$$

$$\vec{c}^{\,0}=\frac{1}{c}\cdot\vec{c}=\frac{1}{\sqrt{171}}(-11,1,7)=(-0{,}841\ldots;0{,}076\ldots;0{,}535\ldots).$$

4. Das Spatprodukt

Es sei $\vec{a},\vec{b},\vec{c}\in V$ mit $\vec{a}=(a_x,a_y,a_z)$, $\vec{b}=(b_x,b_y,b_z)$, $\vec{c}=(c_x,c_y,c_z)$. Aus (7.34) folgt

$$[\vec{a}\,\vec{b}\,\vec{c}\,]=(\vec{a}\times\vec{b})\cdot\vec{c}=\left(\begin{vmatrix}a_y & a_z\\ b_y & b_z\end{vmatrix}, -\begin{vmatrix}a_x & a_z\\ b_x & b_z\end{vmatrix}, \begin{vmatrix}a_x & a_y\\ b_x & b_y\end{vmatrix}\right)(c_x,c_y,c_z)$$

$$=c_x\cdot\begin{vmatrix}a_y & a_z\\ b_y & b_z\end{vmatrix}-c_y\cdot\begin{vmatrix}a_x & a_z\\ b_x & b_z\end{vmatrix}+c_z\cdot\begin{vmatrix}a_x & a_y\\ b_x & b_y\end{vmatrix}.$$

Dies ist die Entwicklung nach der 3. Zeile folgender Determinante:

$$[\vec{a}\,\vec{b}\,\vec{c}\,]=\begin{vmatrix}a_x & a_y & a_z\\ b_x & b_y & b_z\\ c_x & c_y & c_z\end{vmatrix}$$

Bemerkung:

Aus der Darstellung des Spatprodukts als dreireihige Determinante sind die Eigenschaften

$$[\vec{a}\,\vec{b}\,\vec{c}\,]=[\vec{b}\,\vec{c}\,\vec{a}\,]=[\vec{c}\,\vec{a}\,\vec{b}\,],$$
$$[\vec{a}\,\vec{b}\,\vec{c}\,]=-[\vec{b}\,\vec{a}\,\vec{c}\,],$$
$$[\vec{a}\,\vec{b}\,\vec{c}\,]=0\Leftrightarrow\vec{a},\vec{b},\vec{c}\text{ linear abhängig},$$

des Spatprodukts besonders deutlich erkennbar.

Beispiel 7.24

Das Volumen V sowie die Höhe h der Pyramide ist zu berechnen, die als Grundfläche das Dreieck $P_1(1,1,1)$, $P_2(5,-2,2)$, $P_3(3,4,3)$ und als Spitze $S(4,2,8)$ hat.

Sind $\vec{a} = \overrightarrow{P_1P_2}$, $\vec{b} = \overrightarrow{P_1P_3}$ und $\vec{c} = \overrightarrow{P_1S}$, so ist nach Beispiel 7.14 das Volumen durch

$$V = |\tfrac{1}{6}[\vec{a}\,\vec{b}\,\vec{c}\,]|$$

gegeben.

Mit $\vec{r}_1 = \overrightarrow{OP_1} = (1,1,1)$, $\vec{r}_2 = \overrightarrow{OP_2} = (5,-2,2)$, $\vec{r}_3 = \overrightarrow{OP_3} = (3,4,3)$ und $\vec{r}_4 = \overrightarrow{OS} = (4,2,8)$ ergibt sich

$$\vec{a} = \vec{r}_2 - \vec{r}_1 = (4,-3,1), \quad \vec{b} = \vec{r}_3 - \vec{r}_1 = (2,3,2), \quad \vec{c} = \vec{r}_4 - \vec{r}_1 = (3,1,7)$$

und damit

$$V = \left|\tfrac{1}{6}\cdot \begin{vmatrix} 4 & -3 & 1 \\ 2 & 3 & 2 \\ 3 & 1 & 7 \end{vmatrix}\right| = \tfrac{93}{6} = \tfrac{31}{2}.$$

Aus $V = \frac{1}{3}\cdot A\cdot h$ erhalten wir $h = \dfrac{3V}{A}$, wobei $A = \frac{1}{2}\cdot|\vec{a}\times\vec{b}\,|$ ist.

$$\vec{a}\times\vec{b} = \begin{vmatrix} \vec{e}_1 & \vec{e}_2 & \vec{e}_3 \\ 4 & -3 & 1 \\ 2 & 3 & 2 \end{vmatrix} = (-6-3, 2-8, 12+6) = (-9,-6,18).$$

$$|\vec{a}\times\vec{b}\,| = \sqrt{81+36+324} = 21 \Rightarrow h = \frac{93}{21} = \frac{31}{7}.$$

Beispiel 7.25

Wir wollen mit Hilfe der Vektorrechnung die Cramersche Regel für drei Gleichungen mit drei Unbekannten herleiten.

Das lineare Gleichungssystem

$$\begin{aligned} a_1x + b_1y + c_1z &= d_1 \\ a_2x + b_2y + c_2z &= d_2 \\ a_3x + b_3y + c_3z &= d_3 \end{aligned}$$

lautet in Vektorschreibweise (mit $\vec{a} = (a_1,a_2,a_3)$, $\vec{b} = (b_1,b_2,b_3)$, $\vec{c} = (c_1,c_2,c_3)$, $\vec{d} = (d_1,d_2,d_3)$)

$$\vec{a}\cdot x + \vec{b}\cdot y + \vec{c}\cdot z = \vec{d}.$$

Wir multiplizieren der Reihe nach skalar mit $\vec{b}\times\vec{c}, \vec{c}\times\vec{a}, \vec{a}\times\vec{b}$. Dann erhält man im ersten Fall

$$[\vec{a}\,\vec{b}\,\vec{c}\,]\cdot x + [\vec{b}\,\vec{b}\,\vec{c}\,]\cdot y + [\vec{c}\,\vec{b}\,\vec{c}\,]\cdot z = [\vec{d}\,\vec{b}\,\vec{c}\,].$$

Wegen $[\vec{b}\,\vec{b}\,\vec{c}\,] = [\vec{c}\,\vec{b}\,\vec{c}\,] = 0$ (vgl. (7.22)) folgt $[\vec{a}\,\vec{b}\,\vec{c}\,]\cdot x = [\vec{d}\,\vec{b}\,\vec{c}\,]$. Für $[\vec{a}\,\vec{b}\,\vec{c}\,] \neq 0$ ergibt sich daher

$$x = \frac{[\vec{d}\,\vec{b}\,\vec{c}\,]}{[\vec{a}\,\vec{b}\,\vec{c}\,]}, \quad \text{analog } y = \frac{[\vec{a}\,\vec{d}\,\vec{c}\,]}{[\vec{a}\,\vec{b}\,\vec{c}\,]}, \quad z = \frac{[\vec{a}\,\vec{b}\,\vec{d}\,]}{[\vec{a}\,\vec{b}\,\vec{c}\,]}.$$

Beachten wir die Determinantenschreibweise für die Spatprodukte, so erhalten wir die Cramersche Regel.

7.2.3 Anwendung in der Geometrie

Wir wollen mit Hilfe der Vektorrechnung im dreidimensionalen Raum Geometrie betreiben. Dabei beschränken wir uns auf Geraden und Ebenen.

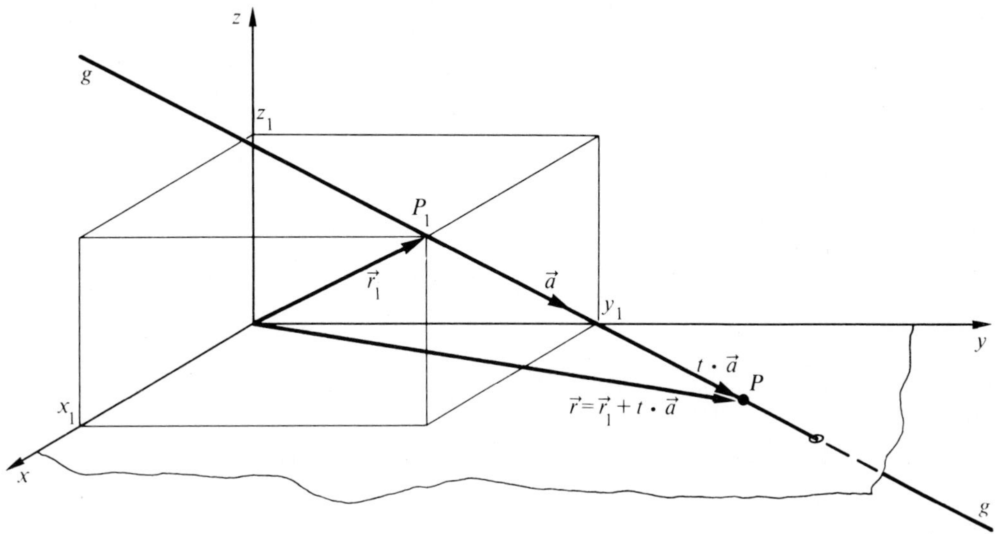

Bild 7.44: Parameterdarstellung der Geraden g

1. Die Gerade

Gegeben sei der Punkt $P_1(x_1, y_1, z_1)$, ferner ein Vektor $\vec{a} \neq \vec{0}$. $\vec{r}_1$ sei der Ortsvektor $\overrightarrow{OP_1}$. Ist $\vec{r}$ der Ortsvektor $\overrightarrow{OP}$ mit

$$\vec{r} = \vec{r}_1 + t \cdot \vec{a}, \quad t \in \mathbb{R}, \tag{7.35}$$

so liegt der Punkt P offensichtlich auf einer Geraden g durch P_1 in Richtung des Vektors $\vec{a}$. In diesem Zusammenhang wird der Vektor $\vec{a}$ auch **Richtungsvektor der Geraden** g genannt, t heißt **Parameter**, die Gleichung (7.35) nennt man **Parameterdarstellung der Geraden** g (vgl. Bild 7.44).

Ist eine Gerade g durch die Punkte $P_1(x_1, y_1, z_1)$ und $P_2(x_2, y_2, z_2)$ gegeben, und bezeichnen wir die Ortsvektoren $\overrightarrow{OP_1}, \overrightarrow{OP_2}$ mit $\vec{r}_1, \vec{r}_2$, so ist $\vec{a} = \vec{r}_2 - \vec{r}_1$ ein Richtungsvektor der Geraden g. Wir erhalten so die **Zweipunktegleichung der Geraden** g (vgl. Bild 7.46):

$$\vec{r} = \vec{r}_1 + t \cdot (\vec{r}_2 - \vec{r}_1), \quad \vec{r}_2 \neq \vec{r}_1, t \in \mathbb{R}. \tag{7.36}$$

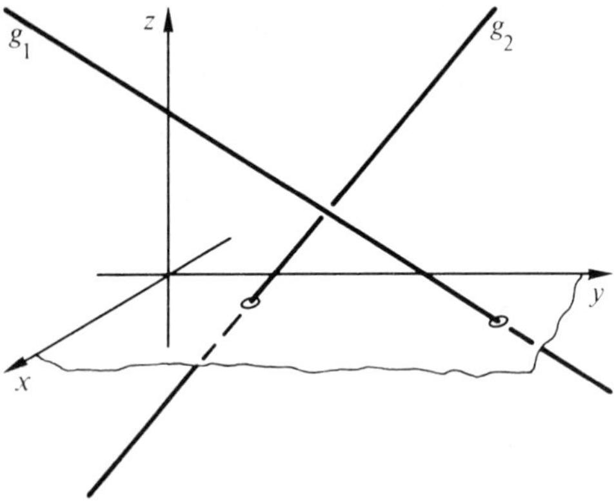

Bild 7.45: Windschiefe Geraden

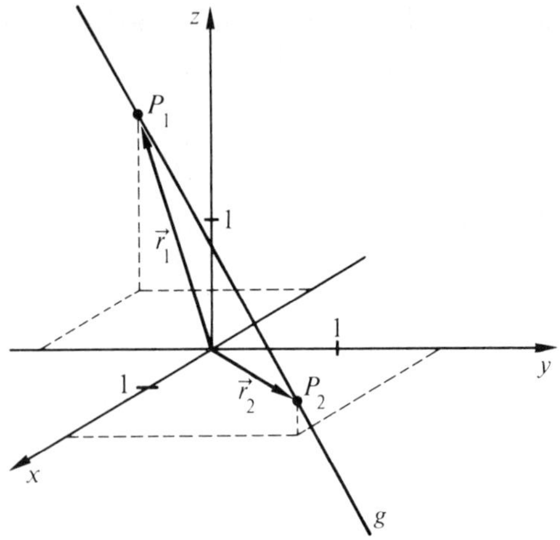

Bild 7.46: Zur Zweipunktegleichung der Geraden g

Beispiel 7.26

Wie lautet eine Gleichung der Geraden g, die die Punkte $P_1(1,2,3)$ und $P_2(-2,3,-1)$ enthält? Man bestimme den Spurpunkt S der Geraden g in der xy-Ebene.

Es ist $\vec{r}_1=(1,2,3)$, $\vec{r}_2=(-2,3,-1)$, $\vec{a}=\vec{r}_2-\vec{r}_1=(-3,1,-4)$ und daher

$$\vec{r}=(1,2,3)+t\cdot(-3,1,-4),\quad t\in\mathbb{R}.$$

Mit $\vec{r}=(x,y,z)$ erhalten wir aus der Vektorgleichung folgendes System, das man auch **Koordinatengleichungen der Geraden** g nennt.

$$\begin{aligned} x&=1-3t\\ y&=2+t\\ z&=3-4t. \end{aligned}$$

Für den Spurpunkt der xy-Ebene ist $z=0$, so daß aus der letzten Gleichung $t=\frac{3}{4}$ folgt und daraus $x_s=1-\frac{9}{4}$, $y_s=2+\frac{3}{4}$, d.h. $S(-\frac{5}{4},\frac{11}{4},0)$.

Gegeben seien die Geraden g_1 und g_2 durch

$$g_1\colon \vec{r}=\vec{r}_1+t\cdot\vec{a}_1,\quad \vec{a}_1\neq\vec{0}, t\in\mathbb{R} \quad\text{und}\quad g_2\colon \vec{r}=\vec{r}_2+s\vec{a}_2,\quad \vec{a}_2\neq\vec{0}, s\in\mathbb{R}.$$

Diese Geraden können verschiedene Lagen zueinander haben, sie können

a) gleich sein,
b) parallel sein,
c) sich in genau einem Punkt schneiden,
d) windschief sein, d.h. sie haben weder einen Schnittpunkt, noch sind sie parallel (vgl. Bild 7.45).

Die Geraden $g_1\colon \vec{r}=\vec{r}_1+t\cdot\vec{a}_1, \vec{a}_1\neq\vec{0}, t\in\mathbb{R}$ und $g_2\colon \vec{r}=\vec{r}_2+s\cdot\vec{a}_2, \vec{a}_2\neq\vec{0}, s\in\mathbb{R}$, sind genau dann parallel, wenn $\vec{a}_1$ und $\vec{a}_2(\vec{a}_1\neq\vec{0}, \vec{a}_2\neq\vec{0})$ kollinear sind.

Ist zusätzlich der Vektor $\vec{r}_2 - \vec{r}_1$ parallel zum Richtungsvektor $\vec{a}_1$ oder ist $\vec{r}_2 - \vec{r}_1 = \vec{0}$, so sind die Geraden g_1 und g_2 gleich. Also gilt:

Die Geraden $g_1: \vec{r} = \vec{r}_1 + t\vec{a}_1, \vec{a}_1 \neq \vec{0}, t \in \mathbb{R}$ und $g_2: \vec{r} = \vec{r}_2 + s\vec{a}_2, \vec{a}_2 \neq \vec{0}, s \in \mathbb{R}$ sind genau dann gleich, wenn $\vec{a}_1, \vec{a}_2$ $(\vec{a}_1 \neq \vec{0}, \vec{a}_2 \neq \vec{0})$ und $\vec{r}_2 - \vec{r}_1$ kollinear sind.

Beispiel 7.27

Gegeben ist die Gerade g: $\vec{r} = (3,0,0) + t(2,4,6)$ und die Punkte $P_1(1,0,2)$, $P_2(2,2,5)$, $P_3(4,2,3)$, $P_4(5,4,6)$, die alle in derselben Ebene liegen. Ist die Gerade g parallel oder gleich einer der Seitengeraden des Vierecks $P_1P_2P_4P_3$?

Wir bestimmen dazu die Richtungsvektoren $\vec{a}_1, \vec{a}_2, \vec{a}_3, \vec{a}_4$ der Vierecksseiten. Ist $\vec{r}_i = \overrightarrow{OP_i}$ $(i = 1, \ldots, 4)$, so ist

$$\vec{a}_1 = \vec{r}_2 - \vec{r}_1 = (1,2,3); \quad \vec{a}_2 = \vec{r}_3 - \vec{r}_1 = (3,2,1);$$
$$\vec{a}_3 = \vec{r}_4 - \vec{r}_2 = (3,2,1); \quad \vec{a}_4 = \vec{r}_4 - \vec{r}_3 = (1,2,3).$$

Wegen $\vec{a}_1 = \vec{a}_4$ und $\vec{a}_2 = \vec{a}_3$ ist das Viereck ein Parallelogramm (kein Rechteck, da $\vec{a}_1 \cdot \vec{a}_2 \neq 0$, jedoch eine Raute, wegen $a_1 = a_2$). Der Richtungsvektor $\vec{a}$ der Geraden g ist $\vec{a} = (2,4,6) = 2\vec{a}_1 = 2\vec{a}_4$, d.h. die Gerade ist parallel zu den Geraden, die durch die Punkte P_1 und P_2 bzw. durch P_3 und P_4 gehen. Wir prüfen noch eine eventuell vorhandene Gleichheit.

g_1 sei die Gerade durch P_1, P_2; g_2 durch P_3 und P_4:

$$g_1: \vec{r} = (1,0,2) + s(1,2,3) = \vec{r}_1 + s\vec{a}_1,$$
$$g_2: \vec{r} = (4,2,3) + u(1,2,3) = \vec{r}_3 + u\vec{a}_4,$$
$$g: \vec{r} = (3,0,0) + t(2,4,6) = \vec{r}_0 + t\vec{a}.$$
$$\vec{r}_1 - \vec{r}_0 = (-2,0,2), \quad \vec{r}_3 - \vec{r}_0 = (1,2,3)$$

$\vec{r}_3 - \vec{r}_0, \vec{a}_4, \vec{a}$ sind kollinear, d.h. g stellt die Gerade durch P_3 und P_4 dar $(g = g_2)$.

Ob zwei Geraden g_1 und g_2 sich schneiden oder ob sie windschief sind, läßt sich rechnerisch leicht nachweisen.

Beispiel 7.28

Welche Lage haben die Geraden g_1, g_2, g_3 zueinander?

$$g_1: \vec{r} = (4,2,3) + s(1,2,3), s \in \mathbb{R};$$
$$g_2: \vec{r} = (1,0,2) + t(3,2,1), t \in \mathbb{R};$$
$$g_3: \vec{r} = (1,1,1) + u(2,2,1), u \in \mathbb{R}.$$

Haben g_1 und g_2 einen Schnittpunkt, so muß es $s_0, t_0 \in \mathbb{R}$ geben, für die $\vec{r}_1 = \vec{r}_2$ gilt, wobei $\vec{r}_1 = (4,2,3) + s_0(1,2,3)$ und $\vec{r}_2 = (1,0,2) + t_0(3,2,1)$ ist. Wir erhalten also

$$(4,2,3) + s_0(1,2,3) = (1,0,2) + t_0(3,2,1)$$

oder in Koordinatengleichungen:

$$\left.\begin{aligned} 4 + s_0 &= 1 + 3t_0 \\ 2 + 2s_0 &= 2t_0 \\ 3 + 3s_0 &= 2 + t_0 \end{aligned}\right\} \Rightarrow \left\{\begin{aligned} s_0 - 3t_0 &= -3 \\ s_0 - t_0 &= -1 \\ 3s_0 - t_0 &= -1. \end{aligned}\right.$$

Aus den ersten beiden Gleichungen erhalten wir z.B. $s_0 = 0$, $t_0 = 1$. Wie man sieht, erfüllen s_0 und t_0 auch die dritte Gleichung. Die Geraden g_2 und g_2 schneiden sich daher in $S(4, 2, 3)$.

Schnitt von g_1 und g_3:

$$(4,2,3) + s_1(1,2,3) = (1,1,1) + u_0(2,2,1) \Rightarrow$$

$$\left.\begin{aligned} 4 + s_1 &= 1 + 2u_0 \\ \Rightarrow 2 + 2s_1 &= 1 + 2u_0 \\ 3 + 3s_1 &= 1 + u_0 \end{aligned}\right\} \Rightarrow \left\{\begin{aligned} s_1 - 2u_0 &= -3 \\ 2s_1 - 2u_0 &= -1 \\ 3s_1 - u_0 &= -2 \end{aligned}\right.$$

Aus den ersten beiden Gleichungen ergibt sich $s_1 = 2$, $u_0 = \frac{5}{2}$, im Widerspruch zur dritten Gleichung. Das Gleichungssystem hat daher keine Lösung, die Geraden g_1 und g_3 sind windschief, da sie nicht parallel sind.

Die Gerade $g: \vec{r} = \vec{r}_1 + t\vec{a}, \vec{a} \neq \vec{0}, t \in \mathbb{R}$ läßt sich auch in parameterunabhängiger Form darstellen. Dazu multiplizieren wir die Gleichung vektoriell von links mit $\vec{a}$. Wegen $\vec{a} \times t \cdot \vec{a} = \vec{0}$ erhalten wir $\vec{a} \times \vec{r} = \vec{a} \times \vec{r}_1$ oder

$$\vec{a} \times (\vec{r} - \vec{r}_1) = \vec{0}. \tag{7.37}$$

Schreiben wir, wie üblich, $\vec{a} = (a_1, a_2, a_3)$, $\vec{r} = (x, y, z)$, $\vec{r}_1 = (x_1, y_1, z_1)$ und verwenden wir für das Kreuzprodukt die Determinantenschreibweise, so ergibt sich für die Geradengleichung

$$\begin{vmatrix} \vec{e}_1 & \vec{e}_2 & \vec{e}_3 \\ a_1 & a_2 & a_3 \\ x - x_1 & y - y_1 & z - z_1 \end{vmatrix} = \vec{0}.$$

Geometrisch bedeutet $\vec{a} \times (\vec{r} - \vec{r}_1) = \vec{0}$, daß die Vektoren $\vec{a}$ und $\vec{r} - \vec{r}_1$ kollinear sind, was anschaulich auch klar ist (vgl. Bild 7.47).

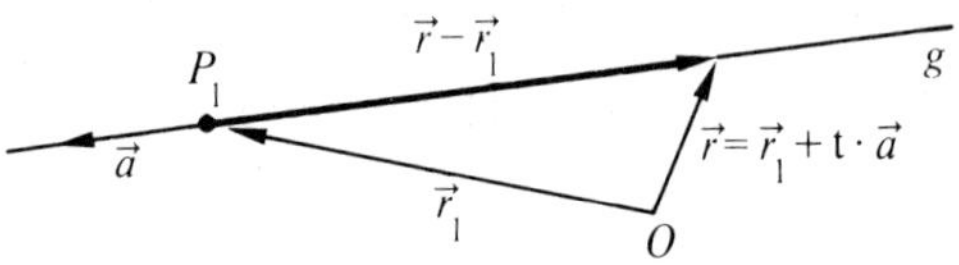

Bild 7.47: $\vec{a} \times (\vec{r} - \vec{r}_1) = \vec{0}$

Abstand eines Punktes von einer Geraden

Gegeben sei eine Gerade g durch einen Ortsvektor $\vec{r}_1 = \overrightarrow{OP_1}$ und einen Richtungsvektor $\vec{a} \neq \vec{0}$. Weiter sei $\vec{r}_0$ der Ortsvektor eines Punktes P_0. Wir wollen den Abstand d des Punktes P_0 von der Geraden g berechnen. Dazu wählen wir einen Punkt P_2 auf g (zweckmäßig so, daß $\overline{P_1P_2} = 1$ ist), z.B. durch $\vec{r}_2 = \vec{r}_1 + \vec{a}^0$ ($\vec{r}_2 = \overrightarrow{OP_2}$). Die Vektoren $\vec{r}_2 - \vec{r}_1 = \vec{a}^0$ und $\vec{r}_0 - \vec{r}_1$ spannen (vgl. Bild 7.48) ein Parallelogramm auf, dessen Höhe gleich dem gesuchten Abstand d und dessen eine Seite Eins ist.

Es gilt daher

$$d = |\vec{a}^0 \times (\vec{r}_0 - \vec{r}_1)|$$

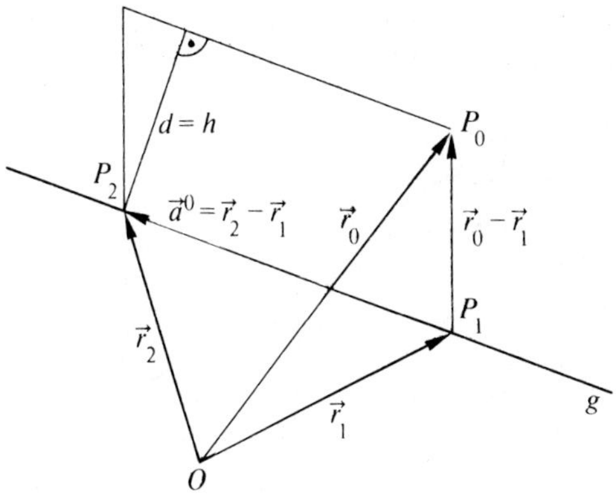

Bild 7.48: Abstand Punkt–Gerade

bzw. wegen $\vec{a}^{\,0} = \frac{1}{a} \cdot \vec{a}$

$$d = \frac{1}{a} \cdot |\vec{a} \times (\vec{r}_0 - \vec{r}_1)|$$

Beispiel 7.29

Man bestimme den Abstand d des Punktes $P_0(1, -2, 5)$ von der Geraden g, die durch die Punkte $P_1(-2, 5, 1)$ und $P_2(3, 1, 4)$ geht.

Richtungsvektor $\vec{a}$ von g: $\vec{a} = \vec{r}_2 - \vec{r}_1 = (5, -4, 3) \Rightarrow a = 5\sqrt{2}$.

Mit $\vec{r}_0 - \vec{r}_1 = (3, -7, 4)$ und $\vec{a} \times (\vec{r}_0 - \vec{r}_1) = (5, -11, -23)$ erhält man $d = \frac{1}{10}\sqrt{2} \cdot \sqrt{25 + 121 + 529} = \frac{3}{2}\sqrt{6}$.

Abstand zweier windschiefer Geraden

Gegeben seien zwei zueinander windschiefe Geraden

$$g_1: \vec{r} = \vec{r}_1 + s\vec{a}_1, \quad \vec{a}_1 \neq \vec{0}, s \in \mathbb{R};$$
$$g_2: \vec{r} = \vec{r}_2 + t\vec{a}_2, \quad \vec{a}_2 \neq \vec{0}, t \in \mathbb{R}.$$

Als Abstand d dieser beiden Geraden bezeichnet man die kürzeste aller Entfernungen zwischen Punkten von g_1 und Punkten von g_2. Es sei $g'_1 \parallel g_1$ und $g'_2 \parallel g_2$. g'_1 schneide g_2 in P_2 und g'_2 schneide g_1 in P_1. Dann spannen g_1 und g'_2 bzw. g_2 und g'_1 zwei parallele Ebenen auf, deren Abstand der gesuchte Abstand der beiden windschiefen Geraden ist. Wir wählen daher die Punkte $P_3 \in g_1$ und $P_4 \in g_2$, die durch die Ortsvektoren $\vec{r}_3 = \vec{r}_1 + \vec{a}_1, \vec{r}_4 = \vec{r}_2 + \vec{a}_2$ gegeben sind. Die Vektoren $\vec{r}_3 - \vec{r}_1 = \vec{a}_1, \vec{r}_4 - \vec{r}_2 = \vec{a}_2$ und $\vec{r}_2 - \vec{r}_1 = \vec{a}_3$ spannen (s. Bild 7.49) einen Spat auf, dessen Höhe (die auf der durch $\vec{a}_1$ und $\vec{a}_2$ aufgespannten Grundfläche senkrecht steht) gleich dem gesuchten Abstand d ist. Für das Volumen dieses Spats gilt $V = |[\vec{a}_1\vec{a}_2\,(\vec{r}_2 - \vec{r}_1)]|$. Die Maßzahl des

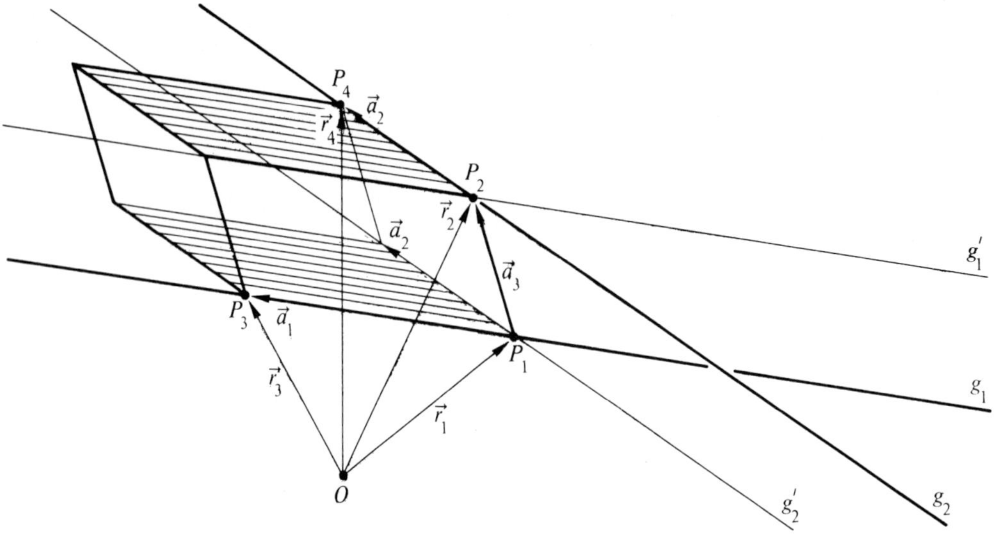

Bild 7.49: Abstand zweier windschiefer Geraden

Flächeninhalts A der Grundfläche beträgt $A = |\vec{a}_1 \times \vec{a}_2|$, so daß gilt:

$$d = \frac{V}{A} = \frac{|[\vec{a}_1 \vec{a}_2 (\vec{r}_2 - \vec{r}_1)]|}{|\vec{a}_1 \times \vec{a}_2|}$$

Beispiel 7.30

Der Abstand d der windschiefen Geraden

$$g_1: \vec{r} = (2, -1, 3) + t(1, 0, 3), t \in \mathbb{R};$$
$$g_2: \vec{r} = (1, 0, -4) + s(-2, 3, 1), s \in \mathbb{R}$$

ist zu berechnen.

Es ist $\vec{r}_1 = (2, -1, 3)$, $\vec{r}_2 = (1, 0, -4)$, $\vec{a}_1 = (1, 0, 3)$, $\vec{a}_2 = (-2, 3, 1)$, woraus $\vec{r}_2 - \vec{r}_1 = (-1, 1, -7)$ und

$$[\vec{a}_1 \vec{a}_2 \vec{r}_2 - \vec{r}_1] = \begin{vmatrix} 1 & 0 & 3 \\ -2 & 3 & 1 \\ -1 & 1 & -7 \end{vmatrix} = -19$$

folgt. Wegen $\vec{a}_1 \times \vec{a}_2 = (-9, -7, 3)$ und $|\vec{a}_1 \times \vec{a}_2| = \sqrt{139}$ ist $d = \frac{19}{\sqrt{139}} = 1,61\ldots$.

2. Die Ebene

Eine Ebene E ist bestimmt durch einen Punkt P_1 und zwei nichtkollineare Vektoren $\vec{a}$ und $\vec{b}$ (woraus $\vec{a} \neq \vec{0}$ und $\vec{b} \neq \vec{0}$ folgt). Für alle Punkte P der Ebene gilt dann

$$\vec{r} = \vec{r}_1 + s \cdot \vec{a} + t \cdot \vec{b}, \quad s, t \in \mathbb{R}, \qquad (7.38)$$

wobei $\vec{r} = \overrightarrow{OP}$ und $\vec{r}_1 = \overrightarrow{OP_1}$ Ortsvektoren sind (vgl. Bild 7.50). Man nennt (7.38) **Parameterform** der Ebene E. Wird ein Parameter z.B. $t = t_0$ festgehalten, so durchläuft P in E eine Gerade parallel zu $\vec{a}$.

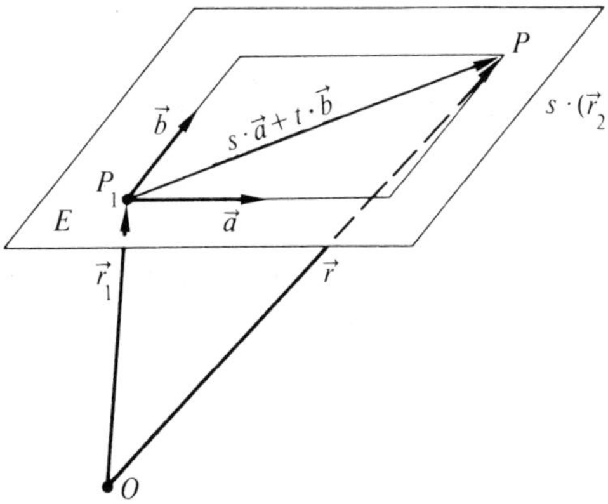

Bild 7.50: Durch $\vec{a}$ und $\vec{b}$ aufgespannte Ebene E

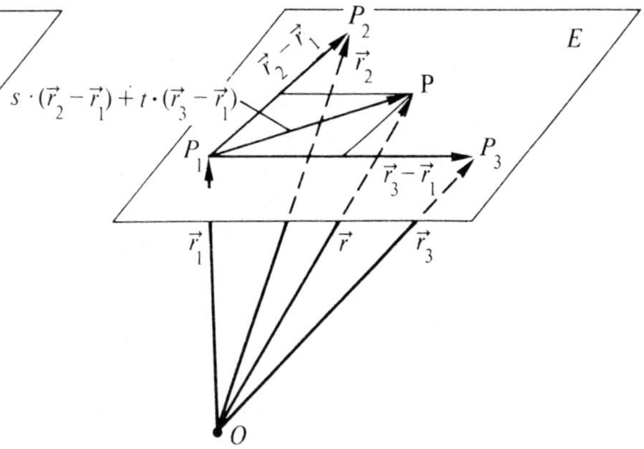

Bild 7.51: Zur Dreipunktegleichung einer Ebene

Ist eine Ebene durch drei nicht auf einer Geraden liegenden Punkte P_1, P_2, P_3 mit den Ortsvektoren $\vec{r}_1, \vec{r}_2, \vec{r}_3$ gegeben, so können die Richtungsvektoren $\vec{a}$ bzw. $\vec{b}$ durch $\vec{r}_2 - \vec{r}_1$ bzw. $\vec{r}_3 - \vec{r}_1$ (die nach Voraussetzung nicht kollinear sind) ersetzt werden, und man erhält als Sonderfall der Parameterform die **Dreipunktegleichung** der Ebene (vgl. Bild 7.51).

$$\vec{r} = \vec{r}_1 + s\cdot(\vec{r}_2 - \vec{r}_1) + t\cdot(\vec{r}_3 - \vec{r}_1), \quad s, t \in \mathbb{R}. \tag{7.39}$$

Beispiel 7.31

Wie lautet eine Parameterdarstellung der Ebene E, die durch die Punkte $P_1(1, -2, 4)$, $P_2(-3, 4, 1)$ und $P_3(2, 1, 7)$ gegeben ist?

Mit $\vec{r}_1 = (1, -2, 4)$, $\vec{r}_2 = (-3, 4, 1)$, $\vec{r}_3 = (2, 1, 7)$, $\vec{r}_2 - \vec{r}_1 = (-4, 6, -3)$, $\vec{r}_3 - \vec{r}_1 = (1, 3, 3)$ folgt

$$E\colon \vec{r} = (1, -2, 4) + s\cdot(-4, 6, -3) + t\cdot(1, 3, 3), \quad s, t \in \mathbb{R}.$$

Daraus ergibt sich für $\vec{r} = (x, y, z)$ durch Vergleich der Vektorkoordinaten das hierzu äquivalente System

$$x = 1 - 4s + t, \quad y = -2 + 6s + 3t, \quad z = 4 - 3s + 3t.$$

Durch Elimination von s und t erhält man als Gleichung der Ebene E in kartesischen Koordinaten

$$3x + y - 2z = -7.$$

Wir wollen nun eine parameterfreie Form der Ebenengleichung herleiten. Dazu multiplizieren wir (7.38) skalar mit dem Vektor $\vec{a} \times \vec{b}$. Wegen $\vec{a}\cdot(\vec{a} \times \vec{b}) = [\vec{a}\,\vec{a}\,\vec{b}] = 0$, $[\vec{b}\,\vec{a}\,\vec{b}] = 0$ folgt

$$(\vec{r} - \vec{r}_1)\cdot(\vec{a} \times \vec{b}) = 0 \quad \text{oder } [(\vec{r} - \vec{r}_1)\vec{a}\,\vec{b}] = 0 \tag{7.40}$$

Das Spatprodukt läßt sich als Determinante schreiben, so daß eine **Ebenengleichung** auch **in der Determinantenform** darstellbar ist

$$\begin{vmatrix} x-x_1 & y-y_1 & z-z_1 \\ a_x & a_y & a_z \\ b_x & b_y & b_z \end{vmatrix} = 0.$$

Aus (7.40) entnimmt man, daß die Vektoren $\vec{r} - \vec{r}_1$, $\vec{a}$ und $\vec{b}$ komplanar sind, was aufgrund von Bild 7.50 geometrisch klar ist.

Beispiel 7.32

Die Gleichung der in Beispiel 7.31 betrachteten Ebene E lautet in Determinantenform

$$\begin{vmatrix} x-1 & y+2 & z-4 \\ -4 & 6 & -3 \\ 1 & 3 & 3 \end{vmatrix} = 0,$$

woraus man wiederum (durch Berechnung der Determinante)

$$3x + y - 2z + 7 = 0$$

erhält.

Die Hessesche Normalform der Ebenengleichung

Durch den Ortsvektor $\vec{r}_1$ und die (nicht-kollinearen) Vektoren $\vec{a}$ und $\vec{b}$ sei die Ebene E gegeben

$$E: \vec{r} = \vec{r}_1 + s \cdot \vec{a} + t \cdot \vec{b}, \quad s, t \in \mathbb{R}.$$

Der Vektor $\vec{n} = \vec{a} \times \vec{b}$ (s. Bild 7.52) ist orthogonal zur Ebene E, man nennt ihn daher **Normalenvektor** von E. Da $\vec{a}$, $\vec{b}$ nicht kollinear sind, ist $\vec{n} \neq \vec{0}$.

Aus (7.40) folgt damit

$$(\vec{r} - \vec{r}_1) \cdot \vec{n} = 0 \quad \text{oder} \quad \vec{r} \cdot \vec{n} = \vec{r}_1 \cdot \vec{n}. \tag{7.41}$$

Multiplizieren wir diese Gleichung mit $\frac{1}{n}$ und setzen $d = \vec{r}_1 \cdot \vec{n}^{\,0}$ $\left(\text{beachte } \frac{1}{n} \cdot \vec{n} = \vec{n}^{\,0}\right)$, so erhalten wir

$$\vec{r} \cdot \vec{n}^{\,0} - d = 0. \tag{7.42}$$

Dies ist die **Hessesche Normalform der Ebenengleichung**. Sie ist bis auf das Vorzeichen von d eindeutig bestimmt.

$\vec{r}_1 \cdot \vec{n}^{\,0}$ ist die Projektion des Ortsvektors $\vec{r}_1$ auf die Richtung des Normalenvektors $\vec{n}$ der Ebene E, und daher ist $|\vec{r}_1 \cdot \vec{n}^{\,0}| = |d|$ der Abstand der Ebene E vom Ursprung (vgl. Bild 7.52).

Verwenden wir in (7.41) die Koordinatenschreibweise, so ergibt sich, wenn $\vec{n} = (A, B, C)$ ist:

$$A \cdot x + B \cdot y + C \cdot z = x_1 A + y_1 B + z_1 C.$$

Setzen wir $D = x_1 A + y_1 B + z_1 C$, so erhalten wir

$$Ax + By + Cz = D. \tag{7.43}$$

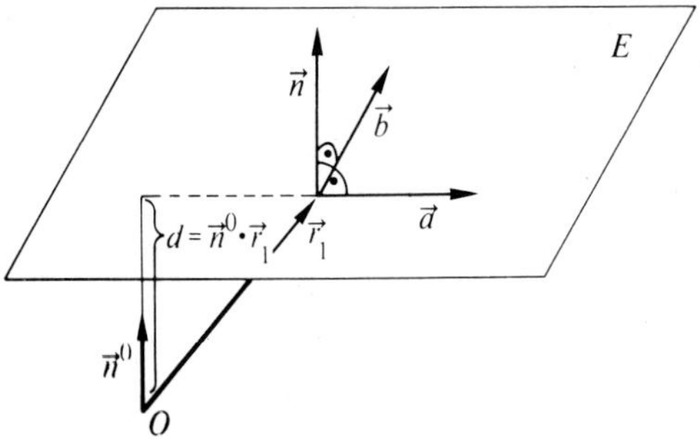

Bild 7.52: Hessesche Normalform

Das ist die Gleichung der Ebene E in kartesischen Koordinaten. Umgekehrt kann (7.43) mit Hilfe des skalaren Produkts der beiden Vektoren $\vec{n} = (A, B, C)$ und $\vec{r} = (x, y, z)$ geschrieben werden, falls $A^2 + B^2 + C^2 \neq 0$, d.h. $\vec{n} \neq \vec{0}$ ist.

(7.43) stellt daher (für $A^2 + B^2 + C^2 \neq 0$) immer eine Ebene dar. Die Koeffizienten von x, y und z sind (in dieser Reihenfolge) Komponenten eines Normalenvektors der Ebene E.

Ist eine Ebene E in der Form (7.43) gegeben, so erhält man die Hessesche Normalform durch Multiplikation von (7.43) mit

$$\frac{1}{\sqrt{A^2 + B^2 + C^2}}.$$

Der Abstand eines Punktes $P_0(x_0, y_0, z_0)$ von der in Hessescher Normalform

$$\vec{r} \cdot \vec{n}^0 - d = 0 \tag{7.44}$$

gegebenen Ebene E läßt sich wie folgt berechnen.

Durch P_0 legen wir eine zu E parallele Ebene E_1. Da $E \parallel E_1$ ist, haben beide Ebenen den gleichen Normalenvektor, daher gilt (s. auch Bild 7.53)

$$E_1\colon \vec{r} \cdot \vec{n}^0 - d_1 = 0,$$

wobei $|d_1|$ der Abstand der Ebene E_1 vom Ursprung ist. P_0 gehört zu E_1, d.h. der Ortsvektor $\vec{r}_0$ von P_0 erfüllt die Gleichung der Ebene E_1, es ist daher $\vec{r}_0 \cdot \vec{n}^0 = d_1$. Der Abstand e des Punktes P_0 von E ist gleich dem Abstand der Ebenen E und E_1, also gilt

$$e = |d_1 - d| = |\vec{r}_0 \cdot \vec{n}^0 - d|. \tag{7.45}$$

Um den Abstand e eines Punktes P_0 mit dem Ortsvektor $\vec{r}_0$ von der Ebene E zu berechnen, muß auf der linken Seite von (7.44) nur $\vec{r}$ durch $\vec{r}_0$ ersetzt werden.

Beispiel 7.33

Man bestimme eine Gleichung der Ebene E, die durch die Punkte $P_1(1, 0, 0)$, $P_2(0, 1, 0)$ und $P_3(0, 0, 1)$ gegeben ist. Wie groß ist der Abstand des Punktes $P_0(3, 3, 4)$ von E?

Mit $\vec{r}_2 - \vec{r}_1 = (-1, 1, 0)$, $\vec{r}_3 - \vec{r}_1 = (-1, 0, 1)$ folgt die Parameterdarstellung von E

$$E\colon \vec{r} = (1, 0, 0) + s \cdot (-1, 1, 0) + t \cdot (-1, 0, 1), \quad s, t \in \mathbb{R}.$$

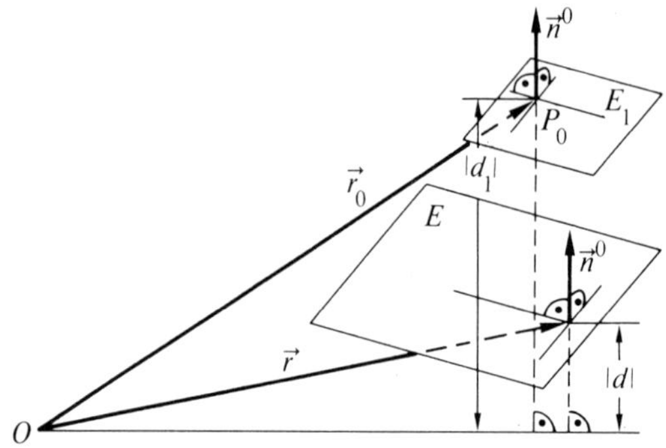

Bild 7.53: Abstand eines Punktes von einer Ebene

Normalenvektor $\vec{n}$ der Ebene E:

$$\vec{n} = (\vec{r}_2 - \vec{r}_1) \times (\vec{r}_3 - \vec{r}_1) = (1,1,1), \quad \vec{n}^{\,0} = \tfrac{1}{3}\sqrt{3}(1,1,1)$$

Der Ortsvektor $\vec{r}_1$ von P_1 erfüllt die Gleichung der Ebene E. Damit läßt sich d berechnen.

$$\vec{n}^{\,0}\cdot\vec{r}_1 - d = 0 \Rightarrow d = \vec{n}^{\,0}\cdot\vec{r}_1 \Rightarrow d = \tfrac{1}{3}\sqrt{3}(1,1,1)\cdot(1,0,0) = \tfrac{1}{3}\sqrt{3}$$

Hessesche Normalform von E:

$$\tfrac{1}{3}\sqrt{3}(1,1,1)\cdot\vec{r} - \tfrac{1}{3}\sqrt{3} = 0$$

oder in kartesischen Koordinaten

$$\tfrac{1}{3}\sqrt{3}(x+y+z-1) = 0.$$

Für den Abstand des Punktes P_0 von E ergibt sich

$$e = |\vec{n}^{\,0}\cdot\vec{r}_0 - d| = |\tfrac{1}{3}\sqrt{3}(1,1,1)\cdot(3,3,4) - \tfrac{1}{3}\sqrt{3}| = 3\sqrt{3}.$$

Die verschiedenen Lagen, die zwei Ebenen zueinander haben können, sollen nun untersucht werden.

Es seien die beiden Ebenen

$$E_1\colon \vec{r} = \vec{r}_1 + s\cdot\vec{a}_1 + t\cdot\vec{b}_1, \quad E_2\colon \vec{r} = \vec{r}_2 + u\cdot\vec{a}_2 + v\cdot\vec{b}_2$$

mit den Normalenvektoren $\vec{n}_1 = \vec{a}_1 \times \vec{b}_1$, $\vec{n}_2 = \vec{a}_2 \times \vec{b}_2$ gegeben. Folgende Lagen können E_1 und E_2 zueinander haben:

a) E_1 und E_2 sind gleich ($E_1 \cap E_2 = E_1 = E_2$). Dann sind $\vec{n}_1$ und $\vec{n}_2$ kollinear, d.h. $\vec{n}_1 \times \vec{n}_2 = \vec{0}$ und zusätzlich sind die Vektoren $\vec{r}_2 - \vec{r}_1, \vec{a}_1, \vec{b}_1$ bzw. $\vec{r}_2 - \vec{r}_1, \vec{a}_2, \vec{b}_2$ komplanar, d.h.

$$[(\vec{r}_2 - \vec{r}_1)\vec{a}_1\vec{b}_1] = [(\vec{r}_2 - \vec{r}_1)\vec{a}_2\vec{b}_2] = 0.$$

b) E_1 und E_2 sind parallel, aber nicht gleich ($E_1 \cap E_2 = \phi$). $\vec{n}_1$ und $\vec{n}_2$ sind wiederum kollinear. Daraus folgt $\vec{n}_1 \times \vec{n}_2 = \vec{0}$, jedoch sind $\vec{r}_2 - \vec{r}_1, \vec{a}_1, \vec{b}_1$ bzw. $\vec{r}_2 - \vec{r}_1, \vec{a}_2, \vec{b}_2$ linear unabhängig, d.h.

$$[(\vec{r}_2 - \vec{r}_1)\vec{a}_1\vec{b}_1] \neq 0 \quad \text{und } [(\vec{r}_2 - \vec{r}_1)\vec{a}_2\vec{b}_2] \neq 0.$$

c) E_1 und E_2 schneiden sich in einer Geraden g ($E_1 \cap E_2 = g$). In diesem Fall ist $\vec{n}_1 \times \vec{n}_2 \neq \vec{0}$. Der Vektor $\vec{a} = \vec{n}_1 \times \vec{n}_2$ ist ein Richtungsvektor der Schnittgeraden g (vgl. Bild 7.54).

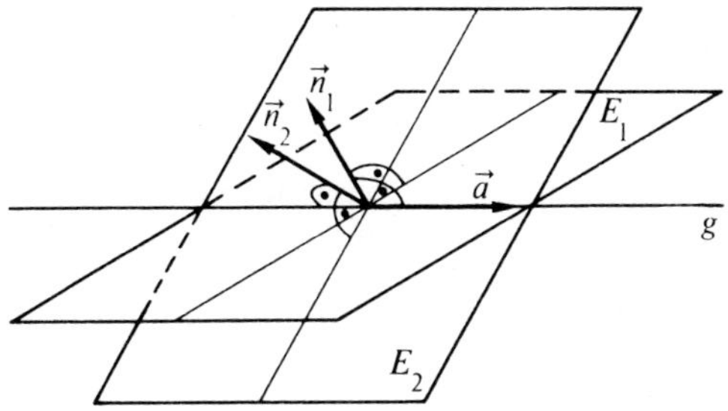

Bild 7.54: Schnittgerade g

Beispiel 7.34

Gegeben sind die Ebenen

$$E_1: \ -x + y - z = 0,$$
$$E_2: \ -5x + y + 6z = 14.$$

Welchen Winkel schließen die Ebenen ein? Wie lautet die Gleichung der Schnittgeraden g (Parameterform)?

Es sind $\vec{n}_1 = (-1, 1, -1), \vec{n}_2 = (-5, 1, 6)$ Normalenvektoren von E_1 und E_2 (vgl. (7.43)).

Als Winkel φ zwischen zwei Ebenen bezeichnet man den Winkel zwischen den Normalenvektoren. Daher ist

$$\cos\varphi = \frac{\vec{n}_1 \cdot \vec{n}_2}{n_1 \cdot n_2} = \frac{1}{n_1 \cdot n_2} \cdot (5 + 1 - 6) = 0,$$

d.h. die Ebenen stehen senkrecht aufeinander.

Ein Richtungsvektor $\vec{a}$ der Schnittgeraden g ist

$$\vec{a} = \vec{n}_1 \times \vec{n}_2 = (7, 11, 4).$$

Zur Bestimmung einer Geradengleichung von g benötigen wir noch einen Punkt P_1, der auf der Geraden g liegt. Da $P_1(x_1, y_1, z_1)$ sowohl auf E_1 als auch auf E_2 liegt, müssen die Koordinaten von P_1 beide Ebenengleichungen erfüllen. Wir haben zwei lineare Gleichungen mit drei Unbekannten. In diesem Beispiel ist z.B. x_1 frei wählbar. Wählen wir $x_1 = 0$, so erhalten wir

$$y_1 - z_1 = 0, \quad y_1 + 6z_1 = 14 \Rightarrow y_1 = z_1 = 2.$$

$P_1(0, 2, 2)$ ist folglich in g enthalten.

Für die Gerade g ergibt sich

$$g: \vec{r} = (0, 2, 2) + t \cdot (7, 11, 4), \quad t \in \mathbb{R}.$$

Beispiel 7.35

Vom Punkt $P_0(1,2,1)$ wird auf die Ebene $E: x-2y+z-7=0$ das Lot gefällt. Wo liegt sein Fußpunkt S?

Normalenvektor $\vec{n}$ der Ebene $E: \vec{n}=(1,-2,1) \Rightarrow \vec{n}^{\,0}=\frac{1}{6}\sqrt{6}(1,-2,1)$.

Hessesche Normalform von E: $\vec{n}^{\,0}\cdot\vec{r}-d=0$, wobei $\vec{n}^{\,0}=\frac{1}{6}\sqrt{6}(1,-2,1)$ und $d=\frac{7}{6}\sqrt{6}$ ist.

Ist $\vec{r}_0$ der Ortsvektor von P_0, so lautet die Gleichung des Lots g

$$g: \vec{r}=\vec{r}_0+t\cdot\vec{n}^{\,0} \quad \text{mit } \vec{r}_0=(1,2,1).$$

$\vec{r}_s$ sei der Ortsvektor des Fußpunkts S. Wegen $S\in E$ und $S\in g$ folgt.

$$\vec{r}_s=\vec{r}_0+t_0\cdot\vec{n}^{\,0} \quad \text{und} \quad \vec{n}^{\,0}\cdot\vec{r}_s-d=0.$$

$\vec{r}_s$ in die rechte Gleichung eingesetzt ergibt

$$\vec{n}^{\,0}(\vec{r}_0+t_0\cdot\vec{n}^{\,0})-d=0 \Rightarrow \vec{n}^{\,0}\cdot\vec{r}_0+t_0-d=0 \Rightarrow$$
$$t_0=d-\vec{n}^{\,0}\cdot\vec{r}_0=\tfrac{7}{6}\sqrt{6}-\tfrac{1}{6}\sqrt{6}(1,-2,1)\cdot(1,2,1)=\tfrac{3}{2}\sqrt{6}.$$

Für den Fußpunkt S erhalten wir daher

$$\vec{r}_s=\vec{r}_0+t_0\cdot\vec{n}^{\,0}=(1,2,1)+\tfrac{3}{2}\sqrt{6}\tfrac{1}{6}\sqrt{6}(1,-2,1)=(\tfrac{5}{2},-1,\tfrac{5}{2}).$$

Daraus folgt $S(\frac{5}{2},-1,\frac{5}{2})$ ist der gesuchte Fußpunkt.

7.2.4 Mehrfachprodukte

Wir beginnen mit Verknüpfungen von drei Vektoren.

Eine davon, nämlich das Spatprodukt, haben wir bereits in Abschnitt 7.1.5 kennengelernt und dort ausführlich besprochen. Die Produktbildung $(\vec{a}\cdot\vec{b})\cdot\vec{c}$ ist nicht weiter von Interesse, da $\vec{a}\cdot\vec{b}$ ein Skalar ist und $(\vec{a}\cdot\vec{b})\cdot\vec{c}$ eine Multiplikation eines Vektors mit einem Skalar ist (siehe Abschnitt 7.1.2).

Bleibt nur noch das dreifache Vektorprodukt $\vec{a}\times(\vec{b}\times\vec{c})$. Für dieses gilt folgender

Satz 7.3 (Entwicklungssatz)

Es sei $\vec{a},\vec{b},\vec{c}\in V$. Ist $\vec{d}=\vec{a}\times(\vec{b}\times\vec{c})$, so sind die Vektoren $\vec{b},\vec{c},\vec{d}$ komplanar, und es gilt

$$\vec{a}\times(\vec{b}\times\vec{c})=(\vec{a}\cdot\vec{c})\cdot\vec{b}-(\vec{a}\cdot\vec{b})\cdot\vec{c}. \tag{7.46}$$

Beweis:

Sind $\vec{b}$ und $\vec{c}$ kollinear, so ist $\vec{d}=\vec{a}\times(\vec{b}\times\vec{c})=\vec{0}$ (wegen $\vec{b}\times\vec{c}=0$), $\vec{b}$, $\vec{c}$ und $\vec{d}$ sind komplanar. In diesem Fall verzichten wir auf den Beweis von (7.46).
$\vec{b}$ und $\vec{c}$ seien nun linear unabhängig. Da $\vec{d}\perp(\vec{b}\times\vec{c})$, liegt $\vec{d}$ in der von $\vec{b}$ und $\vec{c}$ aufgespannten Ebene ($\vec{b}\times\vec{c}$ ist Normalenvektor dieser Ebene). Die Vektoren $\vec{b}$, $\vec{c}$ und $\vec{d}$ sind folglich komplanar. $\vec{d}$ läßt sich daher als Linearkombination von $\vec{b}$ und $\vec{c}$ darstellen, d.h. es gibt $\alpha,\beta\in\mathbb{R}$

mit

$$\vec{d} = \vec{a} \times (\vec{b} \times \vec{c}) = \alpha \cdot \vec{b} + \beta \cdot \vec{c}.$$

Durch skalare Multiplikation mit $\vec{a}$ ergibt sich wegen $\vec{a} \cdot \vec{d} = 0$

$$\alpha(\vec{a} \cdot \vec{b}) + \beta(\vec{a} \cdot \vec{c}) = 0.$$

Nehmen wir zunächst an, daß $\vec{a} \cdot \vec{b}$ und $\vec{a} \cdot \vec{c}$ nicht beide gleichzeitig verschwinden, dann gibt es ein $\lambda \in \mathbb{R}$, so daß

$$\alpha = \lambda(\vec{a} \cdot \vec{c}) \quad \text{und} \quad \beta = -\lambda(\vec{a} \cdot \vec{b})$$

ist.

Somit gilt

$$\vec{a} \times (\vec{b} \times \vec{c}) = \lambda(\vec{a} \cdot \vec{c}) \cdot \vec{b} - \lambda(\vec{a} \cdot \vec{b}) \cdot \vec{c}. \tag{7.47}$$

Da die Beziehung für alle $\vec{a}, \vec{b}, \vec{c} \in V$ gelten muß, können wir speziell $\vec{a} = \vec{e}_1$, $\vec{b} = \vec{e}_1 + \vec{e}_2 + \vec{e}_3$, $\vec{c} = \vec{e}_2$ wählen. Dann ist

$$\vec{b} \times \vec{c} = \vec{e}_1 \times \vec{e}_2 + \vec{e}_2 \times \vec{e}_2 + \vec{e}_3 \times \vec{e}_2 = \vec{e}_3 - \vec{e}_1,$$
$$\vec{a} \times (\vec{b} \times \vec{c}) = \vec{e}_1 \times \vec{e}_3 - \vec{e}_1 \times \vec{e}_1 = -\vec{e}_2, \quad \vec{a} \cdot \vec{c} = 0, \vec{a} \cdot \vec{b} = 1.$$

Eingesetzt in (7.47) ergibt $-\vec{e}_2 = 0 \cdot \vec{b} - \lambda \vec{e}_2 \Rightarrow \lambda = 1$.

Ist $\vec{a} \cdot \vec{b} = \vec{a} \cdot \vec{c} = 0$, so ist (wegen $\vec{a} \parallel \vec{b} \times \vec{c}$) $\vec{a} \times (\vec{b} \times \vec{c}) = \vec{0}$. Daher ist auch in diesem Fall die Beziehung $\vec{a} \times (\vec{b} \times \vec{c}) = (\vec{a}\vec{c})\vec{b} - (\vec{a}\vec{b})\vec{c}$ richtig (s. auch Bild 7.55). ●

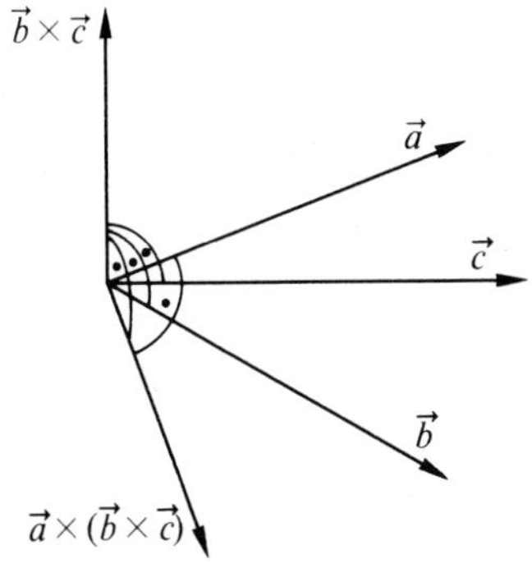

Bild 7.55: $\vec{a} \times (\vec{b} \times \vec{c}) = (\vec{a}\vec{c})\vec{b} - (\vec{a}\vec{b})\vec{c}$

Wir betrachten noch zwei Verknüpfungen mit vier Vektoren.

a) $(\vec{a} \times \vec{b}) \cdot (\vec{c} \times \vec{d}) = [\vec{a} \times \vec{b}\,\vec{c}\,\vec{d}] = [\vec{d}\,\vec{a} \times \vec{b}\,\vec{c}] = [\vec{c}\,\vec{d}\,\vec{a} \times \vec{b}] = \vec{c} \cdot (\vec{d} \times (\vec{a} \times \vec{b}))$.

Mit dem Entwicklungssatz folgt daher

$$(\vec{a} \times \vec{b}) \cdot (\vec{c} \times \vec{d}) = \vec{c} \cdot ((\vec{d} \cdot \vec{b}) \cdot \vec{a} - (\vec{d} \cdot \vec{a}) \cdot \vec{b}) = (\vec{a} \cdot \vec{c}) \cdot (\vec{b} \cdot \vec{d}) - (\vec{a} \cdot \vec{d}) \cdot (\vec{b} \cdot \vec{c}).$$

In Determinantenschreibweise:

$$(\vec{a} \times \vec{b}) \cdot (\vec{c} \times \vec{d}) = \begin{vmatrix} \vec{a} \cdot \vec{c} & \vec{b} \cdot \vec{c} \\ \vec{a} \cdot \vec{d} & \vec{b} \cdot \vec{d} \end{vmatrix}.$$

Diese Darstellung wird als **Identität von Lagrange** bezeichnet.

b) $(\vec{a} \times \vec{b}) \times (\vec{c} \times \vec{d}) = -(\vec{c} \times \vec{d}) \times (\vec{a} \times \vec{b}) = -[((\vec{c} \times \vec{d}) \cdot \vec{b})\,\vec{a} - ((\vec{c} \times \vec{d}) \cdot \vec{a}) \cdot \vec{b}]$.

Daraus folgt

$$(\vec{a} \times \vec{b}) \times (\vec{c} \times \vec{d}) = [\vec{a}\vec{c}\vec{d}] \cdot \vec{b} - [\vec{b}\vec{c}\vec{d}] \cdot \vec{a}.$$

Aufgaben

1. Beweisen Sie: Drei Vektoren $\vec{a}, \vec{b}, \vec{c}$ sind genau dann komplanar, wenn es Zahlen $\alpha, \beta, \gamma \in \mathbb{R}$ gibt, die nicht alle Null sind, so daß gilt: $\alpha\vec{a} + \beta\vec{b} + \gamma\vec{c} = \vec{0}$.
2. Gegeben sind die Vektoren $\vec{a}, \vec{b}$ und $\vec{c}$. Zeigen Sie, daß die Vektoren $\vec{b} + \vec{c} - 2\vec{a}, \vec{c} + \vec{a} - 2\vec{b}, \vec{a} + \vec{b} - 2\vec{c}$ linear abhängig sind.
3. Gegeben sind die Vektoren
   $\vec{a}_1 = (2, -3, 1)$, $\vec{a}_2 = (-6, 1, -4)$, $\vec{a}_3 = (5, 3, 2)$.
   Bestimmen Sie den Vektor $\vec{a}_4$ so, daß gilt:
   a) $\vec{a}_1 + \vec{a}_2 + \vec{a}_3 + \vec{a}_4 = \vec{0}$; b) $2\vec{a}_1 - 3\vec{a}_2 + 2\vec{a}_3 - 2\vec{a}_4 = \vec{0}$.
4. Es sei $\vec{a} = (2, 3, -5)$. Bestimmen Sie einen Vektor $\vec{b}$ so, daß $\vec{a}$ und $\vec{b}$ kollinear sind. Dabei sei
   a) $\vec{b} = (x, y, 10)$; b) $\vec{b} = (x, 1, z)$.
5. Gegeben ist das Dreieck ABC. $\overline{AC}$ wird durch D, $\overline{BC}$ durch E so geteilt, daß die Stecke $\overline{AD} = \frac{2}{3} \cdot \overline{AC}$ und $\overline{BE} = \frac{4}{5} \cdot \overline{BC}$ ist. $\overline{AE}$ und $\overline{BD}$ schneiden sich im Punkt F.
   Berechnen Sie die Verhältnisse $\overline{AF} : \overline{FE}$ und $\overline{BF} : \overline{FD}$.
6. Sind folgende Vektoren komplanar?
   a) $\vec{a} = (1, 2, 3)$, $\vec{b} = (3, 2, 1)$, $\vec{c} = (0, 4, 8)$; b) $\vec{a} = (1, 3, 3)$, $\vec{b} = (3, 3, 1)$, $\vec{c} = (3, 1, 3)$;
   c) $\vec{a} = (0, 1, 2)$, $\vec{b} = (1, 1, 1)$, $\vec{c} = (0, 4, 8)$.
7. Wie muß $a \in \mathbb{R}$ gewählt werden, damit die Vektoren $\vec{a}, \vec{b}, \vec{c}$ komplanar sind?
   a) $\vec{a} = (2, 1, -3)$, $\vec{b} = (1, \mathrm{a}, 3)$, $\vec{c} = (1, 1, 0)$; b) $\vec{a} = (\mathrm{a}, 2\mathrm{a}, 7)$, $\vec{b} = (1, 3, 5)$, $\vec{c} = (2, 4, 5)$;
   c) $\vec{a} = (1, \mathrm{a}, 3)$, $\vec{b} = (\mathrm{a}, 2, 1)$, $\vec{c} = (1, 2, \mathrm{a})$.
8. Gegeben sind die Vektoren
   $\vec{a} = (1, 1, 1)$, $\vec{b} = (0, 1, 1)$, $\vec{c} = (1, 0, 1)$.
   a) Zeigen Sie, daß $\vec{a}, \vec{b}, \vec{c}$ eine Basis bilden.
   b) Ist $\vec{a}, \vec{b}, \vec{c}$ eine orthogonale oder eine normierte Basis?
   c) Stellen Sie folgende Vektoren als Linearkombination dieser Basis dar.
      i) $\vec{e} = (6, 6, 6)$; ii) $\vec{f} = (3, 5, 5)$; iii) $\vec{g} = (4, 3, 6)$.
9. Welchen Bedingungen müssen zwei Vektoren $\vec{a}$ und $\vec{b}$ genügen, damit sie die Beziehung
   a) $|\vec{a} + \vec{b}| = |\vec{a}| + |\vec{b}|$; b) $|\vec{a} + \vec{b}| = |\vec{a} - \vec{b}|$;
   c) $|\vec{a} + \vec{b}| > |\vec{a} - \vec{b}|$; d) $|\vec{a} + \vec{b}| < |\vec{a} - \vec{b}|$.
   erfüllen?
10. Welchen Winkel φ schließen die Vektoren $\vec{a}$ und $\vec{b}$ ein?
    a) $\vec{a} = (2, 3, 0)$, $\vec{b} = (7, 4, 0)$; b) $\vec{a} = (1, 1, 1)$, $\vec{b} = (0, 1, 5)$;
    c) $\vec{a} = (2, -1, 1)$, $\vec{b} = (-1, 3, 4)$.

11. Gegeben sind die Vektoren
$\vec{a} = (10, 4, 6)$ und $\vec{b} = (6, 1, -8)$.
Berechnen Sie:
a) a und b; b) $\vec{a}^0$ und $\vec{b}^0$; c) den Winkel zwischen $\vec{a}$ und $\vec{b}$;
d) die Schnittwinkel von $\vec{a}^0$ mit den Koordinatenachsen.

12. Berechnen Sie alle sowohl auf $\vec{a} = (1, 3, 5)$ als auch auf $\vec{b} = (6, -2, 3)$ senkrecht stehenden Einheitsvektoren.

13. Bestimmen Sie die Maßzahlen des Volumens und der Oberfläche des von den Vektoren $\vec{a} = (-3, 5, 7)$, $\vec{b} = (3, 4, 15)$ und $\vec{c} = (10, -6, 3)$ aufgespannten Spats.

14. Durch die Punkte $A(1, 4, 5)$, $B(-3, -2, 1)$, $C(2, 0, -4)$ und $D(-1, 0, 8)$ ist ein Tetraeder gegeben. Berechnen Sie die Oberfläche, das Volumen und die Höhe h dieses Tetraeders, wenn ABC die Grundfläche ist.

15. Gegeben sei das Dreieck $A(-3, -1, -2)$, $B(4, -4, 1)$, $C(1, 2, -1)$.
Berechnen Sie die Höhen h_a, h_b und h_c.

16. Gegeben sei das Dreieck $P_1(x_1, y_1)$, $P_2(x_2, y_2)$, $P_3(x_3, y_3)$. Zeigen Sie, daß für den Flächeninhalt A dieses Dreiecks gilt

$$A = \left| \frac{1}{2} \cdot \begin{vmatrix} 1 & 1 & 1 \\ x_1 & x_2 & x_3 \\ y_1 & y_2 & y_3 \end{vmatrix} \right|.$$

17. Durch den Punkt $P_1(-1, 5, 5)$ ist die Ebene E_1 und durch $P_2(-3, 0, 6)$ die Ebene E_2 so zu legen, daß beide Ebenen senkrecht zu dem Vektor $\vec{n} = (8, -1, 4)$ sind. Bestimmen Sie den Abstand d beider Ebenen.

18. Gegeben sind die drei Ebenen
E_1: $2x - y - z = 7$; E_2: $6x + y + 5z = -3$; E_3: $2x + 2y + 5z = 4$.
Gibt es eine Gerade g durch den Ursprung, die zu den drei Ebenen parallel ist?
Wie lautet gegebenenfalls ihre Gleichung?

19. Die Gerade g sei durch die beiden Punkte $P_1(1, 1, 1)$ und $P_2(-1, 3, 2)$ gegeben. Ferner sei $P_0(-2, 5, 8)$. Bestimmen Sie
a) den Fußpunkt S des Lots von P_0 auf g; b) den Abstand e von P_0 zu g;
c) eine Gleichung der Geraden h durch P_0 senkrecht zu g.

20. Unter welcher Bedingung liegen vier Punkte des Raums in einer Ebene?

21. Liegen die Punkte
a) $P_1(0, 1, 0)$, $P_2(1, 0, 0)$, $P_3(0, 0, 1)$, $P_4(0, 1, 1)$;
b) $P_1(0, 1, 0)$, $P_2(1, 0, 0)$, $P_3(0, 0, 1)$, $P_4(0, \frac{1}{2}, \frac{1}{2})$
in einer Ebene?

22. Wie lautet eine Gleichung der Ebene E, die senkrecht auf der Geraden g durch $P_1(2, 0, 2)$, $P_2(4, 2, -2)$ steht und durch den Mittelpunkt von $\overline{P_1P_2}$ geht?

23. Der Vektor $\vec{v} = (1, 2, 3)$ ist in zwei Komponenten zu zerlegen, von denen eine senkrecht zu $\vec{a} = (2, 1, 2)$, die andere senkrecht zur Ebene E: $x + y + 2z = 0$ ist.

24. Zerlegen Sie den Vektor $\vec{v} = (1, -2, -3)$ in zwei Komponenten, von denen die eine parallel zu $\vec{a} = (2, -1, -2)$, die andere parallel zur Ebene E: $4x - 3y + 5z = 0$ ist.

25. Gegeben sei der Punkt $P_1(1, 1, 1)$ und die Gerade g: $\vec{r} = (1, 0, 0) + t \cdot (0, 1, 0)$, $t \in \mathbb{R}$.
a) Wie lautet die Gleichung (Hessesche Normalform) der Ebene E durch P_1, die g enthält?
b) Berechnen Sie den Abstand e des Punktes $P_2(0, 1, 0)$ von der Ebene E.

26. Es sei $\vec{a} = (1, 2, -5)$, $\vec{b} = (1, -2, -1)$.
a) Berechnen Sie die Projektion von $\vec{a}$ in Richtung von $\vec{b}$.
b) Wie groß ist der Winkel zwischen $\vec{a}$ und $\vec{b}$?
c) Berechnen Sie den Inhalt des von $\vec{a}$ und $\vec{b}$ aufgespannten Parallelogramms.
d) Wie lautet eine Gleichung der von $\vec{a}$ und $\vec{b}$ aufgespannten Ebene E, die den Nullpunkt enthält?
e) Bestimmen Sie einen in der Ebene E verlaufenden Einheitsvektor $\vec{c}^0$, der senkrecht auf $\vec{a}$ steht.

27. Gegeben seien die Punkte $P_1(1, 0, -1)$, $P_2(2, 1, -3)$, $P_3(-1, 2, 1)$, $P_4(0, -2, 1)$.
Berechnen Sie

a) den Abstand des Punktes P_4 von der Ebene E durch P_1, P_2, P_3;
b) den Abstand des Punktes P_4 von der Geraden g durch P_1, P_2;
c) den Abstand der Geraden g von der Geraden h durch P_3, P_4.

28. Gegeben seien die Punkte $P_1(1,2,2)$, $P_2(1,0,-3)$.
Bestimmen Sie dasjenige System von aufeinander senkrecht stehenden Einheitsvektoren $\vec{a}^0$, $\vec{b}^0$, $\vec{c}^0$, für das folgende Bedingungen gelten:
(1) $\vec{a}^0$ hat die Richtung $\overrightarrow{OP_1}$,
(2) $\vec{b}^0$ liegt in der Ebene durch O, P_1, P_2,
(3) das Vektorsystem $\vec{a}^0$, $\vec{b}^0$, $\vec{c}^0$ ist ein Rechtssystem,
(4) $\vec{c}^0 \cdot \vec{e}_3 < 0$ mit $\vec{e}_3 = (0,0,1)$.

29. Welche Lage haben die Geraden g_1 und g_2 zueinander?
g_1: $\vec{r} = (1,0,0) + t\cdot(-1,1,1)$; g_2: $\vec{r} = s\cdot(1,1,1)$.
Bestimmen Sie gegebenenfalls den Schnittpunkt.

30. Gegeben seien die Punkte $P_1(0,0,3)$, $P_2(0,3,0)$, $P_3(1,1,4)$ und die Ebene E: $x + 2y - 3z = 4$.
a) Bestimmen Sie eine Gleichung der Schnittgeraden g der Ebene E mit der durch die Punkte P_1, P_2, P_3 gehenden Ebene E_1.
b) Berechnen Sie die Spurpunkte der Geraden g.

31. Liegen die Punkte $A(5,2,0)$, $B(3,6,4)$, $C(0,10,5)$, $D(2,5,3)$ in einer Ebene?

32. Zeigen Sie, daß sich die Raumdiagonalen eines Spats schneiden.

33. Die Grundrisse von zwei Geraden schneiden sich im Punkt
a) $A(6,4,0)$, b) $A(6,12,0)$,
die Aufrisse im Punkt
a) $B(0,6,4)$, b) $B(0,12,6)$.
Welche Aussage kann über den Schnittpunkt der Geraden gemacht werden?

34. Ein starrer Körper rotiere mit $n = 300$ Umdrehungen pro Minute um die Achse g: $\vec{r} = t\cdot(1,-3,2)$.
Bestimmen Sie den Geschwindigkeitsvektor $\vec{v}$ des Punktes $P_1(-1,4,3)$. Wie groß ist v?

35. Die Struktur eines Kristalls werde durch die drei Gittervektoren $\vec{a}_1 = (0,1,1)$, $\vec{a}_2 = (0,1,0)$, $\vec{a}_3 = (-1,0,0)$ beschrieben.
Bestimmen Sie die durch die Bedingungen

$$\vec{b}_i \cdot \vec{a}_j = \begin{cases} 2\pi & \text{für } i = j \\ 0 & \text{für } i \neq j \end{cases} \qquad i,j = 1,2,3$$

definierten reziproken Gittervektoren $\vec{b}_1$, $\vec{b}_2$ und $\vec{b}_3$.

7.3 Geometrische und Koordinaten-Transformationen

Bewegte Bilder (Animationen) kann man mit Hilfe eines Computers auf zwei verschiedene Arten erzeugen. Entweder man bewegt die abzubildenden Objekte in einem geeignet gewählten Koordinatensystem **(geometrische Transformation)** oder man hält die Objekte fest und bewegt das zugrundegelegte Koordinatensystem **(Koordinatentransformation)**. Die gewünschten Bewegungen werden dabei in der Regel mit Hilfe von

Parallelverschiebungen (Translationen)
Skalierungen (Dehnungen, Stauchungen)
Drehungen (Rotationen)

beschrieben.

Hinweis:
In diesem Abschnitt werden Vektoren und Matrizen nebeneinander verwendet. Damit die Multiplikation zweier Vektoren im Sinne der Matrizenmultiplikation einen Sinn ergibt, muß man

zwischen Zeilen- und Spaltenvektoren unterscheiden. Im folgenden sind Vektoren Spaltenvektoren, also Matrizen mit einer Spalte. Das Skalarprodukt der Vektoren $\vec{a}$ und $\vec{b}$ schreibt sich deshalb wie folgt:

$$a_x \cdot b_x + a_y \cdot b_y + a_z \cdot b_z = (a_x a_y a_z) \cdot \begin{pmatrix} b_x \\ b_y \\ b_z \end{pmatrix} = \vec{a}^T \cdot \vec{b}.$$

Im Unterschied hierzu ist

$$\vec{a} \cdot \vec{b}^T = \begin{pmatrix} a_x \\ a_y \\ a_z \end{pmatrix} \cdot (b_x b_y b_z) = \begin{pmatrix} a_x b_x & a_x b_y & a_x b_z \\ a_y b_x & a_y b_y & a_y b_z \\ a_z b_x & a_z b_y & a_z b_z \end{pmatrix},$$

also eine (3, 3)-Matrix.

7.3.1 Geometrische 3D-Transformationen

Im folgenden bezeichnet $\vec{r} = \begin{pmatrix} x \\ y \\ z \end{pmatrix}$ bzw. $\vec{r}\,' = \begin{pmatrix} x' \\ y' \\ z' \end{pmatrix}$ den Ortsvektor des Punktes P bzw. den seines Bildpunktes P' bezogen auf dasselbe Koordinatensystem.

Translation (Parallelverschiebung)

Unter einer **Translation** versteht man die geradlinige Verschiebung eines Objekts bzw. die aller seiner Punkte. Wie im Bild 7.56 dargestellt, berechnet sich der Ortsvektor des verschobenen Punktes P′ aus dem des ursprünglichen Punktes P mit Hilfe des

Translationsvektors $\vec{t} = \begin{pmatrix} t_x \\ t_y \\ t_z \end{pmatrix}$

zu $\vec{r}\,' = \vec{r} + \vec{t}$. Die Koordinaten von P' lauten folglich:

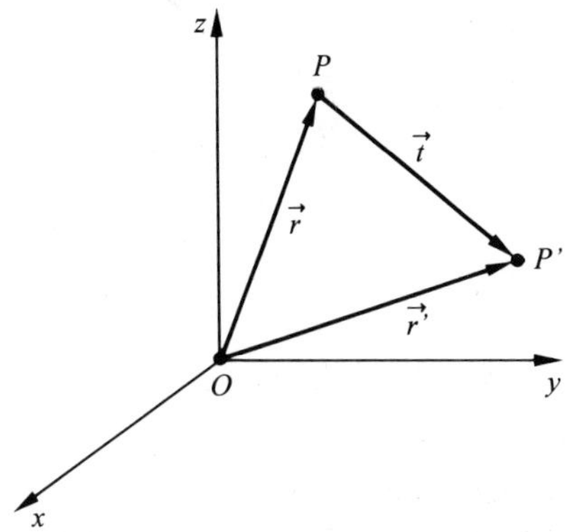

Bild 7.56: Translation

$$\begin{aligned} x' &= x + t_x \\ y' &= y + t_y \\ z' &= z + t_z \end{aligned} \qquad (7.48)$$

Skalierung

Hiermit kann man die Vergrößerung und Verkleinerung von Objekten erzielen. Die Koordinaten des Bildpunktes P′ berechnen sich dabei aus denen des Originalpunktes P durch Multiplikation mit den **Skalierungsfaktoren** s_x, s_y, $s_z \neq 0$ in Richtung der Koordinatenachsen zu

$$x' = s_x \cdot x, \; y' = s_y \cdot y \text{ und } z' = s_z \cdot z.$$

Führt man die **Skalierungsmatrix** $S = \begin{pmatrix} s_x & 0 & 0 \\ 0 & s_y & 0 \\ 0 & 0 & s_z \end{pmatrix} = S(s_x, s_y, s_z)$ (7.49)

ein, so ist

$$\vec{r'} = S \cdot \vec{r} \tag{7.50}$$

der Ortsvektor des Bildpunktes.

Bemerkung:

Wird die Skalierungstransformation auf alle Punkte, die ein Objekt definieren, angewendet, so wird das Objekt skaliert und zusätzlich relativ zum Ursprung (**Fixpunkt**) bewegt (siehe Bild 7.57).

Eine uniforme Skalierung ($s_x = s_y = s_z$) vergrößert oder verkleinert die Form des Objekts nicht.

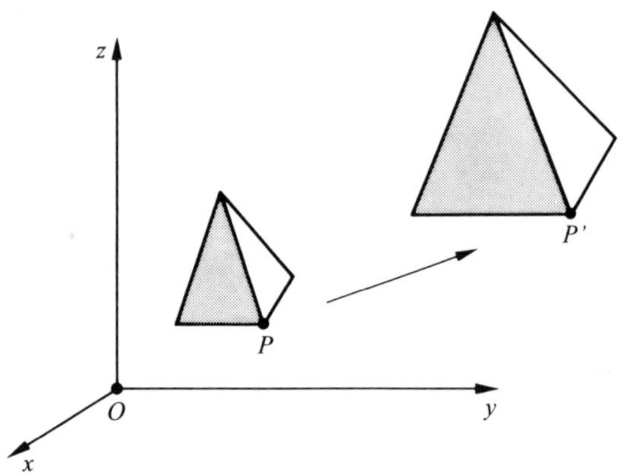

Bild 7.57: Skalierung

Soll die Skalierung bezgl. des Fixpunktes $F = (x_F, y_F, z_F)$ erfolgen, so sind nacheinander folgende Transformationen durchzuführen:

1. Verschiebung von F nach O;
2. Skalierung mit Hilfe von S;
3. Verschiebung von F in seine ursprüngliche Lage.

Drehung

Wir vereinbaren zunächst, was wir im folgenden unter einer **positiven Drehung** (Drehwinkel $\varphi > 0$) eines Punktes um die Achse

$$a: \vec{r} = \vec{r}(t) = \vec{r}_0 + t \cdot \vec{u} \text{ mit } |\vec{u}| = 1$$

verstehen:

Blickt man entgegen $\vec{u}$ in Richtung des Durchstoßpunktes D von a durch die Drehebene von P, so wird P im Gegenuhrzeigersinn um a gedreht (siehe Bild 7.58).

Diese Vereinbarung gilt natürlich insbesondere für die Drehung von P um die Koordinatenachsen.

Dreht man den Punkt P positiv um den Winkel $\varphi > 0$ um die z-Achse, so folgt (beachte: die z-Achse steht auf der Zeichenebene senkrecht, also $z = z'$ - siehe Bild 7.59):

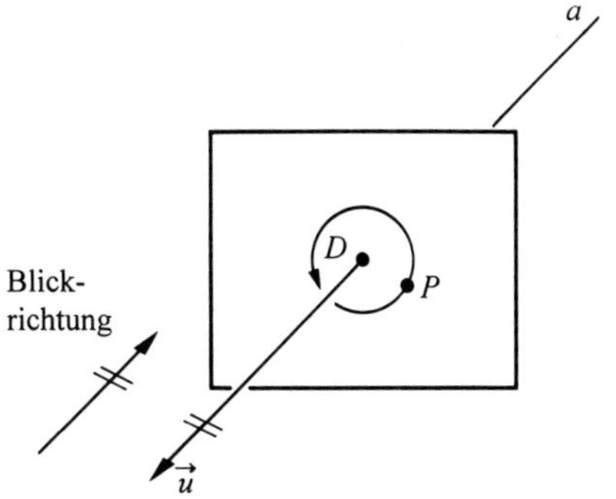

Bild 7.58: Positiver Drehsinn

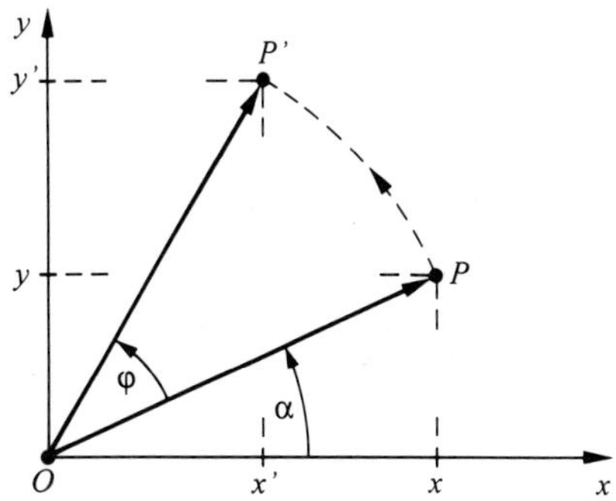

Bild 7.59: Drehung

$$\begin{cases} x' = \overline{OP} \cdot \cos(\alpha + \varphi) \\ y' = \overline{OP} \cdot \sin(\alpha + \varphi) \\ z' = z \end{cases} \Rightarrow \begin{cases} x' = \overline{OP} \cdot (\cos\alpha \cdot \cos\varphi - \sin\alpha \cdot \sin\varphi) \\ y' = \overline{OP} \cdot (\cos\alpha \cdot \sin\varphi + \sin\alpha \cdot \cos\varphi) \\ z' = z \end{cases}$$

Wegen $\overline{OP} \cdot \cos\alpha = x$ und $\overline{OP} \cdot \sin\alpha = y$ erhält man

$$\begin{cases} x' = x \cdot \cos\varphi - y \cdot \sin\varphi \\ y' = x \cdot \sin\varphi + y \cdot \cos\varphi \\ z' = z \end{cases} \tag{7.51}$$

Führt man die **Drehmatrix** $Z(\varphi) = \begin{pmatrix} \cos\varphi & -\sin\varphi & 0 \\ \sin\varphi & \cos\varphi & 0 \\ 0 & 0 & 1 \end{pmatrix}$ ein, so lautet der Ortsvektor des gedrehten Punktes

$$\vec{r}' = Z(\varphi) \cdot \vec{r}. \tag{7.52}$$

Durch zyklische Vertauschung der Koordinatenachsen erhält man aus $Z(\varphi)$ die Matrizen

$$X(\varphi) = \begin{pmatrix} 1 & 0 & 0 \\ 0 & \cos\varphi & -\sin\varphi \\ 0 & \sin\varphi & \cos\varphi \end{pmatrix} \quad \text{und } Y(\varphi) = \begin{pmatrix} \cos\varphi & 0 & \sin\varphi \\ 0 & 1 & 0 \\ -\sin\varphi & 0 & \cos\varphi \end{pmatrix}, \tag{7.53}$$

die die positive Drehung eines Punktes um die x- bzw. y-Achse um den Winkel $\varphi > 0$ beschreiben.

Die Hintereinanderausführung von Translation, Rotation um die z-Achse und Skalierung (in dieser Reihenfolge) führt auf die Transformationsgleichung

$$\vec{r}\,' = S \cdot Z \cdot (\vec{r} + \vec{t}). \tag{7.54}$$

Vorteilhaft in dieser Darstellung wäre es, wenn auch die Translation durch eine Matrizenmultiplikation beschrieben werden könnte. Durch Verwendung **homogener Koordinaten** können Transformationsgleichungen tatsächlich in einer einheitlichen Matrixform dargestellt werden.

Allgemein wird ein Punkt $P = (x, y, z)$ in homogener Koordinatenschreibweise durch die Koordinaten (x_h, y_h, z_h, w) dargestellt, wobei $w \neq 0$ und $x_h = x \cdot w$, $y_h = y \cdot w$ und $z_h = z \cdot w$ ist.

Einfachheitshalber kann man $w=1$ setzen, so daß dann der Punkt (x, y, z) die (spezielle) homogene Koordinatendarstellung $(x, y, z, 1)$ besitzt.

Vereinbarung:

Ortsvektor in kartesischen Koordinaten	Ortsvektor in homogenen Koordinaten
$\vec{r}=\begin{pmatrix} x \\ y \\ z \end{pmatrix}$	$\vec{p}=\begin{pmatrix} x \\ y \\ z \\ 1 \end{pmatrix}$

Erweitert man die Matrix Z zu

$$Z=\begin{pmatrix} \cos\varphi & -\sin\varphi & 0 & 0 \\ \sin\varphi & \cos\varphi & 0 & 0 \\ 0 & 0 & 1 & 0 \\ 0 & 0 & 0 & 1 \end{pmatrix}=Z(\varphi), \tag{7.55}$$

die Matrix S zu

$$S=\begin{pmatrix} s_x & 0 & 0 & 0 \\ 0 & s_y & 0 & 0 \\ 0 & 0 & s_z & 0 \\ 0 & 0 & 0 & 1 \end{pmatrix}=S(s_x, s_y, s_z) \tag{7.56}$$

und führt zur Beschreibung der Translation die Matrix

$$T=\begin{pmatrix} 1 & 0 & 0 & t_x \\ 0 & 1 & 0 & t_y \\ 0 & 0 & 1 & t_z \\ 0 & 0 & 0 & 1 \end{pmatrix}=T(t_x, t_y, t_z), \tag{7.57}$$

ein, so erhält man (7.54) in Matrizenschreibweise:

$$\vec{p}\,'=A\cdot\vec{p} \quad \text{mit} \quad A=S\cdot Z\cdot T.$$

Hierbei ist streng auf die Reihenfolge der Matrizen S, Z und T zu achten.

Durch Hinzufügen einer vierten Zeile und Spalte erhält man die Matrizen (in homogenen Koordinaten), die eine positive Drehung um den Winkel $\varphi>0$ um die x- bzw. y-Achse bewirken:

$$X(\varphi)=\begin{pmatrix} 1 & 0 & 0 & 0 \\ 0 & \cos\varphi & -\sin\varphi & 0 \\ 0 & \sin\varphi & \cos\varphi & 0 \\ 0 & 0 & 0 & 1 \end{pmatrix}, \quad \textbf{Drehung um die } x\textbf{-Achse} \tag{7.58}$$

$$Y(\varphi)=\begin{pmatrix} \cos\varphi & 0 & \sin\varphi & 0 \\ 0 & 1 & 0 & 0 \\ -\sin\varphi & 0 & \cos\varphi & 0 \\ 0 & 0 & 0 & 1 \end{pmatrix}. \quad \textbf{Drehung um die y-Achse} \tag{7.59}$$

Die hergeleiteten Matrizen beschreiben (nach einfacher Modifizierung) auch Transformationen im zweidimensionalen Raum, sogenannte **2D-Transformationen**. In der folgenden Tabelle sind diese Matrizen aufgelistet, wobei stets der Ursprung der Fixpunkt der Transformation ist.

2D-Transformationsmatrizen

bei (üblichen) Koordinaten	bei homogenen Koordinaten	
Translation		
	$T(t_x, t_y) = \begin{pmatrix} 1 & 0 & t_x \\ 0 & 1 & t_y \\ 0 & 0 & 1 \end{pmatrix}$	(7.60)
Skalierung		
$S(s_x, s_y) = \begin{pmatrix} s_x & 0 \\ 0 & s_y \end{pmatrix}$	$S(s_x, s_y) = \begin{pmatrix} s_x & 0 & 0 \\ 0 & s_y & 0 \\ 0 & 0 & 1 \end{pmatrix}$	(7.61)
Drehung um den Ursprung *0*		
$D(\varphi) = \begin{pmatrix} \cos\varphi & -\sin\varphi \\ \sin\varphi & \cos\varphi \end{pmatrix}$	$D(\varphi) = \begin{pmatrix} \cos\varphi & -\sin\varphi & 0 \\ \sin\varphi & \cos\varphi & 0 \\ 0 & 0 & 1 \end{pmatrix}$	(7.62)

Beschreibt die (4, 4)-Matrix M eine geometrische Transformation in homogenen Koordinaten, so erhält man den Ortsvektor des Bildpunktes P' von P zu $\vec{p}' = M \cdot \vec{p}$.

Zur Bestimmung des Ortsvektors des Originalpunktes P zu P' benötigt man wegen $\vec{p}' = M \cdot \vec{p}$ $\Leftrightarrow \vec{p} = M^{-1}\vec{p}'$ die inverse Matrix M^{-1}. Da die Transformationsmatrizen von spezieller Form sind (und aufgrund ihrer geometrischen Eigenschaften), kann die Inverse einer jeden Matrix leicht angegeben werden:

Inverse Translationsmatrix: $T^{-1}(t_x, t_y, t_z) = T(-t_x, -t_y, -t_z)$

Inverse Skalierungsmatrix: $S^{-1}(s_x, s_y, s_z) = S(1/s_x, 1/s_y, 1/s_z)$

Inverse Drehmatrix: $R^{-1}(\varphi) = R(-\varphi) = R^T(\varphi)$ mit $R(\varphi) = X(\varphi)$ bzw. $Y(\varphi)$ bzw. $Z(\varphi)$

Drehung im negativen Sinn um den Winkel $\varphi > 0$

Die folgenden Beispiele erläutern die Vorgehensweise, wenn auf einen Punkt nacheinander (verschiedene) Transformationen angewendet werden.

Beispiel 7.36

Wir bestimmen die Matrix M, die die Drehung von $P = (x, y)$ um den Punkt $P_0 = (x_0, y_0)$ als Drehzentrum beschreibt.

Welche Lage hat das Dreieck $A = (0, 0)$, $B = (1, 1)$, $C = (5, 2)$ nach Drehung um 45° um den Punkt $P_0 = (-1, -1)$?

Wir führen die Transformation in 3 Schritten durch, wozu wir die oben angegebenen Matrizen verwenden:

1. Verschiebung von $P_0 = (x_0, y_0)$ nach $O = (0, 0)$ mit Hilfe der Matrix $T(-x_0, -y_0)$ (siehe (7.60)):
2. Drehung um $\sphericalangle\ \varphi$ um O mit Hilfe der Matrix $D(\varphi)$ (siehe (7.62)).
3. Verschiebung von O nach P_0 mit Hilfe der Matrix $T(x_0, y_0)$.

Die Matrizen lauten:

$$T(-x_0, -y_0) = \begin{pmatrix} 1 & 0 & -x_0 \\ 0 & 1 & -y_0 \\ 0 & 0 & 1 \end{pmatrix}, \quad D(\varphi) = \begin{pmatrix} \cos\varphi & -\sin\varphi & 0 \\ \sin\varphi & \cos\varphi & 0 \\ 0 & 0 & 1 \end{pmatrix} \text{ und}$$

$$T(x_0, y_0) = \begin{pmatrix} 1 & 0 & x_0 \\ 0 & 1 & y_0 \\ 0 & 0 & 1 \end{pmatrix}.$$

Damit lautet die Transformationsmatrix

$$\begin{aligned} M &= T(x_0, y_0) \cdot D(\varphi) \cdot T(-x_0, -y_0) \\ &= \begin{pmatrix} \cos\varphi & -\sin\varphi & (-x_0 \cdot \cos\varphi + y_0 \cdot \sin\varphi + x_0) \\ \sin\varphi & \cos\varphi & (-x_0 \cdot \sin\varphi - y_0 \cdot \cos\varphi + y_0) \\ 0 & 0 & 1 \end{pmatrix} \end{aligned}$$

und die Transformationsgleichung $\vec{p}' = M \cdot \vec{p}$.
Bildet man mit Hilfe der Ortsvektoren der Eckpunkte in homogenen Koordinaten

$$\vec{p}_A = \begin{pmatrix} 0 \\ 0 \\ 1 \end{pmatrix}, \quad \vec{p}_B = \begin{pmatrix} 1 \\ 1 \\ 1 \end{pmatrix} \quad \text{und} \quad \vec{p}_C = \begin{pmatrix} 5 \\ 2 \\ 1 \end{pmatrix}$$

die **Objektmatrix** $P = (\vec{p}_A \vec{p}_B \vec{p}_C) = \begin{pmatrix} 0 & 1 & 5 \\ 0 & 1 & 2 \\ 1 & 1 & 1 \end{pmatrix}$ und berücksichtigt in der Matrix M die Werte $\varphi = 45°$, $x_0 = y_0 = -1$, so kann man die homogenen Koordinaten der Bildpunkte A', B' und C' den Spalten der Matrix (beachte: $\cos 45° = \sin 45° = \frac{1}{2}\sqrt{2} \approx 0.707$)

$$\begin{aligned} P' = M \cdot P &= \begin{pmatrix} 0.707 & -0.707 & -1 \\ 0.707 & 0.707 & 0.414 \\ 0 & 0 & 1 \end{pmatrix} \cdot \begin{pmatrix} 0 & 1 & 5 \\ 0 & 1 & 2 \\ 1 & 1 & 1 \end{pmatrix} \\ &= \begin{pmatrix} -1 & -1 & 1.121 \\ 0.414 & 1.828 & 5.364 \\ 1 & 1 & 1 \end{pmatrix} \end{aligned}$$

entnehmen. Die Ortsvektoren der Bildpunkte lauten folglich:

$$\vec{r}_A' = \begin{pmatrix} -1 \\ 0.414 \end{pmatrix}, \quad \vec{r}_B' = \begin{pmatrix} -1 \\ 1.828 \end{pmatrix} \quad \text{und} \quad \vec{r}_C' = \begin{pmatrix} 1.121 \\ 5.364 \end{pmatrix}.$$

Beispiel 7.37

Wir bestimmen die Matrix, die den Punkt $P_0 = (x_0, y_0)$ an der (nichtsenkrechten) Geraden $y = mx + b$ spiegelt (siehe Bild 7.60). Die Transformation erfolgt in 5 Schritten:

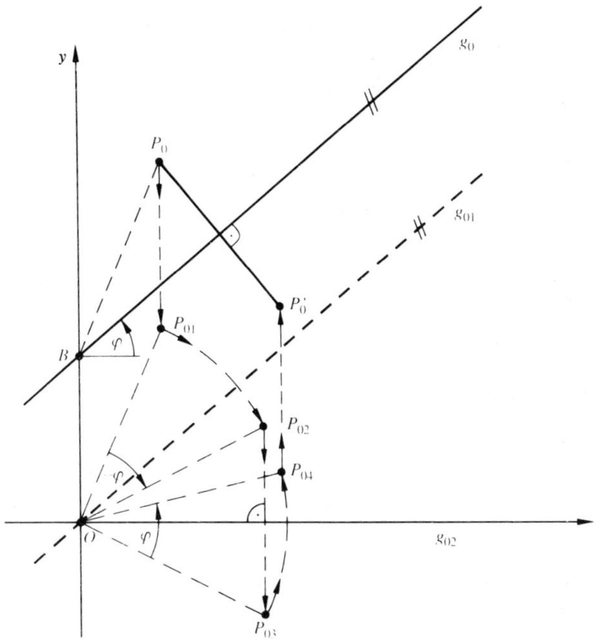

Bild 7.60: Spiegelung an einer Geraden

1. Verschiebung des Punktes $B=(0,b)$ der Geraden nach O mit Hilfe der Matrix $T(0,-b)$.
2. Drehung um O um den Winkel $(-\varphi)$ mit Hilfe der Matrix $D(-\varphi)$, wobei $\varphi=\arctan m$ ist.
3. Spiegelung an der x-Achse mit Hilfe der Matrix $S(1,-1)$.
4. Drehung um O um den Winkel φ mit Hilfe der Matrix $D(\varphi)$.
5. Verschiebung von O nach (0, b) mit Hilfe der Matrix $T(0,b)$.

Mit Hilfe der Matrizen

$$T(0,-b)=\begin{pmatrix}1 & 0 & 0\\ 0 & 1 & -b\\ 0 & 0 & 1\end{pmatrix},$$

$$D(-\varphi)=\begin{pmatrix}\cos(-\varphi) & -\sin(-\varphi) & 0\\ \sin(-\varphi) & \cos(-\varphi) & 0\\ 0 & 0 & 1\end{pmatrix}=\begin{pmatrix}\cos\varphi & \sin\varphi & 0\\ -\sin\varphi & \cos\varphi & 0\\ 0 & 0 & 1\end{pmatrix}$$

$$S(1,-1)=\begin{pmatrix}1 & 0 & 0\\ 0 & -1 & 0\\ 0 & 0 & 1\end{pmatrix},\qquad D(\varphi)=\begin{pmatrix}\cos\varphi & -\sin\varphi & 0\\ \sin\varphi & \cos\varphi & 0\\ 0 & 0 & 1\end{pmatrix},$$

und $T(0,b)=\begin{pmatrix}1 & 0 & 0\\ 0 & 1 & b\\ 0 & 0 & 1\end{pmatrix}$ sowie $\sin\varphi=\dfrac{m}{\sqrt{m^2+1}}$ und $\cos\varphi=\dfrac{1}{\sqrt{m^2+1}}$ erhält man die Transformationsmatrix

$$M=T(0,b)\cdot D(\varphi)\cdot S(1,-1)\cdot D(-\varphi)\cdot T(0,-b)=\frac{1}{m^2+1}\cdot\begin{pmatrix}1-m^2 & 2m & -2bm\\ 2m & m^2-1 & 2b\\ 0 & 0 & m^2+1\end{pmatrix}$$

Beispiel 7.38

Wir bestimmen die Matrix M, die den Punkt $P = (x, y, z)$ positiv um den Winkel φ um die Gerade

$$g\colon \vec{r} = \vec{r}(t) = \vec{r}_0 + t\cdot\vec{u} \quad \text{mit} \quad |\vec{u}| = 1$$

dreht (siehe Bild 7.61).

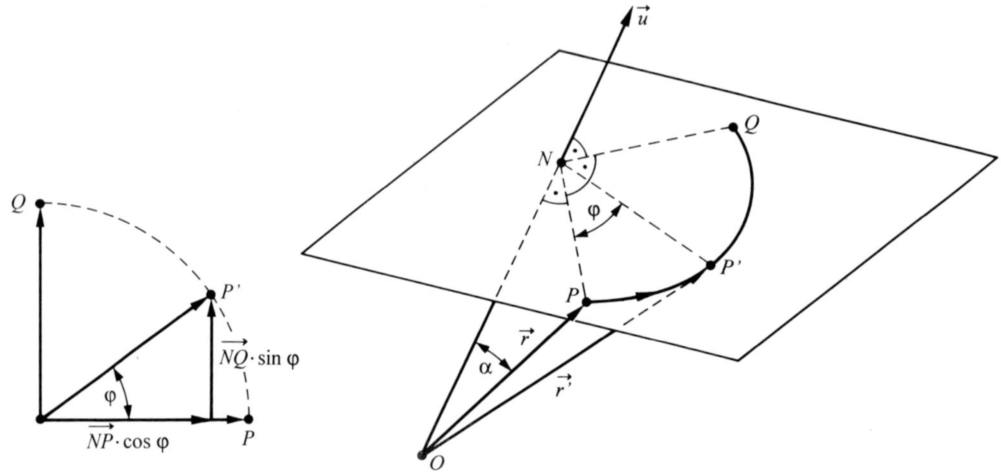

Bild 7.61: Positive Drehung um eine beliebige Gerade

Wir nehmen zunächst an, g verlaufe durch den Ursprung, d.h. es sei

$$\vec{r}_0 = \vec{0}.$$

Q bezeichne den um 90° weitergedrehten Punkt P und P' wieder den gesuchten Bildpunkt zu P (siehe Bild 7.61) Mit Hilfe der Bezeichnungen $\overrightarrow{OP} = \vec{r}$, $\overrightarrow{OP'} = \vec{r}\,'$ und $\vec{u} = (u_x, u_y, u_z)^T$ folgt aus $\vec{r}\,' = \overrightarrow{OP'} = \overrightarrow{ON} + \overrightarrow{NP'}$ wegen $\overrightarrow{ON} = (\vec{r}^{\,T}\cdot\vec{u})\cdot\vec{u}$ und $\overrightarrow{NP'} = \overrightarrow{NP}\cdot\cos\varphi + \overrightarrow{NQ}\cdot\sin\varphi$
(beachte: $|\overrightarrow{NP}| = |\overrightarrow{NQ}| = |\overrightarrow{NP'}|$, $\overrightarrow{NP} \perp \overrightarrow{NQ}$ und $\overrightarrow{NP} \perp \overrightarrow{ON}$):

$$\begin{aligned}\vec{r}\,' &= (\vec{r}^{\,T}\cdot\vec{u})\cdot\vec{u} + \overrightarrow{NP}\cdot\cos\varphi + \overrightarrow{NQ}\cdot\sin\varphi\\ &= (\vec{r}^{\,T}\cdot\vec{u})\cdot\vec{u} + (\vec{r} - (\vec{r}^{\,T}\cdot\vec{u})\cdot\vec{u})\cdot\cos\varphi + (\vec{u}\times\vec{r})\cdot\sin\varphi.\end{aligned}$$

Hieraus erhält man wegen

$$(\vec{r}^{\,T}\cdot\vec{u})\cdot\vec{u} = \begin{pmatrix}(r_xu_x + r_yu_y + r_zu_z)\cdot u_x\\ (r_xu_x + r_yu_y + r_zu_z)\cdot u_y\\ (r_xu_x + r_yu_y + r_zu_z)\cdot u_z\end{pmatrix} = \begin{pmatrix}u_xu_x & u_xu_y & u_xu_z\\ u_yu_x & u_yu_y & u_yu_z\\ u_zu_x & u_zu_y & u_zu_x\end{pmatrix}\cdot\begin{pmatrix}r_x\\ r_y\\ r_z\end{pmatrix} = (\vec{u}\cdot\vec{u}^{\,T})\cdot\vec{r}$$

und

$$\vec{u}\times\vec{r} = U\cdot\vec{r} \quad \text{mit} \quad U = \begin{pmatrix}0 & -u_z & u_y\\ u_z & 0 & -u_x\\ -u_y & u_x & 0\end{pmatrix}$$

die Formel:

$$\vec{r}' = (\vec{u}\cdot\vec{u}^T)\cdot\vec{r} + \vec{r}\cdot\cos\varphi - (\vec{u}\cdot\vec{u}^T)\cdot\vec{r}\cdot\cos\varphi + U\cdot\vec{r}\cdot\sin\varphi$$
$$= (\vec{u}\cdot\vec{u}^T + (E - (\vec{u}\cdot\vec{u}^T))\cdot\cos\varphi + U\cdot\sin\varphi)\cdot\vec{r}$$

d.h. $\vec{r}' = A\cdot\vec{r}$ mit

$$A = \vec{u}\cdot\vec{u}^T + (E - \vec{u}\cdot\vec{u}^T)\cdot\cos\varphi + U\cdot\sin\varphi. \tag{7.63}$$

Die Matrix A beschreibt somit die Drehung des Punktes P um die durch den Ursprung verlaufende Gerade g.

Berücksichtigen wir nun, daß die Gerade g nicht durch den Ursprung, sondern durch den Punkt $P_0 = (x_0, y_0, z_0)$ verlaufen soll, so müssen wir g zunächst mit Hilfe der Matrix

$$T(-x_0, -y_0, -z_0) = \begin{pmatrix} 1 & 0 & 0 & -x_0 \\ 0 & 1 & 0 & -y_0 \\ 0 & 0 & 1 & -z_0 \\ 0 & 0 & 0 & 1 \end{pmatrix}$$

in den Ursprung und nach der Drehung mit Hilfe der Matrix

$$T(x_0, y_0, z_0) = \begin{pmatrix} 1 & 0 & 0 & x_0 \\ 0 & 1 & 0 & y_0 \\ 0 & 0 & 1 & z_0 \\ 0 & 0 & 0 & 1 \end{pmatrix}$$

in die ursprüngliche Lage zurückverschieben. Da wir wieder mit homogenen Koordinaten arbeiten, müssen wir die Drehmatrix A noch wie folgt erweitern:

$$\begin{pmatrix} & & & \vdots & 0 \\ & A & & \vdots & 0 \\ & & & \vdots & 0 \\ \cdots & \cdots & \cdots & \vdots & \cdot \\ 0 & 0 & 0 & \vdots & 1 \end{pmatrix} = D.$$

Somit wird die Drehung des Punktes P mit den homogenen Koordinaten $\vec{p} = (x, y, z, 1)^T$ um die Gerade g durch die Matrix

$$M = T(x_0, y_0, z_0)\cdot D\cdot T(-x_0, -y_0, -z_0)$$
$$= \begin{pmatrix} 1 & 0 & 0 & x_0 \\ 0 & 1 & 0 & y_0 \\ 0 & 0 & 1 & z_0 \\ 0 & 0 & 0 & 1 \end{pmatrix}\cdot\begin{pmatrix} & & & \vdots & 0 \\ & A & & \vdots & 0 \\ & & & \vdots & 0 \\ \cdots & \cdots & \cdots & \vdots & \cdots \\ 0 & 0 & 0 & \vdots & 1 \end{pmatrix}\cdot\begin{pmatrix} 1 & 0 & 0 & -x_0 \\ 0 & 1 & 0 & -y_0 \\ 0 & 0 & 1 & -z_0 \\ 0 & 0 & 0 & 1 \end{pmatrix}$$

beschrieben, wobei A die $(3, 3)-$ Matrix (7.63) ist.

Als Anwendung betrachten wir folgendes **Beispiel**:

Gegeben ist das Tetraeder $ABCD$ durch

$$A = (0, 0, 0), \quad B = (1, 0, 0), \quad C = (0, 1, 0) \text{ und } D = (0, 0, 1).$$

Wie lauten die Koordinaten der Eckpunkte des Tetraeders, wenn man es um 45° um die Gerade $g: \vec{r} = \vec{r}(t) = \begin{pmatrix} 0 \\ 1 \\ 0 \end{pmatrix} + t \cdot \begin{pmatrix} 0 \\ 1 \\ 1 \end{pmatrix}$ dreht?

Die erforderlichen Translationen werden durch die Matrizen

$$T_1 = T(0, -1, 0) = \begin{pmatrix} 1 & 0 & 0 & 0 \\ 0 & 1 & 0 & -1 \\ 0 & 0 & 1 & 0 \\ 0 & 0 & 0 & 1 \end{pmatrix} \text{bzw. } T_2 = T_1^{-1} = \begin{pmatrix} 1 & 0 & 0 & 0 \\ 0 & 1 & 0 & 1 \\ 0 & 0 & 1 & 0 \\ 0 & 0 & 0 & 1 \end{pmatrix}$$

ausgeführt. Wegen $\vec{u} = \frac{1}{\sqrt{2}} \cdot \begin{pmatrix} 0 \\ 1 \\ 1 \end{pmatrix}$ und $\cos 45° = \sin 45° = \sqrt{2}/2 \approx 0{,}707$ erhält man

$$A = \frac{1}{2} \cdot \begin{pmatrix} 0 \\ 1 \\ 1 \end{pmatrix} (0 \quad 1 \quad 1) + \left(\begin{pmatrix} 1 & 0 & 0 \\ 0 & 1 & 0 \\ 0 & 0 & 1 \end{pmatrix} - \frac{1}{2} \cdot \begin{pmatrix} 0 \\ 1 \\ 1 \end{pmatrix} (0 \quad 1 \quad 1) \right) \cdot \frac{1}{2}\sqrt{2} +$$

$$+ \frac{1}{\sqrt{2}} \cdot \begin{pmatrix} 0 & -1 & 1 \\ 1 & 0 & 0 \\ -1 & 0 & 0 \end{pmatrix} \cdot \frac{1}{2}\sqrt{2}$$

$$= \begin{pmatrix} 0{,}707 & -0{,}5 & 0{,}5 \\ 0{,}5 & 0{,}854 & 0{,}146 \\ -0{,}5 & 0{,}146 & 0{,}854 \end{pmatrix}.$$

$$\text{Mit } D = \left(\begin{array}{ccc:c} & A & & 0 \\ & & & 0 \\ & & & 0 \\ \hdashline 0 & 0 & 0 & 1 \end{array} \right) = \begin{pmatrix} 0{,}707 & -0{,}5 & 0{,}5 & 0 \\ 0{,}5 & 0{,}854 & 0{,}146 & 0 \\ -0{,}5 & 0{,}146 & 0{,}854 & 0 \\ 0 & 0 & 0 & 1 \end{pmatrix}$$

lautet die Transformationsmatrix

$$M = T_2 \cdot D \cdot T_1$$

$$= \begin{pmatrix} 1 & 0 & 0 & 0 \\ 0 & 1 & 0 & 1 \\ 0 & 0 & 1 & 0 \\ 0 & 0 & 0 & 1 \end{pmatrix} \cdot \begin{pmatrix} 0{,}707 & -0{,}5 & 0{,}5 & 0 \\ 0{,}5 & 0{,}854 & 0{,}146 & 0 \\ -0{,}5 & 0{,}146 & 0{,}854 & 0 \\ 0 & 0 & 0 & 1 \end{pmatrix} \cdot \begin{pmatrix} 1 & 0 & 0 & 0 \\ 0 & 1 & 0 & -1 \\ 0 & 0 & 1 & 0 \\ 0 & 0 & 0 & 1 \end{pmatrix}$$

$$= \begin{pmatrix} 0{,}707 & -0{,}5 & 0{,}5 & 0{,}5 \\ 0{,}5 & 0{,}854 & 0{,}146 & 0{,}146 \\ -0{,}5 & 0{,}146 & 0{,}854 & -0{,}146 \\ 0 & 0 & 0 & 1 \end{pmatrix}.$$

Die Koordinaten der gedrehten Punkte erhält man aus der Matrix

$$P' = M \cdot P = M \cdot \begin{pmatrix} 0 & 1 & 0 & 0 \\ 0 & 0 & 1 & 0 \\ 0 & 0 & 0 & 1 \\ 1 & 1 & 1 & 1 \end{pmatrix} = \begin{pmatrix} 0{,}5 & 1{,}207 & 0 & 1 \\ 0{,}146 & 0{,}646 & 1 & 0{,}292 \\ -0{,}146 & -0{,}646 & 0 & 0{,}708 \\ 1 & 1 & 1 & 1 \end{pmatrix}$$

$$\vec{p}_A \; \vec{p}_B \; \vec{p}_C \; \vec{p}_D \qquad \vec{p}_A{}' \; \vec{p}_B{}' \; \vec{p}_C{}' \; \vec{p}_D{}',$$

zu

$A' = (0{,}5; 0{,}146; -0{,}146)$, $B' = (1{,}207; 0{,}646; -0{,}646)$, $C' = (0, 1, 0)$ und $D' = (1; 0{,}292; 0{,}708)$.

7.3.2 Koordinatentransformationen

Bei diesen Transformationen bleibt das Objekt fest und das Koordinatensystem wird bewegt.

Wir vereinbaren folgende Schreibweisen:

Objektsystem S_0: $S_0 = \{0; x, y, z\}$
Bildsystem S_B: $S_B = \{0'; x', y', z'\}$
Geometrische Transformationen: Matrizen $A, B, C, \ldots$
Koordinatentransformationen: Matrizen $\tilde{A}, \tilde{B}, \tilde{C}, \ldots$

Translation

Wird das System S durch eine Parallelverschiebung in die neue Position S_B gebracht, so besitzt der Punkt P in Bezug auf S_B den Ortsvektor (siehe Bild 7.62)

$$\vec{r}\,' = \vec{r} - \vec{t} \text{ mit } \vec{t} = \begin{pmatrix} t_x \\ t_y \\ t_z \end{pmatrix} \tag{7.64}$$

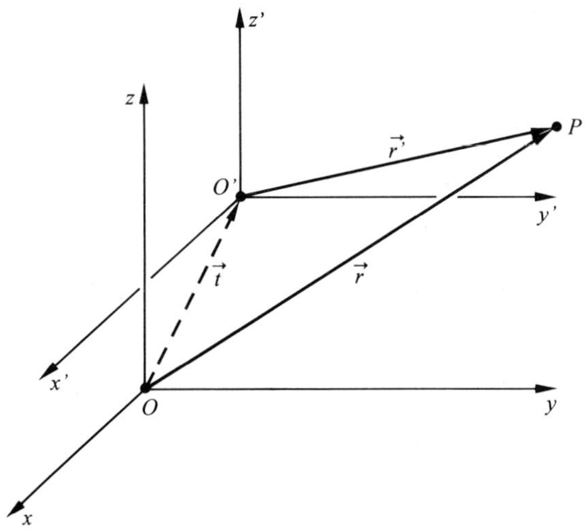

Bild 7.62: Translation des Koordinatensystems

Führt man wieder homogene Koordinaten ein und verwendet die **Translationsmatrix**

$$\tilde{T} = \begin{pmatrix} 1 & 0 & 0 & -t_x \\ 0 & 1 & 0 & -t_y \\ 0 & 0 & 1 & -t_z \\ 0 & 0 & 0 & 1 \end{pmatrix} = \tilde{T}(t_x, t_y, t_z), \tag{7.65}$$

so lautet (7.64): $\vec{p}\,' = \tilde{T} \cdot \vec{p}$. (7.66)

Wie man leicht erkennt, ist $\tilde{T}(t_x, t_y, t_z) = T(-t_x, -t_y, -t_z)$, d.h. eine Translation des Koordinatensystems um den Vektor $\vec{t}$ entspricht einer Objekttransformation um den Vektor $-\vec{t}$.

Skalierung

Konstruiert man S_B aus S_0 dadurch, daß man den Ursprung 0 und die Richtung der Koordinatenachsen unverändert läßt, aber durch s_x, s_y und s_z verschiedene Maßeinheiten auf den Koordinatenachsen einführt, so stehen die Koordinaten des neuen Systems mit denen des alten über

$$x' = \frac{1}{s_x} \cdot x, \quad y' = \frac{1}{s_y} \cdot y \text{ und } z' = \frac{1}{s_z} \cdot z, \text{ wobei } s_x, s_y, s_z \in \mathbb{R} \setminus \{0\}.$$

zueinander in Beziehung. Mit Hilfe von homogenen Koordinaten und der

$$\textbf{Skalierungsmatrix } \tilde{S} = \begin{pmatrix} s_x^{-1} & 0 & 0 & 0 \\ 0 & s_y^{-1} & 0 & 0 \\ 0 & 0 & s_z^{-1} & 0 \\ 0 & 0 & 0 & 1 \end{pmatrix} = \tilde{S}(s_x, s_y, s_z) \tag{7.67}$$

ist dann $\vec{p}\,' = \tilde{S} \cdot \vec{p}$.

Bemerkung: Es gilt: $\tilde{S}(s_x, s_y, s_z) = S(s_x^{-1}, s_y^{-1}, s_z^{-1})$

Drehung

Wird S_0 durch positive Drehung um den Winkel $\varphi > 0$ um die z-Achse in die Lage S_B gebracht (siehe Bild 7.63), so erhält man durch gleiche Überlegungen wie bei der geometrischen Drehung diesmal

$$\begin{cases} x' = x \cdot \cos\varphi + y \cdot \sin\varphi \\ y' = -x \cdot \sin\varphi + y \cdot \cos\varphi \\ z' = z \end{cases} \tag{7.68}$$

bzw. bei homogenen Koordinaten

$$\vec{p}\,' = \tilde{Z}(\varphi) \cdot \vec{p} \text{ mit der } \textbf{Drehmatrix } \tilde{Z}(\varphi) = \begin{pmatrix} \cos\varphi & \sin\varphi & 0 & 0 \\ -\sin\varphi & \cos\varphi & 0 & 0 \\ 0 & 0 & 1 & 0 \\ 0 & 0 & 0 & 1 \end{pmatrix}. \tag{7.69}$$

$\tilde{Z}(\varphi)$ beschreibt die Drehung des Koordinatensystems (im math. pos. Sinn) um die z-Achse.

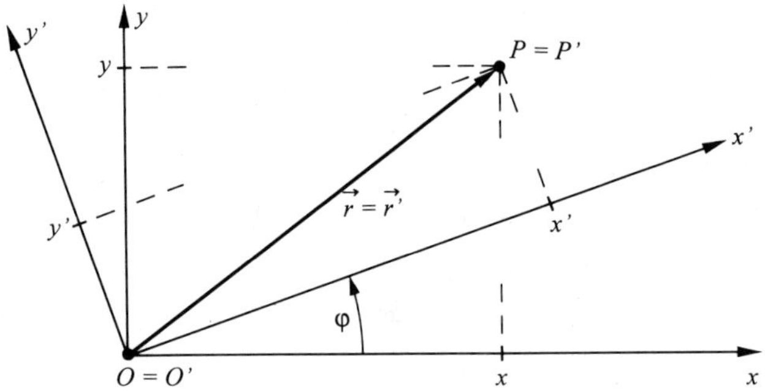

Bild 7.63: Drehung des Koordinatensystems

Wie man sieht – und wie zu vermuten war – ist $\tilde{Z}(\varphi) = Z(-\varphi)$. Entsprechend erhält man die Matrizen für die positive Drehung des Koordinatensystems um die x- bzw. y-Achse:

Drehung des Koordinatensystems um die x-Achse	Drehung des Koordinatensystems um die y-Achse
$\vec{p}\,' = \tilde{X}\cdot\vec{p}$ mit	$\vec{p}\,' = \tilde{Y}\cdot\vec{p}$ mit
$\tilde{X}(\varphi) = \begin{pmatrix} 1 & 0 & 0 & 0 \\ 0 & \cos\varphi & \sin\varphi & 0 \\ 0 & -\sin\varphi & \cos\varphi & 0 \\ 0 & 0 & 0 & 1 \end{pmatrix}$	$\tilde{Y}(\varphi) = \begin{pmatrix} \cos\varphi & 0 & -\sin\varphi & 0 \\ 0 & 1 & 0 & 0 \\ \sin\varphi & 0 & \cos\varphi & 0 \\ 0 & 0 & 0 & 1 \end{pmatrix}$ (7.70)

Die zu den angegebenen Koordinatentransformationen inversen Transformationen werden durch folgende Matrizen beschrieben:

Translation: $\tilde{T}^{-1}(t_x, t_y, t_z) = \tilde{T}(-t_x, -t_y, -t_z)$ (7.71)

Skalierung: $\tilde{S}^{-1}(s_x, s_y, s_z) = \tilde{S}(s_x^{-1}, s_y^{-1}, s_z^{-1})$ (7.72)

Drehung: $\tilde{R}^{-1}(\varphi) = \tilde{R}(-\varphi)$ mit $\tilde{R}(\varphi) = \tilde{X}(\varphi)$ bzw. $\tilde{Y}(\varphi)$ bzw. $\tilde{Z}(\varphi)$ (7.73)

Die in diesem Abschnitt durchgeführten Überlegungen gelten sinngemäß für 2D- Koordinatentransformationen.

Beispiel 7.39

Gegeben sind die Punkte $A = (x_A, y_A, z_A)$ und $B = (x_B, y_B, z_B)$ so, daß $\vec{r}_A = \overrightarrow{OA}$ und $\vec{r}_B = \overrightarrow{OB}$ den Winkel 90° einschließen.
Wir berechnen die Matrix M, die das Koordinatensystem so ausrichtet, daß A auf der x-Achse, B auf der y-Achse liegt und $\vec{r}_A \times \vec{r}_B$ die Richtung der (positiven) z-Achse angibt.
Hierfür müssen wir folgende Drehungen des Koordinatensystems durchführen, wobei wir $\vec{r}_A' = (x_A, y_A, 0)^T$ setzen und mit kartesischen Koordinaten rechnen (siehe Bild 7.64):

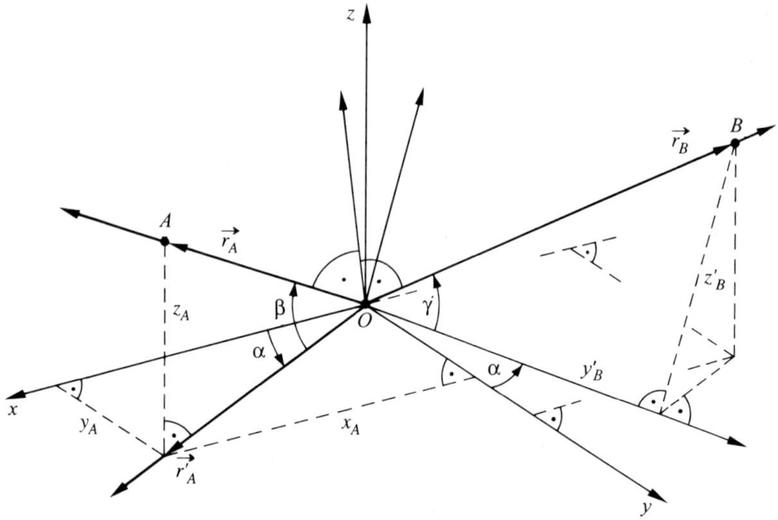

Bild 7.64: Ausrichtung eines Winkelraumes

1. Positive Drehung des Systems um die z-Achse um den Winkel α mit

$$\cos\alpha = \frac{x_A}{|\vec{r}_A{}'|}, \quad \sin\alpha = \frac{y_A}{|\vec{r}_A{}'|}. \tag{7.74}$$

Die Drehung wird durch die Matrix $\begin{pmatrix} \cos\alpha & \sin\alpha & 0 \\ -\sin\alpha & \cos\alpha & 0 \\ 0 & 0 & 1 \end{pmatrix} = \tilde{Z}(\alpha)$ beschrieben.

2. Negative Drehung des Systems um die neue y-Achse um den Winkel β mit

$$\cos\beta = \frac{|\vec{r}_A{}'|}{|\vec{r}_A|}, \quad \sin\beta = \frac{z_A}{|\vec{r}_A|}. \tag{7.75}$$

Die Drehung wird durch die Matrix $\begin{pmatrix} \cos\beta & 0 & \sin\beta \\ 0 & 1 & 0 \\ -\sin\beta & 0 & \cos\beta \end{pmatrix} = \tilde{Y}(\beta)$ beschrieben.

3. Positive Drehung des Systems um die neue x-Achse um den Winkel γ mit

$$\cos\gamma = \frac{y_B'}{|\vec{r}_B|}, \quad \sin\gamma = \frac{z_B'}{|\vec{r}_B|}. \tag{7.76}$$

Hierbei erhält man y_B' und z_B' aus $\vec{r}_B{}' = \begin{pmatrix} x_B' \\ y_B' \\ z_B' \end{pmatrix} = \tilde{Y}(\beta)\cdot\tilde{Z}(\alpha)\cdot\vec{r}_B$.

Die Drehung wird durch die Matrix $\begin{pmatrix} 1 & 0 & 0 \\ 0 & \cos\gamma & \sin\gamma \\ 0 & -\sin\gamma & \cos\gamma \end{pmatrix} = \tilde{X}(\gamma)$ beschrieben.

Damit lautet die Matrix, die die gewünschte Ausrichtung des Koordinatensystems vornimmt:

$$M = \tilde{X}(\gamma)\cdot \tilde{Y}(\beta)\cdot \tilde{Z}(\alpha)$$

Für die konkreten Punkte $A = (6, 2, 4)$ und $B = (-2, 4, 1)$ erhält man (beachte: $\vec{r}_A \perp \vec{r}_B$) nach (7.74) und (7.75):

$$\tilde{Z}(\alpha) = \begin{pmatrix} 0{,}949 & 0{,}316 & 0 \\ -0{,}316 & 0{,}949 & 0 \\ 0 & 0 & 1 \end{pmatrix} \text{ und } \tilde{Y}(\beta) = \begin{pmatrix} 0{,}845 & 0 & 0{,}535 \\ 0 & 1 & 0 \\ -0{,}535 & 0 & 0{,}845 \end{pmatrix}.$$

Diese Matrizen ergeben weiter

$$\vec{r}_B{}' = \tilde{Y}(\beta)\cdot \tilde{Z}(\alpha)\cdot \vec{r}_B = \begin{pmatrix} 0{,}802 & 0{,}267 & 0{,}535 \\ -0{,}316 & 0{,}949 & 0 \\ -0{,}507 & -0{,}169 & 0{,}845 \end{pmatrix} \cdot \begin{pmatrix} -2 \\ 4 \\ 1 \end{pmatrix} = \begin{pmatrix} 0 \\ 4{,}427 \\ 1{,}183 \end{pmatrix},$$

also $y_B' = 4{,}427$ und $z_B' = 1{,}183$, so daß (7.76) die Matrix

$$X(\gamma) = \begin{pmatrix} 1 & 0 & 0 \\ 0 & 0{,}966 & 0{,}258 \\ 0 & -0{,}258 & 0{,}966 \end{pmatrix}$$

liefert. Die gesuchte Transformationsmatrix lautet somit

$$M = \tilde{X}(\gamma)\cdot \tilde{Y}(\beta)\cdot \tilde{Z}(\alpha) = \begin{pmatrix} 0{,}802 & 0{,}267 & 0{,}535 \\ -0{,}436 & 0{,}873 & 0{,}218 \\ -0{,}408 & -0{,}408 & 0{,}816 \end{pmatrix}.$$

Transformiert man mit M die Ortsvektoren von A und B, so erhält man wie erwartet

$$M\cdot \vec{r}_A = \begin{pmatrix} 7{,}483 \\ 0 \\ 0 \end{pmatrix}, \quad M\cdot \vec{r}_B = \begin{pmatrix} 0 \\ 4{,}583 \\ 0 \end{pmatrix} \text{ und } M\cdot(\vec{r}_A \times \vec{r}_B) = \begin{pmatrix} 0 \\ 0 \\ 34{,}293 \end{pmatrix},$$

d.h. die Achsen des neuen Systems verlaufen durch A bzw. B und $\vec{r}_A \times \vec{r}_B$ weist in Richtung der z-Achse. (Beachte: $|\vec{r}_A| = 7{,}483$, $|\vec{r}_B| = 4{,}583$ und $|\vec{r}_A \times \vec{r}_B| = 34{,}293$).

Aufgaben:

1. Bestimmen Sie die Matrix M, die das Dreieck mit den Eckpunkten $A = (-2, 1)$, $B = (2, 3)$ und $C = (4, -2)$ an der Geraden $g\colon y = x - 1$ spiegelt. Wie lauten die Koordinaten der gespiegelten Punkte?
2. Wie lautet die Matrix M, die ein rechtshändiges in ein linkshändiges Koordinatensystem überführt?

Hinweis: Zur Lösung der folgenden Aufgaben sollte man ein geeignetes Software-Paket wie MathCad, MAPLE, Mathematica, DERIVE,... verwenden.

3. Bestimmen Sie die Matrix M, die den Einheitswürfel (siehe Bild 7.65) um 30° positiv um die Gerade $g\colon \vec{r} = \vec{r}(t) = \begin{pmatrix} 1 \\ 1 \\ 1 \end{pmatrix} + t\cdot \begin{pmatrix} 1 \\ -2 \\ 3 \end{pmatrix}$ dreht. Geben Sie die Koordinaten des Würfels nach der Drehung an.
4. Gegeben ist der Vektor $\vec{a}$. Bestimmen Sie die Matrix M, die das Koordinatensystem so ausrichtet, daß die z-Achse gegensinnig parallel zu $\vec{a}$ ist.

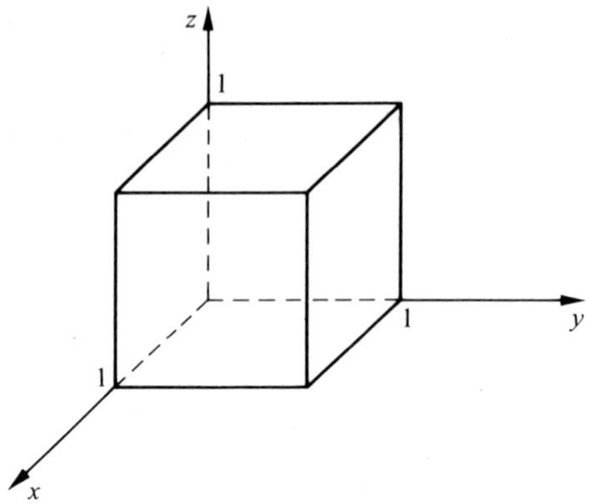

Bild 7.65: Einheitswürfel

7.4 Eigenwerte und Eigenvektoren von Matrizen

Beispiel 7.40

Gegeben ist die Gleichung

$$\tfrac{5}{8}x^2 - \tfrac{6}{8}x \cdot y + \tfrac{5}{8}y^2 = 1. \qquad (7.77)$$

Sie beschreibt eine Ellipse in gedrehter Lage (siehe Bild 7.66).

Führt man die symmetrische Matrix $\frac{1}{8} \cdot \begin{pmatrix} 5 & -3 \\ -3 & 5 \end{pmatrix} = A$ ein und setzt $\begin{pmatrix} x \\ y \end{pmatrix} = \vec{x}$, so läßt sich (7.77)

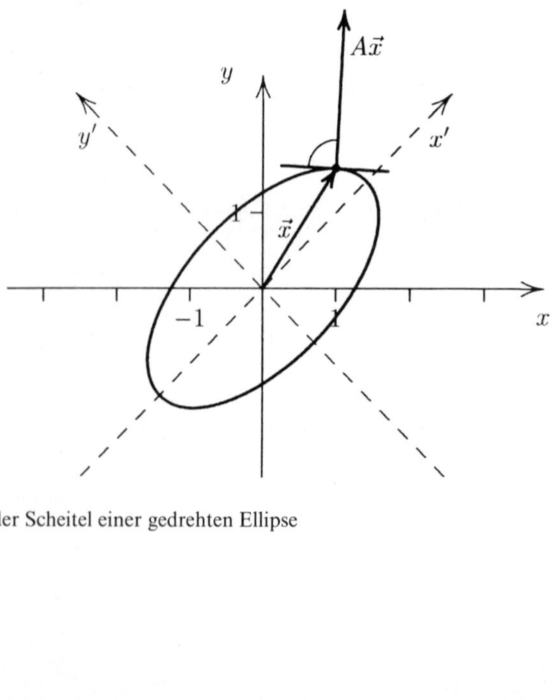

Bild 7.66: Bestimmung der Scheitel einer gedrehten Ellipse

auch wie folgt schreiben:

$$\vec{x}^T \cdot A \cdot \vec{x} = 1. \tag{7.78}$$

Durch positive Drehung des Koordinatensystems um 45° mit Hilfe der Transformation

$$\vec{x}' = \tilde{Z}\left(\varphi = \frac{\pi}{4}\right) \cdot \vec{x} \quad \text{bzw.} \quad \vec{x} = \tilde{Z}\left(\varphi = -\frac{\pi}{4}\right) \cdot \vec{x}' = \begin{pmatrix} \frac{1}{2}\sqrt{2} & -\frac{1}{2}\sqrt{2} \\ \frac{1}{2}\sqrt{2} & \frac{1}{2}\sqrt{2} \end{pmatrix} \cdot \begin{pmatrix} x' \\ y' \end{pmatrix} \tag{7.79}$$

(siehe (7.69)) erhält man nun die Ellipse – bezogen auf das gedrehte Koordinatensystem – zu

$$(x', y') \cdot \begin{pmatrix} \frac{1}{2}\sqrt{2} & -\frac{1}{2}\sqrt{2} \\ \frac{1}{2}\sqrt{2} & \frac{1}{2}\sqrt{2} \end{pmatrix}^T \cdot A \cdot \begin{pmatrix} \frac{1}{2}\sqrt{2} & -\frac{1}{2}\sqrt{2} \\ \frac{1}{2}\sqrt{2} & \frac{1}{2}\sqrt{2} \end{pmatrix} \cdot \begin{pmatrix} x' \\ y' \end{pmatrix} = 1,$$

bzw. – nach Ausführung der Matrizenmultiplikation – die einfache Darstellung

$$(x', y') \cdot \begin{pmatrix} \frac{1}{4} & 0 \\ 0 & 1 \end{pmatrix} \cdot \begin{pmatrix} x' \\ y' \end{pmatrix} = \tfrac{1}{4}(x')^2 + (y')^2 = 1. \tag{7.80}$$

Es ist noch die Frage offen, wie man den Winkel der Drehung (hier 45°) erhält, die die Gleichung (7.77) in die Gleichung (7.80) überführt. Offensichtlich hat man dieses Problem gelöst, wenn es gelingt, einen Scheitel und damit die Richtung einer Hauptachse zu bestimmen. Ist $\vec{x}$ der Ortsvektor eines Punktes der Ellipse, dann hat die Normale an die Ellipse in diesem Punkt die Richtung $A \cdot \vec{x}$. Den Beweis hierfür können wir erst im Band 2, Abschnitt 3.2.6 führen. Dem Bild 7.66 entnimmt man, daß $\vec{x}$ dann Ortsvektor eines Scheitels ist, wenn

$$A \cdot \vec{x} = \lambda \cdot \vec{x} \quad \text{für ein } \lambda \in \mathbb{R} \setminus \{0\} \tag{7.81}$$

ist. Die Bestimmung von $\vec{x}$ aus dieser Bedingung wird im folgenden unsere Aufgabe sein.

Definition 7.10

> A sei eine n-reihige (quadratische) Matrix mit reellen Elementen Eine Zahl $\lambda \in \mathbb{C}$ heißt **Eigenwert** von A, wenn es mindestens einen Vektor $\vec{x} \neq \vec{0}$ so gibt, daß
>
> $$A \cdot \vec{x} = \lambda \cdot \vec{x} \tag{7.82}$$
>
> ist. Jeder Vektor $\vec{x} \neq \vec{0}$, der diese Gleichung erfüllt, heißt **Eigenvektor** von A zum Eigenwert λ.

Bemerkung:

Mit $\vec{x}$ ist auch $k \cdot \vec{x}$, $k \neq 0$, Eigenvektor von A, wie man durch Einsetzen leicht nachweist.

Gleichung (7.81) läßt sich auch wie folgt schreiben:

$$A \cdot \vec{x} - \lambda \vec{x} = (A - \lambda \cdot E) \cdot \vec{x} = \vec{0},$$

wobei E die n-reihige Einheitsmatrix ist. Ausführlich lautet dieses lineare, homogene (n, n)-System:

$$\begin{array}{llllll}
(a_{11} - \lambda)x_1 + & a_{12}x_2 + & a_{13}x_3 & + \cdots + & a_{1n}x_n & = 0 \\
a_{21}x_1 & + (a_{22} - \lambda)x_2 + & a_{23}x_3 & + \cdots + & a_{2n}x_n & = 0 \\
a_{31}x_1 + & a_{32}x_2 & + (a_{33} - \lambda)x_3 & + \cdots + & a_{3n}x_n & = 0 \\
\cdots & \cdots & \cdots & \cdots & \cdots & \cdots \\
a_{n1}x_1 + & a_{n2}x_2 + & a_{n3}x_3 & + \cdots + & (a_{nn} - \lambda)x_n & = 0
\end{array} \tag{7.83}$$

Dieses System besitzt stets die – hier nicht interessierende – triviale Lösung

$$x_1 = x_2 = \cdots = x_n = 0.$$

Damit das System nicht triviale Lösungen besitzt, muß wegen der Bemerkung zu Satz 6.16

$$\det(A - \lambda E) = 0,$$

d.h.

$$\begin{vmatrix} a_{11}-\lambda & a_{12} & a_{13} & \cdots & a_{1n} \\ a_{21} & a_{22}-\lambda & a_{23} & \cdots & a_{2n} \\ a_{31} & a_{32} & a_{33}-\lambda & \cdots & a_{3n} \\ \cdots & \cdots & \cdots & \cdots & \cdots \\ a_{n1} & a_{n2} & a_{n3} & \cdots & a_{nn}-\lambda \end{vmatrix} = 0$$

sein. $\det(A - \lambda E)$ ist ein Polynom vom Grade n in λ, das man als das **charakteristische Polynom der Matrix** A bezeichnet. $\det(A - \lambda E) = 0$ heißt die **charakteristische Gleichung von** A; sie liefert die Eigenwerte der Matrix A.

Die Berechnung der Eigenwerte und Eigenvektoren einer (n, n)-Matrix erfolgt somit in zwei Schritten:

Berechnung der Eigenwerte und Eigenvektoren einer (n, n)-Matrix

1. Man stellt die charakteristische Gleichung

$$\det(A - \lambda E) = 0 \tag{7.84}$$

der Matrix A auf und bestimmt ihre Lösungen $\lambda_1, \lambda_2, \ldots, \lambda_n$. Dies sind die Eigenwerte von A.

2. Man löst für jedes λ_i, $i = 1, 2, \ldots, n$, (z.B. mit dem Gaußschen Eliminationsverfahren) das lineare, homogene System

$$(A - \lambda_i \cdot E) \cdot \vec{x} = \vec{0}. \tag{7.85}$$

Jeder Vektor $\vec{x} \neq \vec{0}$ ist dann ein Eigenvektor von A.

Bemerkungen:

1. Da die Eigenwerte Nullstellen eines Polynoms sind, können sie komplex sein. Wir betrachten im folgenden nur solche Matrizen, deren Eigenwerte reell sind.
2. Ist

$$\det(A - \lambda E) = (-1)^n \lambda^n + a_{n-1}\lambda^{n-1} + \cdots + a_1\lambda + a_0$$

das charakteristische Polynom der (n, n)-Matrix A und $\lambda_1, \ldots, \lambda_n$ ihre – entsprechend der Vielfachheit gezählten – Eigenwerte, so ist nach den Vietaschen Formeln

$$a_0 = \det A = \lambda_1 \cdot \lambda_2 \cdot \cdots \cdot \lambda_n \text{ und}$$

$$(-1)^{n+1} \cdot a_{n-1} = \lambda_1 + \lambda_2 + \cdots + \lambda_n.$$

Diese beiden Aussagen können bei der Berechnung der Eigenwerte von A als Rechenkontrolle verwendet werden.

Beispiel 7.41

Wir bestimmen die Eigenvektoren der Matrix $A = \frac{1}{8} \cdot \begin{pmatrix} 5 & -3 \\ -3 & 5 \end{pmatrix}$ (siehe Beispiel 7.40).

Die charakteristische Gleichung

$$\det(A - \lambda E) = \begin{vmatrix} \frac{5}{8} - \lambda & -\frac{3}{8} \\ -\frac{3}{8} & \frac{5}{8} - \lambda \end{vmatrix} = (\tfrac{5}{8} - \lambda)^2 - \tfrac{9}{64} = 0$$

besitzt die Lösungen $\lambda_1 = \frac{1}{4}$ und $\lambda_2 = 1$. Dies sind die Eigenwerte von A.

Es fällt auf, daß die Eigenwerte die Faktoren von x' bzw. y' in der Gleichung (7.80) sind, d.h. (7.80) läßt sich in der Form

$$\vec{x}^T \cdot D \cdot \vec{x} = 1 \quad \text{mit } D = \begin{pmatrix} \lambda_1 & 0 \\ 0 & \lambda_2 \end{pmatrix} = \begin{pmatrix} \frac{1}{4} & 0 \\ 0 & 1 \end{pmatrix}$$

darstellen.

Setzt man die Eigenwerte in das System (7.85) ein, so erhält man

für $\lambda = \frac{1}{4}$	für $\lambda = 1$
$\frac{3}{8}x_1 - \frac{3}{8}x_2 = 0$	$-\frac{3}{8}x_1 - \frac{3}{8}x_2 = 0$
$-\frac{3}{8}x_1 + \frac{3}{8}x_2 = 0$	$-\frac{3}{8}x_1 - \frac{3}{8}x_2 = 0$

und mit Hilfe des Gaußschen Eliminationsverfahrens die Lösungen

$\vec{x}_1 = \begin{pmatrix} x_1 \\ x_2 \end{pmatrix} = u \cdot \begin{pmatrix} 1 \\ 1 \end{pmatrix}$	$\vec{x}_2 = \begin{pmatrix} x_1 \\ x_2 \end{pmatrix} = v \cdot \begin{pmatrix} -1 \\ 1 \end{pmatrix}$
mit $u \in \mathbb{R} \setminus \{0\}$	mit $v \in \mathbb{R} \setminus \{0\}$

$\vec{x}_1$ und $\vec{x}_2$ sind Eigenvektoren der Matrix A und damit die (aufeinander senkrecht stehenden) Richtungen der beiden Hauptachsen der Ellipse (7.77). Den Drehwinkel φ, um den man das Koordinatensystem drehen muß, um die Ellipse auf die Form (7.80) zu bringen, erhält man aus

$$\cos\varphi = \frac{\vec{x}_1 \cdot \vec{e}_x}{|\vec{x}_1| \cdot |\vec{e}_x|} = \tfrac{1}{2}\sqrt{2}, \quad \text{wobei } \vec{e}_x = \begin{pmatrix} 1 \\ 0 \end{pmatrix} \text{ gesetzt wurde.}$$

Wie erwartet ist also $\varphi = \dfrac{\pi}{4}$.

Beispiel 7.42

Wir bestimmen die Eigenwerte und Eigenvektoren von $A = \begin{pmatrix} 0 & -1 & 3 \\ 2 & 3 & 3 \\ 2 & 1 & 1 \end{pmatrix}$.

Die charakteristische Gleichung von A lautet:

$$\det(A - \lambda E) = \begin{vmatrix} -\lambda & -1 & 3 \\ 2 & 3-\lambda & 3 \\ 2 & 1 & 1-\lambda \end{vmatrix}$$

$$= -\lambda[(3-\lambda)(1-\lambda) - 3] + [2(1-\lambda) - 6] + 3[2 - 2(3-\lambda)]$$

(Entwicklung nach der 1-ten Zeile)

$$= -\lambda^2(\lambda - 4) + 4(\lambda - 4) = (\lambda - 4)(4 - \lambda^2) = 0$$

Folglich lauten die Eigenwerte von A:

$$\lambda_1 = -2, \quad \lambda_2 = 2 \quad \text{und } \lambda_3 = 4.$$

Dem charakteristischen Polynom $\det(A - \lambda E) = -\lambda^3 + 4\lambda^2 + 4\lambda - 16$ kann man entnehmen:

$$\lambda_1 \cdot \lambda_2 \cdot \lambda_3 = -16 = a_0 = \det A \quad \text{und } \lambda_1 + \lambda_2 + \lambda_3 = 4 = (-1)^{3+1} \cdot a_2.$$

Das Gleichungssystem (7.85) lautet

für $\lambda = -2$	für $\lambda = 2$	für $\lambda = 4$
$2x_1 - x_2 + 3x_3 = 0$	$-2x_1 - x_2 + 3x_3 = 0$	$-4x_1 - x_2 + 3x_3 = 0$
$2x_1 + 5x_2 + 3x_3 = 0$	$2x_1 + x_2 + 3x_3 = 0$	$2x_1 - x_2 + 3x_3 = 0$
$2x_1 + x_2 + 3x_3 = 0$	$2x_1 + x_2 - x_3 = 0$	$2x_1 + x_2 - 3x_3 = 0$

Die allgemeine Lösung und damit Eigenvektoren erhält man zu

$\vec{x}_1 = u \cdot \begin{pmatrix} -3 \\ 0 \\ 2 \end{pmatrix}$	$\vec{x}_2 = v \cdot \begin{pmatrix} 1 \\ -2 \\ 0 \end{pmatrix}$	$\vec{x}_3 = w \cdot \begin{pmatrix} 0 \\ 3 \\ 1 \end{pmatrix}$
mit $u \in \mathbb{R} \setminus \{0\}$	mit $v \in \mathbb{R} \setminus \{0\}$	mit $w \in \mathbb{R} \setminus \{0\}$

Die Lösung des zu $\lambda = -2$ gehörenden Gleichungssystems erhält man nach dem Gaußschen Eliminationsverfahren (Kurzform) zu:

$$\begin{array}{rrrcll}
2 & -1 & 3 & : & 0 & (1) \\
2 & 5 & 3 & : & 0 & (2) \\
2 & 1 & 3 & : & 0 & (3) \\
\hline
2 & -1 & 3 & : & 0 & (1) \\
 & 6 & 0 & : & 0 & (2)-(1)=(2') \\
 & 2 & 0 & : & 0 & (3)-(1)=(3') \quad \text{(entfällt !)} \\
\hline
2 & -1 & 3 & : & 0 & (1) \\
 & 1 & 0 & : & 0 & (2')/6 \Rightarrow x_2 = 0
\end{array}
\qquad \text{Setze } x_3 = 2u \Big\} \Rightarrow x_1 = -3u.$$

Somit ist $\begin{pmatrix} -3u \\ 0 \\ 2u \end{pmatrix} = u \cdot \begin{pmatrix} -3 \\ 0 \\ 2 \end{pmatrix} = \vec{x}_1$ für alle $u \in \mathbb{R} \setminus \{0\}$ Eigenvektor zum Eigenwert -2.

Die folgenden Beispiele zeigen, wie man Eigenvektoren einer Matrix bestimmen kann, die mehrfache Eigenwerte–deren charakteristisches Polynom also mehrfache Nullstellen–besitzt.

Beispiel 7.43

Die Matrix $A = \begin{pmatrix} 4 & 2 & 3 \\ 2 & 1 & 0 \\ -1 & -2 & 0 \end{pmatrix}$ besitzt die charakteristische

Gleichung $\det(A - \lambda E) = \begin{vmatrix} 4-\lambda & 2 & 3 \\ 2 & 1-\lambda & 0 \\ -1 & -2 & -\lambda \end{vmatrix} = -\lambda^3 + 5\lambda^2 - 3\lambda - 9 = 0.$

Die Lösungen dieser Gleichung und damit die Eigenwerte von A lauten:

$$\lambda_1 = -1 \quad \text{und } \lambda_2 = \lambda_3 = 3.$$

Dies liefert die beiden Gleichungssysteme

für $\lambda = -1$	für $\lambda = 3$
$5x_1 + 2x_2 + 3x_3 = 0$	$x_1 + 2x_2 + 3x_3 = 0$
$2x_1 + 2x_2 \quad = 0$	$2x_1 - 2x_2 \quad = 0$
$-x_1 - 2x_2 + x_3 = 0$	$-x_1 - 2x_2 - 3x_3 = 0$

Ein Eigenvektor zum Eigenwert -1 lautet: $\vec{x}_1 = u \cdot \begin{pmatrix} -1 \\ 1 \\ 1 \end{pmatrix}$ mit $u \in \mathbb{R} \setminus \{0\}$.

Einen Eigenvektor zum (2-fach auftretenden) Eigenwert 3 berechnen wir wieder mit Hilfe des Gaußschen Eliminationsverfahrens (Kurzform!):

$$\begin{array}{rrrcl l}
1 & 2 & 3 & : & 0 & (1) \\
2 & -2 & 0 & : & 0 & (2) \\
-1 & -2 & -3 & : & 0 & (3) \\
\hline
1 & 2 & 3 & : & 0 & (1) \\
0 & -6 & -6 & : & 0 & (2) - 2\cdot(1) = (2') \\
0 & 0 & 0 & : & 0 & (3) + (1) = (3') \\
\hline
1 & 2 & 3 & : & 0 & (1) \\
0 & -1 & -1 & : & 0 & (2')/6 = (2'')
\end{array}
\qquad \left.\begin{array}{l} \\ \text{Setze } x_3 = v \end{array}\right\} \Rightarrow \left\{\begin{array}{l} x_2 = -v \\ x_1 = -v \end{array}\right.$$

Damit erhält man als Eigenvektor zum Eigenwert 3: $x_2 = v \cdot \begin{pmatrix} -1 \\ -1 \\ 1 \end{pmatrix}$.

Weitere Eigenvektoren zu diesem Eigenwert existieren nicht.

Beispiel 7.44

Die Matrix $A = \begin{pmatrix} 1 & -3 & 3 \\ 3 & -5 & 3 \\ 6 & -6 & 4 \end{pmatrix}$ besitzt die charakteristische Gleichung

$$\det(A - \lambda E) = \begin{vmatrix} 1-\lambda & -3 & 3 \\ 3 & -5-\lambda & 3 \\ 6 & -6 & 4-\lambda \end{vmatrix}$$

$$= (1-\lambda)[(-5-\lambda)(4-\lambda) + 18] + 3[3(4-\lambda) - 18] + 3[-18 + 6(5+\lambda)]$$

$$= (1-\lambda)[\lambda^2 + \lambda - 2] + 9(\lambda + 2)$$

$$= -(\lambda + 2)(\lambda^2 - 2\lambda - 8) = -(\lambda + 2)^2(\lambda - 4) = 0,$$

und somit die Matrix A die Eigenwerte $\lambda_1 = \lambda_2 = -2$ und $\lambda_3 = 4$. Das Gleichungssystem zur

Bestimmung eines Eigenvektors lautet

für $\lambda = -2$	für $\lambda = 4$
$3x_1 - 3x_2 + 3x_3 = 0$	$-3x_1 - 3x_2 + 3x_3 = 0$
$3x_1 - 3x_2 + 3x_3 = 0$	$3x_1 - 9x_2 + 3x_3 = 0$
$6x_1 - 6x_2 + 6x_3 = 0$	$6x_1 - 6x_2 \qquad = 0$

Das Gleichungssystem zum Eigenwert -2 besitzt die allgemeine Lösung

$$\vec{x} = \alpha \cdot \begin{pmatrix} -1 \\ 0 \\ 1 \end{pmatrix} + \beta \cdot \begin{pmatrix} 1 \\ 1 \\ 0 \end{pmatrix} \quad \text{mit } \alpha, \beta \in \mathbb{R}.$$

Somit sind

$$\vec{x}_1 = u \cdot \begin{pmatrix} -1 \\ 0 \\ 1 \end{pmatrix} \quad \text{und } \vec{x}_2 = v \cdot \begin{pmatrix} 1 \\ 1 \\ 0 \end{pmatrix} \quad \text{mit } u, v \in \mathbb{R} \setminus \{0\}.$$

zum Eigenwert -2 gehörende linear unabhängige Eigenvektoren von A.

Eigenvektor zum Eigenwert 4 ist $\vec{x}_3 = w \cdot \begin{pmatrix} 1 \\ 1 \\ 2 \end{pmatrix}$ mit $w \in \mathbb{R} \setminus \{0\}$.

Die beiden letzten Beispiele zeigen, daß zu einem mehrfach auftretenden Eigenwert ein Eigenvektor oder mehrere linear unabhängige Eigenvektoren existieren können.

Eigenvektoren der Matrix A zu verschiedenen Eigenwerten besitzen spezielle Eigenschaften.

Satz 7.4

A sei eine n-reihige (quadratische) Matrix. Dann gilt:

a) Sind die Eigenwerte λ_i, $i = 1, 2, \ldots, m, m \leq n$, paarweise verschieden, dann sind zugehörige Eigenvektoren $\vec{x}_i$ linear unabhängig.
b) Ist die Matrix A symmetrisch, so sind ihre Eigenwerte reell, und die Eigenvektoren zu verschiedenen Eigenwerten stehen aufeinander senkrecht.

Beweis zu b):

Ist $\lambda \in \mathbb{C}$ Eigenwert von A und $\vec{x} \neq \vec{0}$ zugehöriger Eigenvektor, dann folgt aus $A\vec{x} = \lambda\vec{x}$ durch Übergang zur konjugiert komplexen Darstellung

$$(A\vec{x})^* = (\lambda\vec{x})^* \Leftrightarrow A\vec{x}^* = \lambda^* \cdot \vec{x}^*.$$

Folglich ist

$$\lambda \cdot \vec{x}^T \cdot \vec{x}^* = (\lambda \cdot \vec{x})^T \cdot \vec{x}^* = (A\vec{x})^T \cdot \vec{x}^* = \vec{x}^T \cdot A^T \cdot \vec{x}^* = \vec{x}^T \cdot A \cdot \vec{x}^* = \lambda^* \cdot \vec{x}^T \cdot \vec{x}^*$$

Wegen $\vec{x}^T \cdot \vec{x}^* = \sum_{i=1}^n |x_i|^2 > 0$ muß $\lambda = \lambda^*$, also $\lambda \in \mathbb{R}$ sein.

$\lambda_1, \lambda_2 \in \mathbb{R}$ seien verschiedene Eigenwerte und $\vec{x}_1, \vec{x}_2$ zugehörige Eigenvektoren. Dann ist

$$\begin{aligned}\lambda_1 \cdot \vec{x}_1^{\,T} \cdot \vec{x}_2 &= (A\vec{x}_1)^T \cdot \vec{x}_2 = \vec{x}_1^{\,T} \cdot A^T \cdot \vec{x}_2 = \vec{x}_1^{\,T} \cdot (A \cdot \vec{x}_2) = \lambda_2 \cdot \vec{x}_1^{\,T} \cdot \vec{x}_2 \\ &\Leftrightarrow (\lambda_1 - \lambda_2) \cdot \vec{x}_1^{\,T} \cdot \vec{x}_2 = 0\end{aligned}$$

Wegen $\lambda_1 \neq \lambda_2$ folgt $\vec{x}_1^{\,T} \cdot \vec{x}_2 = 0$, also $\vec{x}_1 \perp \vec{x}_2$. ●

Bemerkungen zu Satz 7.4:

1. Eine symmetrische, n-reihige quadratische Matrix besitzt genau n linear unabhängige Eigenvektoren.
2. Sind $\vec{x}_1$ und $\vec{x}_2$ linear unabhängige Eigenvektoren von A zum (mehrfachen) Eigenwert λ, so ist auch $\alpha \cdot \vec{x}_1 + \beta \cdot \vec{x}_2$ Eigenvektor von A zum Eigenwert λ.
3. Man beachte, daß Eigenvektoren *nicht*symmetrischer Matrizen i.a. nicht aufeinander senkrecht stehen (siehe Beispiel (7.44)).

Beispiel 7.45

Wir berechnen die Eigenwerte und zugehörige Eigenvektoren folgender Matrizen:

$$\text{a) } A = \begin{pmatrix} 1 & -1 & 0 \\ -1 & 3 & \sqrt{2} \\ 0 & \sqrt{2} & 1 \end{pmatrix}; \quad \text{b) } A = \begin{pmatrix} 2 & 4 & -2 \\ 4 & 2 & -2 \\ -2 & -2 & -1 \end{pmatrix}.$$

Zu a)

Die charakteristische Gleichung der symmetrischen Matrix A

$$\det(A - \lambda E) = \begin{vmatrix} 1-\lambda & -1 & 0 \\ -1 & 3-\lambda & \sqrt{2} \\ 0 & \sqrt{2} & 1-\lambda \end{vmatrix} = \lambda(1-\lambda)(\lambda-4) = 0$$

liefert die Eigenwerte $\lambda_1 = 0, \lambda_2 = 1$ und $\lambda_3 = 4$.

Das System (7.85) lautet

für $\lambda = 0$	für $\lambda = 1$	für $\lambda = 4$
$x_1 - x_2 = 0$	$-x_2 = 0$	$-3x_1 - x_2 = 0$
$-x_1 + 3x_2 + \sqrt{2}x_3 = 0$	$-x_1 + 2x_2 + \sqrt{2}x_3 = 0$	$-x_1 - x_2 + \sqrt{2}x_3 = 0$
$\sqrt{2}x_2 + x_3 = 0$	$\sqrt{2}x_2 = 0$	$\sqrt{2}x_2 - 3x_3 = 0$

Die allgemeine Lösung und damit Eigenvektoren lauten

$\vec{x}_1 = u \cdot \begin{pmatrix} -1 \\ -1 \\ \sqrt{2} \end{pmatrix}$	$\vec{x}_2 = v \cdot \begin{pmatrix} 2 \\ 0 \\ \sqrt{2} \end{pmatrix}$	$\vec{x}_3 = w \cdot \begin{pmatrix} -1 \\ 3 \\ \sqrt{2} \end{pmatrix}$.
mit $u \in \mathbb{R} \setminus \{0\}$	mit $v \in \mathbb{R} \setminus \{0\}$	mit $w \in \mathbb{R} \setminus \{0\}$

Wie man mit Hilfe des Skalarprodukts zeigen kann, stehen die Eigenvektoren $\vec{x}_1$, $\vec{x}_2$ und $\vec{x}_3$ tatsächlich aufeinander senkrecht.

Zu b)

Die charakteristische Gleichung der symmetrischen Matrix A

$$\det(A-\lambda E)=\begin{vmatrix} 2-\lambda & 4 & -2 \\ 4 & 2-\lambda & -2 \\ -2 & -2 & -1-\lambda \end{vmatrix}=(\lambda+2)^2\cdot(7-\lambda)=0$$

liefert die Eigenwerte $\lambda_1=\lambda_2=-2$ und $\lambda_3=7$.

Das System (7.85) lautet somit

für $\lambda=-2$	für $\lambda=7$
$4x_1+4x_2-2x_3=0$	$-5x_1+4x_2-2x_3=0$
$4x_1+4x_2-2x_3=0$	$4x_1-5x_2-2x_3=0$
$-2x_1-2x_2+x_3=0$	$-2x_1-2x_2-8x_3=0$

Die allgemeine Lösung des Systems zu $\lambda=-2$ lautet

$$\vec{x}=\alpha\cdot\begin{pmatrix}1\\0\\2\end{pmatrix}+\beta\cdot\begin{pmatrix}0\\1\\2\end{pmatrix}\quad \text{mit } \alpha,\beta\in\mathbb{R}.$$

Folglich sind

$$\vec{x}_1=u\cdot\begin{pmatrix}1\\0\\2\end{pmatrix} \text{ mit } u\in\mathbb{R}\backslash\{0\} \quad\text{und}\quad \vec{x}_2=v\cdot\begin{pmatrix}0\\1\\2\end{pmatrix} \text{ mit } v\in\mathbb{R}\backslash\{0\}$$

linear unabhängige Eigenvektoren von A zum Eigenwert -2.

Der Eigenvektor zum Eigenwert $\lambda=7$ lautet $\vec{x}_3=w\cdot\begin{pmatrix}2\\2\\-1\end{pmatrix}$ mit $w\in\mathbb{R}$.

Wegen $\begin{vmatrix}1&0&2\\0&1&2\\2&2&-1\end{vmatrix}=-9\neq 0$ sind die Eigenvektoren linear unabhängig.

Ferner gilt

$$\vec{x}_1^{\,T}\cdot\vec{x}_3=0 \text{ und } \vec{x}_2^{\,T}\cdot\vec{x}_3=0, \text{ d.h. } \vec{x}_1\perp\vec{x}_3 \text{ und } \vec{x}_2\perp\vec{x}_3.$$

Hingegen stehen $\vec{x}_1$ und $\vec{x}_2$ nicht aufeinander senkrecht. Bilden wir jedoch den Vektor $\vec{\tilde{x}}_2=\vec{x}_1\times\vec{x}_3=t\cdot\begin{pmatrix}-4\\5\\2\end{pmatrix}$ mit $t=u\cdot w\in\mathbb{R}\backslash\{0\}$, so ist $\vec{\tilde{x}}_2$ als Linearkombination von $\vec{x}_1$ und $\vec{x}_2$ ($\vec{\tilde{x}}_2=-4\cdot\vec{x}_1+5\cdot\vec{x}_2$) nach Bemerkung 1 von Satz 7.4 ebenfalls Eigenvektor von A zum Eigenwert -2 und $\vec{x}_1,\vec{\tilde{x}}_2$ und $\vec{x}_3$ stehen nunmehr paarweise aufeinander senkrecht. Man sagt auch, die Vektoren $\vec{x}_1,\vec{\tilde{x}}_2$ und $\vec{x}_3$ bilden ein **Orthogonalsystem** der Matrix A.

Im Beispiel 7.40 haben wir die Ellipse $\vec{x}^{\,T}\cdot A\cdot\vec{x}=1$ mit Hilfe der Koordinatentransformation $\vec{x}=\tilde{Z}\cdot\vec{x}\,'$ mit $\tilde{Z}=\frac{1}{2}\cdot\begin{pmatrix}\sqrt{2}&-\sqrt{2}\\\sqrt{2}&\sqrt{2}\end{pmatrix}$ auf die Form $(\vec{x}\,')^T\cdot\tilde{Z}^T\cdot A\cdot\tilde{Z}\cdot\vec{x}\,'=(\vec{x}\,')^T\cdot D\cdot\vec{x}\,'=1$ mit

$D = \begin{pmatrix} \frac{1}{4} & 0 \\ 0 & 1 \end{pmatrix}$ gebracht. Diese Transformation überführt also die Matrix A-wegen $\tilde{Z}^T = \tilde{Z}^{-1}$-in die Matrix $\tilde{Z}^T \cdot A \cdot \tilde{Z} = \tilde{Z}^{-1} \cdot A \cdot \tilde{Z} = D$, die aufgrund der speziellen Form von $\tilde{Z}$ (siehe unten) Diagonalmatrix ist.

Allgemein vereinbart man:

Definition 7.11

> A und B seien n-reihige quadratische Matrizen.
> A und B heißen **ähnlich**, wenn eine reguläre Matrix T so existiert, daß
>
> $$T^{-1} \cdot A \cdot T = B \tag{7.86}$$
>
> ist.
>
> (7.86) heißt **Ähnlichkeitstransformation**.

Ähnliche Matrizen besitzen folgende Eigenschaften:

Satz 7.5

> A und B seien ähnlich, d.h. $B = T^{-1} \cdot A \cdot T$. Dann gilt:
>
> a) $|A| = |B|$.
> b) A und B besitzen dieselben Eigenwerte.
> c) Ist $\vec{y}$ Eigenvektor von B, so ist $\vec{x} = T \cdot \vec{y}$ Eigenvektor von A.

Bemerkungen:

1. Aus b) kann nicht geschlossen werden, daß ähnliche Matrizen auch dieselbe Menge von Eigenvektoren besitzen.
2. Aus b) folgt, daß ähnliche Matrizen dasselbe charakteristische Polynom besitzen.

Beweis zu Satz 7.5

Zu a):

Es sei $B = T^{-1} \cdot A \cdot T$. Dann folgt:

$|B| = |T^{-1} \cdot A \cdot T| = |T^{-1}| \cdot |A| \cdot |T| = |T|^{-1} \cdot |A| \cdot |T| = |A|$.

Zu b)

λ sei Eigenwert von A und $\vec{x}$ zugehöriger Eigenvektor, also $\lambda \cdot \vec{x} = A \cdot \vec{x}$. Dann folgt aus $T^{-1} \cdot \lambda \cdot \vec{x} = T^{-1} \cdot A \cdot \vec{x} = T^{-1} \cdot A \cdot T \cdot T^{-1} \cdot \vec{x} = B \cdot T^{-1} \cdot \vec{x}$:

$$\lambda \cdot (T^{-1} \cdot \vec{x}) = B \cdot (T^{-1} \cdot \vec{x})$$

bzw., wenn man $T^{-1} \cdot \vec{x} = \vec{y}$ setzt, $\lambda \cdot \vec{y} = B \cdot \vec{y}$,

d.h. λ ist auch Eigenwert von B (mit $\vec{y} \neq \vec{x}$ als Eigenvektor). Entsprechend zeigt man, daß jeder Eigenwert von B auch Eigenwert von A ist. Damit ist die Aussage b) bewiesen.

Zu c)

$\vec{y}$ sei Eigenvektor von B zum Eigenwert λ, also $B \cdot \vec{y} = \lambda \cdot \vec{y}$. Dann folgt wegen $B = T^{-1} \cdot A \cdot T$:

$$B \cdot \vec{y} = T^{-1} \cdot A \cdot T \cdot \vec{y} = \lambda \cdot \vec{y} \Rightarrow A \cdot (T \cdot \vec{y}) = \lambda \cdot (T \cdot \vec{y}).$$

Folglich ist $T \cdot \vec{y} = \vec{x}$ Eigenvektor von A. ●

Der folgende Satz zeigt, wie man die für eine Ähnlichkeitstransformation benötigte Matrix T (siehe (7.86)) aus einer gegebenen quadratischen Matrix A gewinnt.

Satz 7.6

A sei eine n-reihige quadratische Matrix.

a) Besitzt A die n linear unabhängigen Eigenvektoren $\vec{x}_1, \ldots, \vec{x}_n$, sind $\lambda_1, \ldots, \lambda_n$ die zugehörigen (nicht notwendig verschiedenen) Eigenwerte und T die Matrix

$$T = (\vec{x}_1, \vec{x}_2, \ldots, \vec{x}_n),$$

dann ist

$$T^{-1} \cdot A \cdot T = D = \begin{pmatrix} \lambda_1 & 0 & \cdots & \cdots & 0 \\ 0 & \lambda_2 & 0 & \cdots & 0 \\ 0 & 0 & \lambda_3 & 0 \cdots & 0 \\ \cdots & \cdots & \cdots & \cdots & \cdots \\ 0 & 0 & \cdots & 0 & \lambda_n \end{pmatrix}, \text{ also ist } D \text{ Diagonalmatrix.}$$

b) Ist A speziell eine symmetrische Matrix, und sind die $\vec{x}_i$ aufeinander senkrecht stehende normierte Eigenvektoren zu den Eigenwerten λ_i, so ist

$$T^T \cdot A \cdot T = D \quad \text{(mit den Matrizen aus a))}$$

Beweis:

Zu a)

$\vec{x}_1, \vec{x}_2, \ldots, \vec{x}_n$ seien die n linear unabhängigen Eigenvektoren von A und $\lambda_1, \lambda_2, \ldots, \lambda_n$ die zugehörigen Eigenwerte. Dann ist

$$A \cdot \vec{x}_i = \lambda_i \cdot \vec{x}_i \quad \text{für alle } i = 1, 2, \ldots, n. \tag{7.87}$$

Mit Hilfe der im Satz angegebenen Matrizen erhält man hieraus

$$A \cdot T = T \cdot D \tag{7.88}$$

und weiter, da T regulär ist,

$$T^{-1} \cdot A \cdot T = T^{-1} \cdot T \cdot D = E \cdot D = D.$$

Zu b)

$\vec{x}_1, \vec{x}_2, \ldots, \vec{x}_n$ seien n aufeinander senkrecht stehende normierte Eigenvektoren von A und $\lambda_1, \lambda_2, \ldots, \lambda_n$ die zugehörigen Eigenwerte. Dann folgt

$$\vec{x}_k^T \cdot \vec{x}_i = \begin{cases} 1 & \text{für } i = k \\ 0 & \text{für } i \neq k \end{cases} \quad \text{für alle } i, k = 1, 2, \ldots, n$$

und somit (E ist die n-reihige Einheitsmatrix)

$$T^T \cdot T = E. \tag{7.89}$$

(7.88) liefert dann

$$T^T \cdot A \cdot T = T^T \cdot T \cdot D = E \cdot D = D.$$

●

Bemerkungen zu Satz 7.6:

1. Sind die Spaltenvektoren der n-reihigen, quadratischen Matrix T aufeinander senkrechtstehende Einheitsvektoren, so zeigt der Beweis zu b) von Satz 7.6, daß

   $$T^T \cdot T = E, \quad \text{also } T^T = T^{-1}$$

   ist. Eine Matrix mit dieser Eigenschaft bezeichnet man als **orthogonale Matrix**, eine mit ihr durchgeführte Transformation als **orthogonale Transformation**. Eine orthogonale Transformation ist also eine spezielle Ähnlichkeitstransformation.
2. Die mit orthogonalen Matrizen durchgeführten Koordinatentransformationen haben die Eigenschaft, ein geometrisches Objekt nur innerhalb des Koordinatensystems zu drehen oder zu spiegeln. Sie ändern aber nicht die Gestalt des Objekts.

Beispiel 7.46

Die Matrix $A = \begin{pmatrix} 1 & -3 & 3 \\ 3 & -5 & 3 \\ 6 & -6 & 4 \end{pmatrix}$ (siehe Beispiel 7.44) besitzt

$\vec{x}_1 = \begin{pmatrix} -1 \\ 0 \\ 1 \end{pmatrix}$, $\vec{x}_2 = \begin{pmatrix} 1 \\ 1 \\ 0 \end{pmatrix}$ und $\vec{x}_3 = \begin{pmatrix} 1 \\ 1 \\ 2 \end{pmatrix}$ als Eigenvektoren.

Mit $T = (\vec{x}_1, \vec{x}_2, \vec{x}_3) = \begin{pmatrix} -1 & 1 & 1 \\ 0 & 1 & 1 \\ 1 & 0 & 2 \end{pmatrix}$ und $T^{-1} = \frac{1}{2}\begin{pmatrix} -2 & 2 & 0 \\ -1 & 3 & -1 \\ 1 & -1 & 1 \end{pmatrix}$ folgt

$$T^{-1} \cdot A \cdot T = \frac{1}{2}\begin{pmatrix} -2 & 2 & 0 \\ -1 & 3 & -1 \\ 1 & -1 & 1 \end{pmatrix} \cdot \begin{pmatrix} 1 & -3 & 3 \\ 3 & -5 & 3 \\ 6 & -6 & 4 \end{pmatrix} \cdot \begin{pmatrix} -1 & 1 & 1 \\ 0 & 1 & 1 \\ 1 & 0 & 2 \end{pmatrix} = \begin{pmatrix} -2 & 0 & 0 \\ 0 & -2 & 0 \\ 0 & 0 & 4 \end{pmatrix}.$$

Die Hauptdiagonalelemente der Matrix auf der rechten Seite sind wie erwartet die Eigenwerte der Matrix A (siehe Beispiel 7.44).

Beispiel 7.47

Die symmetrische Matrix $A = \begin{pmatrix} 2 & 4 & -6 \\ 4 & 2 & -6 \\ -6 & -6 & -15 \end{pmatrix}$ besitzt die Eigenwerte $\lambda_1 = -18$, $\lambda_2 = -2$ und $\lambda_3 = 9$. Zugehörige Eigenvektoren lauten:

$$\vec{x}_1 = u \cdot \begin{pmatrix} 1 \\ 1 \\ 4 \end{pmatrix}, \quad \vec{x}_2 = v \cdot \begin{pmatrix} -1 \\ 1 \\ 0 \end{pmatrix} \text{ und } \vec{x}_3 = w \cdot \begin{pmatrix} -2 \\ -2 \\ 1 \end{pmatrix} \text{ mit } u, v, w \in \mathbb{R} \setminus \{0\}$$

(Beweis als Übungsaufgabe).

Bildet man mit den normierten Vektoren

$$\vec{x}_1^{\,0} = \frac{1}{3\sqrt{2}}\begin{pmatrix}1\\1\\4\end{pmatrix}, \vec{x}_2^{\,0} = \frac{1}{\sqrt{2}}\begin{pmatrix}-1\\1\\0\end{pmatrix} \text{ und } \vec{x}_3^{\,0} = \frac{1}{3}\begin{pmatrix}-2\\-2\\1\end{pmatrix}$$

die Matrix

$$T = (\vec{x}_1^{\,0}, \vec{x}_2^{\,0}, \vec{x}_3^{\,0}) = \begin{pmatrix} \frac{1}{3\sqrt{2}} & -\frac{1}{\sqrt{2}} & -\frac{2}{3} \\ \frac{1}{3\sqrt{2}} & \frac{1}{\sqrt{2}} & -\frac{2}{3} \\ \frac{4}{3\sqrt{2}} & 0 & \frac{1}{3} \end{pmatrix}, \quad \text{so ist } T^{-1} = \frac{1}{6}\cdot\begin{pmatrix} \sqrt{2} & \sqrt{2} & 4\sqrt{2} \\ -3\sqrt{2} & 3\sqrt{2} & 0 \\ -4 & -4 & 2 \end{pmatrix}.$$

$$\text{Hieraus folgt } T^{-1}\cdot A\cdot T = \begin{pmatrix} -18 & 0 & 0 \\ 0 & -2 & 0 \\ 0 & 0 & 9 \end{pmatrix} = \begin{pmatrix} \lambda_1 & 0 & 0 \\ 0 & \lambda_2 & 0 \\ 0 & 0 & \lambda_3 \end{pmatrix} = D.$$

Wir wollen die eingeführten Begriffe zur Transformation von Kegelschnitten und Flächen 2. Ordnung, sogenannten **Quadriken**, auf ihre Hauptachsen verwenden.

Definition 7.12

$A = (a_{ik})$ sei eine n-reihige, symmetrische Matrix und $\vec{x} = (x_1, \ldots, x_n)^T$. Dann bezeichnet man

$$q(\vec{x}) = \vec{x}^{\,T}\cdot A\cdot\vec{x} = \sum_{i=1}^{n}\sum_{k=1}^{n} a_{ik}x_i x_k$$

als **quadratische Form**. A heißt die **Koeffizientenmatrix** von $q(\vec{x})$. Hierbei ist $\vec{x} = (x_1, x_2, \ldots, x_n)^T$.

Bemerkung:

Ist im folgenden $n = 2$ oder $n = 3$, so schreiben wir statt x_1, x_2, x_3 kürzer x, y, z. Man erhält dann für (beachte: $a_{ik} = a_{ki}$ für alle i, k)

$$n = 2:\ q(\vec{x}) = a_{11}x^2 + 2a_{12}xy + a_{22}y^2$$

$$n = 3:\ q(\vec{x}) = a_{11}x^2 + a_{22}y^2 + a_{33}z^2 + 2a_{12}xy + 2a_{13}xz + 2a_{23}yz$$

Im Fall $n = 2$ stellt $q(\vec{x}) = 1$ z. B. eine Ellipse oder Hyperbel, im Fall $n = 3$ z. B. ein Ellipsoid oder Hyperboloid dar. Wegen $\vec{x}^{\,T}\cdot A\cdot\vec{x} = (-\vec{x})^T\cdot A\cdot(-\vec{x})$ ist der Koordinatenursprung Symmetriezentrum der beschriebenen Kurve bzw. Fläche.

Da die Koeffizientenmatrix A der quadratischen Form $q(\vec{x})$ symmetrisch ist, können wir sie nach Satz 7.6 mit Hilfe einer orthogonalen Transformation auf Diagonalform bringen. Hierfür wählen wir als orthogonale Matrix

$$T = (\vec{x}_1, \vec{x}_2, \ldots, \vec{x}_n),$$

wobei $\vec{x}_1, \vec{x}_2, \ldots, \vec{x}_n$ paarweise aufeinander senkrecht stehende, normierte Eigenvektoren der symmetrischen Matrix A sind, und bilden die orthogonale Transformation $\vec{x} = T\cdot\vec{x}\,'$.

Dann erhalten wir wegen $\vec{x}^T = (T\cdot\vec{x}')^T = (\vec{x}')^T\cdot T^T = (\vec{x}')^T\cdot T^{-1}$ die quadratische Form

$$q(\vec{x}) = \vec{x}^T\cdot A\cdot\vec{x} = (\vec{x}')^T\cdot T^{-1}\cdot A\cdot T\cdot\vec{x}' = Q(\vec{x}').$$

Wie wir mit Satz 7.6 bewiesen haben, ist $T^{-1}\cdot A\cdot T = D$ eine Diagonalmatrix, deren Hauptdiagonalelemente gerade die Eigenwerte $\lambda_1,\ldots,\lambda_n$ der Matrix A sind. Folglich ist

$$Q(\vec{x}') = (\vec{x}')^T\cdot D\cdot\vec{x}' = \sum_{i=1}^{n}\lambda_i\cdot(x_i')^2 = \lambda_1(x_1')^2 + \lambda_2(x_2')^2 + \cdots + \lambda_n(x_n')^2.$$

Damit haben wir folgenden Satz bewiesen:

Satz 7.7 (Hauptachsentransformation quadratischer Formen)

Es sei A eine symmetrische (n,n)-Matrix, $\lambda_1, \lambda_2, \ldots, \lambda_n$, ihre Eigenwerte und $\vec{x}_1, \vec{x}_2, \ldots, \vec{x}_n$ zugehörige aufeinander senkrecht stehende, normierte Eigenvektoren. Dann läßt sich die quadratische Form

$$q(\vec{x}) = \vec{x}^T\cdot A\cdot\vec{x}$$

mit Hilfe der orthogonalen Koordinatentransformation

$$\vec{x} = T\cdot\vec{x}' \quad \text{bzw.} \quad \vec{x}' = T^{-1}\cdot\vec{x} = T^T\cdot\vec{x}$$

auf die Form

$$Q(\vec{x}') = (\vec{x}')^T\cdot D\cdot\vec{x}' = \sum_{i=1}^{n}\lambda_i\cdot(x_i')^2 = \lambda_1(x_1')^2 + \lambda_2(x_2')^2 + \cdots + \lambda_n(x_n')^2 \qquad (7.90)$$

transformieren.

Bemerkungen:

1. Die Einheitsvektoren $\vec{e}_i$, $i = 1, 2, \ldots, n$, des Koordinatensystems gehen bei der orthogonalen Transformation in die (aufeinander senkrecht stehenden) Eigenvektoren $\vec{x}_i = T\cdot\vec{e}_i$ über. Man bezeichnet deshalb die Vektoren $\vec{x}_1, \vec{x}_2, \ldots, \vec{x}_n$ als die **Hauptachsenrichtungen** von $q(\vec{x}) = 1$, die Transformation (7.90) als **Hauptachsentransformation.**
2. Sind alle Eigenwerte positiv, so stellt $Q(\vec{x}') = 1$ im Fall

$n = 2$: die Ellipse $\dfrac{(x')^2}{\frac{1}{\lambda_1}} + \dfrac{(y')^2}{\frac{1}{\lambda_2}} = 1$

$n = 3$: das Ellipsoid $\dfrac{(x')^2}{\frac{1}{\lambda_1}} + \dfrac{(y')^2}{\frac{1}{\lambda_2}} + \dfrac{(z')^2}{\frac{1}{\lambda_3}} = 1$

dar. Man erkennt, daß $\sqrt{\dfrac{1}{\lambda_i}}$ die Länge der entsprechenden Hauptachse angibt.

Beispiel 7.48

Wir bestimmen die Hauptachsen von

$$q(\vec{x}) = \tfrac{1}{6}x^2 + \tfrac{1}{3}xy - \tfrac{1}{12}y^2 = 1 \qquad (7.91)$$

Um welchen Kegelschnitt handelt es sich?

Mit Hilfe der symmetrischen Matrix $A = \begin{pmatrix} \frac{1}{6} & \frac{1}{6} \\ \frac{1}{6} & -\frac{1}{12} \end{pmatrix}$ läßt sich (7.91) in der Form $q(\vec{x}) = \vec{x}^T \cdot A \cdot \vec{x}$ schreiben.

Die charakteristische Gleichung $\det(A - \lambda E) = \begin{vmatrix} \frac{1}{6} - \lambda & \frac{1}{6} \\ \frac{1}{6} & -\frac{1}{12} - \lambda \end{vmatrix} = 0$ liefert für A die Eigenwerte $\lambda_1 = \frac{1}{4}$ und $\lambda_2 = -\frac{1}{6}$, das System $(A - \lambda_i \cdot E) \cdot \vec{x} = \vec{0}$ ergibt:

$$\vec{x}_1 = u \cdot \begin{pmatrix} 2 \\ 1 \end{pmatrix} \text{ mit } u \in \mathbb{R} \setminus \{0\} \text{ und}$$

$$\vec{x}_2 = v \cdot \begin{pmatrix} -1 \\ 2 \end{pmatrix} \text{ mit } v \in \mathbb{R} \setminus \{0\}$$

als zugehörige Eigenvektoren.

Mit den aufeinander senkrecht stehenden, normierten Eigenvektoren

$$\vec{x}_1^{\,0} = \frac{1}{\sqrt{5}} \cdot \begin{pmatrix} 2 \\ 1 \end{pmatrix} \quad \text{und} \quad \vec{x}_2^{\,0} = \frac{1}{\sqrt{5}} \cdot \begin{pmatrix} -1 \\ 2 \end{pmatrix}$$

(dies sind die gesuchten Einheitsvektoren in Richtung der Hauptachsen) erhält man die Hauptachsentransformation

$$\vec{x} = T \cdot \vec{x}' \quad \text{mit } T = \frac{1}{\sqrt{5}} \cdot \begin{pmatrix} 2 & -1 \\ 1 & 2 \end{pmatrix},$$

die die quadratische Form $q(\vec{x})$ in die Form

$$Q(\vec{x}') = (\vec{x}')^T \cdot D \cdot \vec{x}' \quad \text{mit } D = \begin{pmatrix} \frac{1}{4} & 0 \\ 0 & -\frac{1}{6} \end{pmatrix}, \text{ also } Q(\vec{x}') = \tfrac{1}{4}(x')^2 - \tfrac{1}{6}(y')^2$$

überführt. Bei $q(\vec{x}) = 1$ handelt es sich folglich um die Hyperbel

$$\frac{(x')^2}{2^2} - \frac{(y')^2}{(\sqrt{6})^2} = 1$$

mit den Halbachsen 2 und $\sqrt{6}$, die um 26, 57° um den Ursprung gedreht wurde (siehe Bild 7.67).

Beispiel 7.49

Wir transformieren die quadratische Form

$$q(\vec{x}) = \vec{x}^T \cdot A \cdot \vec{x} \quad \text{mit } A = \begin{pmatrix} 2 & \frac{1}{2}\sqrt{2} & 1 \\ \frac{1}{2}\sqrt{2} & 3 & \frac{1}{2}\sqrt{2} \\ 1 & \frac{1}{2}\sqrt{2} & 2 \end{pmatrix} \tag{7.92}$$

auf ihre Hauptachsen und geben die Hauptachsentransformation an. Um welche Fläche handelt es sich bei $q(\vec{x}) = 1$?

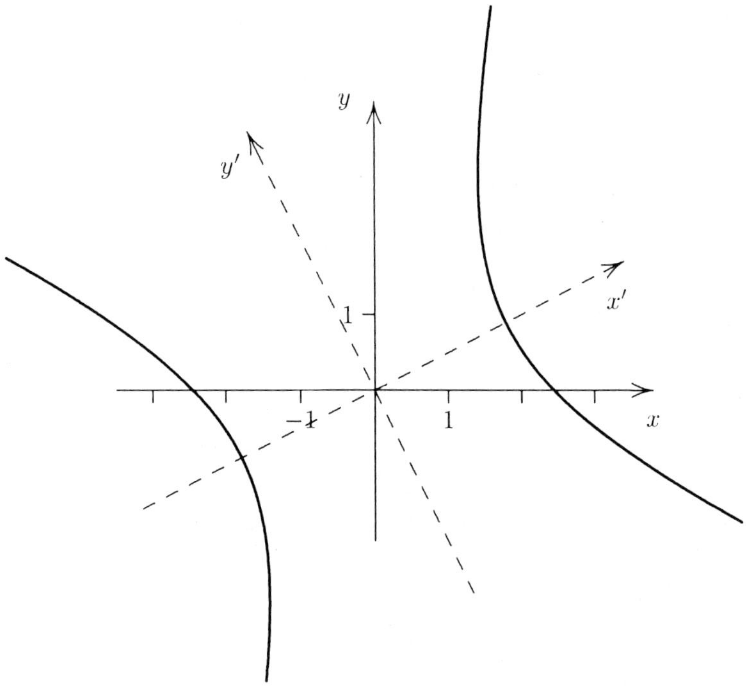

Bild 7.67: Hauptachsenrichtungen der Hyperbel aus Beispiel 7.48

Die charakteristische Gleichung

$$\det(A-\lambda E)=\begin{vmatrix} 2-\lambda & \frac{1}{2}\sqrt{2} & 1 \\ \frac{1}{2}\sqrt{2} & 3-\lambda & \frac{1}{2}\sqrt{2} \\ 1 & \frac{1}{2}\sqrt{2} & 2-\lambda \end{vmatrix} = -(\lambda-4)\cdot(\lambda-2)\cdot(\lambda-1)=0$$

liefert die Eigenwerte von A, nämlich

$$\lambda_1=4,\quad \lambda_2=2 \quad \text{und } \lambda_3=1.$$

Somit lautet die Hauptachsenform von (7.92):

$$Q(\vec{x}\,')=(\vec{x}\,')^T\cdot\begin{pmatrix} 4 & 0 & 0 \\ 0 & 2 & 0 \\ 0 & 0 & 1 \end{pmatrix}\cdot\vec{x}\,'=4(x')^2+2(y')^2+(z')^2$$

Bei $q(\vec{x})=1$ handelt es sich folglich um ein Ellipsoid mit der Hauptachsenform

$$\frac{(x')^2}{\left(\frac{1}{2}\right)^2}+\frac{(y')^2}{\left(\frac{1}{\sqrt{2}}\right)^2}+(z')^2=1.$$

Zu den Eigenwerten gehören die (bereits normierten) Eigenvektoren und damit die Richtungen der Hauptachsen

$$\vec{x}_1 = \frac{1}{2}\begin{pmatrix} 1 \\ \sqrt{2} \\ 1 \end{pmatrix}, \quad \vec{x}_2 = \frac{1}{2}\begin{pmatrix} 1 \\ -\sqrt{2} \\ 1 \end{pmatrix} \quad \text{und } \vec{x}_3 = \frac{1}{2}\begin{pmatrix} -\sqrt{2} \\ 0 \\ \sqrt{2} \end{pmatrix},$$

die die gesuchte Hauptachsentransformation

$$\vec{x} = T \cdot \vec{x}' \quad \text{mit } T = \frac{1}{2}\begin{pmatrix} 1 & 1 & -\sqrt{2} \\ \sqrt{2} & -\sqrt{2} & 0 \\ 1 & 1 & \sqrt{2} \end{pmatrix}$$

liefern.

Aufgaben:

1. Berechnen Sie die Eigenwerte und zugehörigen Eigenvektoren folgender Matrizen:

a) $A = \begin{pmatrix} 1 & 2 \\ 2 & 1 \end{pmatrix}$; b) $B = \begin{pmatrix} 1 & -1 \\ 0 & 1 \end{pmatrix}$; c) $C = \begin{pmatrix} -1 & 2 \\ -1 & 2 \end{pmatrix}$.

2. Berechnen Sie die Eigenwerte und zugehörigen Eigenvektoren folgender symmetrischer Matrizen:

a) $A = \begin{pmatrix} 1 & -1 & 1 \\ -1 & 3 & -1 \\ 1 & -1 & 1 \end{pmatrix}$; b) $B = \begin{pmatrix} 2 & 1 & 1 \\ 1 & 2 & 1 \\ 1 & 1 & 2 \end{pmatrix}$; c) $C = \begin{pmatrix} 0 & 1 & 1 \\ 1 & 0 & 1 \\ 1 & 1 & 0 \end{pmatrix}$.

d) $D = \begin{pmatrix} 7 & -2 & 0 \\ -2 & 6 & 2 \\ 0 & 2 & 5 \end{pmatrix}$. *Hinweis*: 3 ist Eigenwert von D.

3. Berechnen Sie die Eigenwerte und zugehörigen Eigenvektoren folgender Matrizen:

a) $A = \begin{pmatrix} 1 & 2 & 1 \\ 1 & 2 & 1 \\ 0 & 1 & 2 \end{pmatrix}$; b) $B = \begin{pmatrix} 1 & 2 & 1 \\ 0 & 3 & 1 \\ 0 & 2 & 2 \end{pmatrix}$; c) $C = \begin{pmatrix} -3 & 1 & -1 \\ -7 & 5 & -1 \\ -6 & 6 & -2 \end{pmatrix}$;

d) $D = \begin{pmatrix} 1 & 1 & 3 \\ 1 & 0 & 1 \\ -1 & 1 & 0 \end{pmatrix}$; e) $F = \begin{pmatrix} -3 & -7 & -5 \\ 2 & 4 & 3 \\ 1 & 2 & 2 \end{pmatrix}$.

4. Gegeben sind die Matrizen

a) $A = \begin{pmatrix} \frac{1}{3} & 0 & -\frac{\sqrt{8}}{3} \\ 0 & 1 & 0 \\ \frac{\sqrt{8}}{3} & 0 & \frac{1}{3} \end{pmatrix}$; b) $A = \frac{1}{3} \cdot \begin{pmatrix} 2 & 2 & -1 \\ -1 & 2 & 2 \\ 2 & -1 & 2 \end{pmatrix}$.

α) Berechnen Sie die reellen Eigenwerte und zugehörigen Eigenvektoren von A.
β) Durch A wird eine Drehung im $\mathbb{R}^3$ beschrieben. Bestimmen Sie die Drehachse und den Drehwinkel.

5. Überführen Sie folgende Matrizen durch eine orthogonale Transformation – falls eine solche existiert – in Diagonalform. Wie lautet gegebenenfalls die Transformationsmatrix T?

a) $A=\begin{pmatrix} 2 & -2 \\ -2 & -1 \end{pmatrix}$; b) $B=\begin{pmatrix} -1 & 2 & 0 \\ 2 & 1 & 2 \\ 0 & 2 & -1 \end{pmatrix}$; c) $C=\begin{pmatrix} 1 & 1 & 0 \\ 1 & 0 & 1 \\ 0 & 1 & 1 \end{pmatrix}$;

d) $D=\begin{pmatrix} 1 & -3 & 3 \\ 3 & -5 & 3 \\ 6 & -6 & 4 \end{pmatrix}$; e) $F=\begin{pmatrix} 2 & 2 & 3 \\ 0 & 1 & -1 \\ 0 & 1 & 2 \end{pmatrix}$.

6. Transformieren Sie folgende quadratische Formen auf ihre Hauptachsen und geben Sie die Hauptachsentransformation an.

Um welche Kurve handelt es sich bei $q(\vec{x})=a$?

a) $q(\vec{x})=5x^2-4xy+8y^2, \quad a=36;$
b) $q(\vec{x})=3x^2+2xy+3y^2, \quad a=8;$
c) $q(\vec{x})=4x^2+24xy+11y^2, \quad a=20;$
d) $q(\vec{x})=\frac{1}{4}x^2-\frac{1}{2}xy+\frac{1}{2}y^2, \quad a=1.$

7. Transformieren Sie folgende quadratische Formen auf ihre Hauptachsen und geben Sie die Hauptachsentransformation an.

Um welche Fläche handelt es sich bei $q(\vec{x})=a$?

a) $q(\vec{x})=2x^2+3y^2+2z^2+\sqrt{2}xy+\sqrt{2}yz+2xz, \quad a=4;$
b) $q(\vec{x})=3x^2+y^2+z^2+\sqrt{2}xy+\sqrt{2}xz+4yz, \quad a=8;$
c) $q(\vec{x})=x^2+z^2+2xy-2yz, \quad a\in\mathbb{R}$ (Fallunterscheidung!);
d) $q(\vec{x})=5x^2+6y^2+5z^2-6xz, \quad a=2.$

7.5 Numerisches Verfahren zur Lösung von linearen Gleichungssystemen

7.5.1 Probleme bei der numerischen Behandlung

Die Lösung linearer Gleichungssysteme mit dem Gaußschen Eliminationsverfahren kann durchaus Probleme aufwerfen, insbesondere dann, wenn sie groß sind (in diesem Fall ist dieses Verfahren im übrigen wenig geeignet); man muß sie dann natürlich mit einem Rechner lösen. Um zu verstehen, was hier passiert, müssen wir uns zunächst darüber klar werden, wie im Computer Zahlen gespeichert werden, welche Rundungen dabei auftreten und welche Rechenoperationen der Rundungen wegen problematisch sind.

Die meisten Rechner bzw. Programmiersprachen speichern Zahlen intern als Dualzahlen (binär), also ihre Entwicklung nach Zweierpotenzen. Dabei steht allerdings nur eine endliche Zahl von Stellen (Speicherplätzen) zur Verfügung. Z.B. ist

$$37.5625=2^5+2^2+2^0+2^{-1}+2^{-4},$$

die Dualdarstellung ist daher $(100101.1001)_2$ (der Index 2 deutet an, daß das dual gemeint ist).

Ferner ist $10=2^3+2^1=(1010)_2$.

Die Zahl 0.1 hat die Entwicklung

$$0.1=2^{-4}+2^{-5}+2^{-8}+2^{-9}+2^{-12}+2^{-13}+\cdots \tag{7.93}$$

so daß ihre Darstellung im Dualsystem lautet

$$(0.00011001100110011\ldots)_2. \tag{7.94}$$

Wir wollen (7.93) kurz zeigen: Nach der Formel für die Summe der geometrischen Reihe mit dem Quotienten $q = 2^{-4}$ ist die rechte Seite von (7.93)

$$(2^{-4} + 2^{-5}) \cdot (1 + 2^{-4} + 2^{-8} + 2^{-12} + \cdots) = \frac{3}{32} \cdot \frac{1}{1 - 2^{-4}} = 0.1.$$

Die Zahl 0.1 hat also im Gegensatz zu 37.5625 eine nicht abbrechende Dualdarstellung, ist also bei endlichem Speicherplatz so nicht exakt zu speichern.

Die Zahl wird darüber hinaus meist in »normalisierte Gleitpunkt-Darstellung« umgeformt, aus der dann die Speicherbelegung folgt. Das heißt, daß sie als Dualzahl grundsätzlich mit genau einer 1 vor dem Binär-Punkt beginnt. Die Zahl 0.1 aus (7.93) wird so umgeschrieben:

$$0.1 = [1 + (2^{-1} + 2^{-4} + 2^{-5} + 2^{-8} + 2^{-9} + \cdots)] \cdot 2^{-4}.$$

Abgespeichert wird dual der in runden Klammern stehende Teil der Mantisse, also die Koeffizienten der Zweierpotenzen:

$$100110011001100\cdots \tag{7.95}$$

und ferner der Exponent, ebenfalls dual, also -100, weil

$$-4 = -2^2 = -(100)_2. \tag{7.96}$$

Um ein konkretes Beispiel zu haben, nehmen wir die Speicherung in Borland-Turbo-Pascal. Hier stehen für Zahlen des Typs REAL 6 Bytes = 48 Bits zur Verfügung (der Typ SINGLE benutzt 4 Byte, der Typ DOUBLE 8 Byte, EXTENDED 10 Byte). Die zu speichernde Zahl wird (dual) wie folgt in diese 48 Bits geschrieben:

Das erste Bit speichert das Vorzeichen (0 für positiv, 1 für negativ), die folgenden 39 Bits (7 verbleiben aus dem ersten Byte und 32 aus den Bytes 2 bis 5) enthalten die Mantisse in der oben beschriebenen Weise, das letzte Byte den Exponenten, zu dem vorher 129 addiert wird (dann erübrigt sich das Abspeichern seines Vorzeichens, er ist dann stets positiv). Die Zahl 0 wird mit lauter 0 in diesem 6. Byte gespeichert, der Inhalt der anderen Bytes ist dann gleichgültig.

Die oben betrachtete Dezimalzahl 0.1 wird demnach mit dem Exponenten

$$-4 + 129 = 125 = 2^6 + 2^5 + 2^4 + 2^3 + 2^2 + 2^0 = (01111101)_2 \tag{7.97}$$

abgespeichert. Die genannten 6 Byte enthalten also Folgendes:

0 1 0 0 1 1 0 0	1. Byte (führende 0, da 0.1 > 0, dann die Ziffernfolge nach (7.95))
1 1 0 0 1 1 0 0	2. Byte
1 1 0 0 1 1 0 0	3. Byte
1 1 0 0 1 1 0 0	4. Byte
1 1 0 0 1 1 0 1	5. Byte (gerundet, s.u.)
0 1 1 1 1 1 0 1	6. Byte (Exponent nach (7.97))

Die letzte 1 im 5. Byte müßte eigentlich 0 lauten, gefolgt von nicht zu speichernden 11001100... Da Borland-Turbo-Pascal rundet, entsteht hier die 1 (es gibt auch das Verfahren, die Zahl abzuschneiden, dann bleibt hier die 0).

Nun wollen wir berechnen, welche Zahl wirklich gespeichert ist: Es handelt sich um $[1+(2^{-1}+2^{-4}+2^{-5}+2^{-8}+2^{-9}+\cdots+2^{-36}+2^{-37}+2^{-39})]\cdot 2^{-4}\approx 1.00000000000022737\cdot 10^{-1}=$ 0.100000000000022737 (jeweils 12 Nullen zwischen der 1 und der 2), also ist nicht exakt 0.1 gespeichert: 0.1 ist keine »Maschinenzahl«.

Analog tritt ein Fehler auf, wenn etwa der Quotient der (übrigens exakt gespeicherten) Zahlen $x=1$ und $y=10$, also $1/10$ berechnet wird.

Besonders fehleranfällig sind gewöhnlich Divisionen durch Zahlen, die nahe bei 0 liegen sowie die Berechnung der Differenz zweier fast gleichgroßer Zahlen.

Als Beispiel berechnen wir die Differenz $x-y$ der Zahlen $x=10000000000024$ und $y=10000000000023$ (jeweils 11 Nullen) mit den genannten Turbo-Pascal-Rundungen: Die x nächste Maschinenzahl lautet 10000000000032, die y nächste 10000000000016, es ergibt sich die Differenz 16 statt des richtigen Wertes 1. Der relative Fehler ist $\left|\frac{1-16}{1}\right|$, also 1500%.

Die Differenz $x-y$ der Zahlen $x=4.28679$ und $y=4.28678$ ergibt $1.?????\cdot 10^{-5}$. Wenn die nach den notierten Stellen von x oder y folgenden Stellen gerundet sind, sind die mit ? markierten Stellen der Differenz unbekannt, die Differenz hat nur eine gesicherte Stelle, also einen großen relativen Fehler.

Die größte Maschinenzahl, die sich so speichern läßt, ist die Zahl mit der Mantisse

$$m=1+(2^{-1}+2^{-2}+2^{-3}+\cdots+2^{-39})=2-2^{-39}$$

und dem Exponenten-Byte

$$2^7+2^6+\cdots+1=255, \text{ also dem Exponenten } 255-129=126.$$

Die Zahl lautet $m\cdot 2^{126}\approx 1.70141183460314\cdot 10^{38}$.

Bei der zweitgrößten fehlt 2^{-39} in der Mantisse, sie lautet etwa $1.70141183460160\cdot 10^{38}$. Die Lücke zwischen ihnen ist $2^{-39}\cdot 2^{126}=2^{87}\approx 1.5\cdot 10^{26}$.

Andererseits besteht die kleinste positive Maschinenzahl aus lauter 0 in den Bytes 1 bis 5, das 6. Byte enthält 1. Die Zahl lautet demnach

$$x_1=(1+0)\cdot 2^{-128}\approx 2.93873587705572\cdot 10^{-39},$$

ihr folgt als nächste Maschinenzahl

$$x_2=(1+2^{-39})\cdot 2^{-128}\approx 2.93873587706106\cdot 10^{-39}.$$

Der Abstand der beiden ist $2^{-39}\cdot 2^{-128}=2^{-167}\approx 5.3\cdot 10^{-51}$.

Zwischen 0, x_1 und x_2 gibt es also keine weitere Maschinenzahl.

Wichtig ist die auf 1 folgende Maschinenzahl:

$$(1+2^{-39})\cdot 2^0\approx 1.00000000000182 \text{ (11 Nullen).}$$

Die kleinste positive Maschinenzahl ε, für die $1+\varepsilon>1$ ist, heißt Maschinengenauigkeit. Hier ist $\varepsilon=2^{-39}\approx 1.8\cdot 10^{-12}$. Das bedeutet, daß für jede Zahl α mit $0\leqq\alpha<\varepsilon/2=2^{-40}$ gilt $1+\alpha=1$, für jede Zahl α mit $\varepsilon/2<\alpha\leqq\varepsilon$ gilt $1+\alpha=1+\varepsilon$.

Diese Betrachtungen zeigen insbesondere, daß es nur endlich viele Maschinenzahlen dieses Typs gibt (für Tüftler: Es sind genau 140187732541440–1 positive Zahlen, ebensoviele negative und die 0), die unregelmäßig verteilt sind. Darunter sind übrigens alle ganzen Zahlen von -2^{40} bis $2^{40} = 1099511627776$, die nächste ganze Zahl wird als erste um 1 nach oben gerundet, ist also keine Maschinenzahl.

Eine Folge solcher Rundungen ist z.B. diese: Setzt man $z = 0.1$ und berechnet $x = 10 \cdot z - 1$ (was 0 ist), so bekommt man als Ergebnis etwa $x = 2.2737 \cdot 10^{-13}$. Für $z = 0.25$ bekommt man für $4 \cdot z - 1$ das exakte Ergebnis 0, der Grund: 0.25, 4 und 1 sind Maschinenzahlen und exakt gespeichert. Rechnungen dieser Art werden bei der Lösung linearer Gleichungssysteme mit dem Gaußschen Eliminationsverfahren laufend gemacht: Vielfache einer Gleichung zu einer anderen addieren. Wenn diese Zahl x im Laufe einer umfangreichen Rechnung 10000 Mal zu 1 addiert wird, ist das Resultat exakt 1 (denn $1 + x = 1$, da $0 < x < 2^{-40}$); wird umgekehrt diese Zahl 10000 Mal zu sich selbst addiert und erst dann zu 1, so ergibt sich etwa 1.0000000022727 (8 Nullen). Das zeigt, daß z.B. das Kommutativgesetz der Addition für Maschinenzahlen allgemein nicht gilt. Nun wollen wir zeigen, wo Probleme bei der Lösung linearer Gleichungssysteme mit dem Computer auftreten.

Die folgenden Rechnungen wurden mit Borland-Turbo-Pascal und dem oben beschriebenen Typ REAL durchgeführt.

1. Wir behandeln beispielhaft folgendes Gleichungssystem $Ax = b$, wobei

$$A = \begin{pmatrix} 11.0 & 10.0 & 20.1 & 13.0 \\ 11.0 & \mathit{10.0} & 20.1 & 3.0 \\ 2.0 & 20.0 & 20.0 & 2.0 \\ 11.0 & 10.0 & 20.0 & 2.0 \end{pmatrix} \text{ und } b = (54.1, 44.1, 44.0, 43.0)^T.$$

   Die Determinante von A ist übrigens 200.
   Mit dem Gaußschen Eliminationsverfahren berechnet man die Lösung

   $$x = (1, 1, 1, 1)^T.$$

2. Wir ändern die Matrix A dadurch ab, daß $a_{22} = 10.1$ (statt oben 10.0) ist. Deren Determinante ist übrigens 2.18. Man rechnet nach, daß dieses System die Lösung (entsprechend gerundet)

   $$x = (101.82568807, \quad 91.74311926, \quad -99.91743119, \quad 1.91743119)^T.$$

   hat. Obwohl gegenüber dem ersten System nur ein Koeffizient um 1% geändert wurde, ergibt sich eine völlig andere Lösung – die Änderung der ersten Komponente ist etwa 10000%.
3. Wir ändern nun gegenüber dem ersten System nur die rechte Seite ab, und zwar $b_2 = 44.5$ (statt 44.1), auch das ist etwa 1%. Das System hat wieder die Determinante 200. Dann bekommt man die Lösung

   $$x = (-3.3960, -2.9564, 5.4000, 0.9600)^T,$$

   das sind Änderungen von bis zu über 500%.
4. Nun ändern wir im ersten System beides: $a_{22} = 10.1$ und $b_2 = 43.66$. Dann ergibt sich die Lösung (entsprechend gerundet)

   $$x = (545.45871559, 491.01284403, -543.95412844, 5.95412844)^T,$$

   Änderungen gegenüber der Lösung des Ausgangssystems von bis zu etwa 55000%.

Man sieht hieran, daß kleine Änderungen im System zu vergleichsweise großen Änderungen der Lösung führen können. Man nennt solche Systeme schlecht konditioniert. Ein Maß hierfür ist die »Konditionszahl«, deren Diskussion allerdings über die Zielsetzung dieses Buches hinausführen würde.

Sind die Koeffizienten im Ausgangssystem Meßwerte, also nicht die exakten Zahlen, aus denen die Lösung x zu berechnen ist, so zeigen obige Beispiele, daß eine Meßtoleranz von nur 1% zu völlig anderen Resultaten führen kann.

Ein anderer Aspekt ist der folgende.

Man stelle sich ein umfangreiches quadratisches lineares Gleichungssystem mit sagen wir 1000 Gleichungen vor (in technischen Anwendungen kommen Systeme dieser Größenordnung oft vor). Dieses wird natürlich im Rechner behandelt, z.B. mit dem Gaußschen Eliminationsverfahren (ein hierfür ungeeignetes Verfahren übrigens), und es endet nach der Elimination der »Unbekannten« x_1 bis x_{996} bei obigem quadratischen (4, 4)-System. Dann wurde, wenn keine Zeilenvertauschungen vorgenommen wurden, der Wert $a_{998,998}$ (hier steht dann die oben kursiv gedruckte 10) 996 mal geändert, indem von ihm Vielfache jeweils darüber stehender Zahlen, die ebenfalls laufend umgerechnet wurden, subtrahiert worden sind. Bei dieser Vielzahl arithmetischer Operationen werden unvermeidbare Rundungen auftreten. Nehmen wir an, exakt wäre das, was unter 1. steht, so daß für die Unbekannten $x_{97},\ldots,x_{1000}$ die richtigen Werte 1, 1, 1, 1 berechnet werden.

Wäre aber durch diese Vielzahl von Rundungen nur an Stelle der kursiv gedruckten 10 die Zahl 10.1 berechnet worden, so ergäben sich für diese Unbekannten eben

$$101.82568807, \quad 91.74311926, \quad -99.91743119, \quad 1.91743119$$

und für die weiteren (mit ihrer Hilfe zu berechnenden) Unbekannten sicher auch Werte, die mit der Lösung des Ausgangssystems überhaupt nichts zu tun haben.

Wir stellen uns vor, das Gaußsche Eliminationsverfahren sollte programmiert werden. Dann würde man stets die links oben stehende Zahl zur Elimination der Unbekannten darunter benutzen. Wir machen das mit obigem System $Ax = b$ um die Problematik zu zeigen. Es lautet zu Beginn

11.00000000	10.00000000	20.10000000	13.00000000	:	54.10000000
11.00000000	10.00000000	20.10000000	3.00000000	:	44.10000000
2.00000000	20.00000000	20.00000000	2.00000000	:	44.00000000
11.00000000	10.00000000	20.00000000	2.00000000	:	43.00000000

Wenn man die oben links stehende Zahl, also 11, zur Elimination der 1. Unbekannten in den Gleichungen darunter benutzt, muß das 11/11-, 2/11- bzw. 11/11-fache dieser ersten Zeile (Gleichung) von der 2., 3. und 4. subtrahiert werden. Es entsteht dann das System (Leerplätze stehen für Nullen, die entstanden sind)

11.00000000	10.00000000	20.10000000	13.00000000	:	54.10000000
	0.00000000	0.00000000	−10.00000000	:	−10.00000000
	18.18181818	16.34545455	−0.36363636	:	34.16363636
	0.00000000	−0.10000000	−11.00000000	:	−11.10000000

Hier nun versagt das oben angedeutete Verfahren, denn nun steht oben links im zu behandelnden (3,3)-System eine 0 (ist es wirklich 0 oder vielleicht $10^{-9}\ldots$?), sie kann nicht dazu benutzt werden, die nächste Unbekannte in den Gleichungen 3 und 4 zu eliminieren. Hier müssen daher Gleichungen (Zeilen) vertauscht werden, bevor weiter eliminiert werden kann. Wir vertauschen die 2. und 3. Zeile miteinander und bekommen

11.00000000	10.00000000	20.10000000	13.00000000	:	54.10000000
	18.18181818	16.34545455	−0.36363636	:	34.16363636
	0.00000000	0.00000000	−10.00000000	:	−10.00000000
	0.00000000	−0.10000000	−11.00000000	:	−11.10000000

Nun wird mit Hilfe der 2. Gleichung die 2. Unbekannte aus der 3. und 4. Gleichung eliminiert (hier stehen bereits Nullen). Dann bekommt man (in diesem Falle) das gleiche System:

11.00000000	10.00000000	20.10000000	13.00000000	:	54.10000000
	18.18181818	16.34545455	−0.36363636	:	34.16363636
		0.00000000	−10.00000000	:	−10.00000000
		−0.10000000	−11.00000000	:	−11.10000000

Nun muß erneut vertauscht werden, um eliminieren zu können. Man bekommt dann das System

11.00000000	10.00000000	20.10000000	13.00000000	:	54.10000000
	18.18181818	16.34545455	−0.36363636	:	34.16363636
		−0.10000000	−11.00000000	:	−11.10000000
			−10.00000000	:	−10.00000000

aus dem rückwärts die Lösung ermittelt werden kann.

Probleme treten also dann auf, wenn eine links oben stehende Zahl 0 ist. (Hier sei die Bemerkung gemacht: Wann soll man eine Zahl als 0 betrachten? Durch Rundungen kann hier z.B. wie oben belegt 10^{-13} stehen statt 0, wie es sein müßte; eine Abfrage der Art »wenn ... = 0 dann ...« würde zu falschen Folgerungen führen.) Hier müssen zwei Gleichungen vertauscht werden. Es wird dann i.a. mehrere Möglichkeiten geben und die Frage ist, welche Gleichung an diese Stelle sollte. Da die Zahl auf der Diagonalen, die zur Elimination benutzt wird, bei dieser Elimination im Nenner auftritt und die Berechnung von Quotienten in dem Falle, daß der Nenner nahe 0 ist, zu großen Fehlern führen kann, ist es ratsam, diejenige Gleichung an die entsprechende Stelle zu bringen, die die betragsgrößte Zahl dort hat, das ist die sogenannte partielle oder Zeilen-Pivot-Wahl.

Wir wollen dasselbe System lösen, lediglich mit 10.1 als a_{22}, dessen Ausgangssystem also

11.00000000	10.00000000	20.10000000	13.00000000	:	54.10000000
11.00000000	10.10000000	20.10000000	3.00000000	:	44.10000000
2.00000000	20.00000000	20.00000000	2.00000000	:	44.00000000
11.00000000	10.00000000	20.00000000	2.00000000	:	43.00000000

lautet. Nach dem ersten Eliminationsschritt lautet es

11.00000000	10.00000000	20.10000000	13.00000000	:	54.10000000
	0.10000000	0.00000000	−10.00000000	:	−10.00000000
	18.18181818	16.34545455	−0.36363636	:	34.16363636
	0.00000000	−0.10000000	−11.00000000	:	−11.10000000

Hier müßte die Zahl 0.1 zur Elimination benutzt werden, also das 18.18181818/0.1-fache der zweiten Gleichung von der dritten subtrahiert werden; der Nenner liegt nahe 0. Deshalb ist es vernünftig, auch in diesem Fall die betragsgrößte Zahl in der zweiten Spalte in den Zeilen 2 bis 4 zur Elimination zu benutzen, also 18.18181818, die Zeilen 2 und 3 zu vertauschen. Dann bekommt man nach Elimination das System

11.00000000	10.00000000	20.10000000	13.00000000	:	54.10000000
	18.18181818	16.34545455	−0.36363636	:	34.16363636
		−0.08990000	−9.99800000	:	−10.18790000
		−0.10000000	−11.00000000	:	−11.10000000

Auch hier wird man der genannten Strategie folgend Zeile 3 mit 4 vertauschen. Nach dem folgenden Eliminationsschritt entsteht dann das System

11.00000000	10.00000000	20.10000000	13.00000000	:	54.10000000
	18.18181818	16.34545455	−0.36363636	:	34.16363636
		−0.10000000	−11.00000000	:	−11.10000000
			−0.10900000	:	−0.20900000

mit der oben angegebenen Lösung $(101.82568807, 91.74311926, -99.91743119, 1.91743119)^T$. Der Vollständigkeit halber geben wir noch das Schlußsystem an, das sich aus dem unter 4. genannten nach Elimination ergibt (a_{22} in 10.1 und b_2 in 43.66 geändert):

11.00000000	10.00000000	20.10000000	13.00000000	:	54.10000000
	18.18181818	16.34545455	−0.36363636	:	34.16363636
		−0.10000000	−11.00000000	:	−11.10000000
			−0.10900000	:	−0.64900000

mit der oben bereits genannten Lösung

$$x = (545.45871559, 491.01284403, -543.95412844, 5.95412844)^T.$$

7.5.2 Der QR-Algorithmus

Bei der numerischen Lösung von linearen Gleichungssystemen gibt es vor allem zwei Schwierigkeiten:

—die in Abschnitt 7.5.1 bereits angesprochene schlechte Konditioniertheit und
—den Einfluß der Abbruchfehler und ihre Fortpflanzung bei der Rechnung.

Wie sich Abbruchfehler beim Gaußschen Eliminationsverfahren auswirken können, soll an einem speziellen (2, 2)-System demonstriert werden. Dazu nehmen wir an, das System

$$\begin{aligned} 0.0002x + y &= 0.3 \\ x + y &= 1 \end{aligned}$$

werde mit einem Rechner gelöst, der alle Zahlen auf drei Ziffern genau darstellt:

$$\begin{aligned} 0.000200x + 1.00y &= 0.300 \\ 1.00x + 1.00y &= 1.00. \end{aligned}$$

Nach dem Gaußschen Verfahren wird die erste Gleichung mit 5000 multipliziert und das Ergebnis noch zusätzlich von der zweiten Gleichung abgezogen;

$$1.00x + 5000y = 1500$$
$$-5000y = -1500.$$

Statt -4999 wird -5000 und statt -1499 wird -1500 im Rechner abgelegt. Als Lösung erhält man dann in diesem Rechner $y = 0.300$ aus der zweiten Gleichung und danach $x = 0$ aus der ersten Gleichung. Wie die Probe zeigt ist dies nicht die Lösung des ursprünglichen Systems. Was ist passiert? Kann man sich das veranschaulichen?

Zu diesem Zweck deuten wir das System als Zerlegung einer Resultierenden (des Vektors der rechten Seite) in zwei Richtungen $x\vec{v}_1 + y\vec{v}_2 = \vec{r}$, wobei $\vec{r}$ die rechte Seite des Systems ist, also

$$\vec{v}_1 = \begin{pmatrix} 0.0002 \\ 1 \end{pmatrix}, \quad \vec{v}_2 = \begin{pmatrix} 1 \\ 1 \end{pmatrix} \quad \text{und} \quad \vec{r} = \begin{pmatrix} 0.3 \\ 1 \end{pmatrix}.$$

Wie Bild 7.68 zeigt, gilt hier noch die richtige Lösung $x = 0.7$, $y = 0.3$. Nach Multiplikation der ersten Komponente mit 5000 ist das zugehörige Bild 7.69 so breit, daß man es nur noch im Prinzip andeuten kann: die vertikalen Anteile sind winzig, und im Rahmen der Genauigkeit gilt: Die Resultierende ist das 0,3-fache des zweiten Vektors.

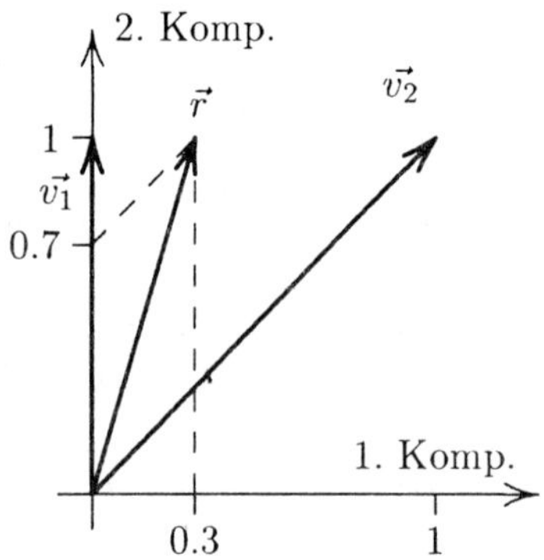

Bild 7.68: System vor dem Gauß-Schritt

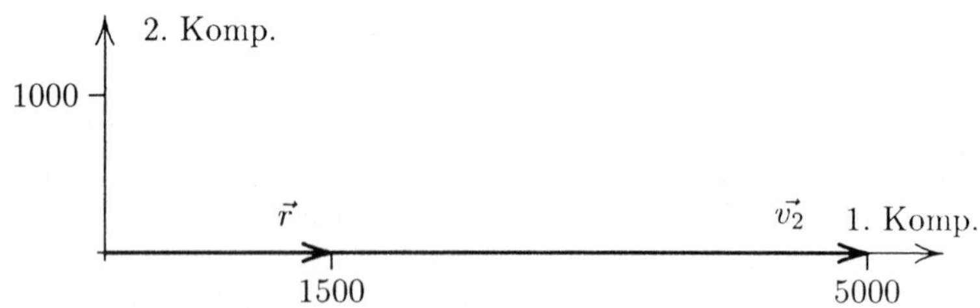

Bild 7.69: System nach dem Gauß-Schritt

Die Ursache für diesen Fehler ist offenbar die enorme Änderung der Vektoren in ihrer Länge.

Es gibt nun zwei einfache Möglichkeiten, ähnlich wie beim Gaußschen Verfahren, in einer Spalte alle Komponenten bis auf eine zu Null zu machen, ohne die Lösungen und die Länge der Vektoren zu verändern. Wir wollen diese Möglichkeiten im 2-Dimensionalen, also an einem

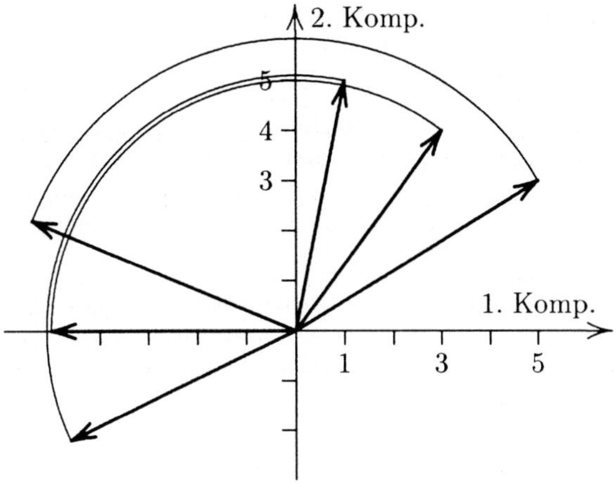

Bild 7.70: Drehung der Vektoren

(2, 2)-System erläutern:

$$3x + \quad y = 5$$
$$4x + 5y = 3.$$

Bild 7.70 zeigt als erste Möglichkeit: die Drehung aller Vektoren um einen solchen Winkel, daß der erste Vektor auf die erste Koordinatenachse zu liegen kommt. Die gesamte Zerlegung wird dann lediglich um diesen Winkel gedreht, die Faktoren x und y werden nicht verändert.

Zeigt ein Vektor in Richtung der ersten Koordinatenachse, so ist seine erste Komponente ungleich Null, aber alle anderen verschwinden.

Den gleichen Effekt in der ersten Spalte des Systems erreicht man aber auch mit Hilfe einer Spiegelung, wie Bild 7.71 zeigt. Die Spiegelachse (im 3-Dimensionalen die Spiegelebene) muß so

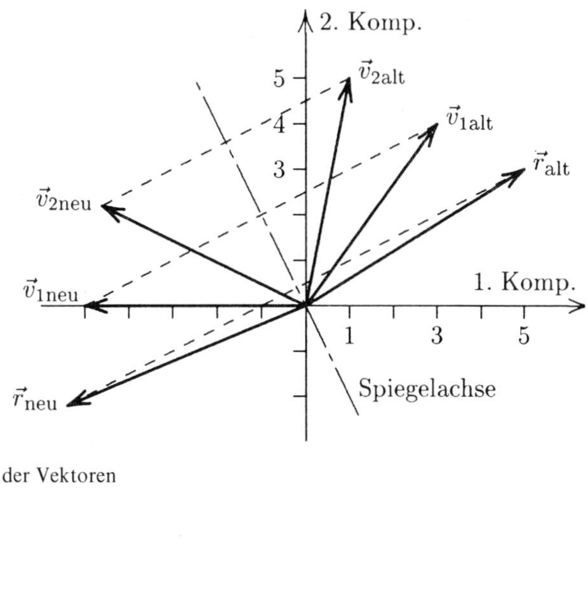

Bild 7.71: Spiegelung der Vektoren

gelegt werden, daß das Spiegelbild des ersten Vektors wieder auf die erste Koordinatenachse zu liegen kommt. Dies Verfahren ist mit einfacheren Formeln zu beschreiben als die Drehung.

Zunächst wird die Länge des ersten Vektors $\vec{v}_{1\text{alt}}$ bestimmt und auf der ersten Koordinatenachse als $\vec{v}_{1\text{neu}}$ abgetragen. Dafür gibt es zwei Möglichkeiten. Wir wählen diejenige, die einer Drehung um den stumpfen Winkel entspricht. Der Grund für diese Wahl besteht darin, daß sogleich danach der Verbindungsvektor $\vec{u} = \vec{v}_{1\text{alt}} - \vec{v}_{1\text{neu}}$ gebildet wird, um die Richtung der Spiegelung zu erhalten und im anderen Fall eventuell beim Subtrahieren von nahezu gleich großen Zahlen eine Auslöschung von Ziffern entsteht.

In der Praxis ist das ganz einfach: Die Vorzeichen der ersten Komponente von $\vec{v}_{1\text{alt}}$ und $\vec{v}_{1\text{neu}}$ sind stets unterschiedlich. Sollte der Wert der ersten Komponente des ersten Vektors zufällig Null sein, besteht die Gefahr einer Auslöschung nicht, und man kann nach links oder rechts drehen.

Im Beispiel gilt: $|\vec{v}_{1\text{alt}}| = \sqrt{3^2+4^2} = 5, \quad \vec{v}_{1\text{neu}} = \begin{pmatrix} -5 \\ 0 \end{pmatrix}$

$$\vec{u} = \begin{pmatrix} 3 \\ 4 \end{pmatrix} - \begin{pmatrix} -5 \\ 0 \end{pmatrix} = \begin{pmatrix} 8 \\ 4 \end{pmatrix}$$

Sodann werden alle alten Spaltenvektoren sowie auch der Vektor der rechten Seiten auf die gleiche Weise behandelt. Das Vorgehen soll anhand von Bild 7.72 erläutert werden.

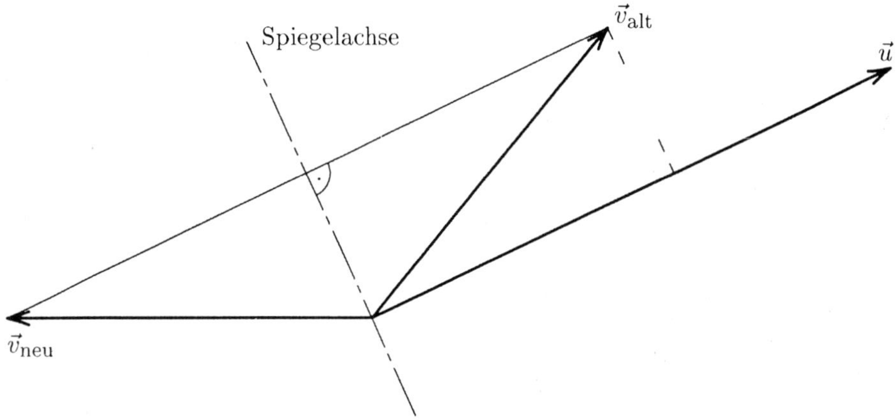

Bild 7.72: Richtung der Spiegelung

Offenbar hat die Verbindung des alten Vektors $\vec{v}_{\text{alt}}$ mit dem neuen Vektor $\vec{v}_{\text{neu}}$ eine Länge, die dem Doppelten der Projektion von $\vec{v}_{\text{alt}}$ auf $\vec{u}$ entspricht. Nach Bild 7.72 ist das $2(\vec{v}_{\text{alt}}\vec{u}^{\,0})\vec{u}^{\,0}$. Für alle Spalten-Vektoren und auch für den Vektor der rechten Seite gilt damit die Transformationsvorschrift

$$\vec{v}_{\text{neu}} = \vec{v}_{\text{alt}} - 2(\vec{v}_{\text{alt}}\vec{u}^{\,0})\vec{u}^{\,0}.$$

Für unser Beispiel bedeutet das mit

$$\vec{u}^{\,0} = \frac{1}{\sqrt{80}}\begin{pmatrix} 8 \\ 4 \end{pmatrix} = \frac{1}{\sqrt{5}}\begin{pmatrix} 2 \\ 1 \end{pmatrix}:$$

Aus dem System

$$\begin{pmatrix}3\\4\end{pmatrix}x+\begin{pmatrix}1\\5\end{pmatrix}y=\begin{pmatrix}5\\3\end{pmatrix}\leftarrow\begin{pmatrix}5\\3\end{pmatrix}-2\frac{\begin{pmatrix}5\\3\end{pmatrix}\begin{pmatrix}2\\1\end{pmatrix}}{\sqrt{5}\sqrt{5}}\begin{pmatrix}2\\1\end{pmatrix}=\begin{pmatrix}-5{,}4\\-2{,}2\end{pmatrix}$$

$$\begin{pmatrix}1\\5\end{pmatrix}-2\frac{\begin{pmatrix}1\\5\end{pmatrix}\begin{pmatrix}2\\1\end{pmatrix}}{\sqrt{5}\sqrt{5}}\begin{pmatrix}2\\1\end{pmatrix}=\begin{pmatrix}-4{,}6\\2{,}2\end{pmatrix}$$

wird das gestaffelte System

$$\begin{pmatrix}-5\\0\end{pmatrix}x+\begin{pmatrix}-4{,}6\\2{,}2\end{pmatrix}y=\begin{pmatrix}-5{,}4\\-2{,}2\end{pmatrix}.$$

Dieses kann man beginnend mit der letzten Gleichung mittels »Rückwärtssubstitution« lösen:

$$y=-1 \quad \text{und } x=2.$$

Ein weiteres Beispiel soll unser Wissen über das allgemeine Vorgehen bei diesem Lösungsverfahren festigen:

$$\begin{aligned} x+6y-2z&=5\\ 2x+3y+2z&=7\\ 2x+2y-z&=3. \end{aligned}$$

In einem ersten Schritt wird dafür gesorgt, daß in der ersten Spalte die zweite und dritte Komponente Null sind. Dann bilden die »unteren« zwei Gleichungen ein (2,2)-System, das wie das vorige Beispiel weiter behandelt wird.

$$|\vec{v}_{1\,\text{alt}}|=\sqrt{1+4+4}=3,\quad \vec{u}=\begin{pmatrix}1\\2\\2\end{pmatrix}-\begin{pmatrix}-3\\0\\0\end{pmatrix}=\begin{pmatrix}4\\2\\2\end{pmatrix},\quad \vec{u}^{\,0}=\frac{1}{\sqrt{6}}\begin{pmatrix}2\\1\\1\end{pmatrix}$$

Die der Spiegelung entsprechenden Transformationen liefern dann:

$$\begin{pmatrix}-2\\2\\-1\end{pmatrix}-\frac{2\cdot\begin{pmatrix}-2\\2\\-1\end{pmatrix}\begin{pmatrix}2\\1\\1\end{pmatrix}}{\sqrt{6}\sqrt{6}}\begin{pmatrix}2\\1\\1\end{pmatrix}=\begin{pmatrix}-2\\2\\-1\end{pmatrix}+\begin{pmatrix}2\\1\\1\end{pmatrix}=\begin{pmatrix}0\\3\\0\end{pmatrix}$$

$$\begin{pmatrix}1\\2\\2\end{pmatrix}x+\begin{pmatrix}6\\3\\2\end{pmatrix}y+\begin{pmatrix}-2\\2\\-1\end{pmatrix}z=\begin{pmatrix}5\\7\\3\end{pmatrix}\leftarrow\begin{pmatrix}5\\7\\3\end{pmatrix}-\frac{2\cdot\begin{pmatrix}5\\7\\3\end{pmatrix}\begin{pmatrix}2\\1\\1\end{pmatrix}}{\sqrt{6}\sqrt{6}}\begin{pmatrix}2\\1\\1\end{pmatrix}=\begin{pmatrix}5\\7\\3\end{pmatrix}-\frac{20}{3}\begin{pmatrix}2\\1\\1\end{pmatrix}=\begin{pmatrix}-25/3\\1/3\\-11/3\end{pmatrix}$$

$$\begin{pmatrix}6\\3\\2\end{pmatrix}-\frac{2\cdot\begin{pmatrix}6\\3\\2\end{pmatrix}\begin{pmatrix}2\\1\\1\end{pmatrix}}{\sqrt{6}\sqrt{6}}\begin{pmatrix}2\\1\\1\end{pmatrix}=\begin{pmatrix}6\\3\\2\end{pmatrix}-\frac{17}{3}\begin{pmatrix}2\\1\\1\end{pmatrix}=\begin{pmatrix}-16/3\\-8/3\\-11/3\end{pmatrix}$$

Das Ergebnis ist das System

$$\begin{pmatrix} -3 \\ 0 \\ 0 \end{pmatrix} x + \begin{pmatrix} -16/3 \\ -8/3 \\ -11/3 \end{pmatrix} y + \begin{pmatrix} 0 \\ 3 \\ 0 \end{pmatrix} z = \begin{pmatrix} -25/3 \\ 1/3 \\ -11/3 \end{pmatrix},$$

in dem die letzten beiden Gleichungen ein (2,2)-System bilden, das wie im vorigen Beispiel weiter behandelt werden kann.

Bemerkungen:

1. Die obige Rechnung nennt man einen QR-Schritt. Aus einem (n, n)-System wird durch einen ersten QR-Schritt ein $(n-1, n-1)$-System. Ein zweiter QR-Schritt führt auf ein $(n-2, n-2)$-System, und nach $n-1$ Schritten erhält man auf diese Weise eine einzelne Gleichung mit einer Unbekannten.
2. Die oberste Gleichung eines jeden neu berechneten Systems wird für die weitere Bestimmung der Lösungen nicht benötigt und braucht nicht berechnet zu werden.
3. Der Name »QR-Algorithmus« beruht auf der Beschreibung des Vorgehens in Matrizenform. Dabei wird nämlich die Koeffizientenmatrix zerlegt in ein Produkt aus einer orthonormalen quadratischen Matrix Q und einer rechten oberen Dreiecks-Matrix R.

Aufgaben:

1. Löse das folgende System nach dem QR-Verfahren:

$$\begin{aligned} 6x + 2y &= 10 \\ 8x + 3y &= 13 \end{aligned}$$

2. Führe einen Schritt des QR-Verfahrens zur Lösung des nachstehenden Systems aus:

$$\begin{aligned} 4x + 2y - 3z &= 3 \\ 2x - y + 2z &= 2 \\ -4x + 3y + 2z &= -12 \end{aligned}$$

8 Differentialrechnung

8.1 Begriff der Ableitung

Die Differentialrechnung wurde fast gleichzeitig von Newton und Leibniz unabhängig voneinander Ende des 17. Jahrhunderts entwickelt.

Mit den Methoden der Differentialrechnung läßt sich z.B. die Steigung einer (glatten) Kurve definieren und berechnen. Wir wollen dieses geometrische Problem zur Einführung benutzen.

8.1.1 Steigung einer Kurve

Um die Steigung einer Kurve zu definieren, liegt es nahe, auf den bereits bekannten Begriff der Steigung einer Geraden zurückzugreifen. Wir werden daher den Anstieg einer Kurve mit Hilfe der Tangente erklären.

Anschaulich ist klar, was wir unter der Tangente verstehen. Für die Kegelschnitte (Kreis, Ellipse, Hyperbel und Parabel) ist dieser Begriff bereits definiert. Wir wollen nun die Tangente im Punkt P für eine beliebige Kurve definieren und zwar als Grenzlage der Sekanten, die alle durch den Punkt P dieser Kurve gehen.

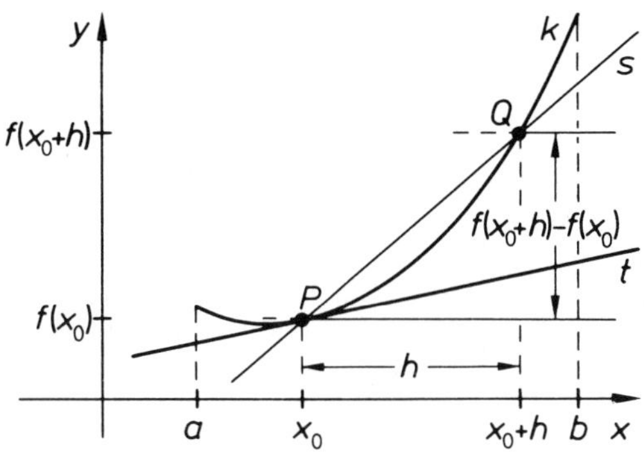

Bild 8.1: Tangente als Grenzlage der Sekante s

Dazu betrachten wir den Graphen k einer auf (a, b) definierten Funktion f. Im Punkt $P(x_0, f(x_0))$, $x_0 \in (a, b)$, wollen wir die Tangente t an k bestimmen. Dazu wählen wir auf k einen Nachbarpunkt $Q(x_0 + h, f(x_0 + h))$, $h \in \mathbb{R} \backslash \{0\}$ (vgl. Bild 8.1). Da $Q \in k$ ist, sind für h nur solche Werte zugelassen, für die $a < x_0 + h < b$ ist. Die Bedingung $h \neq 0$ ist notwendig, damit $Q \neq P$ ist.

Ist h negativ, so ist die Abszisse von Q kleiner als die von P, d.h. Q liegt dann links von P. Durch P und Q ist die Sekante s festgelegt. Die Steigung m_s dieser Sekante ist

$$m_s = \frac{f(x_0 + h) - f(x_0)}{h} \tag{8.1}$$

Für h gegen Null nähert sich der Punkt Q (falls f in x_0 stetig ist) auf k dem Punkt P. Die Sekante s dreht sich dabei um den Punkt P.

Wir bezeichnen die Gerade t, die durch den Punkt P verläuft und die Steigung

$$m_t = \lim_{h\to 0} m_s = \lim_{h\to 0} \frac{f(x_0+h)-f(x_0)}{h} \tag{8.2}$$

besitzt (falls dieser Grenzwert existiert) als **Tangente** an k durch P. Existiert der Grenzwert (8.2) nicht, so besitzt die Kurve k in P entweder eine senkrechte Tangente oder keine. Keine Tangente besitzt k in P z.B. dann, wenn k im Punkte P eine »Ecke« hat, die links- bzw. rechtsseitigen Grenzwerte ($h\uparrow 0$ bzw. $h\downarrow 0$) von (8.2) also verschieden sind.

Als **Steigung der Kurve** in P bezeichnet man die Steigung ihrer Tangente in P.

Beispiel 8.1

Wir wollen die Steigung des Graphen der Funktion $f\colon x\mapsto\frac{1}{3}x^2$ im Punkt $P(x_0,\frac{1}{3}x_0^2)$ bestimmen. Es ist $P(x_0,\frac{1}{3}x_0^2)$ und $Q(x_0+h,\frac{1}{3}(x_0+h)^2)$. Für die Steigung m_s der Sekante ergibt sich:

$$m_s = \frac{\frac{1}{3}(x_0+h)^2-\frac{1}{3}x_0^2}{h} = \frac{\frac{2}{3}hx_0+\frac{h^2}{3}}{h} = \frac{2}{3}x_0+\frac{h}{3},$$

woraus $m_t = \lim\limits_{h\to 0} m_s = \lim\limits_{h\to 0}\left(\frac{2}{3}x_0+\frac{h}{3}\right) = \frac{2}{3}x_0$ folgt.

Mit diesem Ergebnis können einige Eigenschaften des Graphen k von f festgestellt werden. So hat z.B. die Kurve k nur eine Stelle mit einer waagrechten Tangente, nämlich an der Stelle Null (also im Ursprung). Eine weitere Aussage können wir über die Kurve k machen: Für $x_0>0$ ist die Steigung stets positiv, für $x_0<0$ stets negativ.

8.1.2 Definition der Ableitung

Wie weiter unten an Beispielen gezeigt wird, tritt der Grenzwert (8.2) in den Naturwissenschaften häufig auf. Oft lassen sich physikalische Größen (wie z.B. die Geschwindigkeit) nur mit Hilfe eines Grenzwertes der Form (8.2) erklären. Daher wird diesem Grenzwert ein Name gegeben. Dazu folgende

Definition 8.1

f sei auf einer Umgebung $U(x_0)$ definiert. f heißt **differenzierbar** in x_0, wenn der Grenzwert

$$\lim_{h\to 0}\frac{f(x_0+h)-f(x_0)}{h} \tag{8.3}$$

existiert.
Dieser Grenzwert heißt **Ableitung von f an der Stelle x_0** oder **Differentialquotient von f an der Stelle x_0**.

Schreibweise: $f'(x_0)$.

Bemerkungen:

1. Der Grenzwert (8.3) existiert heißt: zu jedem $\varepsilon > 0$ gibt es ein $\delta > 0$, so daß

$$\left| \frac{f(x_0+h)-f(x_0)}{h} - f'(x_0) \right| < \varepsilon \quad \text{für alle } h \text{ mit } 0<|h|<\delta.$$

2. Das Berechnen des Grenzwertes (8.3) nennt man **Differenzieren**.
3. Der Name Differentialquotient wird später (in Abschnitt 8.4) begründet.
4. Für die Ableitung von f an der Stelle x_0 gibt es verschiedene Schreibweisen:

$$f'(x_0) = \left.\frac{\mathrm{d}f}{\mathrm{d}x}\right|_{x=x_0} = \left(\frac{\mathrm{d}}{\mathrm{d}x}f\right)_{x=x_0} = \mathrm{D}f(x_0).$$

(Lies: »f-Strich von x_0«, »df nach dx für $x=x_0$«, »d nach dx von f an der Stelle x_0«, »Derivierte von f in x_0«.)

Die erste Schreibweise stammt von Lagrange, die beiden folgenden gehen auf Leibniz zurück. $\mathrm{D}f(x_0)$ wird insbesondere in der englischen Literatur benutzt und wurde von Cauchy eingeführt. Newton verwendete eine Schreibweise, die der Lagrangeschen Schreibweise ähnlich ist. Statt des Striches machte Newton einen Punkt. Diese Schreibweise ist auch heute noch üblich, und zwar hauptsächlich dann, wenn die unabhängige Variable die Zeit t ist. Ist z.B. $s=s(t)$ eine Weg-Zeit-Funktion, so bedeutet $\dot{s}(t_0)$ die Ableitung von s zur Zeit $t=t_0$, d.h.

$$\dot{s}(t_0) = \lim_{h\to 0} \frac{s(t_0+h)-s(t_0)}{h}$$

5. Statt h wird oft auch $x-x_0$ geschrieben. Aus $h=x-x_0$ folgt $x_0+h=x$. Dem Grenzübergang $h\to 0$ entspricht der Grenzübergang $x\to x_0$. Damit erhalten wir

$$f'(x_0) = \lim_{h\to 0}\frac{f(x_0+h)-f(x_0)}{h} = \lim_{x\to x_0}\frac{f(x)-f(x_0)}{x-x_0}. \tag{8.4}$$

Auf der rechten Seite von (8.4) steht im Zähler die Differenz der Ordinaten und im Nenner die Differenz der Abszissen der Punkte $(x, f(x))$ und $(x_0, f(x_0))$. Um die Differenz auszudrücken, verwendet man auch die Schreibweise $\Delta f = f(x)-f(x_0)$ und $\Delta x = x-x_0$. Damit ist die Ableitung von f an der Stelle x_0 der Grenzwert des **Differenzenquotienten** $\frac{\Delta f}{\Delta x}$, d.h. es gilt auch

$$f'(x_0) = \lim_{h\to 0}\frac{\Delta f}{\Delta x}.$$

Diese Schreibweise hat den Nachteil, daß auf der rechten Seite der Gleichung nicht mehr die Abhängigkeit von x_0 zu sehen ist.

Einige Beispiele sollen Definition 8.1 erläutern.

Beispiel 8.2

Die Ableitung der auf $\mathbb{R}$ definierten Funktion $f\colon x\mapsto f(x)=2x^3$ soll an einer beliebigen Stelle $x_0\in\mathbb{R}$ bestimmt werden.

Für alle $x_0 \in \mathbb{R}$ und alle $h \neq 0$ gilt

$$\frac{f(x_0+h)-f(x_0)}{h} = \frac{2(x_0+h)^3 - 2x_0^3}{h} = \frac{6x_0^2 h + 6x_0 h^2 + 2h^3}{h} = 6x_0^2 + 6x_0 h + 2h^2.$$

Die rechte Seite ist (bezüglich h) eine ganzrationale Funktion, die auf ganz $\mathbb{R}$ definiert ist, der Grenzwert für $h \to 0$ existiert daher und stimmt mit dem Funktionswert an der Stelle Null ($h = 0$) überein, wir erhalten $f'(x_0) = \lim\limits_{h \to 0} (6x_0^2 + 6x_0 h + 2h^2) = 6x_0^2$.

Die Funktion f hat für alle $x_0 \in \mathbb{R}$ eine Ableitung und es ist $f'(x_0) = 6x_0^2$.

Beispiel 8.3

Für die Funktion $f\colon x \mapsto f(x) = \frac{a}{x-b}$ mit $D_f = \mathbb{R}\setminus\{b\}$ soll die Ableitung an einer beliebigen Stelle $x_0 \in D_f$ angegeben werden. Wir erhalten

$$f'(x_0) = \lim_{h \to 0} \frac{\frac{a}{(x_0+h)-b} - \frac{a}{x_0-b}}{h} = \lim_{h \to 0} \frac{-ah}{h(x_0+h-b)\cdot(x_0-b)} = -\frac{a}{(x_0-b)^2}.$$

Auch diese Funktion ist an jeder Stelle ihres Definitionsbereichs differenzierbar.

Die Funktionen in den Beispielen 8.2 und 8.3 haben die Eigenschaft, in jedem Punkt ihres Definitionsbereichs differenzierbar zu sein. Durch den Prozeß des Differenzierens erhielten wir aus der Funktion f eine neue Funktion. Das gibt Anlaß zu folgender

Definition 8.2

Es sei $f\colon D_f \mapsto \mathbb{R}$ und $D_{f'} = \{x \mid x \in D_f \text{ und } f'(x) \text{ existiert}\}$. Dann heißt die Funktion $f'\colon D_{f'} \to \mathbb{R}$ mit $x \mapsto f'(x)$ die **(erste) Ableitungsfunktion** oder kurz die **Ableitung von** f.

Bemerkungen:

1. Ist $y = f(x)$, so schreibt man $y' = f'(x)$.
2. Ist f auf D_f definiert und dort stetig, so erhalten wir die Ableitung f' (falls sie existiert) von f durch

$$f'\colon x \mapsto f'(x) = \lim_{h \to 0} \frac{f(x+h)-f(x)}{h}. \tag{8.5}$$

Der Definitionsbereich $D_{f'}$ von f' ist dabei die Menge aller $x \in D_f$, für die der Grenzwert (8.5) existiert.

Beispiel 8.4

Es sei $n \in \mathbb{N}$ und $a \in \mathbb{R}\setminus\{0\}$. Gesucht ist die Ableitungsfunktion f' der auf $\mathbb{R}$ stetigen Funktion $f\colon x \mapsto f(x) = ax^n$.

Um $f'(x_0)$ zu bestimmen, wählen wir die rechte Seite von Form (8.4):

$$f'(x_0) = \lim_{x \to x_0} \frac{f(x)-f(x_0)}{x-x_0} = \lim_{x \to x_0} \frac{ax^n - ax_0^n}{x-x_0} = \lim_{x \to x_0} \frac{a(x^n - x_0^n)}{x-x_0}.$$

Wegen $x^n - x_0^n = (x - x_0)(x^{n-1} + x^{n-2}x_0 + \cdots + xx_0^{n-2} + x_0^{n-1})$ (s.(1.32)) erhalten wir:

$$f'(x_0) = \lim_{x \to x_0} a \cdot (x^{n-1} + x^{n-2}x_0 + \cdots + xx_0^{n-2} + x_0^{n-1}) = anx_0^{n-1}.$$

Dieser Grenzwert existiert für alle $x_0 \in \mathbb{R}$.

Ergebnis: Die Funktion $f: x \mapsto f(x) = ax^n$ mit $a \in \mathbb{R}$ und $n \in \mathbb{N}$ ist für jedes $x \in \mathbb{R}$ differenzierbar, und es gilt

$$f': x \mapsto f'(x) = anx^{n-1} \quad \text{für alle } x \in \mathbb{R}.$$

Beispiel 8.4 ermöglicht es uns, die Ableitung einer Potenzfunktion mit natürlichem Exponenten zu bestimmen. Der konstante Faktor a wird mit dem Exponenten multipliziert, den ursprünglichen Exponenten hat man um eins zu erniedrigen.

Beispiel 8.5

a) $f: x \mapsto f(x) = 5x^2 \Rightarrow f': x \mapsto f'(x) = 10x$;
b) $f: x \mapsto f(x) = 8x^7 \Rightarrow f': x \mapsto f'(x) = 56x^6$.

Nach Definition 8.2 ist der Definitionsbereich $D_{f'}$ von f' eine Teilmenge des Definitionsbereiches D_f von f ($D_{f'} \subset D_f$). In Beispiel 8.4 war, $D_{f'} = D_f = \mathbb{R}$. Daß $D_{f'}$ eine echte Teilmenge von D_f sein kann, soll folgendes Beispiel zeigen.

Beispiel 8.6

Ist die auf $\mathbb{R}$ stetige Funktion $f: x \mapsto f(x) = |x|$ für alle $x \in \mathbb{R}$ differenzierbar?

Erinnern wir uns an den Graphen von f (Bild 2.6, Seite 29) und an die geometrische Interpretation der Ableitung, so ist anschaulich klar, daß f an der Stelle Null keine Ableitung besitzt. In der Tat, wegen

$$f(x) = |x| = \begin{cases} x & \text{für } x > 0 \\ 0 & \text{für } x = 0 \\ -x & \text{für } x < 0 \end{cases}$$

erhalten wir für $x = 0$:

$$\lim_{h \downarrow 0} \frac{f(0+h) - f(0)}{h} = \lim_{h \downarrow 0} \frac{h - 0}{h} = 1, \quad \lim_{h \uparrow 0} \frac{f(0+h) - f(0)}{h} = \lim_{h \uparrow 0} \frac{-h - 0}{h} = -1.$$

Die links- bzw. rechtsseitigen Grenzwerte an der Stelle Null stimmen nicht überein, d.h. der Grenzwert für $h \to 0$ existiert nicht. f ist daher an der Stelle Null nicht differenzierbar. Für $x > 0$ ergibt sich:

$$f'(x) = \lim_{h \to 0} \frac{(x+h) - x}{h} = 1 \quad \text{und für } x < 0\text{: } f'(x) = \lim_{h \to 0} \frac{-(x+h) - (-x)}{h} = -1.$$

Null ist somit die einzige Stelle, an welcher f nicht differenzierbar ist.

Ergebnis: Die Funktion $f: x \mapsto f(x) = |x|$ mit $D_f = \mathbb{R}$ hat die Ableitung

$$f': x \mapsto f'(x) = \begin{cases} 1 & \text{für } x > 0 \\ -1 & \text{für } x < 0 \end{cases} \quad \text{mit} \quad D_{f'} = \mathbb{R} \setminus \{0\}$$

oder $f'(x) = \dfrac{x}{|x|}$ oder $f'(x) = \operatorname{sgn} x$ für alle $x \in \mathbb{R} \setminus \{0\}$.

8.1.3 Einseitige und uneigentliche Ableitungen

Wie Beispiel 8.6 gezeigt hat, ist es zweckmäßig, einseitige Grenzwerte zu betrachten.

Definition 8.3

Es sei $\delta > 0$ und f auf $[x_0, x_0 + \delta)$ definiert. f besitzt an der Stelle x_0 die **rechtsseitige Ableitung** oder f ist an der Stelle x_0 **rechtsseitig differenzierbar**, wenn der rechtsseitige Grenzwert

$$\lim_{h \downarrow 0} \frac{f(x_0 + h) - f(x_0)}{h} \tag{8.6}$$

existiert. Schreibweise: $f_r'(x_0)$.

Bemerkung:

Entsprechend wird die **linksseitige Ableitung** definiert:

$$f_l'(x_0) = \lim_{h \uparrow 0} \frac{f(x_0 + h) - f(x_0)}{h}$$

Beispiel 8.7

Für die Funktion

$$f: x \mapsto f(x) = |x|(x^2 + 1)$$

sollen an der Stelle Null die rechts- und linksseitige Ableitung bestimmt werden.

Wir erhalten:

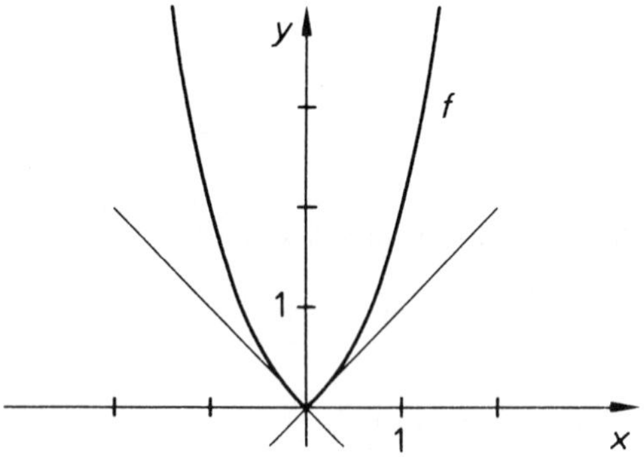

Bild 8.2: Rechts- und linksseitige Ableitung

$$\begin{aligned} f_r'(0) &= \lim_{h \downarrow 0} \frac{f(h) - f(0)}{h} \\ &= \lim_{h \downarrow 0} \frac{h(h^2 + 1)}{h} \\ &= \lim_{h \downarrow 0} (h^2 + 1) = 1, \\ f_l'(0) &= \lim_{h \uparrow 0} \frac{f(h) - f(0)}{h} \\ &= \lim_{h \uparrow 0} \frac{-h(h^2 + 1)}{h} \\ &= \lim_{h \uparrow 0} (-h^2 - 1) = -1. \end{aligned}$$

Der Graph von f hat (vgl. Bild 8.2) an der Stelle Null einen Knick.

Beispiel 8.8

Gesucht ist die rechts- und linksseitige Ableitung an der Stelle Null der auf $\mathbb{R}$ stetigen Funktion $f\colon x \mapsto \sqrt[3]{x}$.

Wir erhalten: $f_r'(0) = \lim\limits_{h \downarrow 0} \dfrac{f(h) - f(0)}{h} = \lim\limits_{h \downarrow 0} \dfrac{\sqrt[3]{h}}{h} = \lim\limits_{h \downarrow 0} \dfrac{1}{\sqrt[3]{h^2}}$.

Dieser Grenzwert existiert nicht. Für $h \downarrow 0$ hat man jedoch bestimmte Divergenz. Im uneigentlichen Sinn existiert der Grenzwert. Symbolisch schreiben wir: $f_r'(0) = \lim\limits_{h \downarrow 0} \dfrac{\sqrt[3]{h}}{h} = \infty$.

Analog erhalten wir $f_l'(0) = \lim\limits_{h \uparrow 0} \dfrac{\sqrt[3]{h}}{h} = \infty$.

Beachte: Für $h < 0$ ist sowohl der Zähler als auch der Nenner negativ, so daß der uneigentliche Grenzwert auch für die linksseitige Ableitung $+\infty$ ist.

Anhand von Bild 8.3 kann der uneigentliche Grenzwert für die Ableitung geometrisch interpretiert werden. Die Steigung des Graphen von f ist an der Stelle Null unendlich, d.h. die Tangente an den Graphen von f ist dort parallel zur y-Achse.

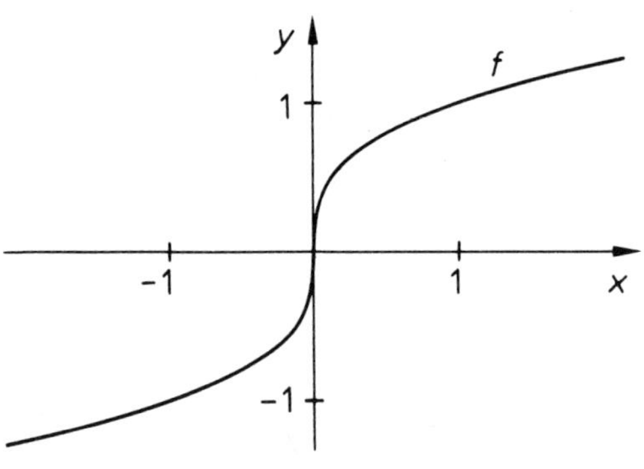

Bild 8.3: Graph von $f\colon x \mapsto \sqrt[3]{x}$

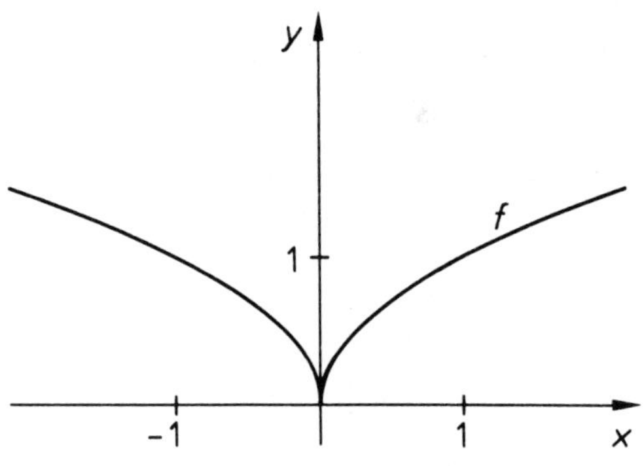

Bild 8.4: Graph von $f\colon x \mapsto \sqrt{|x|}$

Beispiel 8.9

An der Stelle Null sollen die links- und rechtsseitigen Ableitungen der auf $\mathbb{R}$ stetigen Funktion f: $x \mapsto \sqrt{|x|}$ bestimmt werden.

Wir erhalten: $f_r'(0) = \lim\limits_{h \downarrow 0} \dfrac{\sqrt{h}}{h} = \lim\limits_{h \downarrow 0} \dfrac{1}{\sqrt{h}} = \infty, \quad f_l'(0) = \lim\limits_{h \uparrow 0} \dfrac{\sqrt{|h|}}{h} = -\infty$.

Beachte: Der Zähler ist für $h < 0$ ($h \uparrow 0$) stets positiv, der Nenner stets negativ.

Bemerkung:

In den Beispielen 8.8 und 8.9 existieren die einseitigen Ableitungen an der Stelle Null nur im uneigentlichen Sinn. Geometrisch läßt sich dieser Sachverhalt als senkrechte Tangente (Tangente parallel zur y-Achse) deuten. Während in Beispiel 8.7 die rechts- und linksseitige Ableitung $+\infty$ ist, wechseln in Beispiel 8.9 die einseitigen Ableitungen ihr Vorzeichen. In Bild 8.3 und 8.4 sind die Graphen der Funktionen der Beispiele 8.8 und 8.9 dargestellt. Wie man sieht haben beide Graphen an der Stelle Null eine senkrechte Tangente. Der Graph von Beispiel 8.8 ist an der Stelle Null jedoch »glatt«, wohingegen der Graph von Beispiel 8.9 an der Stelle Null eine »Spitze« hat.

Definition 8.4

Es sei $\delta > 0$ und f auf $[x_0, x_0 + \delta)$ definiert. f besitzt an der Stelle x_0 eine **rechtsseitige uneigentliche Ableitung**, wenn der Grenzwert

$$\lim_{h \downarrow 0} \frac{f(x_0 + h) - f(x_0)}{h} \tag{8.7}$$

nur im uneigentlichen Sinn existiert, d.h. wenn der Ausdruck (8.7) bestimmt divergent ist.

Bemerkungen:

1. Entsprechend wird die linksseitige uneigentliche Ableitung definiert.
2. Ist $f_l'(x_0) = +\infty$ und $f_r'(x_0) = +\infty$, so sagt man, f besitze die uneigentliche Ableitung ∞, ohne jedoch f an dieser Stelle differenzierbar zu nennen. So hat f von Beispiel 8.8 an der Stelle Null eine uneigentliche Ableitung, wohingegen f von Beispiel 8.9 an der Stelle Null keine uneigentliche Ableitung besitzt. Beide Funktionen sind jedoch an der Stelle Null nicht differenzierbar.

Zum Schluß sei noch ein Beispiel einer Funktion gegeben, die an der Stelle Null weder eine einseitige noch eine einseitige uneigentliche Ableitung besitzt.

Beispiel 8.10

Die Funktion $f\colon x \mapsto f(x) = \begin{cases} x \cdot \sin\frac{1}{x} & \text{für } x \neq 0 \\ 0 & \text{für } x = 0 \end{cases}$ ist an der Stelle Null stetig, da $\lim\limits_{x \to 0} x \sin\frac{1}{x} = 0$ und $f(0) = 0$ ist. f besitzt jedoch an der Stelle Null weder eine einseitige noch eine einseitige uneigentliche Ableitung. Für den Differenzenquotienten an der Stelle Null erhalten wir nämlich:

$$\frac{f(0+h) - f(0)}{h} = \frac{h \cdot \sin\frac{1}{h}}{h} = \sin\frac{1}{h}. \tag{*}$$

Wie in Beispiel 4.15 gezeigt wurde, ist (*) für $h \to 0$ unbestimmt divergent. Die einseitigen uneigentlichen Ableitungen an der Stelle Null existieren deshalb nicht.

Zusammenfassung:
Es sei $x_0 = 0$.

	Beispiel	Graph
$f'(x_0)$ existiert	$f\colon x \mapsto x^2$ $f'(0) = 0$	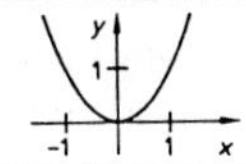
$f_r'(x_0)$ existiert $f_l'(x_0)$ existiert $f_r'(x_0) \neq f_l'(x_0)$	$f\colon x \mapsto \lvert x \rvert$ $f_l'(0) = -1$ $f_r'(0) = 1$	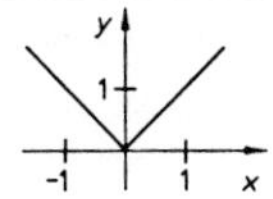
An der Stelle x_0 existiert die uneigentliche Ableitung	$f\colon x \mapsto \sqrt[3]{x}$ $f_l'(0) = \infty$ $f_r'(0) = \infty$	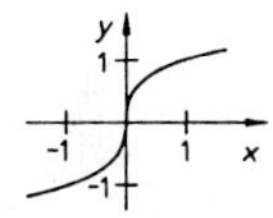
f besitzt die einseitigen uneigentlichen Ableitungen an der Stelle x_0.	$f\colon x \mapsto \sqrt{\lvert x \rvert}$ $f_l'(0) = -\infty$ $f_r'(0) = \infty$	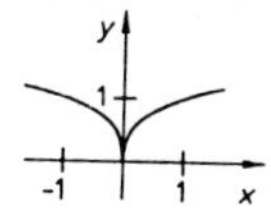
Die einseitigen und die einseitigen uneigentlichen Ableitungen existieren nicht	$f(x) = \begin{cases} x \cdot \sin\frac{1}{x} & \text{für } x \neq 0 \\ 0 & \text{für } x = 0 \end{cases}$ $f_l'(0)$und $f_r'(0)$ existieren nicht	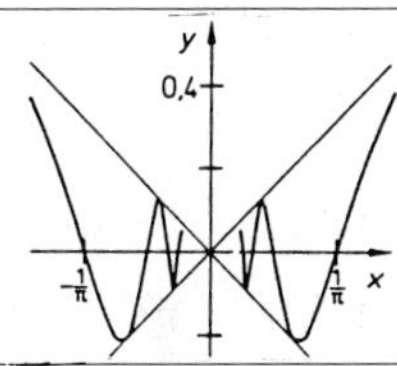

Bislang kennen wir nur den Begriff der Differenzierbarkeit an einer Stelle. Folgende Definition erklärt den Begriff der Differenzierbarkeit auf einem Intervall.

Definition 8.5

f heißt **differenzierbar auf** (a, b), falls f an jeder Stelle $x_0 \in (a, b)$ differenzierbar ist; f heißt **differenzierbar auf** $[a, b]$, falls f auf (a, b) differenzierbar ist und in a die rechtsseitige und in b die linksseitige Ableitung existieren.

Beispiel 8.11

Die Funktion $f\colon x \mapsto f(x) = ax^n$ mit $a \in \mathbb{R}$, $n \in \mathbb{N}$, ist auf $\mathbb{R}$ differenzierbar (s. Beispiel 8.4).

Beispiel 8.12

Ist die Funktion $f\colon x \mapsto f(x) = x\sqrt{x}$ auf $D_f = [0, \infty)$ differenzierbar?

Für $x > 0$ folgt:

$$f'(x) = \lim_{h \to 0} \frac{(x+h)\sqrt{x+h} - x\sqrt{x}}{h} = \lim_{h \to 0} \frac{(x+h)^3 - x^3}{h[(x+h)\sqrt{x+h} + x\sqrt{x}]} = \frac{3x^2}{2x\sqrt{x}} = \frac{3}{2}\sqrt{x}.$$

An der Stelle 0 existiert aufgrund des Definitionsbereichs von f nur die rechtsseitige Ableitung, $f_r'(0) = \lim\limits_{h \downarrow 0} \frac{h\sqrt{h} - 0}{h} = \lim\limits_{h \downarrow 0} \sqrt{h} = 0$. f ist daher auf $[0, \infty)$ differenzierbar.

Der folgende Satz zeigt, daß die Differenzierbarkeit von Funktionen eine stärkere Einschränkung als die der Stetigkeit ist.

Satz 8.1

Ist f an der Stelle x_0 differenzierbar, so ist f an der Stelle x_0 stetig.

Bemerkungen:

1. Die Umkehrung dieses Satzes gilt i.a. nicht. Die Funktion $f: x \mapsto |x|$ ist an der Stelle 0 stetig, jedoch dort nicht differenzierbar (s. Beispiel 8.6).
2. Nach diesem Satz ist die Stetigkeit von f in x_0 eine notwendige Bedingung für die Differenzierbarkeit von f an der Stelle x_0. Ist f an der Stelle x_0 nicht stetig, so ist f auch nicht differenzierbar in x_0.

Beweis von Satz 8.1:

f ist an der Stelle x_0 differenzierbar, d.h. der Grenzwert $\lim\limits_{h \to 0} \frac{f(x_0 + h) - f(x_0)}{h}$ existiert und ist gleich $f'(x_0)$. Wir haben zu zeigen, daß $\lim\limits_{h \to 0} f(x_0 + h) = f(x_0)$ gilt, d.h. daß $\lim\limits_{h \to 0} (f(x_0 + h) - f(x_0)) = 0$ ist. Wir erhalten:

$$\lim_{h \to 0} (f(x_0 + h) - f(x_0)) = \lim_{h \to 0} \frac{f(x_0 + h) - f(x_0)}{h} \cdot h = f'(x_0) \cdot 0 = 0 \qquad \bullet$$

8.1.4 Anwendungen der Ableitung in den Naturwissenschaften

Der Ableitung kommt durch verschiedenartige Deutungen in den naturwissenschaftlichen Disziplinen eine große Bedeutung zu. Viele Begriffe können z.B. in der Physik, Elektrotechnik, Chemie usw. nur mit Hilfe eines Grenzwertes, der dem der Ableitung entspricht, exakt definiert werden. Einige Beispiele sollen dies aufzeigen.

a) Geschwindigkeit als Ableitung der Weg- Zeit-Funktion

Die Geschwindigkeit v wird als der pro Zeiteinheit zurückgelegte Weg s definiert. Bewegt sich eine Masse m geradlinig und gleichförmig (d.h. m ändert seine Richtung nicht und durchläuft in gleichen Zeitabständen gleiche Wegstrecken), so erhält man als Geschwindigkeit $v = \frac{s}{t}$, wobei s der in der Zeit t zurückgelegte Weg ist.

Wir betrachten nun den Fall, daß die Masse m sich nicht gleichförmig bewegt.

Ist $s = f(t)$, $t \in [t_1, t_2]$, die zu m gehörende Weg-Zeit-Funktion, so können wir die Geschwindigkeit von m im Zeitpunkt $t_0 \in (t_1, t_2)$ wie folgt ermitteln:

Zum Zeitpunkt t_0 hat m die Strecke $f(t_0)$ durchlaufen, zum Zeitpunkt $t_0+\Delta t$ die Strecke $f(t_0+\Delta t)$. Während der Zeit Δt hat m somit den Weg $f(t_0+\Delta t)-f(t_0)$ zurückgelegt. Der Differenzenquotient $\frac{f(t_0+\Delta t)-f(t_0)}{\Delta t}$ ist daher die mittlere Geschwindigkeit von m während des Zeitintervalls $[t_0, t_0+\Delta t]$, falls $\Delta t>0$ bzw. $[t_0+\Delta t, t_0]$, falls $\Delta t<0$ ist. Je kleiner $|\Delta t|$ gewählt wird, um so besser wird man die Geschwindigkeit von m im Zeitpunkt t_0 erhalten. Es liegt daher nahe, die Geschwindigkeit v zur Zeit t_0 als Grenzwert

$$v(t_0)=\lim_{\Delta t\to 0}\frac{f(t_0+\Delta t)-f(t_0)}{\Delta t} \tag{8.8}$$

zu definieren. Auf der rechten Seite von (8.8) steht die Ableitung von f an der Stelle t_0, so daß wir $v(t_0)=f'(t_0)$ erhalten. Wie schon in Abschnitt 8.1.2 erwähnt wurde, wird die Ableitung nach der Zeit t durch einen Punkt gekennzeichnet. Die Weg-Zeit-Funktion wird oft auch in der Form $s=s(t)$ geschrieben. Berücksichtigen wir diese Schreibweise, so ergibt sich $v(t)=\frac{\mathrm{d}s}{\mathrm{d}t}=\dot{s}(t)$. Die Ableitung der Weg-Zeit-Funktion s nach der Zeit t ergibt die Geschwindigkeit-Zeit- Funktion. Ebenso kann man zeigen, daß die Ableitung der Geschwindigkeit-Zeit-Funktion die Beschleunigung-Zeit-Funktion ergibt.

Beispiel 8.13

Beim freien Fall (ohne Reibung) lautet die Weg-Zeit-Funktion $s=\frac{\mathrm{g}}{2}\cdot t^2$, wobei g die Erdbeschleunigung bedeutet.

Als Geschwindigkeit-Zeit-Funktion erhalten wir daraus $v=\dot{s}=\mathrm{g}t$. Die Geschwindigkeit ist beim freien Fall somit proportional zur Zeit t.

b) Stromstärke als Ableitung der elektrischen Ladung

Als elektrische Stromstärke i bezeichnet man die in der Zeiteinheit durch den Bezugsquerschnitt tretende Ladungsmenge q. Ist $q=q(t)$, $t\in[t_1, t_2]$ die Funktion, welche die Ladungsmenge angibt, die bis zur Zeit t durch den Bezugsquerschnitt geflossen ist, so ist $q(t_0+\Delta t)-q(t_0)$, $\Delta t\neq 0$, diejenige Ladungsmenge, die während des Zeitintervalls $[t_0, t_0+\Delta t]$ bzw. $[t_0+\Delta t, t_0]$ durch den Bezugsquerschnitt floß.

Als mittlere Stromstärke i_m in diesem Zeitintervall erhalten wir $i_m=\frac{q(t_0+\Delta t)-q(t_0)}{\Delta t}$.

Daraus ergibt sich durch Grenzübergang $\Delta t\to 0$:

$$i(t_0)=\lim_{\Delta t\to 0}\frac{q(t_0+\Delta t)-q(t_0)}{\Delta t}=\left.\frac{\mathrm{d}q}{\mathrm{d}t}\right|_{t=t_0}=\dot{q}(t_0).$$

c) Druckgefälle

Betrachten wir den Luftdruck über der Erde, so kann man annähernd den Druck p als Funktion der Höhe annehmen, d.h. es ist $p=p(h)$, $h\in[0,\infty)$. Als Druckgefälle bezeichnen wir die Druckabnahme pro Längeneinheit.

Der Differenzenquotient $\frac{p(h_0+\Delta h)-p(h_0)}{\Delta h}$ ist ein Maß für die mittlere Änderung des Druckes im

Intervall $[h_0, h_0 + \Delta h]$ bzw. $[h_0 + \Delta h, h_0]$. Man nennt $-\frac{\mathrm{d}p}{\mathrm{d}h}$ das Druckgefälle. Das negative Vorzeichen steht, weil bei Druckabnahme das Druckgefälle positiv wird.

d) Die Leistung

Es sei $w(t)$, $t \in \mathbb{R}$, die Arbeit, die eine Maschine bis zur Zeit t geleistet hat. Als Leistung P definiert man die Arbeit pro Zeiteinheit. Um die Leistung zur Zeit t_0 zu berechnen, bilden wir den Differenzenquotienten $\frac{w(t_0 + \Delta t) - w(t_0)}{\Delta t}$. Für $\Delta t \to 0$ erhalten wir den Differentialquotienten $\left.\frac{\mathrm{d}w}{\mathrm{d}t}\right|_{t=t_0}$, woraus sich $P(t_0) = \dot{w}(t_0)$ ergibt.

e) Geometrische Anwendung

Mit Hilfe der Ableitung wird die Steigung einer Kurve in einem Kurvenpunkt definiert. Damit ergeben sich einige geometrische Anwendungen, von welchen exemplarisch einige aufgezeigt werden.

Beispiel 8.14

Gesucht ist der Schnittpunkt S der Tangente t an die Parabel $x \mapsto x^2$ im Punkte $P(x_0, x_0^2)$ mit der x-Achse.

Um die Gleichung der Tangente t zu bestimmen berechnen wir zunächst die Steigung m_t der Tangente in P. Es ist $m_t = f'(x_0) = 2x_0$. Daraus ergibt sich als Tangentengleichung (Punkt-Steigung-Formel): $\frac{y - x_0^2}{x - x_0} = 2x_0$.

Hat S die Abszisse x_s, so erhalten wir (für $x = x_s$ ist $y = 0$): $\frac{-x_0^2}{x_s - x_0} = 2x_0$, woraus $x_s = \frac{x_0}{2}$ folgt.

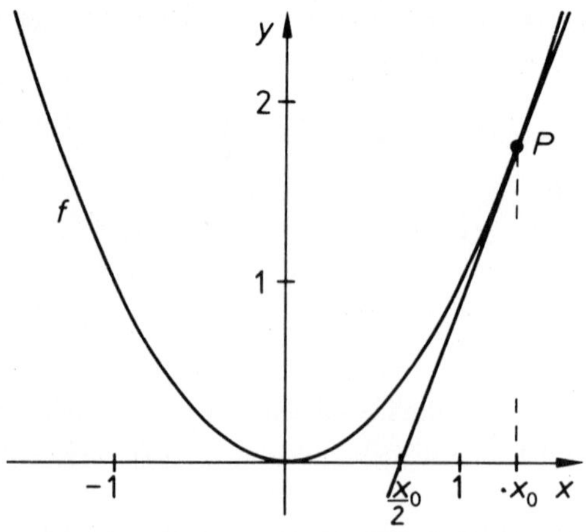

Bild 8.5: Tangentenkonstruktion an die Parabel

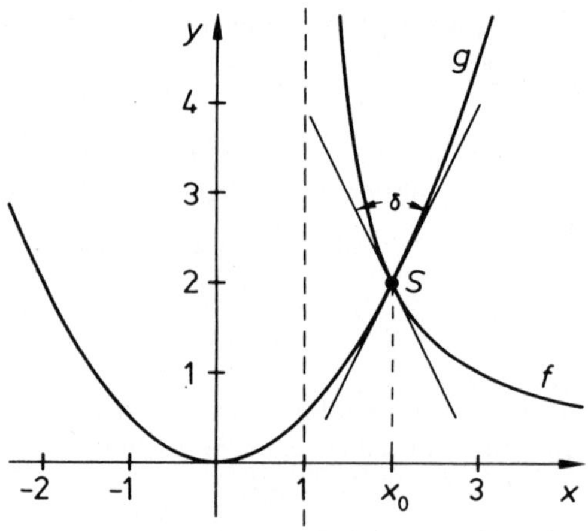

Bild 8.6: Schnittwinkel zweier Kurven

Die Abszisse des Schnittpunktes S ist demzufolge halb so groß wie die des Punktes P. Damit haben wir eine einfache Tangentenkonstruktion an die Parabel $y = x^2$ gefunden (vgl. Bild. 8.5).

Mit Hilfe der Ableitung läßt sich auch der Schnittwinkel zweier Kurven angeben. Der **Schnittwinkel zweier Kurven** ist definiert als Schnittwinkel der zu dem Schnittpunkt gehörenden Tangenten.

Beispiel 8.15

Gegeben sind die Funktionen $f: x \mapsto f(x) = \dfrac{2}{x-1}$ und $g: x \mapsto g(x) = \frac{1}{2}x^2$. Man berechne den Schnittwinkel δ der beiden Graphen von f und g.

Wir bestimmen zunächst die Abszisse des Schnittpunktes S.

Für $x \neq 1$ gilt: $\dfrac{2}{x-1} = \dfrac{1}{2}x^2 \Leftrightarrow x^3 - x^2 - 4 = 0$, woraus man durch Erraten $x_0 = 2$ erhält. Wegen $x^3 - x^2 - 4 = (x-2)(x^2 + x + 2)$ ist $x_0 = 2$ einzige Lösung.

Um die Steigung der Tangenten im Punkte S berechnen zu können, benötigen wir die Ableitungsfunktionen von f und g. Nach Beispiel 8.3 und 8.4 ist $f'(x) = -\dfrac{2}{(x-1)^2}$ und $g'(x) = x$, woraus sich $m_1 = f'(2) = -2$ und $m_2 = g'(2) = 2$ als Steigungen der Tangenten ergeben. Für den Schnittwinkel δ der Tangenten erhalten wir aufgrund von (2.17), Seite 63, $\tan \delta = \dfrac{m_1 - m_2}{1 + m_1 \cdot m_2} = \dfrac{4}{3}$, damit $\delta = 53^\circ\, 07'\, 48''$ (s. Bild 8.6).

f und g seien auf dem Intervall I differenzierbar und es sei $x_0 \in I$ mit $f(x_0) = g(x_0)$, d.h. die Graphen von f und g schneiden sich in $S(x_0, f(x_0))$. Dann ergibt sich aus der Orthogonalitätsbedingung $m_1 \cdot m_2 = -1$ (vgl. (2.18) auf Seite 63) folgende Äquivalenz:

Die Graphen der Funktionen f und g schneiden sich in S rechtwinklig genau dann, wenn $f'(x_0) \cdot g'(x_0) = -1$ ist.

Beispiel 8.16

Wie müssen $a \in \mathbb{R}$ und $b \in \mathbb{R} \setminus \{1\}$ gewählt werden, damit sich die Graphen der Funktionen $f: x \mapsto f(x) = \dfrac{a}{x-b}$ und $g: x \mapsto g(x) = x^2$ in $S(1, 1)$ rechtwinklig schneiden?

Aus $f(1) = g(1)$ folgt $\dfrac{a}{1-b} = 1$ d.h. $a = 1 - b$.

Für die Orthogonalitätsbedingung benötigen wir die Ableitung (vgl. Beispiele 8.3 und 8.4):

$f'(x) = -\dfrac{a}{(x-b)^2}$, $g'(x) = 2x$, woraus $f'(1) = -\dfrac{a}{(1-b)^2}$ und $g'(1) = 2$ folgt.

Die Orthogonalitätsbedingung liefert:

$f'(1) \cdot g'(1) = -1 \Rightarrow -\dfrac{2a}{(1-b)^2} = -1 \Rightarrow 2a = (1-b)^2$. Mit $a = 1 - b$ erhalten wir daraus

$2(1-b) = (1-b)^2$. Für $b \neq 1$ ergibt sich $b = -1$ und daraus $a = 2$. Es ist also $f(x) = \dfrac{2}{x+1}$.

Wie die Beispiele zeigen, kann die Ableitung f' von f allgemein als »Wachstums-« oder als »Änderungsgeschwindigkeit« der Funktion f bezeichnet werden. $|f'|$ ist ein Maß für die Empfindlichkeit der abhängigen Veränderlichen $y=f(x)$ gegenüber Schwankungen der unabhängigen Veränderlichen x. Ist $|f'(x_0)|$ »groß«, so bewirken schon »kleine« Änderungen von x_0 »große« Änderungen von $f(x_0)$. Das Vorzeichen von $f'(x_0)$gibt an, ob mit wachsendem x auch $f(x)$ wächst oder fällt.

f) Linearisierung

In den naturwissenschaftlichen Disziplinen werden häufig Vorgänge in der Natur durch Modelle erklärt, die mit Hilfe der formalen Sprache der Mathematik beschrieben werden können. Mit diesem Formalismus kann mitunter eine theoretische Lösung ermittelt werden. Oft stellt sich dann das Problem, daß die dabei auftretenden Terme bzw. Funktionen eine so ungünstige Form haben, daß eine praktische Lösung nicht möglich ist. In diesem Fall kann eine sogenannte »Linearisierung« wenigstens eine Näherung für die gesuchte Lösung ergeben. Bei der Linearisierung wird die gegebene Funktion f im interessierenden Punkt durch eine lineare Funktion l ersetzt. Im einzelnen:

Es sei f eine auf (a,b) definierte Funktion und in $x_0 \in (a,b)$ differenzierbar. Ist l eine lineare Funktion, die den Punkt $P(x_0, f(x_0))$ enthält und die Steigung d hat, so ergibt sich mit der Punkt-Steigungs-Formel: $\dfrac{l(x)-f(x_0)}{x-x_0}=d$, woraus $l\colon x \mapsto l(x)=f(x_0)+d\cdot(x-x_0)$ folgt.

Für alle $d\in\mathbb{R}$ gilt: $\lim\limits_{x\to x_0}(f(x)-l(x))=\lim\limits_{x\to x_0}(f(x)-f(x_0)-d\cdot(x-x_0))=0$ (aufgrund von Satz 8.1 ist f an der Stelle x_0 stetig).

Wir wollen d so bestimmen, daß sogar der Quotient $\dfrac{f(x)-l(x)}{x-x_0}$ für $x\to x_0$ gegen Null strebt und nennen l dann die **beste lineare Approximation von f in** x_0.

$$\lim_{x\to x_0}\frac{f(x)-l(x)}{x-x_0}=\lim_{x\to x_0}\frac{f(x)-f(x_0)-d\cdot(x-x_0)}{x-x_0}$$

$$=\lim_{x\to x_0}\left(\frac{f(x)-f(x_0)}{x-x_0}-d\right)=f'(x_0)-d.$$

Der Grenzwert ist genau dann Null, wenn $d=f'(x_0)$ ist, d.h. der Graph von l ist die Tangente an den Graphen von f im Punkt $P(x_0,f(x_0))$. Die Tangente ist somit die beste lineare Approximation einer Funktion (s. Bild 8.7).

Man kann es auch so formulieren: Daß eine Funktion f an der Stelle x_0 differenzierbar ist, ist äquivalent damit, daß f an der Stelle x_0 eine beste lineare Approximation besitzt, d.h. ist äquivalent zu der Gültigkeit folgender Grenzwertbeziehung:

$$\text{Für } |x-x_0|\to 0 \text{ gilt } \frac{f(x)-l(x)}{x-x_0}\to 0. \tag{8.9}$$

Es läßt sich in der Tat folgender Satz beweisen.

Satz 8.2

Es sei I ein offenes Intervall. Die Funktion $f: I \to \mathbb{R}$ ist in $x \in I$ differenzierbar genau dann, wenn es eine Zahl d gibt, so daß gilt

$$f(x+h) - f(x) = dh + r(h) \quad \text{mit} \quad \lim_{h \to 0} \frac{r(h)}{h} = 0. \tag{8.10}$$

In diesem Fall gilt $f'(x) = d$.

Beweis:

i) Hinlänglichkeit

f ist differenzierbar, daraus folgt:

$$\varepsilon(h) = \frac{f(x+h) - f(x)}{h} - f'(x) \to 0 \quad \text{für} \quad h \to 0.$$

Wird $r(h) = h \cdot \varepsilon(h)$ gesetzt, so folgt daraus (8.10).

ii) Notwendigkeit

Aus (8.10) folgt $\dfrac{f(x+h) - f(x)}{h} = d + \dfrac{r(h)}{h}$.

Der Grenzwert auf der rechten Seite existiert für $h \to 0$ und ist gleich d, also existiert auch der Grenzwert auf der linken Seite, d.h. f ist differenzierbar.

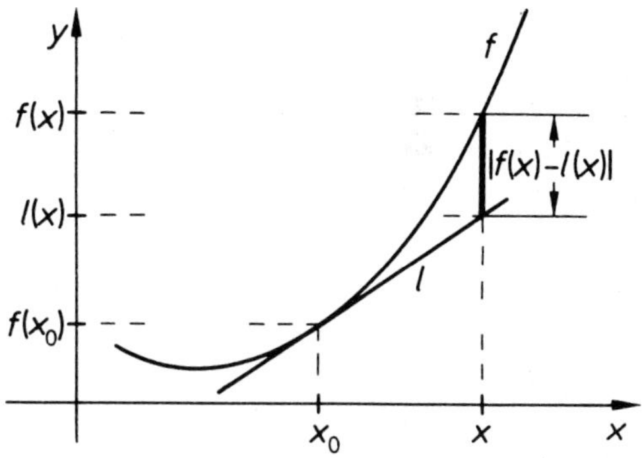

Bild 8.7: Beste lineare Approximation

Der Zuwachs $f(x+h) - f(x)$ der Funktion f an der Stelle x ist also proportional zum Zuwachs h der unabhängigen Variablen, bis auf einen Fehler $r(h)$, der so klein ist, daß er sogar noch nach Division durch h den Grenzwert Null hat, für h gegen Null. Der Proportionalitätsfaktor ist die Ableitung $f'(x)$.

Aufgaben

1. Gegeben ist die Funktion $f: x \mapsto f(x) = \sqrt{x+2}$, $x \in [-2, \infty)$. Berechnen Sie:
   a) $f'(0)$; b) $f'(x), x \in (-2, \infty)$; c) $f'_r(-2)$.
2. Von folgenden Funktionen sind der Differenzenquotient $\dfrac{\Delta f}{\Delta x}$ sowie der Differentialquotient $\dfrac{\mathrm{d}f}{\mathrm{d}x}$ zu bestimmen.
   a) $f: x \mapsto f(x) = \dfrac{x+1}{x-1}, D_f = \mathbb{R} \setminus \{1\}$; b) $f: x \mapsto f(x) = 2x^3 - x^2, D_f = \mathbb{R}$;
   *c) $f: x \mapsto f(x) = \sqrt[3]{x}, D_f = \mathbb{R}$.
3. An welcher Stelle x_0 hat der Graph der Funktion $f: x \mapsto f(x) = \dfrac{3}{x-2}$, $D_f = (2, \infty)$ die Steigung -3?
4. k_1 bzw. k_2 seien die Graphen der Funktionen $f_1: x \mapsto f_1(x) = x^2$ bzw. $f_2: x \mapsto f_2(x) = x^3$. In welchen Punkten von k_1 und k_2 (mit gleichen Abszissen) sind die Tangenten parallel?
5. Gesucht ist der Schnittwinkel α der Graphen der Funktionen
   $f: x \mapsto f(x) = \frac{3}{4}x^2$, $D_f = \mathbb{R}$ und $g: x \mapsto g(x) = \dfrac{x+1}{x-1}$, $D_g = \mathbb{R} \setminus \{1\}$.
6. Gegeben sind die Funktionen
   $f: x \mapsto f(x) = x^2 + 1$, $D_f = \mathbb{R}$ und $g: x \mapsto g(x) = -x^2 - 1$, $D_g = \mathbb{R}$.
   a) Bestimmen Sie die Ableitungen f' und g' als Grenzwert des Differenzenquotienten.
   *b) Geben Sie gemeinsame Tangenten der Graphen von f und g an.

*7. Man bestimme diejenigen Punkte des Graphen von $f: x \mapsto f(x) = \frac{1}{x^2}$, $D_f = \mathbb{R} \setminus \{0\}$, in denen die Tangente zugleich Normale für dieselbe Kurve ist. (Die Normale ist die Senkrechte zur Tangente im Berührpunkt.)

8. An welchen Stellen sind folgende auf $\mathbb{R}$ definierten Funktionen $f: x \mapsto f(x)$ differenzierbar?

a) $x \mapsto |x^2 + x|$; b) $x \mapsto (\operatorname{sgn} x) \cdot x^2$; c) $x \mapsto x \cdot [x]$.

9. Ist die Funktion

$$f: x \mapsto f(x) = \begin{cases} \frac{1}{4}x^2 & \text{für } -\infty < x \leqq 4 \\ (x-2)^2 & \text{für } 4 < x < \infty \end{cases}$$

auf $\mathbb{R}$ differenzierbar? (Begründung!)

10. Untersuchen Sie die Funktion

$$h: x \mapsto h(x) = \begin{cases} \frac{\sqrt{x^2}}{x} & \text{für } x \neq 0 \\ 1 & \text{für } x = 0 \end{cases}$$

auf Differenzierbarkeit.

11. Von folgenden Funktionen $f: x \mapsto f(x)$ sind die rechts- und linksseitigen Ableitungen an der Stelle 3 zu bilden.

a) $f(x) = x \cdot |x-3|, x \in \mathbb{R}$; b) $f(x) = \sqrt[3]{x-3}, x \in \mathbb{R}$;

c) $f(x) = \begin{cases} \frac{1}{3}x^2 & \text{für } x \leqq 3 \\ \sqrt{3x} & \text{für } x > 3 \end{cases}$.

12. Auf welchem Intervall hat die Funktion $f: x \mapsto f(x) = -x^2 + 2x$ eine negative Ableitung?

13. Ein Bewegungsablauf wird durch das Weg-Zeit-Gesetz $s = \frac{5}{2}t^2 - 3t$ beschrieben. Die Konstanten $\frac{5}{2}$ und -3 sind so gewählt, daß der Weg die Einheit Meter erhält, wenn man für die Zeit die Einheit Sekunde wählt. Wie groß ist die Geschwindigkeit nach 4 Sekunden?

14. Wie muß $a \in \mathbb{R}$ gewählt werden, damit die Funktion

$$f: x \mapsto f(x) = \begin{cases} \frac{2}{x} & \text{für } 0 < x \leqq 2 \\ ax - 2a + 1 & \text{für } x > 2 \end{cases}$$

an der Stelle 2 differenzierbar ist?

15. Gegeben ist die Funktion f mit $f(x) = |x^2 - 8x + 12|$.
a) An welchen Stellen ist die auf $\mathbb{R}$ stetige Funktion nicht differenzierbar?
b) Existieren die einseitigen Ableitungen an den in Teil a) gefundenen Stellen? Gegebenenfalls sind sie zu berechnen.

8.2 Ableitungsregeln

Wir wollen nun allgemeine Regeln für die Ableitung angeben und zum Teil diese Regeln beweisen. Hiermit können wir eine Vielfalt von Funktionen auf einfache Weise differenzieren. Dazu benötigen wir die Ableitungsfunktionen einiger elementarer Funktionen.

8.2.1 Ableitung einiger Funktionen

Satz 8.3 (Ableitung einer konstanten Funktion)

> Die auf $\mathbb{R}$ konstante Funktion $f: x \mapsto f(x) = c, c \in \mathbb{R}$ ist auf $\mathbb{R}$ differenzierbar, und es gilt $f'(x) = 0$ für alle $x \in \mathbb{R}$.

Beweis:

$$\lim_{h\to 0}\frac{f(x+h)-f(x)}{h}=\lim_{h\to 0}\frac{c-c}{h}=0$$ ●

Bemerkung:

Anschaulich ist dieses Ergebnis klar. Der Graph von f ist eine Parallele zur x-Achse im Abstand $|c|$. Die Steigung einer zur x-Achse parallelen Geraden ist Null.

Satz 8.4 (Ableitung der Potenzfunktion)

> Die Potenzfunktion $f: x \mapsto f(x) = x^n$, $D_f = \mathbb{R}$, $n \in \mathbb{N}$ ist auf $\mathbb{R}$ differenzierbar, und es gilt
>
> $$\frac{\mathrm{d}}{\mathrm{d}x}(x^n) = n \cdot x^{n-1} \quad \text{für alle } x \in \mathbb{R} \text{ und alle } n \in \mathbb{N}.$$

Dieser Satz wurde mit Beispiel 8.4 bewiesen.

Bemerkungen:

1. Die Ableitung einer Potenzfunktion mit natürlichem Exponenten ergibt wieder eine Potenzfunktion.
2. Wir werden später zeigen, daß obige Ableitungsregel auch für Funktionen gilt, bei denen der Exponent eine beliebige reelle Zahl ist.
3. Die Ableitung der Identität ist die konstante Funktion f mit $f(x) = 1$.

Satz 8.5 (Ableitung der Sinusfunktion)

> Die Sinusfunktion $f: x \mapsto f(x) = \sin x$ ist auf $\mathbb{R}$ differenzierbar, und es gilt
>
> $$\frac{\mathrm{d}}{\mathrm{d}x}(\sin x) = \cos x \quad \text{für alle } x \in \mathbb{R}.$$

Beweis:

Wegen $\sin\alpha - \sin\beta = 2\cdot\cos\frac{\alpha+\beta}{2}\cdot\sin\frac{\alpha-\beta}{2}$ erhalten wir (mit $\alpha = x+h, \beta = x$):

$$\frac{\mathrm{d}}{\mathrm{d}x}(\sin x) = \lim_{h\to 0}\frac{\sin(x+h)-\sin x}{h} = \lim_{h\to 0}\cos\left(x+\frac{h}{2}\right)\cdot\frac{\sin\frac{h}{2}}{\frac{h}{2}} = \cos x.$$

Bei der letzten Gleichheit wurde der in Abschnitt 4.2 (Beispiel 4.28) bewiesene Grenzwert $\lim\limits_{x\to 0}\frac{\sin x}{x} = 1$ und die Stetigkeit der Kosinus-Funktion benutzt. ●

Satz 8.6 (Ableitung der e-Funktion)

Die e-Funktion $f: x \mapsto f(x) = e^x$ ist auf $\mathbb{R}$ differenzierbar, und es ist

$$\frac{\mathrm{d}}{\mathrm{d}x}\mathrm{e}^x = \mathrm{e}^x \quad \text{für alle } x \in \mathbb{R}.$$

Bemerkung:

Für die e-Funktion gilt die Gleichung $f' = f$.

Beweis:

$$f'(x) = \lim_{h \to 0} \frac{\mathrm{e}^{x+h} - \mathrm{e}^x}{h} = \lim_{h \to 0} \mathrm{e}^x \cdot \frac{\mathrm{e}^h - 1}{h} = \mathrm{e}^x,$$

dabei wurde der in Abschnitt 4.6 ((4.51), Seite 168) bewiesene Grenzwert $\lim\limits_{h \to 0} \frac{e^h - 1}{h} = 1$ verwendet.

Satz 8.7 (Ableitung der Betragsfunktion)

Die Betragsfunktion $f: x \mapsto f(x) = |x|$ ist für alle $x \in \mathbb{R} \setminus \{0\}$ differenzierbar, und es gilt

$$\frac{\mathrm{d}}{\mathrm{d}x}|x| = \frac{x}{|x|} = \frac{|x|}{x} = \operatorname{sgn} x \quad \text{für alle } x \neq 0.$$

Dieser Satz wurde mit Beispiel 8.6 bewiesen.

8.2.2 Differentiation einer Linearkombination von Funktionen

In diesem Unterabschnitt und in den folgenden werden Sätze bewiesen, bei denen die Differenzierbarkeit von Funktionen vorausgesetzt wird. Die Differenzierbarkeit kann sich dabei, je nach Bedarf, auf einen Punkt, auf ein Intervall oder auf alle Elemente des Definitionsbereichs von f' beziehen.

Wir kennen nun bereits die Ableitungen einiger Funktionen. Es liegt die Frage nahe, ob man durch die Kenntnis der Ableitungen dieser Funktionen auch die Ableitung einer Linearkombination eben dieser Funktionen bestimmen kann. Ist beispielsweise $2x + \cos x$ die Ableitung von $x^2 + \sin x$?

Satz 8.8

Sind u und v differenzierbare Funktionen und $\alpha, \beta \in \mathbb{R}$, so ist auch $f = \alpha \cdot u + \beta \cdot v$ differenzierbar, und es gilt

$$f' = (\alpha \cdot u + \beta \cdot v)' = \alpha \cdot u' + \beta \cdot v'.$$

Beweis:

u und v sind nach Voraussetzung differenzierbar, d.h. die Grenzwerte $\lim\limits_{h\to 0}\dfrac{u(x+h)-u(x)}{h}$ und $\lim\limits_{h\to 0}\dfrac{v(x+h)-v(x)}{h}$ existieren und sind gleich $u'(x)$ bzw. $v'(x)$. Damit erhalten wir

$$\begin{aligned} f'(x) &= \lim_{h\to 0}\frac{f(x+h)-f(x)}{h} \\ &= \lim_{h\to 0}\frac{\alpha\cdot u(x+h)+\beta\cdot v(x+h)-\alpha\cdot u(x)-\beta\cdot v(x)}{h} \\ &= \lim_{h\to 0}\alpha\frac{u(x+h)-u(x)}{h}+\lim_{h\to 0}\beta\frac{v(x+h)-v(x)}{h}=\alpha\cdot u'(x)+\beta\cdot v'(x). \end{aligned}$$

●

Beispiel 8.17

Die auf $\mathbb{R}$ definierte Funktion $f: x\mapsto f(x)=x^2+7e^x$ ist auf $\mathbb{R}$ differenzierbar, und es gilt für alle $x\in\mathbb{R}$: $f': x\mapsto f'(x)=2x+7e^x$.

Mit Satz 8.8 und mit Hilfe der vollständigen Induktion läßt sich folgender Satz beweisen.

Satz 8.9 (Ableitung einer Linearkombination)

Sind $f_1, f_2, \ldots, f_n$ differenzierbar und $\alpha_1, \alpha_2, \ldots \alpha_n \in \mathbb{R}$ beliebige Konstanten, so ist

$$f=\alpha_1\cdot f_1+\alpha_2\cdot f_2+\cdots+\alpha_n\cdot f_n=\sum_{i=1}^{n}\alpha_i f_i$$

eine differenzierbare Funktion, und es gilt

$$f'=\alpha_1\cdot f_1'+\alpha_2\cdot f_2'+\cdots+\alpha_n\cdot f_n'=\sum_{i=1}^{n}\alpha_i f_i'.$$

Beispiel 8.18

Die Ableitungsfunktionen folgender auf $\mathbb{R}$ definierten Funktionen sind zu bestimmen:

a) $f(x)=7x^4-3x^3+2x+7$; b) $g(x)=2x^3+5\sin x+7e^x$.

Mit den Sätzen 8.4, 8.5, 8.6 und 8.9 folgt die Differenzierbarkeit der Funktionen f und g auf $\mathbb{R}$, und es ist

a) $f'(x)=28x^3-9x^2+2$; b) $g'(x)=6x^2+5\cos x+7e^x$.

Wie schon in Beispiel 8.4 gezeigt wurde, sind die Potenzfunktionen $f: x\mapsto ax^n$, $a\in\mathbb{R}$, $n\in\mathbb{N}$, auf $\mathbb{R}$ differenzierbar. Ist p_n mit

$$p_n(x)=a_n x^n+\cdots+a_2x^2+a_1x+a_0=\sum_{i=0}^{n}a_i x^i,\quad (a_n\neq 0)$$

eine ganzrationale Funktion n-ten Grades, dann ist p_n nach Satz 8.9 eine auf $\mathbb{R}$ differenzierbare Funktion, und es gilt

$$p_n'(x) = n \cdot a_n x^{n-1} \cdots + 2a_2 x + a_1 = \sum_{i=1}^{n} i \cdot a_i x^{i-1}.$$

Die Ableitung einer ganzrationalen Funktion n-ten Grades ergibt eine ganzrationale Funktion $(n-1)$-ten Grades. Zu beachten ist, daß bei der Ableitung das konstante Glied wegfällt, die Summation daher mit $i = 1$ und nicht mit $i = 0$ beginnt.

8.2.3 Die Produktregel

Satz 8.10 (Produktregel)

> Sind u and v differenzierbare Funktionen, so ist auch $f = u \cdot v$ differenzierbar, und es gilt
>
> $$f' = (u \cdot v)' = u' \cdot v + u \cdot v'.$$

Beweis:

u and v sind differenzierbar und somit stetig. Damit ergibt sich:

$$\begin{aligned} f'(x) &= \lim_{h \to 0} \frac{f(x+h) - f(x)}{h} = \lim_{h \to 0} \frac{u(x+h) \cdot v(x+h) - u(x) \cdot v(x)}{h} \\ &= \lim_{h \to 0} \left(\frac{(u(x+h) - u(x)) \cdot v(x+h)}{h} + \frac{u(x)(v(x+h) - v(x))}{h} \right) \\ &= u'(x) \cdot v(x) + u(x) \cdot v'(x). \end{aligned}$$

Damit ist die Produktregel bewiesen. ●

Beispiel 8.19

Die Ableitungsfunktionen folgender auf $\mathbb{R}$ definierten Funktionen sind zu bestimmen:

a) $f(x) = x \cdot \sin x$; b) $g(x) = (x^2 - 3x + 5)e^x$;
c) $h(t) = e^t \cdot \sin t$; d) $s(x) = x^2 \cdot e^x \cdot \sin x$.

Mit der Produktregel folgt die Differenzierbarkeit dieser Funktionen auf $\mathbb{R}$ und man erhält:

a) $u(x) = x$, $v(x) = \sin x$, $u'(x) = 1$, $v'(x) = \cos x$, woraus $f'(x) = \sin x + x \cdot \cos x$ folgt.
b) $g'(x) = (2x - 3)e^x + (x^2 - 3x + 5)e^x = (x^2 - x + 2)e^x$.
c) $\dot{h}(t) = e^t \cdot \sin t + e^t \cdot \cos t = (\sin t + \cos t) \cdot e^t$.
d) $s'(x) = (x^2(e^x \sin x))' = (x^2)' \cdot (e^x \sin x) + x^2 \cdot (e^x \sin x)'$
$= 2xe^x \sin x + x^2(\sin x + \cos x)e^x = x \cdot (2 \sin x + x \sin x + x \cos x) \cdot e^x$.

In Beispiel 8.19 d) besteht die Funktion s aus drei Faktoren. Die Produktregel muß deshalb zweimal angewendet werden. Mit Hilfe der vollständigen Induktion kann die Produktregel auf mehr als zwei Faktoren erweitert werden. Allgemein gilt:

Sind $f_1, f_2, \ldots, f_n$ differenzierbare Funktionen, so ist $f = f_1 \cdot f_2 \cdot \cdots \cdot f_n$ eine differenzierbare Funktion, und es gilt:

$$f' = f_1' \cdot f_2 \cdot \cdots \cdot f_n + f_1 \cdot f_2' \cdot \cdots \cdot f_n + \cdots + f_1 \cdot f_2 \cdot \cdots \cdot f_n'.$$

8.2.4 Die Quotientenregel

Ziel dieses Abschnittes ist es, eine Regel zu finden, mit deren Hilfe man die Ableitung von solchen Funktionen bestimmen kann, die sich als Quotient zweier Funktionen darstellen lassen, wie z.B. die gebrochenrationalen Funktionen. Dazu beweisen wir zunächst folgenden

Satz 8.11

> Ist v differenzierbar und hat v keine Nullstelle, so ist $f = \frac{1}{v}$ differenzierbar, und es gilt
> $$f' = \left(\frac{1}{v}\right)' = -\frac{v'}{v^2}.$$

Beweis:

Es ist $v(x) \neq 0$ und stetig, da v differenzierbar ist. Es gibt daher nach Satz 4.13 eine Umgebung $U_\delta(x)$, in welcher v nicht verschwindet. Im folgenden wählen wir h so, daß $(x+h) \in U_\delta(x)$ ist. Damit folgt:

$$f'(x) = \lim_{h \to 0} \frac{f(x+h) - f(x)}{h} = \lim_{h \to 0} \frac{\frac{1}{v(x+h)} - \frac{1}{v(x)}}{h}$$

$$= \left(\lim_{h \to 0}\left(-\frac{v(x+h) - v(x)}{h}\right)\right) \cdot \left(\lim_{h \to 0} \frac{1}{v(x+h) \cdot v(x)}\right) = -\frac{v'(x)}{v^2(x)}.$$

Damit ist der Satz bewiesen. ●

Mit Satz 8.11 kann die Ableitung der Potenzfunktionen mit ganzzahligen negativen Exponenten bestimmt werden.

Für alle $n \in \mathbb{N}$ und alle $x \in \mathbb{R} \setminus \{0\}$ ist f mit $f(x) = x^{-n}$ differenzierbar und es gilt

$$f'(x) = (x^{-n})' = -nx^{-n-1}.$$

In der Tat: Setzen wir $v: x \mapsto v(x) = x^n$ so ist $v': x \mapsto v'(x) = nx^{n-1}$ und mit Satz 8.11 ergibt sich:

$$(x^{-n})' = \left(\frac{1}{x^n}\right)' = \left(\frac{1}{v(x)}\right)' = -\frac{v'(x)}{v^2(x)} = -\frac{nx^{n-1}}{x^{2n}} = -nx^{-n-1}.$$

Bemerkung:

Die im Anschluß von Beispiel 8.4 angegebene Regel ist danach auch für ganzzahlige negative Exponenten gültig.

Beispiel 8.20

Die Ableitungsfunktionen folgender auf $\mathbb{R}\setminus\{0\}$ definierten Funktionen sind zu bestimmen.

a) $f: x \mapsto 3x^{-2}$; b) $g: x \mapsto \frac{1}{x}$; c) $h: x \mapsto \frac{5}{x^3}$.

Wir erhalten für alle $x \in \mathbb{R}\setminus\{0\}$:

a) $f': x \mapsto -6x^{-3} = -\frac{6}{x^3}$; b) $g': x \mapsto -\frac{1}{x^2}$; c) $h': x \mapsto -\frac{15}{x^4}$.

Satz 8.12 (Quotientenregel)

Sind u und v differenzierbare Funktionen und hat v keine Nullstelle, so ist die Funktion $\frac{u}{v}$ differenzierbar, und es gilt:

$$\left(\frac{u}{v}\right)' = \frac{u' \cdot v - u \cdot v'}{v^2}.$$

Beweis:

Die Voraussetzungen von Satz 8.11 für die Funktion v sind erfüllt und mit der Produktregel (Satz 8.10) erhält man:

$$\left(\frac{u}{v}\right)' = \left(u \cdot \frac{1}{v}\right)' = u' \cdot \frac{1}{v} - u \cdot \frac{v'}{v^2} = \frac{u' \cdot v - u \cdot v'}{v^2},$$

womit der Satz bewiesen ist. ●

Eine Folgerung der Quotientenregel (Satz 8.12) ist

Satz 8.13

Jede gebrochenrationale Funktion $f: D_f \to W$ ist für alle $x \in D_f$ differenzierbar.

Bemerkung:

Die Ableitungsfunktion einer gebrochenrationalen Funktion ist wieder eine gebrochenrationale Funktion.

Beispiel 8.21

Die Ableitungsfunktionen der folgenden Funktionen sind zu berechenen:

a) $f: x \mapsto f(x) = \frac{2x+1}{x^2+1}$, $D_f = \mathbb{R}$. Mit $u(x) = 2x + 1$; $v(x) = x^2 + 1$ und $u'(x) = 2$; $v'(x) = 2x$ erhält man für alle $x \in \mathbb{R}$:

$$f'(x) = \frac{2(x^2+1) - (2x+1)2x}{(x^2+1)^2} = \frac{-2x^2 - 2x + 2}{(x^2+1)^2} = \frac{2(1 - x - x^2)}{(x^2+1)^2}.$$

b) $h: x \mapsto h(x) = \dfrac{e^x}{x^2}$, $D_h = \mathbb{R} \setminus \{0\}$. Für alle $x \in D_h$ gilt:

$$h'(x) = \frac{x^2 e^x - 2x e^x}{x^4} = \frac{(x-2)e^x}{x^3}.$$

c) $s: t \mapsto s(t) = \dfrac{\sin t}{t^2+1}$, $D_s = \mathbb{R}$. Für alle $t \in \mathbb{R}$ gilt: $\dot{s}(t) = \dfrac{(t^2+1)\cdot\cos t - 2t\sin t}{(t^2+1)^2}$.

d) $i: t \mapsto i(t) = e^{-t}\cdot\sin t$, $D_i = \mathbb{R}$.

$$\frac{di}{dt} = \frac{d}{dt}\left(\frac{\sin t}{e^t}\right) = \frac{(\cos t - \sin t)e^t}{e^{2t}} = (\cos t - \sin t)e^{-t}.$$

8.2.5 Ableitung einer mittelbaren Funktion

Obwohl wir die Ableitungen der Funktionen $g: x \mapsto \sin x$ und $f: x \mapsto x^2 + 1$ kennen, ist es bislang nicht möglich, die Ableitung der mittelbaren Funktion $F = g \circ f: x \mapsto \sin(x^2+1)$ aus den Ableitungen der Funktionen g und f zu bestimmen. Folgender Satz gibt nun eine Regel für die Ableitung einer mittelbaren Funktion an.

Satz 8.14 (Kettenregel)

Es seien $f: D_f \to W_f$ und $g: D_g \to W_g$. f sei an der Stelle $x_0 \in D_f$ differenzierbar und $u_0 = f(x_0) \in D_g$. Weiterhin sei g an der Stelle u_0 differenzierbar. Dann ist $F = g \circ f$ an der Stelle $x_0 \in D_f$ differenzierbar, und es gilt

$$F'(x_0) = (g \circ f)'(x_0) = g'(u_0)\cdot f'(x_0) \quad \text{mit } u_0 = f(x_0).$$

Bemerkungen:

1. Man schreibt auch $\dfrac{dg(f(x))}{dx} = g'(f(x))\cdot f'(x)$.
2. Man nennt g' die **äußere**, f' die **innere Ableitung** von $F = g \circ f$.
3. Verwendet man die Schreibweise $y = y(u)$, $u = u(x)$, so läßt sich die Kettenregel wie folgt schreiben:

$$\frac{dy}{dx} = \frac{dy}{du}\cdot\frac{du}{dx}.$$

Zu dieser Schreibweise, die sehr einprägsam ist, ist noch eine Bemerkung nötig. Formal erhält man die linke Seite durch Kürzen mit du auf der rechten Seite. Dieses Kürzen ist jedoch unzulässig, denn die Symbole dy, du, dx haben für sich allein (noch) keinen Sinn (vgl. Abschnitt 8.4). Weiter kommt dem Buchstaben u unterschiedliche Bedeutung zu. Das »u im Nenner« ist die Bezeichnung der unabhängigen Variablen in $y(u)$, das »u im Zähler« hingegen bezeichnet eine Funktion.

4. Eine besonders deutliche Schreibweise sei noch erwähnt. Sind f auf $D_f = (a, b)$ und g auf $D_g = (c, d)$ differenzierbar und $W_f \subset D_g$, dann ist $F = g \circ f$ auf (a, b) differenzierbar, und es gilt

$$F' = (g \circ f)' = (g' \circ f)\cdot f'.$$

Beweis der Kettenregel:

Da f an der Stelle x_0 und g an der Stelle $u_0 = f(x_0)$ differenzierbar sind, folgt mit Satz 8.2

$$f(x_0+h)-f(x_0)=f'(x_0)\cdot h+r_1(h), \quad \text{mit} \quad \lim_{h\to 0}\frac{r_1(h)}{h}=\lim_{h\to 0}\rho_1(h)=0,$$

$$g(u_0+k)-g(u_0)=g'(u_0)\cdot k+r_2(k), \quad \text{mit} \quad \lim_{k\to 0}\frac{r_2(k)}{k}=\lim_{k\to 0}\rho_2(k)=0.$$

Daraus folgt

$$\begin{aligned}F(x_0+h)-F(x_0)&=(g\circ f)(x_0+h)-(g\circ f)(x_0)=g(f(x_0+h))-g(f(x_0))\\&=g'(u_0)(f(x_0+h)-f(x_0))+r_2(f(x_0+h)-f(x_0))\\&=g'(u_0)(f'(x_0)\cdot h+r_1(h))+r_2(f'(x_0)\cdot h+r_1(h))\\&=g'(u_0)\cdot f'(x_0)\cdot h+r(h),\end{aligned}$$

wobei

$$\begin{aligned}r(h)&=g'(u_0)\cdot r_1(h)+r_2(f'(x_0)\cdot h+r_1(h))\\&=g'(u_0)\cdot h\cdot\rho_1(h)+(f'(x_0)\cdot h+r_1(h))\cdot\rho_2(f'(x_0)\cdot h+r_1(h)).\end{aligned}$$

Offenbar gilt $\lim_{h\to 0}\frac{r(h)}{h}=0$, woraus mit Satz 8.2 die Behauptung folgt. ●

Beispiel 8.22

a) $F(x)=(x^3-2x^2+5)^{10}$.
Wir können F als Verkettung von $u=f(x)=x^3-2x^2+5$ und $g(u)=u^{10}$ darstellen.
Wegen $g'(u)=10u^9$ und $f'(x)=3x^2-4x$ erhalten wir
$F'(x)=10(x^3-2x^2+5)^9(3x^2-4x)$.

b) $f: x\mapsto \sin(x^2+1)$.
Bezeichnen wir die äußere Funktion mit g, die innere mit φ, so ist
$g(u)=\sin u$, $\varphi(x)=x^2+1$. Wegen $g'(u)=\cos u$, $\varphi'(x)=2x$ folgt
$f'(x)=2x\cdot\cos(x^2+1)$.

c) $f: x\mapsto \cos x$.
Für alle $x\in\mathbb{R}$ gilt: $f(x)=\cos x=\sin\left(\frac{\pi}{2}-x\right)$.
Äußere Funktion: $g(u)=\sin u$, äußere Ableitung: $g'(u)=\cos u$,
innere Funktion: $\varphi(x)=\frac{\pi}{2}-x$, innere Ableitung: $\varphi'(x)=-1$.
Es ist dann $f'(x)=-\cos\left(\frac{\pi}{2}-x\right)=-\sin x$.

d) g sei auf (a,b) differenzierbar, dann gilt

$$\frac{\mathrm{d}}{\mathrm{d}x}|g(x)|=\frac{g(x)}{|g(x)|}\cdot g'(x)=g'(x)\cdot\operatorname{sgn}(g(x)) \text{ für alle } x\in(a,b) \text{ mit } g(x)\neq 0$$

(siehe Beispiel 8.6).
Es ist also beispielsweise $\frac{\mathrm{d}}{\mathrm{d}x}|x^2-1|=\frac{x^2-1}{|x^2-1|}\cdot 2x$, für alle $x\neq\pm 1$.

Um mehrfach zusammengesetzte Funktionen zu differenzieren, wendet man die Kettenregel wiederholt an. Unter geeigneten Voraussetzungen gilt

$$\frac{dy}{dx} = \frac{dy}{du_1} \cdot \frac{du_1}{du_2} \cdot \ldots \cdot \frac{du_{n-1}}{du_n} \cdot \frac{du_n}{dx},$$

wenn wir die in Bemerkung 3 von Satz 8.14 angeführte Schreibweise verwenden. Ein Beispiel soll dies erläutern.

Beispiel 8.23

$f: x \mapsto \sin(3\cos^2 x^5)$.
Mit $y = \sin u_1$, $u_1 = 3u_2^2$, $u_2 = \cos u_3$, $u_3 = x^5$ ergibt sich
$y' = (\cos(3\cos^2 x^5) \cdot (6\cos x^5) \cdot (-\sin x^5) \cdot 5x^4$; d.h.
$f'(x) = -30x^4 \cos x^5 \cdot \sin x^5 \cdot \cos(3\cos^2 x^5)$.

Bei einiger Übung ist es nicht mehr erforderlich, die einzelnen Teilfunktionen zu notieren. Der »Differentiationsmechanismus« der Kettenregel kann direkt verwendet werden.

Beispiel 8.24

Die Funktion $f: x \mapsto \sin^2|x^2 - x - 2|$, $D_f = \mathbb{R}$ ist zu differenzieren. Ist f auf ganz $\mathbb{R}$ differenzierbar?

Es ist $|x^2 - x - 2| = 0$ genau dann, wenn $x = -1$ oder $x = 2$ ist. Für $x \in \mathbb{R}\setminus\{-1, 2\}$ erhalten wir daher mit Beispiel 8.22d) und aufgrund der Kettenregel (Satz 8.14):

$$f'(x) = 2 \cdot \sin|x^2 - x - 2| \cdot \cos|x^2 - x - 2| \cdot \frac{x^2 - x - 2}{|x^2 - x - 2|} \cdot (2x - 1).$$

Wir prüfen die Differenzierbarkeit von f an der Stelle 2.

$$f'(2) = \lim_{h \to 0} \frac{\sin^2|(2+h)^2 - 2 - h - 2| - \sin^2 0}{h} = \lim_{h \to 0} \frac{\sin^2|h(h+3)|}{h}$$

$$= \pm \lim_{h \to 0} \left(|h+3| \cdot \frac{\sin|h(h+3)|}{|h(h+3)|} \cdot \sin|h(h+3)| \right) = \pm 3 \cdot 0 = 0.$$

Ebenso erhält man $f'(-1) = 0$. f ist also auf $\mathbb{R}$ differenzierbar.

8.2.6 Ableitung der Umkehrfunktion

Es sei $f: D_f \to W_f$ eine umkehrbare und an der Stelle $x_0 \in D_f$ differenzierbare Funktion mit $f'(x_0) \neq 0$. $f^{-1}: W_f \to D_f$ sei die inverse Funktion von f.

Der Graph k_1 von f besitzt (wegen der Differenzierbarkeit von f) im Punkt $P_1(x_0, f(x_0))$ eine Tangente t_1 mit der Steigung $m_1 = f'(x_0)$. Die Graphen k_1 und k_2 von f und f^{-1} liegen symmetrisch bezüglich der ersten Winkelhalbierenden (vgl. Abschnitt 2.1.2).

Anschaulich (s. Bild 8.8) ist, daß der Graph k_2 von f^{-1} im Punkt $P_2(f(x_0), x_0)$ eine Tangente t_2 mit der Steigung $m_2 = \dfrac{1}{f'(x_0)}$ besitzt. Es läßt sich in der Tat folgender Satz beweisen.

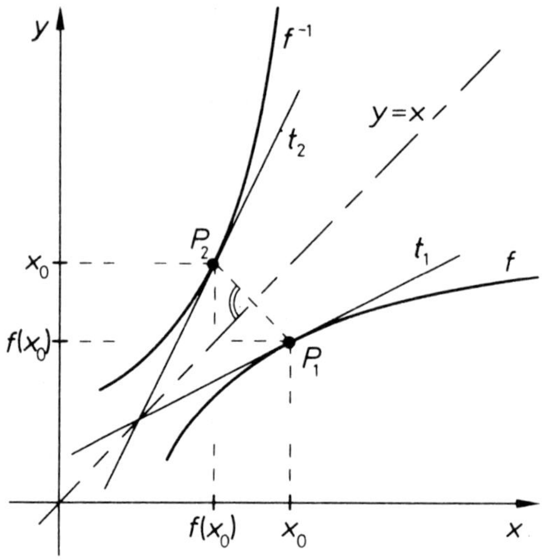

Bild 8.8: Ableitung der Umkehrfunktion

Satz 8.15

Ist f differenzierbar und umkehrbar mit $f'(x) \neq 0$, so ist f^{-1} differenzierbar; es gilt

$$(f^{-1})' = \frac{1}{f' \circ f^{-1}}. \tag{8.11}$$

Beweis:

Wir zeigen nur (8.11); den Beweis, daß f^{-1} differenzierbar ist findet man z.B. in [1]. f^{-1} ist die Umkehrfunktion von f, daher ist $f \circ f^{-1}$ die Identität auf W_f (vgl. (2.2) auf Seite 36).

Nach Bemerkung 3 von Satz 8.4 ist die Ableitung der Identität die konstante Funktion mit $c = 1$.

Daher gilt $(f \circ f^{-1})' = 1$. Mit der Kettenregel (Satz 8.14) erhalten wir

$$(f' \circ f^{-1}) \cdot (f^{-1})' = 1 \text{ und} \quad \text{wegen} \quad f'(x) \neq 0 \quad \text{folgt } (f^{-1})' = \frac{1}{f' \circ f^{-1}}.$$ ●

Beispiel 8.25

Es sei $f: x \mapsto f(x) = x^2$, $D_f = \mathbb{R}^+$. f ist streng monoton wachsend. Daher existiert die Umkehrfunktion $f^{-1}: x \mapsto f^{-1}(x) = \sqrt{x}$, $D_f = \mathbb{R}^+$. f ist auf D_f differenzierbar, und für alle $x \in D_f$ ist $f'(x) \neq 0$. Satz 8.15 läßt sich daher anwenden. Es ist $f'(x) = 2x$, woraus $(f^{-1})'(x) = \dfrac{1}{f'(\sqrt{x})} = \dfrac{1}{2\sqrt{x}}$ folgt.

Damit erhalten wir: $(\sqrt{x})' = \dfrac{1}{2\sqrt{x}}$ für alle $x \in \mathbb{R}^+$.

Beispiel 8.26

$f: x \mapsto f(x) = e^x$ ist auf $\mathbb{R}$ differenzierbar, umkehrbar und für alle $x \in \mathbb{R}$ gilt $f'(x) \neq 0$. Es ist $f^{-1}: x \mapsto f^{-1}(x) = \ln x$, $D_{f^{-1}} = \mathbb{R}^+$. Wegen $f': x \mapsto f'(x) = e^x$ folgt:

$$(f^{-1})'(x) = \frac{1}{f'(f^{-1}(x))} = \frac{1}{f'(\ln x)} = \frac{1}{e^{\ln x}} = \frac{1}{x}.$$

Somit gilt

$$(\ln x)' = \frac{1}{x} \quad \text{für alle} \quad x \in \mathbb{R}^+. \tag{8.12}$$

Mit Hilfe der Kettenregel Satz 8.14 und aufgrund der bekannten Ableitungen der e-Funktion und der ln-Funktion (Satz 8.6 und Beispiel 8.26) können wir die Ableitung der allgemeinen Potenzfunktionen bestimmen. Ist $\alpha \in \mathbb{R}$, dann ist f mit $f(x) = x^\alpha$ auf $\mathbb{R}^+$ wie folgt definiert (siehe Definition 4.15 auf Seite 156):

$$f(x) = x^\alpha = e^{\alpha \cdot \ln x}, x \in \mathbb{R}^+.$$

Wir erhalten $f'(x) = e^{\alpha \cdot \ln x} \cdot \frac{\alpha}{x} = \frac{\alpha}{x} \cdot x^\alpha = \alpha x^{\alpha - 1}$, so daß gilt:

$$(x^\alpha)' = \alpha x^{\alpha - 1} \quad \text{für alle} \quad x \in \mathbb{R}^+ \quad \text{und} \quad \alpha \in \mathbb{R}, \tag{8.13}$$

übrigens in formaler Übereinstimmung mit $(x^n)' = n \cdot x^{n-1}$ für alle $n \in \mathbb{N}$ (s. Satz 8.4).

8.2.7 Höhere Ableitungen

Ist die Funktion f auf (a, b) differenzierbar, so ist auf (a, b) die Ableitungsfunktion f' definiert (vgl. Definition 8.1 und 8.5). Man kann nun die Funktion f' auf Differenzierbarkeit untersuchen.

Beispiel 8.27

Die Funktion $f: x \mapsto f(x) = x^3$ ist auf $\mathbb{R}$ differenzierbar, es ist $f': x \mapsto f'(x) = 3x^2$, $D_{f'} = \mathbb{R}$. f' ist wiederum auf $\mathbb{R}$ differenzierbar. Die Ableitungsfunktion der Funktion f' nennt man die **zweite Ableitungsfunktion** von f (kurz auch **zweite Ableitung** von f) und sagt, f sei auf $\mathbb{R}$ zweimal differenzierbar. Man schreibt dafür f''. In unserem Beispiel ist $f'': x \mapsto f''(x) = 6x$.

Wenn, wie in diesem Beispiel die Ableitungsfunktion zweiter Ordnung wieder eine differenzierbare Funktion ist, so erhält man die Ableitungsfunktion dritter Ordnung f''' durch $(f'')'$.

In unserem Beispiel ist $f''': x \mapsto f'''(x) = (6x)' = 6$.

Definition 8.6

Die höheren Ableitungsfunktionen einer Funktion $f: D_f \to \mathbb{R}$ werden rekursiv definiert:

$$f'' = (f')', f''' = (f'')', \ldots, f^{(n)} = (f^{(n-1)})', \quad n \in \mathbb{N}.$$

$f^{(n)}$ heißt **Ableitungsfunktion n-ter Ordnung** von f oder **n-te Ableitung** von f.

Bemerkungen:

1. Für die höheren Ableitungen einer Funktion $f: x \mapsto y = f(x)$ gibt es folgende Schreibweisen:

$$y^{(n)} \quad \text{oder} \quad \frac{\mathrm{d}^n y}{\mathrm{d}x^n} \quad \text{oder} \quad \frac{\mathrm{d}^n}{\mathrm{d}x^n} f.$$

   (Gelesen: »$y - n$-Strich«, »$\mathrm{d} - n - y$ nach dx hoch n«, »$\mathrm{d} - n$ nach dx hoch n von f«.)
   Es ist auch üblich, die Ableitungsfunktion erster bis dritter Ordnung von f durch Striche anzugeben, also f', f'', f'''. Von $n = 4$ an schreibt man $f^{(4)}, f^{(5)}, \ldots$.
2. Unter der Ableitung 0-ter Ordnung $f^{(0)}$ einer Funktion f versteht man die Funktion f selbst.
3. Gleichbedeutend mit dem Ausdruck »Ableitungsfunktion n-ter Ordnung« verwendet man »Differentialquotient n-ter Ordnung«.
4. Bezeichnet man mit D_i die Definitionsbereiche von $f^{(i)}$ $(i = 0, 1, 2, \ldots, n)$, so ist nach Definition 18.1 offensichtlich

$$D_n \subset D_{n-1} \subset \cdots \subset D_2 \subset D_1 \subset D_0.$$

   Dabei ist D_0 nach Bemerkung 2 der Definitionsbereich von f.

Definition 8.7

Es sei D_0 ein Intervall. $f: D_0 \to \mathbb{R}$ heißt auf D_0 ***n*-mal differenzierbar**, falls $f^{(n)}: D_n \to \mathbb{R}$ existiert und $D_n = D_0$ ist.

Beispiel 8.28

Jedes Polynom ist auf $\mathbb{R}$ beliebig oft differenzierbar, da jedes Polynom auf $\mathbb{R}$ differenzierbar ist und die Ableitung eines Polynoms wiederum ein Polynom ergibt. Es ist

$$\begin{aligned}
&f: x \mapsto a_n x^n + \cdots + a_1 x + a_0, \quad D_0 = \mathbb{R},\\
&f': x \mapsto n \cdot a_n x^{n-1} + \cdots + a_1, \quad D_1 \in \mathbb{R},\\
&\vdots\\
&f^{(n)}: x \mapsto a_n \cdot n!, \quad D_n = \mathbb{R},\\
&f^{(k)}: x \mapsto 0, \quad D_k = \mathbb{R} \text{ für alle } k > n
\end{aligned}$$

Beispiel 8.29

Ist f eine ganzrationale Funktion n-ten Grades, die an der Stelle x_1 eine zweifache Nullstelle besitzt (vgl. Abschn. 2.3.1, Definition 2.12), dann gilt für alle $x \in \mathbb{R}$: $f(x) = (x - x_1)^2 \cdot g(x)$, woraus $f'(x) = 2(x - x_1) \cdot g(x) + (x - x_1)^2 \cdot g'(x)$ und $f''(x) = 2g(x) + 4(x - x_1) \cdot g'(x) + (x - x_1)^2 \cdot g''(x)$ folgt.

Daher gilt $f'(x_1) = 0$ und $f''(x_1) = 2g(x_1) \neq 0$.

Allgemein läßt sich beweisen:

Ist x_1 eine k-fache Nullstelle einer ganzrationalen Funktion f n-ten Grades $(n \geq k)$, so verschwinden die ersten $k - 1$ Ableitungen von f an der Stelle x_1, d.h. es ist $f'(x_1) = f''(x_1) = \cdots = f^{(k-1)}(x_1) = 0$.

Nicht jede auf (a, b) differenzierbare Funktion ist auf (a, b) zweimal differenzierbar, wie folgendes Beispiel zeigt.

Beispiel 8.30

Gegeben ist die Funktion $f: x \mapsto f(x) = \frac{1}{2} \cdot x \cdot |x|$, $D_0 = \mathbb{R}$. Mit der Produktregel erhält man für $x \neq 0$:

$$f'(x) = \tfrac{1}{2} \cdot |x| + \tfrac{1}{2} x \cdot \frac{|x|}{x} = |x|.$$

Für $x = 0$ ergibt sich:

$$f_l'(0) = \lim_{h \uparrow 0} \frac{f(h) - f(0)}{h} = \lim_{h \uparrow 0} \frac{-\frac{1}{2}h^2}{h} = 0, \text{ analog } f_r'(0) = 0, \text{ d.h. } f_l'(0) = f_r'(0) = 0.$$

Da die einseitigen Ableitungen an der Stelle 0 gleich sind, existiert die Ableitung an der Stelle 0. Es ist somit $f'(0) = 0$. Als Ableitungsfunktion f' ergibt sich daher

$$f': x \mapsto f'(x) = |x|, \quad D_1 = D_0 = \mathbb{R}.$$

Wie in Beispiel 8.6 gezeigt wurde, ist diese Funktion auf $\mathbb{R}$ nicht differenzierbar, da sie an der Stelle 0 nicht differenzierbar ist. Es ist

$$f'': x \mapsto f''(x) = \frac{x}{|x|}, \quad D_2 = \mathbb{R} \setminus \{0\}.$$

Wegen $D_2 \neq D_0$ ist f auf $\mathbb{R}$ nicht zweimal differenzierbar. Die Ableitungsfunktion einer auf (a, b) differenzierbaren Funktion braucht also nicht differenzierbar zu sein.

Es stellt sich nun die Frage, ob die Ableitungsfunktion f' einer auf einem Intervall I differenzierbaren Funktion f auf I stetig ist. Die Ableitungsfunktion $f': x \mapsto f'(x) = |x|$ von Beispiel 8.30 ist auf $\mathbb{R}$ stetig. Es gibt jedoch, wie folgendes Beispiel zeigt, Funktionen, die zwar auf I differenzierbar, deren Ableitungsfunktionen jedoch auf I nicht stetig sind.

Beispiel 8.31

Es sei

$$f: x \mapsto f(x) = \begin{cases} x^2 \cdot \sin \frac{1}{x} & \text{für } x \neq 0 \\ 0 & \text{für } x = 0. \end{cases}$$

Wegen $\lim\limits_{x \to 0} x^2 \cdot \sin \frac{1}{x} = 0$ und $f(0) = 0$ ist f auf $\mathbb{R}$ stetig.

Daß f auf $\mathbb{R}$ differenzierbar ist wird in zwei Schritten gezeigt.

a) Für $x \neq 0$ folgt mit der Produkt- und Kettenregel $f'(x) = 2x \cdot \sin \frac{1}{x} - \cos \frac{1}{x}$.

b) Für $x = 0$ ergibt sich $f'(0) = \lim\limits_{h \to 0} \dfrac{h^2 \cdot \sin \frac{1}{h} - 0}{h} = 0.$

f ist somit auf $\mathbb{R}$ differenzierbar; es ist

$$f'\colon x \mapsto f'(x) = \begin{cases} 2x \cdot \sin\frac{1}{x} - \cos\frac{1}{x} & \text{für } x \neq 0 \\ 0 & \text{für } x = 0. \end{cases}$$

Für $x \to 0$ konvergiert f' jedoch nicht. Somit ist f' auf $\mathbb{R}$ nicht stetig, obwohl f auf $\mathbb{R}$ differenzierbar ist.

Das gibt Anlaß zu folgender

Definition 8.8

> f sei auf dem Intervall I definiert. f heißt auf ***I n*-mal stetig differenzierbar**, falls f auf I n-mal differenzierbar ist, und $f^{(n)}$ auf I stetig ist.

Die Funktion in Beispiel 8.31 ist eine auf $\mathbb{R}$ differenzierbare (jedoch nicht stetig differenzierbare) Funktion, wohingegen die Funktion in Beispiel 8.30 auf $\mathbb{R}$ einmal stetig differenzierbar ist.

Wenn auch die Ableitungsfunktion f' einer auf $[a, b]$ differenzierbaren Funktion f i. allg. nicht stetig ist (vergleiche Beispiel 8.31) so besitzt f' die bemerkenswerte, auch den stetigen Funktionen zukommende Zwischenwerteigenschaft auf $[a, b]$ (vgl. Abschn. 4, Zwischenwertsatz (Satz 4.17) und Satz von Darboux (Satz 8.27)).

Aufgaben

1. Von folgenden Funktionen sind die 1. und 2. Ableitungsfunktionen zu bestimmen (dabei ist jeweils der größtmögliche Definitionsbereich der Funktionen sowie der Ableitungsfunktionen anzugeben).

   a) $f\colon x \mapsto x^8 + 5x^4 - 3x^3 - 4$ b) $f\colon x \mapsto (x^2 + 3) \cdot e^x$

   c) $f\colon x \mapsto \dfrac{x^3 + x - 1}{x^2 - 1}$ d) $f\colon x \mapsto \dfrac{1}{x} \cdot \ln x$

   e) $f\colon x \mapsto x^2 \cdot |x|$ f) $f\colon x \mapsto (2x - 7)^{16}$

   g) $f\colon x \mapsto \ln(2x^2 + 7)$ h) $f\colon t \mapsto e^{-t^2}$.

2. Beweisen Sie durch vollständige Induktion:

   Sind die Funktionen $f_i\colon D \to \mathbb{R}$ mit $f_i(x)$ $(i = 1, 2, \ldots, n)$ an der Stelle $x_0 \in D$ differenzierbar, so auch die Funktion $f = f_1 \cdot f_2 \cdot \ldots, f_n$, und es gilt:

   $$f'(x_0) = \sum_{i=1}^{n} [f_1(x_0) \cdot \ldots \cdot f_{i-1}(x_0) \cdot f_i'(x_0) \cdot f_{i+1}(x_0) \cdot \ldots \cdot f_n(x_0)].$$

3. Differenzieren Sie die nachstehenden Funktionen. Bestimmen Sie den Definitionsbereich der Ableitungsfunktionen

   a) $f\colon x \mapsto f(x) = x \cdot e^x \cdot \sin^2 x$, $D_f = \mathbb{R}$; b) $f\colon x \mapsto f(x) = e^{x^2} \cdot \sin^2 x$, $D_f = \mathbb{R}$

   c) $f\colon x \mapsto f(x) = x^2 \cdot |\sin x|$, $D_f = [0, 2\pi]$; d) $f\colon x \mapsto f(x) = |x^2 - 9| \cdot \sin x$; $D_f = [0, 2\pi]$

   e) $f\colon x \mapsto \dfrac{x^2}{|x| + 1} \cdot \sin x$, $D_f = \mathbb{R}$; f) $f\colon x \mapsto \sqrt{3x} \cdot \sin x$, $D_f = \mathbb{R}_0^+$.

4. Für folgende Auslenkungen x sind die Geschwindigkeiten $\dot{x}$ zu bestimmen.

   a) ungedämpfte Schwingung: $t \mapsto x = a \cdot \sin(\omega t + \varphi)$, $\omega \in \mathbb{R}^+$;

   b) gedämpfte Schwingung: $t \mapsto x = c \cdot \mathrm{e}^{-\delta t} \cdot \sin(\omega t + \varphi)$, $\delta > 0$;

   c) aperiodische Kriechbewegung: $t \mapsto x = c \cdot \mathrm{e}^{-\rho t}$, $\rho > 0$;

   d) aperiodischer Grenzfall: $t \mapsto x = c \cdot \mathrm{e}^{-\rho t}(1 + \rho t)$, $\rho > 0$.

   Dabei sind a die Amplitude, ω die Kreisfrequenz, φ die Phasenverschiebung und ρ das logarithmische Dekrement.

5. Wie oft sind folgende Funktionen auf dem angegebenen Intervall differenzierbar, wie oft stetig differenzierbar?

   a) $f\colon x \mapsto f(x) = \begin{cases} 2 - x^2 & \text{für } -2 < x < 0 \\ \sqrt{4 - x^2} & \text{für } 0 \leqq x < 2 \end{cases}, \quad D = (-2, 2);$

   b) $f\colon x \mapsto f(x) = \begin{cases} \sin x & \text{für } -\frac{\pi}{2} \leqq x \leqq 0 \\ -\frac{1}{6}x^3 + x & \text{für } 0 < x \leqq \frac{\pi}{2} \end{cases}, \quad D = \left[-\frac{\pi}{2}, \frac{\pi}{2}\right].$

6. Wie müssen $a, b, c \in \mathbb{R}$ gewählt werden, damit die Funktion

   $$f\colon x \mapsto f(x) = \begin{cases} ax^2 + bx + c & \text{für } x \leqq 1 \\ \ln x & \text{für } x > 1 \end{cases}, \quad D = \mathbb{R}$$

   auf $\mathbb{R}$ zweimal stetig differenzierbar, jedoch nicht dreimal differenzierbar ist?

7. Gegeben ist die Funktion f mit

   $$f(x) = \begin{cases} x + x^2 \cos\frac{\pi}{x} & \text{für } x \neq 0 \\ 0 & \text{für } x = 0 \end{cases}$$

   Zeigen Sie, daß f auf $\mathbb{R}$ differenzierbar ist. Berechnen Sie insbesondere $f'(0)$.

*8. Bestimmen Sie die Ableitungsfunktion f' folgender auf $\mathbb{R}$ definierten Funktion

   $$f\colon x \mapsto f(x) = \begin{cases} 2 \cdot \sqrt{|x + 4|} & \text{für } -\infty < x \leqq -3 \\ 5 - x \cdot [x + 2] & \text{für } -3 < x < -1 \\ \frac{5}{9} \cdot |x^2 + 2x - 8| & \text{für } -1 \leqq x < \infty. \end{cases}$$

   Geben Sie auch den Definitionsbereich $D_{f'}$ von f' an. (Beachte: Die Klammer des Terms $x + 2$ ist die Gaußklammer.)

*9. Beweisen Sie mit Hilfe der vollständigen Induktion: Sind f und g auf I n-mal differenzierbar, so ist auch $f \cdot g$ auf I n-mal differenzierbar, und es gilt

   $$(f \cdot g)^{(n)} = \sum_{k=0}^{n} \binom{n}{k} \cdot f^{(n-k)} \cdot g^{(k)}.$$

8.3 Ableitung elementarer Funktionen

Mit Hilfe der im vorigen Abschnitt bewiesenen Ableitungsregeln wollen wir nun die Ableitungsfunktionen (auch höherer Ordnung) der elementaren Funktionen herleiten.

8.3.1 Ableitung der rationalen Funktionen

Wie schon in Beispiel 8.28 erwähnt wurde, sind die ganzrationalen Funktionen auf $\mathbb{R}$ beliebig oft stetig differenzierbar.

Für die gebrochenrationalen Funktionen folgt aus der Quotientenregel folgender

Satz 8.16

Jede gebrochenrationale Funktion ist für alle x ihres Definitionsbereichs beliebig oft differenzierbar.

Beispiel 8.32

Es sei $r\colon x \mapsto r(x) = \dfrac{x}{x^2-1}$, $D = \mathbb{R}\backslash\{-1, 1\}$.

Dann ist

$$r'\colon x \mapsto r'(x) = -\frac{x^2+1}{(x^2-1)^2},\ D_1 = \mathbb{R}\backslash\{-1, 1\}.$$

$$r''\colon x \mapsto r''(x) = \frac{2x(x^2+3)}{(x^2-1)^3},\ D_2 = \mathbb{R}\backslash\{-1, 1\} \text{ usf.}$$

8.3.2 Ableitung der trigonometrischen Funktionen und der Arcus-Funktionen

Wie in Satz 8.5 und in Beispiel 8.22 c) bewiesen wurde, gilt für alle $x \in \mathbb{R}$

$$(\sin x)' = \cos x$$
$$(\cos x)' = -\sin x.$$

Die Sinus- und Kosinusfunktion sind daher auf $\mathbb{R}$ beliebig oft stetig differenzierbar, und es gilt:

$$\frac{d^{2k+1}}{dx^{2k+1}}(\sin x) = (-1)^k \cos x, \quad k \in \mathbb{N}_0, \tag{8.14}$$

$$\frac{d^{2k}}{dx^{2k}}(\sin x) = (-1)^k \sin x, \quad k \in \mathbb{N}, \tag{8.15}$$

$$\frac{d^{2k-1}}{dx^{2k-1}}(\cos x) = (-1)^k \sin x, \quad k \in \mathbb{N}, \tag{8.16}$$

$$\frac{d^{2k}}{dx^{2k}}(\cos x) = (-1)^k \cos x, \quad k \in \mathbb{N}. \tag{8.17}$$

Es sei $f\colon x \mapsto f(x) = \tan x$, $D = \mathbb{R}\backslash\left\{\dfrac{2k+1}{2}\pi\right\}$, $k \in \mathbb{Z}$.

Wegen $f(x)=\dfrac{\sin x}{\cos x}$ folgt aus der Quotientenregel für alle $x\in D$: $f'(x)=\dfrac{\cos^2 x+\sin^2 x}{\cos^2 x}$, woraus

$$(\tan x)'=\frac{1}{\cos^2 x}=1+\tan^2 x \quad \text{für alle } x\in\mathbb{R}\setminus\left\{\frac{2k+1}{2}\pi\right\},\ k\in\mathbb{Z}$$

folgt.

Für $f\colon x\mapsto f(x)=\cot x$, $D=\mathbb{R}\setminus\{k\pi\}$, $k\in\mathbb{Z}$ ergibt sich analog $f'(x)=\dfrac{-\sin^2 x-\cos^2 x}{\sin^2 x}$, woraus

$$(\cot x)'=-\frac{1}{\sin^2 x}=-(1+\cot^2 x) \quad \text{für alle } x\in\mathbb{R}\setminus\{k\pi\},\ k\in\mathbb{Z}$$

folgt.

Beispiel 8.33

Ist $f\colon x\mapsto f(x)=\dfrac{1}{\cos x}-\dfrac{1}{\sin x}$, $D=\left(0,\dfrac{\pi}{2}\right)$, so erhält man

$$f'(x)=-\frac{1}{\cos^2 x}\cdot(-\sin x)+\frac{1}{\sin^2 x}\cdot(\cos x)=\frac{\sin x}{\cos^2 x}+\frac{\cos x}{\sin^2 x}.$$

Beispiel 8.34

Es sei $f\colon x\mapsto f(x)=\tan x+\cot x$, $D=\mathbb{R}\setminus\left\{\dfrac{n}{2}\cdot\pi\right\}$, $n\in\mathbb{Z}$.

Dann ist:

$$f'(x)=\frac{1}{\cos^2 x}-\frac{1}{\sin^2 x}=\frac{\sin^2 x-\cos^2 x}{\sin^2 x\cdot\cos^2 x}=-\frac{4\cos 2x}{\sin^2 2x}=-4\cdot\frac{\cot 2x}{\sin 2x}.$$

Beispiel 8.35

Für $f\colon x\mapsto f(x)=\tan(\sin x^2)$, $D_f=\mathbb{R}$ lautet die Ableitungsfunktion $f'\colon x\mapsto f'(x)=\dfrac{2x\cdot\cos x^2}{\cos^2(\sin x^2)}$, $D_{f'}=\mathbb{R}$.

Mit Satz 8.15 lassen sich die Ableitungsfunktionen der Arcus-Funktionen (Umkehrfunktionen der trigonometrischen Funktionen) bestimmen.

Die Funktion

$$f\colon x\mapsto f(x)=\sin x,\quad D_f=\left[-\frac{\pi}{2},\frac{\pi}{2}\right],\quad W_f=[-1,1],$$

ist umkehrbar. Ihre Umkehrfunktion lautet

$$f^{-1}\colon x\mapsto f^{-1}(x)=\arcsin x.\quad D_{f^{-1}}=[-1,1].$$

Für f ist die Voraussetzung des Satzes 8.15, nämlich $f'(x) \neq 0$ für alle $x \in D_{f'}$ nicht erfüllt. Um Satz 8.15 anwenden zu können, ändert man den Definitionsbereich von f wie folgt: $D_f = \left(-\frac{\pi}{2}, \frac{\pi}{2}\right)$.

Damit ändert sich auch der Definitionsbereich der zugehörigen Umkehrfunktion f^{-1}. Es ist $D_{f^{-1}} = (-1, 1)$. Mit Satz 8.15 ergibt sich dann

$$(f^{-1})'(x) = \frac{1}{f'(f^{-1}(x))} = \frac{1}{\cos(\arcsin x)} = \frac{1}{\sqrt{1 - \sin^2 \arcsin x}} = \frac{1}{\sqrt{1 - x^2}}.$$

Beachte: Die Beziehung $\cos u = \sqrt{1 - \sin^2 u}$ ist für $-\frac{\pi}{2} \leqq u \leqq \frac{\pi}{2}$ richtig. Da die Funktion $\arcsin x$ für $-1 < x < 1$ nur Werte zwischen $-\frac{\pi}{2}$ und $\frac{\pi}{2}$ annimmt, kann diese Beziehung oben verwendet werden.

Es ist somit

$$(\arcsin x)' = \frac{1}{\sqrt{1 - x^2}} \quad \text{für alle } x \in (-1, 1).$$

Analog lassen sich die Ableitungen der restlichen Arcus-Funktionen herleiten.

Daher gilt folgender

Satz 8.17

Die Arcus-Funktionen sind differenzierbar, und es gilt

$$\frac{d}{dx} \arcsin x = \frac{1}{\sqrt{1 - x^2}} \quad \text{für alle } x \in (-1, 1)$$

$$\frac{d}{dx} \arccos x = -\frac{1}{\sqrt{1 - x^2}} \quad \text{für alle } x \in (-1, 1)$$

$$\frac{d}{dx} \arctan x = \frac{1}{1 + x^2} \quad \text{für alle } x \in \mathbb{R}$$

$$\frac{d}{dx} \operatorname{arccot} x = -\frac{1}{1 + x^2} \quad \text{für alle } x \in \mathbb{R}.$$

Beispiel 8.36

Es sei $f: x \mapsto f(x) = \arcsin \frac{x-2}{3x}$, $D_f = (-\infty, -1] \cup [\frac{1}{2}, \infty)$.

Für alle $x \in D_f$ mit $x \neq -1$ und $x \neq \frac{1}{2}$ folgt:

$$f'(x) = \frac{1}{\sqrt{1 - \left(\frac{x-2}{3x}\right)^2}} \cdot \frac{3x - 3x + 6}{9x^2} = \frac{2}{|x| \cdot \sqrt{9x^2 - (x^2 - 4x + 4)}}.$$

Damit ist

$$f': x \mapsto f'(x) = \frac{1}{|x| \cdot \sqrt{2x^2 + x - 1}}, \quad D_{f'} = (-\infty, -1) \cup (\tfrac{1}{2}, \infty).$$

Beispiel 8.37

$$\text{Es sei } f: x \mapsto f(x) = \begin{cases} \arctan \dfrac{x}{1-x^2} & \text{für } x \in \mathbb{R} \setminus \{-1, 1\} \\ \dfrac{\pi}{2} & \text{für } x = \pm 1. \end{cases}$$

Für alle $x \in \mathbb{R} \setminus \{-1, 1\}$ erhält man

$$f'(x) = \frac{1}{1 + \dfrac{x^2}{(1-x^2)^2}} \cdot \frac{1 - x^2 + 2x^2}{(1-x^2)^2} = \frac{1 + x^2}{(1-x^2)^2 + x^2} = \frac{1 + x^2}{1 - x^2 + x^4}.$$

Der algebraische Ausdruck für $f'(x)$ ist zwar für $x = -1$ und für $x = 1$ definiert, trotzdem ist f an diesen Stellen nicht differenzierbar, denn f ist dort unstetig. Es ist z.B.

$$\lim_{x \uparrow 1} f(x) = \frac{\pi}{2}, \quad \lim_{x \downarrow 1} f(x) = -\frac{\pi}{2}.$$

Stetigkeit ist jedoch nach Satz 8.1 eine notwendige Bedingung für Differenzierbarkeit. Die linksseitige Ableitung von f an der Stelle 1 existiert ($f_l'(1) = 2$), jedoch nicht die rechtsseitige. In Bild 8.9 ist der Graph von f dargestellt. Daraus kann man entnehmen, daß für $x > 1$ die Steigung von f für $x \downarrow 1$ gegen 2 strebt.

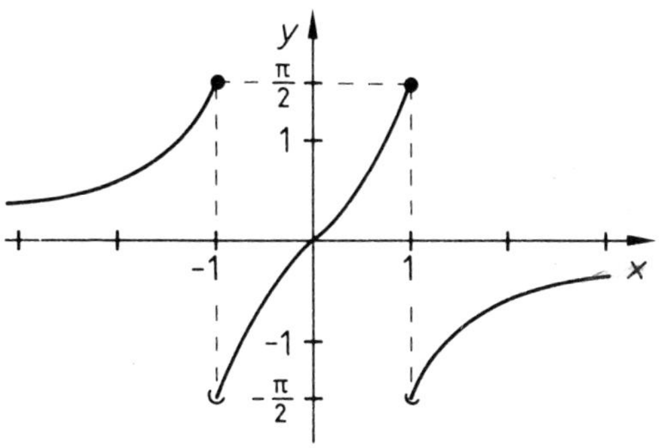

Bild 8.9: Graph von f in Beispiel 8.37

8.3.3 Ableitung der Exponential- und Logarithmusfunktion

Die e-Funktion $f: x \mapsto f(x) = e^x$, $D = \mathbb{R}$ ist nach Satz 8.6 auf $\mathbb{R}$ differenzierbar, und es gilt $f': x \mapsto f'(x) = e^x$.

Daraus ergibt sich unmittelbar

$$f = f' = f'' = \cdots = f^{(n)} = \cdots, \quad n \in \mathbb{N}.$$

Die e-Funktion hat also die bemerkenswerte Eigenschaft, daß sie mit ihren sämtlichen Ableitungen übereinstimmt.

Für die Exponentialfunktion gilt folgender

Satz 8.18

Die allgemeine Exponentialfunktion ist auf $\mathbb{R}$ differenzierbar, und es gilt

$$(a^x)' = a^x \cdot \ln a \quad \text{für alle } x \in \mathbb{R} \text{ und } a \in \mathbb{R}^+ \setminus \{1\}.$$

Beweis:

Es ist $a \in \mathbb{R}^+ \setminus \{1\}$, daher gilt $f(x) = a^x = \mathrm{e}^{x \cdot \ln a}$ für alle $x \in \mathbb{R}$.
Mit der Kettenregel ergibt sich dann $f'(x) = \mathrm{e}^{x \cdot \ln a} \cdot \ln a = a^x \cdot \ln a$. ●

Beispiel 8.38

Die Ableitungsfunktionen sind zu bestimmen von

a) $f(x) = \dfrac{\mathrm{e}^x + x}{\mathrm{e}^x - x}$, $D_f = \mathbb{R}$; b) $g(x) = 4^{-x/(x+1)}$, $D_g = \mathbb{R} \setminus \{-1\}$.

zu a) $f'(x) = \dfrac{(\mathrm{e}^x + 1)(\mathrm{e}^x - x) - (\mathrm{e}^x + x)(\mathrm{e}^x - 1)}{(\mathrm{e}^x - x)^2} = \dfrac{\mathrm{e}^{2x} + \mathrm{e}^x - x\mathrm{e}^x - x - \mathrm{e}^{2x} - x\mathrm{e}^x + \mathrm{e}^x + x}{(\mathrm{e}^x - x)^2}$

$= \dfrac{2\mathrm{e}^x(1 - x)}{(\mathrm{e}^x - x)^2}$, $D_{f'} = \mathbb{R}$.

zu b) $g'(x) = 4^{-x/(x+1)} \cdot \left(-\dfrac{x + 1 - x}{(x+1)^2} \right) \cdot \ln 4$, also $g'(x) = -\dfrac{\ln 4}{(x+1)^2} \cdot 4^{-x/(x+1)}$, $D_g = \mathbb{R} \setminus \{-1\}$.

Mit Satz 8.15 läßt sich die Ableitung der logarithmischen Funktionen bestimmen.

Satz 8.19

Die allgemeine Logarithmusfunktion ist auf $\mathbb{R}^+$ differenzierbar, und es gilt

$$(\log_a x)' = \frac{1}{\ln a} \cdot \frac{1}{x} \quad \text{für alle } x \in \mathbb{R}^+ \text{ und } a \in \mathbb{R}^+ \setminus \{1\}.$$

Beweis:

Ist $f(x) = a^x$ ($a \in \mathbb{R}^+ \setminus \{1\}$), so folgt $f'(x) = a^x \cdot \ln a$ und $f^{-1}(x) = \log_a x$. Mit Satz 8.15 erhält man daher

$$(f^{-1})'(x) = \frac{1}{f'(f^{-1}(x))} = \frac{1}{f'(\log_a x)} = \frac{1}{a^{\log_a x} \ln a} = \frac{1}{x \cdot \ln a}.$$ ●

Bemerkung:

Wählt man $a = \mathrm{e}$, so ergibt sich wegen $\ln \mathrm{e} = 1$: $(\ln x)' = \frac{1}{x}$ für alle $x \in \mathbb{R}^+$.

Beispiel 8.39

Die Ableitung der Funktion f mit $f(x) = \ln|x|$, $D = \mathbb{R}\setminus\{0\}$ ist anzugeben.

Mit der Kettenregel erhält man (vgl. Beispiel 8.6) für $x \neq 0$: $(\ln|x|)' = \frac{1}{|x|} \cdot \frac{|x|}{x} = \frac{1}{x}$. Somit gilt

$$(\ln|x|)' = \frac{1}{x} \quad \text{für alle } x \in \mathbb{R}\setminus\{0\}.$$

Es gibt Funktionen, für die die Ableitung einfacher zu berechnen ist, wenn vor der Differentiation die Funktionsgleichung logarithmiert wird und sodann mit Hilfe der Kettenregel abgeleitet wird. Man nennt diese Art zu differenzieren auch **logarithmische Ableitung**. Ein Beispiel soll dies erläutern.

Beispiel 8.40

Gesucht ist die Ableitung der Funktion f mit $f(x) = x^x$, $D = \mathbb{R}^+$. Da f keine Potenzfunktion ist, kann die Regel für Potenzfunktionen nicht angewandt werden. Man erhält (beachte $f(x) > 0$ für alle $x \in D$) $\ln(f(x)) = x \cdot \ln x$ und daraus durch Ableiten (mit Hilfe der Kettenregel) $\frac{1}{f(x)} \cdot f'(x) = 1 + \ln x$, woraus $f'(x) = (1 + \ln x) \cdot x^x$ folgt.

Dieses Verfahren bietet sich hauptsächlich an, wenn die Veränderliche sowohl in der Basis als auch im Exponenten vorkommt. Ist z.B. $f(x) = [g(x)]^{h(x)}$, wobei g und h auf (a, b) differenzierbar seien und $g(x) > 0$ für alle $x \in (a, b)$ ist, so erhält man durch Logarithmieren (dies ist möglich, da $f(x) > 0$ für alle $x \in (a, b)$): $\ln(f(x)) = h(x) \cdot \ln g(x)$. Durch Differentiation ergibt sich $\frac{f'}{f} = h' \cdot \ln g + \frac{g'}{g} \cdot h$, woraus $[(g(x))^{h(x)}]' = [g(x)]^{h(x)} \cdot \left(h'(x) \cdot \ln g(x) + \frac{g'(x)}{g(x)} \cdot h(x) \right)$ folgt.

Beispiel 8.41

Ist $f(x) = (\ln x)^{\cos x}$, $x \in (1, \infty)$, so erhält man

$\ln(f(x)) = \cos x \cdot \ln(\ln x)$ und daraus $\frac{f'(x)}{f(x)} = \cos x \cdot \frac{1}{\ln x} \cdot \frac{1}{x} - \sin x \cdot \ln(\ln x)$. Es ist daher

$$f'(x) = (\ln x)^{\cos x} \cdot \left(\frac{\cos x}{x \cdot \ln x} - (\sin x) \cdot (\ln(\ln x)) \right).$$

Es sei f eine auf dem Intervall I differenzierbare Funktion, dann gilt aufgrund der Kettenregel

$(\ln|f(x)|)' = \frac{f'(x)}{f(x)}$, wenn $f(x) \neq 0$ für alle $x \in I$;

$(\sin f(x))' = f'(x) \cdot \cos f(x)$ für alle $x \in I$;

$\left(\sqrt{f(x)}\right)' = \frac{f'(x)}{2\sqrt{f(x)}}$, wenn $f(x) > 0$ für alle $x \in I$;

$(\mathrm{e}^{f(x)})' = f'(x) \cdot \mathrm{e}^{f(x)}$ für alle $x \in I$.

8.3.4 Ableitung der hyperbolischen Funktionen und der Area-Funktionen

Da die Ableitungsfunktion der e-Funktion bekannt ist, erhält man die Ableitung der hyperbolischen Funktionen.

$$(\sinh x)' = [\tfrac{1}{2}(e^x - e^{-x})]' = \tfrac{1}{2}(e^x + e^{-x}) = \cosh x \quad \text{für alle } x \in \mathbb{R}$$

$$(\cosh x)' = [\tfrac{1}{2}(e^x + e^{-x})]' = \tfrac{1}{2}(e^x - e^{-x}) = \sinh x \quad \text{für alle } x \in \mathbb{R}$$

$$(\tanh x)' = \left(\frac{\sinh x}{\cosh x}\right)' = \frac{\cosh^2 x - \sinh^2 x}{\cosh^2 x} = \frac{1}{\cosh^2 x} = 1 - \tanh^2 x \quad \text{für alle } x \in \mathbb{R}$$

$$(\coth x)' = \left(\frac{\cosh x}{\sinh x}\right)' = \frac{\sinh^2 x - \cosh^2 x}{\sinh^2 x} = -\frac{1}{\sinh^2 x} = 1 - \coth^2 x \quad \text{für alle } x \neq 0.$$

Damit erhält man folgenden

Satz 8.20

Die hyperbolischen Funktionen sind an allen Stellen ihres Definitionsbereichs differenzierbar, und es gilt

$$(\sinh x)' = \cosh x \quad \text{für alle } x \in \mathbb{R}$$

$$(\cosh x)' = \sinh x \quad \text{für alle } x \in \mathbb{R}$$

$$(\tanh x)' = \frac{1}{\cosh^2 x} = 1 - \tanh^2 x \quad \text{für alle } x \in \mathbb{R}$$

$$(\coth x)' = -\frac{1}{\sinh^2 x} = 1 - \coth^2 x \quad \text{für alle } x \in \mathbb{R}\setminus\{0\}.$$

Beispiel 8.42

$$f(x) = x \cdot \tanh \frac{1}{x}, D_f = \mathbb{R}\setminus\{0\}.$$

$$f'(x) = \tanh \frac{1}{x} + x \cdot \left(1 - \tanh^2 \frac{1}{x}\right) \cdot \left(-\frac{1}{x^2}\right),$$

$$f'(x) = \tanh \frac{1}{x} - \frac{1 - \tanh^2 \frac{1}{x}}{x}, D_{f'} = \mathbb{R}\setminus\{0\}.$$

Die Umkehrfunktionen der hyperbolischen Funktionen sind die Areafunktionen. Unter Verwendung von Satz 8.15 erhält man

Satz 8.21

Die Areafunktionen sind an allen Stellen ihres Definitionsbereichs differenzierbar (mit Ausnahme der arcosh-Funktion, die an der Stelle 1 nicht differenzierbar ist), und es gilt

$$(\operatorname{arsinh} x)' = \frac{1}{\sqrt{x^2+1}} \quad \text{für alle } x \in \mathbb{R}$$

$$(\operatorname{arcosh} x)' = \frac{1}{\sqrt{x^2-1}} \quad \text{für alle } x > 1$$

$$(\operatorname{artanh} x)' = \frac{1}{1-x^2} \quad \text{für alle } x \in (-1,1)$$

$$(\operatorname{arcoth} x)' = \frac{1}{1-x^2} \quad \text{für alle } x \text{ mit } |x| > 1.$$

Beweis:

Wir zeigen nur $(\operatorname{arsinh} x)' = \dfrac{1}{\sqrt{x^2+1}}$ für alle $x \in \mathbb{R}$.

Ist $f(x) = \sinh x$, so folgt $f'(x) = \cosh x$ und $f^{-1}(x) = \operatorname{arsinh} x$. Mit Satz 8.15 erhält man daher

$$(f^{-1})'(x) = \frac{1}{f'(f^{-1}(x))} = \frac{1}{f'(\operatorname{arsinh} x)} = \frac{1}{\cosh(\operatorname{arsinh} x)}$$

$$= \frac{1}{\sqrt{1+\sinh^2(\operatorname{arsinh} x)}} = \frac{1}{\sqrt{1+x^2}}.$$

●

Beispiel 8.43

$$\frac{d}{dx}\left(\operatorname{arsinh}\frac{\sqrt{1-x^2}}{x}\right) = \frac{1}{\sqrt{\dfrac{1-x^2}{x^2}+1}} \cdot \frac{-\dfrac{x^2}{\sqrt{1-x^2}} - \sqrt{1-x^2}}{x^2}$$

$$= -\frac{1}{|x|\cdot\sqrt{1-x^2}}, \quad \text{für alle } x \text{ mit } 0 < |x| < 1.$$

(Beachte: $\sqrt{x^2} = |x|$.)

Folgende Tabelle faßt die Ergebnisse von Abschnitt 8.3 übersichtlich zusammen:

f	D_f	f'	$D_{f'}$	f	D_f	f'	$D_{f'}$
$x^n, n\in\mathbb{N}$	$\mathbb{R}$	nx^{n-1}	$\mathbb{R}$	$\arcsin x$	$[-1,1]$	$\dfrac{1}{\sqrt{1-x^2}}$	$(-1,1)$
$\dfrac{1}{x^n}, n\in\mathbb{N}$	$\mathbb{R}\backslash\{0\}$	$-\dfrac{n}{x^{n+1}}$	$\mathbb{R}\backslash\{0\}$	$\arccos x$	$[-1,1]$	$-\dfrac{1}{\sqrt{1-x^2}}$	$(-1,1)$
$x^\alpha, \alpha\in\mathbb{R}$	$\mathbb{R}^+$	$\alpha\cdot x^{\alpha-1}$	$\mathbb{R}^+$	$\arctan x$	$\mathbb{R}$	$\dfrac{1}{1+x^2}$	$\mathbb{R}$
$\lvert x\rvert$	$\mathbb{R}$	$\dfrac{x}{\lvert x\rvert}=\dfrac{\lvert x\rvert}{x}$	$\mathbb{R}\backslash\{0\}$	$\operatorname{arccot} x$	$\mathbb{R}$	$-\dfrac{1}{1+x^2}$	$\mathbb{R}$
$\sin x$	$\mathbb{R}$	$\cos x$	$\mathbb{R}$	$\sinh x$	$\mathbb{R}$	$\cosh x$	$\mathbb{R}$
$\cos x$	$\mathbb{R}$	$-\sin x$	$\mathbb{R}$	$\cosh x$	$\mathbb{R}$	$\sinh x$	$\mathbb{R}$
$\tan x$	A[1])	$\dfrac{1}{\cos^2 x}=$ $1+\tan^2 x$	A[1])	$\tanh x$	$\mathbb{R}$	$\dfrac{1}{\cosh^2 x}=$ $1-\tanh^2 x$	$\mathbb{R}$
$\cot x$	B[2])	$-\dfrac{1}{\sin^2 x}=$ $-(1+\cot^2 x)$	B[2])	$\coth x$	$\mathbb{R}\backslash\{0\}$	$-\dfrac{1}{\sinh^2 x}=$ $1-\coth^2 x$	$\mathbb{R}\backslash\{0\}$
e^x	$\mathbb{R}$	e^x	$\mathbb{R}$	$\operatorname{arsinh} x$	$\mathbb{R}$	$\dfrac{1}{\sqrt{x^2+1}}$	$\mathbb{R}$
a^x, $a\in\mathbb{R}^+\backslash\{1\}$	$\mathbb{R}$	$a^x\cdot\ln a$	$\mathbb{R}$	$\operatorname{arcosh} x$	$[1,\infty)$	$\dfrac{1}{\sqrt{x^2-1}}$	$(1,\infty)$
$\ln\lvert x\rvert$	$\mathbb{R}\backslash\{0\}$	$\dfrac{1}{x}$	$\mathbb{R}\backslash\{0\}$	$\operatorname{artanh} x$	$(-1,1)$	$\dfrac{1}{1-x^2}$	$(-1,1)$
$\log_a x$ $a\in\mathbb{R}^+\backslash\{1\}$	$\mathbb{R}^+$	$\dfrac{1}{x\cdot\ln a}$	$\mathbb{R}^+$	$\operatorname{arcoth} x$	$(-\infty,-1)$ $\cup(1,\infty)$	$\dfrac{1}{1-x^2}$	$(-\infty,-1)$ $\cup(1,\infty)$

[1]) $A=\left\{x\,|\,x\in\mathbb{R} \text{ und } x\neq\dfrac{2k+1}{2}\pi, k\in\mathbb{Z}\right\}$.

[2]) $B=\{x\,|\,x\in\mathbb{R} \text{ und } x\neq k\pi, k\in\mathbb{Z}\}$.

Aufgaben

1. Differenzieren Sie

a) $f(x)=(x^2+3x-4)(x^4-2x^2+7)$; b) $f(x)=(x^7-3x^5+7)^{10}$;

c) $f(x)=\dfrac{1-5x}{1+5x}$; d) $f(x)=\dfrac{1}{(1+4x^2)^3}$;

e) $f(x)=\dfrac{2x^3-3x^2+2x-4}{5x^4-2x^2+3}$; f) $f(x)=\dfrac{3x^4-2x^2}{1-3x^4}$;

g) $f(u)=\sqrt{4-7u}$; h) $s(t)=\dfrac{2t+1}{\sqrt{t^2+1}}$.

2. Bestimmen Sie die Gleichung der Tangente an den Graphen der Funktion $f\colon x\mapsto\dfrac{3x+1}{1+x^2}$ im Punkt $P(1,2)$.

3. Ein frei fallender Körper bewegt sich bekanntlich nach dem Weg-Zeit-Gesetz $s(t)=\dfrac{g}{2}\cdot t^2$. Wird die Zeit in Sekunden, der Weg in Meter eingesetzt, so ist die Beschleunigung ungefähr $10\,\mathrm{ms}^{-2}$. Man gebe den Weg und die Geschwindigkeit nach einer, zwei und fünf Sekunden an.

4. Berechnen Sie die Ableitungen der Funktionen f mit

a) $f(x)=x\cdot\sin x$; b) $f(x)=\dfrac{\tan x}{x}$; c) $f(x)=x-\tan x$;

d) $f(x)=\dfrac{x}{\sin x}$; e) $f(x)=1+\cos x-\frac{1}{3}\cos^3 x$; f) $f(x)=\dfrac{x}{\sin x-x\cos x}$;

g) $f(x)=1-\tan x-\frac{1}{3}\tan^3 x$; h) $f(x)=\dfrac{2x-\sin 2x}{2x+\sin 2x}$; i) $f(x)=\tan^3(x^2\sin x)$;

*j) $f(x)=\dfrac{\sin|x|}{1-\cos|x|}$; *k) $f(x)=x\cdot\dfrac{\sin x}{|x^2-1|}$; l) $f(x)=|\sin x|$;

m) $f(x)=\sqrt{|\sin x|}$; n) $f(x)=\sin x\cdot\cot x$.

5. In welchen Punkten und unter welchen Winkeln schneiden die Graphen der folgenden Funktionen die Koordinatenachsen?

a) $f(x)=\dfrac{x^2-2x+1}{x^2+1}$; b) $g(x)=\sin x$; c) $h(x)=x\mathrm{e}^x$.

6. Die Ableitungen folgender Funktionen $f\colon x\mapsto f(x)$ sind zu bestimmen:

a) $f(x)=\mathrm{e}^{-x}\cdot\sin x$; b) $f(x)=\mathrm{e}^{\cos x}$; c) $f(x)=\mathrm{e}^{-1/x}$;

d) $f(x)=\mathrm{e}^{-x^2}$; e) $f(x)=x^2\cdot\sinh x$; f) $f(x)=\mathrm{e}^x\cdot\coth x$;

g) $f(x)=\dfrac{\cosh x}{x}-\coth x$; h) $f(x)=\dfrac{\mathrm{e}^x-1}{\mathrm{e}^x+1}$; i) $f(x)=\tan x-\tanh x$.

7. An welchen Stellen existieren keine Ableitungen?

a) $f(x)=\dfrac{1}{\sin x}$; b) $f(x)=\tan x\cdot\cot x$;

c) $f(x)=\sqrt{|\cos x|}$; *d) $f(x)=\begin{cases}\dfrac{\cos x}{-1+\tan x} & \\ 0 & \text{für } x=\dfrac{2k+1}{2}\pi,\ k\in\mathbb{Z}.\end{cases}$

8. Differenzieren Sie die Funktionen f mit

a) $f(x)=\sqrt{\tan 2x}$; b) $f(x)=\sin\sqrt{x}-\sqrt{x}\cos\sqrt{x}$;

c) $f(x)=\arcsin\sqrt{x}$; d) $f(x)=\arctan\dfrac{1}{x}$;

e) $f(x)=(\arcsin x)^2$; f) $f(x)=\arctan(x-\sqrt{1+x^2})$;

g) $f(x)=\frac{1}{6}\ln\dfrac{(1+x)^2}{1-x+x^2}+\frac{1}{3}\sqrt{3}\arctan\dfrac{2x-1}{\sqrt{3}}$; h) $f(x)=\frac{1}{4}\ln\dfrac{1+x^2}{1-x^2}$;

i) $f(x)=-\frac{1}{4}\ln(a^4-x^4)$; j) $f(x)=\ln\left|\dfrac{1-x}{1+x}\right|$;

k) $f(x)=x(\ln|x|-1)$; l) $f(x)=x^{\tan x}$;

m) $f(x)=(\tan x)^{\ln x}$; n) $f(x)=\operatorname{arsinh}\sqrt{x}$;

o) $f(x)=\operatorname{arcosh} x^2$; p) $f(x)=\operatorname{artanh}(1+x^2)$;

q) $f(x)=\frac{1}{3}(\operatorname{artanh} x)^3$; r) $f(x)=e^{|x|}$;

s) $f(x)=\ln|\ln|x||$.

*9. Durch Berechnung des Grenzwertes $\lim\limits_{h\to 0}\dfrac{f(x+h)-f(x)}{h}$ bestimme man die Ableitung der Funktion $f\colon x\mapsto f(x)=\ln x$. Hinweis: Substitution $h=\dfrac{1}{n}$.

10. Für folgende Funktionen sind die Ableitungen der angegebenen Ordnung zu bestimmen.

a) $f(x)=x^5,\ f^{(5)}(x)$; b) $f(x)=x^5\cdot\ln x,\ f'''(x)$;
c) $f(x)=x^2\cdot e^{2x},\ f^{(4)}(x)$; d) $f(x)=x^2\cdot e^{-x}\cdot f^{(5)}(x)$.

11. Die n-te Ableitung $f^{(n)}$, $n\in\mathbb{N}$, folgender Funktionen ist zu berechnen:

a) $f(x)=\dfrac{1+x}{1-x}$; b) $f(x)=\sqrt{x}$; c) $f(x)=\sin^2 x$;

*d) $f(x)=\ln\dfrac{1+x}{1-x}$; e) $f(x)=\sin ax$; *f) $f(x)=x^3e^{2x}$.

12. Zeigen Sie, daß für jede der Funktionen f mit

$f(x)=\sin(a\cdot\arcsin x)$, $f(x)=\cos(a\cdot\arcsin x)$,
$f(x)=\sin(a\cdot\arccos x)$, $f(x)=\cos(a\cdot\arccos x)$,

($a\in\mathbb{R}$), die Gleichung $(1-x^2)\cdot f''(x)-x\cdot f'(x)+a^2\cdot f(x)=0$ für alle x mit $|x|<1$ erfüllt ist.

13. Mit Hilfe der vollständigen Induktion ist die Beziehung

$$[\ln(x+2)]^{(n)}=\frac{(-1)^{n-1}(n-1)!}{(x+2)^n}\quad\text{für alle } n\in\mathbb{N} \text{ und } x\in(-2,\infty)$$

zu beweisen.

14. Zeigen Sie, daß die Graphen der Funktionen f mit

a) $f(x)=a\cdot\sin\frac{x}{a}$, b) $f(x)=a\cdot\tan\frac{x}{a}$, c) $f(x)=a\cdot\ln\frac{x}{a}\cdot a\in\mathbb{R}^+$

die x-Achse jeweils unter gleichen, von a unabhängigen Winkeln schneiden.

15. Berechnen Sie den Schnittwinkel des Graphen von

$$f\colon x\mapsto f(x)=\frac{x+a_2x^2+\cdots+a_nx^n}{1+b_1x+\cdots+b_mx^m}$$

mit der y-Achse.

16. Wie muß $a\in\mathbb{R}\setminus\{0\}$ gewählt werden, damit der Graph der Funktion $f\colon x\mapsto f(x)=\frac{ax}{1+bx^2}$ die x-Achse unter dem Winkel von 45° schneidet?

17. Wie lautet die Gleichung der Tangente an den Graphen von f mit $f(x)=1+x\cdot\ln x$ in dem Punkt, dessen Ordinate 1 ist?

18. Bestimmen Sie die Normale des Graphen von $f\colon x\mapsto f(x)=\sqrt{6-2x-x^3}$ in dem Punkt mit der Ordinate 3.

19. Geben Sie die Normale des Graphen von f mit $f(x)=a\cdot\ln\cos\frac{x}{a}$ $(a\neq 0)$ im Punkt mit der Abszisse $2\pi a$ an.

20. f sei eine auf $\mathbb{R}$ differenzierbare Funktion. Die Graphen von $g\colon x\mapsto g(x)=a\cdot f(x)$ $(a\in\mathbb{R})$ bilden eine Kurvenschar.

Beweisen Sie: Alle Tangenten, deren Berührungspunkte gleiche Abszisse x_0 haben, schneiden sich in einem Punkt, falls $f'(x_0)\neq 0$ ist.

21. Bestimmen Sie die zu der 1. Winkelhalbierenden parallele Tangente an den Graphen von f mit $f(x)=\sqrt[3]{x^3-3x^2}$.

22. Zeigen Sie, daß sich die Graphen der Funktionen f und g unter einem rechten Winkel schneiden:

*a) $f(x)=\sqrt{x^2-a^2}$, $g(x)=\frac{b^2}{x}$, $a,b\neq 0$; b) $f(x)=\sqrt{2ax+a^2}$, $g(x)=\sqrt{b^2-2bx}$, $a,b\in\mathbb{R}^+$ und $a\neq -b$.

23. Gegeben seien die Funktionen f_1 und f_2 mit $f_1(x)=\cos x$ und $f_2(x)=\tan x$. Bestimmen Sie den Schnittpunkt S der Graphen von f_1 und f_2 und zeigen Sie, daß sie sich in S orthogonal schneiden.

8.4 Das Differential einer Funktion

8.4.1 Der Begriff des Differentials

Um Funktionswerte $f(x)$ einer differenzierbaren Funktion f für Zahlen, die nahe bei x_0 liegen, näherungsweise zu berechnen, bietet sich die beste lineare Approximation l an (vgl. Abschnitt 8.1.4, (8.9)). Man ersetzt die Funktion f durch $\hat{f}=l$. Der Graph von $\hat{f}$ ist, wie in Abschnitt 8.1.4 deutlich gemacht wurde, die Tangente an den Graphen von f im Punkte $P(x_0, f(x_0))$ (vgl. Bild 8.10).

Es ist

$$\hat{f}\colon x\mapsto \hat{f}(x)=(x-x_0)\cdot f'(x_0)+f(x_0). \tag{8.18}$$

Die Differenz der Funktionswerte $f(x_0+h)$ und $f(x_0)$ bezeichnet man als **Zuwachs** der Funktion f an der Stelle x_0 und schreibt dafür $\Delta y=f(x_0+h)-f(x_0)$.

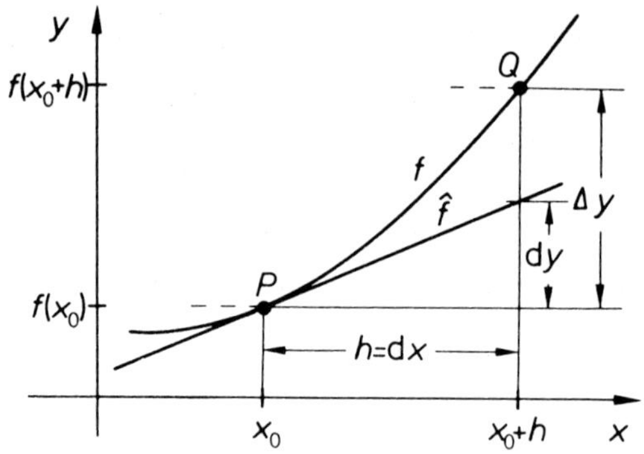

Bild 8.10: Linearisierung der Funktion f

Als Zuwachs dy der zugehörigen Funktion $\hat{f}$ an der Stelle x_0 erhalten wir aus (8.18)

$$\mathrm{d}y = \hat{f}(x_0 + h) - \hat{f}(x_0) = h \cdot f'(x_0). \tag{8.19}$$

Das gibt Anlaß zu folgender

Definition 8.9

Es sei $f\colon x \mapsto f(x) = y$ an der Stelle $x_0 \in D_f$ differenzierbar und $h \neq 0$. Man nennt das Produkt $f'(x_0) \cdot h$ **Differential** der Funktion f an der Stelle x_0 zum Zuwachs h.

Schreibweise: $\mathrm{d}y = \mathrm{d}f(x_0) = f'(x_0) \cdot h$.

Das Differential dy einer differenzierbaren Funktion f mit $f(x) = y$ an der Stelle x_0 läßt sich aufgrund von (8.19) als Zuwachs der Tangentenordinate für den Argumentenzuwachs h deuten (vgl. Bild 8.10).

Beispiel 8.44

a) $f_1\colon x \mapsto f_1(x) = x^2$. Wegen $f_1'(x) = 2x$ ist $\mathrm{d}f_1(x) = \mathrm{d}(x^2) = 2xh$

b) $f_2\colon x \mapsto f_2(x) = \sin x$. Aus $f_2'(x) = \cos x$ ergibt sich $\mathrm{d}f_2(x) = \mathrm{d}(\sin x) = h \cdot \cos x$

c) $f_3(x) = \sqrt{x}$, $x > 0$. Es ist $f_3'(x) = \dfrac{1}{2\sqrt{x}}$ und folglich $\mathrm{d}f_3(x) = \mathrm{d}\sqrt{x} = \dfrac{h}{2\sqrt{x}}$, $x > 0$.

Für die Funktion f mit $f(x) = x$ erhält man, wegen $f'(x) = 1$, $\mathrm{d}f(x) = \mathrm{d}x = 1 \cdot \mathrm{h}$. Es ist somit $h = \mathrm{d}x$, d.h. h kann als Differential der identischen Funktion an der Stelle x aufgefaßt werden. Das Differential einer an der Stelle x differenzierbaren Funktion $f\colon x \mapsto f(x) = y$ kann folglich auch in der Form

$$\mathrm{d}f(x) = \mathrm{d}y = f'(x) \cdot \mathrm{d}x \tag{8.20}$$

geschrieben werden. dy und dx nennt man **Differentiale**. Wegen $\mathrm{d}x = h \neq 0$ erhält man aus (8.20)

$$\frac{\mathrm{d}y}{\mathrm{d}x} = \frac{\mathrm{d}f(x)}{\mathrm{d}x} = f'(x). \tag{8.21}$$

$\frac{dy}{dx}$ ist der Quotient zweier Differentiale. Man nennt ihn daher **Differentialquotient**. Die Bezeichnung Differentialquotient für die Ableitung ist wegen (8.21) nachträglich gerechtfertigt. Daher ist die Sprechweise »dy durch dx« möglich.

Hingewiesen sei noch auf die Schreibweise $\frac{d}{dx}f$. Hier wird das Zeichen»$\frac{d}{dx}$« als ein Operationszeichen angesehen, es fordert also auf, die Ableitung von f zu bilden.

Beispiel 8.45

a) $\frac{d}{dx}(x^2+7x-3)=2x+7$; b) $\frac{d}{dt}(e^{-t}\sin t)=(\cos t-\sin t)e^{-t}$; c) $\frac{d}{da}(a^2+ab+b^2)=2a+b$.

Beispiel 8.46

Die Funktion $f\colon x\mapsto f(x)=e^x$ soll an der Stelle $x_0=0$ linearisiert werden.

Wegen $f(0)=1$, $f'(0)=1$ ergibt sich aus (8.18) die Funktion $\hat{f}\colon x\mapsto \hat{f}(x)=1+x$. So ist z.B.

$$\begin{aligned} &f(0{,}1)=1{,}10517\ldots, && f(0{,}01)=1{,}01005\ldots, && f(0{,}001)=1{,}0010005\ldots,\\ &\hat{f}(0{,}1)=1{,}1, && \hat{f}(0{,}01)=1{,}01, && \hat{f}(0{,}001)=1{,}001. \end{aligned}$$

Man schreibt $\hat{f}(0{,}001)\approx f(0{,}001)$[1]).

Zusammenfassend sei noch einmal die Entwicklung von der Ableitung zum Differentialquotient dargestellt:

1. Die Ableitung $f'(x)$ wird als Grenzwert des Differenzenquotienten erklärt.
2. Mit Hilfe der Ableitung und der Größe $h\neq 0$ wird das Differential $dy=df(x)$ der Funktion f mit $x\mapsto y=f(x)$ an der Stelle x definiert.
3. Es stellt sich heraus, daß h als Differential der identischen Funktion an der Stelle x gedeutet werden kann, d.h. es ist $h=dx$.
4. Damit kann die Ableitung $f'(x)$ auch als Quotient der beiden Differentiale $df(x)$ und dx an der Stelle x geschrieben werden.

8.4.2 Anwendung in der Fehlerrechnung

Es sei $f\colon D\mapsto\mathbb{R}$ mit $f(x)=y$ eine in $x\in D$ differenzierbare Funktion. Mit Hilfe von (8.10) läßt sich der Funktionszuwachs Δy von f an der Stelle x auch wie folgt darstellen:

$$\Delta y=f(x+h)-f(x)=h\cdot f'(x)+h\cdot\varepsilon(h),\quad \text{wobei } \lim_{h\to 0}\varepsilon(h)=0 \text{ ist.}$$

Beachten wir Definition 8.9 ($dy=h\cdot f'(x)$), so folgt $\Delta y=dy+h\cdot\varepsilon(h)$. Für $h\neq 0$ ist daher

$$\frac{\Delta y-dy}{h}=\varepsilon(h), \text{ woraus } \lim_{h\to 0}\frac{\Delta y-dy}{h}=0 \text{ folgt.}$$

[1]) Gelesen $\hat{f}(0{,}001)$ ungefähr $f(0{,}001)$.

Ersetzt man den Funktionszuwachs Δy durch das Differential $\mathrm{d}y$, so geht nicht nur der Fehler, der dabei begangen wird, nämlich die Differenz $\Delta y - \mathrm{d}y$, gegen Null für h gegen Null, sondern sogar der Quotient aus dem Fehler $\Delta y - \mathrm{d}y$ und h (vgl. (8.9) auf Seite 352). In diesem Sinne gilt

$$\Delta y \approx \mathrm{d}y = f'(x)\cdot h \quad \text{bzw.} \quad \Delta y \approx f'(x)\cdot \mathrm{d}x, \tag{8.22}$$

falls $h = \mathrm{d}x$ gesetzt wird.

Es soll nun untersucht werden, wie sich ein Fehler der Größe x auf eine von x abhängige Größe y auswirkt (**Fehlerfortpflanzung**).

Gegeben sei eine Funktion f mit $f(x) = y$, $\bar{x}$ sei ein (z.B. durch einen Meßfehler entstandener) Näherungswert der Größe x und δ eine obere Schranke für den absoluten Fehler von $\bar{x}$. Setzen wir $\mathrm{d}x = x - \bar{x}$, so gilt offenbar $|\mathrm{d}x| \leqq \delta$. Als Näherungswert von $y = f(x)$ erhält man $\bar{y} = f(\bar{x})$.

Gesucht ist eine obere Schranke für den **absoluten Fehler**

$$|\Delta y| = |y - \bar{y}| = |f(x) - f(\bar{x})| = |f(\bar{x} + \mathrm{d}x) - f(\bar{x})|.$$

Mit (8.22) erhalten wir eine Schätzung für den absoluten Fehler von $\bar{y}$

$$|\Delta y| \approx |\mathrm{d}y| = |f'(\bar{x})|\cdot|\mathrm{d}x| \leqq |f'(\bar{x})|\cdot\delta.$$

Für den **relativen Fehler** von $\bar{y}$ erhält man daraus

$$\left|\frac{\Delta y}{\bar{y}}\right| \approx \left|\frac{\mathrm{d}y}{\bar{y}}\right| = \left|\frac{f'(\bar{x})}{\bar{y}}\right|\cdot|\mathrm{d}x| \leqq \left|\frac{f'(\bar{x})}{\bar{y}}\right|\delta.$$

Beispiel 8.47

Die Kantenlänge eines Würfels wird mit einem Mikrometer gemessen. Die Messung ergibt $(50 \pm 0{,}01)$mm.

Es soll das Volumen des Würfels angegeben werden, sowie eine Fehlerschätzung, die durch die Ungenauigkeit der Messung bedingt ist.

Wegen $V = x^3$ setzen wir $f\colon x \mapsto f(x) = x^3$. Für $\bar{x} = 50$ ergibt sich $\bar{V} = f(50) = 125000$. Der absolute Fehler $|\Delta V|$ kann durch

$$|\Delta V| \approx |f'(\bar{x})|\cdot|\mathrm{d}x| \leqq |f'(\bar{x})|\cdot\delta \quad \text{mit } \delta = 10^{-2}$$

geschätzt werden.

Wegen $f'(x) = 3x^2$ erhält man $|\Delta V| \approx 3\bar{x}^2\cdot|\mathrm{d}x| \leqq 3\bar{x}^2\cdot\delta$.

Für $\bar{x} = 50$ und $\delta = 10^{-2}$ ergibt sich

$$|\Delta V| \approx 75, \quad \text{d.h. } 124925\,\mathrm{mm}^3 \leqq V \leqq 125075\,\mathrm{mm}^3.$$

Der relative Fehler beträgt

$$\left|\frac{\Delta V}{V}\right| \approx \frac{3\bar{x}^2}{\bar{x}^3}|\mathrm{d}x| = \frac{3}{\bar{x}}\cdot|\mathrm{d}x| \leqq \tfrac{3}{50}\cdot 10^{-2} = 0{,}0006,$$

was einem Fehler von 0,6‰ entspricht.

Wie oben erwähnt wurde, kann mit Hilfe des Differentials die Fehlerschranke lediglich geschätzt werden. In diesem Beispiel können wir den Fehler wegen der Monotonie von f genauer einschränken.

Wegen $f(49{,}99) = 124925{,}015$ und $f(50{,}01) = 125075{,}015$ gilt

$$124925{,}015\,\text{mm}^3 \leqq V \leqq 125075{,}015\,\text{mm}^3.$$

Vergleichen wir dieses Ergebnis mit dem, welches wir mit Hilfe des Differentials erhalten haben, so ist die Schätzung nicht wesentlich verbessert worden.

Folgendes Beispiel verdeutlicht etwas besser den Vorteil der Fehlerschätzung mit Hilfe des Differentials.

Beispiel 8.48

In einem Dreieck ABC seien die Seiten b und c genau gemessen, während der Winkel α nur innerhalb einer Toleranz von $|\mathrm{d}\alpha| < \delta$ gemessen werden kann. In welchen Fehlergrenzen bewegt sich der berechnete Wert von a?

Es ist $f\colon \alpha \mapsto f(\alpha) = a = \sqrt{b^2 + c^2 - 2bc\cdot\cos\alpha}$ (Kosinussatz). $|\Delta a|$ berechnet man näherungsweise durch

$$|\mathrm{d}a| = \left|\frac{\mathrm{d}f}{\mathrm{d}\alpha}\right| \cdot |\mathrm{d}\alpha|.$$

Wegen

$$\frac{\mathrm{d}f}{\mathrm{d}\alpha} = \frac{bc\cdot\sin\alpha}{\sqrt{b^2+c^2-2bc\cdot\cos\alpha}} = \frac{bc\cdot\sin\alpha}{a}$$

ergibt sich für den Betrag des absoluten Fehlers

$$|\Delta a| \approx \frac{bc\cdot\sin\alpha}{a} \cdot |\mathrm{d}\alpha|.$$

Zahlenbeispiel: $b = 300\,\text{m}$, $c = 500\,\text{m}$, $\alpha = 60°$, woraus $a = 435{,}889\ldots\text{m}$ und weiter $|\Delta a| \approx 298{,}0\cdot|\mathrm{d}\alpha|$ folgt.

Bei 10″ Meßgenauigkeit von α, d.h. $\delta = 4{,}8\cdot 10^{-5}$ (Bogenmaß) ergibt sich

$$|\Delta a| \approx 1{,}44\cdot 10^{-2}\,\text{m} = 1{,}44\,\text{cm}.$$

Das entspricht einem relativen Fehler von 0,0033%.

Aufgaben

1. Bilden Sie zu den folgenden Funktionen f das Differential $\mathrm{d}f(x_0)$.

   a) $f(x) = 7x^3 - 2x,\ x_0 = 2$; b) $f(x) = \dfrac{1}{x-1},\ x_0 = 3$;

   c) $f(x) = \cos x,\ x_0 = \dfrac{\pi}{3}$; d) $f(x) = \ln x,\ x_0 = 1$.

2. Es sei $f\colon x \mapsto f(x) = x^3 - 6x$. Bestimmen Sie

   a) $\Delta y = f(x + \Delta x) - f(x)$; b) $\mathrm{d}y$; c) $\Delta y - \mathrm{d}y$.

3. Für welche Funktionen gilt $\Delta y = \mathrm{d}y$?
4. Berechnen Sie:

a) $\dfrac{\mathrm{d}}{\mathrm{d}x}(ax^2 - b\cdot\cos x)$; b) $\dfrac{\mathrm{d}}{\mathrm{d}t}(a\cdot \mathrm{e}^{-t}\cdot\sin\omega t)$;

c) $\dfrac{\mathrm{d}}{\mathrm{d}a}(a\cdot b - x\cdot\sin a)$; d) $\dfrac{\mathrm{d}}{\mathrm{d}u}(u\cdot\sin v - v\cdot\cos u)$.

5. Geben Sie zu folgenden Funktionen den Linearisierungsterm $\hat{f}$ an der Stelle x_0 an.

a) $f(x) = \dfrac{x}{x^2+x-4}$, $x_0 = 3$; b) $f(x) = \lg x$, $x_0 = 1$;

c) $f(x) = \sqrt{1+x}$, $x_0 = 0$; d) $f(x) = \dfrac{1}{\sqrt{1-x}}$, $x_0 = 0$;

e) $f(x) = \dfrac{1}{\sqrt{1-x^2}}$, $x_0 = 0$; f) $f(x) = 2\cdot\sin 2x$, $x_0 = 0$.

6. Bei einem mathematischen Pendel mit der Länge l kann (für kleine Ausschläge) die Schwingungszeit T durch die Formel

$$T = 2\pi\cdot\sqrt{\frac{l}{g}}$$

berechnet werden. g ist dabei die Erdbeschleunigung ($9{,}81\,\mathrm{m\,s^{-2}}$). Auf wieviel Prozent genau kann man die Schwingungsdauer T angeben, wenn man die Pendellänge auf 1% genau bestimmt?

7. Mit Hilfe eines Pendels, dessen Länge exakt 1 m ist, soll die Erdbeschleunigung g auf fünf Stellen hinter dem Komma genau bestimmt werden. Wie genau muß dann die Angabe der Schwingungsdauer (vgl. Aufgabe 6) wenigstens sein?

8. Beim Erwärmen einer Kugel mit dem Radius 20 cm wird der Durchmesser um 1 mm größer. Wie groß ist ungefähr die Volumenzunahme?

9. Das Brechungsgesetz von Snellius lautet

$$\frac{\sin\alpha}{\sin\beta} = n.$$

Dabei ist α der Einfallswinkel (gegen das Einfallslot), β der Winkel zwischen Lichtstrahl und Einfallslot nach der Brechung und $n \geqq 1$ der Brechungsindex (Materialkonstante). Wie groß ist der relative Fehler bei der Berechnung des Brechungswinkels β, wenn der Einfallswinkel α mit einem Fehler $\Delta\alpha$ gemessen wurde, und der Brechungsindex als genau bekannt vorausgesetzt wird (vgl. Bild 8.11)?

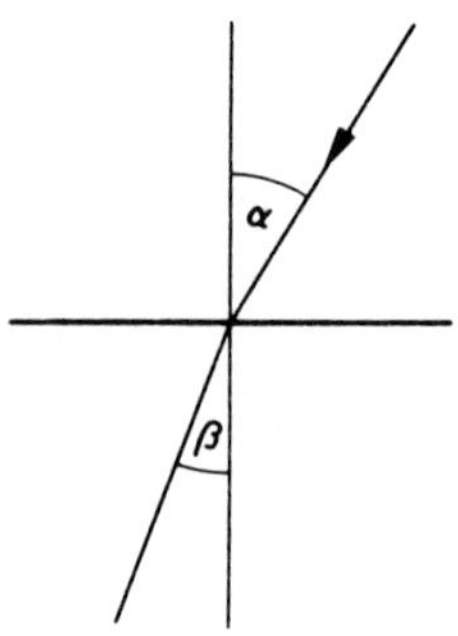

Bild 8.11: Brechungsgesetz

8.5 Mittelwertsatz der Differentialrechnung

In diesem Abschnitt sollen mehrere Sätze bewiesen werden. Sie dienen hauptsächlich zum Beweis anderer wichtiger Sätze, haben jedoch kaum eigenständige Bedeutung.

8.5.1 Satz von Rolle

Der Mittelwertsatz wird auf den Satz von Rolle zurückgeführt. Zum Beweis dieses Satzes ist es nützlich, zunächst einige Vorbemerkungen zu machen.

Definition 8.10.

Die Funktion $f: D_f \to \mathbb{R}$ besitzt an der Stelle $x_0 \in D_f$ ein **relatives Maximum** bzw. **relatives Minimum**, falls es eine δ-Umgebung $U_\delta(x_0) \subset D_f$ von x_0 gibt, in der für alle x gilt $f(x_0) \geqq f(x)$ bzw. $f(x_0) \leqq f(x)$.

Bemerkungen:

1. Nach Definition 8.10 werden nur solche $x_0 \in D_f$ zugelassen, für die auch $U_\delta(x_0) \subset D_f$ ist, d.h. ein relatives Maximum bzw. Minimum kann niemals ein Randpunkt oder ein isolierter Punkt sein.
2. Da es nur auf eine Umgebung von x_0 ankommt, spricht man auch von einem **lokalen Maximum** bzw. **lokalen Minimum**.
3. Will man offenlassen, ob es sich um ein Maximum oder Minimum handelt, spricht man von einem **relativen Extremum** oder **lokalen Extremum**.
4. Eine Funktion kann mehrere relative Maxima und Minima haben.

Bild 8.12 zeigt einige relative Extrema.

Satz 8.22

f sei auf $[a, b]$ definiert. Besitzt f an der Stelle $x_0 \in [a, b]$ ein absolutes Extremum, so liegt bei x_0 entweder ein relatives Extremum vor, oder x_0 ist ein Randpunkt.

Wir verzichten auf einen Beweis.

Die Funktion f in Bild 8.12 a) bzw. b) hat an der Stelle x_0 ein relatives Maximum bzw. Minimum, das gleichzeitig (vgl. Abschn. 4.33, Definition 4.14) absolutes Maximum bzw. Minimum ist. Mehrere relative Maxima, nämlich die Stellen x_1 und x_3, zeigt Bild 8.12 c). Die Stellen x_2 und x_4 sind relative Minima. Absolutes Maximum und absolutes Minimum wird in Bild 8.12 c) jeweils am Rand angenommen. Während in Bild 8.12 a) bis c) die lokalen Extrema Tangenten besitzen, die parallel zur x-Achse (waagrecht) verlaufen, ist in Bild 8.12 d) der Graph einer Funktion dargestellt, die an der Stelle x_0 nicht differenzierbar ist, d.h. der Graph von f hat dort keine waagrechte Tangente.

Es gilt jedoch folgender

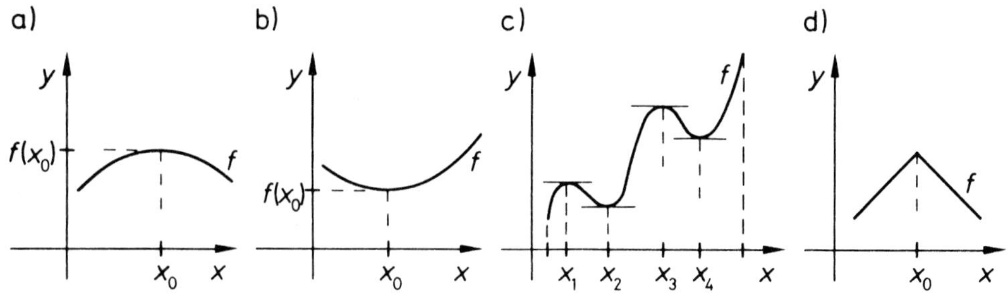

Bild 8.12a–d: Relative Extrema

Satz 8.23 (Satz von Fermat)

> f sei auf dem Intervall I definiert und an der Stelle $x_0 \in I$ differenzierbar. Wenn f an der Stelle x_0 ein relatives Extremum besitzt, dann ist $f'(x_0)=0$.

Beweis:

Der Beweis wird für ein relatives Maximum geführt. Er läßt sich auf ein relatives Minimum übertragen.

Nach Voraussetzung existiert eine δ-Umgebung $U_\delta(x_0) \subset I$ von x_0, so daß $f(x) \leqq f(x_0)$ für alle $x \in U_\delta(x_0)$ gilt. Danach gilt für alle h mit $x_0+h \in U_\delta(x_0)$: $f(x_0+h)-f(x_0) \leqq 0$. Also ist

$$\frac{f(x_0+h)-f(x_0)}{h} \leqq 0 \quad \text{für } h>0, \qquad \frac{f(x_0+h)-f(x_0)}{h} \geqq 0 \quad \text{für } h<0.$$

Beachte: Der Zähler ist stets nicht positiv, der Nenner hat das Vorzeichen von h.

Für die einseitigen Ableitungen an der Stelle x_0 gilt daher

$$f_l'(x_0)=\lim_{h\uparrow 0}\frac{f(x_0+h)-f(x_0)}{h} \geqq 0 \quad \text{und} \quad f_r'(x_0)=\lim_{h\downarrow 0}\frac{f(x_0+h)-f(x_0)}{h} \leqq 0.$$

f ist nach Voraussetzung an der Stelle x_0 differenzierbar, d.h. es gilt $f_l'(x_0)=f_r'(x_0)$, woraus $f'(x_0)=0$ folgt. ●

Bemerkungen:

1. Der Satz von Fermat (Satz 8.23) ist nicht umkehrbar. Dazu ein Gegenbeispiel. Die Funktion $f: x \mapsto f(x)=x^3$ ist auf $\mathbb{R}$ differenzierbar, und es gilt $f'(0)=0$. Trotzdem besitzt f an der Stelle 0 kein relatives Extremum, da f auf $\mathbb{R}$ streng monoton wachsend ist. $f'(x_0)=0$ ist somit nur eine notwendige (keine hinreichende) Bedingung für das Vorhandensein eines relativen Extremums.
2. Die Differenzierbarkeit von f an der Stelle x_0 ist (wie beim Beweisgang schon ersichtlich) eine wesentliche Voraussetzung des Satzes von Fermat (Satz 8.23). Die Funktion $f: x \mapsto |x|$, besitzt z.B. an der Stelle 0 ein relatives (und gleichzeitig absolutes) Minimum, jedoch existiert dort nicht die 1. Ableitung.

Definition 8.11

Es sei $f: D \to \mathbb{R}$ und $x_0 \in D$. Die Stelle x_0 heißt **stationäre Stelle** der Funktion f, wenn der Graph der Funktion f im Punkte $P(x_0, f(x_0))$ eine waagrechte Tangente besitzt, wenn also gilt $f'(x_0) = 0$.

Damit kann der Satz von Fermat (Satz 8.23) auch so formuliert werden:

Hat eine an einer Stelle x_0 differenzierbare Funktion f an dieser Stelle ein lokales Extremum, so ist x_0 eine stationäre Stelle der Funktion f.

Satz 8.24 (Satz von Rolle)

f sei auf $[a, b]$ stetig und auf (a, b) differenzierbar. Ist $f(a) = f(b)$, so existiert mindestens ein $\xi \in (a, b)$ mit der Eigenschaft $f'(\xi) = 0$.

Bemerkung:

Geometrisch besagt der Satz von Rolle (vgl. Bild 8.13a und b)), daß der Graph einer auf $[a, b]$ stetigen und auf (a, b) differenzierbaren Funktion f unter der Voraussetzung $f(a) = f(b)$ mindestens einen Punkt $P(\xi, f(\xi))$ mit einer waagrechten Tangente besitzt. In Bild 8.13 b) sind es zwei Stellen ξ_1 und ξ_2 mit $f'(\xi_1) = f'(\xi_2) = 0$.

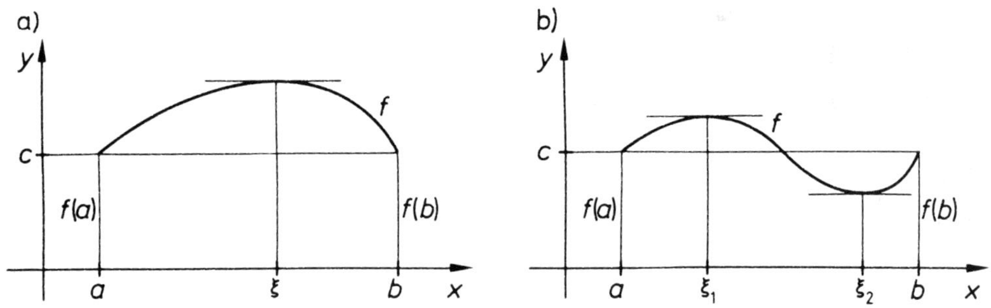

Bild 8.13a, b: Satz von Rolle

Beweis von Satz 8.24

Wir unterscheiden zwei Fälle:

1. Fall: Gilt für alle $x \in [a, b]$: $f(x) = f(a)$, so ist die Behauptung trivial, denn dann gilt für jedes $\xi \in (a, b)$: $f'(\xi) = 0$.

2. Fall: Gibt es eine Stelle $x \in [a, b]$ mit $f(x) \neq f(a)$, so nimmt f nach dem Satz von Weierstraß (Abschn. 4.3.3, Satz 4.15) im Intervall $[a, b]$ sowohl ihr Maximum M als auch ihr Minimum m an. Wenigstens eine dieser beiden Zahlen (M oder m) muß von $f(a)$ verschieden sein. Daher muß eine Stelle $\xi \in (a, b)$ existieren mit $f(\xi) = M$ oder $f(\xi) = m$. f hat daher an der Stelle ξ ein relatives Extremum. Die Voraussetzungen des Satzes von Fermat (Satz 8.23) sind erfüllt, somit ist $f'(\xi) = 0$. ●

Aus dem Satz von Rolle folgt unmittelbar:

Zwischen zwei verschiedenen Nullstellen einer auf einem Intervall differenzierbaren Funktion liegt mindestens eine Nullstelle ihrer Ableitungsfunktion.

8.5.2 Mittelwertsatz der Differentialrechnung

Läßt man bei den Voraussetzungen des Satzes von Rolle (Satz 8.24) die Bedingung $f(a) = f(b)$ weg, so ist anschaulich klar, daß der Graph von f nicht unbedingt einen Punkt mit waagrechter Tangente zu besitzen braucht. Man kann aber auch in diesem allgemeineren Fall einen Satz angeben, der dem Satz von Rolle entspricht.

Satz 8.25 (Mittelwertsatz der Differentialrechnung)

f sei auf $[a, b]$ stetig und auf (a, b) differenzierbar. Dann existiert mindestens eine Stelle $\xi \in (a, b)$ mit

$$\frac{f(b) - f(a)}{b - a} = f'(\xi). \tag{8.23}$$

Bemerkung:

Durch die Punkte $A(a, f(a))$ und $B(b, f(b))$ ist eine Gerade g (Sekante) mit der Steigung

$$m_s = \tan \alpha_s = \frac{f(b) - f(a)}{b - a}$$

gegeben. Der Mittelwertsatz besagt daher geometrisch, daß es mindestens einen Punkt $P_0(\xi, f(\xi))$ gibt, in welchem die Steigung des Graphen von f gleich der Steigung m_s der Geraden g ist (vgl. Bild 8.14). Es kann u.U. auch mehrere Punkte mit dieser Eigenschaft geben.

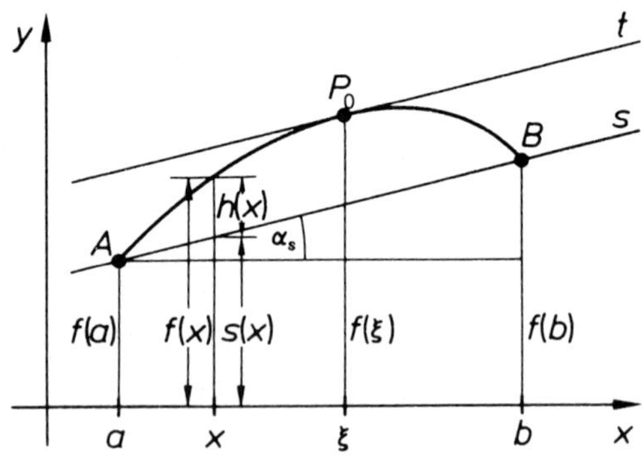

Bild 8.14: Mittelwertsatz der Differentialrechnung

Beweis zu Satz 8.25

Wir konstruieren eine Hilfsfunktion h durch

$$h\colon x \mapsto h(x) = f(x) - s(x),$$

wobei s die Funktion ist, deren Graph die Gerade g durch die Punkte $A(a, f(a))$ und $B(b, f(b))$ ist. Daher gilt (vgl. Bild 8.14)

$$s\colon x \mapsto s(x) = \frac{f(b) - f(a)}{b - a} \cdot (x - a) + f(a).$$

s und damit auch die Funktion h ist auf $[a, b]$ stetig und auf (a, b) differenzierbar.

Aus $h(x) = f(x) - f(a) - \dfrac{f(b) - f(a)}{b - a} \cdot (x - a)$ folgt $h(a) = h(b) = 0$.

Für h sind somit die Voraussetzungen des Satzes von Rolle erfüllt. Es gibt also ein $\xi \in (a, b)$ mit $h'(\xi) = 0$.

Wegen $h'(x) = f'(x) - \dfrac{f(b) - f(a)}{b - a}$ ergibt sich $h'(\xi) = 0 = f'(\xi) - \dfrac{f(b) - f(a)}{b - a}$, woraus die Behauptung von Satz 8.25 folgt. ●

Der Mittelwertsatz läßt sich auch in der Physik anwenden. Ist $s\colon t \mapsto s(t)$, $t_1 \leqq t \leqq t_2$ eine Weg-Zeit-Funktion eines Massenpunktes M (s sei auf $[t_1, t_2]$ differenzierbar), so ist $\dfrac{s(t_2) - s(t_1)}{t_2 - t_1}$ die Durchschnittsgeschwindigkeit des Massenpunktes während der Zeit von t_1 bis t_2. Der Mittelwertsatz besagt dann, daß es im Verlaufe der Bewegung von M sicherlich einen Zeitpunkt ξ $(t_1 < \xi < t_2)$ gab, an dem die Momentangeschwindigkeit $\dot{s}(\xi)$ gleich der Durchschnittsgeschwindigkeit war.

Beispiel 8.49

Ein Beobachter in einem anfahrenden D-Zug sieht einen mit gleichförmiger Geschwindigkeit überholenden Güterzug, der nach einer gewissen Zeitspanne wieder eingeholt ist, und stellt fest, daß es einen Zeitpunkt gab, an dem der Güterzug vom Schnellzug aus betrachtet stillzustehen schien. Dies entspricht der Behauptung des Mittelwertsatzes.

Manchmal ist es vorteilhaft, andere Schreibweisen für den Mittelwertsatz der Differentialrechnung (Satz 8.25) zu verwenden.

a) ξ ist ein Punkt des offenen Intervalls (a, b). Deshalb kann statt ξ auch $\xi = a + (b - a) \cdot \vartheta$ geschrieben werden, wobei $0 < \vartheta < 1$ vorausgesetzt werden muß. Multipliziert man (8.23) mit $(b - a)$, so ergibt sich

$$f(b) - f(a) = (b - a) \cdot f'(a + \vartheta(b - a)), \quad 0 < \vartheta < 1. \tag{8.24}$$

b) Setzt man $a = x$, $b = x + h$ und damit $b - a = h$, so ergibt sich aus (8.24)

$$f(x + h) = f(x) + h \cdot f'(x + \vartheta h), \quad 0 < \vartheta < 1. \tag{8.25}$$

Beispiel 8.50

Es sei $a > 0$. Für die Funktion $f\colon [a, b] \to \mathbb{R}$ mit $f(x) = \dfrac{1}{x}$ soll ein $\xi \in (a, b)$ so bestimmt werden, daß

$$\frac{f(b) - f(a)}{b - a} = f'(\xi) \text{ ist.}$$

Man erhält: $\dfrac{\frac{1}{b}-\frac{1}{a}}{b-a} = -\dfrac{1}{\xi^2}$, woraus $\xi = \sqrt{a \cdot b}$ folgt.

ξ ist hier eindeutig bestimmt und gleich dem geometrischen Mittel der Abszissen der Randpunkte des Intervalls.

Die Differenzierbarkeit von f auf (a, b) ist eine wesentliche Voraussetzung des Mittelwertsatzes. Folgendes Gegenbeispiel soll dies verdeutlichen.

Beispiel 8.51

Es sei

$$f\colon x \mapsto f(x) = \begin{cases} x & \text{für } 0 \leqq x \leqq 1 \\ 1 & \text{für } 1 < x \leqq 2. \end{cases}$$

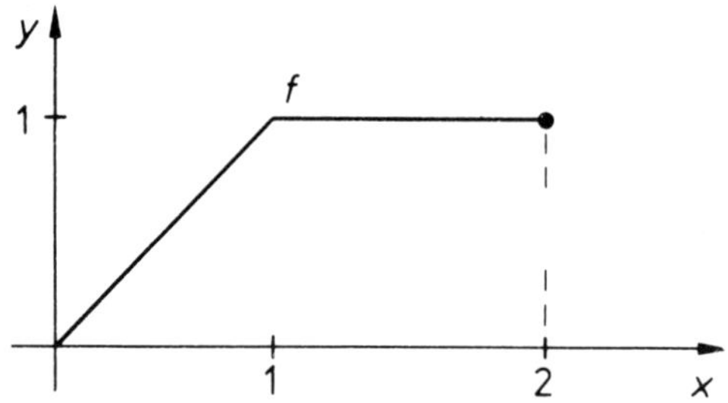

Bild 8.15: Graph von f in Beispiel 8.51

f ist auf $[0, 2]$ stetig, jedoch nicht auf $(0, 2)$ differenzierbar (vgl. Bild 8.15). Die Ableitungsfunktion lautet

$$f'\colon x \mapsto f'(x) = \begin{cases} 1 & \text{für } 0 \leqq x < 1 \\ 0 & \text{für } 1 < x \leqq 2. \end{cases}$$

An der Stelle $x = 1$ ist f nicht differenzierbar, da $f'_l(1) = 1$, $f'_r(1) = 0$ ist.

f ist somit auf $(0,2)$ nicht differenzierbar. Daher ist es möglich, daß es kein $\xi \in (0,2)$ mit $f'(\xi) = \dfrac{f(2) - f(0)}{2-0}$ gibt.

Wegen $\dfrac{f(2) - f(0)}{2-0} = \frac{1}{2}$, findet man tatsächlich kein ξ mit $f'(\xi) = \frac{1}{2}$, da die Ableitungsfunktion f' nur die Werte 0 und 1 annimmt.

Als Anwendung des Mittelwertsatzes der Differentialrechnung (Satz 8.25) bringen wir zunächst einen Satz, der aus Eigenschaften der Funktion f' Rückschlüsse auf Eigenschaften der Funktion f erlaubt. Nach Satz 8.3 ist die Ableitung einer konstanten Funktion Null. Es gilt auch die Umkehrung, wie folgender Satz zeigt.

Satz 8.26

a) Es sei f auf $[a, b]$ stetig, auf (a, b) differenzierbar und $f'(x)=0$ für alle $x\in(a,b)$. Dann ist f eine konstante Funktion, d.h. $f(x)=f(a)$ für alle $x\in[a,b]$.
b) f und g seien auf $[a, b]$ stetig, auf (a, b) differenzierbar und $f'=g'$. Dann unterscheiden sich die Funktionen f und g nur durch eine Konstante, d.h. für alle $x\in[a,b]$ ist $f(x)-g(x)=f(a)-g(a)$.

Beweis:

a) Wir wählen ein beliebiges $x\in(a,b)$. Im Intervall $[x,b]$ erfüllt f die Voraussetzungen des Mittelwertsatzes der Differentialrechnung (Satz 8.25), daher existiert ein $\xi\in(x,b)$ mit $f(x)-f(b)=f'(\xi)\cdot(x-b)$. Nach Voraussetzung ist $f'(\xi)=0$, woraus $f(x)-f(b)=0$, d.h. $f(x)=f(b)$ für alle $x\in(a,b)$ folgt. Da f auf $[a,b]$ stetig ist, gilt $\lim\limits_{x\downarrow a} f(x)=f(a)$ und $\lim\limits_{x\uparrow b} f(x)=f(b)$. Folglich ist $f(x)=f(a)=f(b)$ für alle $x\in[a,b]$.

b) Wir betrachten die Funktion $h=f-g$.
Wegen $h'(x)=f'(x)-g'(x)=0$ für alle $x\in(a,b)$ kann Teil a) des Satzes auf die Funktion h angewandt werden. Es ist somit $h(x)=h(a)$, woraus $f(x)-g(x)=f(a)-g(a)$ für alle $x\in[a,b]$ folgt. ●

Mit dem Mittelwertsatz der Differentialrechnung (Satz 8.25) läßt sich auch folgender, bereits auf Seite 368 angedeuteter Satz beweisen.

Satz 8.27 (Satz von Darboux)

f sei auf $[a,b]$ differenzierbar und $f_r'(a)\neq f_l'(b)$. Dann nimmt f' auf (a,b) jeden Wert zwischen $f_r'(a)$ und $f_l'(b)$ an.

Beweis:

Nach Voraussetzung ist $f_r'(a)\neq f_l'(b)$, so daß wir etwa $f_l'(b)<f_r'(a)$ annehmen können. Es sei $\lambda\in\mathbb{R}$ eine beliebige Zahl zwischen $f_l'(b)$ und $f_r'(a)$, d.h.

$$f_l'(b)<\lambda<f_r'(a). \tag{8.26}$$

Wir haben zu zeigen, daß es zu diesem $\lambda\in\mathbb{R}$ ein $x_0\in(a,b)$ gibt mit $f'(x_0)=\lambda$. Dazu betrachten wir die Funktion g mit $g(x)=f(x)-\lambda x$. g ist auf $[a,b]$ differenzierbar, und es gilt

$$g'\colon x\mapsto g'(x)=f'(x)-\lambda. \tag{8.27}$$

Wegen $g_r'(a)=f_r'(a)-\lambda$ und $g_l'(b)=f_l'(b)-\lambda$ folgt mit (8.26) $g_r'(a)>0$ und $g_l'(b)<0$.

Aufgrund des Satzes von Weierstraß (Abschn. 4.3.3, Satz 4.15) besitzt die stetige Funktion g auf $[a,b]$ ein absolutes Maximum. Wir zeigen, daß das Maximum nicht auf dem Rand angenommen wird. Würde nämlich $g(x)\leqq g(a)$ für jedes $x\in[a,b]$ gelten, so würde wegen $g'(\xi)=\dfrac{g(x)-g(a)}{x-a}\leqq 0$, $a<\xi<x$, $g_r'(a)\leqq 0$ folgen, was ein Widerspruch zu $g_r'(a)>0$ ist.

Analog läßt sich zeigen, daß das absolute Maximum von g nicht an der Stelle $x=b$ sein kann. Daher wird das Maximum von g im Innern von $[a, b]$ angenommen und ist nach Satz 8.22 ein relatives Maximum. Folglich existiert ein $x_0 \in (a, b)$, für welches die Funktion g ein relatives Maximum besitzt. Wegen dem Satz von Fermat (Satz 8.23) gilt dann $g'(x_0) = 0$. Aus (8.27) folgt nun die Behauptung. ●

Folgerungen

1. Da es differenzierbare Funktionen gibt, deren Ableitungen nicht stetig sind (vgl. Beispiel 8.31), kann die Zwischenwerteigenschaft allein die stetigen Funktionen nicht kennzeichnen.
2. Ist f auf $[a, b]$ differenzierbar und f' auf $[a, b]$ monoton, so ist f' stetig auf $[a, b]$. (Auf den Beweis sei verzichtet.)

8.5.3 Die Taylorsche Formel

Ziel dieses Abschnittes ist es, Funktionen »möglichst gut« durch ganzrationale Funktionen anzunähern (zu approximieren). Dazu müssen wir zunächst erklären, was man unter »möglichst gut« zu verstehen hat. Man kann z.B. verlangen, daß die ersten n Ableitungen der zu approximierenden Funktion f an der Stelle x_0 mit den Ableitungen der approximierenden ganzrationalen Funktion p an der Stelle x_0 übereinstimmen. Diese Approximation ist nur anwendbar, wenn f an der Stelle x_0 entsprechend oft differenzierbar ist. Wir wollen schrittweise dieses Verfahren erläutern.

Es sei f an der Stelle x_0 differenzierbar. Für die approximierende ganzrationale Funktion p_1 gilt $p_1(x) = f(x_0) + f'(x_0)\cdot(x - x_0)$. Offensichtlich ist dann $p_1(x_0) = f(x_0)$ und $p_1'(x_0) = f'(x_0)$.

Dieses Ergebnis läßt sich geometrisch deuten. Der Graph von p_1 ist die Tangente an den Graphen von f im Punkte $P_0(x_0, f(x_0))$ (vgl. Bild 8.16). Man sagt, die Funktion p_1 linearisiert die Funktion f in einer Umgebung von x_0 (s. auch Bild 8.10).

Ist f an der Stelle x_0 (mindestens) n-mal differenzierbar, so kann zur Approximation eine ganzrationale Funktion n-ter Ordnung verwendet werden, nämlich p_n mit

$$p_n(x) = \sum_{k=0}^{n} \frac{f^{(k)}(x_0)}{k!}\cdot(x - x_0)^k. \tag{8.28}$$

Wegen

$$p_n'(x) = \sum_{k=1}^{n} \frac{f^{(k)}(x_0)}{(k-1)!}\cdot(x - x_0)^{k-1}; \quad p_n''(x) = \sum_{k=2}^{n} \frac{f^{(k)}(x_0)}{(k-2)!}\cdot(x - x_0)^{k-2}; \dots$$

$$p_n^{(i)}(x) = \sum_{k=i}^{n} \frac{f^{(k)}(x_0)}{(k-i)!}\cdot(x - x_0)^{k-i}, \quad i = 1, 2, \dots, n$$

gilt

$$p_n(x_0) = f(x_0), p_n'(x_0) = f'(x_0), \dots, p_n^{(i)}(x_0) = f^{(i)}(x_0), \quad i = 1, \dots, n.$$

An der Stelle x_0 stimmen also die ersten n Ableitungen von f mit denen von p_n überein. p_n heißt Taylorsches Näherungspolynom n-ter Ordnung der Funktion f für die Entwicklungsstelle x_0. Den Graph von p_n nennt man **Schmiegeparabel** n-ter Ordnung.

Definition 8.12

Ist f an der Stelle x_0 (mindestens) n-mal differenzierbar, dann heißt die ganzrationale Funktion p_n mit

$$p_n(x) = \sum_{k=0}^{n} \frac{f^{(k)}(x_0)}{k!} \cdot (x - x_0)^k$$

das n-te **Taylorpolynom** von f mit Entwicklungspunkt x_0.

Beispiel 8.52

Das n-te Taylorpolynom mit Entwicklungspunkt 0 der Funktion $f: x \mapsto f(x) = e^x$ ist zu bestimmen. Wegen $f^{(i)}(x) = e^x$, also $f^{(i)}(0) = e^0 = 1$, $i \in \mathbb{N}_0$ gilt nach (8.28)

$$p_n(x) = \sum_{k=0}^{n} \frac{x^k}{k!} = 1 + x + \frac{x^2}{2!} + \cdots + \frac{x^n}{n!},$$

insbesondere also $p_0(x) = 1$, $p_1(x) = 1 + x$, $p_2(x) = 1 + x + \frac{x^2}{2!}$, $p_3(x) = 1 + x + \frac{x^2}{2!} + \frac{x^3}{3!}$.

In Bild 8.16 sind der Graph von f und die ersten drei Schmiegeparabeln eingezeichnet.

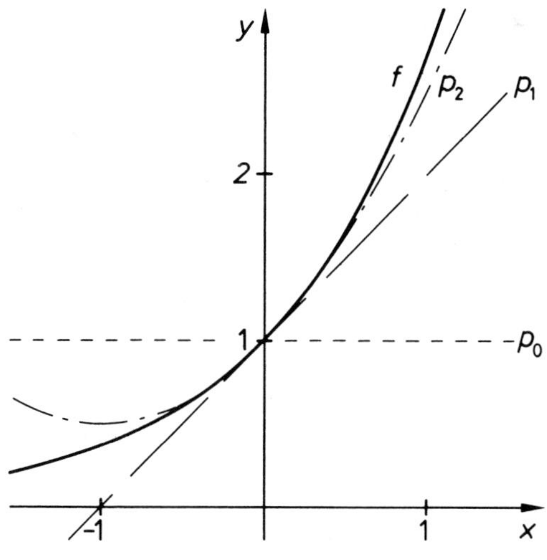

Bild 8.16: Schmiegeparabeln der e-Funktion

Um zu quantitativen Aussagen über die »Güte« der Approximation von f durch p_n zu gelangen, untersuchen wir die Differenz

$$R_n = f - p_n. \tag{8.29}$$

Der folgende Satz gibt eine Abschätzung für R_n an.

Satz 8.28 (Satz von Taylor)

f sei auf $[a,b]$ n-mal stetig differenzierbar und auf (a,b) $(n+1)$-mal differenzierbar. Dann existiert mindestens ein $\xi\in(a,b)$ mit

$$f(b)=\sum_{k=0}^{n}\frac{f^{(k)}(a)}{k!}\cdot(b-a)^k+\frac{f^{(n+1)}(\xi)}{(n+1)!}\cdot(b-a)^{n+1} \tag{8.30}$$

Bemerkungen:

1. Man nennt (8.30) **Taylorsche Formel** und $R_n=f(b)-\sum\limits_{k=0}^{n}\frac{f^{(k)}(a)}{k!}(b-a)^k$ das n-te **Restglied**. Mit der Taylorschen Formel erhalten wir eine Darstellung des Restgliedes, nämlich $R_n=\frac{f^{(n+1)}(\xi)}{(n+1)!}\cdot(b-a)^{n+1}$, die man auch als **Lagrangesche Form** des Restgliedes bezeichnet.
2. Ist f eine ganzrationale Funktion m-ten Grades und $n>m$, dann ist $f^{(n+1)}(\xi)=0$, also auch $R_n=0$. Wir erhalten so die Taylorsche Formel für ganzrationale Funktionen.

Beweis des Satzes von Taylor:

Die Behauptung ergibt sich aus dem Satz von Rolle (Satz 8.24). Dazu betrachten wir die Hilfsfunktion $h\colon[a,b]\to\mathbb{R}$ mit

$$h(x)=f(b)-f(x)-f'(x)(b-x)-\cdots-\frac{f^{(n)}(x)}{n!}\cdot(b-x)^n-\lambda\frac{(b-x)^{n+1}}{(n+1)!}.$$

Wegen $h(b)=0$ legen wir $\lambda\in\mathbb{R}$ durch die Bedingung $h(a)=0$ fest. h ist aufgrund der Voraussetzungen an f auf $[a,b]$ stetig und auf (a,b) differenzierbar. Damit sind die Voraussetzungen an h für den Satz von Rolle gegeben. Wir erhalten aus

$$h(x)=f(b)-\sum_{k=0}^{n}\frac{f^{(k)}(x)(b-x)^k}{k!}-\lambda\cdot\frac{(b-x)^{n+1}}{(n+1)!} \tag{8.31}$$

mit Hilfe der Produktregel

$$h'(x)=-\sum_{k=0}^{n}\frac{f^{(k+1)}(x)}{k!}\cdot(b-x)^k+\sum_{k=1}^{n}\frac{f^{(k)}(x)}{(k-1)!}\cdot(b-x)^{k-1}+\lambda\cdot\frac{(b-x)^n}{n!}.$$

Durch Umbenennung des Index in der zweiten Summe ergibt sich

$$h'(x)=-\sum_{k=0}^{n-1}\frac{f^{(k+1)}(x)}{k!}\cdot(b-x)^k-\frac{f^{(n+1)}(x)}{n!}\cdot(b-x)^n+\sum_{k=0}^{n-1}\frac{f^{(k+1)}(x)}{k!}\cdot(b-x)^k+\lambda\cdot\frac{(b-x)^n}{n!},$$

woraus

$$h'(x)=-\frac{f^{(n+1)}(x)}{n!}\cdot(b-x)^n+\lambda\cdot\frac{(b-x)^n}{n!}\text{ folgt.}$$

Nach dem Satz von Rolle gibt es ein $\xi\in(a,b)$ mit $h'(\xi)=0$, also $0=-\frac{f^{(n+1)}(\xi)}{n!}\cdot(b-\xi)^n+\lambda\cdot\frac{(b-\xi)^n}{n!}$, d.h. es ist $\lambda=f^{(n+1)}(\xi)$.

Einsetzen von $x=a$ und $\lambda=f^{(n+1)}(\xi)$ in (8.31) liefert die Behauptung. ●

Durch Umbenennungen erhält man folgende andere Darstellungen des Taylorschen Satzes.

a) $b = x$, $a = x_0$ und $\xi = x_0 + \vartheta(x - x_0)$ mit $\vartheta \in (0, 1)$:

$$f(x) = \sum_{k=0}^{n} \frac{f^{(k)}(x_0)}{k!} \cdot (x - x_0)^k + R_n; \tag{8.32}$$

dabei ist

$$R_n = \frac{f^{(n+1)}(x_0 + \vartheta(x - x_0))}{(n+1)!} \cdot (x - x_0)^{n+1} \quad \text{mit } \vartheta \in 0, 1). \tag{8.33}$$

b) $b = x_0 + h$, $a = x_0$, $\xi = x_0 + \vartheta h$ mit $\vartheta \in (0, 1)$:

$$f(x_0 + h) = \sum_{k=0}^{n} \frac{f^{(k)}(x_0)}{k!} \cdot h^k + R_n; \tag{8.34}$$

dabei ist

$$R_n = \frac{f^{(n+1)}(x_0 + \vartheta h)}{(n+1)!} \cdot h^{n+1} \quad \text{mit } \vartheta \in (0, 1). \tag{8.35}$$

Für $n = 0$ ergibt sich aus (8.34) und (8.35) der Mittelwertsatz.

c) Setzt man in (8.34) und (8.35) $x_0 = 0$ und $h = x$, so erhält man die sog. **MacLaurinsche** Form der Taylorschen Formel

$$f(x) = \sum_{k=0}^{n} \frac{f^{(k)}(0)}{k!} \cdot x^k + R_n; \tag{8.36}$$

dabei ist

$$R_n = \frac{f^{(n+1)}(\vartheta x)}{(n+1)!} \cdot x^{n+1} \quad \text{mit } \vartheta \in (0, 1). \tag{8.37}$$

Die Bedeutung des Satzes von Taylor (Satz 8.28) liegt im wesentlichen darin, daß mit Hilfe der Darstellung von R_n der Fehler abgeschätzt werden kann, den man begeht, wenn die Funktion f durch ein Polynom p_n angenähert wird.

Wir kommen zurück auf Beispiel 8.52. Mit Hilfe des Satzes von Taylor (Satz 8.28) erhält man

$$e^x = 1 + \frac{x}{1} + \frac{x^2}{2!} + \cdots + \frac{x^n}{n!} + R_n = p_n(x) + R_n \tag{8.38}$$

mit dem Restglied (s. (8.37))

$$R_n = \frac{e^{\vartheta x}}{(n+1)!} \cdot x^{n+1} \quad \text{mit } \vartheta \in (0, 1). \tag{8.39}$$

Zur Abschätzung von R_n beachten wir, daß aus $0 < \vartheta < 1$ die Ungleichung $\vartheta x \leqq \vartheta|x| \leqq |x|$ und wegen der Monotonie der Exponentialfunktion schließlich

$$|R_n| \leqq e^{|x|} \cdot \frac{|x|^{n+1}}{(n+1)!} \quad \text{für alle } x \in \mathbb{R} \quad \text{und} \quad n \in \mathbb{N} \tag{8.40}$$

folgt. Wird die Exponentialfunktion durch die ganzrationale Funktion p_n in (8.38) ersetzt, so hat man durch (8.40) die Möglichkeit, den Fehler, der dabei begangen wird, abzuschätzen. Wie in Abschn. 3.3.1 mit Beispiel 3.26 gezeigt wurde, gilt

$$\lim_{n \to \infty} |R_n| = \lim_{n \to \infty} e^{\vartheta x} \cdot \frac{|x|^{n+1}}{(n+1)!} = 0 \quad \text{für alle } x \in \mathbb{R}. \tag{8.41}$$

Dies bedeutet, daß man für jedes $x \in \mathbb{R}$ den Funktionswert $f(x) = e^x$ von f durch den Polynomwert $p_n(x)$ beliebig genau approximieren kann. Wählt man n nur genügend groß, dann wird $|R_n|$ (der dabei auftretende Fehler) nämlich beliebig klein (theoretisch).

Für einige elementare Funktionen wollen wir das n-te Taylorpolynom bestimmen und gleichzeitig das Restglied angeben. Dazu verwenden wir die MacLaurinsche Form (8.36) und das Restglied (8.37) der Taylorschen Formel.

Beispiel 8.53

Für die Funktion f mit $f(x) = \sin x$, $D_f = \mathbb{R}$ ist das Taylorpolynom mit Restglied anzugeben.

Aus (8.14) und (8.15) folgt

$$f^{(2k+1)}(0) = (-1)^k, \quad f^{(2k)}(0) = 0 \quad \text{für alle } k \in \mathbb{N}_0,$$
$$f^{(2n+1)}(\vartheta x) = (-1)^n \cdot \cos(\vartheta x).$$

Wegen $f^{(2n)}(0) = 0$ für alle $n \in \mathbb{N}$ ist $p_{2n-1} = p_{2n}$, d.h. man kann wahlweise das Restglied R_{2n-1} bzw. R_{2n} verwenden. Entschließt man sich für das letztere, so erhalten wir

$$\sin x = x - \frac{x^3}{3!} + \frac{x^5}{5!} \mp \cdots + (-1)^{n-1} \cdot \frac{x^{2n-1}}{(2n-1)!} + R_{2n},$$

wobei

$$R_{2n} = (-1)^n \cdot \frac{\cos(\vartheta x)}{(2n+1)!} \cdot x^{2n+1} \quad \text{mit } \vartheta \in (0, 1) \text{ ist.}$$

Aus $|\cos(\vartheta x)| \leqq 1$ folgt für $|R_{2n}|$ unmittelbar die Abschätzung $|R_{2n}| \leqq \frac{|x|^{2n+1}}{(2n+1)!}$ und wie in (8.41) folgt $\lim\limits_{n \to \infty} |R_{2n}| = 0$.

Beispiel 8.54

Für die Funktion $f: x \mapsto f(x) = (1+x)^\alpha$, $D_f = (-1, \infty)$ mit $\alpha \in \mathbb{R}$ ist das Taylorpolynom mit Restglied anzugeben (MacLaurinsche Form).

Es ist $f^{(k)}(x)=\alpha(\alpha-1)\cdot\cdots\cdot(\alpha-k+1)(1+x)^{\alpha-k}$ für alle $k\in\mathbb{N}$, also $f^{(k)}(0)=\alpha(\alpha-1)\cdot\cdots\cdot(\alpha-k+1)$, $f^{(n+1)}(\vartheta x)=\alpha(\alpha-1)\cdot\cdots(\alpha-n)(1+\vartheta x)^{\alpha-n-1}$.

Beachtet man $\dfrac{f^{(k)}(0)}{k!}=\dfrac{\alpha(\alpha-1)\cdot\cdots\cdot(\alpha-k+1)}{k!}$ und setzt in Analogie zur Definition 1.6 in Abschn. 1.4.4

$$\binom{\alpha}{k}=\frac{\alpha(\alpha-1)\cdot\cdots\cdot(\alpha-k+1)}{k!}\quad\text{für alle } k\in\mathbb{N} \quad\text{und}\quad \alpha\in\mathbb{R},$$

so ergibt sich aus dem Satz von Taylor (Satz 8.28): Es gibt mindestens ein $\vartheta\in(0,1)$, so daß

$$(1+x)^{\alpha}=1+\binom{\alpha}{1}x+\binom{\alpha}{2}x^2+\cdots+\binom{\alpha}{n}x^n+R_n, \tag{8.42}$$

wobei

$$R_n=\binom{\alpha}{n+1}(1+\vartheta x)^{\alpha-n-1}\cdot x^{n+1}\quad \text{mit } \vartheta\in(0,1)$$

ist. Ohne Beweis sei mitgeteilt, daß $\lim\limits_{n\to\infty} R_n=0$ für alle x mit $|x|<1$ gilt.

Beispiel 8.55

In der relativistischen Mechanik wird einem freien Teilchen mit der Masse m und der Geschwindigkeit v die Energie

$$E=\frac{mc^2}{\sqrt{1-\dfrac{v^2}{c^2}}} \tag{8.43}$$

zugeordnet (c bedeutet dabei die Lichtgeschwindigkeit).

Die Energie eines freien Teilchens verschwindet für $v=0$ nicht, sondern hat den endlichen Wert $E=mc^2$. Sie wird Ruhenergie des Teilchens genannt.

Entwickeln wir (8.43) nach Potenzen von $\dfrac{v}{c}$, so erhalten wir wegen (8.42)

$$E=mc^2\left[1+\left(-\left(\frac{v}{c}\right)^2\right)\right]^{-\frac{1}{2}}=mc^2\left[1-\binom{-\frac{1}{2}}{1}\left(\frac{v}{c}\right)^2+\cdots+R_n\right].$$

Ist v klein gegenüber c[1]), so erhalten wir die Näherungsformel $E\approx mc^2+\dfrac{mv^2}{2}$, d.h. bis auf die Ruhenergie den klassischen Ausdruck für die kinetische Energie des Teilchens.

---

[1]) dafür schreibt man $v \ll c$.

Beispiel 8.56

Für die Funktion f mit $f(x)=\ln(1+x)$, $D_f=(-1,\infty)$ ist das Taylorpolynom mit Restglied in der MacLaurinschen Form anzugeben.

Wegen $f(0)=0$, $f^{(k)}(x)=\dfrac{(-1)^{k-1}(k-1)!}{(1+x)^k}$ für alle $k\in\mathbb{N}$ (wie man z.B. durch vollständige Induktion beweisen kann) folgt

$$f^{(k)}(0)=(-1)^{k-1}(k-1)!,\quad f^{(n+1)}(\vartheta x)=(-1)^n\cdot\frac{n!}{(1+\vartheta x)^{n+1}}.$$

Daher gibt es (aufgrund des Satzes von Taylor (Satz 8.28)) mindestens ein $\vartheta\in(0,1)$, so daß

$$\ln(1+x)=x-\frac{x^2}{2}+\frac{x^3}{3}\mp\cdots+(-1)^{n-1}\cdot\frac{x^n}{n}+R_n,$$

wobei

$$R_n=\frac{(-1)^n}{(1+\vartheta x)^{n+1}}\cdot\frac{x^{n+1}}{n+1}\quad\text{mit } \vartheta\in(0,1)$$

ist. Für $0\leqq x\leqq 1$ läßt sich R_n wie folgt abschätzen: $|R_n|=\dfrac{1}{(1+\vartheta x)^{n+1}}\cdot\dfrac{x^{n+1}}{n+1}\leqq\dfrac{x^{n+1}}{n+1}\leqq\dfrac{1}{n+1}$, da aus $1+\vartheta x\geqq 1$ die Ungleichung $\dfrac{1}{1+\vartheta x}\leqq 1$ folgt.

Wegen $0\leqq|R_n|\leqq\dfrac{1}{n+1}$ und $\lim\limits_{n\to\infty}\dfrac{1}{n+1}=0$ folgt für $0\leqq x\leqq 1$: $\lim\limits_{n\to\infty}|R_n|=0$ (vgl. Abschn. 3.2.2, Satz 3.7). Dasselbe gilt (wie man zeigen kann) auch für $-1<x\leqq 0$. Damit ist $\lim\limits_{n\to\infty}R_n=0$ für alle x mit $-1<x\leqq 1$. Für $x>1$ ist R_n nicht konvergent.

Zum Abschluß sei noch auf die Taylorsche Formel für ganzrationale Funktionen n-ten Grades hingewiesen. Dazu verwenden wir die Darstellung (8.32) mit dem Restglied (8.33).

Ist f eine ganzrationale Funktion n-ten Grades, so ist das Restglied R_n nach (8.33) Null, da die $(n+1)$-te Ableitung von f die Nullfunktion ergibt. Also gilt für ganzrationale Funktionen n-ten Grades:

$$f(x)=\sum_{k=0}^{n}\frac{f^{(k)}(x_0)}{k!}(x-x_0)^k. \tag{8.44}$$

Bezeichen wir die Koeffizienten $\dfrac{f^{(k)}(x_0)}{k!}$ zunächst mit r_k, also

$$f(x)=r_n(x-x_0)^n+\cdots+r_3(x-x_0)^3+r_2(x-x_0)^2+r_1(x-x_0)+r_0,$$

dann sind r_k die Reste, die bei der fortlaufenden Division durch $(x-x_0)$ im vollständigen Horner-Schema auftreten. Nach (2.3) gilt nämlich $f(x)=r_0+(x-x_0)f_{n-1}(x)$, wobei $r_0=f(x_0)$ und f_{n-1} ganzrational $(n-1)$-ten Grades ist. Die Zahlen, die das Horner-Schema liefert, sind gleichzeitig (ausgenommen die letzte Zahl, die den Funktionswert angibt) die Koeffizienten von f_{n-1}. Wendet man (2.3) wiederholt auf die Funktion f_{n-1} an, so ergibt sich $f_{n-1}(x) = r_1 + (x - x_0) f_{n-2}(x)$, dies oben eingesetzt liefert

$$f(x) = r_0 + (x - x_0)(r_1 + (x - x_0) f_{n-2}(x)) = r_0 + r_1(x - x_0) + (x - x_0)^2 f_{n-2}(x) = \cdots$$
$$= r_0 + r_1(x - x_0) + r_2(x - x_0)^2 + \cdots + r_n(x - x_0)^n,$$

also

$$r_k = \frac{f^{(k)}(x_0)}{k!} \quad \text{für alle } k \in \{0, \ldots, n\}, \tag{8.45}$$

wobei die Zahlen r_k, wie oben ausgeführt, durch das sogenannte vollständige Horner-Schema berechnet werden können. Damit kann durch einfache Rechnung eine ganzrationale Funktion an einer beliebigen Stelle entwickelt werden.

Beispiel 8.57

Die ganzrationale Funktion f mit $f(x) = 2x^4 - 3x^3 + 2x - 10$ soll an der Stelle 2 entwickelt werden. Weiterhin sollen alle Ableitungen an der Stelle 2 berechnet werden.

Mit Hilfe des vollständigen Horner-Schemas erhalten wir:

	2	−3	0	2	−10
$x_0 = 2$	0	4	2	4	12
	2	1	2	6	2
$x_0 = 2$	0	4	10	24	
	2	5	12	30	
$x_0 = 2$	0	4	18		
	2	9	30		
$x_0 = 2$	0	4			
	2	13			
$x_0 = 2$	0				
	2				

Damit ergibt sich als Taylor-Entwicklung von f an der Stelle 2:

$$f(x) = 2(x-2)^4 + 13(x-2)^3 + 30(x-2)^2 + 30(x-2) + 2.$$

Mit Hilfe von (8.45) können die Ableitungen an der Stelle 2 bestimmt werden:

$$f'(2) = 30; f''(2) = 2! \cdot 30 = 60; f'''(2) = 3! \cdot 13 = 78; f^{(4)}(2) = 4! \cdot 2 = 48.$$

8.5.4 Numerische Differentiation

In vielen Anwendungen der Numerischen Mathematik ist es notwendig, die Ableitung von Funktionen durch Differenzenquotienten zu ersetzen, z.B. dann, wenn die Funktion, die differenziert werden soll, entweder nur tabellarisch vorliegt, oder wenn die analytische Form der Funktion sehr kompliziert ist.

Es sei f eine auf einem Intervall $I \subset \mathbb{R}$ (mindestens) $(n+1)$-mal stetig differenzierbare Funktion, $x_1, \ldots, x_m \in I$ Stützpunkte und $a \in I$. Wir wollen Näherungen von $f^{(k)}(a)$ herleiten, wobei

$n+1 \geqq m > k$ vorausgesetzt sei. Dazu verwenden wir den Satz von Taylor (Satz 8.28) in der Form (8.32) und wählen dort $x = x_i$ und $a = x_0$. Damit erhalten wir, wenn $h_i = x_i - a$ ist:

$$f(x_i) = f(a) + h_i f'(a) + \cdots + \frac{h_i^n}{n!} f^{(n)}(a) + R_n \quad \text{für} \quad i = 1, \ldots, m \tag{8.46}$$

mit

$$R_n = \frac{h_i^{n+1}}{(n+1)!} f^{(n+1)}(a + \vartheta_i h_i), \quad \text{wobei} \quad \vartheta_i \in (0, 1).$$

Das sind m Gleichungen, aus denen sich Näherungsformeln für die k-te Ableitung an der Stelle a herleiten lassen. Einige Beispiele sollen das Verfahren aufzeigen. Im folgenden sei $x_1 < x_2 < \cdots < x_m$, weiter seien die x_i äquidistant, d.h. für alle $i = 1, \ldots, m-1$ ist $x_{i+1} - x_i = h > 0$ konstant.

a) Es sei $n = 1$, $m = 2$, $k = 1$, $a = x_1$ und damit $h = x_2 - x_1$.
Wir erhalten, wenn auf die erste (triviale) Gleichung $f(x_1) = f(x_1)$ verzichtet wird

$$f(x_2) = f(x_1) + hf'(x_1) + \frac{h^2}{2} f''(x_1 + \vartheta h),$$

woraus

$$f'(x_1) = \frac{f(x_2) - f(x_1)}{h} - \frac{h}{2} f''(x_1 + \vartheta h) \tag{8.47}$$

folgt mit $0 < \vartheta < 1$.
Damit ist $\frac{f(x_2) - f(x_1)}{h}$ eine Näherung von $f'(x_1)$, der Fehler ist dabei kleiner als $\frac{|h|}{2} f''(x_1 + \vartheta h)|$.

b) $n = 2$, $m = 3$, $k = 1$, $a = x_2$, also $h_2 = -h_1 = h$
Es ergeben sich die beiden Gleichungen:

$$f(x_1) = f(x_2) - hf'(x_2) + \frac{h^2}{2} f''(x_2) - \frac{h^3}{3!} f'''(x_2 + \vartheta_1 h)$$

$$f(x_3) = f(x_2) + hf'(x_2) + \frac{h^2}{2} f''(x_2) + \frac{h^3}{3!} f'''(x_2 + \vartheta_2 h).$$

Subtrahieren wir die erste von der zweiten Gleichung, so erhalten wir

$$f(x_3) - f(x_1) = 2hf'(x_2) + \frac{h^3}{3!} (f'''(x_2 + \vartheta_2 h) + f'''(x_2 + \vartheta_1 h)),$$

woraus

$$f'(x_2) = \frac{f(x_3) - f(x_1)}{2h} - \frac{h^2}{6} f'''(x_2 + \vartheta h) \tag{8.48}$$

folgt. Dabei ist $\vartheta = \vartheta_1$ bzw. $\vartheta = \vartheta_2$ so gewählt, daß $|f'''|$ maximal wird.

Damit ist $\dfrac{f(x_3)-f(x_1)}{2h}$ eine Näherung für $f'(x_2)$, der Fehler ist dabei kleiner als $\frac{h^2}{6}|f'''(x_2+\vartheta h)|$.
Man nennt (8.48), da x_2 zwischen x_1 und x_3 liegt auch den **zentralen Differenzenquotienten**. Im Gegensatz zu (8.47), wo der Fehler proportional zu h ist, ist der Fehler in (8.48) proportional zu h^2, also kleiner, wenn, wie üblich, $0<h<1$ ist.

c) $n=3$, $m=3$, $k=2$, $a=x_2$, also $h=-h_1=h_3$
Es ergeben sich folgende Gleichungen:

$$f(x_1)=f(x_2)-hf'(x_2)+\frac{h^2}{2}f''(x_2)-\frac{h^3}{3!}f'''(x_2)+\frac{h^4}{4!}f^{(4)}(x_2+\vartheta_1 h)$$

$$f(x_3)=f(x_2)+hf'(x_2)+\frac{h^2}{2}f''(x_2)+\frac{h^3}{3!}f'''(x_2)+\frac{h^4}{4!}f^{(4)}(x_2+\vartheta_2 h).$$

Durch Addition dieser beiden Gleichungen erhalten wir

$$f(x_1)+f(x_3)=2f(x_2)+h^2f''(x_2)+\frac{h^4}{4!}(f^{(4)}(x_2+\vartheta_1 h)+f^{(4)}(x_2+\vartheta_2 h)),$$

woraus

$$f''(x_2)=\frac{f(x_1)-2f(x_2)+f(x_3)}{h^2}-\frac{h^2}{12}f^{(4)}(x_2+\vartheta h). \tag{8.49}$$

folgt.
Damit ist $\dfrac{f(x_1)-2f(x_2)+f(x_3)}{h^2}$ eine Näherung für $f''(x_2)$. Der dabei auftretende Fehler ist kleiner als $\frac{h^2}{12}|f^{(4)}(x_2+\vartheta h)|$, d.h. proportional zu $\frac{h^2}{12}$. Auch (8.49) ist ein zentraler Differenzenquotient (x_2 liegt zwischen x_1 und x_3).
Zum Abschluß sei noch eine (in der Regel bessere) Näherung für die erste Ableitung angegeben.

d) $n=3$, $m=4$, $k=1$, $a=x_1$, also $x_i=x_1+ih$ für $i\in\{1,2,3\}$.
Aus (8.46) ergeben sich die drei Gleichungen:

$$f(x_2)=f(x_1)+hf'(x_1)+\frac{h^2}{2!}f''(x_1)+\frac{h^3}{3!}f'''(x_1)+\frac{h^4}{4!}f^{(4)}(x_1+\vartheta_1 h)$$

$$f(x_3)=f(x_1)+2hf'(x_1)+\frac{4h^2}{2!}f''(x_1)+\frac{8h^3}{3!}f'''(x_1)+\frac{16h^4}{4!}f^{(4)}(x_1+\vartheta_2 2h)$$

$$f(x_4)=f(x_1)+3hf'(x_1)+\frac{9h^2}{2!}f''(x_1)+\frac{27h^3}{3!}f'''(x_1)+\frac{81h^4}{4!}f^{(4)}(x_1+\vartheta_3 3h).$$

Wir multiplizieren die drei Gleichungen mit solchen Zahlen α_1,α_2 und α_3, so daß nach der Addition die Terme für die zweite und dritte Ableitung verschwinden. Die Bedingungen für die α_i lauten demnach:

$$\begin{array}{lcl}\dfrac{h^2}{2!}(\alpha_1+4\alpha_2+9\alpha_3)=0 & & \alpha_1+4\alpha_2+9\alpha_3=0\\ & \Leftrightarrow & \\ \dfrac{h^3}{3!}(\alpha_1+8\alpha_2+27\alpha_3)=0 & & 2\alpha_2+9\alpha_3=0.\end{array}$$

Wählen wir $\alpha_3 = 2$, so ergibt sich $\alpha_2 = -9$ und $\alpha_1 = 18$. Multiplizieren wir die erste Gleichung mit 18, die zweite mit -9 und schließlich die dritte mit 2 und addieren dann diese Gleichungen, so entfallen die Terme für die zweite und dritte Ableitung und wir erhalten:

$$f'(x_1) = \frac{-11f(x_1) + 18f(x_2) - 9f(x_3) + 2f(x_4)}{6h} - \frac{h^3}{4} f^{(4)}(x_1 + \vartheta h) \tag{8.50}$$

Der Fehler ist proportional zu $\frac{h^3}{4}$ und daher in der Regel (bei gleichem h mit $|h| < 1$) kleiner als der in a) bzw. b).

Zwei Punkte sind bei der numerischen Differentiation besonders problematisch. Wie in den obigen Beispielen erwähnt, kann der Fehler theoretisch durch die Wahl eines dem Betrag nach sehr kleinen h beliebig verringert werden. Da bei allen numerischen Ableitungen die Variable h (eventuell sogar in Potenzen) im Nenner auftritt, kann sich eine numerische Instabilität ergeben, die das Ergebnis eventuell ungenauer werden läßt. Eine weitere Schwierigkeit ergibt sich für Funktionen, die eine Oszillationsstelle besitzen, und die Ableitung in der Nähe dieser Stelle numerisch ermittelt werden soll. Das Korrekturglied enthält nämlich auch die $(n+1)$-te Ableitung von f, die in der Nähe von Oszillationsstellen sehr große Werte annehmen kann. Zwei Beispiele sollen dies verdeutlichen, wobei das erste die Problematik der numerischen Instabilität und das zweite die der Oszillationsstelle aufzeigt.

Beispiel 8.58

Für die e-Funktion wollen wir die Ableitungen an der Stelle 1 numerisch berechnen. Dazu verwenden wir die unter b) vorgestellte Formel (8.48), d.h. wir verwenden den Term

$$\frac{f(1+h) - f(1-h)}{2h} \quad \text{mit} \quad f(x) = \mathrm{e}^x$$

für die näherungsweise Berechnung von $f'(1) = \mathrm{e}$. Dabei beginnen wir mit $h = \frac{1}{2}$. Durch fortwährende Division von h durch 4 verkleinern wir die Variable h und, obwohl das Ergebnis theoretisch immer besser werden müßte, tritt eine Verschlechterung des Ergebnisses ein, wenn h dem Betrag nach sehr klein wird.

Folgende Ergebnisse erhalten wir (Turbo Pascal Ver. 7, mit dem Datentyp *extended*):

h	num. Diff.	abs. Fehl.	h	num. Diff.	abs. Fehl.
5.000E−01	2.8329677996379	1.146E−01	1.164E−10	2.7182818297296	1.270E−09
1.250E−01	2.7253662198037	7.084E−03	2.910E−11	2.7182818278670	5.920E−10
3.125E−02	2.7187242787455	4.424E−04	7.276E−12	2.7182818204164	8.042E−09
7.812E−03	2.7183094803361	2.765E−05	1.819E−12	2.7182818055152	2.294E−08
1.953E−03	2.7182835566964	1.728E−06	4.547E−13	2.7182822227478	3.942E−07
4.882E−04	2.7182819364738	1.080E−07	1.136E−13	2.7182807922363	1.036E−06
1.220E−04	2.7182818352099	6.750E−09	2.842E−14	2.7182846069335	2.778E−06
3.051E−05	2.7182818288809	4.219E−10	7.105E−15	2.7182769775390	4.850E−06
7.629E−06	2.7182818284854	2.638E−11	1.776E−15	2.7182617187500	2.011E−05
1.907E−06	2.7182818284607	1.658E−12	4.440E−16	2.7182617187500	2.011E−05
4.768E−07	2.7182818284593	2.942E−13	1.110E−16	2.7167968750000	1.485E−03
1.192E−07	2.7182818284591	6.691E−14	2.775E−17	2.7148437500000	3.438E−03
2.980E−08	2.7182818284600	9.764E−13	6.938E−18	2.7187500000000	4.681E−04
7.450E−09	2.7182818284782	1.916E−11	1.734E−18	2.6875000000000	3.078E−02
1.862E−09	2.7182818284491	9.937E−12	4.336E−19	2.7500000000000	3.171E−02
4.656E−10	2.7182818285655	1.064E−10	1.084E−19	2.0000000000000	7.182E−01

Wie man sieht, ist das Ergebnis für $h = 1/8388608 = 1.192\text{E}-07$ am besten, ab dann wird der Fehler immer größer. Für $h = 1.084\text{E}-19$ ist der Fehler gar größer als der für $h = \frac{1}{2}$.

Daß der Fehler proportional zu h^2 ist, kann man der Tabelle ebenfalls entnehmen. Da h jeweils durch 4 dividiert wird, wird der Fehler (in jeder Zeile) um den Faktor $\frac{1}{16}$ kleiner. In den ersten zehn Zeilen der linken Tabellenseite kann dies nachvollzogen werden.

Beispiel 8.59

Um die Problematik der numerischen Differentiation in der Nähe einer Oszillationsstelle aufzuzeigen, verwenden wir die Funktion f mit

$$f(x) = \sin\frac{1}{x} \text{ an der Stelle } 0{,}001.$$

Wir beginnen mit $h = \frac{1}{2}$ und verkleinern h durch jeweilige Division durch 4. Wegen

$$f'(x) = -\frac{1}{x^2}\cos\frac{1}{x} \text{ erhalten wir den Wert } f'(0{,}001) = -562.379{,}0762907\ldots.$$

Die Ergebnisse:

h	num. Diff.	Fehl. (%)	h	num. Diff.	Fehl. (%)
5.0000E−01	1.8185736	1.0E+02	1.1642E−10	−562379.0750092	2.3E−07
1.2500E−01	7.8980639	1.0E+02	2.9104E−11	−562379.0762106	1.4E−08
3.1250E−02	9.6085902	1.0E+02	7.2760E−12	−562379.0762856	8.9E−10
7.8125E−03	72.3565232	1.0E+02	1.8190E−12	−562379.0762903	5.7E−11
1.9531E−03	−187.0190602	1.0E+02	4.5475E−13	−562379.0762906	6.4E−12
4.8828E−04	−514.9538961	1.0E+02	1.1369E−13	−562379.0762908	2.5E−11
1.2207E−04	−7453.1128618	9.9E+01	2.8422E−14	−562379.0762910	6.8E−11
3.0518E−05	−8231.8630553	9.9E+01	7.1054E−15	−562379.0762939	5.8E−10
7.6294E−06	−65598.84281131	8.8E+01	1.7764E−15	−562379.0762939	5.8E−10
1.9073E−06	−276816.0636074	5.1E+01	4.4409E−16	−562379.0762939	5.8E−10
4.7684E−07	−541127.4882614	3.8E+00	1.1102E−16	−562379.0761718	2.1E−08
1.1921E−07	−561036.3262000	2.4E−01	2.7756E−17	−562379.0771484	1.5E−07
2.9802E−08	−562295.0973522	1.5E−02	6.9389E−18	−562379.0781250	3.3E−07
7.4506E−09	−562373.8273840	9.3E−04	1.7347E−18	−562379.0625000	2.5E−06
1.8226E−09	−562378.7482331	5.8E−05	4.3368E−19	−562379.0625000	2.5E−06
4.6566E−10	−562379.0557871	3.6E−06	1.0842E−19	−562343.2500000	6.4E−03

Wie man dieser Tabelle entnehmen kann, sind die ersten zehn Ergebnisse wertlos. Der erhaltene Wert für $h = 1/2097152 = 4.7684\text{E}-07$ ist nicht befriedigend. Ist die Funktion (wie bei der numerischen Differentiation üblich) nur tabellarisch gegeben, so kann die Schrittweite h nicht beliebig verkleinert werden. Die eventuell nötige Verkleinerung von h ist mitunter also nicht möglich. Wird in der Nähe einer Oszillationsstelle durch ein numerisches Verfahren die Ableitung berechnet, so muß damit gerechnet werden, daß wertlose Daten anfallen.

Aufgaben

1. f erfülle die Voraussetzungen des Mittelwertsatzes auf $[a, b]$. Gilt die Umkehrung des Mittelwertsatzes der Differentialrechnung (Satz 8.25), d.h. gibt es zu jeder Tangente des Graphen von f in $[a, b]$ eine parallele Intervallsekante?

2. Ohne die Ableitung zu berechnen, soll über die Lage von Nullstellen der Ableitungen folgender Funktionen eine Aussage gemacht werden.

   a) $f: x \mapsto f(x) = \sqrt{x+10}(x^2-36)$, $D_f = [-10, \infty)$; b) $g: x \mapsto g(x) = (\arcsin x) \cdot (\arccos x)$, $D_g = [-1, 1]$.

3. Bestätigen Sie den Mittelwertsatz der Differentialrechnung für die Funktion f mit $f(x) = 3x^2 - 8x + 15$ mit $a = 2$ und $b = 5$.

4. An welcher Stelle $\xi \in (a, b)$ ist die Tangente an den Graphen von f parallel zu der Sekante durch die Punkte $A(a, f(a))$ und $B(b, f(b))$?

   a) $f: x \mapsto f(x) = \ln x, a = 1, b = \mathrm{e}$; b) $f: x \mapsto f(x) = x^3 - 2x^2 + x - 1, a = 1, b = 2$;
   c) $f: x \mapsto f(x) = \frac{1}{2}\cot\frac{x}{3}, a = \frac{3\pi}{2}, b = \frac{9\pi}{4}$.

5. Der Mittelwertsatz der Differentialrechnung (Satz 8.25) lautet für eine auf $[a, b]$ differenzierbare Funktion f: Es gibt mindestens ein $\vartheta \in (0, 1)$ mit $f(b) - f(a) = (b-a) \cdot f'(a + \vartheta(b-a))$. Bestimmen Sie für nachstehende Funktionen ein ϑ unter Berücksichtigung des jeweils angegebenen Intervalls.

   a) $f: x \mapsto f(x) = \frac{1}{x}$, für $[\frac{1}{a}, a]$ mit $a > 1$; b) $f: x \mapsto f(x) = x^n$, $n \in \mathbb{N}$, für $[0, h]$ mit $h \in \mathbb{R}^+$;
   c) $f: x \mapsto f(x) = \frac{1}{x}$ für $[a, b]$ mit $a, b \in \mathbb{R}^+$. Zeigen Sie, daß immer $0 < \vartheta < \frac{1}{2}$ ist.

6. Mit Hilfe des Mittelwertsatzes der Differentialrechnung berechne man näherungsweise:

   a) $0{,}998^4$; b) $\sqrt{1{,}005}$; c) $\ln(\cos 0{,}01)$; d) $f(x) = 2x^3 - x^2 + 5x - 1$ für $x = 1{,}03$;
   e) $g(x) = \frac{1}{\cos^2 x}$ für $x = 10^{-3}$.

7. a) Beweisen Sie, daß die Funktion
   $f: x \mapsto f(x) = \arcsin x + 3\arccos x + \arcsin(2x\sqrt{1-x^2})$ auf $D_f = (-\frac{1}{2}\sqrt{2}, \frac{1}{2}\sqrt{2})$ eine konstante Funktion ist.
   *b) Der größtmögliche Definitionsbereich der unter a) gegebenen Rechenvorschrift für $f(x)$ ist $D = [-1, 1]$. Ist auch $g: x \mapsto g(x) = \arcsin x + 3\arccos x + \arcsin(2x\sqrt{1-x^2})$ und $D_g = [-1, 1]$ eine konstante Funktion?

8. Beweisen Sie mit Hilfe des Mittelwertsatzes der Differentialrechnung folgende Ungleichungen:

   a) $\ln(1+x) < x$ für $x > 0$; b) $\mathrm{e}^x \geqslant 1 + x$ für $x \in \mathbb{R}$;
   c) $\frac{b-a}{1+b^2} < \arctan b - \arctan a < \frac{b-a}{1+a^2}$ für $a < b$; d) $\frac{\pi}{4} + \frac{3}{25} < \arctan\frac{4}{3} < \frac{\pi}{4} + \frac{1}{6}$.

9. Es sei $g: \mathbb{R} \to \mathbb{R}$ mit $g(x) = \begin{cases} x^2 + 1 & \text{für } x \geqslant 0 \\ 2x - 1 & \text{für } x < 0 \end{cases}$.

   Gibt es eine auf $\mathbb{R}$ differenzierbare Funktion $f: \mathbb{R} \to \mathbb{R}$ mit $f' = g$?

*10. Mit Satz 8.6 wurde gezeigt, daß die e-Funktion sich beim Differenzieren reproduziert, d.h. es ist $f' = f$. Zeigen Sie, daß die e-Funktion (bis auf einen konstanten Faktor) die einzige Funktion mit dieser Eigenschaft ist.

*11. Die Funktionen f und g seien auf $[a, b]$ stetig und auf (a, b) differenzierbar, und es gelte $f' = g, g' = f$. Weiter sei $f(a) = 1$ und $g(a) = 0$. Zeigen Sie, daß dann $(f(x))^2 - (g(x))^2 = 1$ für alle $x \in [a, b]$ gilt.

12. Geben Sie das n-te Taylorpolynom (mit Entwicklungspunkt 0) sowie das Restglied R_n folgender Funktionen an:

   a) $f: x \mapsto f(x) = \cos x, x \in \mathbb{R}$; b) $g: x \mapsto g(x) = \ln(\frac{1+x}{1-x}), |x| < 1$; c) $h: x \mapsto h(x) = \sin hx, x \in \mathbb{R}$.

13. Mit Hilfe des in Beispiel 8.56 angegebenen Taylorpolynoms von $\ln(1+x)$ ist $\ln 2$ zu berechnen. Wie groß muß n mindestens gewählt werden, damit das Ergebnis auf wenigstens zwei Stellen genau ist?

14. Die Funktion $f: x \mapsto f(x) = \tan x$ soll durch ihr zweites Taylorpolynom (mit Entwicklungspunkt 0) approximiert werden und der Fehler für $|x| \leqslant 0{,}1$ (ca. $5{,}7^\circ$) abgeschätzt werden.

15. An einem Generator mit dem inneren Widerstand R_i und der Leerlaufspannung U_0 sei ein Verbraucher mit dem Widerstand R_a angeschlossen. Die über R_a abfallende Spannung U ist dann gegeben durch $U = \frac{R_a}{R_i + R_a} \cdot U_0$.
   Gesucht ist eine für $R_a \gg R_i$ gültige Näherungsformel für die relative Spannungsänderung $\frac{U_0 - U}{U_0}$.

16. Die folgenden ganzrationalen Funktionen sollen an der angegebenen Stelle x_0 entwickelt werden. Geben Sie alle Ableitungen an dieser Stelle an.

   a) $f(x) = x^5 - 2x^4 + 3x^3 - 4x^2 + 5x - 6, x_0 = 3$; b) $f(x) = x^6 - 6x^4 - 10x^2 - 10, x_0 = -1$.

17. Stellen Sie die gebrochenrationale Funktion

$$r(x) = \frac{x^6 - 8x^5 + 20x^4 - 23x^3 + 17x^2 - 9x + 3}{x^3 - 3x^2 + 3x - 1} \text{ durch die Reihe } \sum_{k=-n}^{m} a_k(x-1)^k$$

dar, wobei $n, m \in \mathbb{N}$ entsprechend zu wählen sind. Geben Sie die Zahlen a_k mit $k \in \{-n, \ldots, m\}$ an.

18. Entwickeln Sie Differenzenformeln für die zweite Ableitung ($k=2$) der Funktion f an der Stelle $a \in \mathbb{R}$, und geben Sie das Restglied R_n an. Wählen Sie dazu

a) $n = 2, m = 3$ und $a = x_1$; b) $n = 4, m = 5$ und $a = x_3$.

8.6 Berechnung von Grenzwerten

8.6.1 Regeln von Bernoulli-de l'Hospital

In den Abschnitten 8.1 bis 8.4 wurden im wesentlichen die Techniken des Differenzierens hergeleitet und erläutert.

In Abschnitt 8.5 wurde durch die Mittelwertsätze der Differentialrechnung aus der Differenzierbarkeit einer Funktion f auf gewisse Eigenschaften der Funktion f geschlossen. Wie schon eingangs in Abschnitt 8.5 erwähnt wurde, hat der Mittelwertsatz der Differentialrechnung in der Analysis eine zentrale Stellung, da mit seiner Hilfe nun für die Anwendung wichtige Sätze bewiesen werden können.

In diesem Abschnitt werden wir uns ausschließlich mit Grenzwerten von Funktionen beschäftigen und aus dem Mittelwertsatz der Differentialrechnung (Satz 8.25) einige für die Berechnung von Grenzwerten von Funktionen sehr nützliche Sätze herleiten (Regeln von Bernoulli-de l'Hospital).

Zunächst jedoch einige Vorbemerkungen.
Die Grenzwertsätze in Abschn. 4.2.3 (Satz 4.5 und 4.6) können noch ergänzt werden. Beispielsweise gilt, wie ohne Beweis mitgeteilt sei:

Sind f_1, f_2 auf $\dot{U}_\rho(x_0)$ definiert, und ist $\lim\limits_{x \to x_0} f_1(x) = g_1$ und $\lim\limits_{x \to x_0} f_2(x) = +\infty$,

$$\text{dann folgt } \lim_{x \to x_0} [f_1(x) \cdot f_2(x)] = \begin{cases} +\infty, & \text{falls } g_1 > 0 \\ -\infty, & \text{falls } g_1 < 0. \end{cases}$$

Ist dagegen $g_1 = 0$, d.h. $\lim\limits_{x \to x_0} f_1(x) = 0$, $\lim\limits_{x \to x_0} f_2(x) = \infty$, so ist eine allgemeine Aussage über $\lim\limits_{x \to x_0} [f_1(x) \cdot f_2(x)]$ nicht möglich. In diesem Fall ist eine genauere Untersuchung des Verhaltens der Funktionen f_1 und f_2 in der punktierten Umgebung von x_0 erforderlich.

Beispiel 8.60

Es sei $f_1\colon x \mapsto f_1(x) = ax^2$ mit $a \in \mathbb{R} \setminus \{0\}$ und $D_{f_1} = (-1, 1)$

$f_2\colon x \mapsto f_2(x) = \dfrac{b}{x^2}$ mit $b \in \mathbb{R}^+$ und $D_{f_2} = \dot{U}_1(0)$.

Beide Funktionen sind auf einer punktierten Umgebung von 0 definiert, und es ist

$$\lim_{x\to 0} f_1(x)=0, \qquad \lim_{x\to 0} f_2(x)=\infty.$$

Wir erhalten

$$\lim_{x\to 0}\,[f_1(x)\cdot f_2(x)]=\lim_{x\to 0}\left(ax^2\cdot\frac{b}{x^2}\right)=a\cdot b. \tag{8.51}$$

Symbolisch schreibt man für (8.51) auch »$0\cdot\infty$« und nennt dieses Symbol einen »unbestimmten Ausdruck«. Diese Sprechweise ist nicht ganz korrekt, da im Fall (8.51) der Grenzwert sehr wohl eindeutig bestimmt ist. Diese Redewendung soll nur besagen, daß eine allgemeingültige Aussage für $\lim\limits_{x\to x_0}[f_1(x)\cdot f_2(x)]$ nicht möglich ist, falls $\lim\limits_{x\to x_0} f_1(x)=0$ und $\lim\limits_{x\to x_0} f_2(x)=\infty$ ist.

Entsprechende Bedeutung haben die Symbole

$$»0\cdot(-\infty)«, »\tfrac{0}{0}«, »\frac{\infty}{\infty}«, »(+\infty)-(+\infty)«, »0^0«, »\infty^0«, »1^{\pm\infty}«.$$

Bemerkung:

Obige Überlegungen lassen sich auch auf einseitige Grenzwerte übertragen. Dies ist u.a. dann nötig, wenn z.B. $\lim\limits_{x\downarrow x_0} f_2(x)=-\infty$ und $\lim\limits_{x\uparrow x_0} f_2(x)=+\infty$ ist (Pol mit Zeichenwechsel). Dasselbe gilt für Grenzwertbetrachtungen für $x\to\pm\infty$.

Beispiel 8.61

Der Grenzwert $\lim\limits_{x\to 0}\dfrac{\sin x}{x}$ ist vom Typ »$\tfrac{0}{0}$«, der Grenzwert $\lim\limits_{x\to\infty}(\ln x)^{1/x}$ vom Typ »∞^0«.

Wir betrachten zunächst den Typ »$\tfrac{0}{0}$«. Zur Behandlung derartiger Grenzwertaufgaben dient folgender

Satz 8.29 (Erste Regel von Bernoulli-de l'Hospital)

f_1 und f_2 seien auf (x_0, x_0+h), $h>0$, differenzierbar, und es sei $f_2'(x)\neq 0$ für $x\in(x_0, x_0+h)$. Weiter gelte $\lim\limits_{x\downarrow x_0} f_1(x)=0$ und $\lim\limits_{x\downarrow x_0} f_2(x)=0$. Existiert der Grenzwert (im eigentlichen oder uneigentlichen Sinn) $\lim\limits_{x\downarrow x_0}\dfrac{f_1'(x)}{f_2'(x)}$, so existiert auch der Grenzwert $\lim\limits_{x\downarrow x_0}\dfrac{f_1(x)}{f_2(x)}$, und es gilt:

$$\lim_{x\downarrow x_0}\frac{f_1(x)}{f_2(x)}=\lim_{x\downarrow x_0}\frac{f_1'(x)}{f_2'(x)}.$$

Bemerkungen:

1. Unter entsprechenden Bedingungen gilt der Satz auch für $x\uparrow x_0$, $x\to x_0$, $x\to\infty$, $x\to-\infty$.
2. Die Regel kann wiederholt angewandt werden. Erfüllen z.B. auch f_1' und f_2' die in diesem Satz für f_1 und f_2 angegebenen Voraussetzungen, ist also insbesondere $\lim\limits_{x\downarrow x_0} f_1'(x)=\lim\limits_{x\downarrow x_0} f_2'(x)=0$, so gilt $\lim\limits_{x\downarrow x_0}\dfrac{f_1'(x)}{f_2'(x)}=\lim\limits_{x\downarrow x_0}\dfrac{f_1''(x)}{f_2''(x)}$.

Beweis:

Sind f_1 und f_2 an der Stelle x_0 nicht rechtsseitig stetig, so betrachten wir die auf $[x_0, x]$, $x_0 < x < x_0 + h$, stetigen Funktionen g_1 bzw. g_2 mit

$$g_i(t) = \begin{cases} f_i(t) & \text{für } t \in (x_0, x] \\ 0 & \text{für } t = x_0 \end{cases} \quad (i = 1, 2).$$

Unter diesen Voraussetzungen gilt nämlich $\lim\limits_{t \downarrow x_0} \frac{f_1(t)}{f_2(t)} = \lim\limits_{t \downarrow x_0} \frac{g_1(t)}{g_2(t)}$.

Wir können daher (ohne Einschränkung der Allgemeinheit) annehmen, daß f_1 und f_2 für jedes $x \in (x_0, x_0 + h)$ auf dem Intervall $[x_0, x]$ den Bedingungen des Mittelwertsatzes der Differentialrechnung (Satz 8.25) genügen. Es gibt also ξ_1, $\xi_2 \in (x_0, x)$, so daß $\frac{f_1(x) - f_1(x_0)}{x - x_0} = f_1'(\xi_1)$ und $\frac{f_2(x) - f_2(x_0)}{x - x_0} = f_2'(\xi_2)$ ist. Daraus ergibt sich

$$\frac{f_1(x)}{f_2(x)} = \frac{f_1(x) - f_1(x_0)}{x - x_0} \cdot \frac{x - x_0}{f_2(x) - f_2(x_0)} = \frac{f_1'(\xi_1)}{f_2'(\xi_2)} \quad \text{mit } \xi_1, \xi_2 \in (x_0, x).$$

(Beachte: Wegen der rechtsseitigen Stetigkeit von f_1 bzw. f_2 an der Stelle x_0, ist $f_1(x_0) = f_2(x_0) = 0$.)

Für $x \downarrow x_0$ gilt auch $\xi_1 \downarrow x_0$ und $\xi_2 \downarrow x_0$, womit der Satz bewiesen ist. ●

Beispiel 8.62

Folgende Grenzwerte sind zu berechnen:

a) $\lim\limits_{x \to 0} \frac{e^{3x} - 1}{5x}$; b) $\lim\limits_{x \to 1} \frac{1 + \cos \pi x}{x^2 - 2x + 1}$; c) $\lim\limits_{x \downarrow 0} \frac{\ln(\cos 2x)}{\ln(\cos 3x)}$.

Da die Voraussetzungen für die erste Regel von Bernoulli-de l'Hospital (Satz 8.29) erfüllt sind (Typ »$\frac{0}{0}$«), erhalten wir

a) $\lim\limits_{x \to 0} \frac{e^{3x} - 1}{5x} = \lim\limits_{x \to 0} \frac{3e^{3x}}{5} = \frac{3}{5}$;

b) $\lim\limits_{x \to 1} \frac{1 + \cos \pi x}{x^2 - 2x + 1} = \lim\limits_{x \to 1} \frac{-\pi \sin \pi x}{2x - 2} = \lim\limits_{x \to 1} \frac{-\pi^2 \cos \pi x}{2} = \frac{\pi^2}{2}$.

Beachte: In diesem Beispiel wurde die erste Regel von Bernoulli-de l'Hospital zweimal angewandt (vgl. Bemerkung 2 zu Satz 8.29).

c) $\lim\limits_{x \downarrow 0} \frac{\ln(\cos 2x)}{\ln(\cos 3x)} = \lim\limits_{x \downarrow 0} \frac{-2\cos 3x \cdot \sin 2x}{-3\cos 2x \cdot \sin 3x} = \left(\lim\limits_{x \downarrow 0} \frac{2\cos 3x}{3\cos 2x} \right) \left(\lim\limits_{x \downarrow 0} \frac{\sin 2x}{\sin 3x} \right)$

$$= \frac{2}{3} \cdot \left(\lim\limits_{x \downarrow 0} \frac{2\cos 2x}{3\cos 3x} \right) = \frac{2}{3} \cdot \frac{2}{3} = \frac{4}{9}.$$

Ohne Beweis geben wir an:

Satz 8.30 (Zweite Regel von Bernoulli-de l'Hospital)

f_1 und f_2 seien auf (x_0, x_0+h), $h>0$, differenzierbar, weiter gelte $\lim\limits_{x\downarrow x_0} f_1(x) = \pm\infty$ und $\lim\limits_{x\downarrow x_0} f_2(x) = \pm\infty$ und $f'_2(x) \neq 0$ auf (x_0, x_0+h).

Dann ist

$$\lim_{x\downarrow x_0} \frac{f_1(x)}{f_2(x)} = \lim_{x\downarrow x_0} \frac{f'_1(x)}{f'_2(x)},$$

falls der (eigentliche oder uneigentliche) Grenzwert auf der rechten Seite existiert.

Bemerkungen:

1. Dieser Satz gibt Auskunft über das Verhalten des Quotienten $\frac{f_1(x)}{f_2(x)}$ für $x\downarrow x_0$, wenn f_1 und f_2 an der Stelle x_0 (einseitig) uneigentliche Grenzwerte besitzen $\left(\text{Typ»}\frac{\pm\infty}{\pm\infty}\text{«}\right)$.
2. Analog zur ersten Regel von Bernoulli-de l'Hospital (Satz 8.29) gilt der Satz entsprechend für $x\uparrow x_0$, $x\to x_0$, $x\to\infty$ und $x\to-\infty$.
3. Auch die zweite Regel von Bernoulli-de l'Hospital läßt sich wiederholt anwenden.

Beispiel 8.63

Nachstehende Grenzwerte sind zu bestimmen.

a) $\lim\limits_{x\to\infty} \frac{x^2}{e^x}$; b) $\lim\limits_{x\downarrow 0} \frac{\ln(\tan 3x)}{\ln(\tan 4x)}$.

Da die Voraussetzungen der zweiten Regel von Bernoulli-de l'Hospital (Satz 8.30) erfüllt sind, ergibt sich

a) $\lim\limits_{x\to\infty} \frac{x^2}{e^x} = \lim\limits_{x\to\infty} \frac{2x}{e^x} = \lim\limits_{x\to\infty} \frac{2}{e^x} = 0$;

b) $$\lim_{x\downarrow 0} \frac{\ln(\tan 3x)}{\ln(\tan 4x)} = \lim_{x\downarrow 0} \frac{3\tan 4x\cdot\cos^2 4x}{4\tan 3x\cdot\cos^2 3x} = \tfrac{3}{4}\left(\lim_{x\downarrow 0}\frac{\tan 4x}{\tan 3x}\right)\left(\lim_{x\downarrow 0}\frac{\cos^2 4x}{\cos^2 3x}\right)$$
$$= \tfrac{3}{4}\cdot\left(\lim_{x\downarrow 0} \tfrac{4}{3}\cdot\frac{\tan 4x}{4x}\cdot\frac{3x}{\tan 3x}\right)\cdot 1 = 1.$$

Es sei noch darauf hingewiesen, daß die Regeln von Bernoulli-de l'Hospital nur gelten, wenn die Grenzwerte (im eigentlichen oder uneigentlichen Sinn) im Zähler und Nenner existieren.

Beispiel 8.64

Der Grenzwert $\lim\limits_{x\to\infty} \frac{3x+\cos x}{x}$ ist zu berechnen. Es gilt $\frac{(3x+\cos x)'}{(x)'} = 3-\sin x$.

$(3-\sin x)$ ist für $x\to\infty$ unbestimmt divergent, daher sind die Regeln von Bernoulli-de l'Hospital nicht anwendbar.

Der Grenzwert läßt sich wie folgt berechnen

$$\lim_{x\to\infty} \frac{3x+\cos x}{x} = \lim_{x\to\infty}\left(3+\frac{\cos x}{x}\right) = 3+0 = 3.$$

Nicht immer führt (auch nicht durch wiederholte Anwendung) die Regel von Bernoulli-de l'Hospital zu einem Ergebnis.

Beispiel 8.65

Der Grenzwert $\lim\limits_{x\to\infty} \frac{a^x}{b^x}$ mit $a, b \in \mathbb{R}^+$ ist zu berechnen.

Will man diesen Grenzwert nach diesen Regeln berechnen, so folgt

$$\lim_{x\to\infty}\frac{a^x}{b^x} = \lim_{x\to\infty}\frac{a^x \ln a}{b^x \ln b} = \lim_{x\to\infty}\frac{a^x \ln^2 a}{b^x \ln^2 b} = \cdots$$

Wie man sieht, kann der Grenzwert auf diese Art nicht ermittelt werden. Auf anderem Weg erhält man

$$\lim_{x\to\infty}\frac{a^x}{b^x} = \lim_{x\to\infty}\left(\frac{a}{b}\right)^x = \begin{cases} 0 & \text{für } a<b \\ 1 & \text{für } a=b \\ \infty & \text{für } a>b. \end{cases}$$

8.6.2 Anwendung auf weitere unbestimmte Formen

Im folgenden betrachten wir Grenzwerte für $x \downarrow x_0$. Alle Ergebnisse, die wir erhalten, lassen sich entsprechend für Grenzwerte mit $x \uparrow x_0$, $x \to x_0$, $x \to +\infty$, $x \to -\infty$ formulieren.

Weiter sei darauf hingewiesen, daß die Schreibweise $\lim\limits_{x\downarrow x_0} f(x) = \pm\infty$ nicht etwa bedeuten soll, daß f unbestimmt divergent ist, vielmehr soll damit zum Ausdruck gebracht werden, daß f für $x \downarrow x_0$ bestimmt divergent gegen $+\infty$ oder gegen $-\infty$ ist.

a) Typ »$0\cdot(\pm\infty)$«

Zunächst untersuchen wir das Verhalten von $\lim\limits_{x\downarrow x_0}[f_1(x)\cdot f_2(x)]$, wobei $\lim\limits_{x\downarrow x_0} f_1(x) = 0$, $\lim\limits_{x\downarrow x_0} f_2(x) = \pm\infty$ ist.

Unser Ziel ist es, diesen Grenzwert mit den Regeln von Bernoulli-de l'Hospital zu bestimmen. Erfüllen f_1 und $\frac{1}{f_2}$ bzw. f_2 und $\frac{1}{f_1}$ die Voraussetzungen der Regeln von Bernoulli-de l'Hospital (Satz 8.29 und 8.30), so wird man die Umformung

$$f_1(x)\cdot f_2(x) = \frac{f_1(x)}{\dfrac{1}{f_2(x)}} \quad \text{bzw.} \quad f_1(x)\cdot f_2(x) = \frac{f_2(x)}{\dfrac{1}{f_1(x)}}$$

vornehmen und versuchen, den Grenzwert

$$\lim_{x\downarrow x_0}[f_1(x)\cdot f_2(x)]=\lim_{x\downarrow x_0}\frac{f_1(x)}{\frac{1}{f_2(x)}} \quad \text{bzw.} \quad \lim_{x\downarrow x_0}[f_1(x)\cdot f_2(x)]=\lim_{x\downarrow x_0}\frac{f_2(x)}{\frac{1}{f_1(x)}}$$

mit den Regeln von Bernoulli-de l'Hospital zu berechnen.

Beispiel 8.66

$$\lim_{x\downarrow 0} x\cdot\ln x=\lim_{x\downarrow 0}\frac{\ln x}{\frac{1}{x}}=\lim_{x\downarrow 0}\frac{\frac{1}{x}}{-\frac{1}{x^2}}=\lim_{x\downarrow 0}(-x)=0.$$

b) Typ »$\infty-\infty$«

Wir betrachten nun den Fall $\lim\limits_{x\downarrow x_0}[f_1(x)-f_2(x)]$ mit $\lim\limits_{x\downarrow x_0} f_1(x)=+\infty$ und $\lim\limits_{x\downarrow x_0} f_2(x)=+\infty$.

Durch die Umformung

$$f_1(x)-f_2(x)=\frac{1}{\frac{1}{f_1(x)}}-\frac{1}{\frac{1}{f_2(x)}}=\frac{\frac{1}{f_2(x)}-\frac{1}{f_1(x)}}{\frac{1}{f_1(x)\cdot f_2(x)}}$$

erhalten wir daraus den Typ »$\frac{0}{0}$«. Meist kommt man aber durch eine dem speziellen Problem angepaßte Umformung schneller zum Ziel.

Beispiel 8.67

$$\lim_{x\to 0}\left(\frac{1}{x}-\frac{1}{\sin x}\right)=\lim_{x\to 0}\frac{-x+\sin x}{x\cdot\sin x}=\lim_{x\to 0}\frac{-1+\cos x}{x\cos x+\sin x}=\lim_{x\to 0}\frac{-\sin x}{2\cos x-x\sin x}=0.$$

c) Typen »$1^\infty, 0^0, \infty^0$«

Zum Abschluß betrachten wir noch Grenzwerte der Form

$$\lim_{x\downarrow x_0}(f_1(x))^{f_2(x)} \quad \text{mit } f_1(x)>0.$$

Wegen der Umformung $(f_1(x))^{f_2(x)}=\mathrm{e}^{f_2(x)\cdot\ln(f_1(x))}$ und der Stetigkeit der Exponentialfunktion, kann auch der Grenzwert

$$\lim_{x\downarrow x_0} f_2(x)\cdot\ln(f_1(x))=g \tag{8.52}$$

(falls er existiert) betrachtet werden, und man erhält $\lim\limits_{x\downarrow x_0}(f_1(x))^{f_2(x)}=\mathrm{e}^g$.

Dabei sind folgende Fälle möglich, die wegen (8.52) immer auf den Typ »$0\cdot(\pm\infty)$« führen:

α) $\lim\limits_{x\downarrow x_0} f_1(x)=1,\quad \lim\limits_{x\downarrow x_0} f_2(x)=\pm\infty$ (Typ »$1^{\pm\infty}$«)

β) $\lim\limits_{x\downarrow x_0} f_1(x)=0,\quad \lim\limits_{x\downarrow x_0} f_2(x)=0$ (Typ »0^0«)

γ) $\lim\limits_{x\downarrow x_0} f_1(x)=\infty,\quad \lim\limits_{x\downarrow x_0} f_2(x)=0$ (Typ »∞^0«).

Anhand einiger Beispiele sollen obige Überlegungen demonstriert werden.

Beispiel 8.68

$\lim\limits_{x\to e}(\ln x)^{\frac{1}{x-e}}$ ist zu berechnen.

Wegen $(\ln x)^{\frac{1}{x-e}}=e^{\frac{1}{x-e}\ln(\ln x)}$ betrachten wir den Grenzwert

$\lim\limits_{x\to e}\dfrac{\ln(\ln x)}{x-e}=\lim\limits_{x\to e}\dfrac{1}{x\cdot\ln x}=\dfrac{1}{e}$ und erhalten damit

$$\lim_{x-e}(\ln x)^{\frac{1}{x-e}}=\lim_{x\to e} e^{\frac{1}{x-e}\ln(\ln x)}=e^{\lim\limits_{x\to e}\frac{\ln(\ln x)}{x-e}}=e^{1/e}.$$

Beispiel 8.69

Wie lautet der Grenzwert $\lim\limits_{x\downarrow 1}(\ln x)^{x-1}$?

Aus $\lim\limits_{x\downarrow 1}[(x-1)\ln(\ln x)]=\lim\limits_{x\downarrow 1}\dfrac{\ln(\ln x)}{\dfrac{1}{x-1}}=\lim\limits_{x\downarrow 1}\dfrac{-(x-1)^2}{x\ln x}=\lim\limits_{x\downarrow 1}\dfrac{-2(x-1)}{1+\ln x}=0$

folgt $\lim\limits_{x\downarrow 1}(\ln x)^{x-1}=e^0=1$.

Beispiel 8.70

Der Grenzwert $\lim\limits_{x\to\infty}(\ln x)^{\frac{1}{x}}$ ist zu berechnen.

Es ist $\lim\limits_{x\to\infty}\dfrac{1}{x}\ln(\ln x)=\lim\limits_{x\to\infty}\dfrac{\ln(\ln x)}{x}=\lim\limits_{x\to\infty}\dfrac{1}{x\cdot\ln x}=0$, woraus $\lim\limits_{x\to\infty}(\ln x)^{\frac{1}{x}}=e^0=1$ folgt.

Aufgaben

1. Berechnen Sie die Grenzwerte

a) $\lim\limits_{x\downarrow 1}\dfrac{\sqrt{x-1}}{\ln x}$; b) $\lim\limits_{x\to\pi}\dfrac{\sin 3x}{\tan 5x}$; c) $\lim\limits_{x\to 0}\dfrac{2x\cdot\sin 2x}{\sinh^2 x}$;

d) $\lim\limits_{x\to 0}\dfrac{2-\sqrt{4-x^2}}{3-\sqrt{9-x^2}}$; e) $\lim\limits_{x\to 0}\dfrac{e^x-2x-e^{-x}}{x-\sin x}$; f) $\lim\limits_{x\to\infty}\dfrac{4x^2-2x+5}{2x^2+3x+1}$;

g) $\lim\limits_{x\to\frac{\pi}{4}}\dfrac{\tan x-1}{\sin 4x}$; h) $\lim\limits_{x\to\infty}\dfrac{x^5}{e^{3x}}$; i) $\lim\limits_{x\downarrow 0}(x^2\ln x)$;

j) $\lim\limits_{x\to 1}(1-x)\tan\dfrac{\pi x}{2}$; k) $\lim\limits_{x\to a}\arcsin(x-a)\cdot\cot(x-a)$; l) $\lim\limits_{x\to\infty}[x-\sqrt[3]{x^3-x^2}]$.

2. Berechnen Sie die folgenden Grenzwerte, falls sie existieren:

a) $\lim\limits_{x \downarrow 0} x^x$ b) $\lim\limits_{x \uparrow 0} (1 + \sin x)^{\frac{1}{x}}$ c) $\lim\limits_{x \to \infty} \left(1 + \frac{2}{x}\right)^x$

d) $\lim\limits_{x \downarrow 0} \left(\frac{1}{x}\right)^{\sin x}$ e) $\lim\limits_{x \to 1} x^{\frac{1}{1-x}}$ f) $\lim\limits_{x \to 0} (\cos x)^{\frac{1}{x^2}}$

g) $\lim\limits_{x \uparrow \frac{\pi}{2}} (\tan x)^{\cot x}$ h) $\lim\limits_{x \downarrow 0} \left(\ln \frac{1}{x}\right)^x$ i) $\lim\limits_{x \downarrow 0} (\sin x)^{\frac{1}{\ln x}}$.

3. Gegeben ist die auf $\mathbb{R} \setminus \{0\}$ definierte Funktion

$f\colon x \mapsto f(x) = (e^{5x} - 2x)^{1/x}$.

a) Bestimmen Sie $\lim\limits_{x \to \infty} f(x)$.

b) Besitzt f an der Stelle 0 eine hebbare Unstetigkeitsstelle?

4. Berechnen Sie den Grenzwert

$$\lim_{x \to 0} \frac{\sin x - \arctan x}{x^2 \cdot \ln(1 + x)}.$$

a) Mit Hilfe der Regel von Bernoulli-de l'Hospital.

b) Mit Hilfe der Taylorschen Formel kann durch Entwicklung der Funktionen f mit $f(x) = \sin x$, $f(x) = \arctan x$, $f(x) = \ln(1 + x)$ an der Stelle 0 der Grenzwert berechnet werden.

5. Warum kann man nicht mit Hilfe der Regel von Bernoulli-de l'Hospital $\lim\limits_{x \to 0} \dfrac{x^2 \cdot \sin \frac{1}{x}}{\sin x} = 0$ beweisen?

*6. Bestimmen Sie den Grenzwert des Quotienten aus dem Flächeninhalt eines Kreissegments und dem Flächeninhalt des Dreiecks, das aus der Sehne des Kreisbogens und den durch seine Endpunkte gezogenen Tangenten gebildet wird, wenn der Bogen des Segments gegen Null strebt.

7. In einem Gasgemisch beträgt der Druck p nach der verallgemeinerten Höhenformel

$$h \mapsto p = p_0 \left(1 + \frac{\kappa - 1}{\kappa} \cdot \frac{\rho_0}{p_0} \cdot g \cdot h\right)^{\frac{\kappa}{\kappa - 1}} \quad \text{mit } \kappa \neq 1.$$

Dabei ist $p_0 = p(0)$, d.h. der Luftdruck in der Höhe $h = 0$, ρ_0 die zugehörige Luftdichte und g die Erdbeschleunigung. $\kappa = 1$ entspricht dem isothermen Zustand. Leiten Sie aus obiger Formel für $\kappa \to 1$ die bekannte barometrische Höhenformel her.

8. Ein Körper mit der Masse m wird senkrecht mit der Anfangsgeschwindigkeit v_0 nach oben geworfen. Wird der Luftwiderstand $-cv^2$, $c > 0$, berücksichtigt, so hat er nach der Zeit t die Höhe

$$h = \frac{m}{c} \cdot \ln\left(\cos \sqrt{\frac{cg}{m}} \cdot t + v_0 \sqrt{\frac{c}{mg}} \cdot \sin \sqrt{\frac{cg}{m}} \cdot t\right) \text{ erreicht.}$$

Für den freien Fall ohne Reibung gilt $c = 0$. Zeigen Sie, daß obige Beziehung für $c \downarrow 0$ in die des freien Falls $\left(h = v_0 t - \frac{g}{2} t^2\right)$ übergeht.

9. Gegeben sind die Funktionen f mit

$\alpha)\ f(x) = \begin{cases} |x|^x & \text{für } x \neq 0 \\ 1 & \text{für } x = 0 \end{cases}$ $\beta)\ f(x) = \begin{cases} |x|^{\sin x} & \text{für } x \neq 0 \\ 1 & \text{für } x = 0 \end{cases}$ $\gamma)\ f(x) = \begin{cases} (1 + |x|)^{1/x} & \text{für } x \neq 0 \\ e & \text{für } x = 0 \end{cases}$

a) Sind die Funktionen an der Stelle 0 stetig?

b) Wenn ja, sind sie auch an der Stelle 0 differenzierbar? Gegebenenfalls ist $f'(0)$ zu berechnen.

10. Bestimmen Sie sämtliche Ableitungen der Funktion

$$f: x \mapsto f(x) = \begin{cases} e^{-1/x^2} & \text{für } x \neq 0 \\ 0 & \text{für } x = 0 \end{cases}$$

an der Stelle 0.

8.7 Kurvenuntersuchungen mit Hilfe der Differentialrechnung

Ziel dieses Abschnittes ist es, mit Hilfe der Ableitungen $f', f'', \ldots, f^{(n)}$ die Funktion f auf Eigenschaften wie Monotonie, Extremwerte, Konvexität usw. hin zu untersuchen, um damit z.B. den Graph der Funktion f besser skizzieren zu können. Zunächst wollen wir auf einen Zusammenhang hinweisen, der bezüglich der Monotonie von f und der ersten Ableitungsfunktion f' besteht.

8.7.1 Monotone Funktionen

Ist f eine auf (a, b) monoton wachsende und differenzierbare Funktion, so ist anschaulich klar, daß der Graph von f überall eine nicht negative Steigung besitzt, d.h. daß $f'(x) \geqq 0$ für alle $x \in (a, b)$ ist. Einleuchtend ist auch die Umkehrung.

In der Tat läßt sich folgender Satz beweisen.

Satz 8.31

Ist f auf $[a, b]$ stetig und auf (a, b) differenzierbar, dann gelten folgende Äquivalenzen:

a) f ist auf $[a, b]$ monoton wachsend genau dann, wenn $f'(x) \geqq 0$ für alle $x \in (a, b)$;
b) f ist auf $[a, b]$ monoton fallend genau dann, wenn $f'(x) \leqq 0$ für alle $x \in (a, b)$.

Beweis:

f erfüllt die Voraussetzungen des Mittelwertsatzes (Satz 8.25). Für beliebige Punkte $x_1, x_2 \in [a, b]$ gilt daher: es gibt ein ξ zwischen x_1 und x_2, so daß

$$f(x_2) - f(x_1) = f'(\xi) \cdot (x_2 - x_1)$$

gilt, womit die Behauptung bewiesen ist. ●

Satz 8.32

f sei auf $[a, b]$ stetig und auf (a, b) differenzierbar. Gilt $f'(x) > 0$ bzw. $f'(x) < 0$ für alle $x \in (a, b)$, so ist f auf $[a, b]$ streng monoton wachsend bzw. streng monoton fallend.

Der Beweis erfolgt wie oben mit dem Mittelwertsatz.

Bemerkungen:

1. Während Satz 8.31 eine notwendige und hinreichende Bedingung für Monotonie liefert, gibt Satz 8.32 nur eine hinreichende Bedingung, allerdings für strenge Monotonie.
2. Satz 8.32 ist nicht umkehrbar, wie folgendes Gegenbeispiel zeigt. Es sei f mit $f(x) = x^3$, $D_f = \mathbb{R}$. Bekanntlich ist f auf $\mathbb{R}$ streng monoton wachsend, jedoch gilt $f'(0) = 0$.

Beispiel 8.71

Es sei $f: x \mapsto f(x) = \log_a x$ mit $a \in \mathbb{R}^+ \setminus \{1\}$, $D_f = \mathbb{R}^+$.

Wegen $f'(x) = \dfrac{1}{x \cdot \ln a}$ ist f auf D_f für $0 < a < 1$ streng monoton fallend und für $1 < a$ streng monoton wachsend (vgl. Satz 4.20).

Beispiel 8.72

Auf welchem Intervall ist die Funktion f mit $f(x) = x^3 + x^2 + x + 1$ streng monoton wachsend und auf welchem streng monoton fallend?

Aus $f'(x) = 3x^2 + 2x + 1 = 3((x + \frac{1}{3})^2 + \frac{2}{9}) > 0$ für alle $x \in \mathbb{R}$ folgt mit Satz 8.32, daß f auf $\mathbb{R}$ streng monoton wachsend ist.

8.7.2 Extremwerte

Besitzt die auf einem Intervall I definierte Funktion f an der Stelle $x_0 \in I$ einen relativen Extremwert, und ist f an der Stelle x_0 differenzierbar, so ist nach dem Satz von Fermat (Satz 8.23) $f'(x_0) = 0$. Wie in Bemerkung 1 zu diesem Satz schon dargelegt wurde, ist der Satz von Fermat nicht umkehrbar, d.h. $f'(x_0) = 0$ ist nur eine notwendige Bedingung für das Vorhandensein eines relativen Extremums einer in x_0 differenzierbaren Funktion f. Viele Probleme stellen sich jedoch so, daß nach einem Extremwert gesucht wird (z.B. Optimierungsprobleme). Hierzu benötigt man hinreichende Bedingungen für das Vorliegen eines Extremums.

Satz 8.33

$f: [a, b] \to \mathbb{R}$ sei auf einer Umgebung von $x_0 \in (a, b)$ differenzierbar, weiter sei $f'(x_0) = 0$ und f' in x_0 differenzierbar mit $f''(x_0) < 0$ bzw. $f''(x_0) > 0$. Dann besitzt f in x_0 ein relatives Maximum bzw. relatives Minimum.

Beweis:

Wir führen den Nachweis für $f''(x_0) > 0$, der Beweis für $f''(x_0) < 0$ läuft entsprechend.
Es ist $f''(x_0) > 0$. Daraus folgt: Es gibt eine Umgebung $U(x_0)$, so daß f' auf $U(x_0)$ streng monoton wachsend ist. Da nach Voraussetzung $f'(x_0) = 0$ ist, hat f' an der Stelle x_0 einen Vorzeichenwechsel. Damit ist f »links« von x_0 monoton fallend, »rechts« von x_0 monoton wachsend, woraus $f(x) \geqq f(x_0)$ für alle $x \in U(x_0)$ folgt. Damit ist die Behauptung bewiesen. ●

Bemerkungen:

1. Man bezeichnet die Punkte des Graphen von f, an welchen f relative Maxima bzw. Minima besitzt auch als **Hoch-** bzw. **Tiefpunkte**.

2. Um die relativen Extremwerte einer (mindestens zweimal differenzierbaren) Funktion $f: D \to \mathbb{R}$ aufzusuchen, löst man zunächst die Gleichung $f'(x) = 0$. Ist $x_0 \in D$ eine Lösung, d.h. $f'(x_0) = 0$, so berechnet man zweckmäßig $f''(x_0)$, um die hinreichende Bedingung überprüfen zu können.

Beispiel 8.73

An welcher Stelle besitzt die Funktion $f(x) = x^x$ einen relativen Extremwert?
Da f auf $\mathbb{R}^+$ differenzierbar ist, bestimmen wir zunächst die Stelle x, an welcher die notwendige Bedingung ($f'(x) = 0$) für das Vorliegen eines Extremwertes erfüllt ist. Aus $f(x) = x^x = e^{x \cdot \ln x}$ erhalten wir $f'(x) = (1 + \ln x)x^x$.

$f'(x) = 0$ ergibt $(1 + \ln x)x^x = 0$. Wegen $x^x > 0$ für alle $x \in \mathbb{R}^+$ folgt $\ln x = -1$ und daraus $x = \frac{1}{e}$. Es ist also $f'\left(\frac{1}{e}\right) = 0$. Wir prüfen die hinreichende Bedingung:

$$f''(x) = \left(1 + 2 \cdot \ln x + \ln^2 x + \frac{1}{x}\right)x^x, \text{ woraus } f''\left(\frac{1}{e}\right) = e\left(\frac{1}{e}\right)^{\frac{1}{e}} > 0 \text{ folgt.}$$

Aufgrund von Satz 8.33 besitzt f an der Stelle $\frac{1}{e}$ ein relatives Minimum, und es ist

$f\left(\frac{1}{e}\right) = \left(\frac{1}{e}\right)^{1/e} = 0{,}692\ldots$ (vgl. Bild 8.17).

Der Graph von f besitzt den Tiefpunkt $T(0{,}36\ldots; 0{,}69\ldots)$.

Nicht immer sind die Voraussetzungen an f von Satz 8.33 gegeben. So besitzt z.B. die Betragsfunktion f mit $f(x) = |x|$ an der Stelle Null ein relatives (und gleichzeitig absolutes) Minimum. Da f an dieser Stelle jedoch nicht differenzierbar ist (vgl. Beispiel 8.6) kann zum Beweis dafür Satz 8.33 nicht verwendet werden. Hier läßt sich folgender Satz benutzen.

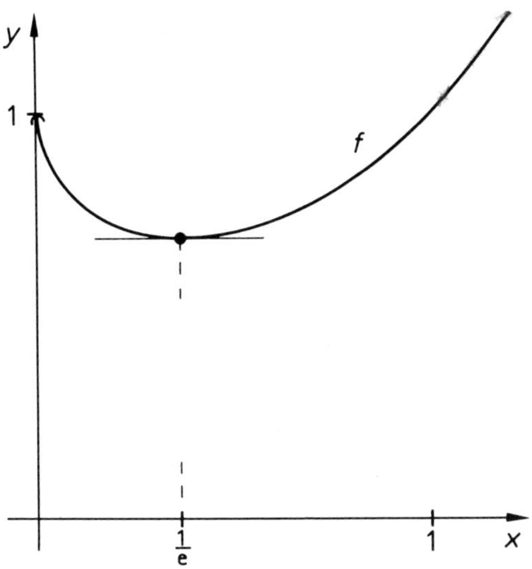

Bild 8.17: Graph von $f: x \mapsto x^x$

Satz 8.34

f sei auf $U(x_0)$ stetig und auf $U^{\bullet}(x_0)$ differenzierbar. Gibt es ein $\delta > 0$, so daß

a) $f'(x) > 0$ bzw. $f'(x) < 0$ für alle $x \in (x_0 - \delta, x_0) \subset U(x_0)$ und $f'(x) < 0$ bzw. $f'(x) > 0$ für alle $x \in (x_0, x_0 + \delta) \subset U(x_0)$ ist, dann hat f an der Stelle x_0 ein relatives Maximum bzw. Minimum.

b) $f'(x) > 0$ bzw. $f'(x) < 0$ für alle $x \in U^{\bullet}_{\delta}(x_0)$ist, dann hat f an der Stelle x_0 keinen relativen Extremwert.

Bemerkungen:

1. Anschaulich ist dieser Satz klar. Besagt doch ein Vorzeichenwechsel der Ableitungsfunktion f' beim Durchgang durch die Stelle x_0, daß die Funktion f links von x_0 monoton wachsend und rechts von x_0 monoton fallend bzw. umgekehrt ist.
2. Der Vorzeichenwechsel von f' ist jedoch keine notwendige Bedingung für das Vorliegen eines Extremwertes, wie folgendes Gegenbeispiel zeigt.

Beispiel 8.74

Die auf $\mathbb{R}$ definierte Funktion

$$f: x \mapsto f(x) = \begin{cases} 2x^2 + x^2 \cdot \sin\dfrac{\pi}{x} & \text{für } x \neq 0 \\ 0 & \text{für } x = 0 \end{cases}$$

hat wegen $x^2\left(2 + \sin\dfrac{\pi}{x}\right) > 0$ für alle $x \neq 0$ an der Stelle 0 ein absolutes und relatives Minimum.

Die Ableitungsfunktion f' lautet

$$f': x \mapsto f'(x) = \begin{cases} 4x + 2x \cdot \sin\dfrac{\pi}{x} - \pi \cdot \cos\dfrac{\pi}{x} & \text{für } x \neq 0 \\ 0 & \text{für } x = 0. \end{cases}$$

Offensichtlich gibt es kein $\delta > 0$, so daß $f'(x) < 0$ bzw. $f'(x) > 0$ für alle $x \in (-\delta, 0)$ und $f'(x) > 0$ bzw. $f'(x) < 0$ für alle $x \in (0, \delta)$.

Folgendes Beispiel zeigt eine Anwendung von Satz 8.34.

Beispiel 8.75

Die relativen Extremwerte der Funktion f mit $f(x) = \sqrt[3]{(x+1)^2} - \sqrt[3]{(x-1)^2}$ sind zu bestimmen.

Wir erhalten $f'(x) = \dfrac{2}{3 \cdot \sqrt[3]{x+1}} - \dfrac{2}{3 \cdot \sqrt[3]{x-1}}$, $D_{f'} = \mathbb{R} \setminus \{-1, 1\}$.

An den Stellen $x_1 = -1$ und $x_2 = 1$ ist f nicht differenzierbar (vgl. Bild 8.26). Wegen $\lim\limits_{x \uparrow -1} f'(x) = -\infty$ und $\lim\limits_{x \downarrow -1} f'(x) = \infty$ (Vorzeichenwechsel der Funktion f' an der Stelle $x_1 = -1$ von »$-$ nach $+$«) und $\lim\limits_{x \uparrow 1} f'(x) = \infty$ und $\lim\limits_{x \downarrow 1} f'(x) = -\infty$ (Vorzeichenwechsel von »$+$ nach $-$«)

besitzt f an der Stelle $x_1 = -1$ ein relatives Minimum und an der Stelle $x_2 = 1$ ein relatives Maximum.

Betrachten wir die Funktion f mit $f(x) = x^4$, so stellen wir fest, daß $f'(0) = f''(0) = 0$ ist, obwohl f an der Stelle 0 ein relatives (und gleichzeitig absolutes) Minimum besitzt. Folgender Satz ermöglicht den Nachweis dieses relativen Extremwertes.

Satz 8.35

f sei auf $U(x_0)$ n-mal ($n \geqq 2$) stetig differenzierbar, und es gelte
$f'(x_0) = f''(x_0) = \cdots = f^{(n-1)}(x_0) = 0$, aber $f^{(n)}(x_0) \neq 0$. Dann folgt:

a) Ist n gerade, so hat f an der Stelle x_0 einen relativen Extremwert, und zwar für $f^{(n)}(x_0) > 0$ ein relatives Minimum und für $f^{(n)}(x_0) < 0$ ein relatives Maximum.
b) Ist n ungerade, dann hat f an der Stelle x_0 keinen relativen Extremwert, sondern f ist in einer Umgebung von x_0 streng monoton, und zwar für $f^{(n)}(x_0) > 0$ streng monoton wachsend und für $f^{(n)}(x_0) < 0$ streng monoton fallend.

Beweis:

Wir führen den Beweis für $f^{(n)}(x_0) > 0$.

Wegen $f'(x_0) = f''(x_0) = \cdots = f^{(n-1)}(x_0) = 0$ folgt mit der Taylorschen Formel ((8.33) und (8.32))

$$f(x) - f(x_0) = \frac{f^{(n)}(x_0 + \vartheta(x - x_0))}{n!} \cdot (x - x_0)^n, \quad \vartheta \in (0, 1).$$

Da $f^{(n)}$ an der Stelle x_0 stetig ist, und nach Voraussetzung $f^{(n)}(x_0) > 0$ ist, gibt es ein $\delta > 0$, so daß $f^{(n)}(x) > 0$ für alle x mit $x \in (x_0 - \delta, x_0 + \delta) \subset U(x_0)$ ist. Daher ist $f^{(n)}(x_0 + \vartheta(x - x_0)) > 0$ für alle $x \in U_\delta(x_0)$.

a) Ist n gerade, so ist $(x - x_0)^n > 0$ für alle $x \neq x_0$, woraus $f(x) - f(x_0) > 0$ für alle $x \in \dot{U}_\delta(x_0)$ folgt, d.h. f hat an der Stelle x_0 ein relatives Minimum.
b) Ist n ungerade, dann ist $(x - x_0)^n < 0$ für alle $x < x_0$ und $(x - x_0)^n > 0$ für alle $x > x_0$.
Somit gilt $f(x) - f(x_0) < 0$ für alle $x \in (x_0 - \delta, x_0)$ und $f(x) - f(x_0) > 0$ für alle $x \in (x_0, x_0 + \delta)$, d.h. an der Stelle x_0 hat f sicher kein relatives Maximum.

Auf den Beweis der Monotonie verzichten wir. ●

Beispiel 8.76

Folgende Funktionen sind auf relative Extremwerte hin zu untersuchen.

a) $f: x \mapsto f(x) = 5 + (x - 3)^4$; b) $g: x \mapsto g(x) = x^3 - 3x^2 + 3x$.

Lösung:

a) $f'(x) = 4(x - 3)^3$, $f'(x_0) = 0 \Rightarrow x_0 = 3$; $f''(x) = 12(x - 3)^2$, $f''(3) = 0$;
$f'''(x) = 24(x - 3)$, $f'''(3) = 0$; $f^{(4)}(x) = 24$, $f^{(4)}(3) = 24$.
An der Stelle 3 verschwinden alle Ableitungen von f bis einschließlich dritter Ordnung. Die Ableitung 4. Ordnung ist jedoch ungleich Null, d.h. es ist $n = 4$. Da n gerade ist, hat f an der Stelle 3 ein relatives Minimum (beachte $f^{(4)}(3) > 0$).

b) Wir erhalten: $g'(x) = 3x^2 - 6x + 3$, $g''(x) = 6x - 6$, $g'''(x) = 6$. Aus $g'(x_0) = 0$ ergibt sich als einzige Lösung $x_0 = 1$, und es ist $g''(1) = 0$, $g'''(1) = 6 > 0$. Es ist also $n = 3$. Aus Teil b) von Satz 8.35 folgt daher, daß g keinen relativen Extremwert an der Stelle 1 besitzt, sondern g ist in einer Umgebung von 1 streng monoton wachsend.

Es gibt in der Praxis viele Probleme, die auf sogenannte Extremwertaufgaben hinführen. Hierbei soll das absolute Maximum (absolute Minimum) einer auf einem Intervall I definierten Funktion f ermittelt werden.

Folgendes ist dabei zu beachten: Ist f eine auf dem abgeschlossenen Intervall $[a, b]$ stetige Funktion, so nimmt f auf $[a, b]$ (aufgrund von Abschn. 4.3.3, Satz 4.15) sein absolutes Maximum und Minimum an. Mit den Sätzen 8.33, 8.34 und 8.35 können die relativen Extremwerte ermittelt werden. Ein Vergleich der Randwerte $f(a)$ und $f(b)$ mit den (eventuell vorhandenen) relativen Extremwerten ergibt das absolute Maximum bzw. Minimum.

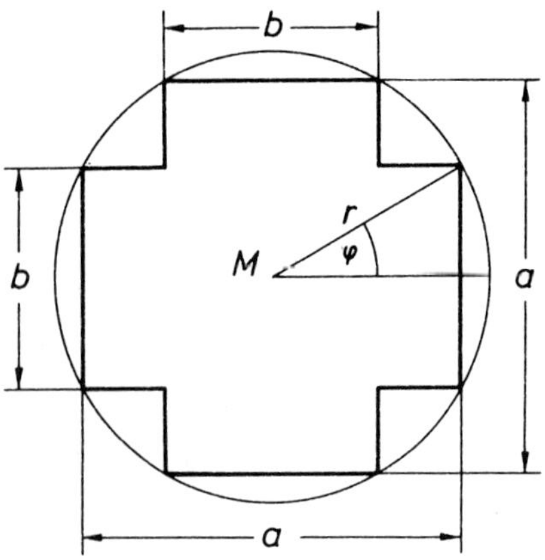

Bild 8.18: Eisenkern

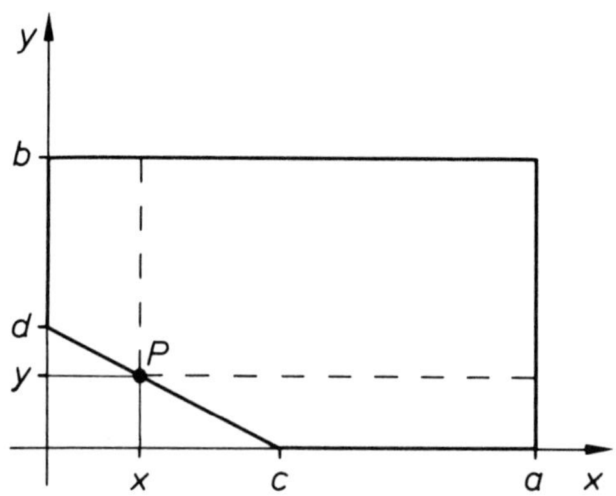

Bild 8.19: Glasplatte

Beispiel 8.77

Das Innere einer zylindrischen Spule vom Radius r soll durch einen Eisenkern von kreuzförmigem Querschnitt ausgefüllt werden. Welche Abmessungen muß der Kern haben, damit sein Querschnitt maximal ist? (Vgl. Bild 8.18.)

Es ist $A = 2ab - b^2$, wenn A den Flächeninhalt des Querschnitts, a die Länge und b die Breite des Kreuzbalkens angibt (jeweils die Maßzahlen). Hier ist es nützlich, einen Hilfswinkel φ einzuführen.

Ist φ der in Bild 8.18 eingezeichnete Winkel, so ergibt sich für $0 \leqq \varphi \leqq \frac{\pi}{4}$: $a = 2r \cdot \cos \varphi$ und $b = 2r \cdot \sin \varphi$ und damit $A = 4r^2(2 \cdot \sin \varphi \cdot \cos \varphi - \sin^2 \varphi)$ bzw.

$$A = 4r^2(\sin 2\varphi - \sin^2 \varphi), \quad 0 \leqq \varphi \leqq \frac{\pi}{4}.$$

Die Funktion $A\colon \varphi \mapsto A(\varphi)$ ist beliebig oft auf $\left[0, \frac{\pi}{4}\right]$ differenzierbar. Wir erhalten

$$\frac{dA}{d\varphi} = 4r^2(2\cos 2\varphi - 2\sin\varphi\cos\varphi) \Rightarrow \frac{dA}{d\varphi} = 4r^2(2\cos 2\varphi - \sin 2\varphi).$$

Aus $\frac{dA}{d\varphi} = 0$ folgt $2\cos 2\varphi - \sin 2\varphi = 0 \Rightarrow \tan 2\varphi = 2$. Das ergibt $\varphi_0 = 0{,}553\ldots$ (d.h. $\varphi_0 = 31{,}717\ldots^0$).
Wegen $\frac{d^2A}{d\varphi^2} = 8r^2(-2\sin 2\varphi - \cos 2\varphi)$ ist $\frac{d^2A}{d\varphi^2} < 0$ für alle $\varphi \in \left[0, \frac{\pi}{4}\right]$. A hat daher an der Stelle $\varphi_0 = 0{,}553\ldots$ ein relatives Maximum.

Es ist $A(\varphi_0) \approx 2{,}47r^2$. Wegen $A(0) = 0$ und $A\left(\frac{\pi}{4}\right) = 2r^2$ liegt auch kein Randmaximum vor, d.h. φ_0 ist absolutes Maximum. Der maximale kreuzförmige Eisenkern hat somit die Maße

$$a = 2r\cos\varphi_0 = 1{,}7\ldots r, \quad b = 2r\cdot\sin\varphi_0 = 1{,}05\ldots r.$$

Folgendes Beispiel zeigt, daß das absolute Maximum auch am Rand angenommen werden kann.

Beispiel 8.78

Von einer rechteckigen Glasplatte mit den Seiten a und b $(0 < b < a)$ ist an einer Ecke ein Stück von der Form eines rechtwinkligen Dreiecks abgesprungen. Die Katheten dieses Dreiecks seien c und d $(0 < d < c)$ (s. Bild 8.19). Aus der verbliebenen Scheibe soll eine rechteckige Scheibe von möglichst großem Flächeninhalt A geschnitten werden.

Wie aus Bild 8.19 entnommen werden kann, ist $A = (a - x)\cdot(b - y)$.

Der Punkt $P(x, y)$ liegt auf der Geraden mit den Achsenabschnitten c und d. Daher gilt $\frac{x}{c} + \frac{y}{d} = 1$, woraus $y = -\frac{d}{c}\cdot x + d$ folgt.

Für den Flächeninhalt A ergibt sich $A(x) = (a - x)\cdot\left(b + \frac{d}{c}\cdot x - d\right)$ bzw.

$$A(x) = -\frac{d}{c}\cdot x^2 + \left(\frac{ad}{c} + d - b\right)\cdot x + a(b - d), \quad 0 \leqq x \leqq c. \tag{8.53}$$

Auf $[0, c]$ ist A beliebig oft differenzierbar:

$$\frac{dA}{dx} = -\frac{2d}{c}\cdot x + \frac{ad}{c} + d - b; \quad \frac{d^2A}{dx^2} = -\frac{2d}{c}.$$

Aus $\frac{dA}{dx} = 0$ folgt $x_0 = \frac{1}{2d}(ad + cd - bc)$. Da $\frac{d^2A}{dx^2} < 0$ für alle $x \in [0, c]$ ist, erhält man für x_0 ein relatives Maximum, jedoch nur dann, wenn $x_0 \in [0, c]$ ist, d.h. wenn die Bedingung

$$0 \leqq \frac{1}{2d}(ad + cd - bc) \leqq c$$

erfüllt ist.

Wählen wir z.B. $a = 100$, $b = 80$, $c = 10$, $d = 9$, so ist $x_0 = \frac{95}{9} > 10 = c$.

Für dieses Zahlenbeispiel wird das Maximum offensichtlich am Rande angenommen. Wir berechnen daher aus (8.53)

$$A(0) = a(b-d) = 7100 \qquad A(c) = b(a-c) = 7200.$$

Die größte Fläche erhält man daher, wenn man die Breite von 80 cm der Scheibe beibehält und die Länge von 100 cm auf 90 cm verkürzt.

8.7.3 Konvexität und Wendepunkt

Wir wollen nun auf die Bedeutung der zweiten Ableitung eingehen. Dazu benötigen wir die Begriffe Links- und Rechtskrümmung von Kurven sowie Konvexität und Konkavität von Funktionen.

Ist K der (glatte) Graph einer auf einem Intervall I differenzierbaren Funktion f und wird auf I mit wachsendem x die Steigung der Kurve K immer größer, so sagen wir, die Kurve K besitzt eine Linkskrümmung. Wird dagegen auf I mit wachsendem x die Steigung der Kurve K immer kleiner, so besitzt die Kurve K eine Rechtskrümmung (vgl. Bild 8.20).

Diese anschaulichen Begriffe aus der Geometrie wollen wir nun auf Funktionen übertragen und eine analytische Definition geben. Zunächst fällt auf, daß bei linksgekrümmten (glatten) Kurven (vgl. Bild 8.20a)) jede Tangente unterhalb der Kurve liegt und bei Kurven mit Rechtskrümmung umgekehrt alle Tangenten oberhalb der Kurve liegen. Das führt auf folgende

Definition 8.13

f sei eine auf (a, b) differenzierbare Funktion. Für jedes $x_0 \in (a, b)$ definieren wir die Funktion

$$t: x \mapsto t(x) = (x - x_0) \cdot f'(x_0) + f(x_0).$$

Gilt für alle $x_0 \in (a, b)$ die Ungleichung

$$f(x) \geqq t(x) \quad \text{bzw.} \quad f(x) \leqq t(x) \quad \text{für alle } x \in (a, b), \tag{8.54}$$

so heißt f **konvex** bzw. **konkav auf** $\boldsymbol{(a, b)}$.

Gilt die Gleichheit in (8.54) nur für $x = x_0$, so heißt f **streng konvex** bzw. **streng konkav**.

Bemerkungen:

1. Der Graph der Funktion $t: x \mapsto t(x) = (x - x_0) \cdot f'(x_0) + f(x_0)$ ist die Tangente an den Graph von f im Punkt $P(x_0, f(x_0))$. Mit Hilfe der Punkt-Steigungs-Form einer Geraden, erhalten wir nämlich für die Tangente:

   $$\frac{y - f(x_0)}{x - x_0} = f'(x_0),$$

   woraus man die Funktion t erhält.
2. Bei der Definition der Konvexität einer Funktion kann auf die Differenzierbarkeit verzichtet werden. Anstelle der Tangenten treten dann Sekanten (vgl. [3]).

Der folgende Satz macht klar, daß der Graph einer auf (a, b) konvexen Funktion linksgekrümmt ist und umgekehrt.

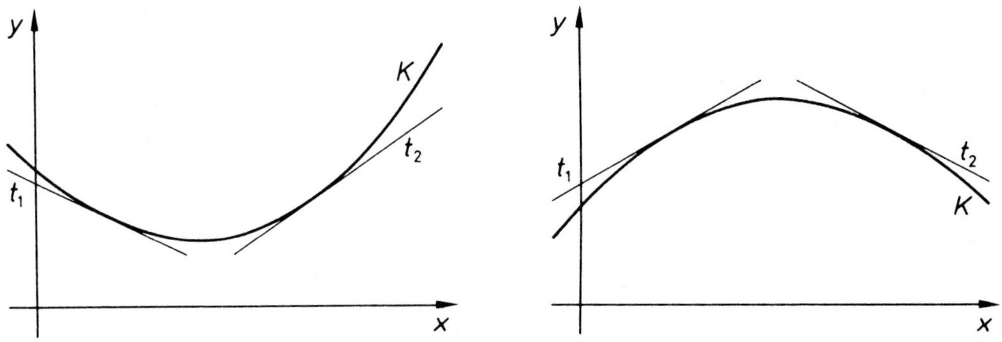

Bild 8.20: a) Linkskrümmung
Graph einer konvexen Funktion

b) Rechtskrümmung
Graph einer konkaven Funktion

Satz 8.36

> f sei auf $[a, b]$ stetig differenzierbar. f ist genau dann streng konvex bzw. streng konkav auf (a, b), falls f' auf (a, b) streng monoton wachsend bzw. streng monoton fallend ist.

Bemerkungen:

1. Die Monotonie der Funktion f' auf (a, b) bedeutet geometrisch, daß bei zunehmenden x die Tangente sich (falls f' monoton wachsend ist) im mathematisch positiven Sinn dreht, d.h. der Graph von f besitzt eine Linkskrümmung.
2. In Satz 8.36 kann streng konvex durch konvex ersetzt werden, wenn die strenge Monotonie durch Monotonie ersetzt wird.

Wendet man die Sätze 8.31 und 8.32 auf die Funktion f' an, so ergibt sich folgender

Satz 8.37

> Ist f eine auf $[a, b]$ zweimal differenzierbare Funktion, dann gilt
> a) f ist auf (a, b) konvex bzw. konkav genau dann, wenn $f''(x) \geqq 0$ bzw. $f''(x) \leqq 0$ für alle $x \in (a, b)$ ist.
> b) Ist $f''(x) > 0$ bzw. $f''(x) < 0$ für alle $x \in (a, b)$, dann ist f auf (a, b) streng konvex bzw. streng konkav.

Beispiel 8.79

Auf welchem Intervall ist die Funktion $f: x \mapsto f(x) = \dfrac{x^2}{1 + x^2}$ konvex, auf welchem konkav?

Da f beliebig oft auf $\mathbb{R}$ differenzierbar ist, sind die Voraussetzungen von Satz 8.37 erfüllt. Wir erhalten

$$f'(x) = \frac{2x}{(1 + x^2)^2}, \quad f''(x) = \frac{2(1 - 3x^2)}{(1 + x^2)^3}$$

Wegen

$$1-3x^2>0 \quad \text{genau dann, wenn } |x|<\tfrac{1}{3}\sqrt{3} \text{ und}$$
$$1-3x^2<0 \quad \text{genau dann, wenn } |x|>\tfrac{1}{3}\sqrt{3}$$

ist f auf $(-\frac{1}{3}\sqrt{3}, \frac{1}{3}\sqrt{3})$ streng konvex und auf den Intervallen $(-\infty, -\frac{1}{3}\sqrt{3})$, $(\frac{1}{3}\sqrt{3}, \infty)$ streng konkav.

Betrachten wir den Graph k obiger Funktion an den Stellen $P_1(-\frac{1}{3}\sqrt{3}, \frac{1}{4})$ und $P_2(\frac{1}{3}\sqrt{3}, \frac{1}{4})$, so fällt auf, daß in P_1 eine rechts-gekrümmte Kurve in eine links-gekrümmte Kurve übergeht und in P_2 umgekehrt. Punkte mit dieser Eigenschaft nennt man Wendepunkte (vgl. Bild 8.21).

Für die Funktion f bedeutet das, daß f'' das Vorzeichen beim Durchgang von x_1 ändert (entsprechend an der Stelle x_2).

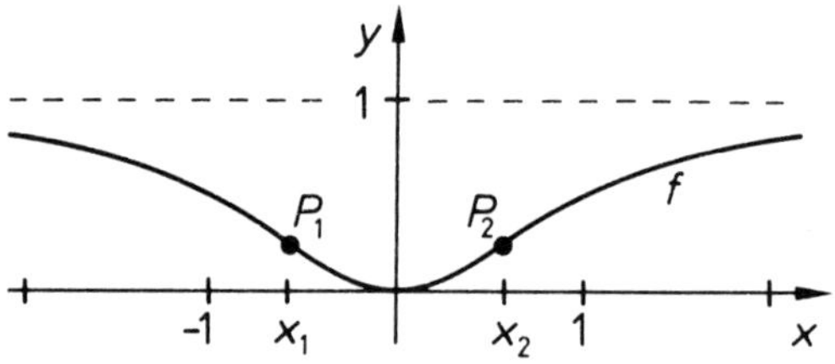

Bild 8.21: Graph von f mit $f(x) = \dfrac{x^2}{1+x^2}$

Definition 8.14

> Ist f auf (a, b) zweimal differenzierbar und $x_0 \in (a, b)$, dann heißt $(x_0, f(x_0))$ **Wendepunkt** der Funktion f (oder Wendepunkt des Graphen von f) wenn f'' beim Durchgang durch x_0 das Vorzeichen wechselt, wenn also $f''(x) < 0$ für $x < x_0$ und $f''(x) > 0$ für $x > x_0$ ist bzw. umgekehrt.
>
> Die Tangente in einem Wendepunkt heißt **Wendetangente**.
>
> Ein Wendepunkt mit waagrechter Tangente heißt **Terrassenpunkt** (oder **Sattelpunkt**).

Bemerkungen:

1. Beim Durchgang durch einen Wendepunkt wechselt also der Graph einer Funktion seine Krümmung, nämlich von einer Rechtskrümmung zu einer Linkskrümmung oder umgekehrt.

2. Voraussetzung für die Existenz eines Wendepunktes ist (nach dieser Definition) die Differenzierbarkeit von f an der Stelle, wo f einen Wendepunkt hat. So hat z.B. die Funktion f mit $f(x) = |x^2 - 2x|$ weder an der Stelle 0 noch an der Stelle 2 einen Wendepunkt, obwohl der Graph von f an der Stelle 0 von einer Linkskurve in eine Rechtskurve und an der Stelle 2 von einer Rechtskurve in eine Linkskurve übergeht. f ist nämlich an beiden Stellen nicht differenzierbar.
   Hinweis:
   Der Graph von f entsteht aus der Normalparabel mit dem Scheitel in $S(1, -1)$ ($f = |g|$ mit $g(x) = (x-1)^2 - 1$), wobei der Teil zwischen 0 und 2 »nach oben geklappt wird«.

In Bild 8.22 bzw. 8.23 ist der Graph einer Funktion dargestellt, der einen Wendepunkt bzw. Terrassenpunkt besitzt.

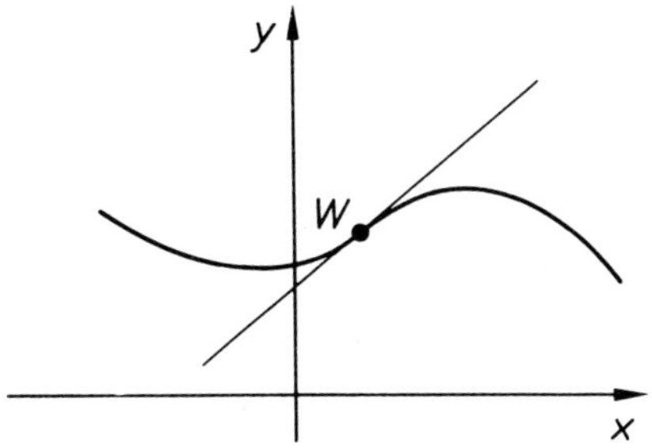

Bild 8.22: Wendepunkt

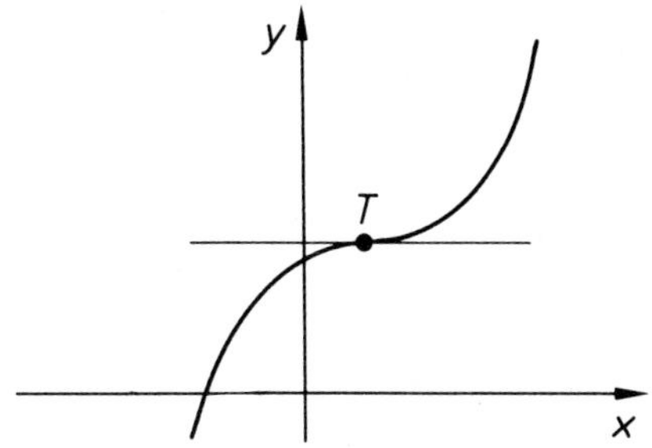

Bild 8.23: Terrassenpunkt

Folgender Satz ist evident.

Satz 8.38:

> f sei auf einer Umgebung $U(x_0)$ dreimal stetig differenzierbar. Dann gilt:
> a) Hat f an der Stelle x_0 einen Wendepunkt, so ist $f''(x_0) = 0$.
> b) Ist $f''(x_0) = 0$ und $f'''(x_0) \neq 0$, so hat f an der Stelle x_0 einen Wendepunkt.

Bemerkungen:

1. Wenn f auf $U(x_0)$ dreimal stetig differenzierbar ist, dann ist $f''(x_0) = 0$ eine notwendige Bedingung für die Existenz eines Wendepunktes an der Stelle x_0, wohingegen $f''(x_0) = 0$ und $f'''(x_0) \neq 0$ eine hinreichende Bedingung ist.
2. Ist f auf $U(x_0)$ dreimal stetig differenzierbar und gilt $f'(x_0) = f''(x_0) = 0$, $f'''(x_0) \neq 0$, so hat f an der Stelle x_0 einen Terrassenpunkt.
3. Die Funktion f mit $f(x) = x|x|$ hat an der Stelle 0 einen Wendepunkt, da wegen $f'(x) = 2|x|$ die zweite Ableitung beim Durchgang durch 0 einen Vorzeichenwechsel hat (f'' muß an dieser Stelle nicht definiert sein).

Beispiel 8.80

Wie ist $a \in \mathbb{R} \setminus \{0\}$ zu wählen, damit die Funktion

$$f: x \mapsto f(x) = \frac{a}{x-1} - \frac{1}{x^2}, \quad D_f = (1, \infty)$$

einen Terrassenpunkt besitzt?

$$\text{Es ist } f'(x) = -\frac{a}{(x-1)^2} + \frac{2}{x^3}, \; f''(x) = \frac{2a}{(x-1)^3} - \frac{6}{x^4}.$$

Aus $f'(x) = f''(x) = 0$ (notwendige Bedingung für Terrassenpunkt) erhalten wir das nichtlineare Gleichungssystem

$$\left.\begin{aligned} -ax^3 + 2(x-1)^2 &= 0 \\ 2ax^4 - 6(x-1)^3 &= 0 \end{aligned}\right\} \Leftrightarrow \left\{\begin{aligned} ax^3 &= 2(x-1)^2 \quad &(8.55) \\ ax^4 &= 3(x-1)^3 \quad &(8.56) \end{aligned}\right.$$

Division von (8.56) durch (8.55) liefert, da $x \neq 0$, $x \neq 1$, $a \neq 0$ ist: $x = \frac{3}{2}(x-1) \Leftrightarrow x = 3$. Mit $x = 3$ folgt aus (8.55) $a = \frac{8}{27}$. Wir prüfen noch die Hinlänglichkeit: Es ist (mit $a = \frac{8}{27}$)
$f'''(x) = -\dfrac{16}{9(x-1)^4} + \dfrac{24}{x^5}$, woraus $f'''(3) = -\frac{1}{9} + \frac{8}{81} = -\frac{1}{81} \neq 0$ folgt. Für $a = \frac{8}{27}$ besitzt f daher an der Stelle 3 einen Terrassenpunkt.

Folgendes Beispiel zeigt, daß die Bedingung $f''(x_0) = 0$ nur notwendig für die Existenz eines Wendepunktes ist.

Beispiel 8.81

Wir betrachten die auf $\mathbb{R}$ beliebig oft differenzierbare Funktion f mit $f(x) = x^4 + x$.

Es ist $f'(x) = 4x^3 + 1$, $f''(x) = 12x^2$, $f'''(x) = 24x$, $f^{(4)}(x) = 24$. Obwohl $f''(0) = 0$ (beachte: $f'(0) = 1$), besitzt f an der Stelle 0 keinen Wendepunkt (folgt mit Satz 8.35 angewandt auf die Funktion f', vgl. Bild 8.24).

Mit Hilfe der in Abschnitt 8.7 bewiesenen Sätze können nun feinere Aussagen über den Verlauf des Graphen einer Funktion gemacht werden.

Bei der Untersuchung von f kann man sich etwa an folgender Gliederung orientieren:

1. Definitionsbereich und Abschätzung des Wertebereichs
2. Symmetrie und Periodizität
3. Nullstellen
4. Stetigkeit und Differenzierbarkeit (Berechnung der Ableitungen)
5. Extremwerte, Wendepunkte und Wendetangenten
6. Grenzwertaussagen (Asymptote, Pole, Verhalten von f am Rande des Definitionsbereichs)

Aufgrund dieser sogenannten Kurvendiskussion erhält man einen Überblick über den Verlauf des Graphen von f.

Zum Begriff der Asymptote wollen wir noch einige Bemerkungen machen.

Für gebrochenrationale Funktionen wurde in Abschnitt 4.1 die Asymptote bereits erklärt. Dabei traten die Graphen von ganzrationalen Funktionen als Asymptoten auf. Für Funktionen, die nicht gebrochenrational sind, wollen wir hier nur Asymptoten betrachten, die Geraden sind.

Ist f eine auf einem nicht beschränkten Intervall definierte Funktion, und gibt es Zahlen $a, b \in \mathbb{R}$ so, daß

$$\lim_{x \to \infty} (f(x) - ax - b) = 0 \tag{8.57}$$

ist, so heißt die Gerade g mit

$$y = ax + b \tag{8.58}$$

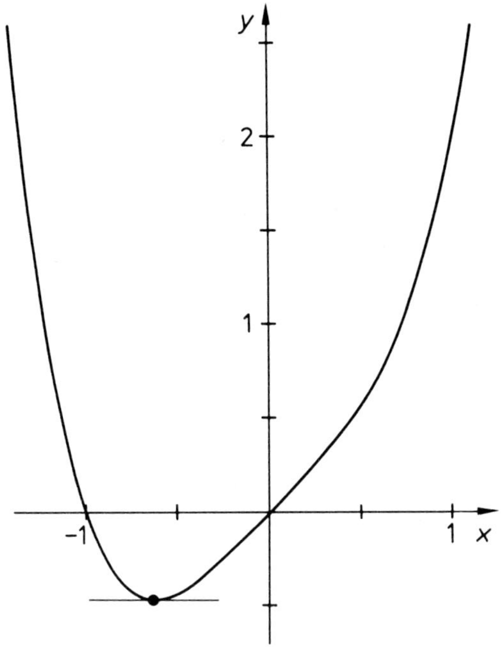

Bild 8.24: Graph von f mit $f(x) = x^4 + x$

Asymptote des Graphen von f. Wegen (8.57) schmiegt sich für $x \to \infty$ der Graph von f immer mehr der Geraden g an. Entsprechendes gilt sinngemäß für $x \to -\infty$.

Nehmen wir an, eine gegebene Funktion f besitze eine Asymptote. Zur Berechnung von a und b in (8.58) schreiben wir (8.57) in der Form $\lim\limits_{x \to \infty} \left[x \left(\frac{f(x)}{x} - a - \frac{b}{x} \right) \right] = 0$. Da nach Voraussetzung der Grenzwert existieren soll und x gegen ∞ strebt, folgt
$\lim\limits_{x \to \infty} \left(\frac{f(x)}{x} - a - \frac{b}{x} \right) = 0$ und wegen $\lim\limits_{x \to \infty} \frac{b}{x} = 0$ ergibt sich

$$\lim_{x \to \infty} \frac{f(x)}{x} = a. \tag{8.59}$$

Nachdem a ermittelt ist, kann b wegen (8.57) durch

$$\lim_{x \to \infty} (f(x) - ax) = b \tag{8.60}$$

berechnet werden.

Wendet man die zweite Regel von Bernoulli-de l'Hospital (Satz 8.30) auf (8.59) (falls die Voraussetzungen gegeben sind) an, so kann auch durch

$$\lim_{x\to\infty} f'(x) = a \tag{8.61}$$

die Konstante a bestimmt werden.

Bemerkungen:

1. Der Graph von f besitzt genau dann die Asymptote (8.58) für $x \to \infty$, wenn die Grenzwerte (8.59) bzw. (8.61) und (8.60) existieren.
2. Existiert der Grenzwert $\lim\limits_{x\to\infty} f(x)$, so folgt aus (8.59) $a = 0$. Daher ist wegen (8.60) $\lim\limits_{x\to\infty} f(x) = b$. In diesem Fall hat der Graph von f eine zur x-Achse parallele Asymptote mit dem (vorzeichenbehafteten) Abstand b von der x-Achse.

Alle diese Überlegungen gelten sinngemäß für $x \to -\infty$.

Beispiel 8.82

Gegeben ist die Funktion f mit $f(x) = \frac{3}{2}\sqrt{x^2 - 2x - 3}$, $D_f = [3, \infty)$. Wie lautet die Asymptote von f für $x \to \infty$?

Wir erhalten:

$$a = \lim_{x\to\infty} \frac{f(x)}{x} = \lim_{x\to\infty} \frac{\frac{3}{2}\sqrt{x^2-2x-3}}{x} = \frac{3}{2}\lim_{x\to\infty} \sqrt{1 - \frac{2}{x} - \frac{3}{x^2}} = \frac{3}{2}$$

$$b = \lim_{x\to\infty} (f(x) - ax) = \lim_{x\to\infty} [\tfrac{3}{2}\sqrt{x^2-2x-3} - \tfrac{3}{2}x] = \frac{3}{2}\lim_{x\to\infty} \frac{-2x-3}{\sqrt{x^2-2x-3}+x}$$

$$= -\frac{3}{2}\lim_{x\to\infty} \frac{2 + \frac{3}{x}}{\sqrt{1 - \frac{2}{x} - \frac{3}{x^2}} + 1} = -\frac{3}{2}.$$

f besitzt daher für $x \to \infty$ die Asymptote $y = \frac{3}{2}x - \frac{3}{2}$.

Wir wollen nun zwei Kurvendiskussionen durchführen.

Beispiel 8.83

Der Graph der Funktion f mit $f(x) = \mathrm{e}^{-x^2}$ soll diskutiert werden.

1. Es ist $D = \mathbb{R}$.

   Aus $x^2 \geqq 0$ folgt $\mathrm{e}^{x^2} \geqq 1$, also $\mathrm{e}^{-x^2} = \dfrac{1}{\mathrm{e}^{x^2}} \leqq 1$. Daher und wegen $\mathrm{e}^{-x^2} > 0$ ist $W_f = (0, 1]$.
2. $f(-x) = \mathrm{e}^{-(-x)^2} = \mathrm{e}^{-x^2} = f(x)$, d.h. f ist gerade (Symmetrie zur y-Achse).

3. f besitzt keine Nullstelle, da $0 \notin W_f$.

4. f ist auf $\mathbb{R}$ beliebig oft differenzierbar (Verkettung zweier beliebig oft differenzierbarer Funktionen). Es gilt:

$$f'(x) = -2xe^{-x^2},$$
$$f''(x) = 2(2x^2 - 1)\cdot e^{-x^2},$$
$$f'''(x) = 4x(3 - 2x^2)\cdot e^{-x^2}.$$

5. a) Extremwerte: $f'(x) = 0$ (notwendige Bedingung).
$-2xe^{-x^2} = 0 \Rightarrow x = 0$. Wegen $f''(0) = -2 < 0$ hat f an der Stelle 0 ein relatives (und gleichzeitig absolutes) Maximum. Hochpunkt $H(0, 1)$.

b) Wendepunkte: $f''(x) = 0$ (notwendige Bedingung).

$$2(2x^2 - 1)e^{-x^2} = 0 \Leftrightarrow 2x^2 - 1 = 0 \Leftrightarrow x^2 = \tfrac{1}{2} \Leftrightarrow x_{1,2} = \pm\tfrac{1}{2}\sqrt{2}.$$

Wegen $f'''(\pm\frac{1}{2}\sqrt{2}) = \pm 4\sqrt{\frac{2}{e}} \neq 0$ hat f an den Stellen $\pm\frac{1}{2}\sqrt{2}$ Wendepunkte.

Aus $f(\pm\frac{1}{2}\sqrt{2}) = \frac{1}{\sqrt{e}}$ ergibt sich $W_{1,2}\left(\pm\frac{1}{2}\sqrt{2}, \frac{1}{\sqrt{e}}\right) = (\pm 0{,}7\ldots; 0{,}6\ldots)$.

c) Steigung m_w der Wendetangenten.

$$m_w = f'(\pm\tfrac{1}{2}\sqrt{2}) = \mp\sqrt{\frac{2}{e}} = \mp 0{,}85\ldots$$

6. Es ist $\lim\limits_{x\to\infty} f(x) = \lim\limits_{x\to\infty} e^{-x^2} = \lim\limits_{x\to\infty} \frac{1}{e^{x^2}} = 0$ und $\lim\limits_{x\to-\infty} e^{-x^2} = 0$.

Daher ist die x-Achse Asymptote von f.

7. Skizze (s. Bild 8.25)

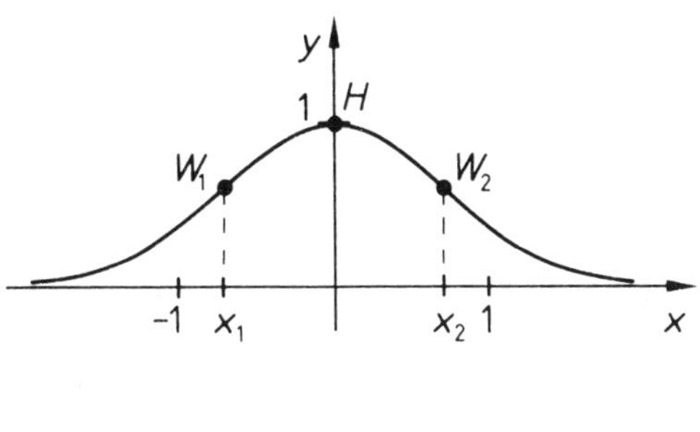

Bild 8.25: Graph von $x \mapsto f(x) = e^{-x^2}$

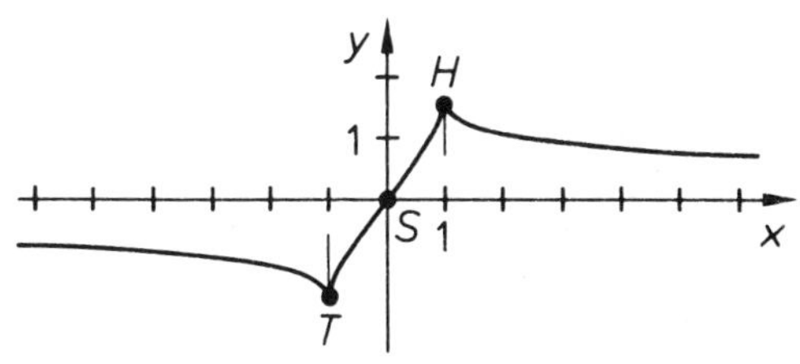

Bild 8.26: Graph von $x \mapsto f(x) = \sqrt[3]{(x+1)^2} - \sqrt[3]{(x-1)^2}$

Beispiel 8.84

Wir diskutieren den Graphen von $f: x \mapsto f(x) = \sqrt[3]{(x+1)^2} - \sqrt[3]{(x-1)^2}$.

1. $D = \mathbb{R}$.

2. $f(-x)=\sqrt[3]{(1-x)^2}-\sqrt[3]{(-x-1)^2}=-\left(\sqrt[3]{(1+x)^2}-\sqrt[3]{(1-x)^2}\right)=-f(x)$,
   d.h. f ist ungerade (Symmetrie zum Ursprung).
3. $f(x)=0\Rightarrow\sqrt[3]{(x+1)^2}=\sqrt[3]{(x-1)^2}\Rightarrow x^2+2x+1=x^2-2x+1\Rightarrow x=0\Rightarrow S(0,0)$.
4. f ist auf $\mathbb{R}$ stetig (Differenz zweier stetigen Funktionen) und für alle $x\in\mathbb{R}\setminus\{-1,+1\}$ gilt:

$$f'(x)=\frac{2}{3\cdot\sqrt[3]{x+1}}-\frac{2}{3\cdot\sqrt[3]{x-1}},$$

$$f''(x)=-\tfrac{2}{9}\cdot\frac{1}{\sqrt[3]{(x+1)^4}}+\tfrac{2}{9}\cdot\frac{1}{\sqrt[3]{(x-1)^4}},$$

$$f'''(x)=\tfrac{8}{27}\cdot\frac{1}{\sqrt[3]{(x+1)^7}}-\tfrac{8}{27}\cdot\frac{1}{\sqrt[3]{(x-1)^7}}.$$

   f ist an den Stellen -1 und 1 nicht differenzierbar.
5. a) Es ist $f'(x)\neq 0$ für alle $x\in\mathbb{R}\setminus\{-1,1\}$, daher können Extremwerte allenfalls an den Stellen auftreten, an denen f nicht differenzierbar ist. In Beispiel 8.75 wurde gezeigt, daß f an der Stelle -1 ein relatives Minimum und an der Stelle 1 ein relatives Maximum besitzt. Hochpunkt $H(1,\sqrt[3]{4})$, Tiefpunkt $T(-1,-\sqrt[3]{4})$.
   b) Die notwendige Bedingung für den Wendepunkt ergibt

$$\sqrt[3]{(x+1)^4}-\sqrt[3]{(x-1)^4}=0\Leftrightarrow(x+1)^4=(x-1)^4\Leftrightarrow x=0.$$

   Wegen $f''(0)=0$, $f'''(0)=\frac{16}{27}\neq 0$ ist $S(0,0)$ ein Wendepunkt.
   c) Die Steigung m_w der Wendetangente ist $m_w=f'(0)=\frac{4}{3}$.
6. Wegen $a-b=\dfrac{a^3-b^3}{a^2+ab+b^2}$ (vgl. Abschn. 1.4.2, (1.32)) erhalten wir $(a=\sqrt[3]{(x+1)^2}$, $b=\sqrt[3]{(x-1)^2})$:

$$\lim_{x\to\pm\infty}\left[\sqrt[3]{(x+1)^2}-\sqrt[3]{(x-1)^2}\right]=\lim_{x\to\pm\infty}\frac{(x+1)^2-(x-1)^2}{\sqrt[3]{(x+1)^4}+\sqrt[3]{(x+1)^2}\sqrt[3]{(x-1)^2}+\sqrt[3]{(x-1)^4}}=0.$$

   Daher ist die x-Achse Asymptote.
7. Skizze (s. Bild 8.26)

Aufgaben

1. Auf welchen Intervallen sind nachstehende Funktionen monoton?

   a) $f\colon x\mapsto f(x)=x^3-27x$; b) $f\colon x\mapsto f(x)=x^5+3x^3+2x+5$; c) $f\colon x\mapsto f(x)=\dfrac{x}{4-x^2}$;
   d) $f\colon x\mapsto f(x)=\mathrm{e}^{-x^2}$; e) $f\colon x\mapsto f(x)=1+x+\sin^2 x$.

2. Beweisen Sie die Ungleichung $x-\dfrac{x^2}{2}<\ln(1+x)<x$, für alle $x>0$.

   Hinweis: Bestimmen Sie das Monotonieverhalten der Funktion f mit

$$f(x)=\ln(1+x)-x+\frac{x^2}{2}\quad\text{bzw.}\quad f(x)=x-\ln(1+x).$$

3. Bestimmen Sie die (relativen bzw. absoluten) Extrema folgender Funktionen:

   a) $f: x \mapsto f(x) = x(x-1)^5$; b) $f: x \mapsto f(x) = \dfrac{x^4+1}{x^2}$.

   c) $f: x \mapsto f(x) = x \cdot \ln x$; d) $f: x \mapsto f(x) = \sqrt{x^2(3-x)}$.

4. Gegeben ist die auf $\mathbb{R}$ definierte Funktion

   $f: x \to f(x) = ax^3 + bx^2 + cx + d.$

   Welche Bedingungen müssen $a, b, c, d \in \mathbb{R}$ erfüllen, damit

   a) f genau zwei Extrema besitzt;
   b) der Graph von f einen Wendepunkt besitzt;
   c) der Graph von f einen Terrassenpunkt enthält;
   d) der Wendepunkt auf der x-Achse liegt?

5. Beweisen Sie: Besitzt die Funktion

   $f: x \mapsto f(x) = ax^3 + bx^2 + cx + d, \quad a \neq 0$

   zwei reelle Extremwerte, so liegt der Wendepunkt genau in der Mitte zwischen ihnen.

6. Der Querschnitt eines Stammes sei ein Kreis mit dem Radius a. Aus diesem Stamm werde ein Balken mit rechteckigem Querschnitt herausgeschnitten. Die Tragfähigkeit T eines solchen Balkens ist proportional der Breite b und dem Quadrat der Höhe h des Querschnittes. Man bestimme die Form des Querschnittes, für die der Balken maximale Tragfähigkeit besitzt.

7. Aus drei Brettern von der Breite a soll eine Rinne hergestellt werden, deren Querschnitt ein gleichschenkliges Trapez ist. Welche Form muß das Trapez haben, wenn der Querschnitt maximal sein soll?

8. Um einen Halbkreis mit dem Radius r ist ein gleichschenkliges Dreieck zu konstruieren, von dessen Grundlinie der Durchmesser ein Teil ist. Wie muß die Höhe h des Dreiecks gewählt werden, damit sein Inhalt minimal wird? (Vgl. Bild 8.27)

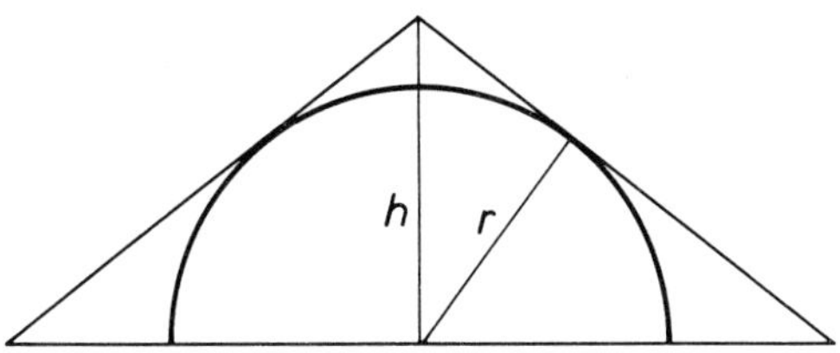

Bild 8.27: Zu Aufgabe 8

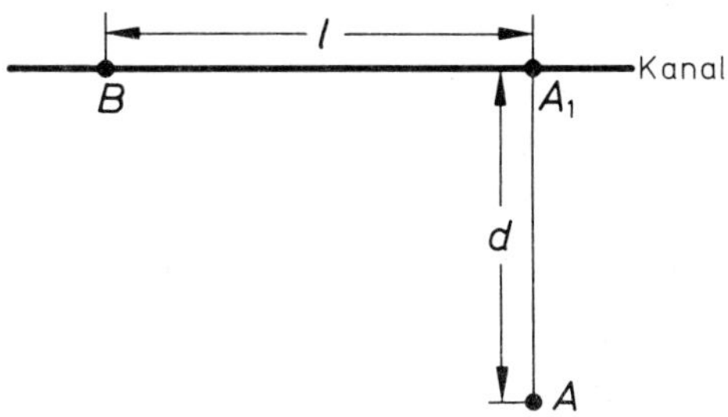

Bild 8.28: Zu Aufgabe 12

9. Vier gleiche Holzwände (Länge a, Breite b) sollen einen an den Giebelseiten offenen Schuppen bilden derart, daß zwei als senkrecht stehende Seitenwände dienen und zwei als Satteldachfläche. Wie breit muß der Schuppen werden, wenn der überdachte Raum möglichst groß sein soll?

*10. Es sei d die Entfernung der Mittelpunkte zweier Kugeln mit den Radien r_1 und r_2. In welchem Punkt der Zentralen muß eine Lichtquelle angebracht werden, damit die Summe der beschienenen Kugelkappen maximal wird?

*11. Ein Grundstück hat die Gestalt eines Dreiecks und soll durch einen Zaun in zwei flächeninhaltsgleiche Teile geteilt werden. Es sind die Punkte auf den Seiten zu bestimmen, durch welche der Zaun gezogen werden muß, damit er so kurz wie möglich wird.

12. Ein Ort A soll regelmäßig mit Waren aus einem Ort B, der an einem geradlinigen Kanal liege, versorgt werden. Der Ort A habe den Abstand d vom Kanal, während B die Entfernung l von dem A am nächsten gelegenen Punkt A_1 des Kanals hat. An welcher Stelle des Kanals muß der Warenumschlag stattfinden, wenn die Transportkosten minimal sein sollen? Die Transportkosten pro km und Wareneinheit seien α beim Landtransport und β beim Wassertransport ($\alpha > \beta$). (Die Strecken l und d seien in km gegeben, vgl. Bild 8.28).

13. Auf einer schiefen Ebene der Länge l rollt eine Kugel herab und läuft auf einer waagrechten Ebene weiter. Welchen Neigungswinkel α muß die geneigte Ebene haben, damit die Horizontalkomponente der Geschwindigkeit auf der waagrechten Ebene möglichst groß ist (Reibung vernachlässigen)?

14. Unter welchem Winkel (zu einer waagrechten Ebene) muß ein Geschoß abgefeuert werden, damit die größtmögliche Weite erreicht wird?

15. Die Fahrtrichtung eines Segelbootes bildet mit der Windrichtung den Winkel φ ($0 \leqq \varphi < \pi$). Wie müssen die Segel gestellt werden, um eine maximale Ausnutzung der Windkraft zu erreichen?

16. Von einem Kanal mit der Breite a gehe unter einem rechten Winkel ein anderer Kanal mit der Breite b aus. Die Wände der Kanäle seien geradlinig. Wie lang darf ein Balken höchstens sein, der von dem einen Kanal in den anderen geflößt werden soll?

17. Über der Mitte eines runden Tisches (Durchmesser d) soll eine Lampe angebracht werden. Welchen Abstand muß sie vom Tisch haben, damit am Tischrand eine maximale Beleuchtung erzielt wird?

    Die Beleuchtungsstärke f errechnet sich dabei durch $f = \dfrac{m \cdot \sin\varphi}{r^2}$, wobei φ der Neigungswinkel der Strahlen, r der Abstand der beleuchteten Fläche von der Lichtquelle und m eine Konstante (Lichtstärke) bedeuten.

18. Gegeben ist die Parabel $y^2 = 2px$.
    *a) Für welche Punkte P ist das vom Berührpunkt bis zur Leitlinie gerechnete Stück der Tangente ein Minimum?
    b) $P_1(x_1, y_1)$ und $P_2(x_2, y_2)$ ($x_1 < x_2, y_1, y_2 > 0$) seien Parabelpunkte. Bestimmen Sie den Parabelpunkt $P(x, y)$ mit $x_1 < x < x_2$, der den größten Abstand von der Sehne $\overline{P_1P_2}$ hat.

19. Für welchen Ellipsenpunkt P_1 bildet die Normale in P_1 mit der Verbindungslinie P_1 zum Mittelpunkt den größten Winkel?

20. In eine Ellipse soll ein Achteck mit maximaler Fläche einbeschrieben werden.

21. Eine Ellipse habe die Halbachsen a und b ($a > b$).
    $F(e, 0)$ sei ein Brennpunkt. Man bestimme den Punkt der Ellipse, der die kürzeste Entfernung von F besitzt.

22. Ein Punkt bewege sich im Medium I mit der Geschwindigkeit v_1 und im Medium II mit der Geschwindigkeit v_2. Die beiden Medien seien geradlinig voneinander getrennt. Die Bewegung des Punktes von einem Punkt A im ersten Medium zu einem Punkt B im zweiten Medium setze sich aus den geradlinigen Abschnitten AC und CB zusammen, wobei C auf der Grenze zwischen den Medien liegt. Zeigen Sie, daß die Bewegung des Punktes von A nach B genau dann in kürzester Zeit erfolgt, wenn

    $$\frac{\sin\varphi_1}{\sin\varphi_2} = \frac{v_1}{v_2}$$

    ist, wobei φ_1 bzw. φ_2 die Winkel sind, welche die Geraden AC bzw. CB mit dem Lot auf die geradlinige Begrenzung zwischen den Medien bilden (Fermatsches Prinzip).

23. Welche Enternung muß ein Beobachter A mit der Augenhöhe 170 cm wählen, damit er ein auf dem (waagrechten) Boden stehenden Gegenstand B mit der Höhe 30 cm so groß wie möglich sieht? (Maximaler Sehwinkel!)

24. P und Q seien zwei Punkte auf einem Kreis K um M mit Radius a. Wie müssen die Punkte P und Q auf K gewählt werden, damit der Inkreisradius ρ des Dreiecks PQM maximal wird? Bestimmen Sie den maximalen Inkreisradius.

*25. Unter welchem Winkel α_1 muß ein Strahl ein Prisma treffen, damit seine Gesamtablenkung δ ein Minimum wird?

26. Untersuchen Sie das Konvexitätsverhalten der Funktionen

a) $f: x \mapsto f(x) = (x+1)^3(x-1)$; b) $f: x \mapsto f(x) = \dfrac{x}{1+x^2}$.

27. Gilt auch die Umkehrung von Satz 8.37b?

28. Besitzen nachstehende Funktionen Asymptoten, wenn ja, sind sie zu bestimmen.

a) $f: x \mapsto f(x) = x^2 e^{-x}$; b) $f: x \mapsto f(x) = \sqrt[3]{x^3 + 2x^2}$; c) $f: x \mapsto f(x) = \sqrt{\dfrac{x^3 - a^3}{x+b}}, b > 0$.

29. Für folgende Funktionen f mit $x \mapsto f(x)$ sind Kurvendiskussionen durchzuführen und die Graphen sind zu skizzieren:

a) $f(x) = \dfrac{(x-1)(x+2)}{(x+3)^2}$; b) $f(x) = x^2 e^{-x}$;

c) $f(x) = \sqrt[3]{3x^2 - x^3}$; d) $f(x) = e^{1/x}$;

e) $f(x) = e^{-1/x^2}$; f) $f(x) = \dfrac{10 \cdot \sqrt[3]{(x-1)^2}}{x^2+9}$;

g) $f(x) = \sqrt{x^2 + x + 1} - \sqrt{x^2 - x + 1}$; h) $f(x) = x^2 \cdot \sqrt{x-1}$;

i) $f(x) = (x+1)^3 \cdot \sqrt[3]{x^2}$; j) $f(x) = \dfrac{\sqrt{x^2 - x^3}}{1+x}$;

k) $f(x) = x \cdot \ln|x|$; l) $f(x) = \ln(x^2 - 1)$;

m) $f(x) = \frac{1}{2} \cdot \ln \dfrac{1+x}{1-x}$; n) $f(x) = (1 + |x|)^{1/x}$;

o) $f(x) = x^2 \cdot \ln x$; p) $f(x) = x \cdot \sin \dfrac{1}{x}$;

q) $f(x) = 20 \cdot \dfrac{1 - \cos x}{x^2}$; r) $f(x) = \tanh \dfrac{1}{x}$;

s) $f(x) = x \cdot \tanh \dfrac{1}{x}$; t) $f(x) = |x|^3 + |4x - 5|^3$;

u) $f(x) = 5 \cdot e^{-0{,}1x} \cdot \sin x$; v) $f(x) = 2 \sin x + \sin 2x$;

w) $f(x) = \arcsin \dfrac{1}{x}$; x) $f(x) = \arcsin(1 + x^2)$;

y) $f(x) = e^{\sin x}$; z) $f(x) = \dfrac{1}{1 - e^{-1/x}}$.

In einigen Kurvendiskussionen treten Gleichungen auf, die nur mit numerischen Verfahren (s. Abschnitt 8.8) gelöst werden können.

8.8 Numerische Verfahren zur Lösung von Gleichungen

8.8.1 Allgemeines Iterationsverfahren

Viele praktische Probleme führen auf die Aufgabe, eine Nullstelle einer Funktion $f: x \mapsto f(x)$ bzw. eine Lösung der Gleichung $f(x) = 0$ zu bestimmen. Da in den meisten Fällen eine Lösung nicht explizit angegeben werden kann, muß man ein numerisches Verfahren zur näherungsweisen Berechnung verwenden. Besonders effektiv sind hierbei die sogenannten **Iterationsverfahren**. Ein solches Verfahren gliedert sich i.allg. in zwei Teile:

1. Man bestimmt einen »groben« Näherungswert (**Startwert**) x_0 für eine Lösung von $f(x) = 0$.
2. Mit Hilfe einer Rechenvorschrift berechnet man aus x_0 einen neuen Wert x_1. Auf diesen Wert wendet man wieder die Rechenvorschrift an und erhält einen Wert x_2 usw. und damit eine Folge $\langle x_n \rangle$.

Die Rechenvorschrift bezeichnet man als **Iterationsvorschrift**, die einmalige Anwendung dieser Vorschrift heißt ein **Iterationsschritt**. Unter geeigneten Voraussetzungen konvergiert dann die Folge $\langle x_n \rangle$ der Iterationswerte gegen eine Lösung ξ der Gleichung $f(x) = 0$. Dies bedeutet, daß man theoretisch eine Lösung ξ der Gleichung beliebig genau bestimmen kann, wenn man nur hinreichend viele Iterationsschritte durchführt.

Beispiel 8.85

In Abschn. 3.3.1, Beispiel 3.27 haben wir gezeigt, daß für alle $x_0 \in \mathbb{R}^+$

$$\lim_{x \to \infty} \tfrac{1}{2}\left(x_{n-1} + \frac{2}{x_{n-1}} \right) = \sqrt{2} \tag{8.62}$$

ist, d.h. die Folge $\langle x_n \rangle$ mit

$$x_n = g(x_{n-1}) = \tfrac{1}{2}\left(x_{n-1} + \frac{2}{x_{n-1}} \right) \tag{8.63}$$

konvergiert gegen eine Lösung der Gleichung $f(x) = x^2 - 2 = 0$. Damit haben wir ein Iterationsverfahren zur näherungsweisen Berechnung von $\sqrt{2}$, wobei (8.63) die Iterationsvorschrift dieses Verfahrens ist. Wählt man z.B. als Startwert $x_0 = 1$, so erhält man die Näherungswerte $x_1, x_2, \ldots$ (s. Tabelle 8.1). Wegen (8.62) konvergiert die Folge $\langle x_n \rangle$ der Näherungswerte und damit, wie man sagt, auch das Iterationsverfahren gegen die Lösung $\sqrt{2}$ der Gleichung $x^2 - 2 = 0$.

Tabelle 8.1.

n	0	1	2	3	...
x_n	1	1,5	$1{,}41\overline{6}$	1,4142156...	...

Gegeben sei die Gleichung $f(x) = 0$, sie besitze mindestens eine Lösung in $[a, b]$. Zur Herleitung einer geeigneten Iterationsvorschrift bringen wir $f(x) = 0$ durch äquivalente Umformung auf die Form $x = g(x)$. Das folgende Beispiel zeigt, wie man dabei vorgehen kann.

Beispiel 8.86

Gegeben sei die Gleichung $f(x) = e^{-x} - \tfrac{1}{2}x^2 = 0$.

Die Funktion f ist auf $\mathbb{R}$ stetig und streng monoton fallend ($f'(x) < 0$ für alle $x \in \mathbb{R}$), ferner gilt $f(0)f(1) < 0$. Folglich besitzt die Gleichung nach dem Satz von Bolzano (s. Abschn. 4.3.3, Satz 4.16) genau eine Lösung in $(0, 1)$. Durch Umformungen erhält man aus $e^{-x} - \tfrac{1}{2}x^2 = 0$ für $x > 0$ die äquivalenten Gleichungen

$$x=\sqrt{2\mathrm{e}^{-x}} \quad \text{oder} \quad x=\frac{2}{x\mathrm{e}^{x}} \quad \text{oder} \quad x=\ln\frac{2}{x^{2}}.$$

Diese Gleichungen sind von der Form $x=g(x)$. Wie man sieht, besitzen $f(x)=0$ und $x=g(x)$ dieselbe Lösung. Geometrisch ist eine Lösung ξ von $x=g(x)$ – wegen $\xi=g(\xi)$ – die Abszisse des Schnittpunktes P des Graphen von g mit der Geraden $y=x$ (s. Bild 8.29).

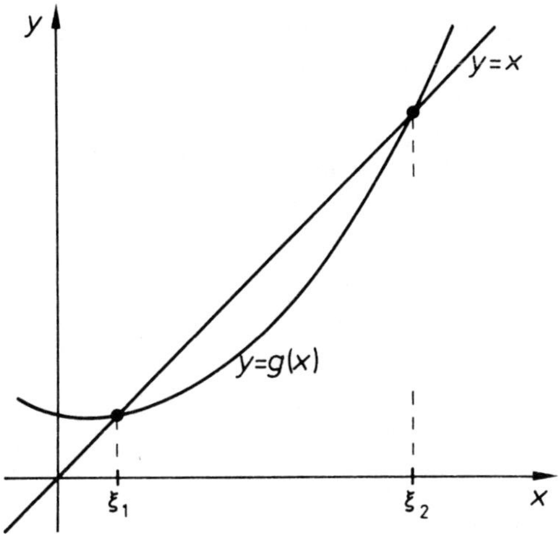

Bild 8.29: Lösungen ξ_1 und ξ_2 von $x=g(x)$

Die Gleichung $x=g(x)$ besitze eine Lösung $\xi\in[a,b]$, $x_0\in[a,b]$ sei ein »grober« Näherungswert dieser Lösung. Mit Hilfe der Iterationsvorschrift $x_{n+1}=g(x_n)$, $n=0,1,2,\ldots$, konstruieren wir die Folge $\langle x_n\rangle$. Ist g auf $[a,b]$ stetig und $x_n\in[a,b]$ für alle $n\in\mathbb{N}_0$, dann gilt, falls die Folge $\langle x_n\rangle$ gegen $\bar{x}$ konvergiert, $\bar{x}=\lim\limits_{n\to\infty}x_{n+1}=\lim\limits_{n\to\infty}g(x_n)=g(\lim\limits_{n\to\infty}x_n)=g(\bar{x})$, d.h. $\xi=\bar{x}$ ist Lösung von $x=g(x)$ in $[a,b]$.

Der folgende Satz gibt eine hinreichende Bedingung für die Existenz und Konvergenz einer solchen Folge $\langle x_n\rangle$.

Satz 8.39 (Allgemeines Iterationsverfahren)

$g\colon x\mapsto g(x)$ sei auf $[a,b]$ differenzierbar. Wenn

(V1) $g(x)\in[a,b]$ für alle $x\in[a,b]$ ist, und
(V2) ein $L\in(0,1)$ so existiert, daß für alle $x\in[a,b]$

$$|g'(x)|\leqq L \tag{8.64}$$

ist, dann gilt:

a) $x=g(x)$ besitzt in $[a,b]$ genau eine Lösung ξ,
b) die Folge $\langle x_n\rangle$ mit

$$x_{n+1}=g(x_n),\quad n=0,1,2,\ldots \tag{8.65}$$

konvergiert für jeden Startwert $x_0\in[a,b]$ gegen die Lösung ξ.

Bemerkungen:

1. Die Voraussetzung (V1) ist nötig, damit man die Folge $\langle g(x_n)\rangle$ bilden kann, denn g ist nur auf $[a, b]$ definiert. Geometrisch besagt (V1), daß g das Intervall »in sich abbildet«, d.h. für kein $x\in[a, b]$ liegt $g(x)$ außerhalb von $[a, b]$. Der Graph von g verläuft also ganz in dem Quadrat $Q = \{(x, y) | x, y\in[a, b]\}$ (s. Bild 8.30).

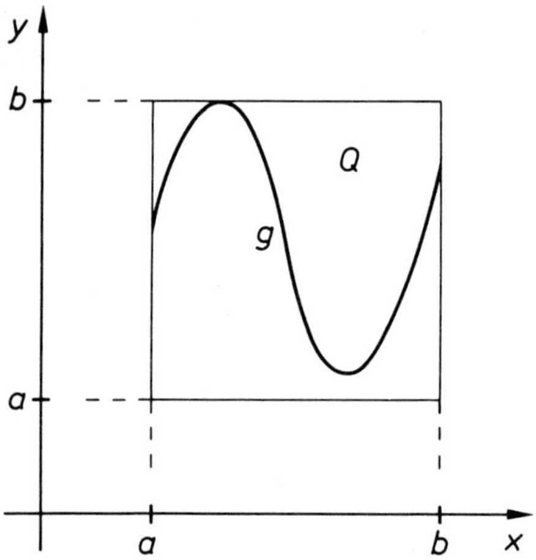

Bild 8.30: $g(x)\in[a, b]$ für alle $x\in[a, b]$

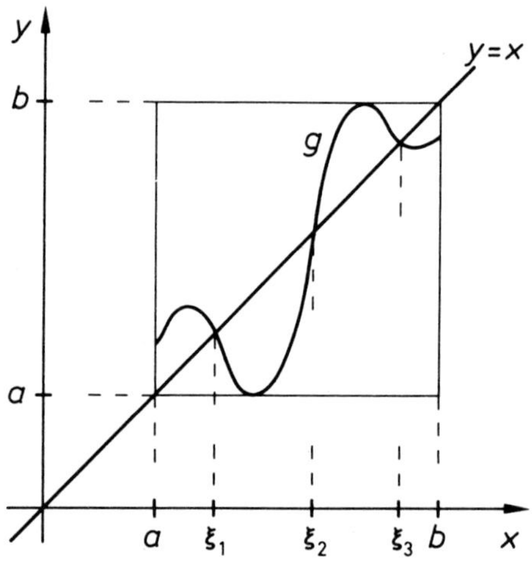

Bild 8.31: $x = g(x)$ für $\xi_1, \xi_2, \xi_3\in[a, b]$

2. Nach Voraussetzung ist g auf $[a, b]$ differenzierbar, also dort stetig. Hieraus und aus (V1) folgt, daß der Graph von g an mindestens einer Stelle $\xi\in[a, b]$ die Gerade $y = x$ schneidet (s. Bild 8.31), $x = g(x)$ also mindestens eine Lösung $\xi\in[a, b]$ besitzt.
   Ist (V1) erfüllt, jedoch g unstetig an einer Stelle von $[a, b]$, so muß $x = g(x)$ nicht notwendig eine Lösung besitzen (s. Bild 8.32).

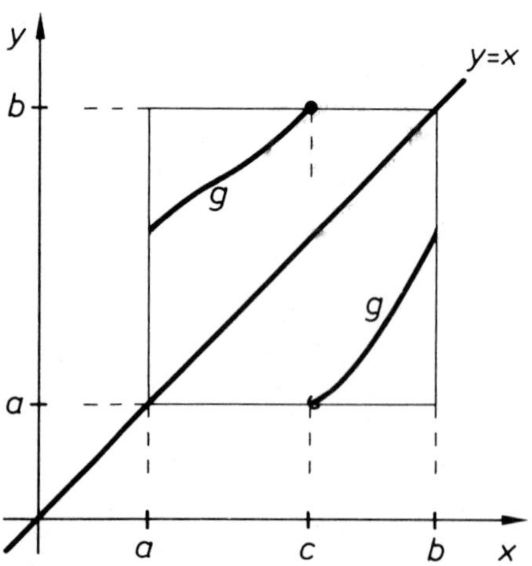

Bild 8.32: $g(x) \neq x$ für alle $x\in[a, b]$

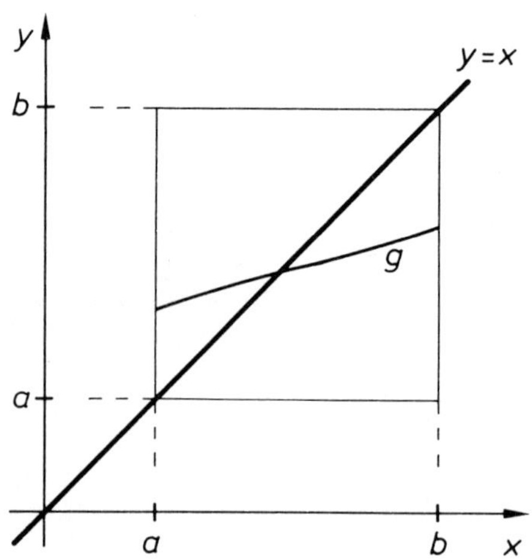

Bild 8.33: $0 < g'(x) < 1$ für alle $x\in[a, b]$

3. Ist (V2) erfüllt, so ist $-1 < g'(x) < 1$ für alle $x \in [a, b]$, d.h. der Graph von g verläuft zwischen $x = a$ und $x = b$ so »flach«, daß er die Gerade $y = x$ dort höchstens einmal schneidet (s. Bild 8.33). Anschaulich ist damit klar, daß durch die Differenzierbarkeit von g auf $[a, b]$ und die Voraussetzung (V1) die Existenz mindestens einer Lösung und durch Hinzunahme von (V2) die Existenz höchstens einer Lösung von $x = g(x)$ in $[a, b]$ gesichert ist.
4. Das allgemeine Iterationsverfahren läßt sich graphisch durch einen Streckenzug darstellen. Dabei bilden die Abszissen der Eckpunkte des Streckenzuges die Iterationsfolge $\langle x_n \rangle$. Diese Folge ist streng monoton bzw. »oszillierend«, falls $0 < g'(x) < 1$ bzw. $-1 < g'(x) < 0$ für alle $x \in [a, b]$ ist (s. Bild 8.34 und Bild 8.35). Die Iterationsfolge ist divergent, falls $|g'(x)| > 1$ für alle $x \in [a, b]$ ist (s. Bild 8.36 und Bild 8.37).

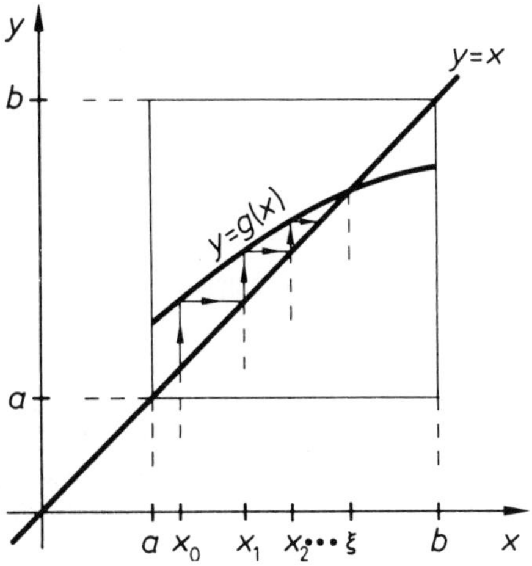

Bild 8.34: $0 \leqq g'(x) < 1$

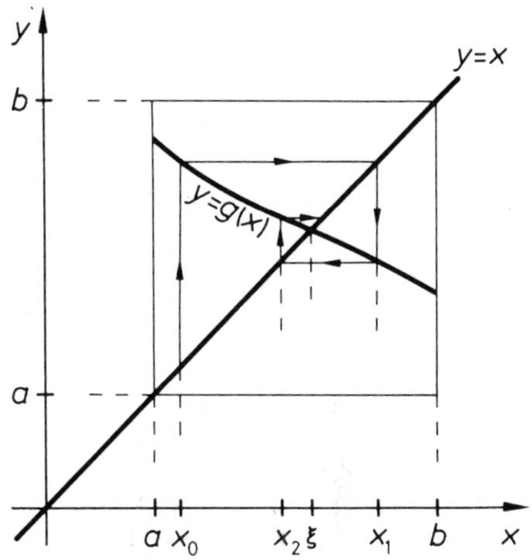

Bild 8.35: $-1 < g'(x) < 0$

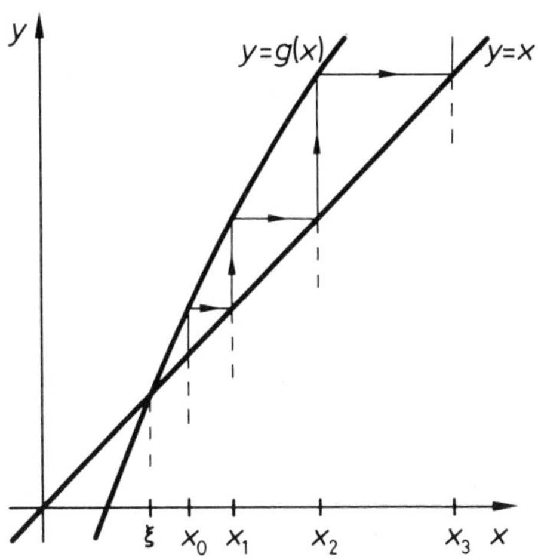

Bild 8.36: $g'(x) > 1$ in $U(\xi)$

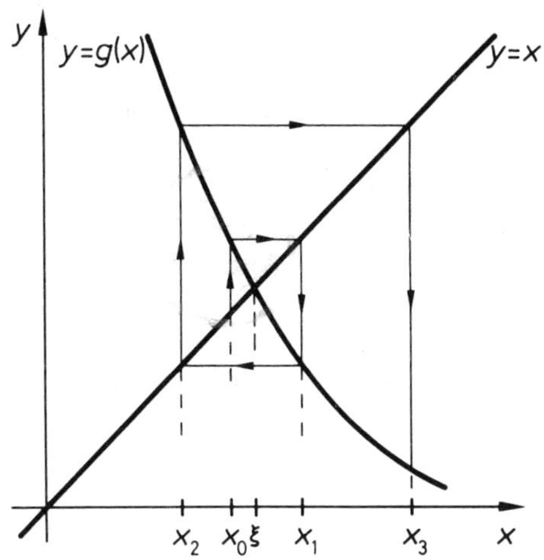

Bild 8.37: $g'(x) < -1$ in $U(\xi)$

Beweis von Satz 8.39

Zu a) Existenz und Eindeutigkeit von ξ:

Wir bilden die Funktion $\varphi: x \mapsto \varphi(x) = g(x) - x$. φ ist auf $[a, b]$ stetig, und wegen $a \leqq g(x) \leqq b$ für alle $x \in [a, b]$ (vgl. (V1)) ist $\varphi(a) = g(a) - a \geqq 0$ und $\varphi(b) = g(b) - b \leqq 0$. Nach dem Satz von Bolzano (s. Abschn. 4.3.3, Satz 4.16) existiert dann mindestens ein $\xi \in [a, b]$ mit $\varphi(\xi) = g(\xi) - \xi = 0$, d.h. es existiert mindestens eine Lösung von $x = g(x)$ in $[a, b]$.

Wir zeigen, daß höchstens eine Lösung existiert.

Hierzu nehmen wir an, daß $x = g(x)$ die beiden Lösungen ξ_1, $\xi_2 \in [a, b]$ besitze. Nach dem Mittelwertsatz der Differentialrechnung (s. Satz 8.25) existiert ein $c \in (\xi_1, \xi_2)$ mit $|g(\xi_1) - g(\xi_2)| = |g'(c)||\xi_1 - \xi_2|$. Zusammen mit (V2) erhält man dann wegen $\xi_1 = g(\xi_1)$ und $\xi_2 = g(\xi_2)$:

$$|\xi_1 - \xi_2| = |g(\xi_1) - g(\xi_2)| = |g'(c)||\xi_1 - \xi_2| \leqq L|\xi_1 - \xi_2|.$$

Daraus folgt $(1 - L)|\xi_1 - \xi_2| \leqq 0$. Wegen $1 - L > 0$ gilt dies nur für $\xi_1 = \xi_2$. Also besitzt $x = g(x)$ in $[a, b]$ genau eine Lösung.

Zu b) Es gilt $\lim\limits_{n \to \infty} x_n = \xi$:

Es sei $x_0 \in [a, b]$. Wegen $\xi = g(\xi)$ und mit Hilfe des Mittelwertsatzes der Differentialrechnung (s. Satz 8.25) ergibt sich (beachte: (8.64))

$$|x_n - \xi| = |g(x_{n-1}) - g(\xi)| = |g'(c_{n-1})||x_{n-1} - \xi| \leqq L|x_{n-1} - \xi|$$

für alle $n = 1, 2, \ldots$, wobei c_{n-1} zwischen x_{n-1} und ξ, also in $[a, b]$, liegt. Durch vollständige Induktion beweist man dann für alle $n \in \mathbb{N}$ die Ungleichung $0 \leqq |x_n - \xi| \leqq L^n|x_0 - \xi|$. Wegen $L \in (0, 1)$ ist $\lim\limits_{n \to \infty} L^n = 0$, und man erhält mit Hilfe von Satz 3.7 aus Abschn. 3.2.2: $\lim\limits_{n \to \infty} |x_n - \xi| = 0$, d.h. $\lim\limits_{n \to \infty} x_n = \xi$. ●

Bevor man mit einem allgemeinen Iterationsverfahren starten kann, benötigt man ein Intervall $[a, b]$ in dem g die Voraussetzungen des Satzes 8.39 erfüllt. Ein solches Intervall läßt sich meist graphisch ermitteln. Dabei kann es vorteilhaft sein, die Gleichung $x = g(x)$ bzw. $f(x) = 0$ auf die Form $f_1(x) = f_2(x)$ zu bringen. Hierzu wählt man als f_1 und f_2 solche Funktionen, deren Graphen sich einfach zeichnen lassen. Man schätzt dann die Abszisse des Schnittpunktes von $y = f_1(x)$ und $y = f_2(x)$ und verwendet diesen Wert als Startwert x_0 eines Iterationsverfahrens. Als Intervall $[a, b]$ wählt man eines, das hinreichend klein ist und x_0 enthält.

Eine andere Möglichkeit zur Bestimmung eines Startwertes besteht darin, durch Aufstellen einer Wertetabelle für f ein möglichst kleines Intervall $[a, b]$ mit $f(a)f(b) < 0$ zu finden. Wenn f auf $[a, b]$ stetig ist, besitzt $f(x) = 0$ nach dem Satz von Bolzano (s. Abschn. 4.3.3, Satz 4.16) mindestens eine Lösung in $[a, b]$. Als Startwert x_0 eines Iterationsverfahrens wählt man dann a, b oder etwa $\frac{1}{2}(a + b)$

Beispiel 8.87

Wir bestimmen alle Lösungen von $f(x) = x^3 - 3x - 1 = 0$.

Dazu bringen wir diese Gleichung zunächst auf die Form $x = g(x) = \frac{1}{3}(x^3 - 1)$. Bild 8.38 zeigt, daß $x = g(x)$ (und damit auch $f(x) = 0$) genau drei Lösungen besitzt, und zwar jeweils eine in den Intervallen $(-2, -1)$, $(-0{,}7; 0)$ und $(1, 2)$.

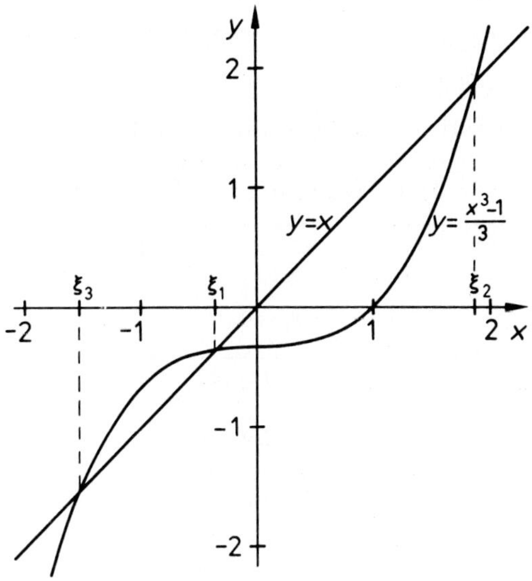

Bild 8.38: Näherungslösungen von $x^3 - 3x - 1 = 0$

Zur Bestimmung von Näherungswerten für ξ_1, ξ_2 und ξ_3 wählen wir drei verschiedene Iterationsvorschriften.

a) Es sei $g_1(x) = \frac{1}{3}(x^3 - 1)$ und $I = [-0{,}7; 0]$.

g_1 ist auf I differenzierbar und für alle $x \in I$ gilt (beachte: g_1 und g'_1 sind auf I streng monoton): $-0{,}7 < g_1(x) < 0$ und $|g'_1(x)| = x^2 \leqq (-0{,}7)^2 = 0{,}49 = L < 1$. Da also g_1 die Voraussetzungen von Satz 8.39 in I erfüllt, konvergiert die Iterationsfolge $\langle x_n \rangle$ mit

$$x_{n+1} = \tfrac{1}{3}(x_n^3 - 1), \quad n = 0, 1, 2, \ldots$$

für jeden Startwert $x_0 \in I$ gegen die Lösung $\xi_1 \in I$. Wir wählen $x_0 = -0{,}3$ und erhalten z. B. mit Hilfe eines elektronischen Taschenrechners die Werte in Tabelle 8.2.

b) Berechnung von $\xi_2 \in [1, 2]$

Für alle $x \in [1, 2]$ ist $f(x) = 0 \Leftrightarrow x = g_2(x) = \sqrt{3 + \frac{1}{x}}$. g_2 ist auf $[1, 2]$ differenzierbar, und es gilt $g'_2(x) = \dfrac{-1}{2x\sqrt{3x^2 + x}}$. Man erhält für alle $x \in [1, 2]$ (beachte: g_2 und $|g'_2|$ sind auf $[1, 2]$ streng monoton fallend) $1 < g_2(x) \leqq 2$ und $|g'_2(x) \leqq |g'_2(1)| = 0{,}25 = L < 1$. Folglich konvergiert die Iterationsfolge $\langle x_n \rangle$ mit

$$x_{n+1} = \sqrt{3 + \frac{1}{x_n}}, \quad n = 0, 1, 2, \ldots$$

nach Satz 8.39 (etwa für $x_0 = 1{,}5$) gegen die Lösung $_2 \in [1, 2]$. Tabelle 8.2 enthält die ersten 6 Iterationswerte.

c) Berechnung von $\xi_3 \in [-2, -1]$

Für alle $x \in [-2, -1]$ ist $f(x) = 0 \Leftrightarrow x = g_3(x) = \sqrt[3]{3x + 1}$. Wir verzichten auf den Nachweis, daß g_3

in $[-2, -1]$ die Voraussetzungen von Satz 8.39 erfüllt. Mit Hilfe der Iterationsfolge $\langle x_n \rangle$ mit

$$x_{n+1} = \sqrt[3]{3x_n + 1}, \quad n = 0, 1, 2, \ldots$$

und dem Startwert $x_0 = -1{,}5$ erhält man die in Tabelle 8.2 angegebenen Werte.

Tabelle 8.2: Näherungswerte für die Lösungen von $x^3 - 3x - 1 = 0$

n	$x_{n+1} = \frac{1}{3}(x_n^3 - 1)$ $x_0 = -0{,}3$	$x_{n+1} = \sqrt{3 + \frac{1}{x_n}}$ $x_0 = 1{,}5$	$x_{n+1} = \sqrt[3]{3x_n + 1}$ $x_0 = -1{,}5$
1	$-0{,}342\overline{3}$	1,9148542...	−1,5182944...
2	−0,3467062...	1,8767612...	−1,5261894...
3	−0,3472253...	1,8795831...	−1,5295714...
4	−0,3472877...	1,8793703...	−1,5310156...
5	−0,3472953...	1,8793863...	−1,5316315...
6	−0,3472962...	1,8793851...	−1,5318940...

Die Iterationsverfahren liefern als Lösung der Gleichung $x^3 - 3x - 1 = 0$ die Näherungswerte

$$\bar{x}_1 = -0{,}34729, \quad \bar{x}_2 = 1{,}87938, \quad \bar{x}_3 = -1{,}53. \tag{8.66}$$

Bei der praktischen Anwendung des allgemeinen Iterationsverfahrens muß man nach einer endlichen Anzahl von Iterationsschritten die Rechnung abbrechen. Man interessiert sich dann natürlich für den Fehler $|x_n - \xi|$, den man begeht, wenn man die Lösung ξ durch den n-ten Iterationswert x_n annähert.

Den Beweis des folgenden Satzes stellen wir als Aufgabe.

Satz 8.40 (Fehlerabschätzungen)

Gegeben sei die Iterationsvorschrift $x_{n+1} = g(x_n)$, $n = 0, 1, 2, \ldots$, und g erfülle die Voraussetzungen von Satz 8.39. Dann gelten folgende Fehlerabschätzungen:

$$|x_n - \xi| \leq \frac{L^n}{1-L}|x_1 - x_0| \quad \text{a priori Fehlerabschätzung} \tag{8.67}$$

$$|x_n - \xi| \leq \frac{L}{1-L}|x_n - x_{n-1}| \quad \text{a posteriori Fehlerabschätzung.} \tag{8.68}$$

Bemerkung:

Die a priori Fehlerabschätzung kann man bereits nach dem ersten Iterationsschritt durchführen. Mit ihrer Hilfe läßt sich abschätzen, wie viele Iterationsschritte man maximal zur Berechnung einer Näherungslösung zu vorgegebener Genauigkeit durchführen muß.

Die a posteriori Fehlerabschätzung kann erst nach Berechnung des n-ten Iterationswertes durchgeführt werden. Sie liefert jedoch i. allg. eine bessere Schranke für den Fehler als die a priori Fehlerabschätzung.

Beispiel 8.88

a) Eine a posteriori Fehlerabschätzung
Für den Näherungswert $x_6 = -0{,}3472962\ldots$ (s. Tabelle 8.2) einer Lösung von $x^3 - 3x - 1 = 0$ aus Beispiel 8.87 a) erhalten wir wegen $L = 0{,}49$ mit Hilfe von (8.68) die Fehlerabschätzung

$$|x_6 - \xi| = \frac{0{,}49}{1 - 0{,}49}|x_6 - x_5| < \frac{0{,}49}{0{,}51}\cdot 10^{-6} < 0{,}97\cdot 10^{-6}.$$

Folglich gilt für den exakten Wert die »Einschließung« $-0{,}3472972 < \xi_1 < -0{,}3472952$.

b) Eine a priori Fehlerabschätzung
Wie viele Iterationsschritte muß man bei $x_0 = -0{,}5$ mit $x_{n+1} = g(x_n) = \frac{1}{3}(x_n^3 - 1)$, $n = 0, 1, 2, \ldots$ höchstens durchführen, damit der Fehler des Näherungswertes für die Lösung ξ kleiner als 10^{-8} ist?

g erfüllt auf $[-0{,}5; 0]$ mit $L = 0{,}25$ die Voraussetzungen von Satz 8.40. Wegen $x_1 = g(-0{,}5) = -0{,}375$ folgt dann aus (8.67)

$$|x_n - \xi| \leqq \frac{0{,}25^n}{0{,}75}|x_1 - x_0| = \frac{0{,}25^n}{0{,}75}\cdot 0{,}125.$$

Damit $|x_n - \xi| < 10^{-8}$ ist, müssen wir $n \in \mathbb{N}$ so wählen, daß $\frac{0{,}25^n}{0{,}75}\cdot 0{,}125 < 10^{-8}$ ist. Dies ist der Fall, wenn wir mindestens $n = 12$ wählen.

8.8.2 Das Iterationsverfahren von Newton

f sei auf $[a, b]$ mindestens zweimal stetig differenzierbar und $f(a)f(b) < 0$. Ferner sei $f'(x) \neq 0$ für alle $x \in [a, b]$. f ist folglich auf $[a, b]$ streng monoton, so daß $f(x) = 0$ genau eine Lösung $\xi \in (a, b)$ besitzt. Wählt man $x_0 \in [a, b]$ als Näherungswert von ξ, so besitzt die Tangente an den Graphen von f im Punkt $P(x_0, f(x_0))$ (s. Bild 8.39) die Gleichung $y = f'(x_0)(x - x_0) + f(x_0)$. Für die Abszisse x_1 des Schnittpunktes der Tangente mit der x-Achse erhält man

$$x_1 = x_0 - \frac{f(x_0)}{f'(x_0)}.$$

Ausgehend von x_1 als Näherungswert gewinnt man entsprechend den neuen Wert x_2, dann x_3 usw., d.h. eine Folge von Näherungswerten

$$\langle x_n \rangle \quad \text{mit} \quad x_{n+1} = x_n - \frac{f(x_n)}{f'(x_n)}, \quad n = 0, 1, 2, \ldots \tag{8.69}$$

Das durch diese Folge definierte Verfahren heißt **Newtonsches Iterationsverfahren**.

Wegen Bild 8.39 könnte man vermuten, daß die Iterationsfolge (8.69) stets (monoton) gegen ξ konvergiert. Bild 8.40 zeigt, daß dies nicht immer der Fall ist.

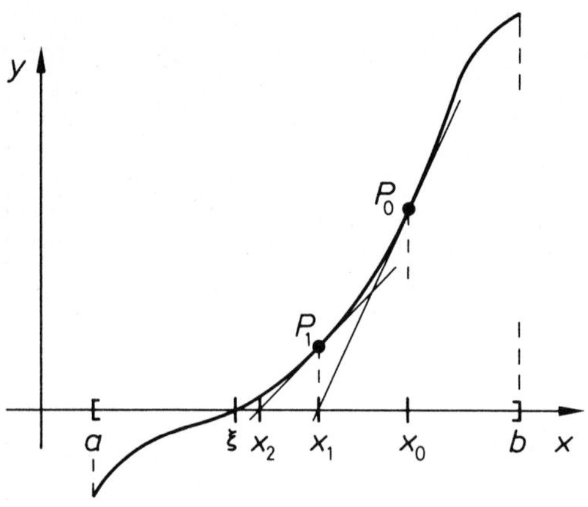

Bild 8.39: Verfahren von Newton

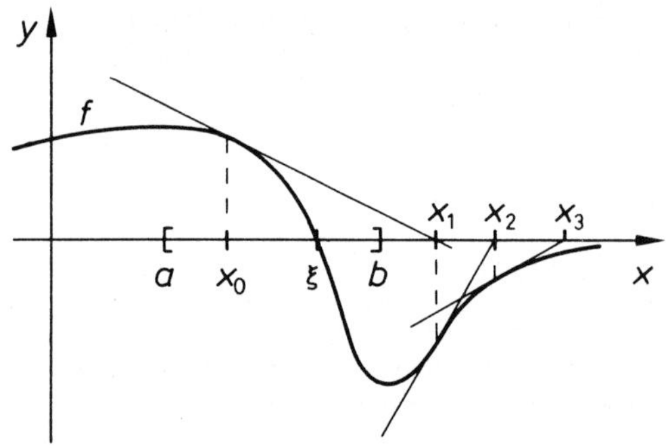

Bild 8.40: $\langle x_n \rangle$ konvergiert nicht gegen ξ

Zur Untersuchung, unter welcher Bedingung die Folge (8.69) gegen die Lösung ξ von $f(x)=0$ in $[a,b]$ konvergiert, setzen wir

$$g(x)=x-\frac{f(x)}{f'(x)} \tag{8.70}$$

und gewinnen damit die Iterationsvorschrift von Newton in der Form

$$x_{n+1}=g(x_n)=\frac{x_n f'(x_n)-f(x_n)}{f'(x)}, \quad n=0,1,2,\ldots \tag{8.71}$$

Aus (8.70) und den Bedingungen, die wir an f gestellt haben, folgt: g ist auf $[a,b]$ stetig differenzierbar, und es gilt

$$g'(x)=\frac{f(x)f''(x)}{(f'(x))^2} \quad \text{für alle } x\in[a,b]. \tag{8.72}$$

Wegen $f(\xi)=0$ und $f'(\xi)\neq 0$ ist $g'(\xi)=0$. Folglich existiert eine hinreichend kleine Umgebung $U(\xi)\subset[a,b]$ so, daß für alle $x\in U(\xi)$ stets

$$|g'(x)|=\left|\frac{f(x)f''(x)}{f'^2(x)}\right|\leqq L \quad \text{mit } L\in(0,1) \tag{8.73}$$

ist. Wählt man also $U(\xi)$ so klein, daß (8.73) gilt, so erfüllt g die Voraussetzung (V2) aus Satz 8.39, d.h. die Folge der Näherungswerte (8.71) konvergiert gegen ξ.

Damit haben wir folgenden Satz bewiesen:

Satz 8.41 (Newtonsches Iterationsverfahren)

f sei auf $[a,b]$ zweimal stetig differenzierbar und $f(a)f(b)<0$. Ferner sei $f'(x)\neq 0$ für alle $x\in[a,b]$. Dann gilt:

a) $f(x)=0$ besitzt in $[a,b]$ genau eine Lösung ξ,

b) es existiert eine Umgebung $U(\xi)\subset[a,b]$ und ein $L\in(0,1)$ so, daß

$$\left|\frac{f(x)f''(x)}{(f'(x))^2}\right|\leqq L \quad \text{für alle } x\in U(\xi) \tag{8.74}$$

ist und die Folge $\langle x_n\rangle$ mit

$$x_{n+1}=x_n-\frac{f(x_n)}{f'(x_n)}, \quad n=0,1,2,\ldots \tag{8.75}$$

für jeden Startwert $x_0\in U(\xi)$ gegen die Lösung ξ konvergiert.

Bemerkungen:

1. Das Newtonsche Iterationsverfahren konvergiert unter den angegebenen Voraussetzungen stets dann, wenn man den Startwert x_0 hinreichend nahe bei ξ wählt.
2. Ohne Beweis sei erwähnt: Ist $f''(x)\neq 0$ für alle $x\in[a,b]$, und wählt man als Startwert x_0 diejenige der Zahlen a oder b, für die $f(x_0)f''(x_0)>0$ ist, so konvergiert die Folge (8.75) gegen die einzige Lösung $\xi\in[a,b]$.

Beispiel 8.89

Gegeben sei die Gleichung $f(x)=x^3-3x-1=0$.

Nach Beispiel 8.87 besitzt diese Gleichung genau eine Lösung in $[-0{,}5;\,-0{,}2]$. Mit Hilfe von (8.75) erhält man die Folge $\langle x_n\rangle$ mit

$$x_{n+1}=\frac{2x_n^3+1}{3x_n^2-3}, \quad n=0,1,2,\ldots \tag{8.76}$$

Es gilt:

$$\left|\frac{f(x)f''(x)}{(f'(x))^2}\right|=\frac{2}{3}\cdot\frac{|x^3-3x-1|\cdot|x|}{|x^2-1|^2}. \tag{8.77}$$

Beachtet man, daß eine auf einem abgeschlossenen Intervall stetige und monotone Funktion ihr Maximum auf dem Rand annimmt, so gilt für alle $x\in[-0{,}5;\,-0{,}2]$

$$\frac{1}{|x^2-1|^2}<1{,}78; \quad |x|\leqq 0{,}5; \quad |x^3-3x-1|\leqq 0{,}41.$$

Folglich gilt für alle $x\in[-0{,}5;\,-0{,}2]$ (vgl. (8.77))

$$\left|\frac{f(x)f''(x)}{(f'(x))^2}\right|<\frac{2}{3}\cdot 1{,}78\cdot 0{,}5\cdot 0{,}41<0{,}25=L<1, \tag{8.78}$$

so daß die Folge der Näherungswerte (8.76) nach Satz 8.41 für jeden Startwert $x_0\in[-0{,}5;\,-0{,}2]$

gegen die Lösung ξ konvergiert. Wählen wir den Startwert $x_0 = -0{,}3$, so erhalten wir mit Hilfe eines elektronischen Taschenrechners folgende Näherungswerte:

Tabelle 8.3

n	0	1	2	3	...
x_n	$-0{,}3$	$-0{,}3465201\ldots$	$-0{,}3472961\ldots$	$-0{,}3472963\ldots$	...

Fehlerabschätzung:

Mit Hilfe von $L = 0{,}25$ liefert die a posteriori Fehlerabschätzung (8.68)

$$|x_3 - \xi| \leqq \frac{L}{1-L}|x_3 - x_2| < \frac{0{,}25}{0{,}75} \cdot 3 \cdot 10^{-7} = 10^{-7},$$

d.h.

$$-0{,}3472965 < \xi < -0{,}3472962.$$

Beispiel 8.90

Gegeben ist die Gleichung $f(x) = e^x - x^2 = 0$.

Wegen $f(0)f(-1) < 0$ und $f'(x) > 0$ für alle $x \in [-1, 0]$ (f ist also auf $[-1, 0]$ streng monoton) besitzt $f(x) = 0$ genau eine Lösung in $[-1, 0]$. Als Iterationsvorschrift des Newtonschen Verfahrens erhalten wir nach (8.75)

$$x_{n+1} = \frac{e^{x_n}(x_n - 1) - x_n^2}{e^{x_n} - 2x_n}, \quad n = 0, 1, 2, \ldots$$

Wählen wir $x_0 = -0{,}8$, so ist $f(-0{,}8)f''(-0{,}8) > 0$, und wir erhalten folgende Näherungswerte. Auf eine Fehlerabschätzung verzichten wir.

Tabelle 8.4

n	0	1	2	3	4	...
x_n	$-0{,}8$	$-0{,}706959\ldots$	$-0{,}703472\ldots$	$-0{,}703467\ldots$	$-0{,}703467\ldots$	...

8.8.3 Regula falsi

Zur Anwendung des Newtonschen Verfahrens benötigt man die erste Ableitung der Funktion f. Es kann jedoch der Fall eintreten, daß die Bestimmung von f' sehr schwierig ist, oder daß f nicht differenzierbar ist. In diesen Fällen kommt einem anderen (ableitungsfreien) Iterationsverfahren eine große Bedeutung zu. Wir gehen hier jedoch nicht auf Konvergenzbedingungen und Fehlerabschätzungen ein, sondern beschreiben nur, wie man Näherungswerte für eine Lösung von $f(x) = 0$ erhält.

Gegeben sei die Gleichung $f(x) = 0$. f sei auf $[a, b]$ stetig und es gelte $f(a)f(b) < 0$. Als Näherungswert x_1 einer Lösung ξ wählen wir die Abszisse x_1 des Schnittpunktes der Sehne durch die Punkte $A(a, f(a))$ und $B(b, f(b))$ mit der x-Achse (s. Bild 8.41).

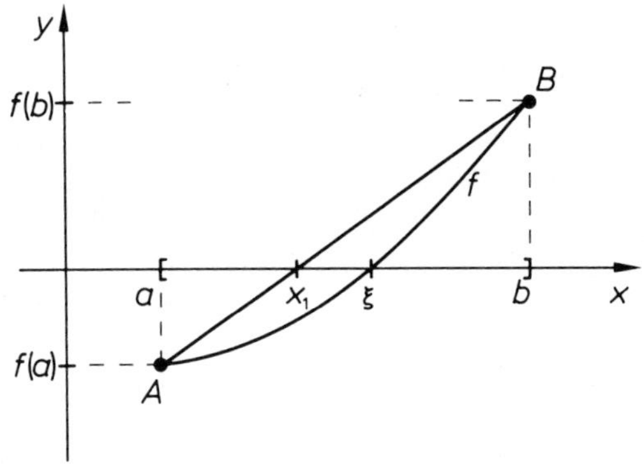

Bild 8.41: Zur regula falsi

Wir erhalten

$$x_1 = a - \frac{b-a}{f(b)-f(a)} f(a). \tag{8.79}$$

I. allg. wird $f(x_1) \neq 0$ sein, ansonsten ist x_1 eine Lösung. Ist nun $\begin{cases} f(a)f(x_1) < 0 \\ f(x_1)f(b) < 0 \end{cases}$, so gibt es eine Lösung $\begin{cases} \xi \in (a, x_1) \\ \xi \in (x_1, b) \end{cases}$, und wir ersetzen in (8.79) $\begin{cases} b \\ a \end{cases}$ durch x_1 und erhalten damit einen neuen Näherungswert x_2. Führt man an Stelle von x_1 nun mit dem Wert x_2 die angegebene Fallunterscheidung durch (falls nicht bereits $f(x_2) = 0$ ist), so liefert (8.79) den Wert x_3 usw. Auf diese Weise erhält man eine Folge $\langle x_n \rangle$ von Näherungswerten, die gegen eine Lösung $\xi \in (a, b)$ konvergiert. Dieses Iterationsverfahren bezeichnet man als **Regula falsi**.

Beispiel 8.91

Gegeben ist die Gleichung $f(x) = x^2 \cdot \ln x - \tanh \frac{1}{x} = 0$.

Da $f'(x)$ ein ziemlich komplizierter Ausdruck ist, benutzen wir statt des Verfahrens von Newton die Regula falsi. Es ist $f(1) < 0$ und $f(2) > 0$, ferner ist f auf $[1, 2]$ stetig. Folglich liegt mindestens eine Lösung der Gleichung in $(1, 2)$. Es existiert sogar nur eine Lösung in diesem Intervall, wie man an Hand der Graphen von $f_1\colon x \mapsto x^2 \ln x$ und $f_2\colon x \mapsto \tanh \frac{1}{x}$ erkennt (s. Bild L8.17 und Bild L8.20 auf Seite 593). Mit $a = 1$ und $b = 2$ erhält man die Näherungswerte in Tabelle 8.5. Ein Näherungswert für die Lösung in $(1, 2)$ ist $\bar{x} = 1{,}38234$, wobei $|f(\bar{x})| < 1{,}2 \cdot 10^{-4}$ ist.

Tabelle 8.5

n	1	2	3	4	5	6	7	
x_n	1,24790...	1,33937...	1,36912...	1,37837...	1,38121...	1,38208...	1,38234...	...

Beispiel 8.92

Wir bestimmen eine Lösung der Gleichung $f(x) = x^4 - 12x + 4 = 0$.

Wegen $f(2) < 0$ und $f(2{,}5) > 0$ besitzt die Gleichung eine Lösung $\xi \in (2; 2{,}5)$. Ausgehend von den Werten $a = 2$ und $b = 2{,}5$ erhält man die Näherungswerte in Tabelle 8.6. Zum Vergleich enthält diese Tabelle auch Näherungswerte, die das allgemeine Iterationsverfahren mit der Iterationsvorschrift

$$x_{n+1} = \sqrt{\frac{1}{x_n}\left(12 - \frac{4}{x_n}\right)}, \quad n = 0, 1, 2, \ldots$$

und das Newtonsche Verfahren mit

$$x_{n+1} = \frac{3x_n^4 - 4}{4x_n^3 - 12}, \quad n = 0, 1, 2, \ldots$$

jeweils mit dem Startwert $x_0 = 2{,}5$ liefern.

Ein Näherungswert für die Lösung in $(2; 2{,}5)$ ist $\bar{x} = 2{,}16534$. Setzt man diesen Wert in die Gleichung ein, so erhält man $|f(\bar{x})| \leqq 2 \cdot 10^{-4}$.

Tabelle 8.6

	Regula falsi	Ein allgemeines Iterationsverfahren	Verfahren von Newton
n	x_n	x_n	x_n
0		2,5	2,5
1	2,117216...	2,039607...	2,241336...
2	2,152174...	2,218545...	2,170496...
3	2,161806...	2,143889...	2,165372...
4	2,164399...	2,174173...	2,165346...
5	2,165093...	2,161744...	2,165346...
6	2,165279...	2,166821...	

Aufgaben

1. Gegeben ist die Gleichung $f(x) = 0$. Geben Sie je drei verschiedene Gleichungen $x = g(x)$ an, deren Lösungen mit den Lösungen von $f(x) = 0$ übereinstimmen:

   a) $f(x) = x^2 - 2x - 3$; b) $f(x) = 3 \cdot \tan 2x - \ln x$; c) $f(x) = \dfrac{\sqrt{10}}{x \cdot 10^x} - 1$.

2. Gegeben ist die Gleichung $f(x) = 0$. Ermitteln Sie graphisch Intervalle, in denen genau eine Lösung dieser Gleichung liegt:

   a) $f(x) = x^3 + 2x - 8$; b) $f(x) = x^3 - 2x^2 - 6x + 6$; c) $f(x) = e^{-x} - \frac{1}{2}x^2$;
   d) $f(x) = \ln(x + \frac{3}{2}) - x$; e) $f(x) = x \cdot \operatorname{arcosh} x - 1$.

3. Gegeben ist die Funktion g und das Intervall $[a, b]$. Zeigen Sie, daß g die Bedingungen (V1) und (V2) aus Satz 8.39 in $[a, b]$ erfüllt:

   a) $g(x) = \sqrt{x + 1}$; $[2, 3]$ b) $g(x) = -\frac{1}{8}x^2 + 2$; $[1{,}5; 1{,}8]$ c) $g(x) = \sqrt{2 \cdot e^{-x}}$; $[0{,}5; 2]$.

4. Die Gleichung $x^2 - 1 - \cos x = 0$ besitzt eine Lösung ξ in (1; 1,5). Welche Iterationsvorschrift (evtl. auch mehrere) kann man zur Bestimmung von ξ verwenden?

a) $x_{k+1} = \dfrac{1 + \cos x_k}{x_k}$; b) $x_{k+1} = \sqrt{1 + \cos x_k}$; c) $x_{k+1} = 1 + \dfrac{\cos x_k}{x_k + 1}$.

5. Die Gleichung $f(x) = x^3 - x = 0$ besitzt die Lösungen $\xi_1 = -1$, $\xi_2 = 0$ und $\xi_3 = 1$. Geben Sie Iterationsvorschriften $x_{k+1} = g(x_k)$ und Startwerte x_0 so an, daß die zugehörigen Folgen $\langle x_k \rangle$ gegen diese Lösungen konvergieren.

6. Beweisen Sie Satz 8.40.

7. Bestimmen Sie mit Hilfe eines allgemeinen Iterationsverfahrens eine Lösung folgender Gleichung:

i) $x^5 - 2x - 0{,}2 = 0$; ii) $x\,e^x = 1$; iii) $\tan x = \cosh x$.

a) Führen Sie 4 Iterationsschritte durch und geben Sie dann den maximalen Fehler an.
b) Wieviel Iterationsschritte muß man höchstens durchführen, damit der Fehler der Näherungslösung kleiner als 10^{-8} ist?

8. Bestimmen Sie die Lösung der Gleichung

i) $2x^3 - x - 2 = 0$; ii) $e^x - x^2 - x = 0$

mit Hilfe
a) eines allgemeinen Iterationsverfahrens,
b) des Verfahrens von Newton,
c) der Regula falsi.

Führen Sie jeweils 4 Iterationsschritte durch. Verwenden Sie bei a) und b) den gleichen Startwert x_0 und geben Sie eine Fehlerabschätzung an.

9. Bestimmen Sie mit Hilfe der Regula falsi alle Lösungen der Gleichung $f(x) = x^3 - 60 + 20 \sin 3\pi x = 0$ auf 4 Stellen nach dem Komma genau.

10. Bestimmen Sie die kleinste Lösung der Gleichung $f(x) = x \tan 2x + 2 \ln x - 3 = 0$ auf 4 Stellen nach dem Komma genau.

11. Leiten Sie die Iterationsvorschrift für das Newtonsche Verfahren zur Berechnung der Wurzel $\sqrt[m]{a}, m \in \mathbb{N}$ und $a \in \mathbb{R}^+$, her.

12. Bestimmen Sie den Extremwert und den Wendepunkt mit der kleinsten positiven Abszisse der Funktion $f: x \mapsto x \cdot \sin x$.

13. Bestimmen Sie die Extremwerte folgender Funktionen $f: x \mapsto f(x)$:

a) $f(x) = \dfrac{x^3 + x + 2}{x^2 + 1}$; b) $f(x) = x + \ln x - x^3$; c) $f(x) = x - e^{x^2}$.

14. Bestimmen Sie den Punkt auf der Kurve $y = f(x)$, der vom Ursprung den kleinsten Abstand besitzt:

a) $y = e^x$; b) $y = \ln x$.

15. Bestimmen Sie alle Schnittpunkte folgender Kurven:

a) $y = \tan x, y = \cos x$; b) $y = \tan x, y = x$; $x \in (\frac{1}{2}\pi, \frac{3}{2}\pi)$.

16. Bestimmen Sie die gemeinsamen Tangenten, falls solche existieren, der Kurven $y = e^x$ und $y = \ln x$.

17. Bestimmen Sie die Tangente an die Kurve $y = \ln x$, die den größten Abstand vom Ursprung besitzt.

18. Gegeben sei die Kurve $y = \cos x$, $x \in [-\frac{1}{2}\pi, \frac{1}{2}\pi]$. Bestimmen Sie das Rechteck mit dem größten Flächeninhalt, das man dem Bereich, der von der Kurve und der x-Achse berandet wird, einbeschreiben kann.

19. Wie groß ist der Quotient einer geometrischen Reihe mit dem Anfangsglied $a_1 = 1$ und dem Summenwert $s_5 = 1000$?

20. Ein Kreis mit dem Radius r ist durch zwei parallele Geraden in drei inhaltsgleiche Teile zu teilen. Wie groß muß man den Abstand der Geraden wählen?

21. Ein Rohr mit dem Radius 10 cm wird von einer kreisförmigen Scheibe mit dem gleichen Radius zu 30% seiner ursprünglichen Querschnittsfläche abgedeckt. Welchen Abstand a haben dabei die Mittelpunkte des Rohrquerschnitts und der Schieberplatte?

22. In einen liegenden Zylinder (Radius 10 cm, Höhe 30 cm) werden 5 Liter Wasser geschüttet. Wie hoch steht das Wasser im Zylinder?

23. Wie tief taucht eine Holzkugel $\left(\text{Dichte } 0{,}75\,\frac{\text{g}}{\text{cm}^3},\ \text{Radius } 10\,\text{cm}\right)$ in Wasser ein?

24. Einer Kugel (Radius 9 cm) soll ein Zylinder einbeschrieben werden, dessen Volumen gleich einem Viertel des Kugelvolumens ist. Welche Höhe besitzt der Zylinder?

25. Einer Halbkugel (Radius 9 cm) soll ein Kegelstumpf mit maximalem Volumen einbeschrieben werden (s. Bild 8.42). Bestimmen Sie die Höhe h des Kegelstumpfes.

26. Wo ist der Graph der Kurve $y = e^{-x^2}$ am stärksten gekrümmt?

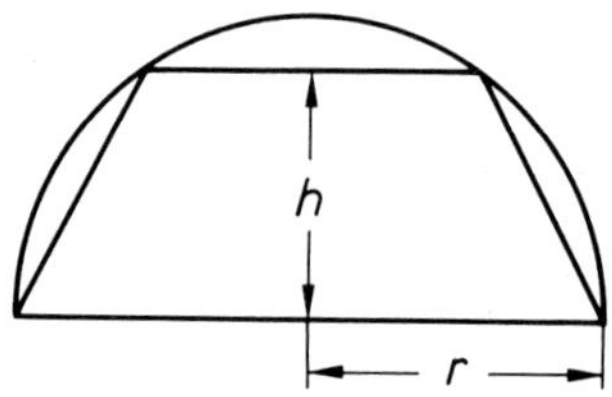

Bild 8.42: Skizze zu Aufgabe 25

9 Integralrechnung

9.1 Das bestimmte Integral

9.1.1 Einführung

In der elementaren Geometrie wird die Berechnung des Flächeninhalts einer ebenen Figur zunächst nur für Rechtecke und Dreiecke durchgeführt. Andere ebene Flächen, die von einem geschlossenen Polygon begrenzt werden (s. Bild 9.1), zerlegt man in Dreiecke oder Rechtecke und berechnet so ihren Flächeninhalt. Dazu gehören z.B. das Trapez und das Parallelogramm.

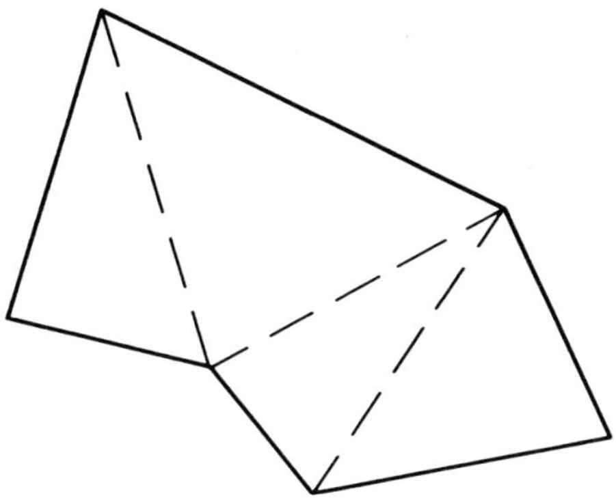

Bild 9.1: Geradlinig begrenzte Fläche

Wird eine Fläche von einer gekrümmten Kurve begrenzt, so versagen die bisherigen Berechnungsmethoden. Bei der Herleitung der Formel für den Flächeninhalt eines Kreises benutzt man das einbeschriebene und das umbeschriebene regelmäßige n-Eck, berechnet deren Flächeninhalte und ermittelt dann den Grenzwert der Flächeninhalte dieser n-Ecke für $n \to \infty$. Doch damit verwendet man eine Methode, die nicht mehr zur elementaren Geometrie gehört. Die Flächeninhaltsberechnung eines Kreises ist bereits ein Spezialfall der Integralrechnung, und diese wollen wir im folgenden allgemein erarbeiten. Mit Hilfe der elementaren Geometrie kann man also im Grunde nur den Inhalt solcher Flächen berechnen, die von einem geschlossenen Polygon begrenzt werden.

Zunächst untersuchen wir den Fall (s. Bild 9.2), bei dem die Fläche oben von dem Graphen der Funktion $f:[a,b] \to \mathbb{R}^+$ mit $x \mapsto f(x)$, unten von der x-Achse, links von der Geraden $x = a$ und rechts von der Geraden $x = b$ begrenzt wird. Die so beschriebene Fläche nennen wir die **Fläche unter dem Graphen** von f. Später wird im Abschnitt 9.1.5 gezeigt, wie man diesen Spezialfall verallgemeinern und den Inhalt einer beliebig begrenzten ebenen Fläche berechnen kann.

Ersetzt man den Graphen von f durch einen Streckenzug, der entsteht, indem man einige beliebige Punkte des Graphen gradlinig verbindet (s. Bild 9.3), so kann man die Fläche unter dem

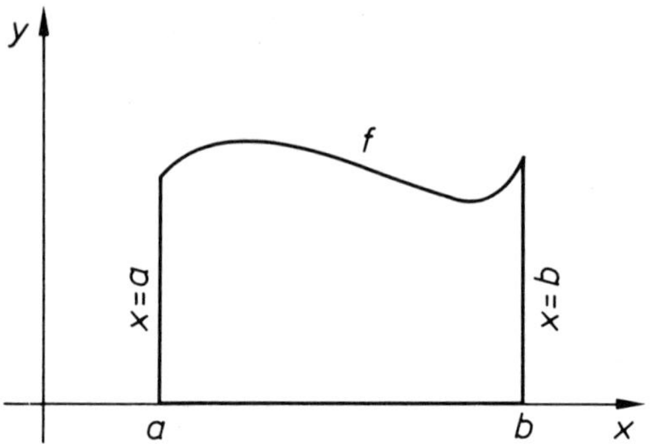

Bild 9.2: Fläche unter dem Graphen von f

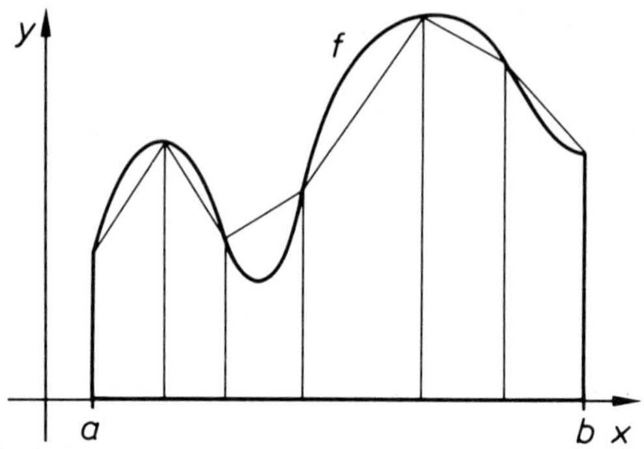

Bild 9.3: Flächeninhalt unter einem Streckenzug

Streckenzug berechnen, denn sie setzt sich aus lauter Trapezen zusammen. Bei hinreichend feiner Unterteilung ist der Flächeninhalt unter dem Streckenzug ein guter Näherungswert für den gesuchten Flächeninhalt unter dem Graphen von f. Dieser Näherungswert hängt aber von der gewählten Unterteilung ab. Bei einem »unregelmäßig« verlaufenden Graphen können bei verschiedenen Unterteilungen stark voneinander abweichende Näherungswerte entstehen. In den folgenden Abschnitten werden wir versuchen, den Flächeninhalt durch einen Grenzwert zu definieren. Es wird nicht für alle Funktionen ein solcher Grenzwert und damit der Flächeninhalt existieren.

9.1.2 Zerlegungen

Für die folgenden Untersuchungen setzen wir voraus, daß die Funktion f auf $[a,b]$ definiert und beschränkt ist.

Im Intervall $[a,b]$ wählen wir $n+1$ Zahlen x_i mit der Eigenschaft

$$x_0 = a < x_1 < x_2 < \cdots < x_{n-1} < x_n = b \quad \text{(s. Bild 9.4).}$$

Durch diese Zahlen x_i wird eine **Zerlegung** Z des Intervalls $[a,b]$ in n Teilintervalle $[x_{i-1}, x_i]$ von der Länge $\Delta x_i = x_i - x_{i-1}$ mit $i \in \{1,2,\ldots,n\}$ bestimmt. Dabei ist

$$\sum_{i=1}^{n} \Delta x_i = b - a. \tag{9.1}$$

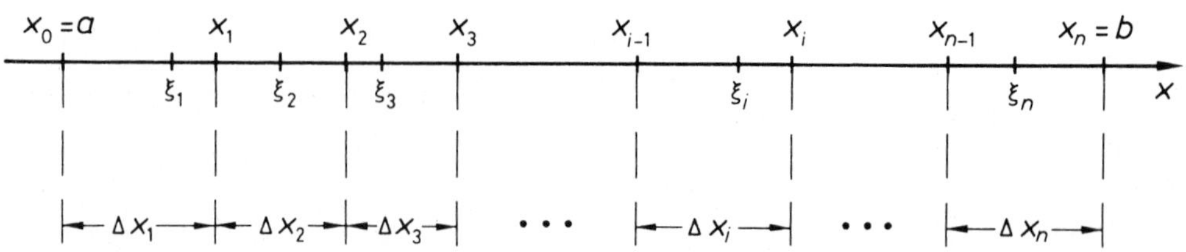

Bild 9.4: Zerlegung eines Intervalls

Für das Maximum aller Δx_i führen wir die Bezeichnung **Feinheitsmaß** d ein:

$$d = d(Z) = \max\{\Delta x_1, \Delta x_2, \ldots, \Delta x_n\}.$$

Ferner wählen wir in jedem Teilintervall $[x_{i-1}, x_i]$ eine **Zwischenstelle** ξ_i mit der Eigenschaft

$$x_{i-1} \leqq \xi_i \leqq x_i.$$

Bemerkungen:

1. Zu jedem Intervall sind unendlich viele Zerlegungen möglich.
2. Jede dieser Zerlegungen hat ein bestimmtes Feinheitsmaß.
3. Zu jeder dieser Zerlegungen kann man auf unendlich viele Arten Zwischenstellen wählen.

Für die Funktion f können wir die **Zwischensumme**

$$S = S(Z) = \sum_{i=1}^{n} f(\xi_i) \cdot \Delta x_i \tag{9.2}$$

bilden. Sie hängt von der gewählten Zerlegung Z und von der Wahl der Zwischenstellen ξ_i ab. Wenn $f(x) > 0$ für alle $x \in [a, b]$ ist, kann man S als Summe der Flächeninhalte der in Bild 9.5 eingezeichneten Rechtecke deuten.

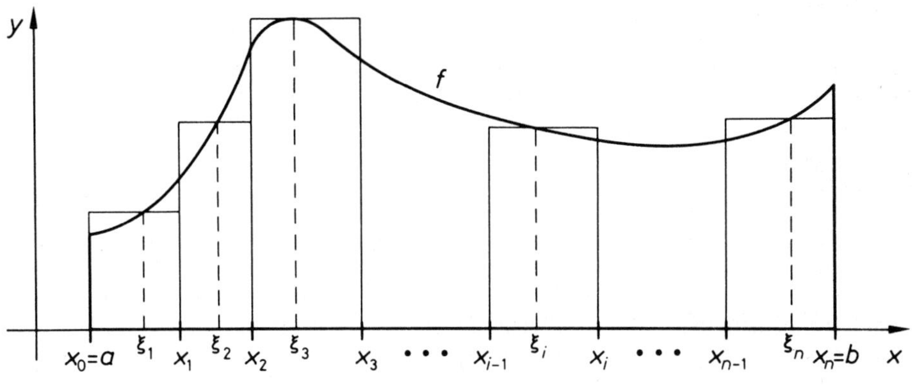

Bild 9.5: Zwischensumme

Beispiel 9.1

Gegeben sei die Funktion $f: [-1, 9] \to \mathbb{R}$. Das Intervall $[-1, 9]$ wird durch die Zahlen $x_0 = -1$; $x_1 = 3$; $x_2 = 6$; $x_3 = 8$; $x_4 = 9$ in vier Teilintervalle mit den Längen $\Delta x_1 = 4$; $\Delta x_2 = 3$; $\Delta x_3 = 2$; $\Delta x_4 = 1$ zerlegt (s. Bild 9.6). Dabei ist das Feinheitsmaß $d = d(Z) = \Delta x_1 = 4$. Als Zwischenstellen kann man z.B. wählen $\xi_1 = 2$; $\xi_2 = 3$; $\xi_3 = 8$; $\xi_4 = 8{,}8$.

i	$[x_{i-1}, x_i]$	Δx_i	ξ_i
1	$[-1, 3]$	4	2
2	$[3, 6]$	3	3
3	$[6, 8]$	2	8
4	$[8, 9]$	1	8,8

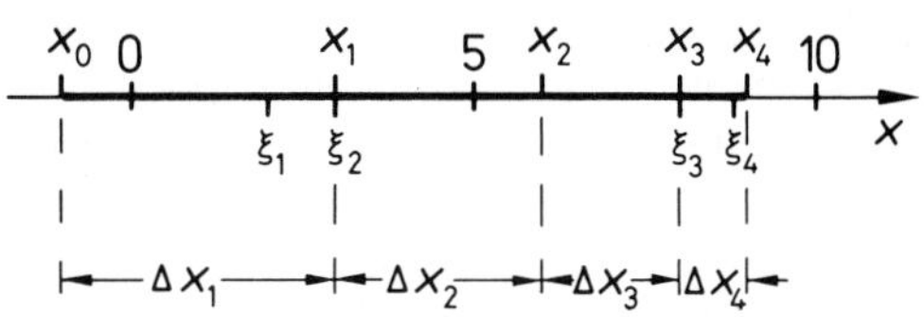

Bild 9.6: Zerlegung eines Intervalls

9.1.3 Definition des bestimmten Integrals

Definition 9.1

f sei auf $[a, b]$ beschränkt. Dann heißt f über $[a, b]$ (im Riemannschen Sinne) **integrierbar**, wenn es eine reelle Zahl I gibt, zu der für jedes $\varepsilon > 0$ ein $\delta > 0$ existiert, so daß für alle Zerlegungen Z, deren Feinheitsmaße $d(Z) < \delta$ sind, und für jede Wahl der Zwischenstellen ξ_i stets $|S(Z) - I| < \varepsilon$ ist.

Die Zahl I nennt man das **bestimmte** (Riemannsche) **Integral** von f über $[a, b]$.

Schreibweise: $I = \lim\limits_{d(Z)\to 0} S(Z) = \int\limits_a^b f(x)\,\mathrm{d}x$.

Bemerkungen:

1. Beim bestimmten Integral nennt man x die **Integrationsveränderliche**, f den **Integranden**, $[a, b]$ das **Integrationsintervall**, a die **untere** und b die **obere Integrationsgrenze**. Das Zeichen $\int$ ist ein stilisiertes S und weist zusammen mit dem Symbol dx auf die Zwischensumme hin.

2. Der Wert eines bestimmten Integrals hängt von der Funktion f und von den Grenzen a und b ab. Er ist aber unabhängig von der Bezeichnung der Integrationsveränderlichen, z.B. ist

$$\int\limits_a^b f(x)\,\mathrm{d}x = \int\limits_a^b f(t)\,\mathrm{d}t.$$

3. Die Begriffe Zerlegung, Feinheitsmaß und Zwischensumme sowie die Definition des bestimmten Integrals sind unabhängig von der Deutung durch einen Flächeninhalt, auch wenn wir bei ihrer Erklärung das Bild 9.5 zum geometrischen Verständnis benutzt haben. Durch diese Unabhängigkeit findet die Integralrechnung außer bei der Berechnung des Flächeninhalts noch weitere Anwendungen wie z.B. bei der Berechnung des Trägheitsmoments, der Bogenlänge einer Kurve und der Arbeit. Den genauen Zusammenhang zwischen dem bestimmten Integral und dem Flächeninhalt untersuchen wir im Abschnitt 9.1.5. Weitere Anwendungen der Integralrechnung folgen im Abschnitt 1 von Band 2.

4. Der Zusatz »im Riemannschen Sinne« bedeutet eine Unterscheidung gegenüber anderen Integralbegriffen (z.B. dem von Lebesgue), die in diesem Buch nicht behandelt werden. Diesen Zusatz lassen wir im folgenden weg und sprechen kurz von »integrierbar« bzw. vom »bestimmten Integral«, wenn wir die Definition 9.1 meinen.

5. In der Definition 9.1 ist außer der Beschränktheit keine Einschränkung über den Wertebereich von f gemacht worden, insbesondere sind also auch negative Werte zulässig. Somit kann das bestimmte Integral positiv, negativ oder gleich Null werden. Welche Bedeutung das für den Flächeninhalt hat, werden wir im Abschnitt 9.1.5 klären.

Beispiel 9.2

Man berechne das bestimmte Integral von $f: x \mapsto c$ mit $c \in \mathbb{R}$ über $[a, b]$: $I = \int\limits_a^b c\,\mathrm{d}x$.

Lösung:

Es sei Z eine beliebige Zerlegung von $[a,b]$, und es seien ξ_i beliebige Zwischenstellen. Die Zwischensumme S ist dann

$$S=\sum_{i=1}^{n} f(\xi_i)\cdot\Delta x_i=\sum_{i=1}^{n} c\cdot\Delta x_i=c\sum_{i=1}^{n}\Delta x_i \quad \text{und wegen (9.1)} \quad S=c\cdot(b-a).$$

Dann gilt $\lim\limits_{d(Z)\to 0} S=\lim\limits_{d(Z)\to 0} c\cdot(b-a)=c\cdot(b-a)$. Also ist $\int\limits_a^b c\,\mathrm{d}x=c\cdot(b-a)$.

Beispiel 9.3

Die Arbeit ist definiert als das Produkt aus Kraft und Weg, wenn die Kraft in Richtung des Weges zeigt und konstant ist. Bei einer ortsveränderlichen Kraft, die in Richtung des Weges zeigt, läßt sich die Arbeit durch ein bestimmtes Integral berechnen:

Die Maßzahl des Abstands eines Massenpunkts vom Punkt 0 sei s (vgl. Bild 9.7). Die Maßzahl der auf ihn wirkenden Kraft sei durch die Funktion $F\colon s\mapsto F(s)$ für $s\in[s_1,s_2]$ beschrieben. Wählt

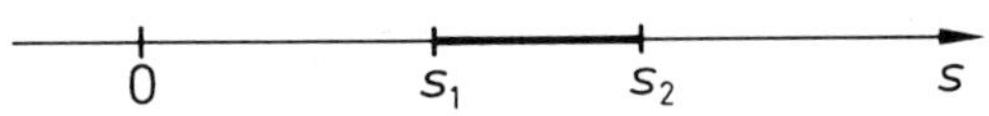

Bild 9.7: Berechnung einer Arbeit

man eine Zerlegung Z des Intervalls $[s_1,s_2]$ und Zwischenstellen σ_i, so ist die Zwischensumme $S(Z)=\sum\limits_{i=1}^{n} F(\sigma_i)\cdot\Delta s_i$ ein Näherungswert für die Maßzahl W der Arbeit. Wenn F integrierbar ist, dann existiert der Grenzwert

$$\lim_{d(Z)\to 0} S(Z) \quad \text{und es gilt} \quad W=\int\limits_{s_1}^{s_2} F(s)\,\mathrm{d}s. \tag{9.3}$$

Die Zwischensumme $S=S(Z)=\sum\limits_{i=1}^{n} f(\xi_i)\cdot\Delta x_i$ (vgl. (9.2)) ist ein Näherungswert für das bestimmte Integral I. Im folgenden wollen wir Formeln für andere Näherungswerte aufstellen, mit denen wir eine untere und eine obere Schranke für I angeben können. Dazu bezeichnen wir die untere Grenze von f auf $[x_{i-1},x_i]$ mit m_i, d.h. $m_i=\inf\{f(x)\,|\,x\in[x_{i-1},x_i]\}$ und die obere Grenze von f auf $[x_{i-1},x_i]$ mit M_i, d.h. $M_i=\sup\{f(x)\,|\,x\in[x_{i-1},x_i]\}$ $(i\in\{1,2,\ldots,n\})$.

Man darf dabei diese beiden Begriffe nicht mit dem Maximum bzw. Minimum verwechseln, denn in Abschnitt 4.3 haben wir gesehen, daß eine auf $[a,b]$ beschränkte Funktion nicht notwendig ein Maximum oder ein Minimum besitzt, wohl aber eine obere und eine untere Grenze. Mit m_i und M_i können wir

$$\text{die } \textbf{Untersumme } U=U(Z)=\sum_{i=1}^{n} m_i\cdot\Delta x_i \text{ und} \tag{9.4}$$

$$\text{die } \textbf{Obersumme } O=O(Z)=\sum_{i=1}^{n} M_i\cdot\Delta x_i \text{ bilden.} \tag{9.5}$$

Auch diese beiden Summen lassen sich geometrisch (s. Bild 9.8) als Summen von Rechteckflächen deuten.

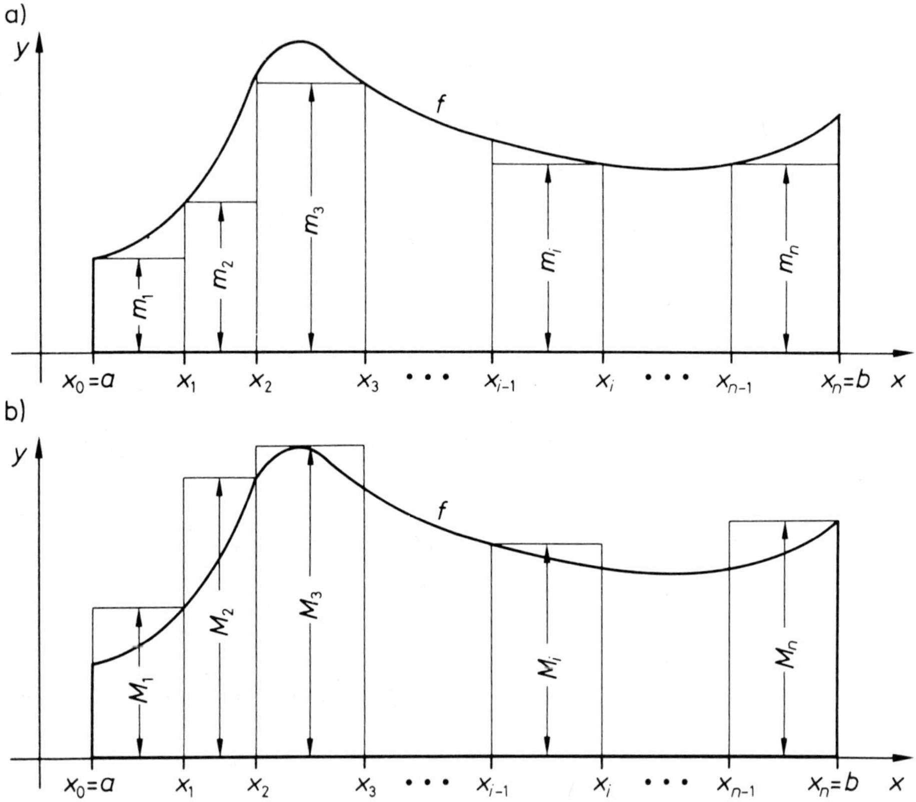

Bild 9.8a, b: Unter- und Obersumme

In jedem Teilintervall $[x_{i-1}, x_i]$ ist dabei $m_i \leqq f(\xi_i) \leqq M_i$ und nach Multiplikation mit dem positiven Faktor Δx_i

$$m_i \cdot \Delta x_i \leqq f(\xi_i) \cdot \Delta x_i \leqq M_i \cdot \Delta x_i \quad \text{für } i \in \{1, 2, \ldots, n\}.$$

Aus diesen n Ungleichungen erhalten wir durch Addition

$$\sum_{i=1}^{n} m_i \cdot \Delta x_i \leqq \sum_{i=1}^{n} f(\xi_i) \cdot \Delta x_i \leqq \sum_{i=1}^{n} M_i \cdot \Delta x_i$$

und mit unseren Abkürzungen

$$U(Z) \leqq S(Z) \leqq O(Z) \tag{9.6}$$

für jede Zerlegung Z und für jede Wahl der Zwischenstellen ξ_i.

Satz 9.1

f sei auf $[a, b]$ beschränkt und Z eine Zerlegung von $[a, b]$. Entsteht die Zerlegung Z' aus Z durch Hinzunahme eines weiteren Teilpunktes, dann ist $U \leqq U'$ und $O' \leqq O$, wenn U' bzw. O' die Untersumme bzw. Obersumme zur Zerlegung Z' bezeichnet.

Beweis:

Der neue Teilpunkt sei x' und liege im k-ten Teilintervall $[x_{k-1}, x_k]$, also ist $x_{k-1} < x' < x_k$ (s. Bild 9.9). Dann stimmen in allen anderen Teilintervallen die entsprechenden Summanden von U und U' überein. Im k-ten Teilintervall sei $m_k = \inf\{f(x) | x \in [x_{k-1}, x_k]\}$, $m'_1 = \inf\{f(x) | x \in [x_{k-1}, x']\}$ und $m'_2 = \inf\{f(x) | x \in [x', x_k]\}$.

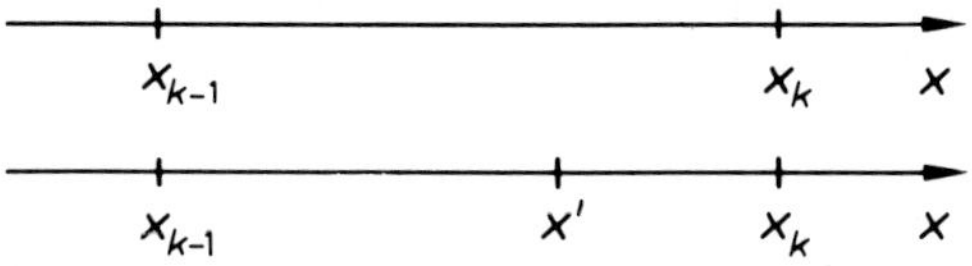

Bild 9.9: k-tes Teilintervall

Der diesem Teilintervall entsprechende Summand von U lautet $s = m_k(x_k - x_{k-1})$ und der von U' ist $s' = m'_1(x' - x_{k-1}) + m'_2(x_k - x')$.

Mit der Umformung $x_k - x_{k-1} = (x' - x_{k-1}) + (x_k - x')$ kann man s in der Form $s = m_k(x' - x_{k-1}) + m_k(x_k - x')$ schreiben. Weil $m_k \leqq m'_1$ und $m_k \leqq m'_2$ ist, ist auch $s \leqq s'$ und damit $U \leqq U'$. Ähnlich zeigt man, daß $O' \leqq O$ ist. ●

Satz 9.2

f sei auf $[a, b]$ beschränkt und Z' und Z'' seien Zerlegungen von $[a, b]$. Dann ist $U' \leqq O''$ und $U'' \leqq O'$.

Beweis:

Aus den Zerlegungen Z' und Z'' bilden wir eine dritte Zerlegung $\bar{Z}$, die aus allen Teilpunkten von Z' und Z'' besteht. Nach Satz 9.1 ist dann $U' \leqq \bar{U}$ und $\bar{O} \leqq O''$ und nach (9.6) $\bar{U} \leqq \bar{O}$. Also ist $U' \leqq O''$. Ähnlich zeigt man, daß $U'' \leqq O'$ ist. ●

Bemerkungen:

1. Für alle Zerlegungen Z des Integrationsintervalls einer Funktion f ist nach Satz 9.2 keine Untersumme größer als irgendeine Obersumme.
2. Nach Satz 9.1 nehmen bei feinerer Unterteilung die Untersummen höchstens zu und die Obersummen höchstens ab.

Mit Hilfe der Unter- und Obersummen kann man eine Funktion auf Integrierbarkeit untersuchen:

Satz 9.3

Die beschränkte Funktion f: $[a, b] \to \mathbb{R}$ ist genau dann über $[a, b]$ integrierbar, wenn $\lim\limits_{d(z)\to 0} U(Z) = \underline{I}$ und $\lim\limits_{d(z)\to 0} O(Z) = \bar{I}$ existieren und $\underline{I} = \bar{I}$ ist.

Dann gilt $\underline{I} = \bar{I} = \int\limits_a^b f(x)\,\mathrm{d}x$.

Beweis:

Es sei $I = \int_a^b f(x)\,dx$.

a) Wir zeigen zuerst: Wenn f integrierbar ist, dann existieren $\underline{I}$ und $\overline{I}$, und es ist $\underline{I} = \overline{I} = I$: Weil m_i die untere Grenze der Funktionswerte im i-ten Teilintervall ist, kann man ξ_i so wählen, daß $f(\xi_i) - m_i$ beliebig klein ist, also für jedes $\varepsilon > 0$ z.B. $0 \leqq f(\xi_i) - m_i < \frac{\varepsilon}{b-a}$ gemacht werden kann. Damit ist

$$S - U = \sum_{i=1}^{n} f(\xi_i)\Delta x_i - \sum_{i=1}^{n} m_i \Delta x_i = \sum_{i=1}^{n} [f(\xi_i) - m_i] \cdot \Delta x_i \text{ und daher}$$

$$S - U < \sum_{i=1}^{n} \frac{\varepsilon}{b-a} \Delta x_i = \frac{\varepsilon}{b-a} \sum_{i=1}^{n} \Delta x_i = \varepsilon.$$

Also gilt $0 \leqq S - U < \varepsilon$, d.h. $\lim_{d(Z)\to 0} [S(Z) - U(Z)] = 0$. Bei einer integrierbaren Funktion ist $\lim_{d(z)\to 0} S(Z) = I$. Dann ist auch $\lim_{d(Z)\to 0} U(Z) = I$ (vgl. Abschn. 4.2.3, Satz 4.5a)).
Entsprechend gilt auch für die Obersumme $\lim_{d(Z)\to 0} O(Z) = I$. Also existieren die Grenzwerte der Unter- und der Obersumme und sind beide gleich I.

b) Zweitens zeigen wir: Wenn $\underline{I}$ und $\overline{I}$ existieren und gleich sind, dann ist f integrierbar:
Wenn $\lim_{d(Z)\to 0} U(Z) = \underline{I}$ und $\lim_{d(Z)\to 0} O(Z) = \overline{I}$ und $\underline{I} = \overline{I}$ ist, dann ist wegen der Bedingung (9.6) $U(Z) \leqq S(Z) \leqq O(Z)$ auch $\lim_{d(Z)\to 0} S(Z) = \underline{I} = \overline{I}$ und damit f integrierbar mit dem Integral $\underline{I} = \overline{I} = I$. ●

Bemerkung:

Aus Satz 9.2 und Satz 9.3 folgt, daß bei einer integrierbaren Funktion jede Unter- bzw. Obersumme Schranke für das Integral ist, also

$$U(Z) \leqq I \leqq O(Z) \tag{9.7}$$

für alle Zerlegungen Z gilt.

9.1.4 Weitere Definitionen und Sätze über integrierbare Funktionen

Bisher haben wir nur beschränkte Funktionen auf Integrierbarkeit untersucht. Die Integration von unbeschränkten Funktionen behandeln wir im Abschnitt 9.4. Jetzt wollen wir an einem Beispiel zeigen, daß nicht jede beschränkte Funktion integrierbar ist.

Beispiel 9.4

Es sei f auf $[0, 1]$ definiert mit $f(x) = \begin{cases} 0, & \text{wenn } x \text{ rational} \\ 1, & \text{wenn } x \text{ irrational ist.} \end{cases}$

In jedem Teilintervall ist die untere Grenze $m_i = 0$ und die obere Grenze $M_i = 1$. Also ist für jede Zerlegung die Untersumme $U(Z) = 0$ und die Obersumme $O(Z) = 1$ und damit auch $\underline{I} = 0$ und

$\overline{I}=1$. Die Bedingung $\underline{I}=\overline{I}$ von Satz 9.3 ist nicht erfüllt, also f nicht integrierbar, obwohl f beschränkt ist.

In den folgenden drei Sätzen werden wir Eigenschaften von beschränkten Funktionen angeben, die für die Integrierbarkeit hinreichend sind.

Satz 9.4

> Jede auf einem abgeschlossenen Intervall monotone Funktion ist dort integrierbar.

Beweis:

Wenn f auf $[a,b]$ monoton ist, dann ist f auf $[a,b]$ beschränkt durch $f(a)$ und $f(b)$. Wir nehmen zunächst an, daß die Funktion monoton wachsend ist. In jedem Teilintervall $[x_{i-1},x_i]$ mit $i\in\{1,2,\ldots,n\}$ ist dann $m_i=f(x_{i-1})$ und $M_i=f(x_i)$. Wir bilden die Differenz

$$O-U=\sum_{i=1}^{n}[f(x_i)-f(x_{i-1})]\cdot\Delta x_i$$

und erhalten, weil $d(Z)=\max\{\Delta x_1,\ldots,\Delta x_n\}$ ist,

$$O-U\leqq\sum_{i=1}^{n}[f(x_i)-f(x_{i-1})]\cdot d(Z)\quad\text{oder}$$

$$O-U\leqq\{[f(x_1)-f(a)]+[f(x_2)-f(x_1)]+\cdots+[f(b)-f(x_{n-1})]\}\,d(Z).$$

Faßt man die Summe zusammen, so ist schließlich

$$O-U\leqq[f(b)-f(a)]\cdot d(Z).$$

Also strebt die Differenz $O-U$ gegen Null, wenn $d(Z)$ gegen Null strebt.

Nach Satz 9.2 ist die Menge aller Untersummen nach oben beschränkt und hat wegen der Vollständigkeitseigenschaft von $\mathbb{R}$ (vgl. Abschnitt 1.3.3) eine obere Grenze U_0. Entsprechend hat die Menge aller Obersummen eine untere Grenze O_0. Wegen $\lim\limits_{d(Z)\to 0}[O(Z)-U(Z)]=0$ ist $U_0=O_0$ und außerdem $\lim\limits_{d(Z)\to 0}U(Z)=U_0$ und $\lim\limits_{d(Z)\to 0}O(Z)=O_0$. Also ist f nach Satz 9.3 integrierbar.

Der Beweis für monoton fallende Funktionen erfolgt analog. ●

Satz 9.5

> Jede auf einem abgeschlossenen Intervall stetige Funktion ist dort integrierbar.

Satz 9.6

> Jede auf einem abgeschlossenen Intervall beschränkte und an höchstens endlich vielen Stellen unstetige Funktion ist dort integrierbar.

Die Beweise dieser beiden Sätze sind umfangreich, und wir wollen sie nicht durchführen. Auch in den folgenden Abschnitten werden wir nur exemplarisch einige Sätze beweisen.

Beispiel 9.5

Die Funktion $f: x \mapsto \begin{cases} x & \text{für } x \in [0,2] \\ 5-x & \text{für } x \in (2,5] \end{cases}$ (s. Bild 9.10 a)) ist beschränkt und mit Ausnahme der Sprungstelle bei $x_0 = 2$ für alle $x \in [0,5]$ stetig. Also ist f nach Satz 9.6 über $[0,5]$ integrierbar.

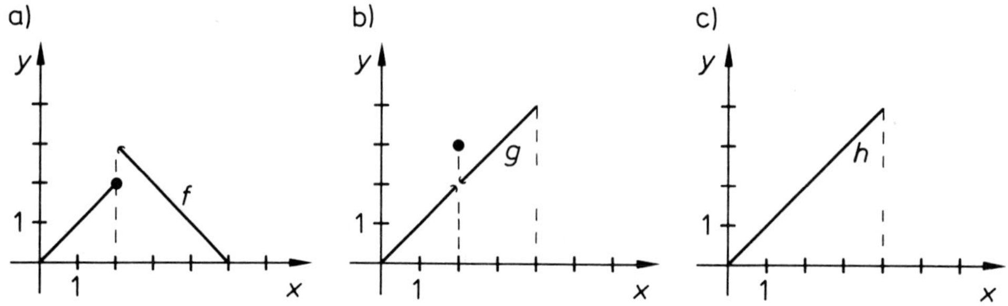

Bild 9.10a–c: Beispiele für integrierbare Funktionen

Beispiel 9.6

Die Funktion $g: x \mapsto \begin{cases} 3 & \text{für} \quad x = 2 \\ x & \text{für} \quad x \neq 2 \end{cases}$ mit $x \in [0,4]$ (s. Bild 9.10b)) ist beschränkt und mit Ausnahme der hebbaren Unstetigkeitsstelle bei $x_0 = 2$ für alle $x \in [0,4]$ stetig. Also ist g über $[0,4]$ integrierbar. Die Funktion $h: x \mapsto x$ für $x \in [0,4]$ (s. Bild 9.10c)) unterscheidet sich von g nur um den Funktionswert an der Stelle $x_0 = 2$. Dann ist $\int\limits_0^4 h(x)\,dx = \int\limits_0^4 g(x)\,dx$, denn wählt man für die Zwischensummen $S_h = \sum\limits_{i=1}^{n} h(\xi_i)\Delta x_i$ und $S_g = \sum\limits_{i=1}^{n} g(\xi_i)\Delta x_i$ gleiche Zerlegungen des Integrationsintervalls, so unterscheiden sich beide Zwischensummen höchstens um einen Summand, wenn x_0 im Innern eines Teilintervalls liegt und höchstens um zwei Summanden, wenn x_0 Randpunkt zweier benachbarter Teilintervalle ist. Diese Summanden streben für $d(Z) \to 0$ gegen Null. Somit haben die Zwischensummen von g und h denselben Grenzwert. Man kann also bei einer integrierbaren Funktion an endlich vielen Stellen den Funktionswert ändern, ohne daß sich der Wert des Integrals ändert.

Beispiel 9.7

Die Funktion $f: x \mapsto \begin{cases} 1 & \text{für } x = 0 \\ \dfrac{1}{x} & \text{für } x \in (0,3] \end{cases}$ ist nicht integrierbar. Zwar ist sie nur an einer Stelle unstetig (s. Bild 9.11), aber sie ist nicht beschränkt, und nur beschränkte Funktionen sind nach Definition 9.1 integrierbar.

Das Venn-Diagramm (s. Bild 9.12) zeigt eine Übersicht der bisher besprochenen Funktionenklassen. Ein großer Teil der bei Anwendung der Integralrechnung vorkommenden Funktionen liegt in dem schraffierten Bereich, in dem die Integrierbarkeit auf Grund der Sätze 9.4, 9.5 und 9.6

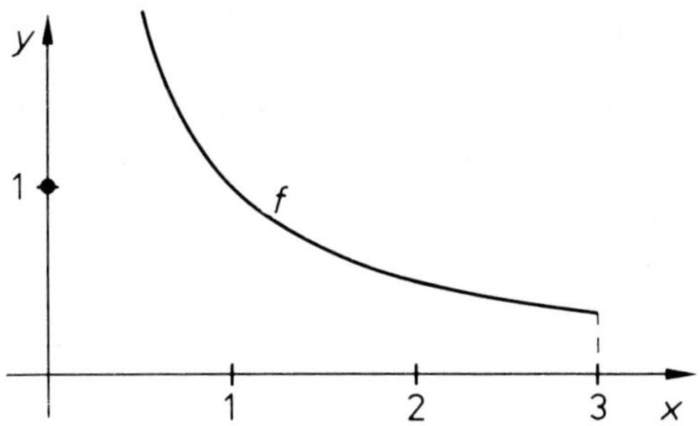

Bild 9.11: Beispiel für eine nicht integrierbare Funktion

gesichert ist. Nur wenn eine Funktion nicht in dem schraffierten Bereich liegt, muß man für die Untersuchung auf Integrierbarkeit auf die Definition 9.1 oder auf den Satz 9.3 zurückgreifen.

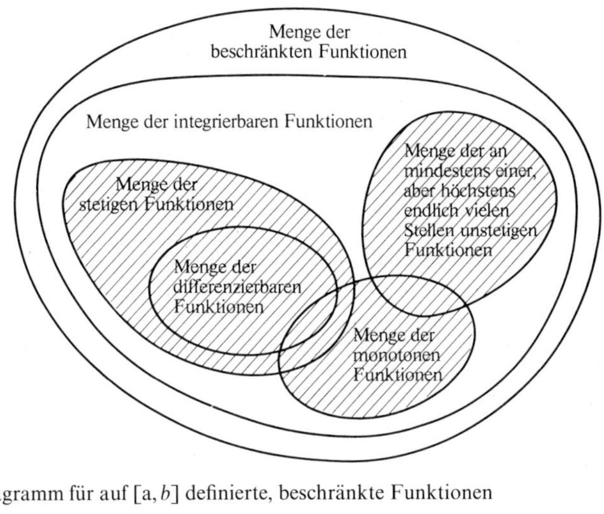

Bild 9.12: Venn-Diagramm für auf $[a, b]$ definierte, beschränkte Funktionen

Ist die Integrierbarkeit einer Funktion gesichert, so vereinfacht sich die Berechnung des bestimmten Integrals. Nach Definition 9.1 ist es dann nicht mehr nötig, jede Zerlegung und jede Wahl von Zwischenstellen zu untersuchen, sondern es genügt eine einzige Folge von Zerlegungen, bei der $d(Z)$ gegen Null strebt, und für jede Zerlegung eine Wahl der Zwischenstellen. Das wollen wir bei den folgenden Beispielen ausnutzen.

Beispiel 9.8

Man integriere die Funktion $f: x \mapsto x$ über $[a, b]$, d.h. man berechne $\int_a^b x\,dx$.

Lösung:

Wir wählen Zerlegungen Z_n, die das Intervall $[a, b]$ in n gleich lange Teile $(n \in \mathbb{N})$ von der Länge $\Delta x_i = \dfrac{b-a}{n}$ mit $i \in \{1, 2, \ldots, n\}$ einteilen. Dann ist das Feinheitsmaß $d = d(Z_n) = \dfrac{b-a}{n}$.

Für die Teilintervalle $[x_{i-1}, x_i] = \left[a + (i-1)\dfrac{b-a}{n}, a + i\dfrac{b-a}{n}\right]$ wählen wir als Zwischenstelle ξ_i den rechten Randpunkt $\xi_i = a + i\dfrac{b-a}{n}$.

Die Zwischensumme S_n für diese Zerlegung Z_n ist dann

$$S_n = \sum_{i=1}^{n} f(\xi_i)\Delta x_i = \sum_{i=1}^{n}\left(a + i\frac{b-a}{n}\right)\cdot\frac{b-a}{n} = a\frac{b-a}{n}\sum_{i=1}^{n} 1 + \frac{(b-a)^2}{n^2}\sum_{i=1}^{n} i$$

$$= a\frac{b-a}{n}\cdot n + \frac{(b-a)^2}{n^2}\cdot\frac{n}{2}(n+1).$$

Für $n \to \infty$ strebt das Feinheitsmaß von Z_n gegen Null und S_n gegen

$$I = \lim_{n\to\infty} S_n = a(b \quad a) + \tfrac{1}{2}(b-a)^2 = \tfrac{1}{2}(b^2 - a^2).$$

Also ist $\int_a^b x\,\mathrm{d}x = \frac{1}{2}(b^2 - a^2)$.

Denselben Wert erhält man, wenn man den Flächeninhalt unter der Kurve als Flächeninhalt eines Trapezes berechnet.

Beispiel 9.9

Man berechne $\int_a^b x^2\,\mathrm{d}x$.

Lösung:

Wie im Beispiel 9.8 wählen wir $\Delta x_i = \dfrac{b-a}{n}$, $d = \dfrac{b-a}{n}$, $[x_{i-1}, x_i] = \left[a + (i-1)\dfrac{b-a}{n}, a + i\dfrac{b-a}{n}\right]$ und $\xi_i = a + i\dfrac{b-a}{n}$.

Dann ist $f(\xi_i) = \left(a + i\dfrac{b-a}{n}\right)^2$ und

$$S_n = \sum_{i=1}^{n}\left(a + i\frac{b-a}{n}\right)^2\cdot\frac{b-a}{n} = a^2\cdot\frac{b-a}{n}\sum_{i=1}^{n} 1 + 2a\frac{(b-a)^2}{n^2}\sum_{i=1}^{n} i + \frac{(b-a)^3}{n^3}\sum_{i=1}^{n} i^2.$$

Mit der Formel für die Summe der ersten n Quadratzahlen (vgl. Abschnitt 1.4, Aufgabe 2b))

$\sum_{i=1}^{n} i^2 = \frac{n}{6}(n+1)(2n+1)$ erhalten wir

$$S_n = a^2 \cdot \frac{b-a}{n} \cdot n + 2a \frac{(b-a)^2}{n^2} \cdot \frac{n}{2}(n+1) + \frac{(b-a)^3}{n^3} \cdot \frac{n}{6}(n+1)(2n+1).$$

Dann ist $I = \lim\limits_{n \to \infty} S_n = a^2(b-a) + a(b-a)^2 + \frac{1}{3}(b-a)^3 = \frac{1}{3}(b^3 - a^3)$. Also $\int\limits_a^b x^2\,\mathrm{d}x = \frac{1}{3}(b^3 - a^3)$.

Beispiel 9.10

Man berechne $\int\limits_{-1}^{1} \mathrm{e}^x\,\mathrm{d}x$.

Lösung:

Wir teilen das Integrationsintervall $[-1, 1]$ in n gleich lange Teile von der Länge $\Delta x_i = \frac{2}{n}$ und nehmen als Zwischenstelle des Teilintervalls $[x_{i-1}, x_i] = \left[-1 + \frac{2(i-1)}{n}, -1 + \frac{2i}{n}\right]$ den rechten Randpunkt, also $\xi_i = -1 + \frac{2i}{n}$. Dann ist $f(\xi_i) = \mathrm{e}^{-1+2i/n}$. Die Zwischensumme

$$S_n = \sum_{i=1}^{n} \mathrm{e}^{-1+2i/n} \cdot \frac{2}{n} = \frac{2}{\mathrm{e} \cdot n} \cdot \sum_{i=1}^{n} \mathrm{e}^{\frac{2i}{n}}$$

ist eine geometrische Reihe mit dem Anfangsglied $a = \mathrm{e}^{2/n}$ und dem Quotienten $q = \mathrm{e}^{2/n}$. Mit der Formel $s_n = a\frac{q^n - 1}{q - 1}$ erhält man für die Zwischensumme

$$S_n = \frac{2}{\mathrm{e} \cdot n} \cdot \mathrm{e}^{2/n} \cdot \frac{\mathrm{e}^2 - 1}{\mathrm{e}^{2/n} - 1} \text{ oder umgeformt } S_n = \frac{\mathrm{e}^2 - 1}{\mathrm{e}} \cdot \frac{\frac{2}{n}}{1 - \mathrm{e}^{-2/n}}.$$

Das bestimmte Integral ist der Grenzwert dieser Zwischensumme für $n \to \infty$:

$$\int\limits_{-1}^{1} \mathrm{e}^x\,\mathrm{d}x = \frac{\mathrm{e}^2 - 1}{\mathrm{e}} \cdot \lim_{n \to \infty} \frac{\frac{2}{n}}{1 - \mathrm{e}^{-2/n}}.$$

Aufgrund der Regel von Bernoulli-de l'Hospital (Satz 8.29) gilt

$$\lim_{x \downarrow 0} \frac{x}{1 - \mathrm{e}^{-x}} = \lim_{x \downarrow 0} \frac{1}{\mathrm{e}^{-x}} = 1. \text{ Somit ist auch } \lim_{n \to \infty} \frac{\frac{2}{n}}{1 - \mathrm{e}^{-2/n}} = 1 \text{ und } \int\limits_{-1}^{1} \mathrm{e}^x\,\mathrm{d}x = \frac{\mathrm{e}^2 - 1}{\mathrm{e}} = \mathrm{e} - \mathrm{e}^{-1}.$$

Bei diesem Beispiel ist eine elementar geometrische Überprüfung der Lösung nicht mehr möglich. Bei den bisherigen Überlegungen sind wir davon ausgegangen, daß das Integral über einem

Intervall $[a,b]$ erklärt ist, also $a<b$ gilt. Wir hatten das im Abschnitt 9.1.2 bei der Erklärung einer Zerlegung festgelegt. Jetzt wollen wir definieren, was wir unter $\int_a^b f(x)\,\mathrm{d}x$ verstehen, wenn $a \geqq b$ ist.

Definition 9.2

a) Es sei $a>b$. Wenn $\int_b^a f(x)\,\mathrm{d}x$ existiert, dann setzen wir $\int_a^b f(x)\,\mathrm{d}x = -\int_b^a f(x)\,\mathrm{d}x$.

b) Wenn f an der Stelle a erklärt ist, dann setzen wir $\int_a^a f(x)\,\mathrm{d}x = 0$.

Ohne Beweis folgen einige Sätze über bestimmte Integrale, die man sich über die Deutung des Integrals als Flächeninhalt erklären kann.

Satz 9.7

Ist $[\alpha,\beta] \subset [a,b]$ und existiert $\int_a^b f(x)\,\mathrm{d}x$, dann existiert auch $\int_\alpha^\beta f(x)\,\mathrm{d}x$.

Satz 9.8 (Intervalladditivität des Integrals)

Es seien a,b,c beliebige reelle Zahlen. Existieren die Integrale $\int_a^b f(x)\,\mathrm{d}x$, $\int_b^c f(x)\,\mathrm{d}x$ und $\int_a^c f(x)\,\mathrm{d}x$, dann ist $\int_a^b f(x)\,\mathrm{d}x + \int_b^c f(x)\,\mathrm{d}x = \int_a^c f(x)\,\mathrm{d}x$.

Bemerkung:

Mit diesem Satz kann man insbesondere das Integral $\int_a^c f(x)\,\mathrm{d}x$ für jede beliebige Zwischenstelle b mit $a<b<c$ in zwei Teilintegrale zerlegen oder auch umgekehrt zwei solche Teilintegrale zusammenfassen.

Beispiel 9.11

Man berechne $\int_1^6 f(x)\,\mathrm{d}x$ mit $f\colon x \mapsto f(x) = \begin{cases} x & \text{für } x \in [1,3] \\ x^2 & \text{für } x \in (3,6] \end{cases}$ (s. Bild 9.13).

Lösung:

Wegen der Intervalladditivität des Integrals (Satz 9.8) gilt $\int_1^6 f(x)\,\mathrm{d}x = \int_1^3 f(x)\,\mathrm{d}x + \int_3^6 f(x)\,\mathrm{d}x$. Im Beispiel 9.6 haben wir gesehen, daß man bei einer integrierbaren Funktion an endlich vielen Stellen den Funktionswert ändern kann, ohne daß sich das Integral ändert. Mit $g\colon x \mapsto g(x) = x^2$ für $x \in [3,6]$ erhalten wir eine Funktion, die im Intervall $[3,6]$ bis auf die Stelle $x=3$ mit

f übereinstimmt. Also gilt $\int_1^6 f(x)\,dx = \int_1^3 f(x)\,dx + \int_3^6 g(x)\,dx$. Mit den Ergebnissen der Beispiele 9.8 und 9.9 ist $\int_1^6 f(x)\,dx = \frac{1}{2}(3^2 - 1^2) + \frac{1}{3}(6^3 - 3^3) = 67$.

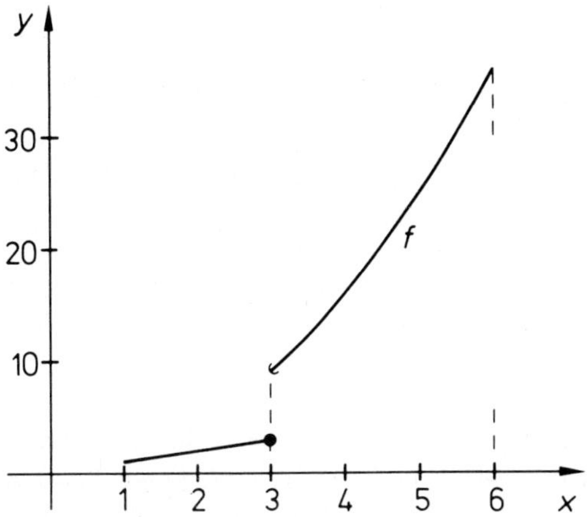

Bild 9.13: Beispiel zur Zerlegung des Integrationsintervalls

Beispiel 9.12

f sei periodisch mit der Periode p und über $[0, p]$ integrierbar. Dann ist f auch über $[x_0, x_0 + p]$ mit $x_0 \in \mathbb{R}$ integrierbar, und es gilt $\int_0^p f(x)\,dx = \int_{x_0}^{x_0+p} f(x)\,dx$.

Beweis:

Zu jedem $x_0 \in \mathbb{R}$ gibt es ein $n \in \mathbb{Z}$ mit $x_0 \leqq np < x_0 + p$ und ein $x_1 = x_0 - (n-1)p$ mit $0 < x_1 \leqq p$ (s. Bild 9.14). Nach Satz 9.8 gilt $\int_0^p f(x)\,dx = \int_0^{x_1} f(x)\,dx + \int_{x_1}^p f(x)\,dx$.

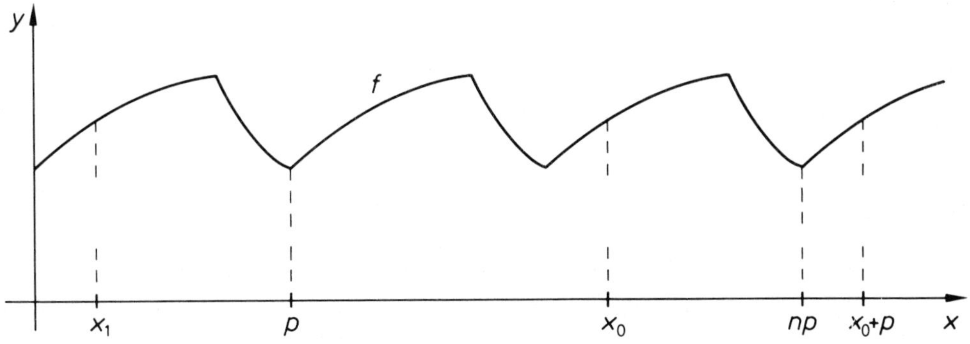

Bild 9.14: Integral einer periodischen Funktion

Für jede Zerlegung Z des Intervalls $[0, x_1]$ und für jede Wahl der Zwischenstellen gibt es eine Zerlegung Z' des Intervalls $[np, x_0 + p]$ mit entsprechenden Zwischenstellen, so daß die Zwischensumme für das Intervall $[0, x_1]$ gleich der des Intervalls $[np, x_0 + p]$ ist. Daher ist $\int_0^{x_1} f(x)\,dx = \int_{np}^{x_0+p} f(x)\,dx$. Ebenso gilt $\int_{x_1}^{p} f(x)\,dx = \int_{x_0}^{np} f(x)\,dx$. Daraus folgt die Behauptung. ●

Satz 9.9 (Linearität des Integrals)

f_1 und f_2 seien über $[a, b]$ integrierbar und $c_1, c_2 \in \mathbb{R}$. Dann ist auch $c_1 f_1 + c_2 f_2$ über $[a, b]$ integrierbar, und es gilt

$$\int_a^b [c_1 f_1(x) + c_2 f_2(x)]\,dx = c_1 \cdot \int_a^b f_1(x)\,dx + c_2 \cdot \int_a^b f_2(x)\,dx.$$

Beweis:

Bezeichnet man für eine Zerlegung Z und für eine Wahl der Zwischenstellen ξ_i die Zwischensumme von f_1 mit S_1, von f_2 mit S_2 und von $c_1 f_1 + c_2 f_2$ mit S_3, so ist $S_3 = c_1 S_1 + c_2 S_2$. Diese Formel geht in die zu beweisende über, wenn $d(Z)$ gegen Null strebt. ●

Bemerkung:

Der Satz läßt sich auf n Summanden verallgemeinern.

Beispiel 9.13

Man berechne $\int_{-2}^{3} (4x + 5)\,dx$.

Lösung:

Wegen der Linearität des Integrals (Satz 9.9) können wir umformen

$\int_{-2}^{3} (4x + 5)\,dx = 4 \int_{-2}^{3} x\,dx + \int_{-2}^{3} 5\,dx$ und erhalten (vgl. Beispiel 9.2 und Beispiel 9.8)

$$\int_{-2}^{3} (4x + 5)\,dx = 4 \cdot \tfrac{1}{2}[3^2 - (-2)^2] + 5 \cdot [3 - (-2)] = 35.$$

Satz 9.10 (Monotonie des Integrals)

f_1 und f_2 seien über $[a, b]$ integrierbar, und es sei $f_1(x) \leqq f_2(x)$ für alle $x \in [a, b]$. Dann ist

$$\int_a^b f_1(x)\,dx \leqq \int_a^b f_2(x)\,dx.$$

Der Beweis kann mit Hilfe der Unter- bzw. Obersummen erfolgen.

Bemerkungen:

1. Im Fall $a > b$ ist unter sonst gleichen Voraussetzungen $\int_a^b f_1(x)\,\mathrm{d}x \geqq \int_a^b f_2(x)\,\mathrm{d}x$.

2. Aus dem Satz folgt weiter: Ist $f(x) \geqq 0$ für alle $x \in [a, b]$, dann ist $\int_a^b f(x)\,\mathrm{d}x \geqq 0$.

Beispiel 9.14

Man gebe für $\int_0^1 \mathrm{e}^{(x^2)}\,\mathrm{d}x$ eine untere und eine obere Schranke an.

Lösung:

Der Graph der Funktion $s: x \mapsto s(x) = (\mathrm{e} - 1)x + 1$ für $x \in [0, 1]$ ist die Sehne des Graphen von $f: x \mapsto f(x) = \mathrm{e}^{(x^2)}$ für $x \in [0, 1]$ durch die Punkte $A(0, 1)$ und $B(1, \mathrm{e})$ (s. Bild 9.15). Da f konvex ist, gilt $f(x) \leqq s(x)$ für alle $x \in [0, 1]$. Also ist wegen der Monotonie des Integrals (Satz 9.10)

$$\int_0^1 \mathrm{e}^{(x^2)}\,\mathrm{d}x \leqq \int_0^1 [(\mathrm{e} - 1)x + 1]\,\mathrm{d}x = (\mathrm{e} - 1)\int_0^1 x\,\mathrm{d}x + \int_0^1 \mathrm{d}x = (\mathrm{e} - 1)\cdot\tfrac{1}{2} + 1 = \tfrac{1}{2}(\mathrm{e} + 1).$$

Weiterhin gilt (vgl. Satz 3.9) $\mathrm{e}^{(x^2)} \geqq 1 + x^2$ für alle $x \in \mathbb{R}$. Also ist

$$\int_0^1 \mathrm{e}^{(x^2)}\,\mathrm{d}x \geqq \int_0^1 (1 + x^2)\,\mathrm{d}x = \int_0^1 \mathrm{d}x + \int_0^1 x^2\,\mathrm{d}x = 1 + \tfrac{1}{3} = \tfrac{4}{3}.$$

Damit hat man eine untere und eine obere Schranke für das Integral berechnet:

$$1,\bar{3} \leqq \int_0^1 \mathrm{e}^{(x^2)}\,\mathrm{d}x \leqq \tfrac{1}{2}(\mathrm{e} + 1) = 1{,}859\ldots.$$

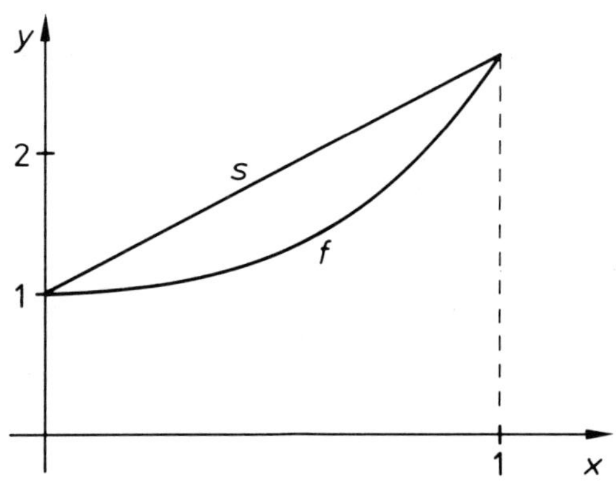

Bild 9.15: Zu Beispiel 9.14

Satz 9.11

> f sei über $[a, b]$ integrierbar. Dann ist auch $|f|$ über $[a, b]$ integrierbar, und es gilt
> $$\left|\int_a^b f(x)\,dx\right| \leqq \int_a^b |f(x)|\,dx.$$

Bemerkungen:

1. Ist $a > b$, so gilt $\left|\int_a^b f(x)\,dx\right| \leqq \left|\int_a^b |f(x)|\,dx\right|$.
2. Besitzt die auf $[a, b]$ stetige Funktion f die Nullstellen x_1 und x_2 (s. z.B. Bild 9.16a)), so zerlegt man das Integrationsintervall $[a, b]$ durch die Nullstellen x_1 und x_2 in drei Teilintervalle und bildet $I_1 = \int_a^{x_1} f(x)\,dx$, $I_2 = \int_{x_1}^{x_2} f(x)\,dx$ und $I_3 = \int_{x_2}^{b} f(x)\,dx$. Wegen der Intervalladditivität des Integrals (Satz 9.8) ist $\int_a^b f(x)\,dx = I_1 + I_2 + I_3$. Dabei sind I_1 und I_3 positiv und I_2 negativ. Bei Bild 9.16b) ist $\int_a^b |f(x)|\,dx = I_1 + |I_2| + I_3$. Hier sind alle Summanden positiv. Also ist $\left|\int_a^b f(x)\,dx\right| \leqq \int_a^b |f(x)|\,dx$.
3. Wenn f in $[a, b]$ das Vorzeichen nicht wechselt, gilt das Gleichheitszeichen.

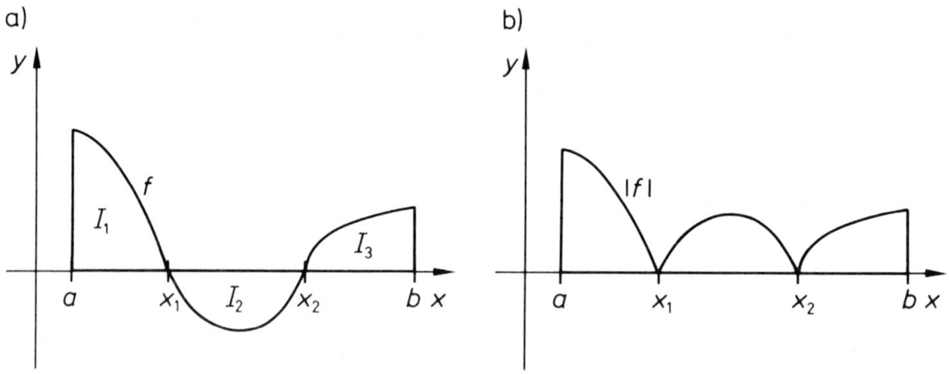

Bild 9.16a, b: Zur Bemerkung 2 von Satz 9.11

Im Bild 9.17 ist zu dem Graphen einer auf $[a, b]$ stetigen Funktion f eine Gerade $y = h$ so gezeichnet, daß der Flächeninhalt $(b - a)h$ des entstehenden Rechtecks denselben Wert wie der der Fläche unter dem Graphen von f hat, also $\int_a^b f(x)\,dx$. Dabei kann diese Gerade offenbar nicht ganz über dem Graphen von f und auch nicht ganz unter ihm liegen. Sie muß ihn also, wenn f stetig ist, nach dem Zwischenwertsatz (Abschn. 4.3.3, Satz 4.17) an mindestens einer Stelle ξ schneiden, so daß $h = f(\xi)$ ist. Es kann auch mehrere solche Stellen geben. Dies führt zum

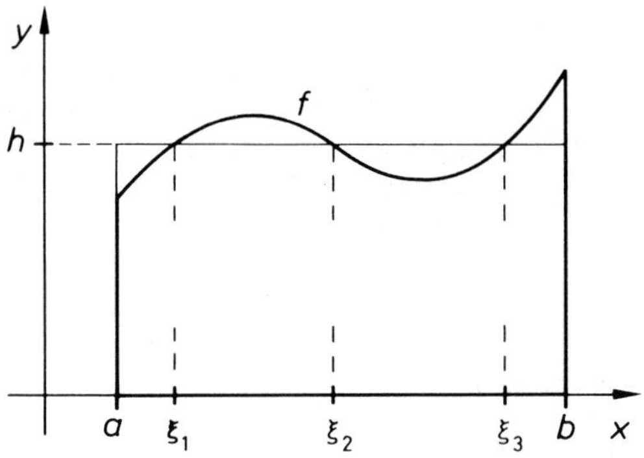

Bild 9.17: Beispiel zum Mittelwertsatz

Satz 9.12 (Mittelwertsatz der Integralrechnung)

Ist f auf $[a,b]$ stetig, so gibt es mindestens eine Stelle $\xi\in(a,b)$ mit

$$\int_a^b f(x)\,\mathrm{d}x = (b-a)f(\xi).$$

Beweis:

Wenn f auf $[a,b]$ stetig ist, dann ist f dort integrierbar und besitzt dort nach dem Satz von Weierstraß (Abschn. 4.3.3, Satz 4.15) ein absolutes Minimum m und ein absolutes Maximum M, d.h. es gilt $m \leqq f(x) \leqq M$ für alle $x\in[a,b]$. Wegen der Monotonie des Integrals (Satz 9.10) ist

$$\int_a^b m\,\mathrm{d}x \leqq \int_a^b f(x)\,\mathrm{d}x \leqq \int_a^b M\,\mathrm{d}x \text{ und mit dem Beispiel 9.2}$$

$$m(b-a) \leqq \int_a^b f(x)\,\mathrm{d}x \leqq M(b-a).$$

Nach Division durch die positive Zahl $b-a$ erhält man

$$m \leqq \frac{1}{b-a}\int_a^b f(x)\,\mathrm{d}x \leqq M.$$

Bei einer stetigen Funktion f existiert dann nach dem Zwischenwertsatz (Abschn. 4.3.3, Satz 4.17) mindestens ein $\xi\in(a,b)$ so, daß

$$f(\xi) = \frac{1}{b-a}\int_a^b f(x)\,\mathrm{d}x \text{ ist.}$$ ●

Bemerkungen:

1. Den Wert $\frac{1}{b-a}\int_a^b f(x)\,\mathrm{d}x$ nennt man **Mittelwert der Funktion** f auf $[a,b]$.

2. Anwendung findet der Mittelwertsatz der Integralrechnung unter anderem in der Elektrotechnik. Beschreibt $i = i(t)$ einen gleichgerichteten Wechselstrom mit der Periode p, so ist $I_g = \frac{1}{p}\int\limits_0^p i(t)\,\mathrm{d}t$ der sogenannte Gleichrichtwert. Die Stellen ξ, an denen $i(\xi) = I_g$ ist, haben in der Anwendung keine Bedeutung und sind auch häufig nur schwer zu berechnen.

9.1.5 Flächeninhalt

Im Abschnitt 9.1.1 haben wir bereits erwähnt, daß man mit Hilfe der elementaren Geometrie nur den Inhalt einer Fläche berechnen kann, wenn sie von einem geschlossenen Polygon begrenzt wird. Mit dem bestimmten Integral erhalten wir jetzt eine geeignete Definition für den Inhalt einer Fläche, die von einer gekrümmten Kurve begrenzt wird (s. Bild 9.18).

Definition 9.3

Es sei f auf $[a, b]$ stetig und $f(x) \geqq 0$ für alle $x \in [a, b]$. Dann heißt $A = \int\limits_a^b f(x)\,\mathrm{d}x$ der **Inhalt der Fläche** unter dem Graphen von f.

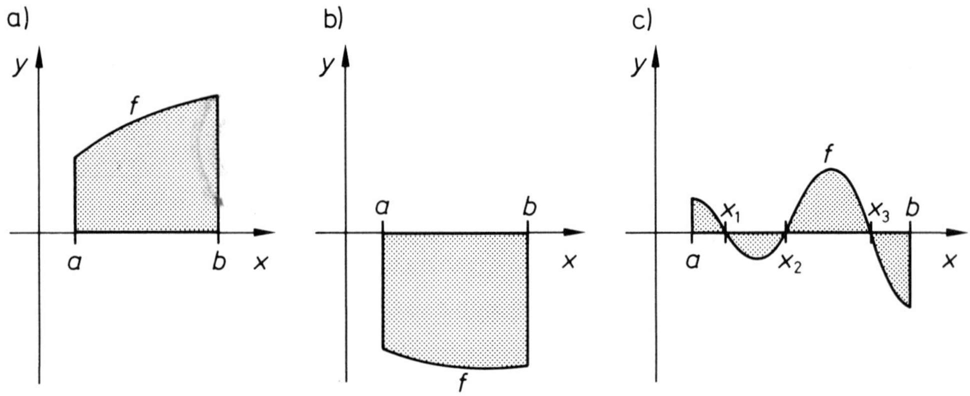

Bild 9.18a–c: Flächen unter dem Graphen von f

Bemerkungen:

1. Die Einschränkung $f(x) \geqq 0$ haben wir getroffen, damit das bestimmte Integral und somit auch der Flächeninhalt positiv sind, denn auch in der elementaren Geometrie sind Flächeninhalte immer positiv.
2. Mit den Beispielen 9.2 und 9.8 haben wir gezeigt, daß bei einem Rechteck und einem Trapez der mit den Methoden der elementaren Geometrie berechnete Flächeninhalt mit dem Wert übereinstimmt, der sich mit der Integralrechnung ergibt. Diese Übereinstimmung läßt sich für alle von einem geschlossenen Polygon begrenzten Flächen zeigen.
3. Ist $f(x) \leqq 0$ für alle $x \in [a, b]$ (s. Bild 9.18b)), so ist das bestimmte Integral $I \leqq 0$. Den Flächeninhalt legen wir dann durch $A = -I \geqq 0$ fest.

4. Nimmt f im Intervall $[a, b]$ sowohl positive als auch negative Werte an (s. Bild 9.18c)), so muß man zur Berechnung des Flächeninhalts zuerst alle Nullstellen der Funktion bestimmen. Wir bezeichnen diese mit $x_1, x_2, \ldots, x_n$ und numerieren so, daß $x_1 < x_2 < \cdots < x_n$ ist. Dann berechnet man die $n+1$ bestimmten Integrale $I_1 = \int_a^{x_1} f(x)\,\mathrm{d}x, I_2 = \int_{x_1}^{x_2} f(x)\,\mathrm{d}x, \ldots, I_{n+1} = \int_{x_n}^{b} f(x)\,\mathrm{d}x$. Der Flächeninhalt ist dann $\mathrm{A} = |I_1| + |I_2| + \cdots + |I_{n+1}| = \int_a^b |f(x)|\,\mathrm{d}x$.

   $I = \int_a^b f(x)\,\mathrm{d}x$ würde die Differenz der Flächeninhalte der oberhalb und der unterhalb der x-Achse gelegenen Teilflächen angeben.
5. Wird eine Fläche von einer geschlossenen Kurve begrenzt (s. Bild 9.19a)), so kann man oft den Flächeninhalt A als Differenz zweier Teilflächeninhalte A_1 und A_2 berechnen.

   $A_1 = \int_a^b f_1(x)\,\mathrm{d}x$ ist dabei der Inhalt der Fläche zwischen dem Graphen der »oberen Randfunktion« f_1 und der x-Achse und $A_2 = \int_a^b f_2(x)\,\mathrm{d}x$ der Inhalt der Fläche zwischen dem Graphen der »unteren Randfunktion« f_2 und der x-Achse. Dabei muß $f_1(x) \geqq f_2(x)$ für alle $x \in [a, b]$ sein. Der gesuchte Flächeninhalt A ist dann $A = A_1 - A_2 = \int_a^b f_1(x)\,\mathrm{d}x - \int_a^b f_2(x)\,\mathrm{d}x$ oder wegen der Linearität des Integrals (vgl. Satz 9.9) $A = \int_a^b [f_1(x) - f_2(x)]\,\mathrm{d}x$. Diese Formel gilt auch für den Fall, daß die Graphen von f_1 oder f_2 die x-Achse schneiden (s. Bild 9.19b)).
6. Andere Fälle kann man ebenfalls durch Zerlegung in Teilflächen behandeln. Z.B. ist im Fall des Bildes 9.19c)

$$A = \int_a^d f_1(x)\,\mathrm{d}x - \int_a^c f_2(x)\,\mathrm{d}x - \int_b^d f_3(x)\,\mathrm{d}x + \int_b^c f_4(x)\,\mathrm{d}x.$$

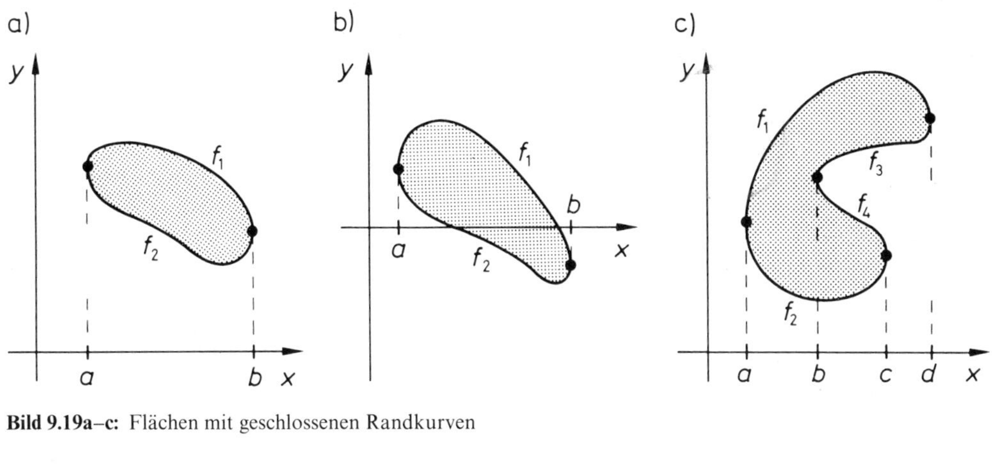

Bild 9.19a–c: Flächen mit geschlossenen Randkurven

Aufgaben

1. Man berechne das bestimmte Integral von

   a) $f: x \mapsto f(x) = (x+2)(x-3)$ über $[-2, 3]$;

   b) $f: x \mapsto f(x) = a_0 + a_1 x + a_2 x^2$ über $[a, b]$;

   c) $f: x \mapsto f(x) = \begin{cases} 3|x-1| & \text{für } x \in [0,2) \\ 2 & \text{für } x = 2 \\ (x-3)^2 & \text{für } x \in (2,4] \end{cases}$ über $[0,4]$;

   *d) $f: x \mapsto f(x) = \sin x$ über $[0, \pi]$.

   Hinweis: Man erweitere S_n mit $2 \cdot \sin \frac{\pi}{2n}$ und vereinfache unter Verwendung der Additionstheoreme der Trigonometrie.

2. Zeigen Sie, daß $f: x \mapsto f(x) = \begin{cases} \frac{1}{1-x} & \text{für } x \in [0,1) \\ 0 & \text{für } x = 1 \end{cases}$ über $[0, 1]$ nicht integrierbar ist.

*3. f sei über $[-a, a]$ integrierbar.

   Zeigen Sie, daß $\int_{-a}^{a} f(x)\,\mathrm{d}x = \begin{cases} 0 & \text{für } f \text{ ungerade} \\ 2\int_0^a f(x)\,\mathrm{d}x & \text{für } f \text{ gerade} \end{cases}$ ist.

4. Geben Sie eine untere und eine obere Schranke für $\int_0^{\pi/2} \cos x\,\mathrm{d}x$ an.

5. Bestimmen Sie den Mittelwert der linearen Funktion $f: x \mapsto mx + n$ auf einem beliebigen Intervall $[a, b]$. Deuten Sie das Ergebnis geometrisch.

6. Für die Funktion $f: x \mapsto 4x - 3x^2$ mit $x \in [0, 2]$ berechne man den Mittelwert $T = \frac{1}{b-a} \int_a^b f(x)\,\mathrm{d}x$. An welcher Stelle ξ ist $f(\xi) = T$?

7. Wie groß ist der Flächeninhalt des von der Parabel $f_1: x \mapsto x^2$ und der Geraden $f_2: x \mapsto x$ begrenzten Flächenstücks?

9.2 Das unbestimmte Integral

9.2.1 Integralfunktion

Die Methoden des Abschnitts 9.1 sind keine bequemen Hilfsmittel zur Berechnung von bestimmten Integralen. Selbst bei den wenigen einfachen Beispielen war die Bestimmung der auftretenden Grenzwerte umfangreich. Ein ähnliches Problem kennen wir in der Differentialrechnung. Auch dort liefert die Definition des Differentialquotienten nur eine sehr unhandliche Methode zur Berechnung der Ableitung, und erst mit der Produkt-, Quotienten- und Kettenregel usw. ließen sich viele Funktionen bequemer differenzieren. Ähnliche Hilfsmittel wollen wir auch für die Integralrechnung erarbeiten. Dabei werden wir einen Zusammenhang zwischen der Differential- und der Integralrechnung feststellen.

Man kann mit dem bestimmten Integral auf folgende Weise eine Funktion definieren. Wählt man beim bestimmten Integral als untere Integrationsgrenze eine Zahl $c \in [a, b]$ und als obere Integrationsgrenze eine Variable $x \in [a, b]$, so erhält man zu jedem Wert x einen Wert $I(x)$. Die so beschriebene Funktion wollen wir Integralfunktion nennen. Die Integrationsvariable bezeichnen wir mit t, da der Buchstabe x bereits für die obere Grenze vergeben ist.

Definition 9.4

Ist die Funktion f über $[a, b]$ integrierbar und $c \in [a, b]$, so nennt man $I: x \mapsto I(x) = \int_c^x f(t)\,\mathrm{d}t$ mit $x \in [a, b]$ eine **Integralfunktion** der Funktion f.

Bemerkung:

Für verschiedene Werte von c erhält man verschiedene Integralfunktionen der Funktion f.

Beispiel 9.15

Gegeben ist die Funktion $f: x \mapsto \frac{x}{2}$ für $x \in [0, 5]$. Man ermittle die Integralfunktion

$$I: x \mapsto I(x) = \int_0^x \frac{t}{2}\,\mathrm{d}t \quad \text{für } x \in [0, 5].$$

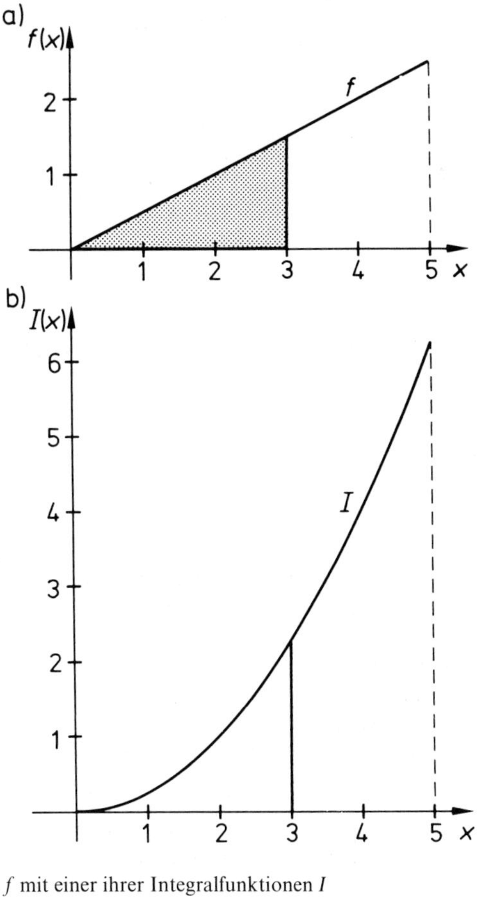

Bild 9.20a, b: Eine Funktion f mit einer ihrer Integralfunktionen I

Lösung:
Wegen der Linearität des Integrals (vgl. Satz 9.9) und wegen Beispiel 9.8 ist

$$\int_0^x \frac{t}{2}\,\mathrm{d}t = \tfrac{1}{2}\int_0^x t\,\mathrm{d}t = \tfrac{1}{2}\cdot\tfrac{1}{2}\cdot(x^2 - 0^2) = \tfrac{1}{4}\cdot x^2.$$

Es ist also $I\colon x \mapsto \frac{1}{4}x^2$ mit $x \in [0, 5]$.

Im Bild 9.20 sind die Graphen der Funktionen f und I gezeichnet. Jede Ordinate von I gibt den Flächeninhalt unter dem Graphen von f über $[a, b]$ an. So ist z.B. die bei $x = 3$ eingezeichnete Ordinate $I(3) = \int_0^3 \frac{t}{2}\,\mathrm{d}t$ also gleich dem Inhalt der schraffierten Fläche. Das läßt sich hier sogar noch elementar nachprüfen.

Die folgenden vier Sätze untersuchen Zusammenhänge zwischen den Eigenschaften des Integranden und den Eigenschaften der Integralfunktionen.

Satz 9.13

f sei über $[a, b]$ integrierbar. Sind I_1 und I_2 Integralfunktionen von f, so ist $I_1 - I_2$ eine auf $[a, b]$ konstante Funktion.

Beweis:

Es sei $I_1\colon x \mapsto \int_{c_1}^x f(t)\,\mathrm{d}t$ und $I_2\colon x \mapsto \int_{c_2}^x f(t)\,\mathrm{d}t$ mit $x, c_1, c_2 \in [a, b]$.

Dann ist wegen $I_1(x) - I_2(x) = \int_{c_1}^x f(t)\,\mathrm{d}t - \int_{c_2}^x f(t)\,\mathrm{d}t = \int_{c_1}^x f(t)\,\mathrm{d}t + \int_x^{c_2} f(t)\,\mathrm{d}t = \int_{c_1}^{c_2} f(t)\,\mathrm{d}t$ die Funktion $I_1 - I_2$ auf $[a, b]$ konstant. ●

Bemerkung:

Die Graphen aller Integralfunktionen einer Funktion f bilden also eine Schar von Kurven, die durch Parallelverschiebung in Richung der Ordinatenachse ineinander übergehen.

Satz 9.14

Ist f über $[a, b]$ integrierbar, dann ist jede Integralfunktion I von f auf $[a, b]$ stetig.

Beweis:

Es ist

$$I(x) - I(x_0) = \int_c^x f(t)\,\mathrm{d}t - \int_c^{x_0} f(t)\,\mathrm{d}t = \int_{x_0}^x f(t)\,\mathrm{d}t \quad \text{mit } x, x_0, c \in [a, b]. \tag{9.8}$$

Da f über $[a, b]$ integrierbar ist, ist f auf $[a, b]$ beschränkt, d.h. es gibt ein $k > 0$, so daß $|f(t)| \leqq k$ ist für alle $t \in [a, b]$. Dann gilt wegen der Monotonie des Integrals (vgl. Satz 9.10) und wegen

Satz 9.11

$$|I(x)-I(x_0)|=\left|\int_{x_0}^{x} f(t)\,dt\right| \leqq \left|\int_{x_0}^{x} |f(t)|\,dt\right| \leqq \left|\int_{x_0}^{x} k\,dt\right| = k\left|\int_{x_0}^{x} dt\right| = k|x-x_0|.$$

Folglich ist $\lim\limits_{x\to x_0} I(x)=I(x_0)$. Nach Abschn. 4.3.1, Definition 4.8 ist damit I für alle $x_0 \in [a,b]$ stetig.

●

Eine nichtstetige, aber integrierbare Funktion hat also stetige Integralfunktionen, d.h. integrieren wirkt »glättend«.

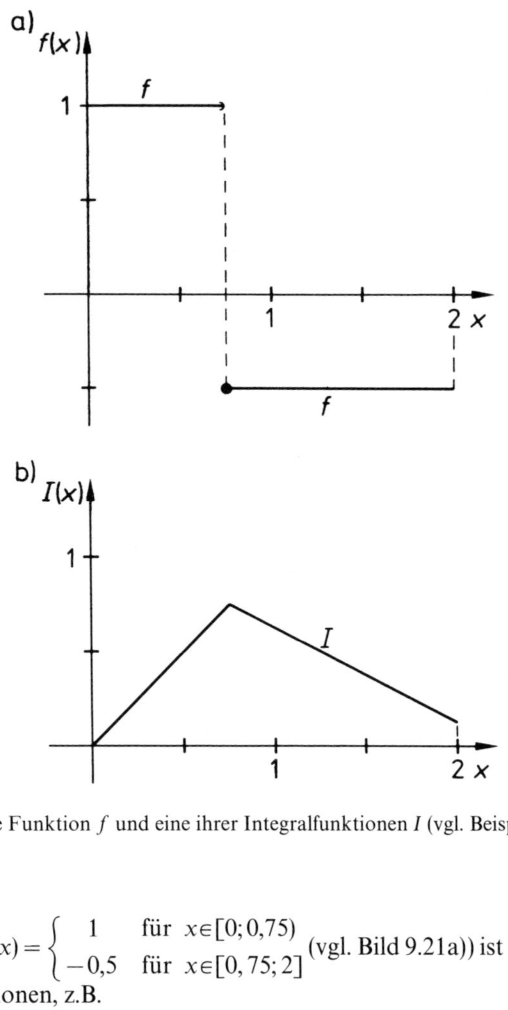

Bild 9.21a, b: Eine unstetige Funktion f und eine ihrer Integralfunktionen I (vgl. Beispiel 9.16)

Beispiel 9.16

Die Funktion $f\colon x \mapsto f(x)=\begin{cases} 1 & \text{für } x\in[0;0{,}75) \\ -0{,}5 & \text{für } x\in[0{,}75;2] \end{cases}$ (vgl. Bild 9.21a)) ist unstetig, aber integrierbar. Ihre Integralfunktionen, z.B.

$$I\colon x \mapsto I(x)=\int_0^x f(t)\,dt=\begin{cases} I_1(x) & \text{für } x\in[0;0{,}75) \\ I_2(x) & \text{für } x\in[0{,}75;2] \end{cases}$$

mit $I_1(x)=\int\limits_0^x 1\,\mathrm{d}x = x$ und $I_2(x)=\int\limits_0^{0,75} 1\,\mathrm{d}x + \int\limits_{0,75}^x (-0,5)\,\mathrm{d}x = 1,125 - 0,5\,x$ (vgl. Bild 9.21b)), sind dagegen stetig.

Wenn wir für die in den Beispielen 9.2, 9.8 und 9.9 gegebenen Funktionen die Integralfunktionen mit der unteren Grenze a ermitteln, so erhalten wir für alle $x\in[a,b]$

$$f_1\colon x\mapsto c \Rightarrow I_1\colon x\mapsto cx - ca,$$
$$f_2\colon x\mapsto x \Rightarrow I_2\colon x\mapsto \tfrac{1}{2}x^2 - \tfrac{1}{2}a^2 \text{ und}$$
$$f_3\colon x\mapsto x^2 \Rightarrow I_3\colon x\mapsto \tfrac{1}{3}x^3 - \tfrac{1}{3}a^3.$$

Bei diesen Beispielen ist $I' = f$. Der folgende Satz zeigt, daß diese Formel für stetige Funktionen allgemein gilt.

Satz 9.15 (Hauptsatz der Differential- und Integralrechnung)

Ist f auf $[a,b]$ stetig, dann ist jede Integralfunktion I von f auf $[a,b]$ stetig differenzierbar, und es ist $I' = f$.

Bemerkungen:

1. Mit diesem Satz erhalten wir für stetige Funktionen eine Verschärfung des Satzes 9.14. Während für integrierbare Funktionen f jede Integralfunktion I von f stetig ist, ist für stetige Funktionen g jede Integralfunktion I von g sogar stetig differenzierbar. Auch hier wirkt also die Integration »glättend«.
2. Den Hauptsatz kann man auch so formulieren: Differenziert man ein bestimmtes Integral mit stetigem Integranden f nach der oberen Grenze, so erhält man den Integranden an der oberen Grenze:

$$\frac{\mathrm{d}}{\mathrm{d}x}\int\limits_c^x f(t)\,\mathrm{d}t = f(x) \quad \text{für alle } x\in[a,b] \text{ und alle } c\in[a,b]. \tag{9.9}$$

Beweis von Satz 9.15

Wir zeigen, daß I an der Stelle $x_0\in(a,b)$ differenzierbar ist. Dazu betrachten wir den Differenzenquotient

$$\frac{I(x_0+h)-I(x_0)}{h} \quad \text{mit} \quad h\neq 0, \quad x_0+h\in(a,b).$$

Wenn wir $x = x_0 + h$ in (9.8) setzen, folgt

$$\frac{I(x_0+h)-I(x_0)}{h} = \frac{1}{h}\int\limits_{x_0}^{x_0+h} f(t)\,\mathrm{d}t. \tag{9.10}$$

f ist nach Voraussetzung stetig, daher existiert nach dem Mittelwertsatz der Integralrechnung (vgl. Satz 9.12) ein zwischen x_0 und x_0+h liegendes ξ, so daß gilt

$$\int\limits_{x_0}^{x_0+h} f(t)\,\mathrm{d}t = h\cdot f(\xi). \tag{9.11}$$

Da f stetig ist, und wegen $\xi\to x_0$ für $h\to 0$, gilt $\lim\limits_{h\to 0} f(\xi) = f(x_0)$.

Wir erhalten daher aus (9.10) und (9.11)

$$I'(x_0) = \lim_{h \to 0} \frac{I(x_0 + h) - I(x_0)}{h} = \lim_{h \to 0} \frac{1}{h} \cdot h \cdot f(\xi) = f(x_0).$$

Für die Randpunkte $x = a$ bzw. $x = b$ beweist man analog die rechtsseitige bzw. linksseitige Differenzierbarkeit. ●

Beispiel 9.17

Die Funktion $f: x \mapsto f(x) = \begin{cases} 1 & \text{für} x \in [0, 3] \\ x - 2 & \text{für } x \in (3, 6] \end{cases}$ (vgl. Bild 9.22a)) ist stetig, aber in $x_0 = 3$ nicht differenzierbar.

$I: x \mapsto I(x) = \int_0^x f(t)\,dt = \begin{cases} x & \text{für } x \in [0, 3] \\ \frac{1}{2}x^2 - 2x + \frac{9}{2} & \text{für } x \in (3, 6] \end{cases}$ (vgl. Bild 9.22b)) ist auf $[0, 6]$ differenzierbar.

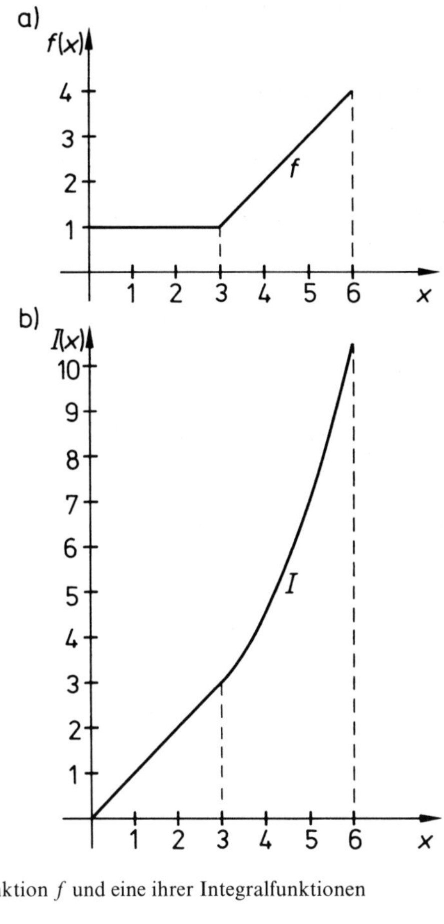

Bild 9.22a, b: Eine stetige Funktion f und eine ihrer Integralfunktionen

Der Hauptsatz der Differential- und Integralrechnung zeigt einen Zusammenhang zwischen der Differential- und Integralrechnung. Er besagt: Wird zu einer stetigen Funktion f eine Integralfunktion gebildet und anschließend diese differenziert, so erhält man wieder die Funktion f. In diesem Sinne ist die Differentiation ein Umkehrprozeß der Integration. Es liegt die Frage nahe, ob auch bei der Vertauschung der Reihenfolge der Operationen diese Eigenschaft erhalten bleibt. Dazu folgender

Satz 9.16

Ist f auf $[a,b]$ stetig differenzierbar, dann gilt $\int\limits_a^b f'(t)\,dt = f(b) - f(a)$.

Beweis:

Wenn f' auf $[a,b]$ stetig ist, dann ist f' über $[a,b]$ integrierbar. Wir betrachten die auf $[a,b]$ stetig differenzierbare Hilfsfunktion $h: x \mapsto h(x) = \int\limits_a^x f'(t)\,dt - f(x) + f(a)$.

Mit dem Hauptsatz der Differential- und Integralrechnung (Satz 9.15) folgt $h'(x) = f'(x) - f'(x) = 0$. Wegen Satz 8.26 ist $h(x) = c$ mit $c \in \mathbb{R}$.

Da $h(a) = \int\limits_a^a f'(t)\,dt - f(a) + f(a) = 0$ ist, folgt $c = 0$, d.h. h ist die Nullfunktion auf $[a,b]$. Aus $h(b) = \int\limits_a^b f'(x)\,dx - f(b) + f(a) = 0$ folgt somit $\int\limits_a^b f'(x)\,dx = f(b) - f(a)$. ●

Bemerkung:

Wird eine stetig differenzierbare Funktion f differenziert und anschließend die Ableitung über $[a, x]$ integriert, so erhält man die Funktion $x \mapsto \int\limits_a^x f'(t)\,dt = f(x) - f(a)$, die sich von f nur um die Konstante $f(a)$ unterscheidet.

Beispiel 9.18

Man ermittle $\frac{d}{dx}\int\limits_1^x \frac{\cos t}{t}\,dt$ mit $x \in \mathbb{R}^+$.

Da der Integrand auf jedem abgeschlossenen Teilintervall von $\mathbb{R}^+$ stetig ist, können wir den Hauptsatz der Differential- und Integralrechnung (Satz 9.15) anwenden. Nach Formel (9.9) gilt:

$$\frac{d}{dx}\int\limits_1^x \frac{\cos t}{t}\,dt = \frac{\cos x}{x} \quad \text{für alle } x \in \mathbb{R}^+.$$

Man vergleiche auch die Bemerkung 2 zum Hauptsatz der Differential- und Integralrechnung.

Beispiel 9.19

I_1 und I_2 seien abgeschlossene Intervalle, f sei auf I_1 stetig und b sei auf I_2 differenzierbar mit

$W_b \subset I_1$ und c aus I_1. Man bilde $\frac{\mathrm{d}}{\mathrm{d}x} \int\limits_c^{b(x)} f(t)\,\mathrm{d}t$.

Mit $I: u \mapsto I(u) = \int\limits_c^u f(t)\,\mathrm{d}t$ und $b: x \mapsto b(x)$ ist $(I \circ b)(x) = I(b(x)) = \int\limits_c^{b(x)} f(t)\,\mathrm{d}t$.

Nach der Kettenregel (Satz 8.14) ist $(I \circ b)' = (I' \circ b)b' = (f \circ b)b'$

und somit $\frac{\mathrm{d}}{\mathrm{d}x} \int\limits_c^{b(x)} f(t)\,\mathrm{d}t = f(b(x)) \cdot b'(x)$ für alle $x \in I_2$.

Unter entsprechenden Voraussetzungen gilt:

$$\frac{\mathrm{d}}{\mathrm{d}x} \int\limits_{a(x)}^{b(x)} f(t)\,\mathrm{d}t = f(b(x)) \cdot b'(x) - f(a(x)) \cdot a'(x). \tag{9.12}$$

Beweis s. Aufgabe 5.

9.2.2 Stammfunktion und unbestimmtes Integral

Der Hauptsatz der Differential- und Integralrechnung (Satz 9.15) zeigt einen Zusammenhang zwischen der Differential- und der Integralrechnung. Im folgenden werden wir untersuchen, wie man die Methoden der Differentialrechnung zur Ermittlung von bestimmten Integralen verwenden kann.

Definition 9.5

f sei auf $[a, b]$ definiert. Man nennt jede auf $[a, b]$ differenzierbare Funktion F eine **Stammfunktion** von f, wenn $F' = f$ ist.

Beispiel 9.20

Die Funktion $f: x \mapsto f(x) = \frac{\sin x}{x}$ mit $x \in [1, 2]$ hat die Stammfunktion $F: x \mapsto F(x) = \int\limits_1^x \frac{\sin t}{t}\,\mathrm{d}t$, denn es ist $F' = f$ (vgl. die Bemerkung 2 zum Hauptsatz der Differential- und Integralrechnung). Nicht jede Funktion hat eine Stammfunktion. So hat z.B. die Funktion f des Beispiels 9.16 nach dem Satz von Darboux (Satz 8.27) keine Stammfunktion.

Der folgende Satz macht eine Aussage für stetige Funktionen.

Satz 9.17

Ist f auf $[a, b]$ stetig, dann existiert auf $[a, b]$ eine Stammfunktion F von f, und jede Integralfunktion von f ist Stammfunktion von f.

Beweis:

Da f stetig ist, ist f auch integrierbar und hat somit Integralfunktionen. I sei eine Integralfunktion von f. Nach dem Hauptsatz der Differential- und Integralrechnung (Satz 9.15) ist dann $I' = f$. Also ist jede Integralfunktion eine Stammfunktion. ●

Satz 9.18

F sei eine Stammfunktion von $f: [a, b] \to \mathbb{R}$. Dann hat jede Stammfunktion von f die Form $F + C$, wobei C eine auf $[a, b]$ konstante Funktion ist.

Bemerkung:

Wenn F eine Stammfunktion von f ist, dann erhält man also mit $F + C$ alle Stammfunktionen von f.

Beweis von Satz 9.18

F und G seien zwei Stammfunktionen von $f: [a, b] \to \mathbb{R}$. Wir bilden die Differenz $H = G - F$. Die Ableitung $H' = G' - F'$ ist die Nullfunktion auf $[a, b]$, denn es ist $G' = f$ und $F' = f$. Wenn H' die Nullfunktion auf $[a, b]$ ist, dann ist H eine konstante Funktion auf $[a, b]$ und somit $G(x) = F(x) + C$ mit $C \in \mathbb{R}$. ●

Nicht jede Stammfunktion einer auf $[a, b]$ stetigen Funktion f ist jedoch Integralfunktion von f. So hat z.B. jede Stammfunktion von $f: x \mapsto 2x$ für $x \in [0, 5]$ die Form $F: x \mapsto x^2 + C$ mit $C \in \mathbb{R}$, denn es ist $F' = f$. Jede Integralfunktion von f lautet: $I: x \mapsto \int_c^x 2t\,dt = x^2 - c^2$ mit $x, c \in [0, 5]$. Somit sind nur die Stammfunktionen mit $C \in [-25, 0]$ auch Integralfunktionen.

Bei jeder integrierbaren Funktion ist also die Menge aller Integralfunktionen eine Teilmenge der Menge aller Stammfunktionen. Das gibt Anlaß zur

Definition 9.6

I sei eine Integralfunktion von $f: [a, b] \to \mathbb{R}$. Dann nennt man $I + C$ ein **unbestimmtes Integral** von f, wobei C eine auf $[a, b]$ konstante Funktion ist.

Schreibweise: $x \mapsto I(x) + C = \int f(x)\,dx$.

Bemerkungen:

1. Die unbestimmten Integrale einer integrierbaren Funktion f beschreiben Funktionen, deren Graphen durch Parallelverschiebung in Richtung der Ordinatenachse ineinander übergehen.
2. In $\int f(x)\,dx = I(x) + C$ nennt man C die **Integrationskonstante.**

Die vorstehenden Definitionen und Sätze für das unbestimmte Integral und die Stammfunktion lassen vermuten, daß beide Begriffe identisch sind. Das ist aber nur bei stetigen Funktionen der Fall. Denn eine nichtstetige Funktion (s. z.B. Beispiel 9.16) kann integrierbar sein, ohne daß sie eine Stammfunktion hat.

Satz 9.19 (Fundamentalsatz der Integralrechnung)

f sei auf $[a, b]$ stetig. Dann ist jedes unbestimmte Integral von f auch Stammfunktion von f und umgekehrt, d.h. ist F Stammfunktion von f, so gilt $\int f(x)\,dx = F(x) + C$ und umgekehrt.

Beweis:

1. F sei eine Stammfunktion der auf $[a,b]$ stetigen Funktion f. Dann ist $F' = f$ nach Definition 9.5 und damit $\int_c^x F'(t)\,dt = \int_c^x f(t)\,dt$ für alle $x, c \in [a,b]$. Aus Satz 9.16 folgt dann

   $F(x) - F(c) = \int_c^x f(t)\,dt$ oder $F(x) = \int_c^x f(t)\,dt + F(c)$. Also ist F ein unbestimmtes Integral von f.
2. Umgekehrt ist jedes unbestimmte Integral G auch Stammfunktion, denn wenn $G(x) = \int_c^x f(t)\,dt + C$ ist, dann gilt nach dem Hauptsatz der Differential- und Integralrechnung (Satz 9.15) $G' = f$, und G ist somit eine Stammfunktion von f. ●

Beispiel 9.21

Die Funktion $f: x \mapsto x^2$ ist auf $\mathbb{R}$ stetig. Eine ihrer Stammfunktionen ist $F: x \mapsto \frac{x^3}{3}$, denn es gilt $F' = f$. Dann hat jede Stammfunktion von f die Form $F^*: x \mapsto \frac{x^3}{3} + C$, und es ist $\int x^2 dx = \frac{x^3}{3} + C$.

Man kann jedes bestimmte Integral berechnen, wenn man eine Stammfunktion F des stetigen Integranden f kennt:

1. Zunächst erhält man aus F auch das unbestimmte Integral $\int f(x)\,dx = F(x) + C$.
2. Durch geeignete Wahl der Konstanten $C = C^*$ kann man die Integralfunktion $x \mapsto I(x) = \int_a^x f(t)\,dt$ ermitteln, denn aus $I(x) = F(x) + C^*$ folgt, weil $I(a) = 0$ ist: $C^* = -F(a)$. Also ist

   $$\int_a^x f(t)\,dt = I(x) = F(x) + C^* = F(x) - F(a).$$
3. Das bestimmte Integral erhält man, wenn man $x = b$ setzt: $\int_a^b f(x)\,dx = F(b) - F(a)$ (s. (9.8)).

Dieses Ergebnis formulieren wir in einem Satz:

Satz 9.20

F sei eine Stammfunktion der auf $[a,b]$ stetigen Funktion f. Dann ist

$$\int_a^b f(x)\,dx = F(b) - F(a).$$

Bemerkung:

Damit man bei einer Anwendung das Zwischenergebnis $F(x)$ erkennen kann, verwendet man als Schreibweise:

$$\int_a^b f(x)\,dx = [F(x)]_a^b = F(x)|_a^b = F(b) - F(a). \tag{9.13}$$

Beispiel 9.22

Man berechne $\int_1^2 \frac{1}{x}\,dx$.

Lösung:

Zum Integranden f mit $f(x)=\frac{1}{x}$ muß man eine Stammfunktion F suchen, deren Ableitung $F'(x)=\frac{1}{x}$ für $x\in[1,2]$ ist. Das führt zu $F(x)=\ln x$. Satz 9.20 ergibt

$$\int_1^2 \frac{1}{x}\,dx = [\ln x]_1^2 = \ln 2 - \ln 1 = \ln 2.$$

Beispiel 9.23

Analog zu Beispiel 9.22 ist $\int_1^x \frac{1}{t}\,dt = [\ln t]_1^x = \ln x - \ln 1 = \ln x$ für $x\in\mathbb{R}^+$.

Damit gewinnen wir durch die Integralrechnung eine weitere Möglichkeit zur Definition der ln-Funktion (vgl. Abschnitt 3.4):

$$\ln\colon x \mapsto \int_1^x \frac{1}{t}\,dt = \ln x \qquad \text{für } x\in\mathbb{R}^+$$

Aufgaben

1. Gegeben ist die Funktion $f\colon x\mapsto \begin{cases} 2x & \text{für } x\in[0,2] \\ 8-2x & \text{für } x\in(2,4]. \end{cases}$

   a) Man gebe die Integralfunktion I von f an, für die $I(2)=0$ ist.
   b) Man zeichne die Graphen von f und I.
   c) Ist I auch eine Stammfunktion von f? Begründung!

2. Gegeben ist die Funktion $f\colon x\mapsto \begin{cases} x+1 & \text{für } x\in[-5,0) \\ 1 & \text{für } x\in[0,5]. \end{cases}$

   a) Man gebe die Stammfunktion F von f an, für die $F(0)=10$ ist.
   b) Man zeichne die Graphen von f und F.
   c) Ist F auch eine Integralfunktion von f? Begründung!
   d) Man gebe $\int f(x)\,dx$ an.

3. Gegeben ist die Funktion $f\colon x\mapsto \begin{cases} 1 & \text{für } x\in[-1,0) \\ 0 & \text{für } x=0 \\ 1 & \text{für } x\in(0,1]. \end{cases}$

   a) Man ermittle eine Integralfunktion, falls sie existiert.
   b) Man ermittle eine Stammfunktion, falls sie existiert.

4. Die ln-Funktion sei definiert durch $\ln\colon x\mapsto \int_1^x \frac{1}{t}\,dt = \ln x$ für $x\in\mathbb{R}^+$.

   Beweisen Sie:

   a) Die ln-Funktion ist monoton, stetig und differenzierbar auf $\mathbb{R}^+$:
   b) $\ln x<0$ für $x\in(0,1)$, $\ln 1=0$, $\ln x>0$ für $x\in(1,\infty)$;
   *c) $\ln(x_1x_2)=\ln x_1+\ln x_2$ für alle $x_1,x_2\in\mathbb{R}^+$. Hinweis: Man untersuche den Zusammenhang zwischen der ln-Funktion und der Hilfsfunktion $h\colon x\mapsto h(x)=\ln(x_1\cdot x)$.

5. Man beweise (9.12).

9.3 Integrationsmethoden

Aufgrund von Satz 9.20 kann ein bestimmtes Integral mit stetigem Integranden berechnet werden, wenn man eine Stammfunktion des Integranden kennt. In diesem Abschnitt werden Methoden zur Ermittlung von Stammfunktionen stetiger Funktionen entwickelt.

Stammfunktionen sind immer auf einem abgeschlossenen Intervall definiert (vgl. Definition 9.5). Bei den folgenden Beispielen ist jeweils die Vereinigungsmenge aller möglichen Definitionsintervalle angegeben. Z.B. bedeutet bei Beispiel 9.27 die Angabe $x \in \mathbb{R}\backslash\{0\}$, daß jedes Intervall $[a, b] \subset \mathbb{R}\backslash\{0\}$ als Definitionsmenge für die Stammfunktion möglich ist. Bei Beispiel 9.24a) ist jedes Intervall $[a, b] \subset \mathbb{R}\backslash\left\{x \mid x = \frac{\pi}{2} + k\pi \text{ mit } k \in \mathbb{Z}\right\}$ und bei Beispiel 9.23a jedes Intervall $[a, b] \subset \mathbb{R}$ möglich.

9.3.1 Grundintegrale

In der Tabelle auf Seite 378 sind die Funktionen f Stammfunktionen von f'. Dies wird bei den folgenden Beispielen benutzt.

Beispiel 9.23 a

Man ermittle $\int \cos x \, dx$.

Lösung:

Zum Integranden muß man eine Stammfunktion suchen. F mit $F(x) = \sin x$ ist eine solche, weil $F'(x) = f(x) = \cos x$ ist. Also ist $\int \cos x \, dx = \sin x + C$.

Beispiel 9.24

a) $\displaystyle\int \frac{1}{\cos^2 x} dx = \tan x + C, \quad x \neq \frac{\pi}{2} + k\pi$ mit $k \in \mathbb{Z}$, denn es ist $(\tan x)' = \dfrac{1}{\cos^2 x}$.

b) $\int e^x dx = e^x + C$, denn es ist $(e^x)' = e^x$.

c) $\displaystyle\int a^x dx = \frac{a^x}{\ln a} + C$ mit $a \in \mathbb{R}^+\backslash\{1\}$, denn es ist $\left(\dfrac{a^x}{\ln a}\right)' = a^x$.

d) $\int dx = x + C$, denn es ist $(x)' = 1$.

e) $\displaystyle\int x \, dx = \frac{x^2}{2} + C$, denn es ist $\left(\dfrac{x^2}{2}\right)' = x$.

Beispiel 9.25

Man ermittle $\displaystyle\int \frac{1}{x} dx$.

Lösung:

Für $x\in\mathbb{R}^+$ haben wir im Beispiel 9.22 die Lösung angegeben: $\int\frac{1}{x}\,\mathrm{d}x = \ln x + C$. Für $x\in\mathbb{R}^-$ finden wir $\int\frac{1}{x}\,\mathrm{d}x = \ln(-x) + C$, denn es ist $[\ln(-x)]' = \frac{1}{x}$. Beide Teillösungen zusammengefaßt, ergibt $\int\frac{1}{x}\,\mathrm{d}x = \ln|x| + C$ für $x \neq 0$.

Beispiel 9.26

a) $\int x^\alpha\,\mathrm{d}x = \frac{x^{\alpha+1}}{\alpha+1} + C$ für $x\in\mathbb{R}^+$ und $\alpha\in\mathbb{R}\backslash\{-1\}$, denn es ist $\left(\frac{x^{\alpha+1}}{\alpha+1}\right)' = x^\alpha$.

b) $\int\sqrt{x}\,\mathrm{d}x = \int x^{1/2}\,\mathrm{d}x = \frac{x^{3/2}}{\frac{3}{2}} + C = \frac{2}{3}\sqrt{x^3} + C$ für $x\in\mathbb{R}_0^+$.

Manche Wurzelfunktionen (vgl. Abschnitt 2.4) sind auf ganz $\mathbb{R}$ definiert. In diesem Fall kann man die Gleichung $\int x^\alpha\,\mathrm{d}x = \frac{x^{\alpha+1}}{\alpha+1} + C$ rein formal auch zur Ermittlung der Stammfunktion auf $\mathbb{R}^-$ benutzen.

Beispiel 9.27

$$\int\frac{1}{\sqrt[3]{x}}\,\mathrm{d}x = \int x^{-1/3}\,\mathrm{d}x = \frac{x^{2/3}}{\frac{2}{3}} + C = \frac{3}{2}\cdot\sqrt[3]{x^2} + C \quad \text{für } x\in\mathbb{R}\backslash\{0\}.$$

Beispiel 9.28

$$\int|x|\,\mathrm{d}x = \begin{cases}\int x\,\mathrm{d}x & \text{für } x\in\mathbb{R}_0^+\\ \int(-x)\,\mathrm{d}x & \text{für } x\in\mathbb{R}^-.\end{cases}$$

Dabei ist $\int x\,\mathrm{d}x = \frac{1}{2}x^2 + C$ für $x\in\mathbb{R}_0^+$ und $\int(-x)\,\mathrm{d}x = -\frac{1}{2}x^2 + C$ für $x\in\mathbb{R}^-$.

Zusammengefaßt ergibt sich $\int|x|\,\mathrm{d}x = \frac{1}{2}x|x| + C$ für $x\in\mathbb{R}$ (vgl. Beispiel 8.30).

Im Abschnitt 9.3.2 sind einige Grundintegrale in einer Tabelle zusammengestellt. Der Beweis für die Richtigkeit dieser Formeln kann durch Differenzieren erfolgen. Im folgenden versuchen wir die Integranden so umzuformen, daß man die Formeln der Tabelle anwenden kann.

9.3.2 Grundformeln

Satz 9.21 (Linearität)

> u und v seien auf $[a,b]$ stetig und $c_1, c_2\in\mathbb{R}$. Dann gilt für alle $x\in[a,b]$:
> $$\int[c_1u(x) + c_2v(x)]\,\mathrm{d}x = c_1\int u(x)\,\mathrm{d}x + c_2\int v(x)\,\mathrm{d}x.$$

Beweis:

u bzw. v haben nach Satz 9.17 Stammfunktionen U bzw. V mit $U' = u$ bzw. $V' = v$. Dann hat $c_1u + c_2v$ die Stammfunktion $c_1U + c_2V$, denn es gilt $(c_1U + c_2V)' = c_1u + c_2v$. ●

Bemerkungen:

1. Der Satz läßt sich auf n Summanden verallgemeinern (vgl. Satz 9.9).
2. Es gilt: $\int u(x)\,dx = U(x) + C_1$, $\int v(x)\,dx = V(x) + C_2$ und $c_1 \int u(x)\,dx + c_2 \int v(x)\,dx = c_1 U(x) + c_2 V(x) + c_1 C_1 + c_2 C_2$. Dabei kann man $c_1 C_1 + c_2 C_2$ zu einer Integrationskonstanten C zusammenfassen und schreibt:

$$\int [c_1 u(x) + c_2 v(x)]\,dx = c_1 \int u(x)\,dx + c_2 \int v(x)\,dx = c_1 U(x) + c_2 V(x) + C.$$

Beispiel 9.29

a) $\int (x^2 + 2\cdot\sin x)\,dx = \int x^2\,dx + 2\int \sin x\,dx = \frac{1}{3}\cdot x^3 - 2\cdot\cos x + C.$

b) $\displaystyle\int \frac{dx}{3\cdot\sin^2 x} = \frac{1}{3}\int \frac{dx}{\sin^2 x} = -\frac{1}{3}\cot x + C, \quad x \neq k\pi \text{ mit } k\in\mathbb{Z}.$

c) $\displaystyle\int (5\cdot 3^x - 3\cdot\cosh x)\,dx = 5\int 3^x\,dx - 3\int \cosh x\,dx = \frac{5\cdot 3^x}{\ln 3} - 3\cdot\sinh x + C.$

Beispiel 9.30

Man ermittle $\displaystyle\int \frac{2}{5x^2}\,dx.$

Der Integrand wird zweckmäßig auf die Form cx^n gebracht.

$$\int \frac{2}{5x^2}\,dx = \int \tfrac{2}{5}x^{-2}\,dx = \tfrac{2}{5}\int x^{-2}\,dx = \tfrac{2}{5}\cdot\frac{x^{-1}}{-1} + C = -\frac{2}{5x} + C, \quad x \neq 0.$$

Beispiel 9.31

a) $\displaystyle\int \frac{3}{\sqrt[3]{x^2}}\,dx = 3\int x^{-2/3}\,dx = 3\frac{x^{1/3}}{\frac{1}{3}} + C = 9\cdot\sqrt[3]{x} + C, \quad x \neq 0$

b) $\displaystyle\int \sqrt{3x}\,dx = \sqrt{3}\int x^{1/2}\,dx = \sqrt{3}\cdot\frac{x^{3/2}}{\frac{3}{2}} + C = \tfrac{2}{3}\cdot\sqrt{3x^3} + C \quad \text{für } x\in\mathbb{R}_0^+.$

c) $\displaystyle\int \frac{7x^2}{5\cdot\sqrt{x}}\,dx = \tfrac{7}{5}\int x^{3/2}\,dx = \tfrac{14}{25}\cdot\sqrt{x^5} + C \quad \text{für } x\in\mathbb{R}^+.$

Beispiel 9.32

Man ermittle $\displaystyle\int \frac{2x^4 - 3\sqrt{x}}{7\cdot\sqrt[3]{x^4}}\,dx.$

Der Integrand wird zweckmäßig auf die Form $ax^m + bx^n$ gebracht.

$$\int \frac{2x^4 - 3\sqrt{x}}{7\cdot\sqrt[3]{x^4}}\,dx = \int \left(\tfrac{2}{7}x^{8/3} - \tfrac{3}{7}x^{-5/6}\right)dx = \tfrac{6}{77}\cdot\sqrt[3]{x^{11}} - \tfrac{18}{7}\cdot\sqrt[6]{x} + C \quad \text{mit } x\in\mathbb{R}^+.$$

Satz 9.22

f sei auf $[a,b]$ stetig und $\int f(t)\,dt = F(t) + C$. Ferner seien $\alpha \in \mathbb{R}\backslash\{0\}$ und $\beta \in \mathbb{R}$. Dann ist für alle x mit $\alpha x + \beta \in [a,b]$:

$$\int f(\alpha x + \beta)\,dx = \frac{1}{\alpha} \cdot F(\alpha x + \beta) + C.$$

Beweis:

Nach Voraussetzung ist $\frac{dF(t)}{dt} = f(t)$. Mit der Kettenregel folgt

$$\frac{d}{dx}\left[\frac{1}{\alpha} \cdot F(\alpha x + \beta)\right] = \frac{1}{\alpha} \cdot f(\alpha x + \beta) \cdot \alpha = f(\alpha x + \beta).$$ ●

Beispiel 9.33

a) $\int \sin(3x+2)\,dx = -\frac{1}{3}\cos(3x+2) + C$, denn es ist $\int \sin t\,dt = -\cos t + C$.

b) $\int \frac{1}{2x-7}\,dx = \frac{1}{2}\ln|2x-7| + C$, $x \neq \frac{7}{2}$, denn es ist $\int \frac{1}{t}\,dt = \ln|t| + C$, $t \neq 0$.

c) $\int \sqrt{3-x}\,dx = \int (3-x)^{1/2}\,dx = \frac{1}{-1} \frac{(3-x)^{3/2}}{\frac{3}{2}} + C = -\frac{2}{3}\sqrt{(3-x)^3} + C$ für $x \in (-\infty, 3]$.

d) $\int \frac{dx}{\sqrt{1-(x+3)^2}} = \arcsin(x+3) + C$ für $x \in (-4, -2)$.

e) $\int 2^{1-5x}\,dx = -\frac{2^{1-5x}}{5 \cdot \ln 2} + C$, denn es ist $\int 2^t\,dt = \frac{2^t}{\ln 2} + C$.

Beispiel 9.34

Man ermittle $\int \frac{dx}{x^2 + 6x + 9}$.

Der Nenner ist ein vollständiges Quadrat, und man kann umformen

$$\int \frac{dx}{x^2+6x+9} = \int \frac{dx}{(x+3)^2} = \int (x+3)^{-2}\,dx = -\frac{1}{x+3} + C, \quad x \neq -3.$$

Beispiel 9.35

Man ermittle $\int \cos^2 x\,dx$.
Mit $\cos^2 x = \frac{1}{2} \cdot (1 + \cos 2x)$ erhalten wir

$$\int \cos^2 x\,dx = \int \frac{1}{2} \cdot (1 + \cos 2x)\,dx = \frac{x}{2} + \frac{1}{4}\sin 2x + C.$$

Satz 9.23

a) f sei auf $[a, b]$ stetig differenzierbar. Ferner sei $\alpha \in \mathbb{R}\backslash\{-1\}$ und f^α auf $[a, b]$ definiert. Dann ist

$$\int f'(x) \cdot [f(x)]^\alpha \mathrm{d}x = \frac{1}{\alpha+1} \cdot [f(x)]^{\alpha+1} + C.$$

b) f sei auf $[a, b]$ stetig differenzierbar. Ferner sei $f(x) \neq 0$ für alle $x \in [a, b]$. Dann ist

$$\int \frac{f'(x)}{f(x)} \mathrm{d}x = \ln |f(x)| + C.$$

Bemerkung:

Dieser Satz ist eine Erweiterung von Satz 9.22. Steht bei einem Integranden im Zähler die Ableitung des Nenners (Satz 9.23 Teil b)) oder das Produkt $f' \cdot f^\alpha$ (Satz 9.23 Teil a)), so kann man sofort das Integral angeben.

Beweis:

Nach der Kettenregel ist $\frac{\mathrm{d}}{\mathrm{d}x}\left\{\frac{1}{\alpha+1} \cdot [f(x)]^{\alpha+1}\right\} = f'(x) \cdot [f(x)]^\alpha$ und $\frac{\mathrm{d}}{\mathrm{d}x}\{\ln |f(x)|\} = \frac{f'(x)}{f(x)}$. ●

Beispiel 9.36

Man ermittle $\int 2x(x^2-3)^5 \,\mathrm{d}x$.

Mit $f(x) = x^2 - 3$, $f'(x) = 2x$ und $\alpha = 5$ erhalten wir

$$\int 2x(x^2-3)^5 \,\mathrm{d}x = \tfrac{1}{6}(x^2-3)^6 + C.$$

Beispiel 9.37

Man ermittle $\int \sin^4 x \cos x \,\mathrm{d}x$.

Mir $f(x) = \sin x$, $f'(x) = \cos x$ und $\alpha = 4$ erhalten wir

$$\int \sin^4 x \cos x \,\mathrm{d}x = \tfrac{1}{5} \sin^5 x + C.$$

Beispiel 9.38

Man ermittle $\displaystyle\int \frac{2x-3}{x^2-3x+2} \mathrm{d}x$.

Hier findet Satz 9.23 b) Anwendung mit $f(x) = x^2 - 3x + 2$ und $f'(x) = 2x - 3$.

$$\int \frac{2x-3}{x^2-3x+2} \mathrm{d}x = \ln|x^2 - 3x + 2| + C, \quad \text{für } x \neq 1 \text{ und } x \neq 2.$$

Beispiel 9.39

Man ermittle $\displaystyle\int_3^4 \frac{2x-3}{x^2-3x+2} \mathrm{d}x$.

Da wir im Beispiel 9.38 das unbestimmte Integral ermittelt haben, können wir mit Satz 9.20 auch das bestimmte Integral berechnen

$$\int_3^4 \frac{2x-3}{x^2-3x+2}\,\mathrm{d}x = [\ln|x^2-3x+2|]_3^4 = \ln 6 - \ln 2 = \ln 3.$$

Beispiel 9.40

Man ermittle $\int \frac{x^2}{1+x^3}\,\mathrm{d}x$.

Für $f(x) = 1 + x^3$ ist $f'(x) = 3x^2$. Wir erweitern den Integranden mit 3, um Satz 9.23 b) anwenden zu können.

$$\int \frac{x^2}{1+x^3}\,\mathrm{d}x = \tfrac{1}{3}\int \frac{3x^2}{1+x^3}\,\mathrm{d}x = \tfrac{1}{3}\ln|1+x^3| + C \quad \text{für } x \neq -1.$$

Beispiel 9.41

Man ermittle $\int x\cdot\sqrt[3]{1-x^2}\,\mathrm{d}x$.

Hier erweitern wir mit -2

$$\int x\cdot\sqrt[3]{1-x^2}\,\mathrm{d}x = -\tfrac{1}{2}\int(-2x)(1-x^2)^{1/3}\,\mathrm{d}x = -\tfrac{1}{2}\cdot\tfrac{3}{4}\cdot(1-x^2)^{4/3} + C = -\tfrac{3}{8}\cdot\sqrt[3]{(1-x^2)^4} + C.$$

Beispiel 9.42

Man ermittle $\int_2^3 \frac{\mathrm{d}x}{x\cdot\ln x}$.

Nach Satz (9.23 b) ist mit $f(x) = \ln x$ und $f'(x) = \frac{1}{x}$

$$\int_2^3 \frac{\mathrm{d}x}{x\cdot\ln x} = [\ln|\ln x|]_2^3 = \ln\ln 3 - \ln\ln 2 = 0{,}460\ldots.$$

Beispiel 9.43

Man ermittle $\int \tan x\,\mathrm{d}x$.

Mit der Formel $\tan x = \frac{\sin x}{\cos x}$ erhalten wir

$$\int \tan x\,\mathrm{d}x = \int \frac{\sin x}{\cos x}\,\mathrm{d}x = -\ln|\cos x| + C \quad \text{für } x \neq \frac{\pi}{2} + k\pi \text{ mit } k \in \mathbb{Z}.$$

Integration von gebrochenrationalen Funktionen (Partialbruchzerlegung):

Eine gebrochenrationale Funktion kann man in Partialbrüche zerlegen (vgl. Abschnitt 2.3.2). Mit Hilfe der Tabelle im Abschnitt 9.3.5 kann man diese Partialbrüche integrieren.

Beispiel 9.44

Man ermittle $\int \frac{3x^5+2x^4+3x^3}{x^4-1}\,\mathrm{d}x$.

Der unecht gebrochene Integrand wird in einen ganzen und in einen echt gebrochenen Anteil aufgespalten.

$$\int \frac{3x^5 + 2x^4 + 3x^3}{x^4 - 1}\,dx = \int (3x + 2)\,dx + \int \frac{3x^3 + 3x + 2}{x^4 - 1}\,dx.$$

Den ganzrationalen Anteil kann man integrieren; beim echt gebrochenen Anteil wird der Nenner in Faktoren zerlegt.

$$\int \frac{3x^5 + 2x^4 + 3x^3}{x^4 - 1}\,dx = \tfrac{3}{2}x^2 + 2x + \int \frac{3x^3 + 3x + 2}{(x+1)(x-1)(x^2+1)}\,dx.$$

Den Integranden des Integrals auf der rechten Seite zerlegt man in Partialbrüche.

$$\frac{3x^3 + 3x + 2}{(x+1)(x-1)(x^2+1)} = \frac{A}{x+1} + \frac{B}{x-1} + \frac{Cx + D}{x^2+1}.$$

Es ergibt sich $A = 1$, $B = 2$, $C = 0$ und $D = -1$. Damit kann man die restlichen Teilintegrale bestimmen.

$$\int \frac{3x^5 + 2x^4 + 3x^3}{x^4 - 1}\,dx = \tfrac{3}{2}x^2 + 2x + \int \frac{dx}{x+1} + 2\int \frac{dx}{x-1} - \int \frac{dx}{x^2+1}$$

$$\int \frac{3x^5 + 2x^4 + 3x^3}{x^4 - 1}\,dx = \tfrac{3}{2}x^2 + 2x + \ln|x+1| + 2\cdot\ln|x-1| - \arctan x + C \text{ für } x \neq -1 \text{ und } x \neq 1.$$

Beispiel 9.45

Man ermittle $\int \frac{dx}{x(x+1)^3}$.

Da der Integrand echt gebrochen und der Nenner bereits in Faktoren zerlegt ist, kann man sofort einen Partialbruchansatz machen.

$$\frac{1}{x(x+1)^3} = \frac{A}{x} + \frac{B}{x+1} + \frac{C}{(x+1)^2} + \frac{D}{(x+1)^3}.$$

Es ergibt sich $A = 1$, $B = -1$, $C = -1$ und $D = -1$.

$$\int \frac{dx}{x(x+1)^3} = \int \frac{dx}{x} - \int \frac{dx}{x+1} - \int \frac{dx}{(x+1)^2} - \int \frac{dx}{(x+1)^3}$$

$$\int \frac{dx}{x(x+1)^3} = \ln|x| - \ln|x+1| + \frac{1}{x+1} + \frac{1}{2(x+1)^2} + C \quad \text{für } x \neq 0 \text{ und } x \neq -1.$$

9.3.3 Partielle Integration

Satz 9.24

Sind die Funktionen u und v auf $[a, b]$ stetig differenzierbar, so gilt auf $[a, b]$:

$$\int u'(x)\cdot v(x)\,dx = u(x)\cdot v(x) - \int u(x)\cdot v'(x)\,dx.$$

Beweis:

Die Stammfunktion von uv' sei H. Dann gilt:

$$\frac{\mathrm{d}}{\mathrm{d}x}[u(x)\cdot v(x) - H(x)] = u'(x)\cdot v(x) + u(x)\cdot v'(x) - H'(x)$$

$$= u'(x)\cdot v(x) + u(x)\cdot v'(x) - u(x)\cdot v'(x) = u'(x)\cdot v(x).$$

Somit ist nach Definition 9.5 $uv - H$ eine Stammfunktion von $u'v$. ●

Bemerkung:

Zerlegt man einen Integranden in zwei Faktoren und bezeichnet diese mit u' bzw. v, so kann man eine Stammfunktion zum Integranden angeben, wenn

1. man eine Stammfunktion von u' finden kann,
2. v differenzierbar ist und
3. man eine Stammfunktion von $u\cdot v'$ finden kann.

Es hängt von der geschickten Wahl der beiden Faktoren ab, ob man mit der partiellen Integration zu einer Lösung kommt.

Beispiel 9.46

Man ermittle $\int x\cdot\sin x\,\mathrm{d}x$.

Wir wählen $u'(x) = \sin x$ und $v(x) = x$. Dann ist $u(x) = -\cos x$ und $v'(x) = 1$.

$$\int x\cdot\sin x\,\mathrm{d}x = -x\cdot\cos x + \int\cos x\,\mathrm{d}x$$

$$\int x\cdot\sin x\,\mathrm{d}x = -x\cdot\cos x + \sin x + C.$$

Bei einer anderen Wahl der Faktoren z.B. $u'(x) = x$ und $v(x) = \sin x$ wird $\int u(x)\cdot v'(x)\mathrm{d}x = \frac{1}{2}\int x^2\cos x\,\mathrm{d}x$ komplizierter.

Beispiel 9.47

Man ermittle $\int x^2\cdot\mathrm{e}^x\,\mathrm{d}x$.

Wir wählen $u'(x) = e^x$ und $v(x) = x^2$. Dann ist $u(x) = \mathrm{e}^x$ und $v'(x) = 2x$.

$$\int x^2\cdot\mathrm{e}^x\,\mathrm{d}x = x^2\cdot\mathrm{e}^x - 2\int x\cdot\mathrm{e}^x\,\mathrm{d}x.$$

Wir können $\int x\cdot\mathrm{e}^x\,\mathrm{d}x$ durch erneute Anwendung der Methode der partiellen Integration berechnen und wählen $u'(x) = \mathrm{e}^x$ und $v(x) = x$. Dann ist $u(x) = \mathrm{e}^x$ und $v'(x) = 1$. Wir erhalten

$$\int x\cdot\mathrm{e}^x\,\mathrm{d}x = x\cdot\mathrm{e}^x - \int\mathrm{e}^x\,\mathrm{d}x = x\cdot\mathrm{e}^x - \mathrm{e}^x + C.$$

Damit ist die Lösung

$$\int x^2\cdot\mathrm{e}^x\,\mathrm{d}x = \mathrm{e}^x\cdot(x^2 - 2x + 2) + C.$$

Es sei daran erinnert, daß man nach Definition 9.5 durch Differenzieren die Richtigkeit der Lösung kontrollieren kann.

Beispiel 9.48

Man ermittle $\int x^n e^{ax}\,dx$ mit $n\in\mathbb{N}$ und $a\in\mathbb{R}\backslash\{0\}$.

Wir wählen $u'(x)=e^{ax}$ und $v(x)=x^n$. Dann ist wegen $u(x)=\frac{1}{a}\cdot e^{ax}$ und $v'(x)=n\cdot x^{n-1}$:

$$\int x^n e^{ax}\,dx=\frac{1}{a}x^n e^{ax}-\frac{n}{a}\int x^{n-1}e^{ax}\,dx.$$

Das ist eine »Rekursionsformel«, mit der man schrittweise für beliebige $n\in\mathbb{N}$ und $a\in\mathbb{R}\backslash\{0\}$ $\int x^n e^{ax}\,dx$ berechnen kann (s. Beispiel 9.49).

Beispiel 9.49

Man ermittle $\int x^4 e^{-x}\,dx$.

Mit der Rekursionsformel vom Beispiel 9.48 erhalten wir

$$\int x^4 e^{-x}\,dx=-x^4e^{-x}+4\int x^3e^{-x}\,dx.$$

Die erneute Anwendung der Rekursionsformel liefert

$$\int x^4 e^{-x}\,dx=-x^4e^{-x}+4(-x^3e^{-x}+3\int x^2e^{-x}\,dx)\quad\text{usw.}$$
$$\int x^4 e^{-x}\,dx=-e^{-x}(x^4+4x^3+12x^2+24x+24)+C.$$

Beispiel 9.50

Man ermittle $\int \ln x\,dx$.

Wir wählen $u'(x)=1$ und $v(x)=\ln x$. Dann ist $u(x)=x$ und $v'(x)=\frac{1}{x}$.

$$\int \ln x\,dx=x\ln x-\int dx=x\ln x-x+C=x(\ln x-1)+C\quad\text{für } x\in\mathbb{R}^+.$$

Beispiel 9.51

Man ermittle $\int_0^1 e^x\sin x\,dx$.

Zuerst ermitteln wir $\int e^x\sin x\,dx$. Mit $u'(x)=e^x$, $v(x)=\sin x$, $u(x)=e^x$ und $v'(x)=\cos x$ ist

$$\int e^x\sin x\,dx=e^x\sin x-\int e^x\cos x\,dx.$$

Erneute partielle Integration mit $u'(x)=e^x$, $v(x)=\cos x$, $u(x)=e^x$ und $v'(x)=-\sin x$ ergibt

$$\int e^x\sin x\,dx=e^x\sin x-e^x\cos x-\int e^x\sin x\,dx.$$

Addiert man auf beiden Seiten $\int e^x\cdot\sin x\,dx$, so ist

$$2\int e^x\cdot\sin x\,dx=e^x\cdot\sin x-e^x\cdot\cos x+C.$$

Hier muß auf der rechten Seite die Konstante C addiert werden, denn $F:x\mapsto e^x\cdot\sin x-e^x\cdot\cos x$ ist nur eine Stammfunktion von $f:x\mapsto 2\cdot e^x\cdot\sin x$, und nach dem Fundamentalsatz der Integralrechnung (vgl. Satz 9.19) ist $\int f(x)\,dx=F(x)+C$.

Nach Division durch 2 erhält man

$$\int e^x \cdot \sin x \, dx = \tfrac{1}{2} \cdot e^x \cdot (\sin x - \cos x) + \tfrac{1}{2} \cdot C.$$

Dabei kann man $\frac{1}{2} \cdot C$ zu einer Integrationskonstanten C_1 zusammenfassen.

Die Berechnung des bestimmten Integrals erfolgt mit Satz 9.20:

$$\int_0^1 e^x \sin x \, dx = \tfrac{1}{2} [e^x(\sin x - \cos x)]_0^1 = \tfrac{1}{2} [e(\sin 1 - \cos 1) + 1] = 0{,}909\ldots.$$

Beispiel 9.52

Man ermittle $\int \sin^2 x \, dx$.

Mit $u'(x) = \sin x$, $v(x) = \sin x$, $u(x) = -\cos x$ und $v'(x) = \cos x$ erhalten wir

$$\int \sin^2 x \, dx = -\sin x \cdot \cos x + \int \cos^2 x \, dx.$$

Erneute partielle Integration wie beim Beispiel 9.51 führt zu $\int \sin^2 x \, dx = \int \sin^2 x \, dx$, liefert also keine Lösung. Statt dessen verwenden wir die Formel $\cos^2 x = 1 - \sin^2 x$:

$$\int \sin^2 x \, dx = -\sin x \cdot \cos x + \int dx - \int \sin^2 x \, dx \quad \text{und}$$
$$\int \sin^2 x \, dx = -\sin x \cdot \cos x + x - \int \sin^2 x \, dx.$$

Aus dieser Gleichung folgt $2 \cdot \int \sin^2 x \, dx = -\sin x \cos x + x + C$, also

$$\int \sin^2 x \, dx = \tfrac{1}{2}(x - \sin x \cdot \cos x + C).$$

Die Integrale $\int \cos^2 x \, dx$, $\int \sinh^2 x \, dx$ und $\int \cosh^2 x \, dx$ können analog ermittelt werden (vgl. auch Beispiel 9.35).

Beispiel 9.53

$\int e^x \sinh x \, dx$ kann ohne partielle Integration unter Verwendung der Formel $\sinh x = \frac{1}{2}(e^x - e^{-x})$ ermittelt werden.

$$\int e^x \sinh x \, dx = \tfrac{1}{2} \int (e^{2x} - 1) \, dx = \tfrac{1}{4} \cdot e^{2x} - \frac{x}{2} + C.$$

Beispiel 9.54

Man ermittle $\int |x| e^x \, dx$.

Es ist $|x| e^x = \begin{cases} xe^x & \text{für } x \in \mathbb{R}_0^+ \\ -xe^x & \text{für } x \in \mathbb{R}^-. \end{cases}$

In Beispiel 9.47 wurde gezeigt, daß $F: x \mapsto xe^x - e^x$ Stammfunktion von $f: x \mapsto xe^x$ für $x \in \mathbb{R}_0^+$ ist. Also ist $G: x \mapsto -xe^x + e^x$ Stammfunktion von $g: x \mapsto -xe^x$ für $x \in \mathbb{R}^-$. Die Funktion

$$H: x \mapsto \begin{cases} F(x) & \text{für } x \in \mathbb{R}_0^+ \\ G(x) & \text{für } x \in \mathbb{R}^-. \end{cases}$$

ist an der Stelle $x_0 = 0$ unstetig, also keine Stammfunktion von $x \mapsto |x| e^x$ für $x \in \mathbb{R}$. Nimmt man an

Stelle von F die Funktion $F^*: x \mapsto xe^x - e^x + 2$, die ebenfalls Stammfunktion von f ist, so ergibt sich

$$H^*: x \mapsto \begin{cases} xe^x - e^x + 2 & \text{für } x \in \mathbb{R}_0^+ \\ -xe^x + e^x & \text{für } x \in \mathbb{R}^- \end{cases}$$

als eine Stammfunktion von $x \mapsto |x| e^x$ für $x \in \mathbb{R}$. Also ist $\int |x| e^x \, dx = H^*(x) + C$.

9.3.4 Integration durch Substitution

Beispiel 9.55

Man ermittle $\int \sin \sqrt{x} \, dx$ mit $x \in \mathbb{R}_0^+$.

Um den Integranden zu vereinfachen, führen wir eine Substitution der Integrationsveränderlichen durch. Mit $t = \sqrt{x}$, $x = t^2$ und $\frac{dx}{dt} = 2t$, d.h. $dx = 2t \cdot dt$ (vgl. (8.20)) erhält man, wenn man in $\int \sin \sqrt{x} \, dx$ das Symbol dx formal als Differential $dx = 2t \cdot dt$ auffaßt:

$$\int \sin \sqrt{x} \, dx = \int \sin t \cdot 2t \, dt = 2 \int t \cdot \sin t \, dt.$$

Mit der Lösung von Beispiel 9.46 ist

$\int \sin \sqrt{x} \, dx = 2 \cdot (-t \cos t + \sin t) + C$, und, wenn wir t wieder durch $\sqrt{x}$ ersetzen,

$$\int \sin \sqrt{x} \, dx = 2 \cdot (-\sqrt{x} \cos \sqrt{x} + \sin \sqrt{x}) + C.$$

Durch Differentiation läßt sich die Richtigkeit des Ergebnisses nachweisen.

Zu dieser Methode folgender

Satz 9.25 (Substitutionsmethode)

> $f: x \mapsto f(x)$ sei auf dem abgeschlossenen Intervall I stetig. Ferner sei $g: t \mapsto x = g(t)$ auf dem Intervall J stetig differenzierbar und umkehrbar. Außerdem sei $W_g \subset I$. Dann ist $h: t \mapsto f(g(t)) \cdot g'(t)$ über J integrierbar, und es gilt für alle $x \in W_g$:
>
> $$\int f(x) \, dx = \int f(g(t)) \cdot g'(t) \, dt \text{ mit } t = g^{-1}(x).$$

Bemerkungen:

1. Durch die Substitution $x = g(t)$ wird $\int f(x) \, dx$ in $\int f(g(t)) \cdot g'(t) \, dt = \int h(t) \, dt$ transformiert. Es hängt natürlich von der geschickten Wahl der Funktion g ab, ob h leichter zu integrieren ist als f.
2. Nach Ermittlung von $\int h(t) \, dt = H(t) + C$ kann man mit $t = g^{-1}(x)$ zurücksubstituieren: $H(g^{-1}(x)) = F(x)$.
3. Beim bestimmten Integral $\int_a^b f(x) \, dx = F(b) - F(a)$ kann man nach Ermittlung von $H(t)$ für t die substituierten Grenzen $t_u = g^{-1}(a)$ bzw. $t_0 = g^{-1}(b)$ einsetzen: $\int_a^b f(x) \, dx = \int_{t_u}^{t_o} h(t) \, dt = [H(t)]_{t_u}^{t_o}$. Das ist oft bequemer als nach Ermittlung von $F(x)$ die Grenzen a bzw. b einsetzen.

4. Zur praktischen Durchführung verwenden wir folgendes Schema:

   $\int f(x)\,\mathrm{d}x$

   Substitution: $x = g(t)$, $t = g^{-1}(x)$, $\mathrm{d}x = g'(t)\,\mathrm{d}t$

   $\int f(x)\,\mathrm{d}x = \int f(g(t))\cdot g'(t)\,\mathrm{d}t = \int h(t)\,\mathrm{d}t = H(t) + C = H(g^{-1}(x)) + C = F(x) + C$

Beweis von Satz 9.25

F sei eine Stammfunktion von f. Dann ist $\frac{\mathrm{d}}{\mathrm{d}x}F(x) = f(x)$ für alle $x \in I$ und nach der Kettenregel (Satz 8.14)

$$\frac{\mathrm{d}}{\mathrm{d}t}F(g(t)) = \frac{\mathrm{d}}{\mathrm{d}x}F(x)\cdot\frac{\mathrm{d}}{\mathrm{d}t}g(t) = f(x)\cdot g'(t) = f(g(t))\cdot g'(t) \quad \text{auf } J.$$

Damit ist $F \circ g$ eine Stammfunktion von $(f \circ g)\cdot g'$. Da die Umkehrfunktion g^{-1} von g existiert, ist $F(g(g^{-1}(x))) = F(x)$ für alle $x \in W_g$. ●

Beispiel 9.56

Man ermittle $\int \frac{\cos(\ln x)}{x}\,\mathrm{d}x$ für $x \in \mathbb{R}^+$.

Substitution: $t = \ln x, x = \mathrm{e}^t$, $\mathrm{d}x = \mathrm{e}^t\,\mathrm{d}t$.

$$\int \frac{\cos(\ln x)}{x}\,\mathrm{d}x = \int \frac{\cos t}{\mathrm{e}^t}\mathrm{e}^t\,\mathrm{d}t = \int \cos t\,\mathrm{d}t = \sin t + C = \sin(\ln x) + C \quad \text{für alle } x \in \mathbb{R}^+.$$

Beispiel 9.57

Man ermittle $\int_3^8 x\sqrt{x+1}\,\mathrm{d}x$.

Substitution $t = x + 1$, $x = t - 1$, $\mathrm{d}x = \mathrm{d}t$, $t_u = 4$ und $t_o = 9$.

$$\int_3^8 x\sqrt{x+1}\,\mathrm{d}x = \int_4^9 (t-1)\cdot\sqrt{t}\,\mathrm{d}t = \int_4^9 [t^{\frac{3}{2}} - t^{\frac{1}{2}}]\,\mathrm{d}t = [\tfrac{2}{5}\cdot t^{\frac{5}{2}} - \tfrac{2}{3}\cdot t^{\frac{3}{2}}]_4^9 = \tfrac{1076}{15} = 71{,}7\ldots.$$

Beispiel 9.58

Man ermittle $\int x\,\mathrm{e}^{1+x^2}\,\mathrm{d}x$ für $x \in \mathbb{R}$.

Die Substitution $t = x^2$ ist auf $\mathbb{R}$ nicht umkehrbar. Wir führen die Substitution mit einer Restriktion durch:

$$t = x^2 \quad \text{für } x \in \mathbb{R}^+, \quad x = \sqrt{t} \quad \text{und} \quad \mathrm{d}x = \frac{1}{2\sqrt{t}}\mathrm{d}t$$

$$\int x\,\mathrm{e}^{1+x^2}\,\mathrm{d}x = \int \sqrt{t}\cdot\mathrm{e}^{1+t}\cdot\frac{1}{2\sqrt{t}}\mathrm{d}t = \tfrac{1}{2}\int \mathrm{e}^{1+t}\,\mathrm{d}t = \tfrac{1}{2}\mathrm{e}^{1+t} + C = \tfrac{1}{2}\mathrm{e}^{1+x^2} + C \quad \text{für alle } x \in \mathbb{R}^+.$$

Durch Differenzieren kann man zeigen, daß $\int x\,\mathrm{e}^{1+x^2}\,\mathrm{d}x = \frac{1}{2}\cdot\mathrm{e}^{1+x^2} + C$ für alle $x \in \mathbb{R}$ gilt.

Beispiel 9.59

Man ermittle $\int \sqrt{1-x^2}\,\mathrm{d}x$ für $x \in [-1, 1]$.

Substitution $x = \sin t$ für $t \in \left[-\frac{\pi}{2}, \frac{\pi}{2}\right]$, $t = \arcsin x, \mathrm{d}x = \cos t\,\mathrm{d}t$

$$\int \sqrt{1-x^2}\,\mathrm{d}x = \int \sqrt{1-\sin^2 t}\cdot\cos t\,\mathrm{d}t = \int \cos^2 t\,\mathrm{d}t.$$

Nach Beispiel 9.35 ist dann $\int \sqrt{1-x^2}\,\mathrm{d}x = \frac{t}{2} + \frac{1}{4}\sin 2t + C$ und umgeformt

$$\int \sqrt{1-x^2}\,\mathrm{d}x = \frac{t}{2} + \tfrac{1}{2}\sin t\cdot\sqrt{1-\sin^2 t} + C = \tfrac{1}{2}\arcsin x + \tfrac{1}{2}x\sqrt{1-x^2} + C.$$

Beispiel 9.60

Man ermittle $\int \frac{\mathrm{d}x}{\sin x}$ für $x \in (0, \pi)$.

Wegen $\sin x = 2\cdot\sin\frac{x}{2}\cdot\cos\frac{x}{2} = 2\cdot\frac{\tan\frac{x}{2}}{\sqrt{1+\tan^2\frac{x}{2}}}\cdot\frac{1}{\sqrt{1+\tan^2\frac{x}{2}}}$ erhalten wir

$$\int \frac{\mathrm{d}x}{\sin x} = \frac{1}{2}\int \frac{1+\tan^2\frac{x}{2}}{\tan\frac{x}{2}}\,\mathrm{d}x.$$

Substitution $t = \tan\frac{x}{2}, x = 2\cdot\arctan t$, $\mathrm{d}x = \frac{2}{1+t^2}\mathrm{d}t$

$$\int \frac{\mathrm{d}x}{\sin x} = \frac{1}{2}\int \frac{1+t^2}{t}\cdot\frac{2}{1+t^2}\,\mathrm{d}t = \int \frac{\mathrm{d}t}{t} = \ln|t| + C = \ln\left|\tan\frac{x}{2}\right| + C.$$

Bemerkung:

Allgemein wird jedes Integral, dessen Integrand eine rationale Funktion von $\sin x$ und $\cos x$ ist, durch die Substitution $t = \tan\frac{x}{2}$ in ein Integral einer rationalen Funktion von t verwandelt. Dieses kann man immer mittels Partialbruchzerlegung integrieren.

Beispiel 9.61

Man ermittle $\int \cos x \cdot \mathrm{e}^{\sin x}\,\mathrm{d}x$.

Für $x \in \left(-\frac{\pi}{2}, \frac{\pi}{2}\right)$ können wir die Substitution $x = g(t) = \arcsin t, t = g^{-1}(x) = \sin x$ und $\mathrm{d}x = g'(t)\,\mathrm{d}t = \dfrac{1}{\sqrt{1-t^2}}\,\mathrm{d}t$ durchführen und erhalten

$$\int \cos x \cdot \mathrm{e}^{\sin x}\,\mathrm{d}x = \int \sqrt{1-t^2} \cdot \mathrm{e}^t \cdot \frac{1}{\sqrt{1-t^2}}\,\mathrm{d}t = \int \mathrm{e}^t\,\mathrm{d}t = \mathrm{e}^t + C \quad \text{und wegen } t = \sin x$$

$$\int \cos x \cdot \mathrm{e}^{\sin x}\,\mathrm{d}x = \mathrm{e}^{\sin x} + C.$$

Wie man durch Differenzieren zeigen kann, gilt dies auch für alle $x \in \mathbb{R}$.

Bemerkung:

$\mathrm{d}x = g'(t)\,\mathrm{d}t$ ist das Differential der Funktion $g\colon t \mapsto x = g(t)$. Manchmal ist es praktischer, das Differential $\mathrm{d}t = (g^{-1})'(x)\,\mathrm{d}x$ der Umkehrfunktion $g^{-1}\colon x \mapsto t = g^{-1}(x)$ zu verwenden. Das wird im nächsten Beispiel durchgeführt.

Beispiel 9.62

Man ermittle $\displaystyle\int \frac{\sin\sqrt{x}}{\sqrt{x}}\,\mathrm{d}x$ für $x \in \mathbb{R}^+$.

Substitution $t = \sqrt{x}$, $x = t^2$, $\mathrm{d}t = \dfrac{\mathrm{d}x}{2\sqrt{x}} \Rightarrow \mathrm{d}x = 2\sqrt{x}\,\mathrm{d}t$.

$$\int \frac{\sin\sqrt{x}}{\sqrt{x}}\,\mathrm{d}x = \int \frac{\sin t}{\sqrt{x}}\,2\sqrt{x}\,\mathrm{d}t = 2 \cdot \int \sin t\,\mathrm{d}t = -2\cos t + C = -2\cos\sqrt{x} + C.$$

Beispiel 9.63

Man ermittle $\int |2x+3|\,\mathrm{d}x$.

Substitution $t = 2x+3$, $x = \dfrac{t-3}{2}$, $\mathrm{d}x = \frac{1}{2}\mathrm{d}t$.

$$\int |2x+3|\,\mathrm{d}x = \int |t| \cdot \tfrac{1}{2}\,\mathrm{d}t = \tfrac{1}{4} \cdot t|t| + C = \tfrac{1}{4}(2x+3) \cdot |2x+3| + C \quad \text{(vgl. Beispiel 9.28).}$$

9.3.5 Tabelle unbestimmter Integrale

1. $\int \mathrm{d}x = x + C$
2. $\int x^\alpha\,\mathrm{d}x = \dfrac{x^{\alpha+1}}{\alpha+1} + C, \quad x \in \mathbb{R}^+, \quad \alpha \in \mathbb{R}\setminus\{-1\}$

3.	$\int \frac{1}{x}\,\mathrm{d}x = \ln\lvert x\rvert + C, \quad x \neq 0$
4.	$\int \mathrm{e}^x\,\mathrm{d}x = \mathrm{e}^x + C$
5.	$\int a^x\,\mathrm{d}x = \frac{a^x}{\ln a} + C, \quad a \in \mathbb{R}^+ \setminus \{1\}$
6.	$\int \sin x\,\mathrm{d}x = -\cos x + C$
7.	$\int \cos x\,\mathrm{d}x = \sin x + C$
8.	$\int \frac{\mathrm{d}x}{\sin^2 x} = -\cot x + C, \quad x \neq k\pi \text{ mit } k \in \mathbb{Z}$
9.	$\int \frac{\mathrm{d}x}{\cos^2 x} = \tan x + C, \quad x \neq \frac{\pi}{2} + k\pi \text{ mit } k \in \mathbb{Z}$
10.	$\int \sinh x\,\mathrm{d}x = \cosh x + C$
11.	$\int \cosh x\,\mathrm{d}x = \sinh x + C$
12.	$\int \frac{\mathrm{d}x}{\sinh^2 x} = -\coth x + C, \quad x \neq 0$
13.	$\int \frac{\mathrm{d}x}{\cosh^2 x} = \tanh x + C$
14.	$\int \frac{\mathrm{d}x}{ax+b} = \frac{1}{a}\ln\lvert ax+b\rvert + C, \quad a \neq 0, x \neq -\frac{b}{a}$
15.	$\int \frac{dx}{a^2x^2+b^2} = \frac{1}{ab}\arctan\frac{a}{b}x + C, \quad a \neq 0, \quad b \neq 0$
16.	$\int \frac{dx}{a^2x^2-b^2} = \frac{1}{2ab}\ln\left\lvert\frac{ax-b}{ax+b}\right\rvert + C, \quad a \neq 0, \quad b \neq 0, \quad x \neq \frac{b}{a}, \quad x \neq -\frac{b}{a}$
17.	$\int \sqrt{a^2x^2+b^2}\,\mathrm{d}x = \frac{x}{2}\sqrt{a^2x^2+b^2} + \frac{b^2}{2a}\ln(ax+\sqrt{a^2x^2+b^2}) + C, \quad a \neq 0, \quad b \neq 0$
18.	$\int \sqrt{a^2x^2-b^2}\,\mathrm{d}x = \frac{x}{2}\sqrt{a^2x^2-b^2} - \frac{b^2}{2a}\ln\lvert ax+\sqrt{a^2x^2-b^2}\rvert + C, \quad a \neq 0, \quad b \neq 0, a^2x^2 \geqq b^2$

19.	$\int\sqrt{b^2-a^2x^2}\,\mathrm{d}x=\frac{x}{2}\sqrt{b^2-a^2x^2}+\frac{b^2}{2a}\arcsin\frac{a}{b}x+C,\quad a\neq 0,\quad b\neq 0,\quad a^2x^2\leqq b^2$
20.	$\int\frac{\mathrm{d}x}{\sqrt{a^2x^2+b^2}}=\frac{1}{a}\ln(ax+\sqrt{a^2x^2+b^2})+C,\quad a\neq 0,\quad b\neq 0$
21.	$\int\frac{\mathrm{d}x}{\sqrt{a^2x^2-b^2}}=\frac{1}{a}\ln\lvert ax+\sqrt{a^2x^2-b^2}\rvert+C,\quad a\neq 0,\quad b\neq 0\quad a^2x^2>b^2$
22.	$\int\frac{\mathrm{d}x}{\sqrt{b^2-a^2x^2}}=\frac{1}{a}\arcsin\frac{a}{b}x+C,\quad a\neq 0,\quad b\neq 0,\quad a^2x^2<b^2$
23.	Die Integrale $\int\frac{\mathrm{d}x}{X}$, $\int\sqrt{X}\,\mathrm{d}x$, $\int\frac{\mathrm{d}x}{\sqrt{X}}$ mit $X=ax^2+2bx+c$, $a\neq 0$ werden durch die Umformung $X=a\left(x+\frac{b}{a}\right)^2+\left(c-\frac{b^2}{a}\right)$ und die Substitution $t=x+\frac{b}{a}$ in die Integrale 15. bis 22. transformiert.
24.	$\int\frac{x\mathrm{d}x}{X}=\frac{1}{2a}\ln\lvert X\rvert-\frac{b}{a}\int\frac{\mathrm{d}x}{X},\quad a\neq 0,\quad X=ax^2+2bx+c$
25.	$\int\sin^2 ax\,\mathrm{d}x=\frac{x}{2}-\frac{1}{4a}\cdot\sin 2ax+C,\quad a\neq 0$
26.	$\int\cos^2 ax\,\mathrm{d}x=\frac{x}{2}+\frac{1}{4a}\cdot\sin 2ax+C,\quad a\neq 0$
27.	$\int\sin^n ax\,dx=-\frac{\sin^{n-1}ax\cdot\cos ax}{na}+\frac{n-1}{n}\int\sin^{n-2}ax\,\mathrm{d}x,\quad n\in\mathbb{N},\quad a\neq 0$
28.	$\int\cos^n ax\,dx=\frac{\cos^{n-1}ax\cdot\sin ax}{na}+\frac{n-1}{n}\int\cos^{n-2}ax\,\mathrm{d}x,\quad n\in\mathbb{N},\quad a\neq 0$
29.	$\int\frac{\mathrm{d}x}{\sin ax}=\frac{1}{a}\ln\left\lvert\tan\frac{ax}{2}\right\rvert+C,\quad a\neq 0,\quad x\neq k\frac{\pi}{a}$ mit $k\in\mathbb{Z}$
30.	$\int\frac{\mathrm{d}x}{\cos ax}=\frac{1}{a}\ln\left\lvert\tan\left(\frac{ax}{2}+\frac{\pi}{4}\right)\right\rvert+C,\quad a\neq 0,\quad x\neq\frac{\pi}{2a}+k\frac{\pi}{a}$ mit $k\in\mathbb{Z}$
31.	$\int\tan ax\,\mathrm{d}x=-\frac{1}{a}\ln\lvert\cos ax\rvert+C,\quad a\neq 0,\quad x\neq\frac{\pi}{2a}+k\frac{\pi}{a}$ mit $k\in\mathbb{Z}$

32.	$\int \cot ax\,\mathrm{d}x = \frac{1}{a}\ln\lvert\sin ax\rvert + C, \quad a \neq 0, \quad x \neq k\frac{\pi}{a}$ mit $k \in \mathbb{Z}$
33.	$\int x^n \sin ax\,\mathrm{d}x = -\frac{x^n}{a}\cos ax + \frac{n}{a}\int x^{n-1}\cos ax\,\mathrm{d}x, \quad n \in \mathbb{N}, \quad a \neq 0$
34.	$\int x^n \cos ax\,\mathrm{d}x = \frac{x^n}{a}\sin ax - \frac{n}{a}\int x^{n-1}\sin ax\,\mathrm{d}x, \quad n \in \mathbb{N}, \quad a \neq 0$
35.	$\int x^n \mathrm{e}^{ax}\,\mathrm{d}x = \frac{1}{a}x^n\mathrm{e}^{ax} - \frac{n}{a}\int x^{n-1}\mathrm{e}^{ax}\,\mathrm{d}x, \quad n \in \mathbb{N}, \quad a \neq 0$
36.	$\int \mathrm{e}^{ax}\sin bx\,\mathrm{d}x = \frac{\mathrm{e}^{ax}}{a^2+b^2}(a\sin bx - b\cos bx) + C, \quad a \neq 0, \quad b \neq 0$
37.	$\int \mathrm{e}^{ax}\cos bx\,\mathrm{d}x = \frac{\mathrm{e}^{ax}}{a^2+b^2}(a\cos bx + b\sin bx) + C, \quad a \neq 0, b \neq 0$
38.	$\int \ln x\,\mathrm{d}x = x(\ln x - 1) + C, \quad x \in \mathbb{R}^+$
39.	$\int x^\alpha \cdot \ln x\,\mathrm{d}x = \frac{x^{\alpha+1}}{(\alpha+1)^2}[(\alpha+1)\ln x - 1] + C, \quad x \in \mathbb{R}^+, \alpha \in \mathbb{R}\setminus\{-1\}$

Aufgaben

1. Man ermittle die folgenden bestimmten bzw. unbestimmten Integrale

a) $\int \frac{\mathrm{d}x}{(1-x)^3}$; b) $\int \frac{7x^2+6}{x^4-5x^3}\mathrm{d}x$; c) $\int \frac{x^3}{\sqrt[3]{5-3x^4}}\mathrm{d}x$;

d) $\int_0^{\sqrt{\pi}} x^3 \cdot \cos(x^2)\,\mathrm{d}x$; e) $\int \sin^3 x \cdot \cos x\,\mathrm{d}x$; f) $\int_1^e x^2 \ln x\,\mathrm{d}x$;

g) $\int \frac{4x\cdot\sqrt[3]{x} + 3\cdot\sqrt[4]{x^5}}{2x\cdot\sqrt[4]{x}}\mathrm{d}x$; h) $\int a^x \cdot \sqrt{1+a^x}\,\mathrm{d}x$ mit $a \in \mathbb{R}^+\setminus\{1\}$;

i) $\int \frac{x}{\sqrt{x^4-1}}\mathrm{d}x$ Hinweis: Substitution $t = x^2$;

j) $\int \frac{x^4}{x^3-4x^2-3x+18}\mathrm{d}x$; k) $\int_0^{\pi/3} \tan x \cdot \ln\cos x\,\mathrm{d}x$;

l) $\int \frac{\mathrm{d}x}{1+15\sin^2 x + 8\sin x\cos x}$ Hinweis: Substitution $t = \tan x$;

m) $\int \cos^2\frac{x}{3}\cdot\sin\frac{x}{4}\,\mathrm{d}x$ Hinweis: Mit Hilfe von trigonometrischen Formeln verwandle man den Integranden in eine Summe;

n) $\int \frac{dx}{\sqrt{(25+x^2)^3}}$ Hinweis: Substitution $x = 5\cdot\tan t$;

o) $\int \frac{\sin^5 x}{\cos^3 x} dx$; p) $\int \frac{x^3}{5-3x} dx$; q) $\int \frac{3}{\sin^2 3x} dx$;

r) $\int \frac{\sin x \cos x}{\sin^2 x - 3\cos^2 x} dx$; s) $\int \frac{\sqrt{\ln \sqrt{x}}}{x} dx$;

t) $\int \arcsin x \, dx$ Hinweis: Partielle Integration; u) $\int\limits_{-1}^{2} \sqrt{|1 - x|x||}\, dx$.

2. Welcher Flächeninhalt liegt zwischen der x-Achse und dem Graphen der Funktion
$f: x \mapsto 1{,}2x + 2\sqrt{x} - 3$ mit $x \in [0; 1{,}8]$?
3. Welche Funktion $f: x \mapsto f(x)$ hat die Ableitung $f': x \mapsto f'(x) = \frac{1}{1 + 14x + 49x^2}$ und bei $x_0 = 1$ den Funktionswert $f(x_0) = 2$?
4. Der Graph der Funktion $f: x \mapsto 4 - x^2$ mit $x \in [0, 2]$ begrenzt zusammen mit der positiven x- und y-Achse ein Flächenstück A. In welchem Abstand t muß man eine Parallele zur x-Achse legen, damit der Flächeninhalt von A halbiert wird?
5. Für die Funktion $f: x \mapsto \frac{1}{x^2}$ mit $x \in [4, 9]$ bestimme man den Mittelwert. An welcher Stelle nimmt f den Mittelwert an?
6. Bei der Integralfunktion
$$I: x \mapsto \int\limits_0^x f(t)\,dt \quad \text{mit } f(t) = \begin{cases} t & \text{für } t \in [-1, 1] \\ 0 & \text{für } t \in (1, 2), \\ -t & \text{für } t \in [2, 5] \end{cases} \qquad x \in [-1, 5]$$
führe man die Integration durch.
7. Welcher Flächeninhalt liegt zwischen den Graphen der Funktionen $f: x \mapsto 2^x - 1$ mit $x \in \mathbb{R}_0^+$ und $g: x \mapsto \sin\left(\frac{\pi}{2} x\right)$ mit $x \in \mathbb{R}_0^+$?
8. Eine Parabel 3. Ordnung hat für $x = 2$ eine waagerechte Tangente, in $A(1, 2)$ einen Wendepunkt und geht durch $B(3, 0)$. Welcher Flächeninhalt liegt zwischen dem Graphen der Parabel und der Geraden durch die Punkte A und B?
9. Beweisen Sie, daß der Flächeninhalt eines Kreises πr^2 ist.
10. Durch $y^2 = x^4 \cdot \sqrt{5 - x}$ wird für $x \in [0, 5]$ eine Fläche begrenzt.
    a) Skizzieren Sie diese Fläche.
    b) Berechnen Sie den Inhalt dieser Fläche.
11. Berechnen Sie für $m, n \in \mathbb{N}$
    a) $\int\limits_0^{2\pi} \sin mx \sin nx \, dx$; b) $\int\limits_0^{2\pi} \cos mx \cos nx \, dx$; c) $\int\limits_0^{2\pi} \sin mx \cos nx \, dx$.
12. Beweisen Sie: $\int\limits_0^{\pi/2} \sin^{2m} x \, dx = \frac{2m-1}{2m} \cdot \frac{2m-3}{2m-2} \cdot \ldots \cdot \frac{1}{2} \cdot \frac{\pi}{2}$ für alle $m \in \mathbb{N}$.

9.4 Uneigentliche Integrale

Integrale über unbeschränkte Integrationsintervalle und Integrale mit nicht beschränkten Integranden werden durch Definition 9.1 nicht erklärt. Folgendes Beispiel zeigt die Notwendigkeit der Erweiterung des bisherigen Integralbegriffs.

9.4.1 Integrale über unbeschränkte Intervalle

Beispiel 9.64

Eine Rakete habe bei Brennschluß die Masse m und die Geschwindigkeit v_0. Sie befinde sich im Abstand r_0 vom Erdmittelpunkt. Dort ist ihre kinetische Energie $E_k = \frac{1}{2}mv_0^2$. Beim weiteren Flug wirkt auf die Rakete nur noch die Gravitationskraft F. Folglich beträgt beim Flug von r_0 nach r_1 die Zunahme der potentiellen Energie $\Delta E_p = \int\limits_{r_0}^{r_1} F\,\mathrm{d}r$. Ist E_p die potentielle Energie an der Stelle r_0, so gilt nach dem Energieerhaltungssatz im Umkehrpunkt r_1:

$$E_k + E_p = 0 + E_p + \Delta E_p \Rightarrow E_k = \Delta E_p \Rightarrow \tfrac{1}{2}mv_0^2 = \int\limits_{r_0}^{r_1} F\,\mathrm{d}r \Rightarrow v_0 = \sqrt{\frac{2}{m}\cdot\int\limits_{r_0}^{r_1} F\,\mathrm{d}r}.$$

Das ist die Geschwindigkeit, die erforderlich ist, damit die Rakete bis zur Höhe r_1 fliegt. Erreicht die Rakete bei Brennschluß die sogenannte Fluchtgeschwindigkeit, so kann sie beliebig weit in den Weltraum fliegen. Für ihre Berechnung wird $\lim\limits_{r_1\to\infty} \int\limits_{r_0}^{r_1} F\,\mathrm{d}r$ benötigt. Dazu die folgende Definition.

Definition 9.7

> f sei über jedes Intervall $[a, t]$ mit $t \in (a, \infty)$ integrierbar. Existiert der Grenzwert $\lim\limits_{t\to\infty} \int\limits_a^t f(x)\,\mathrm{d}x = I$, so nennt man I das **uneigentliche Integral von f über $[a, \infty)$.**
>
> Schreibweise: $I = \int\limits_a^\infty f(x)\,\mathrm{d}x$.

Bemerkungen:

1. Es ist üblich, die Schreibweise $\int\limits_a^\infty f(x)\,\mathrm{d}x$ auch dann zu verwenden, wenn man noch nicht weiß, ob $\lim\limits_{t\to\infty} \int\limits_a^t f(x)\,\mathrm{d}x$ existiert. Stellt es sich heraus, daß der Grenzwert existiert, so nennt man ihn das uneigentliche Integral von f über $[a, \infty)$ oder sagt, $\int\limits_a^\infty f(x)\,\mathrm{d}x$ ist **konvergent.** Existiert der Grenzwert nicht, so sagt man, $\int\limits_a^\infty f(x)\,\mathrm{d}x$ sei **divergent**.
2. Will man die durch Definition 9.1 erklärten Integrale von den uneigentlichen Integralen abgrenzen, so nennt man sie »eigentliche Integrale«.

Beispiel 9.65

$$\int\limits_1^\infty \frac{1}{x^2}\,\mathrm{d}x = \lim_{t\to\infty} \int\limits_1^t \frac{1}{x^2}\,\mathrm{d}x = \lim_{t\to\infty} \left[-\frac{1}{x}\right]_1^t = \lim_{t\to\infty}\left(-\frac{1}{t}+1\right).$$

Dieser Grenzwert existiert und ist gleich 1. Also ist das uneigentliche Integral $\int\limits_1^\infty \frac{1}{x^2}\,\mathrm{d}x = 1$.

Dieses Ergebnis kann man geometrisch interpretieren. Danach strebt der Flächeninhalt des im Bild 9.23 schraffierten Flächenstücks für $t \to \infty$ gegen 1.

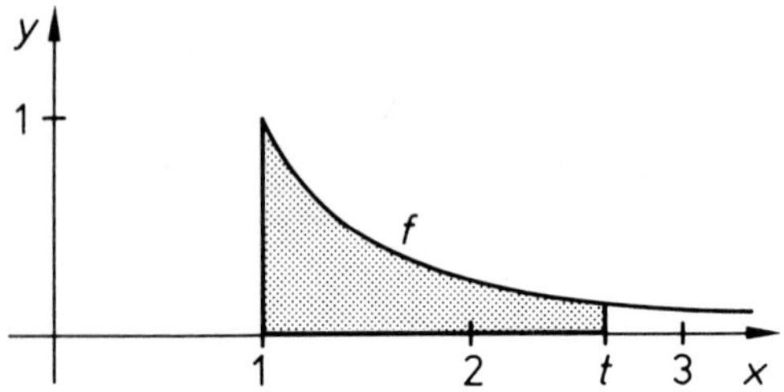

Bild 9.23: Graph zum Beispiel 9.65

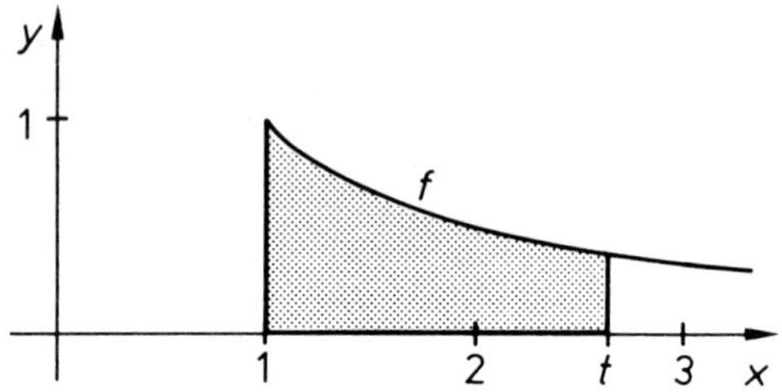

Bild 9.24: Graph zum Beispiel 9.67

Beispiel 9.66

Für die Fluchtgeschwindigkeit einer Rakete (s. Beispiel 9.64) gilt $v_F = \sqrt{\frac{2}{m}\int\limits_{r_0}^{\infty} F\,\mathrm{d}r}$. Dabei ist $F = k\frac{mM}{r^2}$ die Gravitationskraft, k die Gravitationskonstante und M die Erdmasse. Es folgt

$$v_F = \sqrt{\frac{2}{m}\int\limits_{r_0}^{\infty} k\frac{mM}{r^2}\,\mathrm{d}r} = \sqrt{\frac{2}{m}\lim_{t\to\infty}\int\limits_{r_0}^{t} k\frac{mM}{r^2}\,\mathrm{d}r} = \sqrt{\frac{2}{m}\lim_{t\to\infty}\left[-k\frac{mM}{r}\right]_{r_0}^{t}}$$

$$= \sqrt{\frac{2}{m}\lim_{t\to\infty}\left(k\frac{mM}{r_0} - k\frac{mM}{t}\right)} = \sqrt{\frac{2}{m}k\frac{mM}{r_0}}. \text{ Also ist } v_F = \sqrt{\frac{2kM}{r_0}}.$$

Dabei ist die Gravitationskonstante $6{,}668 \cdot 10^{-11}\,\mathrm{m}^3\,\mathrm{kg}^{-1}\,\mathrm{s}^{-2}$, die Erdmasse $5{,}973 \cdot 10^{24}\,\mathrm{kg}$ und der Erdradius $6{,}370 \cdot 10^6\,\mathrm{m}$. Erfolgt der Brennschluß 100 km über der Erdoberfläche, so ist die Fluchtgeschwindigkeit der Rakete $11{,}10\,\mathrm{km\,s^{-1}}$. Könnte der Brennschluß bereits an der Erdoberfläche erfolgen, so wäre diese $11{,}18\,\mathrm{km\,s^{-1}}$.

Beispiel 9.67

$$\int\limits_1^{\infty} \frac{1}{x}\,\mathrm{d}x = \lim_{t\to\infty}\int\limits_1^{t}\frac{1}{x}\,\mathrm{d}x = \lim_{t\to\infty}\,[\ln x]_1^t = \lim_{t\to\infty}\ln t.$$

Dieser Grenzwert existiert nicht. Also ist $\int\limits_1^{\infty}\frac{1}{x}\,\mathrm{d}x$ divergent. Demnach wächst der Flächeninhalt des in Bild 9.24 schraffierten Flächenstücks für $t \to \infty$ über alle Grenzen.

Beispiel 9.68

Für welche Werte $\alpha \in \mathbb{R}$ existiert $\int\limits_a^{\infty}\frac{\mathrm{d}x}{x^{\alpha}}$ mit $a \in \mathbb{R}^+$?

Lösung:

In den Beispielen 9.65 und 9.67 wurde für $\alpha = 2$ und $\alpha = 1$ diese Frage bereits beantwortet. Allgemein ist für $\alpha \neq 1$ und $a > 0$.

$$\int_a^\infty \frac{dx}{x^\alpha} = \lim_{t\to\infty} \int_a^t x^{-\alpha}\,dx = \lim_{t\to\infty} \left[\frac{x^{1-\alpha}}{1-\alpha}\right]_a^t = \lim_{t\to\infty} \left[\frac{1}{1-\alpha}(t^{1-\alpha} - a^{1-\alpha})\right]$$

Dieser Grenzwert existiert nur für $\alpha > 1$ und wir erhalten $\int\limits_a^\infty \frac{dx}{x^\alpha} = \frac{a^{1-\alpha}}{\alpha - 1}$ für alle $\alpha \in (1, \infty)$ und $a > 0$.

$\int\limits_a^\infty \frac{dx}{x^\alpha}$ ist für $\alpha \in (-\infty, 1]$ divergent.

Beispiel 9.69

Man berechne $\int\limits_0^\infty x^2 e^{-x}\,dx$.

Mit der Formel 35 in der Tabelle auf Seite 497 erhält man:

$$\begin{aligned}\int_0^\infty x^2 e^{-x}\,dx &= \lim_{t\to\infty} \int_0^t x^2 e^{-x}\,dx = \lim_{t\to\infty} \left([-x^2 e^{-x}]_0^t + 2\cdot\int_0^t xe^{-x}\,dx\right)\\ &= \lim_{t\to\infty} \left([-x^2 e^{-x} - 2xe^{-x}]_0^t + 2\cdot\int_0^t e^{-x}\,dx\right) = \lim_{t\to\infty} [-e^{-x}(x^2 + 2x + 2)]_0^t\\ &= \lim_{t\to\infty} [-e^{-t}(t^2 + 2t + 2) + 2].\end{aligned}$$

Dieser Grenzwert existiert und ist gleich 2 (vgl. (4.42)). Also gilt

$$\int_0^\infty x^2 e^{-x}\,dx = 2.$$

Beispiel 9.70

Man berechne $\int\limits_0^\infty e^{-x} \sin x\,dx$.

Mit der Formel 36 in der Tabelle auf Seite 497 erhält man:

$$\int_0^\infty e^{-x} \sin x\,dx = \lim_{t\to\infty} [-\tfrac{1}{2}e^{-x}(\sin x + \cos x)]_0^t = \lim_{t\to\infty} [-\tfrac{1}{2}e^{-t}(\sin t + \cos t) + \tfrac{1}{2}], \text{ also}$$

$$\int_0^\infty e^{-x} \sin x\,dx = \tfrac{1}{2}.$$

$\int\limits_{-\infty}^a f(x)\,dx$ und $\int\limits_{-\infty}^\infty f(x)\,dx$ werden ähnlich wie in Definition 9.7 durch die beiden folgenden Definitionen erklärt.

Definition 9.8

f sei über jedes Intervall $[t, a]$ mit $t \in (-\infty, a)$ integrierbar. Existiert der Grenzwert $\lim_{t \to -\infty} \int_t^a f(x)\,dx = I$, so nennt man I das **uneigentliche Integral von f über $(-\infty, a]$**.

Schreibweise: $I = \int_{-\infty}^{a} f(x)\,dx$.

Beispiel 9.71

$$\int_{-\infty}^{0} e^x\,dx = \lim_{t \to -\infty} \int_t^0 e^x\,dx = \lim_{t \to -\infty} (1 - e^t) = 1.$$

Definition 9.9

f sei über jedes Intervall $[t_1, t_2]$ mit $t_1, t_2 \in \mathbb{R}$ integrierbar und $a \in \mathbb{R}$. Existieren die beiden Grenzwerte

$$\lim_{t_1 \to -\infty} \int_{t_1}^{a} f(x)\,dx = I_1 \quad \text{und} \quad \lim_{t_2 \to \infty} \int_{a}^{t_2} f(x)\,dx = I_2,$$

so nennt man $I = I_1 + I_2$ das **uneigentliche Integral von f über $(-\infty, \infty)$**.

Schreibweise: $I = \int_{-\infty}^{\infty} f(x)\,dx$.

Bemerkungen:

1. Die beiden Grenzwerte I_1 und I_2 müssen unabhängig voneinander existieren (vgl. Beispiel 9.73).
2. Wegen der Intervalladditivität des Integrals (vgl. Satz 9.8) ist I unabhängig von der Zwischenstelle a. Man kann also a beliebig wählen.

Beispiel 9.72

$$\int_{-\infty}^{\infty} \frac{dx}{1+x^2} = \lim_{t_1 \to -\infty} \int_{t_1}^{0} \frac{dx}{1+x^2} + \lim_{t_2 \to \infty} \int_{0}^{t_2} \frac{dx}{1+x^2} = \lim_{t_1 \to -\infty} (-\arctan t_1) + \lim_{t_2 \to \infty} (\arctan t_2) = \frac{\pi}{2} + \frac{\pi}{2}$$

$$\int_{-\infty}^{\infty} \frac{dx}{1+x^2} = \pi.$$

Beispiel 9.73

$$\int_{-\infty}^{\infty} x\,dx = \lim_{t_1 \to -\infty} \int_{t_1}^{0} x\,dx + \lim_{t_2 \to \infty} \int_{0}^{t_2} x\,dx = \lim_{t_1 \to -\infty} (-\tfrac{1}{2} t_1^2) + \lim_{t_2 \to \infty} (\tfrac{1}{2} t_2^2).$$

Beide Grenzwerte existieren nicht. Also ist $\int_{-\infty}^{\infty} x\,dx$ divergent.

In der Definition 9.9 und in der 1. Bemerkung zu dieser Definition steht, daß die beiden Grenzwerte einzeln und unabhängig voneinander existieren müssen. Berücksichtigt man das nicht, so kann das Ergebnis falsch werden, z.B.:

$$\int_{-\infty}^{\infty} x\,\mathrm{d}x = \lim_{t\to\infty}\left[\int_{-t}^{0} x\,\mathrm{d}x + \int_{0}^{t} x\,\mathrm{d}x\right] = \lim_{t\to\infty}\left(\tfrac{1}{2}t^2 - \tfrac{1}{2}t^2\right) = 0 \quad \text{ist falsch.}$$

Man kann uneigentliche Integrale berechnen, wenn man eine Stammfunktion des Integranden kennt und die entsprechenden Grenzwerte existieren. Aber auch ohne Kenntnis einer Stammfunktion kann man mit den folgenden Sätzen untersuchen, ob ein uneigentliches Integral existiert.

Satz 9.26

Wenn das uneigentliche Integral von $|f|$ konvergiert, dann konvergiert auch das uneigentliche Integral von f.

Bemerkungen:

1. Satz 9.26 gilt für alle drei in den Definitionen 9.7, 9.8 und 9.9 erklärten Typen von uneigentlichen Integralen.
2. Die Umkehrung von Satz 9.26 gilt i. allg. nicht, d.h. wenn das uneigentliche Integral von f konvergiert, kann das uneigentliche Integral von $|f|$ divergieren.

Satz 9.26 ist ein Spezialfall des folgenden Satzes.

Satz 9.27 (Majorantenkriterium für uneigentliche Integrale)

f und g seien über jedes Intervall $[a, t]$ mit $t \in (a, \infty)$ integrierbar. Ferner sei $0 \leqq |f(x)| \leqq g(x)$ für alle $x \in [a, \infty)$. Dann gilt: Wenn

$$\int_a^{\infty} g(x)\,\mathrm{d}x \text{ konvergiert, dann konvergiert auch } \int_a^{\infty} |f(x)|\,\mathrm{d}x.$$

Bemerkung:

Will man $\int_a^{\infty} f(x)\,\mathrm{d}x$ auf Konvergenz untersuchen, so sucht man zu $|f|$ eine »Majorante« g mit den Eigenschaften:

1. Für alle $x \in [a, \infty)$ ist $g(x) \geqq |f(x)|$ und
2. $\int_a^{\infty} g(x)\,\mathrm{d}x$ ist konvergent.

Wenn es gelingt, eine Majorante g mit diesen Eigenschaften zu finden, so ist die Konvergenz von $\int_a^{\infty} |f(x)|\,\mathrm{d}x$ und damit wegen Satz 9.26 auch die Konvergenz von $\int_a^{\infty} f(x)\,\mathrm{d}x$ bewiesen.

Beweis von Satz 9.27

Wir zeigen, daß die Funktion $F: x \mapsto F(x) = \int\limits_a^x |f(t)| \mathrm{d}t$ auf $[a, \infty)$ monoton wachsend und beschränkt ist:

1. Monotonie: Es sei $x_1 < x_2$ und $x_1, x_2 \in [a, \infty)$. Dann gilt $F(x_2) - F(x_1) = \int\limits_{x_1}^{x_2} |f(t)| \mathrm{d}t \geqq 0$ wegen $|f(t)| \geqq 0$ für alle $t \in [x_1, x_2]$ und wegen Satz 9.10.
2. Beschränktheit: Aus $0 \leqq |f(x)| \leqq g(x)$ für alle $x \in [a, \infty)$ folgt wegen der Monotonie des Integrals (Satz 9.10) $0 \leqq F(x) \leqq \int\limits_a^x g(t)\,\mathrm{d}t \leqq \int\limits_a^\infty g(x)\,\mathrm{d}x$.

Da F auf $[a, \infty)$ monoton wachsend und beschränkt ist, existiert $\lim\limits_{x \to \infty} F(x) = \int\limits_a^\infty |f(x)|\,\mathrm{d}x$. Dies kann man ähnlich zeigen, wie beim Beweis des Satzes 3.8 in Abschn. 3.3.1. ●

Der folgende Satz zeigt, wie man bei einem divergenten uneigentlichen Integral mit Hilfe einer »Minoranten« die Divergenz beweisen kann.

Satz 9.28 (Minorantenkriterium für uneigentliche Integrale)

f und g seien über jedes Intervall $[a, t]$ mit $t \in (a, \infty)$ integrierbar. Ferner sei $0 \leqq g(x) \leqq f(x)$ für alle $x \in [a, \infty)$. Dann gilt: Wenn

$$\int\limits_a^\infty g(x)\,\mathrm{d}x \text{ divergiert, dann divergiert auch } \int\limits_a^\infty f(x)\,\mathrm{d}x.$$

Bemerkungen:

1. Der Beweis erfolgt ähnlich wie beim Majorantenkriterium.
2. Majorantenkriterium und Minorantenkriterium gelten entsprechend für alle drei in den Definitionen 9.7, 9.8 und 9.9 erklärten Typen von uneigentlichen Integralen.

Beispiel 9.74

$$\int\limits_0^\infty \frac{\mathrm{d}x}{x^2 + \mathrm{e}^x} \text{ ist konvergent.}$$

Beweis:

Es ist $\int\limits_0^\infty \mathrm{e}^{-x}\,\mathrm{d}x = \lim\limits_{t \to \infty} (-\mathrm{e}^{-t} + 1) = 1$, also konvergent. Aus $0 < \mathrm{e}^x \leqq x^2 + \mathrm{e}^x$ folgt $\mathrm{e}^{-x} \geqq \dfrac{1}{x^2 + \mathrm{e}^x}$ für alle $x \in \mathbb{R}_0^+$. Dann ist nach dem Majorantenkriterium (Satz 9.27) auch $\int\limits_0^\infty \dfrac{\mathrm{d}x}{x^2 + \mathrm{e}^x}$ konvergent.

Beispiel 9.75

$$\int\limits_2^\infty \sqrt{\frac{x+1}{x^2+1}}\,\mathrm{d}x \text{ ist divergent.}$$

Für $x \geqq 2$ ist $\frac{x+1}{x^2+1} > \frac{1}{x}$, denn es gilt: $x^2 + x > x^2 + 1 \Rightarrow \frac{x^2+x}{x(x^2+1)} > \frac{x^2+1}{x(x^2+1)} \Rightarrow \frac{x+1}{x^2+1} > \frac{1}{x}$. Somit ist auch $\sqrt{\frac{x+1}{x^2+1}} > \frac{1}{\sqrt{x}}$. Da $\int\limits_2^\infty \frac{dx}{\sqrt{x}}$ divergent ist (vgl. Beispiel 9.68), divergiert nach dem Minorantenkriterium (Satz 9.28) auch $\int\limits_2^\infty \sqrt{\frac{x+1}{x^2+1}}\,dx$.

Die Konvergenz von $\int\limits_a^\infty f(x)\,dx$ hängt vom Verhalten des Integranden f für $x \to \infty$ ab. Beim Beispiel 9.65 ist $\lim\limits_{x\to\infty} f(x) = 0$, und $\int\limits_a^\infty f(x)\,dx$ ist konvergent. Beim Beispiel 9.67 ist ebenfalls $\lim\limits_{x\to\infty} f(x) = 0$, aber $\int\limits_a^\infty f(x)\,dx$ ist divergent. Also ist $\lim\limits_{x\to\infty} f(x) = 0$ allgemein keine hinreichende Bedingung für die Konvergenz von $\int\limits_a^\infty f(x)\,dx$. Sie ist aber auch nicht notwendig, denn

$$f: x \mapsto \begin{cases} 1 & \text{für } x \in \left(n - \frac{1}{2^n}, n\right) \text{ mit } n \in \mathbb{N} \\ 0 & \text{für } x \in \left[n-1, n-\frac{1}{2^n}\right] \text{ mit } n \in \mathbb{N} \end{cases}$$

(s. Bild 9.25) ist für $x \mapsto \infty$ unbestimmt divergent, aber

$$\int\limits_0^\infty f(x)\,dx = \tfrac{1}{2} + \tfrac{1}{4} + \tfrac{1}{8} + \tfrac{1}{16} + \cdots = 1$$

ist konvergent.

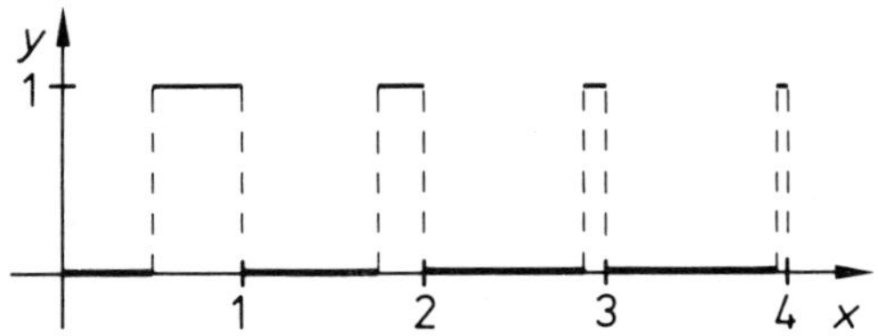

Bild 9.25: Graph einer für $x \mapsto \infty$ unbestimmt divergenten Funktion

$\lim\limits_{x\to\infty} f(x) = g \neq 0$ ist eine hinreichende Bedingung für die Divergenz von $\int\limits_a^\infty f(x)\,dx$, denn es gibt eine Stelle x_0, so daß für alle $x \geqq x_0$ die konstante Funktion $h: x \to \frac{|g|}{2}$ eine Minorante von $|f|$ ist, und $\int\limits_a^\infty h(x)\,dx$ ist divergent.

Daher gilt folgender Satz.

Satz 9.29

Wenn $\int\limits_a^\infty f(x)\,\mathrm{d}x$ konvergiert und $\lim\limits_{x\to\infty} f(x) = g$ existiert, dann ist $g = 0$.

9.4.2 Integrale von nicht beschränkten Funktionen

Eine zweite Art von unbestimmten Integralen ergibt sich für Funktionen, die

1. auf einem abgeschlossenen Intervall definiert, aber nicht beschränkt sind oder
2. Auf einem abgeschlossenen Intervall mit Ausnahme eines Punktes dieses Intervalls definiert sind oder
3. eine Unendlichkeitsstelle haben.

Definition 9.10

f sei in $D = [a, b] \setminus \{x_0\}$ definiert und über jedes abgeschlossene Teilintervall $I \subset D$ integrierbar. Dann definiert man als **uneigentliches Integral von f über $[a, b]$** $\left(\text{Schreibweise: } \int\limits_a^b f(x)\,\mathrm{d}x\right)$,

a) wenn $x_0 = b$ ist: $\int\limits_a^b f(x)\,\mathrm{d}x = \lim\limits_{t\uparrow b} \int\limits_a^t f(x)\,\mathrm{d}x$, falls der Grenzwert existiert,

b) wenn $x_0 = a$ ist: $\int\limits_a^b f(x)\,\mathrm{d}x = \lim\limits_{t\downarrow a} \int\limits_t^b f(x)\,\mathrm{d}x$, falls der Grenzwert existiert,

c) wenn $x_0 \in (a, b)$ ist: $\int\limits_a^b f(x)\,\mathrm{d}x = \int\limits_a^{x_0} f(x)\,\mathrm{d}x + \int\limits_{x_0}^b f(x)\,\mathrm{d}x$, falls beide uneigentlichen Integrale existieren.

Bemerkungen:

1. Wenn die Grenzwerte in obiger Definition existieren, dann sagt man, $\int\limits_a^b f(x)\,\mathrm{d}x$ sei konvergent.

   Existieren die Grenzwerte nicht, so nennt man $\int\limits_a^b f(x)\,\mathrm{d}x$ divergent.
2. Die obige Definition erklärt insbesondere auch den Fall, daß eine Funktion an einer Stelle x_0 eine Unendlichkeitsstelle hat.
3. Ist eine Funktion über $[a, b]$ eigentlich integrierbar, so ist sie auch über $[a, b]$ uneigentlich integrierbar, und beide Integrale haben denselben Wert. Deshalb konnte man die Schreibweise des in obiger Definition festgelegten uneigentlichen Integrals gleich der des eigentlichen wählen.

Beispiel 9.76

Man berechne $\displaystyle\int_{-1}^{0} \frac{\mathrm{d}x}{\sqrt[3]{x}}$.

Der Integrand ist für $x = 0$ nicht definiert, also ist das Integral uneigentlich.

$$\int_{-1}^{0} \frac{dx}{\sqrt[3]{x}} = \lim_{t \uparrow 0} \int_{-1}^{t} \frac{dx}{\sqrt[3]{x}} = \lim_{t \uparrow 0} [\tfrac{3}{2} \cdot \sqrt[3]{x^2}]_{-1}^{t} = \lim_{t \uparrow 0} (\tfrac{3}{2} \cdot \sqrt[3]{t^2} - \tfrac{3}{2}).$$

Dieser Grenzwert existiert und ist gleich $-\frac{3}{2}$. Also ist das uneigentliche Integral $\int_{-1}^{0} \frac{dx}{\sqrt[3]{x}} = -\frac{3}{2}$.

Beispiel 9.77

$$\int_{2}^{3} \frac{dx}{x-3} = \lim_{t \uparrow 3} \int_{2}^{t} \frac{dx}{x-3} = \lim_{t \uparrow 3} [\ln|x-3|]_2^t = \lim_{t \uparrow 3} \ln|t-3|.$$

Dieser Grenzwert existiert nicht. Also ist das uneigentliche Integral $\int_{2}^{3} \frac{dx}{x-3}$ divergent.

Beispiel 9.78

$$\int_{0}^{1} \frac{dx}{\sqrt{x}} = \lim_{t \downarrow 0} \int_{t}^{1} \frac{dx}{\sqrt{x}} = \lim_{t \downarrow 0} [2\sqrt{x}]_t^1 = \lim_{t \downarrow 0} (2 - 2\sqrt{t}).$$

Dieser Grenzwert existiert und ist gleich 2. Also ist das uneigentliche Integral $\int_{0}^{1} \frac{dx}{\sqrt{x}} = 2.$

Beispiel 9.79

Man berechne $\displaystyle\int_{-1}^{1} \frac{dx}{x^2}.$

Der Integrand ist bei $x = 0$ nicht definiert, also ist das Integral uneigentlich und wir zerlegen

$$\int_{-1}^{1} \frac{dx}{x^2} = \int_{-1}^{0} \frac{dx}{x^2} + \int_{0}^{1} \frac{dx}{x^2} = \lim_{t_1 \uparrow 0} \int_{-1}^{t_1} \frac{dx}{x^2} + \lim_{t_2 \downarrow 0} \int_{t_2}^{1} \frac{dx}{x^2} = \lim_{t_1 \uparrow 0} \left(-\frac{1}{t_1} - 1 \right) + \lim_{t_2 \downarrow 0} \left(-1 + \frac{1}{t_2} \right).$$

Beide Grenzwerte existieren nicht. $\displaystyle\int_{-1}^{1} \frac{dx}{x^2}$ ist divergent.

Hinweis:
Die Methoden des Abschnitts 9.3 zur Ermittlung von Stammfunktionen setzen voraus, daß der Integrand stetig ist. Wenn ein Integrand an einer Stelle x_0 nicht definiert ist, kann er auch keine Stammfunktion haben, denn ist F Stammfunktion von f, so gilt $F'(x_0) = f(x_0)$. Also ist bei Beispiel 9.79 die Rechnung $\displaystyle\int_{-1}^{1} \frac{dx}{x^2} = \left[-\frac{1}{x} \right]_{-1}^{1} = -2$ nicht richtig und führt zu einem falschen Ergebnis..

Ist der Integrand an mehreren (aber endlich vielen) Stellen nicht definiert, dann spaltet man das Integral so in Summanden auf, daß jeder Summand ein uneigentliches Integral vom Typ der Definitionen 9.10 a) bzw. 9.10 b) ist. Entsprechend verfährt man, wenn das Integrationsintervall unbeschränkt ist und außerdem der Integrand an mehreren Stellen nicht definiert ist. Z.B. existiert bei der in Bild 9.26 dargestellten Funktion $\int_a^\infty f(x)\mathrm{d}x$, wenn nach Wahl einer beliebigen Stelle $c\in(b,\infty)$ $\int_a^b f(x)\mathrm{d}x$, $\int_b^c f(x)\mathrm{d}x$ und $\int_c^\infty f(x)\mathrm{d}x$ unabhängig voneinander existieren.

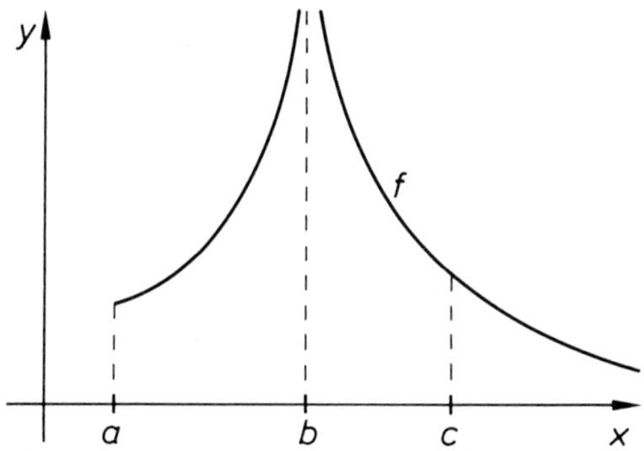

Bild 9.26: Eine unbeschränkte Funktion mit unbeschränkter Definitionsmenge

9.4.3 Die Γ-Funktion

Mit Hilfe uneigentlicher Integrale können nichtelementare Funktionen definiert werden, wie z. B. die Gammafunktion. Diese Funktion erweitert den Definitionsbereich der Fakultät, die bislang nur für die natürlichen Zahlen einschließlich der Null definiert ist.

Definition 9.11

Die (zunächst) auf $\mathbb{R}^+$ definierte Funktion

$$\Gamma: x \mapsto \Gamma(x) = \int_0^\infty t^{x-1}\mathrm{e}^{-t}\mathrm{d}t$$

heißt **Gammafunktion** (**Γ-Funktion**).

Bemerkungen:

1. Das Integral, durch welches die Γ-Funktion definiert wird, ist uneigentlich bezüglich der oberen Grenze. Wir zeigen zunächst, daß das Integral für alle $x\in\mathbb{R}$ bezüglich der oberen Grenze konvergiert und verwenden dazu die Intervalladditivität.

$$\int_0^\infty t^{x-1}\mathrm{e}^{-t}\mathrm{d}t = \int_0^1 t^{x-1}\mathrm{e}^{-t}\mathrm{d}t + \int_1^\infty t^{x-1}\mathrm{e}^{-t}\mathrm{d}t.$$

Es sei $n \in \mathbb{N}$ mit $n > x-1$, dann gilt für alle $x \in \mathbb{R}$ (vgl. Formel Nr. 35 auf Seite 497):

$$\int_1^\infty t^{x-1}\mathrm{e}^{-t}\mathrm{d}t \leqq \lim_{R\to\infty}\int_1^R t^n\mathrm{e}^{-t}\mathrm{d}t = \lim_{R\to\infty}\left(-t^n\mathrm{e}^{-t}\big|_1^R + n\int_1^R t^{n-1}\mathrm{e}^{-t}\mathrm{d}t\right)$$

$$= \frac{1}{\mathrm{e}} + n\lim_{R\to\infty}\int_1^R t^{n-1}\mathrm{e}^{-t}\mathrm{d}t.$$

Nach n Schritten bleibt als Integrand lediglich e^{-t}, woraus die Konvergenz bezüglich der oberen Grenze für alle $x \in \mathbb{R}$ folgt.

2. Für $x-1<0 \Leftrightarrow x<1$ ist das Integral auch bezüglich der unteren Grenze uneigentlich. Wir zeigen zunächst, daß das Integral für $x>0$ auch bezüglich der unteren Grenze konvergiert, (beachte, daß das Integral für alle x positiv ist):

$$0 < \int_0^1 t^{x-1}\mathrm{e}^{-t}\mathrm{d}t \leqq \int_0^1 t^{x-1}\mathrm{d}t = \lim_{\varepsilon\downarrow 0}\int_\varepsilon^1 t^{x-1}\mathrm{d}t = \lim_{\varepsilon\downarrow 0}\left[\frac{t^x}{x}\right]_\varepsilon^1 = \lim_{\varepsilon\downarrow 0}\left(\frac{1}{x}-\frac{\varepsilon^x}{x}\right) = \frac{1}{x},$$

womit die Konvergenz für $x>0$ bewiesen ist.
Für $x=0$ gilt

$$\int_0^1 \frac{\mathrm{e}^{-t}}{t}\mathrm{d}t \geqq \frac{1}{\mathrm{e}}\int_0^1 \frac{\mathrm{d}t}{t} = \frac{1}{\mathrm{e}}\lim_{\varepsilon\downarrow 0}\ln t\big|_\varepsilon^1 = \infty.$$

Das Integral ist daher für $x=0$ divergent. Ebenso kann die Divergenz für $x<0$ bewiesen werden.

Mit Hilfe der partiellen Integration ergibt sich, wenn $u(t)=\mathrm{e}^{-t}$ und $v'(t)=t^{x-1}$, also $u'(t)=-\mathrm{e}^{-t}$ und $v(t)=\frac{1}{x}t^x$ verwendet wird:

$$\Gamma(x) = \frac{1}{x}\int_0^\infty t^x\mathrm{e}^{-t}\mathrm{d}t. \tag{9.14}$$

Aus (9.14) resultieren drei wichtige Ergebnisse:

1. Durch (9.14) kann die Γ-Funktion auch für $x<0$ definiert werden, denn das Integral in (9.14) ist konvergent für $x>-1$; damit wird die Γ-Funktion zusätzlich auf dem offenen Intervall $(-1,0)$ definiert.
Wie zuvor, kann das Integral (9.14) wieder partiell integriert werden und man erhält

$$\Gamma(x) = \frac{1}{x(x+1)}\int_0^\infty t^{x+1}\mathrm{e}^{-t}\mathrm{d}x \tag{9.15}$$

Das Integral in (9.15) ist konvergent für $x+1>-1$, also für $x>-2$, damit ist die Γ-Funktion zusätzlich auf dem offenen Intervall $(-2,-1)$ definiert. So fortfahrend erhält man als Definitionsbereich der Γ-Funktion die Teilmenge $\mathbb{R}\setminus\mathbb{Z}_0^-$.

2. Aus (9.14) folgt weiter:

$$\Gamma(x) = \frac{1}{x} \cdot \Gamma(x+1) \Leftrightarrow \Gamma(x+1) = x\Gamma(x) \quad \text{für alle } x \in \mathbb{R} \setminus \mathbb{Z}_0^-). \tag{9.16}$$

Beachte: Aufgrund der Definition der Γ-Funktion gilt $\Gamma(x+1) = \int\limits_0^\infty t^x e^{-t} dt$.

Nun ist

$$\Gamma(1) = \int\limits_0^\infty e^{-t} dt = \lim_{R \to \infty} [-e^{-t}]_0^R = 1.$$

Aus (9.16) ergibt sich daher $\Gamma(2) = 1$, $\Gamma(3) = 2 \cdot \Gamma(2) = 2$, $\Gamma(4) = 3 \cdot \Gamma(3) = 3 \cdot 2 = 3!$
Mit Hilfe der vollständigen Induktion ergibt sich daraus:

$$\Gamma(n+1) = n! \quad \text{für alle } n \in \mathbb{N}.$$

3. Auch wieder mit Hilfe der vollständigen Induktion kann aus (9.16) eine weitere Eigenschaft gewonnen werden. Für alle $\mathbb{R} \setminus \mathbb{Z}_0^-$ und für alle $m \in \mathbb{N}$ gilt

$$\Gamma(x+1) = x(x-1)(x-2) \cdots (x-m)\Gamma(x-m). \tag{9.17}$$

So erhält man beispielsweise $\Gamma(7,8) = 6{,}8 \cdot 5{,}8 \cdot 4{,}8 \cdot 3{,}8 \cdot 2{,}8 \cdot 1{,}8 \cdot 0{,}8 \cdot \Gamma(0{,}8) = 2900{,}5627392 \cdot \Gamma(0{,}8)$.

Die Eigenschaft (9.17) ermöglicht also die Berechnung der Γ-Funktion an jeder Stelle ihres Definitionsbereichs, wenn die Werte der Γ-Funktion in einem Intervall der Länge 1 bekannt sind. Gewöhnlich wird sie nur auf dem Intervall (0, 1] tabelliert.

Um die Funktionswerte der Γ-Funktion für negative Argumente zu bekommen, wird (9.17) nach $\Gamma(x-m)$ aufgelöst, wir erhalten:

$$\Gamma(x-m) = \frac{\Gamma(x+1)}{x(x-1) \cdots (x-m)} \quad \text{für alle } x \in \mathbb{R} \setminus \mathbb{Z}_0^- \text{ und für alle } m \in \mathbb{N}.$$

So erhalten wir z.B. $\Gamma(-3{,}7) = \dfrac{\Gamma(0,3)}{(-0,7) \cdot (-1,7) \cdot (-2,7) \cdot (-3,7)} = \dfrac{\Gamma(0,3)}{11,8881}$.

Die Γ-Funktion ist auf $(0, \infty)$ stetig (sogar beliebig oft differenzierbar), da der Integrand für alle $x \in \mathbb{R}^+$ stetig ist.

Drei Grenzwerte sollen noch berechnet werden.

$$\lim_{x \to \infty} \Gamma(x) = \lim_{n \to \infty} \Gamma(n) = \lim_{n \to \infty} (n-1)! = \infty.$$

An der Stelle Null hat die Gammafunktion eine Polstelle mit Vorzeichenwechsel. Für alle $x > 0$ gilt nämlich:

$$|\Gamma(x)| = \left| \int\limits_0^\infty t^{x-1} e^{-t} dt \right| > \int\limits_0^1 t^{x-1} e^{-t} dt > \frac{1}{e} \int\limits_0^1 t^{x-1} dt = \frac{1}{xe} [t^x]_0^1 = \frac{1}{xe}$$

Daraus ergibt sich $\lim\limits_{x \downarrow 0} \Gamma(x) = \infty$.

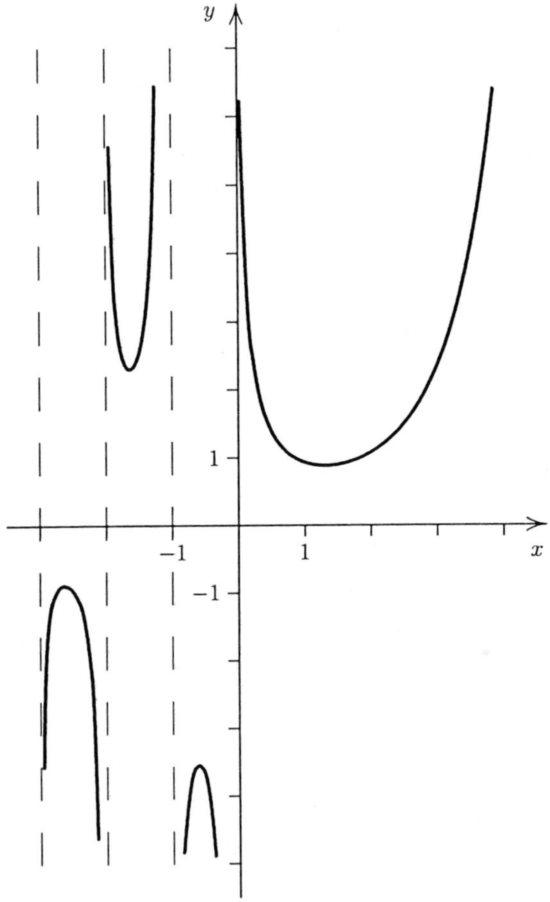

Bild 9.27: Graph der Gamma-Funktion

Mit Hilfe der Darstellung (9.14) kann analog bewiesen werden: $\lim\limits_{x \uparrow 0} \Gamma(x) = -\infty$. Damit ist auch gezeigt, daß die Γ-Funktion an allen ganzzahligen negativen Stellen Pole mit Vorzeichenwechsel hat.

Abschließend sei noch angegeben: $\Gamma(\frac{1}{2}) = \sqrt{\pi}$, woraus weiter folgt: $\Gamma(-\frac{1}{2}) = -2 \cdot \sqrt{\pi}$.

Aufgaben:

1. Man berechne die folgenden uneigentlichen Integrale, falls sie existieren.

a) $\int\limits_{-\infty}^{\infty} \frac{dx}{x^2 + 2x + 2}$; b) $\int\limits_{0}^{\infty} x \cdot e^{-x^2} dx$; c) $\int\limits_{-\infty}^{0} \frac{x dx}{1 + x^2}$;

d) $\int_0^1 \ln x \, dx$; e) $\int_0^1 \frac{dx}{\sqrt{1-x^2}}$; f) $\int_0^\infty \frac{1}{x^2} \cdot e^{-1/x} dx$;

g) $\int_1^2 \left(\frac{1}{\sqrt{x-1}} + \frac{1}{x-2} \right) dx$; h) $\int_0^\infty \frac{x}{x+1} \cos x \, dx$; i) $\int_0^\infty x^n \cdot e^{-x} dx$ mit $n \in \mathbb{N}$.

2. Welche der folgenden uneigentlichen Integrale sind konvergent?

a) $\int_1^\infty \frac{dx}{x \cdot e^x}$; b) $\int_0^\infty e^{-x^2} dx$; c) $\int_1^\infty \frac{\sin x}{x^2} dx$; d) $\int_1^\infty \frac{x+1}{x^2} dx$.

9.5 Numerische Integration

9.5.1 Vorbetrachtungen

Nach Satz 9.20 gilt für jede auf $[a, b]$ stetige Funktion f

$$\int_a^b f(x) dx = F(b) - F(a),$$

wobei F eine Stammfunktion von f auf $[a, b]$ ist. In der Praxis kann man jedoch oft nur einen Näherungswert von $\int_a^b f(x) dx$ bestimmen, nämlich z.B. dann, wenn

1. f keine elementare Stammfunktion besitzt.

   Beispiele:

   $$f(x) = \frac{\sin x}{x}; \; f(x) = \frac{1}{\ln x}; \; f(x) = e^{-x^2}; \; f(x) = \frac{e^x}{x}; \; f(x) = \sqrt{1 - k^2 \sin^2 x} \quad \text{für } k \in (0, 1).$$

2. f zwar eine elementare Stammfunktion besitzt, aber ihre Bestimmung zu aufwendig ist.
3. f nur tabellarisch gegeben ist.

Die Berechnung von $\int_a^b f(x) dx$ mit Hilfe des Grenzwertes der Zwischensumme

$$S(Z) = \sum_{k=1}^{n} f(\xi_k) \Delta x_k \tag{9.18}$$

(s. (9.2)) ist zwar auch in diesen Fällen theoretisch möglich, doch zeigen bereits die einführenden Beispiele in Abschnitt 9.1.4, daß die Bestimmung dieses Grenzwertes schon für »einfache« Funktionen schwierig sein kann. Folglich ist man, wenn f eine der oben angegebenen Eigenschaften besitzt, auf eine Näherungsformel zur Berechnung des bestimmten Integrals angewiesen. Hierzu bilden wir (entsprechend der Zwischensumme (9.18)) eine Linearkombination von Funktionswerten:

$$Q = \sum_{k=0}^{n} \alpha_k f(x_k) \tag{9.19}$$

mit $\alpha_k \in \mathbb{R}$ und $x_k \in [a, b]$ für alle $k = 0, 1, \ldots, n$. Man bezeichnet die reellen Zahlen α_k als **Gewichte**, die x_k als **Stützstellen** der **Integrations-** oder **Quadraturformel** (9.19).

Der bei der Annäherung von $\int_a^b f(x)\mathrm{d}x$ durch Q auftretende Fehler

$$R = \int_a^b f(x)\mathrm{d}x - \sum_{k=0}^{n} \alpha_k f(x_k) \tag{9.20}$$

heißt **Fehler des Verfahrens** oder **Restglied** der Integrationsformel (9.19).

Im folgenden werden wir unter allen Integrationsformeln des Typs (9.19) eine Formel herleiten, die nach Wahl von $n+1$ Stützstellen $x_k \in [a, b]$ jede ganzrationale Funktion p höchstens n-ten Grades über $[a, b]$ exakt integriert. Dazu müssen wir $n+1$ Gewichte $\alpha_k \in \mathbb{R}$ so bestimmen, daß

$$\int_a^b p(x)\mathrm{d}x = \sum_{k=0}^{n} \alpha_k p(x_k),$$

d.h.

$$R = \int_a^b p(x)\mathrm{d}x - \sum_{k=0}^{n} \alpha_k p(x_k) = 0 \tag{9.21}$$

ist. Wegen der Linearität des Integrals (s. Satz 9.9) genügt es zu fordern, daß die gesuchte Quadraturformel Q die Funktionen $f: x \mapsto x^i$, $i = 0, 1, 2, .., n$, exakt integriert. (9.21) ist also dann erfüllt, wenn

$$\sum_{k=0}^{n} \alpha_k x_k^i = \int_a^b x^i \mathrm{d}x \quad \text{für alle } i = 0, 1, 2, \ldots, n \tag{9.22}$$

ist. Ausführlich lautet (9.22)

$$\begin{aligned}
\alpha_0 + \quad \alpha_1 + \cdots + \quad \alpha_n &= b - a \\
x_0\alpha_0 + x_1\alpha_1 + \cdots + x_n\alpha_n &= \tfrac{1}{2}(b^2 - a^2) \\
x_0^2\alpha_0 + x_1^2\alpha_1 + \cdots + x_n^2\alpha_n &= \tfrac{1}{3}(b^3 - a^3) \\
\vdots \qquad \vdots \qquad \vdots \qquad & \vdots \\
x_0^n\alpha_0 + x_1^n\alpha_1 + \cdots + x_n^n\alpha_n &= \frac{1}{n+1}(b^{n+1} - a^{n+1}).
\end{aligned} \tag{9.23}$$

Bei Vorgabe der $n+1$ Stützstellen $x_k \in [a, b]$ ist dies ein lineares $(n+1, n+1)$-System zur Bestimmung der $n+1$ Gewichte $\alpha_k \in \mathbb{R}$ in (9.19). Ohne Beweis sei vermerkt, daß dieses inhomogene, lineare System stets genau eine Lösung besitzt (s. [6]).

9.5.2 Spezielle Integrationsformeln

Um die Herleitung spezieller Integrationsformeln und ihrer Restglieder übersichtlicher und einfacher zu gestalten, wählen wir das zum Nullpunkt symmetrische Integrationsintervall $[-h, h]$, wobei $h = \dfrac{b-a}{2}$ sei. Dies ist keine Einschränkung der Allgemeinheit, da wir mit Hilfe der Abbildung

$$[-h, h] \to [a, b] \quad \text{mit} \quad x \mapsto t = x + \frac{a+b}{2} \tag{9.24}$$

$\left(\text{beachte: } h = \dfrac{b-a}{2}\right)$ stets zu einem beliebigen Intervall $[a, b]$ übergehen können.

a) Die Sehnentrapezformel

Wir wählen als Stützstellen die zwei ($n=1$) Randpunkte des Integrationsintervalls $x_0 = -h$ und $x_1 = h$. Dann lautet das Gleichungssystem (9.23)

$$\begin{aligned} \alpha_0 + \alpha_1 &= 2h \\ -h\alpha_0 + h\alpha_1 &= 0. \end{aligned}$$

Hieraus folgt $\alpha_0 = \alpha_1 = h$, und wir erhalten die sogenannte **Sehnentrapezformel**

$$Q = h\cdot(f(-h) + f(h)). \tag{9.25}$$

Bei gegebener Funktion f ist das Restglied dieser Formel eine Funktion von h und lautet

$$R(h) = \int_{-h}^{h} f(x)\mathrm{d}x - h\cdot(f(-h) + f(h)). \tag{9.26}$$

Zur Abschätzung dieses Restgliedes setzen wir voraus, daß f auf $[-h,h]$ zweimal stetig differenzierbar ist. Dann folgt aus (9.26) und (9.12)

$$\frac{\mathrm{d}R}{\mathrm{d}h} = f(h) - f(-h)\cdot(-1) - [f(-h) + f(h)] - h[-f'(-h) + f'(h)] = -2h^2\cdot\frac{f'(h) - f'(-h)}{2h}.$$

Nach dem Mittelwertsatz der Differentialrechnung (s. Satz 8.25) existiert dann ein $\xi \in (-h,h)$ so, daß

$$\frac{\mathrm{d}R}{\mathrm{d}h} = -2h^2 f''(\xi) \tag{9.27}$$

ist. Hieraus folgt

$$\left|\frac{\mathrm{d}R}{\mathrm{d}h}\right| = 2h^2|f''(\xi)| \leqq 2h^2\cdot \max_{-h\leqq x\leqq h} |f''(x)|. \tag{9.28}$$

Mit Hilfe des Hauptsatzes der Differential- und Integralrechnung (s. Satz 9.16 und (9.28)) gewinnt man die Abschätzung und wegen $R(0)=0$

$$|R(h)| = \left|\int_0^h R'(t)\mathrm{d}t\right| \leqq \int_0^h |R'(t)|\mathrm{d}t \leqq 2\cdot \max_{-h\leqq x\leqq h} |f''(x)| \int_0^h t^2\mathrm{d}t,$$

$$|R(h)| \leqq \tfrac{2}{3}h^3\cdot \max_{-h\leqq x\leqq h} |f''(x)|.$$

Gehen wir zum Integrationsintervall $[a,b]$ über, so erhalten wir

Satz 9.30 (Sehnentrapezformel)

f sei auf $[a,b]$ integrierbar. Dann ist

$$Q_{ST} = \frac{b-a}{2}(f(a) + f(b)) \tag{9.29}$$

ein Näherungswert für $\int_a^b f(x)\mathrm{d}x$. Ist f auf $[a,b]$ zweimal stetig differenzierbar, dann gilt:

$$\left|\int_a^b f(x)\mathrm{d}x - Q_{ST}\right| \leqq \frac{(b-a)^3}{12}\cdot \max_{a\leqq x\leqq b} |f''(x)|. \tag{9.30}$$

Bemerkungen:

1. Die Formel (9.29) heißt **Sehnentrapezformel**.
2. Geometrisch kann man die Sehnentrapezformel so interpretieren: Man ersetze den Graphen von f in $[a,b]$ durch die Sehne durch die Punkte $A(a, f(a))$ und $B(b, f(b))$. Ist nun $f(x) \geqq 0$ für alle $x \in [a,b]$, so ist Q_{ST} der Flächeninhalt des Trapezes unter dieser Sehne (s. Bild 9.28).
3. Ist f eine lineare Funktion, so liefert Q_{ST} offensichtlich den exakten Wert des Integrals, da f'' die Nullfunktion ist und die rechte Seite in (9.30) deshalb verschwindet.

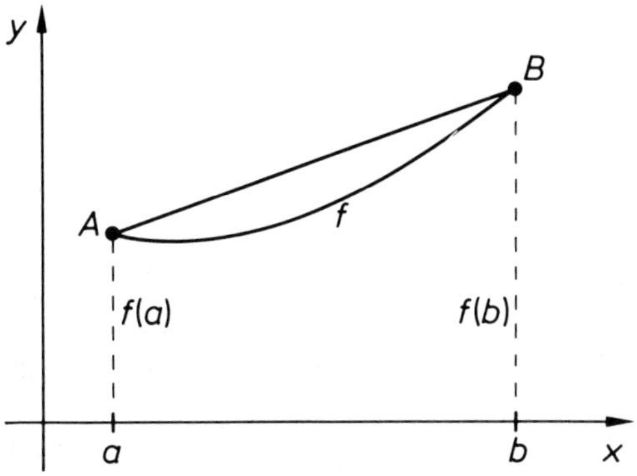

Bild 9.28: Zur Sehnentrapezformel

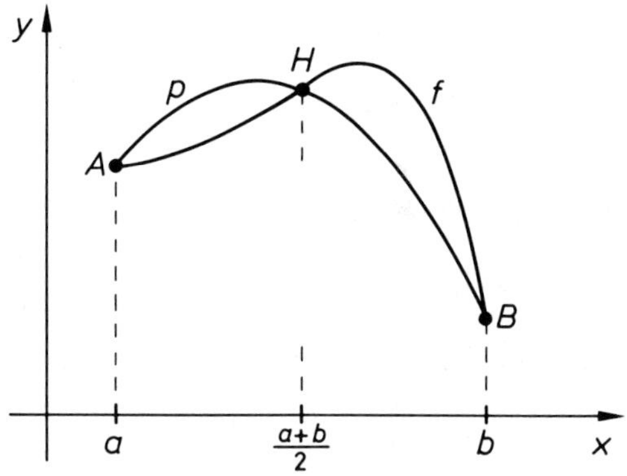

Bild 9.29: Zur Simpsonschen Formel

Beispiel 9.80

Wir berechnen mit Hilfe der Sehnentrapezformel $\int_{1,6}^{2,3} \ln x \, dx$. Aus (9.29) folgt

$$Q_{ST} = \frac{0,7}{2}(\ln 1,6 + \ln 2,3) = 0,4560\ldots. \qquad (9.31)$$

Wegen $|f''(x)| = \frac{1}{x^2} \leqq 0,3907$ für alle $x \in [1,6; 2,3]$ lautet eine Fehlerabschätzung von (9.31)

$$\left| \int_{1,6}^{2,3} \ln x \, dx - Q_{ST} \right| \leqq \frac{0,7^3}{12} \cdot \max_{1,6 \leqq x \leqq 2,3} |f''(x)| < 1,12 \cdot 10^{-2}.$$

Folglich ist

$$0,4448 < \int_{1,6}^{2,3} \ln x \, dx < 0,4673.$$

Auf 6 Stellen genau ist (s. Formel 38 auf Seite 497)

$$\int_{1,6}^{2,3} \ln x \, dx = 0,463685\ldots. \qquad (9.32)$$

b) Simpsonsche Formel oder Keplersche Faßregel

Wir wählen in $[-h, h]$ als Stützstellen die Randpunkte und die Mitte des Intervalls, also $x_0 = -h$,

$x_1 = 0$ und $x_2 = h$ (beachte: $n = 2$). Als Lösung des Gleichungssystems

$$\begin{aligned} \alpha_0 + \alpha_1 + \quad \alpha_2 &= 2h \\ -h\alpha_0 \qquad + \ h\alpha_2 &= 0 \\ h^2\alpha_0 \qquad + h^2\alpha_2 &= \tfrac{2}{3}h^3 \end{aligned}$$

(vgl. (9.23)) erhalten wir die Gewichte $\alpha_0 = \alpha_2 = \dfrac{h}{3}$, $\alpha_1 = \frac{4}{3}h$ und damit die sogenannte **Simpsonsche Formel**

$$Q = \frac{h}{3}(f(-h) + 4f(0) + f(h)). \tag{9.33}$$

Gehen wir zum Integrationsintervall $[a, b]$ über, so erhalten wir

Satz 9.31 (Simpsonsche Formel)

f sei auf $[a, b]$ integrierbar. Dann ist

$$Q_S = \frac{b-a}{6}\left(f(a) + 4f\left(\frac{a+b}{2}\right) + f(b)\right) \tag{9.34}$$

ein Näherungswert von $\int\limits_a^b f(x)\mathrm{d}x$. Ist f auf $[a, b]$ viermal stetig differenzierbar, dann gilt:

$$\left|\int\limits_a^b f(x)\mathrm{d}x - Q_S\right| \leqq \frac{(b-a)^5}{2880} \max_{a \leqq x \leqq b} |f^{(4)}(x)|. \tag{9.35}$$

Auf einen Beweis der Abschätzung (9.35) verzichten wir.

Bemerkungen:

1. Die Formel (9.34) heißt **Simpsonsche Formel**.
2. Die Simpsonsche Formel läßt sich folgendermaßen geometrisch interpretieren (s. Bild 9.29): Man ersetze den Graphen von f in $[a, b]$ durch die Parabel $y = p(x)$ durch die Punkte $A(a, f(a))$, $B(b, f(b))$ und $H\left(\dfrac{a+b}{2}, f\left(\dfrac{a+b}{2}\right)\right)$. Integriert man nun über die ganzrationale Funktion 2. Ordnung p (diese Integration ist einfach auszuführen), so erhält man, falls $f(x) \geqq 0$ für alle $x \in [a, b]$ ist, einen Näherungswert für den Inhalt der Fläche unter dem Graphen von f.
3. Man erwartet, daß eine ganzrationale Funktion höchstens 2. Grades von der Simpsonschen Formel exakt integriert wird. Da jedoch in (9.35) die 4. Ableitung des Integranden auftritt, liefert diese Formel sogar für jede ganzrationale Funktion 3. Grades, deren 4. Ableitung ja verschwindet, den exakten Integralwert.

Beispiel 9.81

Wir berechnen mit Hilfe der Simpsonschen Formel $\int\limits_{1,6}^{2,3} \ln x \,\mathrm{d}x$ (vgl. Beispiel 9.80). Aus (9.34) folgt

$$Q_S = \frac{0{,}7}{6}(\ln 1{,}6 + 4 \ln 1{,}95 + \ln 2{,}3) = 0{,}463660\ldots.$$

Wegen $|f^{(4)}(x)| = \frac{6}{x^4} < 0{,}9156$ für alle $x \in [1{,}6; 2{,}3]$ lautet eine Fehlerabschätzung von Q_S

$$\left| \int_{1,6}^{2,3} \ln x \, dx - Q_S \right| \leqq \frac{0{,}7^5}{2880} \cdot \max_{1,6 \leqq x \leqq 2,3} |f^{(4)}(x)| < 5{,}4 \cdot 10^{-5}.$$

Folglich ist $0{,}463606 < \int_{1,6}^{2,3} \ln x \, dx < 0{,}463715$.

Der Vergleich mit (9.32) zeigt, daß die ersten 4 Stellen nach dem Komma von Q_S exakt sind.

Beispiel 9.82

Wir berechnen mit Hilfe der Simpsonschen Formel $\int_1^{1,5} \arctan x \, dx$.

Aus (9.34) folgt $Q_S = \frac{0{,}5}{6}(\arctan 1 + 4 \arctan 1{,}25 + \arctan 1{,}5) = 0{,}446034\ldots$

Es ist $f^{(4)}(x) = -24x \frac{x^2 - 1}{(x^2+1)^4}$. Wegen $0 \leqq x^2 - 1 \leqq 1{,}25$ und $\frac{1}{x^2+1} \leqq 0{,}5$ für alle $x \in [1; 1{,}5]$ erhalten wir die Fehlerabschätzung

$$\left| \int_1^{1,5} \arctan x \, dx - Q_S \right| \leqq \frac{0{,}5^5}{2880} \max_{1 \leqq x \leqq 1,5} |f^{(4)}(x)| \leqq \frac{0{,}5^5}{2880} \cdot 24 \cdot 1{,}5 \cdot 1{,}25 \cdot 0{,}5^4 < 3{,}1 \cdot 10^{-5}.$$

Folglich gilt $0{,}44600 < \int_1^{1,5} \arctan x \, dx < 0{,}44607$.

Auf 6 Stellen nach dem Komma genau ist $\int_1^{1,5} \arctan x \, dx = 0{,}446038\ldots$.

9.5.3 Summierte Integrationsformeln

Mit Hilfe der Sehnentrapezformel und der Simpsonschen Formel erhält man brauchbare Näherungswerte von $\int_a^b f(x) \, dx$, wenn das Integrationsintervall hinreichend klein ist. Um die Genauigkeit zu erhöhen, ist es jedoch wenig sinnvoll, nach der in Abschnitt 9.2.1 beschriebenen Methode Integrationsformeln mit einer »großen« Anzahl von Stützstellen zu konstruieren. Sowohl die Bestimmung der Lösung des entsprechenden Gleichungssystems (9.23) als auch die Abschätzung des Restgliedes, in dem eine Ableitung hoher Ordnung auftritt, erfordern dann nämlich einen großen Rechenaufwand. Es ist viel zweckmäßiger, zunächst das Integrationsintervall in hinreichend kleine Teilintervalle zu zerlegen und dann in jedem Teilintervall entweder die Sehnentrapezformel oder die Simpsonsche Formel anzuwenden. Auf diese Weise erhält man sogenannte summierte Integrationsformeln.

a) Die summierte Sehnentrapezformel

f sei auf $[a, b]$ integrierbar. Wir zerlegen das Integrationsintervall $[a, b]$ durch die Stützstellen

$x_k = a + kh$, wobei $k = 0, 1, \ldots, n$ und $h = \dfrac{b-a}{n}$ ist, in n Teilintervalle der gleichen Länge h. Es ist also $x_0 = a$ und $x_n = b$ (s. Bild 9.30). Dann erhalten wir mit Hilfe der Sehnentrapezformel (9.29) für $\int\limits_{x_{k-1}}^{x_k} f(x)\,dx$ den Näherungswert

$$\frac{x_k - x_{k-1}}{2}(f(x_{k-1}) + f(x_k)) = \frac{b-a}{2n}(f(x_{k-1}) + f(x_k)). \tag{9.36}$$

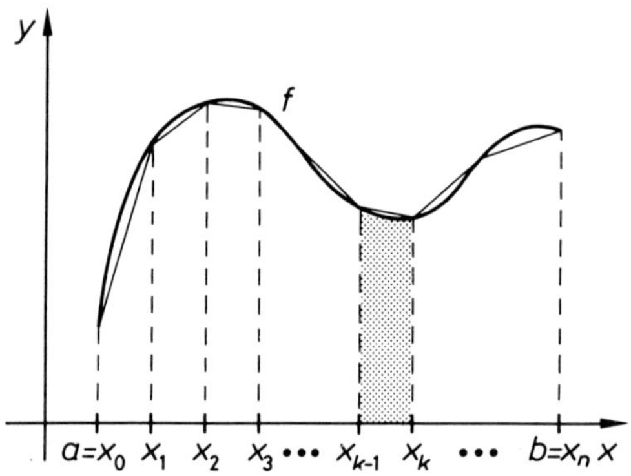

Bild 9.30: Summierte Sehnentrapezformel

Wegen $\sum\limits_{k=1}^{n}\left(\int\limits_{x_{k-1}}^{x_k} f(x)\,dx\right) = \int\limits_a^b f(x)\,dx$ ergibt sich durch entsprechende Summation der Näherungswerte (9.36) ein Näherungswert für $\int\limits_a^b f(x)\,dx$:

$$\begin{aligned} Q_{ST}^s &= \sum_{k=1}^{n}\frac{b-a}{2n}(f(x_{k-1}) + f(x_k)) = \frac{b-a}{2n}\left(\sum_{k=1}^{n} f(x_{k-1}) + \sum_{k=1}^{n} f(x_k)\right) \\ &= \frac{b-a}{2n}\left(f(x_0) + \sum_{k=1}^{n-1} f(x_k) + \sum_{k=1}^{n-1} f(x_k) + f(x_n)\right) \\ &= \frac{b-a}{2n}\left(f(a) + 2\sum_{k=1}^{n-1} f(x_k) + f(b)\right). \end{aligned}$$

Damit erhalten wir folgenden

Satz 9.32 (Summierte Sehnentrapezformel)

f sei auf $[a, b]$ integrierbar. Zerlegt man $[a, b]$ durch $x_k = a + kh$, $k = 0, 1, \ldots, n$, in n Teilintervalle der gleichen Länge $h = \dfrac{b-a}{n}$, dann ist

$$Q_{ST}^{s} = \frac{h}{2}\left(f(a) + 2\sum_{k=1}^{n-1} f(x_k) + f(b)\right) \tag{9.37}$$

ein Näherungswert für $\int_a^b f(x)\,dx$. Ist f auf $[a, b]$ zweimal stetig differenzierbar, dann gilt:

$$\left|\int_a^b f(x)\,dx - Q_{ST}^{s}\right| \leqq \frac{b-a}{12} \cdot h^2 \cdot \max_{a \leqq x \leqq b} |f''(x)|. \tag{9.38}$$

Den Beweis für die Fehlerabschätzung (9.38) stellen wir als Aufgabe.

Bemerkung:

Die Genauigkeit der Formel (9.37) wird dadurch gekennzeichnet, daß ihr Fehler bei Verkleinerung der Schrittweite h wie h^2 gegen Null geht.

Beispiel 9.83

Das Trägheitsmoment eines homogenen Rotationskörpers aus Stahl (Dichte 7,8 $\mathrm{g \cdot cm^{-3}}$), dessen Meridian durch $y = g(u) = 5 \cdot e^{-0{,}01u^2}$, $u \in [0, 10]$ (s. Bild 9.31 und Bild 9.32) beschrieben wird, soll berechnet werden.

Bezeichnet I_{rot} die Maßzahl des Trägheitsmomentes und $\rho = 7{,}8$ die Maßzahl der Dichte, so gilt nach Band 2, (1.67)

$$I_{\text{rot}} = \frac{\rho\pi}{2} \int_0^{10} (g(u))^4\,du = 2437{,}5\pi \cdot \int_0^{10} e^{-0{,}04u^2}\,du.$$

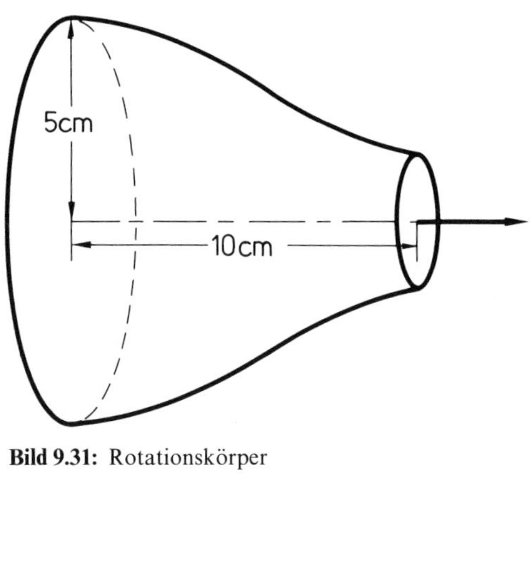

Bild 9.31: Rotationskörper

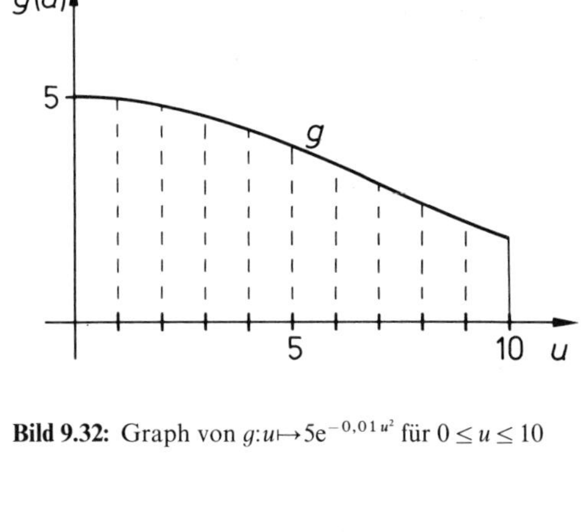

Bild 9.32: Graph von $g: u \mapsto 5e^{-0{,}01u^2}$ für $0 \leq u \leq 10$

Mit Hilfe der Substitution $x = 0{,}1\,u$ erhalten wir

$$I_{\text{rot}} = 24375\pi \int_0^1 \mathrm{e}^{-4x^2}\,\mathrm{d}x \tag{9.39}$$

Tabelle 9.2

k	x_k	$f(x_k)$
0	0	1
1	0,1	0,960789...
2	0,2	0,852144...
3	0,3	0,697676...
4	0,4	0,527292...
5	0,5	0,367879
6	0,6	0,236928...
7	0,7	0,140858...
8	0,8	0,077305...
9	0,9	0,039164...
10	1,0	0,018316
$\sum_{k=1}^{9} f(x_k)$		3,900035...

Da der Integrand in (9.39) keine elementare Stammfunktion besitzt, berechnen wir einen Näherungswert dieses Integrals mit Hilfe der summierten Sehnentrapezformel (9.37). Hierfür zerlegen wir das Integrationsintervall $[0, 1]$ durch $x_k = \frac{k}{10}$, $k = 0, 1, \ldots, 10$, in $n = 10$ Teilintervalle der gleichen Länge $h = \frac{1}{10}$ und erhalten

$$Q_{ST}^s = \frac{1}{20}\left(f(0) + 2\cdot \sum_{k=1}^{9} f(x_k) + f(1)\right),$$

wobei $f(x) = \mathrm{e}^{-4x^2}$ ist. Mit Hilfe der Werte aus Tabelle 9.2 erhalten wir als Näherungswert für das Integral in (9.39), wenn wir uns auf 6 Stellen nach dem Komma beschränken:

$$Q_{ST}^s = 0{,}440919.$$

Folglich ist wegen (9.39) $I_{\text{rot}} = 33764{,}0$, d.h. das Trägheitsmoment des Rotationskörpers beträgt $33764{,}0\,\text{g}\cdot\text{cm}^2$.

b) Die summierte Simpsonsche Formel

f sei auf $[a, b]$ integrierbar. Wir zerlegen das Integrationsintervall $[a, b]$ durch $x_k = a + kh$, wobei $k = 0, 1, \ldots, 2n$ und $h = \frac{b-a}{2n}$ ist, in $2n$ Teilintervalle der gleichen Länge h. Es ist also $x_0 = a$ und $x_{2n} = b$. Mit Hilfe der Simpsonschen Formel (9.34) (angewandt auf $[x_{2k-2}, x_{2k}]$) erhalten wir für

$\int\limits_{x_{2k-2}}^{x_{2k}} f(x)\,dx$ den Näherungswert

$$\frac{x_{2k}-x_{2k-2}}{6}(f(x_{2k-2})+4f(x_{2k-1})+f(x_{2k}))=\frac{b-a}{6n}(f(x_{2k-2})+4f(x_{2k-1})+f(x_{2k})). \tag{9.40}$$

Wegen $\sum\limits_{k=1}^{n}\left(\int\limits_{x_{2k-2}}^{x_{2k}} f(x)\,dx\right)=\int\limits_a^b f(x)\,dx$ ergibt sich durch entsprechende Summation der Näherungswerte (9.40) ein Näherungswert für $\int\limits_a^b f(x)\,dx$:

$$\begin{aligned}
Q_S^s &= \sum_{k=1}^{n}\frac{b-a}{6n}(f(x_{2k-2})+4f(x_{2k-1})+f(x_{2k}))\\
&=\frac{b-a}{6n}\left(\sum_{k=1}^{n} f(x_{2k-2})+4\sum_{k=1}^{n} f(x_{2k-1})+\sum_{k=1}^{n} f(x_{2k})\right)\\
&=\frac{b-a}{6n}\left(\sum_{i=0}^{n-1} f(x_{2i})+4\sum_{k=1}^{n} f(x_{2k-1})+\sum_{k=1}^{n} f(x_{2k})\right)\\
&=\frac{b-a}{6n}\left(f(x_0)+\sum_{i=1}^{n-1} f(x_{2i})+4\sum_{k=1}^{n} f(x_{2k-1})+\sum_{k=1}^{n-1} f(x_{2k})+f(x_{2n})\right).
\end{aligned}$$

Fassen wir hier die erste und dritte Summe zusammen und beachten $x_0=a$ und $x_{2n}=b$, so ist

$$Q_S^s=\frac{b-a}{6n}\left(f(a)+2\sum_{k=1}^{n-1} f(x_{2k})+4\sum_{k=1}^{n} f(x_{2k-1})+f(b)\right).$$

Es gilt folgender

Satz 9.33 (Summierte Simpsonsche Formel)

f sei auf $[a,b]$ integrierbar. Zerlegt man $[a,b]$ durch $x_k=a+kh$, $k=0,1,2,\ldots,2n$, in $2n$ Teilintervalle der gleichen Länge $h=\frac{b-a}{2n}$, dann ist

$$Q_S^s=\frac{h}{3}\left(f(a)+2\sum_{k=1}^{n-1} f(x_{2k})+4\sum_{k=1}^{n} f(x_{2k-1})+f(b)\right) \tag{9.41}$$

ein Näherungswert für $\int\limits_a^b f(x)\,dx$. Ist f auf $[a,b]$ viermal stetig differenzierbar, dann gilt:

$$\left|\int\limits_a^b f(x)\,dx-Q_S^s\right|\leqq\frac{b-a}{180}\cdot h^4\cdot\max_{a\leqq x\leqq b}|f^{(4)}(x)|. \tag{9.42}$$

Auf einen Beweis von (9.42) verzichten wir.

Bemerkung:

Um die summierte Simpsonsche Formel anwenden zu können, muß man das Integrationsintervall in eine gerade Anzahl von Teilintervallen zerlegen. Diesen Nachteil gegenüber der summierten Sehnentrapezformel wiegt die summierte Simpsonsche Formel durch ihre hohe Genauigkeit auf, denn ihr Restglied strebt bei Verkleinerung der Schrittweite h sogar wie h^4 gegen Null (vgl. dagegen (9.38)).

Beispiel 9.84

Man berechne mit Hilfe der summierten Simpsonschen Formel $\ln 2 = \int_1^2 \frac{1}{x}\,dx$. Dazu bestimme man die Schrittweite h so, daß der maximale Fehler kleiner als $0{,}5\cdot 10^{-4}$ ist.

Nach (9.42) müssen wir h so wählen, daß $|R| \leqq \frac{b-a}{180}\cdot h^4 \cdot \max\limits_{a\leqq x\leqq b} |f^{(4)}(x)| \leqq 0{,}5\cdot 10^{-4}$ ist. Wegen $f^{(4)}(x) = \frac{24}{x^5}$ gilt $|R| \leqq \frac{1}{180}\cdot h^4 \cdot \max\limits_{1\leqq x\leqq 2} \frac{24}{x^5} \leqq \frac{24}{180} h^4 \leqq 0{,}5\cdot 10^{-4}$, wenn $h \leqq 0{,}139$ ist.

Wir wählen $h = 0{,}125$. Diese Schrittweite führt zur geforderten Genauigkeit und liefert gleichzeitig wegen $h = \frac{1}{2n} = 0{,}125$, d.h. $2n = 8$, eine gerade Anzahl von Teilintervallen des Integrationsintervalls $[1, 2]$. Mit Hilfe der Formel (9.41) und der Werte aus Tabelle 9.3 erhalten wir für ln 2 den Näherungswert (beachte die unter der Tabelle angegebenen Werte)

$$Q_S^s = \frac{0{,}125}{3}(1 + 2\cdot 2{,}038096 + 4\cdot 2{,}764880 + 0{,}5) = 0{,}693155.$$

Tabelle 9.3

k	x_k	$f(x_k)$ k gerade	$f(x_k)$ k ungerade
0	1	1	
1	1,125		0,888889
2	1,25	0,8	
3	1,375		0,727273
4	1,5	0,666667	
5	1,625		0,615385
6	1,75	0,571429	
7	1,875		0,533333
8	2	0,5	

Aus dieser Tabelle erhalten wir:

$$\sum_{k=1}^{3} f(x_{2k}) = 2{,}038096$$

$$\sum_{k=1}^{4} f(x_{2k-1}) = 2{,}764880$$

Die Abschätzung des Fehlers der summierten Simpsonschen Formel mit Hilfe von (9.42) ist oft nur unter erheblichem Rechenaufwand oder, wenn die Ableitung $f^{(4)}$ nicht bekannt ist, gar nicht durchführbar. In diesen Fällen wird man dann, wie im folgenden gezeigt wird, einen Schätzwert des Verfahrensfehlers berechnen. Da dieser Wert dem Betrage nach auch größer als der absolute Verfahrensfehler sein kann, liefert er jedoch keine obere Schranke für diesen.

f sei auf $[a, b]$ viermal stetig differenzierbar. Bezeichnet S_h bzw. S_{2h} die summierte Simpsonsche Formel zur Schrittweite h bzw. zur doppelten Schrittweite $2h$ und R_h bzw. R_{2h} die zugehörigen Restglieder, so ist $\int_a^b f(x)\,\mathrm{d}x = S_h + R_h$ bzw. $\int_a^b f(x)\,\mathrm{d}x = S_{2h} + R_{2h}$. Hieraus folgt

$$0 = S_h - S_{2h} + R_h - R_{2h}. \tag{9.43}$$

Wegen $|R_h| \leqq \frac{b-a}{180} \cdot h^4 \cdot \max_{a \leqq x \leqq b} |f^{(4)}(x)|$ und $|R_{2h}| \leqq \frac{b-a}{180} \cdot (2h)^4 \cdot \max_{a \leqq x \leqq b} |f^{(4)}(x)|$ (s. (9.42)) ist $R_{2h} \approx 16 \cdot R_h$. Damit folgt aus (9.43) $0 \approx S_h - S_{2h} - 15 R_h$. Für die summierte Simpsonsche Formel S_h zur Schrittweite h gilt somit die **Fehlerschätzungsformel**

$$R_h \approx \tfrac{1}{15}(S_h - S_{2h}), \tag{9.44}$$

d.h. es ist

$$\int_a^b f(x)\,\mathrm{d}x \approx S_h + \tfrac{1}{15}(S_h - S_{2h}). \tag{9.45}$$

Beispiel 9.85

Wir berechnen mit Hilfe der summierten Simpsonschen Formel $\int_2^4 \frac{\mathrm{e}^{\frac{1}{x}}}{x^2}\,\mathrm{d}x$ und schätzen den Fehler mit (9.44).

Wählen wir $h = 0{,}25$, d.h. $2h = 0{,}5$, so erhalten wir die Werte aus Tabelle 9.4.

Tabelle 9.4

$x_k = a + kh$	$f(x_k)$ $k = 0, \ldots, 8/h = 0{,}25$	$f(x_k)$ $k = 0, \ldots, 4/h = 0{,}5$
2	0,412180	0,412180
2,25	0,308074	
2,5	0,238692	0,238692
2,75	0,190222	
3,0	0,155068	0,155068
3,25	0,128784	
3,5	0,108630	0,108630
3,75	0,092843	
4	0,080252	0,080252

Nach (9.41) ist dann

$$S_h = \frac{0,25}{3}(0,412180 + 2\cdot 0,502390 + 4\cdot 0,719923 + 0,080252) = 0,364742,$$

$$S_{2h} = \frac{0,5}{3}(0,412180 + 2\cdot 0,155068 + 4\cdot 0,347322 + 0,080252) = 0,365309.$$

Aus (9.44) erhalten wir als Schätzwert für den Fehler von S_h den Wert $\frac{1}{15}(S_h - S_{2h}) = -3,78\cdot 10^{-5}$. Folglich ist

$$I = \int_2^4 \frac{e^{\frac{1}{x}}}{x^2}\,dx \approx 0,364704.$$

Durch die Substitution $u = \frac{1}{x}$ erhalten wir $I = \int\limits_{0,25}^{0,5} e^u du = 0,3646958\ldots$

Wegen $|I - S_h| < 4,7\cdot 10^{-5}$ ist also der Betrag des geschätzten Fehlers von der gleichen Größenordnung wie der Verfahrensfehler.

Bemerkung:

In der Praxis verwendet man oft Verfahren der Schrittweitenhalbierung. Beginnend mit der Intervallbreite $h_0 = b - a$ wird eine nullte Näherung Q_0 von $\int\limits_a^b f(x)\,dx$ mit Hilfe einer Quadraturformel bestimmt. Anschließend wird die Schrittweite halbiert $\left(\text{also } h_1 = \frac{h_0}{2} \text{ gewählt}\right)$ und mit Hilfe der gleichen Quadraturformel eine Näherung Q_1 berechnet usw. Das Verfahren wird so lange durchgeführt, bis Q_n und Q_{n+1} in einer gewünschten Anzahl von Ziffern übereinstimmen. Dabei muß jedoch berücksichtigt werden, daß in jedem elektronischen Rechner die Funktionswerte $f(x_i)$ nicht exakt dargestellt, sondern mit Rundungsfehlern behaftet sind. Während der Verfahrensfehler mit abnehmender Schrittweite stets kleiner wird (s. (9.38) und (9.42)), wächst die Summe der Rundungsfehler (wegen der dann auftretenden großen Anzahl von Funktionswerten) stark an und wird schließlich größer als der Verfahrensfehler. Man kann also den Gesamtfehler, d.h. die Summe aus dem Verfahrensfehler und dem Rundungsfehler, nicht dadurch beliebig klein machen, daß man die Schrittweite h entsprechend klein wählt. Dies zeigt das folgende

Beispiel 9.86

Wir berechnen $\displaystyle\int_0^1 \frac{\frac{2}{\pi}}{1+x^2}\,dx$ mit Hilfe der summierten Sehnentrapezformel (9.37) indem wir die Schrittweiten $h_i = \frac{1}{2^i}$, $i = 0, 1, \ldots, 17$, wählen.

Tabelle 9.5 enthält die entsprechenden Näherungswerte Q_i, sowie die Anzahl der zur Berechnung benötigten Funktionswerte. Man erkennt, daß der Fehler zunächst abnimmt (der exakte Wert des Integrals ist ja 0,5), jedoch ab $i = 15$ aufgrund der Rundungsfehler wieder anwächst.

Tabelle 9.5

i	Anzahl der Funktionswerte	Q_i	i	Anzahl der Funktionswerte	Q_i
0	2	0,477464829276	9	513	0,499999898746
1	3	0,493380323520	10	1025	0,499999974636
2	5	0,498342212922	11	2049	0,499999993608
3	9	0,499585535142	12	4097	0,499999998348
4	17	0,499896383454	13	8193	0,499999999529
5	33	0,499974095810	14	16385	0,499999999815
6	65	0,499993523903	15	32769	0,499999999868
7	129	0,499998380927	16	65537	0,499999999844
8	257	0,499999595182	17	131073	0,499999999764

Aufgaben

1. Berechnen Sie $I = \int\limits_0^{\sqrt{3}/3} \frac{dx}{1+x^2}$ mit Hilfe

   a) der Sehnentrapezformel; b) der Simpsonschen Formel.
   Führen Sie die Rechnung mit einem Taschenrechner durch und schätzen Sie den Fehler ab. Vergleichen Sie die Näherungswerte mit dem exakten Wert des Integrals.

2. Berechnen Sie folgende Integrale mit Hilfe der Simpsonschen Formel (6 Stellen nach dem Komma) und schätzen Sie den Fehler:

   a) $\int\limits_1^2 \frac{e^x}{x} dx$; b) $\int\limits_2^3 \frac{dx}{\ln x}$.

3. Berechnen Sie folgende Integrale mit Hilfe der summierten Sehnentrapezformel (6 Stellen nach dem Komma). Verwenden Sie 2, 4 und 8 Teilintervalle und geben Sie zu a) eine Fehlerabschätzung an.

   a) $\int\limits_1^3 \ln x \, dx$; b) $\int\limits_1^{1,5} \frac{\sin 2\pi x}{x} dx$

4. Bestimmen Sie die Gewichte $\alpha_0, \alpha_1, \alpha_2, \alpha_3 \in \mathbb{R}$ so, daß die Integrationsformel $Q = \alpha_0 f(0) + \alpha_1 f(h) + \alpha_2 f(2h) + \alpha_3 f(3h)$ jede ganzrationale Funktion höchstens 3. Grades auf $[0, 3h]$ exakt integriert.

5. Zeigen Sie: Es existiert eine Integrationsformel der Form $Q = \alpha_0 f(x_0) + \alpha_1 f(x_1)$, die jede ganzrationale Funktion höchstens 3. Grades auf $[-h, h]$ exakt integriert.

6. Beweisen Sie die Fehlerabschätzung (9.38).

Anhang: Aufgabenlösungen

1 Mengen, reelle Zahlen

1.1

1. $A_1 = \{2, 4, 8\}$, $A_2 = \{3, 9, 27, 81\}$, $A_3 = \{2, 4, 6, 8\}$, $A_4 = \{2, 4, 8\}$
2. $A = \{x \mid x = 2^n$ mit $n \in \mathbb{N}$ und $n < 6\}$, $B = \{x \mid x = 7n$ mit $n \in \mathbb{N}$ und $n < 6\}$
3. $A_1 = A_3 = A_4 = A_5$

1.3

1. n_1 und n_2 seien neutral bez. der Multiplikation
   Dann gilt:

   $n_1 = n_1 \cdot n_2$, da n_2 neutral ist
   $n_1 = n_2 \cdot n_1$, wegen der Kommutativität
   $n_1 = n_2 \cdot n_1 = n_2$, da n_1 neutral ist.

2.

	A	B	C
beschränkt	ja	ja	nein
Maximum	2	—	—
Minimum	—	—	—
Supremum	2	1	—
Infimum	1	-1	—

3. a) $U_{2,5}(2{,}5)$
   b) keine ε-Umgebung
   c) keine ε-Umgebung
   d) $\dot{U}_{0,03}(5)$
   e) $\dot{U}_{0,5}(0{,}5)$
   f) $\dot{U}_1(0)$

4. $A = \{-2{,}75; -3{,}25\}$
   $B = \{3\}$
   $C = \{-7; \frac{3}{7}\}$

5.

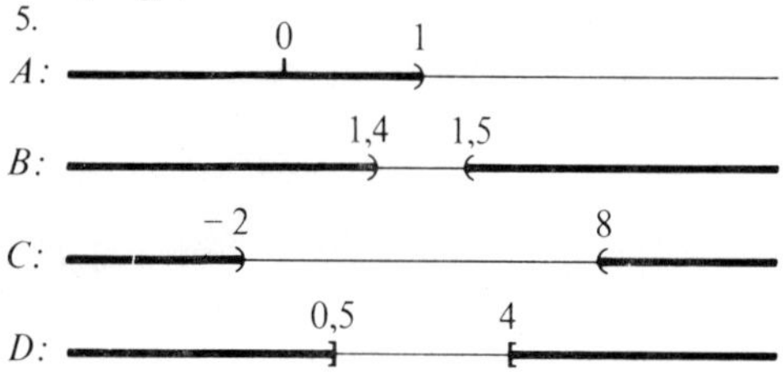

Bild L1.1:

6. M_1, M_2 und M_3 sind Halbebenen,

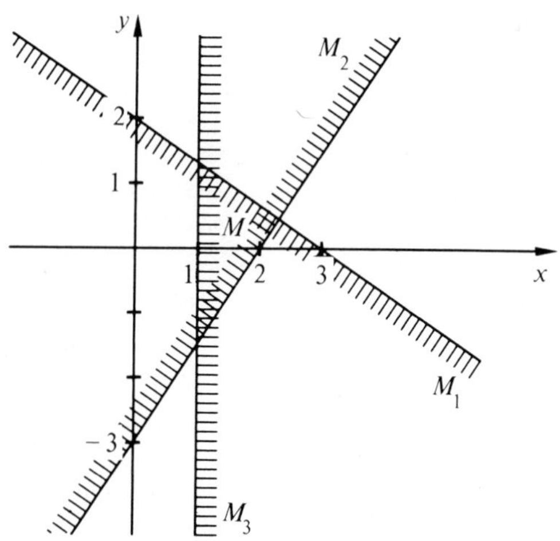

Bild L1.2:

7. $|u+v| \leqq |u|+|v|$ nach der Dreiecksungleichung

a) $u=a, v=-b$

$|a-b| \leqq |a|+|-b|$

$|a-b| \leqq |a|+|b|$

b) $u=a-b, v=b$

$|(a-b)+b| \leqq |a-b|+|b|$

$|a|-|b| \leqq |a-b|$

8. a) $M_1=\{x \mid x<-1{,}5 \text{ oder } x>2{,}5\}$

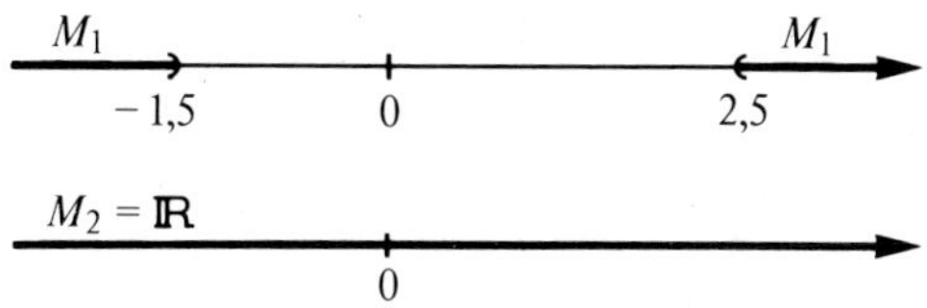

$M_2=\mathbb{R}$

b)

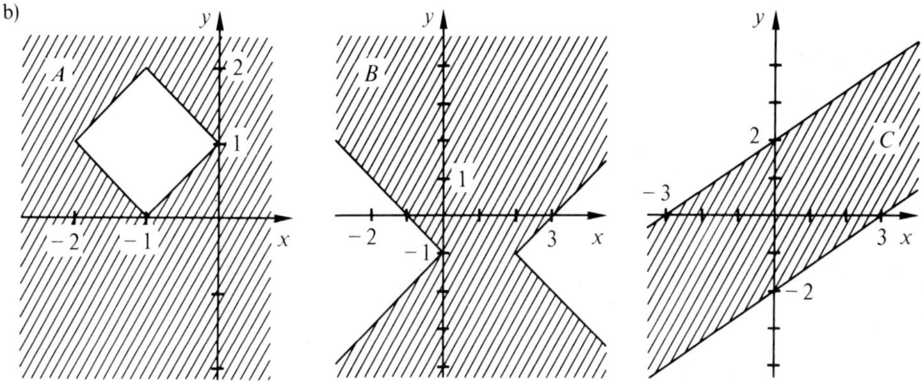

einschließlich Rand ohne Rand einschließlich Rand

Bild L1.4:

1.4

1. a) $\frac{-21}{46}$ b) 528

2. a) $A(1)\colon 1=\frac{1(1+1)}{2}$ stimmt

$$A(k)\colon 1+2+\cdots+k=\frac{k(k+1)}{2}$$

$$\Downarrow \quad 1+2+\cdots+k+(k+1)=\frac{k(k+1)}{2}+(k+1)=(k+1)\left(\frac{k}{2}+1\right)$$

$$A(k+1)\colon 1+2+\cdots+(k+1)=\frac{(k+1)((k+1)+1)}{2}$$

b) $A(1)\colon 1^2=\frac{1(1+1)(2\cdot 1+1)}{6}$ stimmt

$$A(k)\colon 1+4+\cdots+k^2=\frac{k(k+1)(2k+1)}{6}$$

$$\Downarrow \quad 1+4+\cdots+k^2+(k+1)^2=\frac{k(k+1)(2k+1)}{6}+(k+1)^2=\frac{(k+1)(2k^2+7k+6)}{6}$$

$$A(k+1)\colon 1+4+\cdots+(k+1)^2=\frac{(k+1)(k+2)(2(k+1)+1)}{6}$$

c) $A(1)\colon 1^3 = \dfrac{1^2(1+1)^2}{4}$ stimmt

$$A(k)\colon 1+8+\dots+k^3 = \frac{k^2(k+1)^2}{4}$$

$$\Downarrow \quad 1+8+\dots+k^3+(k+1)^3 = \frac{k^2(k+1)^2}{4}+(k+1)^3 = (k+1)^2\left(\frac{k^2}{4}+k+1\right)$$

$$A(k+1)\colon 1+8+\dots+k^3+(k+1)^3 = \frac{(k+1)^2(k+2)^2}{4} = \frac{(k+1)^2((k+1)+1)^2}{4}$$

d) $A(1)\colon a^1 < b^1$ stimmt für $a < b$

$$\left.\begin{array}{l} 0<a<b \Rightarrow a\cdot a^k < b\cdot a^k \\ A(k)\colon a^k < b^k \quad \Rightarrow \quad a^k\cdot b < b^k \cdot b \end{array}\right\} \Rightarrow A(k+1)\colon a^{k+1} < b^{k+1}$$

3. $(a-b)^n = \sum\limits_{i=0}^{n} \binom{n}{i} a^{n-i}(-b)^i = \sum\limits_{i=0}^{n} (-1)^i \binom{n}{i} a^{n-i}b^i$

$$= a^n - \binom{n}{1}a^{n-1}b^1 + \binom{n}{2}a^{n-2}b^2 - \dots + (-1)^{n-1}\binom{n}{n-1}a^1b^{n-1} + (-1)^n b^n$$

4. $256x^{16} + 512x^{13} + 448x^{10} + 224x^7 + 70x^4 + 14x + \dfrac{7}{4x^2} + \dfrac{1}{8x^5} + \dfrac{1}{256x^8}$

5. a) $1+1+0{,}45+0{,}12+\dots+0{,}0000000001 = 2{,}593\,742\,4601$
b) $0{,}950\,990\,0499$

6. $(1+1)^n = \sum\limits_{k=0}^{n}\binom{n}{k}1^{n-k}1^k \quad \Rightarrow \sum\limits_{k=0}^{n}\binom{n}{k} = 2^n$

$$(1-1)^n = \sum_{k=0}^{n}(-1)^k\binom{n}{k}1^{n-k}1^k \Rightarrow \sum_{k=0}^{n}(-1)^k\binom{n}{k} = 0$$

7. a) $k+1$ verschiedene Geraden der Ebene, die durch einen Punkt gehen, zerlegen die Ebene in $2(k+1)$ Winkelfelder.
b) $k+1$ verschiedene Geraden der Ebene, von denen sich jeweils zwei (aber nie mehr) in einem Punkt schneiden, zerlegen die Ebene in $\dfrac{(k+1)(k+2)}{2}+1$ Gebiete.

c) $\sum\limits_{j=1}^{k+1} j(j+1) = \dfrac{(k+1)(k+2)(k+3)}{3}$

d) Für alle k mit $k+1 \geqq 2$ gilt: $1^1\cdot 2^2\cdot 3^3\cdot\ldots\cdot(k+1)^{k+1} < (k+1)^{(k+1)(k+2)/2}$.

2 Funktionen

2.1

1. a) $D_{\max} = \mathbb{R}\setminus(-\frac{2}{3},\frac{3}{2})$ b) $\mathbb{R}\setminus\{4\}$ c) $\mathbb{R}\setminus(-5, 5)$ d) $\mathbb{R}$

2. a) Nein b) Ja c) Ja d) Nein

3.

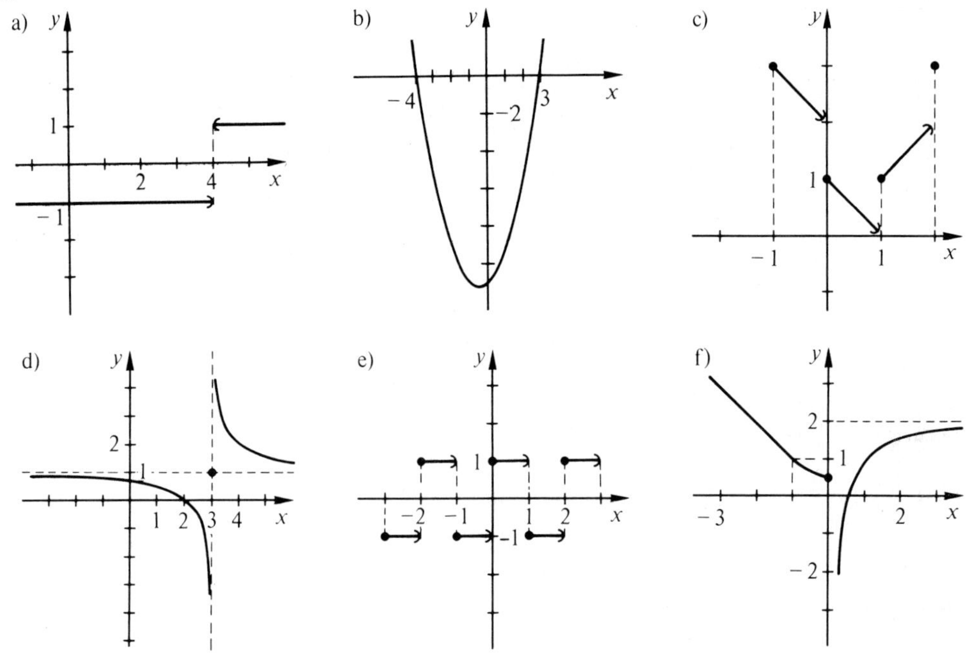

Bild L2.1a–f:

4. a) $(0,1]$ b) $\mathbb{R}$ c) $(-\infty,3]$ d) $\mathbb{R}_0^+$ e) $\mathbb{R}_0^+$ f) $\mathbb{R}$ g) $\mathbb{N}_0$

5. a) Ja b) Ja

6. a) $f^{-1}\colon \mathbb{R}\to\mathbb{R}$ mit $y\mapsto\dfrac{7-y}{2}$ b) $f^{-1}\colon \mathbb{R}\setminus\{\frac{7}{5}\}\to\mathbb{R}\setminus\{\frac{1}{5}\}$ mit $y\mapsto\dfrac{3+y}{5y-7}$

7. $y\mapsto 2\pm\sqrt{1-y}$ und $f^{-1}\colon(-\infty,1]\to[2,\infty)$ mit $y\mapsto 2+\sqrt{1-y}$

8. a) $g\circ f$: existiert nicht; $f\circ g\colon[-1,1]\to[-1,4]$ mit $x\mapsto 5\sqrt{1-x^2}-1$

b) $g\circ f\colon \mathbb{R}\setminus\{3\}\to\mathbb{R}\setminus\{-1\}$ mit $x\mapsto\dfrac{7x-23}{2}$; $f\circ g$: existiert nicht

c) $g\circ f\colon \mathbb{R}\to\mathbb{R}_0^+$ mit $x\mapsto|x^3|$ d) $g\circ f\colon \mathbb{R}^+\to\mathbb{R}_0^+$ mit $x\mapsto\left|\dfrac{1}{x}\right|$

$f\circ g\colon \mathbb{R}\to\mathbb{R}$ mit $x\mapsto|x|^3$ $f\circ g$: existiert nicht

9. $f+g\colon x\mapsto x^2-2x-2+\dfrac{1}{x}$ auf $\mathbb{R}\setminus\{0\}$

$f-g\colon x\mapsto\dfrac{1}{x}-x^2+2$ auf $\mathbb{R}\setminus\{0\}$

$f\cdot g\colon x\mapsto -x^3+x^2+3x-1-\dfrac{2}{x}$ auf $\mathbb{R}\setminus\{0\}$

$\dfrac{f}{g}\colon x\mapsto\dfrac{1-x^2}{x^3-x^2-2x}$ oder $x\mapsto\dfrac{1-x}{x^2-2x}$ auf $\mathbb{R}\setminus\{0,-1,2\}$

2.2

1. Vollständige Induktion:

$$A(1)\colon x_1 < x_2 \Rightarrow x_1^1 < x_2^1$$

$$A(k)\colon (x_1 < x_2 \Rightarrow x_1^k < x_2^k) \Rightarrow x_1^k x_1 < x_2^k x_1, \quad \text{weil } 0 < x_1$$

$$x_1 < x_2 \quad \Rightarrow \quad x_2^k x_1 < x_2^k x_2, \quad \text{weil } 0 < x_2^k$$

$$A(k+1)\colon (x_1 < x_2 \quad \Rightarrow \quad x_1^{k+1} \quad < \quad x_2^{k+1})$$

2. a) streng monoton wachsend
   b) streng monoton wachsend
   c) streng monoton fallend
   d) Nein (aber in jedem Intervall J mit $0 \notin J$ streng monoton fallend)
   e) Nein
   f) Nein (aber auf $\mathbb{R}_0^-$ streng monoton wachsend und auf $\mathbb{R}_0^+$ streng monoton fallend)

3. $x_1 < x_2$ und $|x_1| \leqq |x_2|$: $\left.\begin{array}{l} |x_1| \leqq |x_2| \Rightarrow x_1^2 \leqq x_2^2 \Rightarrow x_1^3 \leqq x_1 x_2^2 \\ x_1 < x_2 \Rightarrow x_1 x_2^2 < x_2^3 \end{array}\right\} \Rightarrow x_1^3 < x_2^3$

   $x_1 < x_2$ und $|x_1| > |x_2|$: $\left.\begin{array}{l} |x_1| > |x_2| \Rightarrow x_1^2 > x_2^2 \\ \text{und } \left.\begin{array}{l}|x_1| > |x_2| \\ x_1 < x_2\end{array}\right\} \Rightarrow x_1 < 0 \end{array}\right\} \left.\begin{array}{l} \Rightarrow x_1^3 < x_1 x_2^2 \\ \Rightarrow x_1 x_2^2 < x_2^3 \end{array}\right\} \Rightarrow x_1^3 < x_2^3$

   Danach gilt: $x_1 < x_2 \Rightarrow x_1^3 < x_2^3 \Rightarrow \begin{cases} a x_1^3 < a x_2^3 & \text{für } a > 0 \\ a x_1^3 > a x_2^3 & \text{für } a < 0 \end{cases}$

4. $f(x) = g(x) + u(x)$ mit $g(x) = \frac{1}{2}(f(x) + f(-x))$ und $u(x) = \frac{1}{2}(f(x) - f(-x))$

   g ist gerade: $g(x) = g(-x)$

   u ist ungerade: $u(-x) = -u(x)$

5. $(-x)^{2n} = ((-x)^2)^n = (x^2)^n = x^{2n}$;

   $(-x)^{2n+1} = (-x)(-x)^{2n} = -x \cdot x^{2n} = -x^{2n+1}$;

6. $x \mapsto 3\left(\frac{x}{2} - \left[\frac{x}{2}\right]\right)$

7. Es sei $f(x+p) = f(x)$ und $g(x+p) = g(x)$. Dann gilt

   $h = f + g$: $h(x+p) = f(x+p) + g(x+p) = f(x) + g(x) = h(x)$

   $h = f - g$: $h(x+p) = f(x+p) - g(x+p) = f(x) - g(x) = h(x)$

   $h = f \cdot g$: $h(x+p) = f(x+p) \cdot g(x+p) = f(x) \cdot g(x) = h(x)$

   $h = \frac{f}{g}$: $h(x+p) = \frac{f(x+p)}{g(x+p)} = \frac{f(x)}{g(x)} = h(x)$

8. a) $\{\frac{1}{2}, -\frac{1}{3}\}$ b) $\{-\frac{2}{3}, \frac{2}{3}, \frac{1}{2}, -\frac{1}{2}\}$ c) $\{\frac{2}{3}\}$ d) $\{0, -2, +\frac{1}{3}\}$

2.3

1. a)

	1	−3,5	−7	0	1
$x_1 = 1{,}5$	—	1,5	−3	−15	−22,5
	1	−2	−10	−15	−21,5 = $f(1{,}5)$

b)

	7	−5,5	2,5	0	−22,5	2
$x_1 = 1{,}5$	—	10,5	7,5	15	22,5	0
	7	5	10	15	0	2 = $f(1{,}5)$

2. Dreifach.

3. a) $L=\left\{-2,\frac{-3+\sqrt{65}}{2},\frac{-3-\sqrt{65}}{2}\right\}$ b) $L=\{-3,+3,2,-2\}$

4. a) f ist vom 2-ten Grad und nimmt die vorgeschriebenen Werte an.

b) $$f(x)=336\frac{(x-1)(x-5)(x-6)}{(-3)(-7)(-8)}+60\frac{(x+2)(x-5)(x-6)}{(3)(-4)(-5)}$$
$$-56\frac{(x+2)(x-1)(x-6)}{(7)(4)(-1)}+120\frac{(x+2)(x-1)(x-5)}{(8)(5)(1)}$$
$$=4x^3-7x^2-111x+174$$

c) f ist vom n-ten Grad und nimmt die vorgeschriebenen Werte an.

5. $f(x_i)=g(x_i)$ für $i=1,\ldots,n,n+1$. Dann ist $h=f-g$ eine ganzrationale Funktion (höchstens) n-ten Grades mit $n+1$ Nullstellen. Das ist nach Satz 2.6 unmöglich, es sei denn h ist die Nullfunktion, was $f=g$ bedeutet.

6. Pole: $x_1=2$, $x_2=-3$ Lücken: $x_3=-1$, $x_4=7$ Nullstellen: $x_5=1$, $x_7=3$, $x_6=-2, x_8=-5$

7. a) $f(x)=x^2+5x-2+\frac{-11x^3+3x^2+x+1}{x^4+2x^2+1}$

b) $f(x)=x^6+2x^4+3x^2+6+\frac{2x+11}{x^2-2}$

c) $f(x)=x^3-2x^2+3$

d) $f(x)=\frac{3}{2}x^2+4x-\frac{7}{2}+\frac{3x^2+51x-30}{x^3-3x^2+4x-12}$

8. a) $f(x)=\frac{-0{,}5}{x+1}+\frac{2}{(x-1)^2}+\frac{2{,}5}{x-1}$

b) $f(x)=\frac{3}{x-1}+\frac{2x}{x^2+2}$

9. a) $f(x)=3x^2-4+\frac{7}{x-2}+\frac{5}{x+1}$

b) $f(x)=6+\frac{5}{x-2}+\frac{2}{3x-4}+\frac{-3}{x^2+2x+2}$

c) $f(x)=x+1+\frac{76}{27(x-1)}+\frac{14}{9(x-1)^2}+\frac{1}{3(x-1)^3}+\frac{32}{27(x+2)}$

2.5

1.

f	sin	cos	tan	cot
D_f	$\mathbb{R}$	$\mathbb{R}$	$\mathbb{R}\setminus\left\{x \middle\vert x=\frac{\pi}{2}+k\pi \text{ mit } k\in\mathbb{Z}\right\}$	$\mathbb{R}\setminus\{x\vert x=k\pi \text{ mit } k\in\mathbb{Z}\}$
W_f	$[-1,1]$	$[-1,1]$	$\mathbb{R}$	$\mathbb{R}$

f	arcsin	arccos	arctan	arccot
D_f	$[-1,1]$	$[-1,1]$	$\mathbb{R}$	$\mathbb{R}$
W_f	$\left[-\frac{\pi}{2},\frac{\pi}{2}\right]$	$[0,\pi]$	$\left(-\frac{\pi}{2},\frac{\pi}{2}\right)$	$(0,\pi)$

2.

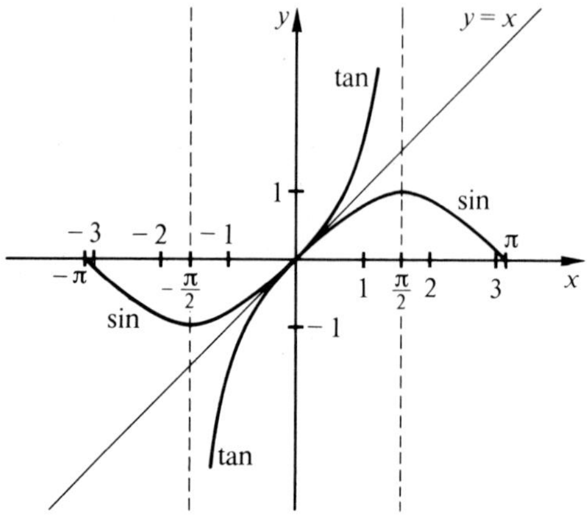

Bild L2.2:

3.

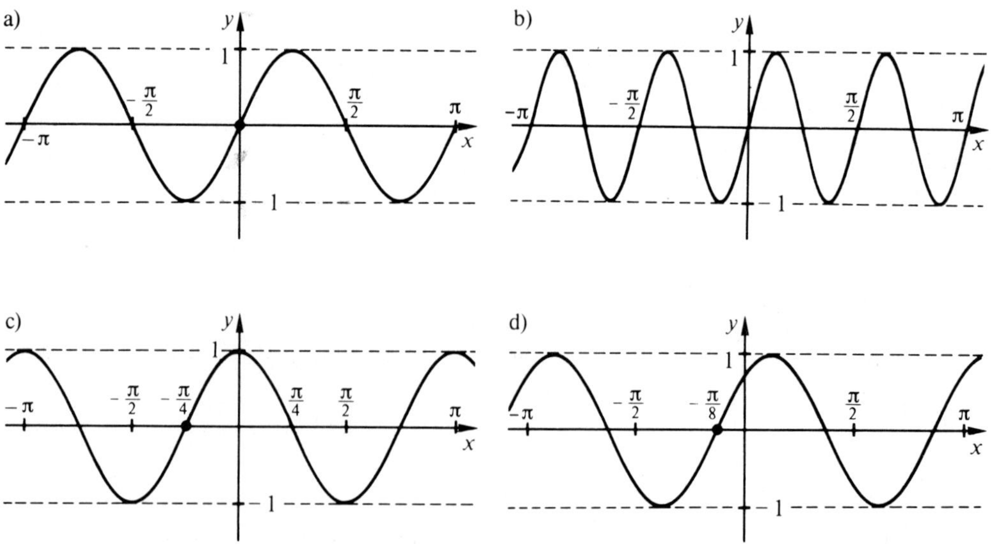

Bild L2.3a–d:

4.

a)

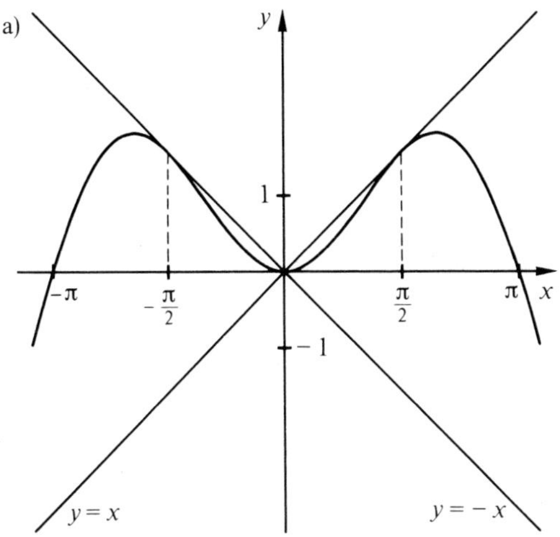

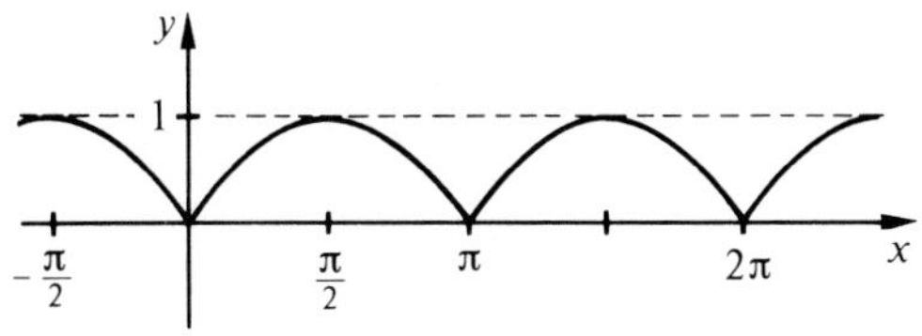

Bild L2.4a, b:

5. $f(-x)=\dfrac{\sin(-x)}{-x}=\dfrac{-\sin x}{-x}=\dfrac{\sin x}{x}=f(x)$ und $D_f=\mathbb{R}\setminus\{0\}$ ist symmetrisch zur y-Achse.

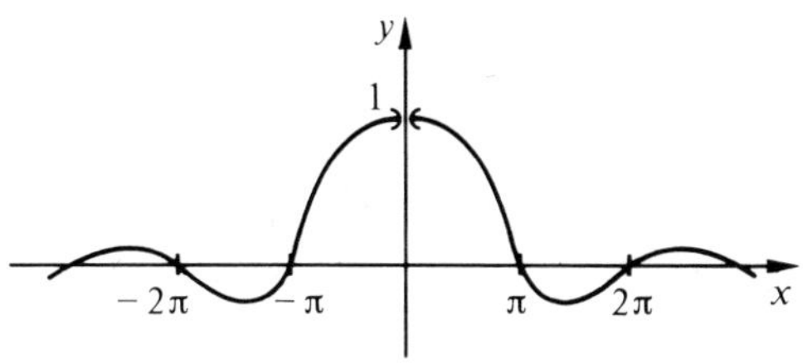

Bild L2.5:

6. a) $\sin 3x=\sin(2x+x)=\sin 2x\cdot\cos x+\cos 2x\cdot\sin x=2\cdot\sin x\cdot\cos^2 x+\sin x(\cos^2 x-\sin^2 x)$
$=\sin x(3\cos^2 x-\sin^2 x)=\sin x(3-4\sin^2 x)$

b) $\cos 3x=\cos(2x+x)=\cos 2x\cdot\cos x-\sin 2x\cdot\sin x=(\cos^2 x-\sin^2 x)\cos x-2\cdot\sin^2 x\cdot\cos x$
$=\cos x(\cos^2 x-3\sin^2 x)=\cos x(4\cos^2 x-3)$

c) Setze: $x=\dfrac{x+y}{2}+\dfrac{x-y}{2}$ und $y=\dfrac{x+y}{2}-\dfrac{x-y}{2}\cdot$ Dann ist

$$\left.\begin{aligned}\sin x&=\sin\frac{x+y}{2}\cos\frac{x-y}{2}+\cos\frac{x+y}{2}\sin\frac{x-y}{2}\\ \sin y&=\sin\frac{x+y}{2}\cos\frac{x-y}{2}-\cos\frac{x+y}{2}\sin\frac{x-y}{2}\end{aligned}\right\}\Rightarrow\sin x+\sin y=2\cdot\sin\frac{x+y}{2}\cos\frac{x-y}{2}$$

7. a) $L=\{x \mid x=k\pi \text{ mit } k\in\mathbb{Z}\}$; $\alpha=0°$ bzw. $\alpha=90°$

b) $\sin x=\dfrac{-1+\sqrt{5}}{2}=0{,}618\ldots$

$L=\{x \mid x=0{,}666\ldots+2k\pi \text{ oder } x=2{,}475\ldots+2k\pi \text{ mit } k\in\mathbb{Z}\}$

8. a) $L=\left\{x \,\middle|\, x=\dfrac{\pi}{6}+k2\pi \text{ oder } x=\tfrac{5}{6}\pi+k2\pi, k\in\mathbb{Z}\right\}$

b) $L=\left\{x \,\middle|\, x=\dfrac{\pi}{6}+k\pi \text{ mit } k\in\mathbb{Z}\right\}$

c) $L=\{x \mid x=\tfrac{5}{6}\pi+2k\pi \text{ oder } x=-\tfrac{5}{6}\pi+2k\pi, k\in\mathbb{Z}\}$

9. a) $\sin x=\tfrac{1}{2}$ oder $\sin x=-\tfrac{1}{3}$:

$L=\left\{x \,\middle|\, x=\dfrac{\pi}{6}+2k\pi \text{ oder } x=\tfrac{5}{6}\pi+2k\pi \text{ oder}\right.$

$\left. x=-0{,}3398\ldots+k2\pi \text{ oder } x=3{,}481\ldots+k2\pi \text{ mit } k\in\mathbb{Z}\right\}$

b) $\tan^2 x=4$:

$L=\{x \mid x=1{,}107\ldots+k\pi \text{ oder } x=-1{,}107\ldots+k\pi \text{ mit } k\in\mathbb{Z}\}$

10. a) $\arcsin x=\arccos\sqrt{1-x^2}$ für $x\in[0,1] \Rightarrow \cos(\arcsin x)=\sqrt{1-x^2}$ für $x\in[0,1]$. Dies gilt wegen $\cos(\arcsin(-x))=\cos(-\arcsin x)=\cos(\arcsin x)$ für alle $x\in[-1,1]$.

b) $\arcsin x=\arctan\dfrac{x}{\sqrt{1-x^2}}$ für $x\in(-1,1) \Rightarrow \tan(\arcsin x)=\dfrac{x}{\sqrt{1-x^2}}$ für $x\in(-1,1)$.

11. a)

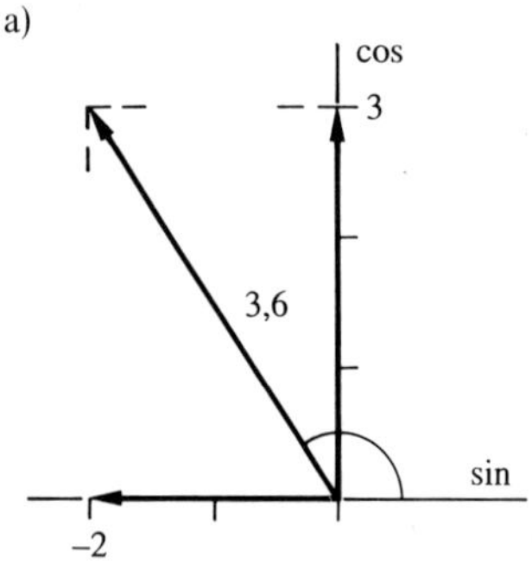

Bild L2.6:

$$y=3{,}6\cdot\sin\left(5t+\arctan\frac{3}{-2}+\pi\right)$$

b)

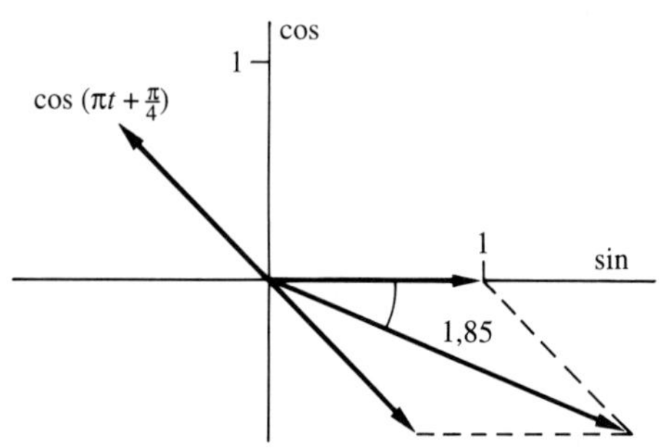

Bild L2.7:

$$y=1{,}85\cdot\sin\left(\pi t-\arctan\frac{0{,}7}{1{,}7}\right)$$

3 Zahlenfolgen und Grenzwerte

3.1

1. a) $\frac{1}{3},\frac{2}{5},\frac{3}{7},\frac{4}{9},\frac{5}{11}$ b) $\frac{1}{7},\frac{4}{11},\frac{7}{15},\frac{10}{19},\frac{13}{23}$ c) $-\frac{3}{4},\frac{3}{9},-\frac{3}{14},\frac{3}{19},-\frac{3}{24}$ d) $0,\frac{1}{2},0,\frac{1}{2},0$

e) $6,0,\frac{14}{3},0,\frac{22}{5}$ f) $2,\sqrt{3},\sqrt{\sqrt{3}+1},\sqrt{\sqrt{\sqrt{3}+1}+1},\sqrt{\sqrt{\sqrt{\sqrt{3}+1}+1}+1}$ g) $2,-\frac{1}{2},\frac{4}{3},-\frac{1}{4},\frac{6}{5}$

2. a) $\left\langle \frac{n+1}{n+2} \right\rangle$ b) $\left\langle \frac{\sqrt{n}}{n+1} \right\rangle$ c) $\langle \frac{1}{2}(1-(-1)^n) \rangle$ d) $\left\langle (-1)^{n+1} \cdot \frac{1}{n!} \right\rangle$

e) $\langle 1-2^n \rangle$ f) $\langle a_n \rangle$ mit $a_1 = 0{,}2$, $a_n = a_{n-1} + 2 \cdot 10^{-n}, n \geqq 2$

3. Beide Studenten bestimmten ein richtiges a_5.

4. a) i) $\langle a_n \rangle$ ist streng monoton wachsend, denn

$$a_{n+1} - a_n = a_n^2 + \tfrac{1}{4} - a_n = (a_n - \tfrac{1}{2})^2 > 0 \Rightarrow a_{n+1} > a_n \quad \text{für alle } n.$$

ii) $0 < a_n < \frac{1}{2}$ für alle $n \in \mathbb{N}$: $A(1)$: $0 < a_1 = \frac{1}{4} < \frac{1}{2}$

$$A(k)\colon 0 < a_k < \tfrac{1}{2}$$

$$\Downarrow \quad 0 < a_k < a_{k+1} = a_k^2 + \tfrac{1}{4} < \tfrac{1}{4} + \tfrac{1}{4} = \tfrac{1}{2}$$

$$A(k+1)\colon 0 < a_{k+1} < \tfrac{1}{2}$$

b) $\langle a_n \rangle$ ist nicht monoton, aber $1 \leqq a_n \leqq 5$ für alle $n \in \mathbb{N}$.

5. a) $\frac{a_{n+1}}{a_n} = \frac{\sqrt{3n+4}}{\sqrt{3n+1}} = \sqrt{1 + \frac{3}{3n+1}} > 1 \Rightarrow a_{n+1} > a_n$ für alle n.

b) $\frac{a_{n+1}}{a_n} = \frac{n+2}{(n+1)^2} = \frac{1}{n+1} + \frac{1}{(n+1)^2} < \frac{2}{n+1} \leqq 1 \Rightarrow a_{n+1} < a_n$ für alle n.

c) $\frac{a_{n+1}}{a_n} = \frac{1}{10} < 1 \Rightarrow a_{n+1} < a_n$ für alle n.

6. a) nach oben und unten beschränkt, streng monoton fallend
b) nach unten beschränkt, streng monoton wachsend
c) nach oben und unten beschränkt, streng monoton wachsend
d) nach oben und unten beschränkt, streng monoton fallend
e) nach unten beschränkt, streng monoton wachsend
f) nach oben und unten beschränkt, alternierend
g) nach oben und unten beschränkt, alternierend
h) nach oben und unten beschränkt
i) nach oben und unten beschränkt, streng monoton wachsend

7. a) $\langle -n \rangle$ b) $\langle 2^n \rangle$ c) $\left\langle \frac{n}{n+1} \right\rangle$ d) $\left\langle \frac{n+1}{n} \right\rangle$ e) $\left\langle \frac{(-1)^n}{n+1} \right\rangle$

f) $\langle 1 + (-1)^n \rangle$ g) $\langle (-1)^n \cdot n \rangle$ h) existiert nicht

8. a) $\left|\frac{3}{n}\right| = \frac{3}{n} < \varepsilon \Leftrightarrow n > \frac{3}{\varepsilon}$, d.h. $n_0 = 31$, $n_0 = 3001$, $n_0 = 3 \cdot 10^5 + 1$, $n_0 = \left[\frac{3}{\varepsilon}\right] + 1$

b) $\left|\frac{1}{2^{n-1}}\right| = \frac{1}{2^{n-1}} < \varepsilon \Leftrightarrow 2^{n-1} > \frac{1}{\varepsilon} \Leftrightarrow 2^n > \frac{2}{\varepsilon} \Leftrightarrow n > \frac{\lg \frac{2}{\varepsilon}}{\lg 2}$, d.h. $n_0 = 5$, $n_0 = 11$, $n_0 = 18$, $n_0 = \left[\frac{\lg \frac{2}{\varepsilon}}{\lg 2}\right] + 1$

c) $\left|\frac{n}{2n+1} - \frac{1}{2}\right| = \frac{1}{2(2n+1)} < \varepsilon \Leftrightarrow n > \frac{1}{4}\left(\frac{1}{\varepsilon} - 2\right)$, d.h. $n_0 = 3$, $n_0 = 250$, $n_0 = 25000$, $n_0 = \left[\frac{1}{4}\left(\frac{1}{\varepsilon} - 2\right)\right] + 1$

d) $\left|\frac{(-1)^n}{2n+1}\right| = \frac{1}{2n+1} < \varepsilon \Leftrightarrow n > \frac{1}{2}\left(\frac{1}{\varepsilon} - 1\right)$, d.h. $n_0 = 5$, $n_0 = 500$, $n_0 = 5 \cdot 10^4$, $n_0 = \left[\frac{1}{2}\left(\frac{1}{\varepsilon} - 1\right)\right] + 1$

9. a) $2n - 1 > K \Leftrightarrow n > \frac{1}{2}(K+1)$, d.h. $n_0 = 6$, $n_0 = 501$, $n_0 = 5 \cdot 10^4 + 1$, $n_0 = [\frac{1}{2}(K+1)] + 1$

b) $n^2 - 1 > K \Leftrightarrow n > \sqrt{K+1}$, d.h. $n_0 = 4$, $n_0 = 32$, $n_0 = 317$, $n_0 = [\sqrt{K+1}] + 1$

c) $3^n + 1 > K \Leftrightarrow 3^n > K - 1 \Leftrightarrow n > \frac{\lg(K-1)}{\lg 3}$, d.h. $n_0 = 3$, $n_0 = 7$, $n_0 = 11$, $n_0 = \left[\frac{\lg(K-1)}{\lg 3}\right] + 1$

3.2

1. a) $\left|\frac{1}{n}\right| = \frac{1}{n} < \varepsilon \Leftrightarrow n > \frac{1}{\varepsilon}$, d.h. $n_0 = 11, 101, 1001$.

   b) $\left|\frac{3n+1}{n+1} - 3\right| = \frac{3}{n+1} < \varepsilon \Leftrightarrow n > \frac{2}{\varepsilon} - 1$, d.h. $n_0 = 200{,}2\cdot 10^4{,}2\cdot 10^6$.

   c) $|(-\frac{1}{2})^n + 1 - 1| = \frac{1}{2^n} < \varepsilon \Leftrightarrow n > \frac{\lg\frac{1}{\varepsilon}}{\lg 2}$, d.h. $n_0 = 4, 10, 17$.

2. a) $\left|\frac{2}{n+1}\right| = \frac{2}{n+1} < \varepsilon \Leftrightarrow n > \frac{2}{\varepsilon} - 1$, d.h. wählen Sie $n_0 > \frac{2}{\varepsilon} - 1$, $n_0 \in \mathbb{N}$.

   b) $\left|\frac{\sqrt{n}}{n}\right| = \frac{1}{\sqrt{n}} < \varepsilon \Leftrightarrow \sqrt{n} > \frac{1}{\varepsilon} \Leftrightarrow n > \frac{1}{\varepsilon^2}$, d.h. wählen Sie $n_0 > \frac{1}{\varepsilon^2}$, $n_0 \in \mathbb{N}$.

   c) $\left|\frac{(-1)^n}{2n-1}\right| = \frac{1}{2n-1} < \varepsilon \Leftrightarrow n > \frac{1}{2}\left(\frac{1}{\varepsilon} + 1\right)$, d.h. wählen Sie $n_0 > \frac{1}{2}\left(\frac{1}{\varepsilon} + 1\right)$, $n_0 \in \mathbb{N}$.

   d) $\left|\frac{a}{n!}\right| = \frac{|a|}{n!} < \frac{|a|}{n} < \varepsilon \Rightarrow n > \frac{|a|}{\varepsilon}$, d.h. wählen Sie $n_0 > \frac{|a|}{\varepsilon}$, $n_0 \in \mathbb{N}$.

3. a) $a = \frac{2}{3}$; $\left|\frac{2n+1}{3n-2} - \frac{2}{3}\right| = \frac{7}{3(3n-2)} < \varepsilon \Leftrightarrow n > \frac{1}{3}\left(\frac{7}{3\varepsilon} + 2\right)$. Wählen Sie $n_0 > \frac{1}{3}\left(\frac{7}{3\varepsilon} + 2\right)$, $n_0 \in \mathbb{N}$.

   b) $a = 0$; $\left|\frac{1}{2^n} - 0\right| = \frac{1}{2^n} < \varepsilon \Leftrightarrow n > \frac{\lg\frac{1}{\varepsilon}}{\lg 2}$. Wählen Sie $n_0 > \frac{\lg\frac{1}{\varepsilon}}{\lg 2}$, $n_0 \in \mathbb{N}$.

   c) $a = 0$; $\left|(1 + (-1)^n)\frac{1}{n}\right| \leqq \frac{2}{n} < \varepsilon \Rightarrow n > \frac{2}{\varepsilon}$. Wählen Sie $n_0 > \frac{2}{\varepsilon}$, $n_0 \in \mathbb{N}$.

   d) $a = 0$; $\left|\frac{n-1}{n\sqrt{n}}\right| = \frac{n-1}{n\sqrt{n}} < \frac{1}{\sqrt{n}} < \varepsilon \Rightarrow n > \frac{1}{\varepsilon^2}$. Wählen Sie $n_0 > \frac{1}{\varepsilon^2}$, $n_0 \in \mathbb{N}$.

   e) $a = 1$; $|(-\frac{3}{5})^n + 1 - 1| = (\frac{3}{5})^n < \varepsilon \Leftrightarrow n > \frac{\lg\frac{1}{\varepsilon}}{\lg\frac{5}{3}}$. Wählen Sie $n_0 > \frac{\lg\frac{1}{\varepsilon}}{\lg\frac{5}{3}}$, $n_0 \in \mathbb{N}$.

   f) $a = \frac{1}{2}$; $\left|\frac{2n^2+3n}{4n^2+1} - \frac{1}{2}\right| = \frac{6n-1}{2(4n^2+1)} < \frac{3n}{4n^2+1} < \frac{3n}{4n^2} = \frac{3}{4n} < \varepsilon \Rightarrow n > \frac{3}{4\varepsilon}$. Wählen Sie $n_0 > \frac{3}{4\varepsilon}$, $n_0 \in \mathbb{N}$.

4. a) Wählen Sie $\varepsilon = 0{,}9$.

   Dann ist $(n \geqq 2)\left|\frac{3}{n+1} - 1\right| = \left|\frac{2-n}{n+1}\right| = \frac{n-2}{n+1} > 0{,}9$ für $n \geqq n_0 = 30$.

   b) Wählen Sie $\varepsilon = 0{,}8$.

   Dann ist $\left|1 + \frac{(-1)^n}{n+1}\right| = \left|1 - \frac{(-1)^{n+1}}{n+1}\right| \geqq 1 - \frac{1}{n+1} > 0{,}8$ für $n \geqq n_0 = 5$.

   c) Wählen Sie $\varepsilon = 1{,}8$.

   Dann ist $\left|\frac{2n-1}{n^2} - 2\right| = \left|\frac{2n^2-2n+1}{n^2}\right| > \left|2 - \frac{2}{n}\right| = 2 - \frac{2}{n} > 1{,}8$ für $n \geqq n_0 = 11$.

5. Nein. Man muß fast alle Glieder der Folge kennen.
6. Es sei $0 < \varepsilon < 10^{-6}$. Dann existiert ein $n_0 = n_0(\varepsilon) \in \mathbb{N}$ so, daß $-10^{-6} - \varepsilon < a_n < -10^{-6} + \varepsilon < 0$ für alle $n \geqq n_0$ ist.
7. a) $\sqrt{n} > K \Leftrightarrow n > K^2$. Wählen Sie $n_0 > K^2$, $n_0 \in \mathbb{N}$.

   b) $\dfrac{1-n^2}{n} = \dfrac{1}{n} - n \leqq 1 - n < -K \Rightarrow n > 1 + K$. Wählen Sie $n_0 > K + 1$, $n_0 \in \mathbb{N}$.

   c) Unbestimmt divergent.

   d) $\dfrac{n^2+1}{n+1} = n - 1 + \dfrac{2}{n+1} > n - 1 > K \Rightarrow n > K + 1$. Wählen Sie $n_0 > K + 1$, $n_0 \in \mathbb{N}$.

   e) Unbestimmt divergent.

   f) $3^n > K \Leftrightarrow n > \dfrac{\lg K}{\lg 3}$. Wählen Sie $n_0 > \dfrac{\lg K}{\lg 3}$, $n_0 \in \mathbb{N}$.

   g) Unbestimmt divergent.
8. a) $\left\langle a_0 - \dfrac{1}{n} \right\rangle$ b) $\left\langle a_0 + \dfrac{1}{n} \right\rangle$ c) $\left\langle \dfrac{(-1)^n}{n} \right\rangle$ d) $\left\langle a_0 - \dfrac{(-1)^n}{n} \right\rangle$

   e) $\langle 2^n \rangle$ f) $\langle -n \rangle$ g) $\langle 1 + (-1)^n \rangle$
9. a) $-\frac{2}{3}$, b) $\frac{6}{5}$, c) $-\frac{3}{2}$, d) ∞, e) $-\infty$, f) 9
10. a) ∞, b) 0, c) 1, d) $\frac{1}{2}$
11. i) $p < q$: $+\infty$ für $b_q c_p > 0$, $-\infty$ für $b_q c_p < 0$ ii) $p = q$: $\dfrac{b_q}{c_p}$ iii) $p > q$: 0
12. a) $\frac{1}{6}$, b) $-\frac{5}{6}$, c) $-\frac{1}{6}$, d) $-\frac{3}{2}$, e) $\frac{1}{3}$, f) 2
13. a) i) $a_n \to -\frac{1}{2}$, $b_n \to -\frac{1}{2}$

   ii) $a_n < c_n = \frac{1}{2}(a_n + b_n) < b_n$, d.h. $c_n \to -\frac{1}{2}$

   b) i) $a_n \to \sqrt{2}$, $b_n \to \sqrt{2}$

   ii) $a_n < c_n = \sqrt{\frac{1}{2}(a_n^2 + b_n^2)} < b_n$, d.h. $c_n \to \sqrt{2}$
14. a) $\Rightarrow$: Für alle $n \geqq n_0(\varepsilon)$ ist $|a_n - a| < \varepsilon$.
   Folglich gilt für $\langle b_n \rangle = \langle a_n - a \rangle$ für alle $n \geqq n_0$: $|b_n| = |b_n - 0| = |a_n - a| < \varepsilon$, d.h. $\langle b_n \rangle$ ist Nullfolge.

   b) $\Leftarrow$: $\langle b_n \rangle = \langle a_n - a \rangle$ ist eine Nullfolge.
   Dann existiert zu jedem $\varepsilon > 0$ ein $n_0 = n_0(\varepsilon)$ so, daß $|b_n - 0| = |a_n - a| < \varepsilon$ für alle $n \geqq n_0$ ist. Nach Definition 3.6 konvergiert dann $\langle a_n \rangle$ gegen a.
15. Für alle $n \in \mathbb{N}$ ist $a_n = \sqrt{n}\left(\sqrt{1 + \dfrac{1}{n}} + 1\right) > \sqrt{n} > K$, $K \in \mathbb{R}^+$. $\langle a_n \rangle$ ist nicht beschränkt, folglich divergent.
16. Die Aussage ist nicht allgemein gültig. Z.B. ist die Folge $\left\langle (-1)^n \cdot \dfrac{1}{n} \right\rangle$ zwar eine Nullfolge, jedoch ist $a_{2k} > a_{2k+1}$ für alle $k \in \mathbb{N}$. Die Folge ist alternierend. Andererseits werden bei der Folge $\left\langle 1 + \dfrac{1}{n} \right\rangle$ die Glieder immer kleiner, obwohl diese Folge keine Nullfolge ist.
17. $\langle (-1)^n \rangle$ ist beschränkt, aber nicht konvergent.
18. Wenden Sie auf $\langle a_n \rangle$ und $\langle b_n \rangle = \langle 0 \rangle$ Satz 3.6 an.
19. a) Man verwende Definition 3.6 und die Ungleichung $||a_n| - |a|| \leqq |a_n - a|$.

   b) Man setze in Satz 3.4 d) $a_n = 1$ für alle $n \in \mathbb{N}$.

   c) Man verwende Satz 3.4 a) und b).
20. Es sei $a_n \leqq c_n \leqq b_n$ für alle $n > n_1 \in \mathbb{N}$. Zu jedem $\varepsilon > 0$ existiert ein $n_{01} = n_{01}(\varepsilon)$ und ein $n_{02} = n_{02}(\varepsilon)$ mit $n_{01}, n_{02} \in \mathbb{N}$ so, daß $a_n \in U_\varepsilon(a)$ bzw. $b_n \in U_\varepsilon(a)$ für alle $n \geqq n_{01}$ bzw. $n \geqq n_{02}$ ist.
   Wählt man $n_0 = \max\{n_1, n_{01}, n_{02}\}$, so gilt $c_n \in U_\varepsilon(a)$ für alle $n \geqq n_0$, d.h. $\lim\limits_{n \to \infty} c_n = a$.

21. Man setze $\frac{1}{|p|} = 1 + h$. Dann gilt nach dem binomischen Satz für $n > k$

$$\frac{1}{|p|} = (1+h)^n = \sum_{i=0}^{n} \binom{n}{i} h^i > \binom{n}{k+1} h^{k+1}$$

$$\Rightarrow 0 < n^k |p|^n < \frac{n^k (k+1)!}{n(n-1)\cdots(n-k)} \cdot \frac{1}{h^{k+1}} = \frac{(k+1)!}{n\left(1-\frac{1}{n}\right)\cdots\left(1-\frac{k}{n}\right)} \cdot \frac{1}{h^{k+1}}$$

Nach Satz 3.7 ist dann

$$0 \leqq \lim_{n\to\infty} n^k |p|^n \leqq \lim_{n\to\infty} \frac{(k+1)!}{n\left(1-\frac{1}{n}\right)\cdots\left(1-\frac{k}{n}\right)} \cdot \frac{1}{h^{k+1}} = 0, \quad \text{d.h. } \lim_{n\to\infty} n^k |p|^n = 0$$

22. Für alle $n \in \mathbb{N}$ gilt $0 < (n+1)^k - n^k = n^k\left(\left(1+\frac{1}{n}\right)^k - 1\right) < n^k\left(1+\frac{1}{n}-1\right) = \frac{1}{n^{1-k}}$. Wegen $0 < k < 1$ und Satz 3.7 gilt dann die Behauptung.

3.3

1. a) i) $a_n < 2$:

Vollständige Induktion: $a_1 = 1 < 2$.

Es sei $a_k < 2$. Dann gilt $a_{k+1} = \sqrt{2a_k} < \sqrt{2 \cdot 2} = 2$ für alle k.

ii) Für alle n gilt wegen i):

$$\frac{a_{n+1}}{a_n} = \frac{\sqrt{2a_n}}{a_n} = \sqrt{\frac{2}{a_n}} > 1 \Rightarrow a_{n+1} > a_n.$$

Der Grenzwert ist 2.

b) i) $a_n < 3$:
Vollständige Induktion: $a_1 = 1 < 3$.
Es sei $a_k < 3$. Dann gilt $a_{k+1} = \sqrt{a_k + 1} < \sqrt{3+1} = 2 < 3$ für alle k.
ii) $a_{n+1} > a_n$ für alle n:
Vollständige Induktion: $a_2 = \sqrt{a_1 + 1} = \sqrt{2} > 1 = a_1$.
Es sei $a_{k+1} > a_k$. Dann gilt $a_{k+2} = \sqrt{a_{k+1} + 1} > \sqrt{a_k + 1} = a_{k+1}$ für alle k.
Der Grenzwert ist $\frac{1}{2}(1 + \sqrt{5})$.

c) Nach Aufgabe 4a) in Abschnitt 3.1 und wegen Satz 3.8 existiert der Grenzwert und ist gleich $\frac{1}{2}$.

2. i) Wenn die monotone Folge $\langle a_n \rangle$ beschränkt ist, so ist sie konvergent (s. Satz 3.8).
ii) Wenn die monotone Folge $\langle a_n \rangle$ unbeschränkt ist, so ist sie divergent.

3. a) $\langle a_n \rangle$ ist monoton wachsend und wegen $a_n \leqq b_n \leqq b_1$ nach oben beschränkt, d.h. nach Satz 3.8 konvergent gegen den Grenzwert a. Ebenso gilt $b_n \to b$ für $n \to \infty$.
b) Wenn $\langle a_n - b_n \rangle$ zusätzlich eine Nullfolge ist, so gilt nach Satz 3.4:

$$0 = \lim_{n\to\infty} (a_n - b_n) = \lim_{n\to\infty} a_n - \lim_{n\to\infty} b_n = a - b, \text{ d.h. } a = b.$$

4. a) e b) e^3 c) e^4 d) $e^{2/3}$

3.4

1. a) $0{,}2^{0{,}3} < 0{,}3^{0{,}2}$ b) $1{,}4^{-0{,}7} < 0{,}7^{-1{,}4}$.

2. Für $u > 0$ ist

a) $1 - \frac{1}{u} \leqq \ln u \leqq u - 1$. Für $u = x + 1 > 0$ (d.h. $x > -1$) folgt $1 - \frac{1}{x+1} = \frac{x}{x+1} \leqq \ln(x+1) \leqq (x+1) - 1 = x$

b) $\ln u \leqq u - 1$. Für $u = x - 1 > 0$ (d.h. $x > 1$)
folgt $\ln(x-1) \leqq x - 2 \Leftrightarrow \frac{1}{2}\ln(x-1) = \ln\sqrt{x-1} \leqq \frac{1}{2}x - 1$

3. $\ln 4 = 2\ln 2$, $\ln 6 = \ln 2 + \ln 3$, $\ln 27 = 3\ln 3$,

$\ln\frac{8}{9} = 3\ln 2 - 2\ln 3, \quad \ln 16^{1/3} = \frac{4}{3}\ln 2, \quad \ln\frac{1}{108} = -2\ln 2 - 3\ln 3$

4. a) 4b) 4c)

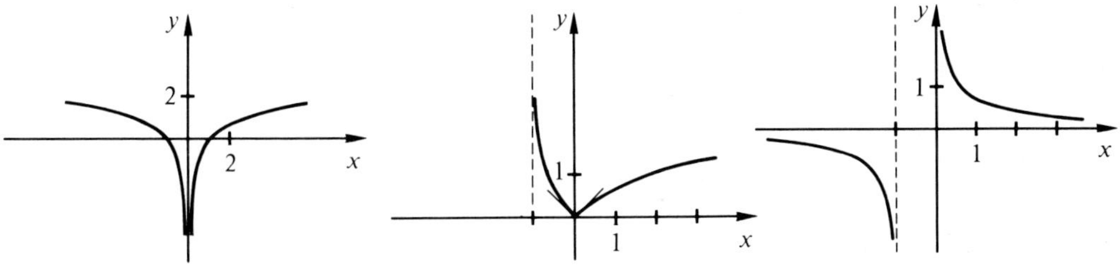

Bild L3.1a–c:

5.

5a)

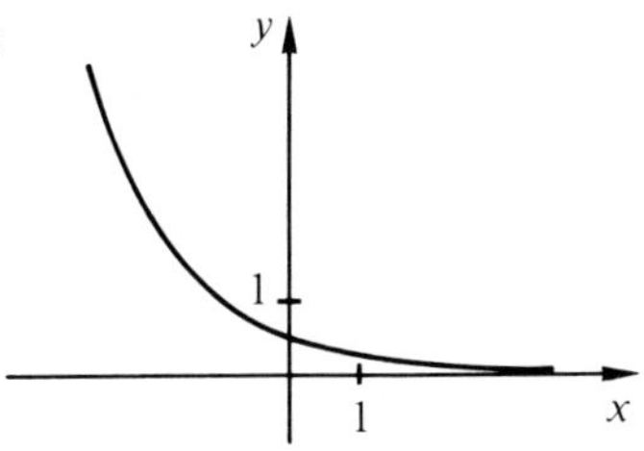

5b)

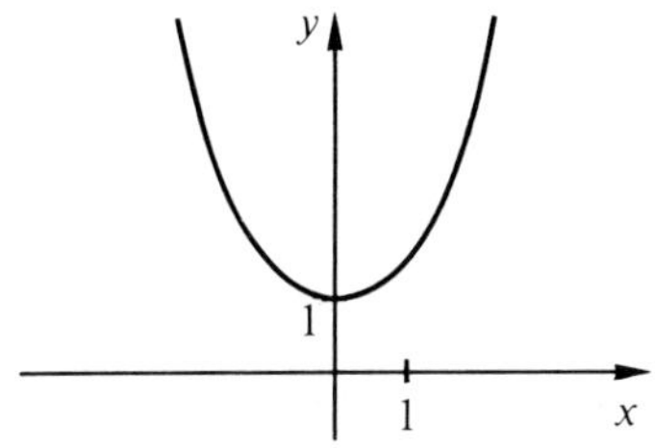

5c)

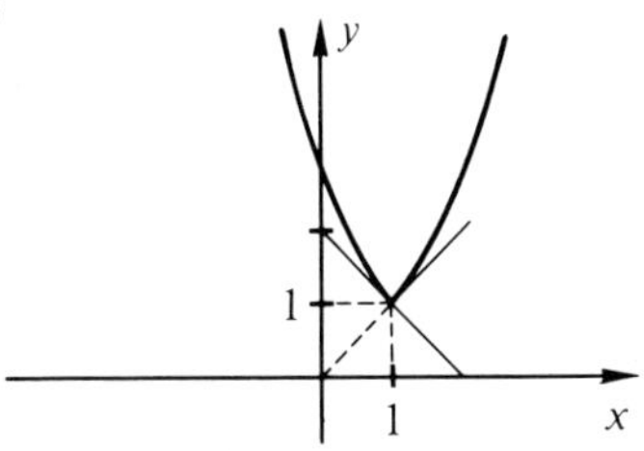

5d)

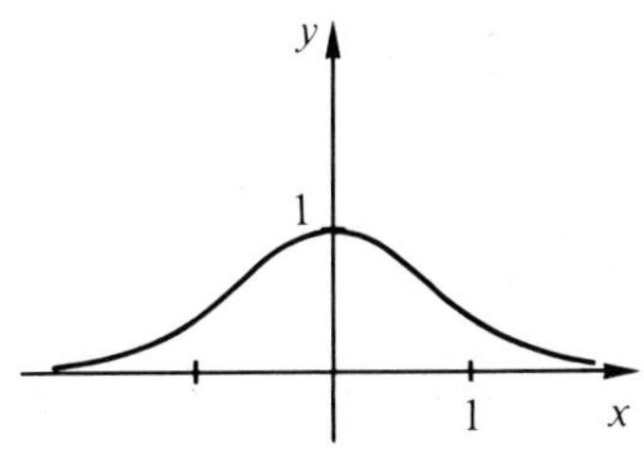

Bild L3.2a–d:

6. a) $x = \ln(1+\sqrt{2})$ b) $x = \ln 9$

7. a) $0 < x_1 < x_2 \Rightarrow e^{2\sqrt{x_1}} = f(x_1) < f(x_2) = e^{2\sqrt{x_2}}$;
$f^{-1}: x \mapsto (\ln\sqrt{x})^2, \quad D_{f^{-1}} = [1, \infty)$
   b) $2 < x_1 < x_2 \Rightarrow \ln(x_1 - 2) - 3 = f(x_1) < f(x_2) = \ln(x_2 - 2) - 3$;
$f^{-1}: x \mapsto 2 + e^{x+3}, \quad D_{f^{-1}} = \mathbb{R}$
   c) $x_1 < x_2 \Rightarrow e^{x_1} - e^{-x_1} = f(x_1) < f(x_2) = e^{x_2} - e^{-x_2}$;
$f^{-1}: x \mapsto \ln\frac{1}{2}(x + \sqrt{x^2+4}), \quad D_{f^{-1}} = \mathbb{R}$
   d) $x_1 < x_2 < 0 \Rightarrow \arcsin\sqrt{1 - e^{x_2}} = f(x_2) < f(x_1) = \arcsin\sqrt{1 - e^{x_1}}$;
$f^{-1}: x \mapsto \ln\cos^2 x, D_{f^{-1}} = \left[0, \frac{\pi}{2}\right)$

8. $x+1 \leqq e^x \leqq \frac{1}{1-x}$ für $x<1 \Leftrightarrow x \leqq e^{x-1} \leqq \frac{1}{2-x}$ für $x<2$

9. $t=\frac{L}{R}\ln 2$

4 Grenzwerte von Funktionen; Stetigkeit

4.1

1. a) $\left|\frac{3x+2}{2x}-\frac{3}{2}\right|=\frac{1}{x}<\varepsilon$ für $x>M(\varepsilon)=\frac{1}{\varepsilon}$

   b) $\left|\frac{4-3x}{x+1}+3\right|=\frac{7}{x+1}<\varepsilon$ für $x>M(\varepsilon)=\max\left\{-1,\frac{7}{\varepsilon}-1\right\}$

   c) $\left|\frac{x-1}{x\sqrt{|x|}}-0\right|=\frac{x-1}{x\sqrt{|x|}}<\frac{1}{\sqrt{|x|}}<\varepsilon$ für $x>M(\varepsilon)=\max\left\{1,\frac{1}{\varepsilon^2}\right\}$

   d) $\left|\frac{2x^2-1}{x^2}-2\right|=\frac{1}{x^2}<\varepsilon$ für $x>M(\varepsilon)=\frac{1}{\sqrt{\varepsilon}}$

   e) $\left|\frac{2x+\sin 4x}{3x}-\frac{2}{3}\right|=\left|\frac{\sin 4x}{3x}\right|\leqq\frac{1}{3x}<\varepsilon$ für $x>M(\varepsilon)=\frac{1}{3\varepsilon}$

   f) $\left|\frac{\cos\frac{1}{2}x}{\sqrt{x+1}}-0\right|\leqq\frac{1}{\sqrt{x+1}}<\frac{1}{\sqrt{x}}<\varepsilon$ für $x>M(\varepsilon)=\frac{1}{\varepsilon^2}$

2. Zu $\varepsilon>0$ wähle man $x<m(\varepsilon)=$

   a) $-\frac{1}{\varepsilon}$ b) $-\frac{7}{\varepsilon}-1$ c) $\min\left\{-1,-\frac{4}{\varepsilon^2}\right\}$ d) $-\frac{1}{\sqrt{\varepsilon}}$ e) $-\frac{1}{3\varepsilon}$

3. a) bestimmt divergent;

   $\sqrt{x-1}>K$ für $x>M(K)=K^2+1.$

   b) unbestimmt divergent

   c) bestimmt divergent;

   $$\frac{x^2+1}{1-x}=-\left(x+1+\frac{2}{x-1}\right)\begin{cases}<-x<k & \text{für alle } x>M(k)=\max\{1,-k\}\\ >-(x+1)>K & \text{für alle } x<m(K)=\min\{1,-K-1\}\end{cases}$$

   d) unbestimmt divergent

   e) bestimmt divergent;

   $$\frac{2x^3+x+1}{x^2-1}=2x+\frac{3x+1}{x^2-1}\begin{cases}>2x>K & \text{für alle } x>M(K)=\max\left\{1,\frac{K}{2}\right\}\\ <2x<k & \text{für alle } x<m(k)=\min\left\{1,\frac{k}{2}\right\}\end{cases}$$

4. a) $\frac{1}{2}$ b) 0 c) $-\frac{3}{2}$ d) 0 e) existiert nicht f) $\frac{1}{2}$ g) -2 h) $\frac{5}{9}$

5. a) $y=\frac{1}{8}-\frac{1}{2}x$ b) $y=\frac{2}{3}$ c) $y=\frac{1}{3}x^2$ d) $y=-\frac{1}{4}x^2-\frac{1}{2}x-\frac{5}{4}$ e) $y=2x-2$

6. Beweis indirekt: g_1 und $g_2, g_1\neq g_2$, seien Grenzwerte von f. Wählt man etwa $\varepsilon=\frac{1}{3}|g_1-g_2|$, so ist $V_\varepsilon(g_1)\cap V_\varepsilon(g_2)=\varnothing$. Zu $\varepsilon>0$ existiert dann ein $M=M(\varepsilon)\in\mathbb{R}^+$ so, daß $f(x)\in V_\varepsilon(g_1)$ und $f(x)\notin V_\varepsilon(g_2)$ (oder $f(x)\in V_\varepsilon(g_2)$ und $f(x)\notin V_\varepsilon(g_1)$) für alle $x>M(\varepsilon)$ ist. D.h. g_2 oder g_1 ist nicht Grenzwert von f.

7. a) Zu jedem $k\in\mathbb{R}$ existiert ein $M=M(k)$ so, daß $f(x)<k$ für alle $x>M$ ist.

   b) Zu jedem $K\in\mathbb{R}$ existiert ein $m=m(K)$ so, daß $f(x)>K$ für alle $x<m$ ist.

   c) Zu jedem $k\in\mathbb{R}$ existiert ein $m=m(k)$ so, daß $f(x)<k$ für alle $x<m$ ist.

4.2

1. a) $\left|\frac{x^2-4}{x-2}-4\right| = |x-2| < \varepsilon$ für $0<|x-2|<\delta(\varepsilon)=\varepsilon$

b) $\left|\frac{3x+6}{x^3+8}-\frac{1}{4}\right| = \frac{1}{4}\frac{|x+2||x-4|}{|x^2-2x+4|} < \frac{7}{4}\frac{|x+2|}{|x||x-2|} < \frac{7}{12}|x+2| < \varepsilon$ für $0<|x+2|<\delta(\varepsilon)=\min\{1,\frac{12}{7}\varepsilon\}$

c) $\left|\frac{\sqrt{x}}{x+1}-\frac{1}{2}\right| = \frac{|x-1|^2}{2|x+1||2\sqrt{x}+x+1|} < \frac{|x-1|^2}{2} < \varepsilon$ für $0<|x-1|<\delta(\varepsilon)=\min\{1,\sqrt{2\varepsilon}\}$

d) $\left|\frac{x^2-x}{x}+1\right| = |x| < \varepsilon$ für $0<|x|<\delta(\varepsilon)=\varepsilon$

e) $\left|\frac{\sqrt{ax}-x}{x-a}+\frac{1}{2}\right| = \frac{|x-a|}{2(2\sqrt{ax}+x+a)} < \frac{|x-a|}{2a} < \varepsilon$ für $0<|x-a|<\delta(\varepsilon)=2a\varepsilon$

f) $\left|x^k\sin\frac{1}{x}-0\right| = |x|^k < \varepsilon$ für $0<|x|<\delta(\varepsilon)=\sqrt[k]{\varepsilon}$

2. a) $\left\langle f\left(\frac{1}{n}\right)\right\rangle = \langle n+1\rangle$ ist nicht konvergent.

b) $\lim\limits_{n\to\infty} f\left(1+\frac{1}{n}\right) = 1 \neq -1 = \lim\limits_{n\to\infty} f\left(1-\frac{1}{n}\right)$

c) $\lim\limits_{n\to\infty} f\left(-2+\frac{1}{n}\right) = \frac{1}{2} \neq -\frac{1}{2} = \lim\limits_{n\to\infty} f\left(-2-\frac{1}{n}\right)$

d) $\lim\limits_{n\to\infty} f\left(-1+\frac{1}{n}\right) = 0 \neq 1 = \lim\limits_{n\to\infty} f\left(-1-\frac{1}{n}\right)$

e) $\left\langle f\left(\frac{1}{n\pi}\right)\right\rangle = \left\langle \cos\frac{n\pi}{2}\right\rangle = 0,-1,0,1,\dots$ ist nicht konvergent.

3. a) $g^+=0, g^-=2$; g existiert nicht
b) $g^+=\frac{1}{2}, g^-=-\frac{1}{2}$; g existiert nicht
c) $g^+=-1, g^-=1$; g existiert nicht
d) $g^+=g^-=0$; $g=0$
e) g^+ existiert nicht, $g^-=1$, g existiert nicht
f) $g^+=g^-=\frac{1}{4}$; $g=\frac{1}{4}$

4. a) unbestimmt divergent, Pol mit Zeichenwechsel
b) bestimmt divergent, Pol ohne Zeichenwechsel
c) unbestimmt divergent
d) unbestimmt divergent
e) unbestimmt divergent

5. a) $\frac{1}{6}$ b) $\frac{7}{3}$ c) $\frac{1}{5}$ d) $\frac{1}{4}$ e) existiert nicht f) $\frac{1}{2}$ g) $g^+=g^-=g=-1$

6) a) 4 b) $\frac{2}{5}$ c) $\frac{a}{b}$ d) 1 e) $\frac{2}{\pi}$ f) $\frac{1}{2}$ g) 1

7. a) Zu jedem $\varepsilon>0$ existiert ein $\delta=\delta(\varepsilon)>0$ so, daß $|f(x)-g^-|<\varepsilon$ für alle x mit $0<x_0-x<\delta$ ist.
b) Zu jedem $K\in\mathbb{R}$ existiert ein $\delta=\delta(K)>0$ so, daß $f(x)>K$ für alle x mit $0<x_0-x<\delta$ ist.
c) Zu jedem $K\in\mathbb{R}$ existiert ein $\delta=\delta(K)>0$ so, daß $f(x)>K$ für alle x mit $0<|x-x_0|<\delta$ ist.
d) Zu jedem $k\in\mathbb{R}$ existiert ein $\delta=\delta(k)>0$ so, daß $f(x)<k$ für alle x mit $0<x-x_0<\delta$ ist.
e) Zu jedem $k\in\mathbb{R}$ existiert ein $\delta=\delta(k)>0$ so, daß $f(x)<k$ für alle x mit $0<x_0-x<\delta$ ist.

8. a) 1 b) $\frac{1}{x}$ c) ln 2.

4.3

1. a) $|2x-1-1| = 2|x-1| < \varepsilon$ für $0\leqq|x-1|<\delta(\varepsilon)=\frac{\varepsilon}{2}$

b) $|x^2-1| = |x-1||x+1| < 3|x+1| < \varepsilon$ für $0\leqq|x+1|<\delta(\varepsilon)=\min\left\{1,\frac{\varepsilon}{3}\right\}$

c) $\left|\frac{1}{x}+\frac{1}{2}\right| = \frac{|x+2|}{2\cdot|x|} < \frac{1}{2}|x+2| < \varepsilon$ für $0 \leqq |x+2| < \delta(\varepsilon) = \min\{1, 2\varepsilon\}$

d) $|\sqrt{x-1}-1| = \frac{|x-2|}{|\sqrt{x-1}+1|} < |x-2| < \varepsilon$ für $0 \leqq |x-2| < \delta(\varepsilon) = \varepsilon$

e) $\left|\frac{x^2}{x+1} - 0\right| = \frac{|x^2|}{|x+1|} < |x| < \varepsilon$ für $0 \leqq |x| < \delta(\varepsilon) = \min\{\frac{1}{2}, \varepsilon\}$

f) $\left|\frac{2x^2-8}{x-2} - 8\right| = 2|x-2| < \varepsilon$ für $0 \leqq |x-2| < \delta(\varepsilon) = \frac{\varepsilon}{2}$

g) $\left|x^m \sin\frac{1}{x} - 0\right| = |x|^m \left|\sin\frac{1}{x}\right| \leqq |x|^m < \varepsilon$ für $0 \leqq |x| < \delta(\varepsilon) = \sqrt[m]{\varepsilon}$

2. a) stetig; $g^+ = g^- = f(-1) = 1$
   b) unstetig; g existiert nicht
   c) unstetig; g existiert nicht
   d) unstetig; $x_0 \notin D_f$
   e) unstetig; $x_0 \notin D_f$
   f) stetig; $g = f(-1) = 1$
   g) unstetig; g existiert nicht
   h) unstetig; g existiert nicht.

3. a) f ist für alle $x \in [-5, 5]$ stetig, da $f_1: x \mapsto \sqrt{x} + 1$ auf $[0, 5]$ und $f_2: x \mapsto -x + 1$ auf $[-5, 0)$ stetig sind und $\lim\limits_{x\to 0} f(x) = f(0) = 1$ ist.
   b) f ist wegen $\lim\limits_{x\to x_0} |x - [x+\frac{1}{2}]| = |x_0 - k| = f(x_0)$ für $k \leqq x_0 < k + \frac{1}{2}$ und $\lim\limits_{x\to x_0} |x - [x+\frac{1}{2}]| = |x_0 - k - 1| = f(x_0)$ für $k + \frac{1}{2} \leqq x_0 < k + 1, k \in \mathbb{Z}$ für alle $x \in [-2, 2]$ stetig.
   c) f ist bis auf die Sprungstellen $x = 0, 2, 4$ stetig, d.h. f ist stückweise stetig auf $[-2, 4]$.
   d) $x \mapsto \sin x$ ist auf $[-2\pi, 0)$, $x \mapsto -x^2 + 2x$ auf $[0, 2)$ und $x \mapsto 1$ auf $[2, 3]$ stetig. Ferner ist $\lim\limits_{x\downarrow 0}(-x^2+2x) = g^+ = 0 = g^- = \lim\limits_{x\uparrow 0} \sin x$ und $\lim\limits_{x\downarrow 2} f(x) = 1 \neq 0 = \lim\limits_{x\uparrow 2} f(x)$.
   Folglich ist f bis auf die Sprungstelle $x_0 = 2$ stetig.
   e) f ist in $x_0 = 1$ unstetig, da f zwar in $\dot{U}_\rho(1)$, $0 < \rho \leqq 1$, aber nicht in $x_0 = 1$ definiert ist.
   f) f ist in $x_0 = -2$ unstetig, da f zwar in $\dot{U}_\rho(-2)$, $0 < \rho \leqq 2$, aber nicht in $x_0 = -2$ definiert ist.

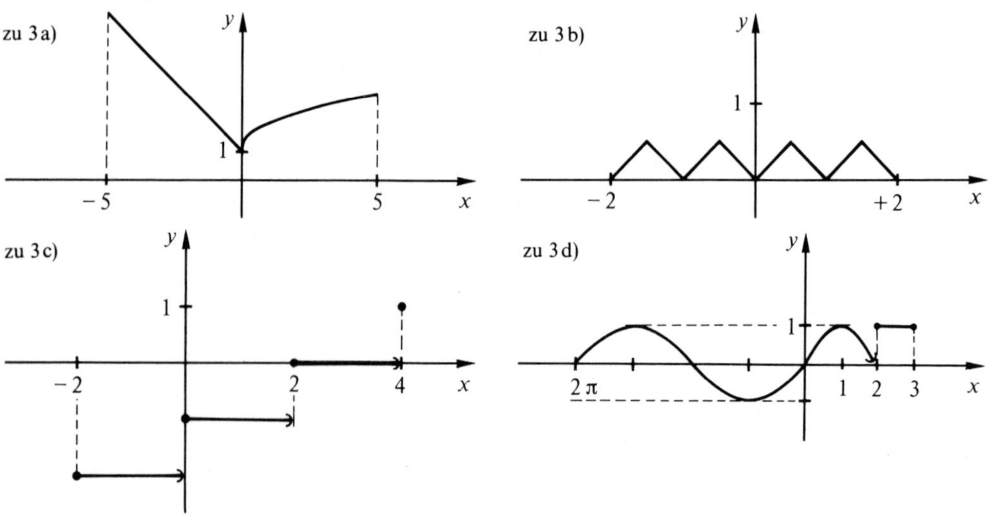

Bild L4.1a–d;

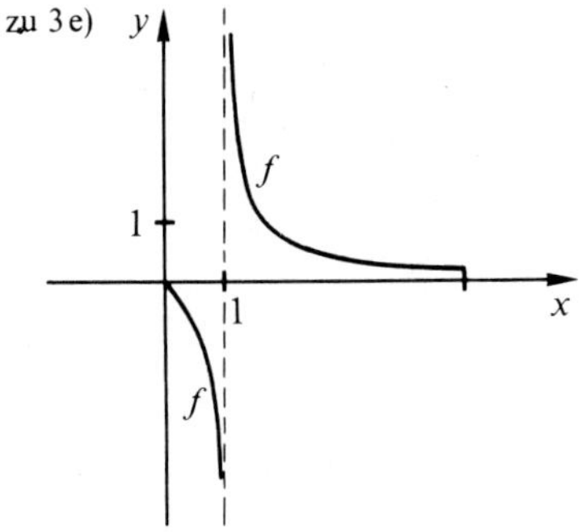

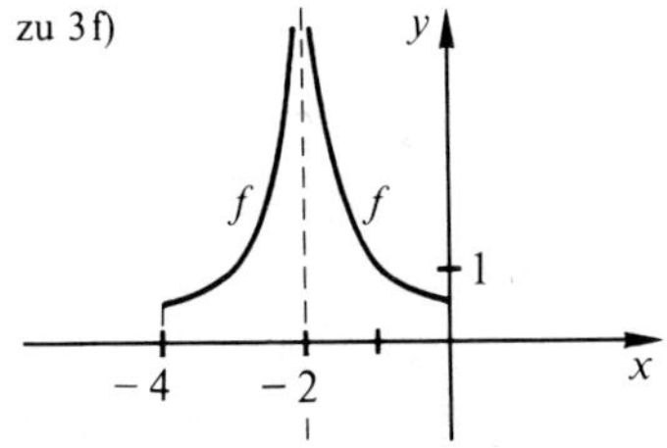

Bild L4.1e,f

4. a) $x_0 = -1$ hebbare Unstetigkeitsstelle
 b) $x_{0_1} = 2$ hebbare Unstetigkeitsstelle, $x_{0_2} = -2$ Pol mit Zeichenwechsel
 c) $x_0 = 0$ Sprungstelle d) $x_0 = \pi$ Oszillationsstelle
 e) $x_0 = 0$ Sprungstelle f) $x_0 = 0$ Lücke
 g) $x_0 = k\pi$ mit $k \in \mathbb{Z}$ Sprungstelle h) $x_0 = 1$ hebbare Unstetigkeitsstelle
 i) $x_0 = 3$ Unstetigkeitsstelle 2. Art
 j) $x_0 = 0$ hebbare Unstetigkeitsstelle (Lücke)

5. a) $\lim\limits_{x\to x_0} \sqrt{\cos 2x} = \sqrt{\lim\limits_{x\to x_0} \cos 2x} = \sqrt{\cos(\lim\limits_{x\to x_0} 2x)} = \sqrt{\cos 2x_0},\ g = 0$
 b) $\lim\limits_{x\to x_0} \dfrac{x}{\pi + \tan x} = \dfrac{x_0}{\pi + \tan x_0}, g = 1$ c) $\lim\limits_{x\to x_0} \dfrac{\sqrt{x}}{x-1} = \dfrac{\sqrt{x_0}}{x_0 - 1}, g = \sqrt{2}$
 d) $\lim\limits_{x\to x_0} \dfrac{(x+3)(2x-1)}{x^2+3x-2} = \dfrac{(x_0+3)(2x_0-1)}{x_0^2+3x_0-2}, g = 2$ e) $\lim\limits_{x\to x_0} \sqrt[3]{\dfrac{1}{3}\left(\dfrac{x+1}{x-1}\right)^2} = \sqrt[3]{\dfrac{1}{3}\left(\dfrac{x_0+1}{x_0-1}\right)^2}, g = \frac{1}{3}$
 f) $\lim\limits_{x\to x_0} \dfrac{2x}{\sin x} = \dfrac{2x_0}{\sin x_0}, g = \pi$ g) $\lim\limits_{x\to x_0} \arcsin \dfrac{1}{x-1} = \arcsin \dfrac{1}{x_0 - 1},\ g = \dfrac{\pi}{4}$

6. a) $f^{-1}\colon x \mapsto f^{-1}(x) = \begin{cases} \sqrt{x} & \text{für } 0 \leqq x \leqq 1 \\ x+1 & \text{für } 1 < x \leqq 2 \end{cases}.$
 f^{-1} ist an der Stelle $x_0 = 1$ unstetig (Sprungstelle).

 b) $f^{-1}\colon x \mapsto f^{-1}(x) = \begin{cases} 2\sin x & \text{für } 0 \leqq x \leqq \dfrac{\pi}{2} \\ \dfrac{\pi}{2(\pi - x)} + 1 & \text{für } \dfrac{\pi}{2} < x \leqq \dfrac{5}{6}\pi \end{cases}$; f^{-1} ist wegen $g = f^{-1}\left(\dfrac{\pi}{2}\right) = 2$ in $x_0 = \dfrac{\pi}{2}$ stetig.

7. a) $a = -1$ b) $a = \frac{1}{4}$

8. a) $f(-1) = -2 = m, f(3) = 14 = M;\ W_f = [-2, 14]$
 b) $f(0) = 0 = m, f(4) = \frac{16}{17} = M;\ W_f = [0, \frac{16}{17}]$
 c) f besitzt keine absoluten Extremwerte; $W_f = \mathbb{R}$
 d) $f\left((4k+1)\dfrac{\pi}{2}\right) = 0 = m,\ f\left((4k-1)\dfrac{\pi}{2}\right) = 2 = M, k \in \mathbb{Z};\ W_f = [0, 2]$
 e) $f(-1) = -1 = m,\ f(1) = 1 = M;\ W_f = [-1, 1]$

9. a) $[-1, 0]$ und $[2, 3]$ b) $[1, 2]$ c) $[0, 1]$ d) $3, 4]$

4.4

1.

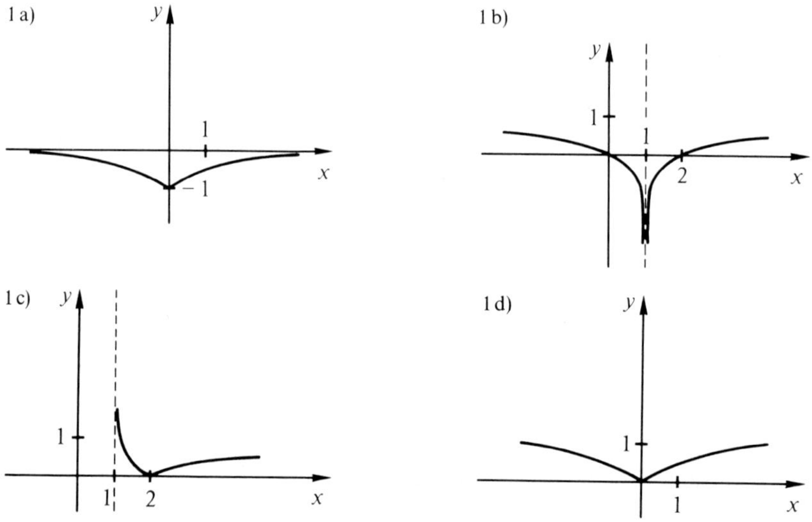

Bild L4.2a–d:

2. $x_{n+1} = q \cdot x_n \Leftrightarrow \log_a x_{n+1} = \log_a x_n + d$ mit $d = \log_a q$.

3. $x = b^{\log_b x} \Leftrightarrow \log_a x = \log_a b^{\log_b x} = (\log_b x)(\log_a b)$

4. $b < a \Leftrightarrow \log_a b < \log_a a = 1$. Nach Satz 4.21 gilt dann
$\log_a x = (\log_a b)(\log_b x) < \log_b x$ für $x \neq 1$.
Für $x = 1$ ist $\log_a 1 = \log_b 1 = 0$.

5. a) $x = 5$ b) $x = 1$ c) $x = 0{,}1$

6. a) $\lim\limits_{x \downarrow 0} x^\alpha \ln x = \lim\limits_{u \to \infty} \left(\frac{1}{u}\right)^\alpha \ln\frac{1}{u} = -\lim\limits_{u \to \infty} \frac{\ln u}{u^\alpha} = 0$ (nach (4.43))

b) $x^x = e^{x \ln x} \geqq e^{x(1-\frac{1}{x})} = e^{x-1} \geqq x > K$ für $x > M(K) = K$

c) $\lim\limits_{x \downarrow 0} \ln x^{\sin x} = \lim\limits_{x \downarrow 0} \left[\frac{\sin x}{x} \cdot x \ln x\right] = 1 \cdot 0 = 0,$

d.h. $\lim\limits_{x \downarrow 0} x^{\sin x} = \lim\limits_{x \downarrow 0} e^{\ln x^{\sin x}} = e^{\lim\limits_{x \downarrow 0} \ln \sin x} = e^0 = 1$

7. $g: x \mapsto \ln x = u$ und $h: u \mapsto e^{\alpha u}$ sind auf ihrem Definitionsbereich stetig und $W_g = D_h = \mathbb{R}$. Folglich ist $f = g \circ h: x \mapsto e^{\alpha \ln x} = x^\alpha$ für $x \in D_g = (0, \infty)$ stetig.

$\alpha > 0: 0 < x_1 < x_2 \Rightarrow \ln x_1 < \ln x_2 \Rightarrow \alpha \ln x_1 < \alpha \ln x_2$
$\Rightarrow e^{\alpha \ln x_1} = f(x_1) < f(x_2) = e^{\alpha \ln x_2}$

$\alpha < 0: 0 < x_1 < x_2 \Rightarrow \ln x_1 < \ln x_2 \Rightarrow \alpha \ln x_1 > \alpha \ln x_2$
$\Rightarrow e^{\alpha \ln x_1} = f(x_1) > f(x_2) = e^{\alpha \ln x_2}$

8. a) $(ab)^x = e^{x \cdot \ln ab} = e^{x \cdot \ln a + x \cdot \ln b} = e^{x \cdot \ln a} e^{x \cdot \ln b} = a^x b^x$
b) $a^{x_1 + x_2} = e^{(x_1 + x_2)\ln a} = e^{x_1 \cdot \ln a} e^{x_2 \cdot \ln a} = a^{x_1} \cdot a^{x_2}$
c) $a^{x_1 x_2} = e^{x_1 x_2 \cdot \ln a} = e^{x_2 \cdot \ln a^{x_1}} = e^{\ln (a^{x_1})^{x_2}} = (a^{x_1})^{x_2}$

9. $f: x \mapsto f(x) = a^x = e^{x \cdot \ln a}$

a) f ist stetig, da $g: x \mapsto e^{\alpha x}$ für alle $\alpha \in \mathbb{R}$ stetig ist.

b) $a > 1: x_1 < x_2 \Rightarrow e^{x_1} < e^{x_2} \Rightarrow e^{x_1 \ln a} = a^{x_1} < a^{x_2} = e^{x_2 \ln a}$

$0 < a < 1: x_1 < x_2 \Rightarrow e^{x_1} < e^{x_2} \Rightarrow e^{x_1 \ln a} = a^{x_1} > a^{x_2} = e^{x_2 \ln a}$

c) $a > 1$: Setze $x \ln a = u \Rightarrow \lim\limits_{x \to \infty} a^x = \lim\limits_{x \to \infty} e^{x \ln a} = \lim\limits_{u \to \infty} e^u = \infty$

$$\lim_{x \to -\infty} a^x = \lim_{x \to -\infty} e^{x \ln a} = \lim_{u \to -\infty} e^u = 0$$

$0 < a < 1$: Setze $a = \dfrac{1}{b}$, $b > 1$. Dann ist $\ln a = -\ln b, b > 1$.

Wähle nun $-x \ln b = u$.

4.5

1. Verwenden Sie Definition 4.17

2. a) $x = 0$ b) $x = \pm\frac{1}{2}$

3. a) $\lim\limits_{x \to \infty} \tanh x = \lim\limits_{x \to \infty} \dfrac{e^x - e^{-x}}{e^x + e^{-x}} = \lim\limits_{x \to \infty} \dfrac{1 - e^{-2x}}{1 + e^{-2x}} = 1$

b) $\lim\limits_{x \downarrow 1} \operatorname{arcoth} x = \lim\limits_{x \downarrow 1} \left(\dfrac{1}{2} \ln \dfrac{x+1}{x-1} \right) = \infty$, da $\lim\limits_{x \downarrow 1} \dfrac{x+1}{x-1} = \infty$.

c) Für $0 < |x| < 1$ gilt nach Satz 3.9 $1 + x < e^x < \dfrac{1}{1-x}$ und $1 - x < e^{-x} < \dfrac{1}{1+x}$.

Folglich ist $x < \dfrac{e^x - e^{-x}}{2} = \sinh x < \dfrac{x}{1-x^2}$ und wegen $x \neq 0: 1 < \dfrac{\sinh x}{x} < \dfrac{1}{1-x^2}$.

Nach Satz 4.9 gilt dann $\lim\limits_{x \to 0} \dfrac{\sinh x}{x} = 1$.

d) Setzt man $u = \dfrac{1}{x}$, dann gilt nach Satz 4.7

$$\lim_{x \to \infty} \left(x \tanh \frac{1}{x} \right) = \lim_{u \downarrow 0} \left(\frac{1}{u} \tanh u \right) = \lim_{u \downarrow 0} \left(\frac{\sinh u}{u} \cdot \frac{1}{\cosh u} \right).$$

Folglich ist wegen c), Satz 4.22 und Satz 4.5

$$\lim_{x \to \infty} \left(x \tanh \frac{1}{x} \right) = 1.$$

4. a) $0 \leqq x_1 < x_2 \Rightarrow \ln(1 + \sinh x_1^2) = f(x_1) < f(x_2) = \ln(1 + \sinh x_2^2)$;

$f^{-1}: x \mapsto \sqrt{\operatorname{arsinh}(e^x - 1)}, D_{f^{-1}} = [0, \infty)$

b) $1 < x_1 < x_2 \Rightarrow \operatorname{arcoth} \sqrt{x_1^2 + 1} = f(x_1) > f(x_2) = \operatorname{arcoth} \sqrt{x_2^2 + 1}$;

$f^{-1}: x \mapsto \dfrac{1}{\sinh x}, D_{f^{-1}} = (0, \infty)$

c) $x_1 < x_1 \Rightarrow e^{-\tanh 3x_1} = f(x_1) > f(x_2) = e^{-\tanh 3x_2}$;

$f^{-1}: x \mapsto \frac{1}{3} \operatorname{artanh} \left(\ln \dfrac{1}{x} \right), D_{f^{-1}} = (e^{-1}, e)$

5.

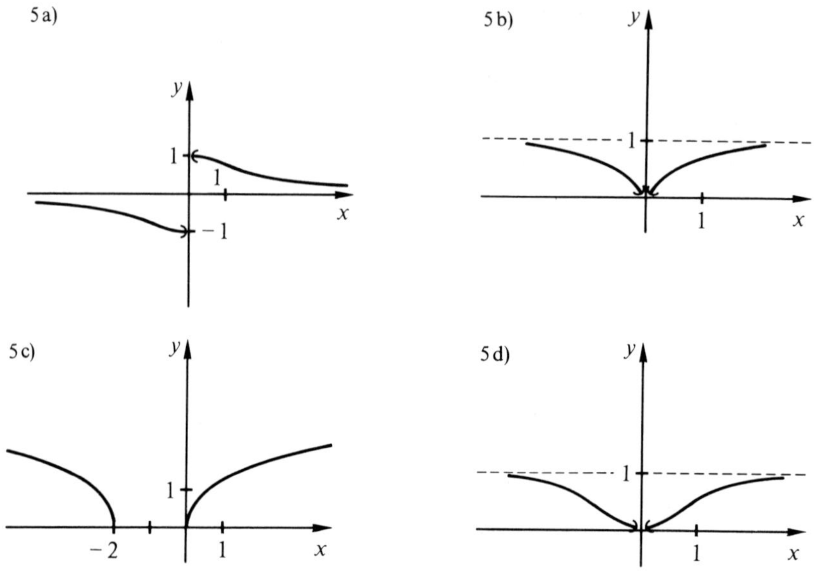

Bild L4.3a–d:

6. $D_{\max} = \mathbb{R} \setminus \{2\}$

7.

	$\sinh x$	$\cosh x$	$\tanh x$	$\coth x$
$\sinh x =$	$\sinh x$	$\pm\sqrt{\cosh^2 x - 1}$ [1]	$\dfrac{\tanh x}{\sqrt{1-\tanh^2 x}}$	$\dfrac{1}{\pm\sqrt{\coth^2 x - 1}}$ [1]
$\cosh x =$	$\sqrt{\sinh^2 x + 1}$	$\cosh x$	$\dfrac{1}{\sqrt{1-\tanh^2 x}}$	$\dfrac{\lvert\coth x\rvert}{\sqrt{\coth^2 x - 1}}$
$\tanh x =$	$\dfrac{\sinh x}{\pm\sqrt{\sinh^2 + 1}}$ [1]	$\dfrac{\pm\sqrt{\cosh^2 x - 1}}{\cosh x}$ [1]	$\tanh x$	$\dfrac{1}{\coth x}$
$\coth x =$	$\dfrac{\sqrt{\sinh^2 x + 1}}{\sinh x}$	$\dfrac{\pm\cosh x}{\sqrt{\cosh^2 x - 1}}$ [1]	$\dfrac{1}{\tanh x}$	$\coth x$

8. a) $\cosh^2 x - \sinh^2 x = \frac{1}{4}(e^x + e^{-x})^2 - \frac{1}{4}(e^x - e^{-x})^2 = \frac{1}{4}(e^{2x} + 2 + e^{-2x} - e^{2x} + 2 - e^{-2x}) = 1$

b) $\sinh x_1 \cosh x_2 + \cosh x_1 \sinh x_2 = \frac{1}{4}[(e^{x_1} - e^{-x_1})(e^{x_2} + e^{-x_2}) + (e^{x_1} + e^{-x_1})(e^{x_2} - e^{-x_2})]$

$$= \tfrac{1}{4}(2e^{x_1}e^{x_2} - 2e^{-x_1}e^{-x_2}) = \tfrac{1}{2}(e^{x_1+x_2} - e^{-(x_1+x_2)}) = \sinh(x_1 + x_2)$$

Entsprechend lassen sich die übrigen Formeln beweisen.

[1]) Für $x > 0$ gilt das » + «, für $x < 0$ das » − «-Zeichen.

c) i) $n \in \mathbb{N}$: $(\cosh x + \sinh x)^n = \cosh nx + \sinh nx$
(Beweis mit vollständiger Induktion)

α) Induktionsanfang: Formel gilt für $n = 1$

β) Schluß von k auf $k+1$:
Induktionsannahme:

Es gilt $(\cosh x + \sinh x)^k = \cosh kx + \sinh hx$.
Dann ist:

$$\begin{aligned}(\cosh x + \sinh x)^{k+1} &= (\cosh kx + \sinh kx)(\cosh x + \sinh x)\\ &= \cosh kx \cosh x + \sinh kx \sinh x + \cosh kx \sinh x + \sinh kx \cosh x\\ &= \cosh(k+1)x + \sinh(k+1)x \qquad \text{(wegen b))}\end{aligned}$$

ii) Man setzte $m = -n$, $n \in \mathbb{N}$. Dann ist

$$(\cosh x + \sinh x)^m = \frac{1}{(\cosh x + \sinh x)^n} = \frac{1}{\cosh nx + \sinh nx}$$

$$= \frac{\cosh(-n)x + \sinh(-n)x}{\cosh^2 nx - \sinh^2 nx} = \cosh mx + \sinh mx.$$

iii) Formel gilt für $n = 0$.

9. a) Es sei $x \geqq 0$. Dann ist

$$y = \cosh x = \tfrac{1}{2}(e^x + e^{-x}) \Leftrightarrow e^{2x} - 2ye^x + 1 = 0 \Leftrightarrow (e^x - y)^2 = y^2 - 1 \Leftrightarrow e^x = y \pm \sqrt{y^2 - 1}.$$

Wegen $e^x \geqq 1$ ist nur $e^x = y + \sqrt{y^2 - 1}$ möglich. Hieraus folgt $x = \operatorname{arcosh} y = \ln(y + \sqrt{y^2 - 1})$ oder nach Vertauschen von x und y: $y = \operatorname{arcosh} x = \ln(x + \sqrt{x^2 - 1})$.

b) $$y = \tanh x = \frac{e^x - e^{-x}}{e^x + e^{-x}} \Leftrightarrow e^{2x}(1 - y) = 1 + y \Leftrightarrow 2x = \ln\frac{1+y}{1-y} \Leftrightarrow x = \operatorname{artanh} y = \tfrac{1}{2}\ln\frac{1+y}{1-y}$$

(man vertausche x mit y)

Entsprechend erhält man $x = \operatorname{arcoth} y = \tfrac{1}{2}\ln\dfrac{y+1}{y-1}$

10. a) $u_i = \operatorname{arsinh} x_i \Leftrightarrow x_i = \sinh u_i$, $i = 1, 2$

$$\begin{aligned}\sinh(u_1 + u_2) &= \sinh u_1 \cosh u_2 + \sinh u_2 \cosh u_1\\ &= \sinh u_1 \sqrt{1 + \sinh^2 u_2} + \sinh u_2 \sqrt{1 + \sinh^2 u_1}\\ &= x_1 \cdot \sqrt{1 + x_2^2} + x_2 \cdot \sqrt{1 + x_1^2} \Leftrightarrow\end{aligned}$$

$$u_1 + u_2 = \operatorname{arsinh} x_1 + \operatorname{arsinh} x_2 = \operatorname{arsinh}(x_1 \cdot \sqrt{1 + x_2^2} + x_2 \cdot \sqrt{1 + x_1^2})$$

b) $u_i = \operatorname{arcosh} x_i \Rightarrow x_i = \cosh u_i$ für $u_i \in \mathbb{R}_0^+$, $i = 1, 2$.

$$\begin{aligned}\cosh(u_1 + u_2) &= \cosh u_1 \cosh u_2 + \sinh u_1 \sinh u_2\\ &= \cosh u_1 \cosh u_2 + \sqrt{\cosh^2 u_1 - 1} \cdot \sqrt{\cosh^2 u_2 - 1}\\ &= x_1 \cdot x_2 + \sqrt{x_1^2 - 1} \cdot \sqrt{x_2^2 - 1} \Rightarrow\end{aligned}$$

$$u_1 + u_2 = \operatorname{arcosh} x_1 + \operatorname{arcosh} x_2 = \operatorname{arcosh}(x_1 x_2 + \sqrt{x_1^2 - 1} \cdot \sqrt{x_2^2 - 1}).$$

5 Die komplexen Zahlen

5.1

1. a) $-2+4\mathrm{j}$; b) $2+8\mathrm{j}$; c) $-3-11\mathrm{j}$; d) $25+5\mathrm{j}$; e) $-\frac{1}{8}+\frac{5}{8}\mathrm{j}$;
   f) $-4+20\mathrm{j}$; g) 13; h) $\sqrt{13}$; i) $0{,}425+0{,}15\mathrm{j}$.
2. Aus Satz 5.1 d) folgt $(z^n)^* = (z^{n-1})^* \cdot z^* = (z^{n-2})^* z^* z^* = \cdots = (z^*)^n$.
3. a) $\mathrm{Re}(z^2)=0$, $\mathrm{Im}(z^2)=4$, $\mathrm{Re}(z^3)=-4\sqrt{2}$, $\mathrm{Im}(z^3)=4\sqrt{2}$, $\mathrm{Re}(z^4)=-16$, $\mathrm{Im}(z^4)=0$;
   b) $|z|=2, |z^2|=4, |z^3|=8, |z^4|=16$.
4. a) $-5+\mathrm{j}$; b) $-118-118\mathrm{j}$; c) $0{,}8-1{,}6\mathrm{j}$; d) $\frac{1}{205}(56-53\mathrm{j})$.
5. a) $(z_1-z_2)^* = [(z_1)+((-1)(z_2))]^* = z_1^* + [(-1)^* z_2^*] = z_1^* + (-z_2^*) = z_1^* - z_2^*$;
   b) $(z_1 z_2^*)^* = (z_1^*)(z_2^*)^* = z_1^* z_2$;
6. $a^2+b^2 = a^2-(-b^2) = a^2-(\mathrm{j}b)^2 = (a+\mathrm{j}b)(a-\mathrm{j}b) = z_1 z_2$.
7. a) Kreis um 0 mit $r=2$;
   b) Kreis um $z_0=\mathrm{j}$ mit $r=1$;
   c) Ellipse mit Brennpunkten $z_1=-2\mathrm{j}$, $z_2=2\mathrm{j}$, $e=2$, $a=4$, $b=\sqrt{12}$;
   d) Hyperbel mit Brennpunkten $z_1=-3$, $z_2=3$, $e=3$, $a=2$, $b=\sqrt{5}$;
   e) Parabel mit Brennpunkt $z_1=\mathrm{j}$ und Leitgeraden parallel zur reellen Achse durch den Punkt $z_2=-\mathrm{j}$;
   f) $(x-1)^2+y^2 = 4[x^2+(y-1)^2] \Rightarrow (x+\frac{1}{3})^2+(y-\frac{4}{3})^2 = \frac{8}{9} \Rightarrow$ Kreis um $z_0=-\frac{1}{3}+\frac{4}{3}\mathrm{j}$ und $r=\frac{2}{3}\sqrt{2}$;
   g) obere Halbebene;
   h) wegen $\left|\frac{z}{z^*}\right| = \frac{|z|}{|z^*|}$ und wegen $|z|=|z^*|$ erfüllen alle $z \neq 0$ die gegebene Gleichung:
   i) $\left|\frac{z-3}{z+3}\right| = 2 \Rightarrow |z-3| = 2|z+3| \Rightarrow (x+5)^2+y^2=16$. Kreis um $z_0=-5$ mit $r=4$.
8. a) $|z+1-\mathrm{j}|+|z-1-\mathrm{j}|=6$; b) $\big||z+3|-|z-3|\big|=4$;
   c) $|z-1-\mathrm{j}| = \mathrm{Re}(z+1)$; d) $|z-2-3\mathrm{j}|=4$;
   e) $|z+4|\cdot|z-4|=64$.
9. a) Für alle $z\in\mathbb{R}$; b) für alle $z\in\mathbb{C}$.
10.

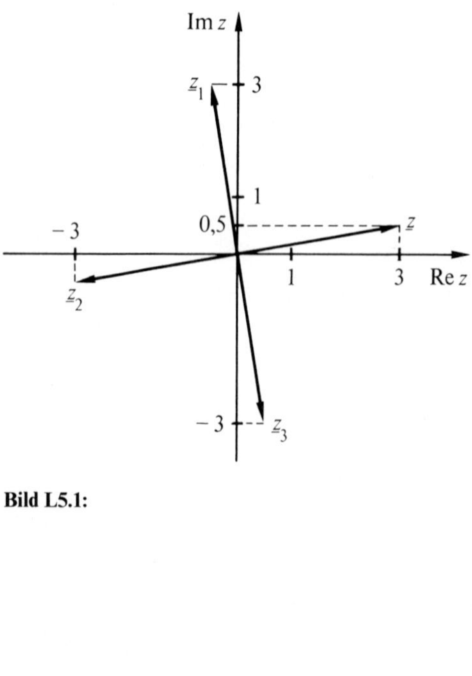

Bild L5.1:

11.

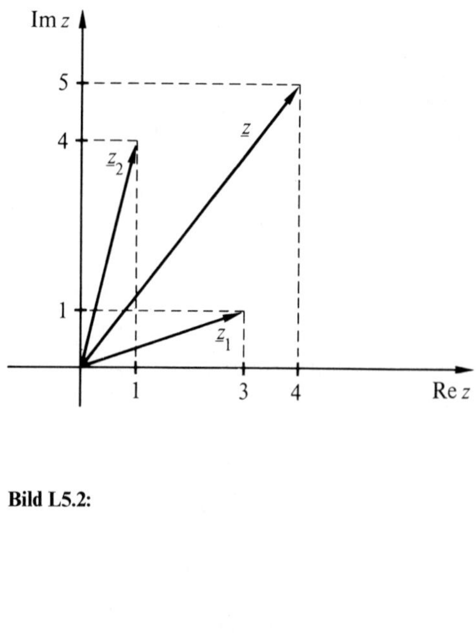

Bild L5.2:

12. Für alle $z = \lambda z_1$, $\lambda \in \mathbb{R}_0^+$.

13. $(x-2)^2 + y^2 > (2x-1)^2 + 4y^2 \Rightarrow x^2 + y^2 < 1 \Rightarrow$ das Innere des Einheitskreises um 0 (ohne Rand).

5.2

1. a) $\sqrt{13}(\cos 5{,}3\ldots + \mathrm{j}\cdot 5{,}3\ldots)$; b) $\frac{1}{3}\sqrt{2}\left(\cos\frac{3\pi}{4} + \mathrm{j}\cdot\sin\frac{3\pi}{4}\right)$;

   c) $8(\cos\pi + \mathrm{j}\cdot\sin\pi)$; d) $3\left(\cos\frac{\pi}{2} + \mathrm{j}\cdot\sin\frac{\pi}{2}\right)$;

   e) $\cos\frac{11\pi}{6} + \mathrm{j}\cdot\sin\frac{11\pi}{6}$; f) $\cos\frac{3\pi}{2} + \mathrm{j}\cdot\sin\frac{3\pi}{2}$;

   g) $5(\cos 4{,}06\ldots + \mathrm{j}\cdot\sin 4{,}06\ldots)$; h) $10\cdot(\cos 0 + \mathrm{j}\cdot\sin 0)$.

2. a), c) und e).

3. a) $18\cdot(\cos 135° + \mathrm{j}\cdot\sin 135°) = -9\sqrt{2}(-1+\mathrm{j})$;
   b) $\cos(-90°) + \mathrm{j}\cdot\sin(-90°) = -\mathrm{j}$.

4. Es sei $z = x + \mathrm{j}y$

   a) $\mathrm{j}\sqrt{x^2+y^2} = x - \mathrm{j}y \Rightarrow x = 0$ und $|y| = -y \Rightarrow x = 0$ und $y \leqq 0$
   (negative imaginäre Achse);

   b) $x = \frac{x}{x^2+y^2}$ und $y = 1 \Rightarrow x = 0$ und $y = 1 \Rightarrow z = \mathrm{j}$;

   c) Für $z \neq 0$ ergibt sich durch Multiplikation mit $z\cdot z^*$:
   $z^2\cdot z^* + z = z\cdot(z^*)^2 + z^* \Rightarrow z(|z|^2+1) = z^*(|z|^2+1) \Rightarrow z = z^* \Rightarrow z \in \mathbb{R}\setminus\{0\}$.

   d) Für $z \neq -\mathrm{j}$ erhält man, da $\left|\frac{z-\mathrm{j}}{z^*-\mathrm{j}}\right| = \frac{|z-\mathrm{j}|}{|z^*-\mathrm{j}|}$ ist:

   $|z-\mathrm{j}| = |z^*-\mathrm{j}|$ und wegen $|z| = |z^*|$ folgt weiter $|z-\mathrm{j}| = |z+\mathrm{j}|$.
   Die gesuchten Zahlen haben also von $z_1 = -\mathrm{j}$ und $z_2 = \mathrm{j}$ den gleichen Abstand $\Rightarrow z \in \mathbb{R}$.

   e) Wegen $|z-\mathrm{j}| = |z+\mathrm{j}|$ wie d).

5. $$\frac{z-\mathrm{j}}{z+\mathrm{j}} = \frac{x^2+y^2-1}{x^2+(y+1)^2} + \frac{-2x}{x^2+(y+1)^2}\cdot\mathrm{j}.$$

   Für $x^2+y^2-1<0$ gilt daher, wegen $\mathrm{Re}\left(\frac{z-\mathrm{j}}{z+\mathrm{j}}\right) < 0, \frac{\pi}{2} < \arg\frac{z-\mathrm{j}}{z+\mathrm{j}} < \frac{3\pi}{2}$.

   Für $x^2+y^2-1>0$ ($|z|>1$), folgt aus $0 < \arg\frac{z-\mathrm{j}}{z+\mathrm{j}} < \frac{\pi}{4}$:

   $$0 < \frac{-2x}{x^2+y^2-1} < 1 \Rightarrow 0 < -2x < x^2+y^2-1 \Rightarrow x < 0 \text{ und } (x+1)^2+y^2 > 2,$$

   das ist auf der linken Halbebene das Äußere des Kreises um $z_0 = -1$ mit $r = \sqrt{2}$, ohne die Punkte des Einheitskreises ($|z|>1$).

6. a) $\cos\frac{\pi}{2} + \mathrm{j}\cdot\sin\frac{\pi}{2}$; b) $5\cdot(\cos 0{,}927\ldots + \mathrm{j}\cdot\sin 0{,}927\ldots)$;

   c) $2\sqrt{2}\left(\cos\frac{3\pi}{4} + \mathrm{j}\cdot\sin\frac{3\pi}{4}\right)$; d) $1{,}586\ldots(\cos 5{,}628\ldots + \mathrm{j}\cdot\sin 5{,}628\ldots)$.

7. $z_4 = z_2 + z_3 - z_1$.

8. $|z_1 + z_2|^2 + |z_1 - z_2|^2 = (z_1 + z_2)(z_1^* + z_2^*) + (z_1 - z_2)(z_1^* - z_2^*)$
$= z_1 z_1^* + z_1^* z_2 + z_1 z_2^* + z_2 z_2^* + z_1 z_1^* - z_1^* z_2 - z_1 z_2^* + z_2 z_2^* = 2|z_1|^2 + 2|z_2|^2$.

Geometrische Deutung: Sind $|z_1|$ und $|z_2|$ die Seiten eines Parallelogramms, so sind $d_1 = |z_1 + z_2|$, $d_2 = |z_1 - z_2|$ die Diagonalen, und es gilt $d_1^2 + d_2^2 = 2(|z_1|^2 + |z_2|^2)$.

9. $\dfrac{1}{z} = \dfrac{z^*}{z \cdot z^*} = \dfrac{z^*}{|z|^2}$.

5.3

1. Induktionsanfang: $A(1)$: $z^1 = r(\cos\varphi + \mathrm{j}\sin\varphi)$

Induktionsschritt: $A(k)$: $z^k = r^k(\cos k\varphi + \mathrm{j}\sin k\varphi)$

$\Downarrow \quad z^{k+1} = r^{k+1}(\cos k\varphi + \mathrm{j}\sin k\varphi)\cdot(\cos\varphi + \mathrm{j}\sin\varphi)$

$A(k+1)$: $z^{k+1} = r^{k+1}(\cos(k+1)\varphi + \mathrm{j}\sin(k+1)\varphi)$.

2. a) $-3 + 4\mathrm{j}$; b) $-\frac{1}{24} - \frac{23}{108}\mathrm{j}$; c) 1; d) $64\mathrm{j}$;
e) $1{,}0427\ldots + 0{,}8638\ldots\mathrm{j}$; f) $0{,}9^{30} = 0{,}0423\ldots$.

3. a) $z_1 = \sqrt{2}\left(\cos\dfrac{\pi}{3} + \mathrm{j}\sin\dfrac{\pi}{3}\right) = \frac{1}{2}\sqrt{2} + \frac{1}{2}\sqrt{6}\mathrm{j}$; $z_2 = \sqrt{2}\left(\cos\dfrac{4\pi}{3} + \mathrm{j}\sin\dfrac{4\pi}{3}\right) = -\frac{1}{2}\sqrt{2} - \frac{1}{2}\sqrt{6}\mathrm{j}$;

b) $z_1 = \sqrt[6]{12}(\cos\frac{11}{18}\pi + \mathrm{j}\sin\frac{11}{18}\pi) = -0.517\ldots + 1{,}421\ldots\mathrm{j}$,

$z_2 = \sqrt[6]{12}(\cos\frac{23}{18}\pi + \mathrm{j}\sin\frac{23}{18}\pi) = -0.972\ldots - 1{,}159\ldots\mathrm{j}$,

$z_3 = \sqrt[6]{12}(\cos\frac{35}{18}\pi + \mathrm{j}\sin\frac{35}{18}\pi) = 1{,}490\ldots - 2{,}262\ldots\mathrm{j}$,

c) $z_1 = \cos\dfrac{\pi}{3} + \mathrm{j}\sin\dfrac{\pi}{3} = \frac{1}{2} + \frac{1}{2}\sqrt{3}\mathrm{j}$,

$z_2 = \cos\dfrac{5\pi}{6} + \mathrm{j}\sin\dfrac{5\pi}{6} = -\frac{1}{2}\sqrt{3} + \frac{1}{2}\mathrm{j}$,

$z_3 = \cos\dfrac{4\pi}{3} + \mathrm{j}\sin\dfrac{4\pi}{3} = -\frac{1}{2} - \frac{1}{2}\sqrt{3}\mathrm{j}$,

$z_4 = \cos\dfrac{11\pi}{6} + \mathrm{j}\sin\dfrac{11\pi}{6} = \frac{1}{2}\sqrt{3} - \frac{1}{2}\mathrm{j}$;

d) $z_1 = \cos\dfrac{\pi}{5} + \mathrm{j}\sin\dfrac{\pi}{5} = 0{,}809\ldots + 0{,}587\ldots\mathrm{j}$,

$z_2 = \cos\dfrac{3\pi}{5} + \mathrm{j}\sin\dfrac{3\pi}{5} = -0{,}309\ldots + 0{,}951\ldots\mathrm{j}$,

$z_3 = \cos\pi + \mathrm{j}\sin\pi = -1$,

$z_4 = \cos\dfrac{7\pi}{5} + \mathrm{j}\sin\dfrac{7\pi}{5} = -0{,}309\ldots - 0{,}951\ldots\mathrm{j}$,

$z_5 = \cos\dfrac{9\pi}{5} + \mathrm{j}\sin\dfrac{9\pi}{5} = 0{,}809\ldots - 0{,}587\ldots\mathrm{j}$;

e) $z_1 = \cos\dfrac{\pi}{12} + \mathrm{j}\sin\dfrac{\pi}{12} = 0{,}965\ldots + 0{,}258\ldots\mathrm{j}$,

$z_2 = \cos\dfrac{5\pi}{12} + \mathrm{j}\sin\dfrac{5\pi}{12} = 0{,}258\ldots + 0{,}965\ldots\mathrm{j}$,

$z_3 = \cos\dfrac{3\pi}{4} + \mathrm{j}\sin\dfrac{3\pi}{4} = -\frac{1}{2}\sqrt{2} + \frac{1}{2}\sqrt{2}\mathrm{j}$,

$z_4 = \cos\dfrac{13\pi}{12} + \mathrm{j}\sin\dfrac{13\pi}{12} = -0{,}965\ldots - 0{,}258\ldots\mathrm{j}$,

$z_5 = \cos\dfrac{17\pi}{12} + \mathrm{j}\sin\dfrac{17\pi}{12} = -0{,}258\ldots - 0{,}965\ldots\mathrm{j}$,

$z_6 = \cos\dfrac{7\pi}{4} + \mathrm{j}\sin\dfrac{7\pi}{4} = \frac{1}{2}\sqrt{2} - \frac{1}{2}\sqrt{2}\mathrm{j}$;

f) $z_1 = \frac{3}{2}$, $z_2 = \frac{3}{2}\left(\cos\dfrac{2\pi}{7} + \mathrm{j}\sin\dfrac{2\pi}{7}\right) = 0{,}935\ldots + 1{,}172\ldots\mathrm{j}$,

$z_3 = \frac{3}{2}\left(\cos\dfrac{4\pi}{7} + \mathrm{j}\sin\dfrac{4\pi}{7}\right) = -0{,}333\ldots + 1{,}462\ldots\mathrm{j}$,

$z_4 = \frac{3}{2}\left(\cos\dfrac{6\pi}{7} + \mathrm{j}\sin\dfrac{6\pi}{7}\right) = -1{,}351\ldots + 0{,}650\ldots\mathrm{j}$,

$z_5 = \frac{3}{2}\left(\cos\dfrac{8\pi}{7} + \mathrm{j}\sin\dfrac{8\pi}{7}\right) = -1{,}351\ldots - 0{,}650\ldots\mathrm{j}$,

$z_6 = \frac{3}{2}\left(\cos\dfrac{10\pi}{7} + \mathrm{j}\sin\dfrac{10\pi}{7}\right) = -0{,}333\ldots - 1{,}462\ldots\mathrm{j}$,

$z_7 = \frac{3}{2}\left(\cos\dfrac{12\pi}{7} + \mathrm{j}\sin\dfrac{12\pi}{7}\right) = 0{,}935\ldots - 1{,}172\ldots\mathrm{j}$.

4. a) $z_{1,2} = \dfrac{-1-\mathrm{j}+\sqrt{4-10\mathrm{j}}}{2(1-\mathrm{j})} \Rightarrow z_1 = 1{,}139\ldots - 0{,}280\ldots\mathrm{j}, \qquad z_2 = -1{,}139\ldots - 0{,}719\ldots\mathrm{j};$

b) $z_1 = 0, \qquad z_{2,3} = \dfrac{2-4\mathrm{j}+\sqrt{-20+48\mathrm{j}}}{2(1+\mathrm{j})} \Rightarrow z_2 = 2-\mathrm{j}, \qquad z_3 = -3-2\mathrm{j}$

c) $z^2 = \frac{1}{2}(-3+5\mathrm{j}+\sqrt{24-10\mathrm{j}}) \qquad z_{1,2}^2 = 1+2\mathrm{j}, \qquad z_{3,4}^2 = -4+3\mathrm{j} \Rightarrow$
$z_{1,2} = \pm(1{,}272\ldots + 0.786\ldots\mathrm{j}), \qquad z_{3,4} = \pm(\frac{1}{2}\sqrt{2}+\frac{3}{2}\sqrt{2}\mathrm{j});$

d) $z_1 = \mathrm{j} \Rightarrow z_2 = -\mathrm{j}$ ist auch Lösung (nur reelle Koeffizienten).
Das Polynom ist daher durch $(z-\mathrm{j})(z+\mathrm{j}) = z^2+1$ teilbar.
$(z^4 - 4z^3 + 6z^2 - 4z + 5) = (z^2+1)(z^2-4z+5) \Rightarrow z_{3,4} = 2 \pm \mathrm{j}.$

5. $x^2 - 6x + 13 = 0.$

6. a) $z = x - \dfrac{4x+7}{6}\mathrm{j},\ x \in \mathbb{R}, \left(\text{alle auf der Geraden } y = \dfrac{-4x-7}{6} \text{ liegenden komplexen Zahlen}\right);$

b) $(x-2)^2 + (y-3)^2 = 1$, bzw. $|z-2-3\mathrm{j}| = 1.$

7. Mit $x = \frac{1}{2}(z+z^*), \quad y = \dfrac{1}{2\mathrm{j}}(z-z^*)$ folgt $azz^* + \frac{1}{2}(b-c\mathrm{j})z + \frac{1}{2}(b+c\mathrm{j})z^* + d = 0.$

8. a) $|z_1| = 2{,}1, \qquad |z_2| = 0{,}75, \qquad \arg z_1 = 0{,}2 \qquad \arg z_2 = -0{,}4;$

b) $z_1 z_2 = 1{,}543\ldots - 0{,}312\ldots\mathrm{j}, \qquad \dfrac{z_1}{z_2} = 2{,}310\ldots + 1{,}580\ldots\mathrm{j},$

$z_1^2 = 4{,}061\ldots + 1{,}717\ldots\mathrm{j},$

$z_2^3 = 0{,}391\ldots - 0{,}403\ldots\mathrm{j}, \qquad z_1^2 z_2^3 = 1{,}296\ldots - 1{,}334\ldots\mathrm{j}.$

9. $$(\cos 4x + \mathrm{j}\sin 4x) = (\cos x + \mathrm{j}\cdot\sin x)^4$$
$$= \cos^4 x + 4\mathrm{j}\cdot\cos^3 x\cdot\sin x - 6\cos^2 x\cdot\sin^2 x - 4\mathrm{j}\cdot\cos x\cdot\sin^3 x + \sin^4 x$$
$$\Rightarrow \cos 4x = \cos^4 x - 6\cos^2 x\cdot\sin^2 x + \sin^4 x = 8\cos^4 x - 8\cos^2 x + 1,$$
$$\sin 4x = 4\cos^3 x\cdot\sin x - 4\cos x\cdot\sin^3 x = 8\cos^3 x\cdot\sin x - 4\cos x\cdot\sin x.$$

10. Aus

$$\sum_{k=0}^{n} \cos kx + \mathrm{j}\sum_{k=0}^{n} \sin kx = \sum_{k=0}^{n} (\mathrm{e}^{\mathrm{j}x})^k = \frac{1-\mathrm{e}^{\mathrm{j}(n+1)x}}{1-\mathrm{e}^{\mathrm{j}x}} = \frac{(1-\mathrm{e}^{\mathrm{j}(n+1)x})(1-\cos x + \mathrm{j}\sin x)}{(1-\cos x)^2 + \sin^2 x}$$

folgt durch Vergleich von Real- und Imaginärteil:

$$\sum_{k=0}^{n} \cos kx = \frac{\cos nx - \cos(n+1)x - \cos x + 1}{2(1-\cos x)}. \qquad \sum_{k=0}^{n} \sin kx = \frac{\sin nx - \sin(n+1)x + \sin x}{2(1-\cos x)}.$$

11. a) $\ln(-1) = \ln 1 + \mathrm{j}\pi + 2k\pi\mathrm{j} = (2k+1)\pi\mathrm{j},$

b) $\ln \mathrm{j} = \ln 1 + \mathrm{j}\dfrac{\pi}{2} + 2k\pi\mathrm{j} = (2k+\frac{1}{2})\pi\mathrm{j};$

c) $\ln(1+\mathrm{j}) = \ln\sqrt{2} + \mathrm{j}\dfrac{\pi}{4} + 2k\pi\mathrm{j} = \frac{1}{2}\cdot\ln 2 + (2k+\frac{1}{4})\pi\mathrm{j};$

d) $\mathrm{j}^{\mathrm{j}} = \mathrm{e}^{\mathrm{j}\cdot\ln\mathrm{j}} = \mathrm{e}^{\mathrm{j}(2k+1/2)\pi\mathrm{j}} = \mathrm{e}^{-\pi/2-2k\pi}$

6 Lineare Gleichungssysteme, Matrizen, Determinanten

6.1

1. a) $x_1 = -3,\quad x_2 = \frac{3}{2},\quad x_3 = 2$ b) $x_1 = -2,\quad x_2 = 0,\quad x_3 = 1,\quad x_4 = 3$
   c) keine Lösung d) $x_1 = 4,\quad x_2 = -1,\quad x_3 = 2$
   e) $x_1 = 1 + 3\lambda - 4\mu,\quad x_2 = -2 + 2\lambda + \mu,\quad x_3 = \lambda,\quad x_4 = \mu;\quad \lambda, \mu \in \mathbb{R}$

2. a) $x_1 = x_2 = x_3 = 0$ b) $x_1 = -3\lambda + 7\mu,\quad x_2 = 10\lambda - 7\mu,\quad x_3 = 2\lambda - 3\mu,\quad x_4 = \lambda,\quad x_5 = \mu,\quad \lambda, \mu \in \mathbb{R}$
   c) $x_1 = x_2 = x_3 = 0$ d) $x_1 = 0,\quad x_2 = \lambda,\quad x_3 = -2\lambda,\quad x_4 = \lambda,\quad \lambda \in \mathbb{R}$

3. a) i) $a \neq -2$ und $a \neq 3$ ii) $a = -2$ iii) $a = 3$
   b) i) $a \neq 1$ und $a \neq -2$ ii) $a = -1$ iii) $a = 1$

4. $y = -x^2 + 3x + 2$

6.2

1. A kann vom Typ (1, 36), (2, 18), (3, 12), (4, 9), (6, 6), (9, 4), (12, 3), (18, 2) oder (36, 1) sein.

2. Unter- und oberhalb der Hauptdiagonalen stehen je $\frac{n(n-1)}{2}$, in der Hauptdiagonalen n Elemente.

3. $A = \begin{pmatrix} 1 & 2 & 3 & 4 \\ 3 & 4 & 6 & 8 \\ 4 & 5 & 9 & 12 \\ 5 & 6 & 7 & 16 \end{pmatrix}$

4. a) Alle Matrizen sind voneinander verschieden.
   b) $A = -B,\ D = -F$

5. $A = \begin{pmatrix} 0 & 0{,}5 & 0 \\ -0{,}5 & 0 & 0{,}5 \\ 0 & 1 & -1{,}5 \end{pmatrix}$

6. a) $\begin{pmatrix} 9 & 5 \\ 1 & -9 \\ -4 & -25 \end{pmatrix}$ b) existiert nicht c) existiert nicht

   d) existiert nicht e) $\begin{pmatrix} -7 & 12 & 24 \\ -7 & -4 & -1 \end{pmatrix}$ f) existiert nicht

   g) $\begin{pmatrix} 22 & 6 & -30 \\ -6 & 12 & -14 \\ -70 & -6 & 62 \end{pmatrix}$ h) $\begin{pmatrix} 2 & 2 \\ 3 & 0 \end{pmatrix}$ i) $\begin{pmatrix} -10 & -33 \\ -14 & -1 \\ -19 & 29 \end{pmatrix}$

7. a) $A^2 + AB + BA + B^2$, b) $A^2 - BA - AB + B^2$, c) $A^2 + BA - AB - B^2$
   d) $A^2 - BA + AB - B^2$

8. a) $\begin{pmatrix} -2 & -12 & 2 \\ 0 & -16 & 3 \\ 21 & 23 & 40 \end{pmatrix}$ b) $\begin{pmatrix} -8 & 18 & 30 \\ 13 & 11 & 3 \\ 15 & 28 & 19 \end{pmatrix}$ c) $\begin{pmatrix} -8 & 13 & 15 \\ 18 & 11 & 28 \\ 30 & 3 & 19 \end{pmatrix}$

   d) $\begin{pmatrix} -2 & 0 & 21 \\ -12 & -16 & 23 \\ 2 & 3 & 40 \end{pmatrix}$ e) $\begin{pmatrix} 3 & 1 & -1 \\ 2 & 0 & 2 \\ -6 & -5 & 1 \end{pmatrix}$ f) $\begin{pmatrix} 3 & 1 & -1 \\ 2 & 0 & 2 \\ -6 & -5 & 1 \end{pmatrix}$

g) $(-5 \quad 13 \quad 22)$ h) existiert nicht i) $\begin{pmatrix} -3 \\ -7 \\ 8 \end{pmatrix}$

j) existiert nicht k) $\begin{pmatrix} 1 & -2 & 3 \\ -2 & 4 & -6 \\ 3 & -6 & 9 \end{pmatrix}$ l) (14)

9. Z.B. $A = \dfrac{1}{24}\begin{pmatrix} 8 & -2 & 4 \\ 6 & 3 & 1 \end{pmatrix}$ $\quad B = 5 \cdot \begin{pmatrix} 12 & 0 & 3 & 7 \\ 6 & 0 & -1 & 4 \\ 0 & 1 & 2 & -5 \end{pmatrix}$

10. a) $\begin{pmatrix} a_{11} & a_{12} & a_{13} \\ ka_{21} & ka_{22} & ka_{23} \\ a_{31} & a_{32} & a_{33} \end{pmatrix}$ Multiplikation der 2. Zeile von A mit k

b) $\begin{pmatrix} a_{31} & a_{32} & a_{33} \\ a_{21} & a_{22} & a_{23} \\ a_{11} & a_{12} & a_{13} \end{pmatrix}$ Vertauschung der 1. und 3. Zeile

c) $\begin{pmatrix} a_{11} & a_{12} & a_{13} \\ a_{21} & a_{22} & a_{23} \\ a_{21}+a_{31} & a_{22}+a_{32} & a_{23}+a_{33} \end{pmatrix}$ Addition der 2. Zeile zur 3. Zeile

11. $A^{-1} = \frac{1}{20}\begin{pmatrix} 8 & 4 \\ -1 & 2 \end{pmatrix}$, B^{-1} existiert nicht,

$C^{-1} = -\frac{1}{2}\begin{pmatrix} -1 & 1 & 0 \\ 0 & 0 & -2 \\ 1 & -3 & 0 \end{pmatrix}$, D^{-1} existiert nicht

12. $B = \frac{1}{6}\begin{pmatrix} 12 & 5 & -\frac{25}{12} \\ 0 & 12 & 5 \\ 0 & 0 & 12 \end{pmatrix}$

13. $X = \lambda \begin{pmatrix} 1 \\ 2 \\ -7 \end{pmatrix}$, $\lambda \in \mathbb{R}$

14. $A^{-1} = \frac{1}{6}\begin{pmatrix} 2 & 0 & 0 \\ 0 & 3 & 0 \\ 0 & 0 & 6 \end{pmatrix}$, $B^{-1} = \frac{1}{12}\begin{pmatrix} 12 & 8 & -7 \\ 0 & 4 & 1 \\ 0 & 0 & 3 \end{pmatrix}$, $C^{-1} = \frac{1}{30}\begin{pmatrix} 6 & 0 & 0 \\ 3 & 15 & 0 \\ -9 & -5 & 10 \end{pmatrix}$

15. Es sei $A = (a_{ik})_{(m,n)}$, $B = (b_{ik})_{(n,l)}$ $C = (c_{ik})_{(n,l)}$

a) $A(B+C) = \left(\sum\limits_{s=1}^{n} a_{is}(b_{sk} + c_{sk})\right) = \left(\sum\limits_{s=1}^{n} a_{is} b_{sk} + \sum\limits_{s=1}^{n} a_{is} c_{sk}\right) = \left(\sum\limits_{s=1}^{n} a_{is} b_{sk}\right) + \left(\sum\limits_{s=1}^{n} a_{is} c_{sk}\right) = AB + AC$

b) Beweis verläuft entsprechend wie a).

16. a) Es sei $A = (a_{ik})_{(m,n)}$ und $B = (b_{ik})_{(m,n)}$. Dann gilt

$(A+B)^T = (a_{ik} + b_{ik})^T = (a_{ki} + b_{ki}) = (a_{ki}) + (b_{ki}) = (a_{ik})^T + (b_{ik})^T = A^T + B^T$

b) Nach Satz 6.5 gilt:

i) $A = A^T \Rightarrow A^{-1} = (A^T)^{-1} = (A^{-1})^T$

ii) $A^{-1} = (A^{-1})^T \Rightarrow A^{-1} = (A^T)^{-1} \Rightarrow A = A^T$

17. a) $\lambda(\mu A) = \lambda(\mu a_{ik}) = (\lambda\mu a_{ik}) = \lambda\mu(a_{ik}) = \lambda\mu A$
b) $(\lambda + \mu)A = ((\lambda + \mu)a_{ik}) = (\lambda a_{ik} + \mu a_{ik}) = (\lambda a_{ik}) + (\mu a_{ik}) = \lambda A + \mu A$
c) $\lambda(A + B) = (\lambda(a_{ik} + b_{ik})) = (\lambda a_{ik} + \lambda b_{ik}) = (\lambda a_{ik}) + (\lambda b_{ik}) = \lambda A + \lambda B$

18. a) $A^n = \begin{pmatrix} 1 & n \\ 0 & 1 \end{pmatrix}$ b) $B^n = \begin{pmatrix} 1 & 2n \\ 0 & 1 \end{pmatrix}$

Beweis durch vollständige Induktion:

$$A(1)\colon A = \begin{pmatrix} 1 & 1 \\ 0 & 1 \end{pmatrix}$$

$$A(k)\colon A^k = \begin{pmatrix} 1 & k \\ 0 & 1 \end{pmatrix}$$

$$\Downarrow \quad A^k A = \begin{pmatrix} 1 & k \\ 0 & 1 \end{pmatrix}\begin{pmatrix} 1 & 1 \\ 0 & 1 \end{pmatrix} = A^{k+1}$$

$$A(k+1)\colon A^{k+1} = \begin{pmatrix} 1 & k+1 \\ 0 & 1 \end{pmatrix}$$

Beweis durch vollständige Induktion:

$$A(1)\colon B^1 = \begin{pmatrix} 1 & 2 \\ 0 & 1 \end{pmatrix}$$

$$A(k)\colon B^k = \begin{pmatrix} 1 & 2k \\ 0 & 1 \end{pmatrix}$$

$$\Downarrow \quad B^k B = \begin{pmatrix} 1 & 2k \\ 0 & 1 \end{pmatrix}\begin{pmatrix} 1 & 2 \\ 0 & 1 \end{pmatrix} = B^{k+1}$$

$$A(k+1)\colon B^{k+1} = \begin{pmatrix} 1 & 2(k+1) \\ 0 & 1 \end{pmatrix}$$

19. $(E + A)(E - A) = E^2 + AE - EA - A^2 = E - N = E$ wegen $AE = EA$ und $A^2 = N$. Folglich ist $(E - A) = (E + A)^{-1}$.

20. Setzt man $\frac{1}{2}(A + A^T) = A_s$, und $\frac{1}{2}(A - A^T) = A_a$, so ist A_s symmetrisch und A_a antisymmetrisch. Ferner ist $A = A_s + A_a$.

21. $M = \left\{ B \mid B = \begin{pmatrix} w & x \\ 0 & w \end{pmatrix} \text{mit } x, w \in \mathbb{R} \right\}$

22. $A^{-1} = \{\alpha_{ik}\}$ mit $\alpha_{ii} = \dfrac{1}{a_{ii}}$ und $\alpha_{ik} = 0$ für $i \neq k$ (Beweis durch vollständige Induktion).

6.3

1. a) 52 b) 0 c) -192 d) 235

2. a) $(x - y)(x - z)(z - y)$ b) $(af - be + cd)^2$ c) abc d) 1 e) 4 f) 0

3. a) $t_1 = 4,\quad t_{2,3} = \frac{3}{2} \pm \frac{\sqrt{13}}{2}$ b) $t_1 = -1,\quad t_2 = -4,\quad t_3 = 3$

4. a) Man subtrahiere die 2. Spalte von der 1. Spalte, die 3. Spalte von der 2. Spalte,..., die letzte von der vorletzten Spalte. Dann addiert man die 1. Zeile zu allen übrigen Zeilen und wendet Satz 6.8 an.
b) Man addiere zur 1. Spalte die Summe aller anderen Spalten und entwickle die so erhaltene Determinante nach der 1. Spalte.

5. $x_1 = 1,\quad x_2 = 2,\quad x_3 = 3$

6. $A^{-1} = \frac{1}{2}\begin{pmatrix} 1 & 1 & 0 \\ 1 & 1 & 2 \\ 0 & 2 & 2 \end{pmatrix}$; B ist nicht regulär; $C^{-1} = \frac{1}{2}\begin{pmatrix} 1 & 1 & -1 \\ -10 & 4 & 2 \\ 7 & -3 & -1 \end{pmatrix}$

$$D^{-1} = \begin{pmatrix} 1 & -2 & 1 & 0 \\ 0 & 1 & -2 & 1 \\ 0 & 0 & 1 & -2 \\ 0 & 0 & 0 & 1 \end{pmatrix}; \quad F^{-1} = \frac{1}{32}\begin{pmatrix} 16 & 0 & 0 & 0 & 0 \\ 0 & 8 & 0 & 0 & 0 \\ 0 & 0 & 4 & 0 & 0 \\ 0 & 0 & 0 & 2 & 0 \\ 0 & 0 & 0 & 0 & 1 \end{pmatrix};$$

7. $|A_{\mathrm{adj}}| = \begin{vmatrix} -3 & 1 & -1 \\ 3 & -5 & -1 \\ -3 & 3 & 3 \end{vmatrix} = 36 = |A|^2$

8. $r^2 \sin\alpha$

9. $X = (B+E)A^{-1}$: a) $X = \begin{pmatrix} 0 & 2 \\ -2 & 8 \end{pmatrix}$ b) $X = \frac{1}{17}\begin{pmatrix} 5 & 4 & -15 \\ -19 & 12 & -11 \\ -13 & 27 & 22 \end{pmatrix}$

10. $AA^{-1} = E \Rightarrow |AA^{-1}| = |A|\,|A^{-1}| = |E| = 1$ nach Satz 6.11.

    Folglich ist $|A^{-1}| = \dfrac{1}{|A|} = |A|^{-1}$.

11. Nach Satz 6.11 und Satz 6.7 gilt:
    $AA^T = E \Rightarrow |AA^T| = |A|\,|A^T| = |A|\,|A| = |A|^2 = |E| = 1 \Rightarrow |A| = \pm 1$

12. a) Richtig, denn wäre $|A| \neq 0$, dann existiert A^{-1} und es gilt wegen $AB = N$: $N = A^{-1}(AB) = (A^{-1}A)B = B$ (Widerspruch zur Voraussetzung).

    b) Falsch. Es sei etwa $A = \begin{pmatrix} 0 & 1 \\ 0 & 1 \end{pmatrix}$. Dann ist $A^2 = \begin{pmatrix} 0 & 1 \\ 0 & 1 \end{pmatrix} \neq N$, aber $|A| = 0$.

13. $(E - A)(E + A + A^2 + \cdots + A^{n-1}) = E$ wegen $A^n = N$. daraus folgt
    $(E - A) = (E + A + A^2 + \cdots + A^{n-1})^{-1}$.

14. Nach Satz 6.12 ist

$$AA_{\mathrm{adj}} = E|A| = \begin{pmatrix} |A| & 0 & 0 & \cdots & 0 \\ 0 & |A| & 0 & \cdots & 0 \\ 0 & 0 & |A| & \cdots & 0 \\ \vdots & \vdots & \vdots & \vdots & 0 \\ 0 & 0 & 0 & \cdots & |A| \end{pmatrix}$$

    Dann gilt $|AA_{\mathrm{adj}}| = |A|\,|A_{\mathrm{adj}}| = |E|A|| = |A|^n$, d.h. $|A_{\mathrm{adj}}| = |A|^{n-1}$

15. Die Matrix $A_{(n,n)}$, $n = 2k - 1$, $k \in \mathbb{N}$, sei schiefsymmetrisch. d.h. $A^T = -A$. Dann ist nach Satz 6.7 $|A| = |A^T| = |-A| = (-1)^n|A| = -|A| \Rightarrow 2|A| = 0 \Rightarrow |A| = 0$.

16. Man muß $|A|$ mit $(-1)^{n(n-1)/2}$ multiplizieren.

17. a) Wir zeigen zunächst, daß die Behauptung richtig ist, wenn man die i-te Zeile und die $(i+1)$-te Zeile $(i = 1, 2, \ldots, n-1)$ miteinander vertauscht.
    Es sei $A^* = (\alpha_{ik})$. Dann ist $\alpha_{i+1,k} = a_{ik}$ und $U^*_{i+1,k} = U_{ik}$ für alle $k = 1, 2, \ldots, n$. Folglich gilt nach (6.29)

$$|A| = \sum_{k=1}^{n} (-1)^{i+1+k} \alpha_{i+1,k} |U^*_{i+1,k}| = -\sum_{k=1}^{n} (-1)^{i+k} a_{ik} |U_{ik}| = -|A|$$

    Vertauscht man die i-te mit der l-ten Zeile $(1 \leq i < l \leq n)$, so ist stets eine ungerade Anzahl von benachbarten Zeilen miteinander zu vertauschen. Daraus folgt die Behauptung. Eine entsprechende Überlegung ist bei der Vertauschung von Spalten durchzuführen.

    c) Es sei $A^* = (\alpha_{ik})$ mit $\alpha_{ik} = a_{ik} + \lambda a_{lk}$, $i \neq l$. Dann ist wegen $U^*_{ik} = U_{ik}$

$$|A^*| = \sum_{k=1}^{n} (-1)^{i+k} \alpha_{ik} |U_{ik}| = \sum_{k=1}^{n} (-1)^{i+k} (a_{ik} + \lambda a_{lk}) |U_{ik}| = \sum_{k=1}^{n} (-1)^{i+k} a_{ik} |U_{ik}| + \lambda \sum_{k=1}^{n} (-1)^{i+k} a_{lk} |U_{ik}|$$

$$= |A| + \lambda \sum_{k=1}^{n} (-1)^{i+k} a_{lk} |U_{ik}|$$

Die 2. Summe läßt sich auffassen als (nach der i-ten Zeile entwickelte) Determinante derjenigen Matrix A^{**}, die aus A entsteht, wenn man die i-te Zeile durch die l-te Zeile erstetzt. Vertauscht man nun diese Zeilen, so geht A^{**} in sich über. Folglich ist nach a) $|A^{**}| = -|A^{**}|$, d.h. $|A^{**}| = \sum_{k=1}^{n} (-1)^{i+k} a_{lk} |U_{ik}| = 0$. Damit ist $|A^*| = |A|$.

18. a) Die i-te und l-te Zeile (Spalte), $i \neq l$, von A seien gleich. Vertauscht man diese Zeilen (Spalten), so geht A in sich über und nach Satz 6.9 ist $|A| = -|A|$, d.h. $|A| = 0$.
    b) Alle Elemente der i-ten Zeile (Spalte) von A seien Null. Dann folgt aus dem Laplaceschen Entwicklungssatz (Satz 6.6) $|A| = 0$.
    c) Es sei $a_{ik} = \lambda a_{jk} + \rho a_{lk}$, $\lambda, \rho \in \mathbb{R}$ und $j \neq i$, $l \neq i$. Subtrahiert man das λ-fache der j-ten Zeile und ρ-fache der l-ten Zeile von A von der i-ten Zeile, so ist $a_{ik} = 0$ für alle k. Nach b) ist dann $|A| = 0$. Entsprechend verläuft der Beweis für Spalten.
    d) Der Beweis folgt aus Definition 6.6 und Satz 6.9b).
    e) Wegen $i \neq l$ kann man $\sum_{k=1}^{n} (-1)^{l+k} a_{ik} |U_{lk}|$ auffassen als (nach der l-ten Zeile entwickelte) Determinante der Matrix, die aus A entsteht, wenn man die l-te Zeile durch die i-te Zeile ersetzt. Diese Determinante ist Null, da die i-te und l-te Zeile übereinstimmen (vgl. a.)).

6.4

1. $A^{-1} = \frac{1}{3}\begin{pmatrix} 2 & 2 & -1 \\ -8 & -5 & 4 \\ 25 & 16 & -11 \end{pmatrix} \Rightarrow x = A^{-1}b$ a) $x = \begin{pmatrix} -1 \\ 0 \\ 3 \end{pmatrix}$ b) $x = \begin{pmatrix} 8 \\ 1 \\ -2 \end{pmatrix}$ c) $x = \begin{pmatrix} 0 \\ 0 \\ 0 \end{pmatrix}$ d) $x = \begin{pmatrix} 4 \\ 5 \\ -6 \end{pmatrix}$

2. a) $A^{-1} = \frac{1}{6}\begin{pmatrix} -18 & 12 & -3 \\ -25 & 17 & -3 \\ 20 & -13 & 3 \end{pmatrix}$ b) A ist singulär c) $A^{-1} = \frac{1}{15}\begin{pmatrix} 7 & -2 & 3 \\ 5 & 5 & 0 \\ -3 & 3 & 3 \end{pmatrix}$ d) A ist singulär

3. a) $x = \lambda\begin{pmatrix} 1 \\ 0 \\ 0 \\ 1 \end{pmatrix}$ b) $x = \frac{1}{2}\begin{pmatrix} 5 \\ -3 \\ -1 \end{pmatrix}$ c) $x = \frac{1}{13}\begin{pmatrix} 14 \\ 30 \\ -7 \\ 0 \end{pmatrix} + \lambda\begin{pmatrix} 7 \\ -11 \\ 3 \\ 13 \end{pmatrix}$, $\lambda \in \mathbb{R}$

   d) $x = \frac{1}{10}\begin{pmatrix} 12 \\ 9 \\ 7 \\ 0 \\ 0 \end{pmatrix} + \lambda\begin{pmatrix} 2 \\ -1 \\ 1 \\ 2 \\ 0 \end{pmatrix} + \rho\begin{pmatrix} 0 \\ -1 \\ -3 \\ 0 \\ 2 \end{pmatrix}$, $\lambda, \rho \in \mathbb{R}$

4. a) $x_1 = 10$, $x_3 = 1$ b) $x_1 = 1$, $x_3 = 2$

5. a) $a = 6$ b) $a = 4$, $a = 1$, $a = -3$ c) $a = 5$

6. a) $x = b = \begin{pmatrix} 1 \\ -2 \\ 1 \end{pmatrix}$ b) $x = \begin{pmatrix} 0 \\ -1 \\ 2 \\ 1 \end{pmatrix}$

7. x_0 sei eine spezielle Lösung von $Ax = b$ und x_h beschreibe die Lösungsgesamtheit von $Ax = 0$.
   a) $x = x_0 + x_h$ ist eine Lösung von $Ax = b$, denn $Ax = A(x_0 + x_h) = Ax_0 + Ax_h = b + 0 = b$.
   b) Jede Lösung x von $Ax = b$ läßt sich in der Form $x = x_0 + x_h$ darstellen: Ist x_0 eine spezielle Lösung und x eine beliebige andere Lösung des inhomogenen Systems (d.h. $Ax_0 = b$ und $Ax = b$), so gilt wegen $A(x - x_0) = Ax - Ax_0 = b - b = 0$: $x - x_0 = x_h$ ist eine Lösung des homogenen Systems. Folglich gilt $x = x_0 + x_h$ für jede Lösung x von $Ax = b$.

8. Nach Satz 6.15 läßt sich die Lösungsgesamtheit von $Ax = b$ darstellen durch $x = x_0 + x_h$, wobei x_0 eine spezielle Lösung von $Ax = b$ ist und x_h die Lösungsgesamtheit von $Ax = 0$ beschreibt.
   a) Es sei $x_h = 0$. Dann ist, falls überhaupt eine Lösung von $Ax = b$ existiert, x_0 die einzige Lösung. $x_1 \neq x_0$ kann keine weitere Lösung von $Ax = b$ sein, denn sonst besäße $Ax = 0$ wegen $A(x_1 - x_0) = Ax_1 - Ax_0 = b - b = 0$ die nichttriviale Lösung $x_1 - x_0$.
   b) Es sei x_0 einzige Lösung von $Ax = b$. Wäre $x_h \neq 0$, so wäre nach Satz 6.15 $x_0 + x_h \neq x_0$ eine weitere Lösung von $Ax = b$ (Widerspruch zur Eindeutigkeit).

7 Vektoren und ihre Anwendung

7.1

1. a) $\vec{a} + \vec{b} = \vec{c}$;

   c) $\vec{a} \cdot \vec{b} = \frac{15}{2}\sqrt{3}$; $|\vec{a} \times \vec{b}| = \frac{15}{2}$; $c^2 = a^2 + b^2 - 2ab \cdot \cos\frac{5\pi}{6} \Rightarrow c = 7{,}7447\ldots$

   $$\vec{a} \times \vec{c} = \vec{a} \times (\vec{a} + \vec{b}) = \vec{a} \times \vec{a} + \vec{a} \times \vec{b} = \vec{a} \times \vec{b} \ \Rightarrow\ |\vec{a} + \vec{c}| = |\vec{a} \times \vec{b}| = \frac{15}{2}.$$

2. $\cos\alpha = \frac{a}{l} \Rightarrow \sin\alpha = \sqrt{1 - \frac{a^2}{l^2}}$; $s_1 = \frac{F}{2 \cdot \sin\alpha} \Rightarrow s_1 = 40482{,}5\,\text{N}$

3. Es sei $\vec{F} = \vec{F}_1 + \vec{F}_2$, wobei $\vec{F}_1$ parallel zum Seil und $\vec{F}_2$ parallel zum Gelenkstab ist. α sei der Winkel, den das Seil mit dem Gelenkstab einschließt. Wegen $a^2 + h^2 = s^2$ ist $\vec{F}_2 \perp \vec{F} \Rightarrow$

   $$\frac{F_1}{F} = \frac{s}{h} \ \Rightarrow\ F_1 = \frac{s}{h} \cdot F = \frac{5}{3} \cdot 1180\,\text{N} = \frac{5900}{3}\,\text{N},$$

   $$\frac{F_2}{F} = \frac{a}{h} \ \Rightarrow\ F_2 = \frac{a}{h} \cdot F = \frac{4}{3} \cdot 1180\,\text{N} = \frac{4720}{3}\,\text{N}.$$

4. Ist $ABCD$ ein Quadrat mit der Seitenlänge $a = \overline{AB} = 1$ und $\vec{a} = \overrightarrow{AB}$, $\vec{b} = \overrightarrow{AD}$, so hat $\vec{a}^{\,0} + \vec{b}^{\,0}$ die Richtung der Diagonalen des Quadrates, und es ist $|\vec{a}^{\,0} + \vec{b}^{\,0}| = \sqrt{2} \neq 1$, d.h. $\vec{a}^{\,0} + \vec{b}^{\,0}$ ist kein Einheitsvektor.
   Ausnahmefall: Ist ABC ein gleichseitiges Dreieck und $\vec{a} = \overrightarrow{AB}$, $\vec{b} = \overrightarrow{BC}$, so gilt $\vec{a}^{\,0} + \vec{b}^{\,0} = (\vec{a} + \vec{b})^0$.

5. a) $\vec{w}_1 = \vec{a}^{\,0} + \vec{b}^{\,0}$, $\vec{w}_2 = \vec{a}^{\,0} - \vec{b}^{\,0}$;
   b) $\overrightarrow{AM} = \frac{1}{2}(\vec{a} + \vec{b})$; $\overrightarrow{BM} = \frac{1}{2}(\vec{b} - \vec{a})$; $\overrightarrow{CM} = -\frac{1}{2}(\vec{a} + \vec{b})$; $\overrightarrow{DM} = \frac{1}{2}(\vec{a} - \vec{b})$.

6. a) Addition von Vektor und Skalar ist nicht definiert.
   b) Die Summe zweier Vektoren ist kein Skalar.
   c) $\vec{a} \cdot \vec{b} \in \mathbb{R}$, $3\vec{c} \in V$ (siehe a)).
   d) $\vec{a} \cdot \vec{b} \in \mathbb{R}$, $\vec{a} \times \vec{b} \in V$ (siehe a)).
   e) Kreuzprodukt ist nur zwischen Vektoren definiert, $\vec{a} \cdot \vec{b}$ und $\vec{c} \cdot \vec{d}$ sind jedoch reelle Zahlen.

7. $\vec{v}_1 + \vec{v}_2 = \vec{a} + \sqrt{2}(1 + \sqrt{3}) \cdot \vec{b}$; $\vec{v}_1 - \vec{v}_2 = 3\vec{a} - \sqrt{2}(\sqrt{3} - 1) \cdot \vec{b} + 2\vec{c}$.

8. a) falsch; b) wahr; c) falsch; d) wahr; e) falsch; f) wahr;
   g) falsch; h) falsch; i) falsch; j) falsch.

9. a) falsch, Skalarmultiplikation nicht umkehrbar:
   b) wahr, falls $\vec{a} \cdot \vec{b} \neq 0$; c) wahr, falls $\vec{a} \cdot \vec{b} \neq 0$.

10. a) Zu zeigen $\vec{a}\cdot\vec{b}=0$. Es ist (vgl. Bild L7.1) $\vec{a}=\vec{r}_1+\vec{r}_2$
$\vec{b}=\vec{r}_1-\vec{r}_2,\quad r_1=r_2=r$
$\vec{a}\cdot\vec{b}=(\vec{r}_1+\vec{r}_2)(\vec{r}_1-\vec{r}_2)=r_1^2-r_2^2=0.$

b) Es sei $\vec{b}=\overrightarrow{AC}, \vec{c}=\overrightarrow{AB}, \vec{a}=\overrightarrow{BC}$, dann gilt
$\vec{a}=\vec{b}-\vec{c}\Rightarrow a^2=(\vec{b}-\vec{c})^2=b^2+c^2-2bc\cdot\cos\alpha$

c) ABCD sei ein Parallelogramm und $\vec{a}=\overrightarrow{AB},\ \vec{b}=\overrightarrow{AD}$.
Die Diagonalen sind gleich lang, daher ist
$|\vec{a}+\vec{b}|=|\vec{a}-\vec{b}|\Rightarrow(\vec{a}+\vec{b})^2=(\vec{a}-\vec{b})^2$
$\Rightarrow a^2+2\vec{a}\cdot\vec{b}+b^2=a^2-2\vec{a}\cdot\vec{b}+b^2$
$\Rightarrow 4\vec{a}\cdot\vec{b}=0\Rightarrow\vec{a}\perp\vec{b}$, da $\vec{a}\neq\vec{0}, \vec{b}\neq\vec{0}$

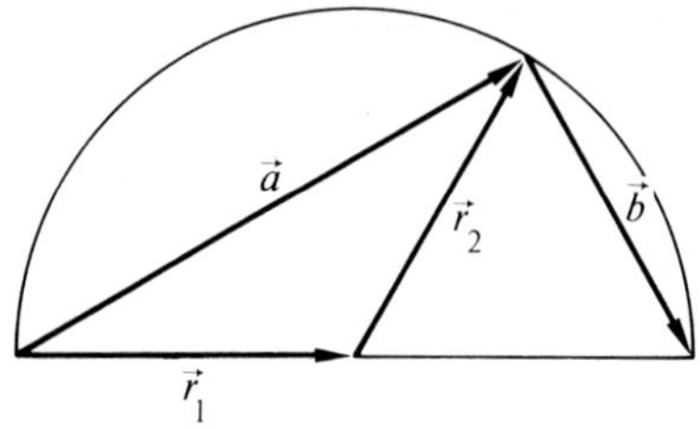

Bild L7.1: Satz von Thales

11. $W=\vec{F}\cdot\vec{s}=F\cdot s\cdot\cos\varphi\Rightarrow\cos\varphi=\dfrac{W}{F\cdot s}\Rightarrow\varphi=0{,}981765\ldots$

12. a) $(2\vec{a}-\vec{b})(\vec{a}+\vec{b})=0\Rightarrow 2a^2+\vec{a}\cdot\vec{b}-b^2=0\Rightarrow\cos\varphi=\dfrac{b^2-2a^2}{a\cdot b}\Rightarrow\varphi=1{,}738244\ldots$

b) Wegen $\cos\varphi=-1{,}916\ldots$ gibt es keine Vektoren mit diesen Eigenschaften.

c) $\cos\varphi=\dfrac{3b^2-2a^2}{a\cdot b}\Rightarrow\varphi=\pi.$

d) $\left.\begin{array}{l}(2\vec{a}-\vec{b})\perp(\vec{a}+\vec{b})\ \Rightarrow 2a^2+\ \vec{a}\cdot\vec{b}-b^2\ =0\\ (\vec{a}-2\vec{b})\perp(2\vec{a}+\vec{b})\Rightarrow 2a^2-3\vec{a}\cdot\vec{b}-2b^2=0\end{array}\right\}\Rightarrow\left\{\begin{array}{l}8a^2-5b^2=0\\ 4\vec{a}\cdot\vec{b}+b^2=0\end{array}\right\}\Rightarrow\cos\varphi=\pm\dfrac{1}{\sqrt{10}}$

Wegen $4\vec{a}\cdot\vec{b}=-b^2<0$ ist $\cos\varphi=-\dfrac{1}{\sqrt{10}}\Rightarrow\varphi=1{,}892\ldots$

13. $r_1^2=\vec{r}_1^{\,2}=(4\vec{a}^{\,0}+\vec{b}^{\,0})^2=17+8\cdot\cos\varphi_1\Rightarrow r_1=\sqrt{21}$, ebenso $r_2=\sqrt{28}$.
$\vec{r}_1\cdot\vec{r}_2=(4\vec{a}^{\,0}+\vec{b}^{\,0})(4\vec{a}^{\,0}-6\vec{b}^{\,0})\Rightarrow\vec{r}_1\cdot\vec{r}_2=0\Rightarrow\vec{r}_1\perp\vec{r}_2.$

14. a) falsch; b) falsch; c) wahr; d) wahr; e) falsch; f) wahr.

15. Es ist $\vec{n}_1=\frac{1}{2}(\vec{b}\times\vec{a}), \vec{n}_2=\frac{1}{2}(\vec{a}\times\vec{c}), \vec{n}_3=\frac{1}{2}(\vec{c}\times\vec{b}), \vec{n}_4=\frac{1}{2}[(\vec{c}-\vec{b})\times(\vec{a}-\vec{b})]\Rightarrow$
$\vec{n}_1+\vec{n}_2+\vec{n}_3+\vec{n}_4=\vec{0}.$

16. a) $7\vec{a}\times\vec{b}$; b) $2\vec{b}\times\vec{a}$; c) $\vec{b}\times\vec{a}+3\vec{c}\times\vec{a}$.

17. Es ist $\overline{AC}^2+\overline{BD}^2=|\vec{a}+\vec{b}|^2+|\vec{a}-\vec{b}|^2=(\vec{a}+\vec{b})^2+(\vec{a}-\vec{b})^2=2a^2+2b^2=\overline{AB}^2+\overline{BC}^2+\overline{CD}^2+\overline{DA}^2$

7.2

1. $\vec{a},\vec{b},\vec{c}$ komplanar $\Rightarrow\vec{c}=\alpha\vec{a}+\beta\vec{b}\Rightarrow\alpha\vec{a}+\beta\vec{b}-\vec{c}=\vec{0}$.
$\alpha\vec{a}+\beta\vec{b}+\gamma\vec{c}=\vec{0},\ \gamma\neq 0\Rightarrow\vec{c}=-\dfrac{\alpha}{\gamma}\vec{a}-\dfrac{\beta}{\gamma}\vec{b}\Rightarrow\vec{a},\vec{b},\vec{c}$ komplanar.

2. $(\vec{b}+\vec{c}-2\vec{a})+(\vec{c}+\vec{a}-2\vec{b})+(\vec{a}+\vec{b}-2\vec{c})=\vec{0}.$

3. a) $\vec{a}_4=-\vec{a}_1-\vec{a}_2-\vec{a}_3=(-1,-1,1)$; b) $\vec{a}_4=\vec{a}_1-\frac{3}{2}\vec{a}_2+\vec{a}_3=(16,-\frac{3}{2},9)$.

4. a) $\vec{b}=(-4,-6,10)$; b) $\vec{b}=(\frac{2}{3},1,-\frac{5}{3})$.

5. Ist $\vec{b}=\overrightarrow{AC},\ \vec{a}=\overrightarrow{CB}$, dann gilt $\overrightarrow{AE}=\vec{b}+\frac{1}{5}\vec{a}, \overrightarrow{AF}=\lambda\cdot\overrightarrow{AE}=\lambda\vec{b}+\dfrac{\lambda}{5}\cdot\vec{a},\ \overrightarrow{DB}=\vec{a}+\frac{1}{3}\vec{b},\ \overrightarrow{FB}=\mu\overrightarrow{DB}=\mu\vec{a}+\dfrac{\mu}{3}\vec{b}.$
Wegen $\overrightarrow{AF}+\overrightarrow{FB}+\overrightarrow{BA}=\vec{0}$, folgt $(\frac{1}{5}\lambda+\mu-1)\vec{a}+(\lambda+\frac{1}{3}\mu-1)\vec{b}=\vec{0}$. $\vec{a}$ und $\vec{b}$ sind linear unabhängig.
$\Rightarrow\frac{1}{5}\lambda+\mu=1$ und $\lambda+\frac{1}{3}\mu=1\Rightarrow\lambda=\frac{5}{7}.\ \mu=\frac{6}{7}$. Wegen $\overline{AF}=\lambda\,\overline{AE}=\lambda(\overline{AF}+\overline{FE})$ folgt $\overline{AF}:\overline{FE}=\dfrac{\lambda}{1-\lambda}=5:2$;
ebenso $\overline{BF}:\overline{FD}=6:1$

6. a) komplanar; b) nicht komplanar; c) komplanar.

7. a) $a=2$; b) $a=\frac{14}{5}$; c) $a_1=1$. $a_2=-\frac{1}{2}(1+\sqrt{33})$, $a_3=\frac{1}{2}(\sqrt{33}-1)$.

8. a) $\vec{a}, \vec{b}, \vec{c}$ sind linear unabhängig und bilden daher eine Basis.
   b) Basis ist nicht orthogonal wegen $\vec{a}\cdot\vec{b}=2\neq 0$ und nicht normiert wegen $a=\sqrt{3}\neq 1$.
   c) $\vec{e}=6\vec{a}$, $\vec{f}=3\vec{a}+2\vec{b}$, $\vec{g}=\vec{a}+2\vec{b}+3\vec{c}$.

9. a) $\vec{a}, \vec{b}$ kollinear; b) $\vec{a}\perp\vec{b}$; c) $0\leqq \sphericalangle(\vec{a},\vec{b})<\frac{\pi}{2}$;
   d) $\frac{\pi}{2}<\sphericalangle(\vec{a},\vec{b})\leqq\pi$;

10. a) $\varphi=0{,}4636\ldots$; b) $\varphi=0{,}8238\ldots$; c) $\varphi=1{,}6509\ldots$;

11. a) $a=\sqrt{152}$, $b=\sqrt{101}$; b) $\vec{a}^{\,0}=\frac{1}{\sqrt{152}}(10,4,6)$, $\vec{b}^{\,0}=\frac{1}{\sqrt{101}}(6,1,-8)$;
    c) $\varphi=1{,}4413\ldots$; d) $\varphi_1=0{,}6247\ldots$, $\varphi_2=1{,}2403\ldots$, $\varphi_3=1{,}0625\ldots$

12. $\vec{n}_1=\frac{1}{\sqrt{1490}}(19,27,-20)$, $\vec{n}_2=\frac{1}{\sqrt{1490}}(-19,-27,20)$.

13. $V=|[\vec{a}\,\vec{b}\,\vec{c}]|=7$, $O=2[|\vec{a}\times\vec{b}|+|\vec{a}\times\vec{c}|+|\vec{b}\times\vec{c}|]=742{,}758\ldots$

14. Ist $\vec{a}=\overrightarrow{AB}$, $\vec{b}=\overrightarrow{AC}$ und $\vec{c}=\overrightarrow{AD}$, so ist $\vec{a}=(-4,-6,-4)$, $\vec{b}=(1,-4,-9)$, $\vec{c}=(-2,-4,3)$,
    $V=\frac{1}{6}|[\vec{a}\,\vec{b}\,\vec{c}]|=25$, $O=\frac{1}{2}(|\vec{a}\times\vec{b}|+|\vec{a}\times\vec{c}|+|\vec{b}\times\vec{c}|+|(\vec{b}-\vec{a})\times(\vec{c}-\vec{b})|)=101{,}049\ldots$

    $$h=\frac{6V}{|\vec{a}\times\vec{b}|}=\frac{150}{\sqrt{3528}}=2{,}525\ldots$$

15. $\vec{a}=\overrightarrow{BC}=(-3,6,-2)$, $\vec{b}=\overrightarrow{AC}=(4,3,1)$, $\vec{c}=\overrightarrow{AB}=(7,-3,3)$,

    $$h_a=\frac{|\vec{b}\times\vec{c}|}{|\vec{a}|}=\frac{1}{7}\sqrt{1258}=5{,}0668\ldots,\quad h_b=6{,}9559\ldots,\quad h_c=4{,}3331\ldots$$

16. $\vec{a}=\overrightarrow{P_1P_2}=(x_2-x_1,y_2-y_1,0)$, $\vec{b}=\overrightarrow{P_1P_3}=(x_3-x_1,y_3-y_1,0)\Rightarrow$
    $A=\frac{1}{2}|\vec{a}\times\vec{b}|=\frac{1}{2}|x_2y_3+x_3y_1+x_1y_2-x_2y_1-x_1y_3-x_3y_2|$. Dasselbe erhält man für die Determinante.

17. $d=|\vec{r}_1\vec{n}^{\,0}-\vec{r}_2\vec{n}^{\,0}|$ mit $\vec{r}_1=(-1,5,5)$, $\vec{r}_2=(-3,0,6)$, $\vec{n}^{\,0}=\frac{1}{9}(8,-1,4)\Rightarrow d=\frac{7}{9}$.

18. Normalenvektoren: $\vec{n}_1=(2,-1,-1)$, $\vec{n}_2=(6,1,5)$, $\vec{n}_3=(2,2,5)$.
    Richtungsvektor $\vec{a}=\vec{n}_1\times\vec{n}_2=(-4,-16,8)$. Wegen $\vec{n}_1\times\vec{n}_3=(-3,-12,6)$ gilt $3\vec{a}=4\vec{n}_1\times\vec{n}_3$, daher ist $\vec{a}$ auch parallel zu E_3. Es gibt also eine Gerade g mit den geforderten Eigenschaften.
    $g{:}\vec{r}=s(-4,-16,8)$, $s\in\mathbb{R}$.

19. a) Es sei $\overrightarrow{OP_1}=\vec{r}_1$, $\overrightarrow{OP_0}=\vec{r}_0$, $\overrightarrow{OS}=\vec{r}_s$, $\overrightarrow{P_1P_2}=\vec{a}=(-2,2,1)$,
    $\overrightarrow{SP_0}=\vec{b}$, $(\vec{a}\perp\vec{b})\Rightarrow\vec{r}_0=\vec{r}_1+s_0\vec{a}+\vec{b}$ (mit $\vec{a}$ skalar multipliziert, $\vec{a}\cdot\vec{b}=0$!)
    $\Rightarrow s_0=\frac{1}{a^2}\vec{a}\cdot(\vec{r}_0-\vec{r}_1)\Rightarrow\vec{r}_s=\vec{r}_1+\frac{1}{a^2}[\vec{a}\cdot(\vec{r}_0-\vec{r}_1)]\cdot\vec{a}\Rightarrow\vec{r}_s=\frac{1}{3}(-11,17,10)$.
    b) $e=|\vec{r}_0-\vec{r}_s|=\frac{1}{9}\sqrt{2025}=5$.
    c) $\vec{b}=\frac{1}{3}(5,-2,14)\Rightarrow g{:}\vec{r}=(-2,5,8)+t(5,-2,14)$, $t\in\mathbb{R}$.

20. $\vec{a}=\overrightarrow{P_1P_2}$, $\vec{b}=\overrightarrow{P_1P_3}$, $\vec{c}=\overrightarrow{P_1P_4}$. P_1,P_2,P_3,P_4 liegen genau dann in einer Ebene, wenn $\vec{a},\vec{b}.\vec{c}$ linear abhängig sind $\Leftrightarrow[\vec{a}\,\vec{b}\,\vec{c}]=0\Leftrightarrow$

    $$\begin{vmatrix} x_2-x_1 & y_2-y_1 & z_2-z_1 \\ x_3-x_1 & y_3-y_1 & z_3-z_1 \\ x_4-x_1 & y_4-y_1 & z_4-z_1 \end{vmatrix}=0.$$

21. a) Liegen nicht in einer Ebene; b) liegen in einer Ebene.

22. Mittelpunkt $M(3,1,0)$, $\vec{n} = \overrightarrow{P_1P_2} = (2,2,-4)$, $\vec{r}_m = \overrightarrow{OM} \Rightarrow (\vec{r} - \vec{r}_m)\cdot\vec{n} = 0 \Rightarrow \vec{r}\cdot\vec{n} = \vec{r}_m\cdot\vec{n}$.
Wegen $\vec{r}_m\cdot\vec{n} = 8$ folgt E: $2x + 2y - 4z = 8$ bzw. $x + y - 2z = 4$.

23. Es ist $\vec{n} = (1,1,2)$, weiter sei $\vec{b} \perp \vec{a} \Rightarrow \vec{v} = \vec{b} + \mu\vec{n}$ (skalar mit $\vec{a}$ multipliziert) $\Rightarrow \vec{a}\cdot\vec{v} = \mu\cdot\vec{n}\cdot\vec{a} \Rightarrow \mu = \frac{10}{7}$.
Wegen $\vec{b} = \vec{v} - \mu\cdot\vec{n}$ folgt $\vec{b} = \frac{1}{7}\cdot(-3,4,1)$.

24. $\vec{b}$ sei parallel zu $E \Rightarrow \vec{v} = \lambda\cdot\vec{a} + \vec{b}$ (skalar mult. mit $\vec{n} = (4,-3,5)$, $\vec{n}\cdot\vec{b} = 0$!)
$\Rightarrow \vec{n}\cdot\vec{v} = \lambda\cdot\vec{a}\cdot\vec{n} \Rightarrow \lambda = -5 \Rightarrow \vec{b} = (11,-7,-13)$.

25. a) Ist $P_0(1,0,0)$, so spannen $\vec{a} = (0,1,0)$ und $\overrightarrow{P_0P_1}$ die Ebene E auf $\Rightarrow \vec{n} = (0,1,0) \times (0,1,1) = (1,0,0)$.
Aus $\vec{r}_0\vec{n} = d$ folgt $d = 1$; $\Rightarrow E{:}\vec{r}\cdot(1,0,0) = 1$.
b) $e = |(0,1,0)(1,0,0) - 1| = 1$.

26. a) Projektion $p = \vec{a}\cdot\vec{b}^0 = \frac{1}{3}\sqrt{6}$; b) $\sphericalangle(\vec{a},\vec{b}) = 1{,}4211\ldots$; c) $A = |\vec{a}\times\vec{b}| = \sqrt{176} = 13{,}2665\ldots$;
d) $E{:}\vec{r} = s(1,2,-5) + t(1,-2,-1)$; e) $\vec{c} = (\vec{a}\times\vec{b})\times\vec{a} = (28,-64,-20) \Rightarrow \vec{c}^{\,0} = \dfrac{1}{\sqrt{330}}(7,-16,-5)$.

27. a) Ist $\vec{a} = \overrightarrow{P_1P_2} = (1,1.-2)$, $\vec{b} = \overrightarrow{P_1P_3} = (-2,2,2)$, $\vec{c} = \overrightarrow{P_1P_4} = (-1,-2,2)$,

so ist $e = \left|\dfrac{[\vec{a}\,\vec{b}\,\vec{c}\,]}{|\vec{a}\times\vec{b}|}\right| = \dfrac{2}{\sqrt{56}} = 0{,}267\ldots$ b) $e = \dfrac{|\vec{a}\times\vec{c}\,|}{a} = \sqrt{\dfrac{5}{6}} = 0{,}9128\ldots$

c) $\vec{d} = \overrightarrow{P_3P_4} = (1,-4,0) \Rightarrow e = \dfrac{|[\vec{a}\,\vec{b}\,\vec{d}\,]|}{|\vec{a}\times\vec{d}\,|} = \dfrac{2}{\sqrt{93}} = 0{,}207\ldots$

28. $\vec{a}^{\,0} = \frac{1}{3}(1,2,2)$, $\vec{b}^{\,0} = \beta_1(1,2,2) + \beta_2(1,0,-3)$. Wegen $\vec{a}^{\,0}\cdot\vec{b}^{\,0} = 0$ folgt

$\beta_2 = \frac{9}{5}\beta_1 \Rightarrow \vec{b}^{\,0} = \pm\dfrac{1}{3}\cdot\dfrac{1}{\sqrt{65}}(14,10,-17)$, $\vec{c}^{\,0} = \vec{a}^{\,0}\times\vec{b}^{\,0} = \pm\dfrac{1}{9\sqrt{65}}(-54,45,-18)$.

Wegen $\vec{c}^{\,0}\cdot\vec{e}_3 < 0$ gilt das obere Vorzeichen $\Rightarrow \vec{c}^{\,0} = \dfrac{1}{\sqrt{65}}(-6,5,-2)$.

29. Geraden schneiden sich in $P_1(\frac{1}{2},\frac{1}{2},\frac{1}{2})$.

30. a) $\vec{n} = (1,2,-3)$, $\vec{n}_1 = \overrightarrow{P_1P_2} \times \overrightarrow{P_1P_3} = (6,-3,-3) \Rightarrow \vec{a} = \vec{n}\times\vec{n}_1 = (-15,-15,-15)$.
Wegen $\vec{r}_1\vec{n}_1 = d$ folgt $d = -9 \Rightarrow E_1{:}\vec{r}\cdot\vec{n}_1 = -9 \Rightarrow E_1{:}2x - y - z = -3$.
Ein Schnittpunkt P_4 von E und E_1: $P_4(0,\frac{13}{5},\frac{2}{5}) \Rightarrow g{:}\vec{r} = \frac{1}{5}(0,13,2) + s\cdot(1,1,1)$.
b) $S_1(-\frac{2}{5},\frac{11}{5},0)$, $S_2(-\frac{13}{5},0,-\frac{11}{5})$, $S_3(0,\frac{13}{5},\frac{2}{5})$.

31. $\vec{a} = \overrightarrow{AB}$, $\vec{b} = \overrightarrow{AC}$, $\vec{c} = \overrightarrow{AD} \Rightarrow [\vec{a},\vec{b},\vec{c}\,] = 18 \Rightarrow A, B, C, D$ liegen nicht in einer Ebene.

32. Sind $\vec{a},\vec{b},\vec{c}$ die das Spat aufspannenden Vektoren ($\vec{a},\vec{b},\vec{c}$ linear unabhängig), dann lauten die Gleichungen der vier Diagonalen:
$g_1{:}\vec{r} = s(\vec{a} + \vec{b} + \vec{c})$, $g_2{:}\vec{r} = \vec{a} + t(-\vec{a} + \vec{b} + \vec{c})$, $g_3{:}\vec{r} = \vec{a} + \vec{b} + u(-\vec{a} - \vec{b} + \vec{c})$,
$g_4{:}\vec{r} = \vec{b} + v(\vec{a} - \vec{b} + \vec{c})$.
Für $s = t = u = v = \frac{1}{2}$ kann gezeigt werden, daß sich alle 4 Geraden in einem Punkt schneiden.

33. a) Die Geraden sind windschief (Ordinaten von A und B sind verschieden).
b) Die Geraden schneiden sich (Ordinaten von A und B sind gleich).

34. Ist $\vec{r}_1 = \overrightarrow{OP}_1$, $\vec{a} = (1,-3,2)$, so gilt $\vec{v} = 600\,\pi\cdot(\vec{r}_1 \times \vec{a}^{\,0})$ (LE pro Minute)
$\Rightarrow \vec{v} = \dfrac{600\pi}{\sqrt{14}}(17,5,-1) \Rightarrow v = 600\,\pi\sqrt{\dfrac{45}{2}} = 8941{,}129\ldots$ (LE pro Minute).

35. $\vec{b}_1 = (0,0,2\pi)$, $\vec{b}_2 = (0,2\pi,-2\pi)$, $\vec{b}_3 = (-2\pi,0,0)$.

7.3

1. Nach Beispiel 7.37 erhält man mit $m = 1$ und $b = -1$ die gesuchte Matrix zu

$$M = \frac{1}{1+m^2} \cdot \begin{pmatrix} 1-m^2 & 2m & -2bm \\ 2m & m^2-1 & 2b \\ 0 & 0 & m^2+1 \end{pmatrix} = \begin{pmatrix} 0 & 1 & 1 \\ 1 & 0 & -1 \\ 0 & 0 & 1 \end{pmatrix}.$$

Mit $P = (\vec{p_A}, \vec{p_B}, \vec{p_C}) = \begin{pmatrix} -2 & 2 & 4 \\ 1 & 3 & -2 \\ 1 & 1 & 1 \end{pmatrix}$ folgt für $P' = (\vec{p'_A}, \vec{p'_B}, \vec{p'_C})$:

$$P' = M \cdot P = \begin{pmatrix} 2 & 4 & -1 \\ -3 & 1 & 3 \\ 1 & 1 & 1 \end{pmatrix},$$ also $A' = (2, -3)$, $B' = (4, 1)$, $C' = (-1, 3)$.

2. $M = \begin{pmatrix} 1 & 0 & 0 \\ 0 & 1 & 0 \\ 0 & 0 & -1 \end{pmatrix}$.

3. Die Transformation erfolgt in 3 Schritten:
   1. Parallelverschiebung der Geraden g in den Urspung 0: Matrix $T_1 = T(-1, -1, -1)$.
   2. Drehung um die Gerade: Matrix D (siehe Beispiel 7.38).
   3. Translation in den Punkt (1, 1, 1): Matrix $T_2 = T(1, 1, 1) = T_1^{-1}$

   Die Translationsmatrizen lauten:

$$T_1 = \begin{pmatrix} 1 & 0 & 0 & -1 \\ 0 & 1 & 0 & -1 \\ 0 & 0 & 1 & -1 \\ 0 & 0 & 0 & 1 \end{pmatrix}, \quad T_2 = \begin{pmatrix} 1 & 0 & 0 & 1 \\ 0 & 1 & 0 & 1 \\ 0 & 0 & 1 & 1 \\ 0 & 0 & 0 & 1 \end{pmatrix}.$$

Mit $\vec{u} = \frac{1}{\sqrt{14}}(1 \quad -2 \quad 3)^T = (0{,}267 \quad -0.535 \quad 0{,}802)^T$ erhält man nach Beispiel 7.38:

$$\vec{u} \cdot \vec{u}^T = \begin{pmatrix} 0{,}071 & -0{,}143 & 0{,}214 \\ -0{,}143 & 0{,}286 & -0{,}429 \\ 0{,}214 & -0{,}429 & 0{,}643 \end{pmatrix} \text{ und } U = \begin{pmatrix} 0 & -0{,}802 & -0{,}535 \\ 0{,}802 & 0 & -0{,}267 \\ 0{,}535 & 0{,}267 & 0 \end{pmatrix}.$$

Folglich lautet die Matrix (7.63) unter Berücksichtigung von

$\cos\frac{\pi}{6} = 0{,}866$ und $\sin\frac{\pi}{6} = 0{,}5$: $A = \begin{pmatrix} 0{,}876 & -0{,}420 & -0{,}239 \\ 0{,}382 & 0{,}904 & -0{,}191 \\ 0{,}296 & 0{,}076 & 0{,}952 \end{pmatrix}$.

Erweiterung liefert die Drehmatrix $D = \begin{pmatrix} 0{,}876 & -0{,}420 & -0{,}239 & 0 \\ 0{,}382 & 0{,}904 & -0{,}191 & 0 \\ 0{,}296 & 0{,}076 & 0{,}952 & 0 \\ 0 & 0 & 0 & 1 \end{pmatrix}$

und die gesuchte Transformationsmatrix $M = T_2 \cdot D \cdot T_1$ zu

$$M = \begin{pmatrix} 0{,}876 & -0{,}420 & -0{,}239 & 0{,}783 \\ 0{,}382 & 0{,}904 & -0{,}191 & -0{,}095 \\ 0{,}296 & 0{,}076 & 0{,}952 & -0{,}324 \\ 0 & 0 & 0 & 1 \end{pmatrix}.$$

Bildet man mit den Koordinaten der Eckpunkte des Würfels die Matrix

$$\begin{pmatrix} 0 & 1 & 1 & 0 & 0 & 1 & 1 & 0 \\ 0 & 0 & 1 & 1 & 0 & 0 & 1 & 1 \\ 0 & 0 & 0 & 0 & 1 & 1 & 1 & 1 \\ 1 & 1 & 1 & 1 & 1 & 1 & 1 & 1 \end{pmatrix} = P,$$

so kann man die Koordinaten der Bildpunkte der Matrix

$$P' = M \cdot P = \begin{pmatrix} 0{,}783 & 1{,}659 & 1{,}239 & 0{,}363 & 0{,}544 & 1{,}420 & 1 & 0{,}124 \\ -0{,}095 & 0{,}287 & 1{,}191 & 0{,}809 & -0{,}286 & 0{,}096 & 1 & 0{,}618 \\ -0{,}324 & -0{,}028 & 0{,}048 & -0{,}248 & 0{,}628 & 0{,}924 & 1 & 0{,}704 \\ 1 & 1 & 1 & 1 & 1 & 1 & 1 & 1 \end{pmatrix}$$

entnehmen. Z.B. hat der Eckpunkt (1, 1, 0) (siehe 3. Spalte von P) nach der Drehung die Koordinaten (1,239; 1, 191; 0,048) (siehe 3. Spalte von P'). Der Eckpunkt (1, 1, 1) bleibt bei der Drehung fest.

4. Es sei $\vec{a} = (a_x, a_y, a_z)^T$ und $\vec{a}\,' = (a_x, a_y)^T$. Dann sind folgende Drehungen vorzunehmen:
   1. Drehung des Koordinatensystems um die z-Achse um den Winkel α mit Hilfe der Matrix

   $$\tilde{Z}(\alpha) = \begin{pmatrix} \cos\alpha & \sin\alpha & 0 \\ -\sin\alpha & \cos\alpha & 0 \\ 0 & 0 & 1 \end{pmatrix}. \text{ Dabei ist } \cos\alpha = \frac{a_x}{|\vec{a}\,'|} \text{ und } \sin\alpha = \frac{a_y}{|\vec{a}\,'|}.$$

   2. Drehung des Koordinatensystems um die y-Achse um den Winkel β mit Hilfe der Matrix

   $$\tilde{Y}(\beta) = \begin{pmatrix} \cos\beta & 0 & -\sin\beta \\ 0 & 1 & 0 \\ \sin\beta & 0 & \cos\beta \end{pmatrix}. \text{ Dabei ist } \cos\beta = \frac{a_z}{|\vec{a}|} \text{ und } \sin\beta = \frac{|\vec{a}\,'|}{|\vec{a}|}.$$

   3. Drehung des Koordinatensystems um die y-Achse um den Winkel π mit Hilfe der Matrix

   $$\tilde{Y}(\pi) = \begin{pmatrix} -1 & 0 & 0 \\ 0 & 1 & 0 \\ 0 & 0 & -1 \end{pmatrix}.$$

   Die gesuchte Matrix lautet somit:

   $$M = \tilde{Y}(\pi) \cdot \tilde{Y}(\beta) \cdot \tilde{Z}(\alpha) = \begin{pmatrix} -\cos\alpha \cdot \cos\beta & -\sin\alpha \cdot \cos\beta & \sin\beta \\ -\sin\beta & \cos\alpha & 0 \\ -\cos\alpha \cdot \sin\beta & -\sin\alpha \cdot \sin\beta & -\cos\beta \end{pmatrix}, \text{ d.h.}$$

   $$M = \begin{pmatrix} \dfrac{-a_x \cdot a_z}{|\vec{a}| \cdot |\vec{a}\,'|} & \dfrac{-a_y \cdot a_z}{|\vec{a}| \cdot |\vec{a}\,'|} & \dfrac{|\vec{a}\,'|}{|\vec{a}|} \\ \dfrac{-a_y}{|\vec{a}\,'|} & \dfrac{a_x}{|\vec{a}\,'|} & 0 \\ \dfrac{-a_x}{|\vec{a}|} & \dfrac{-a_y}{|\vec{a}|} & \dfrac{-a_z}{|\vec{a}|} \end{pmatrix}$$

7.4

1. a) Charakteristische Gleichung von A und Eigenwerte:

   $$\det(A - \lambda E) = \begin{vmatrix} 1-\lambda & 2 \\ 2 & 1-\lambda \end{vmatrix} = (1-\lambda)^2 - 4 = 0 \Leftrightarrow \lambda_1 = -1, \lambda_2 = 3.$$

   Zugehörige Eigenvektoren ($u, v \in \mathbb{R} \setminus \{0\}$):

   $$\begin{pmatrix} 1-\lambda_1 & 2 \\ 1 & 1-\lambda_1 \end{pmatrix} \cdot \begin{pmatrix} x \\ y \end{pmatrix} = \begin{pmatrix} 2 & 2 \\ 2 & 2 \end{pmatrix} \cdot \begin{pmatrix} x \\ y \end{pmatrix} = \begin{pmatrix} 0 \\ 0 \end{pmatrix} \text{ liefert } \vec{x}_1 = u \cdot \begin{pmatrix} -1 \\ 1 \end{pmatrix}.$$

   $$\begin{pmatrix} 1-\lambda_2 & 2 \\ 2 & 1-\lambda_2 \end{pmatrix} \cdot \begin{pmatrix} x \\ y \end{pmatrix} = \begin{pmatrix} -2 & 2 \\ 2 & -2 \end{pmatrix} \cdot \begin{pmatrix} x \\ y \end{pmatrix} = \begin{pmatrix} 0 \\ 0 \end{pmatrix} \text{ liefert } \vec{x}_2 = v \cdot \begin{pmatrix} 1 \\ 1 \end{pmatrix}.$$

b) Charakteristische Gleichung von B und Eigenwerte:

$$\det(B-\lambda E)=\begin{vmatrix}1-\lambda & -1\\ 0 & 1-\lambda\end{vmatrix}=(1-\lambda)^2=0\Leftrightarrow\lambda=1 \text{ (zweifache Lösung).}$$

Zugehöriger Eigenvektor ($u\in\mathbb{R}\setminus\{0\}$):

$$\begin{pmatrix}1-\lambda & -1\\ 0 & 1-\lambda\end{pmatrix}\cdot\begin{pmatrix}x\\ y\end{pmatrix}=\begin{pmatrix}0 & -1\\ 0 & 0\end{pmatrix}\cdot\begin{pmatrix}x\\ y\end{pmatrix}=\begin{pmatrix}0\\ 0\end{pmatrix} \text{ liefert } \vec{x}=u\cdot\begin{pmatrix}1\\ 0\end{pmatrix}.$$

c) Charakteristische Gleichung von C und Eigenwerte:

$$\det(C-\lambda E)=\begin{vmatrix}-1-\lambda & 2\\ -1 & 2-\lambda\end{vmatrix}=\lambda^2-\lambda=0\Leftrightarrow\lambda_1=0,\quad \lambda_2=1.$$

Zugehörige Eigenvektoren ($u,v\in\mathbb{R}\setminus\{0\}$):

$$\begin{pmatrix}-1-\lambda_1 & 2\\ -1 & 2-\lambda_1\end{pmatrix}\cdot\begin{pmatrix}x\\ y\end{pmatrix}=\begin{pmatrix}-1 & 2\\ -1 & 2\end{pmatrix}\cdot\begin{pmatrix}x\\ y\end{pmatrix}=\begin{pmatrix}0\\ 0\end{pmatrix} \text{ liefert } \vec{x}_1=u\cdot\begin{pmatrix}2\\ 1\end{pmatrix},$$

$$\begin{pmatrix}-1-\lambda_2 & 2\\ -1 & 2-\lambda_2\end{pmatrix}\cdot\begin{pmatrix}x\\ y\end{pmatrix}=\begin{pmatrix}-2 & 2\\ -1 & 1\end{pmatrix}\cdot\begin{pmatrix}x\\ y\end{pmatrix}=\begin{pmatrix}0\\ 0\end{pmatrix} \text{ liefert } \vec{x}_2=v\cdot\begin{pmatrix}1\\ 1\end{pmatrix}.$$

2. a) Charakteristische Gleichung von A und Eigenwerte:

$$\det(A-\lambda E)=\begin{vmatrix}1-\lambda & -1 & 1\\ -1 & 3-\lambda & -1\\ 1 & -1 & 1-\lambda\end{vmatrix}=-\lambda^3+5\lambda^2-4\lambda=0\Leftrightarrow\begin{cases}\lambda_1=0\\ \lambda_2=1.\\ \lambda_3=4\end{cases}$$

Zugehörige Eigenvektoren ($u,v,w\in\mathbb{R}\setminus\{0\}$):

$$\begin{pmatrix}1-\lambda_1 & -1 & 1\\ -1 & 3-\lambda_1 & -1\\ 1 & -1 & 1-\lambda_1\end{pmatrix}\cdot\begin{pmatrix}x\\ y\\ z\end{pmatrix}=\begin{pmatrix}1 & -1 & 1\\ -1 & 3 & -1\\ 1 & -1 & 1\end{pmatrix}\cdot\begin{pmatrix}x\\ y\\ z\end{pmatrix}=\begin{pmatrix}0\\ 0\\ 0\end{pmatrix} \text{ liefert } \vec{x}_1=u\cdot\begin{pmatrix}-1\\ 0\\ 1\end{pmatrix}.$$

Entsprechend erhält man $\vec{x}_2=v\cdot\begin{pmatrix}1\\ 1\\ 1\end{pmatrix}$ und $\vec{x}_3=w\cdot\begin{pmatrix}1\\ -2\\ 1\end{pmatrix}$.

b) Charakteristische Gleichung von B und Eigenwerte:

$$\det(B-\lambda E)=\begin{vmatrix}2-\lambda & 1 & 1\\ 1 & 2-\lambda & 1\\ 1 & 1 & 2-\lambda\end{vmatrix}=-\lambda^3+6\lambda^2-9\lambda+4=0\Leftrightarrow\begin{cases}\lambda_1=\lambda_2=1.\\ \lambda_3=4\end{cases}$$

Die allgemeine Lösung von

$$\begin{pmatrix}2-\lambda_1 & 1 & 1\\ 1 & 2-\lambda_1 & 1\\ 1 & 1 & 2-\lambda_1\end{pmatrix}\cdot\begin{pmatrix}x\\ y\\ z\end{pmatrix}=\begin{pmatrix}1 & 1 & 1\\ 1 & 1 & 1\\ 1 & 1 & 1\end{pmatrix}\cdot\begin{pmatrix}x\\ y\\ z\end{pmatrix}=\begin{pmatrix}0\\ 0\\ 0\end{pmatrix} \text{ lautet}$$

$\vec{x}=\alpha\cdot\begin{pmatrix}-1\\ 1\\ 0\end{pmatrix}+\beta\cdot\begin{pmatrix}-1\\ 0\\ 1\end{pmatrix}$ mit $\alpha,\beta\in\mathbb{R}$. Somit sind $\vec{x}_1=u\cdot\begin{pmatrix}-1\\ 1\\ 0\end{pmatrix}$ und $\vec{x}_2=v\cdot\begin{pmatrix}-1\\ 0\\ 1\end{pmatrix}$ (linear unabhängige) Eigenvektoren zu $\lambda=1$. $\vec{x}_3=v\cdot\begin{pmatrix}1\\ 1\\ 1\end{pmatrix}$ ist Eigenvektor zu $\lambda=4$.

c) Charakteristische Gleichung von C und Eigenwerte:

$$\det(C-\lambda E)=\begin{pmatrix}-\lambda & 1 & 1\\ 1 & -\lambda & 1\\ 1 & 1 & -\lambda\end{pmatrix}=-(\lambda+1)^2\cdot(\lambda-2)=0\Leftrightarrow\begin{cases}\lambda_1=\lambda_2=-1.\\ \lambda_3=2\end{cases}$$

Die allgemeine Lösung von

$$\begin{pmatrix} -\lambda_1 & 1 & 1 \\ 1 & -\lambda_1 & 1 \\ 1 & 1 & -\lambda_1 \end{pmatrix} \cdot \begin{pmatrix} x \\ y \\ z \end{pmatrix} = \begin{pmatrix} 1 & 1 & 1 \\ 1 & 1 & 1 \\ 1 & 1 & 1 \end{pmatrix} \cdot \begin{pmatrix} x \\ y \\ z \end{pmatrix} = \begin{pmatrix} 0 \\ 0 \\ 0 \end{pmatrix} \text{ lautet}$$

$\vec{x} = \alpha \cdot \begin{pmatrix} -1 \\ 1 \\ 0 \end{pmatrix} + \beta \cdot \begin{pmatrix} -1 \\ 0 \\ 1 \end{pmatrix}$ mit $\alpha, \beta \in \mathbb{R}$. Somit sind $\vec{x}_1 = u \cdot \begin{pmatrix} -1 \\ 1 \\ 0 \end{pmatrix}$ und $\vec{x}_2 = w \cdot \begin{pmatrix} -1 \\ 0 \\ 1 \end{pmatrix}$ (linear unabhängige) Eigenvektoren zu $\lambda = -1$. $\vec{x}_3 = v \cdot \begin{pmatrix} 1 \\ 1 \\ 1 \end{pmatrix}$ ist Eigenvektor zu $\lambda = 2$.

d) Charakteristische Gleichung von D und Eigenwerte:

$$\det(D - \lambda E) = \begin{vmatrix} 7-\lambda & -2 & 0 \\ -2 & 6-\lambda & 2 \\ 0 & 2 & 5-\lambda \end{vmatrix} = -\lambda^3 + 18\lambda^2 - 99\lambda + 162 = 0 \Leftrightarrow \begin{cases} \lambda_1 = 3 \\ \lambda_2 = 6. \\ \lambda_3 = 9 \end{cases}$$
(mit Horner-Schema)

Zugehörige Eigenvektoren ($u, v, w \in \mathbb{R} \setminus \{0\}$):

$$\begin{pmatrix} 7-\lambda_1 & -2 & 0 \\ -2 & 6-\lambda_1 & 2 \\ 0 & 2 & 5-\lambda_1 \end{pmatrix} \cdot \begin{pmatrix} x \\ y \\ z \end{pmatrix} = \begin{pmatrix} 4 & -2 & 0 \\ -2 & 3 & 2 \\ 0 & 2 & 2 \end{pmatrix} \cdot \begin{pmatrix} x \\ y \\ z \end{pmatrix} = \begin{pmatrix} 0 \\ 0 \\ 0 \end{pmatrix} \text{ liefert}$$

$\vec{x}_1 = u \cdot \begin{pmatrix} -1 \\ -2 \\ 2 \end{pmatrix}$. Entsprechend erhält man $\vec{x}_2 = v \cdot \begin{pmatrix} 2 \\ 1 \\ 2 \end{pmatrix}$ und $\vec{x}_3 = w \cdot \begin{pmatrix} -2 \\ 2 \\ 1 \end{pmatrix}$.

3. a) Charakteristische Gleichung von A und Eigenwerte:

$$\det(A - \lambda E) = \begin{vmatrix} 1-\lambda & 2 & 1 \\ 1 & 2-\lambda & 1 \\ 0 & 1 & 2-\lambda \end{vmatrix} = -\lambda \cdot (\lambda^2 - 5\lambda + 5) = 0 \Leftrightarrow \begin{cases} \lambda_1 = 0 \\ \lambda_2 = (5-\sqrt{5})/2 \\ \lambda_3 = (5+\sqrt{5})/2 \end{cases}$$

Zugehörige Eigenvektoren ($u, v, w \in \mathbb{R} \setminus \{0\}$):

$$\begin{pmatrix} 1-\lambda_1 & 2 & 1 \\ 1 & 2-\lambda_1 & 1 \\ 0 & 1 & 2-\lambda_1 \end{pmatrix} \cdot \begin{pmatrix} x \\ y \\ z \end{pmatrix} = \begin{pmatrix} 1 & 2 & 1 \\ 1 & 2 & 1 \\ 0 & 1 & 2 \end{pmatrix} \cdot \begin{pmatrix} x \\ y \\ z \end{pmatrix} = \begin{pmatrix} 0 \\ 0 \\ 0 \end{pmatrix} \text{ liefert}$$

$\vec{x}_1 = u \cdot \begin{pmatrix} 3 \\ -2 \\ 1 \end{pmatrix}$. Entsprechend erhält man die zu λ_2 und λ_3 gehörigen Eigenvektoren zu $\vec{x}_2 = v \cdot \begin{pmatrix} 2 \\ 2 \\ -\sqrt{5}-1 \end{pmatrix}$ und $\vec{x}_3 = v \cdot \begin{pmatrix} 2 \\ 2 \\ \sqrt{5}-1 \end{pmatrix}$.

b) Charakteristische Gleichung von B und Eigenwerte:

$$\det(B - \lambda E) = \begin{vmatrix} 1-\lambda & 2 & 1 \\ 0 & 3-\lambda & 1 \\ 0 & 2 & 2-\lambda \end{vmatrix} = -(\lambda - 4) \cdot (\lambda - 1)^2 = 0 \Leftrightarrow \begin{cases} \lambda_1 = \lambda_2 = 1. \\ \lambda_3 = 4 \end{cases}$$

Die allgemeine Lösung von

$$\begin{pmatrix} 1-\lambda_1 & 2 & 1 \\ 0 & 3-\lambda_1 & 1 \\ 0 & 2 & 2-\lambda_1 \end{pmatrix} \cdot \begin{pmatrix} x \\ y \\ z \end{pmatrix} = \begin{pmatrix} 0 & 2 & 1 \\ 0 & 2 & 1 \\ 0 & 2 & 1 \end{pmatrix} \cdot \begin{pmatrix} x \\ y \\ z \end{pmatrix} = \begin{pmatrix} 0 \\ 0 \\ 0 \end{pmatrix} \text{ lautet}$$

$\vec{x} = \alpha \cdot \begin{pmatrix} 1 \\ 0 \\ 0 \end{pmatrix} + \beta \cdot \begin{pmatrix} 0 \\ 1 \\ -2 \end{pmatrix}$ mit $\alpha, \beta \in \mathbb{R}$. Somit sind $\vec{x}_1 = u \cdot \begin{pmatrix} 1 \\ 0 \\ 0 \end{pmatrix}$ und $\vec{x}_2 = v \cdot \begin{pmatrix} 0 \\ 1 \\ -2 \end{pmatrix}$ (linear unabhängige)

Eigenvektoren zu $\lambda = 1$. $\vec{x}_3 = v \cdot \begin{pmatrix} 1 \\ 1 \\ 1 \end{pmatrix}$ ist Eigenvektor zu $\lambda = 4$.

c) Charakteristische Gleichung von C und Eigenwerte:

$$\det(C - \lambda E) = \begin{vmatrix} -3-\lambda & 1 & -1 \\ -7 & 5-\lambda & -1 \\ -6 & 6 & -2-\lambda \end{vmatrix} = -\lambda^3 + 12\lambda + 16 = 0 \Leftrightarrow \begin{cases} \lambda_1 = \lambda_2 = -2. \\ \lambda_3 = 4 \end{cases}$$

Zugehörige Eigenvektoren ($u, v, w \in \mathbb{R} \setminus \{0\}$):

$$\begin{pmatrix} -3-\lambda_1 & 1 & -1 \\ -7 & 5-\lambda_1 & -1 \\ -6 & 6 & -2-\lambda_1 \end{pmatrix} \cdot \begin{pmatrix} x \\ y \\ z \end{pmatrix} = \begin{pmatrix} -1 & 1 & -1 \\ -7 & 7 & -1 \\ -6 & 6 & 0 \end{pmatrix} \cdot \begin{pmatrix} x \\ y \\ z \end{pmatrix} = \begin{pmatrix} 0 \\ 0 \\ 0 \end{pmatrix} \text{ liefert}$$

$\vec{x}_1 = u \cdot \begin{pmatrix} 1 \\ 1 \\ 0 \end{pmatrix}$. Entsprechend erhält man den zu 4 gehörigen Eigenvektor zu $\vec{x}_2 = v \cdot \begin{pmatrix} 0 \\ 1 \\ 1 \end{pmatrix}$. Weitere Eigenvektoren besitzt C nicht.

d) Charakteristische Gleichung von D und Eigenwerte:

$$\det(D - \lambda E) = \begin{vmatrix} 1-\lambda & 1 & 3 \\ 1 & -\lambda & 1 \\ -1 & 1 & -\lambda \end{vmatrix} = (\lambda - 1) \cdot (\lambda^2 + 1) = 0 \Leftrightarrow \begin{cases} \lambda_1 = 1. \\ \lambda_2, \lambda_3 \notin \mathbb{R} \end{cases}$$

Zugehöriger Eigenvektor:

$$\begin{pmatrix} 1-\lambda_1 & 1 & 3 \\ 1 & -\lambda_1 & 1 \\ -1 & 1 & -\lambda_1 \end{pmatrix} \cdot \begin{pmatrix} x \\ y \\ z \end{pmatrix} = \begin{pmatrix} 0 & 1 & 3 \\ 1 & -1 & 1 \\ -1 & 1 & -1 \end{pmatrix} \cdot \begin{pmatrix} x \\ y \\ z \end{pmatrix} = \begin{pmatrix} 0 \\ 0 \\ 0 \end{pmatrix} \text{ liefert } \vec{x}_1 = u \cdot \begin{pmatrix} 4 \\ 3 \\ -1 \end{pmatrix}.$$

Weitere reelle Eigenvektoren besitzt D nicht.

e) Charakteristische Gleichung von F und Eigenwerte:

$$\det(F - \lambda E) = \begin{vmatrix} -3-\lambda & -7 & -5 \\ 2 & 4-\lambda & 3 \\ 1 & 2 & 2-\lambda \end{vmatrix} = -(\lambda - 1)^3 = 0 \Leftrightarrow \lambda = 1 \text{ (dreifach)}$$

Die allgemeine Lösung von

$$\begin{pmatrix} -3-\lambda & -7 & -5 \\ 2 & 4-\lambda & 3 \\ 1 & 2 & 2-\lambda \end{pmatrix} \cdot \begin{pmatrix} x \\ y \\ z \end{pmatrix} = \begin{pmatrix} -4 & -7 & -5 \\ 2 & 3 & 3 \\ 1 & 2 & 1 \end{pmatrix} \cdot \begin{pmatrix} x \\ y \\ z \end{pmatrix} = \begin{pmatrix} 0 \\ 0 \\ 0 \end{pmatrix} \text{ lautet } \vec{x} = u \cdot \begin{pmatrix} 3 \\ -1 \\ -1 \end{pmatrix}.$$

Dies ist der einzige Eigenvektor von F.

4. a) α) Die Matrix A besitzt wegen

$$\det(A-\lambda E) = \begin{vmatrix} \frac{1}{3}-\lambda & 0 & -\frac{\sqrt{8}}{3} \\ 0 & 1-\lambda & 0 \\ \frac{\sqrt{8}}{3} & 0 & \frac{1}{3}-\lambda \end{vmatrix} = -(\lambda-1)\cdot(\lambda^2 - \tfrac{2}{3}\lambda + 1) \text{ nur den einen reellen Eigenwert } \lambda = 1.$$

$\vec{x} = t \cdot \begin{pmatrix} 0 \\ 1 \\ 0 \end{pmatrix}$ mit $t \in \mathbb{R}$ ist zugehöriger Eigenvektor.

β) $\vec{x} = \vec{x}(t) = t \cdot \begin{pmatrix} 0 \\ 1 \\ 0 \end{pmatrix}$ (siehe α)) beschreibt die y-Achse. Ihre Punkte bleiben bei der Transformation mit Hilfe von A fest – sie ist also die Drehachse. Der Punkt P der x-Achse mit dem Ortsvektor $\vec{r}_P = (1,0,0)^T$ geht bei der Drehung in den Punkt mit dem Ortsvektor $\vec{r}_P' = A \cdot \vec{r}_P = \left(\frac{1}{3} \quad 0 \quad \frac{\sqrt{8}}{3}\right)^T$ über. Der Drehwinkel beträgt somit $\alpha = \arccos \frac{\vec{r}_P \cdot \vec{r}'_P}{|\vec{r}_P| \cdot |\vec{r}_P'|} = \arccos \frac{1}{3} = 1{,}23$ ($\triangleq 70{,}53^0$)

b) α) Die Matrix A besitzt wegen

$$\det(A-\lambda E) = \begin{vmatrix} \frac{2}{3}-\lambda & \frac{2}{3} & -\frac{1}{3} \\ -\frac{1}{3} & \frac{2}{3}-\lambda & \frac{2}{3} \\ \frac{2}{3} & -\frac{1}{3} & \frac{2}{3}-\lambda \end{vmatrix} = -(\lambda-1)\cdot(\lambda^2 - \lambda + 1) \text{ nur den einen reellen Eigenwert } \lambda = 1.$$

$\vec{x} = t \cdot \begin{pmatrix} 1 \\ 1 \\ 1 \end{pmatrix}$ mit $t \in \mathbb{R}$ ist zugehöriger Eigenvektor.

β) $\vec{x} = \vec{x}(t) = t \cdot \begin{pmatrix} 1 \\ 1 \\ 1 \end{pmatrix}$ (siehe a)) beschreibt eine Gerade durch den Ursprung. Ihre Punkte bleiben bei der Transformation mit Hilfe von A fest – sie ist also die Drehachse. Der Punkt P mit dem Ortsvektor $\vec{r}_P = (1 \quad -1 \quad 0)^T$ liegt in der Normalebene zur Drehachse durch den Ursprung. Er geht bei der Drehung in den Punkt mit dem Ortsvektor $\vec{r}_P' = A \cdot \vec{r}_P = (0 \quad -1 \quad 1)^T$ über. Der Drehwinkel beträgt somit $\alpha = \arccos \frac{\vec{r}_P \cdot \vec{r}_P'}{|\vec{r}_P| \cdot |\vec{r}_P'|} = \arccos \frac{1}{2} = \frac{\pi}{3}$.

5. a) Charakteristische Gleichung von A und Eigenwerte:

$$\det(A-\lambda E) = \begin{vmatrix} 2-\lambda & -2 \\ -2 & -1-\lambda \end{vmatrix} = \lambda^2 - \lambda - 6 = 0 \Leftrightarrow \lambda_1 = -2,\ \lambda_2 = 3.$$

Zugehörige Eigenvektoren ($u, v \in \mathbb{R}\setminus\{0\}$):

$$\begin{pmatrix} 2-\lambda_1 & -2 \\ -2 & -1-\lambda_1 \end{pmatrix}\begin{pmatrix} x \\ y \end{pmatrix} = \begin{pmatrix} 4 & -2 \\ -2 & 1 \end{pmatrix}\cdot\begin{pmatrix} x \\ y \end{pmatrix} = \begin{pmatrix} 0 \\ 0 \end{pmatrix} \text{ liefert } \vec{x}_1 = u\cdot\begin{pmatrix} 1 \\ 2 \end{pmatrix},$$

$$\begin{pmatrix} 2-\lambda_2 & -2 \\ -2 & -1-\lambda_2 \end{pmatrix}\cdot\begin{pmatrix} x \\ y \end{pmatrix} = \begin{pmatrix} -1 & -2 \\ -2 & -4 \end{pmatrix}\cdot\begin{pmatrix} x \\ y \end{pmatrix} = \begin{pmatrix} 0 \\ 0 \end{pmatrix} \text{ liefert } \vec{x}_2 = v\cdot\begin{pmatrix} -2 \\ 1 \end{pmatrix}.$$

Damit lautet die Transformationsmatrix $T = \begin{pmatrix} 1 & -2 \\ 2 & 1 \end{pmatrix}$. Mit

$T^{-1} = \frac{1}{5}\cdot\begin{pmatrix} 1 & 2 \\ -2 & 1 \end{pmatrix}$ erhält man $T^{-1}\cdot A\cdot T = \begin{pmatrix} -2 & 0 \\ 0 & 3 \end{pmatrix}$.

b) Charakteristische Gleichung von B und Eigenwerte:

$$\det(B-\lambda E) = \begin{vmatrix} -1-\lambda & 2 & 0 \\ 2 & 1-\lambda & 2 \\ 0 & 2 & -1-\lambda \end{vmatrix} = -\lambda^3 - \lambda^2 + 9\lambda + 9 = 0 \Leftrightarrow \begin{cases} \lambda_1 = -3 \\ \lambda_2 = -1. \\ \lambda_3 = 3 \end{cases}$$
(mit Horner-Schema)

Zugehörige Eigenvektoren ($u, v, w \in \mathbb{R}\setminus\{0\}$):

$$\begin{pmatrix} -1-\lambda_1 & 2 & 0 \\ 2 & 1-\lambda_1 & 2 \\ 0 & 2 & -1-\lambda_1 \end{pmatrix}\cdot\begin{pmatrix} x \\ y \\ z \end{pmatrix} = \begin{pmatrix} 2 & 2 & 0 \\ 2 & 4 & 2 \\ 0 & 2 & 2 \end{pmatrix}\cdot\begin{pmatrix} x \\ y \\ z \end{pmatrix} = \begin{pmatrix} 0 \\ 0 \\ 0 \end{pmatrix} \text{ liefert}$$

$\vec{x}_1 = u\cdot\begin{pmatrix} 1 \\ -1 \\ 1 \end{pmatrix}$. Entsprechend erhält man $\vec{x}_2 = v\cdot\begin{pmatrix} -1 \\ 0 \\ 1 \end{pmatrix}$ und $\vec{x}_3 = w\cdot\begin{pmatrix} 1 \\ 2 \\ 1 \end{pmatrix}$. Verwendet man die mit den normierten Eigenvektoren gebildete orthogonale Matrix $T = \begin{pmatrix} \frac{1}{3}\sqrt{3} & -\frac{1}{2}\sqrt{2} & \frac{1}{6}\sqrt{6} \\ -\frac{1}{3}\sqrt{3} & 0 & \frac{2}{6}\sqrt{6} \\ \frac{1}{3}\sqrt{3} & \frac{1}{2}\sqrt{2} & \frac{1}{6}\sqrt{6} \end{pmatrix}$, so ist $T^{-1} = T^T$ und man erhält $T^T\cdot B\cdot T = \begin{pmatrix} -3 & 0 & 0 \\ 0 & -1 & 0 \\ 0 & 0 & 3 \end{pmatrix}$.

c) Charakteristische Gleichung von C und Eigenwerte:

$$\det(C-\lambda E) = \begin{vmatrix} 1-\lambda & 1 & 0 \\ 1 & -\lambda & 1 \\ 0 & 1 & 1-\lambda \end{vmatrix} = -(\lambda-1)(\lambda-2)(\lambda+1) = 0 \Leftrightarrow \begin{cases} \lambda_1 = -1 \\ \lambda_2 = 1. \\ \lambda_3 = 2 \end{cases}$$

Zugehörige Eigenvektoren ($u, v, w \in \mathbb{R}\setminus\{0\}$):

$$\begin{pmatrix} 1-\lambda_1 & 1 & 0 \\ 1 & -\lambda_1 & 1 \\ 0 & 1 & 1-\lambda_1 \end{pmatrix}\cdot\begin{pmatrix} x \\ y \\ z \end{pmatrix} = \begin{pmatrix} 2 & 1 & 0 \\ 1 & 1 & 1 \\ 0 & 1 & 2 \end{pmatrix}\cdot\begin{pmatrix} x \\ y \\ z \end{pmatrix} = \begin{pmatrix} 0 \\ 0 \\ 0 \end{pmatrix} \text{ liefert } \vec{x}_1 = u\cdot\begin{pmatrix} 1 \\ -2 \\ 1 \end{pmatrix}. \text{ Entsprechend}$$

erhält man $\vec{x}_2 = v\cdot\begin{pmatrix} -1 \\ 0 \\ 1 \end{pmatrix}$ und $\vec{x}_3 = w\cdot\begin{pmatrix} 1 \\ 1 \\ 1 \end{pmatrix}$. Verwendet man die mit den normierten Eigenvektoren gebildete orthogonale Matrix $T = \begin{pmatrix} \frac{1}{6}\sqrt{6} & -\frac{1}{2}\sqrt{2} & \frac{1}{3}\sqrt{3} \\ -\frac{2}{6}\sqrt{6} & 0 & \frac{1}{3}\sqrt{3} \\ \frac{1}{6}\sqrt{6} & \frac{1}{2}\sqrt{2} & \frac{1}{3}\sqrt{3} \end{pmatrix}$, so ist $T^{-1} = T^T$ und man erhält

$$T^T\cdot B\cdot T = \begin{pmatrix} -1 & 0 & 0 \\ 0 & 1 & 0 \\ 0 & 0 & 2 \end{pmatrix}.$$

d) Charakteristische Gleichung von D und Eigenwerte:

$$\det(D-\lambda E)=\begin{vmatrix} 1-\lambda & -3 & 3 \\ 3 & -5-\lambda & 3 \\ 6 & -6 & 4-\lambda \end{vmatrix} = -(\lambda-4)(\lambda+2)^2=0 \Leftrightarrow \begin{cases} \lambda_1=\lambda_2=-2. \\ \lambda_3=4 \end{cases}$$

Die allgemeine Lösung von

$$\begin{pmatrix} 1-\lambda_1 & -3 & 3 \\ 3 & -5-\lambda_1 & 3 \\ 6 & -6 & 4-\lambda_1 \end{pmatrix}\cdot\begin{pmatrix} x \\ y \\ z \end{pmatrix} = \begin{pmatrix} 3 & -3 & 3 \\ 3 & -3 & 3 \\ 6 & -6 & 6 \end{pmatrix}\cdot\begin{pmatrix} x \\ y \\ z \end{pmatrix} = \begin{pmatrix} 0 \\ 0 \\ 0 \end{pmatrix}$$

lautet $\vec{x}=\alpha\cdot\begin{pmatrix} 1 \\ 1 \\ 0 \end{pmatrix}+\beta\cdot\begin{pmatrix} 1 \\ 0 \\ -1 \end{pmatrix}$ mit $\alpha, \beta \in \mathbb{R}$. Somit sind $\vec{x}_1=u\cdot\begin{pmatrix} 1 \\ 1 \\ 0 \end{pmatrix}$

und $\vec{x}_2=v\cdot\begin{pmatrix} 1 \\ 0 \\ -1 \end{pmatrix}$ (linear unabhängige) Eigenvektoren zu $\lambda=-2$.

$\vec{x}_3=w\cdot\begin{pmatrix} 1 \\ 1 \\ 2 \end{pmatrix}$ ist Eigenvektor zu $\lambda=4$. Damit lautet die Transformationsmatrix $T=\begin{pmatrix} 1 & 1 & 1 \\ 1 & 0 & 1 \\ 0 & -1 & 2 \end{pmatrix}$.

Mit $T^{-1}=\frac{1}{2}\cdot\begin{pmatrix} -1 & 3 & -1 \\ 2 & -2 & 0 \\ 1 & -1 & 1 \end{pmatrix}$ erhält man $T^{-1}\cdot D\cdot T=\begin{pmatrix} -2 & 0 & 0 \\ 0 & -2 & 0 \\ 0 & 0 & 4 \end{pmatrix}$.

e) Die Matrix F besitzt wegen $\det(F-\lambda E)=\begin{vmatrix} 2-\lambda & 2 & 3 \\ 0 & 1-\lambda & -1 \\ 0 & 1 & 2-\lambda \end{vmatrix} = -(\lambda-2)(\lambda^2-3\lambda+3)$ nur den einen reellen Eigenwert $\lambda=2$. F läßt sich folglich im Reellen nicht auf Diagonalform transformieren.

6. a) Es ist $q(\vec{x})=\vec{x}^T\cdot A\cdot\vec{x}$ mit $A=\begin{pmatrix} 5 & -2 \\ -2 & 8 \end{pmatrix}$

Eigenwerte von A: $\lambda_1=4, \lambda_2=9$.

Zugehörige (normierte) Eigenvektoren (Hauptachsenrichtungen):

$$\vec{x}_1^0=\frac{1}{\sqrt{5}}\cdot\begin{pmatrix} 2 \\ 1 \end{pmatrix}, \vec{x}_2^0=\frac{1}{\sqrt{5}}\cdot\begin{pmatrix} -1 \\ 2 \end{pmatrix}.$$

Hauptachsentransformation: $\vec{x}=T\cdot\vec{x}'$ mit $T=\frac{1}{\sqrt{5}}\cdot\begin{pmatrix} 2 & -1 \\ 1 & 2 \end{pmatrix}$.

Hauptachsenform:

$Q(\vec{x}')=(\vec{x}')^T\cdot T^T\cdot A\cdot T\cdot\vec{x}'=(\vec{x}')^T\cdot\begin{pmatrix} 4 & 0 \\ 0 & 9 \end{pmatrix}\cdot\vec{x}'=4(x')^2+9(y')^2$. Bei $q(\vec{x})=36$ handelt es sich um die Ellipse mit der Hauptachsenform $\frac{(x')^2}{9}+\frac{(y')^2}{4}=1$ und den oben angegebenen Hauptachsenrichtungen.

b) Es ist $q(\vec{x})=\vec{x}^T\cdot A\cdot\vec{x}$ mit $A=\begin{pmatrix} 3 & 1 \\ 1 & 3 \end{pmatrix}$.

Eigenwerte von A: $\lambda_1=2, \lambda_2=4$.

Zugehörige (normierte) Eigenvektoren (Hauptachsenrichtungen): $\vec{x}_1^0 = \frac{1}{\sqrt{2}} \cdot \begin{pmatrix} -1 \\ 1 \end{pmatrix}$, $\vec{x}_2^0 = \frac{1}{\sqrt{2}} \cdot \begin{pmatrix} 1 \\ 1 \end{pmatrix}$.

Hauptachsentransformation: $\vec{x} = T \cdot \vec{x}'$ mit $T = \frac{1}{\sqrt{2}} \cdot \begin{pmatrix} -1 & 1 \\ 1 & 1 \end{pmatrix}$.

Hauptachsenform:

$Q(\vec{x}') = (\vec{x}')^T \cdot T^T \cdot A \cdot T \cdot \vec{x}' = (\vec{x}')^T \cdot \begin{pmatrix} 2 & 0 \\ 0 & 4 \end{pmatrix} \cdot \vec{x}' = 2(x')^2 + 4(y')^2$. Bei $q(\vec{x}) = 8$ handelt es sich um eine Ellipse mit der Hauptachsenform $\frac{(x')^2}{4} + \frac{(y')^2}{2} = 1$ und den oben angegebenen Hauptachsenrichtungen.

c) Es ist $q(\vec{x}) = \vec{x}^T \cdot A \cdot \vec{x}$ mit $A = \begin{pmatrix} 4 & 12 \\ 12 & 11 \end{pmatrix}$.

Eigenwerte von A: $\lambda_1 = -5, \lambda_2 = 20$.
Zugehörige (normierte) Eigenvektoren (Hauptachsenrichtungen):

$\vec{x}_1^0 = \frac{1}{5} \cdot \begin{pmatrix} -4 \\ 3 \end{pmatrix}$, $\vec{x}_2^0 = \frac{1}{5} \cdot \begin{pmatrix} 3 \\ 4 \end{pmatrix}$.

Hauptachsentransformation:

$\vec{x} = T \cdot \vec{x}'$ mit $T = \frac{1}{5} \cdot \begin{pmatrix} -4 & 3 \\ 3 & 4 \end{pmatrix}$.

Hauptachsenform: $Q(\vec{x}') = (\vec{x}')^T \cdot T^T \cdot A \cdot T \cdot \vec{x}' = (\vec{x}')^T \cdot \begin{pmatrix} -5 & 0 \\ 0 & 20 \end{pmatrix} \cdot \vec{x}' = -5(x')^2 + 20(y')^2$

Bei $q(\vec{x}) = 20$ handelt es sich um eine Hyperbel mit der Hauptachsenform $-\frac{(x')^2}{4} + (y')^2 = 1$ und den oben angegebenen Hauptachsenrichtungen.

d) Es ist $q(\vec{x}) = \vec{x}^T \cdot A \cdot \vec{x}$ mit $A = \begin{pmatrix} 1/4 & -1/4 \\ -1/4 & 1/2 \end{pmatrix}$.

Eigenwerte von A: $\lambda_1 = 0{,}095$, $\lambda_2 = 0{,}655$.
Zugehörige (normierte) Eigenvektoren (Hauptachsenrichtungen):

$\vec{x}_1^0 = \begin{pmatrix} 0{,}851 \\ 0{,}526 \end{pmatrix}$, $\vec{x}_2^0 = \begin{pmatrix} -0{,}526 \\ 0{,}851 \end{pmatrix}$.

Hauptachsentransformation: $\vec{x} = T \cdot \vec{x}'$ mit $T = \begin{pmatrix} 0{,}851 & -0{,}526 \\ 0{,}526 & 0{,}851 \end{pmatrix}$.

Hauptachsenform:

$Q(\vec{x}') = (\vec{x}')^T \cdot T^T \cdot A \cdot T \cdot \vec{x}' = (\vec{x}')^T \cdot \begin{pmatrix} 0{,}095 & 0 \\ 0 & 0{,}655 \end{pmatrix} \cdot \vec{x}' = 0{,}095(x')^2 + 0{,}655(y')^2$

Bei $q(\vec{x}) = 1$ handelt es sich um eine Ellipse mit der Hauptachsenform $\frac{(x')^2}{\left(\frac{1}{\sqrt{0{,}095}}\right)^2} + \frac{(y')^2}{\left(\frac{1}{\sqrt{0{,}655}}\right)^2} = 1$ und den oben angegebenen Hauptachsenrichtungen.

7. a) Es ist $q(\vec{x}) = \vec{x}^T \cdot A \cdot \vec{x}$ mit $A = \begin{pmatrix} 2 & \frac{1}{2}\sqrt{2} & 1 \\ \frac{1}{2}\sqrt{2} & 3 & \frac{1}{2}\sqrt{2} \\ 1 & \frac{1}{2}\sqrt{2} & 2 \end{pmatrix}$.

Eigenwerte von A: $\lambda_1 = 1$, $\lambda_2 = 2$, $\lambda_3 = 4$.

Zugehörige (normierte) Eigenvektoren (Hauptachsenrichtungen):

$$\vec{x}_1^{\,0} = \frac{1}{\sqrt{2}} \cdot \begin{pmatrix} -1 \\ 0 \\ 1 \end{pmatrix}, \vec{x}_2^{\,0} = \frac{1}{2} \cdot \begin{pmatrix} 1 \\ -\sqrt{2} \\ 1 \end{pmatrix}, \vec{x}_3^{\,0} = \frac{1}{2} \cdot \begin{pmatrix} 1 \\ \sqrt{2} \\ 1 \end{pmatrix}.$$

Hauptachsentransformation: $\vec{x} = T \cdot \vec{x}'$ mit $T = \begin{pmatrix} -\frac{1}{2}\sqrt{2} & \frac{1}{2} & \frac{1}{2} \\ 0 & -\frac{1}{2}\sqrt{2} & \frac{1}{2}\sqrt{2} \\ \frac{1}{2}\sqrt{2} & \frac{1}{2} & \frac{1}{2} \end{pmatrix}$

Hauptachsenform: $Q(\vec{x}') = (\vec{x}')^T \cdot T^T \cdot A \cdot T \cdot \vec{x}' = (\vec{x}')^T \cdot \begin{pmatrix} 1 & 0 & 0 \\ 0 & 2 & 0 \\ 0 & 0 & 4 \end{pmatrix} \cdot \vec{x}' = (x')^2 + 2(y')^2 + 4(z')^2$. Bei $q(\vec{x}) = 4$

handelt es sich um ein Ellipsoid mit der Hauptachsenform $\frac{(x')^2}{2^2} + \frac{(y')^2}{(\sqrt{2})^2} + (z')^2 = 1$ und den oben angegebenen Hauptachsenrichtungen.

b) Es ist $q(\vec{x}) = \vec{x}^T \cdot A \cdot \vec{x}$ mit $A = \begin{pmatrix} 3 & \frac{1}{2}\sqrt{2} & \frac{1}{2}\sqrt{2} \\ \frac{1}{2}\sqrt{2} & 1 & 2 \\ \frac{1}{2}\sqrt{2} & 2 & 1 \end{pmatrix}$.

Eigenwerte von A: $\lambda_1 = -1$, $\lambda_2 = 2$, $\lambda_3 = 4$.
Zugehörige (normierte) Eigenvektoren (Hauptachsenrichtungen):

$$\vec{x}_1^{\,0} = \frac{1}{\sqrt{2}} \cdot \begin{pmatrix} 0 \\ -1 \\ 1 \end{pmatrix}, \vec{x}_2^{\,0} = \frac{1}{2} \cdot \begin{pmatrix} -\sqrt{2} \\ 1 \\ 1 \end{pmatrix}, \vec{x}_3^{\,0} = \frac{1}{2} \cdot \begin{pmatrix} \sqrt{2} \\ 1 \\ 1 \end{pmatrix}.$$

Hauptachsentransformation: $\vec{x} = T \cdot \vec{x}'$ mit $T = \begin{pmatrix} 0 & -\frac{1}{2}\sqrt{2} & \frac{1}{2}\sqrt{2} \\ -\frac{1}{2}\sqrt{2} & \frac{1}{2} & \frac{1}{2} \\ \frac{1}{2}\sqrt{2} & \frac{1}{2} & \frac{1}{2} \end{pmatrix}$

Hauptachsenform:

$$Q(\vec{x}') = (\vec{x}')^T \cdot T^T \cdot A \cdot T \cdot \vec{x}' = (\vec{x}')^T \cdot \begin{pmatrix} -1 & 0 & 0 \\ 0 & 2 & 0 \\ 0 & 0 & 4 \end{pmatrix} \cdot \vec{x}' = -(x')^2 + 2(y')^2 + 4(z')^2.$$

Bei $q(\vec{x}) = 8$ handelt es sich um ein einschaliges Hyperboloid (Kühlturm eines AKW) mit der Hauptachsenform $-\frac{(x')^2}{(\sqrt{8})^2} + \frac{(y')^2}{2^2} + \frac{(z')^2}{(\sqrt{2})^2} = 1$ und den oben angegebenen Hauptachsenrichtungen.

c) Es ist $q(\vec{x}) = \vec{x}^T \cdot A \cdot \vec{x}$ mit $A = \begin{pmatrix} 1 & 1 & 0 \\ 1 & 0 & -1 \\ 0 & -1 & 1 \end{pmatrix}$

Eigenwerte von A: $\lambda_1 = -1$, $\lambda_2 = 1$, $\lambda_3 = 2$.
Zugehörige (normierte) Eigenvektoren (Hauptachsenrichtungen):

$$\vec{x}_1^{\,0} = \frac{1}{\sqrt{6}} \cdot \begin{pmatrix} -1 \\ 2 \\ 1 \end{pmatrix}, \vec{x}_2^{\,0} = \frac{1}{\sqrt{2}} \cdot \begin{pmatrix} 1 \\ 0 \\ 1 \end{pmatrix}, \vec{x}_3^{\,0} = \frac{1}{\sqrt{3}} \cdot \begin{pmatrix} -1 \\ -1 \\ 1 \end{pmatrix}.$$

Hauptachsentransformation: $\vec{x} = T\cdot\vec{x}'$ mit $T = \begin{pmatrix} -\frac{1}{6}\sqrt{6} & \frac{1}{2}\sqrt{2} & -\frac{1}{3}\sqrt{3} \\ \frac{1}{3}\sqrt{6} & 0 & -\frac{1}{3}\sqrt{3} \\ \frac{1}{6}\sqrt{6} & \frac{1}{2}\sqrt{2} & \frac{1}{3}\sqrt{3} \end{pmatrix}$

Hauptachsenform:

$$Q(\vec{x}') = (\vec{x}')^T\cdot T^T\cdot A\cdot T\cdot\vec{x}' = (\vec{x}')^T\cdot\begin{pmatrix} -1 & 0 & 0 \\ 0 & 1 & 0 \\ 0 & 0 & 2 \end{pmatrix}\cdot\vec{x}' = -(x')^2 + (y')^2 + 2(z')^2$$

Bei $q(\vec{x}) = a$ handelt es sich für

$a < 0$ um ein zweischaliges Hyperboloid mit der Hauptachsenform

$$\frac{(x')^2}{(\sqrt{a})^2} - \frac{(y')^2}{(\sqrt{a})^2} - \frac{(z')^2}{\left(\frac{\sqrt{a}}{\sqrt{2}}\right)^2} = 1,$$

$a = 0$ um einen Kegel mit der Hauptachsenform

$$-(x')^2 + (y')^2 + 2(z')^2 = 0,$$

$a > 0$ um ein einschaliges Hyperboloid mit der Hauptachsenform

$$-\frac{(x')^2}{(\sqrt{a})^2} + \frac{(y')^2}{(\sqrt{a})^2} + \frac{(z')^2}{\left(\frac{\sqrt{a}}{\sqrt{2}}\right)^2} = 1.$$

d) Es ist $q(\vec{x}) = \vec{x}^T\cdot A\cdot\vec{x}$ mit $A = \begin{pmatrix} 5 & 0 & -3 \\ 0 & 6 & 0 \\ -3 & 0 & 5 \end{pmatrix}$

Eigenwerte von A: $\lambda_1 = 2$, $\lambda_2 = 6$, $\lambda_3 = 8$.
Zugehörige (normierte) Eigenvektoren (Hauptachsenrichtungen):

$$\vec{x}_1^0 = \frac{1}{\sqrt{2}}\cdot\begin{pmatrix} 1 \\ 0 \\ 1 \end{pmatrix}, \vec{x}_2^0 = \begin{pmatrix} 0 \\ 1 \\ 0 \end{pmatrix}, \vec{x}^0 = \frac{1}{\sqrt{2}}\cdot\begin{pmatrix} -1 \\ 0 \\ 1 \end{pmatrix}.$$

Hauptachsentransformation: $\vec{x} = T\cdot\vec{x}'$ mit $T = \begin{pmatrix} \frac{1}{2}\sqrt{2} & 0 & -\frac{1}{2}\sqrt{2} \\ 0 & 1 & 0 \\ \frac{1}{2}\sqrt{2} & 0 & \frac{1}{2}\sqrt{2} \end{pmatrix}$

Hauptachsenform:

$$Q(\vec{x}') = (\vec{x}')^T\cdot T^T\cdot A\cdot T\cdot\vec{x}' = (\vec{x}')^T\cdot\begin{pmatrix} 2 & 0 & 0 \\ 0 & 6 & 0 \\ 0 & 0 & 8 \end{pmatrix}\cdot\vec{x}' = 2(x')^2 + 6(y')^2 + 8(z')^2$$

Bei $q(\vec{x}) = 2$ handelt es sich um ein Ellipsoid mit der Hauptachsenform $(x')^2 + \frac{(y')^2}{\left(\frac{1}{\sqrt{3}}\right)^2} + \frac{(z')^2}{\left(\frac{1}{2}\right)^2} = 1$ und den oben angegebenen Hauptachsenrichtungen.

7.5

1. $|\vec{v}_{1\,\text{alt}}| = \sqrt{36+64} = 10$ $\quad\vec{v}_{1\,\text{neu}} = \begin{pmatrix} -10 \\ 0 \end{pmatrix}$ $\quad u = \begin{pmatrix} 6 \\ 8 \end{pmatrix} - \begin{pmatrix} -10 \\ 0 \end{pmatrix} = \begin{pmatrix} 16 \\ 8 \end{pmatrix}$

$$\vec{u}^0 = \frac{1}{\sqrt{256+64}}\begin{pmatrix} 16 \\ 8 \end{pmatrix} = \frac{8}{\sqrt{320}}\begin{pmatrix} 2 \\ 1 \end{pmatrix} = \frac{1}{\sqrt{5}}\begin{pmatrix} 2 \\ 1 \end{pmatrix}$$

$$\begin{pmatrix}6\\8\end{pmatrix}x+\begin{pmatrix}2\\3\end{pmatrix}y=\begin{pmatrix}10\\13\end{pmatrix}\leftarrow\begin{pmatrix}10\\13\end{pmatrix}-2\frac{\begin{pmatrix}10\\13\end{pmatrix}\begin{pmatrix}2\\1\end{pmatrix}}{\sqrt{5}\sqrt{5}}\begin{pmatrix}2\\1\end{pmatrix}=\begin{pmatrix}10\\13\end{pmatrix}-\frac{66}{5}\begin{pmatrix}2\\1\end{pmatrix}=\begin{pmatrix}-16,4\\-0,2\end{pmatrix}$$

$$\begin{pmatrix}2\\3\end{pmatrix}\leftarrow\begin{pmatrix}2\\3\end{pmatrix}-2\frac{\begin{pmatrix}2\\3\end{pmatrix}\begin{pmatrix}2\\1\end{pmatrix}}{\sqrt{5}\sqrt{5}}\begin{pmatrix}2\\1\end{pmatrix}=\begin{pmatrix}2\\3\end{pmatrix}-\frac{14}{5}\begin{pmatrix}2\\1\end{pmatrix}=\begin{pmatrix}-3,6\\0,2\end{pmatrix}$$

$$\begin{pmatrix}-10\\0\end{pmatrix}x+\begin{pmatrix}-3.6\\0.2\end{pmatrix}y=\begin{pmatrix}-16{,}4\\-0.2\end{pmatrix},$$

woraus $y=-1$, $x=2$ folgt.

2. $|\vec{v}_{1\,\text{alt}}|=\sqrt{16+4+16}=6 \qquad \vec{v}_{1\,\text{neu}}=\begin{pmatrix}-6\\0\\0\end{pmatrix}$; $\vec{u}=\begin{pmatrix}4\\2\\-4\end{pmatrix}-\begin{pmatrix}-6\\0\\0\end{pmatrix}=\begin{pmatrix}10\\2\\-4\end{pmatrix}$

$$\vec{u}^0=\frac{2}{\sqrt{100+4+16}}\begin{pmatrix}5\\1\\-2\end{pmatrix}=\frac{1}{\sqrt{30}}\begin{pmatrix}5\\1\\-2\end{pmatrix}$$

$$\begin{pmatrix}4\\2\\-4\end{pmatrix}x+\begin{pmatrix}2\\-1\\3\end{pmatrix}y+\begin{pmatrix}-3\\2\\2\end{pmatrix}z=\begin{pmatrix}3\\2\\-12\end{pmatrix}\leftarrow\begin{pmatrix}3\\2\\-12\end{pmatrix}-2\frac{\begin{pmatrix}3\\2\\-12\end{pmatrix}\begin{pmatrix}5\\1\\-2\end{pmatrix}}{\sqrt{30}\sqrt{30}}\begin{pmatrix}5\\1\\-2\end{pmatrix}=\begin{pmatrix}3\\2\\-12\end{pmatrix}-\frac{41}{15}\begin{pmatrix}5\\1\\-2\end{pmatrix}=\begin{pmatrix}-160/15\\-11/15\\-98/15\end{pmatrix}$$

$$\begin{pmatrix}-3\\2\\2\end{pmatrix}\leftarrow\begin{pmatrix}-3\\2\\2\end{pmatrix}-2\frac{\begin{pmatrix}-3\\2\\2\end{pmatrix}\begin{pmatrix}5\\1\\-2\end{pmatrix}}{\sqrt{30}\sqrt{30}}\begin{pmatrix}5\\1\\-2\end{pmatrix}=\begin{pmatrix}-3\\2\\2\end{pmatrix}+\frac{17}{15}\begin{pmatrix}5\\1\\-2\end{pmatrix}=\begin{pmatrix}40/15\\47/15\\-4/15\end{pmatrix}$$

$$\begin{pmatrix}2\\-1\\3\end{pmatrix}\leftarrow\begin{pmatrix}2\\-1\\3\end{pmatrix}-2\frac{\begin{pmatrix}2\\-1\\3\end{pmatrix}\begin{pmatrix}5\\1\\-2\end{pmatrix}}{\sqrt{30}\sqrt{30}}\begin{pmatrix}5\\1\\-2\end{pmatrix}=\begin{pmatrix}2\\-1\\3\end{pmatrix}-\frac{1}{5}\begin{pmatrix}5\\1\\-2\end{pmatrix}=\begin{pmatrix}1\\-6/5\\17/5\end{pmatrix}$$

Das neue System lautet:

$$\begin{pmatrix}-6\\0\\0\end{pmatrix}x+\begin{pmatrix}5/5\\-6/5\\17/5\end{pmatrix}y+\begin{pmatrix}40/15\\47/15\\-4/15\end{pmatrix}z=\begin{pmatrix}-160/15\\-11/15\\-98/15\end{pmatrix}$$

8 Differentialrechnung

8.1

1. a) $f'(0)=\lim\limits_{h\to0}\dfrac{\sqrt{2+h}-\sqrt{2}}{h}=\lim\limits_{h\to0}\dfrac{1}{\sqrt{2+h}+\sqrt{2}}=\frac{1}{4}\sqrt{2}$;

b) $f'(x)=\lim\limits_{h\to0}\dfrac{\sqrt{x+2+h}-\sqrt{x+2}}{h}=\dfrac{1}{2\sqrt{x+2}}$; c) $f_r'(-2)=\lim\limits_{h\downarrow0}\dfrac{\sqrt{h}}{h}=\infty$.

2. a) $\dfrac{\Delta f}{\Delta x} = \dfrac{-2}{(x+\Delta x-1)(x-1)}$ $(\Delta x \neq 0)$, $\dfrac{df}{dx} = \lim\limits_{\Delta x \to 0} \dfrac{\Delta f}{\Delta x} = \dfrac{-2}{(x-1)^2}$;

b) $\dfrac{\Delta f}{\Delta x} = 6x^2 - 2x + (6x-1)\Delta x + 2(\Delta x)^2$, $\Delta x \neq 0$, $\dfrac{df}{dx} = 6x^2 - 2x$;

c) $\dfrac{\Delta f}{\Delta x} = \dfrac{1}{\sqrt[3]{(x+\Delta x)^2} + \sqrt[3]{x(x+\Delta x)} + \sqrt[3]{x^2}}$ $(\Delta x \neq 0)$, $\dfrac{df}{dx} = \dfrac{1}{3\cdot\sqrt[3]{x^2}}$.

(Beachte: $(a-b)(a^2+ab+b^2) = a^3 - b^3$.)

3. $f'(x) = -\dfrac{3}{(x-2)^2} \Rightarrow -\dfrac{3}{(x_0-2)^2} = -3 \Rightarrow x_0 = 3$ $(x_0 = 1 \notin D_f)$.

4. $f_1'(x) = 2x$, $f_2'(x) = 3x^2 \Rightarrow 2x = 3x^2 \Rightarrow x_1 = 0$, $x_2 = \frac{2}{3}$.

5. Abszisse des Schnittpunktes: $\frac{3}{4}x^2 = \dfrac{x+1}{x-1} \Rightarrow x_1 = 2$, $\tan\alpha_1 = f'(2) = 3$, $\tan\alpha_2 = g'(2) = -2$, Schnittwinkel α:

$\tan\alpha = \tan(\alpha_2 - \alpha_1) = \dfrac{\tan\alpha_2 - \tan\alpha_1}{1 - \tan\alpha_1 \cdot \tan\alpha_2} = 1 \Rightarrow \alpha = \dfrac{\pi}{4}$.

6. a) $f'(x) = 2x$, $g'(x) = -2x$;
b) x_1 und x_2 seien die Abszissen der Berührungspunkte P_1 und $P_2 \Rightarrow f'(x_1) = g'(x_2) \Rightarrow x_1 = -x_2$ $\Rightarrow P_1(x_1, x_1^2+1)$, $P_2(-x_1, -x_1^2-1)$.
Gleichung der Tangenten an P_1: $y = 2x_1x - x_1^2 + 1$, an P_2: $y = 2x_1x + x_1^2 - 1$,
Koeffizientenvergleich: $x_1^2 - 1 = 1 - x_1^2 \Rightarrow x_{1,2} = \pm 1$.
Gemeinsame Tangenten: $y = 2x$, $y = -2x$.

7. $P\left(u, \dfrac{1}{u^2}\right)$ sei ein gesuchter Punkt $(u \neq 0)$. Gleichung der Tangente in P: $y = -\dfrac{2}{u^3}\cdot x + \dfrac{3}{u^2}$.

Schnitt mit f: $2x^3 - 3ux^2 + u^3 = 0 \Rightarrow x_{1,2} = u$, $x_3 = -\dfrac{u}{2}$.

Aus $f'\left(\dfrac{u}{2}\right) = -\dfrac{1}{f'(u)}$ folgt $\dfrac{16}{u^3} = \dfrac{u^3}{2} \Rightarrow u_{1,2} = \pm\sqrt[6]{32} = \pm 1{,}78\ldots$

8. a) $D_{f'} = \mathbb{R}\setminus\{-1{,}0\}$; b) $D_{f'} = \mathbb{R}\setminus\{0\}$; c) $D_{f'} = \mathbb{R}\setminus\mathbb{Z}$.

9. Nein, da $f_l'(4) = 2$ und $f_r'(4) = 4$.

10. Wegen $\lim\limits_{x\uparrow 0} f(x) = -1$ ist f an der Stelle 0 nicht stetig und daher auch nicht differenzierbar.

11. a) $f_l'(3) = -3$, $f_r'(3) = 3$; b) $f_l'(3) = f_r'(3) = \infty$; c) $f_l'(3) = 2$, $f_r'(3) = \frac{1}{2}$.

12. Auf $I = (1, \infty)$.

13. $v(t) = 5t - 3$, die Geschwindigkeit nach $4s$ beträgt also $17\ \mathrm{ms}^{-1}$.

14. $f_l'(2) = -\frac{1}{2}$, $f_r'(2) = a \Rightarrow a = -\frac{1}{2}$.

15. a) $x_1 = 2$, $x_2 = 6$; b) $f_l'(2) = -4$, $f_r'(2) = 4$, $f_l'(6) = -4$, $f_r'(6) = 4$.

8.2

1. a) $f'(x) = 8x^7 + 20x^3 - 9x^2$, $f''(x) = 56x^6 + 60x^2 - 18x$, $D_0 = D_1 = D_2 = \mathbb{R}$;
b) $f'(x) = (x^2 + 2x + 3)e^x$, $f''(x) = (x^2 + 4x + 5)e^x$, $D_0 = D_1 = D_2 = \mathbb{R}$;
c) $f'(x) = \dfrac{x^4 - 4x^2 + 2x - 1}{(x^2-1)^2}$, $f''(x) = \dfrac{2(2x^3 - 3x^2 + 6x - 1)}{(x^2-1)^3}$, $D_0 = D_1 = D_2 = \mathbb{R}\setminus\{-1{,}1\}$;

d) $f'(x)=\frac{1}{x^2}\cdot(1-\ln x)$, $\quad f''(x)=\frac{1}{x^3}\cdot(-3+2\ln x)$, $\quad D_0=D_1=D_2=\mathbb{R}^+$.

e) Beachtet man $(|x|)'=\operatorname{sgn} x$ für $x\neq 0$ und $x\cdot\operatorname{sgn} x=|x|\Rightarrow f'(x)=3x|x|$, $f''(x)=6|x|$, $D_0=D_1=D_2=\mathbb{R}$, die Stelle $x=0$ muß getrennt untersucht werden;

f) $f'(x)=32(2x-7)^{15}$, $\quad f''(x)=960(2x-7)^{14}$, $\quad D_0=D_1=D_2=\mathbb{R}$;

g) $f'(x)=\frac{4x}{2x^2+7}$, $\quad f''(x)=\frac{4(7-2x^2)}{(2x^2+7)^2}$, $\quad D_0=D_1=D_2=\mathbb{R}$;

h) $f'(t)=-2te^{-t^2}$, $\quad f''(t)=-2(1-2t^2)e^{-t^2}$, $\quad D_0=D_1=D_2=\mathbb{R}$.

2. Beweis durch vollständige Induktion.

3. a) $f'(x)=(x\cdot\sin x+\sin x+2x\cdot\cos x)e^x\sin x$, $\quad D_1=\mathbb{R}$;
b) $f'(x)=2(x\cdot\sin x+\cos x)e^{x^2}\sin x$, $\quad D_1=\mathbb{R}$;
c) $f'(x)=\begin{cases} 2x\cdot\sin x+x^2\cos x & \text{für } 0\leqq x<\pi \\ -2x\cdot\sin x-x^2\cos x & \text{für } \pi<x\leqq 2\pi\end{cases}$, $\quad D_1=[0,2\pi]\setminus\{\pi\}$

wegen $f_r'(\pi)=\pi^2$, $f_l'(\pi)=-\pi^2$ für $x=\pi$ nicht differenzierbar;

d) $f'(x)=\frac{|x-3|}{x-3}\cdot(2x\cdot\sin x+(x^2-9)\cdot\cos x)$, $\quad D_1=[0,2\pi]\setminus\{3\}$;

e) $f'(x)=\frac{x\cdot|x|+2x}{(|x|+1)^2}\cdot\sin x+\frac{x^2}{|x|+1}\cdot\cos x$, $\quad D_1=\mathbb{R}$;

f) $f'(x)=\sqrt{3x}\cdot\left(\frac{1}{2x}\cdot\sin x+\cos x\right)$, $\quad D_1=\mathbb{R}^+$.

4. a) $\dot{x}=a\omega\cos(\omega t+\varphi)$; b) $\dot{x}=c[\omega\cos(\omega t+\varphi)-\delta\sin(\omega t+\varphi)]e^{-\delta t}$; c) $\dot{x}=-c\rho^{-\rho t}$; d) $\dot{x}=-c\rho^2 te^{-\rho t}$.

5. a) f ist auf $(-2,2)$ einmal stetig differenzierbar; b) f ist auf $\mathbb{R}$ viermal stetig differenzierbar.

6. $a=-\frac{1}{2}$, $\quad b=2$, $\quad c=-\frac{3}{2}$.

7. $f'(0)=\lim\limits_{h\to 0}\frac{h+h^2\cdot\cos\frac{\pi}{h}}{h}=\lim\limits_{h\to 0}\left(1+h\cdot\cos\frac{\pi}{2}\right)=1$, $\quad f'(x)=\begin{cases} 1+\pi\sin\frac{\pi}{x}+2x\cdot\cos\frac{\pi}{x} & \text{für } x\neq 0\\ 1 & \text{für } x=0,\end{cases}$

d.h. f ist auf $\mathbb{R}$ differenzierbar.

8. Wegen $\lim\limits_{x\uparrow -2} f(x)=3$, $\lim\limits_{x\downarrow -2} f(x)=5$ ist f für $x=-2$ nicht stetig und daher auch dort nicht differenzierbar. Weiter ist $f_l'(-4)=-\infty$, $f_r'(-4)=\infty$ (Spitze), $f_l'(2)=-\frac{10}{3}$, $f_r'(2)=\frac{10}{3}$, jedoch $f_l'(-3)=f_r'(-3)=1$, $f_l'(-1)=f_r'(-1)=0\Rightarrow D_{f'}=\mathbb{R}\setminus\{-4,-2,2\}$. Durch formales Ableiten (beachte $(|x|)'=\operatorname{sgn} x=\frac{|x|}{x}$ für $x\neq 0$, $([x])'=0$ für $x\neq\mathbb{Z}$) erhalten wir

$$f'(x)=\begin{cases}\frac{\sqrt{|x+4|}}{x+4} & \text{für } x\in(-\infty,-3]\setminus\{-4\},\\ -[x+2] & \text{für } x\in(-3,-1)\setminus\{-2\},\\ \frac{10}{9}(x+1)\cdot\frac{|x-2|}{\dot{x}-2} & \text{für } x\in[-1,\infty)\setminus\{2\}.\end{cases}$$

9. (I) Induktionsanfang: Für $n=1$ ist

$$(f\cdot g)'=\sum_{k=0}^{1}\binom{1}{k}f^{(1-k)}\cdot g^{(k)}=f'g+fg'.$$

(II) Induktionsschritt:

$$A(k)\colon (f\cdot g)^{(k)} = \sum_{i=0}^{k}\binom{k}{i} f^{(k-i)}g^{(i)}$$

$$\Downarrow$$

$$(f\cdot g)^{(k+1)} = \left(\sum_{i=0}^{k}\binom{k}{i} f^{(k-i)}g^{(i)}\right)'$$

$$= \sum_{i=0}^{k}\binom{k}{i}(f^{(k+1-i)}g^{(i)} + f^{(k-i)}g^{(i+1)})$$

$$= \sum_{i=0}^{k}\binom{k}{i}(f^{(k+1-i)}g^{(i)} + \sum_{i=0}^{k}\binom{k}{i} f^{(k-i)}g^{(i+1)}$$

$$= \binom{k+1}{0} f^{(k+1)}g + \sum_{i=1}^{k}\left(\binom{k}{i}+\binom{k}{i-1}\right) f^{(k+1-i)}g^{(i)} + \binom{k+1}{k+1} fg^{(k+1)}$$

$$A(k+1)\colon (f\cdot g)^{(k+1)} = \sum_{i=0}^{k+1}\binom{k+1}{i} f^{(k+1-i)}g^{(i)}.$$

8.3

1. a) $f'(x) = (2x+3)(x^4-2x^2+7)+(x^2+3x-4)(4x^3-4x)$, $D_0 = D_1 = \mathbb{R}$;

   b) $f'(x) = 10(x^7-3x^5+7)^9(7x^6-15x^4)$, $D_0 = D_1 = \mathbb{R}$;

   c) $f'(x) = -\dfrac{10}{(1+5x)^2}$, $D_0 = D_1 = \mathbb{R}\backslash\{-\frac{1}{5}\}$;

   d) $f'(x) = -\dfrac{24x}{(1+4x^2)^4}$, $D_0 = D_1 = \mathbb{R}$;

   e) $f'(x) = \dfrac{-10x^6+30x^5-34x^4+80x^3+22x^2-34x+6}{(5x^4-2x^2+3)^2}$, $D_0 = D_1 = \mathbb{R}$;

   f) $f'(x) = \dfrac{-4x(3x^4-3x^2+1)}{(1-3x^4)^2}$, $D_0 = D_1 = \mathbb{R}\backslash\{\pm\frac{1}{3}\cdot\sqrt[4]{27}\}$;

   g) $f'(u) = \dfrac{-7}{2\sqrt{4-7u}}$, $D_0 = (-\infty.\frac{4}{7}]$, $D_1 = (-\infty,\frac{4}{7})$;

   h) $\dot{s}(t) = \dfrac{2-t}{\sqrt{(t^2+1)^3}}$, $D_0 = D_1 = \mathbb{R}$.

2. $f'(x) = \dfrac{-3x^2-2x+3}{(1+x^2)^2}$, $f'(1) = -\frac{1}{2}$, Tangente: $y = -\frac{1}{2}x+\frac{5}{2}$.

3. $s(1) = 5\,\mathrm{m}$, $s(2) = 20\,\mathrm{m}$, $s(5) = 125\,\mathrm{m}$, $\dot{s}(1) = 10\,\mathrm{ms}^{-1}$, $\dot{s}(2) = 20\,\mathrm{ms}^{-1}$, $\dot{s}(5) = 50\,\mathrm{ms}^{-1}$.

4. a) $f'(x) = \sin x + x\cdot\cos x$, $D_0 = D_1 = \mathbb{R}$;

   b) $f'(x) = \dfrac{x + x\cdot\tan^2 x - \tan x}{x^2}$, $D_0 = D_1 = \mathbb{R}\backslash\left\{0, \dfrac{2k+1}{2}\pi\right\}$, $k\in\mathbb{Z}$;

   c) $f'(x) = -\tan^2 x$, $D_0 = D_1 = \mathbb{R}\backslash\left\{\dfrac{2k+1}{2}\pi\right\}$, $k\in\mathbb{Z}$;

d) $f'(x)=\dfrac{\sin x - x\cdot\cos x}{\sin^2 x}$, $D_0=D_1=\mathbb{R}\setminus\{k\pi\}$, $k\in\mathbb{Z}$;

e) $f'(x)=-\sin^3 x$, $D_0=D_1=\mathbb{R}$;

f) $f'(x)=\dfrac{(1-x^2)\sin x - x\cdot\cos x}{(\sin x - x\cdot\cos x)^2}$, $D_0=D_1=\{x\,|\,x\neq\tan x\}$;

g) $f'(x)=-\dfrac{1}{\cos^4 x}$, $D_0=D_1=\mathbb{R}\setminus\left\{\dfrac{2k+1}{2}\pi\right\}$, $k\in\mathbb{Z}$;

h) $f'(x)=\dfrac{4(\sin 2x - 2x\cdot\cos 2x)}{(2x+\sin 2x)^2}$, $D_0=D_1=\mathbb{R}\setminus\{0\}$;

i) $f'(x)=3\tan^2(x^2\sin x)\cdot(1+\tan^2(x^2\sin x))\cdot(2x\sin x + x^2\cos x)$;

j) $f'(x)=-\dfrac{|x|}{x(1-\cos|x|)}$, $D_0=D_1=\mathbb{R}\setminus\{2k\pi\}$, $k\in\mathbb{Z}$;

k) $f'(x)=\dfrac{(x^2-1)\cdot x\cdot\cos x-(x^2+1)\cdot\sin x}{(x^2-1)|x^2-1|}$, $D_0=D_1=\mathbb{R}\setminus\{-1,1\}$;

l) $f'(x)=|\sin x|\cdot\cot x$, $D_0=\mathbb{R}$, $D_1=\mathbb{R}\setminus\{k\pi\}$, $k\in\mathbb{Z}$;

m) $f'(x)=\frac{1}{2}\sqrt{|\sin x|}\cdot\cot x$, $D_0=\mathbb{R}$, $D_1=\mathbb{R}\setminus\{k\pi\}$, $k\in\mathbb{Z}$;
n) $f'(x)=-\sin x$, $D_0=D_1=\mathbb{R}\setminus\{k\pi\}$, $k\in\mathbb{Z}$.

5. a) Schnitt y-Achse: $f(0)=1\Rightarrow P_1(0,1)\Rightarrow\alpha_1=116°33'54''$ Schnitt x-Achse: $f(x)=0\Rightarrow P_2(1,0)\Rightarrow\alpha_2=0°$;
b) Schnitt x-Achse: $P_k(k\pi,0)$, $k\in\mathbb{Z}$, $\alpha=45°$ bzw. $\alpha+135°$;
c) Schnitt x-Achse: $P(0,0)$, $\alpha=45°$.

6. a) $f'(x)=(\cos x-\sin x)e^{-x}$, $D_0=D_1=\mathbb{R}$;
b) $f'(x)=-\sin x\cdot e^{\cos x}$, $D_0=D_1=\mathbb{R}$;
c) $f'(x)=\dfrac{1}{x^2}\cdot e^{-1/x}$, $D_0=D_1=\mathbb{R}\setminus\{0\}$;
d) $f'(x)=-2xe^{-x^2}$, $D_0=D_1=\mathbb{R}$;
e) $f'(x)=x\cdot(2\sinh x + x\cdot\cosh x)$, $D_0=D_1=\mathbb{R}$;
f) $f'(x)=(1+\coth x-\coth^2 x)\cdot e^x$, $D_0=D_1=\mathbb{R}\setminus\{0\}$;

g) $f'(x)=\dfrac{x^2+x\cdot\sinh^3 x-\cosh x\cdot\sinh^2 x}{x^2\cdot\sinh^2 x}$, $D_0=D_1=\mathbb{R}\setminus\{0\}$;

h) $f'(x)=\frac{1}{2}\left(1-\tanh^2\dfrac{x}{2}\right)$, $D_0=D_1=\mathbb{R}$;

i) $f'(x)=\tan^2 x+\tanh^2 x$, $D_0=D_1=\mathbb{R}\setminus\left\{\dfrac{\pi}{2}+k\pi\right\}$, $k\in\mathbb{Z}$.

7. a) $x=k\pi$, $k\in\mathbb{Z}$; b) $x=\dfrac{k}{2}\pi$, $k\in\mathbb{Z}$; c) $x=\dfrac{2k+1}{2}\pi$, $k\in\mathbb{Z}$; d) $x=\dfrac{4k+1}{4}\pi$, $k\in\mathbb{Z}$.

8. a) $f'(x)=\dfrac{1+\tan^2 2x}{\sqrt{\tan 2x}}$, $D_0+\bigcup\limits_k\left[\dfrac{k}{2}\pi,\dfrac{2k+1}{4}\pi\right)$, $D_1=\bigcup\limits_k\left(\dfrac{k}{2}\pi,\dfrac{2k+1}{4}\pi\right)$. $k\in\mathbb{Z}$;

b) $f'(x)=\frac{1}{2}\cdot\sin\sqrt{x}$, $D_0=D_1=\mathbb{R}_0^+$;

c) $f'(x)=\dfrac{1}{2\sqrt{x(1-x)}}$, $D_0=[0,1]$, $D_1=(0,1)$;

d) $f'(x) = -\dfrac{1}{1+x^2}$, $D_0 = D_1 = \mathbb{R}\setminus\{0\}$;

e) $f'(x) = 2\arcsin x \cdot \dfrac{1}{\sqrt{1-x^2}}$, $D_0 = [-1,1]$, $D_1 = (-1,1)$;

f) $f'(x) = \dfrac{1}{2(1+x)^2}$, $D_0 = D_1 = \mathbb{R}$;

g) $f'(x) = \dfrac{1}{(1+x)(x^2-x+1)}$, $D_0 = D_1 = \mathbb{R}\setminus\{-1\}$;

h) $f'(x) = \dfrac{x}{1-x^4}$, $D_0 = D_1 = (-1,1)$;

i) $f'(x) = \dfrac{x^3}{a^4-x^4}$, $D_0 = D_1 = (-a,a)$, falls $a > 0$;

j) $f'(x) = -\dfrac{2}{1-x^2}$, $D_0 = D_1 = \mathbb{R}\setminus\{-1,1\}$;

k) $f'(x) = \ln|x|$, $D_0 = D_1 = \mathbb{R}\setminus\{0\}$;

l) $f'(x) = \left(\dfrac{\tan x}{x} + (1+\tan^2 x)\ln x\right)\cdot x^{\tan x}$, $D_0 = D_1 = \mathbb{R}^+\setminus\left\{\dfrac{2k+1}{2}\pi\right\}$, $k\in\mathbb{N}$;

m) $f'(x) = (\tan x)^{\ln x}\left[\dfrac{1}{x}\cdot\ln(\tan x) + (\ln x)\cdot\dfrac{1+\tan^2 x}{\tan x}\right]$,

$D_0 = \left(0, \dfrac{\pi}{2}\right)$ und $\bigcup\limits_n \left[n\pi, \dfrac{2n+1}{2}\pi\right)$, $n\in\mathbb{N}$, $D_1 = \bigcup\limits_n \left(n\pi, \dfrac{2n+1}{2}\pi\right)$, $n = 0, 1, \ldots$;

n) $f'(x) = \dfrac{1}{2\sqrt{x(x+1)}}$, $D_0 = [0,\infty)$, $D_1 = (0,\infty)$;

o) $f'(x) = \dfrac{2x}{\sqrt{x^4-1}}$, $D_0 = (-\infty,-1]\cup[1,\infty)$, $D_1 = (-\infty,-1)\cup(1,\infty)$;

p) da $D_0 = \emptyset$, ist f keine Funktion;

q) $f'(x) = (\operatorname{artanh} x)^2 \cdot \dfrac{1}{1-x^2}$, $D_0 = D_1 = (-1,1)$;

r) $f'(x) = \dfrac{|x|e^{|x|}}{x}$, $D_0 = \mathbb{R}$, $D_1 = \mathbb{R}\setminus\{0\}$;

s) $f'(x) = \dfrac{1}{x\cdot\ln|x|}$, $D_0 = D_1 = \mathbb{R}\setminus\{-1,0,1\}$.

9. $$\lim_{h\downarrow 0}\frac{\ln(x+h)+\ln x}{h} = \lim_{n\to\infty} n\cdot\left[\ln\left(x+\frac{1}{n}\right) - \ln x\right] = \lim_{n\to\infty}\ln\left(1+\frac{1}{nx}\right)^n = \lim_{n\to\infty}\frac{1}{x}\cdot\ln\left(1+\frac{1}{nx}\right)^{nx}$$

$$= \frac{1}{x},$$ analog für $h\uparrow 0$.

10. a) $f^{(5)}(x) = 5!$; b) $f'''(x) = x^2(47 + 60\cdot\ln x)$;
c) $f^{(4)}(x) = 16(3+4x+x^2)e^{2x}$; d) $f^{(5)}(x) = (-20+10x-x^2)e^{-x}$.

11. a) $f^{(n)}(x)=\dfrac{2\cdot n!}{(1-x)^{n+1}}$;

b) $f^{(n)}(x)=(-1)^{n+1}\cdot\dfrac{1\cdot 3\cdots(2n-3)}{2^n x^{n-1}\sqrt{x}}$;

c) $f^{(2n-1)}(x)=(-1)^{n+1}2^{2n-2}\cdot\sin 2x,\quad f^{(2n)}(x)=(-1)^{n+1}2^{2n-1}\cos 2x$;

d) $f^{(n)}(x)=(-1)^{n+1}\cdot\dfrac{(n-1)!}{(1+x)^n}+\dfrac{(n-1)!}{(1-x)^n}$;

e) $f^{(2n-1)}(x)=(-1)^{n-1}a^{2n-1}\cos ax,\quad f^{(2n)}(x)=(-1)^n a^{2n}\sin ax$.

f) Mit Aufgabe 9 in Abschnitt 8.2 erhält man

$f^{(n)}(x)=2^{n-3}(8x^3+12nx^2+6n(n-1)x+n(n-1)(n-2))e^{2x}$, wenn man dabei $(x^3)^{(n)}=0$ für $n=4, 5, 6,\ldots$ beachtet.

12. f differenzieren und in die Differentialgleichung einsetzen.

13. (I) Induktionsanfang: Für $n=1$ gilt

$$(\ln(x+2))'=\frac{(-1)^0\cdot 0!}{x+2}=\frac{1}{x+2}\quad \text{für alle } x\in(-2,\infty).$$

(II) Induktionsschritt:

$$A(k)\colon (\ln(x+2))^{(k)}=\frac{(-1)^{k-1}(k-1)!}{(x+2)^k}$$

$$\Downarrow$$

$$A(k+1)\colon (\ln(x+2))^{(k+1)}=\left(\frac{(-1)^{k-1}(k-1)!}{(x+2)^k}\right)'=\frac{-k(-1)^{k-1}(k-1)!}{(x+2)^{k+1}}=\frac{(-1)^k k!}{(x+2)^{k+1}}.$$

14. a) Nullstellen $x_k=ak\pi$, $(k\in\mathbb{Z})$, $\quad f'(x_k)=(-1)^k$;
b) Nullstellen $x_k=ak\pi$, $f'(x_k)=1$, $\quad k\in\mathbb{Z}$;
c) Nullstelle $x=a$, $\quad f'(a)=1$.

15. $f'(0)=1\Rightarrow\alpha=45°$.

16. $f'(x)=\dfrac{a(1-bx^2)}{(1+bx^2)^2}$, $f'(0)=a\Rightarrow a=1$.

17. Aus $1=1+x\cdot\ln x$ folgt $x\cdot\ln x=0\Rightarrow x=1\Rightarrow f'(1)=1\Rightarrow$ Gleichung der Tangente: $y=x$.

18. Aus $3=\sqrt{6-2x-x^3}$ folgt $x_1=-1$ (einzige Lösung). Wegen $f'(-1)=-\frac{5}{6}$ ist $m_N=\frac{6}{5}\Rightarrow$ Gleichung der Normalen $y=\frac{6}{5}x+\frac{21}{5}$.

19. $f'(x)=-\tan\dfrac{x}{a}\Rightarrow f'(2a\pi)=0\Rightarrow$ Normale parallel zur y-Achse.

20. Gleichung der Tangenten: $y=af'(x_0)\cdot x+a(f(x_0)-x_0f'(x_0))$.
Schnittpunkte der Tangenten: $x_s=x_0-\dfrac{f(x_0)}{f'(x_0)}$, $y_s=0$, also unabhängig von a.

21. $f'(x)=1\Rightarrow x^3(3x-8)=0\Rightarrow x_1=0$, $x_2=\frac{8}{3}$, x_1 entfällt, da $f'(0)$ nicht existiert.
Gleichung der Tangente: $y=x-4$.

22. a) Schnitt: $\sqrt{x^2-a^2}=\dfrac{b^2}{x}\Rightarrow x_1=\frac{1}{2}\sqrt{2a^2+2\sqrt{a^4+4b^4}}$ (alle anderen Lösungen entfallen), mit

$$f'(x)=\frac{x}{\sqrt{x^2-a^2}}\quad\text{und}\quad g'(x)=-\frac{b^2}{x^2}\quad\text{folgt } f'(x_1)\cdot g'(x_1)=-1;$$

b) Schnitt: $\sqrt{2ax+a^2}=\sqrt{b^2-2bx} \Rightarrow x_1=\dfrac{b-a}{2}$.

Mit $f'(x)=\dfrac{a}{\sqrt{2ax+a^2}}$, $g'(x)=-\dfrac{b}{\sqrt{b^2-2bx}}$ folgt $f'(x_1)\cdot g'(x_1)=-1$.

23. Schnitt: $\tan x_s=\cos x_s \Rightarrow \sin x_s=\cos^2 x_s \Rightarrow \sin^2 x_s+\sin x_s-1=0 \Rightarrow \sin x_s=-\frac{1}{2}\pm\sqrt{\frac{1}{4}+1}$
$\Rightarrow \sin x_s=\frac{1}{2}(\sqrt{5}-1) \Rightarrow \sin x_s=0{,}618\ldots \Rightarrow x_s=0{,}666\ldots (x_s=33°10'21{,}7'') \Rightarrow y_s=\cos x_s=\frac{1}{2}\sqrt{2\sqrt{5}-2}$.
$f_1'(x)=-\sin x$, $f_2'(x)=1+\tan^2 x$

$$f_1'(x_s)\cdot f_2'(x_s)=-\sin x_s\cdot(1+\tan^2 x_s)=-\tfrac{1}{2}(\sqrt{5}-1)\cdot\frac{2}{\sqrt{5}-1}=-1.$$

8.4

1. a) $\mathrm{d}f(2)=82\mathrm{d}x$; b) $\mathrm{d}f(3)=-\frac{1}{4}\mathrm{d}x$;
   c) $\mathrm{d}f\left(\dfrac{\pi}{3}\right)=-\frac{1}{2}\sqrt{3}\mathrm{d}x$; d) $\mathrm{d}f(1)=\mathrm{d}x$.

2. a) $\Delta y=3(x^2-2)\Delta x+3x(\Delta x)^2+(\Delta x)^3$; b) $\mathrm{d}y=3(x^2-2)\mathrm{d}x$;
   c) $\Delta y-\mathrm{d}y=3x(\mathrm{d}x)^2+(\mathrm{d}x)^3$.

3. Funktionen, deren Graphen Geraden sind, d.h. $f\colon x\mapsto ax+b$.

4. a) $2ax+b\cdot\sin x$; b) $a(\omega\cos\omega t-\sin\omega t)\mathrm{e}^{-t}$;
   c) $b-x\cdot\cos a$; d) $\sin v+v\cdot\sin u$.

5. a) $\hat{f}(x)=-\frac{13}{64}\cdot x+\frac{63}{64}$; b) $\hat{f}(x)=\lg e\cdot(x-1)$;
   c) $\hat{f}(x)=\frac{1}{2}x+1$; d) $\hat{f}(x)=\frac{1}{2}x+1$;
   e) $\hat{f}(x)=1$; f) $\hat{f}(x)=4x$.

6. $\mathrm{d}T=\pi\sqrt{\dfrac{l}{g}}\cdot\dfrac{\mathrm{d}l}{l}\Rightarrow\dfrac{\mathrm{d}T}{T}=\frac{1}{2}\cdot\dfrac{\mathrm{d}l}{l}\Rightarrow T$ kann ungefähr auf 0,5% genau angegeben werden.

7. $T=\dfrac{2\pi}{\sqrt{g}}\Rightarrow\mathrm{d}T=-\dfrac{\pi}{g\sqrt{g}}\cdot\mathrm{d}g\Rightarrow|\Delta T|\approx\dfrac{\pi}{g\sqrt{g}}|\Delta g|$; mit $\Delta g=\frac{1}{2}\cdot 10^{-6}$ folgt $\Delta T\approx\frac{1}{2}\cdot 10^{-7}$, d.h. T muß auf sechs Stellen nach dem Komma genau angegeben werden.

8. Aus $V=\dfrac{4\pi}{3}\cdot r^3$ folgt $\mathrm{d}V=4\pi r^2\mathrm{d}r\Rightarrow|\Delta V|\approx 4\pi r^2|\Delta r|$, mit $r=20$, $\mathrm{d}r=\Delta r=0{,}05$ ergibt sich $\Delta V\approx 251{,}327\,\mathrm{cm}^3$.

9. $\beta=\arcsin\left(\dfrac{1}{n}\cdot\sin\alpha\right)\Rightarrow\mathrm{d}\beta=\dfrac{\cos\alpha}{\sqrt{n^2-\sin^2\alpha}}\cdot\mathrm{d}\alpha$

$$\left|\frac{\Delta\beta}{\beta}\right|\approx\left|\frac{\cos\alpha}{\arcsin\left(\frac{1}{n}\cdot\sin\alpha\right)\cdot\sqrt{n^2-\sin^2\alpha}}\right|\cdot|\Delta\alpha|.$$

8.5

1. Nein! Gegenbeispiel: f mit $f(x)=x^3$, $D_f=[-1,1]$.

2. $x_i (i=1,2,\ldots)$ seien die Nullstellen der Ableitung
   a) $-10<x_1<-6<x_2<6$; b) $0<x_1<1$.

3. $\dfrac{f(b)-f(a)}{b-a}=13\Rightarrow 6\xi-8=13\Rightarrow\xi=\frac{7}{2}$.

4. a) $\xi = \mathrm{e} - 1$; b) $\xi = \frac{1}{3}(2+\sqrt{7})$; c) $\xi = 1{,}95995\ldots\pi$.

5. a) $\vartheta = \dfrac{1}{1+a}$; b) $\vartheta = \dfrac{1}{\sqrt[n-1]{n}}$.

c) $\left.\begin{aligned} m_s &= \dfrac{f(b)-f(a)}{b-a} = -\dfrac{1}{ab} \\ f'(\xi) &= -\dfrac{1}{\xi^2} \end{aligned}\right\} \Rightarrow \xi = \sqrt{ab}$. Wegen $\sqrt{ab} < \dfrac{a+b}{2}$ folgt die Behauptung.

6. a) $f(x) = x^4$, $f'(x) = 4x^3$, $x = 1$, $h = -0{,}002 \Rightarrow 0{,}998^4 \approx 0{,}992$;

b) $f(x) = \sqrt[4]{x}$, $f'(x) = \dfrac{1}{4\cdot\sqrt[4]{x^3}}$, $x = 1$, $h = 0{,}005$, $\sqrt[4]{1{,}005} = 1 + 0{,}005\cdot\dfrac{1}{4\cdot\sqrt[4]{1+\vartheta h}} \approx 1{,}00125$;

c) $f(x) = \ln(\cos x)$, $f'(x) = -\tan x$, $x = 0$, $h = 0{,}01$
$\ln(\cos 0{,}01) = \ln\cos 0 - h\cdot\tan 0{,}01\,\vartheta \Rightarrow 0 > \ln(\cos 0{,}01) > -0{,}0001 \Rightarrow \ln(\cos 0{,}01) \approx -0{,}00005$;

d) $f(1{,}03) = f(1) + 0{,}03\cdot f'(1+0{,}03\vartheta)$, $f(1) = 5$, $f(1{,}03) \approx 5{,}27$;

e) $g(x) = \dfrac{1}{\cos^2 x}$, $g'(x) = \dfrac{2\cdot\tan x}{\cos^2 x} \Rightarrow g(10^{-3}) \approx 1{,}000001$.

7. a) $f'(x) = 0$ für alle $x \in D_f \Rightarrow$ (Satz 8.26) f ist eine konstante Funktion;

b) $g'(x) = \begin{cases} 0 & \text{für } -\frac{1}{2}\sqrt{2} < x < \frac{1}{2}\sqrt{2} \\ -\dfrac{4}{\sqrt{1-x^2}} & \text{für } \frac{1}{2}\sqrt{2} < |x| < 1 \end{cases}$, d.h. g ist nicht konstant.

8. a) $f(x) = x - \ln(1+x)$, $x = 0$, $h = x \Rightarrow x - \ln(1+x) = \dfrac{\vartheta x^2}{1+\vartheta x} > 0$;

b) $f(x) = \mathrm{e}^x$, $x = 0$, $h = x \Rightarrow \mathrm{e}^x = 1 + x\mathrm{e}^{\vartheta x}$, wegen $x\mathrm{e}^{\vartheta x} \geqq x$ (Gleichheit nur für $x = 0$) folgt die Behauptung;

c) $f(x) = \arctan x$, $f'(x) = \dfrac{1}{1+x^2} \Rightarrow \dfrac{\arctan b - \arctan a}{b-a} = \dfrac{1}{1+\xi^2}$, $a < \xi < b$,

$\xi > a \Rightarrow \dfrac{1}{1+\xi^2} < \dfrac{1}{1+a^2}$, $\xi < b \Rightarrow \dfrac{1}{1+\xi^2} > \dfrac{1}{1+b^2}$;

d) Setze in c) $a = 1$, $b = \frac{4}{3}$.

9. Wegen $\lim\limits_{x\uparrow 0} g(x) = -1$, $\lim\limits_{x\downarrow 0} g(x) = 1$, hat g in $x = 0$ eine Sprungstelle.
Nach Satz 8.27 kann g daher nicht Ableitungsfunktion einer differenzierbaren Funktion sein.

10. f_1, f_2 hätten die Eigenschaft, d.h. $f_1' = f_1$, $f_2' = f_2$. Es sei

$g = \dfrac{f_1}{f_2} \Rightarrow g' = \dfrac{f_1' f_2 - f_1 f_2'}{f_2^2} = 0 \Rightarrow g = c \Rightarrow f_1 = c\cdot f_2$.

11. $h = (f^2 - g^2) \Rightarrow h' = 2ff' - 2gg' = 2fg - 2fg = 0 \Rightarrow h$ ist eine konstante Funktion für alle $x \in [a, b]$.
$h(a) = [f(a)]^2 - [g(a)]^2 = 1 \Rightarrow h(x) = 1$.

12. a) $\cos x = 1 - \dfrac{x^2}{2!} + \dfrac{x^4}{4!} \mp \cdots + (-1)^k\cdot\dfrac{x^{2k}}{(2k)!} + R_{2k+1}$ mit $R_{2k+1} = (-1)^{k+1}\cdot\dfrac{\cos\vartheta x}{(2k+2)!}\cdot x^{2k+2}$;

b) $\ln\left(\frac{1+x}{1-x}\right)=2\left[x+\frac{x^3}{3}+\frac{x^5}{5}+\cdots+\frac{x^{2k-1}}{2k-1}\right]+R_{2k}$, mit

$$R_{2k}=\frac{1}{2k+1}\left(\frac{1}{(1+\vartheta x)^{2k+1}}+\frac{1}{(1-\vartheta x)^{2k+1}}\right)\cdot x^{2k+1};$$

c) $\sinh x=x+\frac{x^3}{3!}+\frac{x^5}{5!}+\cdots+\frac{x^{2k-1}}{(2k-1)!}+R_{2k}$ mit $R_{2k}=\frac{\cosh(\vartheta x)}{(2k+1)!}\cdot x^{2k+1}$.

13. $\ln(1+x)=x-\frac{x^2}{2}\pm\cdots+(-1)^{n-1}\cdot\frac{x^n}{n}+R_n$, mit $|R_n|\leqq\frac{1}{n+1}\Rightarrow n\geqq\frac{1}{|R_n|}-1=2\cdot 10^3-1$.

14. $\tan x=x+R_2$, mit $R_2=\frac{2(1+2\sin^2\vartheta x)}{3!\cos^4\vartheta x}\cdot x^3\Rightarrow|R_2|\approx\frac{2}{3!}|x|^3=\frac{1}{3}\cdot 10^{-3}$.

15. $\frac{U_0-U}{U_0}=1-\frac{U}{U_0}=1-\frac{R_a}{R_i+R_a}=1-\frac{1}{1+\frac{R_i}{R_a}}=1-\left(1-\frac{R_i}{R_a}\pm\cdots\right)$, d.h. $\frac{U_0-U}{U_0}\approx\frac{R_i}{R_a}$.

16. a) $f(x)=135+251(x-3)+185(x-3)^2+69(x-3)^3+13(x-3)^4+(x-3)^5$,
$f'(3)=251,\ f''(3)=370,\ f'''(3)=414,\ f^{(4)}(3)=312,\ f^{(5)}(3)=120$;
b) $f(x)=-25+38(x+1)-31(x+1)^2+4(x+1)^3+9(x+1)^4-6(x+1)^5+(x+1)^6$,
$f'(-1)=38,\ f''(-1)=-62,\ f'''(-1)=24,\ f^{(4)}(-1)=216,\ f^{(5)}(-1)=-720,\ f^{(6)}(-1)=720$.

17. Durch Polynomdivision erhält man: $r(x)=x^3-5x^2+2x-1+\frac{3x^2-4x+2}{(x-1)^3}$.

Mit Hilfe des vollständigen Hornerschemas (für den ganzen Anteil) und der Partialbruchzerlegung (für den echt gebrochenen Anteil) ergibt sich:

$$r(x)=\frac{1}{(x-1)^3}+\frac{2}{(x-1)^2}+\frac{3}{x-1}-3-5(x-1)-2(x-1)^2+(x-1)^3.$$

Die Koeffizienten lauten demnach:

$a_{-3}=1,\ a_{-2}=2,\ a_{-1}=3,\ a_0=-3,\ a_1=-5,\ a_2=-2$ und $a_3=1$.

18. a) Aus den zwei Gleichungen

$$f(x_2)=f(x_1)+hf'(x_1)+\frac{h^2}{2!}f''(x_1)+\frac{h^3}{3!}f'''(x_1+\vartheta h)$$

$$f(x_3)=f(x_1)+2hf'(x_1)+\frac{4h^2}{2!}f''(x_1)+\frac{8h^3}{3!}f'''(x_1+\vartheta 2h)$$

erhalten wir nach kurzer Rechnung, wenn die erste Gleichung mit -2 multipliziert und zur zweiten addiert wird:

$$f''(x_1)=\frac{f(x_1)-2f(x_2)+f(x_3)}{h^2}-hf'''(x_1+\vartheta h).$$

b) Folgende vier Gleichungen ergeben sich:

$$f(x_1)=f(x_3)-2hf'(x_3)+\frac{4h^2}{2!}f''(x_3)-\frac{8h^3}{3!}f'''(x_3)+\frac{16h^4}{4!}f^{(4)}(x_3)-\frac{32h^5}{5!}f^{(5)}(x_3+\vartheta 2h)$$

$$f(x_2)=f(x_3)-hf'(x_3)+\frac{h^2}{2!}f''(x_3)-\frac{h^3}{3!}f'''(x_3)+\frac{h^4}{4!}f^{(4)}(x_3)-\frac{h^5}{5!}f^{(5)}(x_3+\vartheta h)$$

$$f(x_4)=f(x_3)+hf'(x_3)+\frac{h^2}{2!}f''(x_3)+\frac{h^3}{3!}f'''(x_3)+\frac{h^4}{4!}f^{(4)}(x_3)+\frac{h^5}{5!}f^{(5)}(x_3+\vartheta h)$$

$$f(x_1)=f(x_3)+2hf'(x_3)+\frac{4h^2}{2!}f''(x_3)+\frac{8h^3}{3!}f'''(x_3)+\frac{16h^4}{4!}f^{(4)}(x_3)+\frac{32h^5}{5!}f^{(5)}(x_3+\vartheta 2h)$$

Es werden Zahlen $\alpha_1, \ldots, \alpha_4$ bestimmt, die die Terme für f', f''' und $f^{(4)}$ verschwinden lassen, wenn man die obigen Gleichungen mit diesen multipliziert und dann die Gleichungen addiert. Folgendes Gleichungssystem ergibt sich damit:

$$\begin{array}{l} -2\alpha_1-\alpha_2+\alpha_3+\ 2\alpha_4=0 \\ -8\alpha_1-\alpha_2+\alpha_3+\ 8\alpha_4=0 \\ 16\alpha_1+\alpha_2+\alpha_3+16\alpha_4=0 \end{array} \Leftrightarrow \begin{array}{l} -2\alpha_1-\alpha_2+\alpha_3+2\alpha_4=0 \\ \alpha_2-\alpha_3=0. \\ \alpha_3+16\alpha_4=0 \end{array}$$

Wählt man $\alpha_4=-1$, dann ergibt sich $\alpha_1=\alpha_4=-1$ und $\alpha_2=\alpha_3=16$ und damit

$$f''(x_3)=\frac{-f(x_1)+16f(x_2)-30f(x_3)+16f(x_4)-f(x_5)}{12h^2}+\frac{h^3}{45}f^{(5)}(x_3+\vartheta h).$$

8.6

1. a) $\lim\limits_{x\downarrow 1}\dfrac{x}{2\sqrt{x-1}}=\infty$; b) $\lim\limits_{x\to\pi}\dfrac{3\cdot\cos 3x\cdot\cos^2 5x}{5}=-\frac{3}{5}$;

   c) 4; d) $\frac{3}{2}$; e) 2; f) 2; g) $-\frac{1}{2}$; h) 0; i) 0; j) $\dfrac{2}{\pi}$; k) 1; l) $\frac{1}{3}$.

2. a) 1; b) e; c) e^2; d) 1; e) $\dfrac{1}{e}$; f) $\dfrac{1}{\sqrt{e}}$; g) 1; h) 1; i) e.

3. a) e^5; b) ja, durch $f(0)=e^3$.

4. a) $$\lim_{x\to 0}\frac{\sin x-\arctan x}{x^2\ln(1+x)}=\lim_{x\to 0}\frac{\cos x-\dfrac{1}{1+x^2}}{2x\ln(1+x)+\dfrac{x^2}{1+x}}=\lim_{x\to 0}\frac{-\sin x+\dfrac{2x}{(1+x^2)^2}}{2\ln(1+x)+\dfrac{x(3x+4)}{(1+x)^2}}=\cdots=\frac{1}{6}.$$

   b) $$\lim_{x\to 0}\frac{\sin x-\arctan x}{x^2\ln(1+x)}=\lim_{x\to 0}\frac{\left(x-\dfrac{x^3}{3!}+\dfrac{x^5}{5!}\mp\cdots\right)-\left(x-\dfrac{x^3}{3}+\dfrac{x^5}{5}\mp\cdots\right)}{x^2\left(x-\dfrac{x^2}{2}+\dfrac{x^3}{3}\mp\cdots\right)}$$
   $$=\lim_{x\to 0}\frac{x^3\left(\frac{1}{6}-\dfrac{23}{5!}x^2\pm\cdots\right)}{x^3\left(1-\dfrac{x}{2}+\dfrac{x^2}{3}\mp\cdots\right)}=\frac{1}{6}.$$

5. Da die Ableitung des Zählers für $x\to 0$ nicht konvergent ist.

6. s bezeichne die Länge des Bogens, r sei der Radius. Wird der Winkel x im Bogenmaß angegeben, so gilt $s=xr$ (für $x\downarrow 0$ strebt auch $s\downarrow 0$). Es ist dann

   $A_s=\dfrac{r^2}{2}(x-\sin x)$ und $A_\Delta=\dfrac{r^2}{2}\cdot\dfrac{(1-\cos x)\sin x}{1+\cos x}\Rightarrow\lim\limits_{x\downarrow 0}\dfrac{A_s}{A_\Delta}=\frac{2}{3}$, für »kleine« x gilt daher $A_s\approx\frac{2}{3}A_\Delta$.

7. $p=p_0\exp\left[\dfrac{\kappa}{\kappa-1}\ln\left(1+\dfrac{\kappa-1}{\kappa}\cdot\dfrac{\rho_0}{p_0}\cdot g\cdot h\right)\right]$, $\lim\limits_{k\to 1}p=\exp\left(\dfrac{\rho_0}{p_0}\cdot g\cdot h\right)$.

8. $\lim\limits_{c\downarrow 0}h=v_0\cdot t-\dfrac{g}{2}\cdot t^2$.

9. α) a) $\lim_{x\to 0} f(x) = 1$, d.h. f ist für $x = 0$ stetig,

b) $f_l'(0) = f_r'(0) = -\infty$, d.h. nicht differenzierbar (uneigentliche Ableitung).

β) a) $\lim_{x\to 0} f(x) = 1 \Rightarrow f$ stetig für $x = 0$,

b) $f_l'(0) = f_r'(0) = -\infty$, d.h. nicht differenzierbar (uneigentliche Ableitung).

γ) a) nein, wegen $\lim_{x\uparrow 0} f(x) = \frac{1}{\mathrm{e}}$, b) entfällt wegen a).

10. $f^{(n)}(0) = 0$ für alle $n \in \mathbb{N}$.

8.7

1. a) $f'(x) = 3x^2 - 27$. Dann gilt nach Satz 8.32.
   i) $f'(x) < 0$ für $|x| < 3$, d.h. f ist auf $[-3,3]$ streng monoton fallend.
   ii) $f'(x) > 0$ für $|x| > 3$, d.h. f ist auf $\mathbb{R}\setminus(-3,3)$ streng monoton wachsend.

   b) $f'(x) > 0$ für alle $x \in \mathbb{R} \Rightarrow f$ auf $\mathbb{R}$ streng monoton wachsend;
   c) f ist auf $(-\infty, -2)$, $(-2, 2)$ und $(2, \infty)$ streng monoton wachsend;
   d) f ist auf $(-\infty, 0]$ streng monoton wachsend, auf $[0, \infty)$ streng monoton fallend;
   e) f ist auf $\mathbb{R}$ streng monoton wachsend.

2. i) $f(x) = \ln(1+x) - x + \frac{1}{2}x^2$, $f'(x) = \frac{x^2}{1+x} > 0$ für $x > 0 \Rightarrow f$ streng monoton wachsend, wegen $f(0) = 0$ folgt die linke Ungleichung,

   ii) $f(x) = x - \ln(1+x) \Rightarrow f'(x) = \frac{x}{1+x} > 0$ für $x > 0$, wegen $f(0) = 0$ folgt die rechte Ungleichung.

3. a) $f'(x) = (x-1)^4(6x-1)$, $f''(x) = 10(x-1)^3(3x-1)$,
   $f'''(x) = 60(x-1)^2(2x-1)$,
   $f^{(4)}(x) = 120(x-1)(3x-2)$, $f^{(5)}(x) = 120(6x-5)$,
   $f^{(4)}(1) = 0$, $f^{(5)}(1) \neq 0 \Rightarrow$ kein Extremwert für $x = 1$,
   $f'(\frac{1}{6}) = 0$, $f''(\frac{1}{6}) > 0 \Rightarrow$ rel. Minimum, gleichzeitig absolutes Minimum, $f(\frac{1}{6}) = -0{,}067$,

   b) $f'(x) = \frac{2\cdot(x^2+1)(x^2-1)}{x^3} \Rightarrow x_{1,2} = \pm 1 \Rightarrow f$ hat an den Stellen $x_{1,2} = \pm 1$ absolute Minima, da $f''(\pm 1) > 0$.

   c) $f'(x) = 1 + \ln x$, $f''(x) = \frac{1}{x}$, für $x = \frac{1}{\mathrm{e}}$ hat f ein absolutes Minimum, da $f''\left(\frac{1}{\mathrm{e}}\right) = \mathrm{e} > 0$.

   d) $f'(x) = \frac{3x(2-x)}{2\sqrt{x^2(3-x)}} \Rightarrow x = 0$ absolutes Minimum (nicht differenzierbar in 0, aber Vorzeichenwechsel von f');
   $x = 2$ relatives Maximum ($f''(2) < 0$); $x = 3$ absolutes Minimum ($f''(3) > 0$).

4. $f'(x) = 3ax^2 + 2bx + c$, $f''(x) = 6ax + 2b$, $f'''(x) = 6a$,
   a) $b^2 - 3ac > 0$ und $a \neq 0$; b) $a \neq 0$; c) $b^2 - 3ac = 0$ und $a \neq 0$; d) $2b^3 - 9abc + 27a^2d = 0$, $a \neq 0$.

5. $x_{1,2} = \frac{-b \pm \sqrt{b^2 - 3ac}}{3a}$, $x_w = -\frac{b}{3a}$, $\frac{x_1 + x_1}{2} = -\frac{b}{3a} = x_w$, entsprechend für die Ordinaten.

6. $T = c \cdot b \cdot h^2$, $h^2 = 4a^2 - b^2$, $0 < b < 2a$, $0 < h < 2a$, $T = c \cdot b(4a^2 - b^2)$,

   $\frac{\mathrm{d}T}{\mathrm{d}b} = c(4a^2 - 3b^2)$, $\frac{\mathrm{d}^2T}{\mathrm{d}b^2} = -6cb$, $\frac{\mathrm{d}T}{\mathrm{d}b} = 0 \Rightarrow b = \frac{2}{3}\sqrt{3}a$, $h = \frac{2}{3}\sqrt{6}a$.

7. $h = a \cdot \sin\varphi$, $m = a(1 + \cos\varphi) \Rightarrow A = a^2 \sin\varphi(1 + \cos\varphi)$, $0 < \varphi \leqq \frac{\pi}{2}$,

   $A' = a^2(2\cos^2\varphi + \cos\varphi - 1)$, $A'' = a^2(-4\cos\varphi \cdot \sin\varphi - \sin\varphi)$,

$A' = 0 \Rightarrow \cos\varphi = \frac{1}{2} \Rightarrow \varphi = \frac{\pi}{3}$, $A''\left(\frac{\pi}{3}\right) < 0 \Rightarrow$ rel. Maximum,

$A\left(\frac{\pi}{3}\right) = \frac{3}{4}\sqrt{3}a^2$, $A\left(\frac{\pi}{2}\right) = a^2 \Rightarrow$ kein Randmaximum.

8. $A = \frac{1}{2}a \cdot h$, $a = \dfrac{2r}{\sin\varphi}$, $h = \dfrac{r}{\cos\varphi}$, $0 < \varphi < \dfrac{\pi}{2} \Rightarrow A = \dfrac{r^2}{\cos\varphi \cdot \sin\varphi}$,

$\dfrac{\mathrm{d}A}{\mathrm{d}\varphi} = \dfrac{\sin^2\varphi - \cos^2\varphi}{\cos^2\varphi \cdot \sin^2\varphi}$, $\dfrac{\mathrm{d}^2A}{\mathrm{d}\varphi^2} = \dfrac{2 \cdot \sin\varphi}{\cos^3\varphi} + \dfrac{2 \cdot \cos\varphi}{\sin^3\varphi}$, $\dfrac{\mathrm{d}A}{\mathrm{d}\varphi} = 0 \Rightarrow \varphi = \dfrac{\pi}{4} \Rightarrow h = r\sqrt{2}$.

9. V ist maximal, wenn der Querschnitt A maximal ist:

$A = b \cdot d + \frac{1}{4}\sqrt{4b^2 - d^2}$, $0 < d \leqq 2b$, $\dfrac{\mathrm{d}A}{\mathrm{d}d} = b + \frac{1}{4}\left[\sqrt{4b^2 - d^2} - \dfrac{d^2}{\sqrt{4b^2 - d^2}}\right]$,

$\dfrac{A}{\mathrm{d}d} = 0 \Rightarrow d = \sqrt[4]{12}b$, $A(0) = 0$, $A(2b) = 2b^2$, $A(\sqrt[4]{12}b) = 2{,}2b^2$.

10. A_1, A_2 seien die Flächeninhalte der beschienenen Kugelkappen, x die Entfernung Lichtquelle-Mittelpunkt der Kugel mit Radius r_1; a_1, a_2 die Radien, h_1, h_2 die Höhen der Kugelkappen

$A = A_1 + A_2$, $A_1 = \pi(a_1^2 + h_1^2)$, $A_2 = \pi(a_2^2 + h_2^2)$, $h_1 = \dfrac{r_1(x - r_1)}{x}$,

$a_1 = \dfrac{r_1}{x}\sqrt{x^2 - r_1^2}$, $h_2 = \dfrac{r_2(d - x - r_2)}{d - x}$, $a_2 = \dfrac{r_2}{d - x}\sqrt{(d - x)^2 - r_1^2}$,

$A = \pi\left[r_1^2 \cdot \dfrac{2(x - r_1)}{x} + r_2^2 \cdot \dfrac{2(d - x - r_2)}{d - x}\right] \Rightarrow \dfrac{\mathrm{d}A}{\mathrm{d}x} = \pi\left[\dfrac{2r_1^3}{x^2} - \dfrac{2r_2^3}{(d - x)^2}\right]$,

$\dfrac{\mathrm{d}A}{\mathrm{d}x} = 0 \Rightarrow \dfrac{(d - x)^2}{x^2} = \dfrac{r_2^3}{r_1^3}$, d.h. die Quadrate der Entfernungen von den Mittelpunkten der Kugeln verhalten sich wie die Kuben der Radien.

11. Es sei (vgl. Bild L8.1) $x = \overline{CE}$, $u = \overline{CD}$ und $z = \overline{DE}$.

Das Dreieck ABC soll flächeninhaltsgleich geteilt werden $\Rightarrow \frac{1}{2}xu \cdot \sin\gamma = \frac{1}{2}(\frac{1}{2}ab \cdot \sin\gamma) \Rightarrow u = \dfrac{ab}{2x}$.

Der Kosinussatz liefert: $z^2 = x^2 + u^2 - 2xu \cdot \cos\gamma$. Mit $u = \dfrac{ab}{2x}$ folgt

$z^2 = g(x) = x^2 + \dfrac{a^2b^2}{4x^2} - ab \cdot \cos\gamma$, $0 < x < a$.

$g'(x) = 2x - \dfrac{a^2b^2}{2x^3}$, $g'(x) = 0 \Rightarrow x = \sqrt{\dfrac{ab}{2}}$.

Wegen $g''(x) = 2 + \dfrac{3a^2b^2}{2x^4} > 0$ ist z^2 und damit z für $x = \sqrt{\dfrac{ab}{2}}$ minimal und es gilt: $z^2 = ab(1 - \cos\gamma)$.

Entsprechend erhält man $z^2 = bc(1 - \cos\alpha)$ bzw. $z^2 = ac(1 - \cos\beta)$. Das kleinste z ist zu wählen. Das Dreieck CDE ist wegen $u = \sqrt{\dfrac{ab}{2}}$ gleichschenklig.

12. x sei die Entfernung von A_1 zum Umschlagplatz $\Rightarrow$

$T = (l - x)\beta + \sqrt{x^2 + d^2} \cdot \alpha$, $0 \leqq x \leqq l$, $\dfrac{\mathrm{d}T}{\mathrm{d}x} = -\beta + \dfrac{\alpha x}{\sqrt{x^2 + d^2}}$,

$\dfrac{\mathrm{d}^2T}{\mathrm{d}x^2} = \dfrac{\alpha d^2}{(x^2 + d^2)^{3/2}} > 0$, $\dfrac{\mathrm{d}T}{\mathrm{d}x} = 0 \Rightarrow x_1 = \dfrac{\beta d}{\sqrt{\alpha^2 - \beta^2}}$, falls $x_1 < l$, für $x_1 \geqq l$ findet nur Landtransport statt.

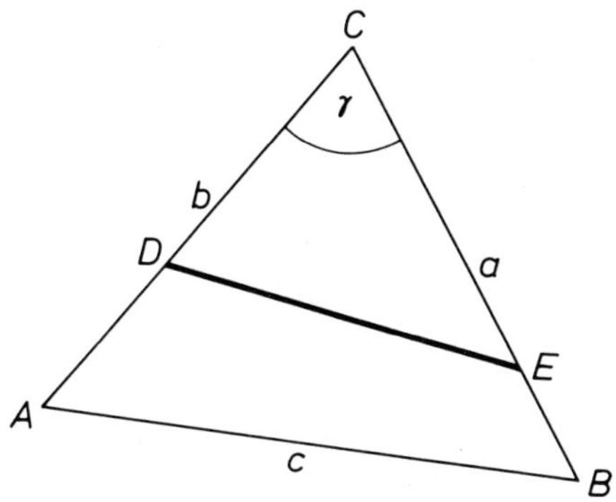

Bild L8.1: Zur Lösung von Aufgabe 11

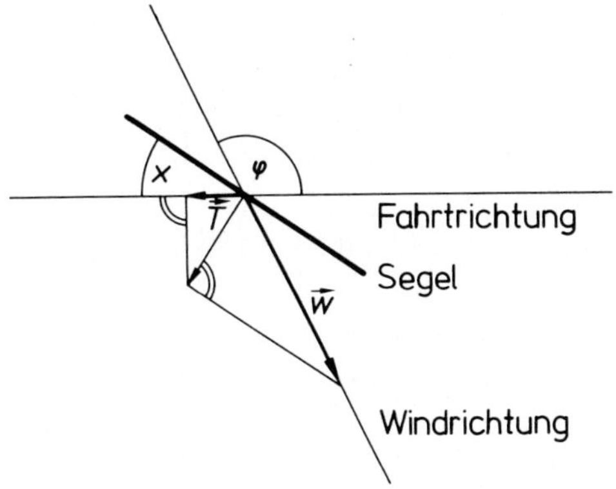

Bild L8.2: Zur Lösung von Aufgabe 15

13. Die Kugel führt mit der waagrechten Ebene einen schiefen Stoß aus. Bezeichnen wir die Geschwindigkeit in x-Richtung vor dem Stoß mit v_x und nach dem Stoß mit v'_x, so ist $v'_x = v_x$.
Ferner gilt: $E_{\text{kin}} = E_{\text{pot}} \Rightarrow mgl \cdot \sin\alpha = \frac{1}{2}mv^2 \Rightarrow v = \sqrt{2gl\sin\alpha}$,
$v_x = v'_x = v\cos\alpha \Rightarrow v'_x = \sqrt{2gl\sin\alpha} \cdot \cos\alpha$,
$$\frac{\mathrm{d}v'_x}{\mathrm{d}\alpha} = \sqrt{2gl}\,\frac{\cos^2\alpha - 2\sin^2\alpha}{\sqrt{\sin\alpha}} = 0 \Rightarrow \tan\alpha = \tfrac{1}{2}\sqrt{2} \Rightarrow \alpha \approx 35{,}26°.$$

14. v_0 Anfangsgeschwindigkeit, α Wurfwinkel, g Erdbeschleunigung, $W = \frac{1}{g} \cdot v_0^2 \sin 2\alpha$,
$$\frac{\mathrm{d}W}{\mathrm{d}\alpha} = \frac{2}{g} \cdot v_0^2 \cos 2\alpha, \quad \left(0 < \alpha < \frac{\pi}{2}\right) \Rightarrow \alpha_0 = \frac{\pi}{4}.$$

15. φ sei der Winkel zwischen Wind- und Fahrtrichtung, x der Winkel, den das Segel mit der Fahrtrichtung bildet. T sei die Antriebskraft, W die Windkraft (s. Bild L8.2). Dann ist $T = W \cdot \sin(\varphi + x) \cdot \sin x$, $\frac{\mathrm{d}T}{\mathrm{d}x} = W \cdot \sin(\varphi + 2x)$,
$\frac{\mathrm{d}^2T}{\mathrm{d}x^2} = 2\cos(\varphi + 2x)$, $\frac{\mathrm{d}T}{\mathrm{d}x} = 0 \Rightarrow x_1 = -\frac{\varphi}{2}$, $x_2 = 90° - \frac{\varphi}{2}$, x_2 ist Maximum, d.h. das Segel muß auf der Winkelhalbierenden zwischen Kurs und Windrichtung senkrecht stehen.

16. Ist φ der Winkel, den der Balken mit dem Kanal der Breite a bildet, dann gilt
$$l = \frac{b}{\cos\varphi} + \frac{a}{\sin\varphi}, \quad \frac{\mathrm{d}l}{\mathrm{d}\varphi} = \frac{b\cdot\sin\varphi}{\cos^2\varphi} - \frac{a\cdot\cos\varphi}{\sin^2\varphi}, \quad \frac{\mathrm{d}l}{\mathrm{d}\varphi} = 0 \Rightarrow \tan\varphi_0 = \sqrt[3]{\frac{a}{b}}, \text{ wegen}$$
$$\frac{\mathrm{d}^2l}{\mathrm{d}\varphi^2} = \frac{b(1+\sin^2\varphi)}{\cos^3\varphi} + \frac{a(1+\cos^2\varphi)}{\sin^3\varphi} > 0$$ liefert φ_0 ein (absolutes) Minimum. $l(\varphi_0) = \sqrt{(\sqrt[3]{a^2} + \sqrt[3]{b^2})^3}$.

17. $r = \frac{d}{2\cos\varphi}$, $f = \frac{4m}{d^2} \cdot \sin\varphi \cdot \cos^2\varphi \Rightarrow \frac{\mathrm{d}f}{\mathrm{d}\varphi} = \frac{4m}{d^2} \cdot \cos\varphi(\cos^2\varphi - 2\sin^2\varphi)$,
$\frac{\mathrm{d}f}{\mathrm{d}\varphi} = 0 \Rightarrow \varphi_0 = 0{,}615\ldots$ (φ_0 liefert das Maximum, da f' an dieser Stelle sein Vorzeichen von »+« nach »−« wechselt) $\Rightarrow h = r\sin\varphi_0 = \frac{d}{2}\tan\varphi_0 = \frac{d}{4}\sqrt{2}$.

18. a) Es seien $P(u,v)$ die gesuchten Berührpunkte, dann gilt $v^2=2pu$. Die Gleichung der Tangente t in P lautet $vy=p(u+x)\Rightarrow S\left(-\frac{p}{2},\frac{p}{v}\left(u-\frac{p}{2}\right)\right)$ ist der Schnittpunkt von t mit der Leitlinie $\Rightarrow$

$$d^2=\overline{PS}^2=\left(u+\frac{p}{2}\right)^2+\left(v-\frac{p}{v}\left(u-\frac{p}{2}\right)\right)^2\Rightarrow d^2=g(u)=\left(u+\frac{p}{2}\right)^2\left(1+\frac{p}{2u}\right) \text{ mit } 0<u<\infty\Rightarrow$$

$$g'(u)=2\left(u+\frac{p}{2}\right)\left(1+\frac{p}{2u}\right)+\left(u+\frac{p}{2}\right)^2\left(-\frac{p}{2u^2}\right)\Rightarrow g'(u)=\frac{1}{4u^2}\left(u+\frac{p}{2}\right)(8u^2+2pu-p^2),\ g'(u)=0\Rightarrow$$

$u+\frac{p}{2}=0$ oder $8u^2+2pu-p^2=0$ $\left(u=-\frac{p}{2}\text{ entfällt wegen } u>0\right)\Rightarrow u_{1,2}=\frac{p}{8}(-1\pm3)\Rightarrow u_1=\frac{p}{4}$ (u_2 entfällt).
Da g auf $(0,\infty)$ beliebig oft differenzierbar ist und $\lim\limits_{u\downarrow 0}g(u)=\lim\limits_{u\to\infty}g(u)=\infty$ ist, hat g und damit d an der Stelle $\frac{p}{4}$ ein absolutes Minimum. Die gesuchten Punkte sind also $P_{1,2}\left(\frac{p}{4},\pm\frac{p}{2}\sqrt{2}\right)$.

b) Aus $y^2=2px$ und $y>0$ folgt $y=f(x)=\sqrt{2px}$. Der Abstand d von P zur Geraden durch P_1 und P_2 wird maximal, falls P Berührpunkt der zu $\overline{P_1P_2}$ parallelen Tangente ist[1]).

Wegen $f'(x)=\frac{p}{\sqrt{2px}}$ folgt für den Berührpunkt $P(x,y)$:

$\frac{p}{\sqrt{2px}}=\frac{y_2-y_1}{x_2-x_1}\Rightarrow x=\frac{p(x_2-x_1)^2}{2(y_2-y_1)^2}$. Da $y_2^2=2px_2$ und $y_1^2=2px_1$ ist, folgt $x=\frac{y_2+y_1}{4(y_2-y_1)}$.

19. Wir legen das Koordinatensystem so, daß der Mittelpunkt der Ellipse in 0 liegt und die Achsen der Ellipse mit den Koordinatenachsen zusammenfallen. Aus Symmetriegründen genügt es, den 1. Quadranten zu betrachten, d.h. $x_1,y_1\geqq 0\Rightarrow y_1=\frac{b}{a}\sqrt{a^2-x_1^2}$ mit $0\leqq x_1\leqq a$. Es sei α der von der Normalen in P_1 und von der Geraden OP_1 eingeschlossene Winkel, $\tan\alpha_1$ bzw. $\tan\alpha_2$ seien die Steigungen der Geraden OP_1 bzw. der Normalen durch P_1, dann gilt $\alpha=\alpha_2-\alpha_1$, $\tan\alpha_1=\frac{y_1}{x_1}$, $\tan\alpha_2=\frac{a^2y_1}{b^2x_1}\Rightarrow$

$\tan\alpha=\tan(\alpha_2-\alpha_1)=\frac{\tan\alpha_2-\tan\alpha_1}{1+\tan\alpha_2\cdot\tan\alpha_1}=\frac{\frac{a^2}{b^2}\cdot\frac{y_1}{x_1}-\frac{y_1}{x_1}}{1+\frac{a^2}{b^2}\cdot\frac{y_1^2}{x_1^2}}$. Beachtet man $\frac{x_1^2}{a^2}+\frac{y_1^2}{b^2}=1$ und $y_1=\frac{b}{a}\sqrt{a^2-x_1^2}$, so erhält man $\tan\alpha=f(x_1)=\frac{a^2-b^2}{a^3b}\cdot x_1\sqrt{a^2-x_1^2}$ mit $0\leqq x_1\leqq a\Rightarrow f'(x_1)=\frac{a^2-b^2}{a^3b}\cdot\frac{a^2-2x_1^2}{\sqrt{a^2-x_1^2}}$. Aus $f'(x_1)=0$ folgt $x_1=\frac{a}{2}\sqrt{2}$ (beachte $x_1\geqq 0$). Da f auf $(0,a)$ differenzierbar ist und wegen $f(0)=f(a)=0$ besitzt f an der Stelle $x_1=\frac{a}{2}\sqrt{2}$ ein absolutes Maximum $\Rightarrow P\left(\frac{a}{2}\sqrt{2},\frac{b}{2}\sqrt{2}\right)$.

20. $\frac{1}{4}A=\frac{1}{2}(y+b)x+\frac{1}{2}(a-x)y$. Es folgt mit $x=a\cdot\cos\varphi$ und $y=b\cdot\sin\varphi$, $0\leqq\varphi\leqq\frac{\pi}{2}$, $A=2ab(\cos\varphi+\sin\varphi)$. Man erhält $\frac{\mathrm{d}A}{\mathrm{d}\varphi}=2ab(\cos\varphi-\sin\varphi)$, $\frac{\mathrm{d}^2A}{\mathrm{d}\varphi^2}=-2ab(\sin\varphi+\cos\varphi)$, $\frac{\mathrm{d}A}{\mathrm{d}\varphi}=0\Rightarrow\varphi=\frac{\pi}{4}\Rightarrow x_1=\frac{1}{2}\sqrt{2}a$, $y_1=\frac{1}{2}\sqrt{2}b$, $A=2\sqrt{2}ab$.

[1]) Vgl. D. Reuter: Mittelwertsatz der Differentialrechnung und Extremwertprobleme, erschienen in Praxis der Mathematik, 19. Jahrgang, April 1977, Heft 4 (Seite 96–99).

21. $l^2 = x^2 - 2ex + e^2 + \frac{b^2}{a^2}(a^2 - x^2)$ mit $-a \leqq x \leqq a$. Es gilt $(l^2)' = 2\left(x - e - \frac{b^2}{a^2}x\right)$,

$$(l^2)' = 0 \Rightarrow x = \frac{a^2 e}{a^2 - b^2} = \frac{a^2}{e} > a \Rightarrow x_0 = a \quad \text{(Randminimum).}$$

22. Sind a und b jeweils die Abstände von A und B zur Grenze und c (bzw. x) der Abstand der Parallelen durch A und B (bzw. C) senkrecht zur Grenze, dann gilt für die Zeit t

$$t = \frac{\sqrt{a^2 + x^2}}{v_1} + \frac{\sqrt{b^2 + (c-x)^2}}{v_2} \Rightarrow \frac{dt}{dx} = \frac{x}{v_1\sqrt{a^2 + x^2}} - \frac{c - x}{v_2\sqrt{b^2 + (c-x)^2}}, \frac{dt}{dx} = 0 \Rightarrow \frac{\sin\varphi_1}{v_1} = \frac{\sin\varphi_2}{v_2}.$$

23. Wegen der Monotonie der tan-Funktion im Intervall $\left(0, \frac{\pi}{2}\right)$ genügt es, $\tan\alpha$ maximal zu machen. Es ist

$$\tan\alpha = \frac{hx}{x^2 + a(a-h)}, \frac{d}{dx}(\tan\alpha) = \frac{[a(a-h) - x^2]h}{[x^2 + a(a-h)]^2}, (\tan\alpha)' = 0 \Rightarrow x = \sqrt{a(a-h)} = 154{,}27\ldots$$

(Maximum, da die Ableitung von » + « nach » – « wechselt). Man hat die Entfernung 154,27...cm zu wählen.

24. Setzt man $\sphericalangle QPM = 2\varphi$, so ist $\rho = f(\varphi) = a\cdot\cos 2\varphi\cdot\tan\varphi$ mit $0 < \varphi < \frac{\pi}{4} \Rightarrow$

$$f'(\varphi) = -2a\cdot\sin 2\varphi\cdot\tan\varphi + \frac{a\cdot\cos 2\varphi}{\cos^2\varphi} = \frac{a(\cos^2 2\varphi + \cos 2\varphi - 1)}{\cos^2\varphi},$$

$$f'(\varphi) = 0 \Rightarrow \cos^2 2\varphi + \cos 2\varphi - 1 = 0 \Rightarrow \cos 2\varphi = \tfrac{1}{2}(\sqrt{5} - 1).$$

Wegen $\tan\varphi = \sqrt{\frac{1 - \cos 2\varphi}{1 + \cos 2\varphi}}$ folgt $\tan\varphi = \sqrt{\sqrt{5} - 2} \Rightarrow \rho = \frac{a}{2}\sqrt{10\sqrt{5} - 22}$.

25. $\alpha_1, \beta_1, \alpha_2, \beta_2$ seien die Einfall- bzw. Ausfallwinkel, ε der Winkel des Prismas und δ der Ablenkwinkel, dann gilt $\alpha_1 = \arcsin(n\cdot\sin\beta_1)$, $\alpha_2 = \arcsin(n\cdot\sin\beta_2)$, aus $\varepsilon = \beta_1 + \beta_2$ und $\delta = (\alpha_1 - \beta_1) + (\alpha_2 - \beta_2)$ folgt $\delta = \alpha_1 + \alpha_2 - \varepsilon \Rightarrow$ $\delta = \arcsin(n\cdot\sin\beta_1) + \arcsin(n\cdot\sin(\varepsilon - \beta_1)) - \varepsilon$

$\frac{d\delta}{d\beta_1} = \frac{n\cdot\cos\beta_1}{\sqrt{1 - n^2\sin^2\beta_1}} - \frac{n\cdot\cos(\varepsilon - \beta_1)}{\sqrt{1 - n^2\sin^2(\varepsilon - \beta_1)}} = 0 \Rightarrow \beta_1 = \frac{\varepsilon}{2}, \beta_2 = \frac{\varepsilon}{2} \Rightarrow \alpha_1 = \alpha_2, \delta = 2\alpha_1 - \varepsilon$, d.h. ist die Ablenkung minimal, so durchläuft der Lichtstrahl das Prisma symmetrisch.

26. a) $f'(x) = 2(2x-1)(x+1)^2$, $f''(x) = 12x(x+1) \Rightarrow f$ ist auf $(-1, 0)$ streng konkav (Satz 8.37) und auf $(-\infty, -1)$ sowie auf $(0, \infty)$ streng konvex;

b) $f'(x) = \frac{1 - x^2}{(1 + x^2)^2}$, $f''(x) = \frac{2x(x^2 - 3)}{(1 + x^2)^3} \Rightarrow f$ ist auf $(\sqrt{3}, \infty)$ und $(-\sqrt{3}, 0)$ streng konvex und auf $(-\infty, -\sqrt{3})$ und $(0, \sqrt{3})$ streng konkav.

27. Nein. Gegenbeispiel: f mit $f(x) = x^4$. f ist auf $(-\infty, \infty)$ streng konvex, aber $f''(0) = 0$.

28. a) Wegen $\lim\limits_{x\to\infty} f(x) = 0$ besitzt f die x-Achse als Asymptote, für $x \to -\infty$ keine Asymptote;

b) $a = \lim\limits_{x\to\infty} \frac{f(x)}{x} = 1$, $\lim\limits_{x\to\infty} [\sqrt[3]{x^3 + 2x^2} - x] = \frac{2}{3}$, Asymptote: $y = x + \frac{2}{3}$ (auch für $x \to -\infty$)

c) $\lim\limits_{x\to\infty} \frac{f(x)}{x} = 1$, $\lim\limits_{x\to\infty} [f(x) - x] = -\frac{b}{2}$, Asymptote: $y = x - \frac{b}{2}$ (gilt auch für $x \to -\infty$).

29. a) $D = \mathbb{R}\backslash\{-3\}$, keine Symmetrie, nicht periodisch, $S_1(-2,0)$, $S_2(1,0)$, $S_3(0,-\frac{2}{9})$, für alle $x \in D$ beliebig oft differenzierbar, $f'(x) = \frac{5x+7}{(x+3)^3}$, $f''(x) = -\frac{2\cdot(5x+3)}{(x+3)^4}$, $f'''(x) = \frac{6(5x-1)}{(x+3)^5}$,

$T(-1{,}4; -0{,}5625)$, $W(-0{,}6; -0{,}38\overline{8})$, $m_w = 0{,}29$, $x = -3$ Pol ohne ZW, $y = 1$ ist Asymptote (vgl. Bild L8.3);

b) $D = \mathbb{R}$, $W = \mathbb{R}_0^+$, keine Symmetrie, nicht periodisch, $S(0,0)$, auf $\mathbb{R}$ beliebig oft differenzierbar,

$f'(x) = x(2-x)e^{-x}$, $f''(x) = (2-4x+x^2)e^{-x}$, $f'''(x) = -(6-6x+x^2)e^{-x}$,
$T(0,0)$, $H(2; 0{,}54)$, $W_1(2-\sqrt{2}; 0{,}19)$, $W_2(2+\sqrt{2}; 0{,}38)$, positive x-Achse ist Asymptote (vgl. Bild L8.4);

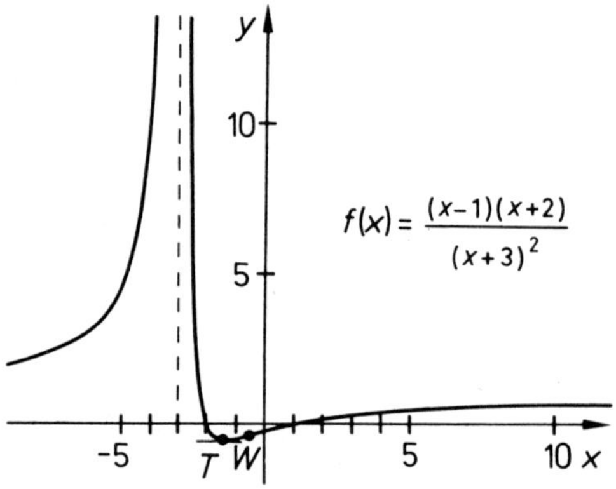

Bild L8.3: Aufgabe 29a

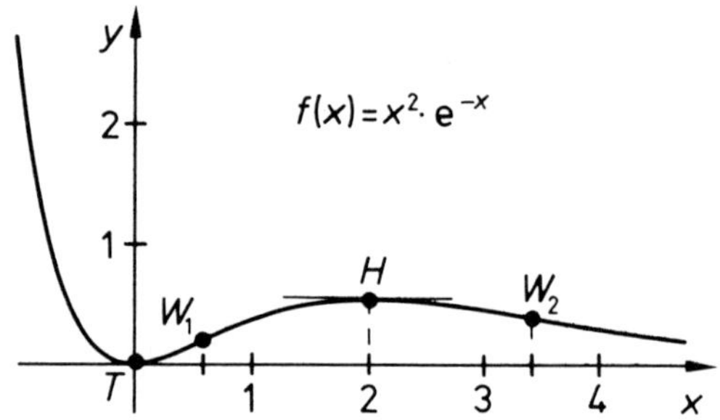

Bild L8.4: Aufgabe 29b

c) $D = \mathbb{R}$, $W = \mathbb{R}$, keine Symmetrie, nicht periodisch, $S_1(0,0)$. $S_2(3,0)$ auf $\mathbb{R}$ stetig, für alle $x \in \mathbb{R}\backslash\{0;3\}$ differenzierbar,

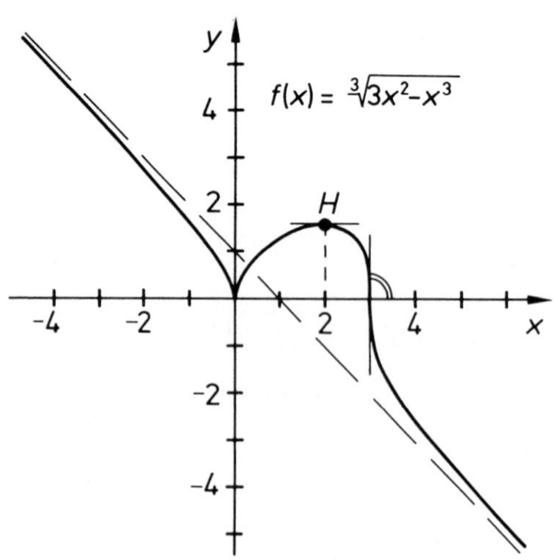

Bild L8.5: Aufgabe 29c

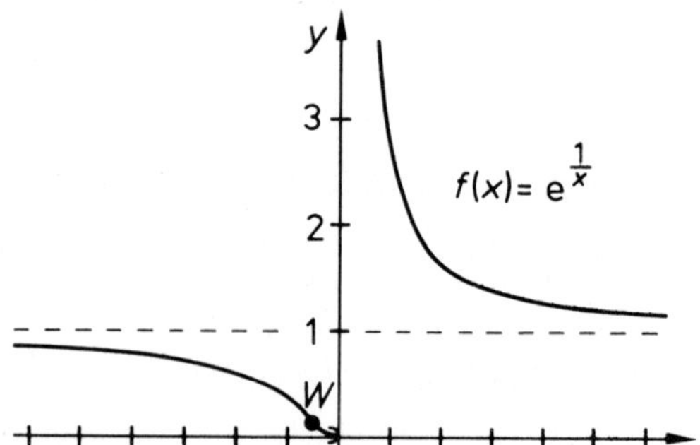

Bild L8.6: Aufgabe 29d

$$f'(x)=\frac{2x-x^2}{\sqrt[3]{(3x^2-x^3)^2}},\quad f''(x)=\frac{-2x^2}{\sqrt[3]{(3x^2-x^3)^5}},\quad f'''(x)=\frac{2(4x^3-3x^4)}{\sqrt[3]{(3x^2-x^3)^8}},$$

$H(2;1{,}587)$, $f_l'(0)=-\infty$, $f_r'(0)=\infty$ (Spitze in S_1), $f_l'(3)=f_r'(3)=-\infty$ (vertikale Tangente in S_2), $y=-x+1$ ist Asymptote (vgl. Bild L8.5).

d) $D=\mathbb{R}\backslash\{0\}$, $W=\mathbb{R}^+$, für alle $x\in D$ beliebig oft differenzierbar,

$$f'(x)=-\frac{1}{x^2}\cdot e^{1/x},\quad f''(x)=\left(\frac{2}{x^3}+\frac{1}{x^4}\right)e^{1/x},\quad f'''(x)=-\left(\frac{6}{x^4}+\frac{6}{x^5}+\frac{1}{x^6}\right)e^{1/x},$$

keine Extremwerte, $W(-0{,}5;0{,}135)$, $y=1$ ist Asymptote, $\lim\limits_{x\uparrow 0} f(x)=0$, $\lim\limits_{x\downarrow 0} f(x)=\infty$, $f_l'(0)=0$; (vgl. Bild L8.6);

e) $D=\mathbb{R}\backslash\{0\}$, $W=\mathbb{R}^+$, symmetrisch zur y-Achse, keine Nullstellen, für alle $x\in D$ beliebig oft differenzierbar,

$$f'(x)=\frac{2}{x^3}\cdot e^{-1/x^2},\quad f''(x)=\frac{2}{x^4}\left(\frac{2}{x^2}-3\right)e^{-1/x^2},\quad f'''(x)=\frac{4}{x^5}\left(6-\frac{9}{x^2}+\frac{2}{x^4}\right)e^{-1/x^2},$$

f besitzt keine Extremwerte, definiert man jedoch $f(0)=0$, so ist $f^{(n)}(0)=0$ für alle $n\in\mathbb{N}$ (vgl. Aufgabe 10 in Abschnitt 8.6), $W_{1,2}(\pm\frac{1}{3}\sqrt{6};0{,}223)$, $y=1$ ist Asymptote, $\lim\limits_{x\to 0} f(x)=0$ (vgl. Bild L8.7);

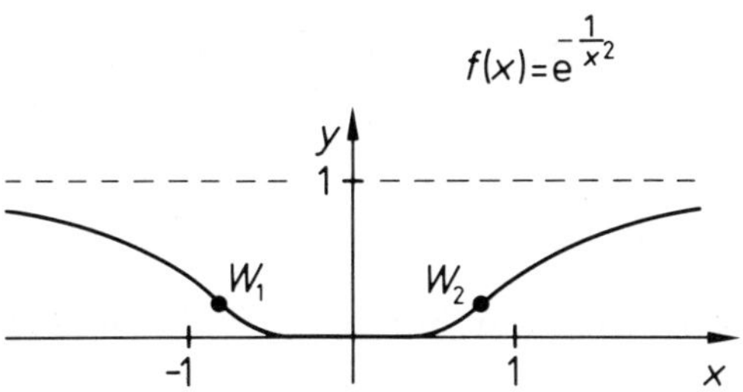

Bild L8.7: Aufgabe 29e

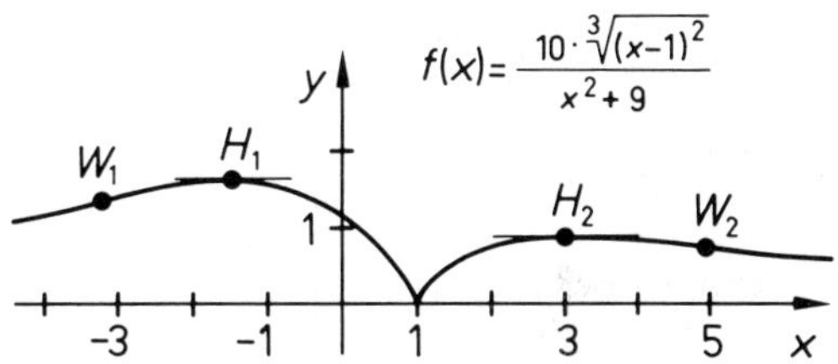

Bild L8.8: Aufgabe 29f

f) $D=\mathbb{R}$, $S_1(1,0)$, $S_2(0,\frac{10}{9})$, auf $\mathbb{R}$ stetig, für alle $x\in\mathbb{R}\backslash\{1\}$ beliebig oft differenzierbar,

$$f'(x)=\tfrac{20}{3}\cdot\frac{-2x^2+3x+9}{(x^2+9)^2\cdot\sqrt[3]{x-1}},\quad f''(x)=\tfrac{40}{9}\cdot\frac{7x^4-21x^3-90x^2+135x-81}{(x^2+9)^3\cdot\sqrt[3]{(x-1)^4}},$$

$H_1(-1{,}5;1{,}637)$, $H_2(3;0{,}882)$, $W_1(-3{,}2145;1{,}35)$, $W_2(4{,}915;0{,}749)$, x-Achse ist Asymptote, $f_l'(1)=-\infty$, $f_r'(1)=+\infty$, d.h. Spitze in S_1 (vgl. Bild L8.8);

g) $D=\mathbb{R}$, Symmetrie zum Ursprung, $S(0,0)$, auf $\mathbb{R}$ beliebig oft differenzierbar,

$$f'(x)=\frac{2x+1}{2\sqrt{x^2+x+1}}-\frac{2x-1}{2\sqrt{x^2-x+1}},\quad f''(x)=\tfrac{3}{4}\cdot\left(\frac{1}{\sqrt{(x^2+x+1)^3}}-\frac{1}{\sqrt{(x^2-x+1)^3}}\right),$$

keine Extremwerte, S ist Wendepunkt, $m_w=1$, $y=1$ Asymptote für $x\to\infty$, $y=-1$ Asymptote für $x\to-\infty$ (vgl. Bild L8.9);

h) $D=[1,\infty)$, $W=\mathbb{R}_0^+$, $S(1,0)$, auf $(1,\infty)$ beliebig oft differenzierbar,

$$f'(x)=\frac{(5x-4)x}{2\sqrt{x-1}},\quad f''(x)=\tfrac{1}{4}\cdot\frac{15x^2-24x+8}{\sqrt{(x-1)^3}},$$

Randminimum S,
$W(1{,}13;0{,}45)$, $m_w=2{,}6$, $f_r'(1)=\infty$ (vgl. Bild L8.10);

i) $D=\mathbb{R}$, $W=\mathbb{R}$, $S_1(-1,0)$, $S_2(0,0)$, auf $\mathbb{R}$ stetig, für alle $x\in\mathbb{R}\setminus\{0\}$ differenzierbar,

$$f'(x)=\frac{(x+1)^2(11x+2)}{3\cdot\sqrt[3]{x}},\quad f''(x)=\frac{2(x+1)(44x^2+16x-1)}{9\cdot\sqrt[3]{x^4}},$$

$H(-\frac{2}{11};0{,}18)$, $W_1(0{,}054;0{,}168)$, $W_2(-0{,}42;0{,}11)$, S_1 ist Terrassenpunkt, $f_l'(0)=-\infty$, $f_r'(0)=\infty$, S_2 ist daher eine Spitze und relatives Minimum (vgl. Bild L8.11);

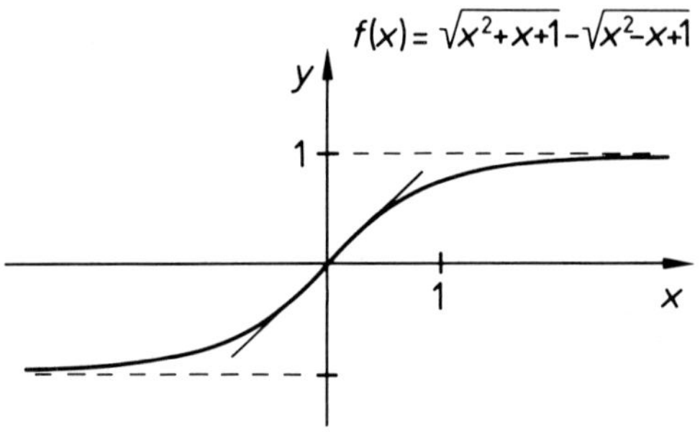

Bild L8.9: Aufgabe 29g

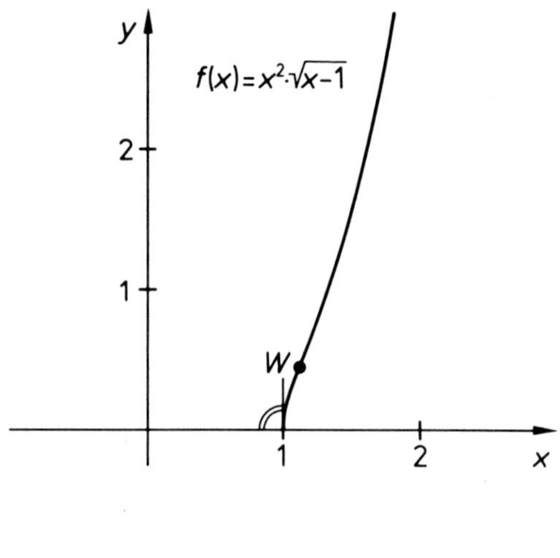

Bild L8.10: Aufgabe 29h

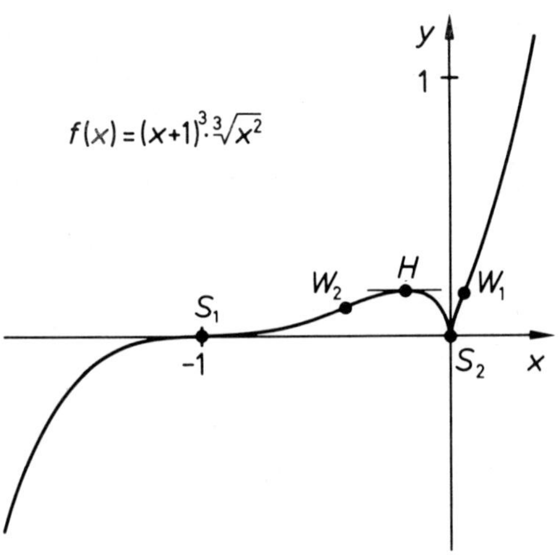

Bild L8.11: Aufgabe 29i

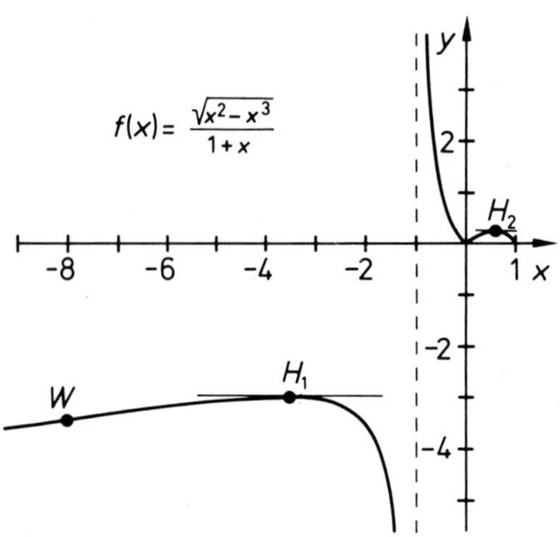

Bild L8.12: Aufgabe 29j

j) $D = (-\infty, 1]\backslash\{-1\}$, $S_1(0,0)$, $S_2(1,0)$, f stetig für alle $x \in D$, differenzierbar für alle $x \in D\backslash\{0\}$,

$$f'(x) = \frac{-x(x^2+3x-2)}{2(1+x)^2\sqrt{x^2-x^3}}, \quad f''(x) = \frac{-x(x^3+6x^2-15x+12)}{4(1+x)^3(1-x)\sqrt{x^2-x^3}},$$

$H_1(-3{,}56;\ -2{,}97)$, $H_2(0{,}56;\ 0{,}238)$, $W(-8{,}05;\ -3{,}43)$, $\lim\limits_{x\uparrow -1} f(x) = -\infty$, $\lim\limits_{x\downarrow -1} f(x) = \infty$, $f_l'(0) = -1$, $f_r'(0) = 1$, $f_l'(1) = -\infty$ (vgl. Bild 8.12);

k) $D = \mathbb{R}\backslash\{0\}$, $W = \mathbb{R}$, punktsymmetrisch zu 0, $S_1(-1,0)$, $S_2(1,0)$, für alle $x \in D$ beliebig oft differenzierbar,

$f'(x) = 1 + \ln|x|$, $f''(x) = \dfrac{1}{x}$, $f'''(x) = -\dfrac{1}{x^2}$, $H\left(-\dfrac{1}{e}, \dfrac{1}{e}\right)$, $T\left(\dfrac{1}{e}, -\dfrac{1}{e}\right)$, $\lim\limits_{x\to 0} f(x) = 0$ (f ist stetig ergänzbar), f ist auf $(0,\infty)$ streng konvex und auf $(-\infty, 0)$ streng konkav, $\lim\limits_{x\uparrow 0} f'(x) = \lim\limits_{x\downarrow 0} f'(x) = -\infty$ (vertikale Tangente), (vgl. Bild L8.13);

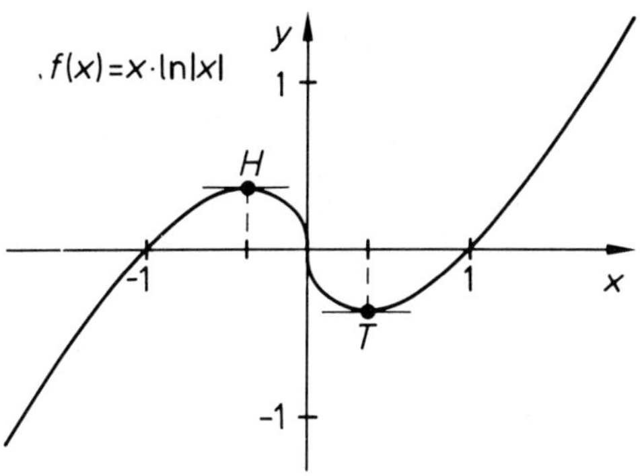

Bild L8.13: Aufgabe 29k

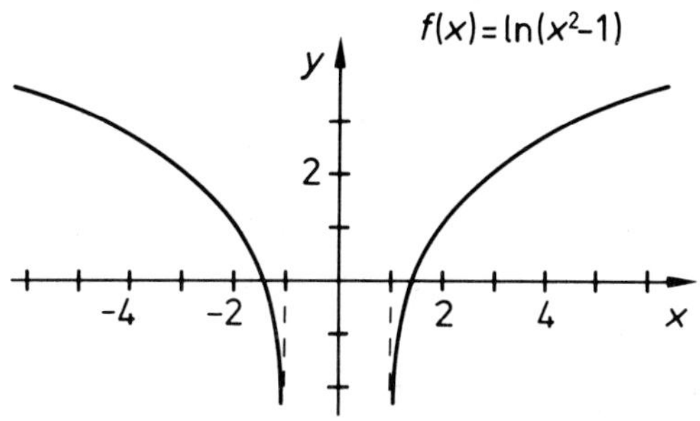

Bild L8.14: Aufgabe 29l

l) $D = \{x \mid |x| > 1\}$, $W = \mathbb{R}$, Symmetrie zur y-Achse, $S_1(-\sqrt{2}, 0)$, $S_2(\sqrt{2}, 0)$, für alle $x \in D$ differenzierbar,

$f'(x) = \dfrac{2x}{x^2-1}$, $f''(x) = \dfrac{-2(x^2+1)}{(x^2-1)^2}$, keine Extremwerte, keine Wendepunkte, $\lim\limits_{x\uparrow -1} f(x) = -\infty$, $\lim\limits_{x\downarrow 1} f(x) = -\infty$, f ist streng konkav auf $(-\infty, -1)$ und auf $(1, \infty)$ (vgl. Bild L8.14);

m) $D = (-1, 1)$, Punktsymmetrie zu 0, $S(0,0)$, auf D differenzierbar,

$$f'(x) = \frac{1}{1-x^2}, \quad f''(x) = \frac{2x}{(1-x^2)^2}, \quad f'''(x) = \frac{2(1+3x^2)}{(1-x^2)^3},$$

keine Extremwerte, S ist Wendepunkt mit $m_w = 1$, f ist auf D streng monoton wachsend, $\lim\limits_{x\downarrow -1} f(x) = -\infty$, $\lim\limits_{x\uparrow 1} f(x) = \infty$ (vgl. Bild L8.15);

n) $D = \mathbb{R}\backslash\{0\}$, keine Nullstellen, für alle $x \in D$ differenzierbar,

$$f'(x) = \frac{1}{x^2}(1+|x|)^{1/x}\left(\frac{|x|}{1+|x|} - \ln(1+|x|)\right),$$

keine Extremwerte und keine Wendepunkte, $\lim\limits_{x\uparrow 0} f(x) = \frac{1}{e}$, $\lim\limits_{x\downarrow 0} f(x) = e$ (untere und obere Grenze von f),

$\lim\limits_{x\to -\infty} f(x) = \lim\limits_{x\to\infty} f(x) = 1$, $y = 1$ ist Asymptote, $\lim\limits_{x\uparrow 0} f'(x) = -\frac{1}{2e}$, $\lim\limits_{x\downarrow 0} f'(x) = -\frac{e}{2}$ (vgl. Bild L8.16);

o) $D = \mathbb{R}^+$, $S(1,0)$, auf D beliebig oft differenzierbar,

$f'(x) = x(1 + 2\cdot\ln x)$, $\quad f''(x) = 3 + 2\cdot\ln x$, $\quad f'''(x) = \frac{2}{x}$,

$T\left(\frac{1}{\sqrt{e}}, -\frac{1}{2e}\right)$, $W\left(\frac{1}{e\sqrt{e}}, -\frac{3}{2e^3}\right)$, $\lim\limits_{x\downarrow 0} f(x) = 0$, $\lim\limits_{x\downarrow 0} f'(x) = 0$, $\lim\limits_{x\to\infty} f(x) = \infty$ (vgl. Bild L8.17);

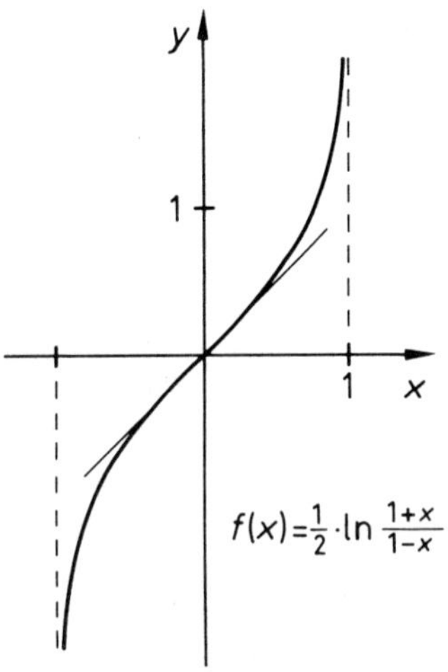

Bild L8.15: Aufgabe 29m

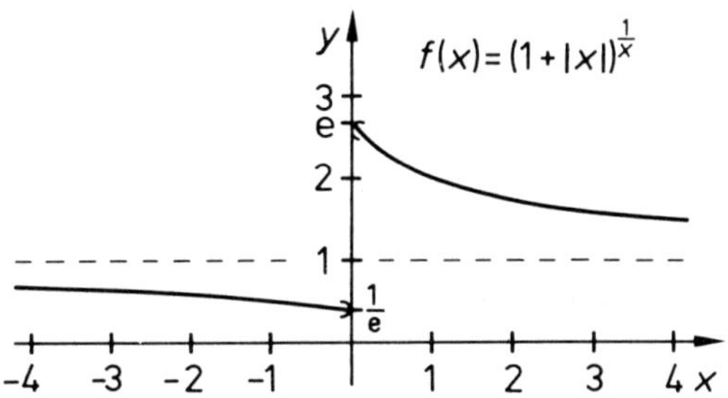

Bild L8.16: Aufgabe 29n

p) $D = \mathbb{R}\backslash\{0\}$, Symmetrie zur y-Achse, $S_k\left(\frac{1}{k\pi}, 0\right)$, $k\in\mathbb{Z}\backslash\{0\}$, für alle $x\in D$ differenzierbar,

$f'(x) = \sin\frac{1}{x} - \frac{1}{x}\cdot\cos\frac{1}{x}$, $\quad f''(x) = -\frac{1}{x^3}\cdot\sin\frac{1}{x}$.

Setzt man $u = \frac{1}{x}$, so folgt aus $f'(x) = 0$: $\tan u = u$. Hieraus erhält man $T_1(0{,}223;\ -0{,}217)$, $H_1(0{,}129;\ 0{,}128)$ usw. S_k sind Wendepunkte, $\lim\limits_{x\to 0} f(x) = 0$ (stetig ergänzbar), $y = 1$ ist Asymptote (vgl. Bild L8.18);

q) $D = \mathbb{R}\backslash\{0\}$, Symmetrie zur y-Achse, $S_k(2k\pi, 0)$, $k\in\mathbb{Z}\backslash\{0\}$, für alle $x\in D$ differenzierbar,

$f'(x) = 20\cdot\frac{x\sin x + 2\cos x - 2}{x^3}$, $\quad f''(x) = -20\cdot\frac{4x\sin x - (x^2 - 6)\cos x - 6}{x^4}$,

S_k sind Minima, $H_1(8{,}99;\ 0{,}47)$ usw., $\lim\limits_{x\to 0} f(x) = 10$ (stetig ergänzbar), $\lim\limits_{x\to 0} f'(x) = = 0$, x-Achse ist Asymptote (vgl. Bild L8.19);

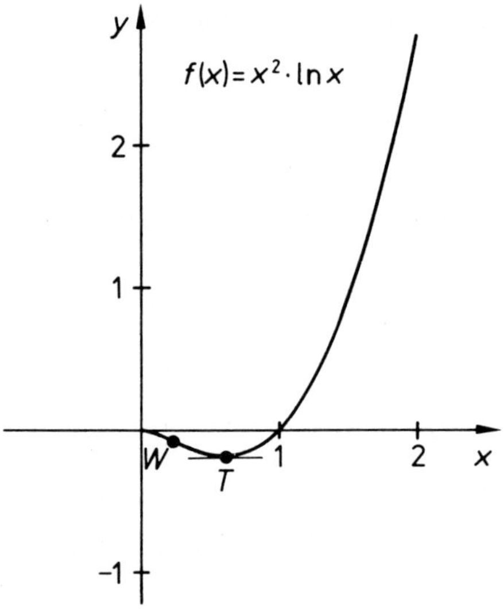

Bild L8.17: Aufgabe 29o

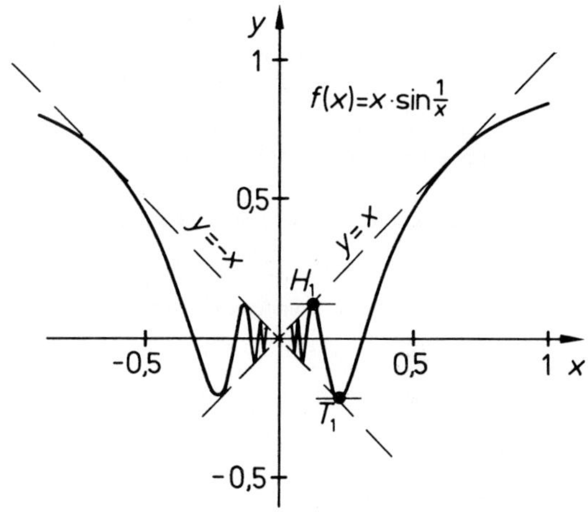

Bild L8.18: Aufgabe 29p

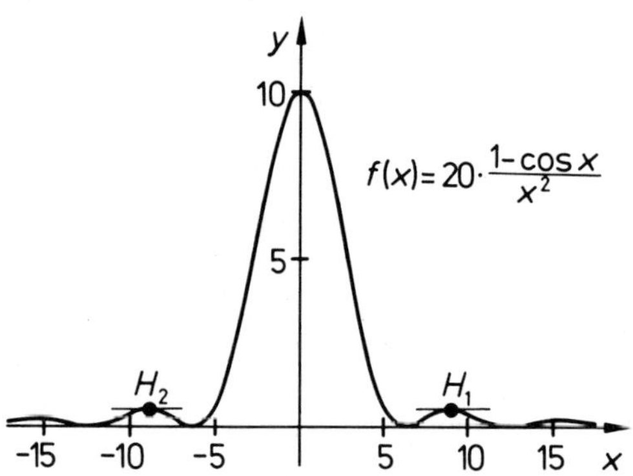

Bild L8.19: Aufgabe 29q

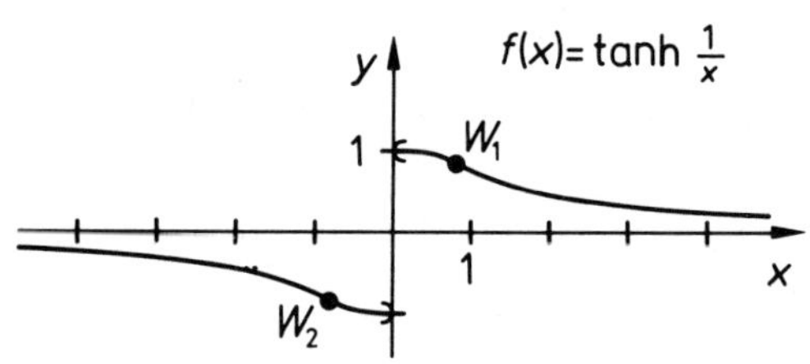

Bild L8.20: Aufgabe 29r

r) $D = \mathbb{R}\backslash\{0\}$, $W = (-1, 1)\backslash\{0\}$, Punktsymmetrie zu 0, keine Nullstellen, für alle $x \in D$ differenzierbar,

$$f'(x) = -\frac{1}{x^2 \cosh^2 \frac{1}{x}}, \quad f''(x) = 2 \cdot \frac{x \cdot \cosh \frac{1}{x} - \sinh \frac{1}{x}}{x^4 \cosh^3 \frac{1}{x}},$$

keine Extremwerte, $W_1(-0{,}83; -0{,}83)$, $W_2(0{,}83; 0{,}83)$, $\lim\limits_{x \uparrow 0} f(x) = -1$, $\lim\limits_{n \downarrow 0} f(x) = 1$, x-Achse ist Asymptote, $\lim\limits_{x \downarrow 0} f'(x) = 0$, $\lim\limits_{x \uparrow 0} f'(x) = 0$ (vgl. Bild L8.20);

s) $D = \mathbb{R}\backslash\{0\}$, $W = (0, 1)$, Symmetrie zur y-Achse, keine Nullstellen, für alle $x \in D$ differenzierbar,

$$f'(x) = \tanh\frac{1}{x} - \frac{1}{x \cdot \cosh^2 \frac{1}{x}}, \quad f''(x) = \frac{-2\tanh\frac{1}{x}}{x^3 \cosh^2 \frac{1}{x}},$$

keine Extremwerte, keine Wendepunkte, f auf $\mathbb{R}^+$ streng monoton wachsend, auf $(-\infty, 0)$ streng monoton fallend, $\lim\limits_{x \to 0} f(x) = 0$ (stetig ergänzbar), $\lim\limits_{x \downarrow 0} f'(x) = 1$, $\lim\limits_{x \uparrow 0} f'(x) = -1$, $y = 1$ ist Asymptote (vgl. Bild L8.21);

t) $D = \mathbb{R}$, $W \subset \mathbb{R}^+$, auf $\mathbb{R}$ zweimal stetig differenzierbar,

$$f'(x) = 3x|x| + 12(4x-5)|4x-5|, \quad f''(x) = 6|x| + 96|4x-5|,$$

$T(\frac{10}{9}; 1{,}543)$, keine Wendepunkte (vgl. Bild L8.22);

u) $D = \mathbb{R}$, $W = \mathbb{R}$, $S_k(k\pi, 0)$, $k \in \mathbb{Z}$, auf $\mathbb{R}$ beliebig oft differenzierbar,

$$f'(x) = 5(\cos x - 0{,}1 \sin x)e^{-0,1x}, \quad f''(x) = -5(0{,}2\cos x + 0{,}99 \sin x)e^{-0,1x},$$

$H_k(1{,}47 + 2k\pi; 4{,}3 \cdot e^{-0,2k\pi})$, $T_k(4{,}61 + 2k\pi; -3{,}14 \cdot e^{-0,2k\pi})$, $W_k(2{,}94 + 2k\pi; 0{,}738e^{-0,2k\pi})$bzw. $W_k(-0{,}199 + 2k\pi; -1{,}01 \cdot e^{-0,2k\pi})$, positive x-Achse ist Asymptote, es ist $-5e^{-0,1x} \leqq f(x) \leqq 5e^{-0,1x}$ für alle $x \in \mathbb{R}$ (vgl. Bild L8.23);

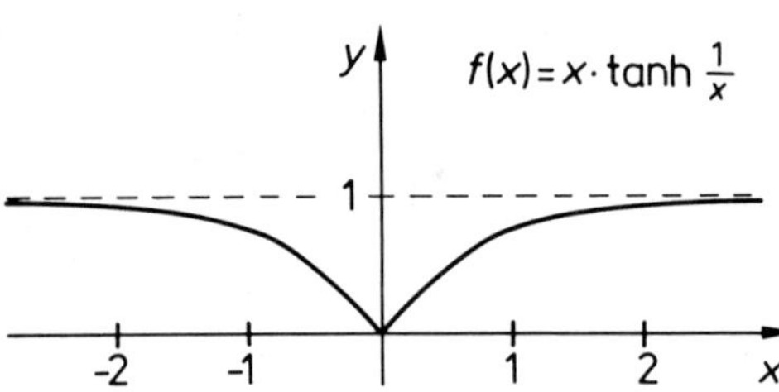

Bild L8.21: Aufgabe 29s

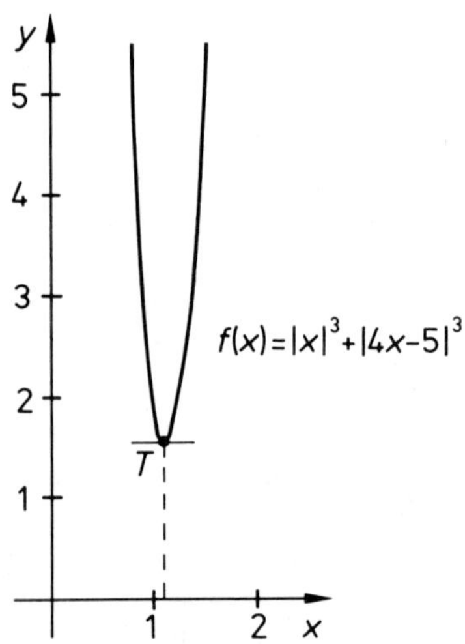

Bild L8.22: Aufgabe 29t

v) $D = \mathbb{R}$, $|f(x)| \leqq 3$, Punktsymmetrie zu O, periodisch mit $p = 2\pi$, $S_k(k\pi, 0)$, $k \in \mathbb{Z}$, auf D beliebig oft differenzierbar,

$$f'(x) = 2(\cos x + \cos 2x), \quad f''(x) = -2(\sin x + 2\sin 2x), \quad f'''(x) = -2(\cos x + 4\cos 2x),$$

$H_k\left(\frac{\pi}{3} + 2k\pi; 2{,}598\right)$, $T_k\left(\frac{5\pi}{3} + 2k\pi; -2{,}598\right)$, $k \in \mathbb{Z}$, $W_k(2k\pi, 0)$, $W_k(1{,}82 + 2k\pi; 1{,}45)$,

$W_k(4{,}46 + 2k\pi; -1{,}45)$, $k \in \mathbb{Z}$, Terrassenpunkte $Q_k((2k+1)\pi; 0)$, $k \in \mathbb{Z}$ (vgl. Bild L8.24);

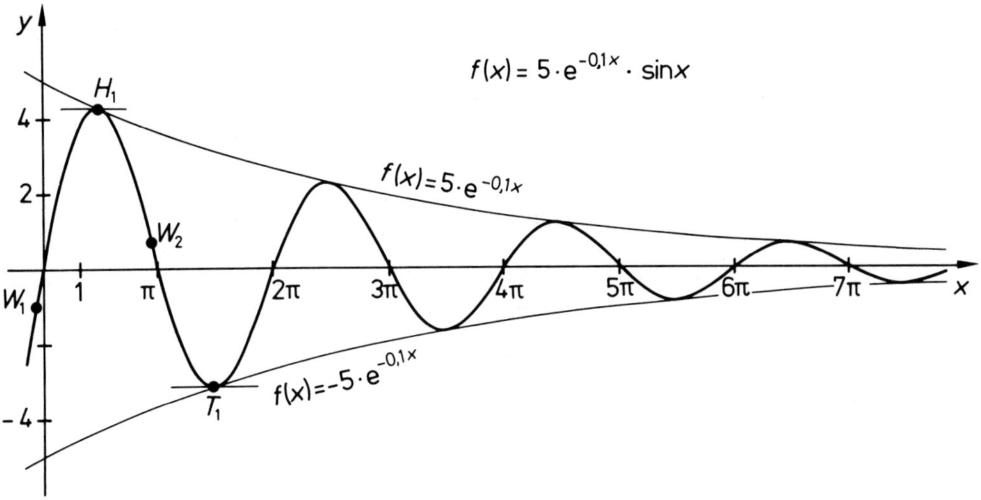

Bild L8.23: Aufgabe 29u

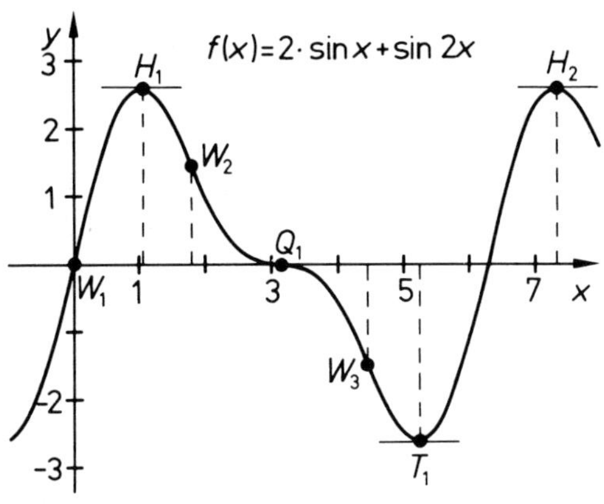

Bild L8.24: Aufgabe 29v

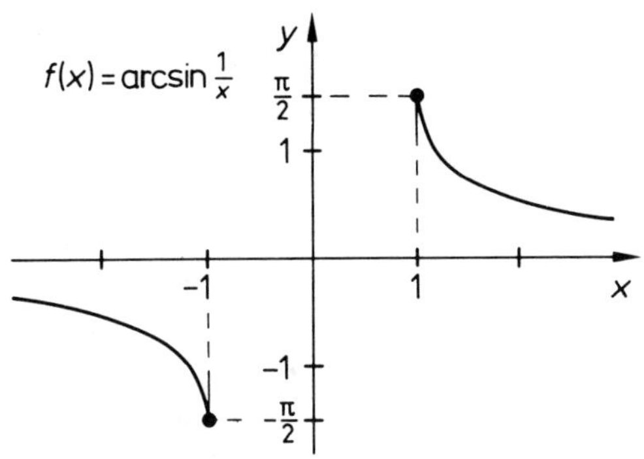

Bild L8.25: Aufgabe 29w

w) $D=\{x \mid |x| \geqq 1\}$, $W=\left[-\frac{\pi}{2}, \frac{\pi}{2}\right] \setminus \{0\}$, Punktsymmetrie zu O, keine Nullstellen, für alle x mit $|x|>1$ differenzierbar.

$$f'(x)=-\frac{1}{|x|\sqrt{x^2-1}}, \quad f''(x)=\frac{2x^2-1}{x|x|\sqrt{(x^2-1)^3}},$$

keine Extremwerte, keine Wendepunkte, f ist auf $(-\infty,-1]$ und auf $[1,\infty)$ streng monoton fallend, x-Achse ist Asymptote, $f_r'(1)=-\infty$. $f_l'(1)=-\infty$ (vertikale Tangente) (vgl. Bild L8.25).

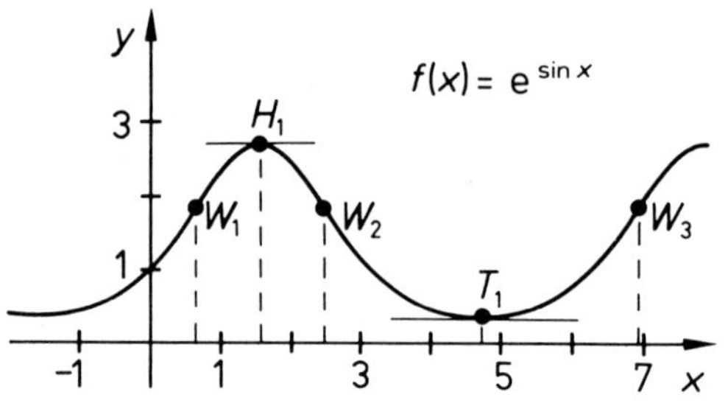

Bild L8.26: Aufgabe 29y

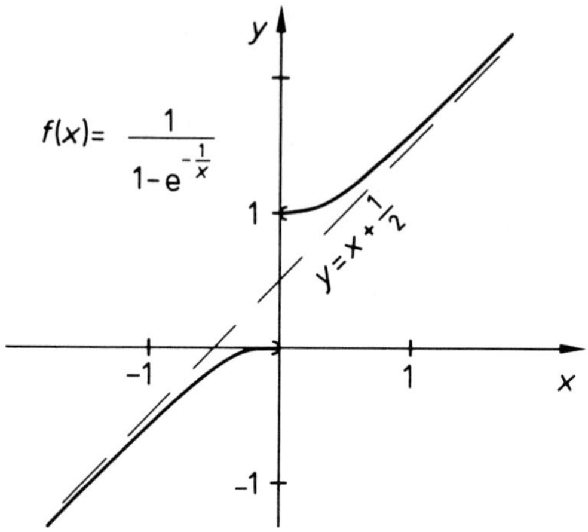

Bild L8.27: Aufgabe 29z

x) f ist nur für $x=0$ definiert, es ist $f(0)=\dfrac{\pi}{2}$;

y) $D=\mathbb{R}$, $W=\left[\dfrac{1}{e}, e\right]$, f weder gerade noch ungerade, periodisch mit $p=2\pi$, keine Nullstellen, auf $\mathbb{R}$ beliebig oft differenzierbar,

$f'(x)=\cos x\cdot e^{\sin x}$, $\quad f''(x)=(\cos^2 x-\sin x)e^{\sin x}$, $\quad f'''(x)=-\cos x\cdot \sin x(\sin x+3)e^{\sin x}$.

$H_k\left(\dfrac{4k+1}{2}\pi, e\right)$, $T_k\left(\dfrac{4k+3}{2}\pi; \dfrac{1}{e}\right)$, $W_k(0{,}666+2k\pi;\ 1{,}855)$, $W_k(2{,}475+2k\pi;\ 1{,}855)$ für $k\in\mathbb{Z}$ (vgl. Bild L8.26);

z) $D=\mathbb{R}\setminus\{0\}$, keine Nullstellen, für alle $x\in D$ beliebig oft differenzierbar,

$$f'(x)=\frac{e^{-1/x}}{x^2(1-e^{-1/x})^2},\quad f''(x)=\frac{(1-2x)e^{-1/x}+(2x+1)e^{-2/x}}{x^4(1-e^{-1/x})^3},$$

keine Extremwerte, keine Wendepunkte, $\lim\limits_{x\downarrow 0} f(x)=1$, $\lim\limits_{x\uparrow 0} f(x)=0$, $\lim\limits_{x\to\infty} f(x)=\infty$, $\lim\limits_{x\to-\infty} f(x)=-\infty$, f ist streng monoton wachsend, $y=x+\frac{1}{2}$ ist Asymptote, $\lim\limits_{x\uparrow 0} f'(x)=\lim\limits_{x\downarrow 0} f'(x)=0$ (vgl. Bild L8.27).

8.8

1. a) $g_1(x)=(\operatorname{sgn} x)\cdot\sqrt{2x+3}$; $\quad g_2(x)=\frac{1}{2}(x^2-3)$; $\quad g_3(x)=\dfrac{2x+3}{x}$.

   b) $g_1(x)=e^{3\tan 2x}$; $\quad g_2(x)=x+3\tan 2x-\ln x$; $\quad g_3(x)=x+1-\dfrac{3\tan 2x}{\ln x}$.

   c) $g_1(x)=\dfrac{\sqrt{10}}{10^x}$; $\quad g_2(x)=\lg\dfrac{\sqrt{10}}{x}$; $\quad g_3(x)=x^2+x\left(1-\dfrac{\sqrt{10}}{10^x}\right)$.

2. a) $y_1 = -2x + 8$, $y_2 = x^3$ $(1{,}5; 2)$; b) $y_1 = 6x - 6$, $y_2 = x^3 - 2x^2$ $(0,1), (-3, -2), (3,4)$

c) $y_1 = e^{-x}$, $y_2 = \frac{1}{2}x^2$ $(0{,}5; 1)$; d) $y_1 = \ln(x + \frac{3}{2})$, $y_2 = x$ $(0{,}5; 1), (-1{,}2; -1)$;

e) $y_1 = \dfrac{1}{x}$, $y_2 = \operatorname{arcosh} x$ $(1; 1{,}5)$.

3. Die Funktionen sind auf $[a, b]$ stetig und streng monoton, sie nehmen also die absoluten Extremwerte auf dem Rand an.

a) i) $1 + \sqrt{2} \leqq g(x) \leqq 1 + \sqrt{3}$, d.h. $g(x) \in [2, 3]$ für alle $x \in [2, 3]$.

ii) $|g'(x)| = \left|\dfrac{1}{2\sqrt{x}}\right| \leqq \dfrac{1}{2\sqrt{2}} < 0{,}36 = L < 1$ für alle $x \in [2, 3]$.

b) i) $1{,}58 < g(1{,}8) \leqq g(x) \leqq g(1{,}5) < 1{,}72$, d.h. $g(x) \in [1{,}5; 1{,}8]$ für alle $x \in [1{,}5; 1{,}8]$.

ii) $|g'(x)| = |-\frac{1}{4}x| \leqq \frac{1}{4} \cdot 1{,}8 = 0{,}45 = L < 1$ für alle $x \in [1{,}5; 1{,}8]$.

c) i) $0{,}5 < g(2) \leqq g(x) \leqq g(0{,}5) < 1{,}2$, d.h. $g(x) \in [0{,}5; 2]$ für alle $x \in [0{,}5; 2]$.

ii) $|g'(x)| = \left|-\sqrt{\dfrac{e^{-x}}{2}}\right| \leqq \sqrt{\dfrac{e^{-0{,}5}}{2}} < 0{,}6 = L < 1$ für alle $x \in [0{,}5; 2]$.

4. Die Iterationsvorschriften b) und c) konvergieren für jeden Anfangswert $x_0 \in (1; 1{,}5)$ gegen den Wert $\xi = 1{,}176501\ldots$.

5. $\xi_1 = -1$: $x_{k+1} = g(x_k) = \frac{4}{3}x_k - \frac{1}{3}x_k^3$, $x_0 \in (-1{,}5; -0{,}5)$;
$\xi_2 = 0$: $x_{k+1} = g(x_k) = x_k^3$, $x_0 \in (-\frac{1}{3}\sqrt{3}, \frac{1}{3}\sqrt{3})$;
$\xi_3 = 1$: $x_{k+1} = g(x_k) = \sqrt[3]{x_k}$, $x_0 > 0$.

6. Nach (8.64) und dem Mittelwertsatz der Differentialrechnung (Satz 8.25) existiert ein c zwischen ξ und x_n so, daß (beachte: $x_{n+1} = g(x_n)$ und $\xi = g(\xi)$) $|x_{n+1} - \xi| = |g(x_n) - g(\xi)| = |g'(c)||x_n - \xi| \leqq L|x_n - \xi|$ ist. Mit Hilfe der Dreiecksungleichung folgt $|x_{n+1} - \xi| \leqq L|x_n - x_{n+1} + x_{n+1} - \xi| \leqq L(|x_n - x_{n+1}| + |x_{n+1} - \xi|)$ und hieraus die Ungleichung $|x_{n+1} - \xi| \leqq \dfrac{L}{1-L}|x_{n+1} - x_n|$. Durch vollständige Induktion zeigt man

$$|x_{n+1} - x_n| = |g(x_n) - g(x_{n-1})| = |g'(c)|\,|x_n - x_{n-1}| \leqq L|x_n - x_{n-1}| \leqq \cdots \leqq L^{n-1}|x_1 - x_0|.$$

Folglich ist $|x_{n+1} - \xi| \leqq \dfrac{L}{1-L}|x_{n+1} - x_n| \leqq \dfrac{L^n}{1-L}|x_1 - x_0|$.

7. i) a) $x_{k+1} = \sqrt[4]{2 + \dfrac{0{,}2}{x_k}}$; $|g'(x)| < 0{,}03 = L < 1$ für $x \in [1, \frac{3}{2}]$; $x_0 = 1$, $x_4 = 1{,}21299361$; $|x_4 - \xi| < 2{,}75 \cdot 10^{-8}$;
b) $x_0 = 1 \Rightarrow n \geqq 5$.

ii) a) $x_{k+1} = e^{-x_k}$; $|g'(x)| < 0{,}61 = L < 1$ für $x \in [\frac{1}{2}, 1]$; $x_0 = \frac{1}{2}$, $x_4 = 0{,}56006463$; $|x_4 - \xi| < 3{,}1 \cdot 10^{-2}$;
b) $x_0 = \frac{1}{2} \Rightarrow n \geqq 35$.

iii) a) $x_{k+1} = \arctan(\cosh x_k)$; $|g'(x)| < 0{,}52 = L < 1$ für $x \in [\frac{1}{2}, 1]$; $x_0 = 1$, $x_4 = 0{,}99364369$; $|x_4 - \xi| < 2 \cdot 10^{-4}$;
b) $x_0 = 1 \Rightarrow n \geqq 21$.

8. i) Startwert $x_0 = 1$

a) $x_{k+1} = \sqrt{\frac{1}{2} + \dfrac{1}{x_k}}$; $x_4 = 1{,}16356183$; $|x_4 - \xi| < 1{,}83 \cdot 10^{-2}$;

b) $x_{k+1} = \dfrac{4x_k^3 + 2}{6x_k^2 - 1}$; $x_4 = 1{,}16537304$; $|x_4 - \xi| < 2{,}2 \cdot 10^{-7}$;

c) $a = 1$, $b = 1{,}5$; $x_4 = 1{,}16446485$.

ii) Startwert $x_0 = -1$

a) $x_{k+1} = \frac{e^{x_k}}{x_k} - 1$; $x_4 = -1{,}22614993$, $|x_4 - \xi| < 1{,}84 \cdot 10^{-2}$;

b) $x_{k+1} = \frac{e^{x_k}(x_k - 1) - x_k^2}{e^{x_k} - 2x_k - 1}$; $x_4 = -1{,}23534623$, $|x_4 - \xi| < 7{,}8 \cdot 10^{-8}$;

c) $a = -2$, $b = -1$; $x_4 = -1{,}23378816$.

9. Durch Skizzieren der Kurven $y = -x^3 + 60$ und $y = 20 \cdot \sin 3\pi x$ erkennt man, daß jeweils genau eine Lösung in $[3{,}4; 3{,}5]$, $[3{,}5; 3{,}6]$ und in $[3{,}9; 4]$ liegt. Die Regula falsi liefert:

a) $a = 3{,}4$ und $b = 3{,}5 \Rightarrow \xi_1 = 3{,}4598\ldots$;
b) $a = 3{,}5$ und $b = 3{,}6 \Rightarrow \xi_2 = 3{,}5849\ldots$;
c) $a = 3{,}9$ und $b = 4 \quad \Rightarrow \xi_3 = 3{,}9830\ldots$;

10. Durch Skizzieren der Kurven $y = x \cdot \tan 2x$ und $y = 3 - 2 \cdot \ln x$ erkennt man, daß die gesuchte Lösung in $[0{,}6; 0{,}75]$ liegt. Die Regula falsi liefert für $a = 0{,}6$ und $b = 0{,}75$ den Wert $\xi = 0{,}6935\ldots$.

11. $x_{n+1} = g(x_n) = \frac{(m-1)x^m + a}{mx^{m-1}}, \quad n = 0, 1, 2, \ldots$

12. $f(x) = x \sin x$, $f'(x) = \sin x + x \cos x$, $f''(x) = 2\cos x - x \sin x$. Extremwert: $f'(x) = 0 \Rightarrow \sin x + x \cos x = 0$
allg. Iterationsverfahren: $x_{k+1} = \arctan(-x_k) + \pi$, $k = 0, 1, 2, \ldots$; $x_0 = 2 \Rightarrow x_e = 2{,}02875\ldots$
Wegen $f''(x_e) < 0 \Rightarrow$ Hochpunkt $H(2{,}029; 1{,}820)$.
Wendepunkt: $f''(x) = 0 \Rightarrow 2\cos x - x \sin x = 0$

allg. Iterationsverfahren: $x_{k+1} = \arctan \frac{2}{x^k}$, $k = 0, 1, 2, \ldots$; $x_0 = 1 \Rightarrow x_u = 1{,}07687\ldots$

Wegen $f'''(x_w) \neq 0 \Rightarrow$ Wendepunkt $W(1{,}077; 0{,}948)$.

13. a) Tiefpunkt $T(1, 2)$, Hochpunkt $H(0{,}296; 2{,}135)$; b) Hochpunkt $H(0{,}851; 0{,}073)$;
c) Hochpunkt $H(0{,}419; -0{,}773)$.

14. Abstand des Punktes $P(x, f(x))$ vom Ursprung: $d(x) = \sqrt{x2 + f^2(x)}$. Extremalbedingung: $d'(x) = 0 \Rightarrow x + f(x) f'(x) = 0$.

a) $f(x) = e^x$; Extremalbedingung: $x + e^{2x} = 0$.

Verfahren von Newton: $x_{k+1} = \frac{e^{2x_k}(2x_k - 1)}{1 + 2e^{2x_k}}$, $k = 0, 1, 2, \ldots$;

$x_0 = -0{,}4 \Rightarrow x = -0{,}42630\ldots \Rightarrow P(-0{,}426; 0{,}653)$;

b) $f(x) = \ln x$; Extremalbedingung: $x + \frac{\ln x}{x} = 0$;

Verfahren von Newton: $x_{k+1} = \frac{x_k - 2x_k \ln x_k}{x_k^2 + 1 - \ln x_k}$, $k = 0, 1, 2, \ldots$;

$x_0 = 0{,}5 \Rightarrow x = 0{,}65291\ldots \Rightarrow P(0{,}653; -0{,}426)$.

15. a) Zur Bestimmung der Schnittpunkte benötigt man kein Iterationsverfahren: $\tan x = \cos x \Rightarrow \sin^2 x + \sin x - 1 = 0$ (setze $\sin x = u$); $\xi_k = 0{,}666239\cdots + 2k\pi$, $\eta_k = 2{,}475353\cdots + 2k\pi$, $k \in \mathbb{Z}$;
Schnittpunkte: $S_k(0{,}666 + 2k\pi; 0{,}786)$; $P_k(2{,}475 + 2k\pi; -0{,}786)$, $k \in \mathbb{Z}$.
b) Allg. Iterationsverfahren, $x_{k+1} = \arctan x_k + \pi$, $k = 0, 1, 2, \ldots$; $x_0 = 4 \Rightarrow \xi_1 = 4{,}493409\ldots$; $S_1(4{,}493; 4{,}493)$.

16. Steigung der Tangente durch $B_1(x_1, e^{x_1})$ und $B_2(x_2, \ln x_2)$ (s. Bild L8.28):

$$(e^{x_1})' = (\ln x_2)' = \frac{\ln x_2 - e^{x_1}}{x_2 - x_1}, \quad \text{d.h.} \quad e^{x_1} = \frac{1}{x_2} = \frac{\ln x_2 - e^{x_1}}{x_2 - x_1}.$$

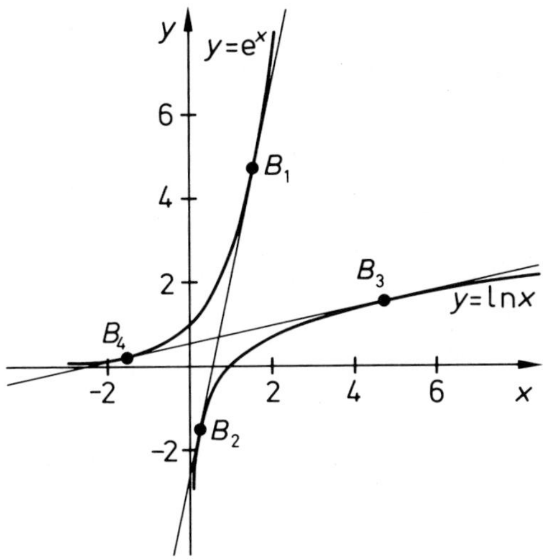

Bild L8.28: Zu Aufgabe 16

Wegen $x_2 = e^{-x_1}$ erhält man $e^{x_1} = -\dfrac{e^{x_1} + x_1}{e^{-x_1} - x_1}$. Hieraus folgt für $x_1 = 2x$: $x = \frac{1}{2}\coth x$.

Allg. Iterationsverfahren: $x_{k+1} = \frac{1}{2}\coth x_k$, $k = 0, 1, \ldots$; $x_0 = 0{,}75 \Rightarrow \xi = 0{,}771702\cdots \Rightarrow x = 2\xi = 1{,}543404\ldots$
Berührpunkte: $B_1(1{,}543; 4{,}681)$, $B_2(0{,}214; -1{,}543)$, $B_3(4{,}681; 1{,}543)$, $B_4(-1{,}543; 0{,}214)$.
Tangentengleichungen: $y = 4{,}681x - 2{,}543$; $y = 0{,}214x + 0{,}543$.

17. $B(x, \ln x)$ sei der Berührpunkt der Tangente t. Dann gilt für die Steigung von t: $m_t = \dfrac{1}{x} = -\dfrac{x}{\ln x} = x^2 + \ln x = 0$.

Verfahren von Newton: $x_{k+1} = \dfrac{x_k^2 - \ln x_k + 1}{2x_k + \dfrac{1}{x_k}}$, $\quad k = 0, 1, 2, \ldots$;

$x_0 = 0{,}5 \Rightarrow x = 0{,}652918\cdots \Rightarrow B(0{,}653; -0{,}426)$. Tangentengleichung: $y = 1{,}532x - 1{,}426$.

18. Für den Flächeninhalt des Rechtecks gilt: $A(x) = 2x\cos x$, $x \in \left(0, \dfrac{\pi}{2}\right)$.

Notwendige Bedingung: $A'(x) = \cos x - x\sin x = 0$.

Allg. Iterationsverfahren: $x_{k+1} = \arctan\dfrac{1}{x_k}$, $k = 0, 1, 2, \ldots$;

$x_0 = \dfrac{\pi}{4} \Rightarrow x_m = 0{,}860333\ldots$. Wegen $A''(x_m) < 0$ liefert x_m den maximalen Wert $A(x_m) = A_{\max} = 1{,}122192\ldots$.

19. Es gilt: $s_5 = a_1\dfrac{1 - q^5}{1 - q} \Rightarrow 1000 = \dfrac{1 - q^5}{1 - q} \Rightarrow q^5 - 1000q + 1001 = 0$.

Allg. Iterationsverfahren: $q_{k+1} = \sqrt[4]{1000 - \dfrac{1001}{q^k}}$, $k = 0, 1, 2, \ldots$; $q_0 = 5 \Rightarrow q = 5{,}338967\ldots$

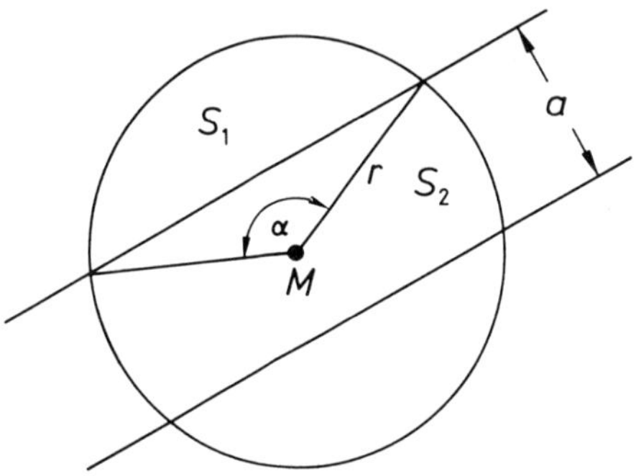

Bild L8.29: Zu Aufgabe 20

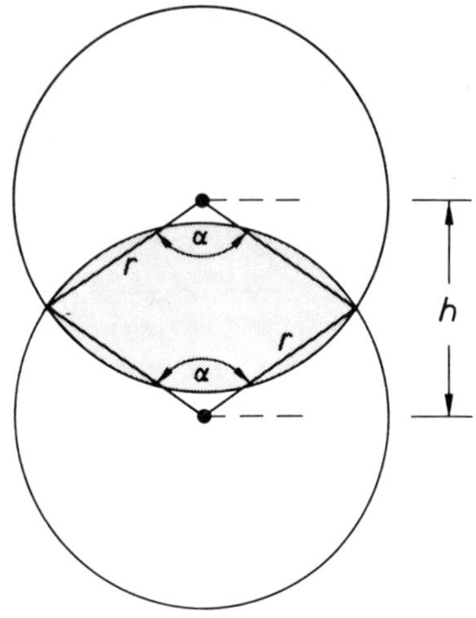

Bild L8.30: Zu Aufgabe 21

20. Nach Bild L8.29 gilt: $S_1 = \frac{r^2}{2}(\alpha - \sin\alpha)$ und $S_2 = \pi r^2 - 2S_1 = \pi r^2 - r^2(\alpha - \sin\alpha)$. Hieraus folgt wegen $S_2 = S_1$: $\alpha = \frac{2}{3}\pi + \sin\alpha$.

 Verfahren von Newton: $\alpha_{k+1} = \frac{\alpha_k \cos\alpha_k - \sin\alpha_k - \frac{2}{3}\pi}{\cos\alpha_k - 1}, k = 0,\ 1, 2, \ldots;$

 $\alpha_0 = 2 \Rightarrow \alpha = 2{,}60532\ldots$ Für den Abstand gilt: $a = 2r\cos\frac{\alpha}{2} = 0{,}52986r$.

21. Es gilt (s. Bild L8.30): $0{,}3\pi r^2 = 2\frac{r^2}{2}(\alpha - \sin\alpha)$, d.h. $\alpha = 0{,}3\pi + \sin\alpha$.

 Allgemeines Iterationsverfahren: $\alpha_{k+1} = 0{,}3\pi + \sin\alpha_k$. Aus $\alpha_0 = 1{,}5$ folgt $\alpha = 1{,}891493\ldots$ Damit ist $\left(\text{wegen } a = 2r\cdot\cos\frac{\alpha}{2}\right)$ der gesuchte Abstand 11,70 cm.

22. Für das Volumen des Zylinders gilt mit $r = 10$, $h = 30$: $V_z = \pi r^2 h = 9424{,}777961$ und für das Volumen des Wassers (s. Bild L8.31) $V_w = 5000 = (\pi r^2 - \frac{1}{2}r^2(\alpha - \sin\alpha))h$. Wegen $\frac{1}{2}r^2 h = \frac{V_z}{2\pi} = 1500$ folgt aus der zweiten Formel: $\alpha - \sin\alpha - 2{,}949852 = 0$. Verfahren von Newton: $\alpha_{k+1} = \frac{\sin\alpha_k - \alpha_k\cos\alpha_k + 2{,}949852}{1 - \cos\alpha_k}, k = 0, 1, 2, \ldots.$

 Aus $\alpha_0 = 3$ folgt $\alpha = 3{,}045648\ldots$ Wegen $h = r\left(1 + \cos\frac{\alpha}{2}\right)$ erhält man für die Wasserhöhe 10,48 cm.

23. Nach dem Archimedischen Prinzip (Schwimmbedingung) gilt (s. Bild L8.32) $\frac{4}{3}\rho_H \pi r^3 = \frac{1}{3}\rho_W \pi h^2(3r - h)$. Hieraus folgt mit $\rho_H = 0{,}75$, $\rho_W = 1$ und $r = 10$ die Gleichung $h^3 - 30h^2 + 3000 = 0$. Allgemeines Iterationsverfahren: $h_{k+1} = \frac{h_k^3 + 3000}{30h_k}$, $k = 0, 1, 2, \ldots$. Mit $h_0 = 13$ erhält man $h = 13{,}47296\ldots$. Die Eintauchtiefe beträgt folglich 13,48 cm.

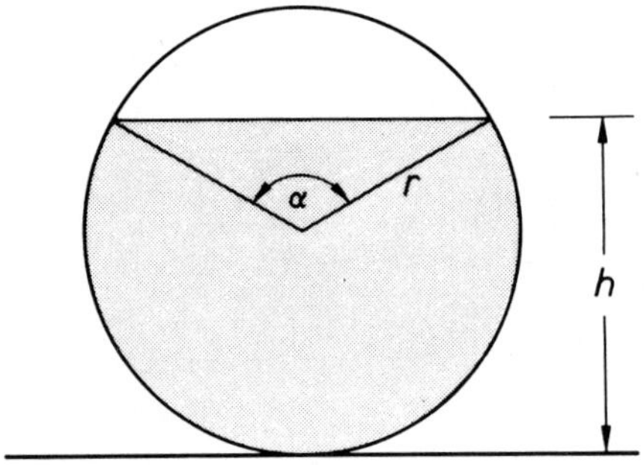

Bild L8.31: Zu Aufgabe 22

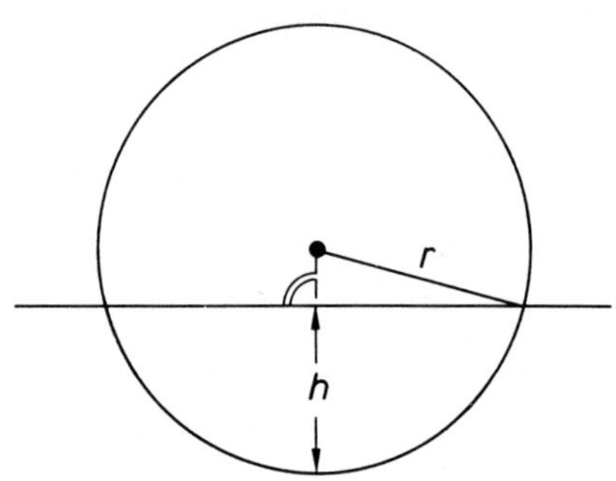

Bild L8.32: Zu Aufgabe 23

24. Aus $\pi x^2 h = \frac{1}{4}\cdot\frac{4}{3}\pi r^3$ erhält man wegen $x^2 = r^2 - \frac{h^2}{4}$ (s. Bild L8.33) die Gleichung $h^3 - 324h + 972 = 0$.

Verfahren von Newton: $h_{k+1} = \frac{2h_k^3 - 972}{3h_k^2 - 324}$, $k = 0, 1, 2, \ldots$

Mit Hilfe der Startwerte 3 bzw. 16 erhält man die beiden positiven Lösungen dieser Gleichung 3. Grades zu 3,09116...bzw. 16,25423.... Der gesuchte Zylinder besitzt also die Höhe 3,09 cm (bzw. 16,25cm).

25. Für das Volumen des Kegelstumpfes gilt (s. Bild L8.34) $V = \frac{1}{3}\pi h(r^2 + x^2 + rx)$. Wegen $h = \sqrt{r^2 - {}^2}$ erhält man $V = \frac{1}{3}\pi\sqrt{r^2 - x^2}(r^2 + x^2 + rx)$. $V' = 0$ und $r = 9$ liefern $x^3 + 6x^2 - 27x - 243 = 0$.

Verfahren von Newton: $x_{k+1} = \frac{2x_k^2(x_k + 3) + 243}{3x_k(x_k + 4) - 27}$, $k = 0, 1, 2, \ldots$. Mit $x_0 = 5$ folgt $x = 5{,}818395\ldots$. Folglich besitzt der Kegelstumpf die Höhe 5,82cm.

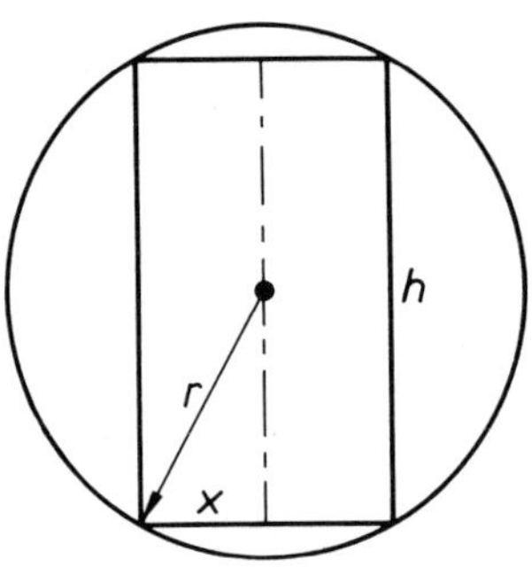

Bild L8.33: Zu Aufgabe 24

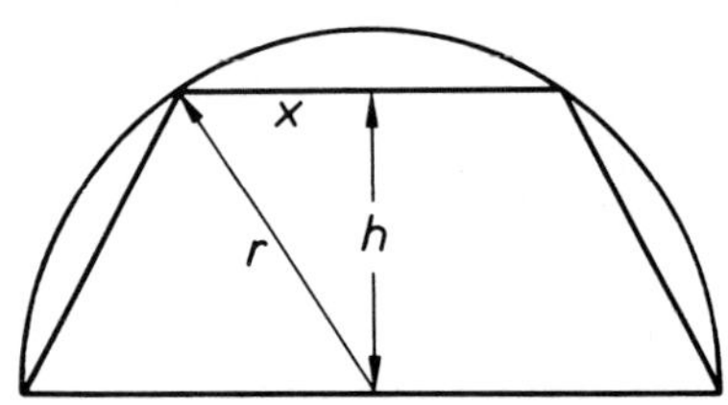

Bild L8.34: Zu Aufgabe 25

26. Die notwendige Bedingung $\kappa'(x) = 0$ liefert: $x(e^{2x^2}(3 - 2x^2) + 16x^4 - 12x^2 + 6) = 0$. Mit Hilfe eines Iterationsverfahrens erhält man die Punkte mit stärkster Krümmung: $P_1(0,\ 1)$, $P_2(1{,}928;\ 0{,}024)$ und $P_3(-1{,}928;\ 0{,}024)$.

9 Integralrechnung

9.1

1. a) $-\frac{125}{6}$; b) $a_0(b-a)+\frac{1}{2}a_1(b^2-a^2)+\frac{1}{3}a_2(b^3-a^3)$; c) $\frac{11}{3}$;

   d) Mit $\Delta x_i = \frac{\pi}{n}$ ($n\in\mathbb{N}$ und $i\in\{1,2,\ldots,n\}$) und $\xi_i = i\cdot\frac{\pi}{n}$ ist $S_n = \sum\limits_{i=1}^{n} \sin\left(i\cdot\frac{\pi}{n}\right)\cdot\frac{\pi}{n}$. Mit $2\cdot\sin\frac{\pi}{2n}$ erweitert:

$$S_n = \frac{\pi}{2n\cdot\sin\frac{\pi}{2n}}\sum_{i=1}^{n} 2\cdot\sin\left(i\cdot\frac{\pi}{n}\right)\cdot\sin\frac{\pi}{2n}$$ und mit der Formel $2\sin x\sin y = \cos(x-y)-\cos(x+y)$ ist

$$S_n = \frac{\pi}{2n\cdot\sin\frac{\pi}{2n}}\left[\cos\frac{\pi}{2n}-\cos\left(\pi+\frac{\pi}{2n}\right)\right]$$ und für $n\to\infty$ ergibt sich $\int\limits_0^{\pi}\sin x\,dx = 2$.

2. f ist nicht beschränkt.

3. Wählt man Zerlegungen und Zwischenstellen, die zum Ursprung symmetrisch sind, so ist bei ungeraden Funktionen $f(\xi_i)\Delta x_i + f(-\xi_i)\Delta x_i = 0$ und bei geraden Funktionen $f(\xi_i)\Delta x_i + f(-\xi_i)\Delta x_i = 2\cdot f(\xi_i)\Delta x_i$.

4. Für alle $x\in\left[0,\frac{\pi}{2}\right]$ gilt: $1\geqq\cos x\geqq 1-\frac{2x}{\pi}\Rightarrow\frac{\pi}{2}\geqq\int\limits_0^{\pi/2}\cos x\,dx\geqq\frac{\pi}{4}$.

5. $\frac{1}{b-a}\int\limits_a^b f(x)dx = m\cdot\frac{b+a}{2}+n = f\left(\frac{b+a}{2}\right) = \frac{f(a)+f(b)}{2}$ ist das arithmetische Mittel von $f(a)$ und $f(b)$.

6. $T=0$; $\xi=\frac{4}{3}$.

7. $A=\frac{1}{6}$.

9.2

1. a) $I\colon x\mapsto I(x) = \begin{cases} x^2-4 & \text{für } x\in[0,2] \\ 8x-x^2-12 & \text{für } x\in(2,4] \end{cases}$

   b) Siehe Bild L9.1.

   c) Ja. Es ist $I' = f$ (vgl. Definition 9.5).

2. a) $F\colon x\mapsto F(x) = \begin{cases} \frac{1}{2}\cdot x^2+x+10 & \text{für } x\in[-5,0) \\ x+10 & \text{für } x\in[0,5] \end{cases}$

   b) Siehe Bild L9.2.

   c) Nein. Es existiert kein $c\in[-5,5]$ für das $\int\limits_c^x f(t)dt = F(x)$ ist, denn für $c\in[-5,0)$ ist

$$\int\limits_c^x f(t)dt = \begin{cases} \frac{1}{2}x^2+x-\frac{1}{2}c^2-c & \text{für } x\in[-5,0) \\ x-\frac{1}{2}c^2-c & \text{für } x\in[0,5] \end{cases}$$

   und für $c\in[0,5]$ ist

$$\int\limits_c^x f(t)dt = \begin{cases} \frac{1}{2}x^2+x-c & \text{für } x\in[-5,0) \\ x-c & \text{für } x\in[0,5]. \end{cases}$$

   d) $\int f(x)dx = \begin{cases} \frac{1}{2}\cdot x^2+x+C & \text{für } x\in[-5,0) \\ x+C & \text{für } x\in[0,5] \end{cases}$ mit $C\in\mathbb{R}$.

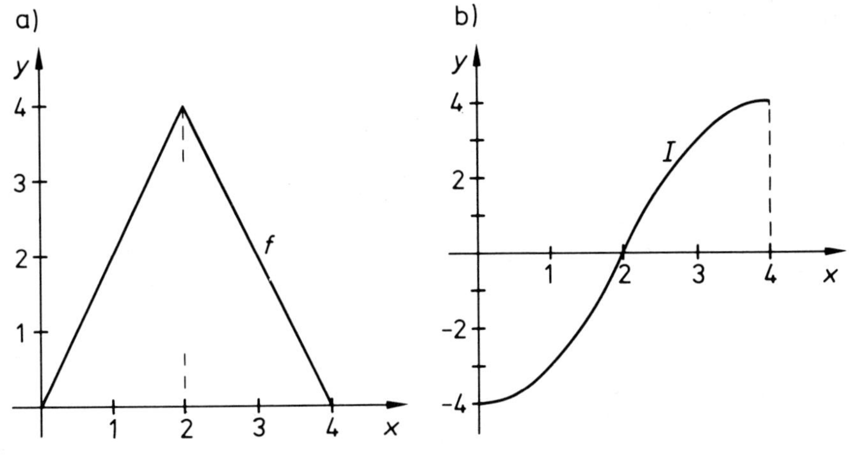

Bild L9.1a, b: Aufgabe 1b)

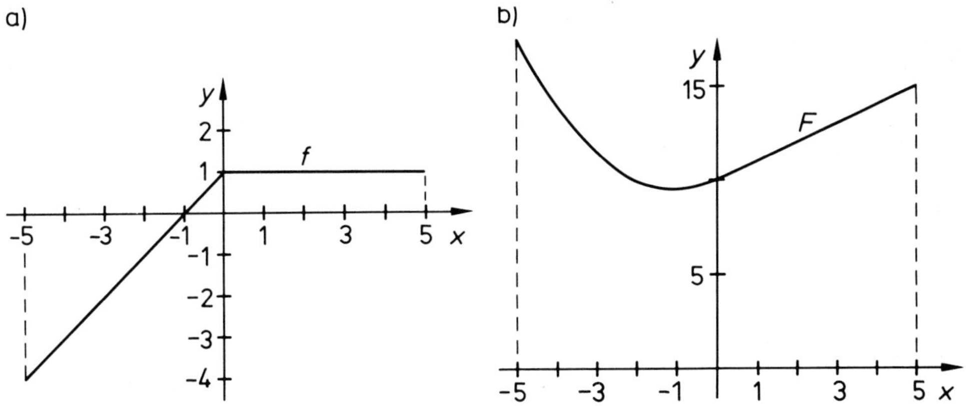

Bild L9.2a, b: Aufgabe 2b)

3. a) $I: x \mapsto I(x) = x$ für $x \in [-1, 1]$.

   b) Es existiert keine Stammfunktion, denn nach dem Satz von Darboux (Satz 8.27) kann f nicht Ableitungsfunktion einer differenzierbaren Funktion sein.

4. a) Mit dem Hauptsatz der Differential- und Integralrechnung (Satz 9.15) folgt $(\ln x)' = \frac{1}{x}$ für alle $x \in \mathbb{R}^+$. Die ln-Funktion ist daher differenzierbar, und folglich auch stetig. Wegen $(\ln x)' = \frac{1}{x} > 0$ für alle $x \in \mathbb{R}^+$ ist die ln-Funktion auch streng monoton wachsend.

   b) Für alle $x \in (0, 1)$ gilt: $\ln x = \int_1^x \frac{dt}{t} = -\int_x^1 \frac{dt}{t} < 0$ (vgl. Satz 9.10).

   $\ln 1 = \int_1^1 \frac{dt}{t} = 0.$

   Für alle $x \in (1, \infty)$ gilt: $\ln x = \int_1^x \frac{dt}{t} > 0$ (vgl. Satz 9.10).

c) $h(x)=\ln(x_1\cdot x)=\int\limits_1^{x_1x}\frac{1}{t}\,\mathrm{d}t$

$\Rightarrow h'(x)=x_1\cdot\frac{1}{x_1x}=\frac{1}{x}=(\ln x)'$ mit der Kettenregel und $(\ln x)'=\frac{1}{x}$

$\Rightarrow h(x)=\ln x+C$ (vgl. Satz 8.26) $\Rightarrow h(1)=C=\ln x_1 \Rightarrow h(x)=\ln x+\ln x_1 \Rightarrow h(x_2)=\ln(x_1\cdot x_2)=\ln x_1+\ln x_2$.

5. $\int\limits_{a(x)}^{b(x)} f(t)\mathrm{d}t=\int\limits_{a(x)}^{c} f(t)\mathrm{d}t+\int\limits_{c}^{b(x)} f(t)\mathrm{d}t=-\int\limits_{c}^{a(x)} f(t)\mathrm{d}t+\int\limits_{c}^{b(x)} f(t)\mathrm{d}t.$

Mit der Kettenregel

$\frac{\mathrm{d}}{\mathrm{d}x}\int\limits_{a(x)}^{b(x)} f(t)\mathrm{d}t=f(b(x))\cdot b'(x)-f(a(x))\cdot a'(x).$

9.3

1. a) $\frac{1}{2\cdot(1-x)^2}+C$ für $x\neq 1$;

b) $\frac{3}{5x^2}+\frac{6}{25x}+\frac{181}{125}\ln\left|\frac{x-5}{x}\right|+C$ für $x\neq 0$ und $x\neq 5$;

c) $-\frac{1}{8}\cdot\sqrt[3]{(5-3x4)^2}+C$ für $x\neq\sqrt[4]{\frac{5}{3}}$ und $x\neq-\sqrt[4]{\frac{5}{3}}$;

d) -1;

e) $\frac{1}{4}\cdot\sin^4 x+C$;

f) $\frac{1}{9}\cdot(2e^3+1)=4{,}574\ldots$;

g) $\frac{24}{13}\cdot x\cdot\sqrt[12]{x}+\frac{3}{2}\cdot x+C$ für $x\in\mathbb{R}^+$;

h) $\frac{2}{3\cdot\ln a}\cdot\sqrt{(1+a^x)^3}+C$;

i) $\frac{1}{2}\cdot\operatorname{arcosh}(x^2)+C$ für $|x|>1$;

j) $\frac{1}{2}\cdot x^2+4x+\frac{16}{25}\cdot\ln|x+2|+\frac{459}{25}\cdot\ln|x-3|-\frac{81}{5(x-3)}+C$ für $x\neq-2$ und $x\neq 3$;

k) $[-\frac{1}{2}\cdot(\ln\cos x)^2]_0^{\pi/3}=-\frac{1}{2}(\ln 2)^2=-0{,}240\ldots$ Hinweis: Satz 9.23 a) mit $f(x)=\ln\cos x$;

l) $-\frac{\cos x}{4(4\cdot\sin x+\cos x)}+C$ für $x\neq k\pi-\arctan\frac{1}{4}$ mit $k\in\mathbb{Z}$;

m) $-2\cdot\cos\frac{x}{4}-\frac{3}{11}\cdot\cos\frac{11x}{12}+\frac{3}{5}\cdot\cos\frac{5x}{12}+C.$
Trigonometrische Formeln: $\cos^2 t=\frac{1}{2}\cdot(1+\cos 2t)$ und $\sin u\cdot\cos v=\frac{1}{2}\cdot[\sin(u+v)+\sin(u-v)]$;

n) $\frac{x}{25\cdot\sqrt{25+x^2}}+C$;

o) $\frac{1}{2\cos^2 x}+2\cdot\ln|\cos x|-\frac{1}{2}\cdot\cos^2 x+C$ für $\cos x\neq 0$. Hinweis: $\sin^5 x=\sin x(1-\cos^2 x)^2$;

p) $-\frac{1}{9}x^3-\frac{5}{18}x^2-\frac{25}{27}x-\frac{125}{81}\ln|5-3x|+C$ für $x\neq\frac{5}{3}$;

q) $-\cot 3x + C \quad$ für $x \neq k \cdot \frac{\pi}{3}$ mit $k \in \mathbb{Z}$;

r) $\frac{1}{8}\ln|\sin^2 x - 3\cos^2 x| + C \quad$ für $x \neq \pm \arctan\sqrt{3} + k\pi$ mit $k \in \mathbb{Z}$;

s) $\frac{4}{3}\sqrt{(\ln\sqrt{x})^3} + C \quad$ für $x \in [1, \infty)$;

t) $x \arcsin x + \sqrt{1 - x^2} + C \quad$ für $x \in [-1, 1]$;

u) $\int\limits_{-1}^{2} \sqrt{|1 - x|x||}\,\mathrm{d}x = \int\limits_{-1}^{0} \sqrt{1 + x^2}\,\mathrm{d}x + \int\limits_{0}^{1} \sqrt{1 - x^2}\,\mathrm{d}x + \int\limits_{1}^{2} \sqrt{x^2\, 1}\,\mathrm{d}x$
$= \frac{1}{2}\sqrt{2} + \sqrt{3} + \frac{1}{2}\arcsin 1 - \frac{1}{2}\ln((2 + \sqrt{3})(\sqrt{2} - 1)) = 3{,}006\ldots.$

2. f hat eine Nullstelle bei $x_0 = \frac{5}{18}(14 - \sqrt{115}) \approx 0{,}910054$.

$$A = \left|\int\limits_{0}^{x_0} f(x)\,\mathrm{d}x\right| + \left|\int\limits_{x_0}^{1,8} f(x)\,\mathrm{d}x\right| \approx |-1{,}07569| + |0{,}83963| = 1{,}91532$$

3. $f\colon x \mapsto \frac{113}{56} - \frac{1}{7(1 + 7x)} \quad$ für $x \neq -\frac{1}{7}$.

4. $\frac{A}{2} = \frac{8}{3} = \int\limits_{0}^{\sqrt{4-t}} (4 - t - x^2)\,\mathrm{d}x \Rightarrow t = 4 - \sqrt[3]{16} \approx 1{,}48016.$

5. $\frac{1}{b - a}\int\limits_{a}^{b} f(x)\,\mathrm{d}x = \frac{1}{36}, \quad f(x_0) = \frac{1}{36} \Rightarrow x_0 = 6.$

6. $I\colon x \mapsto I(x) = \begin{cases} \frac{1}{2}x^2 & \text{für } x \in [-1, 1] \\ \frac{1}{2} & \text{für } x \in (1, 2) \\ \frac{5}{2} - \frac{1}{2}x^2 & \text{für } x \in [2, 5]. \end{cases}$

7. $A = \int\limits_{0}^{1} \left[\sin\left(\frac{\pi}{2}x\right) - 2^x + 1\right]\mathrm{d}x = 1 + \frac{2}{\pi} - \frac{1}{\ln 2} \approx 0{,}193925.$

8. $p_3\colon x \mapsto 3x^2 - x^3, \quad g\colon x \mapsto 3 - x.$

$$A = \int\limits_{-1}^{1} (3 - x - 3x^2 + x^3)\,\mathrm{d}x + \int\limits_{1}^{3} (3x^2 - x^3 - 3 + x)\,\mathrm{d}x = 8.$$

9. $A = 4\int\limits_{0}^{r} \sqrt{r^2 - x^2}\,\mathrm{d}x = \pi r^2.$

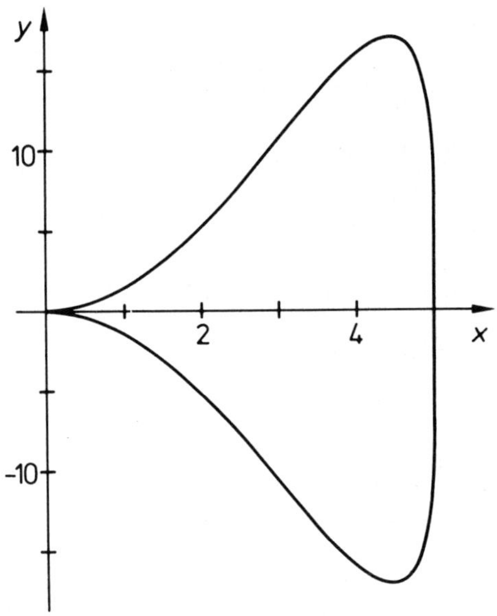

Bild L9.3: Aufgabe 10

10. a) Siehe Bild L9.3.

b) $A = 2\int\limits_{0}^{5} x^2 \cdot \sqrt[4]{5 - x}\,\mathrm{d}x$. Mit der Substitution $u = 5 - x$ ergibt sich

$A = 2\int\limits_{0}^{5} (5 - u)^2 \cdot \sqrt[4]{u}\,\mathrm{d}u$ und

$A = 2\int\limits_{0}^{5} (25u^{1/4} - 10u^{5/4} + u^{9/4})\,\mathrm{d}u = \frac{6400}{117} \cdot \sqrt[4]{5} \approx 81{,}797.$

11. a) Es sei $m \neq n$. Dann gilt

$$\int\limits_{0}^{2\pi} \sin mx \sin nx\,\mathrm{d}x = \frac{1}{2}\int\limits_{0}^{2\pi} [\cos(m - n)x - \cos(m + n)x]\,\mathrm{d}x$$
$$= \frac{1}{2}\left[\frac{1}{m - n}\sin(m - n)x - \frac{1}{m + n}\sin(m + n)x\right]_0^{2\pi} = 0.$$

Für $m = n$ ist

$$\int_0^{2\pi} \sin mx \sin nx \,dx = \int_0^{2\pi} \sin^2 mx \,dx = \tfrac{1}{2}\int_0^{2\pi} (1-\cos 2x)dx = \tfrac{1}{2}[x - \tfrac{1}{2}\sin 2x]_0^{2\pi} = \pi.$$

Folglich ist $\int_0^{2\pi} \sin mx \sin nx \,dx = \begin{cases} 0 & \text{für } m \neq n \\ \pi & \text{für } m = n. \end{cases}$

b) $\int_0^{2\pi} \cos mx \cos nx \,dx = \begin{cases} 0 & \text{für } m \neq n \\ \pi & \text{für } m = n. \end{cases}$ Hinweis: $\cos\alpha\cos\beta = \frac{1}{2}[\cos(\alpha-\beta) + \cos(\alpha+\beta)]$.

c) $\int_0^{2\pi} \sin mx \cos nx \,dx = 0$. Hinweis: $\sin\alpha\cos\beta = \frac{1}{2}[\sin(\alpha-\beta) + \sin(\alpha+\beta)]$.

12. Der Beweis erfolgt mit Formel 27 auf Seite 496.

9.4

1. a) $\displaystyle\int_{-\infty}^{\infty} \frac{dx}{x^2+2x+2} = \lim_{t_1\to-\infty} \int_{t_1}^{0} \frac{dx}{(x+1)^2+1} + \lim_{t_2\to\infty} \int_0^{t_2} \frac{dx}{(x+1)^2+1} = \pi,$

b) $\displaystyle\int_0^{\infty} x e^{-x^2} dx = \lim_{t\to\infty} [-\tfrac{1}{2}e^{-x^2}]_0^t = \tfrac{1}{2}.$

c) $\displaystyle\int \frac{x\,dx}{1+x^2} = \tfrac{1}{2}\ln(1+x^2) + C$. Folglich ist das uneigentliche Integral divergent.

d) $\displaystyle\int_0^1 \ln x \,dx = \lim_{t\downarrow 0} [x\ln x - x]_t^1 = -1$. Man beachte: $\lim_{t\downarrow 0} t \ln t = 0$.

e) $\displaystyle\int_0^1 \frac{dx}{\sqrt{1-x^2}} = \lim_{t\uparrow 1} [\arcsin x]_0^t = \frac{\pi}{2},$

f) $\displaystyle\int_0^{\infty} \frac{1}{x^2} e^{-1/x} dx = \lim_{t_1\downarrow 0} [e^{-1/x}]_{t_1}^1 + \lim_{t_2\to\infty} [e^{-1/x}]_1^{t_2} = \frac{1}{e} + 1 - \frac{1}{e} = 1,$

g) $\displaystyle\int_1^2 \frac{dx}{x-2}$ ist divergent. Folglich ist auch $\displaystyle\int_1^2 \left(\frac{1}{\sqrt{x-1}} + \frac{1}{x-2}\right) dx$ divergent.

h) Partielle Integration mit $u' = \cos x$, $v = \dfrac{x}{x+1}$, $u = \sin x$ und $v' = \dfrac{1}{(x+1)^2}$ ergibt

$$\int_0^{\infty} \frac{x}{x+1} \cos x \,dx = \lim_{t\to\infty} \left\{ \left[\frac{x}{x+1}\sin x\right]_0^t - \int_0^t \frac{1}{(x+1)^2} \sin x \,dx \right\}.$$

Dabei ist $\displaystyle\int_0^{\infty} \frac{1}{(x+1)^2} \sin x \,dx$ nach dem Majorantenkriterium für uneigentliche Integrale (Satz 9.27) konvergent, denn es gilt

$$\left|\frac{1}{(x+1)^2}\sin x\right| \leq \frac{1}{(x+1)^2} \text{ für alle } x \in [0,\infty), \text{ und } \int_0^{\infty} \frac{1}{(x+1)^2} dx = 1.$$

Ferner ist $\displaystyle\left[\frac{x}{x+1}\sin x\right]_0^t$ für $t \to \infty$ divergent. Also ist $\displaystyle\int_0^{\infty} \frac{x}{x+1} \cos x \,dx$ divergent.

i) $\int\limits_0^\infty x^n e^{-x} dx = \lim\limits_{t\to\infty} \{[-x^n e^{-x}]_0^t + n\int\limits_0^t x^{n-1}e^{-x}dx\} = n\int\limits_0^\infty x^{n-1}e^{-x}dx$

$= n(n-1)\int\limits_0^\infty x^{n-2}e^{-x}dx = \cdots = n!\int\limits_0^\infty e^{-x}dx = n!$

2. a) Es gilt $\frac{1}{xe^x} \leqq \frac{1}{e^x}$ für alle $x \in [1, \infty)$, und $\int\limits_1^\infty e^{-x}dx = e^{-1}$. Folglich ist nach dem Majorantenkriterium (Satz 9.27) $\int\limits_1^\infty \frac{dx}{xe^x}$ konvergent.

b) Es gilt $\frac{1}{e^{x^2}} \leqq \frac{1}{e^x}$ für alle $x \in [1, \infty)$, und $\int\limits_1^\infty e^{-x}dx = e^{-1}$. Folglich ist nach dem Majorantenkriterium (Satz 9.27) $\int\limits_1^\infty e^{-x^2}dx$ konvergent. Dann konvergiert auch $\int\limits_0^\infty e^{-x^2}dx$.

c) Es gilt $\left|\frac{\sin x}{x^2}\right| \leqq \frac{1}{x^2}$ für alle $x \in [1, \infty)$, und $\int\limits_1^\infty \frac{1}{x^2}dx = 1$. Folglich ist nach dem Majorantenkriterium (Satz 9.27) $\int\limits_1^\infty \frac{\sin x}{x^2}dx$ konvergent.

d) Es gilt $\frac{x+1}{x^2} \geqq \frac{x}{x^2} = \frac{1}{x}$ für alle $x \in [1, \infty)$, und $\int\limits_1^\infty \frac{dx}{x}$ ist divergent. Folglich ist nach dem Minorantenkriterium (Satz 9.27) $\int\limits_1^\infty \frac{x+1}{x^2}dx$ divergent.

9.5

1. a) Sehnentrapezformel: $Q_{ST} = \frac{1}{2}\cdot\frac{1}{3}\sqrt{3}\cdot(f(0) + f(\frac{1}{3}\sqrt{3})) = 0{,}505181.$

Fehlerabschätzung: $|I - Q_{ST}| \leqq \frac{1}{12}(\frac{1}{3}\sqrt{3})^3 \max\limits_{0\leqq x\leqq\sqrt{3}/3} \left|\frac{6x^2-2}{(1+x^2)^3}\right| < \frac{3\sqrt{3}}{12\cdot 27}\cdot 2 < 3{,}3\cdot 10^{-2}.$

Da der exakte Wert des Integrals $\frac{\pi}{6}$ ist, besitzt Q_{ST} den absoluten Fehler $1{,}84\ldots\cdot 10^{-2}$.

b) Simpsonsche Formel: $Q_S = \frac{1}{6}\cdot\frac{1}{3}\sqrt{3}\cdot(f(0) + 4f(\frac{1}{6}\sqrt{3}) + f(\frac{1}{3}\sqrt{3})) = 0{,}523686.$

Fehlerabschätzung: $|I - Q_S| \leqq \frac{1}{2880}(\frac{1}{3}\sqrt{3})^5, \max\limits_{0\leqq x\leqq\sqrt{3}/3} \left|\frac{24(5x^4-10x^2+1)}{(1+x^2)^5}\right|$

$= \frac{1}{2880}(\frac{1}{3}\sqrt{3})^5\cdot 10{,}125 < 2{,}26\cdot 10^{-4}.$

Der absolute Fehler von Q_S beträgt $8{,}72\ldots\cdot 10^{-5}$.

2. a) Für $h = 0{,}25$ erhalten wir nach (9.41)

$\int\limits_1^2 \frac{e^x}{x}dx = S_h + R_h = \frac{0{,}25}{3}(f(1) + 4\cdot f(1{,}25) + 2\cdot f(1{,}5) + 4\cdot f(1{,}75) + f(2)) = 3{,}059239 + R_h.$

Für die doppelte Schrittweite (also $2h = 0{,}5$) gilt dann $S_{2h} = \frac{0{,}5}{3}(f(1) + 4\cdot f(1{,}5) + f(2)) = 3{,}060663$. Nach (9.44) ist folglich $R_h \approx -9{,}5\cdot 10^{-5}$. Dies liefert $\int\limits_1^2 \frac{e^x}{x}dx \approx 3{,}059144.$

b) Für $h=0{,}25$ erhalten wir nach (9.41)

$$\int_2^3 \frac{dx}{\ln x} = S_h + R_h = \frac{0{,}25}{3}(f(2)+4\cdot f(2{,}25)+2\cdot f(2{,}5)+4\cdot f(2{,}75)+f(3)) = 1{,}118532 + R_h.$$

Für die doppelte Schrittweite (also $h=0.5$) gilt dann $S_{2h}=\frac{0{,}5}{3}(f(2)+4f(2{,}5)+f(3))=1{,}119727$. Nach (9.44) ist folglich $R_h \approx -8{,}0\cdot 10^{-5}$. Dies liefert $\int_2^3 \frac{dx}{\ln x} \approx 1{,}118452$.

3. a) $n=2$:

$Q_{ST}=\frac{1}{2}(f(1)+2f(2)+f(3))=1{,}242453.$

Fehlerabschätzung:

$$\left|\int_1^3 \ln x\,dx - Q_{ST}\right| \leqq \tfrac{2}{12}\cdot 1\cdot \max_{1\leqq x\leqq 3}\left|-\frac{1}{x^2}\right| < 1{,}7\cdot 10^{-1}.$$

$n=4$:

$Q_{ST}=\frac{1}{4}(f(1)+2\cdot f(1{,}5)+2\cdot f(2)+2\cdot f(2{,}5)+f(3))=1{,}282105.$

Fehlerabschätzung:

$$\left|\int_1^3 \ln x\,dx - Q_{ST}\right| \leqq \tfrac{2}{12}\cdot\tfrac{1}{4}\cdot \max_{1\leqq x\leqq 3}\left|-\frac{1}{x^2}\right| < 4{,}2\cdot 10^{-2}.$$

$n=8$:

$Q_{ST}=\frac{1}{8}(f(1)+2\cdot f(1{,}25)+2\cdot f(1{,}5)+2\cdot f(1{,}75)+2\cdot f(2)+2\cdot f(2{,}25)+2\cdot f(2{,}5)+2\cdot f(2{,}75)+f(3))=1{,}292375.$

Fehlerabschätzung:

$$\left|\int_1^3 \ln x\,dx - Q_{ST}\right| \leqq \tfrac{2}{12}\cdot\tfrac{1}{16}\cdot \max_{1\leqq x\leqq 3}\left|-\frac{1}{x^2}\right| < 1{,}1\cdot 10^{-2}.$$

(Beachte: Auf 5 Stellen nach dem Komma genau ist $\int_1^3 \ln x\,dx = 1{,}29583\ldots$.)

b) $n=2$:

$Q_{ST}=\frac{1}{8}(f(1)+2\cdot f(1{,}25)+f(1{,}5))=0{,}2.$

$n=4$:

$Q_{ST}=\frac{1}{16}(f(1)+2\cdot f(1{,}125)+2\cdot f(1{,}25)+2\cdot f(1{,}375)+f(1{,}5))=0{,}242850.$

$n=8$:

$$Q_{ST}=\tfrac{1}{32}[f(1)+2\cdot(f(1{,}0625)+f(1{,}125)+f(1{,}1875)+f(1{,}25)+f(1{,}3125)+f(1{,}375)+f(1{,}4375))+f(1{,}5)] = 0{,}253194.$$

4. Aus (9.23) folgt mit $x_0=0$, $x_1=h$, $x_2=2h$, $x_3=3h$ das Gleichungssystem

$$\begin{aligned}
\alpha_0 + \alpha_1 + \alpha_2 + \alpha_3 &= 3h\\
h\cdot\alpha_1 + 2h\cdot\alpha_2 + 3h\cdot\alpha_3 &= \tfrac{9}{2}h^2\\
h^2\cdot\alpha_1 + 4h^2\cdot\alpha_2 + 9h^2\cdot\alpha_3 &= 9h^3\\
h^3\cdot\alpha_1 + 8h^3\cdot\alpha_2 + 27h^3\cdot\alpha_3 &= \tfrac{81}{4}h^4.
\end{aligned}$$

Als Lösung erhält man die Gewichte $\alpha_0=\alpha_3=\frac{3}{8}h$, $\alpha_1=\alpha_2=\frac{9}{8}h$ und damit die Integrationsformel $Q=\frac{3}{8}h(f(0)+3\cdot f(h)+3\cdot f(2h)+f(3h))$, die jede ganzrationale Funktion höchstens 2. Grades auf $[0,3h]$ exakt integriert.

5. Nach (9.21) und (9.22) wird jede ganzrationale Funktion höchstens 3. Grades durch $Q = \alpha_0 f(x_0) + \alpha_1 f(x_1)$ exakt integriert, wenn α_0, α_1 und x_0, x_1 das Gleichungssystem

$$\begin{aligned} \alpha_0 + \alpha_1 &= 2h \\ \alpha_0 x_0 + \alpha_1 x_1 &= 0 \\ \alpha_0 x_0^2 + \alpha_1 x_1^2 &= \tfrac{2}{3}h^3 \\ \alpha_0 x_0^3 + \alpha_1 x_1^3 &= 0 \end{aligned}$$

erfüllen (s. (9.23)). Man erhält als Lösung $\alpha_0 = \alpha_1 = h$ und $x_0 = -x_1 = \dfrac{h}{\sqrt{3}}$. Folglich lautet die Integrationsformel

$$Q = h\left(f\left(-\frac{h}{\sqrt{3}}\right) + f\left(\frac{h}{\sqrt{3}}\right)\right).$$

6. Es gilt $\left|\int\limits_a^b f(x)\mathrm{d}x - Q_{ST}^s\right| = \left|\sum\limits_{k=1}^n \left(\int\limits_{x_{k-1}}^{x_k} f(x)\mathrm{d}x - Q_k\right)\right| \leqq \sum\limits_{k=1}^n \left|\int\limits_{x_{k-1}}^{x_k} f(x)\mathrm{d}x - Q_k\right|,$

wobei Q_k die Sehnentrapezformel über das Intervall $I_k = [x_{k-1}, x_k]$ bezeichnet (vgl. (9.29)). Dann folgt aus (9.30) und wegen $x_k - x_{k-1} = h$

$$\begin{aligned} \left|\int\limits_a^b f(x)\mathrm{d}x - Q_{ST}^s\right| &\leqq \sum_{k=1}^n \frac{(x_k - x_{k-1})^3}{12} \max_{x \in I_k} |f''(x)| = \frac{h^2}{12} \sum_{k=1}^n (x_k - x_{k-1}) \cdot \max_{x \in I_k} |f''(x)| \\ &\leqq \frac{h^2}{12} \max_{a \leqq x \leqq b} |f''(x)| \sum_{k=1}^n (x_k - x_{k-1}) = \frac{(b-a)}{12} \cdot h^2 \cdot \max_{a \leqq x \leqq b} |f''(x)|. \end{aligned}$$

Literaturverzeichnis

1. Barner, M. u. F. Flohr: Analysis I. De Gruyter, Berlin.
2. Blatter, C.: Analysis I, Heidelberger Taschenbücher, Band 151. Springer Verlag Berlin, Heidelberg.
3. Dallmann, H. u. K.-H. Elster: Einführung in die höhere Mathematik 1. Vieweg, Braunschweig
4. Erwe, F.: Differential- und Integralrechnung I. B-I-Hochschultaschenbücher, Band 30. Bibliographisches Institut, Mannheim.
5. Fichtenholz, G. M.: Differential- und Integralrechnung I, II, III. VEB Deutscher Verlag der Wissenschaften, Berlin.
6. Gröbner, W.: Matrizenrechnung. B-I-Hochschultaschenbücher, Band 103/103 a. Bibliographisches Institut, Mannheim.
7. Lingenberg, R.: Lineare Algebra. B-I-Hochschultaschenbücher, Band 828/828 a. Bibliographisches Institut, Mannheim.
8. Ostrowski, A.: Vorlesungen über Differential- und Integralrechnung I. Birkhäuser Verlag Basel und Stuttgart.
9. Peschl, E.: Analytische Geometrie. B-I-Hochschultaschenbücher, Band 15/15 a. Bibliographisches Institut, Mannheim.

Sachwortverzeichnis

Druck: Saladruck, Berlin
Verarbeitung: Buchbinderei Lüderitz & Bauer, Berlin